Erfolgsfaktor Risiko-Management 4.0

Frank Romeike • Peter Hager

Erfolgsfaktor Risiko-Management 4.0

Methoden, Beispiele, Checklisten Praxishandbuch für Industrie und Handel

4. , vollständig überarbeitete Auflage

Springer Gabler

Frank Romeike
RiskNET GmbH
Brannenburg, Deutschland

Peter Hager
RiskAcademy, RiskNET
Köln, Deutschland

Download der ergänzenden Tools, Checklisten und Dokumente unter https://www.risknet.de/erfolgsfaktor-rm/

User: leser
Kennwort: springer2020

ISBN 978-3-658-29445-8 ISBN 978-3-658-29446-5 (eBook)
https://doi.org/10.1007/978-3-658-29446-5

Die Deutsche Nationalbibliothek verzeichnet diese Publikation in der Deutschen Nationalbibliografie; detaillierte bibliografische Daten sind im Internet über http://dnb.d-nb.de abrufbar.

Springer Gabler

Verantwortlich im Verlag: Ann-Kristin Wiegmann

Springer Gabler ist ein Imprint der eingetragenen Gesellschaft Springer Fachmedien Wiesbaden GmbH und ist ein Teil von Springer Nature.
Die Anschrift der Gesellschaft ist: Abraham-Lincoln-Str. 46, 65189 Wiesbaden, Germany

Vorwort und Einführung zur 4. Auflage

„Management ist die Kunst, mit anderen Leuten zusammen Dinge zu erledigen!"
[Mary Parker Follett/ 1868 † 1933]*

Liebe Leserinnen und Leser!

Das Zitat stammt von der US-amerikanischen Autorin Mary Parker Follett, die Unternehmen als soziale Systeme betrachtete. Auch für ein wirksames Risiko-Management gilt, dass der wesentliche Erfolgsfaktor ist, dass Menschen den Umgang mit Risiken (und Chancen) tagtäglich leben. So zeigen Statistiken in der Luftfahrt und der Seefahrt, dass der Risikofaktor Mensch bei katastrophalen Unfällen eine überragende Rolle spielt – Schätzungen zufolge sind über 90 Prozent aller Unfälle auf das Fehlverhalten Einzelner zurückzuführen. Sicherlich sind solche Zahlen mit Vorsicht zu genießen, da man schlussendlich immer beim Menschen landet, wenn mach sich in der Ursachenkette weit genug zurück hangelt – notfalls ist Eva an allem schuld, weil sie vom Baum der Erkenntnis genascht hatte.

Das obige Zitat könnte man für das Risiko-Management ein wenig modifizieren:

Risiko-Management ist die Kunst, mit anderen Leuten Risiken und Chancen professionell zu antizipieren und sicher durch die stürmische See zu kommen!

Diese Kunst beherrschte der Polarforscher Sir Ernest Henry Shackleton perfekt. Heutige Führungskräfte und auch Risikomanager könnten von seinen Erfahrungen eine Menge lernen.

Der Polarforscher Sir Ernest Henry Shackleton, geboren am 15. Februar 1874 im County Clare in Irland, zählt zweifellos zu den besten Risikomanagern und war einer der herausragendsten Führungspersönlichkeiten überhaupt. Am 5. Dezember 1914 bricht er mit 27 Männern an Bord des Schiffes Endurance (deutsch: Standhaftigkeit, Ausdauer) von Südgeorgien aus auf. Shakleton hatte sich zum Ziel gesetzt, als erster Mensch mit Schiff, Hundeschlitten und zu Fuß die Antarktis zu durchqueren.

Es wird berichtet, dass Shackleton seine Mannschaft mit der wohl erfolgreichsten Stellenanzeige aller Zeiten fand: „Männer für gefährliche Reise gesucht. Geringer Lohn, bittere Kälte, monatelange völlige Dunkelheit, ständige Gefahr. Sichere Heimkehr zweifelhaft. Ehre und Ruhm im Erfolgsfalle." Über 5000 Kandidaten bewarben sich. Schließlich baute Shackleton seine Mannschaft um einen Kern erfahrener und krisenerprobter Fachleute auf. Außerdem wählte Shackleton einen zuverlässigen Stellvertreter, der seine Führungsgrundsätze teilte und vor allem loyal war. Aber er wollte keinen Ja-Sager. Die Idealbesetzung fand er schließlich in Frank Wild, der außerdem noch als Bindeglied zwischen der Mannschaft und dem Boss fungierte. Man berichtet über Wild, dass er das Talent hatte, die Männer dazu zu animieren, genau das zu tun, was erforderlich war, auch ohne etwas zu sagen. Bei der Auswahl aller anderen Mitgliedern seiner Expedition waren Shackleton ebenfalls Eigenschaften wie Loyalität, Heiterkeit, Anständigkeit, mentale und physische Stärke, Optimismus, Forscherdrang, Erfahrung und Fachkenntnis die wichtigsten Voraussetzungen, die er erwartete.

Welche Rolle spielen bei einem heutigen Einstellungsgespräch Eigenschaften wie Loyalität, Heiterkeit, Anständigkeit, mentale und physische Stärke, Optimismus oder Forscherdrang?

Seine Mannschaft war von sehr unterschiedlicher Herkunft und Ausbildung, die Anforderungen an jeden Einzelnen waren hoch. Alle mussten auch bei „niedrigen" Arbeiten mit anpacken und für das Team arbeiten. Für Shackleton war es extrem wichtig, dass jeder zur (Unternehmens- und Risiko-)Kultur passt. Bei den Bewerbungsgesprächen konnte Shackleton den Charakter von Menschen gut und schnell einschätzen und ging auch sehr unkonventionell vor: Die Frage, ob man denn auch singen könne (wobei natürlich umgehend eine Kostprobe des Talents erwartet wurde), gehörte zum Standardrepertoire in Shackletons Fragenkatalog und war insbesondere ein Prüfstein für den Teamgeist eines Mannes. Man stelle sich eine solche Frage heute einmal vor. Sicherlich würde man am geistigen Zustand des Gegenübers zweifeln, es sei denn, man bewirbt sich gerade an der Mailänder Scala.

Soziale Kompetenz, Wertvorstellungen sowie die Lebens- und Arbeitseinstellung der Kandidaten waren Shackleton ebenfalls sehr wichtig. Auch prüfte der die Bewerber in der Praxis und ließ sie Proviantsäcke schleppen, Kartoffeln schälen und die Küche schrubben. Shackleton bemühte sich dabei immer, niemanden mit falschen Versprechungen in die Irre zu führen, sondern sorgte dafür, dass jeder genau wusste, was von ihm erwartet wurde. Neben seinen intensiven Bemühungen um eine stimmige Zusammensetzung des Teams rüstete er die Mannschaft mit modernsten Werkzeugen aus: Schlitten, Skier, Äxte, Seile, Werkzeuge und elektrische Beleuchtung waren damals „state of the art". Shackleton war der Meinung, dass veraltete, unzuverlässige Werkzeuge nur unnötig belasten.

Auch hier kann eine Brücke zum Risiko-Management gebaut werden. Vielen Unternehmen verharren im Risiko-Management auf einem niedrigen Reifegrad, weil sie eben gerade nicht mit „state of the art"-Werkzeugen arbeiten, sondern Methoden eher an „Voodoo" erinnern. Diese führt wiederum dazu, dass in der Organisation die Methoden und Werkzeuge nicht akzeptiert werden und man nur widerwillig mitmacht, damit der Risikomanager „endlich Ruhe gibt".

Teamorientiert wie er war, gab Shackleton den Männern auch ein Mitspracherecht bei der Materialauswahl. Seine besondere Aufmerksamkeit widmete er zudem allen wichtigen Fragen der Ernährung.

Die Strukturierung des Tages wurde exakt geplant. Die Männer erarbeiteten genaueste Anweisungen für Arbeit und Freizeit. Er kannte keine traditionellen Hierarchien. Vielmehr wurde von jedem erwartet, einen Beitrag zu sämtlichen Arbeiten an Bord des Schiffes zu leisten. So halfen die Matrosen etwa bei wissenschaftlichen Messungen und Proben. Umgekehrt gingen die Wissenschaftler den Seeleuten bei deren täglicher Arbeit zur Hand: Abwechselnd musste jeder die Segel setzen, die Öfen heizen, die Fußböden schrubben oder die Hunde versorgen. Der positive Nebeneffekt dieser „job rotation" war, dass alle auch einmal über den eigenen Tellerrand hinausschauten und automatisch zu Generalisten wurden. Jedem wurde die gleiche Wertschätzung entgegengebracht und jeder wurde mit dem gleichen Respekt behandelt. Und Shackleton ging mit gutem Beispiel voran: Er verlange von niemanden, Arbeiten zu verrichten, zu denen er selbst nicht bereit war. Wurde etwa einer seiner Männer krank, so übernahm meist er dessen Pflichten.

Eine der wichtigsten Maximen Shackletons war: Sich ein neues Ziel setzen, wenn das alte nicht erreicht werden kann, dieses mit allem Einsatz verfolgen – aber noch vor das Ziel den Menschen selbst an die oberste Stelle setzen. Und so sollte es passieren:

Auf ihrer Reise nach Süden stieß die Endurance bereits am 7. Dezember 1914 – ungewöhnlich weit im Norden – auf das erste Packeis. Trotz des immer dichter werdenden Eises segelte das Schiff weiter Richtung Weddellmeer. Ende Januar 1915 saß die Endurance dann endgültig im Packeis fest. Wochenlang versuchte die Mannschaft, das Packeis zu durchbrechen, scheiterte aber immer wieder. Das Schiff war „wie eine Mandel in einer Tafel Schokolade" stecken geblieben. Am 24. Februar verwandelte Shackleton das Schiff schließlich in ein Winterquartier. Und damit begann das vorbildliche Risiko- und Krisenmanagement. Denn alles wurde noch viel schlimmer. Nachdem das Packeis das Schiff gefährlich nach Norden getrieben hatte, wurde es schließlich vom Eis zermalmt und versank. Die Männer mussten beißende Kälte ertragen und verbrachten fast vier Monate in der eisigen Dunkelheit der langen Polarnacht. Das neue Ziel von Shackleton hieß nun: Rettung der Mannschaft. Mit den drei übriggebliebenen Rettungsbooten landeten die Schiffbrüchigen auf der unbewohnten Insel Elephant Island. Shackleton hatte den Plan, mit dem seetüchtigsten der drei Rettungsboote und fünf Männern das 700 Seemeilen nördlich gelegene Südgeorgien anzusteuern, um von der dortigen Walfangstation Hilfe zu holen. Und sie schafften es: Am 10. Mai 1916 landete das Schiff auf der unbewohnten Seite der Insel. Nach weiteren 36 Stunden Fußmarsch und einer Gletscher- und Gebirgsüberquerung erreichten die Männer die Walfangstation und konnten auch die zurückgelassene Mannschaft retten.

Eine wichtige Erkenntnis, die wir von Shackleton mitnehmen sollten, ist, dass Risiko- und Krisenmanagement sowie der Aufbau einer guten Risikokultur bereits bei der Mitarbeiterauswahl beginnt. Er heuerte optimistische und fröhliche Menschen an und baute sein Team um einen Kern erfahrener Männer auf. Er führte unkonventionelle Vorstellungsgespräche, insbesondere auch, um allzu „risikofreudige" Menschen herauszufiltern. Shackleton hasste Ja-Sager und rekrutierte Männer mit Fachkenntnissen, über die er selbst nicht verfügte. Jeder wusste genau, was von ihm erwartet wurde. Shakleton war offen für Kritik und sich selbst für zu nichts zu schade.

Der Aufbau dieser solidarischen und loyalen Mannschaft war die Voraussetzung für Shackletons (Unternehmens-)philosophie bzw. Risikokultur. Und obwohl die Gruppe äußerst heterogen in Bezug auf Beruf, Temperament und soziale Herkunft war, bildete sie ein herausragendes Team.

Für heutige Risiko-Managementsysteme können wir hieraus eine ganze Menge lernen. Grundsätzlich existieren vier Erfolgsfaktoren, damit ein Risiko-Management wirksam ist und einen Mehrwert stiftet. 1. Risiko-Management muss gelebt werden („Risikokultur"). 2. Risiko-Management benötigt einen Prozess in Form eines kontinuierlichen Regelkreises. 3. Risiko-Management muss in eine Organisation eingebettet werden und sollte keinesfalls als isolierter „Silo" betrachtet werden. 4. Risiko-Management basiert auf adäquaten und auf die Fragestellung angepassten Methoden. Für die Analyse von Währungsrisiken werden anderen Methoden benötigt als wenn Risiken aus der Supply Chain analysiert werden.

Hierbei ist es wichtig, dass Unternehmen als System betrachtet werden. Und Unternehmen selbst sind wieder Teil eines noch größeren Gesamtsystems (mit einer Menge systemischer Risiken etc.). Und Systemgrößen dürfen keinesfalls als starr betrachtet werden, sondern als ständig verändernde Größen. Ein System ist ein Gebilde mit inneren Gesetzmäßigkeiten, die beachtet werden müssen; lebendige Systeme haben eigene Bedürfnisse und eigene Ziele. Unternehmen können daher als komplexe Systeme betrachtet werden. Diese Komplexität, Vielgestaltigkeit und Innergesetzlichkeit ist insgesamt mit einer hohen Unsicherheit behaftet und macht daher eine Vorhersagbarkeit (des Verhaltens von Teilsystemen oder dem Gesamtsystem) nur bedingt möglich. Feststellbar sind eher Makro-Eigenschaften der (Teil-)Systeme, die über größere Bereiche (zeitlich, räumlich oder strukturell) festzustellen sind, beispielsweise deren Wahrscheinlichkeiten oder Erwartungswerte.

Die Systemtheorie bietet uns hier einen Ansatz, um ein System interdisziplinär zu analysieren. So können beispielsweise biologische Zellen, der Mensch insgesamt, eine Organisation, ein Staat, aber auch Computernetzwerke als Systeme betrachtet und systemtheoretisch beschrieben werden. Die Systemtheorie „blickt über den Tellerrand" einer Einzeldisziplin und hat immer schon das Ziel verfolgt, der Zersplitterung des Wissens in den wissenschaftlichen Disziplinen entgegenzuwirken. Dieser ganzheitliche Ansatz der Systemtheorie sollte beim Aufbau eines wirksamen Risiko-Management-Systems immer berücksichtigt werden.

Eine wichtige Erkenntnis für die Praxis ist beispielsweise, dass Sie Ihre Kollegen nicht weiter mit Fragen nach Wahrscheinlichkeiten quälen sollten. Arbeiten Sie beispielsweise mit Methoden der Szenarioanalyse. Dort fragen Sie nicht nach einer Wahrscheinlichkeit, sondern nach einer Bandbreite der möglichen Auswirkungen und ggf. nach einer potenziellen Häufigkeit. Die der Szenarioanalyse zu Grunde liegende Dreiecksverteilung (oder Simpson-Verteilung) benötigt lediglich Angaben zum minimalen Wert (worst case), zum maximalen Wert (best case) und zum wahrscheinlichsten Wert (realistic case). Die Dichtefunktion sieht wie ein Dreieck aus. Wir sollten aufpassen, dass wir Nichtwissen mit nur vermeintlich exakten Wahrscheinlichkeitsaussagen kaschieren.

Die erste Auflage von „Erfolgsfaktor Risiko-Management“ erschien bereits im Jahr 2003, die zweite folgte dann im Jahr 2009, die dritte und komplett überarbeitete Auflage im Jahr 2013. Und nun erscheint die komplett überarbeitete neue Auflage unter dem Titel „Erfolgsfaktor Risiko-Management 4.0“. Und wieder einmal hätten wir keinen besseren Zeitpunkt für die Veröffentlichung finden können.

Wenn wir uns umschauen, bewegen sich viele Unternehmen und Branchen in turbulenten und hektischen Zeiten. Komplette Geschäftsmodelle stehen auf dem Prüfstand. Die Covid-19-Pandemie und der daraus abgeleitete „Lock Down“ in vielen Ländern führte im Jahr 2020 zu einem Kollaps der globalen Wertschöpfungsnetze, zu einem dramatischen Anstieg der Unternehmensinsolvenzen und zu billiardenschweren Rettungspaketen der Zentralbanken und der Regierungen. Und auch die Digitalisierung führt zu einer hohen Unsicherheit in vielen Branchen. Angefangen bei der Finanzmarkt- bis zur Flüchtlingskrise sehen wir weltweit zerfallende Strukturen. Ganze Staaten brechen auseinander. Hierzu genügt ein Blick auf die jüngsten Beispiele und Konfliktherde – angefangen bei Syrien und dem Irak über Libyen bis zum Jemen. Über sechzig Staaten gehören zu den sogenannten „gescheiterten Staaten“ (failed states).

In der politikwissenschaftlichen Auffassung von Staatlichkeit muss ein Staat vor allem drei zentrale Funktionen für seine Bürger leisten: Sicherheit, Wohlfahrt und Legitimität/Rechtsstaatlichkeit. Wenn ein Staat diese drei Funktionen nicht mehr in einer nennenswerten Weise erfüllt, so spricht die Politikwissenschaft von einem gescheiterten Staat (failed state). Die Hauptursachen gescheiterter Staaten sind Terror, Krieg und Vertreibung. Und die Konfliktherde nehmen zu – und damit auch die Länderrisiken.

Aufgrund des Mehr an Staaten mit Machteinfluss und einer gleichzeitigen Zunahme der Weltbevölkerung um 2,5 Milliarden Menschen seit den 1990er-Jahren, werden die weltweiten Interessen heterogener. Dies führte uns zusammen und mit der Auflösung der Blockbildung von einer bipolaren Welt über eine multipolare Welt in eine neue Weltunordnung und zu einer neuen – höchst volatilen – globalen Risikolandkarte.

Diese neue Risikolandkarte könnte mit dem Akronym VUCA beschrieben werden. Das Kunstwort VUCA steht für Volatility, Uncertainty, Complexity und Ambiguity und wurde von dem US Army War College Anfang der 1990er-Jahre nach dem Zusammenbruch der UdSSR verwendet, um den damaligen Zustand der multilateralen Welt nach dem Ende des Kalten Krieges zu beschreiben.

V = Volatilität. Wir leben in einer Welt, die sich kontinuierlich verändert, insgesamt instabiler wird (siehe „failed states“) und in der Veränderungen schwieriger antizipierbar werden. Ereignisse verlaufen völlig unerwartet und normale „Ursache-Wirkungs-Ketten“ bilden die Systemkomplexität nur noch begrenzt ab.

U = Unsicherheit. Vorhersehbarkeit und Berechenbarkeit von Ereignissen nehmen rapide ab, Prognosen und Erfahrungen aus der Vergangenheit als Grundlage für die Gestaltung von Zukunft verlieren ihre Gültigkeit und Relevanz. Für viele Unternehmen und Branchen besteht eine große Unsicherheit, wohin die Reise geht. Szenarioanalysen („Lernen aus der Zukunft“) könnten hier eine höhere Transparenz schaffen.

C = Komplexität. Unsere Welt ist komplex und wird möglicherweise immer komplexer. Es vermischen sich die verschiedenen Ebenen und machen Zusammenhänge unübersichtlicher. Entscheidungen werden zu einem nicht mehr steuerbaren Geflecht aus Reaktion und Gegenreaktion. Die Entscheidung für den einen adäquaten Weg ist nur noch schwer möglich.

A = Mehrdeutigkeit. „Best practice" und Patentrezepte war gestern. Nur noch selten ist etwas ganz eindeutig oder ganz exakt bestimmbar. Die Anforderungen an Organisationen und Führung von heute sind widersprüchlicher und paradoxer denn je und stellen das persönliche Wertesystem komplett auf die Probe. Entscheidungen erfordern immer häufiger Mut, Bewusstheit und Fehlerfreudigkeit.

Und im Jahr 2020 werden die Gesellschaft und Unternehmen von einer „Pandemie der kollektiven Hysterie" in der Folge der globalen Verbreitung des SARS-CoV-2-Virus konfrontiert. Das situative und mitunter chaotische Krisenmanagement in vielen Ländern offenbarte zum einen massive Defizite im präventiven Risiko-Management, als auch bei der Datenkompetenz und einem „seriösen Umgang mit Unsicherheit". Datenkompetenz setzt einerseits die Fähigkeit voraus zu erkennen, welche Aussagekraft Daten besitzen und wo ihre Grenzen liegen. Das ist kritisches Denken. Andererseits braucht es die Motivation, Daten nicht so zu präsentieren, dass der Laie aus ihnen falsche Schlüsse zieht. Das ist Datenethik. Diese Entwicklungen verdeutlichen vor allem eines: Für Unternehmen ist ein sicherer und zugleich professioneller Umgang mit dem Faktor Risiko (und damit auch der Chance) aus existenziellen Gründen unumgänglich. Ohne Risiken gäbe es aber auch keinerlei Chancen und der verantwortungsvolle Umgang mit Risiken stellt in Wirklichkeit einen wesentlichen Werttreiber für das Unternehmen und damit auch für alle Stakeholder dar. Chancen und Wagnisse sind die zwei Seiten ein und derselben Medaille. Um Werte für ein Unternehmen zu schaffen, müssen Risiken eingegangen werden. Der Erfolg eines Unternehmens ist jedoch maßgeblich dadurch bestimmt, dass die „richtigen" Risiken eingegangen werden. Risiken zu managen heißt auch, die richtigen Strategien zu entwickeln und entsprechend effektive und effiziente Geschäftsprozesse zu definieren.

In der modernen Führungspraxis gilt deshalb die Regel: Präventiv geht vor reaktiv!

Kennen Sie als Geschäftsführer oder Vorstand die „Wertvernichter" im Unternehmen?

Völlig unabhängig von den regulatorischen Veränderungen zählt das präventive Management von Chancen und Risiken schon immer zu den originären Leitungsaufgaben eines Vorstands bzw. Geschäftsführers. Insbesondere die „Business Judgement Rule" regelt im deutschen Gesellschaftsrecht als Teil der Organhaftung, nach welchen Verstößen der Vorstand oder Aufsichtsrat für begangene schuldhafte Pflichtverletzungen persönlich haftet und den entstandenen Schaden ersetzen muss. So muss der Geschäftsführer/Vorstand beispielsweise im Einzelfall nachweisen, dass er seine Entscheidung auf der Grundlage angemessener Information getroffen hat – und daher auch Wetterwarnungen auf dem Radar hatte. Hierzu gehört insbesondere, dass die zukünftigen Chancen und Risiken bewertet und abgewogen werden.

Zwar darf ein Geschäftsführer auch risikoreiche Geschäfte eingehen oder verlustbringende Maßnahmen ergreifen, jedoch niemals das erlaubte Risiko überschreiten und auch nie sein unternehmerisches Ermessen fehlerhaft ausüben. Dies ist beispielsweise dann anzunehmen, wenn aus ex-ante Perspektive das Handeln des Geschäftsführers hinsichtlich ausreichender Information als Entscheidungsgrundlage zum Wohl der Gesellschaft unvertretbar erscheint. Wussten Sie übrigens, dass rund 60 Prozent der „Unternehmenswertvernichter" im Bereich der strategischen Risiken liegen?

Haben Sie als Vorstand oder Geschäftsführer schon einmal systematisch über Ihre persönliche Haftung nachgedacht und sich entsprechend vorbereitet? Haben Sie schon einmal über die potenziellen Zukunftspfade (inkl. der Stresspfade) Ihres Unternehmens systematisch und umfassend nachgedacht? Sind Sie sicher, dass Sie mit der Strategie auf dem richtigen Weg unterwegs sind, nicht in einer Sackgasse stecken und die Geschäftsprozesse passen?

Als Leiter Produktion haben Sie alle wesentlichen Stressszenarien auf dem Radar?

Gerade in der Produktion sind die Risiken allgegenwärtig! Die Nuklearkatastrophe von Fukushima in der Folge katastrophaler Unfälle und schwerer Störfälle im japanischen Kernkraftwerk Fukushima Daiichi im Jahr 2011 haben uns eine schmerzhafte Lektion erteilt. So haben die Experten erst nach der Katastrophe verstanden, dass beispielsweise die Ventile an Druckbehältern mit Filtern ausgestattet sein müssen, die auch ohne Strom arbeiten, um so zu verhindern, dass radioaktive Gase in die Umwelt gelangen. Experten wurden mit der trivialen Erkenntnis konfrontiert, dass Kühlsysteme, die ohne Strom funktionieren, auch ohne Strom gesteuert werden müssen. Und auch die globale Covid-19-Pandemie im Jahr 2020 lieferte uns eine schmerzhafte Lehrstunde über die Verletzlichkeit der globalen Wertschöpfungsketten.

Vor allem lehrte Fukushima und Covid-19 allen Beteiligten die Erkenntnis, dass Prävention zwar Geld kostet, sich am Ende aber doch rechnet und uns vor unliebsamen und auch kostenintensiven Katastrophen schützt oder sie zumindest abmildert. Dabei ist die Erkenntnis, dass Prävention vor Reaktion gestellt werden sollte, nicht neu. Von dem berühmtesten Arzt des Altertum, Hippokrates, ist das Zitat überliefert, dass Vorbeugen besser als heilen ist.

Haben Sie als Produktionsleiter schon einmal strukturiert und systematisch über „Titanic-Szenarien" nachgedacht und sich darauf entsprechend vorbereitet?

Kennen Sie als Einkaufsleiter Ihre wesentlichen Frühwarnsignale?

In den vergangenen Jahren haben Unternehmen erkannt, dass neben den rein operativen Risiken vor allem auch Finanzrisiken zu massiven Planabweichungen führen können. Die Gründe für eine höhere Volatilität bei Rohstoffpreisen sind vielfältig: beispielsweise verfügen nur wenige Länder über wirtschaftlich abbaubare Rohstoffvorräte, rund 95 Prozent der „Metalle der Seltenen Erden" stammen aus China, etwa zwei Drittel des frei gehandelten Eisenerzes stammen aus den Minen von nur drei Anbietern. Der Einkauf hat deshalb heute eine strategische Rolle im Unternehmen, die auf Grund der hohen Risiken im Verantwortungsbereich maßgeblich den Unternehmenserfolg beeinflusst. Eine zentrale

Rolle in der Rohstoff-Gesamtstrategie spielen dabei auch finanztechnische Absicherungsmechanismen. Aber auch eine scheinbar „simple" Entscheidung wie „make or buy" birgt eminente Risiken in sich, die abgesichert sein sollten!

Haben Sie als Einkaufsleiter schon mal systematisch über zukünftige Rohstoffpreisszenarien sowie Absicherungsmechanismen nachgedacht? Kennen Sie Ihre Lieferanten so gut, um die potenziellen Risiken zu erkennen und haben sie Handlungsstrategien für den Ernstfall definiert?

Haben Sie als Vertriebsleiter schon mal vor „lauter Wald nur noch Chancen" gesehen?

Auch das Nicht- oder Falschnutzen von Chancen kann zu einer Existenzkrise eines Unternehmens führen, wie auch die mangelnde Vermeidung von Risiken. „Risk is the sugar and salt of life", so ein Sprichwort in England. Als Vertriebsleiter sind sie verantwortlich für den Eingang hoher Auftragszahlen, aber hier liegen auch klassische Risiken: Zu viele Aufträge können für das Unternehmen auch riskant sein, wenn beispielsweise die Geschäftsprozesse nicht auf den hohen Auftragsdurchlauf ausgerichtet sind oder auch die Produktion nur auf Kosten der Produktqualität die Stückzahlen liefern kann. Auch ist die Rolle des Vertriebs im Rahmen einer Auftragsabwicklung oft risikobehaftet, beispielsweise wenn die Übergabe von Vertragsdaten und -inhalten an die Schnittstellen im Unternehmen (etwa Projektmanagement, Technik, Produktion) nicht klar definiert sind.

Haben Sie als Vertriebsleiter schon einmal systematisch darüber nachgedacht, was eigentlich die richtigen (und damit wertschaffenden) Risiken sind? Kennen Sie die Risiken an den zu steuernden Schnittstellen zu anderen Fachbereichen?

Haben Sie als Personalleiter bestimmte Szenarien schon mal als utopisch bewertet, die dann später eingetreten sind?

„Die Mitarbeiter sind unser wichtigstes Kapital", so steht es in vielen Unternehmensgrundsätzen geschrieben. Das Management von Risiken des Humankapitals steht in zahlreichen Unternehmen jedoch noch am Anfang. Während zu Beginn der Industrialisierung die Produktionsfaktoren Boden und Kapital (Maschinen, Anlagen, Rohstoffe) im Vordergrund standen, wird heute in vielen Branchen der Produktionsfaktor Personal zunehmend als wichtiger Wettbewerbsvorteil erkannt.

Dabei ist der Chancen-/Risikofaktor Personal wesentlich schwieriger zu steuern als die Produktion, Finanzen oder der Einkauf von Rohstoffen: Das Personal entscheidet selbst mit welcher Intensität (Motivation) und Dauer (Fluktuation) es sich in das Unternehmen einbringt. In Kombination mit der zunehmenden Bedeutung dieses Produktionsfaktors wird deutlich wie wichtig ein Management von Personalchancen- und -risiken wird. Hierzu eine kurze Analyse aus der Fachzeitschrift Computerwoche (4. Februar 2015):

> „Der Generation Z fehlt grundsätzlich die Bereitschaft, sich an ein Unternehmen zu binden. Loyalität ist also nicht mehr zu erwarten. Daraus folgt das Bedürfnis nach klarer Trennung zwischen Berufs- und Privatleben: Hat Work-Life-Blending für die Generation Y noch bestens funktioniert, versagt es bei der Generation Z. Ganz wichtig ist nun ein klarer Dienstschluss, denn spätestens um 17 Uhr soll die Freizeit beginnen."

Haben Sie als Personalleiter die wichtigsten Personalrisiken – insbesondere Engpassrisiko, Anpassungsrisiko, Austrittsrisiko und Motivationsrisiko – systematisch analysiert und für Ihr Unternehmen bewertet? Kennen Sie die Unternehmens-Risikolandkarte für das Personalrisiko? Stimmen die Personalentwicklungsmaßnahmen mit den Unternehmenszielen und der Strategie überein?

Zwischenfazit: Nicht nur an die Sonnentage denken! „Risiken sind die Bugwelle des Erfolgs", sagt der deutsche Schriftsteller Carl Amery. Wer seine Chancen erkennen und nutzen will, muss unabdingbar auch seine Risiken managen. Jeder Kapitän weiß, dass Schiffe für die Tage gebaut werden, an denen Stürme toben und die riesigen Wellen sein Schiff wie ein Spielzeug hin und her schleudern.

Klare Strategie muss also sein: Sie sollen jeden nur denkbaren Sturm überleben. Gleichzeitig ist es jedoch auch notwendig sich damit auseinander zu setzen, wie die Steuerung (Geschäftsprozesse) des Schiffes auch in stürmischen Zeiten organisiert sein muss, damit das Schiff funktionsfähig bleibt!

Viele Risikomanager und Entscheider hingegen konstruieren ihr Risiko-Management so, als gäbe es nur Sonnentage und keinerlei Schlechtwetterwarnungen. Sie auch?

Analog zu den Vorauflagen erläutern wir auch in „Erfolgsfaktor Risiko-Management 4.0" praxisnah, welche Verfahren in den einzelnen Unternehmensbereichen wie etwa Produktion, Vertrieb, Logistik/Supply Chain, Finanzen et cetera anwendbar sind. Die Mehrzahl der Kapitel beginnen mit einem realen Fall aus der Praxis zu einer typischen Fragestellung aus der Unternehmenspraxis. Im Anschluss erfolgt die Diskussion der darauf anwendbaren Methoden. Ergänzende Informationen zum Buch finden Sie auf unserem Kompetenzportal RiskNET (www.risknet.eu).

Das Buch ist in dreizehn Kapitel gegliedert. Im Kap. 1 blicken wir zurück auf die historischen Wurzeln des Risiko-Managements. Wir werden erkennen, dass Risiko-Management keineswegs eine neue Disziplin ist. Vielmehr sind die Ursprünge der modernen Risiko- und Wahrscheinlichkeitstheorie sehr eng verbunden mit dem seit Jahrtausenden bekannten Glücksspiel. Im Kap. 2 beschäftigen wir uns mit den wesentlichen Grundlagen einer wert- und risikoorientierten Unternehmensführung. In diesem Kapitel werden auch grundlegende Begriffe definiert und der Regelkreis des Risiko-Managements vorgestellt. Außerdem werfen wir in diesem einführenden Kapitel einen Blick in die Werkzeugkiste eines Risikomanagers. Im Kap. 3 widmen wir uns Methoden zur Identifikation und Bewertung von Risiken. Das anschließende Kap. 4 skizziert die Relevanz von strategischen Risiken. Eine besondere Herausforderung ist es dabei, strategische Chancen und Risiken bereits vor einer Investition – die in der Regel immer mit einem hohen Grad an Unsicherheit verbunden ist – zu kalkulieren bzw. zu antizipieren. Kap. 5 konzentriert sich auf die quantifizierbaren Risiken in den Bereichen Beschaffung und Einkauf, deren Auswirkung auf das Unternehmensergebnis messbar gemacht wird (Bandbreitenplanung). Die Risiken im Bereich der Produktion sowie relevante Methoden zur Analyse von Produktionsrisiken werden in Kap. 6 dargestellt. Kap. 7 widmet sich dem Risiko-Management von Logistik- und Supply-Chain-Risiken. Kap. 8 befasst sich mit dem Risikofaktor Personal. Mit der

Quantifizierung von Risiken im Finanzbereich beschäftigt sich Kap. 9 ausführlich. Hier werden insbesondere alle gängigen Value-at-Risk-Modelle sowie darauf aufbauende quantitative Modelle in ihrer Eignung und Anwendung für die Praxis erläutert. Das anschließende Kap. 10 fokussiert die Risiken im Bereich der Marke eines Unternehmens und im Kontext Vertrieb. Kap. 11 skizziert einführend der Ansatz eines Risiko-Managements im Bereich der Informationstechnologie. Das abschließende Kap. 12 liefert einige Anmerkungen zum Management von Projektrisiken.

Ein *mathematischer Anhang* (Kap. 13) erläutert einige der wesentlichen mathematischen Werkzeuge, die jeder Risikomanager im Industrie- und Handelsunternehmen beherrschen sollte.

Ein *umfangreiches Glossar* hilft Ihnen bei der Einordnung von Begrifflichkeiten im Risiko-Management. Ein regelmäßig aktualisiertes und umfangreiches Glossar finden die Leser auch unter https://www.risknet.de/wissen/glossar/

Die Einteilung des Buches entlang einzelner Organisationsbereiche und Themen soll nicht zu dem Fehlschluss führen, dass Risiko-Management isoliert in einzelnen „Silos“ umgesetzt werden soll. Ziel muss vielmehr ein integriertes Gesamtsystem sein (egal ob dieses System „Enterprise Risk Management“ oder „Integriertes Governance-System“ heißt). Systemdenken bedeutet immer, das Ganze zu sehen, und dabei die Teile wahrzunehmen. Systemdenken bedeutet vor allem auch, dass das Ganze mehr ist als die Summe der einzelnen Elemente. Erst mit einem Systemdenken erkennen wir Muster und Wechselwirkungen (sowie Chancen und Risiken) und reduzieren die Komplexität. Systemdenken hilft uns vor allem, die relevanten „Hebel“ zu entdecken, mit denen wir Chancen erkennen und Risiken erfolgreich bewältigen können.

Wir wünschen Ihnen viel Erfolg bei der Umsetzung eines Risiko-Managements im Unternehmen oder auch im Privatbereich. Und denken Sie daran: Das Gefährliche an einem Risiko ist nicht das Risiko selbst, sondern wie man mit ihm umgeht. Und hierfür liefert Ihnen unser Buch hoffentlich einige Impulse.

Schreiben Sie uns Ihre Meinung an office@risknet.de.

Brannenburg am Wendelstein, Deutschland — Frank Romeike
Köln, Deutschland — Peter Hager
Dezember 2019

Regeln für berufliches und privates Risiko-Management

Für alle, die entweder keine Zeit zum Lesen des Buches haben oder deren Motivation sich in Grenzen hält, sich durch die vielen Seiten Text zu wühlen, folgen hier die wichtigsten Regeln für ein berufliches und persönliches Risiko-Management:

1. Alles, was schiefgehen kann, wird auch schiefgehen. (Whatever can go wrong, will go wrong.)
2. Wenn etwas auf verschiedene Arten schiefgehen kann, dann geht es immer auf die Art schief, die am meisten Schaden anrichtet.
3. Wurden alle Möglichkeiten ausgeschlossen, bei denen etwas schiefgehen kann, eröffnet sich sofort eine neue Möglichkeit.
4. Die Wahrscheinlichkeit, dass ein bestimmtes Ereignis eintritt, ist umgekehrt proportional zu seiner Erwünschtheit.
5. Früher oder später wird die schlimmstmögliche Verkettung von Umständen eintreten.
6. Wenn etwas zu gut erscheint, um wahr zu sein, ist es das wahrscheinlich auch.
7. Die Natur ergreift immer die Partei des versteckten Fehlers.
8. Man hat niemals Zeit, es richtig zu machen, aber immer Zeit, es noch einmal zu machen.
9. Jeder hat ein System, reich zu werden, das nicht funktioniert.
10. Bist du im Zweifel, dann murmel. Bist du in Schwierigkeiten, dann delegiere.
11. Alles, was du in Ordnung zu bringen versuchst, wird länger dauern und dich mehr kosten, als du dachtest.
12. Konstruiere ein System, das selbst ein Irrer anwenden kann, und so wird es auch nur ein Irrer anwenden wollen.
13. In einer Hierarchie versucht jeder Untergebene, seine Stufe der Unfähigkeit zu erreichen.
14. Alles Gute im Leben ist entweder ungesetzlich, unmoralisch, oder es macht dick.
15. Hast du Zweifel, lass es überzeugend klingen.
16. Diskutiere nie mit einem Irren – die Leute könnten den Unterschied nicht feststellen.
17. Wenn Baumeister Gebäude bauten, so wie Programmierer Programme erstellen, dann würde der erste Specht, der vorbeikommt, die Zivilisation zerstören.

Inhaltsverzeichnis

Über die Autoren

Frank Romeike ist Geschäftsführer und Eigentümer der RiskNET GmbH sowie Gründer und Gesellschafter von RiskNET Advisory – Romeike & Partner.

Er zählt international zu den renommiertesten und führenden Experten für Risiko- und Chancenmanagement und coacht seit rund 25 Jahren Unternehmen aller Branchen und Unternehmensgrößen rund um die Themengebiete Risiko- bzw. Chancenmanagement und Wertorientierte Unternehmenssteuerung. Im Rahmen von Intensiv- und Inhouse-Seminaren der Risk Academy hat er weltweit mehr als 20.000 Risikomanager ausgebildet bzw. gecoacht.

Im Jahr 2005 hat Frank Romeike die Risk Management Association e. V. (RMA) als unabhängige Interessenvertretung für das Thema Risiko-Management gegründet. Bis zum Jahr 2010 war er Mitglied des Vorstands der RMA. Frank Romeike ist Mitglied des Vorstands beim Institut für Risiko-Management und Regulierung e. V. (Frankfurt am Main).

Mit RiskNET (www.RiskNET.de) hat er das mit Abstand führende, deutschsprachige Kompetenz-Portal zum Thema Risk Management und Compliance aufgebaut. In seiner beruflichen Vergangenheit war er Chief Risk Officer bei der IBM Central Europe, wo er u. a. an der Einführung des weltweiten Risk-Management-Prozesses der IBM beteiligt war und mehrere internationale Projekte leitete. Er hat u. a. ein wirtschaftswissenschaftliches Studium – mit Schwerpunkt Versicherungsmathematik – in Köln abgeschlossen. Im Anschluss hat er Politikwissenschaften, Psychologie und Philosophie studiert. Außerdem hat er ein exekutives Masterstudium im Bereich Risiko- und Compliancemanagement abgeschlossen.

Frank Romeike hält regelmäßig Vorträge auf nationalen und internationalen Konferenzen rund um die Themen Risiko-Management, wert- und risikoorientierte Steuerung, Szenarioanalyse und Unternehmensbewertung. Er hat mehr als 40 Bücher – darunter einige Standardwerke – sowie mehr als 400 praxisorientierte sowie wissenschaftliche Artikel in Büchern und Fachzeitschriften veröffentlicht. Bis Anfang 2020 war er verantwortlicher Chefredakteur der Fachzeitschrift RISIKO MANAGER.

Peter Hager ist Partner der RiskNET GmbH und Gründer der RiskNET Advisory – Romeike & Partner. Er berät seit mehr als zwanzig Jahren Unternehmen aller Branchen. Hierbei stehen das Finanz-, Investitions- und Risiko-Management im Mittelpunkt. Im Rahmen seiner Beratungstätigkeit hat er erfolgreich das Foreign-Exchange-Risiko-Management eines internationalen Automobilkonzerns um einen Cash-Flow-at-Risk-Ansatz erweitert (Planung in Bandbreiten), Bankenverbände, Landesbanken und Geschäftsbanken beraten sowie eine Reihe von Bundesbankschulungen durchgeführt.

Zuvor hatte er an der Universität Siegen Betriebswirtschaftslehre mit den Schwerpunkten Finanzierung, Prüfungswesen und Handels- und Gesellschaftsrecht studiert. Im Rahmen seiner Dissertation bei Prof. Dr. Wiedemann am Lehrstuhl für Finanz- und Bankmanagement an der Universität Siegen beschäftigte er sich mit der Entwicklung von Risikomodellen, namentlich Value at Risk, Cash Flow at Risk und Ebit at Risk, für die wertorientierte Steuerung von Unternehmen und Simulation von Ergebnissen in Bandbreiten.

Seit mehr als 10 Jahren ist Dr. Peter Hager auch im Bereich der Bank-Informatik tätig, insbesondere als Business Analyst und Consultant an der Schnittstelle zwischen Fachbereichen und IT. Den Schwerpunkt bilden hier fachliche und regulatorische Anforderungen an das Risiko-Management sowie die Risikosteuerung in der IT-Security.

Peter Hager ist Autor zahlreicher Fachaufsätze und seit 1999 als Dozent bundesweit an unterschiedlichen Akademien mit den Schwerpunkten Liquiditätsrisikosteuerung, Wertorientierte Steuerung, Gesamtbanksteuerung und industrielles Chancen-/Risiko-Management tätig. Daneben hat er eine Reihe von Schulungen für Bundesbankprüfer und Verbandsprüfer durchgeführt.

Gemeinsam mit Frank Romeike führt er seit vielen Jahren Intensiv-Seminare zum Thema „Chancen-/Risiko-Management in Industrie und Handel“ durch.

1 In der Retrospektive: Risiko-Management vom Orakel von Delphi bis heute

Risiko liegt meist in der Zukunft verborgen. Aber: Es ist weder das Halbdunkel des Orakels noch das Spiegelbild der Vergangenheit!

F. Romeike, P. Hager, *Erfolgsfaktor Risiko-Management 4.0*,
https://doi.org/10.1007/978-3-658-29446-5_1

1.1 Vom Glücksspiel zum modernen Risikobegriff

„Die Theorie liefert viel, aber dem Geheimnis des Alten bringt sie uns kaum näher. Jedenfalls bin ich überzeugt, dass der Alte nicht würfelt“, schrieb Albert Einstein (* 14. März 1879 in Ulm; † 18. April 1955 in Princeton, USA) im Jahr 1926 an den Physiker Max Born (* 11. Dezember 1882 in Breslau; † 5. Januar 1970 in Göttingen). Die Nachwelt interpretierte daraus den bekannten Ausspruch „Gott würfelt nicht“. Ein Blick in die Vergangenheit zeigt jedoch, dass die Menschen seit jeher würfeln. Würfelspiele sind bereits aus den letzten Jahrhunderten vor Christus sowie aus römischer Zeit überliefert. Das Erscheinungsbild hat sich in den letzten Jahrtausenden offenbar kaum gewandelt, d. h. der Würfel hat sechs Seiten, jede Seite ist mit Augen versehen und die Summe der Augen auf den einander gegenüberliegenden Flächen ergibt in der Regel immer sieben. Einige der älteren, ausgefallenen Würfeltypen sind im hohen und späten Mittelalter schon nicht mehr gebräuchlich, andere entsprechen ziemlich exakt den heute gängigen Typen.

Fakt ist, dass die Ursprünge der modernen Risiko- und Wahrscheinlichkeitstheorie sehr eng verbunden sind mit dem seit Jahrtausenden bekannten Glücksspiel. Bereits seit Menschengedenken haben Menschen Glücksspiele gespielt, ohne von den Systemen der Chancenverteilung zu wissen oder von der Theorie des modernen Risiko-Managements beeinflusst zu sein. Das Glücksspiel war und ist direkt mit dem Schicksal verknüpft. Das Glückspiel ist quasi der Inbegriff eines bewusst eingegangenen Risikos. Bereits seit Jahrtausenden erfreut sich der Mensch am Glücksspiel. So kann man beispielsweise in dem dreitausend Jahre alten hinduistischen Werk Mahabharata[1] lesen, dass ein fanatischer Würfelspieler sich selbst aufs Spiel setzte, nachdem er schon seinen gesamten Besitz verloren hatte.[2] Parallel zur Entwicklung des Glücksspiels stehen auch die Versuche, gegen das Glücksspiel anzukämpfen. Im antiken Sparta beispielsweise wurde das Würfelspiel verboten, und im Römischen Reich war der Einsatz von Geld bei Würfelspielen untersagt. So schloss 813 das Mainzer Konzil all jene von der Kommunion aus, die dem Glücksspiel anhingen. Ludwig IX., der Heilige (von 1226 bis 1270 König von Frankreich, * 25. April 1214 in Poissy, † 25. August 1270 in Tunis), verbot 1254 sogar die Herstellung von Würfeln. Und seit damals hat sich nicht viel verändert: Auch heute noch reglementiert der Staat das Glücksspiel, verdient aber gleichzeitig kräftig am Glücksspiel mit.

Die ältesten uns bekannten Glücksspiele benutzten den so genannten Astragalus, den Vorfahren unseres heutigen sechsseitigen Würfels. Ein Astragalus war ein rechteckiger Knochen, der ursprünglich aus den harten Knöcheln von Schafen oder Ziegen gefertigt wurde (siehe Abb. 1.1). Damit war ein Astragalus praktisch unzerstörbar.

---

[1] Mahabharata ist das bekannteste indische Epos. Man nimmt an, dass es erstmals zwischen 400 v. Chr. und 400 n. Chr. niedergeschrieben wurde, aber auf älteren Traditionen beruht. Es umfasst etwa 100.000 Doppelverse. Die Idee und Bedeutung des Epos kann man im ersten Buch nachlesen: „Was hier gefunden wird, kann woanders auch gefunden werden. Was hier nicht gefunden werden kann, kann nirgends gefunden werden.“

[2] Vgl. Romeike (2008a, S. 25).

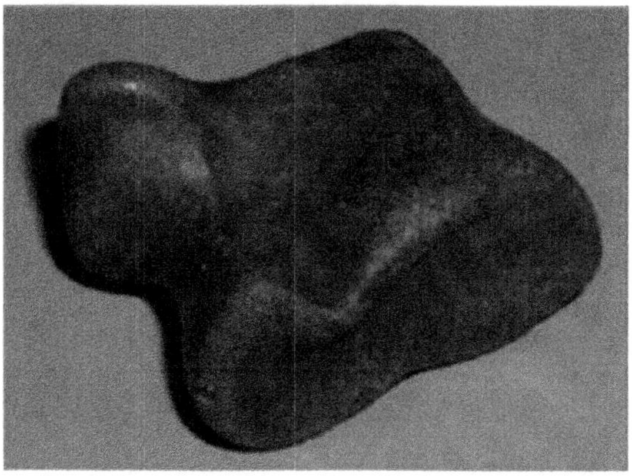

Abb. 1.1 In der griechischen und römischen Kultur dienten Astragali unter anderem zu Orakelzwecken

Das Würfelspiel mit Astragali erfreute bereits die Ägypter, wie archäologische Grabungsfunde bestätigen. Durch ihre kantige Form haben sie vier verschiedene mögliche Ruhepositionen, die Wahrscheinlichkeit für die Ergebnisse ist unterschiedlich hoch. Daneben wurden auch Würfel moderner Form verwendet. Schon antike Autoren hatten Theorien zu ihrer Erfindung, unter anderem schrieb Plinius der Ältere (römischer Gelehrter, * etwa 23 in Novum Comum; † 24. August 79 in Stabiae) sie Palamedes (griechischer Sagenheld aus Nauplia) während des Trojanischen Krieges zu und Herodot (antiker griechischer Historiograf, Geograf und Völkerkundler, * 490/480 v. Chr., † um 425 v. Chr.) dem Volk der Lyder.[3] Es ist jedoch davon auszugehen, dass sie aus dem Orient übernommen wurden. Dabei waren neben sechsseitigen auch bereits Würfel mit höheren Seitenzahlen bekannt, unter anderem gibt es Funde von 12-, 18-, 19-, 20- und 24-seitigen Würfeln. An Materialien ist ein weites Spektrum überliefert, unter anderem Ton, Metall, Elfenbein, Kristall, Knochen und Glas. Auch gab es bereits Würfel mit Buchstaben und Wörtern statt Zahlen oder Augen, die für die Wahrsagerei oder komplexe Würfelspiele benutzt wurden.

Vasen aus der griechischen Antike zeigen Jünglinge, die sich mit Würfelknochen ihre Zeit vertreiben. Auf der Abb. 1.2 sind zwei römische Mädchen beim Astragalspiel – bei den Römern Tali genannt – zu sehen.

Nach Überlieferungen des römischen Senators und Historikers Publius (oder Gaius) Cornelius Tacitus (* um 55, † nach 116) spielten die Germanen mit äußerstem Leichtsinn um Haus und Hof, zuletzt gar um die eigene Freiheit. Ohnehin waren Würfelspiele vor allem in der römischen Zeit weit verbreitet, obwohl es immer wieder Spielverbote gegeben hat. Schuld daran waren offenbar auch die Spielbetrüger. Aus der Antike überliefert sind Würfelbecher und Würfeltürme, die verhindern sollten, dass einzelne Glücksritter ihre Mitspieler über den Tisch ziehen. In die Würfeltürme wurden die Würfel von oben hineingeworfen und rollten durch das Innere des Turms über mehrere Stufen dem Ausgang entgegen. In Abb. 1.3 ist die im Jahr 1984 in einer römischen Villa bei Froitzheim (Kreis Düren) gefundene Turricula (lateinisch für Würfelturm) aus Bronze abgebildet. Der im

[3] Vgl. Ineichen (1996, S. 41 ff.).

Abb. 1.2 Fragment eines Kelches des Töpfers Xanthus, Vindonissa aus Terra Sigillata

Abb. 1.3 Römischer Würfelturm, um 370 n. Chr., Rheinisches Landesmuseum Bonn

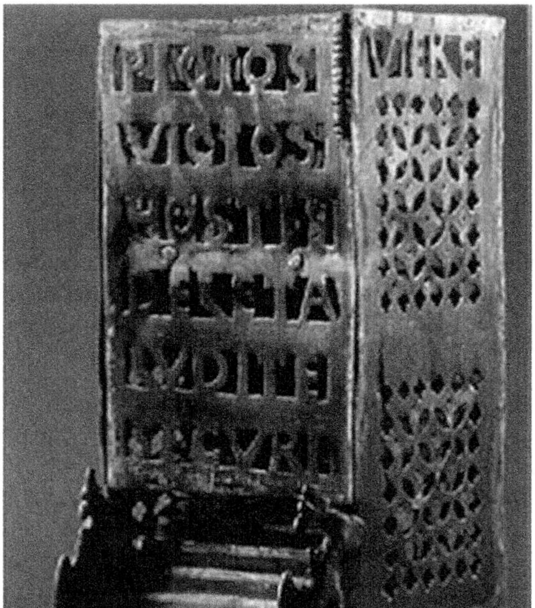

Rheinischen Landesmuseum in Bonn ausgestellte Würfelturm wurde mit zwei Sprüchen in Durchbrucharbeit verschönt: „*Utere felix vivas*" (Welcher auch von euch beiden, lebe glücklich!) und „*Pictos victos, hostis deleta. Ludite securi.*" (Die Pikten sind besiegt, die Feinde vernichtet. Spielt unbesorgt!). Der Würfelturm hat im Inneren Stufen aus Kupferblech, über die die Würfel herabfielen und vor der Treppe, die nach außen führt, ehemals drei Glöckchen anschlugen. Dann wurden als Ergebnis die Augen abgelesen. Die Römer spielten damit eine Art Backgammon oder Tricktrack.

Offiziell war das Glücksspiel mit Würfeln wie auch mit Astragali in römischer Zeit nur an den Saturnalien[4] erlaubt, doch den Verlockungen des Glücksspiels konnten selbst Kaiser nicht widerstehen. Nach Gaius Suetonius Tranquillus (* um 70 n. Chr., † ca. 130–140 n. Chr.) hegten sowohl Tiberius Claudius Caesar Augustus Germanicus (vierter römischer Kaiser der julisch-claudischen Dynastie, * 1. August 10 v. Chr. in Lugdunum, heute Lyon, † 13. Oktober 54 n. Chr.) als auch Nero Claudius Caesar Augustus Germanicus (von 54 bis 68 Kaiser des Römischen Reiches, * 15. Dezember 37 n. Chr. in Antium, † 9. Juni 68 n. Chr. bei Rom) eine Vorliebe für das Würfeln. Claudius soll dem Spiel ein so großes Interesse entgegengebracht haben, dass er eigens ein Werk über die Kunst des Würfelspiels verfasste. Und der römische Staatsmann und Feldherr Gaius Iulius Caesar (* 13. Juli 100 v. Chr. in Rom; † 15. März 44 v. Chr. in Rom) soll bekanntlich die Worte „Alea iacta est" (Die Würfel sind gefallen) ausgesprochen haben, als er am 10. Januar 49 v. Chr. den Grenzfluss Rubikon überschritt und damit den Bürgerkrieg einleitete.[5]

1.2 Fortuna und Gewissheit

Der Ausgang von Glücksspielen hängt primär vom Zufall ab und nicht vom Geschick oder den Fähigkeiten der Spieler (abgesehen vom Falschspiel mit gezinkten Würfeln). Die unterschiedlichen Glücksspiele unterscheiden sich unter anderem durch die Wahrscheinlichkeit des Gewinnens sowie im Verhältnis der Gewinnausschüttung zu den gezahlten Einsätzen. Im Allgemeinen sind die Spielregeln und Gewinnausschüttungen so ausgelegt, dass ein Glücksspieler auf lange Sicht, also bei häufigem Spiel, Geld verliert.

Noch im Mittelalter hat man dieses Phänomen als von Gott gegeben hingenommen. Das Weltbild des Mittelalters stellt ein in sich geschlossenes und hierarchisch gegliedertes Bild einer kosmischen Ordnung dar (ordo) – inklusive aller Ausnahmen, Einschränkungen und Grenzphänomene. Während Gott an der Spitze der Seinspyramide den Lauf der Dinge bestimmt, ist der Mensch – als „Krone der Schöpfung" – das Bindeglied zwischen einer geistig-spirituellen und einer materiellen Welt. Wie der Mensch sind auch die Natur und das Geschehen von Gott gelenkt. Das Individuum ist lediglich ein Teil dieser göttlichen Ordnung, ihm ist in der „universitas" ein ganz bestimmter und fester Platz zugewiesen. Der einzelne Mensch hingegen fühlte sich nicht als Individuum, sondern als Glied einer Gemeinschaft.

---

[4] Die Saturnalien waren ein römisches Fest zu Ehren des Gottes Saturn. Es wurde ursprünglich am 17. Dezember gefeiert, später zwischen dem 17. und 23. Dezember. Erst später wurden die Saturnalien bis zum 30. Dezember ausgedehnt.

[5] Das Sprichwort ist in dieser Version erstmals beim Geschichtsschreiber Sueton belegt: Am 10. Januar 49 v. Chr. erschien Julius Caesar mit seiner Armee am Rubikon, dem Grenzfluss zwischen der Provinz Gallia cisalpina und Italien, das kein römischer Feldherr mit seinen Truppen betreten durfte. Während er noch unschlüssig dastand, kam ein Hirte herangelaufen, entriss einem Soldaten die Trompete, überschritt den Fluss und blies Alarm. Darauf sagte Caesar: „Eatur quo deorum ostenta et inimicorum iniquitas vocat. Iacta alea est."

Die Moderne unterscheidet sich also nicht vorrangig durch die Potenz der sie umstellenden Bedrohungen von vorigen Epochen, vielmehr ist es ihr rationaler Weltbezug, der nahezu sämtliche Bedrohungen oder Gefahren als selbstinduzierte Risiken begreift. Spiegelbildlich stellt man sich alle materiellen und immateriellen Güter als Chancen, das heißt potenziell in der Zukunft erwerbbar, vor. Kontrastiert man dieses individualistische Lebensmodell moderner Wirklichkeit mit einer typisch mittelalterlichen Lebensvorstellung, gewinnen die Unterschiede noch deutlichere Konturen. Die Lebenszeit wurde als von Gott gewährte Frist auf Erden verstanden, die auf eine als Ewigkeit vorgestellte Zukunft ausgerichtet war, deren Qualität nicht prioritär von eigener Leistung, sondern einzig und allein von der Gunst Gottes abhing. Der Glaube, also ein generalisiertes Vertrauen auf rational nicht nachvollziehbare Wirkmächte, erweist sich als Rahmen jedes erlösungsorientierten Lebens. Diese Erlösungsorientierung lebt mit einem Risiko, das nicht beständig, sondern erst konsekutiv droht: Erst am Ende, am Tage des Jüngsten Gerichts, wird über Wert und Unwert des irdischen Lebens entschieden.

Das durchschnittliche Risikoverhalten solcher Lebensmodelle kann deswegen als tendenziell passiv oder abwartend verstanden werden: Man erwartet das kommende Reich Gottes. Auch die Welt der Märchen malt diese abwartende Struktur damaligen Risikoverhaltens aus: Das Aschenputtel, das auf ihren Prinzen wartet, die sieben Raben, die auf ihre Schwester warten, der Froschkönig, der nur durch einen Kuss erlöst werden kann usw. Dem individuellen Handeln waren aus dem Verständnis der Zeit somit Grenzen gesetzt.

Bereits die naturreligiösen und mythischen Opfer und Rituale gehörten in den Bereich der (magisch-subjektiven) Risikominimierung, bei der es primär darum ging, Unvorhergesehenes und Bedrohliches aus dem eigenen systemischen Denken auszugrenzen oder das zukünftige Risiko (Noch-Nicht-Ereignisse, die wir uns hier und jetzt vergegenwärtigen müssen, ohne sie jetzt bereits wirklich kennen zu können. Risiken lauern bösartigerweise in den Seitengängen einer Zukunft, die uns den „Blick um die Ecke“ verweigert)[6] zu kontrollieren. Im Römischen Reich führte dies bei zunehmender rechtlicher Kodifizierung der gesellschaftlichen Verhältnisse, die Unsicherheiten bzw. Risiken abbauen sollte, und bei wachsender Säkularisierung der ökonomischen Verkehrsformen zu einer religiösen Konstellation, die *„als letzte Bastion mythischen Denkens und als wahrscheinlich wichtigste Gegenfigur zum christlichen Glauben an die Omnipotenz des einen wahren Gottes betrachtet werden muss: zum außerordentlich populären Kult der Fortuna, der Göttin des glücklichen, aber unberechenbaren Zufalls“*.[7]

So war denn auch Fortuna, die Göttin des Zufalls, des wagemutigen Handelns und damit des Eingehens von Risiken, die letzte der antiken Götter, die überlebt haben und angebetet wurden, was zumindest den Schluss zulässt, dass im späten römischen Imperium das Experimentalverhalten zur Welt eine so grundbestimmende Tendenz der gesellschaftlichen Praxis gewesen ist, dass religiöse Furcht in ihr kaum noch von durchgreifender Bedeutung sein konnte.

---

[6] Vorwort von Theodor M. Bardmann in: Kleinfellfonder (1996).

[7] Nerlich (1998, S. 81).

Die moderne Gesellschaft stellt sich die Zukunft dagegen nicht als Ewigkeit vor, sondern vergegenwärtigt sie in einer Prognose als kommende Gegenwart: Die Zukunft wird zum Risiko. Die leitende Orientierung religiösen Vertrauens entfällt. Kompensiert wird sie durch rationale Handlungsstrategien, die notwendigerweise das Risiko produzieren. Das Risikoverhalten der Moderne ist in seiner Rationalität aktivisch geprägt. Nicht die Gunst Gottes oder verdienstfrei erworbener Adel von Gottes Gnaden, sondern die eigene Leistungsfähigkeit bestimmen Wert und Rang des jeweiligen Lebensmodells. Es gilt, sich Herausforderungen zu stellen, Risiken „proaktiv" und präventiv anzugehen sowie Chancen zu nutzen. Dadurch, dass jeder Zustand in seiner möglichen Veränderbarkeit gesehen werden kann, wird jede Entscheidung riskant.

1.3 Das Orakel als Risikomanager

Dem Ausgang des Spiels, das heißt dem Zufall, und der zukünftigen Ungewissheit des Lebens standen die Menschen in der Antike vollkommen hilflos und schicksalsergeben gegenüber. Wenn etwa in der Antike die Griechen eine Vorhersage über mögliche Ereignisse von Morgen suchten, berieten sie sich nicht mit ihrem Risikomanager, sondern wandten sich an ihre Orakel. So hatte beispielsweise das Orakel von Delphi seine Blütezeit im 6. und 5. Jahrhundert vor Christi Geburt.

Dem Mythos zufolge ließ Zeus als oberster olympischer Gott in der griechischen Mythologie zwei Adler von je einem Ende der Welt losfliegen, die sich in Delphi trafen. Seither habe dieser Ort als Mittelpunkt der Welt gegolten. Die Erdmutter Gaia vereinigte sich mit dem Schlamm, der nach dem Ende des Goldenen Zeitalters von der Welt übrig blieb, und gebar die geflügelte Schlange Python. Python hatte hellseherische Fähigkeiten und lebte an dem Ort, der später Delphi heißen sollte. Hera, die Frau des Zeus, war eine Enkelin Gaias. Gaia prophezeite ihrer eifersüchtigen Enkelin, dass Leto, eine der Geliebten Zeus' und somit Heras Nebenbuhlerin, dereinst Zwillinge gebären würde, die größer und stärker als alle ihre Kinder seien. So schickte sie Python los, um Leto zu verschlingen, noch bevor diese ihre Kinder zur Welt bringen konnte. Diese Intrige wurde von Zeus verhindert, und Leto gebar Artemis und Apollon. Eine der ersten Taten Apollons war die Rache an Python für den Anschlag auf seine Mutter. Er stellte Python bei Delphi und tötete ihn. Durch das vergossene Blut Pythons übertrugen sich dessen hellseherische Fähigkeiten auf den Ort. So wurde Delphi der Kontrolle Gaias entrissen und befand sich fortan unter dem Schutze Apollons.

Apollon, einer der griechischen Hauptgötter, sprach durch seine Priesterin Pythia und erfüllte sie mit seiner Weisheit, so dass sie den richtigen Rat geben konnte. Auf kultische Verehrung der Gaia ist es zurückzuführen, dass Apollon nicht durch einen Priester, sondern durch die Pythia sprach. Diese saß auf einem Dreifuß über einer Erdspalte. Glaubt man der Überlieferung, so stiegen aus dieser Erdspalte Dämpfe, die die Pythia in einen Trancezustand versetzten.

Der Kalender für das Orakel war klar definiert: Es sprach zunächst nur einmal im Jahr am Geburtstag des Apollon, dem siebenten Tag des Monats Bysios, später am siebten Tag jeden Monats im Sommer. Im Winter legte es für drei Monate eine Pause ein. Nach griechischer Vorstellung hielt sich der Gott in dieser Zeit bei den Hyperboreern auf, einem sagenumwobenen Volk im Norden. Das Orakel wurde währenddessen von Dionysos regiert. Bevor jedoch das Orakel überhaupt sprach, bedurfte es eines Omens: Ein Oberpriester besprengte eine junge Ziege mit eisigem Wasser. Blieb sie ruhig, fiel das Orakel für diesen Tag aus, und die Ratsuchenden mussten einen Monat später wiederkommen. Zuckte sie zusammen, wurde sie als Opfertier geschlachtet und auf dem Altar verbrannt. Nun konnten die Weissagungen beginnen. Begleitet von zwei Priestern begab sich die Pythia zur heiligen Quelle Kastalia, wo sie nackt ein Bad nahm, um kultisch rein zu sein. Aus einer zweiten Quelle, der Kassiotis, trank sie dann einige Schlucke heiligen Wassers. Begleitet von zwei Oberpriestern und den Mitgliedern des Fünfmännerrates ging die Pythia anschließend in den Apollontempel. Sie wurde nun vor den Altar der Hestia geführt, wo aus einer Erdspalte (geologische Untersuchungen haben bisher keinen Hinweis auf eine Erdspalte unter dem Apollontempel geben können) die berauschenden Dämpfe aufstiegen, und sie, mehr oder weniger in Trance, ihre Weissagungen formulierte.

Analog zu den modernen Methoden des Risiko-Managements waren jedoch sehr häufig die korrekte Interpretation der Ergebnisse sowie die Umsetzung der Handlungsalternativen wichtiger als das eigentliche Ergebnis. So fragte etwa der letzte König von Lydien Krösus (griech. Κροίσος Kroísos, lat. Croesus; * um 591/590 v. Chr., † um 541 v. Chr.) das Orakel nach dem Ausgang des von ihm geplanten Krieges gegen Kyros. Die Pythia orakelte, ein großes Reich werde versinken, wenn er den Grenzfluss Halys überquere. Diese Prophezeiung soll der Lyderkönig in einem für ihn positiven Sinn aufgefasst haben und zog wohlgemut in den Krieg. So überquerte er den Grenzfluss Halys und fiel in Kappadokien ein. Die militärische Auseinandersetzung zwischen dem Perserkönig Kyros II. und Krösus wurde in der Schlacht bei Pteria beendet – zu Ungunsten von Krösus.

Weitere bedeutende antike Orakelstätten waren Ephyra, Olympia, Dodona, Klaros, Didyma und das Ammonium in der Oase Siwa. Der christliche Kaiser Theodosius I. (eigentlich Flavius Theodosius, * 11. Januar 347 in Cauca, Spanien, † 17. Januar 395 in Mailand) beendete schließlich die Zeit der Orakelstätten im Jahr 391 n. Chr. durch ein Edikt.[8]

Am Hang des Parnass bei der Stadt Delphi kann man heute die Ausgrabungen der vormaligen Wirkungsstätte des Orakels von Delphi besichtigen. Die wichtigsten Funde (darunter die Statue des Wagenlenkers von Delphi und der Omphalos) sind heute im archäologischen Museum von Delphi direkt neben dem Ausgrabungsgelände ausgestellt. Basierend auf historischen Überlieferungen sollen am Eingang des Tempels von Delphi die Inschriften „Erkenne dich selbst" und „Nichts im Übermaß" angebracht gewesen sein. Insbesondere die erste Aufforderung deutet die eigentliche Absicht des Kultes an, nämlich die Auflösung individueller Probleme und Fragestellungen durch die Auseinandersetzung mit der eigenen inneren Persönlichkeit. Die Erkenntnis der „Innenwelt" dient damit als Zugang zur Problemlösung in der „Außenwelt". Die zweite Inschrift „Nichts im Übermaß" mahnt zur Bescheidenheit im eigenen Tun.

---

[8] Vgl. Fontenrose (1981).

Die Existenz dieser Inschriften ist nicht durch archäologische Funde, sondern ausschließlich aus schriftlichen Überlieferungen bekannt. So lässt beispielsweise der griechische Philosoph Platon (lateinisch Plato, * 427 v. Chr., † 347 v. Chr.) in „Phaidros“ und primär in „Symposion“ den griechischen Philosophen Sokrates über die Bedeutung dieser Inschriften referieren.

Der Risikobegriff und die Methodik eines Risiko-Managements konnten erst entstehen, als die Menschen erkannten, dass die Zukunft nicht bloß den Launen der Götter entsprang und sie auch nicht ein Spiegelbild der Vergangenheit ist. Erst als man sich bewusst war, dass man sein Schicksal auch selbst mitbestimmt, konnten die Grundlagen der Wahrscheinlichkeitstheorie und des Risiko-Managements entstehen.

1.4 Wahrnehmung des Individuums von Vergangenheit und Zukunft

Das Revolutionäre im Vergleich zur Wahrnehmung von Chance und Gewinn sowie von Vergangenheit und Zukunft in der klassischen Antike und im Mittelalter ist die Vorstellung der Neuzeit von Zukunftssteuerung und aktiver Steuerung von Risiken (und Chancen), also der Gedanke, dass die Zukunft nicht nur göttlichen Launen entspringt, sondern Menschen die Zukunft aktiv beeinflussen können.[9] Ob die seit dem 17. Jahrhundert nach und nach entwickelte Theorie des Risiko-Managements und der Risikosteuerung tatsächlich die Spiel- und Wettleidenschaft des Menschen in wirtschaftliches Wachstum, verbesserte Lebensqualität und technologischen Fortschritt kanalisiert hat, sei dahingestellt.[10] Unbestritten ist jedoch, dass Glücksspiel und die Entwicklung des modernen Risiko-Managements untrennbar miteinander verknüpft sind. Zwar liegen die Wurzeln der eigentlichen Risikoforschung in der Zeit der Renaissance, als der Mensch sich von den Fesseln der Vergangenheit befreite und tradierte Meinungen und religiöse Vorstellungen offen in Frage stellte, doch ist ein intensives Nachdenken über Zufälle und Wahrscheinlichkeit bereits aus der Antike tradiert. „Die Menschen haben sich vom Zufall ein Bild geschaffen zur Beschönigung ihrer eigenen Unberatenheit“, heißt es bei dem griechischen Philosophen und Vorsokratiker Demokrit (auch Demokritos, * 460 v. Chr. in Abdera, † 371 v. Chr.). Und Aristoteles (* 384 v. Chr. in Stageira, † 322 v. Chr. in Chalkis), der erste Philosoph, von dem detaillierte Überlegungen über den Begriff des Zufalls überliefert sind, definiert das Geschehen als einen Zustand, dessen Ursachen der Zufall, das „Vonselbst“ oder die „Fügung“ sind.[11] Dabei ist die Fügung jener Spezialfall des „Vonselbst“, bei dem aus einer beabsichtigten Handlung etwas Unbeabsichtigtes entsteht. Zufall und Fügung sind für Aristoteles Ursachen in nebensächlicher Bedeutung, unbestimmte Ursachen und

[9] Vgl. Luhmann (1991, S. 55).

[10] Vgl. Bernstein (1997, S. 9 ff.).

[11] Vgl. Aristoteles (1990).

„darum für menschliche Überlegung unerkennbar".[12] Den Zufall durch die Berechnung von Chancen in den Griff zu bekommen, ist somit kaum möglich. Epikur (* 342 v. Chr. auf Samos, † 271 v. Chr. in Athen) stellt sich die Schöpfung der Welt als Zufall vor. Nach Epikur ist der Zufall objektiv und die eigentliche Natur der Erscheinungen. Auch die modernen Gesetze der Quantenmechanik sind durch Zufall bestimmt, und die Quantenmechanik ist die Basis aller Prozesse in unserer Welt. Aus dieser Sicht ist es der Zufall, der die Ordnung und Gesetze bestimmt. Aus Sicht der Biologie gibt es keine Evolution ohne Zufall, eine weitere Bestätigung für die Dominanz des Zufalls in der Natur. Aus diesem und anderen Bedürfnissen hat die Mathematik die Wahrscheinlichkeitstheorie entwickelt, die uns die Modellierung von zufälligen Erscheinungen ermöglicht.

Seine Philosophie knüpfte an eine vorsokratische und vorplatonische Stufe der griechischen Philosophie an. Von Demokrit übernahm er unter anderem die Wahrnehmungslehre mit der Vorstellung, dass alle Wahrnehmung geschieht, weil sich unablässig Bilder vom Wahrnehmbaren ablösen.

Da die Wahrnehmung für Epikur das einzige Wahrheitskriterium darstellt, ist sie auch das Kriterium für Schlussfolgerungen über solche Dinge, die nicht unmittelbar wahrgenommen werden, wenn nur diese Schlussfolgerungen nicht im Widerspruch zu den Angaben der Wahrnehmung stehen. Deshalb ist die logische Folgerichtigkeit eine wichtige Bedingung der Wahrheit.

Für die Stoiker,[13] die eines der wirkungsmächtigsten philosophischen Lehrgebäude in der abendländischen Geschichte aufgebaut haben, ist der Zufall bloß ein subjektiver Mangel: Die Welt ist im Sinne eines unerbittlichen Schicksals vollständig determiniert.

Ein besonderes Merkmal der stoischen Philosophie ist die kosmologische, auf Ganzheitlichkeit der Welterfassung gerichtete Betrachtungsweise. Hieraus lässt sich ein in allen Naturerscheinungen und natürlichen Zusammenhängen waltendes göttliches Prinzip ableiten. Eine der einprägsamsten Beschreibungen für das stoische Weltbild hat Mark Aurel (von 161 bis 180 römischer Kaiser, * 26. April 121 in Rom, † 17. März 180 wahrscheinlich in Vindobona) hinterlassen:[14]

> Alles ist wie durch ein heiliges Band miteinander verflochten. Nahezu nichts ist sich fremd. Alles Geschaffene ist einander beigeordnet und zielt auf die Harmonie derselben Welt. Aus allem zusammengesetzt ist eine Welt vorhanden, ein Gott, alles durchdringend, ein Körperstoff, ein Gesetz, eine Vernunft, allen vernünftigen Wesen gemein, und eine Wahrheit, so wie es auch eine Vollkommenheit für all diese verwandten, derselben Vernunft teilhaftigen Wesen gibt.

[12] Ineichen (2002, S. 41).

[13] Der Name Stoa (griech. Στοά, „bemalte Vorhalle") geht auf eine Säulenhalle auf der Agora, dem Marktplatz von Athen, zurück, in der Zenon von Kition (* um 333 v. Chr. in Kition auf Zypern; † 264 v. Chr.) um 300 v. Chr. seine Lehrtätigkeit aufnahm.

[14] Vgl. Wittstock (1995).

Die Stoiker sind von der strengen Kausalität allen Geschehens überzeugt. Was immer in der Welt und unter Menschen vorkommt, beruht demnach auf einer lückenlosen Kausalkette. Somit haben die Stoiker bereits die heute im modernen Risiko-Management verwendeten Ursache-Wirkungs-Ketten in ihrem Gedankengebäude berücksichtigt. Für die Stoiker versagt unser Erkenntnisvermögen, wenn diese Ursache-Wirkungs-Kette nicht nachweisbar ist.[15]

1.5 Die Entstehung des modernen Risikobegriffs

Basierend auf einer etymologischen Analyse kann der (europäische) Begriff „Risiko" auf die drei Wörter Angst, Abenteuer und Risiko zurückgeführt werden.[16] Die althochdeutschen Bezeichnungen für Angst (angust, angest) implizieren eine körperlich und seelisch erfahrene Bedrängnis und Not. Diese Wörter sind bedeutungsgeschichtlich die Wurzeln in der Begriffsgeschichte des kaufmännischen Risikos. Der Ausdruck des Abenteuers (aventiure, adventure) bezeichnet bereits im Spätmittelalter auch pekuniäre Wagnisse und verdichtet eine Ideologie, die das Abenteuer als eine Strategie zur individuellen Vertiefung des Selbstwerts verabsolutiert. Das mittelhochdeutsche Lehnwort steht im Kontext einer höfisch-ritterlichen Welt unter anderem für die Suche nach riskanten Situationen und die kämpferische Konfrontation mit ungewissem Ausgang.

Auch bei den riskanten Unternehmungen der Kreuzritter waren Umschreibungen für den Begriff „Kreuzzug" üblich. Zu jener Zeit gebrauchte man Umschreibungen wie Reise (expeditio, iter) oder Pilgerfahrt (peregrinatio). Das heutige Wort „Risiko" (ital. rischio, span. riesgo, frz. risque, engl. risk) ist aus dem italienischen *rischio* direkt ins Deutsche entlehnt worden. Es ist nicht mehr hinreichend zu klären, ob die italienischen Worte *rischio* und *risco* oder das spanische *risco* (Klippe) den Ausdruck stärker geprägt haben, aber anscheinend unstrittig ist, dass Risiko „den unkalkulierbaren Widerstand im Kampf bezeichnet" hat und von dort aus verallgemeinert worden ist.

Etymologisch kann daher Risiko sowohl auf das frühitalienische *risco* (für „die Klippe") zurückverfolgt werden als auch auf das griechische „ριζα" („rhíza") für „Wurzel".[17] Sowohl eine zu umschiffende „Klippe" als auch eine aus dem Boden herausragende „Wurzel" kann ein Risiko darstellen. Unter Etymologen umstritten ist die Rückführung auf das arabische Wort „risq" für „göttlich Gegebenes, Schicksal, Lebensunterhalt". Risiko kann daher allgemein als das mit einem Vorhaben, Unternehmen oder ähnlichem verbundene Wagnis definiert werden.

---

[15] Vgl. Forschner (1995).

[16] Vgl. Keller (2004, S. 60–65).

[17] *Klippe, cliff, récif* sind die Wortursprünge des spanischen *riesgo*, des französischen *risque* und des italienischen *risico, risco, rischio*. Das deutsche „Risiko" ist aus diesen italienischen Worten entlehnt.

Bereits im Zwölften Gesang von Homers[18] Odyssee wird ein dem modernen Risikobegriff nahe Beschreibung, im Kontext einer „gefühlten Gefahr", verwendet. Odysseus versuchte, sich bei den Klippen von Skylla (dem Meeresungeheuer in der Straße von Messina) vor Charybdis (legendärer Strudel am Nordende der Straße von Messina bei Sizilien) zu retten; dort wurde sein Schiff in einem von Zeus beschworenen Sturm vernichtet. Odysseus konnte sich nur dadurch retten, dass er sich an einem überhängenden Feigenbaum festklammerte. Als sein Schiff viele Stunden später wieder ausgeworfen wurde, ergriff er eine Planke (seine Chance) und war gerettet.

Der heutige Begriff „Risiko" tauchte im 14. Jahrhundert das erste Mal in den norditalienischen Stadtstaaten auf. Der aufblühende Seehandel führte zur gleichen Zeit zur Entstehung des Seeversicherungswesens. Etymologisch können daher sowohl die Entstehung des Risikobegriffs als auch die Entwicklung der ersten Versicherungsverträge nicht voneinander getrennt werden.[19] Risiko bezeichnet die damals wie heute existierende Gefahr, dass ein Schiff sinken könne, etwa weil es an einer Klippe zerschellt oder von Piraten gekapert wird. Das „Risiko" quantifiziert das Ausmaß einer Unsicherheit und ermöglicht den kontrollierten Umgang damit. Ein Instrument zur Risikosteuerung war der Abschluss eines Versicherungsvertrags.

Auch die Verteilung seines Kapitals auf mehrere Handelsunternehmungen führte so einerseits zu einer verstärkten Abhängigkeit, andererseits bot sie aber die Möglichkeit, längerfristig handlungsfähig zu bleiben. Denn auch wenn die Wahrscheinlichkeit eines Schiffsunglücks nicht abhängig von der Anzahl seiner Besitzer ist, reduziert sich das Schadensausmaß für jeden einzelnen proportional zu der Anzahl der Investoren. Die Distribution des Risikos ändert dergestalt aber nicht nur die Quantität, sondern ebenso die Qualität der Bedrohlichkeit. Ein Katastrophenrisiko, das die Existenz des Handelsunternehmens gefährdet, wird überführt in ein Risiko, das nur noch die Fortführung einzelner Unternehmensziele kurz- oder mittelfristig beeinflusst.[20] Seit dem 15. Jahrhundert etabliert sich der Risikobegriff als kaufmännische Definition zunehmend auch in den anderen europäischen Volkssprachen. In Deutschland finden sich als italienisches oder katalanisches Fremdwort kurz vor 1500 erste Belege, und wenig später finden wir „Risiko" in der Doppelformel mit dem geläufigen Ausdruck „Abenteuer" bzw. „Auventura" in einem Buchhaltungsbuch von 1518: Im Hinweis, dass „auf sein Auventura und Risigo" zu handeln sei.[21]

[18] Homer ist der erste namentlich bekannte Dichter der griechischen Antike und lebte vermutlich gegen Ende des 8. Jahrhunderts v. Chr.

[19] Vgl. Romeike (2008a).

[20] Vgl. Romeike (2004).

[21] Vgl. Keller (2004, S. 62).

1.6 Die historischen Wurzeln des Risiko-Managements

Die ersten Ansätze einer rudimentären Versicherung konnte man bereits im Altertum, insbesondere in Griechenland, Kleinasien und Rom, finden. So schlossen sich bereits etwa um 3000 v. Chr. phönizische Händler zu Schutzgemeinschaften zusammen und ersetzten ihren Mitgliedern verloren gegangene Schiffsladungen.[22]

Ein Gesetzbuch des Hammurapi bzw. Hammurabi (trug auch den Titel König von Sumer und Akkad, * 1728, † 1686 v. Chr., nach anderer Chronologie * 1792, † 1750 v. Chr.), der 6. König der ersten Dynastie von Babylonien, enthielt klare Bestimmungen, wonach sich Eselstreiber bei Raubüberfällen auf Karawanen den Schaden untereinander ersetzen sollten. Hammurabi kodifizierte das Straf-, Zivil- und Handelsrecht und ist vor allem bekannt durch seine in altbabylonischer Sprache abgefasste und auf einer Dioritstele eingemeißelte Gesetzessammlung (den so genannten Codex Hammurabi).[23] So heißt es beispielsweise in dem Text: „*Wenn ein Bürger das Auge eines anderen Bürgers zerstört, so soll man ihm ein Auge zerstören. Wenn er einen Knochen eines Bürgers bricht, so soll man ihm einen Knochen brechen. (…) Wenn ein Bürger einem ihm ebenbürtigen Bürger einen Zahn ausschlägt, so soll man ihm einen Zahn ausschlagen. Wenn er einem Palasthörigen einen Zahn ausschlägt, so soll er ein Drittel Mine Silber zahlen.*“[24]

Unter gesellschaftlich gleichstehenden Personen galt in Babylonien ein Talionsrecht: Gleiches wird mit Gleichem vergolten, die Strafe entspricht der Tat. Bei gesellschaftlich tiefer stehenden Personen wird eine Kompensation durch Zahlung ermöglicht. Der Kodex des Hammurabi enthielt außerdem 282 Paragrafen zum Thema „Bodmerei“. Bodmerei war ein Darlehensvertrag bzw. eine Hypothek, die von dem Kapitän bzw. Schiffseigentümer zur Finanzierung einer Seereise aufgenommen wurde. Ging das Schiff verloren, so musste das Darlehen nicht zurückgezahlt werden. Somit handelte es sich bei Bodmerei um eine Frühform der Seeversicherung.

Insbesondere in Griechenland und Ägypten halfen kultbezogene Vereine ihren Mitgliedern bei Krankheit und sorgten für ein würdiges Begräbnis. Dies war auch die Grundlage für die Gründung erster Sterbekassen. Die Mitglieder einer solchen Sterbekasse hatten Anspruch auf ein würdiges Begräbnis, auf das Schmücken des Grabes und kultische Mahlzeiten, die die überlebenden Mitglieder einnahmen. Deshalb wurden die Mitglieder auch „sodales ex symposio“ (Mitglieder an der gemeinsamen Essenstafel) genannt. Andere Sterbekassen (etwa in Rom) versprachen ihren Mitgliedern einen Urnenplatz in unterirdischen Gewölben (Columbaria). Die Mitglieder zahlten eine Grundgebühr sowie einen regelmäßigen jährlichen Beitrag. Erst dann bekam man Anrecht auf einen Platz in der Gewölbeanlage, die durch die Beiträge finanziert, gepflegt und verwaltet wurde.

Im Mittelalter bildeten sich Vereinigungen von Kaufleuten (Gilden), Schiffsbesitzern und Handwerkern (Zünfte), deren Mitglieder sich unter Eid zu gegenseitiger Hilfe etwa

---

[22] Vgl. Romeike (2008a, S. 27).

[23] Vgl. Manthe (2003) sowie van de Mieroop (2005).

[24] Vgl. Romeike (2008a, S. 27).

bei Brand, Krankheit oder Schiffbruch verpflichteten. Diese Solidargemeinschaften bildeten auch das Fundament für das moderne Versicherungswesen und die Grundlagen des Risiko-Managements.

Die ersten Versicherungsverträge sind vor allem sehr eng mit der Seefahrt und der Entstehung des modernen Risikobegriffs verbunden und wurden Ende des 14. Jahrhunderts in Genua und anderen Seeplätzen Italiens geschlossen. In Deutschland wurden die ersten vertraglichen Seeversicherungen gegen Ende des 16. Jahrhunderts abgeschlossen. Mit derartigen Versicherungsverträgen konnten Schiffseigentümer sich gegen Verlust ihrer Schiffe durch Sturm und Piraten schützen.

Auf Basis der über einen längeren Zeitraum erstreckten Beobachtungen der Unfälle von Handelsschiffen wurde eine Prämie von beispielsweise 12 bis 15 % zur Abdeckung des Risikos verlangt. Aus dieser Zeit stammt auch das folgende Zitat: „Seit Menschengedenken ist es unter Kaufleuten üblich, einen Geldbetrag an andere Personen abzugeben, um von ihnen eine Versicherung für seine Waren, Schiffe und andere Sachen zu bekommen. Demzufolge bedeutet der Untergang eines Schiffes nicht den Ruin eines einzelnen, denn der Schaden wird von vielen leichter getragen als von einigen wenigen."[25] Zur gleichen Zeit entstand auch der Begriff der „Police", der sich vom italienischen „polizza" für „Versprechen" oder „Zusage" herleiten lässt. Auch heute heißt die Versicherungspolice im Italienischen „polizza d'assicurazione".

Der englische Philosoph und Staatsmann Francis Bacon (* 22. Januar 1561 in London, † 9. April 1626 in Highgate) brachte im Jahr 1601 einen Gesetzesantrag zu regulären Versicherungspolicen ein. In Deutschland hat die Seeversicherung allerdings bis Ende des 19. Jahrhunderts nie eine volkswirtschaftliche Bedeutung erlangt, da der Gütertransport über See und der internationale Warenaustausch noch zu gering waren.

Als Pionier im Bereich der Stichprobenauswahl und -verfahren sowie der Versicherungsmathematik gilt John Graunt (* 24. April 1620 in London, † 18. April 1674 in London), der im Jahr 1662 das Buch „Natural and Political Observations mentioned in a following Index, and made upon the Bills of Mortality" veröffentlichte. Das Buch wird allgemein mit der Geburtsstunde der Statistik gleichgesetzt und enthielt eine Zusammenstellung der Geburts- und Todesfälle in London zwischen den Jahren 1604 und 1661.[26] Graunt war von dem Gedanken geleitet worden, *„erfahren zu wollen, wie viele Menschen wohl existieren von jedem Geschlecht, Stand, Alter, Glauben, Gewerbe, Rang oder Grad etc. und wie durch selbiges Wissen Handel und Regierung sicherer und regulierter geführt werden könnten; weil, wenn man die Bevölkerung in erwähnter Zusammensetzung kennt, so könnte man den Verbrauch in Erfahrung bringen, den sie benötigen würde; auf dass Handel dort erhofft würde, wo er unmöglich ist."*[27] So fand John Graunt heraus, dass *„etwa*

[25] Vgl. Romeike (2008a, S. 29).

[26] Vgl. Romeike (2008a, S. 39).

[27] Vgl. Graunt (1665).

36 Prozent aller Lebendgeborenen vor dem sechsten Lebensjahr starben." An „*äußeren Leiden wie Krebsgewächsen, Fisteln, Wunden, Geschwüren, Brüchen und Prellungen von Körperorganen, Eiterbeulen, Skrofulose, Aussatz, Kopfgrind, Schweinepocken, Zysten etc.*" starben weniger als 4000 Menschen.

Der englischer Nationalökonom und Statistiker sowie Mitbegründer der Royal Society William Petty (* 27. Mai 1623, † 16. Dezember 1687 in London), ein Freund Graunts, griff die statistischen Erkenntnisse auf und prägte vor allem den Begriff der „Politischen Arithmetik". Darunter verstand Petty die zur damaligen Zeit nicht gebräuchliche Anwendung von quantitativen Daten, d. h. Zahlen und Statistiken zur Analyse wirtschaftlicher Fragestellungen. Petty war ein Verfechter mathematisch-empirischer Vorgehensweise und wollte sich mittels Zahlen und statistischen Methoden von subjektiven Wertungen und Abschätzungen lösen, um so zu objektiveren Ergebnissen zu kommen. Daher erhielt er im Jahr 1654 die Aufgabe, ganz Irland in ein Kataster einzutragen. Ergebnis ist das Down Survey, das er im Jahr 1656 vollendete. Seine Arbeiten zur Arithmetik, zusammen mit denen John Graunts, begründeten die modernen Zählungstechniken und bildeten wesentliche Bausteine für das moderne Versicherungswesen.

Der englische Astronom, Mathematiker, Kartograf, Geophysiker und Meteorologe Edmond Halley (* 8. November 1656 in Haggerston bei London, † 14. Januar 1742 in Greenwich) trieb rund drei Jahrzehnte nach der Veröffentlichung von „Natural and Political Observations mentioned in a following Index, and made upon the Bills of Mortality" die Arbeiten John Graunts weiter und analysierte basierend auf Informationen des Breslauer Wissenschaftlers und Pfarrers Kaspar Neumann (* 14. September 1648 in Breslau, † 27. Januar 1715 in Breslau) Geburten- und Sterbeziffern aus Kirchenbüchern.[28] Halley konnte mit seinen Tabellen „die Wahrscheinlichkeit" zeigen, dass ein „Anteil" jeder gegebenen Altersgruppe „nicht binnen eines Jahres stirbt". Damit konnte die Tabelle dazu benutzt werden, die Kosten einer Lebensversicherung bei unterschiedlichem Alter zu berechnen, da die Tabelle die erforderlichen Daten zur Berechnung von Jahresrenten lieferte. Heute ist Halley weniger für seine revolutionären Arbeiten im Bereich der Versicherungsstatistik bekannt, sondern eher für den von ihm entdeckten periodischen Kometen mit einer Umlaufzeit von rund 76 Jahren (Halleyscher Komet; zuletzt kam er im Jahr 1986 in Erdnähe, seine nächste Wiederkehr wird für das Jahr 2061 erwartet), der u. a. auch von der ESA-Raumsonde Giotto analysiert wurde.

Kaspar Neumann diente die mathematisch-experimentelle Analyse, die auf vielen Gebieten der Naturwissenschaft im 17. Jahrhundert erfolgreich praktiziert wurde, als Vorbild auch bei der Untersuchung der Bewegungen im Leben und Sterben der Menschen. Sein

[28] Vgl. Cook (1998) sowie Romeike (2008, S. 30–31). Die Studie „An Estimate of the Degrees of the Mortality of Mankind, drawn from curious Tables of the Birth and Funerals at the city of Breslaw, with an Attempt to acscertain the Price of Annuities upon Lives" wurde von Edmond Halley im Jahr 1693 veröffentlicht.

Versuch, gestützt auf die empirische Analyse massenstatistischer Daten, gesetzmäßige Zusammenhänge zwischen Leben und Tod zu finden und abergläubische Vorstellungen darüber zu widerlegen, ist darauf gerichtet, die Bedeutung Gottes auch auf diesem Gebiet nachzuweisen. In diesem Kontext kann Neumann als Vordenker von Johann Peter Süßmilch (* 3. September 1707 in Zehlendorf bei Berlin, † 22. März 1767 in Berlin), dem Begründer der Bevölkerungsstatistik in Deutschland, angesehen werden. Süßmilch versuchte in seinem Hauptwerk „Die göttliche Ordnung in den Veränderungen des menschlichen Geschlechts", durch den Nachweis der „Konstanz massenstatistischer Merkmale der Bevölkerung als Ausdruck des Willens Gottes einen Nachweis für dessen Existenz zu liefern".[29]

Parallel entwickelten sich bereits Mitte des 16. Jahrhunderts in Schleswig-Holstein so genannte Brandgilden. Zur damaligen Zeit gab es keine staatliche Absicherung in Notfällen, so dass die Gilden zunächst als standesorientierte Schutzgilden, später auch als berufsständisch ausgerichtete Zunftgilden entstanden. Bei den Brandgilden wurde zunächst nur das Gebäude versichert. Einige Gilden versicherten später auch das Mobiliar, den Diebstahl von Pferden und Vieh von der Weide, Windbruch und die Begleichung der Begräbniskosten. Während ursprünglich der Schaden mit Naturalien (etwa Holz und Stroh für den Wiederaufbau des Hauses oder mit Weizen als Ersatz für die vernichtete Ernte) ersetzt wurde, führten die Gilden gegen Ende des 16. Jahrhunderts auch Geldleistungen ein. Damit war man dem modernen Versicherungsprinzip und Risiko-Management schon sehr nahe gekommen.

Am 30. November 1676 wurde der „Puncta der General Feur-Ordnungs-Cassa" durch Rat und Bürgerschaft der Stadt Hamburg verabschiedet. Der Abschluss des ersten Hamburger „Feuer-Kontrakts" erfolgte aus einer Interessengemeinschaft von Brauereibetrieben im Jahr 1591. Die Hamburger Feuerkasse ist damit das älteste Versicherungsunternehmen der Welt.[30] Der definierte Versicherungsbereich befand sich damals innerhalb der Ringmauern der Stadt. Der Eintritt in die Hamburger Feuerkasse war freiwillig. Der Austritt hingegen war zunächst genehmigungspflichtig. Die Gebäude wurden nach ihrem tatsächlichen Wert (Verkehrswert) versichert. Hierbei betrug die maximale Versicherungssumme 15.000 Mark mit „einem quart" Selbstbeteiligung. Mit den Mitgliedern wurde neben festen Beiträgen (ordentliche Zulage) auch eine unbegrenzte Nachschusspflicht (außerordentliche Zulage) vereinbart. Bereits bei der Gründung wurde eine Wiederaufbauklausel vereinbart, d. h. das Gebäude musste nach einem Brandschaden wieder errichtet werden. Im Jahr 1753 wurden Austritte aus der Feuerkasse nach einem Eintritt nicht mehr gestattet. Im Jahr 1817 wurde die Versicherungspflicht für alle Gebäude eingeführt. Im Jahr 1833 folgte die Einführung einer Neuwertversicherung. Kostete ein gleichartiges Gebäude mehr als zum Zeitpunkt des Errichtens, wurde der höhere Betrag bezahlt. Beim

[29] Vgl. Süßmilch (1761–1762). Digitalisiertes Originalwerk vgl. echo.mpiwg-berlin.mpg.de.

[30] Vgl. www.hamburger-feuerkasse.de.

Hamburger Brand von 1842 wurde die Hamburger Feuerkasse auf die „Bewährungsprobe" gestellt, da etwa 20 % des Gebäudebestandes vernichtet wurde. Die Hamburger Feuerkasse entschädigte alle zerstörten und beschädigten Gebäude. Erst im Jahr 1867 erfolgte die Einführung eines nach individuellen Risiken abgestuften Beitrages.

Im Jahr 1778 wurde mit der Gründung der Hamburgischen Allgemeinen Versorgungsanstalt die erste Lebensversicherungsgesellschaft in Deutschland gegründet, die jedoch zunächst nur für eine elitäre Oberschicht interessant war. In der zweiten Hälfte des 18. Jahrhunderts entstanden die ersten Feuerversicherungsunternehmen, die von den absolutistischen Landesherren eingeführt wurden.

Ein weiterer wichtiger Meilenstein bei der Entwicklung des modernen Versicherungswesens und Risiko-Managements findet man in einem von Edward Lloyd (* 1648, † 1713) gegründeten Kaffeehaus in London. Lloyds Kaffeehaus entwickelte sich über die Jahre zum Treffpunkt für Kapitäne und Kaufleute. Dort schloss man zunächst humorig gemeinte Wetten darüber ab, welche Schiffe wohl den Hafen erreichen oder auch nicht erreichen würden. Schließlich wurden aus den Wetten echte Transaktionen, die über einen Makler abgewickelt wurden. Der Risikoträger bestätigte die Risikoübernahme, d. h. den Verlust gegen eine genau definierte Versicherungsprämie zu übernehmen, durch seine Unterschrift („Underwriter"). Das damalige „Versicherungsgeschäft" förderte jedoch eher den Wett- und Spielgeist, da Versicherungspolicen gegen quasi jedes nur denkbare Risiko abgeschlossen werden konnten: Tod durch Gin-Konsum, Versicherung weiblicher Keuschheit, todbringende Pferdeunfälle etc.[31]

Hieraus entstand später die „Corporation of Lloyd's", eine Vereinigung von privaten Einzelversicherern (Underwriter). Dabei haftet jeder Underwriter unbegrenzt mit seinem gesamten Vermögen für den übernommenen Risikoanteil und muss bei dem einer Aufsichtsbehörde ähnlichen „Lloyd's Committee" Sicherheiten hinterlegen (Lloyd's Deposits) und sich regelmäßigen Audits unterwerfen. Noch heute versichert Lloyd's so ziemlich alles, von großen Frachtschiffen über Ölbohrplattformen bis zu Kunstwerken. Weil die Policen häufig eine enorme Größe haben, schließen sich dafür mehrere Versicherer zusammen und übernehmen jeweils nur einen Teil des Risikos. Mit diesem Syndikatsmodell dient Lloyd's of London heute 66 Syndikaten als Markt und Regulierer, von dem aus sie kommerzielle und Spezial-Versicherungen vertreiben. Die Mitgliederfirmen müssen sich an gemeinsame Regeln halten. Sie zahlen in einen gemeinschaftlichen Fonds, aus dem Großschadensereignisse, wie beispielsweise resultierend aus den Terroranschlägen des 11. September 2001, bedient werden.

Als Names bezeichnet man bei Lloyd's die Investoren. Sie verpfänden ihr Privatvermögen (haften also persönlich) in bestimmter Höhe für bestimmte Risiken, beispielsweise für einzelne Schiffe. Der Vorteil dieses Investments besteht darin, dass die Names ihr Ri-

[31] Vgl. Romeike (2008a) sowie Romeike (2017).

sikokapital – solange der Schadensfall nicht eintritt – weiterhin nutzen können: Immobilien können neben den Versicherungsprämien weiterhin Mieteinnahmen erbringen, Barvermögen kann weiterhin angelegt werden.

Die Gründung des Unternehmens Lloyd's erfolgte im Jahr 1871. Die Gesellschaft erhielt alle Rechte einer normalen Gesellschaft, charakteristisch blieb trotzdem der Schwerpunkt auf dem individuellen Engagement der Versicherungsgeber. In der Gründungsurkunde (Lloyd's Act) wurde die Gesellschaft zunächst auf Seeversicherungen eingeschränkt, was erst 1911 aufgehoben wurde. Lloyd's beruht im Kern nach wie vor auf dem im Lloyd's Act festgelegten Kodex. Dieser soll die Ansprüche beider Seiten schützen: Die Names müssen auch im Schadensfall vor Verarmung geschützt sein, die Ansprüche der Versicherungsnehmer dürfen nicht durch Parallelgeschäfte der Names gefährdet werden. Ursprünglich geschah dies durch eine gesellschaftliche Auslese: Die Names mussten ein Barvermögen in ausreichender Höhe besitzen.

Als die Bohrinsel Piper Alpha nach einem Feuer im Jahr 1988 als Totalverlust verbucht werden musste, zeigte sich parallel auch ein erheblicher Reformbedarf bei Lloyd's: Die bestehende Kette von Rückversicherungen führte schließlich dazu, dass die Gesamtheit der Syndikate infolge des Unglücks ein Mehrfaches des tatsächlichen Schadens abschreiben musste.

In Deutschland gelang dem Versicherungsgedanken ein Durchbruch durch die Einführung der Sozialversicherung durch Otto Eduard Leopold von Bismarck-Schönhausen (bekannt als Otto von Bismarck, langjähriger Ministerpräsident von Preußen und der erste Reichskanzler des Deutschen Kaiserreichs, * 1. April 1815 in Schönhausen, † 30. Juli 1898 in Friedrichsruh bei Hamburg), um vor allem den Fabrikarbeitern aus patriarchalischer Sorgepflicht und christlichem Verantwortungsbewusstsein in den klassischen Notlagen des Lebens, bei Krankheit, Invalidität und im Alter zu helfen. In Deutschland wurden daher früher als in anderen Ländern die ersten Netze der Krankenversicherung (1883), der Unfallversicherung (1884) und der Invaliden- und Altersversicherung (1889) aufgebaut.

In Tab. 1.1 sind die wesentlichen Entwicklungen im Bereich des Versicherungswesens, der Versicherungsmathematik und des Risiko-Managements von 400 v. Chr. bis 1900 zusammengefasst.[32]

[32] In Anlehnung an die Übersichten bei Pfeifer (2004) sowie: Milbrodt und Helbig (1999) sowie Romeike (2008a, S. 32–35).

Tab. 1.1 Wesentliche Entwicklungen im Versicherungswesen, in der Versicherungsmathematik und im Risiko-Management

Jahr	Ereignisse
400 v. Chr.	Erste Erwähnung des Seedarlehens in den Reden der Griechen Lysias und Demosthenes. Das für einen Seetransport gewährte Kapital war nur dann mit den vereinbarten Zinsen zurückzuzahlen, wenn Schiff und Ware unversehrt den Bestimmungshafen erreichten. Als „foenus nauticum“ fand dieses Rechtsinstitut Aufnahme in das römische Recht.
200 v. Chr.	„Lex Rhodia de iactu“: Nach der Insel Rhodos benannte gesetzliche Regelung der Gefahrengemeinschaft beim Seetransport im hellenistischen und später römischen Rechtskreis. Nach dieser Regelung mussten Schäden durch Über-Bord-Werfen von Waren in Seenot von allen Beteiligten gemeinsam getragen werden (Haverei).
130 n. Chr.	Älteste vollständig erhaltene Satzung einer römischen Sterbekasse aus Lanuvium bei Rom. Derartige Einrichtungen waren als so genannte Vereinigungen von Leuten einfachen Standes (collegia tenuiorum) in den unteren Bevölkerungsschichten und beim Militär verbreitet.
700	Kapitulare (Gesetz) Karls des Großen, das die Verbreitung von Gilden in karolingischer Zeit mit der Aufgabe gegenseitiger Hilfeleistung durch Geldzahlung bei Brand- und Schiffsunglücken bezeugt.
1150	Die seit der zweiten Hälfte des 12. Jahrhunderts in Deutschland nachweisbaren Zünfte unterstützten die Mitglieder in Notfällen wie Krankheit, Invalidität und Alter, im Todesfall auch Witwen und Waisen. Später entstanden eigene Gesellenbruderschaften mit ähnlichen Leistungen. Da die aufgebrachten Beiträge in den Laden verwahrt wurden, diente dieser Begriff später auch zur Bezeichnung der ausgegliederten Versorgungseinrichtung (Toten-, Kranken- und Witwenladen bzw. -kassen).
1308	Ältester bekannter Leibrentenvertrag, geschlossen zwischen dem Erzbischof von Köln und dem Kloster St. Denis bei Paris.
1347	Der älteste Seeversicherungsvertrag wurde in Genua abgeschlossen.
1370	Erster Rückversicherungsvertrag im Bereich der Seeversicherung in Genua (wird gemeinhin angesehen als Ursprung der Rückversicherung).
1583	Zwischen dem Ratsherren Richard Martin und Herrn Walter Gybbons wurde der erste bekannte Lebensversicherungsvertrag der Welt vereinbart (dieser war eher ein Wettvertrag): Auszahlung von 400 Pfund bei Tod binnen eines Jahres (bei einer Einmalprämie von 30 Pfund).
1585	Simon Stevin stellt in der Schrift „Practique d'Arithmétique“ eine Zinstafel sowie eine Tabelle von Endwerten von Zeitrenten in Abhängigkeit von der Laufzeit auf.
1590	Abschluss des sog. Hamburgischen Seeversicherungsvertrags.
1591	Hamburger „Feuercontract“ zur Versicherung der städtischen Brauhäuser.
1662	J. Graunt verfasste auf Anregung von W. Petty die Schrift „Natural and political observations made upon the bills of mortality“ mit einer Sterbetafel, die auf dem Londoner Todesregister beruht.
1669	C. und L. Huygens tauschten sich in einem Briefwechsel über Erwartungswert und Median der zukünftigen Lebensdauer unter Zugrundelegung von Graunts Sterbetafel aus.

(Fortsetzung)

Tab. 1.1 (Fortsetzung)

Jahr	Ereignisse
1670	Kampener „Kommunaltontine", entsprechend einer Idee von L. Tonti, gestaltet als Rentenanleihe.
1671	J. de Witt verfasste die Schrift „Waerdye van Lyf-Renten naer Proportie van Los-Renten" (Prämienberechnung für Leibrenten, „Rechnungsgrundlagen erster Ordnung") zum Zweck der Armee-Finanzierung im Niederländisch-Französischen Krieg.
1674	Ludwig XIV. gründete zur Förderung der Kampfmoral das „Hôtel des Invalides". Jeder Heeresangehörige hatte nach zehntägiger Dienstdauer Anspruch auf Aufnahme, d. h. auf medizinische Betreuung, Bekleidung und Verköstigung. Der Etat wurde aus einer zweiprozentigen Abgabe von allen Militärausgaben bestritten.
1676	Gründung der Hamburger Feuerkasse, des ersten öffentlich-rechtlichen Versicherungsunternehmens der Welt. Verabschiedung der „Puncta der General Feur-Ordnungs-Cassa" durch Rat und Bürgerschaft der Stadt Hamburg, Zusammenfassung der bestehenden Feuerkontrakte.
1680/83	Zahlreiche Schriften von G. W. Leibnitz zu verschiedenen Problemen der Versicherungs- und Finanzmathematik, u. a. mit den Themen Öffentliche Assekuranzen (mit Bezug auf die kurz zuvor gegründete Hamburger Feuerkasse), verschiedene Arten der Zinsrechnung, Leibrenten, Pensionen, Lebensversicherungen (auch auf mehrere Leben), Bevölkerungsentwicklung.
1693	Der Astronom E. Halley verfasste die Schrift „An estimate of the degrees of mortality of mankind, drawn from curious tables of the births and the funerals at the city of Breslaw; with an attempt to ascertain the price of annuitites upon lives." Konstruktion einer Sterbetafel (Todesfälle von 1687 bis 1691 in Breslau) basierend auf Aufzeichnungen von C. Neumann, Darstellung von Leibrentenbarwerten.
1706	Gründung der Amicable Society, der ersten Lebensversicherungsgesellschaft der Welt, in London.
1725	A. de Moivre verfasste das erste Lehrbuch der Versicherungsmathematik mit dem Titel „Annuities upon Lives". Sterbegesetz als Approximation von Halleys Sterbetafel, Rekursionsformeln für Leibrentenbarwerte.
1741	J. P. Süßmilch, Probst der Lutherisch-Brandenburgischen Kirche in Berlin, verfasste die Schrift „Die Göttliche Ordnung in den Veränderungen des menschlichen Geschlechts, aus der Geburt, dem Tode und der Fortpflanzung desselben." Wichtigster Klassiker der Demografie. Zusammen mit dem Mathematiker L. Euler führte er Berechnungen der Lebenserwartung durch, die noch bis ins 19. Jahrhundert von Versicherungsgesellschaften bei der Kalkulation von Lebensversicherungsprämien verwendet wurden.
1755	J. Dodson verfasste „The Mathematical Repository". Lebensversicherung gegen laufende konstante Prämien, Einführung des Deckungskapitals.
1762	Deed of Settlement (Gründungsurkunde) der „Society for Equitable Assurances on Lives and Survivorships." Erste Lebensversicherungsgesellschaft auf statistisch-mathematischer Basis. Wahl des auf Dodson zurückgehenden Begriffs des „Actuary" (Aktuar) als Berufsbezeichnung des Versicherungsmathematikers.

(Fortsetzung)

Tab. 1.1 (Fortsetzung)

Jahr	Ereignisse
1765	D. Bernoulli verfasste die Schrift „Essai d'une nouvelle analyse de la mortalité cuasée par la petite vérole, et des avantages de l'inoculation pour la prévenir.“ Zusammengesetzte Ausscheideordnung mit den Ausscheideursachen „Tod ohne vorherige Pockenerkrankung“ und „Ausscheiden durch Pockenerkrankung“.
1771	In Österreich entstand das erste Pensionsrecht: Jeder Offizier hatte ohne Rücksicht auf sein persönliches Vermögen Anspruch auf Invalidenversorgung.
1767/76	L. Euler verfasste die Schriften „Recherches générales sur la mortalité et la multiplication du genre humain“ sowie „Sur les rentes viagères und Eclaircissements sur les établissements publics en faveur tant des veuves que des morta avec la déscription d'une nouvelle espèce de tontine aussi favorable au public qu'utile à l'état.“ Erweiterung der Halleyschen Sterbetafelkonstruktion auf den Fall einer nichtstationären Bevölkerung. Jahresnettoprämien für Leibrenten (auch rekursiv), Bruttoprämien. Beschreibung einer „kontinuierlichen“ (zugangsoffenen) Tontinenversicherung.
1785/86	N. Tetens verfasste die Schrift „Einleitung zur Berechnung der Leibrenten und Anwartschaften, die vom Leben einer oder mehrerer Personen abhängen“. Erstes deutschsprachiges Lehrbuch der Lebensversicherungsmathematik (zweibändig); Einführung der Kommutationszahlen.
1792	Gründung der ersten Hagelversicherung in Neubrandenburg.
1820/25	B. Gompertz beschrieb das nach ihm benannte Sterbegesetz in den Texten „A sketch of an Analysis and Notation applicable to the Value of Life Contingencies und On the Nature of the Function Expressive of the Law of Human Mortality and on a new Method of Determining the Values of Life Contingencies.“
1845/51	C. F. Gauß erstellte ein Gutachten zur Prüfung der Professoren-Witwen- und Waisenkasse zu Göttingen.
1846	Gründung der Kölnischen Rückversicherungsgesellschaft.
1860/66	W. M. Makeham erweiterte das Gompertz'sche Sterbegesetz in den Schriften „On the Law of Mortality und On the Principles to be observed in the Construction of Mortality Tables.“
1863	A. Zillmer entwickelte in „Beiträge zur Theorie der Prämienreserve bei Lebensversicherungsanstalten“ eine Darstellung des Deckungskapitals unter Einschluss von Abschlusskosten. Dieses Verrechnungsverfahren hat zur Folge, dass in der Anfangszeit eines Versicherungsvertrags kein Rückkaufswert und keine beitragsfreie Versicherungssumme vorhanden sind, da die ersten Jahresprämien ganz oder teilweise zur Deckung der Erwerbskosten dienen.
1871/80	Erste Allgemeine Deutsche Sterbetafel (ADSt) für das gesamte Deutsche Reichsgebiet.
1898	Erste internationale Standardisierung versicherungsmathematischer Bezeichnungsweisen. Die Grundprinzipien dieser Notation gehen zurück auf David Jones (1843): „On the Value of Annuities and Reversionary Payments“.
1900	L. Bachelier leitete in der Schrift „Théorie de la Spéculation“ eine Optionspreisformel unter Zugrundelegung einer Brown'schen Bewegung für die Aktienkursentwicklung her. Beginn der sog. Stochastischen Finanzmathematik.

1.7 Wahrscheinlichkeitsrechnung als Grundlage des modernen Risiko-Managements

Während anfängliche Gefahrengemeinschaften eher vergleichbar waren mit einem Wettspiel, ermöglichten erst die Entwicklungen im Bereich der modernen Mathematik, Wahrscheinlichkeitsrechnung und Statistik im 17. bis 19. Jahrhundert die Professionalisierung des Versicherungsgedankens und Risiko-Managements.[33] Bis dahin waren die Menschen der Ansicht, dass die Zukunft weitestgehend den Launen der Götter entsprang und mehr oder weniger ein Spiegelbild der Vergangenheit war. Bereits im Zeitalter der Renaissance[34] (Zeit von etwa 1350 bis in die Mitte des 16. Jahrhunderts) wurde die mittelalterliche kirchliche und feudale Ordnung in Frage gestellt und damit eine gesellschaftliche Umstrukturierung initiiert, in deren Folge eine von Adel und Bürgertum getragene weltliche Kultur entstand. Dies hatte auch direkte Auswirkungen auf die Entwicklung des modernen Risiko-Managements. Aus ökonomischer Sicht kam es in der Renaissance zur Durchbrechung des mittelalterlichen Zinsverbots und zur Abschaffung der mittelalterlichen Brakteatenwährung.[35] Dies ermöglichte auch erst den Aufstieg der frühneuzeitlichen Bankhäuser wie beispielsweise den der Fugger oder der Medici.

Als Pioniere bei der Entdeckung der Wahrscheinlichkeitsgesetze gelten der italienische Philosoph, Arzt und Mathematiker Geronimo Cardano (auch Geronimo oder Girolamo, lateinisch Hieronymus Cardanus, * 24. September 1501 in Pavia, † 21. September 1576 in Rom) und der italienischer Mathematiker, Physiker, Astronom und Philosoph Galileo Galilei (* 15. Februar 1564 in Pisa, † 8. Januar 1642 in Arcetri bei Florenz). Cardano untersuchte in seinem Buch „Liber de Ludo Aleae" systematisch die Möglichkeiten des Würfelspiels mit mehreren Würfeln.[36] Dort stellte er fest: *„Im Fall von zwei Würfeln gibt es sechs Würfe mit gleicher Augenzahl und 15 Kombinationen mit ungleicher Augenzahl. Letztere Anzahl gibt bei Verdoppelung 30, also gibt es insgesamt 36 Würfe. (…) Würfe mit dreimal gleicher Augenzahl gibt es soviele wie Würfe mit zweimal gleicher Augenzahl im vorangegangenen Kapitel. Also gibt es sechs solche Würfe. Die Zahl der verschiedenen Würfe*

---

[33] Vgl. Romeike (2008a, S. 32).

[34] Das französische Wort Renaissance bedeutet „Wiedergeburt". Bezogen auf seinen Ursprung bedeutet der Begriff die „kulturelle Wiedergeburt der Antike". Im weiteren Sinne meint Renaissance daher die Wiedergeburt des klassischen griechischen und römischen Altertums in seinem Einfluss auf die Wissenschaft, die Kunst, die Gesellschaft, das Leben der vornehmen Kreise und die Entwicklung der Menschen zu individueller Freiheit im Gegensatz zum Ständewesen des Mittelalters.

[35] Als Brakteaten (von lat.: bractea „dünnes Metallblech" abgeleitet) wurden im Mittelalter einseitig geprägte silberne Hohl-Pfennigmünzen mit einem Durchmesser von 30 bis 65 mm bezeichnet. Diese Fläche ließ viel Platz für hochwertige künstlerische Darstellungen.

[36] „Das Buch der Glücksspiele" (Liber de Ludo Aleae) wurde im Jahr 1524 – etwa 100 Jahre vor Pascal und Fermat – veröffentlicht. Das Buch enthält im Kern die Grundlagen der mathematischen Wahrscheinlichkeitstheorie. Er hatte diese Gesetze bereits früher entdeckt, aber zunächst selbst benutzt. Er verdiente mit seinem Wissen beim Glücksspiel das Geld, das er für sein Medizinstudium benötigte.

Abb. 1.4 Der französische Mathematiker, Physiker, Literat und Philosoph Blaise Pascal

von drei Würfeln, mit zweimal gleicher Augenzahl und einer davon verschiedenen, ist 30, und jeder dieser Würfe entsteht auf drei Arten. Das ergibt 90. Wiederum ist die Anzahl der verschiedenen Würfe mit drei verschiedenen Augenzahlen 20, und jeder entsteht auf sechs Arten. Das macht 120. Also gibt es insgesamt 216 Möglichkeiten."[37] Cardano näherte sich bereits dem erst später entwickelten Begriff der Wahrscheinlichkeit. Galileo stellte demgegenüber fest, dass beim wiederholten Wurf von drei Würfeln die Augensumme 10 öfter auftritt als 9, obwohl beide Zahlen durch sechs verschiedene Kombinationen erreicht werden können.

Die Ursprünge der Wahrscheinlichkeitsrechnung, mit deren Hilfe Voraussagen über die Häufigkeit von Zufallsereignissen möglich sind, können im Wesentlichen auf den französischen Mathematiker, Physiker und Religionsphilosophen Blaise Pascal, * 19. Juni 1623 in Clermont-Ferrand, † 19. August 1662 in Paris) zurückgeführt werden (vgl. Abb. 1.4).

Im Jahr 1640 wurde der Vater von Blaise Pascal zum königlichen Kommissar und obersten Steuereintreiber für die Normandie in Rouen ernannt. Hier erfand Blaise Pascal 1642 für ihn eine Rechenmaschine, die „roue Pascale" oder Pascaline. Sie ermöglichte zunächst nur Additionen, wurde im Lauf der nächsten zehn Jahre aber ständig verbessert und konnte schließlich auch subtrahieren.

Der französische Edelmann und Spieler Antoine Gombaud (Chevalier de Méré, * 1607 in Poitou, † 29. Dezember 1684) sowie Sieur des Baussay (*1607, † 1685) schrieben einen Brief an Blaise Pascal, wo sie diesen um Hilfe bei der Analyse eines „uralten" Problems des

[37] Vgl. Fierz (1977).

Würfelspiels bitten.[38] Es geht um die Anzahl n der Würfe mit einem Würfel, die zu zwei hintereinander folgenden Sechsen führen. Man wusste schon damals, dass es beim Spiel mit einem Würfel günstig ist, darauf zu setzen, bei vier Würfen wenigstens eine Sechs zu werfen. De Méré dachte, es müsste dasselbe sein, wenn man bei 24 Würfen mit zwei Würfeln darauf setzte, wenigstens eine Doppelsechs zu erhalten. Während im ersten Fall sechs Möglichkeiten vier Würfe gegenüberstehen, stehen im zweiten 36 Möglichkeiten 24 Würfe gegenüber, das Verhältnis ist also in beiden Fällen 3 : 2. Entgegen seinen Erwartungen verlor aber Chevalier de Méré auf die Dauer beim zweiten Spiel.

Aus der Anfrage von Chevalier de Méré entstand ein reger Schriftwechsel zwischen Pascal und dem französischen Mathematiker und Juristen Pierre de Fermat (* Ende 1607 oder Anfang 1608 in Beaumont-de-Lomagne; † 12. Januar 1665 in Castres). In diesem Schriftwechsel stellte Pascal unter anderem fest: „*Teilweises Wissen ist auch Wissen, und unvollständige Gewissheit hat ebenfalls einen gewissen Wert, besonders dann, wenn man sich des Grades der Gewissheit seines Wissens bewusst ist. ‚Wieso' – könnte jemand hier einwenden – ‚kann man den Grad des Wissens messen, durch eine Zahl ausdrücken?' – ‚Jawohl' – würde ich antworten – ‚man kann es, die Leute, die ein Glücksspiel spielen, tun doch genau das'. Wenn ein Spieler einen Würfel wirft, kann er nicht im Voraus wissen, welche Augenzahl er werfen wird, doch etwas weiß er, dass nämlich alle sechs Zahlen die gleiche Aussicht haben. Wenn wir die volle Gewissheit zur Einheit wählen, dann kommt dem Ereignis, dass eine bestimmte der Zahlen 1, 2, 3, 4, 5, 6 geworfen wird, offenbar der Gewissheitsgrad ein sechstel zu. Falls für ein Ereignis die Aussichten auf Stattfinden oder Nicht-Stattfinden gleich sind (wie etwa beim Münzenwerfen die Aussichten auf Kopf bzw. Zahl), so kann man behaupten, dass der Gewissheitsgrad des Stattfindens dieses Ereignisses genau gleich ein halb ist. Genauso groß ist der Gewissheitsgrad dessen, dass dieses Ereignis nicht stattfindet. Natürlich ist es eigentlich willkürlich, der vollen Gewissheit den Gewissheitsgrad 1 zuzuordnen; man könnte etwa der vollen Gewissheit den Gewissheitsgrad 100 zuordnen; dann würde man den Gewissheitsgrad der vom Zufall abhängigen, d. h. nicht unbedingt stattfindenden Ereignisse in Prozent bekommen. Man könnte auch der vollen Gewissheit in jedem konkreten Fall eine andere passend gewählte Zahl zuordnen, beispielsweise beim Würfeln die Zahl sechs; dann würde der Gewissheitsgrad jeder der sechs möglichen Zahlen gleich 1 sein. Doch am einfachsten und natürlichsten ist es, glaube ich, der vollen Gewissheit immer die Zahl 1 zuzuordnen und den Gewissheitsgrad eines zufälligen Ereignisses mit derjenigen Zahl zu messen, die angibt, welcher Teil der vollen Gewissheit diesem Ereignis zukommt. Der Gewissheitsgrad eines unmöglichen Ereignisses ist natürlich gleich null; wenn also der Gewissheitsgrad eines zufälligen Ereignisses eine positive Zahl ist, so soll dies heißen, dass dieses Ereignis jedenfalls möglich ist, wenn auch seine Chancen vielleicht nicht eben hoch sind. An dieser Stelle möchte ich bemerken, dass ich dem Grad der Gewissheit eines Ereignisses den Namen Wahrscheinlichkeit gegeben habe. (…) Ich habe aber als Grundannahme meiner Theorie gewählt, dass jedem Ereignis, dessen Stattfinden nicht sicher, aber auch nicht ausgeschlossen ist, also jedem Ereignis, dessen Stattfinden*

[38] Vgl. Romeike (2008a, S. 36).

vom Zufall abhängt, eine bestimmte Zahl zwischen null und eins als seine Wahrscheinlichkeit zugeordnet werden kann."

Pascal und Fermat fanden gemeinsam die Lösung über ein Zahlenschema, welches wir heute als *Pascal'sches Dreieck*[39] kennen und das die Koeffizienten $\binom{n}{k}$ des binomischen Lehrsatzes

$$(a+b)^n = \sum_{k=0}^{n} \binom{n}{k} a^k b^{n-k}$$

angibt. Ein sogenannter Binomialkoeffizient $\binom{n}{k}$ liefert uns die Anzahl der Möglichkeiten, aus *n* wohl unterschiedenen Gegenständen *k* auszuwählen. Ein populäres Beispiel für die Benötigung eines Binomialkoeffizienten ist das Lottospiel, wo man sich die Frage stellen kann, wie viele Möglichkeiten es gibt, um aus 49 Kugeln sechs Kugeln auszuwählen. Die Antwort ist $\binom{49}{6}$ Möglichkeiten.[40] Das Pascal'sche Dreieck stellt die Binomialkoeffizienten in Pyramidenform dar. Sie sind im Dreieck derart angeordnet, dass ein Eintrag als die Summe der zwei darüber stehenden Einträge ist (vgl. Abb. 1.5).

Pascal hatte bereits am 24. August 1654 die richtige Lösung verkündet. Damit war auch gleichzeitig der mathematische Kern des Risikobegriffs definiert. Pascal erkannte vor allem, dass sich nicht voraussagen lässt, welche Zahl ein Würfel zeigt, wenn nur einmal gewürfelt wird. Wird dagegen mehrere Tausend oder Millionen Mal gewürfelt, kann davon ausgegangen werden, dass man jede Zahl des Würfels gleich oft treffen wird. Diese Erkenntnisse hatten insbesondere große Auswirkungen auf die Versicherungsmathematik, da erst so ein Risiko kalkulierbar wird und der Geldbedarf sich schätzen lässt.

Im Pascal'schen Dreieck kann man auch die von dem italienischen Mathematiker Leonardo von Pisa (genannt Fibonacci, * um 1180, † um 1241) entdeckten Fibonacci-Zahlen

[39] Das Pascal'sche Dreieck war bereits früher bekannt und wird deshalb auch heute noch nach anderen „Entdeckern" benannt. In China spricht man vom Yang-Hui-Dreieck (nach Yang Hui), in Italien vom Tartaglia-Dreieck (nach Niccolò Fontana Tartaglia) und im Iran vom Chayyām-Dreieck (nach Omar Chayyām). Die früheste detaillierte Darstellung eines Dreiecks von Binomialkoeffizienten erschien im 10. Jahrhundert in Kommentaren zur Chandas Shastra, einem indischen Buch zur Prosodie des Sanskrit, das von Pingala zwischen dem fünften und zweiten Jahrhundert vor Christus geschrieben wurde.

[40] Es gibt 13.983.816 Möglichkeiten, aus einer Menge mit 49 Elementen eine Teilmenge mit 6 Elementen zusammenzustellen. Die Chance, dass man diese Kombination richtig getippt hat und den Gewinn in dieser Gewinnklasse einstreicht, beträgt also 1/13.983.816 oder ca. 0,000007 %. Für einen Gewinn in der Gewinnklasse „Sechs Richtige plus Superzahl" muss man zunächst die eine aus den 13.983.816 möglichen Kombinationen für einen „Sechser" richtig getippt haben. Zudem muss in der zweiten Ziehung auch noch die letzte Ziffer der Scheinnummer mit der gezogenen Superzahl übereinstimmen, wofür eine Wahrscheinlichkeit von 1 zu 10 besteht. Daher gibt es unter Berücksichtigung der Superzahl 139.838.160 verschiedene Tippmöglichkeiten. Entsprechend liegt die Gewinnwahrscheinlichkeit in dieser Gewinnklasse bei 1/139.838.160 oder ca. 0,0000007 %.

Abb. 1.5 Das Pascal'sche Dreieck. (Vgl. Romeike 2008a, S. 38)

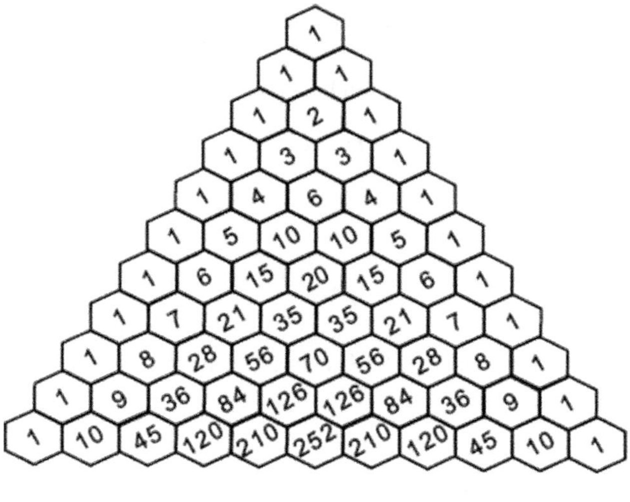

ablesen. Ursprünglich waren Fibonacci-Zahlen zur Ermittlung der Anzahl von Kaninchenpaaren gedacht, von denen jedes nach einer Reifezeit von einer Generation in jeder folgenden Generation ein weiteres Kaninchenpaar hervorbringt. Daher folgen sie der folgenden Zahlenfolge: 1, 1, 2, 3, 5, 8, 13, 21, 34, …, wobei jede Zahl (ab der dritten) gleich der Summe der beiden vorangehenden ist. Auch in der Natur, etwa bei den nach rechts und nach links gebogenen Spiralen in einer Sonnenblume, treten zahlreiche Phänomene als Fibonacci-Folgen auf.

Doch auch Pierre de Fermat schaute – neben Blaise Pascal und Chevalier de Méré – über den Tellerrand der Spieltische hinaus und formulierte die methodischen und theoretischen Grundlagen der Wahrscheinlichkeitstheorie. Fermat galt als ein Mensch mit einer geradezu erschreckenden Gelehrsamkeit. So sprach er alle wichtigen europäischen Sprachen, schrieb Gedichte in mehreren Sprachen und verfasste zahlreiche Kommentare zu Werken der griechischen und lateinischen Literatur. Er hat als Universalgelehrter wesentlich zur frühen Entwicklung der Integralrechnung beigetragen, im Alleingang die analytische Geometrie entwickelt, Forschungen zur Messung des Gewichts der Erde betrieben und im Bereich Lichtbrechung und Optik gearbeitet.[41]

In seiner Freizeit widmete sich Fermat vor allem der Mathematik, insbesondere der algebraischen Zahlentheorie und der Wahrscheinlichkeitsrechnung. Im Laufe seiner umfangreichen Korrespondenz mit Pascal hat er wesentliche Impulse zur Entstehung der modernen Wahrscheinlichkeitsrechnung geleistet. Insbesondere die Lösung des „Teilungsproblems", an der Fermat und Pascal arbeiteten, bildet einen Eckstein des modernen Versicherungswesens und anderer Bereiche des Risiko-Managements. Experten interpretieren den Briefwechsel als Epochenereignis in der Geschichte der Mathematik und Wahrscheinlichkeitsrechnung bzw. als Geburtsstunde der Stochastik.

---

[41] Vgl. Romeike (2007d, S. 22–24).

Der Große Fermatsche Satz (Fermats letzter Satz bzw. Fermats letztes Theorem) wurde um das Jahr 1637 von Pierre de Fermat formuliert, aber erst viele Jahre später, im Jahr 1993 bzw. 1998, von dem britischen Wissenschaftler Andrew Wiles zusammen mit seinem Schüler Richard Taylor bewiesen.[42] Fermats letzter Satz besagt, dass die n-te Potenz einer Zahl, wenn $n > 2$ ist, nicht in die Summe zweier Potenzen des gleichen Grades zerlegt werden kann. In diesem Kontext sind ganze Zahlen $\neq 0$ und natürliche Potenzen gemeint. Formaler gesagt bedeutet dies:

Die Gleichung $a^n + b^n = c^n$ besitzt für ganzzahlige a, b, $c \neq 0$ und natürliche Zahlen $n > 2$ keine Lösungen. Oder anders formuliert: Ist es möglich, dass eine Summe von zwei n-Potenzzahlen wieder eine n-Potenzzahl ist?

In diesem Kontext ist die Forderung wichtig, dass die gesuchten Lösungen a, b, c ganze, positive Zahlen sein sollen. Verzichtet man auf die Ganzzahligkeit und wählt man a, b als beliebige positive Zahlen, so erhält man offenbar stets eine Lösung, indem man $c = \sqrt[n]{a^n + b^n}$ setzt.

Die Gleichung $a^n + b^n = c^n$ für $n = 2$ kennt jeder Schüler im Zusammenhang mit einem der fundamentalen Sätze der euklidischen Geometrie, dem Satz des Pythagoras: In einem rechtwinkligen Dreieck mit den Seitenlängen a, b, c gilt obige Gleichung (wobei a und b die beiden Katheten sind und c die Hypotenuse). Bzw. umgekehrt: Aus obiger Gleichung folgt, wenn a, b, $c > 0$ angenommen wird, dass a, b, c die Seiten eines rechtwinkligen Dreiecks sind. Der nach Pythagoras von Samos benannte Satz ist theoretischer Ausdruck für die von ägyptischen, babylonischen und indischen Baumeistern und Priestern entwickelte Fähigkeit, bei Abmessungen von Feldern und Bauten mit Hilfe von Seilen präzise rechte Winkel zu erzielen. So erzielten die ägyptischen Seilspanner mit Hilfe von Zwölfknotenschnüren genaue rechte Winkel, indem sie 12 gleiche Teile eines langen Seils durch Knoten im Verhältnis 5 : 3 : 4 unterteilten und aus dem Seil mit Hilfe von Pflöcken ein Dreieck bildeten: Es muss und wird sich auf diese Weise immer ein rechter Winkel ergeben (Pythagoreisches Tripel).[43]

Die Frage lautet also: Gibt es rechtwinklige Dreiecke, deren Seitenlängen a, b, c ganzzahlig sind? Wir erkennen an den nachfolgenden Beispielen, dass es in der Tat rechtwinklige Dreiecke gibt, bei denen die Seitenlängen ganzzahlig sind.

$$3^2 + 4^2 = 5^2$$
$$8^2 + 6^2 = 10^2$$
$$5^2 + 12^2 = 13^2$$
$$15^2 + 8^2 = 17^2$$
$$4961^2 + 6480^2 = 8161^2$$

42 Vgl. Wiles (1995, S. 443–551).

43 Vgl. Romeike (2007d, S. 22–24).

Die zu beantwortende Frage ist nun, ob sich alle ganzzahligen, positiven Lösungen der pythagoreischen Gleichung (siehe oben) eine Systematik finden lässt? Hier hilft die Lektüre eines Buches des griechischen Mathematikers Diophantos von Alexandrien, der irgendwann im Zeitraum von 100 vor Chr. und 350 nach Chr. gelebt hat.

Diophants Werk „Arithmetika" bestand aus insgesamt 13 Büchern, war jedoch lange Zeit verschollen und tauchte erst im 16. Jahrhundert in Europa wieder auf. Im sechsten Buch fand Pierre de Fermat die Lösung der pythagoreischen Gleichung:

Man nehme zwei ganze Zahlen u > v > 0 und setze

$$a = u^2 - v^2$$
$$b = 2uv$$
$$c = u^2 + v^2$$

Berühmt wurde das Theorem (heute bekannt als Fermatsche Vermutung bzw. Großer Fermatscher Satz) dadurch, dass Pierre de Fermat in einer Randnotiz seines Exemplars der Arithmetica behauptete, dafür einen „wahrhaft wunderbaren" Beweis gefunden zu haben, für den aber „auf dem Rand nicht genug Platz" sei. Die Randbemerkung findet sich exakt an der Stelle, an der Diophant den Fall n = 2 diskutiert.

Mit anderen Worten: Fermat stellte sich die offensichtliche Frage, was aus der pythagoreischen Gleichung (siehe oben) wird, wenn man den Exponenten 2 durch 3 oder durch irgendeine natürliche Zahl n > 2 ersetzt. Besitzt die entstehende Gleichung ebenfalls ganzzahlige, positive Lösungen?

Fermat fand nun heraus, dass für n > 2 ganz andere Verhältnisse herrschen als für n = 2. Denn die Randnotiz von Fermat lautete wie folgt:

> Cubum autem in duos cubos aut quadrato quadratum in duos quadrato quadratos et generaliter nullam in infinitum quadratum potestatem in duos eiusdem nominis fas est dividere. Cuius rei demonstrationem mirabilem sane detexi. Hanc marginis exiguitas non caperet.
>
> [Deutsche Übersetzung: „Es ist nicht möglich, einen Kubus in zwei Kuben oder ein Biquadrat in zwei Biquadrate und allgemein eine Potenz, höher als die zweite, in zwei Potenzen mit demselben Exponenten zu zerlegen. Ich habe hierfür einen wahrhaft wunderbaren Beweis, doch ist der Rand hier zu schmal, um ihn zu fassen."]

Mehr als 350 Jahre knobelten Mathematiker an diesem Problem.[44] Der britische Wissenschaftler Andrew Wiles bewies im Jahr 1993 bzw. 1998 (die Beweisführung war im Jahr 1993 noch lückenhaft) endgültig den letzten Satz von Fermat. Demzufolge gibt es keine Zahl n > 2, die die Gleichung $a^n + b^n = c^n$ erfüllt (a, b, c $\neq$ 0). Die Schlüsselidee zum Beweis stammt von dem deutschen Mathematiker Gerhard Frey. Im Jahr 1986 fand in Paris eine internationale Mathematiker-Tagung statt. Dabei stellte Frey seine Ideen über den Zusammen-

---

[44] Carl Friedrich Gauß betrachtete die Fermatsche Vermutung als „ein isoliertes Theorem, das für mich von sehr geringem Interesse ist, weil ich leicht eine Vielzahl derartiger Theoreme aufstellen könnte, die sich weder beweisen noch widerlegen ließen."

hang zwischen dem Fermat-Problem und der Taniyama-Vermutung[45] vor. Die Zahlentheoretiker waren beeindruckt. Plötzlich erhob sich einer der Teilnehmer und erklärte, dies sei wohl der richtige Weg zum Beweis der Taniyama-Shimura-Vermutung. Der Name dieses Teilnehmers war Andrew Wiles. Nach der Tagung in Paris arbeitete Wiles sieben Jahre lang intensiv an der Lösung der Fermatschen Vermutung. Mit Hilfe der Iwasawa-Theorie[46] und der Kolywagin-Flach-Methode[47] gelang es schließlich Wiles, die Fermatsche Vermutung zu beweisen.

Unter Mathematikern gilt der Beweis von Andrew Wiles als einer der bedeutendsten des 20. Jahrhunderts. Heute nimmt man an, dass sich Fermat geirrt hat und er wohl später bemerkt hat, dass sein „wunderbarer Beweis" nicht stichhaltig war, versäumte es jedoch, seine Randbemerkung entsprechend zu korrigieren. Dafür spricht, dass Fermat in späteren Briefen dieses Problem nur in den Fällen n = 3 und n = 4 erwähnt.

Doch auch andere Gelehrte griffen die Wahrscheinlichkeitstheorie von Pascal und Fermat auf und entwickelten sie weiter. So veröffentlichte beispielsweise 1657 der niederländischer Mathematiker, Physiker, Astronom und Uhrenbauer Christiaan Huygens (* 14. April 1629 in Den Haag, † 8. Juli 1695) ein Buch über die Wahrscheinlichkeitsrechnung mit dem Titel „Tractatus de ratiociniis in aleae ludo".

Untrennbar verbunden mit der Geschichte des Risiko-Managements und der Wahrscheinlichkeitsrechnung ist die Familiengeschichte der Baseler Gelehrtendynastie Bernoulli. Jakob Bernoulli (* 6. Januar 1655 in Basel, † 16. August 1705 in Basel)[48] entwickelte mit seinem Bruder Johann (* 6. August 1667 in Basel; † 1. Januar 1748 in Basel) die höhere Mathematik der Infinitesimalrechnung und begründete die für die moderne Physik fundamentale Variationsrechnung (vgl. Abb. 1.6).[49] Im Jahre 1703 äußerte der deutsche Mathematiker und Philosoph Gottfried Wilhelm Leibniz (* 1. Juli 1646 in Leipzig, † 14. November 1716 in Hannover)[50] gegenüber Jakob Bernoulli, dass die „Natur Muster eingerichtet hat, die zur Wiederholung von Ereignissen führen, aber nur zum größten Teil".[51]

[45] Das Taniyama-Shimura-Theorem ist ein mathematischer Satz, der besagt, dass es zwischen elliptischen Kurven und Modulformen eine enge Verbindung gibt. Das Theorem war lange Zeit als Taniyama-Shimura-Vermutung bekannt, bis es von Andrew Wiles, Robert Langlands, Richard Taylor und anderen bewiesen wurde.

[46] Die Iwasawa-Theorie ist innerhalb der Mathematik im Bereich der Zahlentheorie eine Theorie zur Bestimmung der Idealklassengruppe von unendlichen Körpertürmen, deren Galoisgruppe isomorph zu den p-adischen Zahlen ist. Vgl. Greenberg (2001, S. 335–385) sowie Wiles (1990, S. 493–540).

[47] Die Methode wurde von Victor Kolyvagin entwickelt, einem in den USA lebenden russischen Mathematiker, der sich in seinen Arbeiten mit arithmetischer algebraischer Geometrie und Zahlentheorie befasst. Er ist vor allem bekannt für die von ihm eingeführten Euler-Systeme, die zu Fortschritten in der Iwasawa-Theorie und der Vermutung von Birch und Swinnerton-Dyer (BSD) führten.

[48] Hinweis: Das Geburtsdatum bezieht sich auf den Gregorianischen Kalender. Damals galt in England noch der Julianische Kalender, der ursprünglich von Julius Caesar eingeführt wurde. Er wird heute in der Wissenschaft rückwirkend auch für die Jahre vor dem Wirken Caesars verwendet. Seit dem 16. Jahrhundert wurde er sukzessive durch den Gregorianischen Kalender abgelöst.

[49] Vgl. Romeike (2007a, S. 12–13).

[50] Hinweis: Das Geburtsdatum bezieht sich auf den Gregorianischen Kalender.

[51] Romeike (2007c, S. 18).

Abb. 1.6 Jakob Bernoulli hat wesentlich zur Entwicklung der Wahrscheinlichkeitstheorie sowie zur Variationsrechnung und zur Untersuchung von Potenzreihen beigetragen

Im Jahr 1713 erschien das Buch „Ars conjectandi" von Jakob Bernoulli zur Binomialverteilung und zum „Gesetz der großen Zahl" (Satz von Bernoulli).

Dieses „Grundgesetz" der privaten Versicherungswirtschaft und des modernen Risiko-Managements ermöglicht eine ungefähre Vorhersage über den künftigen Schadensverlauf. Je größer die Zahl der versicherten Personen, Güter und Sachwerte, die von der gleichen Gefahr bedroht sind, desto geringer ist der Einfluss des Zufalls. Das „Gesetz der großen Zahl" kann aber nichts darüber aussagen, wer im Einzelnen von einem Schaden getroffen wird.

Das „Gesetz der großen Zahlen" lässt sich sehr einfach an einem Würfel erklären: Welche Augenzahl im Einzelfall gewürfelt wird, ist immer zufällig. So kann die Wahrscheinlichkeit, dass eine Sechs gewürfelt wird, als ein Sechstel angegeben werden. Auf Dauer fällt jedoch jede Zahl gleich häufig. Bernoulli sagt nicht anderes, als dass sich die Treffer auf Dauer gleichmäßig verteilen. In seinem Werk „Ars conjectandi" beschreibt Bernoulli das „Gesetz der großen Zahlen" auf eine sehr anschauliche Art: *„So sind beispielsweise bei Würfeln die Zahlen der Fälle bekannt, denn es giebt für jeden einzelnen Würfelebensoviele Fälle als er Flächen hat; alle diese Fälle sind auch gleich leicht möglich, da wegen der gleichen Gestalt aller Flächen und wegen des gleichmässig vertheilten Gewichtes des Würfels kein Grund dafür vorhanden ist, dass eine Würfelfläche leichter als eine andere fallen sollte, was der Fall sein würde, wenn die Würfelflächen verschiedene Gestalt besässen und ein Theil des Würfels aus schwererem Materiale angefertigt wäre als der andere Theil. So sind auch die Zahlen der Fälle für das Ziehen eines weissen oder eines schwarzen Steinchens aus einer Urne bekannt und können alle Steinchen auch gleich leicht gezogen werden, weil bekannt ist, wieviele Steinchen von jeder Art in der Urne vorhanden sind, und weil sich kein Grund angeben lässt, warum dieses oder jenes Steinchen leichter als irgend ein anderes gezogen werden sollte. […] Man muss vielmehr noch Weiteres in Betracht ziehen, woran vielleicht Niemand bisher auch nur gedacht hat. Es bleibt nämlich noch zu untersuchen, ob durch Vermehrung der Beobachtungen beständig auch die Wahrscheinlichkeit dafür wächst, dass die Zahl der günstigen zu der Zahl der ungünstigen*

Beobachtungen das wahre Verhältniss erreicht, und zwar in dem Maasse, dass diese Wahrscheinlichkeit schliesslich jeden beliebigen Grad der Gewissheit übertrifft, oder ob das Problem vielmehr, so zu sagen, seine Asymptote hat, d. h. ob ein bestimmter Grad der Gewissheit, das wahre Verhältniss der Fälle gefunden zu haben, vorhanden ist, welcher auch bei beliebiger Vermehrung der Beobachtungen niemals überschritten werden kann, z. B. dass wir niemals über 1/2, 2/3 oder 3/4, der Gewissheit hinaus Sicherheit erlangen können, das wahre Verhältniss der Fälle ermittelt zu haben."

Ausgangspunkt von Bernoullis Untersuchungen zur Wahrscheinlichkeitsrechnung war die Vorstellung eines mit schwarzen und weißen Kieseln gefüllten Kruges, wobei das Verhältnis von schwarzen zu weißen Kieseln oder gleichbedeutend das Verhältnis der Anzahl der schwarzen zur Gesamtanzahl der Kiesel im Krug, $p : 1$, unbekannt sei. Es ist offensichtlich, dass die Methodik des Abzählens sehr aufwendig ist. Daher war Bernoulli auf der Suche nach einem empirischen Weg, das tatsächliche Verhältnis von schwarzen und weißen Kieseln im Krug zu ermitteln. Hierzu wird ein Kiesel aus dem Krug genommen, bei einem schwarzen die Zahl 1, bei einem weißen die Zahl 0 notiert, und der Kiesel wieder in den Krug zurückgelegt. Offenbar sind die Ziehungen X_k unabhängig voneinander, und wir können davon ausgehen, dass die A-Priori-Wahrscheinlichkeit $P([X_k = 1])$, dass ein Kiesel bei einer beliebigen Ziehung schwarz ist, gerade p ist, also $P([X_k = 1]) = p$. Bernoulli schließt nun, dass mit einer hohen Wahrscheinlichkeit das Verhältnis $\frac{1}{n}\sum_{k=1}^{n} X_k$ der Anzahl der gezogenen schwarzen Kiesel zur Gesamtzahl der Ziehungen von dem tatsächlichen, aber unbekannten Verhältnis p nur geringfügig abweicht, sofern nur die Gesamtzahl der Ziehungen hoch genug ist. Diese von Bernoulli entdeckte Gesetzmäßigkeit wird heute als das „schwache Gesetz der großen Zahlen" bezeichnet und lautet formal[52]

$$\lim_{n\to\infty} P\left(\left[\left|\frac{1}{n}\sum_{k=1}^{n} X_k - p\right| > \varepsilon\right]\right) = 0$$

wobei ε eine beliebig kleine positive Zahl sei. Obwohl sich das von Bernoulli gefundene Resultat noch weiter verschärfen lässt zu dem sogenannten „starken Gesetz der großen Zahlen", welches besagt, dass das arithmetische Mittel $\frac{1}{n}\sum_{k=1}^{n} X_k$ mit wachsendem Wert n fast sicher gegen die gesuchte Verhältnisgröße p konvergiert, wohnt diesen Gesetzen ein großer Nachteil inne – wir wissen fast nichts über die Güte der betrachteten Stichprobe.

Schließlich fasst Jakob Bernoulli Stochastik nicht nur als Glücksspielrechnung, sondern als Kunst der Vermutung (so lautet auch der lateinische Titel von „Ars Conjectandi") auf:[53] „*Wenn also alle Ereignisse durch alle Ewigkeit hindurch fortgesetzt beobachtet*

---

[52] Vgl. Romeike (2007a, S. 12–13).

[53] Die „Ars Conjectandi" wurde erst 1713, also acht Jahre nach seinem Tod, in Basel veröffentlicht. Das Buch fasste Arbeiten anderer Autoren auf dem Gebiet der Wahrscheinlichkeitsrechnung zusammen und entwickelte sie weiter. Neben Strategien, verschiedene Glücksspiele zu gewinnen, enthält das Werk auch die Bernoulli-Zahlen.

würden (wodurch schliesslich die Wahrscheinlichkeit in volle Gewissheit übergehen müsste), so würde man finden, dass Alles in der Welt aus bestimmten Gründen und in bestimmter Gesetzmässigkeit eintritt, dass wir also gezwungen werden, auch bei noch so zufällig erscheinenden Dingen eine gewisse Nothwendigkeit, und sozusagen ein Fatum anzunehmen. Ich weiss nicht, ob hierauf schon Plato in seiner Lehre vom allgemeinen Kreislaufe der Dinge hinzielen wollte, in welcher er behauptet, dass Alles nach Verlauf von unzähligen Jahrhunderten in den ursprünglichen Zustand zurückkehrt."

Mit anderen Worten: Die scharfsinnige „Kunst des Vermutens" sollte dann eingesetzt werden, wenn unser Denken nicht mehr ausreicht, um uns die ausreichende Gewissheit bei einem zu Grunde liegenden Sachverhalt zu vermitteln.

In diesem Zusammenhang sollte nicht unerwähnt bleiben, dass die zum Risiko-Management-Standard avancierte, gleichzeitig aber auch nicht unumstrittene Methode des „Value at Risk" (VaR) Bernoullis Gesetz der großen Zahlen aufgreift. Der VaR bezeichnet dabei eine Methodik zur Quantifizierung von Risiken und wird derzeit primär im Zusammenhang mit Marktpreisrisiken verwendet. Um aussagekräftig zu sein, muss zusätzlich immer die Haltedauer (etwa ein Tag) und das Konfidenzniveau (beispielsweise 98 %) angegeben werden. Der VaR-Wert bezeichnet dann diejenige Verlustobergrenze, die innerhalb der Haltedauer mit einer Wahrscheinlichkeit entsprechend dem Konfidenzniveau nicht überschritten wird.[54]

In den folgenden Jahrzehnten widmeten sich viele weitere Wissenschaftler wahrscheinlichkeitstheoretischen Problemen. So veröffentlichte der französische Mathematiker Abraham de Moivre (* 26. Mai 1667 in Vitry-le-François, † 27. November 1754 in London) im Jahr 1718 „Doctrine of Chance – a method for calculating the probabilities of events in plays", die er seinem Freund Isaac Newton (* 4. Januar 1643 in Woolsthorpe-by-Colsterworth in Lincolnshire; † 31. März 1727 in Kensington)[55] widmete. In dem Buch stellte er systematisch Methoden zur Lösung von Aufgaben vor, die mit Glücksspielen im Zusammenhang stehen. Newton war von der Publikation so beeindruckt, dass er seinen Studenten riet: „Gehen Sie zu Mr. de Moivre, er kennt sich in diesen Dingen besser aus als ich." Die von de Moivre herausgegebene Schrift „De Mensura Sortis" („Über das Berechnen von Losen") war vermutlich die erste Publikation, die Risiko als Verlustchance definiert. *„Das Risiko, eine Summe zu verlieren, ist die Kehrseite der Erwartung, und ihr wahres Maß ist das Produkt der gewagten Summe, multipliziert mit der Wahrscheinlichkeit des Verlustes.*"[56]

Nach der Entdeckung des Grenzwertsatzes für Binomialverteilungen im Jahr 1733 veröffentlichte er 1738 eine zweite Auflage seines Standardwerkes, in der er im Rahmen der

[54] Beispielsweise bedeutet ein Ein-Jahres-Value-at-Risk (VaR) mit Konfidenzniveau von 99,9 % in der Höhe von 10 Millionen Euro, dass statistisch gesehen nur durchschnittlich alle 1000 Jahre mit einem Verlust von mehr als 10 Millionen Euro zu rechnen ist. In der Praxis wird der VaR häufig als „maximaler Verlust" definiert. Der VaR gibt jedoch nicht den maximalen Verlust eines Portfolios an, sondern den Verlust, der mit einer vorgegebene Wahrscheinlichkeit (Konfidenzintervall) nicht überschritten wird, durchaus aber überschritten werden kann.

[55] Die Jahresangaben beziehen sich auf den gregorianischen Kalender.

[56] Vgl. Bernstein (1997, S. 162).

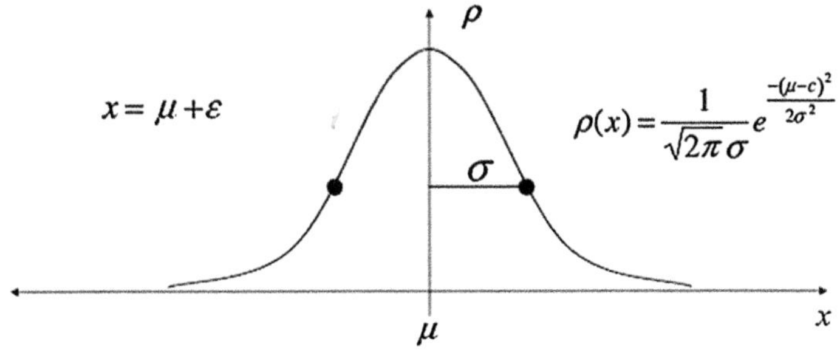

Abb. 1.7 Die Gauß'sche Normalverteilung

damaligen Auseinandersetzung mit der um die Verträglichkeit des Newtonschen Weltbildes mit einem Theismus und schließlich mit der von den Kirchen vertretenen Offenbarungsreligion zu einem objektiven Wahrscheinlichkeitsbegriff fand. Die dritte Auflage seiner „Doctrine of Chance – a method for calculating the probabilities of events in plays" wurde 1756 publiziert und enthielt gegenüber den ersten Auflagen de Moivres Untersuchungen über Sterblichkeits- und Rentenprobleme. Das Buch war eine der wichtigsten Vorstufen für das Lehrbuch der Wahrscheinlichkeitstheorie von Pierre Simon Laplace, der die Theorie am Ende des 18. Jahrhunderts zusammenfasste und auf eine neue Stufe hob.

Außerdem untersuchte Abraham de Moivre die Beziehung zwischen Binomial- und Normalverteilung. Er wies im Jahr 1730 als erster auf die Struktur der Normalverteilung hin (auch als „Gauß'sche Glockenkurve" bezeichnet, siehe Abb. 1.7). Die Normalverteilung gilt als eine der wichtigsten Wahrscheinlichkeitsverteilungen und unterstellt eine symmetrische Verteilungsform in Form einer Glocke, bei der sich die Werte der Zufallsvariablen in der Mitte der Verteilung konzentrieren und mit größerem Abstand zur Mitte immer seltener auftreten.

Ein einfaches Beispiel für normalverteilte Zufallsgrößen sind die kombinierten Ereignisse des Würfel- oder Münzwurfs (siehe Pascal'sches Dreieck). Obwohl die Normalverteilung in der Natur recht selten vorkommt, ist sie für die Statistik von entscheidender Bedeutung, da die Summe von vielen unabhängigen, beliebig verteilten Zufallsvariablen annähernd normalverteilt ist.[57] Je größer die Anzahl der Zufallsvariablen ist, desto besser ist die Annäherung an die Normalverteilung (Zentraler Grenzwertsatz). Sowohl die Normalverteilung als auch die von Abraham de Moivre entdeckte Standardabweichung sind wichtige Kernelemente der modernen Methoden zur Quantifizierung von Risiken (etwa in einem Six-Sigma-Modell im Qualitätsmanagement, um Abweichungen vom Idealzustand in Beziehung zum Toleranzbereich des betreffenden Merkmals zu berechnen).

Angeregt durch die publizierten Ergebnisse Abraham de Moivres hat der englische Mathematiker und presbyterianische Pfarrer Thomas Bayes (* um 1702 in London, † 17. April 1761 in Tunbridge Wells) effektive Methoden im Umgang mit A-Posteriori-Wahrscheinlichkeiten (a posteriori: lat., von dem, was nachher kommt) entwickelt. Der

[57] Vgl. Romeike (2008a, S. 41).

Satz von Bayes (auch als Bayes-Theorem bezeichnet) erlaubt in gewissem Sinn das Umkehren von Schlussfolgerungen. So wird beispielsweise von einem positiven medizinischen Testergebnis (Ereignis) auf das Vorhandensein einer Krankheit (Ursache) geschlossen oder von bestimmten charakteristischen Wörtern in einer E-Mail (Ereignis) auf die „Spam"-Eigenschaft (Ursache) geschlossen. In der Regel ist die Berechnung von P(Ereignis|Ursache) relativ einfach. Häufig wird jedoch P(Ursache|Ereignis) gesucht.[58]

Der Satz von Bayes gibt an, wie man mit bedingten Wahrscheinlichkeiten rechnet und lautet:

$$P(A \mid B) = \frac{P(A)P(B \mid A)}{P(B)}.$$

Hierbei ist P(A) die A-Priori-Wahrscheinlichkeit (a priori: lat., von dem, was vorher kommt) für ein Ereignis A und P(B|A) die Wahrscheinlichkeit für ein Ereignis B unter der Bedingung, dass A auftritt. Thomas Bayes hat nur wenige mathematische Aufsätze hinterlassen, die erst nach seinem Tode von seinem Freund Richard Price im Jahr 1763 der Royal Society in London vorgelegt wurden und ihm zu einem späten Ruhm verhalfen.[59]

Als Zar Peter I. im Jahr 1724 die Akademie der Wissenschaften (heute: Russische Akademie der Wissenschaften)[60] ins Leben rief und die bedeutendsten ausländischen Fachgelehrten zu gewinnen suchte, waren die Brüder Nikolaus II.[61] (* 6. Februar 1695 in Basel, † 26. Juli 1726 in St. Petersburg) und Daniel Bernoulli[62] (* 8. Februar 1700 in Groningen, †

[58] Der nach Thomas Bayes benannte Bayes'sche Wahrscheinlichkeitsbegriff (engl. Bayesianism) interpretiert Wahrscheinlichkeit als Grad persönlicher Überzeugung („degree of belief"). Er unterscheidet sich damit von anderen Wahrscheinlichkeitsauffassungen wie dem frequentistischen Wahrscheinlichkeitsbegriff, der Wahrscheinlichkeit als relative Häufigkeit interpretiert.

[59] Hierbei handelt es sich um die folgenden Werke: „Essay Towards Solving a Problem in the Doctrine of Chances" (Download des Originaltextes: http://www.stat.ucla.edu/history/essay.pdf) sowie „Divine Benevolence, or an Attempt to Prove That the Principal End of the Divine Providence and Government is the Happiness of His Creatures" sowie „An Introduction to the Doctrine of Fluxions, and a Defence of the Mathematicians Against the Objections of the Author of the Analyst".

[60] Die Gründung der Russischen Akademie der Wissenschaften war einer der Bestandteile der Reformen des damaligen Zaren Peter des Großen, die vor allem zum Ziel hatten, den russischen Staat zu modernisieren und somit auch seine Wissenschaft und Forschung möglichst auf einen mit führenden europäischen Ländern vergleichbaren Stand zu bringen. Hierbei sollten sämtliche, vor allem strategisch wichtige Wissenschafts- und Forschungsaktivitäten des Landes unter dem Dach einer Institution vereinigt werden, wobei letztere dem Staat gehören und diesem auch unterstehen sollte. Mitglieder der Akademie sind berechtigt, den akademischen Titel Academicus (Acad.) vor dem Namen zu tragen, welcher noch über dem akademischen Rang eines Professors steht.

[61] Acht Monate nach seiner Berufung an die neu gegründete Akademie von St. Petersburg erkrankte Nikolaus II. Bernoulli an Fieber und starb. Seine Professur übernahm im Jahr 1727 Leonhard Euler, den die Bernoulli-Brüder empfohlen hatten.

[62] Sein frühestes mathematisches Werk war das 1724 veröffentlichte „Exercitationes", das eine Lösung der von Jacopo Riccati vorgeschlagenen Riccati-Gleichung enthielt.

17. März 1782 in Basel) mit ihrem älteren Kollegen Jakob Hermann die Ersten am Platze (1725). Gewissermaßen in ihrem Kielwasser rückte der schweizerische Mathematiker Leonhard Euler (* 15. April 1707 in Basel, † 18. September 1783 in Sankt Petersburg) im Jahr 1727 nach. Euler war Schüler von Johann Bernoulli und hinterließ insgesamt fast 900 Arbeiten, die sowohl die reine und angewandte Mathematik als auch die Astronomie und Physik betrafen. Ein großer Teil der heutigen mathematischen Symbolik geht auf Euler zurück (etwa e, π, i, Summenzeichen $\sum$, f(x) als Darstellung für eine Funktion). Im Jahr 1744 gibt er ein Lehrbuch der Variationsrechnung heraus. Euler kann auch als der eigentliche Begründer der Analysis angesehen werden. 1748 publiziert er das Grundlagenwerk „Introductio in analysin infinitorum", in dem zum ersten Mal der Begriff der Funktion die zentrale Rolle spielt.

Niklaus II. und sein Cousin Daniel beschäftigten sich unter anderen mit dem Sankt-Petersburg-Paradoxon (oft auch als Sankt-Petersburg-Lotterie oder Petersburger Spiel bezeichnet), das sowohl die ökonomischen Wissenschaften wie vor allem auch das Risiko-Management nachhaltig beeinflusst hat.[63] Grundproblem und Prinzip des Paradoxons sollen an dem folgenden Beispiel skizziert werden:

> Peter und Paul vereinbaren ein Münzwurfspiel nach folgenden Regeln. Fällt die Münze beim ersten Wurf so, dass die Seite A oben liegt, so wird Peter Paul einen Dukaten zahlen, und das Spiel ist beendet. Fällt dagegen die Münze so, dass die Seite B oben liegt, so wird die Münze ein zweites Mal geworfen. Sollte dann die Seite A erscheinen, dann zahlt Peter an Paul zwei Dukaten, und falls B erscheinen sollte, wird die Münze ein drittes Mal geworfen, wobei Paul dann vier Dukaten gewinnen kann. Bei jedem weiteren Wurf der Münze wird also die Zahl der Dukaten, die Peter an Paul zu zahlen hat, verdoppelt. Dieses Spiel wird so lange fortgesetzt, bis bei einem Wurf erstmals A erscheint. Dann ist das Spiel beendet. Endet das Spiel also nach n + 1 Münzwürfen, so wird Peter an Paul $2^{(n-1)}$ Dukaten auszahlen.
>
> So erhält er nach einem Wurf $2^{(1-1)}$ = eine Dukate;
> nach zwei Würfen $2^{(2-1)}$ = zwei Dukaten;
> nach drei Würfen $2^{(3-1)}$ = vier Dukaten;
> nach vier Würfen $2^{(4-1)}$ = acht Dukaten;
> nach fünf Würfen $2^{(5-1)}$ = sechzehn Dukaten und so weiter.
>
> Man gewinnt also $2^{(k-1)}$ Euro, wenn die Münze k-mal geworfen wurde.
>
> Die Frage lautet nun: Wie viel soll ein Dritter an Paul für das Recht zahlen, seine Rolle in diesem Spiel zu übernehmen?
>
> Wie viel kann man im Durchschnitt erwarten zu gewinnen? Mit Wahrscheinlichkeit 1/2 ist der Gewinn 1 Euro, mit Wahrscheinlichkeit 1/4 ist er 2 Euro, mit Wahrscheinlichkeit 1/8 ist er 4 Euro etc. Der Erwartungswert ist daher
>
> $$E = \frac{1}{2} \cdot 1 + \frac{1}{4} \cdot 2 + \frac{1}{8} \cdot 4 + \ldots = \sum_{k=1}^{\infty} \frac{1}{2^k} \cdot 2^{k-1} = \sum_{k=1}^{\infty} \frac{1}{2} = \infty$$

[63] Vgl. Bernoulli (1954, S. 23–36) (erstmalig veröffentlicht 1738) sowie Aumann (1977, S. 443–445) sowie Rieger und Wang (2006, S. 665–679).

Diese Summe divergiert gegen unendlich, das heißt, im Mittel erwartet man daher einen unendlichen hohen Gewinn. Allerdings ist die Wahrscheinlichkeit, beispielsweise 512 Euro oder mehr zu gewinnen, sehr klein, nämlich gerade 1:512.

Die Frage lautete nun: Wie viel soll ein Dritter an Paul für das Recht zahlen, seine Rolle in diesem Spiel zu übernehmen?

Die Konsequenz daraus erscheint paradox und Bernoulli weist auf dieses Problem auch hin: *„Die allgemein akzeptierte Berechnungsmethode [der Erwartungswert des Gewinns] schätzt Pauls Aussichten in der Tat unendlich hoch ein, [aber] keiner wäre bereit, [diese Gewinnchancen] zu einem gemäßigt hohen Preis zu erwerben. (…) Jeder einigermaßen vernünftige Mensch würde seine Gewinnchancen mit großem Vergnügen für zwanzig Dukaten verkaufen.“*

Bernoulli widmet sich diesem Problem sehr intensiv und führt sehr ausführliche Analysen durch. Das skizzierte Phänomen war Gegenstand der im Jahre 1738 in Latein gehaltene Abhandlung „Specimen Theoriae Novae de Mensura Sortis“ – die Darlegung einer neuen Theorie zum Messen von Risiko, die er der St. Petersburger Akademie der Wissenschaften vorlegte. Die Arbeit gilt unbestritten als die erste Publikation, die sich bewusst mit dem Messen und damit mit dem Management von Risiko auseinandersetzt. Vor allem geht es aber um die Analyse des Petersburger Spiels:

Offenbar sind die einzelnen Münzwürfe unabhängig voneinander. Das Ereignis A tritt dabei mit der Wahrscheinlichkeit $P(A) = 1 - p$ ein, das Ereignis B entsprechend mit der Wahrscheinlichkeit $P(B) = p$, wobei $0 < p < 1$ sei. Betrachten wir nun die Zufallsvariable X, die angibt, bei welchem Wurf erstmals das Ereignis A auftritt, so wissen wir, dass das Ereignis $[X = n]$ – welches nichts anderes besagt, als dass die Seite A beim n-ten Wurf erstmals oben liegen möge – die Wahrscheinlichkeit

$$P([X=n]) = p^{n-1}(1-p)$$

besitzt. Die Zufallsvariable X ist dabei auf die Menge N der natürlichen Zahlen konzentriert, d. h.

$$P([X \in N]) = \sum_{n \in \mathbf{N}} P([X=n]) = \sum_{k=0}^{\infty} p^k (1-p) = 1$$

Dies bedeutet, dass das Spiel fast sicher nach endlich vielen Würfen abbrechen wird, ganz gleich, wie wir die Wahrscheinlichkeit p ansetzen werden. Wann dies der Fall sein wird, liegt dadurch aber nicht fest. Die Auszahlung bei diesem Spiel wird durch die Zufallsvariable 2^{X-1} beschrieben, deren Erwartungswert sich als

$$E2^{X-1} = \sum_{k=0}^{\infty} 2^k p^k (1-p) \text{ berechnen lasst.}$$

Euler verband bei seinen Studien unter anderem theoretische Probleme der Völkerkunde und des Versicherungswesens mit Fragender Wahrscheinlichkeitsrechnung. Außerdem führte er zusammen mit dem bereits erwähnten Statistiker und Probst der Lutherisch-Brandenburgischen Kirche, Johann Peter Süßmilch, Berechnungen der Lebenserwartung durch, die noch bis ins 19. Jahrhundert von Versicherungsgesellschaften bei der Kalkulation von Lebensversicherungsprämien verwendet wurden. Bekannt wurde Süßmilch vor allem durch einen im Jahr 1741 veröffentlichten Klassiker der Demografie: „Die Göttliche Ordnung in den Veränderungen des menschlichen Geschlechts, aus der Geburt, dem Tod und der Fortpflanzung desselben".[64] Es war das erste systematische Werk der Bevölkerungswissenschaft. Süßmilch prägte den Begriff der „Tragfähigkeit der Erde" und kam basierend auf seinen Untersuchungen zu der Prognose, dass die Erde ein Vielfaches der damals lebenden Menschenzahl „tragen" (im Sinne von ernähren) könne, nämlich sieben Milliarden. Dieses Ergebnis erhöhte er nach einer Überprüfung seiner Berechnungen in der zweiten Ausgabe seines Werkes von 1765 auf 14 Milliarden Menschen.

Die Erkenntnis, dass man die Gegenwart systematisch an eine unbekannte und riskante Zukunft koppeln kann, hat sich erst langsam in den vergangenen 500 Jahren durchgesetzt. Ohne diese Erkenntnis und die Entwicklung der Wahrscheinlichkeitstheorie sowie anderer mathematischer Werkzeuge wäre weder das moderne Versicherungswesen noch das Risiko-Management entstanden. Alle modernen mathematischen Methoden im Risiko-Management (von der Spieltheorie über Dynamic Financial Analysis bis zur Chaostheorie und Deep Learning und Artificial Intelligence) basieren im Wesentlichen auf den Erkenntnissen, die zwischen 1654 und 1760 gemacht wurden.[65] Ohne die Gesetze der Wahrscheinlichkeitsrechnung würde es weder die moderne Physik, Biologie, Astronomie bzw. Wirtschafts- und Sozialwissenschaften geben. Würden wir heute noch auf die Prophezeiungen des Orakels setzen, so würde es weder moderne Kapitalmärkte noch entwickelte Volkswirtschaften geben.

Jakob Bernoulli, Abraham des Moivre und Thomas Bayes haben gezeigt, wie sich aus empirischen Beobachtungen der realen Welt zuvor unbekannte Wahrscheinlichkeiten ableiten lassen. Ihre Leistungen sind allein wegen der dazu notwendigen geistigen Agilität und wegen des Mutes beeindruckend, den solch ein kühner Angriff gegen die Ungewissheit zur damaligen Zeit verlangte.[66] In der Zwischenzeit befinden wir uns im fortgeschrittenen 18. Jahrhundert, als die Aufklärung das Suchen nach Wissen zur höchsten Form menschlicher Tätigkeit erklärte.

1.8 Ein Wunderkind revolutioniert die Methoden des Risiko-Managements

Der Mathematiker, Astronom, Geodät und Physiker Johann Carl Friedrich Gauß (siehe Abb. 1.8, * 30. April 1777 in Braunschweig, † 23. Februar 1855 in Göttingen) setzte auf den Ergebnissen von Jakob Bernoulli, de Moivre und Bayes auf und beschäftigte sich un-

[64] Vgl. Süßmilch (1761–1762).

[65] Vgl. Bernstein (1997, S. 15).

[66] Vgl. Bernstein (1997, S. 171).

Abb. 1.8 1856 ließ der König von Hannover Gedenkmünzen mit dem Bild von Gauß und der Inschrift „Mathematicorum Principi" (lat.: „dem Fürsten der Mathematiker") prägen

ter anderem mit Forschungen über die Wahrscheinlichkeit, dem Gesetz der großen Zahl und der Stichprobennahme. Obwohl er sich nicht für das praktische Risiko-Management interessierte, so sind seine wissenschaftlichen Erkenntnisse für die modernen Methoden der Risikoquantifizierung und -steuerung von elementarer Bedeutung.

Gauß galt als Wunderkind. Später sagte er von sich selbst, er habe das Rechnen vor dem Sprechen gelernt. Sein Leben lang behielt er die Gabe, selbst komplexeste Rechnungen im Kopf durchzuführen. In der Volksschule stellte sein Lehrer den Schülern als Beschäftigung die Aufgabe, die Zahlen von 1 bis 100 zu summieren. Gauß hatte sie allerdings nach kürzester Zeit gelöst, indem er 50 Paare mit der Summe 101 bildete (1 + 100, 2 + 99, …, 50 + 51) und 5050 als Ergebnis erhielt. Die daraus resultierende Formel wird gelegentlich auch als „der kleine Gauß" bezeichnet. Er soll so ein fantastisches Zahlengedächtnis gehabt haben, dass er die Logarithmentafeln auswendig kannte.

Gauß misstraute bereits mit zwölf Jahren der Beweisführung in der elementaren Geometrie und ahnte mit sechzehn Jahren, dass es neben der euklidischen noch eine andere, nicht-euklidische Geometrie geben muss.

Im Alter von achtzehn Jahren entdeckte er einige Eigenschaften der Primzahlverteilung und fand die Methode der kleinsten Quadrate, bei der es darum geht, die Summe der Quadrate von Abweichungen zu minimieren. Nach ihr lässt sich etwa das wahrscheinlichste Ergebnis für eine neue Messung aus einer genügend großen Zahl vorheriger Messungen ermitteln. Auf dieser Basis untersuchte er später Theorien zur Berechnung von Flächeninhalten unter Kurven (numerische Integration), die ihn zur Gauß'schen Glockenkurve gelangen ließen (siehe Abb. 1.7). Die zugehörige Funktion ist bekannt als die Standardnormalverteilung[67] und wird bei vielen Aufgaben zur Wahrscheinlichkeitsrechnung und

[67] Ihre Wahrscheinlichkeitsdichte wird auch Gauß-Funktion, Gauß-Kurve, Gauß-Glocke oder Glockenkurve genannt.

im Risiko-Management (etwa bei der analytischen Berechnung des Value at Risk) angewandt, wo sie die (asymptotische, d. h. für genügend große Datenmengen) Verteilungsfunktion von zufällig um einen Mittelwert streuenden Daten ist. Die besondere Bedeutung der Normalverteilung beruht unter anderem auf dem zentralen Grenzwertsatz,[68] der besagt, dass eine Summe von n unabhängigen, identisch verteilten Zufallsvariablen im Grenzwert $n \to \infty$ normalverteilt ist. Das bedeutet, dass man Zufallsvariablen dann als normalverteilt ansehen kann, wenn sie durch Überlagerung einer großen Zahl von Einflüssen entstehen, wobei jede einzelne Einflussgröße einen im Verhältnis zur Gesamtsumme unbedeutenden Beitrag liefert.

Mit 18 Jahren – am 29. März 1796, wenige Tage vor seinem neunzehnten Geburtstag – entdeckte er bestimmte Eigenschaften in der Geometrie des regelmäßigen 17-Ecks und lieferte damit die erste nennenswerte Ergänzung euklidischer Konstruktionen seit 2000 Jahren.[69] So konnte er nachweisen, dass ein regelmäßiges Siebzehneck konstruierbar ist, d. h., es kann unter alleiniger Verwendung von Zirkel und Lineal (den Euklidischen Werkzeugen) gezeichnet werden.

Außerdem führte er 1796 mit den lemniskatischen Sinusfunktionen die historisch ersten, heute so genannten elliptischen Funktionen ein. Diese Arbeiten stehen in Zusammenhang mit seiner Untersuchung des arithmetisch-geometrischen Mittels.

Gauß erfasste früher als andere Wissenschaftler den besonderen Nutzen komplexer Zahlen. So enthält seine Doktorarbeit aus dem Jahr 1799 einen strengeren Beweis des Fundamentalsatzes der Algebra. Dieser Satz besagt, dass jede algebraische Gleichung mit Grad größer als Null mindestens eine reelle oder komplexe Lösung besitzt. Den älteren Beweis d'Alemberts (eigentlich Jean-Baptiste le Rond, genannt d'Alembert, französischer Mathematiker, Physiker und Philosoph, * 16. November 1717 in Paris; † 29. Oktober 1783) kritisierte Gauß als ungenügend, aber auch sein eigener Beweis erfüllt noch nicht die späteren Ansprüche an topologische Strenge.

Die 1801 erschienenen Disquisitiones wurden grundlegend für die weitere Entwicklung der Zahlentheorie, zu der einer seiner Hauptbeiträge der Beweis des quadratischen Reziprozitätsgesetzes war, das die Lösbarkeit von quadratischen Gleichungen „mod p" beschreibt und für das er im Laufe seines Lebens fast ein Dutzend verschiedene Beweise fand. Neben dem Aufbau der elementaren Zahlentheorie auf modularer Arithmetik findet sich in seinem Werk auch eine Diskussion von Kettenbrüchen und der Kreisteilung, mit einer berühmten Andeutung über ähnliche Sätze bei der Lemniskate und anderen elliptischen Funktionen.

---

[68] Bei den Zentralen Grenzwertsätzen handelt es sich um eine Familie schwacher Konvergenzaussagen aus der Wahrscheinlichkeitstheorie. Allen gemeinsam ist die Aussage, dass die (normierte und zentrierte) Summe einer großen Zahl von unabhängigen, identisch verteilten Zufallsvariablen annähernd (standard-)normalverteilt ist. Dies erklärt auch die Sonderstellung der Normalverteilung.

[69] Das Siebzehneck (Heptadekagon) ist eine geometrische Figur, die zur Gruppe der Vielecke (Polygone) gehört. Es ist definiert durch siebzehn Punkte, welche durch siebzehn Strecken zu einem geschlossenen Linienzug verbunden sind. Hier geht es um das regelmäßige Siebzehneck, welches siebzehn gleichlange Seiten hat und dessen Ecken auf einem gemeinsamen Umkreis liegen.

Den wertvollsten Beitrag zur Wahrscheinlichkeitstheorie erarbeitete Gauß bei geodätischen Messungen. Im Kern ging es um die Fragestellung, wie sich unter Berücksichtigung der Erdkrümmung genauere geografische Messungen erzielen lassen. Erste Erfahrungen bei der Landvermessung sammelte er zwischen den Jahren 1797 und 1801, als er dem französischen Generalquartiermeister Lecoq bei dessen Landesvermessung des Herzogtums Westfalens als Berater zur Seite stand. Im Jahr 1816 beauftragte ihn der König von Dänemark mit der Durchführung einer Breitengrad- und Längengradmessung. Schließlich leitete Gauß zwischen 1818 und 1826 die Landesvermessung des Königreichs Hannover. Da es unrealistisch ist, jeden einzelnen Quadratzentimeter der Erdoberfläche zu vermessen, nimmt die Geodäsie auf der Grundlage von Stichproben (bzw. Probemessungen) innerhalb des Untersuchungsgebiets Schätzungen vor. Als Gauß die Verteilung dieser Schätzungen untersuchte, fiel ihm auf, dass sie stark variierten, sich mit zunehmender Anzahl jedoch anscheinend um einen zentralen Punkt gruppierten. Dieser zentrale Punkt war der Mittelwert. Außerdem erkannte Gauß, dass sich die Messgrößen mit größerer Anzahl der Normalverteilungskurve (siehe Abb. 1.7) annäherten, die Moivre 83 Jahre zuvor bereits entdeckt hatte. Die Normalverteilung wiederum steht im Zentrum vieler moderner Methoden des Risiko-Managements.

Durch die von ihm erfundene Methode der kleinsten Quadrate und die systematische Lösung umfangreicher linearer Gleichungssysteme (Gauß'sches Eliminationsverfahren) gelang ihm eine erhebliche Steigerung der Genauigkeit.

So berichtet etwa der Mathematiker Johann Peter Gustav Lejeune Dirichlet (* 13. Februar 1805 in Düren, † 5. Mai 1859 in Göttingen), er hätte die Disquisitiones sein Leben lang bei der Arbeit stets griffbereit gehabt. Das Gleiche gilt für seine beiden Arbeiten über biquadratische Reziprozitätsgesetze von 1825 und 1831, in denen er auch die Gauß'schen Zahlen[70] einführt. Kurzum: Gauß war zur damaligen Zeit ein weltberühmter Mathematiker. So wird etwa berichtet, dass Napoleon die französische Armee, die im Jahr 1807 Göttingen näherrückte, anwies, die Stadt zu schonen, „weil dort der größte Mathematiker alle Zeiten wohnt".[71]

Gauß hielt eine große Anzahl an wissenschaftlichen Forschungen und mathematischen Entdeckungen zurück, so dass Mathematiker nach ihm diese Erkenntnisse neu entdecken mussten, die er bereits erarbeitet hatte. Außerdem legte Gauß in seinen Publikationen das Schwergewicht auf die Ergebnisse und weniger auf die Methodologie, so dass Forschungskollegen oft gezwungen waren, nach dem Weg zu fahnden, auf dem Gauß zu seinen Schlussfolgerungen gelangt war.

1.9 Die Theorie des Zufalls von Laplace

Ähnlich wie Demokrit schrieb mehr als 2000 Jahre später der französische Mathematiker und Astronom Pierre Simon de Laplace (* 28. März 1749 in Beaumont-en-Auge in der Normandie, † 5. März 1827 in Paris, siehe Abb. 1.9), dass die Menschen „in Unkenntnis

[70] Die Gauß'schen Zahlen sind eine Verallgemeinerung der ganzen Zahlen auf die komplexen Zahlen.

[71] Vgl. Bernstein (1997, S. 173–174).

Abb. 1.9 In seinem zweibändigen Buch Théorie Analytique des Probabilités (1812) gab Laplace eine Definition der Wahrscheinlichkeit und befasste sich mit abhängigen und unabhängigen Ereignissen, vor allem in Verbindung mit Glücksspielen

ihres Zusammenhanges mit dem Weltganzen" Ereignisse, die ohne sichtbare Ordnung eintreten, stets vom Zufall abhängen lassen.[72] Laplace studierte zunächst ab dem Jahr 1766 Theologie und Philosophie am Jesuiten-Kolleg von Caen. Dort wurden die Professoren Christoph Gadblet und Pierre Le Canu auf ihn aufmerksam und öffneten seine Augen für die bunte und spannende Welt der Mathematik. Zwei Jahre später, im Jahr 1768, verließ Laplace das Jesuiten-Kolleg ohne Abschluss und ging mit einem Empfehlungsschreiben zu Jean Baptiste le Rond d'Alembert (* 16. November 1717 in Paris, † 29. Oktober 1783 in Paris) nach Paris. D'Alembert war zur damaligen Zeit der berühmteste Mathematiker Frankreichs und – gemeinsam mit Diderot (* 5. Oktober 1713 in Langres, † 31. Juli 1784 in Paris) – Herausgeber des mathematischen Teils der Encyclopédie.[73]

Als Bewerbungstest gab d'Alembert dem jungen Laplace eine komplexe mathematische Aufgabe mit, die dieser innerhalb einer Woche lösen sollte. Laplace klopfte jedoch bereits am nächsten Tag wieder an d'Alemberts Tür. Auch die neuen und schwierigeren

[72] Vgl. Romeike (2007b, S. 20).

[73] Die „Encyclopédie, ou Dictionnaire raisonné des sciences, des arts et des métiers" war als Sammlung des gesamten Wissens der Zeit konzipiert; der Titel umschreibt Enzyklopädie mit „dictionnaire raisonné", „vernünftig aufgebautes (kritisch durchdachtes) Wörterbuch". So schreibt Diderot: „Tatsächlich zielt eine Enzyklopädie darauf ab, die auf der Erdoberfläche verstreuten Kenntnisse zu sammeln, das allgemeine System dieser Kenntnisse den Menschen darzulegen, mit denen wir zusammenleben, und es den nach uns kommenden Menschen zu überliefern, damit die Arbeit der vergangenen Jahrhunderte nicht nutzlos für die kommenden Jahrhunderte gewesen sei; damit unsere Enkel nicht nur gebildeter, sondern gleichzeitig auch tugendhafter und glücklicher werden, und damit wir nicht sterben, ohne uns um die Menschheit verdient gemacht zu haben."

Aufgaben, die d'Alembert ihm mit auf den Weg gab, löste er schnell und ohne Probleme. Tief beeindruckt von Laplace, verschaffte d'Alembert im Jahr 1771 dem jungen Laplace eine Stelle als Lehrer für Geometrie, Trigonometrie, elementare Analysis und Statistik an der Pariser Militärakademie. In dieser Zeit verfasste Laplace Schriften rund um die Themen Extremwertprobleme, Astromechanik, Differenzialgleichungen, Wahrscheinlichkeits- und Spieltheorie sowie zur Integralrechnung.

Laplace trug insbesondere auch zur Weiterentwicklung der Wahrscheinlichkeitsrechnung bei und lieferte wichtige analytische „Werkzeuge", wie beispielsweise die Theorie der erzeugenden Funktionen und die Methode der rekursiven Reihen. In seiner im Jahr 1812 erschienenen zweibändigen Publikation „Théorie Analytique des Probabilités" fasste er die neuen Erkenntnisse zusammen. In den Bänden behandelte er u. a. den Erwartungswert sowie die Sterblichkeit und die Lebenserwartung und widerlegte vor allem die von vielen Mathematikern vertretene These, dass eine strenge mathematische Behandlung der Wahrscheinlichkeit nicht möglich sei.[74]

„Die Theorie des Zufalls (des hasards) besteht darin, alle Ereignisse derselben Art auf eine gewisse Anzahl gleich möglicher Fälle zurückzuführen, d. h. auf solche, über deren Existenz wir in gleicher Weise im Unklaren sind, und dann die Zahl der Fälle zu bestimmen, die dem Ereignis, dessen Wahrscheinlichkeit man sucht, günstig sind. Das Verhältnis dieser Zahl zu der aller möglichen Fälle ist das Maß dieser Wahrscheinlichkeit, die also nur ein Bruch ist, dessen Zähler die Zahl der günstigen Fälle, und dessen Nenner die Zahl aller möglichen Fälle ist.", so Laplace in seinem im Jahr 1814 erschienenen Werk „Philosophischer Versuch über die Wahrscheinlichkeiten".

„Der hier gegebene Begriff der Wahrscheinlichkeit setzt voraus, dass, wenn man die Zahl der günstigen Fälle und die aller möglichen Fälle in gleichem Verhältnis wachsen lässt, die Wahrscheinlichkeit dieselbe bleibt. Um sich davon zu überzeugen, stelle man sich zwei Urnen A und B vor, von denen die erste vier weiße und zwei schwarze Kugeln enthält, und die zweite nur zwei weiße und eine schwarze Kugel einschließt. Nun denke man sich, dass die zwei schwarzen Kugeln der ersten Urne an einen Faden gebunden sind, der in dem Momente reißt, wo man die eine von ihnen ergreift, um sie herauszuziehen, und dass die vier weißen Kugeln zwei ähnliche Systeme bilden. Alle Chancen, welche bewirken, dass eine der Kugeln des schwarzen Systems ergriffen wird, werden eine schwarze Kugel herausbringen. Wenn man sich jetzt vorstellt, dass die Fäden, welche die Kugeln verbinden, nicht reißen, so ist klar, dass die Zahl aller möglichen Chancen sich ebenso wenig ändern wird als die dem Herausziehen schwarzer Kugeln günstigen Chancen; nur wird man aus der Urne zwei Kugeln auf einmal herausziehen; die Wahrscheinlichkeit, eine schwarze Kugel aus der Urne herauszuziehen, wird also dieselbe sein wie früher. Aber dann hat man augenscheinlich den Fall der Urne B mit dem einzigen Unterschiede, dass die drei Kugeln dieser letzteren Urne ersetzt sind durch drei Systeme von je zwei Kugeln, die unveränderlich mit einander verbunden sind."

[74] Vgl. Romeike (2007b, S. 20) sowie de Laplace (1886) sowie von Mises (1998, S. 1–4).

Wie ein Virtuose beherrschte Laplace den Kalkül der Infinitesimalrechnung. So untersuchte er partielle Differenzialgleichungenen 2. Ordnung auf ihre Lösungsmöglichkeit, ersann die Kaskadenmethode – ein Lösungsverfahren für hyperbolische Differenzialgleichungen – und befasste sich mit partiellen Differenzengleichungen. Laplace füllte den Werkzeugkasten des modernen Risiko-Managements mit äußerst wertvollen Methoden.

1.10 Galtons Modell zur Demonstration von Wahrscheinlichkeitsverteilungen

Viele natur-, wirtschafts- und ingenieurwissenschaftlicheVorgänge (Körpergröße von Menschen, Qualitätsabweichungen bei der Schraubenproduktion, Größe von Hühnereiern etc.) lassen sich mit Hilfe der Normalverteilung entweder exakt oder wenigstens in sehr guter Näherung beschreiben (vor allem Prozesse, die in mehreren Faktoren unabhängig voneinander in verschiedene Richtungen wirken). Nach Francis Galton (* 16. Februar 1822 in Sparkbrook, † 17. Januar 1911 in Haslemere) sind exakt zwei Bedingungen erforderlich, damit Beobachtungen normal oder symmetrisch um ihren Durchschnittswert verteilt sind. Erstens muss eine möglichst große Anzahl von Beobachtungen gegeben sein. Zweitens müssen die Beobachtungen voneinander unabhängig sein, wie etwa die Würfe eines Würfels. So weist er darauf hin, dass gravierende Fehler gemacht werden, wenn Stichproben verwendet werden, die nicht voneinander unabhängig sind.

Um seinen Untersuchungen über das Messen von Körpergrößen, Gewicht und Augenfarben empirische Aussagekraft zu geben, benötigte Francis Galton Werkzeuge der Statistik. So wird berichtet, dass er im Zusammenhang mit seinen empirischen Untersuchungen die Mädchen, denen er auf der Straße begegnete, nach Schönheit klassifizierte. Wenn ein Mädchen hübsch war, so knipste er ein Loch in eine Karte, die sich in seiner linken Jackentasche befand. Bei einer unscheinbaren jungen Frau knipste er ein Loch in die Karte, die sich in seiner rechten Jackentasche befand.[75] Galtons im Jahr 1884 gegründetes Anthropomorphisches Laboratorium maß und registrierte alle nur erdenklichen menschlichen Körpermaße, sogar die von Fingerabdrücken. Die Abdrücke der Papillarleisten am Endglied eines Fingers (auch Daktylogramm genannt) faszinierten Galton mehr als alle anderen Körperteile, da sich ihre Struktur mit dem Älterwerden nicht veränderte.

So entwickelte er zum Beispiel zusammen mit seinem Freund, dem britischen Mathematiker Karl Pearson (* 27. März 1857 in London, † 27. April 1936 in Coldharbour), den Korrelationskoeffizienten, war in den 1870er- und 1880er-Jahren Pionier im Gebrauch der Normalverteilung und führte die Methode der Regression ein. Außerdem entwickelte er das Galtonbrett, ein Modell zur Demonstration von Wahrscheinlichkeitsverteilungen (siehe Abb. 1.10).

[75] Vgl. Bernstein (1997, S. 195).

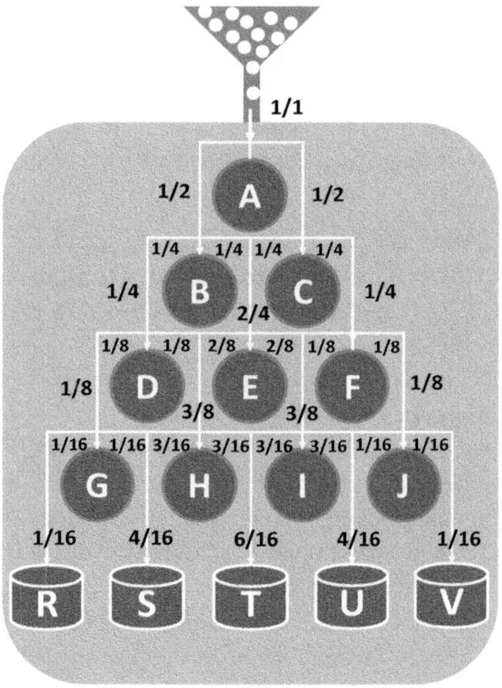

Abb. 1.10 Galtonbrett nach Francis Galton. (Quelle: Eigene Abbildung)

Das Galtonbrett besteht aus einer regelmäßigen Anordnung von Hindernissen, an denen eine von oben eingeworfene Kugel jeweils nach links oder rechts abprallen kann. Nach dem Passieren der Hindernisse werden die Kugeln in Fächern aufgefangen, um dort gezählt zu werden. In diesem Kontext wird deutlich, dass jedes Aufprallen einer Kugel auf eines der Hindernisse ein Bernoulli-Versuch ist. Die beiden möglichen Ausgänge sind „Kugel fällt nach rechts" ($X = 1$) und „Kugel fällt nach links" ($X = 0$).

Bei symmetrischem Aufbau ist die Wahrscheinlichkeit, nach rechts zu fallen, $P(1) = p = 1/2$ und die Wahrscheinlichkeit, nach links zu fallen, $P(0) = q = 1/2$. Durch unsymmetrischen Aufbau oder durch Schiefstellen des Brettes kann man einen anderen Wert für p erreichen, wobei aber natürlich weiterhin $q = 1 - p$ gilt, denn die Kugeln, die nicht nach rechts fallen, fallen nach links.

Indem die Kugel nach Passieren des ersten Hindernisses auf ein Neues trifft, bei dem die gleichen Voraussetzungen gelten, wird hier ein weiterer Bernoulli-Versuch durchgeführt. Das Durchlaufen des ganzen Gerätes ist also eine mehrstufige Bernoulli-Kette, wobei die Zahl der waagerechten Reihen von Hindernissen die Länge dieser Kette ist. Abb. 1.10 zeigt demnach die viermalige Wiederholung eines Bernoulli-Versuchs, d. h. eine Bernoulli-Kette der Länge 4.

Man kann nun berechnen, mit welcher Wahrscheinlichkeit eine Kugel in ein bestimmtes der Fächer fällt. Bei nur einem Hindernis (A) ist die Wahrscheinlichkeit 1/2 für links und für rechts, oder, anders formuliert, im Mittel fällt die Hälfte aller Kugeln nach rechts und die Hälfte nach links. Damit trifft jeweils die Hälfte der Kugeln auf B und die andere

Tab. 1.2 Schema der Wahrscheinlichkeiten basierend auf dem Galtonbrett

Reihe	Zähler	Nenner	Ergebnis
0	1	$= 1 \rightarrow = 2^0$	$1 = 11^0$
1	1 + 1	$= 2 \rightarrow = 2^1$	$11 = 11^1$
2	1 + 2 + 1	$= 4 \rightarrow = 2^2$	$121 = 11^2$
3	1 + 3 + 3 + 1	$= 8 \rightarrow = 2^3$	$1331 = 11^3$
4	1 + 4 + 6 + 4 + 1	$= 16 \rightarrow = 2^4$	$14.641 = 11^4$

Hälfte auf C, wo sie sich wieder mit gleichen Wahrscheinlichkeiten nach links und rechts aufteilen. Damit fällt aber nur noch 1/4 der Kugeln an B nach links, 1/4 an C nach rechts, und jeweils 1/4 von links und von rechts in den Zwischenraum zwischen B und C. Hier addieren sich die Wahrscheinlichkeiten also, und 1/4 + 1/4 = 2/4 (= 1/2).

Anhand der Abb. 1.10 kann verfolgt werden, wie der Strom der Kugeln sich an jeder Hindernisreihe aufteilt (an der nächsten wird man daher mit Achteln, an der übernächsten mit Sechzehnteln des Gesamtbestandes rechnen müssen) und sich andererseits in jedem Zwischenraum zwischen zwei benachbarten Hindernissen wieder vereinigt.

Die sich so ergebenden Wahrscheinlichkeiten nach der letzten Aufteilung und Vereinigung an der untersten Hindernisreihe (G, H, I, J) sind die Wahrscheinlichkeiten, mit denen die Kugeln in die Fächer (R, S, T, U, V) fallen. Im Beispiel haben alle diese Wahrscheinlichkeiten den Nenner 16, da es vier Reihen von Hindernissen sind ($16 = 2^4$). Die Zähler ergeben sich durch Addieren der Zähler in der Reihe darüber, was der Vereinigung der Kugelströme in den Zwischenräumen entspricht. In Tab. 1.2 ist das Schema skizziert.

Man erkennt, dass die Zähler die Binomialkoeffizienten sind, denn sie entstehen nach dem Schema des Pascal'schen Dreiecks (siehe Abb. 1.5). Die Nenner sind Potenzen von 2, sie folgen aus der Wahrscheinlichkeit $p = q = 1/2$, nach rechts bzw. links zu fallen.

In diesem Kontext wird deutlich, dass bei einer immer feineren Aufteilung näherungsweise eine Normalverteilung erreicht wird. Galtons maßgeblicher Biograf Karl Pearson, der selbst ein hervorragender Mathematiker war, hat bemerkt, Galton habe „in unserem wissenschaftlichen Denken ein Revolution verursacht, [die] unsere Vorstellung von der Wissenschaft und vom Leben selbst verändert."[76]

1.11 Der unterschätzte Wegbereiter in der Theorie der stochastischen Prozesse

Als Geburtsstunde der modernen Finanzmathematik gilt heute das Jahr 1900, da in diesem Jahr Louis Bachelier (* 11. März 1870 in Le Havre, † 26. April 1946 in St-Servan-sur-Mer) seine Dissertation „Théorie de la spéculation" veröffentlichte.

[76] Vgl. Bernstein (1997, S. 218).

Abb. 1.11 Wie sich erst später herausstellte, war Louis Bachelier seiner Zeit mit seinen Ideen weitvoraus

Im Jahr 1900 stand Louis Bachelier (vgl. Abb. 1.11) vor seinem Doktorvater Henri Poincaré (* 29. April 1854 in Nancy, † 17. Juli 1912 in Paris) – dem zur damaligen Zeit wohl berühmtesten Mathematiker, Physiker und Philosophen – und musste seine letzten Prüfungen absolvieren. Die Ausbildung des jungen Mathematikers Bachelier war zuvor bestenfalls mittelmäßig gewesen, was vor allem damit zusammenhing, dass er im Alter von 19 Jahren Vater und Mutter verlor und im Geschäft seiner Familie arbeiten musste. Die erste Prüfung war ein mündliches Examen zu einem vorher gewählten Standardthema. Bachelier hatte sich für Fragen rund um die Mechanik von Flüssigkeiten entschieden. Geprüft wurden sowohl rhetorische als auch fachliche Fähigkeiten. Dem Abschlussbericht des Prüfungsgremiums zufolge hatte Bachelier das Thema „tiefgreifend erfasst". Der zweite und wesentliche Teil seines Examens beschäftigte sich mit seinem eigenen Forschungsgebiet, der „Théorie de la spéculation", einer Untersuchung des Handels von Regierungsanleihen an der Pariser Börse. Zur damaligen Zeit hatte der Handel bzw. das Glücksspiel mit Wertpapieren in Frankreich einen eher fragwürdigen Ruf. Erst 15 Jahre zuvor waren dort Termingeschäfte mit Währungen legalisiert worden. Leerverkäufe, also der Verkauf geliehener Wertpapiere in der Hoffnung, von fallenden Preisen zu profitieren, war absolut tabu. Und insgesamt wurde zur damaligen Zeit die akademische Welt Frankreichs von einer elitären Institution beherrscht, in der Außenseiter und Querdenker – als der auch Louis Bachelier galt – kaum geduldet wurden.

Dementsprechend waren Poincaré und die Kollegen des Prüfungsausschusses nicht gerade begeistert von den Ausführungen Bacheliers. Wie Poincaré in einem Bericht über die Doktorarbeit anmerkte, lag „der von Louis Bachelier gewählte Gegenstand ein wenig abseits von jenen, die unsere Kandidaten gewöhnlich behandeln." Jedoch lobte er einige der „originellen" Einsichten der Arbeit und schlug vor, dass die ungewöhnlichste von diesen noch weiter ausgebaut werden sollte. Schlussendlich wurde die Arbeit mit „mention honorable“ (d. h. mit Auszeichnung) bewertet, erreichte jedoch nicht die bessere „mention très honorable“, die Bachelier den Eintritt in die illustren akademischen Kreise gesichert hätte. Seine Dissertation kam erst fünfzig Jahre später – mehr durch einen Zufall – wieder ans Tageslicht und beeinflusste die moderne Finanz- und Risikotheorie maßgeblich.

Im Jahr 1926 wurde in Dijon, wo Bachelier bereits früher einmal gearbeitet hatte, eine Stelle als Professor frei. Sein Rivale um den Lehrstuhl, George Cerf, war ein junger und ehrgeiziger Mathematiker, der aber vor allem über wichtige Kontakte nach Paris und zum amtierenden Mathematikprofessor in Dijon, Maurice Gevrey, verfügte. Da dieser wohl eine leidenschaftliche Abneigung gegen Bachelier hegte, prüfte er das Werk Bacheliers gründlich und fand auch einen – im Gesamtkontext – marginalen Fehler. Als schließlich das Berufungskomitee zusammentraf, konnte Gevrey einen Brief des herausragenden Wahrscheinlichkeitstheoretikers Paul Pierre Lévy (* 15. September 1886 in Paris, † 15. Dezember 1971 in Paris) vorweisen, in dem dieser Fehler bestätigt wurde. Er hatte nur die von Gevrey hervorgehobene Stelle und nicht die gesamte Abhandlung gelesen. Im Jahr 1931 entschuldigte sich Lévy bei Bachelier für den (fälschlicherweise) attestierten Fehler, dass *„der von einem einzigen anfänglichen Fehler hervorgerufene Eindruck mich wirklich davon abgehalten hat, eine Arbeit weiterzulesen, die so viele interessante Ideen enthält.“*[77]

So arbeitete Bachelier bis zum Ausbruch des ersten Weltkriegs als Stipendiat und „freier Dozent“ an der Sorbonne und nahm nach dem Krieg und 27 Jahre nach der Veröffentlichung seiner Doktorarbeit eine Professur an der kleinen Universität in Besançon an. Bachelier starb im Jahr 1946 eher unbekannt, obwohl seine Arbeit nicht nur den Grundstein für die deskriptive Theorie der Finanzmärkte lieferte, sondern auch Pionierarbeit zur systematischen Erforschung der mathematischen Theorie der Diffusionsprozesse leistete.

In seinen Arbeiten behauptete Bachelier, dass Aktienkurse rein zufällig verlaufen: Wie ein Betrunkener, dessen Schritte zufällig nach rechts oder nach links vom Weg abweichen, bewegen sich Aktienkurse in einem unvorhersagbaren Zick-Zack. Im Durchschnitt – genau wie beim Münzwurf – gelangt er nirgendwohin.[78] Wenn man also nur den Mittelwert betrachtet, bleibt sein zufallsbestimmter Spaziergang für immer auf den Ausgangspunkt beschränkt. Und das wäre auch die bestmögliche Vorhersage für seine künftige Position zu jedem beliebigen Zeitpunkt. Der eindimensionale Random Walk ist ein Bernoulli-Prozess, das heißt eine Folge von unabhängigen Bernoulli Versuchen; er führt zu einer Binomial verteilung.

Eine beliebte Veranschaulichung von Zufallsbewegungen bzw. Irrfahrten lautet etwa wie folgt: Ein desorientierter Fußgänger läuft in einer Gasse mit einer Wahrscheinlichkeit p einen Schritt nach vorne, mit einer Wahrscheinlichkeit $q = 1 - p$ einen Schritt zurück. Wie groß ist die Wahrscheinlichkeit, dass er nach n Schritten eine Strecke X zurückgelegt hat? Die Antwort gibt die folgende Gleichung:

---

[77] Vgl. Romeike (2007e, S. 24–26).

[78] Vgl. Bachelier (1900, S. 21–88). (Translated in: The Random Character of Stock Market Prices, edited by Paul Cootner (1964), Cambridge/Massachusetts) sowie Bachelier et al. (2006) sowie De Bondt und Thaler (1985, S. 793–805).

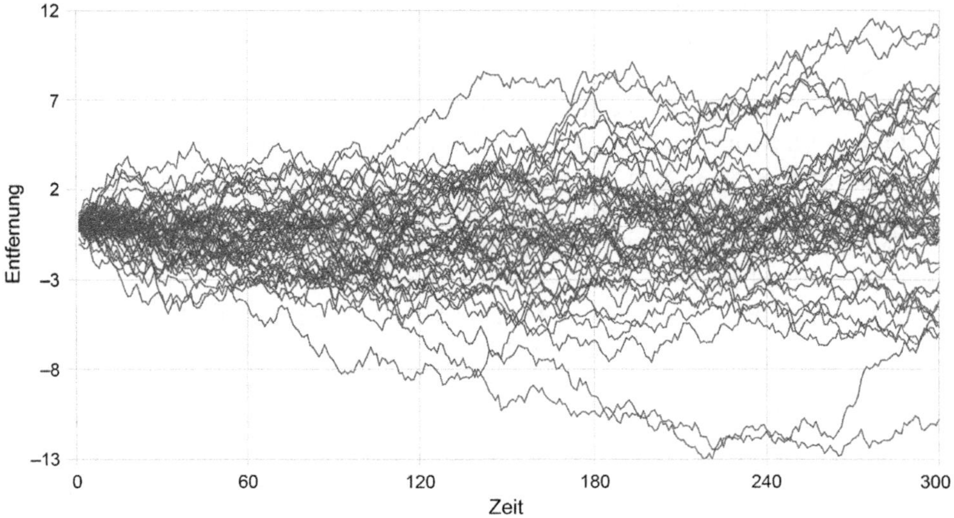

Abb. 1.12 Simulation von 50 Random Walks basierend auf einem Wienerprozess („Brownsche Bewegung"). (Quelle: Eigene Abbildung)

$$P(X = -n + 2k) = \binom{n}{k} p^k q^{n-k}$$

Abb. 1.12 zeigt fünf Simulationen für $n = 300$ Schritte mit einer variablen Schrittlänge von −0,5 bis 0,5 Einheiten. Da die Schritte durch gleichverteilte Zufallszahlen simuliert werden, beträgt die mittlere Schrittlänge 0,25. Die Varianz $E(X^2)$ beträgt n. Die Standardabweichung der Entfernung vom Ursprung ist $\sqrt{n} \cdot 0{,}25$ Schritte. Sie ist als Linie für positive und negative Entfernungen eingezeichnet. Um diese Strecke wird sich der Fußgänger fortbewegen. Die relative Abweichung $\sqrt{n / n}$ geht gegen null, aber die absolute Abweichung $\sqrt{n}$ wächst unbeschränkt.

Der von Bachelier beschriebene „Random Walk" der Aktienkurse schockierte zur damaligen Zeit die Welt der Ökonomen. Wie kann es sein, dass Aktienkurse, welche doch durch rationale Investitionsentscheidungen determiniert werden, rein zufällig sind?

Auch der Kurs einer Anleihe wird – sofern neue Marktinformationen fehlen, die den Kurs in die eine oder andere Richtung treiben – im Durchschnitt um seinen Ausgangspunkt schwanken. Kurzum: Der heutige Kurs ist die beste Vorhersage. Keine Kursänderung hängt mit der vorhergehenden zusammen. Die Kursänderungen bilden eine Reihe unabhängiger und gleichverteilter Zufallsvariablen. Bachelier zeichnete alle Änderungen der Anleihenkurse über einen Monat bzw. ein Jahr auf und kam zu dem Ergebnis, dass sie die Form der Gauß'schen Glockenkurve (siehe Abb. 1.7) annahmen, d. h. kleine Änderungen häufen sich im Zentrum der Glocke, die wenigen großen Änderungen liegen an den Rändern. Und so kam es, dass die von Gauß entwickelte Normalverteilung – basierend auf den Untersuchungen von Bachelier – auch auf die Finanzmärkte angewendet wurde.

Bereits viele Jahre zuvor, im Jahr 1827, hatte der schottische Botaniker Robert Brown (* 21. Dezember 1773 in Montrose, † 10. Juni 1858 in London) die Beobachtung gemacht, dass sich Blütenstaubkörner oder andere kleine Teilchen, die in Wasser gelegt wurden, durch „Zittern" bewegen. Die Erklärung für diese Bewegungen liefern die Moleküle des Wassertropfens, die permanent von allen Seiten gegen die größeren, sichtbaren Pollenteilchen stoßen.[79] Im Bereich der Finanzwirtschaft werden Kursentwicklungen nicht durch physische, sondern durch informative Zusammenstöße induziert. Gute Nachrichten führen zu Kurssteigerungen und vice versa. Heute ist diese Erkenntnis unter dem Terminus „Brown'sche Bewegung" bekannt.

Wie sich erst Jahrzehnte später herausstellte, war Louis Bachelier seiner Zeit weit voraus: In seiner Arbeit operierte er schon mit dem Wiener Prozess, fünf Jahre bevor Albert Einstein diesen – wohl zum zweiten Mal – entdeckte.[80] Auch gab Bachelier explizite Preisformeln für Standard- (Put- und Call-) Optionen und Barrier-Optionen an, 73 Jahre bevor dies den Wirtschaftswissenschaftlern Fischer Sheffey Black (* 11. Januar 1938 in Washington, D. C., USA, † 30. August 1995 in New York, USA) und Myron Samuel Scholes (* 1. Juli 1941 in Timmins, Kanada) gelang. Basierend auf seinen Arbeiten errichteten Wirtschaftswissenschaftler eine ausgefeilte und umfassende Theorie der Finanzmärkte und des Risiko-Managements, d. h. wie Kurse sich ändern, wie Investoren denken und wie man Risiko als die ruhelose Seele des Marktes versteht.

Bacheliers Lehren fanden an der Wall Street bereitwillig Schüler und wurden „zum Katechismus für das, was man heute als ‚moderne' Finanztheorie bezeichnet", so der Mathematiker und Erfinder der fraktalen Geometrie, Benoît B. Mandelbrot.[81] Ihre breiter gefassten Grundsätze definieren immer noch den Rahmen, in dem ein großer Teil der Geldströme auf der Welt dargestellt wird. Der Wirtschaftswissenschaftler Paul H. Cootner merkt in diesem Kontext an, das Bacheliers Werk so herausragend war, „dass wir sagen können, die Untersuchung spekulativer Kurse habe ihren größten Moment in dem Augenblick erlebt, als sie konzipiert wurde."

So geht auch der Ansatz des CAPM (Capital Asset Pricing Model), der in den frühen sechziger Jahren von William F. Sharpe (* 16. Juni 1934 in Cambridge, USA) entwickelt wurde, auf die Ansätze von Bachelier zurück. Ebenfalls zu den von Bachelier angeregten Werkzeugen gehört die Moderne Portfoliotheorie, die in den fünfziger Jahren von Harry M. Markowitz (* 24. August 1927 in Chicago, USA) entwickelt wurde.

Der Ansatz von Bachelier wurde im Jahr 1956, zehn Jahre nach seinem Tod, von Paul Anthony Samuelson (* 15. Mai 1915 in Gary, USA), dem Träger des Wirtschaftsnobelpreises des Jahres 1970, aufgegriffen und in exponentieller Form als geometrische Brownsche Bewegung zur Beschreibung von Aktienkursen etabliert.[82] Auch das in der Finanzwirtschaft

[79] Im Jahr 1860 konnte dies durch die Maxwell'sche Geschwindigkeitsverteilung mathematisch exakt beschrieben werden.

[80] Vgl. Romeike (2007e, S. 24–26).

[81] Vgl. Mandelbrot und Hudson (2004).

[82] Vgl. Romeike (2007e, S. 24–26).

benutzte Optionsbewertungsmodell von Black und Scholes geht davon aus, dass die Aktienpreisprozesse mit dem Bachelier-Modell modellierbar sind. Robert C. Merton[83] (* 31. Juli 1944 in New York) revolutionierte Anfang der 1970er-Jahre die Finanzmarkttheorie durch Einführung zeitstetiger stochastischer Prozesse – basierend auf den Erkenntnissen Bacheliers. Dies führte zu einem Durchbruch in diversen Bereichen der Finanzmärkte, u. a. bei der Portfolioselektion, beim Design dynamischer Hedging-Strategien sowie der Arbitragebewertung von Optionen.

Viele der heute üblichen und „modernen" Techniken im Bereich der modernen Finanztheorie wurden von Bachelier zum ersten Mal beschrieben. Seine Ideen wurden zum Leitprinzip für viele der Standardwerkzeuge im modernen Finanzwesen.[84] Dieses Potenzial wurde im Jahr 1900 bei Abgabe seiner Dissertation „Théorie de la Spéculation" weder von seinem Doktorvater Henri Poincaré noch von anderen „Experten" erkannt.

1.12 Ein neues Verständnis der Ungewissheit

Bei den bisher skizzierten Theorien und Werkzeugen trifft der einzelne seine Entscheidungen isoliert, ohne das Verhalten anderer Personen zu berücksichtigen. In der Spieltheorie[85] hingegen versuchen zwei oder mehr Personen, gleichzeitig ihren Nutzen zu maximieren. Die Spieltheorie ist daher eine Entscheidungstheorie, die Situationen untersucht, in denen das Ergebnis nicht von einem Entscheider allein bestimmt werden kann, sondern nur von mehreren Entscheidern gemeinsam. Dieses strategische Denken kann auch als Kunst aufgefasst werden, einen Gegner zu überlisten, der das Gleiche mit seinem Gegenüber versucht. Kurzum: Die Wissenschaft vom Strategischen Denken heißt Spieltheorie.

János von Neumann zu Margitta (besser bekannt als John von Neumann, * 28. Dezember 1903 in Budapest, † 8. Februar 1957 in Washington, D. C.) erbrachte auf vielen Gebieten der Mathematik herausragende Beiträge, u. a. war von Neumann in Berlin entscheidend an der Entdeckung der Quantenmechanik beteiligt. Außerdem hat er bei der Entwicklung der ersten US-amerikanischen Atombombe und der Wasserstoffbombe eine maßgebliche Rolle gespielt. Gemeinsam mit dem Wirtschaftswissenschaftler Oskar Morgenstern (* 24. Januar 1902 in Görlitz, † 26. Juli 1977 in Princeton, USA) schrieb er im Jahr 1944 das zum Klassiker gewordene Buch „The Theory of Games and Economic Behavior", in dem auch die für die Ökonomie wichtige Verallgemeinerung auf n-Personen-Spiele behandelt wird. Er wurde damit zum Begründer der Spieltheorie.

---

[83] Merton erhielt im Jahr 1997 gemeinsam mit Myron S. Scholes den Nobelpreis für Wirtschaftswissenschaften. In der Begründung hieß es: „Für ihre Ausarbeitung einer mathematischen Formel zur Bestimmung von Optionswerten an der Börse".

[84] Vgl. hierzu den kritischen Text von Bieta und Romeike (2013).

[85] Der Begriff Spieltheorie beruht darauf, dass am Anfang der mathematischen Spieltheorie den Gesellschaftsspielen wie Schach, Mühle, Dame etc. große Aufmerksamkeit gewidmet wurde.

Was anfänglich in den Wirtschaftswissenschaften als „exotisches" Denkbild galt, entwickelte sich schließlich zu einem so wichtigen Ansatz zur Erforschung strategischen Verhaltens, dass im Jahr 1994 John F. Nash von der Universität Princeton (New Jersey), John C. Harsanyi von der Universität von Kalifornien in Berkeley und Reinhard Selten von der Universität Bonn für ihre wissenschaftlichen Leistungen mit dem Nobelpreis für Wirtschaftswissenschaften ausgezeichnet wurden.

Bereits im Jahr 1951 bewies der Nobelpreisträger und Mathematiker John Forbes Nash, Jr.[86] (* 13. Juni 1928 in Bluefield, USA, † 23. Mai 2015 in New Jersey, USA), dass Spiele unter allgemeinen Annahmen mindestens ein Gleichgewicht haben.[87] Er untersuchte, welche Lösung resultiert, wenn alle Spieler unabhängig voneinander (ohne die Strategien der anderen Spieler zu beobachten), allein aus der Kenntnis des Spiels eine rationale Prognose über das Spielergebnis anstellen. Eine Situation, bei der kein Spieler davon profitieren kann, seine Strategie zu ändern, wenn die anderen Spieler ihre Strategien unverändert lassen, ist ein Nash-Gleichgewicht (Nash-Equilibrium).

Wie das Gefangenendilemma[88] (prisoner's dilemma) zeigt, sind im Nash-Gleichgewicht die Erwartungen aller Spieler erfüllt: Ihre Strategienwahl ist optimal.

So werden in dem bekannten Paradoxon zwei Gefangene verdächtigt, gemeinsam eine Straftat begangen zu haben. Die Höchststrafe für das Verbrechen beträgt fünf Jahre. Bei den Gefangenen wird nun ein Handel angeboten, worüber auch beide informiert sind. Wenn einer gesteht und somit seinen Partner mitbelastet, kommt er ohne Strafe davon – der andere muss die vollen fünf Jahre absitzen. Entscheiden sich beide zu schweigen, bleiben nur Indizienbeweise, die aber ausreichen, um beide für zwei Jahre einzusperren. Gestehen aber beide die Tat, erwartet jeden eine Gefängnisstrafe von vier Jahren.

Nun werden die Gefangenen unabhängig voneinander befragt. Weder vor noch während der Befragung haben die beiden die Möglichkeit, sich untereinander abzusprechen.

In einer Auszahlungsmatrix eingetragen, resultiert die in Tab. 1.3, 1.4 und 1.5 zusammengefasste Situation.

Daraus resultieren die in Tab. 1.4 skizzierten Ergebnisse.

Hieraus wiederum lässt sich direkt die in Tab. 1.5 skizzierte Auszahlungsmatrix ableiten.

Das Gefangenendilemma zeigt sehr deutlich, dass die Auszahlung eines Spielers nicht nur von der eigenen, sondern auch von der Entscheidung des Komplizen abhängt (Interdependenz des Verhaltens). Aus Einzelsicht scheint es für beide vorteilhafter zu sein,

[86] Nashs Leben ist von großer Tragik geprägt: Nach einem vielversprechenden Start seiner mathematischen Karriere erkrankte er mit dreißig Jahren an Schizophrenie und erholte sich erst wieder in den 1990er-Jahren davon. Nashs Geschichte ist Ende 2001 einem breiteren Publikum durch den preisgekrönten Hollywood-Film „A Beautiful Mind" bekanntgeworden.

[87] Vgl. Bieta (2005, S. 50–51).

[88] Bei dem Dilemma handelt es sich um ein klassisches symmetrisches „Zwei-Personen-Nicht-Nullsummen-Spiel", das in den 1950er-Jahren von zwei Mitarbeitern der RAND Corporation formuliert wurde.

Tab. 1.3 Gefangenendilemma

	B schweigt (kooperiert mit A)	B gesteht (verrät A)
A schweigt (kooperiert mit B)	A: −2/B: −2	A: −5/B: 0
A gesteht (verrät B)	A: 0/B: −5	A: −4/B: −4

Tab. 1.4 Ergebnisse T, R, P, S

0	„*Versuchung*" (temptation T) – Belohnung für einseitigen Verrat (Freiheit)
−2	„*Belohnung*" (reward R) – Belohnung für Kooperation von A und B (nur zwei Jahre Strafe)
−4	„*Bestrafung*" (punishment P) – Bestrafung für gegenseitigen Verrat (vier Jahre Strafe)
−5	„*Des Gutgläubigen Belohnung*" (sucker's payoff S) – Bestrafung für Vertrauen, das Vertrauen wurde einseitig durch den Partner gebrochen (fünf Jahre Strafe)

Tab. 1.5 Auszahlungsmatrix

	B kooperiert	B verrät
A kooperiert	R/R	S/T
A verrät	T/S	P/P

Mit T > R > P > S

auszusagen. Der Gefangene denkt sich: Falls der andere gesteht, reduziere ich mit meiner Aussage meine Strafe von fünf auf vier Jahre; falls er aber schweigt, dann kann ich mit meiner Aussage meine Strafe von zwei Jahren auf Null reduzieren. Also sollte ich auf jeden Fall gestehen. Diese Entscheidung zur Aussage hängt nicht vom Verhalten des anderen ab, und es ist anscheinend immer vorteilhafter zu gestehen. Eine solche Strategie, die ungeachtet der gegnerischen gewählt wird, wird in der Spieltheorie als dominante Strategie bezeichnet.[89]

Würden beide Gefangenen schweigen, dann müsste jeder nur zwei Jahre ins Gefängnis (vgl. Tab. 1.3). Der Verlust für beide zusammen beträgt so vier Jahre und jede andere Kombination aus Gestehen und Schweigen führt zu einem höheren Verlust.

Die Spielanlage verhindert aber die Verständigung zwischen den Gefangenen und provoziert so einen einseitigen Verrat, durch den der Verräter das für ihn individuell bessere Resultat „Freispruch" (falls der Mitgefangene schweigt) oder vier statt fünf Jahre (falls der Mitgefangene gesteht) zu erreichen hofft. Versuchen diese Strategie aber beide Gefangenen, so verschlimmern sie – auch individuell – ihre Lage, da sie nun je vier Jahre statt der zwei Jahre Gefängnis erhalten.

In diesem Auseinanderfallen der möglichen Strategien besteht das Dilemma der Gefangenen. Die vermeintlich rationale, schrittweise Analyse der Situation verleitet beide Gefangenen zum Geständnis, was zu einem schlechten Resultat führt (suboptimale Allokation). Das bessere Resultat wäre durch Kooperation erreichbar, die aber anfällig für ei-

[89] Vgl. Rieck (2007, S. 44 f.) sowie Dixit und Nalebuff (1997).

nen Vertrauensbruch ist. Die rationalen Spieler treffen sich in einem Punkt, der in diesem Fall als pareto-ineffizientes Nash-Gleichgewicht bezeichnet wird.

Das Dilemma besteht primär in der Tatsache, dass kein Teilnehmer weiß, wie sich der andere Teilnehmer verhalten wird. Die optimale Strategie für beide zusammen wäre, wenn beide Mitspieler einander vertrauen und miteinander kooperieren. Das Vertrauen kann auf zweierlei Art erzielt werden: Zum einen durch – nach den ursprünglichen Spielregeln nicht erlaubte – Kommunikation und entsprechende Vertrauensbeweise, zum anderen durch Strafe im Falle des Vertrauensbruches.

Das Gefangenendilemma lässt sich auf viele Sachverhalte in der Praxis übertragen. So geht der Ökonom und Spieltheoretiker Thomas Schelling[90] (* 14. April 1921 in Oakland, USA) in seinem Werk „The Strategy of Conflict" auf solche Probleme unter den Bedingungen des Kalten Krieges ein (Gleichgewicht des Schreckens). Die Bestrafung für einseitigen Vertrauensbruch wäre so groß gewesen, dass er sich nicht lohnte. Beim wiederholten Spiel des Gefangenendilemmas beruhen die meisten Strategien darauf, dass man Informationen aus vorhergehenden Schritten verwendet. Wenn der andere in einem Schritt kooperiert, vertraut die erfolgreiche Strategie Tit for Tat („Wie du mir, so ich dir") darauf, dass er es weiterhin tut, und gibt ihrerseits einen Vertrauensbeweis. Im entgegengesetzten Fall bestraft sie, um zu verhindern, dass sie ausgenutzt wird.

Literatur

ARISTOTELES: Physika, Berlin 1990.

AUMANN, R. J.: The St. Petersburg paradox: A discussion of some recent comments, in Journal of Economic Theory, vol. 14/1977, S. 443–445.

BACHELIER, L.: Théorie de la Spéculation, Annales Scientifiques de l'Ecole Normale Supérieure, 3 Ser. 17/1900, S. 21–88. (In Englisch in: The Random Character of Stock Market Prices, hg. von Paul Cootner (1964), Cambridge/Massachusetts).

BACHELIER, L.; SAMUELSON, P. A.; DAVIS, M. ET AL.: Louis Bachelier's Theory of Speculation: The Origins of Modern Finance, Princeton NJ 2006.

BERNOULLI, D.: Exposition of a New Theory on the Measurement of Risk, Econometrica vol. 22 (1954), S. 23–36 (erstmalig veröffentlicht 1738), Download: www.math.fau.edu/richman/Ideas/daniel.htm

BERNSTEIN, P. L.: Against the Gods: Remarkable Story of Risk, New York 1996.

BERNSTEIN, P. L.: Wider die Götter – Die Geschichte von Risiko und Riskmanagement von der Antike bis heute, München 1997.

BIETA, V.: Was ist die Spieltheorie? in: Risknews 04/2005, S. 50–51.

BIETA, V.; ROMEIKE, F.: Bacheliers Erben in den Banken. Quantitative Analyse in der Finanzindustrie, in: Risiko Manager, Ausgabe 01/2013, S. 16–28.

COOK, A.: Edmond Halley: charting the heavens and the seas, Oxford 1998.

[90] Im Jahr 2005 wurden Thomas Schelling und Robert J. Aumann mit dem Preis der schwedischen Reichsbank für Wirtschaftswissenschaften in Gedenken an Alfred Nobel ausgezeichnet: „Sie haben durch spieltheoretische Analysen unser Verständnis von Konflikt und Kooperation vorangebracht."

De Bondt, W.; Thaler, R.: Does the Stock Market Overreact? in: Journal of Finance, 40/1985, S. 793–805.

de Laplace, P. S.: Philosophischer Versuch über die Wahrscheinlichkeiten. Übersetzt von Norbert Schwaiger, Leipzig 1886.

Dixit, K. D.; Nalebuff, B. J.: Spieltheorie für Einsteiger, Strategisches Know-how für Gewinner, Stuttgart 1997.

Erben, R.; Romeike, F.: Allein auf stürmischer See – Risikomanagement für Einsteiger, 3. Auflage, Wiley Verlag, Weinheim 2016.

Fierz, M.: Girolamo Cardano. Arzt, Naturphilosoph, Mathematiker, Astronom und Traumdeuter, Basel 1977.

Fontenrose, J.: The Delphic Oracle. Its responses and operations with a catalogue of responses. Berkeley 1981.

Forschner, M.: Die stoische Ethik, Darmstadt 1995.

Graunt, J.: Natural and Political Observations mentioned in a following Index, and made upon the Bills of Mortality, 1665 (Quelle: http://echo2.mpiwg-berlin.mpg.de/content/demography/demography/Graunt_1665)

Greenberg, R.: Iwasawa Theory – Past & Present, Advanced Studies in Pure Math. 30 (2001), 335–385.

Ineichen, R.: Würfel und Wahrscheinlichkeit – Stochastisches Denken in der Antike, Heidelberg 1996.

Ineichen, R.: Würfel, Zufall und Wahrscheinlichkeit, in: Magdeburger Wissenschaftsjournal 2 (2002).

Keller, E.: Auf sein Auventura und Risigo handeln. Zur Sprach- und Kulturgeschichte des Risikobegriffs, in: Risknews, Heft 1/2004, S. 60–65.

Kleinfellfonder, Birgit: Der Risikodiskurs. Zur gesellschaftlichen Inszenierung von Risiko, Opladen 1996.

Luhmann, N.: Soziologie des Risikos, Berlin/New York 1991.

Mandelbrot, B. B.; Hudson, R. L.: The (mis)Behavior of Markets – A Fractal View of Risk, Ruin and Reward, New York 2004.

Manthe, U. (Hrsg.): Die Rechtskulturen der Antike: Vom alten Orient bis zum römischen Reich, München 2003.

Milbrodt, H.; Helbig, M.: Mathematische Methoden der Personenversicherung, Berlin 1999.

Nerlich, M.: Zur abenteuerlichen Moderne oder von Risiko und westlicher Zivilisation, in: Risiko. Wieviel Risiko braucht die Gesellschaft?, Berlin 1998.

Pechtl, A.: Ein Rückblick: Risiko-Management von der Antike bis heute, in: Romeike, F.; Finke, R. (Hrsg.): Erfolgsfaktor Risiko-Management: Chance für Industrie und Handel, Lessons learned, Methoden, Checklisten und Implementierung, Wiesbaden 2003, S. 15 ff.

Pfeifer, D.: Grundzüge der Versicherungsmathematik, Skript vom 28.06.2004.

Rieck, Chr.: Spieltheorie – Eine Einführung, Eschborn 2007.

Rieger, M. O.; Wang, M.: Cumulative prospect theory and the St. Petersburg paradox, Economic Theory, vol. 28, issue 3/2006, S. 665–679.

Romeike, F.: Lexikon Risiko-Management, Köln 2004.

Romeike, F.: Der Risikofaktor Mensch – die vernachlässigte Dimension im Risikomanagement, in ZVersWiss (Zeitschrift für die gesamte Versicherungswissenschaft), Heft 2/2006, S. 287–309.

Romeike, F.: Jakob Bernoulli, in: Risiko Manager, Ausgabe 1/2007a, S. 12–13.

Romeike, F.: Pierre-Simon (Marquis de) Laplace, in: Risiko Manager, Ausgabe 3/2007b, S. 20.

Romeike, F.: Gottfried Wilhelm Freiherr von Leibniz, in: Risiko Manager, Ausgabe 15/2007c, S. 18.

Romeike, F.: Pierre de Fermat, in: Risiko Manager, Ausgabe 19/2007d, S. 22–24.

Romeike, F.: Louis Bachelier, in: Risiko Manager, Ausgabe 21/2007e, S. 24–26.

ROMEIKE, F.: Zur Historie des Versicherungsgedankens und des Risikobegriffs, in: Romeike, F.; Müller-Reichart, M.: Risikomanagement in Versicherungsunternehmen, Weinheim 2008a.

ROMEIKE, F.: Trügerische Sicherheit – Wann wird Versicherung selbst zum Risiko?, in: agora42, Ausgabe 04/2017, S. 30–33.

ROMEIKE, F.; MÜLLER-REICHART, M.: Risikomanagement in Versicherungsunternehmen, 3., aktualisierte und überarbeitete Auflage, Wiley Verlag, Weinheim 2020.

SÜSSMILCH, J. P.: Die göttliche Ordnung in den Veränderungen des menschlichen Geschlechts aus der Geburt, dem Tode und der Fortpflanzung desselben, 2 Teile, 1761–1762.

VAN DE MIEROOP, M.: King Hammurabi of Babylon, a Biography, Oxford 2005.

VON MISES, R.: Philosophischer Versuch über die Wahrscheinlichkeit von Simon de Laplace, Frankfurt/Main 1998, S. 1–4.

WILES, A.: The Iwasawa Conjecture for Totally Real Fields, Annals of Mathematics, Bd. 131, 1990, S. 493–540.

WILES, A.: Modular Elliptic Curves and Fermat's last theorem. Annals of Mathematics 141 (1995), S. 443–551.

WITTSTOCK, A.: Selbstbetrachtungen, Stuttgart 1949; Nachdruck 1995.

2 Wert- und risikoorientierte Unternehmensführung

Ein großes Risiko gehen auch die Unternehmen ein, die auf das gezielte Eingehen von Risiken (und damit auch Chancen) verzichten!

F. Romeike, P. Hager, *Erfolgsfaktor Risiko-Management 4.0*,
https://doi.org/10.1007/978-3-658-29446-5_2

2.1 Grundlagen einer wert- und risikoorientierten Unternehmensführung

Die Zukunft ist für niemanden sicher vorhersehbar. Daher sind Risiken von Entscheidungen unter Sicherheit abzugrenzen (vgl. Abb. 2.1). Bei Entscheidungen unter Sicherheit fehlt das Charakteristikum der „Zufälligkeit", da ein Ereignis sicher eintritt. Die Eintrittswahrscheinlichkeit dieses Ereignisses „p" beträgt somit 100 %.

Risiko-Management hingegen konzentriert sich auf Entscheidungen unter Risiko sowie Entscheidungen unter Unsicherheit. Als Unsicherheit bezeichnet man einen bewusst wahrgenommenen Mangel an Sicherheit oder an Reliabilität und Validität. Bei Entscheidungen unter Unsicherheit sind die möglichen Szenarien mit ihren Auswirkungen nicht oder nicht vollständig bekannt; auch können für die Szenarien keine Eintrittswahrscheinlichkeiten angegeben werden.

Bei Entscheidungen unter Risiko dagegen sind Informationen über die möglichen zukünftigen Alternativen als auch ihre potenziellen Häufigkeiten bzw. Eintrittswahrscheinlichkeiten vorhanden. Im Hinblick auf die Charakteristika der Risiken kommt dem Grad der Unsicherheit in der Praxis eine sehr hohe Bedeutung zu. Der US-amerikanische Ökonom Frank H. Knight[1] unterschied bereits zu Beginn des letzten Jahrhunderts bei

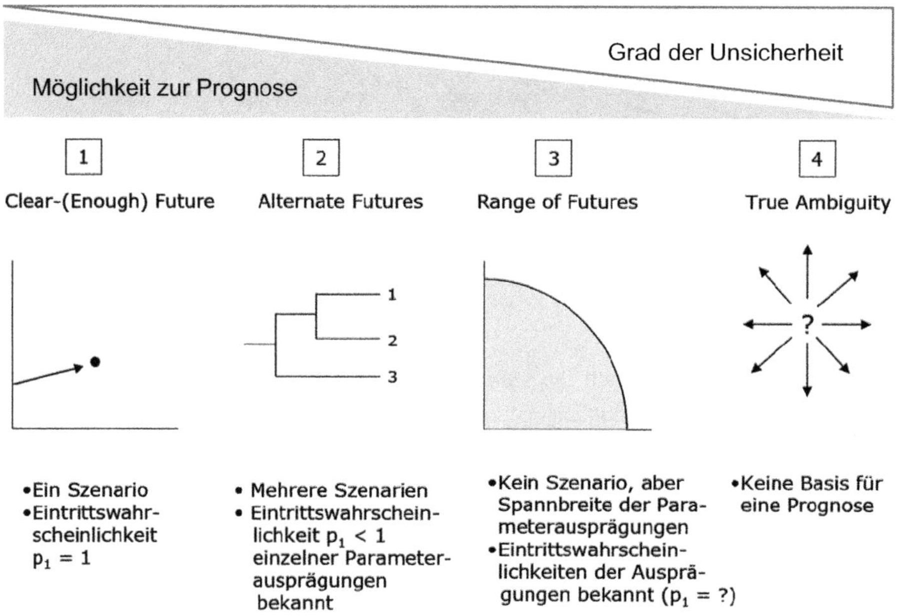

Abb. 2.1 Unterschiedliche Grade von Unsicherheit. (Quelle: Romeike 2018a, S. 12)

[1] Vgl. Knight (1921).

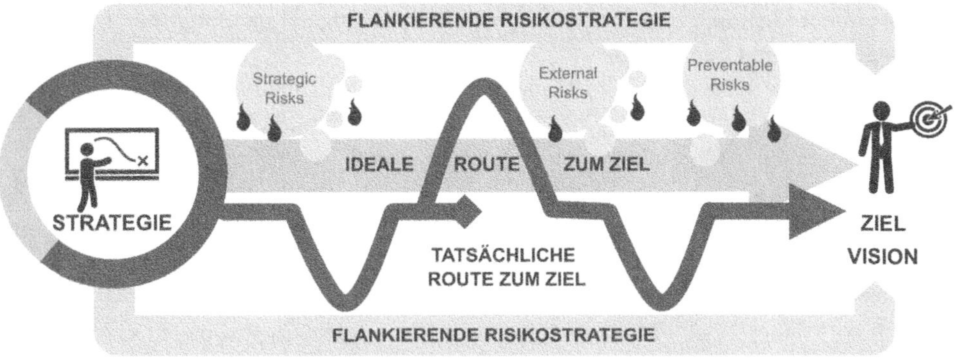

Abb. 2.2 Warum Risiko-Management? (Quelle: Romeike 2018a, S. 35)

Situationen der Unsicherheit zwischen Ungewissheit (uncertainty) und Risiko im engeren Sinn (risk). Unter Ungewissheit versteht man in der Entscheidungstheorie die mangelnde Kenntnis über die künftige Entwicklung eines (Umwelt-)zustands.[2] In Abb. 2.1 ist das Szenario der nicht berechenbaren Unsicherheit rechts abgebildet („True Ambiguity").

Basierend auf dieser Unsicherheit besteht die zentrale Herausforderung jeder Unternehmensführung entsprechend darin, sich mit den Unsicherheiten der Zukunft adäquat zu befassen, was eine Auseinandersetzung mit Chancen (möglichen positiven Plan abweichungen) und Gefahren (möglichen negativen Planabweichungen) impliziert.

Ein wirksames Risiko-Management konzentriert sich daher auf das Antizipieren zukünftiger Risiken bzw. Überraschungen auf einer „Reise zum Ziel", beispielsweise bei der Umsetzung einer Unternehmensstrategie oder eines Investitionsprojekts (vgl. hierzu Abb. 2.2).

Wenn wir uns hierzu in die Situation eines Geschäftsführers oder Vorstands begeben, so wird die eigentliche Aufgabe eines wirksamen Risiko-Managements, nämlich das „Antizipieren von Überraschungen auf der Reise zum Ziel" deutlich. In Abb. 2.2 ist eine ideale Route zum Ziel abgebildet, die in der Praxis von Zeit zu Zeit verlassen werden muss, da „Überraschungen" in Form von „Chancen" und „Risiken" – also positiven und negativen Zielabweichungen – eintreten. So können etwa eine konjunkturelle Abkühlung oder geopolitische Entwicklungen oder Handelsrestriktionen zu Plan- bzw. Zielabweichungen führen.

Nicht selten begeben sich Unternehmen – beispielsweise in der Folge strategischer Entscheidungen – in eine Sackgasse (siehe „Raute" in Abb. 2.2) und sie müssen einen „Reset"-Knopf drücken, um diese Sackgasse zu verlassen. Eine sinnvolle Risikostrategie und ein wirksames Risiko-Management unterstützten Unternehmen dabei, dass sie mög-

[2] Ungewissheit ist eine Unterart der Unsicherheit, die einen bewusst wahrgenommenen Mangel an Reliabilität und Validität bezeichnet. Ungewissheit die Negation von Gewissheit. Der internationale Standard ISO 31000:2108 definiert „risk" als „effect of uncertainty on objectives". Diese Zielabweichung wird wie folgt definiert: „An effect is a deviation from the expected. It can be positive, negative or both, and can address, create or result in opportunities and threats."

lichst auf der Ideallinie zum Ziel gelangen und die Häufigkeit und Intensität der „Überraschungen" sich in Grenzen hält.

Es ist eine Aufgabe des Risiko-Managements, die Intensität und Häufigkeit von „Überraschungen" sowie die Streuung bzw. die Schwankungsbreite von Gewinn und Cashflow zu reduzieren. Dies führt u. a. zu folgenden Vorteilen für das Unternehmen:[3]

- Die Reduzierung der Schwankungen erhöht die Planbarkeit und Steuerbarkeit eines Unternehmens, was einen positiven Nebeneffekt auf das erwartete Ertragsniveau hat (siehe hierzu Abb. 2.2).
- Ein wirksames Risiko-Management unterstützt die Unternehmensleitung dabei, dass Stressszenarien rechtzeitig erkannt werden (etwa durch ein Frühwarnsystem) und Maßnahmen einen Risikoeintritt präventiv verhindern.
- Ein wirksames Risiko-Management unterstützt die Unternehmensleitung dabei, strategische Fehlentwicklungen proaktiv zu erkennen oder bei einem Eintritt die „strategische Sackgasse" wieder zu verlassen.
- Eine prognostizierbare Entwicklung der Zahlungsströme reduziert die Wahrscheinlichkeit, in der Folge unerwarteter „Überraschungen" auf teure externe Finanzierungsquellen zurückgreifen zu müssen.
- Eine Verminderung der risikobedingten Schwankungsbreite der zukünftigen Zahlungsströme senkt die Kapitalkosten und wirkt sich positiv auf den Unternehmenswert aus.
- Ein wirksames Risiko-Management reduziert die Volatilität aller relevanten Finanzpositionen (Umsatz, Aufwandspositionen, EBIT, Cash flows etc.). Eine stabile Gewinnentwicklung mit einer hohen Wahrscheinlichkeit für eine ausreichende Kapitaldienstfähigkeit ist im Interesse der Fremdkapitalgeber, was sich in einem guten Rating, einem vergleichsweise hohen Finanzierungsrahmen und günstigen Kreditkonditionen widerspiegelt.
- Eine stabile Gewinnentwicklung reduziert die Wahrscheinlichkeit eines Konkurses.
- Eine stabile Gewinnentwicklung sowie eine niedrigere Insolvenzwahrscheinlichkeit sind im Interesse von Arbeitnehmern, Kunden und Lieferanten, was es erleichtert, qualifizierte Mitarbeiter zu gewinnen und langfristige Beziehungen zu Kunden und Lieferanten aufzubauen.
- Bei einem progressiven Steuertarif haben zudem Unternehmen mit schwankenden Gewinnen Nachteile gegenüber Unternehmen mit kontinuierlicher Gewinnentwicklung.
- Risiko-Management bietet insgesamt vor allem eine Erhöhung der Planungssicherheit und eine nachhaltige Steigerung des Unternehmenswerts.

In Anbetracht der auch in vielen empirischen Studien klar belegten Vorteile des Risiko-Managements[4] ist es doch überraschend, dass das Risiko-Management in vielen Unternehmen einen vergleichsweisen geringen Stellenwert einnimmt oder auf eine reine

[3] Vgl. Gleißner und Romeike (2005, S. 28 f.).

[4] Vgl. hierzu exemplarisch Gleißner und Romeike (2012) sowie Romeike (2018a)

regulatorische „Pflichterfüllung" reduziert wird. Dies gilt insbesondere für die Verknüpfung des Risiko-Managements mit der Unternehmenssteuerung. Man kann hier von einer in der Praxis weit verbreiteten „Risikoblindheit" sprechen und sollte sich zunächst fragen, warum Risiko-Managementfähigkeiten (etwa hinsichtlich Methoden) in den Unternehmen bisher oft noch wenig entwickelt sind.

So zeigt beispielsweise die psychologische Forschung, dass Menschen große Schwierigkeiten haben, Risiken intuitiv richtig einzuschätzen und in ihrem Verhalten zu berücksichtigen.[5] Ein mit adäquaten Methoden ausgestattetes Risiko-Managements verfolgt daher das Ziel, die Fähigkeit eines Unternehmens im Umgang mit Chancen und Gefahren (Risiken) zu verbessern.

2.2 Risiko ist ein Konstrukt unserer Wahrnehmungen

Risiko ist ein Konstrukt unserer Wahrnehmung, da die Realität permanent durch die Wahrnehmung erschaffen wird. Unsere Risikowahrnehmung ist davon abhängig, was unsere Sinne zu einem Gesamtbild verdichten. Unser Wissen, unsere Emotionen, Moralvorstellungen, Moden, Urteile und Meinungen bestimmen dieses Konstrukt. Was der eine als Risiko wahrnimmt, muss für den anderen noch lange kein Risiko sein.

Des Weiteren basiert Risikowahrnehmung auf Hypothesen. Dadurch werden häufig für gleiche Risiken unterschiedliche Vermutungen und Theorien aufgestellt. Die Diskussion um die Risiken der Gentechnik ist ein Beispiel für die Subjektivität der (gesellschaftlichen) Risikowahrnehmung. Auf der einen Seite ist ein Widerstand als Protest gegen die Überwältigung durch Innovationsprozesse und basierend auf fundamental ethischen Einwänden zu beobachten. Auf der anderen Seite werden die Chancen in der Pflanzenzucht, Tierzucht, Lebensmittelindustrie und Medizin „wahrgenommen". Wahrnehmung wiederum wird durch einen Kontext, d. h. die Berücksichtigung der Raum- und Zeitperspektive, bestimmt. Es gibt keine Wahrnehmung ohne Zusammenhang. Die Wirklichkeit bleibt daher eine Illusion, da es in der Welt der Wahrnehmung kein „falsch" oder „richtig" geben kann.

Eine Vielfalt an praktischen Beispielen zu diesem „Risikoparadoxon" der Risikowahrnehmung liefert Renn.[6] So führt Renn aus, dass in den letzten 25 Jahren ungefähr so viele Menschen an der Creutzfeldt-Jakob-Krankheit (CJK), einer beim Menschen sehr selten auftretenden, tödlich verlaufenden und durch atypische Eiweiße gekennzeichnete übertragbare spongiforme Enzephalopathie (TSE), gestorben sind, wie am unachtsamen Trinken von parfümierten Lampenöl.[7] In Deutschland starben seit dem Jahr 1990 fünf Menschen an einer Vergiftung durch Lampenöl, meist Kinder, die die bunten und duftenden Flüssigkeiten für Saft hielten – ein kein einziger Mensch an CJK.

[5] Vgl. hierzu insbesondere Kahneman (2011) sowie Romeike (2006a).

[6] Vgl. Renn (2014).

[7] Vgl. Renn (2014), S. 33.

Weitere Beispiele liefert Renn zur Einschätzung von menschlichen Gesundheitsrisiken. Er zeigt auf, dass seit dem 18. Jahrhundert unsere Lebenserwartung kontinuierlich ansteigt. Die Chancen, deutlich älter als achtzig Jahre alt zu werden, wachsen von Jahr zu Jahr. Dennoch geben regelmäßig in Studien die befragten Menschen an, ein risikoreiches Leben zu führen. Hierbei wird von den Befragten nicht selten ausgeblendet, dass die primären Ursachen (Rauchen, falsche Ernährung, mangelnde Bewegung, Alkohol) von den Menschen selbst gesteuert und beeinflusst werden kann.

Ähnlich paradox verhält es sich mit der Bewertung von Unfallrisiken. Die Wahrscheinlichkeit, an den Folgen eines Arbeits- oder Verkehrsunfalles zu sterben, ist so gering wie nie zuvor. Das Sicherheitsniveau in der Luftfahrt ist bei vielen Airlines höher als 99,99998 Prozent. Das Restrisiko ist kleiner als 0,00002 Prozent. Statistisch ist das gleichbedeutend mit einem Unfall pro 100 Millionen Flüge. Die Gefahr, im Haushalt bzw. in der Freizeit zu verunglücken, ist deutlich höher. Doch unsere Risikowahrnehmung ist verzerrt. Die Autobahnfahrt auf dem Weg zum Flughafen ist deutlich risikobehafteter als der anschließende Langstreckenflug quer über den Atlantik.

Die Wahrscheinlichkeit bei einem islamistischen Terroranschlag in Deutschland zu sterben ist kleiner als 0,0000000544546 Prozent. Statistiken zeigen auf, dass es in Europa seit dem Jahr 2000 insgesamt 443 Tote durch islamistische Terroranschläge gab. Das entspricht im Schnitt rund 27 Toten pro Jahr. Die Wahrscheinlichkeit in Deutschland vom Blitz erschlagen zu werden ist deutlich höher, als Opfer von Terror zu werden.

Was sind die Ursachen für diese Diskrepanz und das Paradox in der Risikowahrnehmung?

Zum einen wird schnell ein kausaler Zusammenhang zwischen Ursache und Risiko hergestellt: Weil der Mobilfunkmast einen Kilometer von der Wohnung entfernt steht, ist die Ursache für Migräne schnell identifiziert. Es wird nicht wahrgenommen, dass 99 Prozent der Anwohner keine Kopfschmerzen bekommen. D. h. weder eine Korrelation noch ein kausaler Zusammenhang kann hergestellt werden. Außerdem lassen sich Menschen von den Katastrophenmeldungen in den Medien beeinflussen. So sind sie im Glauben gefangen, das Leben sei eine einzige Abfolge bedrohlicher Ereignisse. Und Unsicherheit erzeugt Angst. Doch steigende Unsicherheit bedeutet vor allem, dass unser Bild von der Zukunft immer verschwommener wird. Unsicherheit verunsichert. Sie frisst sich in die Köpfe und verhindert Entscheidungen. Und Unsicherheit befördert neue Unsicherheit und Angst.

Die psychologische Forschung zeigt auf, dass Menschen eine ausgeprägte Aversion gegenüber Risiken und – mehr noch – gegenüber Verlusten haben. Aus dem Bedürfnis der Menschen, ihr Umfeld zu kontrollieren und kognitive Dissonanzen zu vermeiden, ergeben sich erhebliche Konsequenzen für den Umgang mit Risiken in Unternehmen: Vorhandene Risiken werden bewusst oder unbewusst ignoriert, sinnvolle Maßnahmen zur Risikosteuerung damit nicht genutzt und tatsächlich eingetretene Planabweichungen im Nachhinein nicht im Hinblick auf die ursächlichen Risiken analysiert. Das Controlling stellt zwar „Planabweichungen" fest, fragt aber oft nicht, inwieweit diese auf bekannte – oder unbekannte – Risiken oder auch Chancen zurückzuführen sind. Zudem werden Risiken mit

Fehlern verwechselt und nicht als zwangsläufige Notwendigkeit jeglicher unternehmerischen Tätigkeit wahrgenommen. Daher werden bestehende Risiken oft absichtlich nicht transparent analysiert. Zudem zeigen Befragungen von Managern, dass diese eine erheblich vom wissenschaftlichen Bild abweichende Vorstellung von Risiken haben.[8] Die Risikowahrnehmung und Risikobereitschaft im Management ist stark geprägt durch persönliche Charakteristika und den aktuellen Kontext.[9]

So ist die Risikoneigung von Managern in einer wahrgenommenen Verlustsituation (unterhalb einer vorgegebenen Zielgröße) wesentlich ausgeprägter, als wenn sich der Manager in einer Situation sieht, in der er seine Ziele bereits erreicht hat.[10] Insgesamt nehmen Manager ein Risiko gar nicht als Wahrscheinlichkeitskonzept wahr, und die Einschätzung eines Risikos ist im Wesentlichen durch die potenzielle Schadenshöhe, nicht durch die Eintrittswahrscheinlichkeit geprägt. Ein Risiko wird als „managebar" aufgefasst, obwohl es eigentlich gerade die nicht vorhersehbaren (zufälligen) Veränderungen in der Zukunft erfasst.

Die psychologische Forschung zeigt zudem, dass Menschen den Begriff „Risiko" kontextabhängig und differenziert – aber oft nicht im betriebswirtschaftlichen Sinn – interpretieren (vgl. hierzu auch Tab. 2.1).

Heuristiken,[11] wie die sogenannte „Verfügbarkeitsheuristik"[12] von Kahneman und Tversky[13] können zu einer massiven Fehleinschätzung der Wahrscheinlichkeit zukünftiger Ereignisse führen und damit speziell zu einer verzerrten Einschätzung der Risiken. Renn[14] verweist darauf, dass bei der Beurteilung möglicher Schäden (Risiken) die Komplexität der Sachverhalte, die Unsicherheit über das Eintreiben der vermuteten Folgen und die

---

[8] Vgl. vertiefend hierzu beispielsweise Marsh und Shapira (1987).

[9] Vgl. hierzu Renn (2014).

[10] Vgl. hierzu Romeike (2006a, b), Kahneman (2011) sowie Romeike Gleißner und Romeike (2012).

[11] Heuristiken werden vor allem dann angewandt, wenn keine Algorithmen existieren. Allgemein wird mit Heuristik die Kunst bezeichnet, mit begrenztem Wissen (bzw. unvollständigen Informationen, wie häufig im Risiko-Management) und wenig Zeit dennoch zu wahrscheinlichen Aussagen oder praktikablen Lösungen zu gelangen. Ein Algorithmus hingegen bezeichnet eine systematische, logische Regel oder Vorgehensweise, die zur Lösung eines vorliegenden Problems führt. Die – häufig fehleranfälligere – Heuristik beinhaltet beispielsweise „Daumenregeln" auf der Grundlage subjektiver Erfahrungen und überlieferter Verhaltensweisen.

[12] Die Verfügbarkeitsheuristik (englisch availability heuristic) wird, oft unbewusst, eingesetzt, wenn die Wichtigkeit oder Häufigkeit (bzw. Wahrscheinlichkeit) eines Ereignisses beurteilt werden muss, aber gleichzeitig die Zeit, die Möglichkeit oder der Wille fehlt, um auf präzise (beispielsweise statistische) Daten zurückzugreifen. In solchen Fällen wird das Urteil stattdessen davon beeinflusst, wie verfügbar dieses Ereignis oder Beispiele ähnlicher Ereignisse im Gedächtnis sind. Ereignisse, an die wir uns sehr leicht erinnern, scheinen uns daher wahrscheinlicher zu sein als Ereignisse, an die wir uns nur schwer erinnern können.

[13] Vgl. Kahneman (2011).

[14] Vgl. Renn (2014, S. 40).

Tab. 2.1 Semantische Muster der Risikoklassen[a]

Risikoklassen	Erklärung	Beispiele
Risiko als unmittelbare Bedrohung	Technische Risiken mit hohem Katastrophenpotenzial und geringer Eintrittswahrscheinlichkeit. Gefühl der Bedrohung durch Zufälligkeit des Gefahreneintritts	• Kernkraftwerke, • Staudämme, • Chemieanlagen, • Erdgaslager
Risiko als Schicksalsschlag	Natürliche Gefahren mit geringer Eintrittswahrscheinlichkeit. Wahrnehmung von Gefahrenzyklen (alle 100 Jahre)	• Überschwemmungen, • Erdbeben, • Vulkanausbrüche, • Starkregen, • Wirbelstürme
Risiko als Herausforderung der eigenen Kräfte	Risiken, die man durch eigens Verhalten steuern und meistern kann	• Extrembergsteigen, • gefährliche Sport- und Freizeitaktivitäten
Risiko als Glücksspiel	Abwägung von Wahrscheinlichkeiten für Verlust und Gewinn	• Lotterien, Pferdewetten, z. B. Börsenspekulation, Abschließen von Versicherungen
Risiko als Frühindikator für schleichende Gefahren	Risiken, die man mit den eigenen Sinnesorganen nicht wahrnehmen und bewerten kann. Angewiesenheit auf Vertrauen in Risikoexperten	• Lebensmittelzusätze, • elektromagnetische Felder, • ionisierende Strahlung, • Pestizidrückstände, • Innenraumbelastung, • Feinstaub

[a]Quelle: Renn (2014, S. 264). Vgl. weiterführend zur Risikowahrnehmung im Zeitalter der „reflexiven Modernisierung": Renn (2014, S. 298–301)

Ambiguität[15] bei der Bewertung dieser Folgen bedeutsam sind. Das individuell wahrgenommene Risiko hängt unter anderem von den folgenden Faktoren ab:

- Bewusst oder unbewusst angewandte kognitive Prozesse (Informationsverarbeitung),
- Einschätzungen über das Ausmaß drohender Verluste oder Schäden und deren Bewertung (Schrecklichkeit, Katastrophenpotenzial),
- situative Merkmale des einschätzenden Sachverhalts, wie Freiwilligkeit der Risikoaussetzung und wahrgenommene Beherrschbarkeit der Risikosituation,
- Art der Quellen oder Ursachen des Risikos,
- Glaubwürdigkeit von und Vertrauen in Institutionen, die mit der Handhabung etwaiger Risiken betraut sind,

[15] Hiermit ist Mehrdeutigkeit gemeint. Ambiguität entsteht beispielsweise, wenn ein Zeichen auf verschiedene Weise interpretiert werden kann. Hierzu ein Beispiel: Im Jahr 1916 erkrankte der französische Komponist Maurice Ravel an der Ruhr. Da „Ruhr" sowohl eine Krankheit als auch einen Fluss bezeichnet, wären folgende Möglichkeiten denkbar: Ravel litt an einer Durchfallerkrankung namens Ruhr. Ravel erkrankte an einem nicht näher bestimmten Leiden und dies geschah am deutschen Fluss Ruhr.

- Reaktionen des sozialen Umfelds auf das Risiko (Medienberichterstattung, Risikokommunikation etc.),
- Einschätzungen durch andere Personen (Referenzgruppen) und
- persönliche Erfahrungen mit dem Risiko (Vertrautheit und Wissen).

Nachfolgend sind einige neurowissenschaftliche Erkenntnisse zu Fehlerquellen in Entscheidungssituationen in einer kompakten Form zusammengefasst:

- **Overconfidence:** Künftigen Projekten werden zu hohe Erfolgschancen zugeschrieben.
- **Social Proof:** Bei der mehrmaligen Wiederholung falscher Annahmen, unbegründeter Überzeugungen, verzerrter Meinungen oder inkorrekter Feststellungen tritt der Effekt auf, dass man sie für korrekt hält.
- **Confirmation Bias:** Wenn Entscheider Informationen suchen, die ihre eigene Überzeugung unterstützen, jedoch Informationen, die ihre Meinung widerlegen, ignorieren, spricht man von Confirmation Bias.
- **Kontrollillusion:** Entscheider haben die Illusion, sie könnten alles kontrollieren und beeinflussen.
- **Groupthink:** Fehlentscheidungen aufgrund Konsens um jeden Preis.
- **Neglect of Probability:** Dieses Phänomen tritt auf, wenn Manager sich mehr auf das Ausmaß eines Projekterfolgs fokussieren und der entsprechenden Wahrscheinlichkeit eines Scheiterns zu geringer Beachtung schenken.
- **Verlustaversion:** An verlustreichen Projekten oder Entscheidungen wird zu lange festgehalten.
- **Falsche Kausalität:** Nicht selten werden in Korrelationen irrtümlicherweise kausale Zusammenhänge erkannt („Spurious Correlations").
- **Halo-Effekt:** Entscheider schließen von einfach wahrnehmbaren Informationen und Fakten auf schwieriger zu eruierende Elemente.
- **Prognoseillusion:** Können Entscheider die Zukunft prognostizieren? Prognosen werden verwechselt mit zukünftigen Szenarien. Oftmals in der Praxis im Zusammenhang mit Kontrollillusion.
- **Framing:** Wie werden Informationen präsentiert? Die Entscheidungs-findung kann durch die Präsentationsart beeinflusst werden.
- **Availability Bias oder Association Bias:** Mit zunehmender Lebenserfahrung neigen manche Entscheider dazu, sich nur noch auf eigene Erfahrungen zu konzentrieren. Andere Fakten werden dann häufig ignoriert.

Vor dem Hintergrund dieser psychologisch begründeten Subjektivität bei der Risikowahrnehmung ist der Aufbau eines betriebswirtschaftlichen Instrumentariums erforderlich, das insbesondere darauf auszurichten ist, Risikoblindheit entgegenzuwirken. Man benötigt fundierte Methoden (beispielsweise zur Bewertung und Aggregation von Risiken), weil die Intuition zu oft bei risikobehafteten Entscheidungen in komplexen Situationen versagt (was aber häufig verdrängt wird).

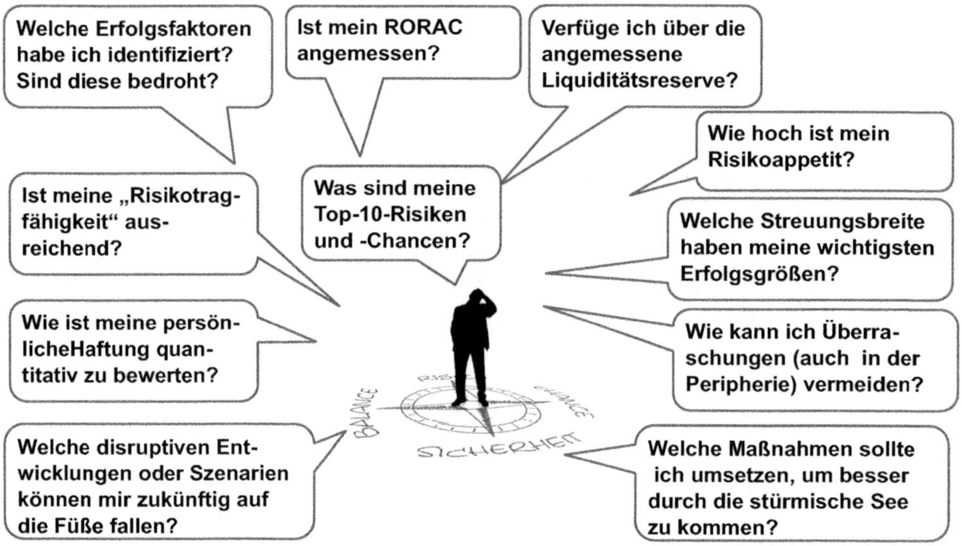

Abb. 2.3 Antizipierendes Risiko-Management liefert Antworten auf wichtige Fragen

Basierend auf empirischen Studien erreichen rund 40 bis 50 Prozent der neu gegründeten Unternehmen ihren ersten Geburtstag nicht.[16] Die mittlere Lebenserwartung von Unternehmen liegt laut unabhängiger Studien in der nördlichen Hemisphäre deutlich unter 20 Jahren. Großunternehmen, die nach ihrer „Kindheit" kräftig expandierten, lebten im Durchschnitt 20 bis 30 Jahre länger. In diesem Kontext ist vor allem interessant, dass der Niedergang erfolgreicher Unternehmen in den weitaus meisten Fällen derselben Logik folgt.[17]

Antizipierendes und wirksames Risiko-Management kann Antworten auf wichtige Fragen liefern, die für die Unternehmenssteuerung relevant sind (vgl. Abb. 2.3).

2.3 Rechtliche Grundlagen

Ein Blick auf die Gesetze im Umfeld des Risiko-Managements präsentiert uns die scheinbar grenzenlose Welt – rund 2000 Gesetze und etwa 3500 Verordnungen mit insgesamt rund 77.000 Artikeln und Paragrafen allein in Deutschland. Ein Blick auf die Gesetze,

[16]Vgl. Erben und Romeike (2016), S. 36 ff. sowie am Beispiel logistischer Risiken vgl. Huth und Romeike (2016), S. 21 ff.

[17]Vgl. vertiefend Probst und Raisch (2014), S. 37–45. Die Autoren haben in ihrer Untersuchung die Ursachen für die 100 größten Unternehmenskrisen in einem Zeitfenster von fünf Jahren in Europa und in den USA analysiert. Dabei haben sie eine gemeinsame Ursachenlogik hinter den Krisen festgestellt. In der Regel lagen die Krisenursachen in den vier Bereichen Wachstum, Wandel, Führung und Erfolgskultur. Die Ursachen lagen im Bereich der Strategie bzw. der strategischen Risiken.

Normen und Standards zum Risiko-Management zeigt eine große Bandbreite an Handlungsleitlinien, die Organisationen in allen Branchen und Größen zur Verfügung stehen, und alleine im deutschsprachigen Raum greifen oder in Kraft treten.

Nachfolgend werden wir lediglich einen groben Überblick über die wesentlich gesetzlichen Grundlagen liefern. Detaillierte Informationen etwa zur Regulierung im Bereich der Banken oder Versicherungen liefert die Spezialliteratur.[18]

Völlig unabhängig von branchenspezifischen Regulierungen und gesetzlichen Anforderungen zählt das präventive Management von Chancen und Risiken immer schon zu den originären Leitungsaufgaben eines Vorstands bzw. Geschäftsführers. Insbesondere die „Business Judgement Rule"[19] regelt im deutschen Gesellschaftsrecht als Teil der Organhaftung, nach welchen Verstößen der Vorstand oder Aufsichtsrat für begangene schuldhafte Pflichtverletzungen persönlich haftet und den entstandenen Schaden ersetzen muss.

So muss der Geschäftsführer bzw. Vorstand beispielsweise im Einzelfall nachweisen, dass er seine Entscheidung auf der Grundlage angemessener Information getroffen hat – und daher auch „Wetterwarnungen" auf dem Radar hatte. Hierzu gehört insbesondere, dass die zukünftigen Chancen und Risiken proaktiv bewertet und abgewogen werden. Hierzu gehört vor allem, dass Entscheider im Rahmen der Informationsbeschaffung und -auswertung sowie der Entscheidung, ob und wie eine Maßnahme ausgeführt wird, stets den anerkannten Stand von Wissenschaft und Technik berücksichtigen. Weicht der Entscheider negativ von diesem anerkannten Stand der Technik ab, so könnte das eine Pflichtverletzung darstellen, zumindest zur Beweislastumkehr zulasten des Managers führen.

Die zentrale These lautet hier, dass ein gewissenhafter, ordentlicher Geschäftsleiter auch die Methoden-Grundlagen einschlägiger betriebswirtschaftlicher, technischer und rechtlicher Werkzeuge, Methoden und des aktuellen Wissens kennen muss, um über deren sachgerechten Einsatz überhaupt urteilen zu können. Dieses Know-how stellt einen wesentlichen Bestandteil der „angemessenen Informationen" im Sinn der Business Judgement Rule dar.

Zwar darf ein Geschäftsführer auch risikoreiche Geschäfte eingehen oder verlustbringende Maßnahmen ergreifen, jedoch niemals die Risikotragfähigkeit seines Unternehmens überschreiten und auch nie sein unternehmerisches Ermessen fehlerhaft ausüben. Dies ist beispielsweise dann anzunehmen, wenn aus ex-ante Perspektive das Handeln des Geschäftsführers hinsichtlich ausreichender Information als Entscheidungsgrundlage zum Wohl der Gesellschaft unvertretbar erscheint.[20]

Corporate Governance (CG) bezeichnet den rechtlichen und faktischen Ordnungsrahmen für die Leitung und Überwachung eines Unternehmens. Basierend auf der Regulatorik sowie der Rechtsprechung sind die folgenden Teilsysteme wesentliche Bestandteile eines CG-Systems:

---

[18] Vgl. zur Vertiefung Romeike (2008a), Andrae et al. (2018) sowie Korte und Romeike (2010).

[19] Vgl. hierzu Hartmann und Romeike (2015a), S. 157–160 sowie Romeike (2014), S. 70–72.

[20] Vg. hierzu vertiefend Romeike (2014), S. 70–72.

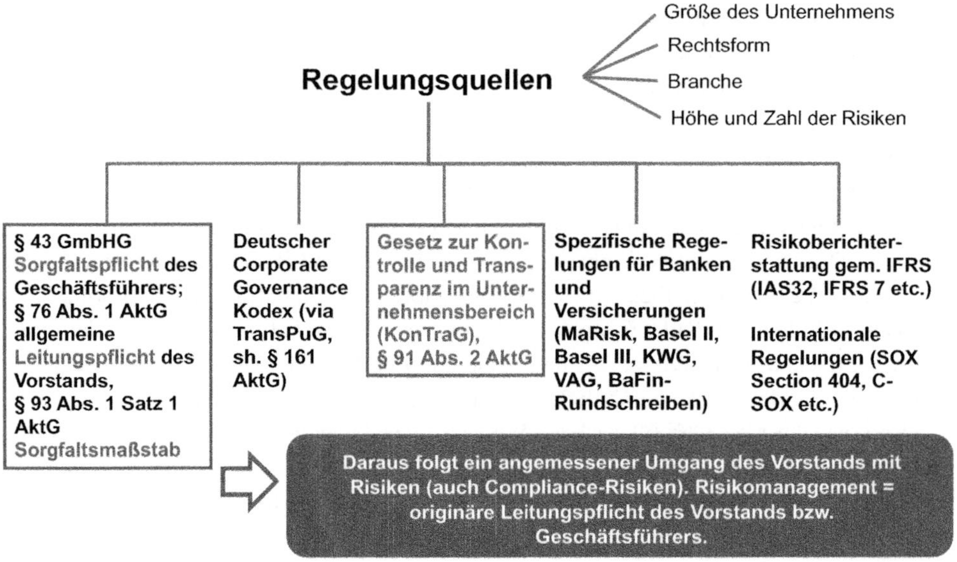

Abb. 2.4 Wesentliche gesetzliche Regelungen zum Risiko-Management

- Risiko-Management-System (RMS)
- Compliance-Management-System (CMS)
- Internes Kontrollsystem (IKS)
- Interne Revision (IR)

In Abb. 2.4 sind einige wesentliche branchenunabhängige und branchenspezifische Regelungen zum Risiko-Management zusammengefasst. Zusammenfassend kann gesagt werden, dass Risiko-Management eine originäre Leitungsaufgabe eines jeden Vorstandsmitglieds und Geschäftsführungsmitglieds ist. Diese Sorgfaltspflicht zum sorgsamen Umfang mit Risiken ist in verschiedenen Gesetzen (unter anderem im GmbH-Gesetz und im Aktiengesetz) kodifiziert.

In branchenspezifischen Gesetzen ist diese Verpflichtung noch klarer und detaillierter formuliert. So ist beispielsweise in § 25a Kreditwesengesetz[21] definiert, dass Unternehmen über eine ordnungsgemäße Geschäftsorganisation verfügen müssen. Diese ordnungsgemäße Geschäftsorganisation umfasst auch ein angemessenes und wirksames Risiko-Management, auf dessen Basis ein Institut bzw. Bank die Risikotragfähigkeit laufend sicherzustellen hat

Das Risiko-Management umfasst konkret insbesondere

- die Festlegung von Strategien, insbesondere die Festlegung einer auf die nachhaltige Entwicklung des Instituts gerichteten Geschäftsstrategie und einer damit konsistenten Risikostrategie, sowie die Einrichtung von Prozessen zur Planung, Umsetzung, Beurteilung und Anpassung der Strategien;

[21] Gesetz über das Kreditwesen in der Fassung der Bekanntmachung vom 09.09.1998 (BGBl. I S. 2776).

- Verfahren zur Ermittlung und Sicherstellung der Risikotragfähigkeit, wobei eine vorsichtige Ermittlung der Risiken und des zu ihrer Abdeckung verfügbaren Risikodeckungspotenzials zugrunde zu legen ist;
- die Einrichtung interner Kontrollverfahren mit einem internen Kontrollsystem und einer Internen Revision, wobei das interne Kontrollsystem insbesondere
  - aufbau- und ablauforganisatorische Regelungen mit klarer Abgrenzung der Verantwortungsbereiche,
  - Prozesse zur Identifizierung, Beurteilung, Steuerung sowie Überwachung und Kommunikation der Risiken und
  - eine Risikocontrolling-Funktion und eine Compliance-Funktion umfasst;
- eine angemessene personelle und technisch-organisatorische Ausstattung des Unternehmens;
- die Festlegung eines angemessenen Notfallkonzepts, insbesondere - aber nicht nur - für IT-Systeme.

Auch im Bereich der nationalen und internationalen Rechnungslegung sind diverse Vorschriften zu finden, die einen direkten und indirekten Einfluss auf das Risiko-Management und die Risikoberichterstattung haben.

In Tab. 2.2. sind die wesentlichen gesetzlichen Grundlagen im Zusammenhang mit der Einrichtung eines Risiko-Management-Systems in einer kompakten Form zusammengefasst.

In Deutschland stellt insbesondere das Artikelgesetz zur Kontrolle und Transparenz im Unternehmensbereich (KonTraG, vgl. insbesondere § 91 Abs. 2 AktG) eine wesentliche Vorgabe für die Organisation des Risiko-Management-Systems dar. Das Gesetz wurde am 5. März 1998 vom Deutschen Bundestag beschlossen und trat am 1. Mai 1998 in Kraft, wenn auch einige Vorschriften erst später zur Anwendung kamen (vgl. Abb. 2.5).

Tab. 2.2 Gesetzliche Grundlagen im Kontext Risiko-Management (basierend auf der Gesetzgebung in Deutschland)

Relevante Regelungen bzw. Risiko-Management im AktG, HGB und GmbHG	
Aktiengesetz (AktG)	
§ 91 Abs. 2[a]	Einrichtung eines Risikofrüherkennungs- und Überwachungssystems
§ 93 Abs. 1[b]	Sorgfaltspflicht der Vorstandsmitglieder
§ 107 Abs. 3[c]	Bildung von Ausschüssen für Risiko-Management-System und IKS
§ 116[d]	Sorgfaltspflicht der Aufsichtsratsmitglieder
§ 171 Abs. 1[e]	Prüfung Risiko-Management und IKS durch den Aufsichtsrat
Handelsgesetzbuch (HGB)	
§ 252 Abs. 1, Nr. 2[f]	Going concern-Prämisse
§ 289 Abs. 1[g]	Chancen und Risiken im Lagebericht
§ 289 Abs. 2[h]	Beschreibung der Risiko-Managementziele und -methoden sowie Beschreibung dedizierter Risiken sowie Finanzinstrumente zur Risikosteuerung

(Fortsetzung)

Tab. 2.2 (Fortsetzung)

Relevante Regelungen bzw. Risiko-Management im AktG, HGB und GmbHG	
§ 317 Abs. 2[i]	Beurteilung der Darstellung der Chancen und Risiken im Lagebericht
§ 317 Abs. 4[j]	Prüfung des Überwachungssystems bei börsennotierten AG durch den Abschlussprüfer
§ 321 Abs. 1[k]	Berichtspflicht des Abschlussprüfers bei bestands- oder entwicklungsgefährdenden Tatsachen
§ 321 Abs. 4[l]	Darstellung der Prüfungsergebnisse zum Überwachungssystem nach § 91 (2) AktG
§ 322 Abs. 2[m]	Berücksichtigung von bestandsgefährdenden Entwicklungen im Bestätigungsvermerk
GmbH-Gesetz (GmbHG)	
§ 43 Abs. 1[n]	Sorgfaltspflicht der Geschäftsführer

[a]"Der Vorstand hat geeignete Maßnahmen zu treffen, insbesondere ein Überwachungssystem einzurichten, damit den Fortbestand der Gesellschaft gefährdende Entwicklungen früh erkannt werden." (§ 91 Abs. 2 AktG)

[b]"Die Vorstandsmitglieder haben bei ihrer Geschäftsführung die Sorgfalt eines ordentlichen und gewissenhaften Geschäftsleiters anzuwenden. Eine Pflichtverletzung liegt nicht vor, wenn das Vorstandsmitglied bei einer unternehmerischen Entscheidung vernünftigerweise annehmen durfte, auf der Grundlage angemessener Information zum Wohle der Gesellschaft zu handeln. Über vertrauliche Angaben und Geheimnisse der Gesellschaft, namentlich Betriebs- oder Geschäftsgeheimnisse, die den Vorstandsmitgliedern durch ihre Tätigkeit im Vorstand bekanntgeworden sind, haben sie Stillschweigen zu bewahren. […]" (§ 93 Abs. 1 AktG)

[c]"Der Aufsichtsrat kann aus seiner Mitte einen oder mehrere Ausschüsse bestellen, namentlich, um seine Verhandlungen und Beschlüsse vorzubereiten oder die Ausführung seiner Beschlüsse zu überwachen. Er kann insbesondere einen Prüfungsausschuss bestellen, der sich mit der Überwachung des Rechnungslegungsprozesses, der Wirksamkeit des internen Kontrollsystems, des Risikomanagement-Systems und des internen Revisionssystems sowie der Abschlussprüfung, hier insbesondere der Auswahl und der Unabhängigkeit des Abschlussprüfers und der vom Abschlussprüfer zusätzlich erbrachten Leistungen, befasst. Der Prüfungsausschuss kann Empfehlungen oder Vorschläge zur Gewährleistung der Integrität des Rechnungslegungsprozesses unterbreiten. […]" (§ 107 Abs. 3 AktG)

[d]"Für die Sorgfaltspflicht und Verantwortlichkeit der Aufsichtsratsmitglieder gilt § 93 mit Ausnahme des Absatzes 2 Satz 3 über die Sorgfaltspflicht und Verantwortlichkeit der Vorstandsmitglieder sinngemäß. Die Aufsichtsratsmitglieder sind insbesondere zur Verschwiegenheit über erhaltene vertrauliche Berichte und vertrauliche Beratungen verpflichtet. Sie sind namentlich zum Ersatz verpflichtet, wenn sie eine unangemessene Vergütung festsetzen (§ 87 Absatz 1)." (§ 116 AktG)

[e]"Der Aufsichtsrat hat den Jahresabschluss, den Lagebericht und den Vorschlag für die Verwendung des Bilanzgewinns zu prüfen, bei Mutterunternehmen (§ 290 Abs. 1, 2 des Handelsgesetzbuchs) auch den Konzernabschluss und den Konzernlagebericht. Ist der Jahresabschluss oder der Konzernabschluss durch einen Abschlussprüfer zu prüfen, so hat dieser an den Verhandlungen des Aufsichtsrats oder des Prüfungsausschusses über diese Vorlagen teilzunehmen und über die wesentlichen Ergebnisse seiner Prüfung, insbesondere wesentliche Schwächen des internen Kontroll- und des Risikomanagement-Systems bezogen auf den Rechnungslegungsprozess, zu berichten. […]" (§ 171 Abs. 1 AktG)

[f]"Bei der Bewertung der im Jahresabschluß ausgewiesenen Vermögensgegenstände und Schulden gilt insbesondere folgendes: […] 2. Bei der Bewertung ist von der Fortführung der Unternehmenstä-

(Fortsetzung)

Tab. 2.2 (Fortsetzung)

tigkeit auszugehen, sofern dem nicht tatsächliche oder rechtliche Gegebenheiten entgegenstehen." [...] (§ 252 Abs. 1 HGB)

[g]"Im Lagebericht sind der Geschäftsverlauf einschließlich des Geschäftsergebnisses und die Lage der Kapitalgesellschaft so darzustellen, dass ein den tatsächlichen Verhältnissen entsprechendes Bild vermittelt wird. [...] Ferner ist im Lagebericht die voraussichtliche Entwicklung mit ihren wesentlichen Chancen und Risiken zu beurteilen und zu erläutern; zugrunde liegende Annahmen sind anzugeben. Die Mitglieder des vertretungsberechtigten Organs einer Kapitalgesellschaft im Sinne des § 264 Abs. 2 Satz 3 haben zu versichern, dass nach bestem Wissen im Lagebericht der Geschäftsverlauf einschließlich des Geschäftsergebnisses und die Lage der Kapitalgesellschaft so dargestellt sind, dass ein den tatsächlichen Verhältnissen entsprechendes Bild vermittelt wird, und dass die wesentlichen Chancen und Risiken im Sinne des Satzes 4 beschrieben sind." (§ 289 Abs. 1 HGB)

[h]"Im Lagebericht ist auch einzugehen auf: 1. a) die Risikomanagementziele und -methoden der Gesellschaft einschließlich ihrer Methoden zur Absicherung aller wichtigen Arten von Transaktionen, die im Rahmen der Bilanzierung von Sicherungsgeschäften erfasst werden, sowie b) die Preisänderungs-, Ausfall- und Liquiditätsrisiken sowie die Risiken aus Zahlungsstromschwankungen, denen die Gesellschaft ausgesetzt ist, jeweils in Bezug auf die Verwendung von Finanzinstrumenten durch die Gesellschaft und sofern dies für die Beurteilung der Lage oder der voraussichtlichen Entwicklung von Belang ist; [...]" (§ 289 Abs. 2 HGB)

[i]"Der Lagebericht und der Konzernlagebericht sind darauf zu prüfen, ob der Lagebericht mit dem Jahresabschluss, gegebenenfalls auch mit dem Einzelabschluss nach § 325 Abs. 2a, und der Konzernlagebericht mit dem Konzernabschluss sowie mit den bei der Prüfung gewonnenen Erkenntnissen des Abschlussprüfers in Einklang stehen und ob der Lagebericht insgesamt ein zutreffendes Bild von der Lage des Unternehmens und der Konzernlagebericht insgesamt ein zutreffendes Bild von der Lage des Konzerns vermittelt. Dabei ist auch zu prüfen, ob die Chancen und Risiken der künftigen Entwicklung zutreffend dargestellt sind. [...]" (§ 317 Abs. 2 HGB)

[j]"Bei einer börsennotierten Aktiengesellschaft ist außerdem im Rahmen der Prüfung zu beurteilen, ob der Vorstand die ihm nach § 91 Abs. 2 des Aktiengesetzes obliegenden Maßnahmen in einer geeigneten Form getroffen hat und ob das danach einzurichtende Überwachungssystem seine Aufgaben erfüllen kann." (§ 317 Abs. 4 HGB)

[k]"Der Abschlussprüfer hat über Art und Umfang sowie über das Ergebnis der Prüfung zu berichten; [...] wobei insbesondere auf die Beurteilung des Fortbestandes und der künftigen Entwicklung des Unternehmens unter Berücksichtigung des Lageberichts und bei der Prüfung des Konzernabschlusses von Mutterunternehmen auch des Konzerns unter Berücksichtigung des Konzernlageberichts einzugehen ist [...]" (§ 321 Abs. 1 HGB)

[l]"Ist im Rahmen der Prüfung eine Beurteilung nach § 317 Abs. 4 abgegeben worden, so ist deren Ergebnis in einem besonderen Teil des Prüfungsberichts darzustellen. Es ist darauf einzugehen, ob Maßnahmen erforderlich sind, um das interne Überwachungssystem zu verbessern." (§ 321 Abs. 4 HGB)

[m]"[...] Auf Risiken, die den Fortbestand des Unternehmens oder eines Konzernunternehmens gefährden, ist gesondert einzugehen. Auf Risiken, die den Fortbestand eines Tochterunternehmens gefährden, braucht im Bestätigungsvermerk zum Konzernabschluss des Mutterunternehmens nicht eingegangen zu werden, wenn das Tochterunternehmen für die Vermittlung eines den tatsächlichen Verhältnissen entsprechenden Bildes der Vermögens-, Finanz- und Ertragslage des Konzerns nur von untergeordneter Bedeutung ist." (§ 322 Abs. 2 HGB)

[n]"Die Geschäftsführer haben in den Angelegenheiten der Gesellschaft die Sorgfalt eines ordentlichen Geschäftsmannes anzuwenden." (§ 43 Abs. 1 GmbHG)

Allerdings hat sich der Gesetzgeber hinsichtlich der konkreten Ausgestaltung eher vage geäußert. Dem Gesetzestext zufolge ist „[...] insbesondere ein Überwachungssystem einzurichten, damit den Fortbestand der Gesellschaft gefährdende Entwicklungen früh erkannt werden“ (§ 91 Abs. 2 AktG) und nach § 317 Abs. 4 HGB ist bei einer Aktiengesellschaft mit amtlich notierten Aktien „[...] im Rahmen der Prüfung zu beurteilen, [...] ob das danach einzurichtende Überwachungssystem seine Aufgabe erfüllen kann“.

Dem Gesetz kann also die Mindestzielsetzung für Risiko-Management-Systeme entnommen werden, nämlich dass diese Systeme als Frühwarnsysteme geeignet sein müssen, um damit für ein Unternehmen bestandsgefährden de Risiken zu erkennen.

Erheblich konkretisiert wurden die Anforderungen an ein KonTraG-konformes Risiko-Management-System durch das Institut der Wirtschaftsprüfer in Deutschland e. V. (IDW), einem eingetragenen Verein, der die Arbeit der Wirtschaftsprüfer und Wirtschaftsprüfungsgesellschaften fördert und unterstützt, Aus- und Fortbildung anbietet sowie die Interessen des Berufsstands der Wirtschaftsprüfer vertritt. Das IDW hat in einem Prüfungsstandard Details zu den Anforderungen eines Risiko-Management-Systems erstmalig im Jahr 1999 definiert (IDW PS 340 vom 25.06.1999).

Aus diesem Prüfungsstandard lassen sich folgende Hinweise für den Aufbau eines Risiko-Management-Systems ableiten:

1. Risikokommunikation:
   - Schulung von Kommunikationsbereitschaft;
   - nachweisbare Berichterstattung über nicht bewältigte Risiken;
   - Festlegung von Schwellenwerten für die Berichtspflicht;
   - Festlegung von angemessenen Überwachungsrhythmen (inklusive Ad-hoc-Berichterstattung).
2. Zuordnung von Verantwortlichkeiten und Aufgaben:
   - abgestufte Verantwortlichkeiten für die Erfassung und Bewältigung in den Bereichen, in denen die Risiken auftreten (Definition von klaren Verantwortlichkeiten = „Risk Owner“);
   - Rückkopplung (zwischen „Risk Owner“ und beispielsweise Risiko-Management-Funktion;
   - Weiterleitung an übergeordnete Stellen bei Nichtbewältigung (Definition von Eskalations-Prozessen).
3. Einrichtung eines Überwachungssystems:
   - Überwachung der Einhaltung der eingerichteten Maßnahmen und integrierten Kontrollen;
   - Prüfung durch die Interne Revision auf:
     - vollständige Erfassung aller relevanten Risikobereiche und wesentlichen Risiken;
     - Angemessenheit und Wirksamkeit der Maßnahmen;
     - kontinuierliche Anwendung der Maßnahmen (Maßnahmen-Controlling sowie -Monitoring;
     - Einhaltung der Internen Kontrollen (siehe IKS).

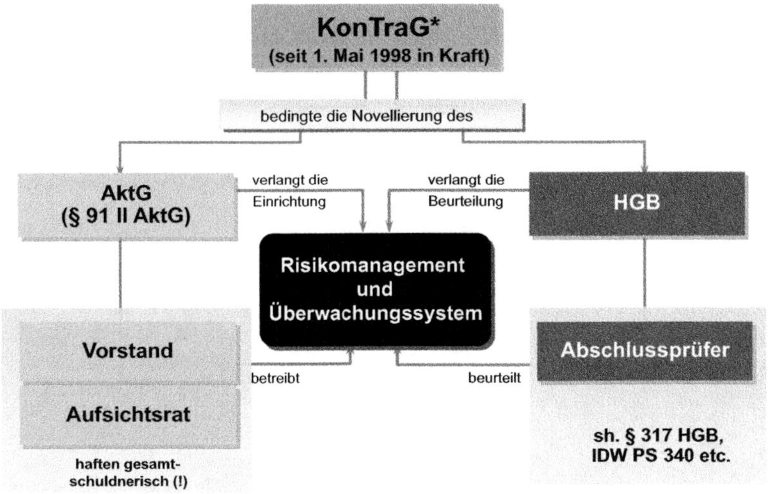

Abb. 2.5 Auswirkungen des KonTraG (insbesondere § 91 Abs. 2 AktG sowie HGB)
*Gesetz zur Kontrolle und Transparenz im Unternehmensbereich

Im Jahr 2020 wurde eine Neufassung des IDW Prüfungsstandards „Die Prüfung der Maßnahmen nach § 91 Abs. 2 AktG im Rahmen der Jahresabschlussprüfung gemäß § 317 Abs. 4 HGB" (IDW EPS 340 n.F.) vorgestellt. Die Überarbeitung war unter anderem erforderlich, um der seit der Einführung des § 91 Abs. 2 AktG durch das Gesetz zur Kontrolle und Transparenz im Unternehmensbereich (KonTraG) und der Fortentwicklung der Unternehmenspraxis im Bereich der Einrichtung und Prüfung von Corporate-Governance-Systemen Rechnung zu tragen.Die Neufassung des IDW PS 340 berücksichtigt unter anderem die folgenden Themen:Konkretisierung der Grundelemente eines Risikofrüherkennungssystems in Anlehnung an die zur Einrichtung und Prüfung von Risikomanagement- und Compliance-Management-Systemen entwickelten Grundelemente, stärkerer Fokus und Betonung der Pflichten eines Unternehmens in Bezug auf die Entwicklung eines Risikotragfähigkeitskonzepts sowie der Aggregation von Risiken sowie Verdeutlichung der Dokumentationspflichten des Unternehmens unter Berücksichtigung der zwischenzeitlich ergangenen Rechtsprechung. In Abb. 2.6 sind die Implementierungspflicht, Publizitätspflicht sowie Überwachungspflicht für Unternehmen zusammenfassend dargestellt. Die Implementierungspflicht resultiert insbesondere aus § 91 Abs. 2 AktG sowie den Regelungen zur Sorgfaltspflicht.

Zum § 91 Abs. 2 AktG hat der Gesetzgeber keine direkte Entsprechung im GmbH- oder Personengesellschaftsrecht geschaffen. Allerdings wird in der Gesetzesbegründung ausdrücklich auf eine „Ausstrahlungswirkung" auf andere Gesellschaftsformen hingewiesen. Die Intensität dieser Ausstrahlungswirkung ist allerdings von der Größe und der Komplexität der jeweiligen Unternehmensstruktur abhängig.

In der Literatur wird diskutiert, ob durch § 91 Abs. 2 AktG eine ausdrückliche Pflicht begründet wird, ein umfassendes Risiko-Management-System einzurichten.[22] Einige

[22] Vgl. vertiefend Romeike (2008b).

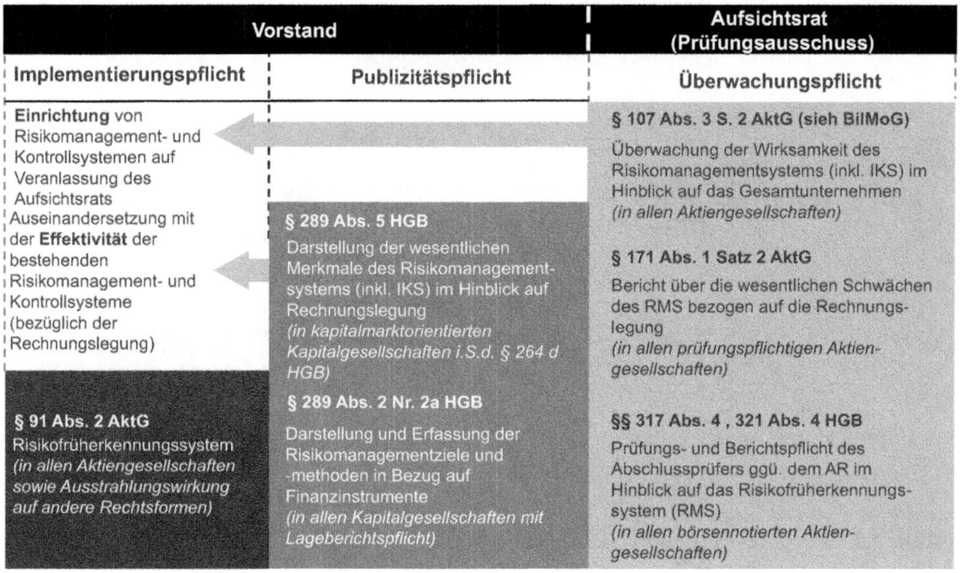

Abb. 2.6 Implementierungspflicht, Publizitätspflicht sowie Überwachungspflicht

Kommentatoren sind der Ansicht, dass allenfalls eine Komponente eines Risiko-Management-Systems gefordert wird, nämlich die Einrichtung eines Überwachungssystems zur Früherkennung von bestandsgefährdenden Entwicklungen. Im Gesetzeswortlaut wird der Begriff „Risiken" nicht verwendet. Vielmehr wird von „den Fortbestand der Gesellschaft gefährdende Entwicklungen" gesprochen.

Nach Einschätzung des Gesetzgebers gehören zu den Entwicklungen, die den Fortbestand der Gesellschaft gefährden können, insbesondere risikobehaftete Geschäfte, Unrichtigkeiten der Rechnungslegung und Verstöße gegen gesetzliche Vorschriften, die sich auf die Vermögens-, Finanz- und Ertragslage der Gesellschaft oder des Konzerns wesentlich auswirken.

Insgesamt wird jedoch vor allem im betriebswirtschaftlichen Schrifttum bzw. in der Prüfungspraxis überwiegend die Auffassung vertreten, dass § 91 Abs. 2 AktG die Grundlage für eine Verpflichtung der Unternehmen zur Einführung eines umfassenden Risiko-Management-Systems darstellt.

Die Publizitätspflicht resultiert insbesondere aus den Regelungen im Handelsgesetzbuch (HGB) sowie den internationalen sowie branchenspezifischen Rechnungslegungsvorschriften und Gesetzen.

Die Überwachungspflicht resultiert insbesondere aus den gesetzlichen Reglungen im Aktiengesetz und Handelsgesetzbuch.

Risiko- und Compliance-Management ist eine Führungsaufgabe und darf weder vom Vorstand einer Aktiengesellschaft (börsennotiert oder nicht börsennotiert) noch von den entsprechenden Organen anderer Unternehmensformen vernachlässigt werden.

Eine Geschäftsleitung, die die Implementierung eines umfassenden und präventiven Risiko- und Compliance-Managements unterlässt, und dennoch für sich in Anspruch nimmt, ordentlich und gewissenhaft im Sinne des § 93 Abs. 1 Satz 1 AktG[23] zu handeln, sieht sich bei der Realisierung eines Risikos hinsichtlich ihres Unterlassens einem immensen Rechtfertigungsdruck sowie einer potenziellen persönlichen Haftung ausgesetzt.[24]

Obwohl die Business Judgement Rule durch den § 93 Abs. 1 Satz 2 AktG im Gesetz verankert ist, so ist die Anwendung nicht ausschließlich für Aktiengesellschaft und Kommanditgesellschaften auf Aktien beschränkt. Der Regierungsentwurf weist in diesem Zusammenhang explizit darauf hin, dass die Anwendung auch auf andere Rechtsformen zu übertragen ist.

Diese „Regel für unternehmerische Entscheidungen" beruht auf den „Principles of Corporate Governance" des „American Law Institute" aus dem Jahr 1994 und der deutschen höchstrichterlichen Rechtsprechung des Bundesgerichtshofs (BGH). Der BGH hatte in seinem Urteil vom 21.04.1997 entschieden, dass ein Unternehmensleiter hinsichtlich der zu treffenden unternehmerischen Entscheidungen einen bestimmten Spielraum hat. Das Organ trifft danach keine persönliche Haftung, wenn es ausreichend gut informiert ist und eine Entscheidung nachvollziehbar im besten Sinne des Unternehmens getroffen hat.

Eine Pflichtverletzung setzt folgende Merkmale voraus (vgl. hierzu auch Abb. 2.7):

- **Unternehmerische Entscheidung:** Ist aufgrund ihrer Zukunftsbezogenheit durch Prognosen und nicht justiziable Einschätzungen geprägt. Das unterscheidet sie von der Beachtung gesetzlicher, satzungsmäßiger, anstellungsvertraglicher oder organschaftlicher Beschluss-Pflichten, bei denen es keinen tatbestandlichen Handlungsspielraum gibt („Pflichtentscheidungen").
- **Gutgläubigkeit:** Die Entscheidungen müssen ex ante (hierbei werden später abgelaufene Vorgänge, die zu einem früheren Zeitpunkt noch nicht bekannt sein konnten, außer Acht gelassen) in gutem Glauben auf das Unternehmenswohl ausgerichtet sein.
- **Handeln ohne Sonderinteressen und sachfremde Einflüsse:** Das Handeln muss unbeeinflusst von Interessenkonflikten, Fremdeinflüssen und ohne unmittelbaren Eigennutz sein. Der Vorstand muss also unbefangen und unbeeinflusst handeln.
- **Handeln zum Wohle der Gesellschaft:** Entscheidungen müssen der langfristigen Ertragsstärkung und Wettbewerbsfähigkeit des Unternehmenskonzerns und seiner Produkte/Dienstleistungen dienen. Diese Voraussetzung liegt etwa bei einer nachträglich gewährten

[23] In Österreich ist die Haftung des Vorstandes in § 84 Abs. 2, S. 1 österreichisches Aktiengesetz (AktG) festgelegt. Der Oberste Gerichtshof (OGH) hat seit 1998 in diversen Entscheidungen das Prinzip der Business Judgement Rule angewendet. Nach jüngerer Rechtsprechung ist die Business Judgement Rule auch auf GmbH-Geschäftsführer und Vorstände einer Privatstiftung anzuwenden. Mit Wirkung vom 1. Januar 2016 wurde in den §§ 84 AktG und 25 GmbHG ein Abs. 1a eingefügt, der eine Haftungsprivilegierung im Sinne der Business Judgement Rule normiert. In der Schweiz ist die Haftung des Verwaltungsrates und der Geschäftsführung für Geschäftsentscheide in Art. 754 Abs. 1 des Obligationenrechts geregelt. Das Bundesgericht hat in zwei Leiturteilen vom 18. Juni 2012 und 20. November 2012 Kriterien für ein Business Judgement Rule definiert.

[24] Vgl. hierzu vertiefend Romeike (2014) sowie Hartmann und Romeike (2015a) sowie Hartmann und Romeike (2015b).

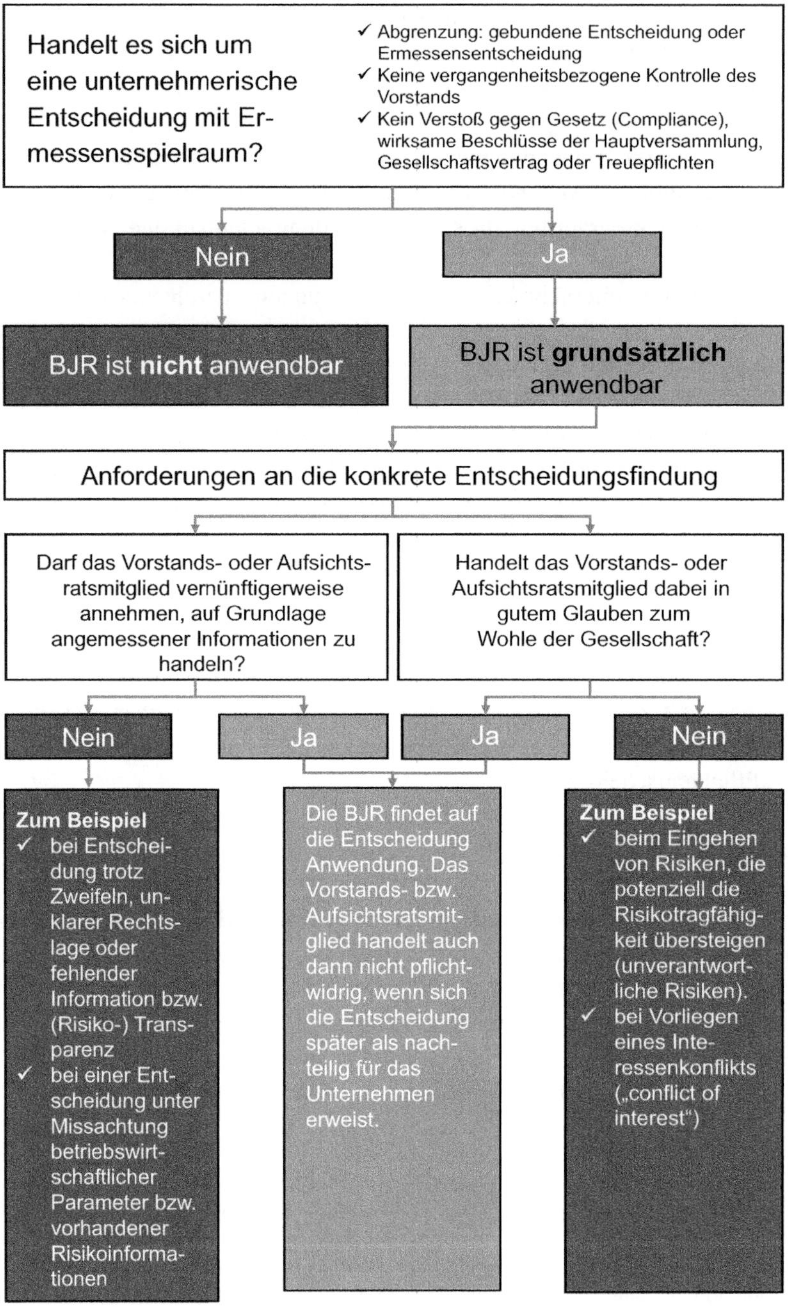

Abb. 2.7 Entscheidungsbaum zur Business Judgement Rule. (Quelle: eigene Abbildung in Anlehnung an Audit Committee Institute e.V. 2013, S. 22 sowie Hartmann und Romeike 2015a, S. 157–160)

Leistungsprämie, die der Gesellschaft keinen zukunftsbezogenen Nutzen bringt, nicht vor. Wenn das mit der Entscheidung verbundene Risiko in völlig unverantwortlicher Weise falsch beurteilt wurde, ist das Merkmal „vernünftigerweise" nicht erfüllt.

- **Handeln auf der Grundlage angemessener Information:** Eine unternehmerische Entscheidung beruht häufig auch auf Instinkt, Erfahrung, Fantasie und Gespür für künftige Entwicklungen, was sich nicht durch objektive Informationen ersetzen lässt. Deshalb soll der Mut zum unternehmerischen Risiko nicht genommen werden, andererseits jedoch Unbesonnenheit und Leichtsinn nicht gefördert werden. Abgestellt wird somit auf die vernünftigerweise als angemessen erachtete Information. Eine Information kann nicht allumfassend sein, sondern hat betriebswirtschaftliche Schwerpunkte. Der unbestimmte Rechtsbegriff der angemessenen Information ist erfüllt, wenn der Vorstand sie aus eigener Einschätzung für ausreichend erachtet.

2.4 Grundbegriffe und Definitionen

Sprechen wir von der Welt des Risiko-Managements, so gilt es auch einen Blick auf die unterschiedlichen Begriffe, ihre Herkunft und Deutung, zu werfen. Gerade aufgrund des vielfachen, teils inflationären und zugleich verwirrenden Einsatzes der Begriffe und ihrer Deutungen sowie der höchst unterschiedlichen Definition je nach Sprach- und Kulturraum.

Ethymologisch kann der Begriff Risiko zum einen auf rhiza (griechisch = Wurzel, Klippe) zurückverfolgt werden; siehe auch: risc (arabisch = Schicksal). Auf der anderen Seite steht der Begriff Risiko für das lateinische Wort „ris(i)co", die Klippe, die es zu umschiffen gilt. Jedoch ist der Ursprung des Begriffs bis heute nicht eindeutig geklärt. Während der „Duden" das Wort über das vulgärlateinische, nicht belegte „risicare" (resecare, Gefahr laufen, wagen) auf das altgriechische ῥίζα (rhiza) zurückführt, nennt das Etymologische Wörterbuch der deutschen Sprache als etymologischen Hintergrund nur das vulgärlateinische „resecum" (Felsklippe), der zur Gefahr für Schiffe werden kann.

Der deutsche Begriff des Risikos wird umgangssprachlich verstanden als ein möglicher negativer Ausgang bei einer Unternehmung – mit möglichen Nachteilen, Verlusten oder Schäden. Von Risiken spricht man nur, wenn die Folgen ungewiss sind. Eine genauere Definition von Risiken sieht diese aus der Unvorhersehbarkeit der Zukunft resultierenden, durch „zufällige" Störungen verursachten Möglichkeiten, von geplanten Zielwerten abzuweichen.

> Risiken sind die aus der Unvorhersehbarkeit der Zukunft resultierenden, durch „zufällige" Störungen verursachten Möglichkeiten, von geplanten Zielwerten abzuweichen. Risiken können daher auch als „Streuung" um einen Erwartungs- oder Zielwert betrachtet werden (vgl. Abb. 2.8).

Risiken sind immer nur in direktem Zusammenhang mit der Planung eines Unternehmens zu interpretieren. Mögliche Abweichungen von den geplanten Zielen stellen Risiken dar – und zwar sowohl negative (Gefahren) wie auch positive Abweichungen (Chancen).

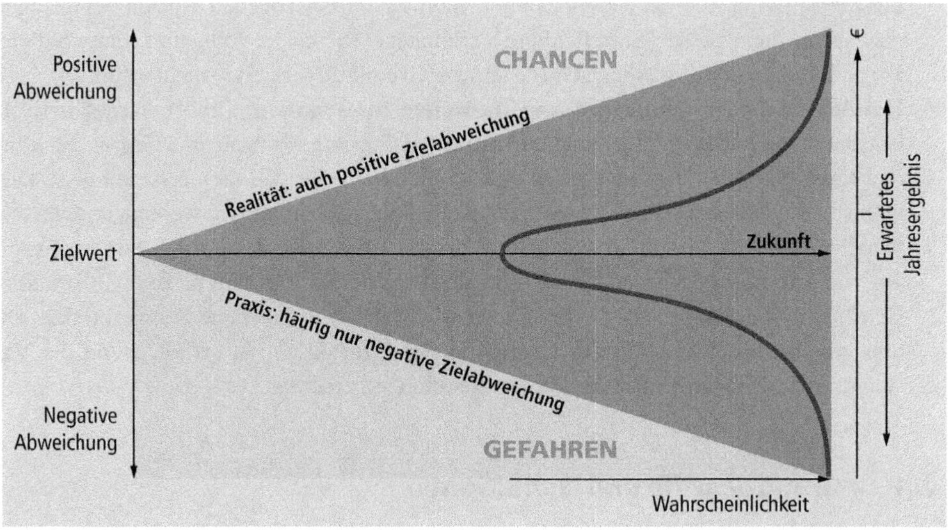

Abb. 2.8 Risiken als mögliche Planabweichungen. (Quelle: Gleißner und Romeike (2005, S. 27) sowie Romeike (2018a, S. 9))

Risiko-Management-Systeme in einem hohen Reifegrad definieren Risiken als die aus der Unvorhersehbarkeit der Zukunft resultierenden, durch „zufällige" Störungen verursachten Möglichkeiten, von geplanten Zielwerten abzuweichen.

Mögliche Abweichungen von den geplanten Zielen stellen Risiken dar – und zwar sowohl negative („Gefahren") wie auch positive Abweichungen („Chancen"). Die Notwendigkeit der Betrachtung auch von Chancen (möglichen positiven Abweichungen), die in der Vergangenheit im Risiko-Management zu wenig beachtet wurden, wird in den jüngeren und internationalen Standards klar betont (siehe beispielsweise ISO 9001 aus dem Jahr 2015, COSO Enterprise Risk Management aus dem Jahr 2017, ISO 31000:2018 aus dem Jahr 2018 sowie dem IDW Prüfungsstandard PS 981).

So definiert beispielsweise der internationale Standard ISO 31000:2018 Risiko wie folgt:

„Risk: effect of uncertainty on objectives

- An effect is a deviation from the expected. It can be positive, negative or both, and can address, create or result in opportunities and threats.
- Objectives can have different aspects and categories, and can be applied at different levels.
- Risk is usually expressed in terms of risk sources, potential events, their consequences and their likelihood."[25]

[25] Quelle: International Organization for Standardization (2018, S. 1).

Der internationale Standard „Enterprise Risk Management: Aligning Risk with Strategy and Performance“, veröffentlicht vom Committee of Sponsoring Organizations of the Treadway Commission (COSO),[26] definiert den Begriff Risiko wie folgt:

- „Risk involves uncertainty and affects an organization's ability to achieve its strategy and business objectives. Therefore, one challenge for management is determining how much uncertainty – and therefore how much risk – the organization is prepared and able to accept.
- Effective enterprise risk management allows management to balance exposure against opportunity, with the goal of enhancing capabilities to create, preserve, and ultimately realize value.“

Risiko wird gemäß COSO ERM als die Möglichkeit definiert, dass Ereignisse eintreten und die Erreichung von Strategie und Unternehmenszielen beeinträchtigen.

In der Praxis fällt auf, dass Risiken häufig nicht korrekt im Sinne einer Ziel- bzw. Planabweichung definiert werden, sondern eher die Ursachen oder die Wirkungen eines Risikos beschrieben werden.[27] So ist beispielsweise ein „Reputationsverlust“ in den meisten Fällen eher die Wirkung nach einem Risikoeintritt (beispielsweise in der Folge eines Compliance-Verstoßes), als tatsächlich ein originäres Reputationsrisiko. Die Definition als Reputationsrisiko wäre nur dann korrekt, wenn „Reputation“ beispielsweise in der Unternehmensstrategie als Ziel definiert wurde. Risiken sind daher im Zusammenhang mit beispielsweise den definierten Zielen eines Unternehmens zu interpretieren (vgl. hierzu Abb. 2.9).

Auch auf diese wichtige Unterscheidung zwischen Ursache, Risiko und Wirkung weist der internationale Standard COSO ERM explizit hin.

Hierzu nachfolgend ein konkretes Beispiel aus der Praxis: Sofern beispielsweise ein bestimmter Produktions-Output als Ziel definiert wurde, wäre ein Streik bei einem Zulieferer oder in der Produktion bzw. eine Cyberattacke mit anschließender Betriebsunterbrechung als Ursache bzw. Ursachenbündel zu betrachten. Die negative Abweichung des Produktions-Outputs wäre dementsprechend das Risiko. Die Wirkung dieses Risikos kann vielfältig sein: Von einer Schadenersatzforderung oder Strafzahlung von/an Kunden, über den Wegfall eines Großkundenauftrags bis hin zu einem Reputationsverlust sind hier vielfältige Wirkungsszenarien denkbar und antizipierbar.

---

[26] Das Committee of Sponsoring Organizations of the Treadway Commission (COSO) ist eine freiwillige privatwirtschaftliche Organisation in den USA, die helfen soll, Finanzberichterstattungen durch ethisches Handeln, wirksame interne Kontrollen und gute Unternehmensführung qualitativ zu verbessern. Bereits im Jahr 1985 und in der Folge diverser Bilanzskandale wurde COSO als Plattform für die „National Commission on Fraudulent Financial Reporting“ (Treadway Commission) gegründet und wird durch die fünf bedeutendsten US-Organisationen für Kontrolle im Finanz- und Rechnungswesen unterstützt: Institute of Internal Auditors (IIA), American Institute of Certified Public Accountants (AICPA), Financial Executives International (FEI), Institute of Management Accountants (IMA) und American Accounting Association (AAA).

[27] Vgl. Romeike (2019).

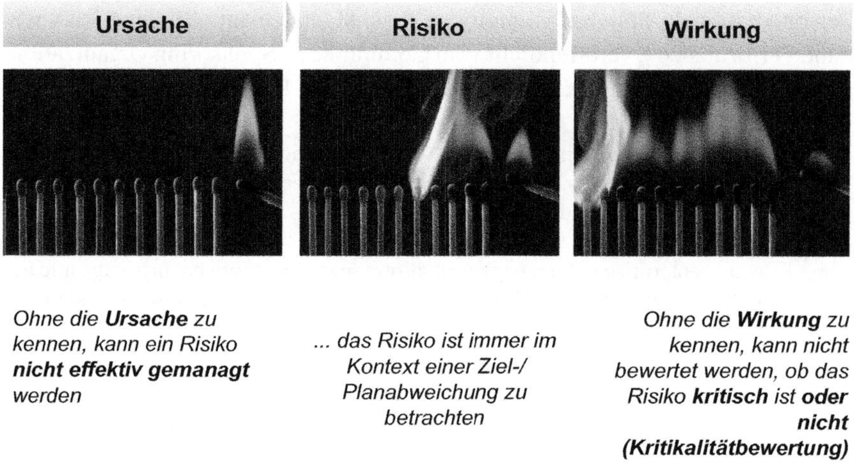

Abb. 2.9 Warum die Unterscheidung von Ursachen, Risiken und Wirkungen für die Praxis wichtig ist

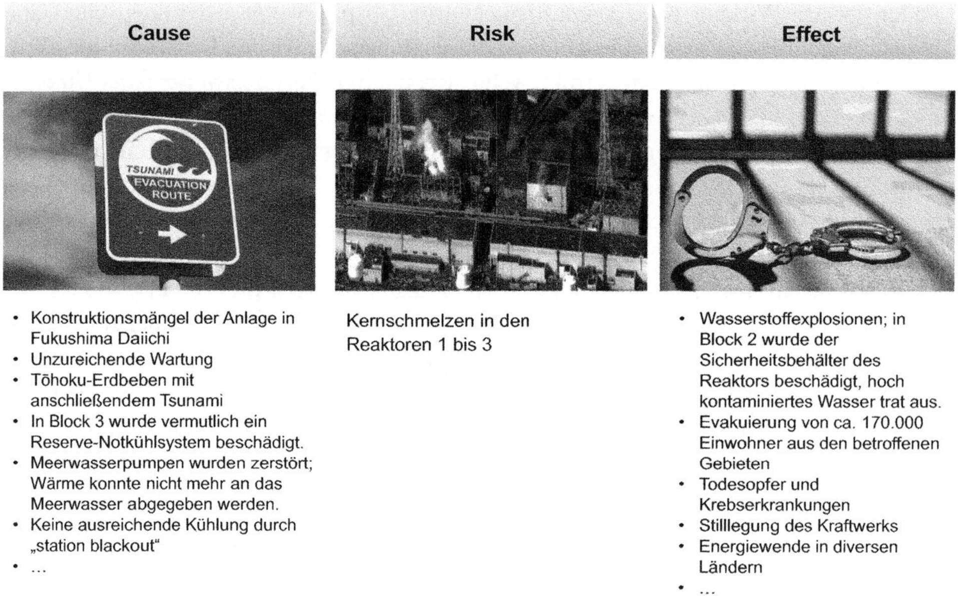

Abb. 2.10 Unterscheidung zwischen Ursachen, Risiken und Wirkungen an einem konkreten Beispiel

In Abb. 2.10 ist ein konkretes – aufgrund der Komplexität der Ursache-Wirkungsbeziehungen vereinfachtes – Beispiel basierend auf der Nuklearkatastrophe von Fukushima vom 11. März 2011 zur trennscharfen Unterscheidung von Ursachen (Causes), Risiken/ Chancen und Wirkungen (Effects) wiedergegeben.[28]

---

[28] Kap. 3 in diesem Buch enthält detaillierte Informationen zum methodischen Vorgehen bei der Identifikation und Bewertung von Risiken.

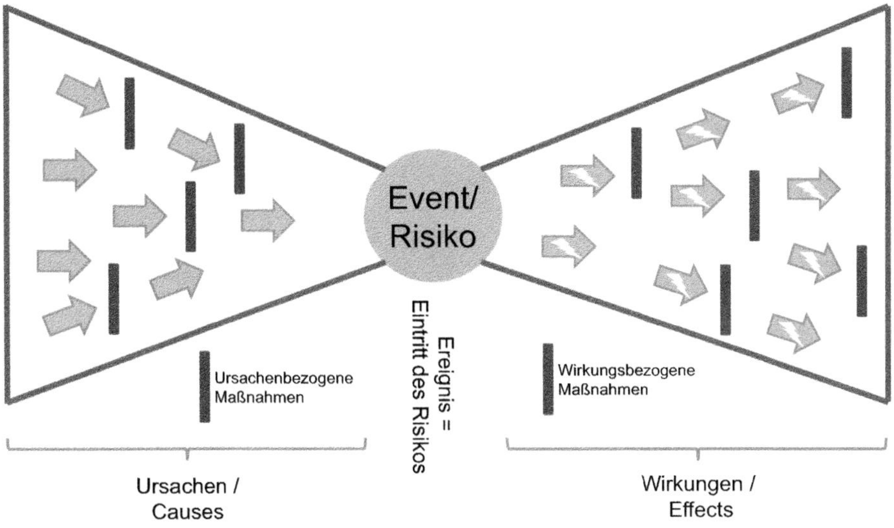

Abb. 2.11 Bow-Tie-Diagramm zur einfachen Visualisierung von Ursachen, Risiken und Wirkungen. (Quelle: Romeike 2018a, S. 75)

In Abb. 2.11 ist ein so genanntes Bow-Tie-Diagramm wiedergegeben. Die Bow-Tie-Analyse wird dazu genutzt, ein Risiko sowie dessen Ursachen und Wirkungen zu identifizieren und in einem einzigen Diagramm strukturiert darzustellen. Da ein Risiko in der Regel eine Vielzahl von Ursachen, aber auch Wirkungen aufweist, hat das Diagramm die Form einer Fliege (im Englischen: bow-tie). Es unterstützt damit die Risikoidentifikation, aber auch die Risikokommunikation und die Entwicklung von Maßnahmen zur Risikosteuerung. Wenn (quantitative) Daten zu Ursachen und Wirkungen verfügbar sind, kann die Bow-Tie-Analysis auch zur Risikobewertung genutzt werden.

2.5 Risikostrategie als Ausgangspunkt

In Abb. 2.12. sind die wesentlichen Schritte beim Aufbau eines Risiko-Management-Systems skizziert.

Am Anfang steht zunächst die Definition einer transparenten Risikostrategie (häufig in der Praxis auch als Risikopolitik bezeichnet). Diese wird aus der Unternehmensstrategie abgeleitet und ist der Teil, der sich mit der Risikoneigung bzw. dem Risiko-appetit/Risikoakzeptanz befasst.

Hierbei müssen im Wesentlichen die in Abb. 2.13 aufgeführten Fragen beantwortet werden.

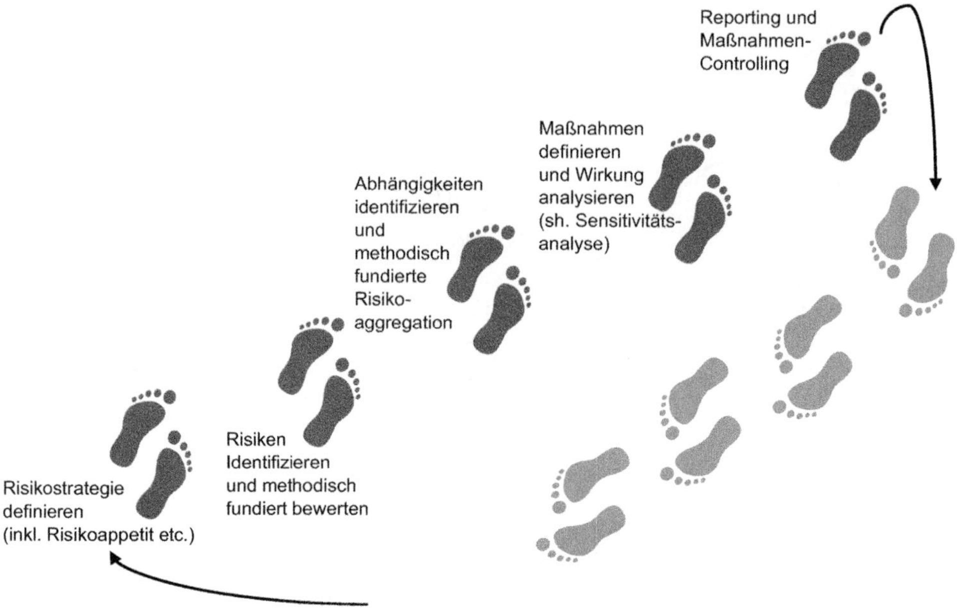

Abb. 2.12 Die Prozessschritte im Risiko-Management (Quelle: RiskNET GmbH)

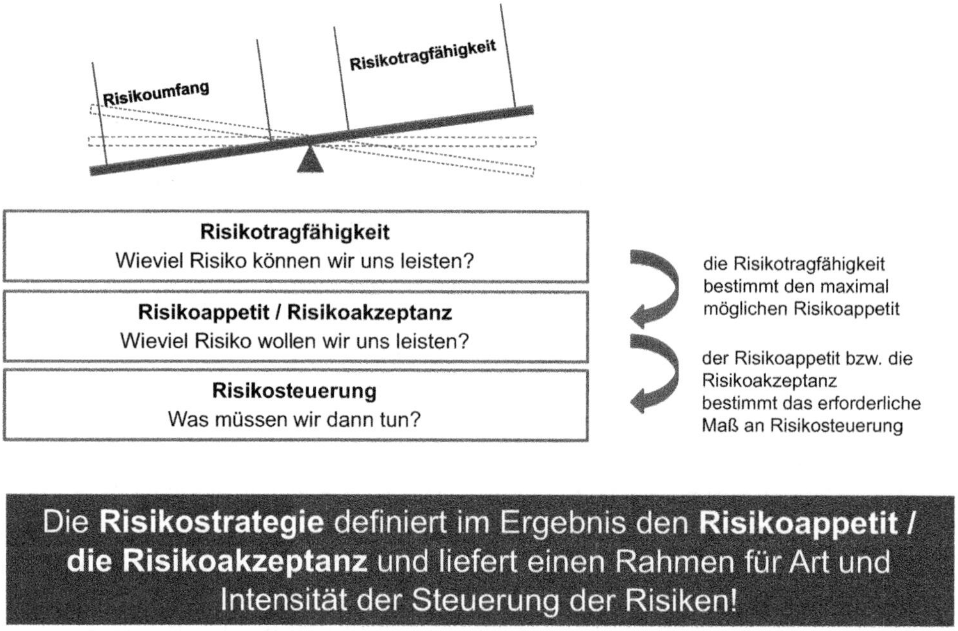

Abb. 2.13 Inhalte einer Risikostrategie. (Quelle: RiskNET GmbH)

Die Risikostrategie fixiert auch die Rahmenbedingungen für den Aufbau von Risiko-Management-Systemen und die Risikosteuerung. Die Risikostrategie muss dabei folgende Angaben enthalten:

- Ein Entscheidungskriterium (Erfolgsmaßstab), dass ein Abwägen von Risiko und Rendite ermöglicht,
- Obergrenzen (Limite) für den Risikoumfang des Unternehmens,
- Umfang des Eigenkapitalbedarfs sowie Liquiditätsreserven, beispielsweise abgeleitet aus einem angestrebten Rating,
- Definition der aus Sicht des Unternehmens unvermeidlichen Risiken (sog. „Kernrisiken") sowie der tendenziell zu transferierenden Risiken.

Die Risikostrategie bietet den Rahmen für die Optimierung der Risikoposition und damit für die zu initiierende Risikosteuerungsmaßnahme. Ziel der Risikosteuerung ist nicht die Minimierung des Unternehmensrisikos, sondern eine Optimierung des Ertrag-Risiko-Profils.

So wird beispielsweise in den Mindestanforderungen an das Risiko-Management (MaRisk, Rundschreiben 09/2017 (BA)) gefordert, dass in Banken die Geschäftsleitung eine Risikostrategie definieren muss. In Abschnitt AT 4.2 Strategien Absatz 2 ist definiert:

> „[…] Die Geschäftsleitung hat eine mit der Geschäftsstrategie und den daraus resultierenden Risiken konsistente Risikostrategie festzulegen. Die Risikostrategie hat, ggf. unterteilt in Teilstrategien für die wesentlichen Risiken, die Ziele der Risikosteuerung der wesentlichen Geschäftsaktivitäten sowie die Maßnahmen zur Erreichung dieser Ziele zu umfassen. Insbesondere ist, unter Berücksichtigung von Risikokonzentrationen, für alle wesentlichen Risiken der Risikoappetit des Instituts festzulegen. Risikokonzentrationen sind dabei auch mit Blick auf die Ertragssituation des Instituts (Ertragskonzentrationen) zu berücksichtigen. […]"

Auch im DIIR[29] Revisionsstandard Nr. 2 „Prüfung des Risiko-Management-Systems durch die Interne Revision" (Version 2.0 aus November 2018) wird hierzu unter 6.2 (Risikostrategie) gefordert:

> „Die Risikostrategie ist aus der Gesamtstrategie der Organisation abgeleitet. Sie umfasst die Risikobereitschaft der Geschäftsleitung unter Berücksichtigung des Risikodeckungspotenzials der Organisation, die Ziele der Risikosteuerung der wesentlichen Geschäftsaktivitäten sowie die Maßnahmen zur Erreichung dieser Ziele. Sie sollte so ausgestaltet sein, dass die operative Steuerung der Risiken daraus abgeleitet werden kann."

Die Risikostrategie ist durch die Geschäftsführung zu definieren.

---

[29] Das DIIR – Deutsches Institut für Interne Revision e.V. – ist der Berufsverband der Internen Revisoren in Deutschland. Es unterstützt die Fach- und Führungskräfte der Internen Revision in ihren Prüfungs- und Beratungsaufgaben, beispielsweise durch die Entwicklung von Qualitäts- und Verfahrensstandards, durch Tagungen und Seminare sowie durch Zertifizierungen und Berufsexamina.

In Tab. 2.3 sind exemplarisch die wesentlichen Elemente einer Risikostrategie zusammengefasst. In jedem Fall ist es empfehlenswert, in die Risikostrategie eine Präambel mit einer kurzen Stellungnahme des Vorstands bzw. der Geschäftsleitung aufzunehmen. Nachfolgend ein Beispiel für eine solche Präambel.

Tab. 2.3 Elemente einer Risikostrategie (exemplarisch)

Inhalte einer Risikostrategie
• **Präambel, Vorwort des Vorstands-/Aufsichtsratsvorsitzenden** – Das Vorwort dokumentiert die Bedeutung des Risiko-Managements für die Verantwortlichen der Unternehmensführung.
• **Einordnung in die Corporate Governance** – An dieser Stelle kann eine Einordnung zu anderen internen Leitlinien (soweit vorhanden) vorgenommen werden. Die Richtlinienlandschaft sollte basierend auf einer Normenpyramide erfolgen. Ausgehend von einem Code of Conduct (Grundpflichten-Heft) und strategischen Leitlinien sollte in einer nächsten Stufe die operative Umsetzung in detaillierteren Richtlinien erfolgen. Außerhalb der Richtlinienlandschaft dürfen keine „Satelliten-Richtlinien“ existieren. • Überleitung von der Mission und Vision des Unternehmens – „Die Nr. 1 in Sachen Sicherheit …“ oder: „Wir wollen Benchmark der Branche sein.“ • Bezug zur Mission des Unternehmens – „Unsere Kunden können ruhig schlafen, weil …“ oder: „Wir sind ein weltweit führendes Unternehmen …, der für seine Kunden und Gesellschafter einen Mehrwert schafft.“
• **Fokus der Geschäftsstrategie** – Aus dem Fokus der Geschäftsstrategie resultieren Rahmenbedingungen und Implikationen für die Formulierung der Risikostrategie. Dabei ist nicht die gesamte Strategie neu aufzubereiten, sondern nur die für die Konsistenz zur Risikostrategie wesentlichen Punkte darzustellen. Außerdem sollte ein klarer Verweis auf die Dokumentation der Geschäftsstrategie, beispielsweise in einem Unternehmens-Handbuch, verwiesen werden.
• **Fokus der Risikostrategie** – Art/Herkunft der einzugehenden Risiken – Umfang der einzugehenden Risiken – Zeithorizont der einzugehenden Risiken
• **Überleitung der Risikotragfähigkeit** – Bestimmung der Risikotragfähigkeit Es sollte erkennbar sein, mit welchen Modellen bzw. Methoden die Risikotragfähigkeit bestimmt wird (zum Beispiel QIS4). Zu Details sollte ein Verweis auf technische Dokumente ausreichen. – Stresstests (Sensitivität des Unternehmens gegenüber Umfeldänderungen) Dieser Punkt ist besonders wichtig, wenn eine starke Exposition des Unternehmens zu bestimmten Risiken (z. B. Währungen) besteht. – Risikosteuerung Werden Risiken zum Beispiel von vornherein ausgeschlossen/begrenzt, sollte dies ebenfalls sofort erkennbar sein.
• **Risikostrategische Ziele** – **Übergeordnetes Sicherheitsziel (Kapitaladäquanz)** – **Globale Risikolimite** – **Verzinsung von Risikokapital/RORAC-Ansätze etc.** – **Weitere Kennzahlen sowie Messgrößen der Zielerreichung**
• **Geltungsbereich, Inkraftsetzung**
• **Dokumentenhistorie, Verteiler etc.**

Beispiel

Wir können Chancen und Risiken von Entscheidungen klar einschätzen. Vor diesem Hintergrund glauben wir daran, dass Risiken es wert sind, eingegangen zu werden.

Die Firmenwerte bei der RiskNET GmbH basieren darauf, souverän dosierte Risiken einzugehen sowie Verantwortung zu übernehmen und diese auch in schwierigen Situationen zu behalten. In diesem Zusammenhang ist die Fähigkeit, bei unternehmerischen Entscheidungen Chancen und Gefahren (Risiken) abzuwägen, ein zentraler Erfolgsfaktor für die RiskNET GmbH. Diese Fähigkeit auszubauen ist das zentrale Anliegen des Risiko-Managements.

Nachfolgend ist exemplarisch eine komplette Risikostrategie wiedergegeben:

Risikostrategie RiskNET GmbH:

1. Risiken sind potenzielle Ziel- bzw. Planabweichungen (d. h. Chancen und Gefahren), die sich aus einer nicht sicher vorhersehbaren Zukunft ergeben. 2.

Die RiskNET GmbH orientiert sich an den Grundsätzen einer wertorientierten Unternehmensführung und geht unternehmerische Risiken dann ein, wenn die damit verbundenen Ertragschancen eine Steigerung des Unternehmenswertes erwarten lassen. Im Rahmen des Risiko-Management-Systems des Unternehmens werden daher grundsätzlich die erwarteten Erträge und Risiken gegeneinander abgewogen. Eine Risikoanalyse und Risikoaggregation wird vor jeder wesentlichen unternehmerischen Entscheidung (beispielsweise einem Investitionsprojekt) durchgeführt, um deren Wirkungen auf Risikoumfang und die Finanzen sowie Risikotragfähigkeit des Unternehmens zu analysieren. 3.

Der wesentliche Werttreiber in den nächsten drei Jahren ist ein ertragsorientiertes Umsatzwachstum in den Stammmärkten Europas. Das Wachstum basiert auf Produkterweiterungen und Marktdurchdringung. 4.

Weitere Maßnahmen zielen auf die Steigerung der Rentabilität. Durch erhöhte Selbsttragung bisher transferierter Risiken sowie durch Auslagerung von Logistik und Lagerbewirtschaftung auf Partnerunternehmen werden Kosten reduziert. Den dadurch entstehenden neuen Risiken durch Abhängigkeit von Partnerunternehmen sollen durch risikosenkende Maßnahmen, wie bspw. Alternativlieferanten, begegnet werden. Dazu trägt auch die gezielte Reduzierung des Unternehmensrisikos (Markt- und Finanzrisiken) durch Rückzug aus dem US-amerikanischen Markt (zur Reduktion von Produkthaftungsrisiken) bei. 5.

Die Insolvenzgefahr infolge Illiquidität und Überschuldung soll diejenige eines Unternehmens mit einem externen BB-Rating – auch im definierten Stress-Szenario – nicht übersteigen. Das Eigenkapital soll folglich mindestens den aggregierten Risikoumfang abdecken.

Die RiskNET GmbH trägt unternehmerische Kernrisiken, wie Umsatzschwankungen aufgrund von Veränderungen in der Nachfrage sowie Forschungs- & Entwicklungsrisiken prinzipiell selbst. Randrisiken sind Risiken außerhalb der Kerntätigkeitsfelder und werden – wenn möglich und aus Kostengründen sinnvoll – auf Dritte übertragen, beispielsweise Risiken aus Zinsen und Währungen, Wertpapieren, Personen-, Sach- und technische Schäden, Betriebsunterbrechung, sowie Produkt- und Umwelthaftpflicht. 6.

Der dem Vorstand direkt unterstellte Risiko-Management-Koordinator ist verantwortlich für das gesamte Risiko-Management-System und die dort eingesetzten Methoden zur Analyse und Steuerung der Risiken. Die Identifikation und Überwachung der wesentlichen Risiken erfolgt auf der operativen Ebene der Prozessverantwortlichen durch die vom Risikocontroller in Abstimmung mit dem Vorstand definierten „Risk Owner". Die Verantwortung für den Umgang mit Chancen und Gefahren und die Initiierung von Risikobewältigungsmaßnahmen liegt bei den operativ verantwortlichen Mitarbeitern. 7.

Das Risiko-Management der RiskNET GmbH orientiert sich an einem integrierten risikoorientierten Unternehmensführungsansatz, d. h. originäre Aufgaben aus Controlling, Treasury und Qualitätsmanagement, die sich mit Chancen und Gefahren befassen, werden im Sinne dieser Risikostrategie durchgeführt und alle sich dabei ergebenden relevanten Informationen an das Risikocontrolling weitergeleitet.

Von allen Mitarbeitern des Unternehmens wird ein bewusster Umgang mit Risiken erwartet. Das Unternehmen hat verschiedene Maßnahmen zur Entwicklung einer gelebten Risiko- und Fehlerkultur initiiert. Das Identifizieren neuer Risiken wird angemessen belohnt, ebenso wie Effizienz in der Reduktion von Risiken sowie das Erkennen von Chancen. Risikobeauftragte (Risk Owner) müssen geschult und regelmäßig weitergebildet werden. 8.

Das Interne Kontrollsystem dient der Bewältigung operationeller Risiken und wird damit dem Risiko-Management zugeordnet. Die interne Revision übernimmt die unabhängige Prüfung des gesamten Risiko-Managements. 9.

Im Rahmen dieser Risikopolitik definiert die Geschäftsführung folgende Sicherheitsziele (Limite):

- Der Umsatz eines einzelnen Kunden sollte nicht mehr als 25 Prozent des Gesamtumsatzes betragen.
- Der Umsatz in einem einzelnen Land sollte nicht mehr als 50 Prozent des Gesamtumsatzes betragen.
- Lieferanten mit einem Anteil über 15 Prozent am Gesamtliefervolumen werden einer vertieften Risikoanalyse unterzogen.
- Die Eigenkapitalquote darf nicht unter 20 Prozent fallen und sollte langfristig bei 30 Prozent liegen.
- Derivative Finanzgeschäfte ohne wirtschaftliche Gegenposition dürfen nicht getätigt werden.

2.6 Der Prozess und Regelkreis des Risiko-Managements

Ein effizienter Risiko-Management-Prozess funktioniert ähnlich dem menschlichen Organismus oder anderer Netzwerkstrukturen in der Natur. In einem menschlichen Organismus arbeiten Gehirn, Herz und Nervensystem zusammen. Netzwerke sind anpassungsfähig und flexibel, haben gemeinsame Ziele, spielen zusammen und vermeiden Hierarchien. Netzwerkstrukturen sind skalierbar und außerordentlich überlebensfähig. Übertragen auf den Prozess des Risiko-Managements bedeutet dies, dass verschiedene Sensoren und Sinne (etwa Auge, Ohr, Nerven oder Frühwarnindikatoren) die Risiken aufnehmen und sie an eine zentrale Stelle weiterleiten (Gehirn bzw. Risikomanager). Und insgesamt entscheidet die strategische Ausrichtung des Systems (Unternehmens) über das Risikoverständnis (siehe definierte Risikostrategie). In diesem Zusammenhang ist es wichtig, die strategische Dimension des Risiko-Managements nicht losgelöst von der strategischen Unternehmensführung zu betrachten. Vielmehr ist das strategische Risiko-Management Bestandteil der strategischen Unternehmensführung.

Die Risikostrategie bildet das Herz und den Mittelpunkt des gesamten Risiko-Management-Prozesses. Es beinhaltet vor allem die Formulierung von Risikomanagement-Zielen in Form des Risikoappetits in Abhängigkeit von der definierten Risikotragfähigkeit. Bevor das Risiko-Management als kontinuierlicher Prozess eingeführt und gelebt werden kann, müssen zunächst die Grundlagen bezüglich der Rahmenbedingungen (Risikostrategie), Organisation (etwa Funktionen, Verantwortlichkeiten und Informationsfluss) und die eigentlichen Prozessphasen definiert werden.

Der Regelkreis und Prozess des Risiko-Managements ist in Abb. 2.14 wiedergegeben.

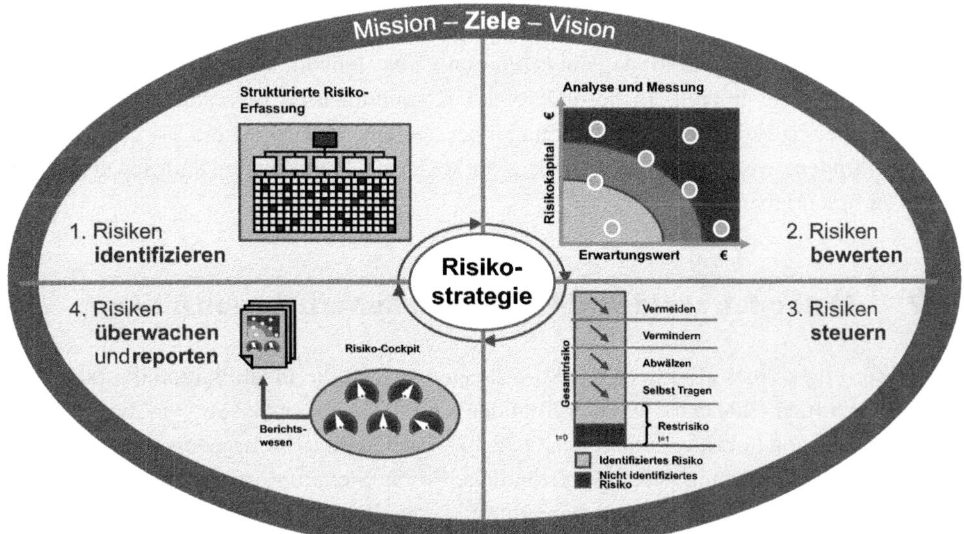

Abb. 2.14 Der Regelkreis des Risiko-Managements. (Quelle: Romeike (2018a, S. 38))

Um Risiken wirkungsvoll handhaben zu können, müssen diese bekannt sein. Die Risikoidentifikation („risk identification") dient dazu, Risiken aufzuspüren. Hierbei sollten Risikoquellen, betroffene Bereiche, Ereignisse und Entwicklungen im Zeitverlauf berücksichtigt werden.

In der Prozessphase der Risikobewertung („risk analysis") soll ein besseres Verständnis für ein Risiko generiert werden. Die Risikoanalyse und -bewertung betrachtet die Ursachen und Quellen der Risiken, ihre positiven und negativen Auswirkungen sowie die Häufigkeit bzw. Wahrscheinlichkeit ihres Eintretens. Das Risiko wird durch eine Bestimmung der potenziellen Auswirkungen analysiert. Die Risikoanalyse kann je nach Risiko, Zweck der Risikoanalyse und den verfügbaren Informationen, Daten und Ressourcen mit unterschiedlicher Untersuchungstiefe durchgeführt werden.

Die Identifikation und Analyse der Risiken kann je nach Analyseart quantitativer, semi-quantitativer oder qualitativer Natur sein oder eine Kombination davon darstellen.

Alle Risiken werden idealerweise mit geeigneten Verteilungsfunktionen (beispielsweise Dreiecksverteilung, Poissonverteilung, Normalverteilung, PERT-Verteilung, Weibullverteilung, Compoundverteilung etc.) beschrieben. Mit Hilfe geeigneter Methoden, beispielsweise einer Sensitivitätsanalyse, lassen sich die Risiken hinsichtlich Relevanz priorisieren. Diese Phasen der Risikoidentifikation, Risikoanalyse und Risikobewertung werden auch als Risikoabschätzung („risk assessment") bezeichnet.

Die im Rahmen der Risikoabschätzung erarbeiteten Informationen, vor allem die bewerteten, aggregierten und priorisierten Risiken, dienen anschließend als Grundlage für die Risikosteuerung („risk treatment" bzw. „risk mitigation").

Die beschriebenen Phasen des Risiko-Management-Regelkreises werden parallel kontinuierlich überwacht. Durch diese Risikoüberwachung wird sichergestellt, dass die Risiko-Management-Phasen korrekt durchgeführt werden, dass die Maßnahmen zur Risikosteuerung richtig umgesetzt werden und die beabsichtigte Wirkung entfalten.

Parallel zu den Risiko-Management-Phasen ist es sinnvoll, eine effektive Risikokommunikation zu etablieren. Insbesondere die Kommunikation unterstützt Unternehmen beim Aufbau bzw. der Weiterentwicklung einer „gelebten" Risikokultur.

Nachfolgend werden die wesentlichen Methoden zur Identifikation und Bewertung von Risiken beschrieben.

2.7 Methoden zur Identifikation und Bewertung von Risiken

Die erste Phase eines effektiven Risiko-Managements ist die Identifikation der potenziellen Risiken (und Chancen). Damit verbunden sind die Risikoanalyse sowie die Risikobewertung (vgl. die Schritte 1 und 2 in Abb. 2.14). Die Qualität der Ergebnisse aus der Identifikation und Bewertung liefert die Grundlage für die Steuerung der Risiken. Doch wenn bei der Risikoidentifikation und -bewertung – zum Beispiel aufgrund einer schwachen methodischen Fundierung, zu oberflächlicher Betrachtung oder anderen Gründen – Fehler gemacht werden, wirken sich diese Fehler unweigerlich auf die Priorisierung von Risiken sowie die Entwicklung und Anwendung von Maßnahmen zur Risikosteuerung aus. Risiken, deren Bedeutung unterschätzt wird oder die gar „übersehen" werden (das heißt, die bei der Identifizierung nicht erkannt werden), können zu gravierenden Effekten (bis hin zur Insolvenz) führen.

Aus diesem Grund ist es von besonderer Bedeutung, dass Risikomanager den „Werkzeugkoffer" für Risikoidentifikation, -analyse und -bewertung kennen und zielgerichtet einsetzen können. Das „Handwerkzeug" sind die entsprechenden Methoden. Unter einer Methode verstehen wir recht allgemein ein mehr oder weniger planmäßiges Verfahren zur Erreichung eines Zieles. Im Kern verstehen wir unter einer Methode einen Erkenntnisweg (hier im Kontext Risikoidentifikation und Risikobewertung).

Empirische Studien zeigen regelmäßig auf, dass viele Risikomanager nur eine oder sehr wenige Methoden kennen und in der Praxis einsetzen. Doch „wer nur einen Hammer hat, für den ist jedes Problem wie ein Nagel". Und wer einen ganzen Werkzeugkasten hat, für den ist jedes Problem einzigartig. Für das Risiko-Management gilt, dass es nicht die „eierlegende Wollmilchsau" gibt, die für alle Risikoarten geeignet ist. Vielmehr wird der Risikomanager ganz unterschiedliche Methoden anwenden müssen, je nach Fragestellung und Risikoart. Bei der Identifikation und Bewertung von strategischen Risiken wird der Risikomanager zu anderen Werkzeugen greifen, als wenn er Rohstoffpreisrisiken bewerten muss.

Nachfolgend werden daher die wesentlichen Werkzeuge im Risiko-Management vorgestellt. Um einen besseren Überblick zu erhalten, haben wir – analog zu einem guten Handwerker – die Werkzeugkiste in verschiedene Schubladen und Abteilungen eingeteilt.

Die Methoden zur Risikoidentifikation, Risikoanalyse und Risikobewertung lassen sich in Kollektionsmethoden sowie Suchmethoden unterteilen (vgl. Tab. 2.4).[30] Kollektionsmethoden sind vornehmlich für Risiken geeignet, die offensichtlich oder bereits bekannt sind (beispielsweise aufgrund einer bereits in der Vergangenheit durchgeführten Risikoidentifikation).

Suchmethoden dagegen lassen sich vor allem für bisher unbekannte Risiken einsetzen. Die Suchmethoden können in analytische Methoden und Kreativitätsmethoden klassifiziert werden.

Alle analytischen Suchverfahren sind darauf fokussiert, zukünftige und bisher unbekannte Risikopotenziale zu identifizieren. Einige analytische Suchverfahren wurden ursprünglich für die Risikoanalyse im Qualitätsmanagement entwickelt. Da die Prozessstruktur und Methodik des Risiko-Managements einige Parallelen zum Qualitätsmanagement (bei dem im Kern Qualitätsrisiken identifiziert, bewertet und gesteuert werden) aufweist, liegt es nahe, etablierte Methoden auch auf den Risikoidentifikationsprozess für andere Risikoarten zu übertragen.

Kreativitätsmethoden hingegen basieren auf kreativen Prozessen, die durch divergentes Denken charakterisiert sind, um relativ flüssig und flexibel zu neuartigen Einfällen und

[30] Detaillierte Informationen zu den diversen Methoden zur Identifikation und Bewertung von Risiken enthält die Publikation Romeike (2018a).

Tab. 2.4 Methoden der Risikoidentifikation, -analyse und –bewertung[a]

	Suchmethoden	
Kollektionsmethoden	Analytische Methoden	Kreativitätsmethoden
• Checkliste • Schadenfall-Datenbank • SWOT-Analyse • Self-Assessment • Risiko-Identifikations-Matrix (RIM) • Interview	• Bow-Tie-Analysis • Empirische Datenanalyse • Fehlerbaumanalyse (Fault Tree Analysis, FTA) • Fehlermöglichkeits- und Einflussanalyse (FMEA) • Hazard and operability studies (HAZOP) • Business impact analysis • Fehler-Ursachen-Analyse (Root cause analysis, RCA) • Ereignis-Baumanalyse (Event tree analysis) • Cause-and-effect analysis • Ishikawa-Diagramm • Markov analysis / Bayesian statistics and Bayes Nets • Consequence/probability matrix • Social Network Analysis	• Morphologische Analyse • Brainstorming • Brainwriting • Methode 635 • Brainwriting Pool • Mind Mapping • KJ-Methode • Flip-Flop-Technik (Kopfstandtechnik) • World-Café • Delphi-Methode • Business Wargaming • Deterministische Szenarioanalyse • Stochastische Szenarioanalyse (stochastische Simulation) • System Dynamics

[a]Quelle: Romeike (2018a), S. 56

originellen Lösungen zu gelangen. Kreativitätstechniken lassen – im Gegensatz zum rationalen und strukturierten Denken – das Denken chaotisch werden und ermöglichen so vor allem die Identifikation bisher unbekannter Risikopotenziale (es sei erinnert an den Hinweis des US-amerikanischen Nuklearstrategen, Kybernetikers und Futurologen Herman Kahn: „Aus der Vergangenheit kann jeder lernen. Heute kommt es darauf an, aus der Zukunft zu lernen.“).

2.7.1 Kollektionsmethoden

Die Kollektionsverfahren eignen sich vorwiegend für die Identifikation bestehender bzw. offensichtlicher Risiken.

Hierbei ist die in der Praxis am häufigsten angewendete Form, Risiken zu identifizieren, die Verwendung von *Checklisten* (Fragenkatalog). Checklisten dienen in der Regel der Identifikation von Risikoquellen. Der Nachteil einer detaillierten Checkliste liegt in dem großen Aufwand, der bei der Problemanalyse entsteht. Es gibt außerdem keine allgemeine Systematik bei der Erstellung von Checklisten. Die Qualität hängt in der Regel von der Erfahrung des Erstellers ab. Da die Anzahl der Fragen beschränkt ist, wird der Status quo (beispielsweise der Risikolandkarte) möglicherweise nur unvollständig identifiziert. Eine weitere Schwierigkeit bei der Verwendung von Checklisten ist der hohe Aggregationsgrad, da in der Regel nicht auf die Einzelrisiken und deren Wechselwirkungen geschlossen werden kann. Eine weitere Problematik liegt in der mangelnden Vollständigkeit und dem starren Raster, was dem revolvierenden Charakter der Risikoidentifikation entgegensteht. Checklisten können daher allenfalls einen Ausgangspunkt für die Risikoidentifikation darstellen.

Mit Hilfe der *SWOT-Analyse* können aus der Markt-, Wettbewerbs- und Organisationsanalyse Stärken, Schwächen, Chancen und Risiken (SWOT = strengths, weaknesses, opportunities and threats) abgeleitet werden. Das Resultat der Analyse ist eine genaue Bestandsaufnahme des gegenwärtigen Zustandes und liefert klare Erkenntnisse (vgl. Tab. 2.5):

- über den Ist-Zustand der eigenen Organisation (Kernkompetenzen),
- über die Zielgruppen (Zielgruppenfokus und -bedürfnisse),
- über das Wettbewerbsumfeld (Positionierung, Leistungsumfang, Alleinstellungsmerkmale) und
- über die Aufstellung im Markt (Marktpräsenz).

Im Rahmen der externen Analyse wird die Unternehmensumwelt untersucht. Daher wird häufig auch von einer Umweltanalyse gesprochen. Die Chancen/Gefahren wirken von außen auf das Unternehmen und resultieren aus Veränderungen im Markt, in der technologischen, sozialen oder ökologischen Umwelt. Die Umweltbedingungen sind für das Unternehmen exogen vorgegeben. Daher beobachtet oder antizipiert das Unternehmen diese Veränderungen und reagiert darauf mit einer adäquaten Strategieanpassung.

Die Stärken/Schwächen beziehen sich jedoch auf das Unternehmen selbst und resultieren aus einer Selbstanalyse des Unternehmens. Man spricht daher auch von der Inweltanalyse. Stärken/Schwächen produziert das Unternehmen selbst, es sind Eigenschaften des Unternehmens bzw. werden vom Unternehmen selbst geschaffen, sie sind also das Ergebnis beispielsweise der unternehmensinternen Prozesse.

Tab. 2.5 SWOT-Matrix

SWOT-Analyse		Interne Analyse Stärken (Strengths)	 Schwächen (Weaknesses)
Externe Analyse	**Chancen (Opportunities)**	*Strategische Zielsetzung für Strengths und Opportunities*: Verfolgen von neuen Chancen, die gut zu den Stärken des Unternehmens passen.	*Strategische Zielsetzung für Weaknesses und Opportunities*: Schwächen eliminieren, um neue Möglichkeiten zu nutzen.
	Gefahren (Threats)	*Strategische Zielsetzung für Strengths und Threats*: Stärken nutzen, um Bedrohungen abzuwenden.	*Strategische Zielsetzung für Weaknesses und Threats*: Verteidigungen entwickeln, um vorhandene Schwächen nicht zum Ziel von Bedrohungen werden zu lassen.

Auch durch die *Befragung* von Mitarbeitern *(Interview)* und externen Wissensträgern können Risiken identifiziert werden. Bei der Informationsgewinnung spielen die Erfahrung und Kompetenz sowohl des Interviewers als auch der befragten Personen eine entscheidende Rolle.

Das *Self-Assessment* wird häufig in Kombination mit Checklisten und entsprechenden Anleitungen angewendet und bezieht sich ausschließlich auf den internen Bereich eines Unternehmens. Ergänzend können im Rahmen eines Self-Assessments auch Interviews durchgeführt oder Workshops veranstaltet werden.[31]

Eine weitere alternative Methode zur Risikoidentifikation ist die Verwendung einer *Risikoidentifikations-Matrix*. Hierbei handelt es sich um eine systematische Tabelle, in der die Zusammenhänge zwischen den einzelnen Risikokategorien systematisch dargestellt werden.

2.7.2 Analytische Suchmethoden

Alle analytischen Suchverfahren sind darauf fokussiert, zukünftige und bisher unbekannte Risikopotenziale zu identifizieren. Einige analytische Suchverfahren wurden ursprünglich für das Qualitätsmanagement entwickelt. Da die Prozessstruktur und Methodik des Risiko-Managements einige Parallelen zum Qualitätsmanagement aufweist, liegt es nahe, etablierte Methoden auch auf den Risikoidentifikationsprozess zu übertragen.

Die *Bow-Tie-Analyse* wird dazu genutzt, ein Risiko sowie dessen Ursachen und Wirkungen zu identifizieren und in einem einzigen Diagramm strukturiert darzustellen (siehe Abb. 2.11). Die Methode unterstützt damit die strukturierte Risikoidentifikation, aber auch die Risikokommunikation und die Entwicklung von Maßnahmen zur Risikosteuerung.

Die Bow-Tie-Analyse hat sich zeitlich auf der Basis vier früherer Methoden entwickelt, nämlich der Fehlerbaumanalyse, der Ereignisbaumanalyse, dem Ursache-Wirkungs-Diagramm sowie der Barrier Analysis.

Dementsprechend integriert die Bow-Tie-Analyse alle Elemente dieser vier Methoden. Die Bow-Tie-Analyse wird aus den folgenden Elementen gebildet:

- Ein „Top Event“: Das zentrale (unerwünschte) Ereignis, für das Ursachen und Wirkungen identifiziert werden sollen. Im Kontext Risiko-Management handelt es sich hierbei in der Regel um die potenzielle Ziel-/Planabweichung.
- Ursachen: Auf der linken Seite des „Top Events“ werden die identifizierten Ursachen für das unerwünschte Ereignis dargestellt. Dies kann mittels eines Ursache-Wirkungs-Diagramms oder mittels einer Fehlerbaumanalyse geschehen.

[31] Bei einem Control Self Assessment (CSA) handelt es sich demgegenüber um eine überwachte Selbstbeurteilung. In diesem Zusammenhang werden von dedizierten Personen Fragebögen ausgefüllt, welche dann selbstständig ausgewertet werden können.

- Wirkungen: Auf der rechten Seite des „Top Events“ werden die möglichen Wirkungen des unerwünschten Ereignisses dargestellt. Auch hier kann ein Ursache-Wirkungs-Diagramm genutzt werden, alternativ aber auch eine Ereignisbaumanalyse. Die Anwendung von Fehlerbaum- und Ereignisanalyse unter Nutzung quantitativer Daten ermöglicht es, die Bow-Tie-Analyse auch zur Risikobewertung zu nutzen.
- Schwellen: Sowohl links als auch rechts des „Top Events“ werden sogenannte Barrier platziert. Damit sind Schwellen oder Sperren gemeint, mit denen (dann bereits im Sinne einer Risikobewältigung) versucht wird, den Eintritt des unerwünschten Ereignisses und/oder die Wirkungen zu vermindern oder zu vermeiden. So können sowohl proaktive als auch reaktive Maßnahmen im Bow-Tie-Diagramm abgebildet werden.
- Management-System: Teilweise werden die in Verbindungen stehenden Management-Systeme ebenfalls in das Diagramm eingezeichnet.

Die *Fehlermöglichkeits- und Einflussanalyse bzw. Ausfalleffektanalyse (FMEA = Failure Mode and Effects Analysis)* wurde ursprünglich zur Analyse von Schwachstellen technischer und militärischer Systeme oder Prozesse entwickelt.[32] Die FMEA wird beispielsweise im Rahmen des Qualitätsmanagements bzw. Sicherheitsmanagements zur Fehlervermeidung und Erhöhung der technischen Zuverlässigkeit vorbeugend eingesetzt. So wird die FMEA beispielsweise in der Design- bzw. Entwicklungsphase neuer Produkte oder Prozesse angewandt und von Lieferanten von Serienteilen für die Automobilhersteller gefordert.

In einem ersten Schritt wird das Unternehmen als intaktes und störungsfreies System beschrieben und abgegrenzt. In einem weiteren Schritt wird das Gesamtsystem in unterschiedliche Funktionsbereiche o. ä. zerlegt. In einem dritten Schritt werden sodann die potenziellen Störungszustände der einzelnen Komponenten untersucht. Hierbei werden auch systemdurchgreifende Störungen erfasst. In einer abschließenden vierten Stufe werden die Auswirkungen auf das Gesamtsystem abgeleitet.

Ein wesentlicher Vorteil der Ausfalleffektanalyse ist die klare Formalisierung mit Hilfe von „Worksheets“ (Arbeitsblättern), die neben der Funktion den Fehlermodus, die Fehlerursache, die Fehlerwirkung, die bedrohten Objekte (targets) sowie die Risikobewertung hinsichtlich Eintrittswahrscheinlichkeit und Schadensausmaß (Probability/Severity) enthalten. Ein wesentlicher Mangel der FMEA-Methode besteht darin, dass Interdependenzen zwischen den einzelnen Komponenten des Gesamtsystems nicht analysiert werden. Jedoch wurden in der Zwischenzeit eine ganze Reihe von Ergänzungen zur traditionellen FMEA entwickelt. So ist die System-FMEA ebenso wie die klassische Prozess-FMEA eine systematische und halbquantitative Risikoanalysemethode, die im Unterschied zur FMEA die möglichen Fehler auf der Ebene des Produktes und der möglichen Auswirkungen auf den Kunden bewertet. Der Ansatz der System-FMEA verbindet Produkt und Prozess, wodurch eindeutige Ursache-Wirkungs-Ketten dargestellt werden können.

---

[32] Vgl. Romeike (2018d).

Im Unterschied zur FMEA ist der Ausgangspunkt der *Fehlerbaumanalyse (FTA = Fault Tree Analysis)* nicht die einzelne Systemkomponente, sondern das gestörte Gesamtsystem. Im Kern handelt es sich um ein deduktives Verfahren, um die Wahrscheinlichkeit eines Ausfalls zu bestimmen. Die für alle Systeme geeignete Analyse impliziert ein unerwünschtes Ereignis und sucht nach allen kritischen Pfaden, die dieses auslösen können. In einem ersten Schritt wird daher das Gesamtsystem detailliert und möglichst exakt beschrieben, bevor hierauf aufbauend analysiert wird, welche primären Störungen zur Störung des Gesamtsystems beitragen. In einem nächsten Schritt werden diese in sekundäre Störungsursachen weiter aufgegliedert. Diese werden auf weitere Störungsebenen aufgegliedert, bis schließlich keine weitere Differenzierung der Störungen mehr möglich ist. Der Fehlerbaum stellt somit die logische Struktur aller Basisereignisse dar, die zu einem interessierenden Top-Ereignis führen können. Werden für den Eintritt aller Basisereignisse Eintrittswahrscheinlichkeiten angegeben, kann mit Hilfe der Booleschen Algebra[33] die Eintrittswahrscheinlichkeit für das Top-Ereignis ermittelt werden. Die Fehlerbaumanalyse wird in der Praxis sehr häufig zur Suche von Fehlerursachen und zur Bewertung der Systemsicherheit angewendet.[34]

2.7.3 Kreativitätsmethoden

Kreativitätsmethoden basieren auf kreativen Prozessen, die durch divergentes Denken charakterisiert sind, um relativ flüssig und flexibel zu neuartigen Einfällen und originellen Lösungen zu gelangen. Kreativitätstechniken lassen – im Gegensatz zum rationalen und strukturierten Denken – das Denken chaotisch werden.

Verschiedene Wissenschaftler haben nachgewiesen, dass Impulse aus der Umwelt (Erziehung, Ausbildung, Unternehmenskultur etc.) nicht selten zu Verhaltensweisen führen, die das kreative Potenzial hemmen oder sogar blockieren.

Exemplarisch sind nachfolgend einige Blockaden im Kontext Kreativität zusammengefasst:

- Starre Lösungswegfixierung, strikte Zielorientierung und Methodismus im Sinne der Bindung an etablierte Problemlösungsrituale („das haben wir immer so gemacht"). Die mechanische Vorgehensweise bei der Problemlösung und das Handeln nach vorgeprägtem Ritual hält davon ab, nach effizienteren Vorgehensweisen Ausschau zu halten oder neue Lösungen auszuprobieren.
- Angst vor Versagen oder Misserfolg, etwa induziert durch eine entsprechende Angstkultur.

---

[33] Die Boolesche Algebra (oder ein boolescher Verband) ist eine spezifische algebraische Struktur, die die Eigenschaften der logischen Operatoren UND, ODER, NICHT sowie die Eigenschaften der mengentheoretischen Verknüpfungen Durchschnitt, Vereinigung, Komplement verallgemeinert.

[34] Alle weiteren analytischen Methoden sind in Romeike (2018a) erläutert.

- Starker Bewertungsdruck: Die Angst vor Bewertungen der eigenen Person hat einen umgekehrt U-förmigen Zusammenhang zur Kreativität. Das bedeutet, Angst auf niedrigem Niveau ist für Kreativität förderlicher als keine Angst vor Bewertung; Bewertungsangst auf hohem Niveau ist für Kreativität hinderlich.
- Schwache Bindungen mit begrenztem Wissen und soziale Distanz hemmen die Kreativität.
- Hohe Leistungsforderungen oder Leistungsdruck, beispielsweise von Vorgesetzten oder Kollegen, hemmen die Kreativität. Eine starke Erfolgsfixierung kann dazu verleiten, sich eher auf sicherem, bekanntem Terrain zu bewegen.
- Zeitdruck ist eher hinderlich für Kreativität.
- Vielfach behindern individuelle Schranken und Befindlichkeiten (Werte, Normen etc.), alte Glaubenssätze („das macht man nicht …" usw.) oder vermeintliche äußere Schranken innovative Ideen bzw. den Ideenfluss. Glaubenssätze stammen beispielsweise aus Erziehung und Religion. Es wird am Althergebrachten festgehalten. Im schlimmsten Fall führt das zu einem selbst auferlegten Denkverbot, der „Schere im Kopf", die Ideen und Lösungen schon beim Entstehen verwirft, weil an mögliche negative Konsequenzen gedacht wird.
- Durch die Ideenäußerung oder Kommentare anderer Teammitglieder kommt es zu eigenen Blockaden, da die eigene Ideenfindung unterbrochen wird, oder die Ideen vergessen werden.
- Die einzelnen Teammitglieder sind bei einfachen Aufgaben zur Ideengenerierung weniger kreativ, weil die Einzelleistung unbekannt ist („soziales Faulenzen").
- Selbstbewusstsein und Reflexionsfähigkeit sind Merkmale kreativer Menschen. Im Umkehrschluss behindert ein reduziertes Selbstbewusstsein oder eine verminderte Reflexionsfähigkeit die Kreativität.
- Konformitätsdruck kann Denken und Handeln sowie Kreativität einengen.
- Durch Gruppendenken („Group Think") wird der soziale Druck bei der Ideenfindung erhöht. Dabei kann der soziale Druck dazu führen, dass die betroffenen Personen eine schnelle Lösung finden sollen, welche von der Gruppe akzeptiert wird, anstatt nach originellen und kreativen Ideen zu suchen.
- Das Trennen zwischen „hier die Arbeit" und „dort das Vergnügen bzw. Spiel" kann ein Nachteil sein. Spielerisches Ausprobieren kann die Entwicklung von Neuem begünstigen.

Kreativitätstechniken sind Methoden zur Förderung von Kreativität und gezieltem Erzeugen neuer Ideen, um Visionen zu entwickeln oder Probleme zu lösen. Allgemein lassen sich die Kreativitätsmethoden in intuitive und diskursive Methoden aufteilen.

Intuitive Methoden liefern in kurzer Zeit sehr viele kreative Impulse und Ideen. Sie fördern Gedankenassoziationen bei der Suche nach beispielsweise potenziellen Risiken. Sie sind auf Aktivierung des Unbewussten ausgelegt: Wissen, an das man sonst nicht denkt („think the unthinkable"). Diese Techniken und Arbeitsformate sollen vor allem helfen, eingefahrene Denkgleise zu verlassen. Hierzu zählen beispielsweise die Methoden Brainwriting, Mind Mapping, KJ-Methode, Brainstorming oder Kopfstand-Technik.

Diskursive Methoden führen den Prozess der Lösungssuche systematisch und bewusst in einzelnen, logisch ablaufenden Schritten durch (diskursiv = von Begriff zu Begriff logisch fortschreitend). Hierzu zählen beispielsweise die Methoden Ursache-Wirkungs-Diagramm, Relevanzbaumanalyse oder Morphologischer Kasten.

Weitere Methoden kombinieren sowohl intuitive als auch diskursive Elemente, beispielsweise die Methoden World-Café oder Szenarioanalyse.

Brainstorming[35] ist die in der Praxis am häufigsten angewendete Methode zur Ideenfindung und wird häufig in der Praxis mit anderen Methoden kombiniert. Sie wurde bereits in den späten 30er-Jahren entwickelt. Ihre Ergebnisqualität beruht vor allem darauf, dass:

- zur Lösung eines Problems das Wissen mehrerer Personen genutzt wird,
- denkpsychologische Blockaden ausgeschaltet werden,
- die Lösungsvielfalt erweitert wird, da restriktive Äußerungen ausgegrenzt werden,
- das Kommunikationsverhalten der Beteiligten gestrafft und „demokratisiert" wird sowie
- unnötige Diskussionen vermieden werden.

Das Brainstorming versucht durch eine ungezwungene Atmosphäre, die Kreativität der am Suchprozess beteiligten Personen zu fördern. Im Falle der Risikoidentifikation ist die richtige Auswahl der Teilnehmer für den Erfolg entscheidend. Die „ideale" Brainstorming-Gruppe umfasst zwischen fünf und sieben Teilnehmern. Bei kleineren Gruppen ist oft das assoziative Potenzial für einen ausreichenden Ideenfluss zu gering. Ist die Gruppe größer, muss mit kommunikativen Störungen gerechnet werden. Es ist vorteilhaft, Gruppen im Hinblick auf das heterogene Spektrum der Risikokategorien interdisziplinär zu besetzen bzw. eine Mischung aus Fachleuten und Laien anzustreben.

Der Brainstorming-Begründer Alex Faickney Osborn stellte bereits Anfang des 20. Jahrhunderts fest, dass Arbeitstreffen die Kreativität der Mitarbeiter eher bremsen als fördern. Vor diesem Hintergrund entwickelte er basierend auf vier Regeln ein Verfahren, das den Mitarbeitern die Freiheit für neue Ideen schaffen sollte. In den kürzeren deutschen Übersetzungen lauten diese Regeln:

- Übe keine Kritik!
- Je mehr Ideen, desto besser!
- Ergänze und verbessere bereits vorhandene Ideen!
- Je ungewöhnlicher die Idee, desto besser!

[35] Der US-amerikanische Autor Alex Faickney Osborn (∗ 24. Mai 1888 in New York, † 4. Mai 1966) benannte die Methode nach dem Bild „using the brain to storm a problem" (Das Gehirn verwenden zum Sturm auf ein Problem).

Beim *Brainwriting* (auch als Methode 635 in einer speziellen Ausgestaltung bekannt) steht ebenfalls die freie Gedankenäußerung einer Gruppe von Personen im Mittelpunkt. Bei dieser Technik schreibt jeder Teilnehmer vier Ideen auf ein Blatt Papier, welches er danach in der Mitte des Tisches ablegt. Sollten einmal einem Teilnehmer die Ideen ausgehen, so hat er die Möglichkeit, seine Gedanken gegen Entwürfe aus der Mitte auszutauschen. Gegen Ende sollte jeder Teilnehmer mindestens einmal sein eigenes Papier gegen eines aus der Mitte getauscht haben. Durch die Anregungen aus der Mitte, d. h. die kreativen Ideen von anderen, ergeben sich neue Anregungen oder Kombinationsmöglichkeiten. So hat jeder Teilnehmer die Möglichkeit, seine eigenen Ideen durch die Ressourcen der anderen Teilnehmer zu erweitern. Brainwriting wird überall dort eingesetzt, wo es um Ideenentwicklung in Gruppen geht (beispielsweise Risiko-Management, Journalismus, Kreatives Schreiben). Die Methode des Brainwriting kann helfen, bestimmte Risikokategorien einmal aus einer anderen Perspektive zu betrachten oder auch neue Risiken zu identifizieren. Analog zum Brainstorming ist auch beim Brainwriting die interdisziplinäre bzw. heterogene Zusammensetzung der Teilnehmer von zentraler Bedeutung für den Erfolg.

Das *Morphologische Verfahren* zählt zu den kreativen analytischen Methoden, um komplexe Problembereiche vollständig zu erfassen und zu analysieren. Ziel ist es, bestimmte Ordnungen und Strukturen aufzuzeigen, mit dem Ziel, ein klares Bezugssystem herzustellen. Die morphologische Methode beschreibt die wichtigsten Parameter eines Produktes, einer Tätigkeit oder einer Leistung und ordnet sie in einem Koordinatensystem an, um die Beziehungen der einzelnen Variablen systematisch untersuchen zu können. Diese Beziehungen werden in einem „Morphologischen Kasten", einem zweiachsigen Ideen-Modell abgebildet. Für die Risikoerkennung ist dieses Verfahren insofern von Interesse, da durch die Analyse des Bezugssystems zwischen den Einzelrisiken eventuell neue Risiken mit anderen Risikopotenzialen erkannt werden.

Die Grundfunktion der *Synektik* ist das Zusammenfügen scheinbar nicht zusammenhängender und irrelevanter Elemente bzw. Tatbestände.[36] Sie überträgt problemfremde Strukturen bzw. kombiniert sachlich unzusammenhängende Wissenselemente. Als wesentliches Prinzip gilt „Mache dir das Fremde vertraut und entfremde das Vertraute." Hiermit wird einerseits eine gründliche Problemanalyse angesprochen, andererseits die Verfremdung der ursprünglichen Problemstellung durch Bildung von Analogien erreicht. Die grundlegende Heuristik (altgr. Heuriskein: (auf-)finden, entdecken, Lehre von Verfahren, um Probleme zu lösen) der Ideengenerierung mit Synektik ist die der Übertragung problemfremder Strukturen bzw. die Kombination sachlich nicht zusammenhängender Wissenselemente. Ziel ist es, durch Reorganisation von unterschiedlichem Wissen neue Muster zu generieren. Aus diesem Vorgang leitet sich auch der Name der Methode ab: „synechein" (griech.) = etwas miteinander in Verbindung bringen; verknüpfen. Durch einen sachlichen Abstand von bekannten Ursache-Wirkungs-Ketten oder Risikokategorien

[36] Diese Methode wurde von William Gordon entwickelt und zum ersten Mal in seinem Buch „Synectics: The development of creative capacity" im Jahre 1961 vorgestellt.

führt die Synektik zu einer neuen Perspektive und zu einem „Blick über den Tellerrand". Das Verfahren ist mit einem großen Aufwand verbunden und stellt hohe Anforderungen an den Moderator. Die Rekombination sachlich nicht homogenen Wissens zählt zu den Wesenszügen des kreativen Prozesses. Diese Rekombination soll provoziert werden, indem die Synektik den Kreativen vom Problem weg in völlig andere Sachbereiche führt. Sie fordert dazu auf, Wissen aus diesen Sachbereichen mit dem Ausgangsproblem zu verknüpfen und daraus kreative Lösungsalternativen abzuleiten.

Ausgangslage für die *Delphi-Methode* (auch Delphi-Studie oder Delphi-Befragung genannt) ist ein Fragebogen oder Thesenpapier, der alle zu beantwortenden Fragen der zu lösenden Aufgabe enthält. In mehreren, aufeinander aufbauenden Runden werden Expertenbefragungen durchgeführt (in aller Regel zwei bis vier Iterationen mit den Prozessschritten Befragung, Datenanalyse, Feedback, Diskussion und Entscheidung). Der Meinungsbildungsprozess enthält die Elemente: Generation, Korrektur bzw. teilweise Anpassung oder Verfeinerung, Mittelwertbildung bzw. Grenzwertbildung, oft auch offene Felder für Erläuterungen. Störende Einflüsse werden durch die Anonymisierung, den Zwang zur Schriftform und der Individualisierung eliminiert. Die Strategie der Delphi-Methode besteht aus: Konzentration auf das Wesentliche, mehrstufiger, teilweise rückgekoppelter Editierprozess, sicherere, umfassendere Aussagen durch Zulassen statistischer fuzzyartiger Ergebnisse.

Die Gruppengröße bei Delphi-Befragungen ist praktisch unbeschränkt, bewegt sich aber üblicherweise bei 50 bis 100 Personen. In der ersten Befragungsrunde geben die teilnehmenden Experten unbeeinflusst, individuell und intuitiv ihre Prognose bzw. ihren Lösungsvorschlag ab. Diese werden ausgewertet. Statistische Daten und Begründungen für die Prognosewerte werden in einem Zwischenbericht zusammengestellt. Der Zwischenbericht wird den Teilnehmern wieder zur Verfügung gestellt. Auf der Basis dieser Informationen werden sie dann gebeten, ihre Prognosen zu überprüfen, die abgefragten Sachverhalte evtl. neu einzuschätzen oder neue Ideen, Vorschläge, Ergänzungen und Erweiterungen zu entwickeln. Extreme Abweichungen vom „Durchschnitt" sollten dabei begründet werden. Die Ergebnisse dieser Runde werden wiederum ausgewertet und an die Teilnehmer kommuniziert. Die Iteration der Befragung wird so lange wiederholt, bis sich die Teilnehmer auf eine möglichst zufriedenstellende Lösung oder Prognose geeinigt haben oder sich kaum mehr Abweichungen zur vorherigen Runde ergeben. Ein häufiges Problem bei der Delphi-Methode ist, dass die Experten ihre einmal geäußerte Meinung in den folgenden Runden trotz Anonymität nicht ändern, so dass der Zusatznutzen weiterer Runden oft klein ist.

Das systematische Vorgehen bei der Risikosuche erhöht die Wahrscheinlichkeit, sämtliche Risiken zu erfassen und eine vollständige Risikoerkennung zu erreichen. Jedoch kann keine der vorgestellten Methoden der Risikoerkennung für eine vollständige Erfassung aller Risiken bürgen. Ebenfalls wurde bisher auch kein Verfahren gefunden, das einen Nachweis über die vollständige Erfassung sämtlicher Risiken liefert. Eine sinnvolle Möglichkeit, die Chance auf eine vollständige Erfassung zu erhöhen, besteht darin, parallel verschiedene Methoden der Risikoerkennung zu verwenden. Außerdem sollte sämtlichen Risiken, auch nur bei einem Verdacht, nachgegangen und die persönliche Einschätzung über die Wichtigkeit der Risiken vorerst unterlassen werden.

Die *(deterministische) Szenarioanalyse* ist im betriebswirtschaftlichen Kontext und im Risiko-Management eine weit verbreitete Methode, die insbesondere im Bereich Strategie/Unternehmensentwicklung als Instrument der Entscheidungsvorbereitung und -unterstützung etabliert ist. Statt Szenarioanalyse wird auch der Begriff Szenariomanagement verwendet.[37] Sie wird vorrangig bei zukunftsorientierten Fragestellungen eingesetzt, kann aber auch bei der Auswahl einer Alternative bei einer unmittelbar anstehenden Entscheidung wirkungsvoll unterstützen. Szenarios werden häufig in Form eines Szenariotrichters dargestellt. Die Trichterform basiert darauf, dass die Unsicherheit zunimmt, je weiter potenzielle Szenarien in der Zukunft liegen. Die Grundidee ist, einen alternativen Zustand zu beschreiben und anhand dieser Beschreibung Konsequenzen auf eine zu untersuchende Fragestellung abzuleiten. In aller Regel werden die so erhaltenen Kenntnisse verwendet, um darauf aufbauend zu konkreten Handlungsempfehlungen zu gelangen.[38]

Die Bewertung und Aggregation von Risiken basierend auf einer *stochastischen Szenarioanalyse* (methodisch basiert die Methode auf einer Monte-Carlo-Simulation) basiert auf der Idee, die Eingangsparameter einer Simulation als Zufallsgrößen zu betrachten. So können analytisch nicht oder nur aufwendig lösbare Probleme mit Hilfe der Wahrscheinlichkeitstheorie (die Teil der Stochastik ist, die Wahrscheinlichkeitstheorie und Statistik zusammenfasst) numerisch gelöst werden. Generell lassen sich zwei Problemgruppen unterscheiden, bei denen die Stochastische Szenarioanalyse angewendet werden kann. Mit ihrer Hilfe können einerseits Problemstellungen deterministischer Natur, die eine eindeutige Lösung besitzen, bearbeitet werden. Auf der anderen Seite sind aber auch Fragen, die sich der Gruppe stochastischer Problemstellungen zuordnen lassen, für eine stochastische Simulation ein geeignetes Anwendungsfeld. Die Basis für die Simulation bildet eine sehr große Zahl gleichartiger Zufallsexperimente.

Aus einer betriebswirtschaftlichen Sicht können alle Fragen untersucht werden (vgl. Abb. 2.15), die

- entweder aufgrund der Vielzahl ihrer Einflussgrößen nicht mehr exakt analysiert werden (können) und bei denen daher auf eine Stichprobe für die Analyse zurückgegriffen wird;
- oder bei denen die Eingangsparameter Zufallsgrößen sind (Auch die Optimierung von Prozessen oder Entscheidungen bei nicht exakt bekannten Parametern gehören zu dieser Gruppe).

Die Anwendung der Stochastischen Szenarioanalyse ist breit gefächert und reicht unter anderem von der Stabilitätsanalyse von Algorithmen und Systemen, der Aggregation von

[37] Vgl. Romeike und Spitzner (2013).

[38] Das Kap. 4 liefert eine Einführung in die deterministische Szenarioanalyse.

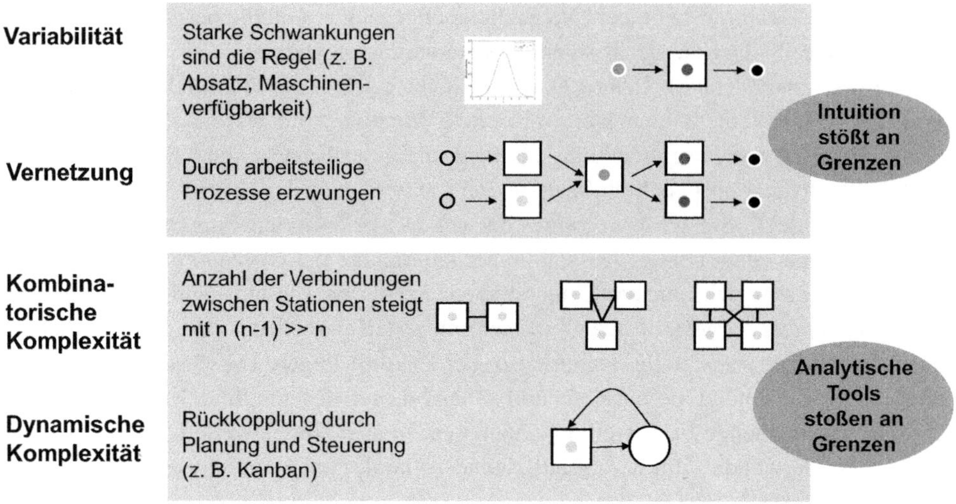

Abb. 2.15 Gründe für den Einsatz quantitativer Methoden. (Quelle: RiskNET GmbH)

Einzelrisiken eines Unternehmens zu einem unternehmerischen Gesamtrisiko (vgl. hierzu das nächste Kapitel sowie die Ausführungen zu Risiken im Finanzbereich), der Vorhersage von Entwicklungen, die selbst durch zufällige Ereignisse beeinflusst werden (stochastische Prozesse), der Optimierung von Entscheidungen, die auf unsicheren Annahmen beruhen bis zur Modellierung komplexer Prozesse (Wetter/Klima, Produktionsprozesse, Supply-Chain-Prozesse, Rekonstruktionsverfahren in der Nuklearmedizin) oder der Schätzung von Verteilungsparametern.

2.8 Qualitative und quantitative Bewertung von Risiken in der Praxis

In der Unternehmenspraxis erfolgt häufig eine Quantifizierung der Risiken mit Hilfe qualitativer Metriken. In Tab. 2.6 ist exemplarisch eine Tabelle mit einer qualitativen Bewertungslogik wiedergegeben.

In der Unternehmenspraxis beschränkten sich viele Unternehmen auf ein einfaches System, in dem die Eintrittswahrscheinlichkeit und das Schadensausmaß mit Hilfe weniger Stufen – in der Regel basierend auf einer Experteneinschätzung – klassifiziert wird (vgl. Tab. 2.6 und 2.7).

Die Ersteinschätzung der Relevanz geschieht in der Praxis durch „Experten“, die sich dabei vor allem am realistischen Höchstschaden orientieren. Sie unterteilen die Risiken beispielsweise in fünf Relevanzklassen von *„unbedeutendes Risiko“* bis *„bestandsgefährdendes Risiko“*. Tab. 2.8 zeigt exemplarisch verschiedene Relevanzklassen.

Tab. 2.6 Exemplarisches Beispiel für Klassifizierung der Eintrittswahrscheinlichkeit bzw. -häufigkeit

Eintrittswahrscheinlichkeit bzw. Häufigkeit in Jahren:	
1 = Hohe Eintrittswahrscheinlichkeit (häufig)	Eintritt innerhalb eines Jahres ist zu erwarten; bzw. Eintritt empirisch in den vergangenen 3 Jahren
2 = Mittlere Eintrittswahrscheinlichkeit (möglich)	Eintritt innerhalb von 3 Jahren ist zu erwarten; bzw. Eintritt empirisch in den vergangenen 8 Jahren
3 = Niedrige Eintrittswahrscheinlichkeit (selten)	Eintritt innerhalb von 8 Jahren ist zu erwarten; bzw. Eintritt empirisch in den vergangenen 15 Jahren
4 = Unwahrscheinlich	Risiko ist bisher, auch bei vergleichbaren Unternehmen, noch nicht eingetreten. Risiko kann aber auch nicht ausgeschlossen werden

Tab. 2.7 Exemplarisches Beispiel für Klassifizierung des Schadenausmaßes

Schadensausmaß:	
1 = Katastrophenrisiko	Die Existenz des Unternehmens wird gefährdet
2 = Großrisiko	Der Eintritt des Risikos zwingt zur kurzfristigen Änderung der Unternehmensziele
3 = Mittleres Risiko	Der Eintritt des Risikos zwingt zu mittelfristigen Änderungen der Unternehmensziele
4 = Kleinrisiko	Der Eintritt des Risikos zwingt zur Änderung von Mitteln und Wegen
5 = Bagatellrisiko	Der Eintritt des Risikos hat keine Auswirkungen auf den Unternehmenswert

Tab. 2.8 Exemplarische Relevanzklassen des Risikos

Relevanzskala		
Relevanz-klasse	Wirkung auf Risikotragfähigkeit	Erläuterungen
1	Unbedeutendes Risiko	Unbedeutende Risiken, die weder Jahresüberschuss noch Unternehmenswert spürbar beeinflussen
2	Mittleres Risiko	Mittlere Risiken, die eine spürbare Beeinträchtigung des Jahresüberschusses bewirken.
3	Bedeutendes Risiko	Bedeutende Risiken, die den Jahresüberschuss stark beeinflussen oder zu einer spürbaren Reduzierung des Unternehmenswertes führen.
4	Schwerwiegendes Risiko	Schwerwiegende Risiken, die zu einem Jahresfehlbetrag führen und den Unternehmenswert erheblich reduzieren.
5	Bestandsgefährdendes Risiko	Bestandsgefährdende Risiken, die mit einer wesentlichen Wahrscheinlichkeit den Forbestand des Unternehmens gefährden.

Relevanz wird dabei als die *Gesamtbedeutung* des Risikos für das Unternehmen verstanden. Sie gilt als weiteres Risikomaß und ist von folgenden Parametern abhängig:

- Mittlere Ertragsbelastung (Erwartungswert),
- Realistischer Höchstschaden,
- Wirkungsdauer.

Ein weiterer Vorteil der Relevanzeinschätzung besteht darin, dass sie die Information über die Schwere eines Risikos in einfacher Form beschreibt und so die Kommunikation relevanter Risikoinformationen erleichtert.

Als Bewertungsmethodik bietet sich entweder ein „Top-down"- oder ein „Bottom-up"-Ansatz an. Erfolgt die Bewertung nach einer Top-down-Methode, so stehen für das Unternehmen die bekannten Folgen der Risiken im Vordergrund. Hierbei werden Daten der Gewinn- und Verlustrechnung wie etwa Erträge, Kosten oder das Betriebsergebnis im Hinblick auf deren Volatilitäten hin untersucht. Der Top-down-Ansatz bietet den Vorteil einer relativ schnellen Erfassung der Hauptrisiken aus strategischer Sicht. Diese „Makroperspektive" kann jedoch auch dazu führen, dass bestimmte Risiken nicht erfasst werden oder Korrelationen zwischen Einzelrisiken nicht korrekt bewertet werden.

Demgegenüber stehen beim Bottom-up-Ansatz die Ursachen der verschiedenen Risikokategorien im Fokus. Es wird versucht, die möglichen Folgen eines Risikoeintritts für das Unternehmen herzuleiten und zu bewerten. Hierbei sind eine eingehende Analyse der Prozesse sowie deren Abhängigkeiten erforderlich. Die Bottom-up-Ansätze bieten den Vorteil, dass sämtliche Geschäftsbereiche und Prozesse erfasst und analysiert werden können. Allerdings ist der Bottom-up-Ansatz auch um ein Vielfaches aufwendiger. In der Praxis bietet sich eine Kombination beider Methoden an.

Neben einer qualitativen Bewertung bietet sich aus verschiedenen Gründen (siehe Abb. 2.15) eine quantitative Bewertung an. Insgesamt bietet der Werkzeugkasten des Risikomanagers eine große Vielfalt an Methoden und Analysemethoden (vgl. Tab. 2.4). Die Auswahl der Werkzeuge und Methode wird primär von den verfügbaren Daten der einzelnen Risiken determiniert. Bei quantifizierbaren Risiken (entweder basierend auf empirischen Daten oder auch einer Expertenschätzung) können die potenziellen Verluste in drei Bereiche aufgeteilt werden: Erwartete Verluste, statistische Verluste und Stressverluste.

Der erwartete Verlust (im Bereich der Finanzdienstleister auch als „Expected Loss" oder Standardrisikokosten bezeichnet)[39] spiegelt die mit einer Geschäftstätigkeit zusammenhängenden, durchschnittlichen inhärenten Verluste wider (vgl. linker Bereich in

[39] Aus PD (Ausfallwahrscheinlichkeit = Wahrscheinlichkeit, dass der Schuldner ausfällt), EaD (erwartete Höhe der Forderung zum Zeitpunkt des Ausfalls) und LGD (Verlustquote bei Ausfall) lässt sich der erwartete Verlust (EL = Expected Loss) berechnen. EL ist strenggenommen kein Risikomaß, da er den Erwartungswert des zukünftigen Verlustes aus Kreditausfällen wiedergibt und damit keine Information über die Unsicherheit bezüglich des zukünftigen Verlustes (unerwarteter Verlust bzw. „Unexpected Loss" enthält. Ein Maß für die Unsicherheit ist demgegenüber der Value at Risk.

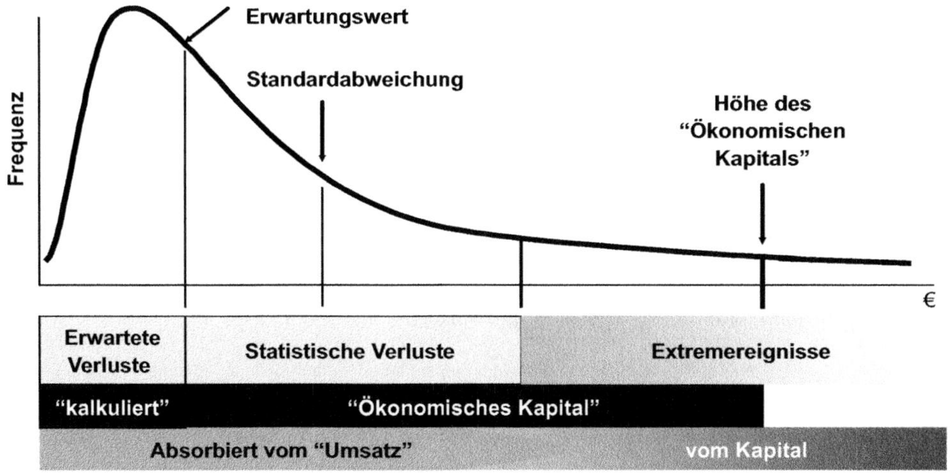

Abb. 2.16 Erwartete Verluste, statistische Verluste und Extremereignisse

Abb. 2.16). Diese sind in den Budgets oder in der Planung abgebildet und werden – sofern es die Rechnungslegungsstandards zulassen – direkt von den Erträgen abgezogen.

Der statistische Verlust (unerwartete Verlust bzw. „unexpected loss") ist die geschätzte Abweichung des effektiven Verlusts vom erwarteten Verlust über einen bestimmten Zeithorizont und unter Annahme eines vorgegebenen Konfidenzintervalls (auch Vertrauensbereich oder Mutungsintervall genannt).

In der Regel ist aufgrund der begrenzten Datenbasis eine Modellierung nicht basierend auf empirischen Verteilungsfunktionen möglich. Vielmehr bedient man sich in der Praxis theoretischer Verteilungsfunktionen (vgl. mittlerer Bereich in Abb. 2.16).

In den Tab. 2.9 und 2.10 sind die wichtigsten diskreten und stetigen Verteilungsfunktionen zusammengefasst.[40] In den Tabellen wird die Verteilungsfunktion als $F(x) = P(\{X < x\})$ definiert.

Der Stressverlust ist der Verlust, der durch extreme Ereignisse (high-severity/low-frequency-Risiken) ausgelöst werden kann. Da in der Praxis für derartige Extremereignisse in aller Regel nicht genügend historische Risiko- oder Schadensdaten vorhanden sind (siehe Abb. 2.16), muss man entweder mit theoretischen Zufallsverteilungen (etwa der Poissonverteilung zur Beschreibung der Häufigkeit und der Gammaverteilung zur Beschreibung der Schadenauswirkung) arbeiten oder mit Hilfe von Stresstests potenzielle Stressszenarien analysieren. Bei potenziell katastrophalen Ereignissen, die zwar selten eintreten, dafür aber fatale Schadenssummen produzieren, greift man in der Praxis auch auf die *Extremwert-Theorie* („Extreme Value Theorie", EVT) bzw. die *Peaks-over-Threshold-Methode (PoT)* zurück.[41]

[40] Zur Vertiefung vgl. Hatzinger et al. (2011), Fisz (1989), Poddig et al. (2008), Sachs (1992) sowie Bleymüller et al. (2008).

[41] Vgl. zur Vertiefung Gumbel (1958) sowie Embrechts et al. (1997).

Tab. 2.9 Diskrete Verteilungen

Verteilung	*Verteilung von X*	*Verteilungsfunktion* $F(x) = P(\{X < x\})$	*Wahrscheinlichkeitsfunktion* $f(x) = P(\{X = x\})$
Binomial-verteilung	$B_{n,p}$	$\sum_{i=0}^{x-1} \binom{n}{i} p^i (1-p)^{n-i}$	$\binom{n}{i} p^i (1-p)^{n-i}$
Negative Binomial-verteilung	$NB_{n,p}$	$\sum_{i=n}^{x-1} \binom{i-1}{n-1} p^n (1-p)^{i-n}$	$\binom{i-1}{n-1} p^n (1-p)^{i-n}$
Geome-trische Verteilung (Var. B)	G_p	$\sum_{i=0}^{x-1} p(1-p)^i =$ $1-(1-p)^{[x]}$	$p(1-p)^i$
Hypergeo-metrische Verteilung	$H_{M,N,n}$	$\sum_{i=\max(0,n-N)}^{x-1} \frac{\binom{M}{i}\binom{N}{n-i}}{\binom{M+N}{n}}$	$\frac{\binom{M}{i}\binom{N}{n-i}}{\binom{M+N}{n}}$
Poisson-Verteilung	P_α	$\sum_{i=0}^{x-1} e^{-\alpha} \frac{\alpha^i}{i!}$	$e^{-\alpha} \frac{\alpha^i}{i!}$
Diskrete Gleichver-teilung	DL_n	$\frac{\lvert\{i : x_i < x\}\rvert}{n}$	$\begin{cases} \frac{1}{n} & \text{für } x = x_i\ (i = 1,\ldots,n) \\ 0 & \text{sonst} \end{cases}$

Mit ihrer Hilfe wurde beispielsweise die Höhe der Deiche berechnet, die Holland vor Überschwemmungen schützen. Für die Fluthöhen oberhalb von drei Metern setzte man eine verallgemeinerte Pareto-Verteilung an. Deren Parameter bestimmte man jedoch nicht nur aus den Daten der seltenen Katastrophenereignisse (vier Meter im Jahre 1570 als höchste Flut aller Zeiten; 3,85 Meter im Jahr 1953), sondern aus den empirischen Daten „normaler“ Zeiten. Daraus ergab sich, dass ein Deich von 5,14 Metern Höhe eine Katastrophe mit großer Sicherheit verhindert, da mit einer solchen Flut nur einmal in 10.000 Jahren zu rechnen ist.

Der Ansatz Extremwerttheorie basiert auf der Tatsache, dass für das Maximum (und das Minimum) einer Stichprobe (unabhängig von der zugrunde liegenden Verteilung) im Wesentlichen nur drei Grenzverteilungen möglich sind.

Formal bedeutet dies:

Es sei $f(x) = P(M_n < x)$ die Verteilungsfunktion des Maximums von n Zufallsvariablen.

$$P\left(V_t - V_0 \leq VaR_\alpha(t)\right) = \alpha.$$

Tab. 2.10 Stetige Verteilungen

Verteilung	*Verteilung von X*	*Verteilungsfunktion* $F(x) = P(\{X < x\})$	*Dichtefunktion*
Gleich-verteilung	$L_{a,b}$	$\begin{cases} 0 & \text{wenn } x \le a \\ \frac{x-a}{b-a} & \text{wenn } a < x \le b \\ 1 & \text{wenn } x > b \end{cases}$	$\begin{cases} \frac{1}{b-a} & \text{wenn } a < x \le b \\ 0 & \text{sonst} \end{cases}$
Expo-nential-verteilung	E_α	$\begin{cases} 0 & \text{wenn } x \le 0 \\ 1-e^{-\alpha x} & \text{wenn } x > 0 \end{cases}$	$\begin{cases} 0 & \text{wenn } x \le 0 \\ \alpha e^{-\alpha x} & \text{wenn } x > 0 \end{cases}$
Erlang-Verteilung	$E_{\alpha,n}$	$\begin{cases} 0 & \text{wenn } x \le 0 \\ 1-e^{-\alpha x}\left[1+\frac{(\alpha x)}{1!}+\frac{(\alpha x)^2}{2!}+\ldots+\frac{(\alpha x)^{n-1}}{(n-1)!}\right] & \text{wenn } x > 0 \end{cases}$	$\begin{cases} 0 & \text{wenn } x \le 0 \\ \frac{\alpha^n}{(n-1)!}x^{n-1}e^{-\alpha x} & \text{wenn } x < 0 \end{cases}$
Normal-verteilung	N_{μ,σ^2}	$\frac{1}{\sigma \cdot \sqrt{2\pi}} \cdot \int_{-\infty}^{x} e^{-\frac{1}{2}\left(\frac{t-\mu}{\sigma}\right)^2} dt$	$\frac{1}{\sigma \cdot \sqrt{2\pi}} \cdot e^{-\frac{1}{2}\left(\frac{x-\mu}{\sigma}\right)^2}$
Logarithmische Normal-verteilung	LN_{μ,σ^2}	$\begin{cases} 0 & \text{wenn } x \le 0 \\ \frac{1}{\sigma \cdot \sqrt{2\pi}} \int_0^x \frac{1}{t} e^{-\frac{1}{2}\left(\frac{\ln t-\mu}{\sigma}\right)^2} dt & \text{wenn } x > 0 \end{cases}$	$\begin{cases} 0 & \text{wenn } x \le 0 \\ \frac{1}{\sigma \cdot \sqrt{2\pi}} \frac{1}{x} e^{-\frac{1}{2}\left(\frac{\ln x-\mu}{\sigma}\right)^2} & \text{wenn } x > 0 \end{cases}$
Weibull- Verteilung	$W_{\mu,\sigma,\lambda}$	$\begin{cases} 0 & \text{wenn } x \le \mu \\ 1-e^{-\left(\frac{x-\mu}{\sigma}\right)^\lambda} & \text{wenn } x > \mu \end{cases}$	

(Fortsetzung)

Tab. 2.10 (Fortsetzung)

Verteilung	*Verteilung von X*	*Verteilungsfunktion* $F(x) = P(\{X < x\})$	*Dichtefunktion*
Chi-Quadrat Verteilung	C_k	$\frac{1}{2\Gamma\left(\frac{k}{2}\right)} \cdot \int_0^x e^{-\frac{1}{2}} \cdot \left(\frac{t}{2}\right)^{\frac{k}{2}-1} dt = 1 - \frac{\Gamma\left(\frac{k}{2}, \frac{x}{2}\right)}{\Gamma\left(\frac{k}{2}\right)}$	$\frac{e^{-\frac{x}{2}} \cdot \left(\frac{x}{2}\right)^{\frac{k}{2}-1}}{2\Gamma\left(\frac{k}{2}\right)}$ *wenn* $0 < x < \infty$
Student t-Verteilung	T_k	$\frac{\Gamma\left(\frac{k+1}{2}\right)}{\Gamma\left(\frac{k}{2}\right)\sqrt{k\pi}} \cdot \int_{-\infty}^x \left(1 + \frac{t^2}{k}\right)^{\left(-\frac{k+1}{2}\right)} dt$	$\frac{\Gamma\left(\frac{k+1}{2}\right)}{\Gamma\left(\frac{k}{2}\right)\sqrt{k\pi}} \cdot \left(1 + \frac{x^2}{k}\right)^{\left(-\frac{k+1}{2}\right)}$
Fisher-Verteilung	$F_{m,n}$	$\begin{cases} 0 \\ \frac{\Gamma\left(\frac{m+n}{2}\right)\left(\frac{m}{n}\right)^{\frac{m}{2}}}{\Gamma\left(\frac{m}{2}\right)\Gamma\left(\frac{n}{2}\right)} \cdot \int_0^x t^{\left(\frac{m}{2}-1\right)} \cdot \left(1 + \frac{m}{n} \cdot t\right)^{\left(-\frac{m+n}{2}\right)} dt \end{cases}$ *wenn* $x \leq 0$ *wenn* $x > 0$	$\begin{cases} 0 \\ \frac{\Gamma\left(\frac{m+n}{2}\right)\left(\frac{m}{n}\right)^{\frac{m}{2}}}{\Gamma\left(\frac{m}{2}\right)\Gamma\left(\frac{n}{2}\right)} \cdot x^{\left(\frac{m}{2}-1\right)} \cdot \left(1 + \frac{m}{n} \cdot x\right)^{\left(-\frac{m+n}{2}\right)} \end{cases}$ *wenn* $x \leq 0$ *wenn* $x > 0$
Gamma-verteilung	$G_{b,p}$	$\begin{cases} 0 & \textit{wenn } x \leq 0 \\ \frac{b^p}{\Gamma(p)} \cdot \int_0^x t^{p-1} e^{-bt} dt & \textit{wenn } x > 0 \end{cases}$	$\begin{cases} 0 & \textit{wenn } x \leq 0 \\ \frac{b^p}{\Gamma(p)} x^{p-1} e^{-bx} & \textit{wenn } x > 0 \end{cases}$

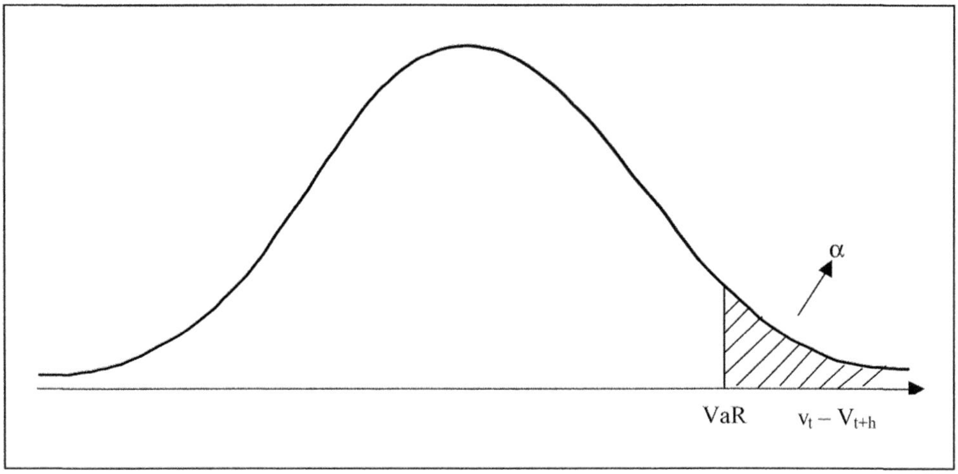

Abb. 2.17 Dichtefunktion und Value at Risk bei normalverteilten Risikowerten

Dies ist äquivalent zu

$$P\left(V_0 - V_t < VaR_\alpha\left(t\right)\right) = 1 - \alpha.$$

Mit anderen Worten: Ein Unternehmen muss freie Mittel der Höhe $VaR_\alpha(t)$ besitzen, um einen Verlust der Höhe $100 \times (1 - \alpha)$ % ausgleichen zu können.

Der Value at Risk ist insbesondere im Bereich der Finanzindustrie ein beliebtes Risikomaß, da er einfach und anschaulich zu erklären ist (vgl. Abb. 2.17). Jedoch sind mit dem Value at Risk auch einige Nachteile verbunden:

- Der VaR ist kein kohärentes Risikomaß.[42]
- Die Gesamtschadenverteilung wird bei der Berechnung des Value at Risk nicht berücksichtigt. Insbesondere werden potenzielle Extremereignisse bei Verteilungen mit „heavy tails“ nicht adäquat berücksichtigt.

Insbesondere auch die Verwendung historischer Daten als Grundlage für die Abschätzung zukünftiger Ereignisse kann dazu führen, dass nicht alle potenziellen Ereignisse erfasst werden, insbesondere solche, die ihrer Natur nach extrem sind („heavy tails“ bzw. „long tails“). In empirischen Analysen konnte nachgewiesen werden, dass die Annahme, dass Änderungen in den Risikofaktoren einer Normalverteilung oder logarithmischen Normalverteilung folgen, sich in der wirtschaftlichen Realität als nicht zutreffend erwies und zu einer Unterschätzung der Wahrscheinlichkeit von extremen Risikoveränderungen geführt hat. So konnte in Studien nachgewiesen werden, dass nach dem Gauß'schen Modell ein

[42] Vgl. zur Vertiefung Artzner et al. (1999, S. 203–228).

Börsencrash – wie etwa im Oktober 1987 – nur einmal in 10^{87} Jahren eintreten dürfte. Die empirische Beobachtung hat jedoch gezeigt, dass derartige Crashs etwa alle 38 Jahre eintreten.[43] Ein Blick auf den Verlauf des Dow-Jones-Index der letzten 80 Jahre zeigt, dass etwa alle vier Monate ein Tagesverlust von über drei Prozent auftritt. Bei Gaußschen Modellen wären derartige Verluste aber nur alle 13 Monate zu erwarten. Ein Kurseinbruch von sechs Prozent und mehr an einem Tag fand durchschnittlich alle drei Jahre statt – und eben nicht nur alle 175.000 Jahre, wie es gemäß der Glockenkurve der Fall sein sollte. Und Verluste von über 9 Prozent traten einmal in einem Zeitraum von 17 Jahren ein – und eben nicht in einem Zeitraum, der ungefähr 25.000 Mal größer ist als das Alter unseres Universums.

In diesem Kontext ist insbesondere darauf hinzuweisen, dass der VaR nicht den maximalen Verlust eines Portfolios angibt, sondern den Verlust, der mit einer vorgegebenen Wahrscheinlichkeit (Konfidenzniveau) nicht überschritten wird, durchaus aber überschritten werden kann.[44] Insbesondere ist bei einem exakten VaR-Modell beispielsweise bei einem Konfidenzniveau von 99 % gerade an 1 von 100 Tagen ein größerer Verlust als der durch den VaR prognostizierte Verlust „erwünscht", da nur dann der VaR ein guter Schätzer ist; andernfalls überschätzt der VaR das Risiko, wenn in weniger als 1 von 100 Fällen der tatsächliche Verlust größer ist als der durch den VaR prognostizierte Verlust, bzw. unterschätzt der VaR das Risiko, wenn in mehr als 1 von 100 Fällen der tatsächliche Verlust größer ist als der durch den VaR prognostizierte Verlust.

Der *Expected Shortfall* gibt den erwarteten durchschnittlichen Verlust an, der mindestens so groß ist wie der Value at Risk. Dabei entsprechen die Bezeichnungen denen des VaR für das Intervall $[0, t]$ zum Konfidenzniveau α.

$$ES_{\alpha}(t) = E\left(V_0 - V_t \mid V_0 - V_t \geq VaR_{\alpha}(t)\right)$$

Der Expected Shortfall ist im Vergleich zum Value at Risk das „sinnvollere" Risikomaß. Zum einen unterschätzt der Value at Risk die möglichen Verluste, da er den Wert des geringsten Verlusts angibt. Der Expected Shortfall gibt hingegen den durchschnittlichen Verlust der schlechtesten Fälle an. Zum anderen ist der Expected Shortfall subadditiv.

Das bedeutet, das der ES beim Addieren zweier Risiken $X + Y$ nicht größer wird:

$$ES_{a}^{X+Y}(t) \leq ES_{a}^{X}(t) + ES_{a}^{Y}(t)$$

Nachfolgend sind einige Vorteile des Expected Shortfall zusammengefasst:

- Der Expected Shortfall berücksichtigt nicht nur die Höhe des Verlustes, ab welchem der Insolvenzfall eintritt, sondern auch, in welcher dieser Verlust zu erwarten ist, da im Gegensatz zum Value at Risk nicht nur die Eintrittswahrscheinlichkeit berücksichtigt wird,

---

[43] Vgl. Romeike und Heinicke (2008, S. 32–33).

[44] Nicht selten wird der Value at Risk in der Literatur als maximaler Verlust interpretiert. Dies ist unzutreffend.

- Zum anderen ist der Expected Shortfall subadditiv und somit im Gegensatz zum Value at Risk kohährent.
- Die Ruinwahrscheinlichkeit wird durch Verwendung des Expected Shortfall gegenüber dem Value at Risk gesenkt.

Allerdings ist in diesem Kontext zu berücksichtigen, dass der Expected Shortfall komplexer zu berechnen ist ist als der VaR. Es muss zuerst der Value at Risk bestimmt werden, bevor der Expected Shortfall bestimmt werden kann, was aber umgangen werden kann, wenn man den Expected Shortfall als Lösung eines Optimierungsproblems auffasst. Außerdem können die Unterschiede zwischen Value at Risk und Expected Shortfall sehr extrem werden, wo der Expected Shortfall ein Vielfaches des Value at Risk sein kann. Doch auch beim Expected Shortfall ist zur berücksichtigen, dass auch er nicht komplett vor dem Insolvenzrisiko schützt. Insbesondere unterliegen die Verteilungsenden bei der Modellierung häufig größeren Fehlern, da extreme Risiken seltener auftreten und es somit schwerer ist, diese genau zu bestimmen. Der Expected Shortfall basiert aber auf genau diesen Verteilungsenden und ist somit sehr sensibel gegenüber kleinen Änderungen an diesen Stellen.

In der Praxis wird grundsätzlich zwischen zwei Methoden zur Ermittlung des Value at Risk unterschieden:

- Der analytische Ansatz (etwa die Delta-Normal-Methode oder die Delta-Gamma-Methode) sowie
- der Simulationsansatz (etwa die Historische Simulation und die stochastische Simulation).

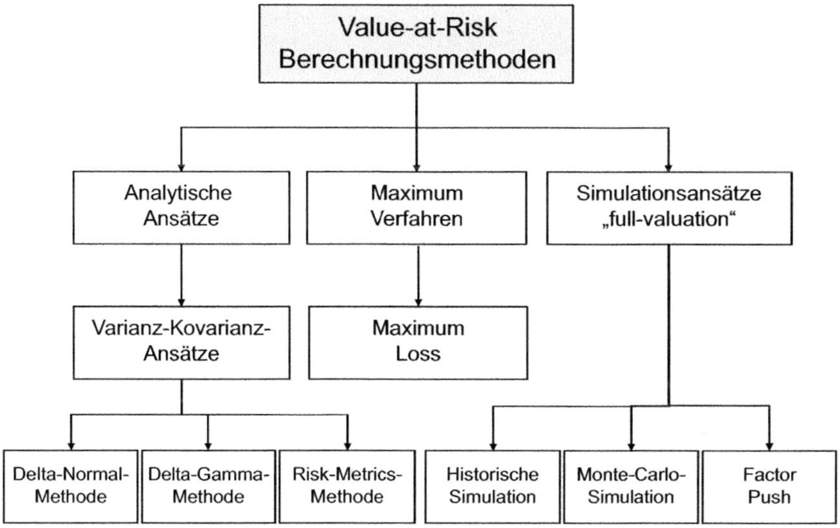

Abb. 2.18 Berechnungsmethoden des Value at Risk

Die einzelnen Berechnungsmethoden sind in der Abb. 2.18 aufgeführt.

Bei der *historischen Simulation* handelt es sich um einen nicht parametrischen Ansatz zur Berechnung des Value at Risk, der auf den Ergebnisschwankungen der Risikofaktoren in der Vergangenheit basiert. Es wird dabei unterstellt, dass alle Risikofaktoren aus der Vergangenheit auch in der Zukunft den Marktwert des Portfolios o. ä. beeinflussen werden. Bei einem historischen Beobachtungszeitraum von beispielsweise 251 Tagen erhält man 250 Änderungen aller Risikofaktoren, die man über die Positionsinformation und die Bewertungsmodelle in 250 mögliche zukünftige Wertänderungen des aktuellen Portfolios umrechnet. Somit erhält man eine nichtparametrische Verteilungsfunktion der Portfoliowertänderungen, aus der man den Value at Risk ablesen kann. Vorteilhaft ist vor allem die einfache Implementierung, die einfache Aggregation von Risikozahlen über verschiedene Portfolien und IT-Systeme hinweg und die Tatsache, dass keine Annahmen über die Verteilungsfunktion gemacht werden. Nachteilig ist eine gewisse Instabilität des Schätzers auf Grund der normalerweise geringen Anzahl der berechneten zukünftigen Portfoliowertänderungen und die fehlende Subadditivität der berechneten Risikomaße.

Demgegenüber basiert die *stochastische Simulation (Monte-Carlo-Simulation)* nicht auf Vergangenheitswerten, sondern auf einer Simulation der Risikoparameter. Die Berechnung des Value at Risk erfolgt in der Form, dass zukünftige Entwicklungen der betrachteten Risikoparameter mit Hilfe eines jeweils eigenen stochastischen Prozesses modelliert werden. Ein Zufallszahlengenerator ermöglicht es, im Anschluss an die Modellierung eine Vielzahl von Modellrealisierungen durchzuführen, um so zu einer Schätzung des gesuchten Quantils der Verteilung zu gelangen.

Das Konzept der *Earnings at Risk* baut auf dem VaR-Konzept auf und analysiert die Schwankungen von Periodenerfolgsgrößen aus der Gewinn- und Verlustrechnung. Im Zusammenhang mit dem Konzept der wertorientierten Unternehmenssteuerung wurde das Konzept des *Cash Flow at Risk* entwickelt, in dem die liquiditätswirksamen Positionen betrachtet werden.

2.8.1 Risikomaße zur Beschreibung von Risiken

Sollen Entscheidungen unter Unsicherheit (Risiko) getroffen werden, müssen diese hinsichtlich ihres Risikogehalts bewertet werden. *Risikomaße* sollen nun das Risiko quantifizieren, um Risikoinformationen insbesondere für die Unternehmenssteuerung zur Verfügung zu stellen.

Ein Risikomaß muss grundsätzlich festgelegt werden, um unterschiedliche Risiken mit unterschiedlichen Charakteristika, Verteilungstypen, Verteilungsparametern wie beispielsweise Schadenshöhe vergleichbar zu machen.

Artzner et al. haben vier Eigenschaften vorgeschlagenen, die ein allgemeines sinnvolles, so genanntes kohärentes Risikomaß möglichst erfüllen sollte.[45]

[45] Vgl. zur Vertiefung Artzner et al. (1999, S. 203–228).

- **Positive Homogenität:** Eine Verdoppelung der eingesetzten risikobehafteten Anlage (des Kapitals) führt zu einer Verdoppelung des Risikomaßes.
- **Monotonie:** Mehr Risiko bringt auch ein höheres Risikomaß mit sich.
- **Subadditivität:** Das Risikomaß aus einem Portfolio aus zwei (oder mehr) risikobehafteten Anlagen ist kleiner oder gleich der Summe der Risikomaße der beiden einzelnen risikobehafteten Anlagen. Diversifizierung soll sich lohnen.
- **Translationsinvarianz:** Eine zusätzliche Investition in eine risikolose Anlage (risikoloses Kapital) mindert das Risikomaß.

Im Folgenden werden verschiedene in der Praxis häufig verwendete Risikomaße skizziert und hinsichtlich Kohärenz beurteilt.

Das traditionelle Risikomaß der Kapitalmarkttheorie stellt die Varianz bzw. die Standardabweichung dar. Die Varianz bzw. Standardabweichung sind Volatilitätsmaße, sie quantifizieren das Ausmaß der Schwankungen einer risikobehafteten Größe um die mittlere Entwicklung (Erwartungswert). Bei stetigen Variablen wird die Varianz (VAR(X) oder auch σ^2) berechnet durch

$$VAR(X) = \int_{-\infty}^{+\infty} (x - E(x))^{2*} f(x) dx = E(X - E(X))^2 = E(X^2) - E(X)^2$$

Dabei ist E(X) der Erwartungswert zu X, der sich wie folgt berechnet:

$$E(X) = \int_{-\infty}^{\infty} f(x)^* x^* dx$$

Im Falle diskreter Zufallsvariablen ergibt sich folgende Gleichung für die Varianz:

$$VAR(X) = \sum_i (x_i - E(x))^2 p_i = E(X - E(X))^2 = E(X^2) - E(X)^2$$

und für den Erwartungswert $E(X) = \sum_i p_i * x_i$

Die Standardabweichung (σ_X)[46] ist sowohl im diskreten als auch im stetigen Fall die Quadratwurzel der Varianz:

$$\sigma = \sqrt{\sigma^2}$$

[46] Die Standardabweichung gibt an, wie weit die möglichen Ausprägungen im Mittel vom Erwartungswert entfernt sind. Bei einer Normalverteilung liegen beispielsweise 99 % aller möglichen Fälle im Bereich von plus/minus drei Standardabweichungen um den Erwartungswert. Die Standardabweichung beschreibt nur bei einer Normalverteilung den Risikoumfang alleine. Bei anderen Verteilungstypen sind unter Umständen weitere Parameter (beispielsweise Schiefe oder Wölbung) erforderlich.

Varianz bzw. Standardabweichung sind relativ einfach zu berechnen und leicht verständlich. Allerdings berücksichtigen sie sowohl die negativen als auch die positiven Abweichungen vom erwarteten Wert. Anleger sind in der Regel aber eher an den negativen Abweichungen interessiert.

Die Varianz bzw. die Standardabweichung sind im Allgemeinen nicht monoton und daher auch keine kohärenten Risikomaße.

So genannte *Downside-Risikomaße* beruhen daher auf der Idee, dass das Risiko als negative Abweichung angesehen wird und berücksichtigen somit ausschließlich negative Abweichungen von einem erwarteten Wert. Hierzu gehören beispielsweise der Value at Risk, der Conditional Value at Risk oder die untere Semivarianz. Problematisch bei diesen Downside-Risikomaßen ist oftmals die analytische Bestimmung. Häufig ist man hier auf Näherungslösungen oder Simulationsverfahren angewiesen.

Im Gegensatz zur Varianz werden beispielsweise bei der unteren *Semivarianz* nur negative Abweichungen vom erwarteten Wert in die Berechnung einbezogen. Bei stetigen Variablen wird die untere Semivarianz (SV(X) oder auch σ_{SV}^2) berechnet durch

$$SV(X) = \int_{-\infty}^{+\infty} \min(0; x - E(x))^2 * f(x)dx$$

Im Falle diskreter Zufallsvariablen resultiert folgende Gleichung:

$$SV(X) = \sum_i \min(0; x_i - E(x))^2 \; p_i$$

Die Berechnung der Semivarianz ist nur dann nötig, wenn die Verteilung der Zufallsgröße nicht symmetrisch ist. Im Falle einer symmetrischen Verteilung ist theoretische Semivarianz genau halb so groß wie die theoretische Varianz.

Analog zur Standardabweichung kann aus der Semivarianz auch die *Semistandardabweichung* berechnet werden.

$$\sigma_{SV} = \sqrt{\sigma_{SV}^{\;2}}$$

Insbesondere im Bank- und Versicherungsbereich findet der so genannte *Value at Risk* (VaR) als Risikomaß häufig Verwendung. Der Value at Risk ist dabei definiert als Schadenshöhe, die in einem bestimmten Zeitraum („Halteperiode", beispielsweise ein Jahr) mit einer festgelegten Wahrscheinlichkeit („Konfidenzniveau", beispielsweise 95 %) nicht überschritten wird.

Formal gesehen ist ein VaR die Differenz zwischen dem Erwartungswert und dem Quantil einer Verteilung. Das x %-Quantil zu einer Verteilung gibt den Wert an, bis zu dem x % aller möglichen Werte liegen. Weist das 5 %-Quantil also beispielsweise den monetären Wert von -100 auf, dann bedeutet dies, dass fünf Prozent aller möglichen Werte kleiner oder gleich -100 sind.

Der Value at Risk ist – wie bereits im vorangegangenen Kapitel dargestellt – positiv homogen, monoton, translationsinvariant, im Allgemeinen jedoch nicht subadditiv und folglich auch nicht kohärent. Es lassen sich damit Konstellationen konstruieren, in denen der Value at Risk einer aus zwei Einzelpositionen kombinierten Finanzposition höher ist, als die Summe der Value at Risks der Einzelpositionen. Dies widerspricht einer von dem Diversifikationsgedanken geprägten Intuition.

Ein Risikomaß, das immer häufiger Verwendung findet, ist der *Conditional Value at Risk* (CVaR, bzw. auch Expected Shortfall). Er entspricht dem Erwartungswert der Werte einer risikobehafteten Größe, die unterhalb des Value at Risk zum Niveau α liegen. Während der Value at Risk die Abweichung misst, die innerhalb einer bestimmten Haltedauer mit einer vorgegebenen Wahrscheinlichkeit nicht überschritten wird, gibt der Conditional Value at Risk an, welche Abweichung bei Eintritt dieses Extremfalls, d. h. bei Überschreitung des Value at Risk, zu erwarten ist. Der Conditional Value at Risk berücksichtigt somit nicht nur die Wahrscheinlichkeit einer „großen“ Abweichung, sondern auch die Höhe der darüber hinaus gehenden Abweichung.

$$CVaR_a(X) = \mathrm{E}\left[\mathrm{X} \mid \mathrm{X} < \mathrm{VaR}_a(\mathrm{X})\right]$$

Bei stetigen Zufallsvariablen X gilt, dass der Conditional Value at Risk größer oder gleich dem Value at Risk ist. Der Conditional Value at Risk ist positiv homogen, monoton, subadditiv und translationsinvariant, also kohärent.

Mehr noch als beim Value at Risk trifft man bei der analytischen Bestimmung des Conditional Value at Risk auf nicht oder nur unter unverhältnismäßig hohem Aufwand lösbare Probleme. Dieses Risikomaß kann somit häufig nur näherungsweise oder mit Hilfe von Simulationsverfahren bestimmt werden. Außerdem ist es oft in der Praxis – abweichend vom Ansatz des CVaR – gar nicht sinnvoll, alle möglichen Schäden aus einem Risiko im Risikomaß zu berücksichtigen: Schäden, die mehr als einmal zu einer Insolvenz eines Unternehmens führen, sind nicht schlimmer als Schäden, die eine Insolvenz auslösen.

Auch das Quantil einer Verteilung an sich kann für das Risiko-Management von Interesse sein. Grundgedanke dabei ist, dass das Eigenkapital eines Unternehmens grundsätzlich nur der Absicherung von Risiken dient. Dementsprechend muss ein Unternehmen nur so viel Eigenkapital vorhalten, wie zur Risikodeckung notwendig ist. Der *risikobedingte Eigenkapitalbedarf* (Risk Adjusted Capital, RAC) ist ein Risikomaß, das angibt, wie viel Eigenkapital zur Risikodeckung vorhanden sein muss. Hierzu wird zu einem festgelegten Konfidenzniveau von x % das 1 – x %-Quantil einer (Ergebnis-) Verteilung betrachtet, also beispielsweise bei einem Konfidenzniveau von 95 Prozent das 5 %-Quantil. Ist dieses Quantil im negativen Bereich (beispielsweise bei -200 Euro), bedeutet dies, dass das Ergebnis negativ werden kann und demnach genau so viel Eigenkapital zur Risikodeckung vorgehalten werden muss (also im Beispiel 200 Euro).

Bei einem Erwartungswert von Null stimmen Value at Risk und risikobedingter Eigenkapitalbedarf überein. Somit ist auch der risikobedingte Eigenkapitalbedarf analog zum Value at Risk im Allgemeinen kein kohärentes Risikomaß.

Ein weiteres Risikomaß, das im Risiko-Management (und vor allem bei Ratings) oft verwendet wird, ist die so genannte *Ausfallwahrscheinlichkeit* (PD, Probability of Default). Sie gibt die Wahrscheinlichkeit an, dass eine Variable wie beispielsweise das Eigenkapital einen vorgegebenen Grenzwert (hier meist Null) erreicht bzw. unterschreitet. Auch hier gilt in Analogie zum Value at Risk, dass die Ausfallwahrscheinlichkeit im Allgemeinen kein kohärentes Risikomaß darstellt.

Sind alle relevanten Risiken einzeln quantifiziert, ist ein wichtiger Teilschritt erreicht. Damit werden Aussagen über die zu erwartenden Abweichungen einzelner Plangrößen möglich. Zielsetzung der anschließenden Risikoaggregation ist die Bestimmung der Gesamtrisikoposition der Unternehmung sowie der relativen Bedeutung der Einzelrisiken.

2.8.2 Methoden der Risikoaggregation

Zielsetzung der Risikoaggregation ist die Bestimmung der Gesamtrisikoposition eines Unternehmens sowie eine Ermittlung der relativen Bedeutung der Einzelrisiken unter Berücksichtigung von Wechselwirkungen (beispielsweise Korrelationen, mit denen lineare Abhängigkeiten zwischen Risiken berücksichtigt werden) zwischen diesen Einzelrisiken. Die Risikoaggregation kann erst durchgeführt werden, wenn die Wirkungen der Risiken unter Berücksichtigung ihrer jeweiligen Häufigkeit bzw. Eintrittswahrscheinlichkeit, ihrer Schadensverteilung (quantitative Auswirkung) sowie ihrer Wechselwirkungen untereinander durch ein geeignetes Verfahren ermittelt wurden.

Die Notwendigkeit eines solchen Verfahrens wird auch von den Wirtschaftsprüfern betont, wie die folgende Stellungnahme des IDW (Institut der Wirtschaftsprüfer) zum KonTraG (IDW PS 340) zeigt:

> *„Die Risikoanalyse beinhaltet eine Beurteilung der Tragweite der erkannten Risiken in Bezug auf Eintrittswahrscheinlichkeit und quantitative Auswirkungen. Hierzu gehört auch die Einschätzung, ob Einzelrisiken, die isoliert betrachtet von nachrangiger Bedeutung sind, sich in ihrem Zusammenwirken oder durch Kumulation im Zeitablauf zu einem bestandsgefährdenden Risiko aggregieren können."*

Eine Aggregation aller relevanten Risiken ist erforderlich, weil sie auch in der Realität zusammen auf Gewinn und Eigenkapital wirken. Es ist damit offensichtlich, dass alle Risiken gemeinsam die Risikotragfähigkeit eines Unternehmens belasten (siehe Abb. 2.19). Diese Risikotragfähigkeit wird – vereinfacht betrachtet – von zwei Größen bestimmt, nämlich zum einen vom Eigenkapital und zum anderen von den Liquiditätsreserven. Die Beurteilung des Gesamtrisikoumfangs ermöglicht eine Aussage darüber, ob die oben bereits erwähnte Risikotragfähigkeit eines Unternehmens ausreichend ist, um den Risikoumfang des Unternehmens tatsächlich zu tragen und damit den Bestand des Unternehmens zu

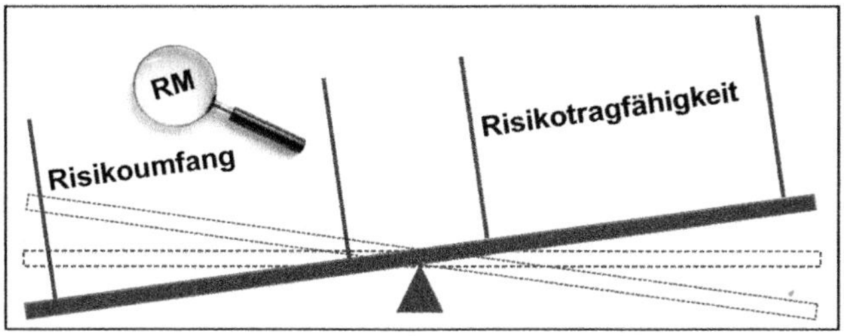

Abb. 2.19 Die Risikotragfähigkeit eines Unternehmens wird durch die Größe des Eigenkapitals und die Liquiditätsreserve bestimmt

gewährleisten. Sollte der vorhandene Risikoumfang eines Unternehmens gemessen an der Risikotragfähigkeit zu hoch sein, werden zusätzliche Maßnahmen der Risikobewältigung erforderlich. Die Kenntnis der relativen Bedeutung der Einzelrisiken (Sensitivitätsanalyse) ist für ein Unternehmen in der Praxis wichtig, um die Maßnahmen der Risikofinanzierung und -steuerung zu priorisieren.

2.8.3 Analytische Verfahren der Risikoaggregation: Der Varianz-Kovarianz-Ansatz

Die Aggregation von Risiken zu einer Gesamtrisikoposition kann grundsätzlich auf zwei Wegen erfolgen, analytisch oder durch Simulation.[47] Für den analytischen Weg bedarf es einer Verteilungsannahme, beispielsweise der Unterstellung normalverteilter Risiken.

Der Varianz-Kovarianz-Ansatz ist ein analytisches Verfahren zur Bestimmung des Value at Risk, einer Gesamtrisikoposition die sich aus verschiedenen Einzelrisiken additiv zusammensetzt.[48] Der Begriff wird häufig synonym mit der korrekteren Bezeichnung „Delta-Normal-Ansatz" (vgl. Abb. 2.18) verwendet und entspricht dem ursprünglichen VaR-Modell von J. P. Morgan. Die Stochastik der Risikofaktoren (Volatilitäten und Korrelationen) wird durch eine Kovarianzmatrix beschrieben, d. h. man geht von multivariat normalverteilten Änderungen der Risikofaktoren aus. Über die Volatilitäten (Standardabweichung) der Risikofaktoren wird der Value at Risk in den einzelnen Risikofaktoren ermittelt und über die Korrelationsmatrix auf die jeweilige Risiko-Konsolidierungsstufe aggregiert zur Gesamtrisikoposition.

So kann man etwa im Rahmen der Modellierung von Risikofaktoren auf Basis eines Random Walks[49] zu einer Normalverteilungsannahme kommen. Der Value at Risk einer

---

[47] Vgl. Hager (2004).

[48] Details vgl. Mathematischer Anhang in Kap. 13.

[49] Details vgl. Mathematischer Anhang in Kap. 13. Bei einem „Random Walk" handelt es sich um eine wichtige Klasse stochastischer Prozesse. Sie dienen der Modellierung nichtdeterministischer Zeitreihen und der Herleitung von Wahrscheinlichkeitsverteilungen. Der eindimensionale Random Walk ist ein Bernoulli-Prozess, das heißt eine Folge von unabhängigen Bernoulli-Versuchen; er

einzelnen Vermögensposition ergibt sich aus der Multiplikation von einem Marktwert mit der auf die gewünschte Wahrscheinlichkeit skalierten Volatilität. Setzt sich ein Portfolio aus mehreren unterschiedlichen Vermögenspositionen zusammen, bedarf es einer Aggregation der einzelnen Value at Risk-Beträge zu einem Portfolio. In diesem Zusammenhang muss jedoch beachtet werden, dass bei einer einfachen Addition der Risikobeträge die häufig vorhandenen Diversifikationseffekte (Korrelationen) unbeachtet bleiben. Eine Aussage über die mögliche Diversifikationswirkung zwischen zwei Vermögenspositionen liefert deren Korrelationskoeffizient.

Mit der folgenden Formel lässt sich auf analytischem Weg der VaR berechnen:

$$\mathbf{VaR_p} = \sqrt{\sum_{i=1}^{n} x_i^2 \sigma_i^2 + 2 \cdot \sum_{i=1}^{n} \sum_{j<1}^{n} x_i \cdot x_j \cdot \sigma_{i,j}} \cdot z$$

$$\mathbf{VaR_p} = \sqrt{[x_1, x_2, \ldots, x_n] \cdot \begin{bmatrix} \sigma_1^2 & cov_{1,2} & \cdots & cov_{1,n} \\ \vdots & & & \\ cov_{1,2} & cov_{n,2} & \cdots & \sigma_n^2 \end{bmatrix} \cdot \begin{bmatrix} x_1 \\ \vdots \\ x_n \end{bmatrix}} \cdot z$$

μ: Mittelwert: Der Mittelwert wird im allgemeinen Sprachgebrauch als Durchschnitt bezeichnet. Das arithmetische Mittel wird durch Addition aller Werte und anschließender Division der Summe durch die Anzahl der Werte berechnet.

σ: Standardabweichung: Die Standardabweichung ist eine einfache numerische Transformation der „Varianz". Sie entspricht der Quadratwurzel aus der Varianz. Sie wird berechnet, um die mit Hilfe der Varianz quantifizierte Streuung einer Variablen in den ursprünglichen Maßeinheiten interpretieren zu können.

z-Wert: z-Werte ermöglichen es, für normalverteilte, intervall- oder ratioskalierte Variablen die relative Position eines beliebigen Rohwertes im Verhältnis zu den anderen Werten zu bestimmen. Die Standardisierung besteht darin, dass ein $z = 1$ dasselbe ist wie eine Standardabweichung. Damit sagt der z-Wert, wie viele Standardabweichungen ein Wert vom Mittelwert entfernt ist. Durch die Standardisierung mit Hilfe der Formel kann man jeden Wert aus einer beliebigen Normalverteilung mit Mittelwert μ und Standardabweichung σ in einen z-Wert umwandeln.

---

führt zu einer Binomialverteilung. Zahlreiche finanzmathematische Bewertungs- und Risikomodelle bauen auf einem Random Walk auf. Dieser zufällig gewählte Pfad kann wie der Weg eines Betrunkenen betrachtet werden. Wenn der Betrunkene auf seinem Heimweg eine Teilstrecke zurückgelegt hat, ist es ungewiss, welche Richtung er als nächstes einschlagen wird und welche Entfernung er dann in dieser Richtung hinter sich lässt. Die insgesamt von dem Betrunkenen zurückgelegte Wegstrecke setzt sich aus mehreren Teilschritten zusammen, die jeder für sich betrachtet bezüglich der Richtung und Länge ebenso zufällig und unabhängig vom vorherigen Schritt sind wie die daraus entstehende Gesamtentfernung vom Ursprungspunkt.

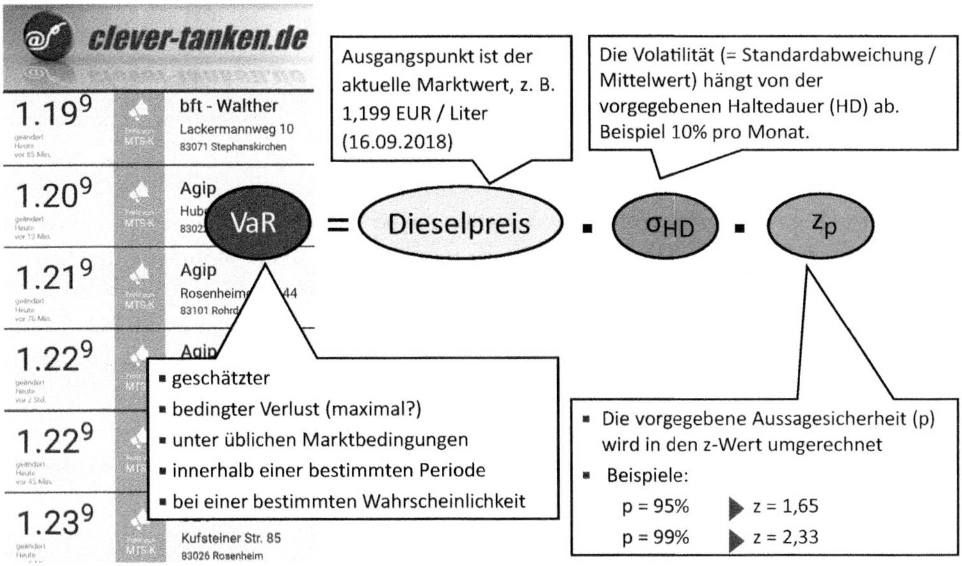

Abb. 2.20 Beispiel zur Berechnung des Value at Risk für Diesel unter der Prämisse einer Normalverteilung

$k_{1,2}$ = Korrelation zwischen Variable 1 und 2

Für die Berechnung eines Value at Risk mit mehr als zwei Risikofaktoren lassen sich die oben gezeigten Gleichungen in eine allgemeine Form bringen. Bei einer Vielzahl von Risikofaktoren ist es sinnvoll, mit einer Matrixschreibweise mehr Übersichtlichkeit zu schaffen. Zur Verwendung der Matrizenschreibweise ist die Berechnung von Kovarianzen notwendig. Die Kovarianz zwischen zwei Risikofaktoren ist eine Kombination aus ihren Volatilitäten und der gegenseitigen Korrelation.

In Abb. 2.20 ist ein Beispiel zur Berechnung des Value at Risk für Diesel unter der Prämisse einer Normalverteilung skizziert. Der Varianz-Kovarianz-Ansatz ist einfach und schnell umzusetzen, hat aber einen häufig kritisierten Nachteil: Für alle Risikofaktoren wird in der Regel – wie oben erwähnt – eine Normalverteilung unterstellt, so dass Extremereignisse („fat tails“) vernachlässigt werden. Eine Aggregation von Risiken, die verschiedenen Verteilungen folgen, ist ebenso unmöglich wie die Verbindung mit der Unternehmensplanung. Für die Praxis kann das Varianz-Kovarianz-Modell als erste schnelle Lösung dienen, um beispielsweise einen groben Eindruck von den aktuell bestehenden Risiken zu erhalten. So könnte die tägliche Risikoüberwachung mit einem Varianz-Kovarianz-Modell erfolgen und in gewissen Abständen wären die Risikoschätzungen mit Hilfe von exakteren, aber komplexen und rechenaufwendigen (stochastischen) Modellen zu prüfen.

Das Varianz-Kovarianz-Modell existiert in zwei Varianten, dem Delta-Normal-Ansatz und dem Delta-Gamma-Ansatz.

2.8.4 Simulationsbasierte Ansätze der Risikoaggregation

Bei einem integrierten unternehmensweiten Risiko-Management und im Kontext einer wertorientierten Unternehmenssteuerung müssen Verfahren der Risikoaggregation gewählt werden, die

- durch beliebige Wahrscheinlichkeitsverteilungen beschriebene Risiken erfassen können,
- dabei auch nicht additive (beispielsweise multiplikative) Verknüpfungen der Risiken berücksichtigen und
- den Kontext zur Unternehmensplanung herstellen, da Risiko-Management letztlich die Planungssicherheit und den Eigenkapitalbedarf eines Unternehmens konsistent zur tatsächlichen Planung aufzeigen möchte.

Die „historische Simulation", die in der Finanzwirtschaft häufig genutzt wird, disqualifiziert sich insofern zumindest teilweise.[50]

Für die Risikoaggregation kann man sich der so genannten stochastischen Simulation (Monte-Carlo-Simulation) bedienen. Hier werden zunächst die Wirkungen der Einzelrisiken bestimmten Positionen, etwa der Plan-Erfolgs-Rechnung oder der Plan-Bilanz, zugeordnet: Beispielsweise wird sich eine ungeplante Erhöhung der Rohstoffpreise auf die Position „Materialaufwand" auswirken. Eine Voraussetzung für die Bestimmung des „Gesamtrisikoumfangs" mittels Risikoaggregation stellt die Zuordnung von Risken zu Positionen der Unternehmensplanung dar. Dabei können Risiken als Schwankungsbreite um einen Planwert modelliert werden (beispielsweise +/– 10 % Absatzmengenschwankung). In Abb. 2.21 ist das grundsätzliche Prinzip der Aggregation von Risiken sowie der Sensitivitätsanalyse dargestellt. S_1 bis S_n zeigen dabei die unterschiedlichen Zukunftspfade der Outputvariablen – basierend auf den modellierten Risiken (Inputfaktoren) – auf.

Ein Blick auf die verschiedenen Szenarien der Simulationsläufe veranschaulicht, dass sich bei jedem Simulationslauf andere Kombinationen von Ausprägungen der Risiken bzw. der Outputfaktoren ergeben. Damit erhält man in jedem Schritt einen simulierten Wert für die betrachtete Zielgröße (beispielsweise Gewinn oder Cashflow). Die Gesamtheit aller Simulationsläufe liefert eine „repräsentative Stichprobe" aller möglichen Risiko-Szenarien des Unternehmens. Aus den ermittelten Realisationen der Zielgröße ergeben sich aggregierte Wahrscheinlichkeitsverteilungen (Dichtefunktionen), die dann für weitere Analysen genutzt werden.

In Abb. 2.22 ist das Histogramm einer Risikosimulation exemplarisch wiedergegeben.

Zudem können jedoch auch „ereignisorientierte Risiken" (wie etwa eine Betriebsunterbrechung durch einen Stromausfall oder die Insolvenz eines Großkunden) in die Risikoaggregation eingebunden werden, die dann über das außerordentliche Ergebnis den Gewinn

[50] Vgl. Hager (2004).

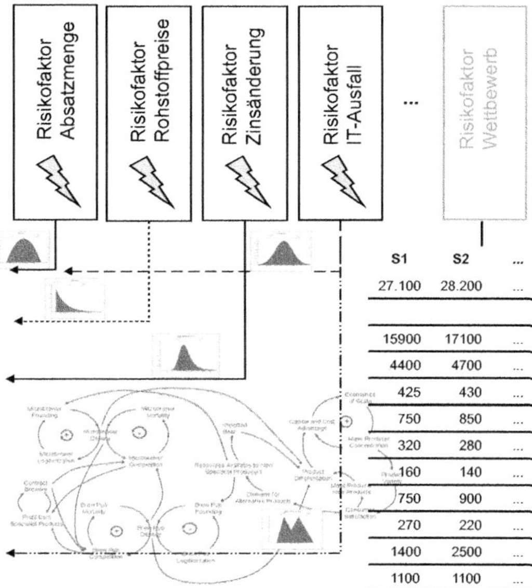

Erträge	IST 2019 in T€	PLAN 2020 in T€	S1	S2	...	Sn
Umsatzerlöse	25.000	28.000	27.100	28.200	...	29.500
Aufwendungen						
Materialeinsatz	15.600	17500	15900	17100	...	17900
Personalkosten	4500	4600	4400	4700	...	4800
Zinsaufwand	418	418	425	430	...	410
Verkaufsprovisionen	750	800	750	850	...	810
Kundenskonto	280	300	320	280	...	300
Hilfs- und Betriebsstoffe	140	150	160	140	...	150
Stromkosten	680	850	750	900	...	710
Instandhaltung Maschinen	265	265	270	220	...	310
sonstiger Aufwand	550	550	1400	2500	...	450
Abschreibungen	1100	1100	1100	1100	...	1100
Gewinn (vor Steuern)	717	1.467	1.625	-20	...	2560

Abb. 2.21 Modellierung von Risiken als Schwankungsbreite um einen Planwert

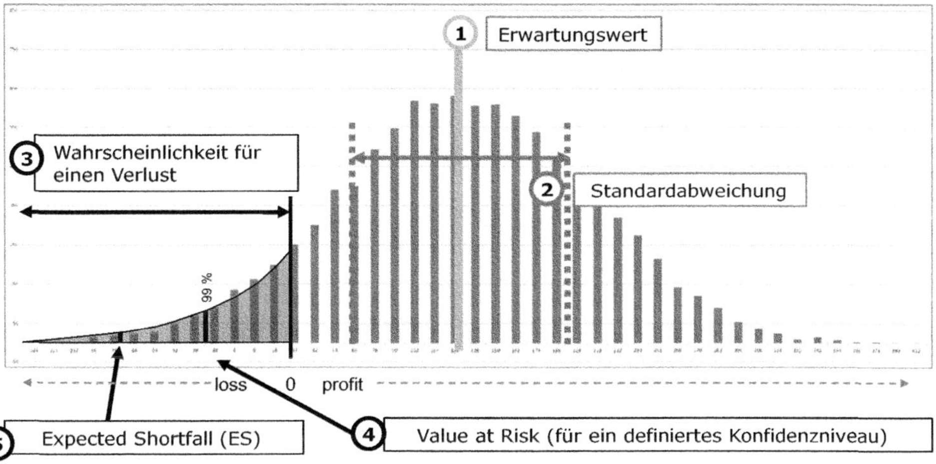

Abb. 2.22 Die Aggregation von Risiken mit Hilfe von Simulationsmethoden

beeinflussen. Ein Blick auf die verschiedenen Szenarien der Simulationsläufe veranschaulicht, dass sich bei jedem Simulationslauf andere Kombinationen von Ausprägungen der Risiken ergeben (Abb. 2.23).

Damit erhält man in jedem Schritt einen simulierten Wert für die betrachtete Zielgröße (beispielsweise Gewinn oder Cashflow). Die Gesamtheit aller Simulationsläufe liefert

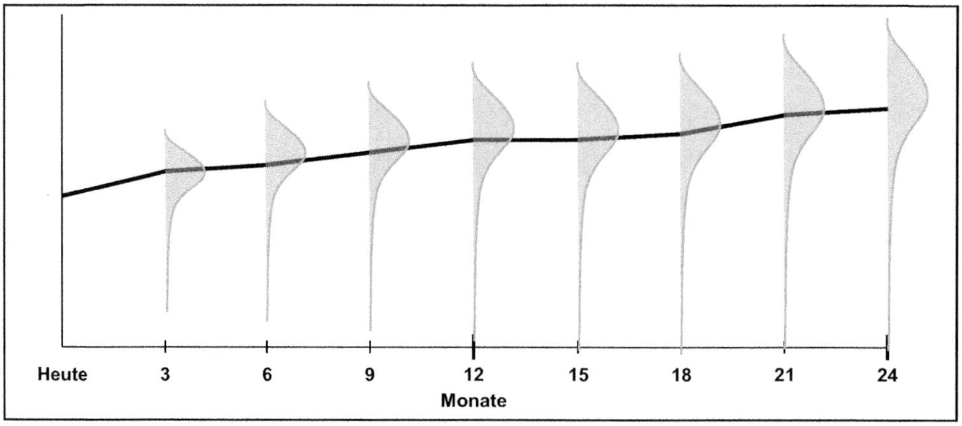

Abb. 2.23 Stochastische Simulation über die Zeit (stochastischer Prozess)

eine „repräsentative Stichprobe" aller möglichen Risikoszenarien des Unternehmens. Aus den ermittelten Realisationen der Zielgröße ergeben sich aggregierte Wahrscheinlichkeitsverteilungen (Dichtefunktionen), die dann für weitere Analysen genutzt werden (siehe Abb. 2.23).

2.8.5 Ableitung des Eigenkapitalbedarfs als Risikomaß

Ausgehend von der durch die Risikoaggregation ermittelten Verteilungsfunktion der Gewinne kann unmittelbar auf den *Eigenkapitalbedarf* (Risk Adjusted Capital, RAC) des Unternehmens geschlossen werden. Zur Vermeidung einer Überschuldung wird zumindest so viel Eigenkapital benötigt, wie auch Verluste auftreten können, die dieses reduzieren. Durch die Kenntnis der realistischen Verluste ist es nun im Rahmen einer risikoorientierten Unternehmensführung möglich, die risikogerechte Finanzierungsstruktur zu bestimmen, also zu berechnen, welche Eigenkapitalausstattung bzw. Eigenkapitalquote ein Unternehmen benötigt.[51]

Analog lässt sich der Bedarf an *Liquiditätsreserven* unter Nutzung der Verteilungsfunktion der Zahlungsflüsse (freie Cashflows) ermitteln. Ergänzend können Risikokennzahlen abgeleitet werden. Ein Beispiel ist die Eigenkapitaldeckung, also das Verhältnis von verfügbarem Eigenkapital zu risikobedingtem Eigenkapitalbedarf.

Aus den Ergebnissen der Risikoaggregation lassen sich auch die *Kapitalkostensätze* (Diskontierungszinssatz) für das Unternehmen ableiten. Risiken beeinflussen die Kapitalkostensätze von Unternehmen, also die risikoabhängigen Mindestverzinsungsanforderungen. Damit bestimmen sie auch den Unternehmenswert. Folglich kann das Risiko-Management zu einer Steigerung des Unternehmenswertes und damit zum Unternehmenserfolg maßgeblich

[51] Vgl. Gleißner und Romeike (2007a, b).

beitragen. Naheliegenderweise sollten die *risikoabhängigen Kapitalkostensätze* (WACC[52]) vom tatsächlichen Risikoumfang eines Unternehmens abhängig sein. Genau diese Informationen stellt das Risiko-Management bereit. Der bisher anzutreffende „Umweg" bei der Bestimmung der Kapitalkostensätze – nämlich Kapitalmarktdaten statt Unternehmensdaten zu nutzen (wie beispielsweise im CAP-Modell[53]) – ist wenig überzeugend. Als Weg zur Bestimmung eines geeigneten Kapitalkostensatzes bietet sich die Berechnung der WACC in Abhängigkeit des Eigenkapitalbedarfs an. Hier wird unterstellt, dass nur risikotragendes Eigenkapital auch eine Risikoprämie verdient. Mehr Risiko erfordert mehr teures Eigenkapital zur Abdeckung möglicher Verluste, was wiederum höhere Kapitalkosten zur Folge hat.[54]

2.9 Steuerung von Risiken in der Praxis

Ein wichtiger und wesentlicher Prozessschritt im Risiko-Management nimmt die *Risikosteuerung und -kontrolle* ein (vgl. Abb. 2.14). Diese Phase zielt darauf ab, die Risikolage des Unternehmens positiv zu verändern bzw. ein ausgewogenes Verhältnis zwischen Ertrag (Chance) und Verlustgefahr (Risiko) zu erreichen. Die Risikosteuerung und -kontrolle umfasst alle Mechanismen und Maßnahmen zur Beeinflussung der Risikosituation, entweder durch eine Verringerung der Häufigkeit bzw. Eintrittswahrscheinlichkeit und/oder des Schadensausmaßes. Dabei sollte die Risikosteuerung und -kontrolle mit den in der Risikostrategie definierten Zielen sowie den allgemeinen Unternehmenszielen übereinstimmen. Ziele dieser Prozessphase sind die Vermeidung von nicht akzeptablen Risiken sowie die Reduktion und der Transfer von nicht vermeidbaren Risiken auf ein akzeptables Maß. Eine optimale Risikosteuerung und -bewältigung ist dabei diejenige, die durch eine Optimierung der Risikopositionen des Unternehmens den Unternehmenswert steigert.

In Abb. 2.24 sind einige möglichen Handlungsalternativen aufgezeigt, die wieder zu einer Balance von tatsächlichem Risikoumfang und Risikotragfähigkeit führen.

Der Gesamtrisikoumfang – als Ergebnis der Risikoaggregation – ermöglicht erst eine fundierte Beurteilung der Risikoeigentragungskraft des Unternehmens, die maßgeblich die nachfolgenden Maßnahmen der Risikofinanzierung oder des Risikotransfers bestimmen. In diesem Zusammenhang ist auch eine Berechnung der kalkulatorischen Eigenkapitalkosten – eine wesentliche Komponente der Gesamtrisikokosten – wichtig. So substituieren

[52] Definition vgl. Glossar am Ende des Buches.

[53] CAPM (Capital Asset Pricing Model): Ein auf der Portfolio-Theorie basierendes Modell des Kapitalmarktes. CAPM ist von großer Bedeutung für die Bewertung von Aktien. Das Modell geht davon aus, dass Risiko explizit in Form einer vom Markt determinierten, zusätzlich geforderten Rendite berücksichtigt wird. Nach CAPM hängt der Wert einer Aktie von ihrem Risikobeitrag zum Portfolio ab. Kritisch muss angemerkt werden, dass CAPM von Annahmen ausgeht, die häufig realitätsfern sind. So werden etwa homogene Erwartungen unterstellt. Dies setzt voraus, dass alle Investoren die gleichen bewertungsrelevanten Informationen besitzen. Vergleiche Romeike (2004a, b, S. 26).

[54] Vgl. Gleißner und Romeike (2005).

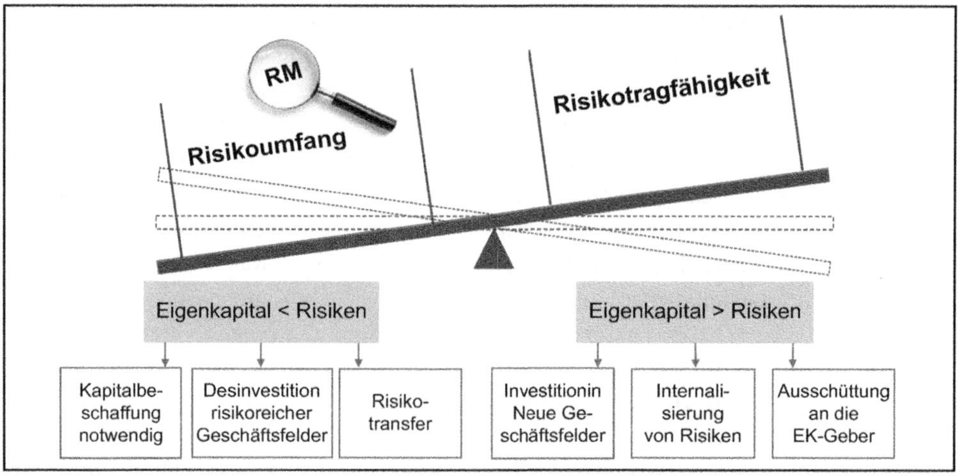

Abb. 2.24 Wenn die Waage aus der Balance gerät

beispielsweise Risikotransferlösungen, etwa in Form einer Versicherung oder als derivatives Finanzinstrument, letztlich knappes und relativ teures Eigenkapital. Die kalkulatorischen Eigenkapitalkosten resultieren als Produkt von Eigenkapitalbedarf und Eigenkapitalkostensatz, der von der akzeptierten Ausfallwahrscheinlichkeit und der erwarteten Rendite von Alternativanlagen (beispielsweise am Aktienmarkt) abhängt.[55]

Zur abschließenden Beurteilung, inwieweit ein Transfer von Risiken – beispielsweise basierend auf einer Versicherungslösung – sinnvoll ist, ist eine detaillierte ökonomische Analyse erforderlich. Wie bereits dargestellt bildet die Höhe des Eigenkapitals eine wesentliche Größe für diese Analyse. In diesem Kontext ist jedoch zu berücksichtigen, dass das zur Risikodeckung reservierte Eigenkapital im Schadenfall auch liquidierbar sein muss, also nicht investiert werden kann, zumindest dann, wenn der Betrieb nach einem Schaden fortgeführt werden soll.

Folgerichtig stellt eine klassische Versicherung eine alternative Fremdfinanzierungsform dar, die faktisch wie eine „Eigenkapitalspritze" im Schadenfall wirkt. Zur Überlassung des Schadendeckungskapitals muss der Versicherungsnehmer jedoch eine adäquate Risikoprämie an den Versicherer entrichten. Demnach lässt sich der ökonomische Nutzen einer Versicherungslösung in einem Vergleich zwischen des für die externe Risikotragung zu bezahlenden Versicherungsbeitrags (inkl. Versicherungssteuer und sonstiger fiskalischer Abgaben) und den für die Risikoeigentragung anfallenden, anteiligen Eigenkapitalkosten realisieren. So gesehen ist eine Versicherungslösung immer dann sinnvoll, wenn die zu entrichtende Versicherungsprämie geringer ausfällt als die zur Risikoeigentragung zu kalkulierenden Kapitalkosten (vgl. Abb. 2.25).

Unter Berücksichtigung dieser Sichtweise lässt sich feststellen, dass sich eine klassische Versicherungslösung üblicherweise zur Abdeckung von Großrisiken (relativ geringe

[55] Vgl. Romeike und Löffler (2007) sowie Löffler und Romeike (2007, S. 30).

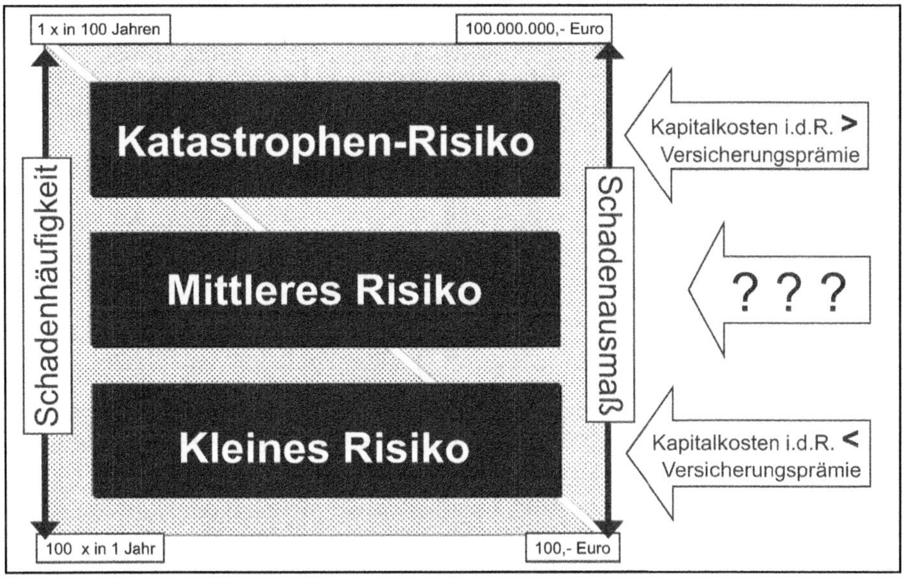

Abb. 2.25 Entscheidungsmatrix zum Risikotransfer. (Quelle: Romeike und Löffler 2007, S. 22)

Eintrittswahrscheinlichkeit mit existenzbedrohender Auswirkung) rentiert, da in diesem Fall die Kapitalkosten einer Risikoeigentragung deutlich höher ausfallen als die Risikoprämie beim Transfer des Risikos auf eine Versicherungsgesellschaft.

Zur Beurteilung der Versicherungswürdigkeit von Schäden mittlerer Tragweite ist jeweils eine individuelle Betrachtung der Relation von Kapitalkosten und Versicherungsprämie durchzuführen.

In der Regel nicht versicherungswürdig sind Kleinst- bzw. Bagatell- Risiken (relativ hohe Eintrittswahrscheinlichkeit mit geringfügiger Auswirkung, auch Frequenzschaden genannt), da die Risikofinanzierungskosten zur versicherungstechnischen Absicherung dieser Risiken zumindest mittelfristig höher ausfallen als die zur Risikoeigentragung zu kalkulierenden Kapitalkosten. In der Regel sind im Bereich der Kleinst- und Bagatellschäden die vom Risikoträger zu kalkulierenden Transaktionskosten besonders hoch und beinhalten einen Großteil der Versicherungsprämie. Außerdem belasten die Frequenzschäden die Rentabilität eines Versicherungsvertrages oftmals übermäßig, was in absehbarer Zeit zu einer Anpassung der Versicherungsprämie und langfristig zu einem reinen „Geldwechselgeschäft" führt.

Im Gegensatz dazu führt eine nicht ausreichende Absicherung von Katastrophenrisiken im Zweifelsfall unmittelbar zum Ruin des Unternehmens. Für die Absicherung derartiger höchst seltener, aber katastrophaler Ereignisse ist die Versicherung ein ideales Absicherungsinstrument, da eine Selbstversicherung in diesem Segment weder sinnvoll noch darstellbar ist.

Im Hinblick auf die Steuerung bzw. das Management von Risiken bestehen prinzipiell drei Strategiealternativen (vgl. Abb. 2.26). Die so genannte *präventive* (oder auch *ätiolo-*

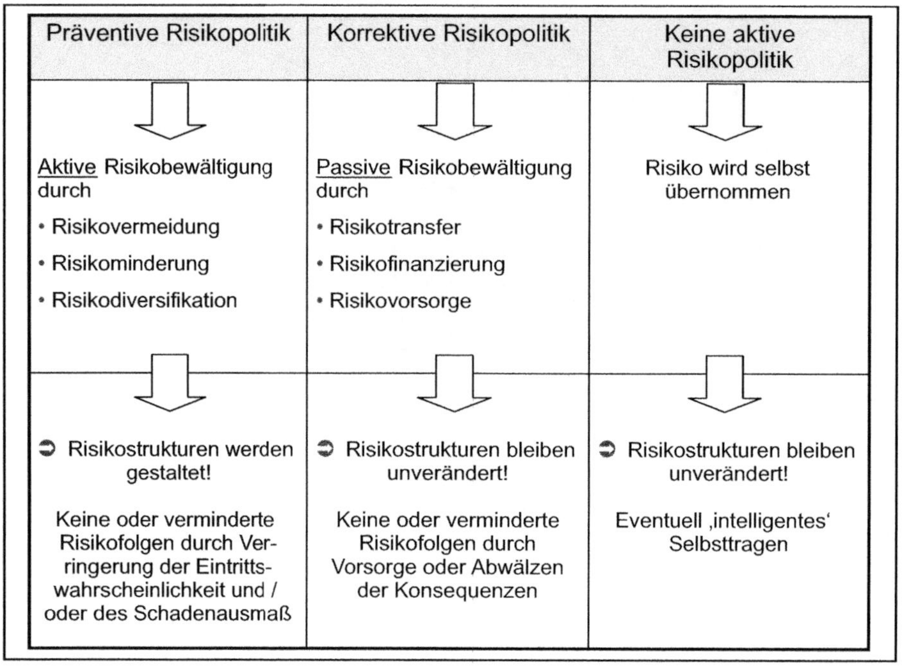

Abb. 2.26 Unterschiedliche Maßnahmen der Risikosteuerung

gische) Risikopolitik zielt darauf ab, Risiken aktiv durch eine Beseitigung oder Reduzierung der entsprechenden *Ursachen* zu vermeiden oder zu vermindern. Es wird versucht, die Risikostrukturen durch Verringerung der Häufigkeit bzw. Eintrittswahrscheinlichkeit und/oder der Tragweite einzelner Risiken zu verringern. Entscheidet sich ein Unternehmen wegen zu hoher Risikopotenziale, bestimmte Aktivitäten aufzugeben oder anzupassen, so spricht man von *Risikovermeidung* (vgl. Abb. 2.27 sowie Abb. 2.28).

Beispiel: Ein Hersteller von elektronischen Steuerungseinrichtungen für Pkw entscheidet sich aufgrund des hohen Produkthaftungsrisikos, zukünftig seine Produkte nicht mehr auf dem US-amerikanischen Markt zu vertreiben.

Auch die Anpassung der Prozessabläufe (beispielsweise im Produktionsprozess) kann zur Vermeidung von Risiken beitragen.

Beispiel: In einer Lackstraße wird auf ein umweltfreundlicheres Lackierverfahren umgestellt, um so das Umwelt- und IReputationsrisiko zu vermeiden.

Ein anderer Weg, Risiken zu vermeiden, wäre in diesem Fall die Verlagerung von Unternehmensteilen in andere Länder, in denen beispielsweise die Umweltgesetzgebung oder Arbeitsschutzgesetzgebung anders gestaltet ist. Hierbei muss jedoch eventuell ein höheres ESG-Risiko[56] bzw. Reputationsrisiko in Kauf genommen werden.

[56] Das Akronym ESG steht für „Environment", „Social" und „Governance" (sprich: Umwelt, Soziales/Gesellschaft und Unternehmensführung/-struktur). Der Begriff ESG ist international in Unter-

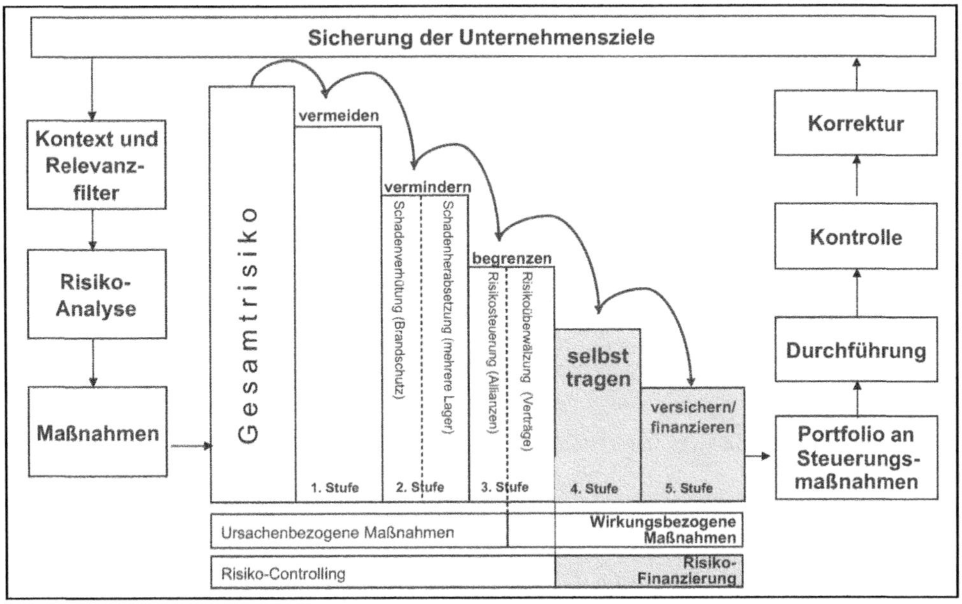

Abb. 2.27 Der Prozess der aktiven Risikosteuerung

Risikovermeidung ist zwar auf der einen Seite eine sehr naheliegende Strategie des Risiko-Managements, bedeutet häufig jedoch auch, dass potenzielle Chancen vermieden werden. Sehr häufig sind attraktive Chancen mit Risiken verbunden – analog dem Motto „Wer nicht wagt, der nicht gewinnt". Nur die simultane Betrachtung von Chance und Risiko kann das Risiko-Chancen-Kalkül und die Risikoperformance eines Unternehmens optimieren. Die Reduzierung entweder der Eintrittswahrscheinlichkeit oder aber der Tragweite setzt trivialerweise voraus, dass überhaupt die Möglichkeit zur Beeinflussung der Risikoursache besteht. Dies ist jedoch bei vielen Risikokategorien (etwa *externen* Risiken wie Naturkatastrophen) nicht immer der Fall.

Entscheidet sich ein Unternehmen, Risiken auf Dritte (jedoch nicht Versicherer) überzuwälzen, innerhalb des Unternehmens einen Risikoausgleich zu erzielen oder durch technische und organisatorische Maßnahmen Schäden zu verhüten, so spricht man von Risikominderung. Ziel ist es, entweder die Eintrittswahrscheinlichkeiten und/oder die Tragweite von Risiken auf ein für das Unternehmen akzeptables Maß zu reduzieren (siehe Abb. 2.29).

Risiken können zum einen durch *personelle* Maßnahmen (etwa durch Mitarbeiterschulung oder Personalauswahl), durch *technische* Maßnahmen (etwa durch eine CO^2-Löschanlage, eine Firewall im Bereich der Informationstechnologie oder durch den Einsatz von

nehmen als auch in der Finanzwelt etabliert, um auszudrücken, ob und wie bei Entscheidungen von Unternehmen und der unternehmerischen Praxis sowie bei Firmenanalysen von Finanzdienstleistern ökologische und sozial-gesellschaftliche Aspekte sowie die Art der Unternehmensführung beachtet beziehungsweise bewertet werden.

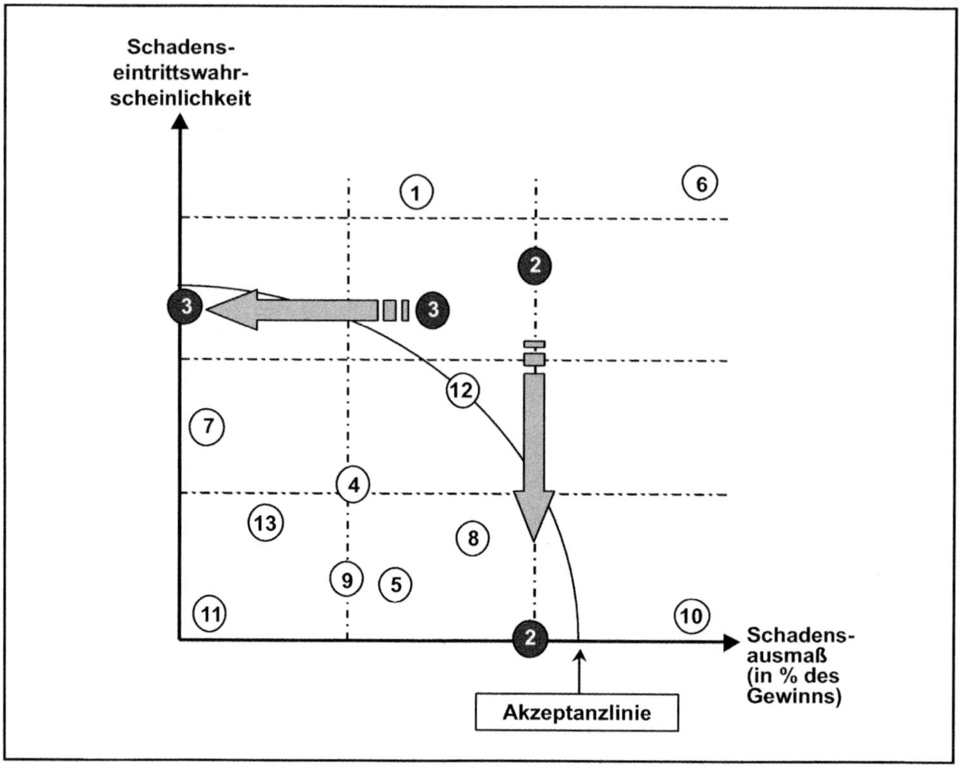

Abb. 2.28 Aktive Risikobewältigung durch Risikovermeidung

Derivaten) oder auch durch *organisatorische* Maßnahmen (etwa durch eine Prozessoptimierung oder die Einführung eines Qualitätsmanagements) vermindert werden.

Innerhalb eines Konzerns können Risiken – sofern sie voneinander unabhängig sind – regional, objektbezogen oder personenbezogen gestreut werden. Dieses dritte Instrument der aktiven Risikobewältigung bezeichnet man als *Risikodiversifikation* (siehe Abb. 2.30). Prinzipiell bedeutet dies nichts anderes, als dass man nicht „alle Eier in einen einzigen Korb legt". Ziel ist es, die Tragweite der diversifizierten Risiken zu verringern, um die Risikoperformance des Unternehmens zu optimieren. Wird etwa die Produktion von Speicherchips auf drei *regional* voneinander getrennte Produktionseinheiten verteilt, so wird das Risiko einer Betriebsunterbrechung oder eines Totalausfalls durch Brand reduziert. So wird bei einer regionalen Streuung neben der Reduktion des Sachrisikos (etwa durch Produktionsstätten in drei verschiedenen Ländern) auch das politische Risiko reduziert. Durch Produktdiversifikation kann zudem das Marktrisiko reduziert werden *(objektbezogene Streuung)*. Ein IT-Risiko kann durch eine dezentrale Rechnerstruktur – im Gegensatz zu einem Großrechner – verringert werden. In der Praxis werden auch immer häufiger die Risiken durch den Fremdbezug von Leistungen (Outsourcing) diversifiziert.

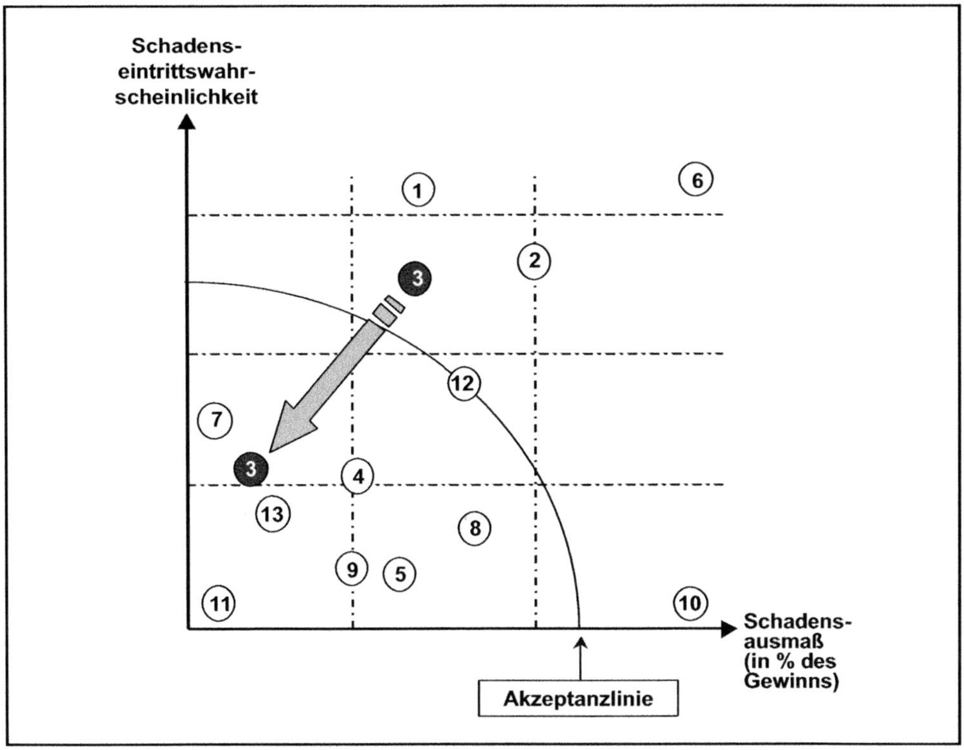

Abb. 2.29 Aktive Risikobewältigung durch Risikoverminderung

Beispiele: Ein Automobilkonzern gliedert sein Rechenzentrum an ein IT-Dienstleistungsunternehmen aus (Outsourcing). Ein Handelsunternehmen tritt seine Forderungen an eine Factoringgesellschaft ab (Diversifikation und Transfer des Risikos eines Forderungsausfalls). Ein mittelständisches Unternehmen entscheidet sich zum Leasing der IT-Infrastruktur (Diversifikation des Technologierisikos).

Viele Unternehmen reduzieren ihr Personalrisiko durch eine Regelung, dass Vorstandsmitglieder stets in getrennten Fahrzeugen oder Flugzeugen reisen. Durch eine personalbezogene Diversifikation kann insbesondere das Risiko des Ausfalls von Schlüsselpositionen reduziert werden.

Insbesondere bei Großunternehmen können durch die Risikodiversifikation erhebliche Effizienzgewinne erzielt werden. Die Risikodiversifikation bietet eine sehr kostengünstige Möglichkeit, Risiken zu vermindern, sofern sie nicht zu stark miteinander korrelieren. Hybride Instrumente der passiven Risikobewältigung basieren auf der Berücksichtigung der Diversifikationseffekte innerhalb des Risiko-Portefeuilles. Basierend auf der Portfolio-Theorie ist die Volatilität des Gesamtportefeuilles häufig geringer als die Summe der Volatilitäten der Einzelrisiken. Daher müssen die Korrelations- und Diversifikationseffekte auch bei der Festlegung der Strategie zur Risikosteuerung berücksichtigt werden.

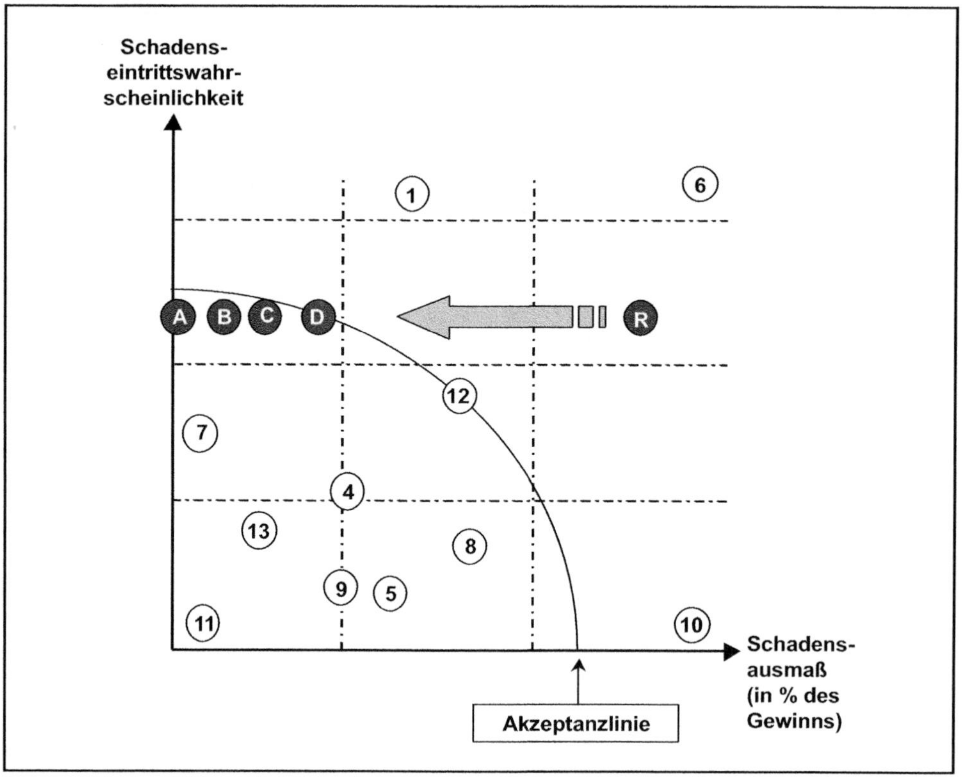

Abb. 2.30 Risikobewältigung durch Risikodiversifikation

Im Gegensatz zu diesen *aktiven Steuerungsmaßnahmen*, die direkt an den strukturellen Risikoursachen (Häufigkeit/Eintrittswahrscheinlichkeit, Schadensausmaß) ansetzen, wird bei der so genannten *korrektiven* (oder *palliativen*) *Risikopolitik* der Eintritt eines Risikos bewusst akzeptiert (siehe Abb. 2.26). Ziel der passiven Risikopolitik ist es nicht, die Eintrittswahrscheinlichkeiten oder die Tragweite der Risiken zu reduzieren, d. h. die Risikostrukturen werden nicht verändert. Der Risikoträger versucht vielmehr, durch geeignete Maßnahmen Risikovorsorge zu betreiben. Diese Risikovorsorge hat zum Ziel, die *Auswirkungen* des Risikoeintritts zu vermeiden oder zu vermindern. Dies kann beispielsweise in Form der häufig praktizierten Überwälzung von Risiken auf andere Risikoträger (etwa Versicherer, Banken, Kapitalmarkt) geschehen. Bei einem Risikoeintritt werden neben der Bereitstellung der erforderlichen Liquidität die negativen Konsequenzen auf der Ertragslage abgefedert.

Die Maßnahmen der korrektiven Risikopolitik bzw. Risikosteuerung können in die Bereiche *Risikofinanzierung, Risikotransfer* und *Risikovorsorge* aufgeteilt werden. Primäres Ziel der Risikofinanzierung ist es, Finanzmittel für den Ausgleich eventuell auftretender Schäden zu beschaffen. In der Literatur werden die Begriffe „Risikotransfer" und „Risikofinanzierung" häufig synonym verwendet oder Risikotransfer fälschlich auch als Gegen-

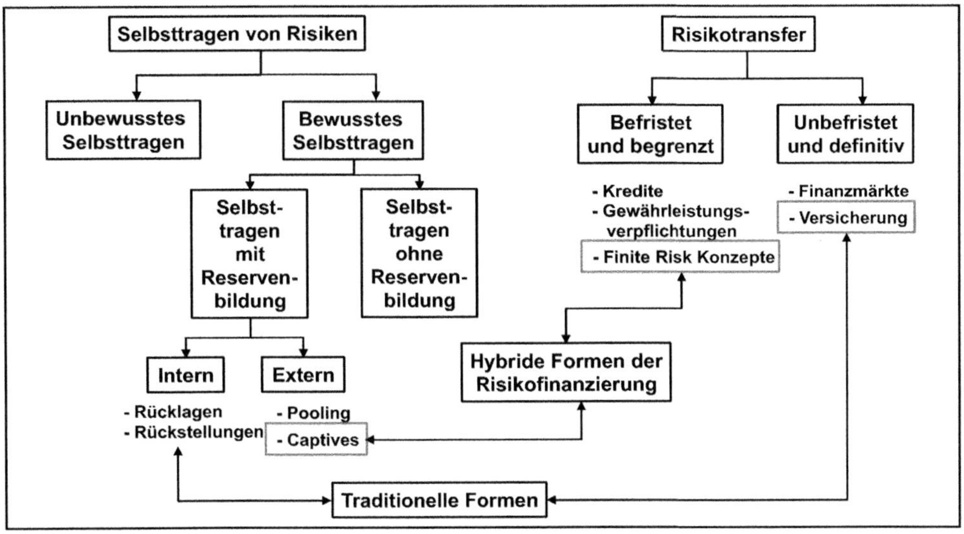

Abb. 2.31 Traditionelle und alternative Wege des Risikotransfers und Risikofinanzierung

stück zur Risikofinanzierung dargestellt. Beim Risikotransfer werden die Risiken auf Dritte übertragen. Daher handelt es sich beim Transfer neben dem Selbsttragen von Risiken um eine Methode der Risikofinanzierung. Beim Risikotransfer werden variable und ex ante unbekannte Kosten eines Risikos in Fixkosten umgewandelt. Ziel ist es insbesondere, die Risiken zu transferieren, die die Finanzkraft des Unternehmens übersteigen (etwa high-severity/low-frequency-Risiken). Die traditionellen Wege des Risikotransfers sind die Versicherung (also die Deckung eines im Einzelnen ungewissen, insgesamt aber abschätzbaren Mittelbedarfs auf der Grundlage des Risikoausgleichs im Kollektiv und in der Zeit) und das Hedging (also der Transfer auf den Kapitalmarkt). Auch durch die Optimierung von Verträgen mit Lieferanten und Kunden können Risiken transferiert werden.[57]

Werden die finanziellen Folgen von Risikoeintritten nicht auf professionelle Risikoträger transferiert, so muss das Unternehmen die notwendige Liquidität und die ertragsmäßigen Belastungen aus dem eigenen Finanzsystem bereitstellen. Das Selbsttragen von Risiken kann dabei bewusst oder unbewusst geschehen (vgl. Abb. 2.31). Wurden Risiken nicht identifiziert oder korrekt bewertet, so müssen die Folgen dieser Fehleinschätzung im Schadensfall aus dem laufenden Cash-Flow, aus Rücklagen oder durch die Auflösung stiller Reserven finanziert werden. Dies kann jedoch dazu führen, dass der Unternehmensgewinn durch einen Schadeneintritt in einem gewinnschwachen Jahr besonders belastet wird. Demgegenüber basiert die *Risikovorsorge* auf dem Gedanken der Ex-ante- Finanzierung der finanziellen Konsequenzen von Risikoeintritten aus Unternehmensmitteln.

[57] Die verschiedenen Wege der traditionellen und innovativen Risikofinanzierung werden in den folgenden Publikationen beschrieben: Romeike (2003, S. 247–270) sowie Eickstädt (2001) und Nguyen und Romeike 2012.

Die Methoden zum Aufbau einer finanziellen Vorsorge sind vielfältig. Ziel aller Methoden ist eine Vorfinanzierung über mehrere Rechnungsperioden. Als Risikodeckungsmassen können der Gewinn, stille Reserven, offene Reserven oder das gezeichnete Kapital die finanziellen Folgen des Risikoeintritts kompensieren. Im ersten Schritt sollten in jedem Fall die Risikodeckungsmassen verwendet werden, die keine große Publizitätswirkung haben. Dies können etwa über den Mindestgewinn erwirtschaftete Gewinnanteile sein oder auch stille Reserven. Erst in einem weiteren Schritt sollten der Mindestgewinn oder offene Reserven oder das gezeichnete Kapital verwendet werden.

Das klassische Mittel der Rücklagenbildung für bereits eingetretene oder zukünftig drohende Schäden sind Rückstellungen gemäß § 249 HGB.[58] Eine besondere und innovative Form der Reservenbildung ist das Funding (beispielsweise basierend auf einer Captive).[59] Die Reserven werden extern gebildet, während das Unternehmen eine Risikoprämie als Aufwand absetzen kann.

Neben der aktiven und passiven Risikobewältigung besteht eine weitere Alternative schließlich darin, *keine aktive Risikopolitik zu betreiben*. So ergreift ein Unternehmen keinerlei risikopolitische Maßnahme, sondern akzeptiert und übernimmt das Risiko selbst.

Das Ziel des Risiko-Managements ist es nicht, alle Risiken auszuschalten, sondern vielmehr eine *Balance zwischen Chancen und Risiken* zu erreichen. Dies kann auch bedeuten, dass sich ein Unternehmen Risiken aussetzt, um auch potenzielle Chancen zu realisieren. Ziel eines Unternehmens muss es sein, mit einer Risikosteuerungsstrategie die Gesamtrisikoposition des Unternehmens zu verbessern. Hierbei muss auch berücksichtigt werden, dass durch den Einsatz der angesprochenen Instrumente (etwa beim Einsatz von

---

[58] **§ 249 HGB: Rückstellungen**

(1) Rückstellungen sind für ungewisse Verbindlichkeiten und für drohende Verluste aus schwebenden Geschäften zu bilden. Ferner sind Rückstellungen zu bilden für

1. im Geschäftsjahr unterlassene Aufwendungen für Instandhaltung, die im folgenden Geschäftsjahr innerhalb von drei Monaten, oder für Abraumbeseitigung, die im folgenden Geschäftsjahr nachgeholt werden,
2. Gewährleistungen, die ohne rechtliche Verpflichtung erbracht werden.

(2) Für andere als die in Absatz 1 bezeichneten Zwecke dürfen Rückstellungen nicht gebildet werden. Rückstellungen dürfen nur aufgelöst werden, soweit der Grund hierfür entfallen ist.

[59] Bei einer Captive (Insurance Company) handelt es sich um die höchste Stufe eines Finanzierungsfonds in einem Unternehmen. Im Wege des alternativen Risikotransfers dienen sie der Verlagerung von Konzernrisiken auf spezielle Vehikel, die u. a. einen Zugang zum Rückversicherungsmarkt und zum Kapitalmarkt besitzen. Captives sind eine Form der Selbstversicherung, da die Schäden durch konzerneigenes, oder von einer Captive Rückversicherung gekauftes Kapital gedeckt werden. Vor der Errichtung einer Captive wird in der Regel eine Feasibility Study durchgeführt. Es handelt sich um eine Form der externen Selbstversicherung. Gegenstand sind in der Regel Risiken aus den Bereichen der Sach- und/oder Haftpflichtversicherung. Weitere Informationen bei: Bawcutt (1997) sowie Swiss Re (2003).

derivativen Finanzinstrumenten) eventuell neue Risiken entstehen. Bei der Ermittlung einer Risikofinanzierungsstrategie und -umsetzung können Simulationsverfahren die Entscheidung unterstützen. Zielgröße ist in jedem Fall der Unternehmenswert, den es zu stabilisieren oder zu steigern gilt.

Zusammenfassend ist in der Prozessphase der Risikosteuerung und -kontrolle das Folgende zu beachten:

- Risiken, die nicht identifiziert und analysiert wurden, können trivialerweise nicht gesteuert werden.
- Bei der Fokussierung eines ausgewogenen Verhältnisses zwischen Ertrag (Chance) und Verlustgefahr (Risiko) ist die Gesamtrisikoposition des Unternehmens zu berücksichtigen.
- Voraussetzung für eine effektive Risikosteuerung ist eine adäquate Informationsversorgung der Entscheider.
- Strategien der Risikosteuerung können sein: Risiken vermeiden, vermindern, diversifizieren, transferieren, finanzieren oder akzeptieren.
- Risikosteuerung zielt auf eine Verringerung der Häufigkeit bzw. Eintrittswahrscheinlichkeit und/oder des Schadensausmaßes unter Berücksichtigung eines optimalen Risiko-Chancen-Kalküls.

2.10 Organisation des Risiko-Managements

Es existieren vier Erfolgsfaktoren für den Aufbau eines wirksamen Risiko-Management-Systems (vgl. Abb. 2.32):

- Fundierte Methoden
- Adäquate Organisation
- Adäquater Prozess
- Gelebte Risikokultur

Das vorliegende Kapitel konzentriert sich auf die wesentlichen Elemente einer adäquaten Risiko-Management-Organisation.

Wie in jedem anderen Managementsystem auch – man denke hier an das Qualitätsmanagement – erfordert auch ein Risiko-Management-System eine transparente Aufgabenzuordnung sowie die Beschreibung von Arbeitsabläufen. Für eine höhere Effizienz ist es sinnvoll, einheitliche Hilfsmittel für den Informationsfluss und die Datenauswertung bereitzustellen.

Ein wichtiger Grundsatz bei der Organisation von Risiko-Management-Systemen ist darin zu sehen, wo immer möglich auf vorhandene Organisationssysteme (bspw. ein Controlling oder ein Qualitätsmanagement) zurückzugreifen. Gibt es bereits in der Unternehmensstrategie explizite Aussagen zur Risikostrategie (inkl. Risikoappetit) der Unterneh-

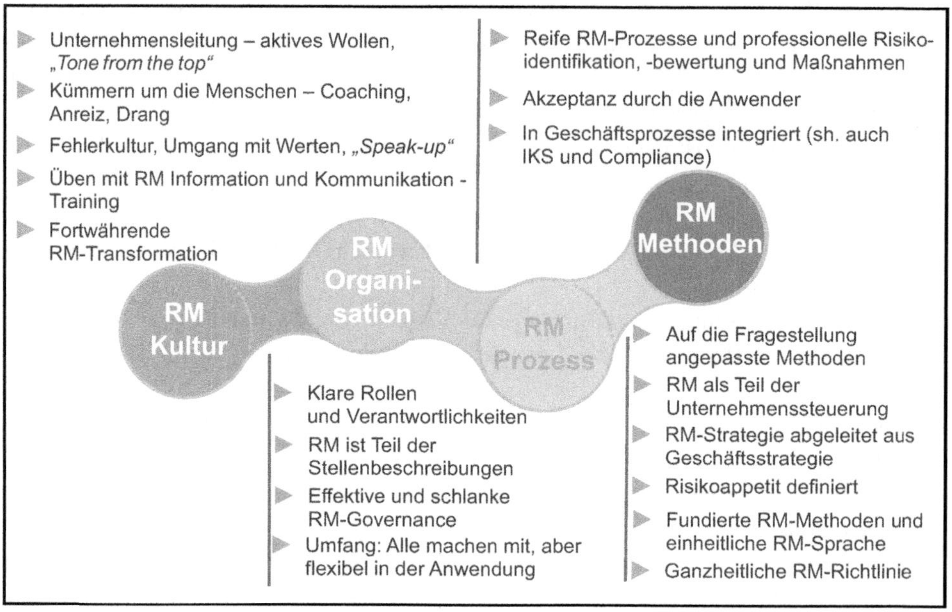

Abb. 2.32 Erfolgsfaktoren eines wirksamen Risiko-Managements

mensführung, so reicht ein Verweis auf die entsprechenden Stellen. Ebenso reicht ein einfacher Verweis vom Risiko-Management-System auf das Treasury, wenn dort bereits die Limite für das Eingehen von Risikopositionen geregelt sind. In vielen Fällen zeigt sich in der Praxis auch, dass wesentliche Teile der Qualitätsmanagementsysteme geeignet sind, den Umgang mit Leistungsrisiken zu unterstützen. Bspw. ist eine Fehler-Möglichkeits-Einfluss-Analyse (FMEA) durchaus zugleich als Instrument anzusehen, das Informationen für das Risiko-Management liefert, weil letztlich die mit einer FMEA aufgedeckten möglichen Fehler nichts anderes sind als Risiken.

Für den Aufbau eines wirksamen Risiko-Managements ist es von hoher Bedeutung, dass eine konkret benannte Person (Stelle), der Risikomanager oder Risikocontroller, die Gesamtverantwortung für das Risiko-Management-System trägt (sonst Vorstand oder Geschäftsführung). Für ein effizientes Risiko-Management sollte jedoch angestrebt werden, möglichst viele Teilaufgaben, insbesondere die laufende Überwachung der Risiken, dezentral zu organisieren.

Im Rahmen der organisatorischen Regelungen der Risiko-Management-Systeme ist es als ein Kernelement anzusehen, dass die Verantwortlichkeiten für die regelmäßige Überwachung von Risiken bestimmten Personen (Risk Ownern bzw. Prozessverantwortliche, die auch für das Management der Risken verantwortlich sind) zugeordnet werden. Zur Vermeidung überhöhten organisatorischen Aufwands ist es naheliegend, die Fachexperten, die sich in ihrer täglichen Arbeit mit einem Risikobereich beschäftigen, zugleich auch als Risk Owner zu definieren und ihnen diese Verantwortung klar zuzuweisen. Beispielsweise kann so der Treasurer des Unternehmens Risk Owner für Zins- und Währungsrisiken sein. Er hat naheliegender Weise die notwendigen fachlichen Voraussetzungen, beschäftigt sich in seiner täglichen Arbeit mit der Thematik und hat deshalb „nur“ bestimmte zusätzliche Auswertungen aus Risikogesichtspunkten vorzunehmen.

Die Gestaltung des Risiko-Management-Systems kann nicht im „freien“ Raum erfolgen, sondern sie muss diversen Ansprüchen genügen. In diesem Kontext sind vor allem branchenspezifische Besonderheiten zu berücksichtigen (vgl. insbesondere die branchenspezifischen Anforderungen vor dem Hintergrund der Banken- und Versicherungsregulierung).

Vor allem in Deutschland stellt das Artikelgesetz zur Kontrolle und Transparenz im Unternehmensbereich (KonTraG, vgl. insbesondere § 91 Abs. 2 AktG) eine wesentliche Vorgabe für die Organisation des Risiko-Management-Systems dar.

Allerdings hat sich der Gesetzgeber hinsichtlich der konkreten Ausgestaltung (aufgrund der unterschiedlichen Branchen, Geschäftsmodelle und Größenklassen) eher vage geäußert. Dem Gesetzestext zufolge ist „[...] insbesondere ein Überwachungssystem einzurichten, damit den Fortbestand der Gesellschaft gefährdende Entwicklungen früh erkannt werden“ (§ 91 Abs. 2 AktG) und nach § 317 Abs. 4 HGB ist bei einer Aktiengesellschaft mit amtlich notierten Aktien „[...] im Rahmen der Prüfung zu beurteilen, [...] ob das danach einzurichtende Überwachungssystem seine Aufgabe erfüllen kann“.

Dem Gesetz kann also die Mindestzielsetzung für Risiko-Management-Systeme entnommen werden, nämlich dass diese Systeme als Frühwarnsysteme geeignet sein müssen, um damit für ein Unternehmen bestandsgefährdende Risiken zu erkennen.

Erheblich konkretisiert wurden die Anforderungen an ein KonTraG-konformes Risiko-Management-System durch das Institut der Wirtschaftsprüfer in Deutschland e. V. (IDW), einen eingetragenen Verein, der die Arbeit der Wirtschaftsprüfer und Wirtschaftsprüfungsgesellschaften fördert und unterstützt, Aus- und Fortbildung anbietet sowie die Interessen des Berufsstands der Wirtschaftsprüfer vertritt. Das IDW hat in einem Prüfungsstandard Details zu den Anforderungen eines Risiko-Management-Systems definiert (IDW PS 340 vom 25.06.1999). Im Jahr 2020 wurde der Entwurf einer Neufassung des IDW Prüfungsstandards „Die Prüfung der Maßnahmen nach § 91 Abs. 2 AktG im Rahmen der Jahresabschlussprüfung gemäß § 317 Abs. 4 HGB“ (IDW EPS 340 n.F.) vorgestellt.

Bereits aus der „alten“ Fassung des Prüfungsstandards lassen sich folgende Hinweise für den Aufbau eines Risiko-Management-Systems ableiten:

1. Risikokommunikation:
   - Schulung von Kommunikationsbereitschaft;
   - nachweisbare Berichterstattung über nicht bewältigte Risiken;
   - Festlegung von Schwellenwerten für die Berichtspflicht;
   - Festlegung von angemessenen Überwachungsrhythmen (auch Ad-hoc-Berichterstattung).
2. Zuordnung von Verantwortlichkeiten und Aufgaben:
   - abgestufte Verantwortlichkeiten für die Erfassung und Bewältigung in den Bereichen, in denen die Risiken auftreten;
   - Rückkopplung;

- Weiterleitung an übergeordnete Stellen bei Nichtbewältigung.

3. Einrichtung eines Überwachungssystems:
   - Überwachung der Einhaltung der eingerichteten Maßnahmen und integrierten Kontrollen;
   - Prüfung durch die Interne Revision auf:
     - vollständige Erfassung aller Risikofelder;
     - Angemessenheit der Maßnahmen;
     - kontinuierliche Anwendung der Maßnahmen;
     - Einhaltung der integrierten Kontrollen.

Diverse Unternehmensskandale haben Unternehmen vor Augen geführt, dass das Corporate-Governance-System zu modifizieren und vor allem Kontrollmechanismen einzuführen sind, um potenzielle und bestandsgefährdende Risiken früher zu erkennen. In diesem Zusammenhang wurde in der Praxis das Organisationsmodell „Three Lines of Defence" (kurz TLoD) als funktionsfähiges Kontroll- und Überwachungssystem in vielen Unternehmen und in vielen Branchen eingeführt (vgl. Abb. 2.33).

Die **„erste Verteidigungslinie"** bilden die operativen Einheiten, d. h. die Risikoeigentümer (oder auch „Risk Owner") in den operativen Bereichen wie Produktion, Einkauf, Logistik etc. Sie verantworten für ihren Bereich die Balance zwischen Risiken und Chancen bzw. zwischen Risiken und Risikotragfähigkeit.

Auf der **„zweiten Verteidigungslinie"** finden die operativen Kontrollen statt. Dies ist vor allem das Betätigungsfeld der Unternehmensbereiche Risiko-Management, Unternehmenssicherheit, Compliance, IT-Security etc. Als eine Art „Inhouse-Berater" stellen sie für die operativen Einheiten Werkzeuge und Prozesse zur Verfügung. Außerdem nehmen sie Einfluss auf die Risikostrategie und schlagen erforderliche Kontrollen zur Beachtung von risikobehafteten Prozessen vor. Des Weiteren sind sie das Sprachrohr gegenüber der Geschäftsleitung, führen alle Unternehmensrisiken (und Chancen) zu einem Gesamtbild zusammen (Risikoaggregation) und unterstützen die Geschäftsleitung bei der Umsetzung

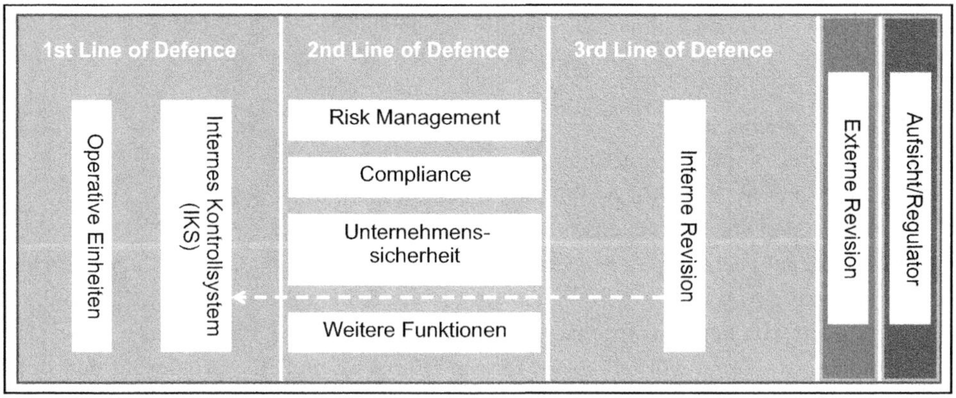

Abb. 2.33 „Three Lines of Defence"-Modell

einer chancen- und risikoorientierten – und damit wertorientierten – Unternehmensführung. Eine höhere Transparenz über Chancen und Risiken sollte dann in der Konsequenz auch zu besseren Entscheidungen führen.

Die **„dritte Verteidigungslinie"** stellt eine weitere unabhängige Organisationseinheit dar, die Vorstand und Aufsichtsrat bei der abschließenden Überwachung und Kontrolle bestehender und potenzieller Risiken unterstützt. In der Praxis ist dies in der Regel die interne Revision, die die untergeordneten Verteidigungslinien überwacht und unterstützt.

2.11 Gelebte Risikokultur

Das beste System für Risiko-Management bleibt unwirksam, wenn es nicht tagtäglich im Unternehmen gelebt wird. Damit das Management der Chancen und Risiken nicht zu einem potemkinschen Dorf wird, muss Risiko-Management als wertschöpfender Prozess verstanden werden und in die Unternehmenssteuerung integriert sein. Nur so wird Risiko-Management zu einem strategischen und wertschöpfenden Instrument.

Risikokultur enthält die Gesamtheit aller Normen, Einstellungen und Verhaltensweisen in Bezug auf Risikobewusstsein, Risikobereitschaft und Risiko-Management. Die Mindestanforderungen an das Risiko-Management (MaRisk) für Banken beschreiben im Allgemeinen Teil (AT 3) Risikokultur wie folgt:

> *„Die Risikokultur beschreibt allgemein die Art und Weise, wie Mitarbeiter des Instituts im Rahmen ihrer Tätigkeit mit Risiken umgehen (sollen). Die Risikokultur soll die Identifizierung und den bewussten Umgang mit Risiken fördern und sicherstellen, dass Entscheidungsprozesse zu Ergebnissen führen, die auch unter Risikogesichtspunkten ausgewogen sind. Kennzeichnend für eine angemessene Risikokultur ist vor allem das klare Bekenntnis der Geschäftsleitung zu risikoangemessenem Verhalten, die strikte Beachtung des durch die Geschäftsleitung kommunizierten Risikoappetits durch alle Mitarbeiter und die Ermöglichung und Förderung eines transparenten und offenen Dialogs innerhalb des Instituts zu risikorelevanten Fragen."*

Vor allem in den bunten Geschäftsberichten wird die Unternehmenskultur wie ein Heiliger Gral hochgehalten und strapaziert. Dort steht regelmäßig viel über den „Wandel" einer „global gelebten" und „geschäftsfeldübergreifenden" Unternehmenskultur. Selbstverständlich von „gegenseitigem Respekt" und „Offenheit" gekennzeichnet. Dass diese Begriffe in vielen Fällen nicht mehr als Füllwörter sind, bewahrheitet sich spätestens bei auftretenden Unternehmenskrisen oder Unternehmensskandalen (etwa in der Folge von Compliance-Verstößen). Nicht selten entpuppt sich das Ganze dann als „Potemkinsches Dorf": Hochglanzbroschüren versprechen viel, um den tatsächlichen, verheerenden Zustand zu verbergen. Im tiefen Inneren fehlt es an Substanz.

Ausgewählte Elemente sind in Abb. 2.34 zusammengefasst.

Um zu verstehen, wie Risikokultur in der Praxis umgesetzt werden kann, hilft ein Blick in die Luftfahrt, bei der ein gelebtes Risiko- und Krisenmanagement auf eine lange Historie verweisen kann. In den Kindertagen der Luftfahrt bestand das Risiko-Management- und Frühwarnsystem des Piloten – neben dem Kompass – im Wesentlichen aus drei Instrumenten: Schal, Krawatte und Brille. An der Art wie der Schal flatterte, konnte der Pilot Geschwindigkeit und Seitenwind abschätzen. Hing die Krawatte schräg, musste die Kurvenlage korrigiert werden. Und beschlug die Brille, so zeigte dies baldigen Nebel oder Regen an – und die Notwendigkeit, schleunigst zu landen. Heute sieht die Welt in der Luftfahrt anders aus: Hochtechnische Navigations- und Frühwarnsysteme und ausgefeilte Risiko-Management-Systeme haben zu einer hoch entwickelten Risikokultur und einem exzellenten Sicherheitsniveau in der Luftfahrt geführt. Ein wesentliches Element hierbei spielen heute Simulationen.

Sich der eigenen Schwächen beim intuitiven Umgang mit Risiken bewusst zu sein, ist der erste Schritt für die Verbesserung der Potenziale im Risiko-Management. Hierbei können beispielsweise Planspiele (Business Games, Business War Games) einen erheblichen Mehrwert bieten.

Insbesondere im Kontext Risikokultur wird die „alte" Erkenntnis bestätigt: Führung ist alles und ohne Führung ist alles nichts.

Risikokultur ist nicht gleichzusetzen mit Risikovermeidung. Kennzeichnend für eine gelebte und adäquate Risikokultur ist zum einen die Ausrichtung aller Entscheidungen am in der Strategie definierten Risikoappetit (Risikoakzeptanz) und zum anderen ein offener Dialog über risikorelevante Fragen.

So gibt vor allem der „Tone from the top" und der „Tone from the middle" das Wertesystem vor. Hierbei ist wichtig, dass Risiko-Management konsistent und glaubwürdig vorgelebt wird. Dies führt in der Konsequenz zu einem Echo „from the bottom". Umgekehrt würde eine nicht gelebte Governance-Kultur (etwa ein unsensibler Umgang mit dem Thema Compliance) auf der Geschäftsleitungsebene in der Konsequenz auch zu einer nicht gelebten Risikokultur in der gesamten Organisation führen.

Wichtig ist in diesem Kontext auch eine klare Zuweisung von Verantwortlichkeiten (accountability), die

- zu kommunizieren,
- zu dokumentieren,
- zu kontrollieren und
- bei Verstößen zu sanktionieren sind.

Hierzu zählt beispielsweise eine klare und transparente Verantwortlichkeit für Risiken („Ownership of risk").

Das Governance-System und ein Internes Kontrollsystem stehen hierbei in einer engen Wechselbeziehung.

Ein wichtiges Element (siehe Abb. 2.34) ist die Kommunikation, d. h. ein konstruktiver Dialog zu Risikothemen – quer durch die Organisation. Hierzu zählt vor allem auch ein

Abb. 2.34 Elemente beim Aufbau einer Risikokultur

offener Umgang mit Kritik sowie eine gelebte Fehlerkultur. Angemessene Anreizstrukturen können die Risikokultur wesentlich unterstützen.

Wesentliche Erfolgsfaktoren einer gelebten Risikokultur sind:

- eine sorgfältige Auswahl des Personals: Hierbei sollten Kriterien zur Bewertung der Persönlichkeit, etwa Empathie, Verlässlichkeit oder Verantwortungsgefühl, Teamfähigkeit oder auch Führungsverhalten und -fähigkeit im Vordergrund stehen.
- Führungsphilosophie: Gute Führung erzeugt ein Gefühl von Sicherheit und Zugehörigkeit und ist inspirierend und erzeugt dadurch Vertrauen und Kooperation.
- ein klar formulierter Wertekodex
- offene transparente Kommunikation
- eine nicht strafende, positive Fehlerkultur („non punitiv"): Eine gelebte Risikokultur ist eine Kultur des Vertrauens, des Lernens und der Verantwortlichkeit. Nicht das Bestrafen steht im Vordergrund, sondern das Lernen aus Fehlern und die Vermeidung zukünftiger Fehler. Es wird nicht nach Schuldigen gesucht, sondern nach Lösungen, um zukünftige Risikoeintritte zu vermeiden.
- regelmäßige Briefings & Lessons Learned.

2.12 Reifegradmodell (Maturity Model)

In Abb. 2.35 ist ein Reifegradmodell skizziert, dass die wesentlichen Schritte von einem initialen Risiko-Management-System hin zu einem „Leading"-System skizziert.

Zwischen dem Reifegrad des Risiko-Managements und dem Einsatz unterschiedlicher Werkzeuge und Methoden besteht ein direkter und zwingender Zusammenhang. Auf der Stufe eines initialen Risiko-Managements sowie auf der Stufe „Basic" dominieren vor allem Kollektionsmethoden. Auf der Reifegrad-Stufe „Evolved" erfolgt immerhin bereits eine gute Kooperation zwischen den existierenden Silos auf Risiko-Management, Compliance-Management und Controlling und neben Kollektionsmethoden kommen auch Analytische Methoden zum Einsatz. Bei „Advanced" erfolgt zum einen eine Verknüpfung von Planung und Risiko-Management in Form einer „Bandbreitenplanung" sowie die Integration von Compliance-Management und Risiko-Management zu einem integrierten ERM-System (Enterprise-Risk-Management-System) bzw. GRC-System (Governance, Risk & Compliance-System). Dies bedingt auch den Einsatz eines fundierten und umfassenden Werkzeugkastens, etwa von quantitativen Methoden zur methodisch fundierten Aggregation von Risiken. In der höchsten Ausbaustufe („Leading") wird Risiko-/Chancenmanagement als strategisches Instrument der Unternehmenssteuerung verstanden. Compliance-Management, IKS und Controlling ist hier selbstverständlich integriert in ein einheitliches Methodensetting und System. Außerdem ist Risiko- und Chancenmanagement (bzw. Risk-/Opportunity-Management) voll integriert in die Geschäftsprozesse. Basierend hierauf wird Risiko-/Chancenmanagement in der gesamten Organisation gelebt (Risikokultur) und ist einer der Kernprozesse des Unternehmens.

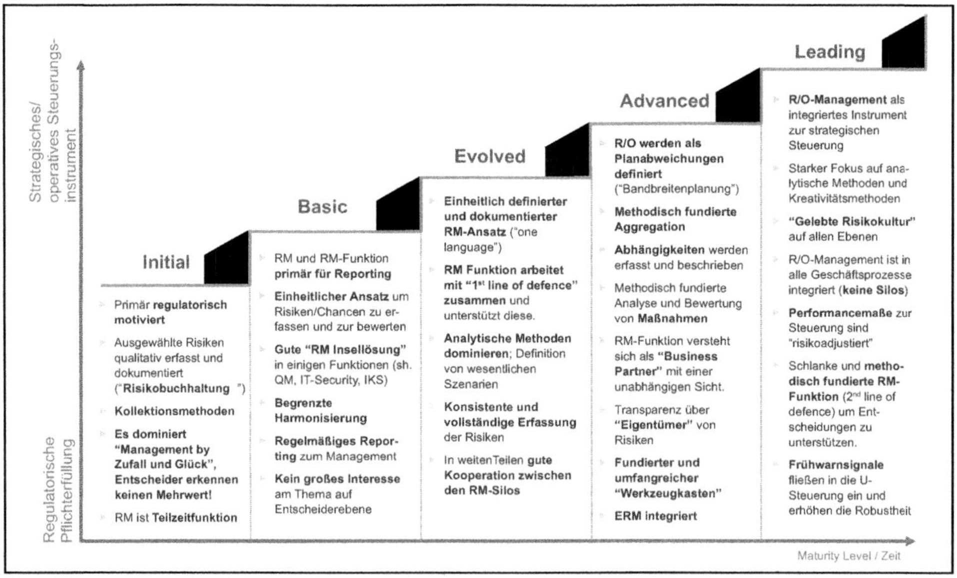

Abb. 2.35 Reifegradtreppe im Risiko-Management (Maturity Model)

Literatur

ANDRAE, S.; HELLMICH, M.; SCHMALTZ, C.: Handbuch Bankaufsichtliches Risikomanagement, Grundlagen und Anwendung regulatorischer Anforderungen, Stuttgart 2018.

ARTZNER, PH./DELBAEN, F./EBER, J. M./HEATH, D.: Coherent Measures of Risk, Mathematical Finance 9 no. 3/1999, 203–228.

BAWCUTT, P.: Captive Insurance Companies: Establishment, Operation and Management, London 1997.

BAYERISCHE RÜCK: Gesellschaft und Unsicherheit, Knesebeck, München 1987.

BLEYMÜLLER, J./GEHLERT, G./GÜLICHER, H.: Statistik für Wirtschaftswissenschaftler, München 2008.

BOHMFALK, T.-B./ROMEIKE, F.: Stochastische Szenarioanalyse bei der CCC AG, in: GRC aktuell, Ausgabe Mai 2018, 02/2018, S. 87–92.

BRÜHWILER, B./ROMEIKE, F.: Praxisleitfaden Risikomanagement. ISO 31000 und ONR 49000 sicher anwenden, Erich Schmidt Verlag, Berlin 2010.

EICKSTÄDT, J.: Alternative Risiko-Finanzierungsinstrumente, München 2001.

EMBRECHTS, P./KLÜPPELBERG, C./MIKOSCH, T.: Modelling extremal events for insurance and finance, Berlin 1997.

ERBEN, R. F./ROMEIKE, F.: Allein auf stürmischer See – Risikomanagement für Einsteiger, 1. Auflage, Wiley Verlag, Weinheim 2003.

ERBEN, ROLAND FRANZ/VOGEL, DIRK [2015]: Qualitäts- und Risikomanagement wachsen weiter zusammen – ISO 9001 Rev. 2015, Controller Magazin, Nr. 03, 2016, S. 24–30.

ERBEN, R. F./ROMEIKE, F.: Allein auf stürmischer See – Risikomanagement für Einsteiger, 3. aktualisierte Auflage, Wiley Verlag, Weinheim 2016.

ERBEN, R. F./ROMEIKE, F.: Allein auf stürmischer See – Risikomanagement für Einsteiger, 3. Auflage, Wiley Verlag, Weinheim 2016.

ETTENGRUBER, R.: Einsatz von Control Self Assessment (CSA) für die Interne Revision heute, in: Förschler, D. (Hrsg.): Innovative Prüfungstechniken und Revisionsvorgehensweisen, Frankfurt/Main 2007, S. 435–474.

FISZ, M.: Wahrscheinlichkeitsrechnung und mathematische Statistik, 11. Auflage, Berlin 1989.

FORRESTER, J. W.: Industrial dynamics, Cambridge 1977.

GLEISSNER, W.: Grundlagen des Risikomanagements, 3. Auflage, Vahlen Verlag, München 2017.

GLEISSNER, W./ROMEIKE, F.: Risikomanagement – Umsetzung, Werkzeuge, Risikobewertung, Freiburg i. Br. 2005.

GLEISSNER, W./ROMEIKE, F.: Grundlagen und Grundbegriffe einer risikoorientierten Unternehmensführung (Band 1: Schriftlicher Management-Lehrgang „Risikoorientierte Unternehmensführung", Euroforum Verlag), Düsseldorf 2007a.

GLEISSNER, W./ROMEIKE, F.: Quantitative Risikoanalyse, Risikoaggregation und risikogerechte Kapitalkosten (Band 4: Schriftlicher Management-Lehrgang „Risikoorientierte Unternehmensführung", Euroforum Verlag), Düsseldorf 2007b.

GLEISSNER, W./ROMEIKE, F.: Psychologische Aspekte im Risikomanagement – Bauchmenschen, Herzmenschen und Kopfmenschen, in: Risk, Compliance & Audit (RC&A), 06/2012, S. 43–46.

GLEISSNER, W./ROMEIKE, F. (Hrsg.): Praxishandbuch Risikomanagement, Konzepte – Methoden – Umsetzung, Erich Schmidt Verlag, Berlin 2015.

GUMBEL, E. J.: Statistics of extremes, New York 1958.

HAGER, P.: Corporate Risk Management – Value at Risk und Cash Flow at Risk, Frankfurt/Main 2004.

HARTMANN, W./ROMEIKE, F.: Business Judgement Rule, in: FIRM Jahrbuch 2015, Frankfurt/Main 2015a, S. 157–160.

Hartmann, W./Romeike, F.: Business Judgement Rule – Maßstab für die Prüfung von Pflichtverletzungen, in: Zeitschrift für das gesamte Kreditwesen, 68. Jahrgang, Ausgabe 05-2015b, S. 227–230.

Hatzinger, R./Hornik, K./Nagel, H.: R – Einführung durch angewandte Statistik, Pearson Studium, München 2011.

Huth, M./Romeike, F.: Risikomanagement in der Logistik, Springer Verlag, Wiesbaden 2016.

International Organization for Standardization: IEC 31010 (Risk management – Risk assessment techniques), Geneva 2009.

International Organization for Standardization: ISO 31000 (Risk management – Guidelines), Geneva 2018.

Kahneman, D.: Thinking, fast and slow, New York: Penguin Books 2011.

Knight, F. H.: Risk, Uncertainty and Profit, Hart, Schaffner & Marx; Houghton Mifflin Co., Boston 1921.

Korte, T./Romeike, F. : MaRisk VA erfolgreich umsetzen: Praxisleitfaden für das Risikomanagement in Versicherungen, 2., komplett überarbeitete Auflage, Erich Schmidt Verlag, Berlin 2010.

Laux, H.: Entscheidungstheorie, 3. Auflage, Springer Verlag, Berlin 1995.

Linstone, H. A.: The Delphi-Method – Techniques & Applications, Massachusetts 1975.

Löffler, H./Romeike, F.: Risiken schultern: Gesunde Balance für erfolgreiche Unternehmen, in: FINANCE, Heft 11/2007, S. 30.

Marsh, J. G./Shapira, Z.: Managerial Perspectives on risk and risk taking, in: Management Science, 33/1987, S. 1404–1418.

Nguyen, Tristan/Romeike, Frank [2012]: Versicherungswirtschaftslehre, Springer/Gabler Verlag, Wiesbaden 2012.

Poddig, Th./Dichtl, H./Petersmeier, K.: Statistik, Ökonometrie, Optimierung – Methoden und ihre praktischen Anwendungen in Finanzanalyse und Portfoliomanagement, Bad Soden/Ts. 2008.

Probst, G./Raisch, S.: Die Logik des Niedergangs, in: Harvard Business Manager, März 2014, S. 37–45.

Renn, O.: Das Risikoparadox – Warum wir uns vor dem Falschen fürchten, Fischer Taschenbuch, Frankfurt am Main 2014.

Romeike, F. (2006a): Der Risikofaktor Mensch – die vernachlässigte Dimension im Risikomanagement, in ZVersWiss (Zeitschrift für die gesamte Versicherungswissenschaft), Heft 2/2006, S. 287–309.

Romeike, F.: Traditionelle und alternative Wege der Risikosteuerung und des Risikotransfers, in: Romeike, F.; Finke, R.: Erfolgsfaktor Risikomanagement: Chance für Industrie und Handel, Wiesbaden 2003, S. 247–270

Romeike, F.: Lexikon Risikomanagement, Weinheim 2004a.

Romeike, F.: Integration des Managements der operationellen Risiken in die Gesamtbanksteuerung, in: BIT (Banking and Information Technology), Band 5, Heft 3/2004b, S. 41–54.

Romeike, F.: Frühwarnsysteme im Unternehmen, Nicht der Blick in den Rückspiegel ist entscheidend, in: RATING aktuell, April/Mai 2005, Heft 2, S. 22–27.

Romeike, F.: Frühaufklärungssysteme als wesentliche Komponente eines proaktiven Risikomanagements, in: Controlling, Heft 4–5/2005 (April/Mai), S. 271–279.

Romeike, F.: Integriertes Risiko-Controlling und -Management im global operierenden Konzern, in: Schierenbeck, H. (Hrsg.): Risk Controlling in der Praxis, Zürich 2006b, S. 429–463.

Romeike, F.: Gesunder Menschenverstand als Frühwarnsystem (Gastkommentar), in: Der Aufsichtsrat, Ausgabe 05/2008a, Seite 65.

Romeike, F. (Hrsg.): Rechtliche Grundlagen des Risikomanagements – Haftungs- und Strafvermeidung für Corporate Compliance, Erich Schmid Verlag, Berlin 2008b.

Romeike, F.: Fooled by Randomness, in: FIRM Yearbook 2013, Frankfurt/Main 2013, S. 25–29.

ROMEIKE, F.: Narren des Zufalls, in: FIRM Jahrbuch 2013, Frankfurt/Main 2013, S. 95–99.
ROMEIKE, F.: Risikomanagement im Kontext von Corporate Governance, in: Der Aufsichtsrat, 05/2014, S. 70–72.
ROMEIKE, F.: Risikomanagement, Springer Verlag, Wiesbaden 2018a.
ROMEIKE, F.: Toolbox – Reifegrade definieren Methoden, in: GRC aktuell, Ausgabe Februar 2018, 01/2018b, S. 41–45.
ROMEIKE, F.: Stochastische Investitionssimulation. Seriöser Umgang mit Unsicherheit bei Investitionsplanungen, in: CFO aktuell, Ausgabe Juli 2018c, S. 167–172.
ROMEIKE, F.: Toolbox – Fehlermöglichkeits- und Einflussanalyse (FMEA), in: GRC aktuell, Ausgabe Mai 2018, 02/2018d, S. 73–77.
ROMEIKE, F. (2019): Toolbox – Die Bow-Tie-Analyse, in: GRC aktuell, Ausgabe Februar 2019, 01/2019, S. 39–44.
ROMEIKE, F./FINKE, R.: Erfolgsfaktor Risikomanagement: Chance für Industrie und Handel, Wiesbaden 2003.
ROMEIKE, F./LÖFFLER, H.: RiskNET Experten-Studie: Wert- und Effizienzsteigerung durch ein integriertes Risiko- und Versicherungsmanagement, Oberaudorf/Hamburg 2007.
ROMEIKE, F./HEINICKE, F.: Schätzfehler von „modernen" Risikomodellen, in: FINANCE, Heft 2/2008, S. 32–33.
ROMEIKE, F./MÜLLER-REICHART, M.: Risikomanagement in Versicherungsunternehmen – Grundlagen, Methoden, Checklisten und Implementierung, 2. Auflage, Weinheim 2008.
ROMEIKE, F./STALLINGER, M.: Bandbreiten- bzw. Korridorplanung – Integration von Risikomanagement und Unternehmensplanung, in: Risk, Compliance & Audit (RC&A), 06/2012, S. 12–21.
ROMEIKE, F./HAGER, P.: Erfolgsfaktor Risikomanagement 3.0: Lessons learned, Methoden, Checklisten und Implementierung, 3. komplett überarbeitete Auflage, Springer Verlag, Wiesbaden 2013.
ROMEIKE, F./SPITZNER, J.: Von Szenarioanalyse bis Wargaming – Betriebswirt-schaftliche Simulationen im Praxiseinsatz, Wiley Verlag, Weinheim 2013.
SACHS, L.: Angewandte Statistik, Berlin/Heidelberg 1992.
SCHIERENBECK, H. (HRSG.): Risk Controlling in der Praxis, Zürich 2006.
SEEGER, TH.: Die Delphi-Methode. Expertenbefragungen zwischen Prognose und Gruppenmeinungsbildungsprozessen. Überprüft am Beispiel von Delphi-Befragungen im Gegenstandsbereich Information und Dokumentation, Freiburg i. Br. 1979.
SIMON, H./GATHEN, A. VON DER: Das große Handbuch der Strategieinstrumente – Alle Werkzeuge für eine erfolgreiche Unternehmensführung, Frankfurt/Main 2002.
SINN, H.-W.: Ökonomische Entscheidungen bei Unsicherheit, J.C.B. Mohr (Paul Siebeck), Tübingen 1980.
STERMAN, J. D.: Business dynamics: systems thinking and modeling for a complex world, Boston 2000.
STROHHECKER, J./SEHNERT, J. (HRSG.): System Dynamics für die Finanzindustrie – Simulieren und Analysieren dynamisch-komplexer Probleme, Frankfurt/Main 2008.
SWISS RE: sigma Nr. 1/2003 Alternativer Risikotransfer – Eine Bestandsaufnahme, Zürich 2003.
USAF Project RAND Report Delphi Assessment: Expert Opinion, Forecasting and Group Process (www.rand.org/pubs/reports/2006/R1283.pdf).
VESELY, W./GOLDBERG, F.F./ROBERTS, N. H./HAASL, D.F.: Fault Tree Handbook. NUREG-0492, Washington DC 1981 (www.nrc.gov/reading-rm/doc-collections/nuregs/staff/sr0492/sr0492.pdf).

Methoden zur Identifikation und Bewertung von Risiken

3

Nur nicht den Überblick über die komplexe Risikolandkarte verlieren!

F. Romeike, P. Hager, *Erfolgsfaktor Risiko-Management 4.0*,
https://doi.org/10.1007/978-3-658-29446-5_3

3.1 Portfolio an Werkzeugen

In Tab. 3.1 sind die wesentlichen Methoden aufgeführt, die in Kollektionsmethoden, analytische Methoden und Kreativitätsmethoden eingeteilt werden können.[1]

In Tab. 3.2 sind ausgewählte Methoden hinsichtlich ihres Einsatzes für unterschiedliche Risikoarten und Fragestellungen klassifiziert. Die Bewertung erfolgt anhand einer fünfstufigen Skala (exzellent geeignet, sehr gut geeignet, gut geeignet, eher ungeeignet, nicht geeignet).

Tab. 3.2 zeigt auf, dass einige Methoden nur für sehr spezifische Fragestellungen geeignet sind. So wurde beispielsweise die FMEA („Failure Mode and Effects Analysis", deutsch: Fehlermöglichkeits- und -einflussanalyse) ursprünglich im militärischen Bereich entwickelt und angewendet. Anschließend fand die FMEA Verbreitung in der Luft- und Raumfahrtindustrie und später in der Automobilindustrie. Die Initialzündung für den flächendeckenden Einsatz der FMEA in der Automobilindustrie erfolgte durch den Automobilhersteller Ford in den 1970er-Jahren. Heute wird die FMEA insbesondere in der Design- bzw. Entwicklungsphase neuer Produkte oder Prozesse angewandt.

In der Zwischenzeit wird die FMEA – als analytische Methoden der Zuverlässigkeitstechnik – auch für andere Fragestellungen in der Praxis angewendet, für die sie häufig nur bedingt geeignet ist. So kann beispielsweise die kritische Frage gestellt werden, ob die FMEA für die Risikoanalyse in Produktionsprozessen überhaupt sinnvolle Ergebnisse liefern kann.

Tab. 3.1 Unterschiedliche Grade von Unsicherheit

	Suchmethoden	
Kollektionsmethoden	Analytische Methoden	Kreativitätsmethoden
• Checkliste • Schadenfall-Datenbank • SWOT-Analyse • Self-Assessment • Risiko-Identifikations-Matrix (RIM) • Interview	• Bow-Tie-Analysis • Empirische Datenanalyse • Fehlerbaumanalyse (Fault Tree Analysis, FTA) • Fehlermöglichkeits- und Einflussanalyse (FMEA) • Hazard and operability studies (HAZOP) • Business impact analysis • Fehler-Ursachen-Analyse (Root cause analysis, RCA) • Ereignis-Baumanalyse (Event tree analysis) • Cause-and-effect analysis • Ishikawa-Diagramm • Markov analysis/Bayesian statistics and Bayes Nets • Consequence/probability matrix • Social Network Analysis	• Morphologische Analyse • Brainstorming • Brainwriting • Methode 635 • Brainwriting Pool • Mind Mapping • KJ-Methode • Flip-Flop-Technik (Kopfstandtechnik) • World-Café • Delphi-Methode • Business Wargaming • Deterministische Szenarioanalyse • Stochastische Szenarioanalyse (stochastische Simulation) • System Dynamics

Quelle: Romeike (2018a, S. 56)

[1] Vgl. vertiefend Kap. 2.

Tab. 3.2 Methodenmatrix

+++ exzellent geeignet ++ sehr gut geeignet + gut geeignet – Eher ungeeignet – – Nicht geeignet	Strategische Risiken	Finanzwirtschaftliche Risiken	Politische, rechtliche Risiken sowie Länderrisiken	Risiken aus Corporate Governance und Organisation	Leistungsrisiken	Reputationsrisiken
Checkliste	–	–	–	+	+	–
Schadenfall-Datenbank	–	–	–	+	++	–
SWOT-Analyse	+++	–	+	–	–	–
Self-Assessment	–	–	–	+	+	–
Risiko-Identifikations-Matrix (RIM)	–	–	–	–	+	–
Interview	+	+	+	+	+	+
Social Network Analysis	–	– –	+	++	+	+++
Empirische Datenanalyse	– –	+++	+	+	+	–
Fehlerbaumanalyse (Fault tree analysis)	–	–	–	–	++	–
FMEA	–	–	–	–	++	–
HAZOP	–	–	–	–	++	–
Business impact analysis	–	+	–	–	++	–
Root cause analysis	–	– –	–	–	++	–
Ereignis-Baumanalyse	–	– –	–	–	+	–
Markov-Analyse	+	+	–	–	+	–
Morphologische Analyse	–	–	–	–	+	–

(Fortsetzung)

Tab. 3.2 (Fortsetzung)

+++ exzellent geeignet ++ sehr gut geeignet + gut geeignet – Eher ungeeignet – – Nicht geeignet	Strategische Risiken	Finanzwirtschaftliche Risiken	Politische, rechtliche Risiken sowie Länderrisiken	Risiken aus Corporate Governance und Organisation	Leistungsrisiken	Reputationsrisiken
Bow-Tie-Analysis	–	– –	+	+	++	+
Brainstorming	++	– –	+	++	++	++
Brainwriting	+++	– –	+	++	++	++
Methode 635	++	– –	+	++	++	++
Mind Mapping	+	– –	+	–	+	+
KJ-Methode	++	– –	+	+	+	+
Flip-Flop-Technik/ Kopfstandtechnik	++	– –	+	–	+	++
World Café	++	–	+	+	+	+
Delphi-Methode	++	–	++	+	+	+
Deterministische Szenarioanalyse	+++	+	+++	++	++	++
Stochastische Szenarioanalyse	+++	+++	++	++	+++	++
Business Wargaming	+++	–	++	+	+	+
System Dynamics	+	++	+	+	+	+

Quelle: Romeike (2018a, S. 60–61)

Andere Methoden, beispielsweise die „Stochastische Szenarioanalyse" ist hingegen für vielfältige Fragestellungen anwendbar. Nachfolgend werden wir die Prozessschritte eines Risiko-Assessments für die Praxis beschreiben.

3.2 Durchführung eines Risiko-Assessments in der Praxis

Risiko-Management beschäftigt sich mit unsichereren Szenarien, die in der Zukunft eintreten können oder auch nicht. Der US-amerikanischer Stratege, Kybernetiker und Zukunftsforscher Herman Kahn hat die primäre Zielsetzung des Risiko-Management in zwei Sätzen zusammengefasst: „Aus der Vergangenheit kann jeder lernen. Heute kommt es darauf an, aus der Zukunft zu lernen."

Um aus der Zukunft zu lernen, werden vor allem Kreativitätsmethoden erforderlich sein, um potenzielle Zukunftspfade zu identifizieren. In Abb. 3.1. ist der Prozess eines Risiko-Assessments in einer kompakten Form zusammengefasst. In einem ersten Schritt erfolgt die Identifikation potenzieller Szenarien. Für diese Analysephase bietet es sich an, einen Workshop durchzuführen. Hierbei sollte die Frage im Mittelpunkt stehen, welche Szenarien für die definierte Zielerreichung kritisch bzw. von hoher Relevanz sind?

Die formale Grundidee des Szenariodenkens ist in Abb. 3.2 wiedergegeben. Die Szenarioanalyse wurde im Jahr 1967 von Herman Kahn und Anthony J. Wiener in die Wirtschaftswissenschaften eingeführt. Sie definieren Szenario als „a hypothetical sequence of events constructed for the purpose of focussing attention on causal processes and decision points."[2] Kahn und Wiener weiter „They answer two kinds of questions: (1)

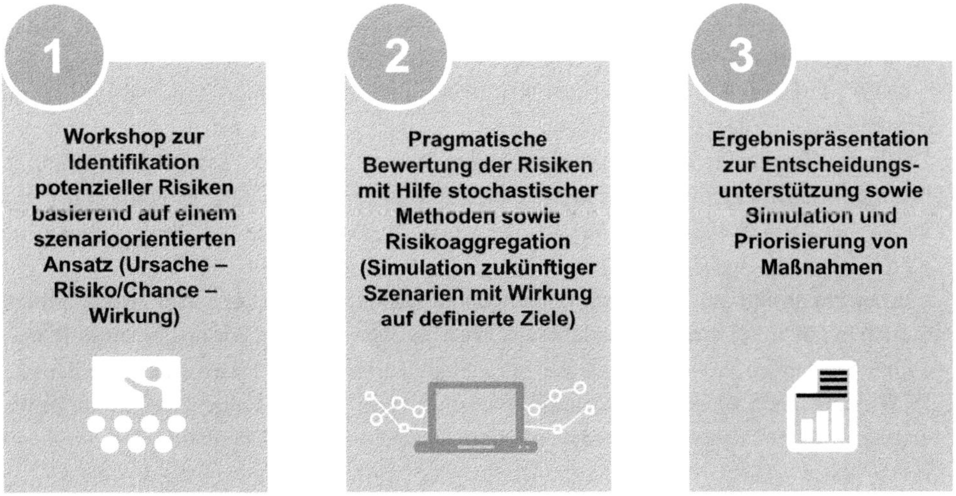

Abb. 3.1 Exemplarischer Ablauf eines Risiko-Assessments

[2] Vgl. Kahn und Wiener (1967, S. 6).

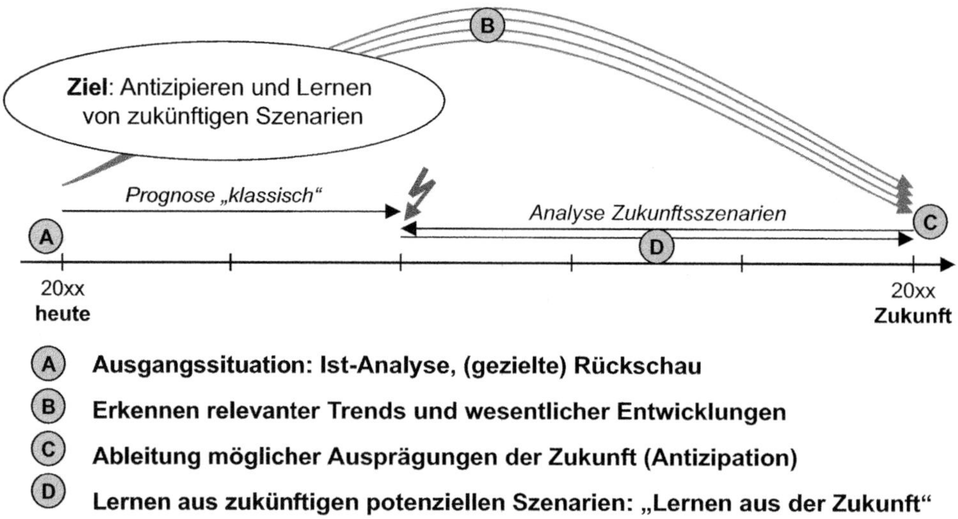

Abb. 3.2 Formale Grundidee des Szenariodenkens. (Quelle: Romeike 2018a, S. 167)

Precisely how might some hypothetical situation come about, step by step? and (2) What alternatives exist, for each actor, at each step, for preventing, diverting, or facilitating the process."[3] Kahn wollte – nach den Erfahrungen des Zweiten Weltkriegs – mit Hilfe von Szenarien eingetretene Denkpfade verlassen und unvorstellbare und undenkbare („think the unthinkable") Entwicklungen bei den Analysen berücksichtigen.

Dieses Verlassen eingetretener Denkpfade wird auch für Risiko-Assessments genutzt.

Für die Szenarioanalyse existieren je nach Methoden-Schule verschiedene Vorgehensmodelle,[4] die jedoch alle den drei Hauptschritten Analysephase, Extrapolation und Szenariobildung sowie Auswertung und Transfer der Erkenntnisse folgen.

Auf die konkreten Prozessschritte einer deterministischen Szenarioanalyse wird an dieser Stelle nicht im Detail eingegangen.[5]

Wichtig für die Praxis und konsistente Ergebnisse aus einem Risiko-Assessment ist eine trennscharfe Definition dessen, was unter Risiko verstanden wird. Hierzu gehört auch eine saubere Unterscheidung von Ursachen, die zu Risikoeintritten führen können und deren Wirkungen (vgl. hierzu Abb. 3.3).

In der Praxis fällt auf, dass Risiken häufig nicht sauber im Sinne einer Ziel- und/oder Planabweichung definiert werden, sondern eher die Ursachen oder die Wirkungen eines Risikos beschrieben werden. So ist beispielsweise ein „Reputationsverlust" in den meisten Fällen eher die Wirkung nach einem Risikoeintritt (beispielsweise in der Folge eines Compliance-Verstoßes), als tatsächlich ein Reputationsrisiko. Die Definition als Reputationsrisiko wäre nur

---

[3] Vgl. Kahn und Wiener (1967, S. 6).

[4] Vgl. hierzu exemplarisch Götze (1993), von Reibnitz (1992) oder Romeike und Spitzner (2013, S. 166 ff.).

[5] Vgl. vertiefend Romeike (2018a, S. 166 ff.) sowie Fink und Siebe (2016).

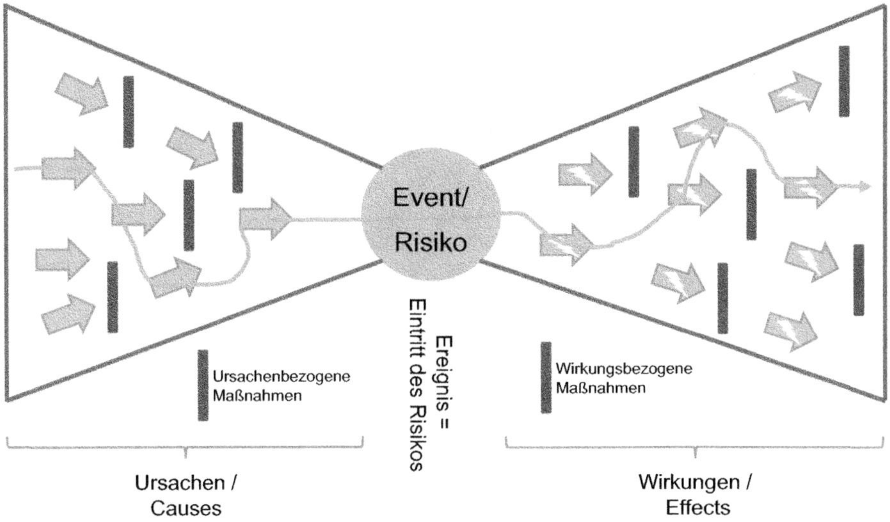

Abb. 3.3 Bow-Tie-Diagramm zur Unterscheidung zwischen Ursachen, Risiken/Chancen und Wirkungen

dann korrekt, wenn „Reputation" beispielsweise in der Unternehmensstrategie als Ziel definiert wurde. Risiken sind daher im Zusammenhang mit beispielsweise den definierten Zielen eines Unternehmens zu interpretieren.[6]

Die Bow-Tie-Analyse (Bow-tie Analysis) unterstützt den Risikoverantwortlichen bzw. den Risikomanager bei einer trennscharfen Definition von Risiken bzw. deren Ursachen und Wirkungen.

Die Bow-Tie-Analyse wird dazu genutzt, ein Risiko sowie dessen Ursachen und Wirkungen zu identifizieren und in einem einzigen Diagramm strukturiert darzustellen. Da ein Risiko in der Regel eine Vielzahl von Ursachen, aber auch Wirkungen aufweist, hat das Diagramm die Form einer Fliege (im Englischen: bow-tie). Es unterstützt damit die Risikoidentifikation, aber auch die Risikokommunikation und die Entwicklung von Maßnahmen zur Risikosteuerung. Wenn (quantitative) Daten zu Ursachen und Wirkungen verfügbar sind, kann die Bow-Tie-Analysis auch zur Risikobewertung genutzt werden.

Bereits in den frühen neunziger Jahren übernahm die Royal Dutch Shell Group die Bow-Tie-Analyse als Methode und Unternehmensstandard für die Analyse und das Management von Risiken. Später übernahmen weitere Unternehmen aus der Öl- und Gasindustrie sowie aus der Luftfahrtindustrie, dem Schienenverkehr, der Schifffahrt und im Chemie- und Gesundheitswesen die Bow-Tie-Analyse als Standard zur Strukturierung und Analyse von Risiken.

Risiko-Management beschäftigt sich – allgemein formuliert – mit den „Überraschungen", die auf der Reiseroute einer Strategieumsetzung (bezogen auf das gesamte Unternehmen, eine Organisationseinheit oder ein Projekt) eintreten können. Die in Abb. 3.4 skizzierte

[6] Vgl. hierzu vertiefend Romeike (2019a).

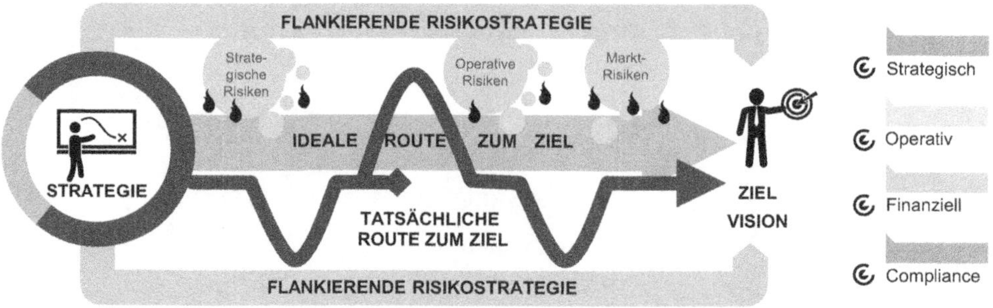

Abb. 3.4 Risiken im Sinne von Zielabweichungen

ideale Route ist in dem Kontext eher als theoretischer Pfad zu verstehen. In der Praxis wird es verursacht durch unterschiedliche Ursachen (Regulierung, Cyberattacke, Ausfall der Infrastruktur, Streik etc.), die zu entsprechenden Plan- bzw. Zielabweichungen führen.

Daher ist es sinnvoll, in einem Risk Assessment dem Risk Owner noch einmal die Zieldefinition zu präsentieren und anschließenden nach potenziellen „Überraschungen" auf der Reise zum Ziel zu fragen.

Hierzu nachfolgend ein konkretes Beispiel aus der Praxis: Sofern beispielsweise ein bestimmter Produktions-Output als Ziel definiert wurde, wäre ein Streik bei einem Zulieferer oder in der Produktion bzw. eine Betriebsunterbrechung resultierend aus einer Cyberattacke als Ursache bzw. Ursachenbündel zu betrachten. Die negative Abweichung des Produktions-Outputs wäre dementsprechend das Risiko (d. h. die Ziel-/Planabweichung). Die Wirkung dieses Risikos kann vielfältig sein: Von einer Schadenersatzforderung eines Kunden oder einer Strafzahlung, über den Wegfall eines Großkundenauftrags bis hin zu einem Reputationsverlust sind hier vielfältige Wirkungsszenarien denkbar und grundsätzlich proaktiv antizipierbar. Ein konkretes Beispiel liefert Abb. 3.7.

Die Bow-tie-Analyse hat sich zeitlich auf der Basis vier etablierter Methoden entwickelt; diese sind:

- die Fehlerbaumanalyse (Fault Tree Analysis, FTA);
- die Ereignisbaumanalyse (Event Tree Analysis, ETA);
- Ursache-Wirkungs-Diagrammen (Cause and Effect Diagram, Fishbone Diagram);
- sowie der Barrier Analysis.

Dementsprechend integriert die Bow-tie-Analyse einzelne Elemente dieser vier in der Praxis etablierten Methoden.

Die Bow-tie-Analyse wird aus den folgenden Elementen gebildet:[7]

- **„Top Event" bzw. Risiko**, konkret im Kontext Risiko-Management die potenzielle Ziel-/Planabweichung: Das zentrale (unerwünschte) Ereignis, für das Ursachen und

[7] Vgl. Ruijter und Guldenmund (2016, S. 213) sowie Romeike (2018a, S. 75 f.).

Wirkungen identifiziert werden sollen. Das „Top Event" bzw. das potenzielle Risiko bildet den zentralen Knoten in der grafischen Darstellung.

- **Ursachen („causes"):** Auf der linken Seite des „Top Events" werden die identifizierten Ursachen für das unerwünschte Ereignis dargestellt. Dies kann mittels eines Ursache-Wirkungs-Diagramms oder mittels einer Fehlerbaumanalyse geschehen. Wenn dir Ursachen aus einem Ursache-Wirkungs-Diagramm abgeleitet werden, stellt das „Top Event" die Wirkung dar.
- **Wirkungen („effects"):** Auf der rechten Seite des „Top Events" werden die möglichen Wirkungen des unerwünschten Ereignisses dargestellt. Auch hier kann ein Ursache-Wirkungs-Diagramm genutzt werden, alternativ aber auch eine Ereignisbaumanalyse. Die Anwendung von Fehlerbaum- und Ereignisanalyse unter Nutzung quantitativer Daten ermöglicht es, die Bow-tie-Analyse auch zur Risikobewertung zu nutzen. So könnte beispielsweise die Wirkung auf das Betriebsergebnis (EBIT), den Umsatz oder einzelne Positionen einer Gewinn- und Verlustrechnung oder einer Cash-flow-Rechnung abgebildet werden. Ein derartiger Ansatz wird beispielsweise bei Ferdous et al.[8] dargestellt; er wird durch die Anwendung der Fuzzy-Theorie erweitert.
- **Schwellen:** Sowohl links als auch rechts des „Top Events" werden sogenannte Barrier platziert. Damit sind Schwellen oder Sperren gemeint, mit denen (dann bereits im Sinne einer Risikobewältigung) versucht wird, den Eintritt des unerwünschten Ereignisses und/oder die Wirkungen zu vermindern oder zu vermeiden. Die „Barrier" im Bereich der Ursachen sind sogenannte präventive oder ursachenbezogene Maßnahmen. Die „Barrier" im Bereich der Wirkungen sind reaktive Maßnahmen bzw. wirkungsbezogene Maßnahme, die beispielsweise die finanziellen Wirkungen abmildern (etwa in Form eines abgeschlossenen Versicherungsvertrags). Um die Effektivität der Sicherungsmaßnahmen zu erhöhen, können mehrstufige Barrieren definiert und im Bow-Tie-Diagramm abgebildet werden. Die Definition und Beschreibung der „Barrier" in Form von präventiven und reaktiven Maßnahmen ist ein zentrales Element der Bow-Tie-Analyse.
- **Management-System:** Teilweise werden die in Verbindungen stehenden Management-Systeme ebenfalls in das Diagramm eingezeichnet.

In der Praxis existieren verschiedene Variationen der Bow-tie-Analyse, die davon abhängen, zu welchem Zweck die Analyse genutzt werden soll (Risikoidentifikation, Risikobewertung, Risikokommunikation) und aus welchen konkreten Elementen das Diagramm besteht bzw. welche Methoden angewandt werden.

Die Anwendung der Bow-tie-Analyse kann begleitet werden durch weitere analytische Methoden, beispielsweise die „Analytic Hierarchy Method" für die Priorisierung der Risiken oder eine Kritikalitätsbewertung basierend auf einem Scoringansatz (siehe Abb. 3.6). Für die Top-Risiken wird anschließend beispielsweise eine detaillierte Szenarioanalyse oder stochastische Simulation angewendet, um Ursachen und Wirkungen zu identifizieren sowie eine detaillierte quantitative Bewertung durchzuführen.

---

[8] Vgl. Ferdous, Khana, Sadiq, Amyotte, Veitch (2013).

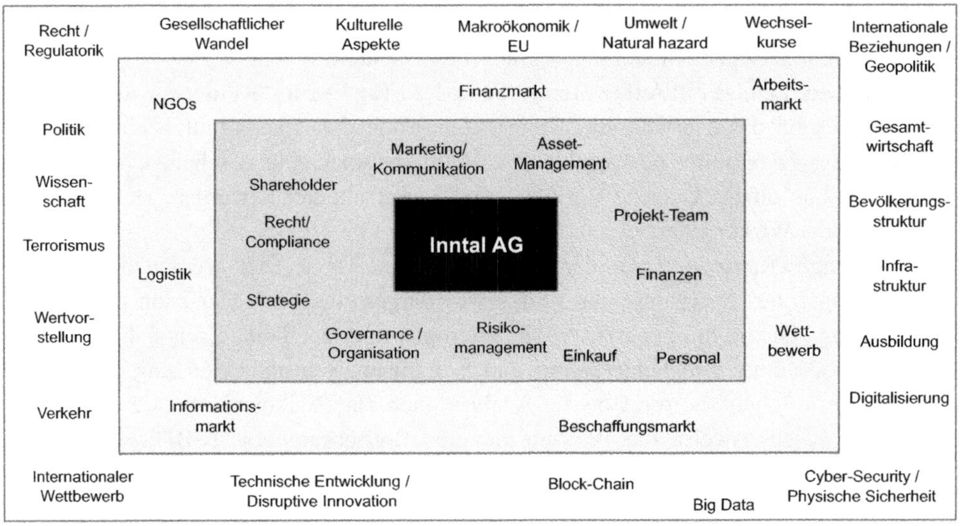

Abb. 3.5 Strukturierungshilfe mit Einflussfaktoren

Kjølle, Utne und Gjerde stellen den Ablauf einer Risikoanalyse für kritische Infrastrukturen im Elektrizitätsbereich dar.[9] Sie betonen die gute Eignung der Bow-tie-Analyse als Rahmenmodell für die Risikoanalyse.

Die Kritikalität eines Risikos kann erst über die Wirkungsmechanismen beurteilt werden. So ist es denkbar, dass eine kleine Ursache (scheinbar harmlose „Softwaremanipulation") zu einem extreme „Stressszenario" und einer extremen (die Existenz bedrohenden) Wirkung führen (Schadensersatzforderungen, strafrechtliche Konsequenzen, Reputationsverlust, Insolvenzrisiko steigt, Ratingeinstufung sinkt, Fremdkapitalkosten steigen etc.).

Derartige Effekte werden im Rahmen eines Risiko-Assessments transparent dargestellt. Erst die transparente und konkrete (!) Darstellung der Kritikalität der (potenziellen) Wirkungsketten ermöglichen eine Entscheidung über potenzielle präventive oder auch reaktive Maßnahmen. Dies führt auch zu einer höheren Sensibilisierung des Managements, da konkrete Wirkungsszenarien, beispielsweise auf das geplante EBIT,[10] aufgezeigt werden. Konkrete Wirkungsszenarien können anschließend beispielsweise mit Hilfe einer stochastischen Szenarioanalyse analysiert und potenzielle Maßnahmen simuliert werden.

Die in Abb. 3.5 exemplarisch aufgeführten Einflussfaktoren können den kreativen Prozess bei der Definition potenzieller Ursache-Wirkungsketten und „Überraschungen" unterstützen und liefern Impulse zur Identifizierung der Ursachen.

Dokumentiert werden die Ergebnisse in einem ersten Schritt in einer einfachen Tabelle (vgl. Abb. 3.6 und 3.7) oder auch grafisch mit Hilfe einer einfachen Heat Map (vgl. Abb. 3.8).

---

[9] Vgl. Kjølle, Utne und Gjerde (2012, S. 81).

[10] Das EBIT (Abkürzung aus englisch earnings before interest and taxes, deutsch „Gewinn vor Zinsen und Steuern"), auch als operatives Ergebnis bezeichnet, ist eine betriebswirtschaftliche Kennzahl und sagt etwas über den erzielten Bruttogewinn eines Unternehmens in einem bestimmten Zeitraum, etwa ein Geschäftsjahr, aus.

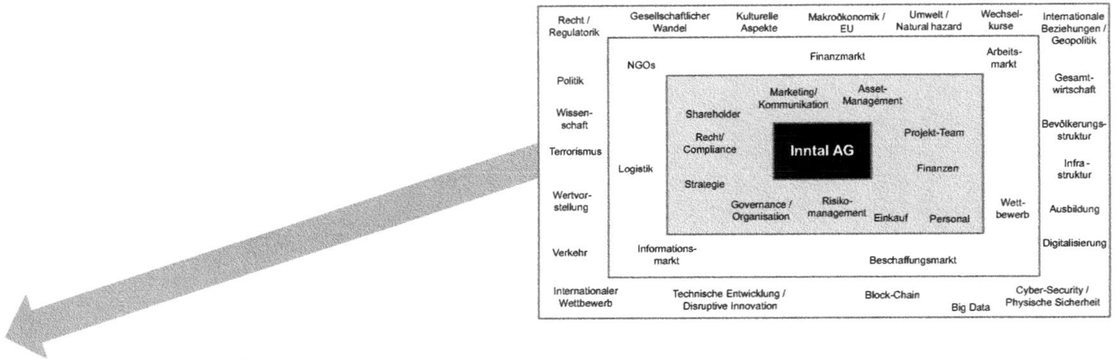

Ursache (Cause)	Risiko (Risk)	Wirkung (Effect)	Kritikalität (1-5)	Ability to Act (1-5)

Abb. 3.6 Transparente Dokumentation der Workshop-Ergebnisse

Nr.	Cause	Risk	Effect	Criticality 1 | 2 | 3 | 4 | 5	Ability to Act 1 | 2 | 3 | 4 | 5
1	Sturm deckt das Dach der Produktion teilweise ab (keine sturmsichere Konstruktion)	Betriebsunterbrechung in Produktshalle C.	▪ Reparaturkosten ▪ Produktionsstillstand während Reparatur ▪ Schadensersatz von Kunden Z	☆	★
2	Cyberangriff auf zentrales ERP-System	Stillstand des Bestell-systems (Verfügbarkeit) und Wiederherstellung des ERP-Systems, Datenverlust	▪ Keine fristgerechte Lieferung mehr möglich ▪ Schadensersatz von Kunden W ▪ Reputationsverlust / Verlust Großauftrag ▪ Zusätzliche Personalkosten durch personellen Mehraufwand	☆	★
3	Entwicklungsfehler Dieseleinspritzpumpe durch verunreinigtes Teflon	Ausfall Dieseleinspritz-pumpe und Kundenrückruf	▪ Austausch aller Dieseleinspritzpumpen (> 1,7 Mio. Stück) ▪ Rückrufkosten ▪ Kosten für Austausch der Pumpen ▪ Kosten für neue Produktion ▪ Reputationsschaden ▪ Schadensersatzforderung von Kunden Y	☆	★
4					
5					
Weitere ...					

☆ 1 = unkritisch ↓ 5 = hochgradig kritisch

★ 1 = high ability to mitigate risk ↓ 5 = risk acceptance

Abb. 3.7 Praxisbeispiel zur Dokumentation der Assessment-Ergebnisse

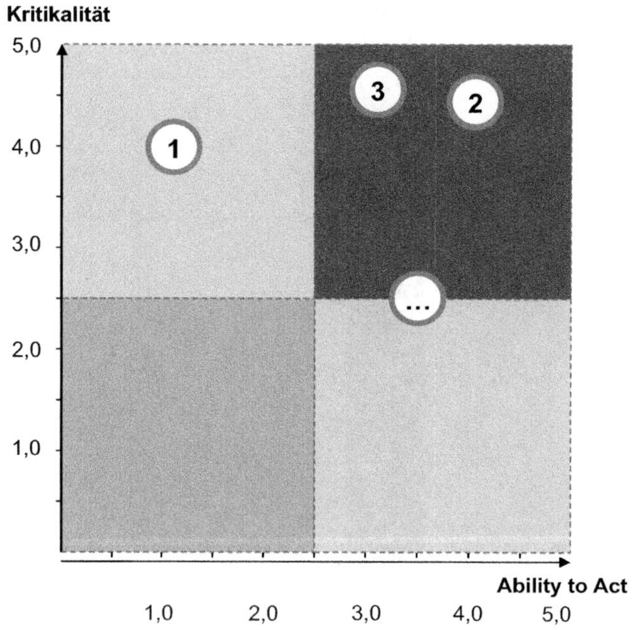

Abb. 3.8 Einfach grafische Darstellung der Workshop-Ergebnisse

Nach diesem ersten Schritt einer ersten Identifikation und groben Kritikalitätsbewertung und Relevanzfilterung erfolgt in einem weiteren Schritt eine detaillierte Bewertung der Einzelrisiken, bevor eine Aggregation zur Analyse des gesamten Risikoportfolios möglich ist. Hierbei konzentriert man sich vor allem auf die Risiken mit einer hohen Kritikalität, d. h. einer hohen Relevanz.

3.3 Seriöser Umgang mit Unsicherheit und Bewertung

Die Bewertung und Simulation von Risiken mit Hilfe einer stochastischen Szenarioanalyse (methodisch basiert die Methode auf einer Monte-Carlo-Simulation) basiert auf der Idee, die Eingangsparameter einer Simulation als Zufallsgrößen zu betrachten. So können analytisch nicht oder nur aufwendig lösbare Probleme mit Hilfe der Wahrscheinlichkeitstheorie (die Teil der Stochastik ist, die Wahrscheinlichkeitstheorie und Statistik zusammenfasst) numerisch gelöst werden. Generell lassen sich zwei Problemgruppen unterscheiden, bei denen die Stochastische Szenarioanalyse angewendet werden kann. Mit ihrer Hilfe können einerseits Problemstellungen deterministischer Natur, die eine eindeutige Lösung besitzen, bearbeitet werden. Auf der anderen Seite sind aber auch Fragen, die sich der Gruppe stochastischer Problemstellungen zuordnen lassen, für eine Monte-Carlo-Simulation ein geeignetes Anwendungsfeld. Die Basis für die Simulation bildet eine sehr große Zahl gleichartiger Zufallsexperimente.

Aus einer betriebswirtschaftlichen Sicht können alle Fragen untersucht werden, die

- entweder aufgrund der Vielzahl ihrer Einflussgrößen nicht mehr exakt analysiert werden (können) und bei denen daher auf eine Stichprobe für die Analyse zurückgegriffen wird;
- oder bei denen die Eingangsparameter Zufallsgrößen sind (Auch die Optimierung von Prozessen oder Entscheidungen bei nicht exakt bekannten Parametern gehören zu dieser Gruppe).

Die Anwendung der Stochastischen Szenarioanalyse ist breit gefächert und reicht unter anderem von der Stabilitätsanalyse von Algorithmen und Systemen, der Aggregation von Einzelrisiken eines Unternehmens zu einem unternehmerischen Gesamtrisiko, der Vorhersage von Entwicklungen, die selbst durch zufällige Ereignisse beeinflusst werden (stochastische Prozesse), der Optimierung von Entscheidungen, die auf unsicheren Annahmen beruhen bis zur Modellierung komplexer Prozesse (Wetter/Klima, Produktionsprozesse, Supply-Chain-Prozesse, Rekonstruktionsverfahren in der Nuklearmedizin) oder der Schätzung von Verteilungsparametern.

In Abb. 3.9. sind einige wesentliche Gründe für den Einsatz von quantitativen Methoden aufgeführt. Insbesondere die dynamische und kombinatorische Komplexität von Risiken (man denke hier beispielhaft an Supply-Chain-Risiken in einem globalen Kontext) führt klassische analytische Methoden sehr schnell an Grenzen.

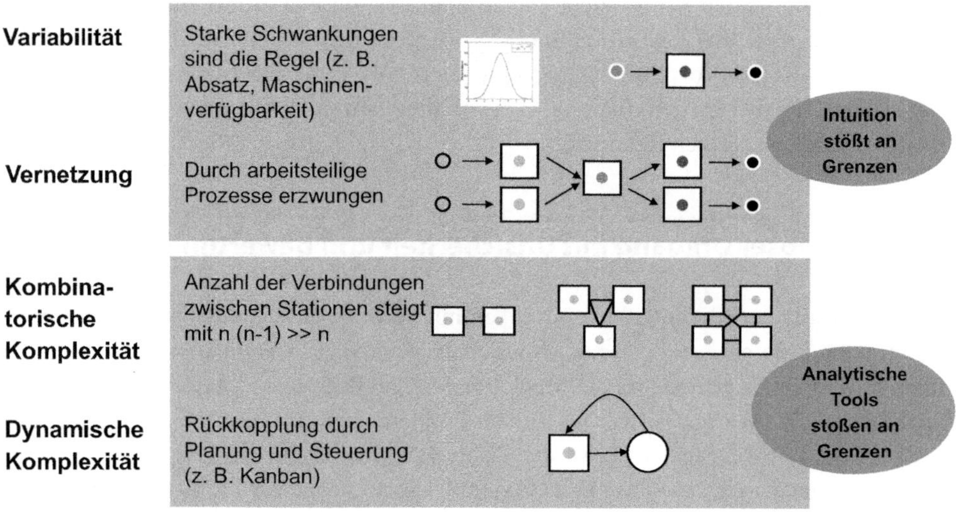

Abb. 3.9 Gründe für den Einsatz quantitativer Methoden im Risiko-Management

3.3.1 Zwei Wege zum Ziel: Historische Daten oder Expertenschätzung

Die Bewertung und Kalibrierung von Risiken kann je nach Risikoart typischerweise über zwei unterschiedliche Wege erfolgen (vgl. Abb. 3.10):

- Experteneinschätzung
- Statistische Verfahren

Die **Expertenschätzung**, beispielsweise für operative oder strategische Risiken, erfolgt in der Regel unabhängig von historischen Daten über die tatsächliche Verteilung. Wichtig ist für eine Expertenschätzung, dass eine Kalibrierung nur für eine bestimmte Auswahl an Verteilungen in der Praxis überhaupt durchführbar ist.

Statistische Verfahren hingegen benötigen historische Daten, um die Verteilung zu kalibrieren. Derartige Verfahren können auch für abstrakte Verteilungen angewendet werden.

Die wesentlichen Vorteile und Grenzen einer stochastischen Szenarioanalyse sind in Tab. 3.3 zusammengefasst.

Nachfolgend wird auf die Zeitreihenanalyse als auch die Ableitung geeigneter Verteilungsfunktionen aus empirischen Daten im Detail eingegangen.

3.3.2 Zeitreihenanalyse und stochastische Prozesse in der Praxis

Mit Hilfe mathematischer Verfahren können sowohl univariate Verteilungsfunktionen als auch ein- und mehrdimensionale stochastische Prozesse kalibriert werden. Eine Wahr-

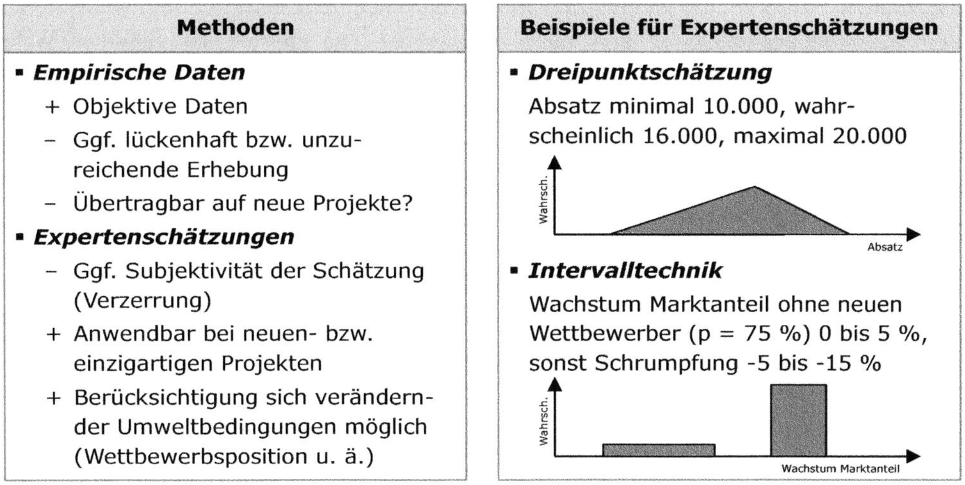

Abb. 3.10 Ableitung von Wahrscheinlichkeitsverteilungen aus empirischen Daten oder Expertenschätzungen

Tab. 3.3 Stärken und Grenzen der Stochastischen Simulation

Stärken	Grenzen
• Einfach anwendbare Berechnungsmethode zur Berücksichtigung von Unsicherheiten. • In der Regel deutlich höhere Transparenz und Erkenntnisse (etwa im Entscheidungsprozess) als in klassischen Verfahren. • Kann Volatilitätsclustering, fat tails, nichtlineare Exposures und Extremszenarios in der Risikoberechnung berücksichtigen. • Bei vielen Fragestellungen (beispielsweise der Risikoaggregation) die einzige praktikable Methode. • Die Methode kann beliebige (univariate und multivariate) Verteilungen simulieren. • Die Methode weist eine hohe Flexibilität auf und ermöglicht – durch die Entwicklungen im Bereich der Computerprozessoren – neue Anwendungsgebiete (siehe beispielsweise Deep Learning als Teil von „Artificial Intelligence“.	• Nicht selten sind Wahrscheinlichkeitsverteilungen und deren Parameter nur geschätzt (Expertenschätzungen), *größere* Fehler in diesen Schätzungen führen zu nicht validen oder sogar falschen Ergebnissen. • Die Qualität der Erkenntnisse ist abhängig von Güte der verwendeten Zufallszahlen (Pseudo-Zufallszahlen). • Die ggf. bereits hohe Komplexität eines Modells impliziert auch eine hohe Rechenintensität.

Quelle: Romeike (2018a, S. 183)

scheinlichkeitsverteilung ist eine univariate Wahrscheinlichkeitsverteilung, wenn sie auf einem eindimensionalen Ergebnisraum definiert ist. Die meisten der gängigen Wahrscheinlichkeitsverteilungen sind univariat,[11] beispielsweise die Bernoulli-Verteilung, die Binomialverteilung, die Normalverteilung, die Exponentialverteilung, die Poissonverteilung, Dreiecksverteilung oder PERT-Verteilung.

Mit Hilfe einer Statistiksoftware oder einer Tabellenkalkulations-Software erfolgt die Kalibrierung der empirischen Daten an eine theoretische Verteilungsfunktion. In Abb. 3.11 sind exemplarisch die Parameter von univariaten (eindimensionalen) Verteilungen auf der Grundlage von empirischen Daten – hier historische Aluminiumpreise – kalibriert worden. Die Funktion passt die Verteilungen an die Daten an und gibt die geschätzten Parameter und die Ergebnisse von Anpassungstests (beispielsweise Chi-Quadrat-Anpassungstest, Box-Cox-Transformation, Kolmogorow-Smirnow-Anpassungstest, Shapiro-Wilk-Test oder Anderson-Darling-Anpassungstest)[12] zurück. Die geschätzten Parameter können anschließend für die Bewertung und Modellierung der Risiken verwendet werden, um beispielsweise Zufallszahlen aus den betreffenden Verteilungen zu generieren. Bevor die gewählte Verteilungsfunktion verwendet wird, ist selbstverständlich auch eine Anpassung der Para-

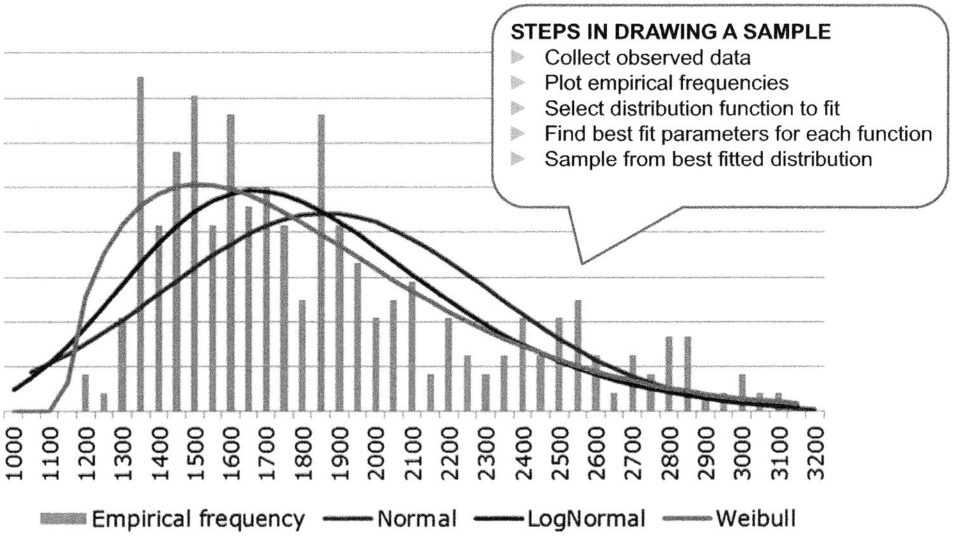

Abb. 3.11 Kalibrierung von Wahrscheinlichkeitsverteilungen basierend auf empirischen Daten

[11] Im Gegensatz hierzu sind multivariate Verteilungen in der Wahrscheinlichkeitsrechnung und in der Statistik die Verteilung eines Zufallsvektors, die auf einem Wahrscheinlichkeitsraum definiert ist.

[12] Ein Anpassungstest (goodness-of-fit test) ist in der schließenden Statistik ein nichtparametrischer Hypothesentest, der die unbekannte Wahrscheinlichkeitsverteilung einer Zufallsvariablen auf (annäherndes) Folgen eines bestimmten Verteilungsmodells (beispielsweis einer Weibull- oder Normalverteilung) prüfen soll. Es geht um die Hypothese, dass eine vorliegende Stichprobe aus einer Verteilung mit einer bestimmten Verteilungsfunktion stammt.

meter möglich. Möglicherweise kommt der „Experte" zu der Erkenntnis, dass die Daten aus der Vergangenheit nur bedingt repräsentativ für die Zukunft sind. So ermöglicht die Methodik eine Kombination aus Zeitreihenanalyse und einer anschließenden Kalibrierung durch den Experten.

Neben der Kalibrierung von univariaten Wahrscheinlichkeitsverteilungen können auf der Grundlage von empirischen Daten die Parameter stochastischer Prozesse geschätzt werden. Ein stochastischer Prozess bzw. ein Zufallsprozess ist die mathematische Beschreibung von zeitlich geordneten, zufälligen Vorgängen.

Bei einem Stochastischen Prozess ist der zufällige Wert der Verteilung eine Funktion bzw. eine zufällige Entwicklung in der Zeit.

Beispielsweise kann mit Hilfe eines stochastischen Prozesses der Verlauf eines Währungskurses (über die Zeit) analysiert und über Szenarien projiziert werden. In der Praxis werden beispielsweise die folgenden stochastischen Prozesse im Risiko-Management verwendet:

- Brownsche Bewegung
- Wiener Prozess
- Geometrische Brownsche Bewegung
- Vasicek Prozess
- Black-Karasinski-Prozess

Der Unterschied zur oben beschriebenen Zeitreihenanalyse liegt vor allem in der Tatsache, dass bei stochastischen Prozessen die spezielle Struktur der Zufallsfunktionen (etwa Stetigkeit, Differenzierbarkeit, Variation oder Messbarkeit bezüglich gewisser Filtrierungen) im Vordergrund steht.

In Abb. 3.12 sind die Ausgangsdaten, historische EUR-USD-Kurse, wiedergegeben. Nach einer Kalibrierung der Parameter des stochastischen Prozesses (hier basierend auf einer Geometrischen Brownschen Bewegung) erfolgt die Simulation der Zufallspfade über einen Zeitraum von 30 Tagen (Abb. 3.13).

Die Simulation liefert sowohl die Bandbreite möglicher Währungsschwankungen als auch eine Wahrscheinlichkeitsverteilung für einen konkreten Tag. Exemplarisch ist die (kumulierte) Verteilungsfunktion für den 15. Juli 2019 – basierend auf der stochastischen Simulation – in Abb. 3.14 wiedergegeben. Hieraus können beispielsweise die folgenden Informationen abgelesen bzw. berechnet werden:

- Der Erwartungswert am 15. Juli für den EUR-USD-Kurs liegt bei 1,12;
- Die Wahrscheinlichkeit, dass der Wert über 1,1 liegt, beträgt 78,6 Prozent;
- Die Wahrscheinlichkeit, dass der Wert über 1,15 liegt, beträgt 20,1 Prozent;
- Die Wahrscheinlichkeit, dass der Wert über 1,2 liegt, beträgt 0,9 Prozent.

FRED	EUR to USD
14.06.2019	1,1217
13.06.2019	1,1275
12.06.2019	1,131
11.06.2019	1,1316
10.06.2019	1,1311
07.06.2019	1,1324
06.06.2019	1,1294
05.06.2019	1,1242
04.06.2019	1,1236
03.06.2019	1,1206
31.05.2019	1,1149
30.05.2019	1,114
29.05.2019	1,1136
28.05.2019	1,1177
27.05.2019	1,1187
24.05.2019	1,1197
23.05.2019	1,1172
22.05.2019	1,1156

Kalibrierung GBM	
mu	sigma
6,796E-05	0,00498812

Abb. 3.12 Ausgangspunkt der Kalibrierung eines stochastischen Prozesses sind die empirischen Daten (hier EUR-USD-Kurse vom 01.06.2012 bis zum 14.06.2019)

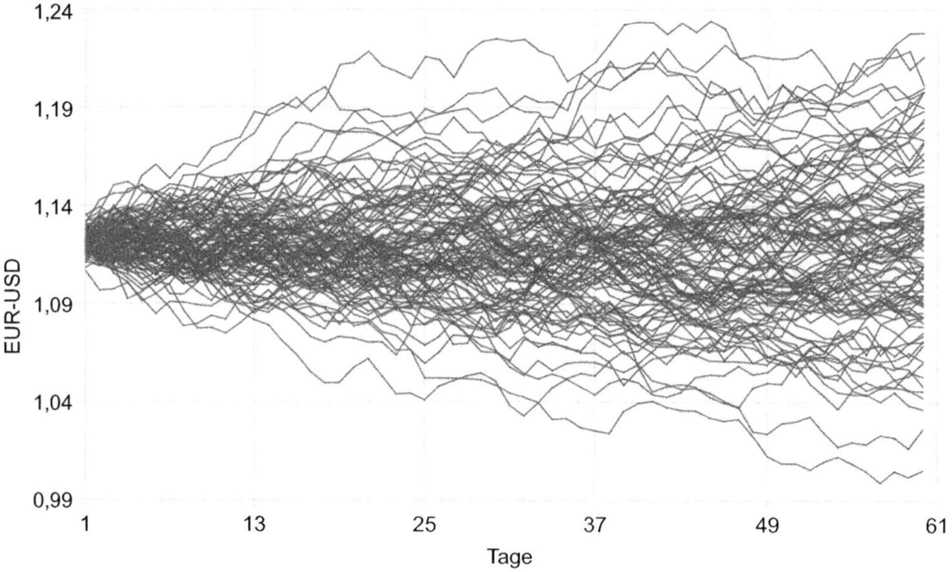

Abb. 3.13 Projizierte stochastische Pfade aus der Simulation (hier EUR-USD-Kurse über 60 Tage vom 15.06.2019 bis zum 13.08.2019; in der grafischen Darstellung werden zur Vereinfachung nur 100 Pfade abgebildet, um die einzelnen Pfade noch erkennen zu können)

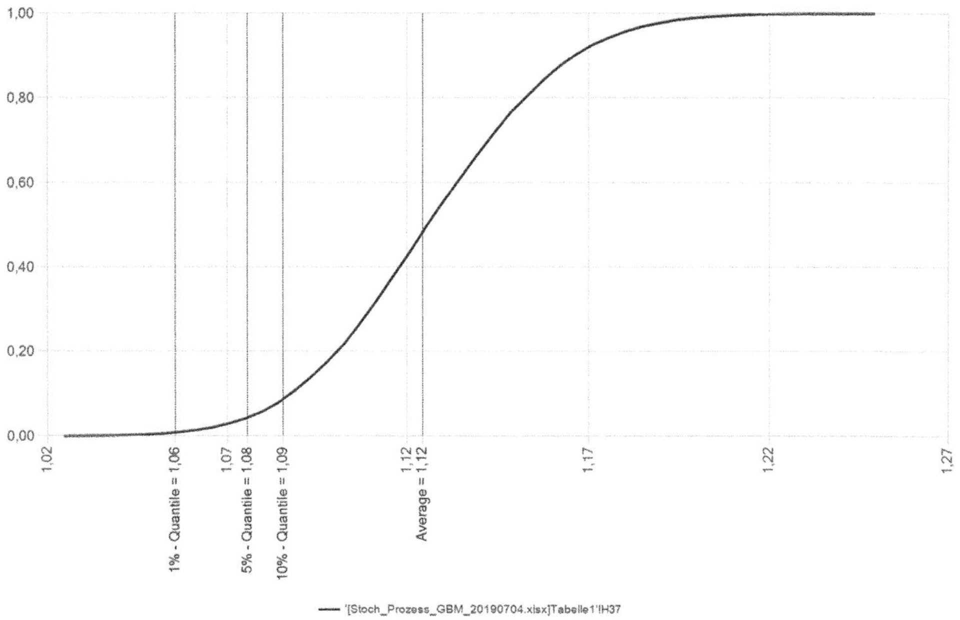

Abb. 3.14 Auswahl eines stochastischen Pfades am 15.07.2019 und potenzielle Bandbreite des Währungskurses

3.3.3 Expertenschätzungen in der Praxis

Sofern keine oder keine ausreichende Anzahl empirischer Daten über den Verlauf von Risiken vorhanden sind, ist man bei der Bewertung von Risiken und der Auswahl geeigneter Verteilungsfunktionen auf eine Expertenschätzung angewiesen.

Hierzu ein Beispiel aus der Praxis: Ein „Risk Owner" aus dem Produktionsbereich schätzt das potenzielle Schadensausmaß nach dem Ausfall einer Maschine wie folgt: „worst case"-Szenario = 4,5 Mio. EUR (12 Std. Betriebsunterbrechung); Realistic-Case-Szenario = 1,2 Mio. EUR (3 Std. Betriebsunterbrechung); Best-Case-Szenario = 260.000 EUR (30 Min. Betriebsunterbrechung). Die Häufigkeit eines solchen Ereignisses bewertet er mit „zweimal im Jahr". Die Bewertung des potenziellen Schadensausmaßes könnte nun basierend auf einer PERT- oder Dreiecksverteilung erfolgen. Diese stetigen Verteilungsfunktionen berücksichtigen alle Szenarien zwischen „worst case", „realistic case" und „best case", also beispielsweise einen Schaden von 285.536 EUR oder 3.473.738 EUR. Die Häufigkeit könnte mit einer diskreten Poissonverteilung beschrieben werden. Die Unsicherheit würde in der Form berücksichtigt, dass neben dem Erwartungswert von „zweimal im Jahr" auch die Szenarien „einmal im Jahr", „nicht ein einziges Mal im Jahr" oder auch beispielsweise „drei- oder viermal im Jahr" und so weiter berücksichtigt würden. Die Verknüpfung dieser beiden Verteilungsfunktionen (also PERT- bzw. Dreiecksverteilung sowie Poissonverteilung) erfolgt dann mit einer sogenannten Compoundfunktion.

Falls keine und nur "schlechte" historischen Daten vorliegen, sollten Risiken mit Hilfe einer Expertenschätzung möglichst gut beschrieben werden. In der Praxis werden Risiken sehr häufig mit Hilfe einer Eintrittswahrscheinlichkeit und einem Schadensausmaß bewertet. Statistisch bedeutet dies, dass Risiken mit einer Bernoulli-Verteilung beschrieben werden. Wenn ein Risiko beispielsweise mit einer Eintrittswahrscheinlichkeit von 33 Prozent und einem Schadensausmaß von 5 Mio. EUR bewertet wird, bedeutet dies konkret (Abb. 3.15):

- Mit einer Eintrittswahrscheinlichkeit von 33 Prozent tritt der Schaden ein; und dann mit einem Schadensausmaß von (exakt) 5 Mio. EUR.
- Mit einer Eintrittswahrscheinlichkeit von 67 Prozent (Gegenwahrscheinlichkeit, 1-p) tritt kein Schaden ein.

Diese Bewertungslogik von bernoulliverteilten Risiken spiegelt sich auch in einer klassischen Heat Map (Risk Map) wider (siehe hierzu Abb. 3.16). Dort wird unterstellt, dass alle Risiken sinnvoll mit einer Bernoulliverteilung, d. h. durch eine Eintrittswahrscheinlichkeit und ein Schadensausmaß, beschrieben werden können.

Es ist offensichtlich, dass viele Risiken nicht mit Hilfe einer Bernoulliverteilung korrekt beschrieben werden können. So kann weder ein ereignisorientiertes Risiko (beispielsweise eine potenzielle Betriebsunterbrechung des Produktionsprozesses verursacht durch einen Brand) noch ein schwankungsorientiertes Marktrisiko (etwa die Volatilität eines Rohstoffpreises) mit Hilfe der Parameter Eintrittswahrscheinlichkeit und Schadensaumaß quantifiziert werden.

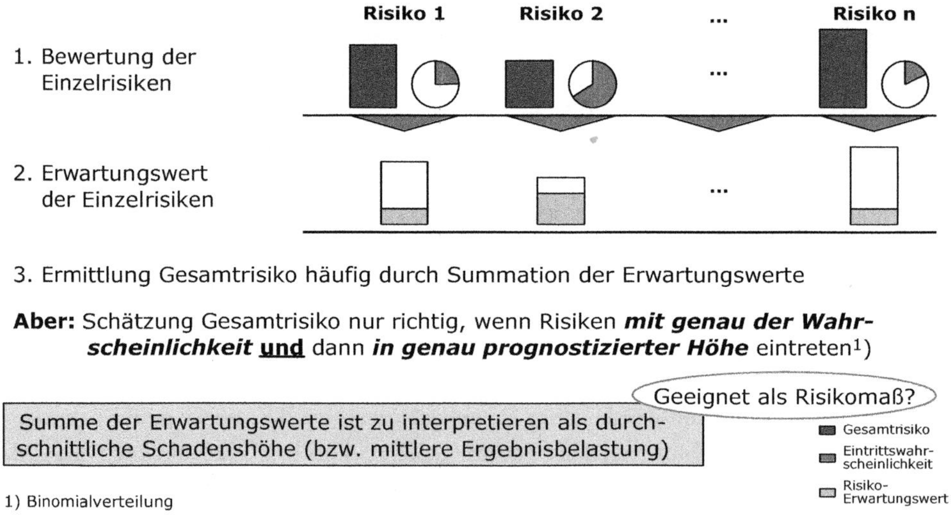

Abb. 3.15 Häufig werden Risiken nach Schadenshöhe und Eintrittswahrscheinlichkeit geschätzt

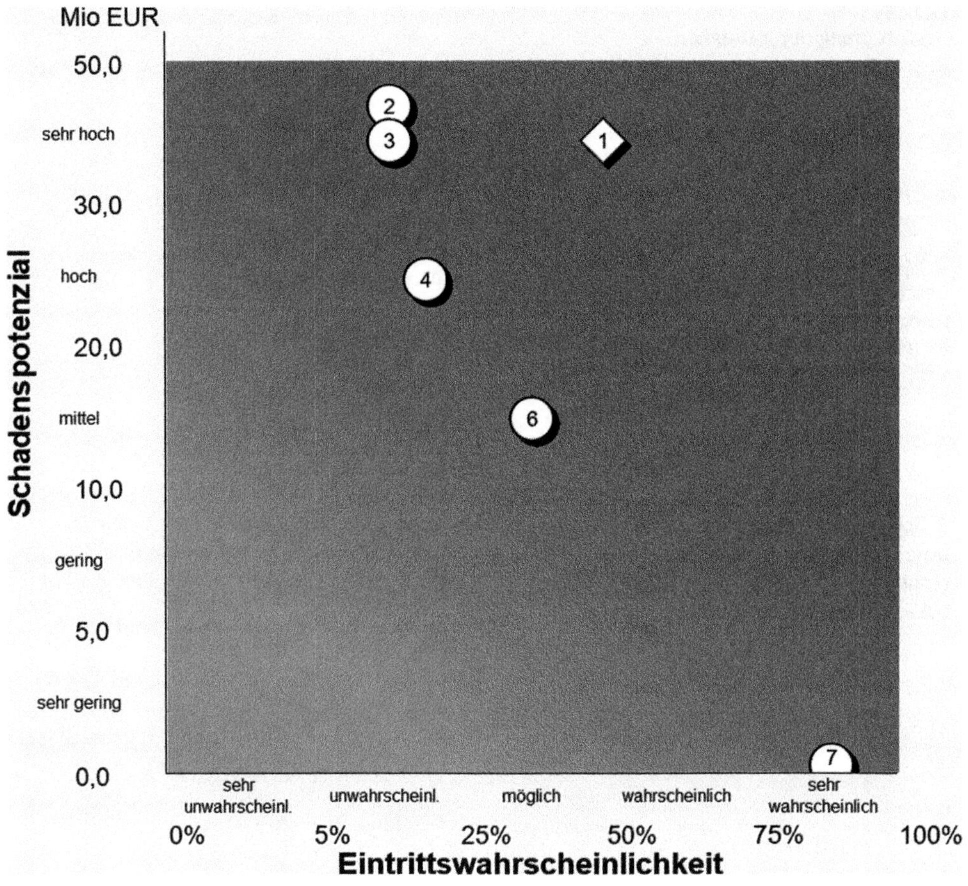

Abb. 3.16 Klassische Heatmap (Risk Map)

Auch ist eine Aggregation aller Risiken – unter Berücksichtigung von Abhängigkeiten – zur Ermittlung des Gesamtrisikoumfangs nicht möglich.

Daher ist es für die Praxis wichtig, dass Risiken adäquat mit Hilfe geeigneter Wahrscheinlichkeitsverteilungen beschrieben werden. Nachfolgend beschreiben wir ausgewählte Wahrscheinlichkeitsverteilungen, die für eine Expertenschätzung zugänglich sind.

Operative Risiken sind häufig gekennzeichnet durch eine geschätzte Häufigkeit („ein möglicher Risikoeintritt wird alle 5 Jahre erwartet, 4-mal im Jahr oder alle 10 Jahre einmal"). Wenn dann das Risikoeintritt, wird dieses mit einem möglichen Schadenszenario beschrieben (beispielsweise in Form eines „worst case"-Szenarios, „realistic case"-Szenarios und eines „best case"-Szenarios). Die Verknüpfung von geschätzter Häufigkeit und Schadensszenario erfolgt in der Praxis mit einer sogenannten Compoundfunktion (siehe Abb. 3.17).

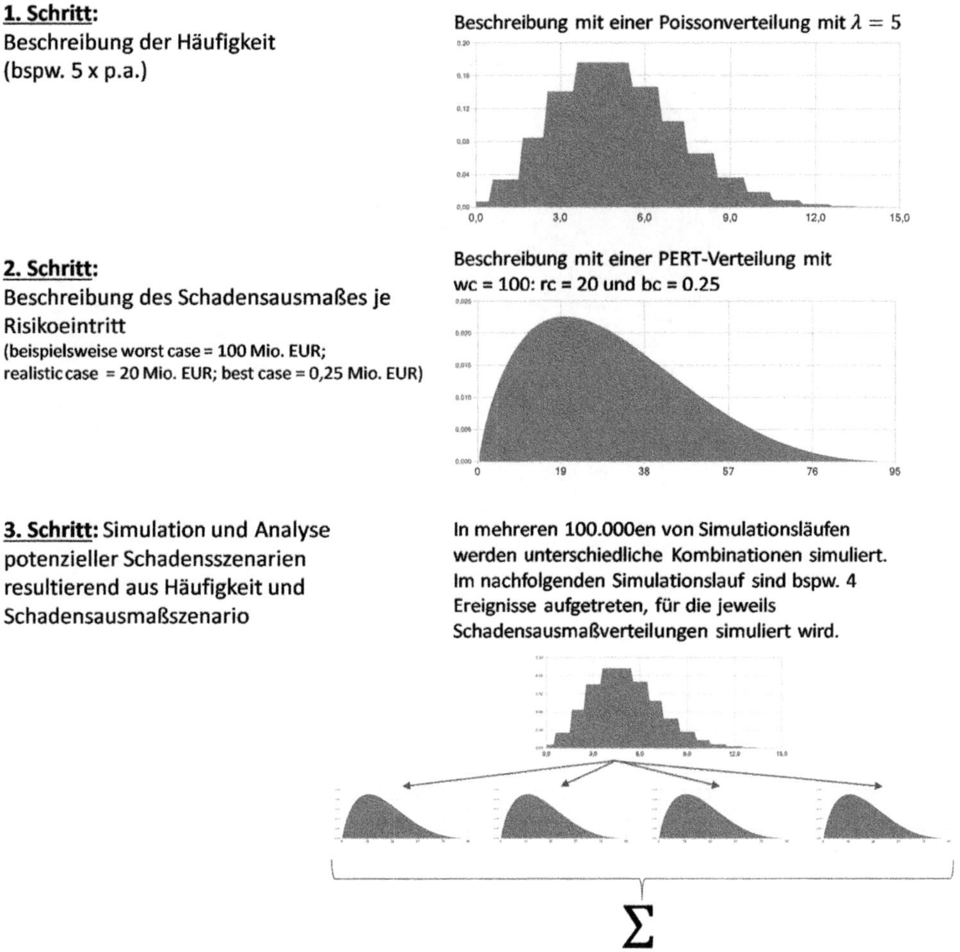

Abb. 3.17 Die Anwendung der Compoundfunktion in der Praxis

Die Compound-Verteilung ergibt sich auf natürliche Weise aus Anwendungen in der Praxis, wo sich eine zufällige Zahl von Schadenfällen mit je für sich zufälliger Höhe zu einem Gesamtschaden addieren.

Im Beispiel wurde das Schadenszenario basierend auf den Parametern „best case", „realistic case" und „worst case" in Form einer PERT-Verteilung modelliert. Die PERT-Verteilung basiert auf einer Transformation der Vierparameter-Beta-Verteilung mit der Annahme, dass der erwartete Wert sich als gewichtetes Mittel aus dem Minimum, dem Maximum und dem wahrscheinlichsten Wert resultiert. In der Standard-PERT-Verteilung wird dabei das Vierfache des Gewichts auf den wahrscheinlichsten Wert angewendet. Durch eine Anpassung des Shape-Parameters lässt sich die Unsicherheit der Expertenschätzungen abbilden.

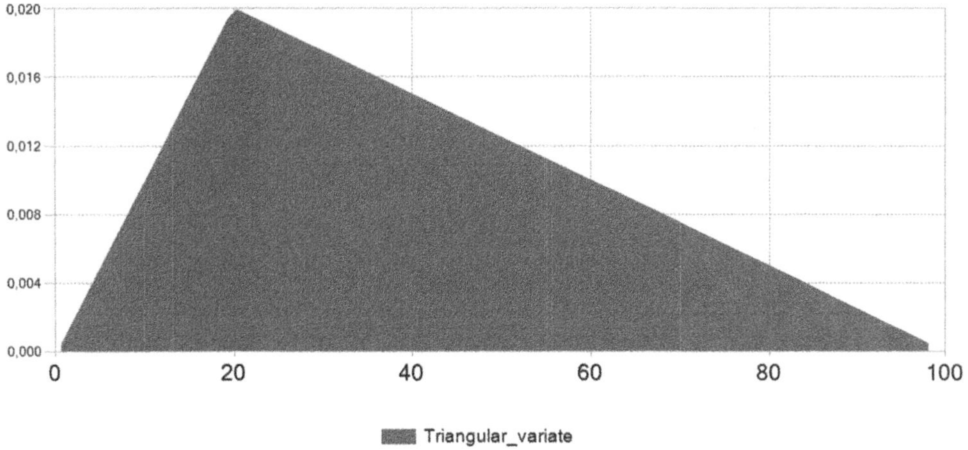

Abb. 3.18 Die Dreiecksverteilung mit den Parametern wc = 100; rc = 20 und bc = 0,25

In der Praxis sehr häufig anzutreffen ist die Dreiecksverteilung (auch als Simpsonverteilung bezeichnet). Hierbei bestimmen die Parameter a (minimaler Wert), b (wahrscheinlichster Wert) und c (maximaler Wert) die Form der Dreiecksverteilung (Abb. 3.18)

Eine Dreiecksverteilung wird durch die jeweils lineare Verbindung des geringsten Wertes („best case") mit der Wahrscheinlichkeit von null mit dem Wert der höchsten Auftretenswahrscheinlichkeit („realistic case" bzw. „„most likely case") und dem höchsten Wert („worst case") mit der Wahrscheinlichkeit von null gebildet.

Bei der Szenariobewertung von Risiken sollte berücksichtigt werden, dass die Dreiecksverteilung durch den linearen Verlauf möglicherweise Risiken massiv überbewertet. Dies würde beispielsweise auch bei einer Simulation von Maßnahmen zu Fehlinterpretationen führen. Daher ist für viele Risiken eine PERT-Verteilung, eine Log-Normalverteilung oder Gamma-Verteilung die bessere Wahl.

In Abb. 3.19 ist das Ergebnis einer Simulation eines einzelnen compoundverteilten Risikos wiedergegeben. Auf der linken Seite des Häufigkeitsdiagramms sehen wir die Szenarien, in denen kein Ereignis simuliert wurde. Rechts davon sind die Schadensszenarien abgebildet, die aus der Kombination von Häufigkeit (>1) und Schadensausmaß resultieren.

In Tab. 3.4 ist eine Auswahl an diskreten Verteilungsfunktionen sowie deren Anwendung in der Praxis wiedergegeben.

In Tab. 3.5 ist eine Auswahl an stetigen Verteilungsfunktionen sowie deren Anwendung in der Praxis wiedergegeben.

3.3.4 Stochastische Szenariosimulation

Unternehmen sollten vor allem die Kombinationseffekte der Einzelrisiken analysieren und das gesamte Risikoportfolio oder einzelne Risikoportfolien (Produktion, Supply-Chain etc.) im Details analysieren. Die Methodik der „Stochastischen Szenariosimulation" bietet im Risiko-Management einen praktikablen und einfachen Weg, um durch eine Risikoaggrega-

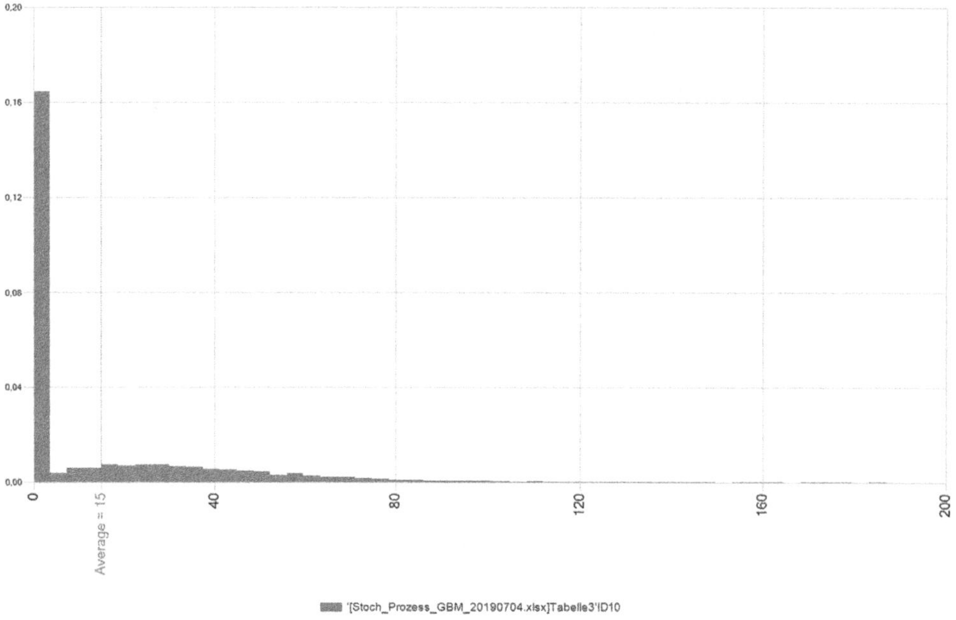

Abb. 3.19 Das Simulationsergebnis einer Compoundverteilung mit $\lambda = 0{,}5$ (alle 2 Jahre einmal) und der PERT-Verteilung mit den Parametern wc = 100; rc = 20 und bc = 0,25

tion die Gesamtrisikoposition eines Unternehmens, eines Teilportfolios oder auch eines Projektes zu berechnen und zu analysieren. In diesem Zusammenhang wird auch die relative Bedeutung der Einzelrisiken unter Berücksichtigung von Wechselwirkungen (Korrelationen oder Wirkungszusammenhänge) zwischen diesen Einzelrisiken untersucht. Damit ist die Risikoaggregation eine „Schlüsseltechnologie" im Risiko-Management, da sie erforderlich ist, um mögliche „bestandsgefährdende Entwicklungen" rechtzeitig zu erkennen.

Die Betrachtung von Kombinationseffekten der Einzelrisiken ist insbesondere erforderlich, um mögliche „bestandsgefährdende Entwicklungen" eines Unternehmens früh zu erkennen (weil sich diese eben meist aus Kombinationseffekten ergeben). Genau dies ist die gesetzliche *Mindest*anforderung an ein Risiko-Managementsystem, die in § 91 Abs. 2 AktG (Kontroll- und Transparenzgesetz, KonTraG) festgelegt ist.

Der Sachverhalt, dass nicht Einzelrisiken, sondern der aggregierte Gesamtrisikoumfang für die Beurteilung der (freien) Risikotragfähigkeit und den Grad der Bestandsbedrohung eines Unternehmens maßgeblich ist, war schon im Jahr 1998 mit der Inkraftsetzung des Kontroll- und Transparenzgesetzes (KonTraG) bekannt. Daher findet man in dem Prüfungsstandard 340 des Instituts der deutschen Wirtschaftsprüfer folgende zentrale Anforderung an ein leistungsfähiges Risikofrüherkennungssystem:

> *„Die Risikoanalyse beinhaltet eine Beurteilung der Tragweite der erkannten Risiken in Bezug auf Eintrittswahrscheinlichkeit und quantitative Auswirkungen. Hierzu gehört auch die Einschätzung, ob Einzelrisiken, die isoliert betrachtet von nachrangiger Bedeutung sind, sich in ihrem Zusammenwirken oder durch Kumulation im Zeitablauf zu einem bestandsgefährdenden Risiko aggregieren können."*

Tab. 3.4 Auswahl diskreter Verteilungsfunktionen

Verteilung	Grafik	Kennzeichen	Typische Anwendungsfelder
Diskrete Gleichverteilung	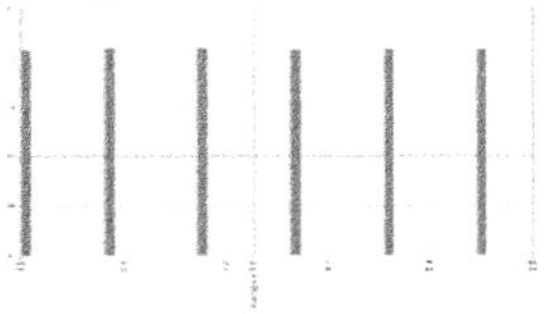	• Minimum und Maximum sind feste Grenzen. • Alle Werte können mit gleicher Wahrscheinlichkeit auftreten. • Nur diskrete Szenarien möglich.	• Der Grundgedanke einer Gleichverteilung ist, dass es keine Präferenz gibt. • Beispiel: Würfelspiel mit einem 6-seitigen Würfel (Laplace-Experiment) • Anwendung, wenn keine Abschätzung eines „most likely"-case möglich.
Bernoulli-Verteilung (Null-Eins-Verteilung oder Boole-Verteilung)	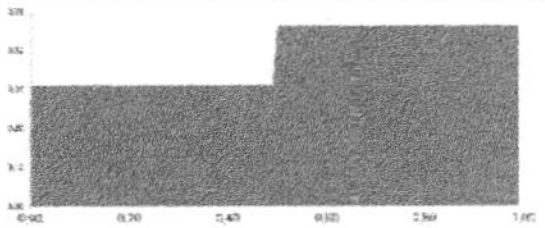	• Ein Spezialfall der Binomialverteilung für $n = 1$ ist die Bernoulli-Verteilung (siehe dort). • Zufällige Ereignisse, bei denen es nur zwei mögliche Versuchsausgänge gibt (Erfolg und Misserfolg). Die zugehörige Wahrscheinlichkeit p für einen Erfolg nennt man Erfolgswahrscheinlichkeit und $q = 1 - p$ die Wahrscheinlichkeit eines Misserfolgs.	• Werfen eines Würfels, wobei nur eine „6" als Erfolg gewertet wird: $p = 1/6$, $q = 5/6$. • Qualitätsprüfung (einwandfrei, nicht einwandfrei). • Anlagenprüfung (funktioniert, funktioniert nicht). • Forderungsausfall tritt ein oder nicht.
Binomialverteilung	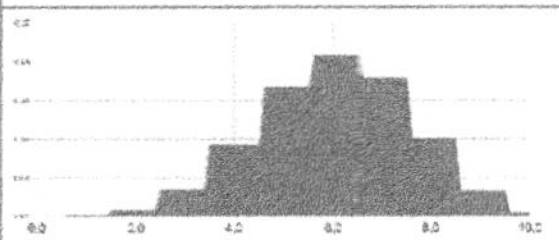	• Für jeden Versuch existieren nur zwei mögliche Ereignisse: Erfolg oder Misserfolg (Risiko tritt ein oder nicht) = Bernoulli-Prozess. • Alle Ereignisse sind unabhängig. • Wahrscheinlichkeit ist bei jedem Versuch gleich. • Die Null-Eins-Verteilung entspricht der Bernoulliverteilung mit einem Versuch.	• Beispiel: Anzahl von Köpfen bei 10 Münzwürfen. • Nach dem Satz von Moivre-Laplace konvergiert die Binomialverteilung im Grenzfall $n \rightarrow \infty$ gegen eine Normalverteilung, d. h., die Normalverteilung kann als brauchbare Näherung der Binomialverteilung verwendet werden, wenn der Stichprobenumfang hinreichend groß und der Anteil der gesuchten Ausprägung nicht zu klein ist. • Eine asymptotisch asymmetrische Binomialverteilung, deren Erwartungswert np für $n \rightarrow \infty$ und $p \rightarrow 0$ gegen eine Konstante λ konvergiert, kann man durch die Poisson-Verteilung annähern.

(Fortsetzung)

Tab. 3.4 (Fortsetzung)

Verteilung	Grafik	Kennzeichen	Typische Anwendungsfelder
Negative Binomialverteilung (Pascal-Verteilung)	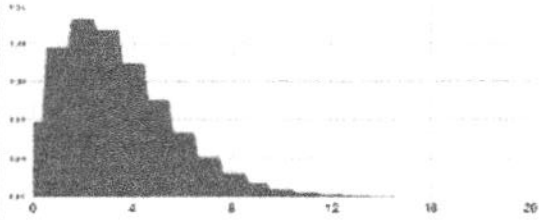	• Anzahl der Versuche, die erforderlich sind, um in einem Bernoulli-Prozess eine vorgegebene Anzahl von Erfolgen zu erzielen. • Versuche werden bis zum Erfolg r fortgesetzt (Versuche sind nie < r). • Die Wahrscheinlichkeit des Erfolgs bleibt von Versuch zu Versuch gleich.	• Wichtigste Schadenzahlverteilung (neben der Poissonverteilung) in der Versicherungsmathematik (bspw. Schadenzahlverteilung in der Krankenversicherung). • Anzahl von Verkaufsgesprächen, bis 20 Bestellungen aufgenommen werden.
Geometrische Verteilung	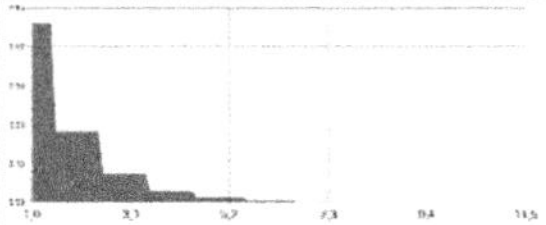	• Anzahl der Versuche steht nicht fest. • Versuche werden bis zum Erfolg fortgesetzt. • Die Wahrscheinlichkeit des Erfolgs bleibt von Versuch zu Versuch gleich.	• Analyse der Wartezeiten bis zum Eintreffen eines bestimmten Ereignisses. • Lebensdauerbestimmung von Geräten und Bauteilen, d. h. dem Warten bis zum ersten Ausfall. • Bestimmung der Zuverlässigkeit von Geräten (MTBF = Mean Time Between Failures). • Bestimmung der Fehlerrate in der Datenübertragung, zum Beispiel Anzahl der erfolgreich übertragenen TCP-Pakete zwischen zwei Paketen mit Retransmission. • Anzahl von Bohrlöchern, die gebohrt werden müssen, bis erfolgreich Erdöl gefunden wird.
Hypergeometrische Verteilung	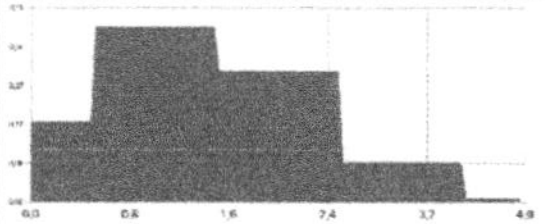	• Grundgesamtheit steht fest. • Die Stichprobe (Anzahl der Versuche) stellt einen Teil der Grundgesamtheit dar. • Wahrscheinlichkeit eines Erfolgs ändert sich nach jedem Versuch.	• Einer dichotomen Grundgesamtheit werden in einer Stichprobe zufällig n Elemente ohne Zurücklegen entnommen. Die hypergeometrische Verteilung gibt dann Auskunft darüber, mit welcher Wahrscheinlichkeit in der Stichprobe eine bestimmte Anzahl von Elementen vorkommt, die die gewünschte Eigenschaft haben (Qualitätskontrollen).

(Fortsetzung)

Tab. 3.4 (Fortsetzung)

Verteilung	Grafik	Kennzeichen	Typische Anwendungsfelder
Poisson-Verteilung	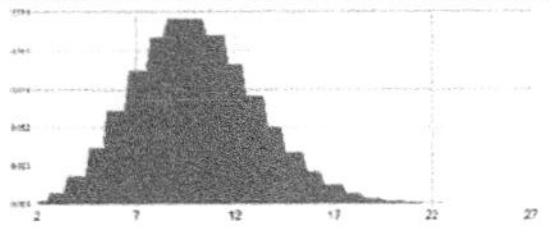	• Wird durch einen reellen Parameter $\lambda > 0$ (erwartete Häufigkeit) definiert, der den Erwartungswert und gleichzeitig die Varianz der Verteilung beschreibt. • Nach dem Satz von Palm-Chintschin konvergieren allgemeine Erneuerungsprozesse unter relativ milden Bedingungen gegen einen Poisson-Prozess. • Beschreibt, wie oft ein Ereignis in einem bestimmten Intervall auftritt.	• Modellierung der Anzahl von Ereignissen, die bei konstanter mittlerer Rate unabhängig voneinander in einem festen Zeitintervall oder räumlichen Gebiet eintreten. • Anzahl der Blitzeinschläge pro ha und Jahr. • Anzahl geschätzter Risikoeintritte in einem definierten Zeitintervall.
Logarithmische Verteilung	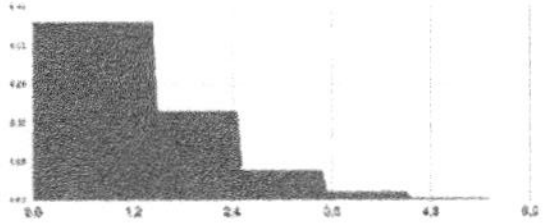	• Parametrisiert mit Erfolgswahrscheinlichkeit p.	• Typische Schadenshöhenverteilung in der Versicherungsmathematik. • Kombiniert man die logarithmische Verteilung mit der zusammengesetzten Poisson-Verteilung, so entsteht die negative Binomialverteilung und damit als Spezialfall auch die geometrische Verteilung.

Tab. 3.5 Auswahl stetiger Verteilungsfunktionen

Verteilung	Grafik	Kennzeichen	Typische Anwendungsfelder
Stetige Gleichverteilung (Rechteckverteilung, Uniformverteilung)	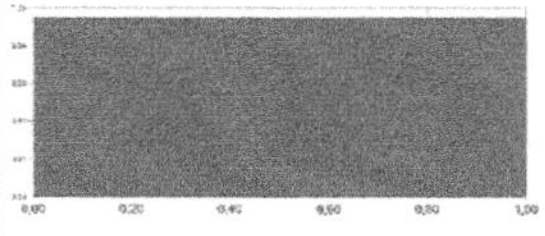	• Minimum und Maximum sind feste Grenzen. • Alle Werte können mit gleicher Wahrscheinlichkeit auftreten.	• Der Grundgedanke einer Gleichverteilung ist, dass es keine Präferenz gibt. • Anwendung, wenn keine Abschätzung eines „most likely"-case möglich. • Basis zur Erzeugung beliebig verteilter Zufallszahlen mittels der Inversionsmethode oder der Verwerfungsmethode.
Dreiecksverteilung	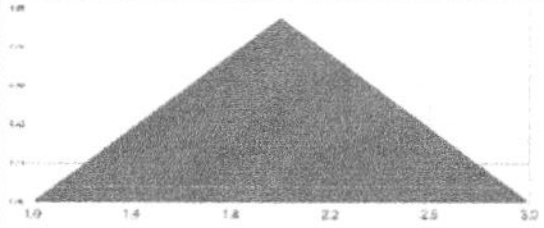	• Minimum und Maximum sind feste Grenzen. • Neben „worst case" und „best case" wird als dritter Wert der wahrscheinlichste Wert (most likely case) geschätzt.	• Typische Szenariobewertung basierend auf Expertenschätzung (keine Abschätzung einer Wahrscheinlichkeit erforderlich, da sich diese direkt berechnen lässt). • Hinweis für die Praxis: Bei Risiken mit einer geringen Eintrittswahrscheinlichkeit „überschätzt" die Dreiecksverteilung diese.
PERT-Verteilung (program evaluation and review technique)	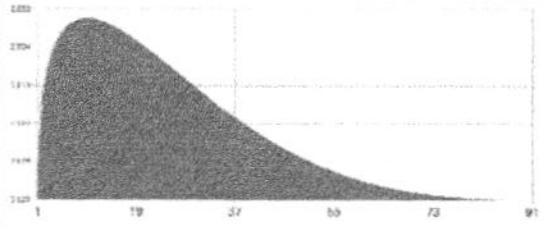	• Minimum und Maximum sind feste Grenzen. • Neben „worst case" und „best case" wird als dritter Wert der wahrscheinlichste Wert (most likely case) geschätzt. • Grundlage bildet die Beta-Verteilung. • Optionale Beschreibung der Schätzunsicherheit über Shape-Parameter.	• Typische Szenariobewertung basierend auf Expertenschätzung (keine Abschätzung einer Wahrscheinlichkeit erforderlich, da sich diese direkt berechnen lässt). • PERT wird bspw. bei Projekten mit hoher Unsicherheit und geringer Erfahrung angewandt (bspw. Dreizeitenschätzung).

(Fortsetzung)

Tab. 3.5 (Fortsetzung)

Verteilung	Grafik	Kennzeichen	Typische Anwendungsfelder
Normalverteilung (Gauß-Verteilung)	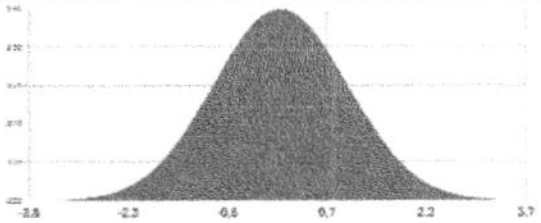	• „Schweizer Taschenmesser“ der Statistik. • Erwartungswert ist am wahrscheinlichsten (Erwartungswert ist auch gleichzeitig Median und Modus). • Die Standardabweichung σ beschreibt die Breite der Normalverteilung. • Auch wenn sich die Werte der Normalverteilung asymptotisch dem Wert Null nähern, so ist die Normalverteilung für keinen Wert von x jemals 0. • Immer symmetrisch verteilt • Besondere Bedeutung der Normalverteilung beruht unter anderem auf dem zentralen Grenzwertsatz	• Abweichungen der Messwerte vieler natur-, wirtschafts- und ingenieurwissenschaftlicher Vorgänge vom Erwartungswert • Zufällige Messfehler, • Zufällige Abweichungen vom Sollmaß bei der Fertigung von Werkstücken, • Modellierung von Schadensdaten im Bereich mittlerer Schadenshöhen bei Versicherungen. • Nicht geeignet als „Heavy-tailed-Verteilung“ zur Modellierung von Extremereignissen.
Logarithmische Normalverteilung (Log-Normalverteilung)	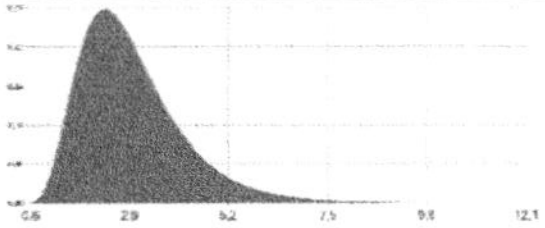	• Wahrscheinlichkeitsverteilung über der Menge der positiven reellen Zahlen. • Oberes Limit ist unbegrenzt (∞). • Beschreibt die Verteilung einer Zufallsvariablen X, wenn die transformierte Zufallsvariable $Y = \ln(X)$ normalverteilt ist.	• Viele Gesetzmäßigkeiten in der Natur folgen einer Log-Normalverteilung. • Verteilung der ersten Ziffer von Daten (Benfordsche Gesetz). • Im Black-Scholes-Modell zur Bestimmung expliziter Preise von Finanzoptionen folgen Aktienkurse einer geometrischen Brownschen Bewegung (GBM) und sind damit logarithmisch normalverteilt. • Modellierung der Schadenshöhe erfolgt häufig mit einer Log-Normalverteilung (oder Gammaverteilung, Log-Gammaverteilung)

(Fortsetzung)

Tab. 3.5 (Fortsetzung)

Verteilung	Grafik	Kennzeichen	Typische Anwendungsfelder
Exponentialverteilung	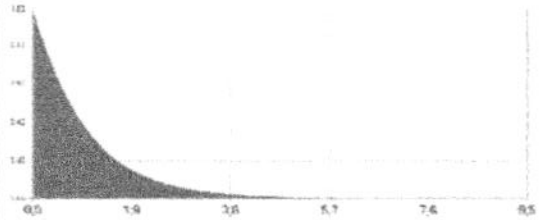	• Wird durch λ parametrisiert. λ darf Werte zwischen 0 (ausschließlich) und unendlich annehmen. • λ steht für die Zahl der erwarteten Ereignisse pro Einheitsintervall. Kürzere Intervalle zwischen Ereignissen sind wahrscheinlicher. Seltener treten aber auch sehr lange Intervalle auf. • Gedächtnislose Verteilung.	• Lebensdauer von Atomen beim radioaktiven Zerfall. • Lebensdauer von Bauteilen, Maschinen und Geräten, wenn Alterungserscheinungen nicht betrachtet werden müssen. • Grobes Modell für kleine und mittlere Schäden in Hausrat, Kraftfahrzeug-Haftpflicht, Kraftfahrzeug-Kasko in der Versicherungsmathematik.
Chi-Quadrat-Verteilung	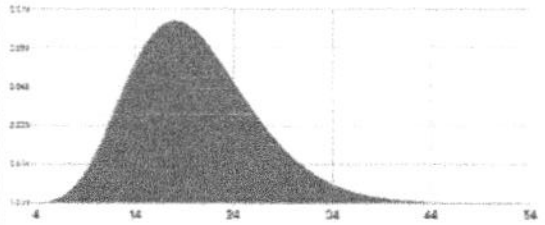	• Begrenzt auf die Menge der nichtnegativen reellen Zahlen. • Verteilung hat einen einzigen Parameter, nämlich die Anzahl der Freiheitsgraden.[a] • Kann aus der Normalverteilung abgeleitet werden. Die Summen quadrierter Zufallsvariablen treten bei Schätzfunktionen wie der Stichprobenvarianz zur Schätzung der empirischen Varianz auf. • Der Erwartungswert der Chi-Quadrat-Verteilung mit n Freiheitsgraden ist gleich der Anzahl der Freiheitsgrade.	• Chi-Quadrat-Test ($\chi 2$-Test) als Hypothesentest mit Chi-Quadrat-verteilter Testprüfgröße, u. a. als • Verteilungstest (Anpassungstest): Hier wird geprüft, ob vorliegende Daten auf eine bestimmte Weise verteilt sind. • Unabhängigkeitstest: Hier wird geprüft, ob zwei Merkmale stochastisch unabhängig sind. • Homogenitätstest: Hier wird geprüft, ob zwei oder mehr Stichproben derselben Verteilung bzw. einer homogenen Grundgesamtheit entstammen.

(Fortsetzung)

Tab. 3.5 (Fortsetzung)

Verteilung	Grafik	Kennzeichen	Typische Anwendungsfelder
Student-t-Verteilung (t-Verteilung)	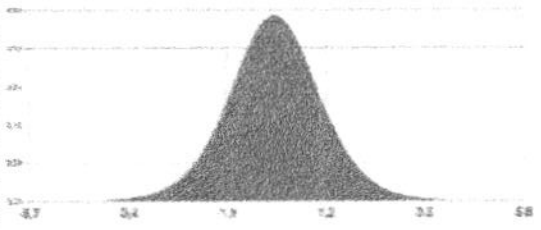	• Die standardisierte Schätzfunktion des Stichproben-Mittelwerts normalverteilter Daten ist nicht mehr normalverteilt, sondern t-verteilt, wenn die zur Standardisierung des Mittelwerts benötigte Varianz des Merkmals unbekannt ist und mit der Stichprobenvarianz geschätzt werden muss. • Verteilung ist symmetrisch. • Mit steigender Zahl von Freiheitsgraden kann man die Verteilungswerte der t-Verteilung mit der Normalverteilung annähern. Als Faustregel gilt, dass ab 30 Freiheitsgraden die t-Verteilungsfunktion durch die Normalverteilung approximiert werden kann.	• Die t-Verteilung kann verwendet werden, wenn die Varianz bzw. Standardabweichung der Grundgesamtheit nicht bekannt ist. • Die Grundgesamtheit muss jedoch zumindest annähernd normalverteilt sein oder • der Stichprobenumfang der Zufallsstichprobe muss > = 30 sein; mit steigendem Stichprobenumfang nähert sich die t-Verteilung der Normalverteilung an.
F-Verteilung (Fisher-Verteilung, Fisher-Snedecor-Verteilung)	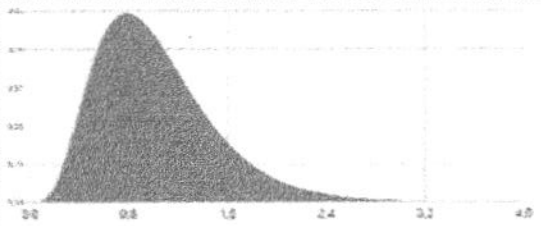	• F-verteilte Zufallsvariable ergibt sich als Quotient zweier jeweils durch die zugehörige Anzahl der Freiheitsgrade geteilter Chi-Quadrat-verteilter Zufallsvariablen. • Besitzt zwei unabhängige Freiheitsgrade als Parameter.	• F-Verteilung wird häufig in einem Test verwendet (F-Test), um festzustellen, ob der Unterschied zweier Stichprobenvarianzen auf statistischer Schwankung beruht oder ob er auf unterschiedliche Grundgesamtheiten hinweist. • In der Varianzanalyse wird mit einer F-Statistik auf signifikante Unterschiede zwischen Grundgesamtheiten (Gruppen) getestet.

(Fortsetzung)

Tab. 3.5 (Fortsetzung)

Verteilung	Grafik	Kennzeichen	Typische Anwendungsfelder
Gammaverteilung	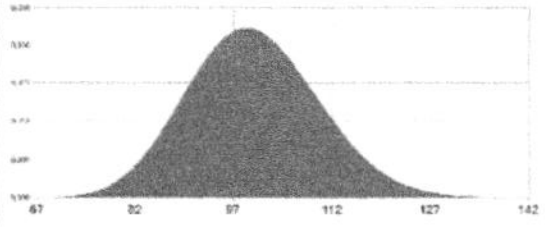	• Direkte Verallgemeinerung der Exponentialverteilung und Verallgemeinerung der Erlang-Verteilung für nichtganzzahlige Parameter. • Wählt man in der Gammaverteilung den Parameter p = 1, so erhält man die Exponentialverteilung mit Parameter λ = b.	• Meteorologische Abläufe (bspw. Schadstoffkonzentration) • Anwendung für physikalische Größen, beispielsweise Zeit zwischen Ereignissen, wenn der Vorgang der Ereignisse nicht vollständig zufällig ist. • Warteschlangentheorie, um die Bedienzeiten oder Reparaturzeiten zu beschreiben. • in der Versicherungsmathematik zur Modellierung kleinerer bis mittlerer Schäden.
Beta-Verteilung	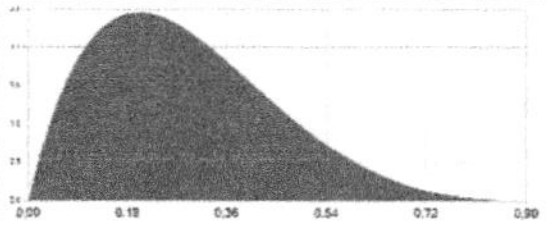	• Bereich zwischen Minimum und Maximum liegt zwischen 0 und einem positiven Wert. • Form kann mit zwei positiven Werten, Alpha und Beta, angegeben werden. • Siehe Pert-Verteilung	• Zuverlässigkeit von Produkten/Maschinen eines Unternehmens. • In der Bayesschen Statistik ist die Beta-Verteilung die konjugierte a-priori-Wahrscheinlichkeitsverteilung für die Bernoulli-, Binomial-, der negativen Binomial- und der geometrischen Verteilung.
Logistische Verteilung	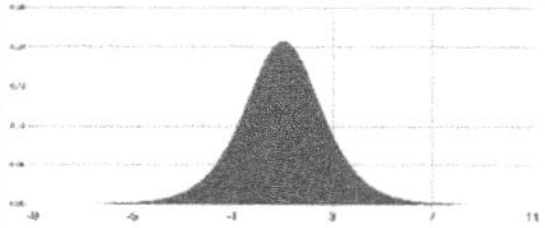	• Normiert man die logistische Funktion, indem man g = 1 setzt, dann ergibt sich die logistische Verteilung.	• Analytische Beschreibung von Wachstumsprozessen mit einer Sättigungstendenz. • Mit der logistischen Verteilung werden Verweildauern in Systemen modelliert, etwa die Lebensdauer von elektronischen Geräten. • Schätzung der Anteilswerte einer dichotomen Variablen in der binären Regression, der so genannten Logit-Regression.

(Fortsetzung)

Tab. 3.5 (Fortsetzung)

Verteilung	Grafik	Kennzeichen	Typische Anwendungsfelder
Weibull-Verteilung	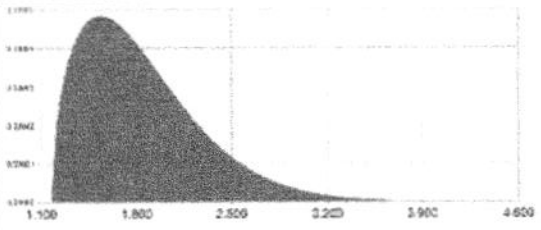	• Bei geeigneter Wahl ihrer zwei Parameter ähnelt sie einer Normalverteilung, einer Exponentialverteilung oder anderen asymmetrischen Verteilungen. • Anders als eine Exponentialverteilung berücksichtigt sie die Vorgeschichte eines Objekts, sie ist gedächtnisbehaftet und berücksichtigt beispielsweise die Alterung eines Bauelements nicht nur mit der Zeit, sondern in Abhängigkeit von seinem Einsatz.	• Materialermüdungs- und Ausfalltests (spröder Werkstoffe) oder anderer physikalischer Größen. • Modellierung von Windgeschwindigkeiten. • Ausfallzeiten in einer Zuverlässigkeitsstudie. • In der mechanischen Verfahrenstechnik findet die Weibull-Verteilung Anwendung als eine spezielle Partikelgrößenverteilung (RRSB-Verteilung). • Für Formparameter $k < 1$ gehört die Verteilung zu den Verteilungen mit „fat tails", deren Dichte langsamer als exponentiell abfällt.
Cauchy-Verteilung (Cauchy-Lorentz-Verteilung, Lorentz-Verteilung)	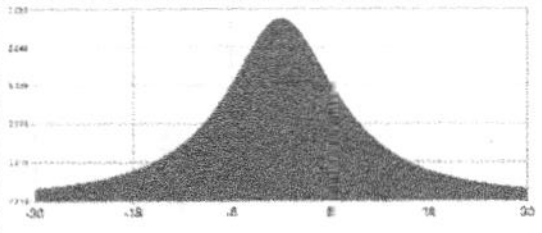	• Verteilung, die weder Erwartungswert noch Varianz oder Standardabweichung besitzt, da die entsprechenden Integrale nicht endlich sind. Dementsprechend besitzt sie auch keine endlichen Momente und keine momenterzeugende Funktion.	• Zählt zu den „Heavy-tailed"-Verteilungen, d. h. die Wahrscheinlichkeit für extreme Ausprägungen ist sehr groß. • Zur Analyse der Auswirkung von Ausreißern in Daten auf statistische Verfahren, verwendet man häufig Cauchy-verteilte Zufallszahlen in Simulationen.
Pareto-Verteilung	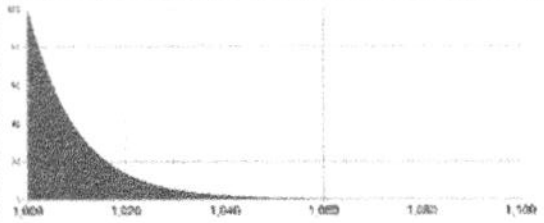	• Rechtsseitig unendliches Intervall $[x_{min}, \infty]$. • Skaleninvariant und genügt einem Potenzgesetz. • Siehe auch Benford'sche Gesetz	• Pareto-verteilte Größen folgend dem Pareto-Prinzip (auch 80-zu-20-Regel): Kleinere Werte sind recht häufig, große Werte hingegen sehr selten. Wie stark dieser Effekt ausgeprägt ist, hängt vom Parameter k ab. • Simulation von Schadenshöhen in der Versicherungsmathematik.

[a]Die Freiheitsgrade kann man auch als Anzahl der „überflüssigen" Messungen interpretieren, die nicht zur Bestimmung der Parameter benötigt werden. Oft werden mithilfe einer Stichprobe die unbekannten Parameter einer Grundgesamtheit geschätzt. Die Anzahl n der unabhängigen Beobachtungswerte abzüglich der Anzahl der schätzbaren Parameter p wird als Anzahl der Freiheitsgrade bezeichnet. Die Freiheitsgrade kann man allgemein auch als Anzahl der „überflüssigen" Messungen interpretieren, die nicht zur Bestimmung der Parameter benötigt werden

Gefordert wird im Prüfungsstandard die Aggregation aller (wesentlichen) Risiken über alle Risikoarten sowie auch über die Zeit. Da nur quantifizierte Risiken auch aggregiert werden können, ist eine adäquate Quantifizierung (mit Hilfe geeigneter Verteilungsfunktionen) sämtlicher Risiken der einzige Weg zu einem wirksamen und sinnvollen Risiko-Management. Durch eine Aggregation der quantifizierten Risiken im Kontext der Planung – Chancen und Gefahren verstanden als Ursache möglicher Planabweichungen – muss untersucht werden, welche Auswirkungen diese auf den zukünftigen Ertrag, die wesentlichen Finanzkennzahlen, Kreditvereinbarungen (Covenants) und das Rating haben.

So ist beispielsweise zu untersuchen, mit welcher Wahrscheinlichkeit durch den Eintritt bestehender Risiken (beispielsweise Konjunktureinbruch in Verbindung mit einem gescheiterten Investitionsprojekt) das durch Finanzkennzahlen abschätzbare zukünftige Rating des Unternehmens unter ein für die Kapitaldienstfähigkeit notwendiges Niveau (B-Rating) abfallen könnte. Gerade die aus der Risikoaggregation ableitbaren Ratingprognosen verknüpfen Unternehmensplanung sowie Risikoanalyse und stellen so den wichtigsten Krisenfrühwarnindikator dar.

Ohne die gemeinsame Betrachtung der verschiedenen Unternehmensrisiken, also der Risikoaggregation sowie die Betrachtung der Implikationen für das zukünftige Rating, ist eine mögliche Bestandsbedrohung des Unternehmens im Sinne von § 91 Abs. 2 AktG nicht erkennbar.

Die Aggregation von Risiken im Kontext der Unternehmensplanung erfordert zwingend den Einsatz von Simulationsverfahren in Form einer stochastischen Simulation (Monte-Carlo-Simulation), weil Risiken – anders als Kosten und Umsätze – nicht addierbar sind. Diese Simulationsverfahren basieren auf einer Weiterentwicklung der klassischen Szenario-Analyse.

Die Monte-Carlo-Simulation / Stochastische Simulation

Der Kernphysiker Enrico Fermi hatte in den 1930er-Jahren die ersten Ideen zu Monte-Carlo-Simulationen. Ausgeführt wurden diese im Jahr 1946 von Stanislaw Ulam und dem von ihm deshalb kontaktierten John von Neumann. Dies geschah zur Zeit des 2. Weltkriegs während der Arbeit an einem damals geheimen Projekt am Los Alamos Scientific Laboratory, für das ein Codename nötig war. Es ging im Rahmen der Entwicklung der ersten Atombombe um die Neutronendiffusion in nuklearen Materialien. Als Codenamen wählte man „Monte Carlo" in Anspielung auf die Spielbank in Monte-Carlo, einem Stadtteil von Monaco.

Mittels Simulation von Zufallszahlen (basierend auf definierten Wahrscheinlichkeitsverteilungen) wird bei der Risikoaggregation eine große repräsentative Anzahl risikobedingt möglicher Zukunftsszenarien (Planungsszenarien) analysiert. Auf diese Weise wird eine realistische Bandbreite der zukünftigen Erträge und Liquiditätsentwicklung aufgezeigt, also die Planungssicherheit bzw. der Umfang möglicher positiver oder negativer

Planabweichungen dargestellt. Unmittelbar abgeleitet werden kann die Wahrscheinlichkeit, dass beispielsweise Covenants verletzt oder ein Ziel-Rating zukünftig nicht mehr erreicht wird. Auch die weiterführende Ableitung risikogerechter Kapitalkostensätze als Anforderung an die Rendite einzelner Projekte und Geschäftsfelder ist möglich, ohne dass man auf historische Kapitalmarktdaten (wie beim Beta-Faktor des Capital Asset Pricing Model, CAPM) zurückgreifen müsste.

Die Risikoaggregation folgt grundsätzlich vier Prozessschritten, die in Abb. 3.20 wiedergegeben sind. In einem ersten Schritt erfolgt die Modellierung der Risiken. Alle Risiken werden mit Hilfe geeigneter Wahrscheinlichkeitsverteilungen beschrieben. Außerdem erfolgt hier die Beschreibung der Wirkung der Risiken beispielsweise auf eine Outputgröße (beispielsweise EBIT, Umsatz, Materialaufwand oder Projektbudget). Ergänzend werden die Abhängigkeiten zwischen den Risiken in Form von Kausalbeziehungen oder Korrelationen (vgl. Abb. 3.22) beschrieben. Eine Korrelation beschreibt eine Beziehung zwischen zwei oder mehreren Merkmalen, Ereignissen, Zuständen oder Funktionen. Hierbei muss berücksichtigt werden, dass die Beziehung keine kausale Beziehung sein muss. So könnte beispielsweise eine stochastische, also vom Zufall beeinflusste Beziehung zwischen ihnen bestehen.

Der Korrelationskoeffizient

Der Korrelationskoeffizient ist ein dimensionsloses Maß für den Grad des linearen Zusammenhangs zwischen zwei mindestens intervallskalierten Merkmalen. Er kann Werte zwischen −1 und +1 annehmen. Bei einem Wert von +1 (bzw. −1) besteht ein vollständig positiver (bzw. negativer) linearer Zusammenhang zwischen den betrachteten Merkmalen. Wenn der Korrelationskoeffizient den Wert 0 aufweist, hängen die beiden Merkmale überhaupt nicht linear voneinander ab. Allerdings können diese ungeachtet dessen in nichtlinearer Weise voneinander abhängen. Damit ist der Korrelationskoeffizient kein geeignetes Maß für die (reine) stochastische Abhängigkeit von Merkmalen. Das Quadrat des Korrelationskoeffizienten stellt das Bestimmtheitsmaß dar.

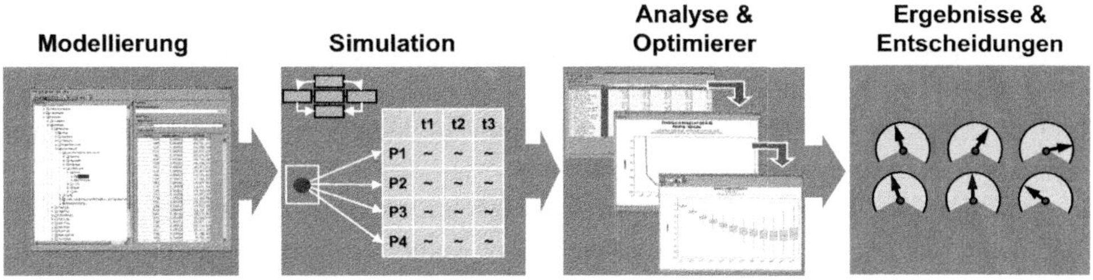

Abb. 3.20 Die vier Schritt bei der Risikoaggregation

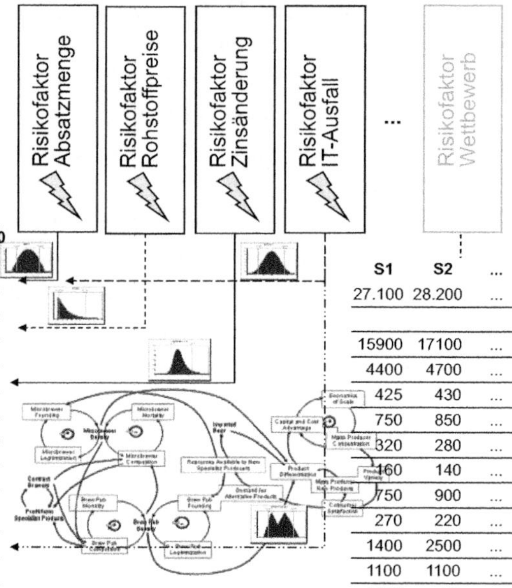

Erträge	IST 2019 in T€	PLAN 2020 in T€	S1	S2	...	Sn
Umsatzerlöse	25.000	28.000	27.100	28.200	...	29.500
Aufwendungen						
Materialeinsatz	15.600	17500	15900	17100	...	17900
Personalkosten	4500	4600	4400	4700	...	4800
Zinsaufwand	418	418	425	430	...	410
Verkaufsprovisionen	750	800	750	850	...	810
Kundenskonto	280	300	320	280	...	300
Hilfs und Betriebsstoffe	140	150	160	140	...	150
Stromkosten	680	850	750	900	...	710
Instandhaltung Maschinen	265	265	270	220	...	310
sonstiger Aufwand	550	550	1400	2500	...	450
Abschreibungen	1100	1100	1100	1100	...	1100
Gewinn (vor Steuern)	717	1467	1625	-20	...	2560

Abb. 3.21 Berücksichtigung von Abhängigkeiten zwischen Risiken und Definition der „Einschlagstellen", bspw. in der Gewinn- und Verlustrechnung (GuV)

In einem zweiten Schritt erfolgt die (stochastische) Simulation mit einer geeigneten Software. Der dritte Schritt widmet sich der Analyse und Interpretation sowie Optimierung der Analyseergebnisse. Das heißt, ggf. erfolgt eine Optimierung und Anpassung des Modells (siehe Schritt 1). In einem vierten Schritt erfolgt eine Aufbereitung der Ergebnisse als Basis für den Entscheidungsprozess.

Eine Voraussetzung für die Bestimmung des „Gesamtrisikoumfangs" mittels Risikoaggregation stellt die Zuordnung von Risiken zu denjenigen Positionen der Unternehmensplanung dar (vgl. Abb. 3.21), bei denen sie Planabweichungen verursachen können (stochastische Szenarioanalyse, stochastische Planung). Dabei können Risiken als Schwankungsbreite um einen Planwert modelliert werden (beispielsweise +/− 6 % Absatzmengenschwankung, modelliert beispielsweise mit einer Normalverteilung oder Pert-Verteilung). Zudem können jedoch auch „ereignisorientierte Risiken" (wie etwa eine Betriebsunterbrechung durch Maschinenschaden) eingebunden werden, die dann über das außerordentliche Ergebnis das Betriebsergebnis beeinflussen. Ereignisorientierte Risiken werden beispielsweise mit Hilfe einer Compoundverteilung (simultane Modellierung von Häufigkeiten und Schadensausmaß) modelliert.

Ein Blick auf die verschiedenen Szenarien der Simulationsläufe (S_1 bis S_n) veranschaulicht, dass sich bei jedem Simulationslauf andere Kombinationen von Ausprägungen der Risiken ergeben. Damit erhält man in jedem Schritt einen simulierten Wert für die betrachtete Zielgröße (beispielsweise EBIT, Gewinn oder Cashflow). Die Gesamtheit aller Simulationsläufe liefert eine „repräsentative Stichprobe" aller möglichen Risiko-Szena-

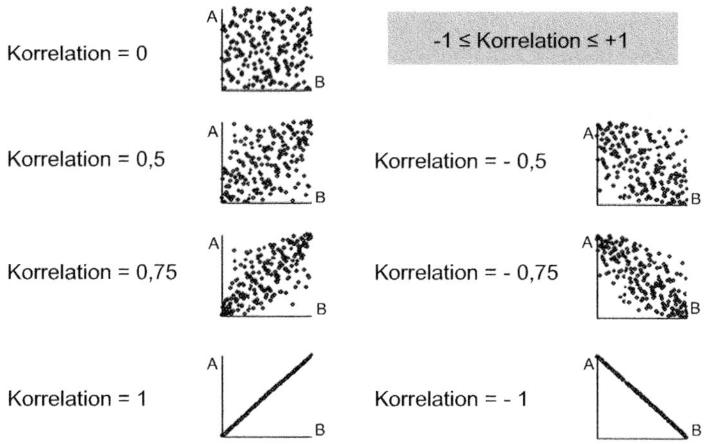

Abb. 3.22 Eine Korrelation beschreibt eine Beziehung zwischen zwei oder mehreren Merkmalen, hier Risiken. Die Beziehung muss keine kausale Beziehung sein.

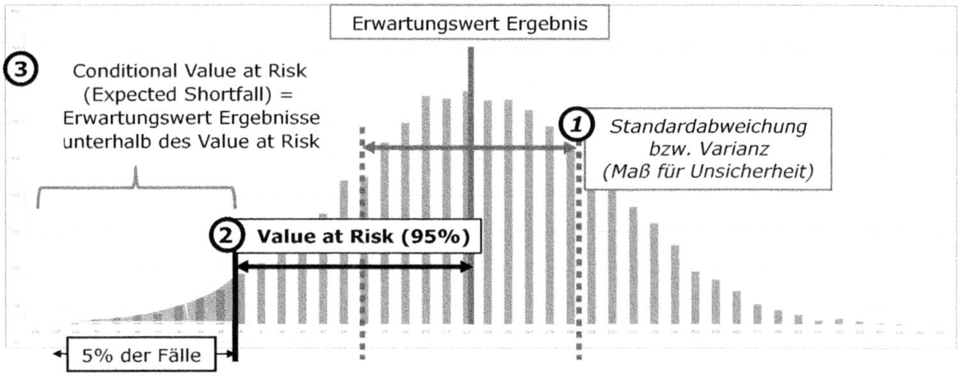

Abb. 3.23 Simulationsergebnis in Form eines Histogramms

rien des Unternehmens (vgl. Abb. 3.23). Aus den ermittelten Realisationen der Zielgröße ergeben sich aggregierte Häufigkeitsverteilungen, die dann für weitere Analysen genutzt werden. Unmittelbar erkennbar werden die Planungssicherheit und der Umfang möglicher Planabweichungen.

Ausgehend von der durch die Risikoaggregation simulierten Verteilungsfunktion des EBIT (oder EBT etc.) kann unmittelbar der Eigenkapitalbedarf (Risk-Adjusted-Capital, RAC) des Unternehmens abgeleitet werden. Zur Vermeidung einer Überschuldung wird zumindest so viel Eigenkapital benötigt, wie auch Verluste auftreten können, die das Eigenkapital reduzieren bzw. (im Extremfall) aufzehren können. Der Eigenkapitalbedarf als Risikomaß gibt an, wie viel Eigenkapital (als Risikodeckungspotenzial) nötig ist, um mit einer definierten Wahrscheinlichkeit (abhängig vom definierten Risikoappetit oder auch einem angestrebten Zielrating) die möglichen Verluste zu tragen. Analog lässt sich der Bedarf an Liquiditätsreserven unter Nutzung der Verteilungsfunktion der Zahlungsflüsse (freie Cashflows) berechnen. Ergänzend können diverse Risikomaße und Risikokennzahlen abgeleitet werden.

Derartige Simulationsmodelle können auch die Frage beantworten, mit welcher Wahrscheinlichkeit eine „bestandsgefährdende Entwicklung" eintritt und wie groß der „Abstand" bis zu einer derartigen Situation ist (also wieviel Verlust ein Unternehmen risikobedingt verkraften kann, bis eine bestandsgefährdende Entwicklung eintritt).[13]

3.4 Ein Blick auf das gesamte Risikoportfolio

Die Aggregation liefert als Ergebnis einen Blick auf das aggregierte Risikoportfolio (vgl. Abb. 3.24). Die Risikoaggregation liefert neben einer höheren Transparenz über Risikoteilportfolien oder das gesamte Risikoportfolio die Grundlage für die Bestimmung risikogerechter Finanzierungsstrukturen und jede tatsächlich wertorientierte Unternehmensführung. Aus dem berechneten Risikoumfang (beispielsweise den aus der Standardabweichung ableitbaren Variationskoeffizient von Erträgen oder Cashflows) kann unmittelbar auf den „Werttreiber" Kapitalkostensatz, der risikogerechten Anforderung an die Rendite einer Investition oder eines Unternehmens, schließen. Auch der bisher oft ignorierte, aber wesentliche Werttreiber „Insolvenzwahrscheinlichkeit" (Insolvenzrisiko), der oben bereits

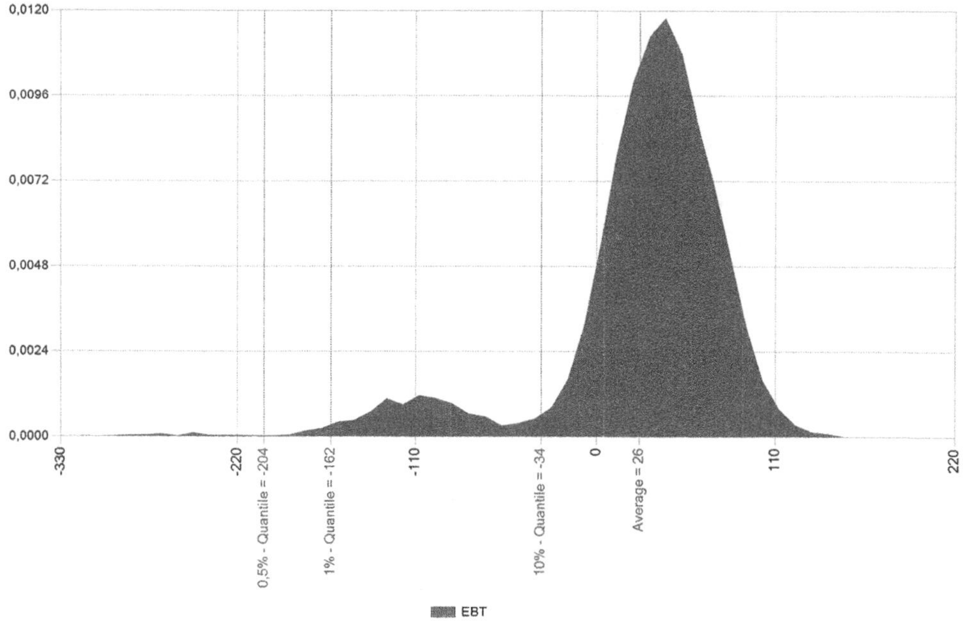

Abb. 3.24 Histogramm der Simulationsergebnisse

[13] Vgl. vertiefend zum Thema Risikoaggregation: Bohmfalk und Romeike (2018), Romeike und Stallinger (2012), Gleißner (2004) und Gleißner (2016).

erwähnt wurde, ergibt sich unmittelbar aus der Simulation. Er hat für ein Unternehmen (und seinen Wert) große Bedeutung, weil er langfristig quasi wie eine „negative Wachstumsrate" der Erträge oder Cashflows wirkt.

Die Simulationsergebnisse liefern unter anderem Antworten auf die folgenden Fragen:

- Welcher Umfang von Planabweichungen ist in der Zukunft denkbar und realistisch? Wie wirken diese auf EBIT, Cash-flow etc.?
- Welche Risikofaktoren spielen die zentrale Rolle? In welcher Stärke wirken diese auf die Ergebnisgröße?
- Wie hoch ist der risikobedingte Eigenkapitalbedarf („risk adjusted capital") zur Deckung potenzieller Verluste?
- Durch welche (Steuerungs-)Maßnahmen kann die Planungssicherheit des Unternehmens erhöht werden?
- Durch welche Einflussfaktoren ist die Umsetzung der Unternehmensstrategie gefährdet?
- Wie hoch ist die „Insolvenzwahrscheinlichkeit"?

Ein Blick auf die verschiedenen Szenarien der Simulationsläufe veranschaulicht, dass bei jedem Simulationslauf andere Kombinationen von Ausprägungen der Risiken resultieren. Damit erhält man in jedem Schritt einen simulierten Wert für die betrachtete Zielgröße (beispielsweise Betriebsergebnis, Gewinn oder Cashflow). Aus den ermittelten Realisationen der Zielgröße ergeben sich aggregierte Wahrscheinlichkeitsverteilungen (Dichtefunktionen), die dann für weitere Analysen genutzt werden.

In Abb. 3.25 ist eine CDF-Verteilung (cumulative distribution function) wiedergegeben. Die kumulative Verteilungsfunktion (CDF) berechnet die kumulative Wahrscheinlichkeit für einen bestimmten x-Wert. Mit der CDF können Sie die Wahrscheinlichkeit ermitteln, mit der eine zufällig aus der Grundgesamtheit entnommene Beobachtung kleiner oder gleich einem bestimmten Wert ist. Anhand dieser Information können Sie auch die Wahrscheinlichkeit ermitteln, mit der eine Beobachtung größer als ein bestimmter Wert ist oder zwischen zwei Werten liegt.

Bei der Analyse des Gesamtportfolios ist des Weiteren von Interesse, wir stark einzelne Risiken auf die Zielgröße (beispielsweise EBIT oder Projektbudget) wirken. Die Kenntnis der relativen Bedeutung der Einzelrisiken (Sensitivitätsanalyse) ist für ein Unternehmen in der Praxis wichtig, um beispielsweise die Maßnahmen der Risikofinanzierung und -steuerung zu priorisieren.

In Abb. 3.26 sind die Ergebnisse einer Sensitivitätsanalyse wiedergegeben. Hierbei wurden die Sensitivitäten als Rangkorrelationen berechnet, die jedoch zusätzlich quadriert und auf eine Summe von 100 % standardisiert wurden.

Die Sensitivitäten können beispielsweise als lineare Korrelationen, das heißt durch den Pearson-Korrelationskoeffizienten berechnet werden. Der Korrelationskoeffizient oder die Produkt-Moment-Korrelation (von Bravais und Pearson, daher auch Pearson-Korrelation

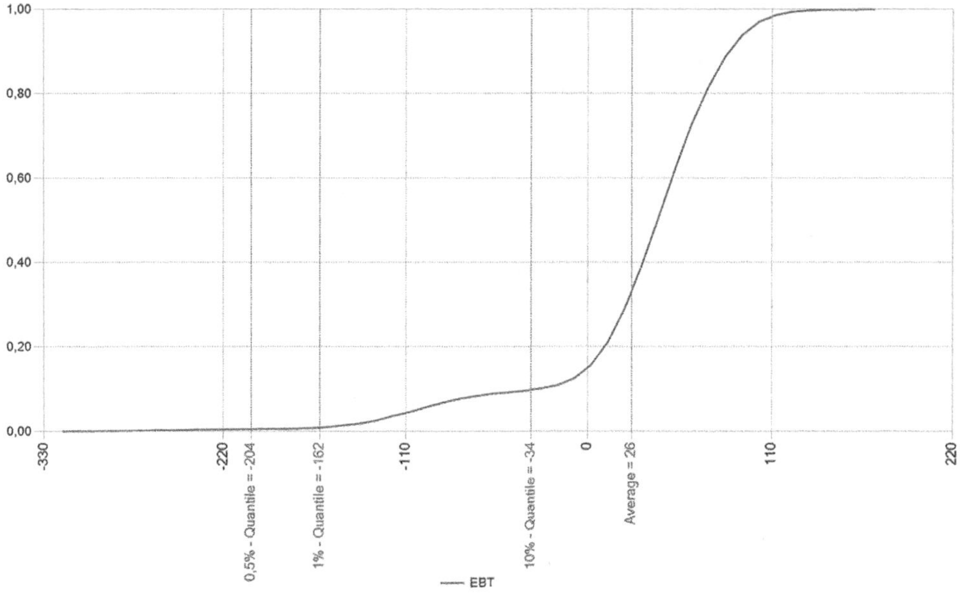

Abb. 3.25 Kumulierte Dichtefunktion (CDF) der Simulationsergebnisse

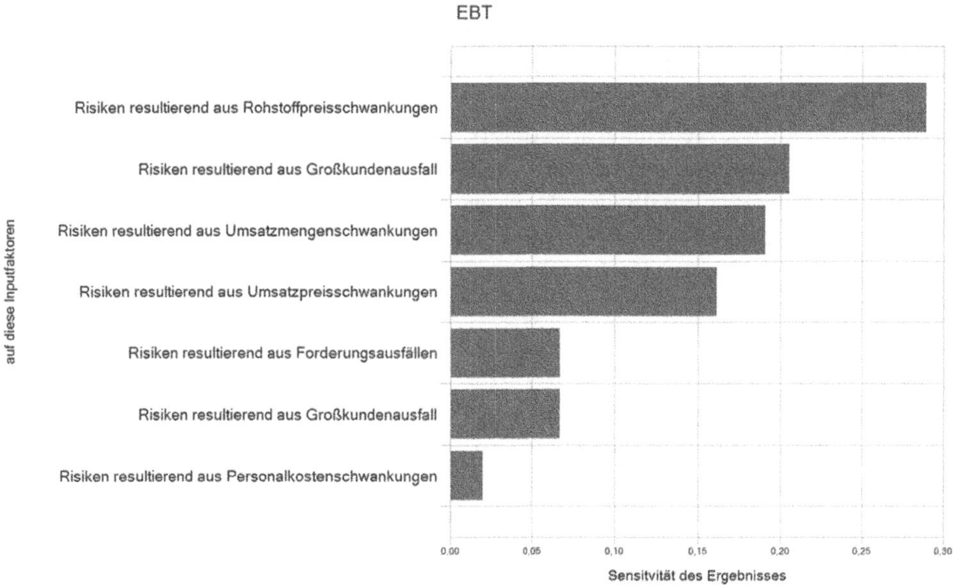

Abb. 3.26 Ergebnis der Sensitivitätsanalyse

genannt) ist ein dimensionsloses Maß für den Grad des linearen Zusammenhangs zwischen zwei mindestens intervallskalierten Merkmalen. Er kann Werte zwischen -1 und $+1$ annehmen.

Alternativ kann auch die Spearman'sche Rangkorrelation oder der Beitrag zur Varianz berechnet werden. Hierbei ist zu berücksichtigen, dass keiner der unterschiedlichen Berechnungswege generell besser ist. Vielmehr muss bei der Auswahl berücksichtigt werden, welcher Ansatz für die konkrete Fragestellung besser geeignet ist. Bestehen etwa Zweifel an der Datenqualität beziehungsweise Exaktheit der Messwerte und sind „Ausreißer" etwa auf unbeabsichtigte Einflüsse zurückzuführen, oder sind die Messwerte generell nur im Sinne einer Rangordnung aufzufassen, so empfiehlt sich tendenziell eher der Rangkorrelationskoeffizient. Für glaubwürdige intervallskalierte Daten eignet sich tendenziell die Pearson-Korrelation besser, da die Rangkorrelation einen höheren Informationsverlust mit sich bringt.

3.5 Risikomaße in der Praxis

Zu den wichtigen Werkzeugen zur Analyse im quantitativen Risiko-Management zählen die Risikomaße.

Die Berechnung von Risikomaßen ist neben der quantitativen Beschreibung von Risiken eine weitere Teilaufgabe bei der Risikoquantifizierung. Die Risikomaße können sich auf Einzelrisiken (beispielsweise ein Betriebsunterbrechungsszenario oder ein Rohstoffpreisrisiko), aber auch auf den Gesamtrisikoumfang (etwa die Wirkung auf den EBIT, den Cash-flow oder die Eigenmittel) eines Unternehmens beziehen. Ein Risikomaß bildet eine Häufigkeits- oder Wahrscheinlichkeitsverteilung auf eine reelle Zahl ab. Risikomaße sind notwendig, um ein transparentes und einfaches „Rechnen mit Risiken" zu ermöglichen.

Oft erfolgt in den Unternehmen die Quantifizierung der Risiken vereinfacht durch die Schätzung von Eintrittswahrscheinlichkeit (p) und Schadenshöhe (SH). Anschließend werden diese beiden Parameter in sogenannten „Risiko-Portfolios" bzw. „Risk-Maps" gegeneinander abgetragen (das Risiko wird hier mit einer Bernoulli- bzw. Binomialverteilung beschrieben; d. h. es wird hierbei unterstellt, dass alle Risiken sinnvollerweise mit einer solchen Verteilung beschrieben werden können).[14]

Die mittlere Ergebnisbelastung aus einem Risiko der Zahlung, der Erwartungswert E(X), berechnet sich als Produkt dieser beiden Parameter:

$$E(X) = SH \cdot p$$

[14] Was in der Praxis nur selten der Fall sein wird. Die Binomialverteilung beschreibt die Anzahl der Erfolge in einer Serie von gleichartigen und unabhängigen Versuchen, die jeweils genau zwei mögliche Ergebnisse haben („Erfolg" oder „Misserfolg"). Solche Versuchsserien werden auch Bernoulli-Prozesse genannt. Im Risiko-Management bedeutet dies, dass ein Risiko entweder eintritt oder nicht und bei einem Eintritt ein fixer Schaden eintreten wird.

Häufig wird dieser „Schaden-Erwartungswert" als Maßstab für die Relevanz eines Risikos verwendet. Risikomaße sollen jedoch potenzielle Ziel- bzw. Planabweichungen abbilden. Der Erwartungswert zeigt jedoch nur, was „im Mittel" passiert und ist somit kein dafür geeignetes Risikomaß. Vielmehr ist der Erwartungswert „blind" für jegliche Planabweichungen.

Nachfolgend werden ausgewählte Risikomaße vorgestellt, die für die Praxis von hoher Relevanz sind.

3.5.1 Empirische Varianz und Standardabweichung

Die empirische Varianz zählt zu den gebräuchlichsten Streuungsmaßen. Sie beschreibt die mittlere quadratische Abweichung der einzelnen Messwerte vom empirischen Mittelwert. Sie stellt damit eine Art durchschnittliches Abweichungsquadrat dar. Hierbei kann unterschieden werden zwischen der

- Varianz (im Sinne der Wahrscheinlichkeitstheorie) als Kennzahl einer Wahrscheinlichkeitsverteilung oder der Verteilung einer Zufallsvariable;
- Stichprobenvarianz (im Sinne der induktiven Statistik) als Schätzfunktion für die Varianz (im Sinne der Wahrscheinlichkeitstheorie) und der
- empirischen Varianz als Kennzahl einer konkreten Stichprobe, also mehrerer Zahlen.

Mathematisch stellt die Varianz das zentrale Moment zweiter Ordnung einer Zufallsvariablen dar. Sie wird definiert als die mittlere quadratische Abweichung einer reellen Zufallsvariablen von ihrem Erwartungswert.

Die positive Wurzel der empirischen Varianz ist die empirische Standardabweichung, eines der wichtigsten Streuungsmaße in der Stochastik. Die Standardabweichung kann bei der Normalverteilung an den Wendepunkten abgelesen werden (vgl. Abb. 3.27 sowie Abb. 1.7). Somit liegen die Wendepunkte der Dichtefunktion bei $x = \mu \pm \sigma$.

Die Standardabweichung $\sigma(X)$ ist ein lageunabhängiges Risikomaß. Für eine unsichere Ergebnisgröße oder Zahlung (X) berechnet sie sich als

$$\sigma(X) = \sqrt{E(X - E(X))^2}$$

und erfasst positive wie negative Abweichungen vom Erwartungswert E(X) gleichermaßen. Dieses Risikomaß ist beispielsweise Grundlage des Capital Asset Pricing Model (CAPM) und fließt dort, zusammen mit einer Korrelation, in den Beta-Faktor ein. Aus der Standardabweichung abgeleitet ist der Variationskoeffizient V(X), das Verhältnis der Standardabweichung zum Erwartungswert der Zahlung:

$$V(X) = \frac{\sigma(X)}{E(X)}$$

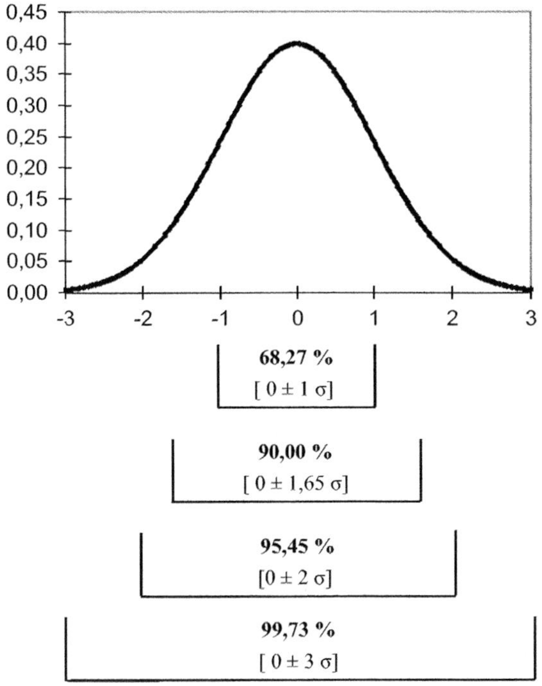

Zwischen ± 1s liegen 68,26 %
zwischen ± 2s liegen 95,44 %
zwischen ± 3s liegen 99,73 %
zwischen ± 4s liegen 99,994 %
zwischen ± 4,5s liegen 99,99966 %
zwischen ± 5s liegen 99,999943 %
zwischen ± 6s liegen 99,9999998 %
der Grundgesamtheit innerhalb der Toleranz

Abb. 3.27 Die Standardabweichung am Beispiel der Standard-Normalverteilung

Er zeigt das „relative“ Risiko von Schwankungen um den Erwartungswert.

Allgemein sprechen Risikomanager von der Volatilität, kurz „Vola“, wenn sie angeben wollen, wie stark die erzielten Renditen eines Wertpapiers oder Portfolios um die erwartete Rendite schwanken. Die „Vola“ ist immer ein symmetrisches Risikomaß.

Wichtig für die Praxis ist, dass die Standardabweichung sich sinnvollerweise nur für symmetrische Risiken sinnvoll interpretieren lässt. Bei Fat-Tail- oder Long-Tail-Risiken (englisch für „dicker Schwanz“ oder „langer Schwanz“) wäre die Standardabweichung „blind“ für Extremrisiken.

3.5.2 Value at Risk (VaR)

Der Value-at-Risk ist ein Risikomaß, das seit den 90er-Jahren vor allem im finanzwirtschaftlichen Sektor benutzt wird. Nachdem traditionelle Risiko-Managementsysteme immer mehr als unzureichend gebrandmarkt wurden, führte beispielsweise JP Morgan den sog. „4:15 report“ ein, einen Risikobericht, der jeden Tag um 16:15 Uhr vorgelegt werden musste. Zur Vereinheitlichung dieser Berichte wurde 1994 das RiskMetric®-System entwickelt, mit dem Risiken auf Basis des Value-at-Risk analysiert werden konnten und so gleichsam der allgemeine Zugang zu diesem Risikomaß ermöglicht wurde. Der Value-at-Risk ist folglich ein Maß, das aus praktischen Bedürfnissen ad hoc entwickelt wurde.

Durch Basel II wurde der Value-at-Risk im Aufsichtsrecht für Banken als verbindliches Risikomaß festgeschrieben. Im Versicherungsbereich ist ein solches Konzept schon seit längerem im Gebrauch. Es wird eine maximale Verlustgrenze festgelegt und die Wahrscheinlichkeit ε bestimmt, dass der maximale Verlust diese Grenze überschreitet. Dies ist die sogenannte Ruinwahrscheinlichkeit. Beim Konzept des Value-at-Risk wird invers vorgegangen: Man gibt sich ein Konfidenzniveau $\alpha \in (0,1)$ vor, wobei für die Beziehung mit der maximalen Ruinwahrscheinlichkeit ε gilt: $\varepsilon = 1 - \alpha$, und bestimmt das ε-Quantil, welches der maximalen Verlustgrenze entspricht.

In der Literatur wird vom Value-at-Risk somit auch oft als von demjenigen maximalen oder minimalen Kapital gesprochen, das vorgehalten werden muss, um einen technischen Ruin zu verhindern.

Der Value at Risk (VaR) zählt zu den sogenannten Downside-Risikomaßen. Es ist aber auch bei Industrie- und Handelsunternehmen nützlich, wenn man ein Risiko primär über den Umfang möglicher Verluste messen möchte. Der VaR berücksichtigt explizit die Konsequenzen einer besonders ungünstigen Entwicklung für das Unternehmen.

Abb. 3.28 kann wie folgt interpretiert werden: Ein Unternehmen muss freie Mittel der Höhe $VaR\alpha(t)$ besitzen, um einen Verlust der Höhe $100 \times (1 - \alpha)$ % ausgleichen zu können.

Dabei geht man von einem Portfolio aus, das über einen bestimmten Zeitraum gehalten wird. Durch die sich verändernden Marktverhältnisse wird man einen bestimmten Gewinn bzw. Verlust messen können. Der VaR stellt dabei die in Geldeinheiten berechnete negative Veränderung eines Wertes dar, die mit einer bestimmten Wahrscheinlichkeit (auch als Konfidenzniveau bezeichnet) innerhalb eines festgelegten Zeitraumes nicht überschritten wird.

Ein Ein-Jahres Value-at-Risk mit Konfidenzniveau von 99,9 % in der Höhe von 10 Millionen Euro beispielsweise, bedeutet, dass statistisch gesehen nur durchschnittlich alle 1000 Jahre mit einem Verlust von mehr als 10 Millionen Euro zu rechnen ist.

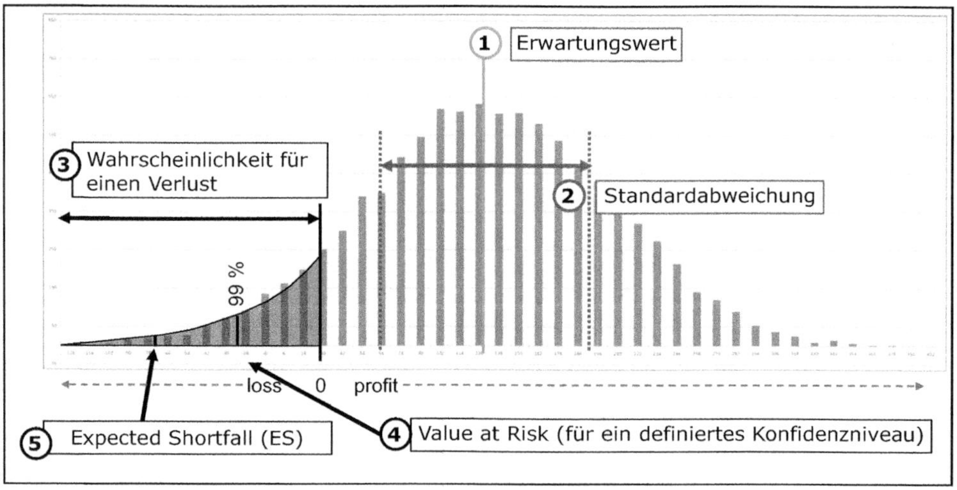

Abb. 3.28 Value at Risk (VaR) und Expected Shortfall (ES)

▶ Wichtig für die Praxis: Der VaR gibt nicht den maximalen Verlust eines Portfolios an, sondern den Verlust, der mit einer vorgegebenen Wahrscheinlichkeit (Konfidenzintervall) nicht überschritten wird, durchaus aber überschritten werden kann!

Man unterscheidet grundsätzlich zwischen zwei Methoden zur Ermittlung des Value at Risk:

- dem analytischen Ansatz (etwa die Delta-Normal-Methode oder die Delta-Gamma-Methode) sowie
- dem Simulationsansatz (etwa die Historische Simulation und die Monte-Carlo-Simulation).

Formal gesehen ist ein VaR das (negative) Quantil einer Verteilung. Bei einer Normalverteilung mit Erwartungswert E(X) und einer Standardabweichung σ(X) berechnet sich der VaR wie folgt:

$$VaR_{\alpha}(X) = -\left(E(X) + q_{1-\alpha}(X)\right)$$

Nicht selten bezeichnen Kritiker den Value-at-Risk gerne als „Schönwettermaß", „Sonnenschein-Risikomaß" oder auch als „Modell, das Extremrisiken unterschätzt". Ist diese Kritik berechtigt? Hierbei muss berücksichtigt werden, dass der VaR schlicht und einfach eine Maßzahl für das Risiko ist (also ein Risikomaß). Der VaR sagt nichts über die Modellannahmen aus. Wer etwa bei der Berechnung ignoriert, dass Risiken nicht normalverteilt sind, sondern beispielsweise „Fat Tails" aufweisen, dann liegt die Unterschätzung des Risikos nicht am VaR – sondern an den Modellannahmen.

Bitte beachten Sie bei der Interpretation des VaR die folgenden Hinweise:

- Die eventuelle Verwendung historischer Daten als Grundlage für die Abschätzung zukünftiger Ereignisse kann dazu führen, dass nicht alle potenziellen Ereignisse erfasst werden, insbesondere solche, die ihrer Natur nach extrem sind.
- Keine Berücksichtigung der Gesamtschadenverteilung, insbesondere riskant bei Verteilungen mit „heavy tails", wie beispielsweise bei Pareto-verteilten Risiken.
- Die Annahme, dass Änderungen in den Risikofaktoren einer Normalverteilung oder logarithmischen Normalverteilung folgen (siehe Varianz-Kovarianz-Ansatz zur Ermittlung des VaR), kann sich im konkreten Fall als nicht zutreffend erweisen und zu einer Unterschätzung der Wahrscheinlichkeit von extremen Risikoveränderungen führen.
- Bei Verwendung eines Konfidenzniveaus von beispielsweise 99 % werden Verluste, die über dieses Niveau hinaus auftreten können, weder berücksichtigt noch wird über solche Verluste eine Aussage getroffen.
- Der Value at Risk erfasst nicht alle komplexen Einflüsse der Risikofaktoren auf die Werte von Positionen und Portfolios und kann demzufolge zu einer Unterschätzung

potenzieller Verluste führen. So ist beispielsweise die Art und Weise, in der Sensitivitäten in das Value-at-Risk-Modell einbezogen werden, unter Umständen nur für kleine Veränderungen der Marktparameter zutreffend.

Bezieht sich der VaR nicht auf einen „Wert", sondern beispielsweise auf den Cashflow, spricht man auch von „Cashflow at Risk" oder „Earning at Risk".

3.5.3 Expected Shortfall (ES)

Beim VaR wurde nur berücksichtigt, welcher der kleinste Verlust unter den $(1 - \alpha)*100\,\%$ größten ist. Der VaR berücksichtigt somit nicht die Verteilung der $(1 - \alpha)*100\,\%$. Für die Praxis des Risiko-Management ist es aber sinnvoll und notwendig, sich auch mit den Szenarien auseinandersetzen, wenn der erwartete Verlust unter den $(1 - \alpha) * 100\,\%$ schlimmsten Fällen ist. Im Folgenden ist $\alpha = 1 - \varepsilon$, wobei ε die Ruinwahrscheinlichkeit bezeichnet.

Der Expected Shortfall (ES) wird auch als Conditional Value at Risk bezeichnet und wurde im Jahr 1997 von Artzner et al.[15] als kohärentes Risikomaß eingeführt. Die Definition ist jedoch in der Literatur nicht einheitlich.

Er zählt wie der VaR zu den Downside-Risikomaßen und ist definiert als der erwartete Verlust für den Fall, dass der VaR tatsächlich überschritten wird (vgl. Abb. 3.27). Somit ist er der wahrscheinlichkeitsgewichtete Durchschnitt aller Verluste, die den VaR-Wert übertreffen. Es werden daher nur die Verluste betrachtet, die über den VaR hinausgehen.

▶ Wichtig für die Praxis: Der Expected Shortfall ist ein Durchschnittswert. Deshalb können die Verluste im Einzelfall geringer oder weit größer ausfallen. Eine Abschätzung für den Worst Case liefert der Wert also nicht.

Nachfolgend sind die wesentlichen Vor- und Nachteile des Expected Shortfall (ES) im Vergleich zu anderen Risikomaßen zusammengefasst.

Vorteile des Expected Shortfall

- Berücksichtigung des heavy-Tails[16] (long tails bzw. fat tails) der Verteilung, d. h. auch Extremszenarien werden – im Gegensatz zum Value at Risk – berücksichtigt;

---

[15] Vgl. hierzu vertiefend Artzner, Delbaen, Eber und Heath (1999).

[16] Im Risiko-Management und in der Wahrscheinlichkeitstheorie ist eine Verteilung mit schweren Rändern oder Heavy-tailed-Verteilung eine Verteilung, deren Dichte langsamer als exponentiell fällt. Anschaulich besagt der Begriff, dass auf den „Rändern" beziehungsweise den „Schwänzen" der Verteilung mehr Masse liegt als beispielsweise bei der Exponentialverteilung. Es gibt drei wichtige Unterklassen von Verteilungen mit schweren Rändern: die Verteilungen mit fetten Verteilungsenden („fat tails"), die Verteilungen mit langen Verteilungsenden („long tails") und die subexponentiellen Verteilungen.

- Berücksichtigung nicht nur die Höhe des Verlustes, ab welchem der Insolvenzfall eintritt, sondern auch die Höhe des simulierten bzw. erwarteten Verlustes (im Gegensatz zum Value at Risk);
- Der Expected Shortfall ist subadditiv und somit im Gegensatz zum Value-at-Risk kohährent;[17]
- Der Expected Shortfall in α ist auch stetig, wie man leicht anhand der Integralformel sehen kann und produziert daher für kleine Änderungen des Konfidenzniveaus auch nur gering abweichende Werte.
- Die Ruinwahrscheinlichkeit wird durch Verwendung des Expected Shortfall gegenüber den Value-at-Risk gesenkt.
- Der Expected Shortfall lässt sich leicht optimieren.

Nachteile des Expected Shortfall
Gegenüber dem Value at Risk komplex und methodisch anspruchsvoller zu berechnen.

- Sehr komplex und somit schwer anzuwenden;
- Zunächst muss der Value at Risk bestimmt werden, bevor der Expected Shortfall ermittelt werden kann. Dies kann umgangen werden, wenn der Expected Shortfall als Lösung eines Optimierungsproblems aufgefasst wird;
- Unterschiede zwischen Value at Risk und Expected Shortfall können – je nach Risikoportfolio – extrem werden;
- Dies kann dazu führen, dass die Risikotragfähigkeit des Unternehmens gefährdet ist und in regulierten Branchen die Kapitalausstattung nicht ausreicht;
- Da der Expected Shortfall nur ein Durchschnittwert abbildet (im Sinne eines Erwartungswertes) kann er auch nicht komplett vor dem Insolvenzrisiko schützen.[18]
- Verteilungsenden unterliegen meist größeren Fehlern, da extreme Risiken seltener auftreten und es somit schwierig ist, diese genau zu antizipieren. Doch der Expected Shortfall basiert auf genau diesen Verteilungsenden und ist somit sehr sensibel gegenüber kleinen Änderungen bei der Verteilungsannahme.

3.5.4 Maximum Drawdown (MDD)

Am einfachsten zu erfassen ist für einen Risikomanager oder Anleger die Risikokennzahl Maximum Drawdown (MDD). Sie ist ein Gradmesser für die Robustheit beispielsweise eines Wertpapiers im Extremfall und beziffert den (historischen) Maximalverlust in einem bestimmten Zeitraum.

---

[17] Vgl. hierzu vertiefend Artzner, Delbaen, Eber und Heath (1999).

[18] Dies würde auch bedingen, dass ein Unternehmen tatsächlich alle potenziellen Risiken und Stressszenarien identifiziert hat und in der Analyse berücksichtigt.

Der Maximum Drawdown zählt zu den asymmetrischen Risikomaßen. Ein Drawdown (Wertverlust) stellt einen Verlust zwischen einem Höchststand und dem darauf folgenden Tiefstand innerhalb einer bestimmten Periode dar.

Es wird deutlich, dass der MDD blind ist für zukünftige (Stress-)Szenarien, die in der Vergangenheit noch nicht eingetreten sind.

Welches Risikomaß sollte in der Praxis Anwendung finden? Ein VaR-orientierte Investor würde sich fragen: „Wie oft könnte mein Portfolio mindestens 1.000.000 EUR verlieren?“, wohingegen sich ein ES-orietierter Anleger fragt: „Wenn mein Portfolio mehr als 1.000.000 EUR verliert, wie viel könnte ich (im Durchschnitt) verlieren?“ Ein MDD-orientierter Investor würde sich fragen: „Wo liegt der Maximalverlust in einem definierten Zeitraum von einem Monat?“

Weitere Risikomaße werden in den nachfolgenden Kapiteln zu den Detailthemen (Finanzen, Produktion etc.) ergänzend vorgestellt.

3.6 Simulation und Optimierung von Maßnahmen

Die Ergebnisse der stochastischen Simulation inkl. einer Sensitivitätsanalyse liefern uns fundierte Informationen für eine Strategie zur Optimierung des Risikoportfolios durch die Umsetzung geeigneter Maßnahmen.

Unternehmen können durch entsprechende präventive Maßnahmen die Auswirkungen potenzieller Risikoeintritte beeinflussen, um so die Chancenseite („upside risk“) positiv zu beeinflussen und die Risiken („downside risk“) zu reduzieren.

Eine Sensitivitätsanalyse liefert uns Informationen darüber, welche Maßnahmen priorisiert werden sollten. Die Methodik zeigt uns auf, wie stark eine Outputgröße (beispielsweise EBIT, Cash flow oder Umsatz) von einer Inputgröße (Risiken) beeinflusst wird.

Daher sollte in einem nächsten Schritt analysiert werden, ob die Beeinflussung der Inputgröße durch präventive Maßnahmen ökonomisch sinnvoll ist oder nicht. So könnten beispielsweise bestimmte Kosten durch den Abschluss eines Optionsgeschäfts reduziert werden. Hierbei würden zwar durch die Kosten für das Optionsgeschäft zunächst auch die Renditen sinken; parallel sinkt aber möglicherweise auch die Verlustwahrscheinlichkeit und insgesamt auch die Rendite. Mit Hilfe der Simulation könnten die Effekte auf das Ergebnis realitätsnah analysiert werden. Anschließend kann die Wirkung der Maßnahmen sowohl grafisch (vgl. Abb. 3.29) als auch durch einen Vergleich der entsprechenden Simulationsergebnis (erwartetes Ergebnis/EBIT, VaR, ES, Wirkung auf Risikokapitel etc.) untersucht werden.

Wenn beispielsweise eine Maßnahme zu einem reduzierten Erwartungswert des EBIT und zu einem höheren Risikokapital (berechnet mit VaR oder ES) führt, sollte die Sinnhaftigkeit einer Maßnahme in Frage gestellt werden. Wenn beide Größen durch den Quotienten „Erwartungswert Ergebnis“ und „Risikokapital“ analysiert werden, kann die (ökonomische) „Sinnhaftigkeit“ direkt durch diese Größe bewertet werden.

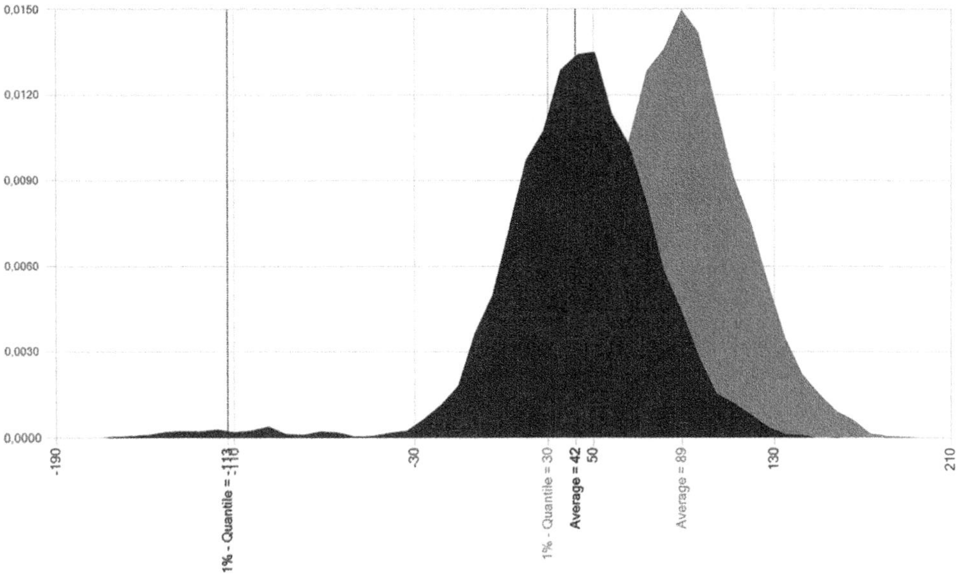

Abb. 3.29 Ergebnis der Maßnahmensimulation (vor/nach Maßnahmen)

In der Praxis wird dieser Quotient als RAROC (Risk Adjusted Return on Capital) bzw. RORAC (Return on Risk Adjusted Capital) bezeichnet. Er ist definiert als:

$$RORAC\ bzw.RAROC = \frac{Ergebnis\left(bspw.\ Erwartungswert\ EBIT\right)}{Kapital\left(bspw.\ RAC\ oder\ VaR\right)}$$

Allgemein handelt es sich um das Verhältnis eines risikobereinigten Betriebsergebnisses im Verhältnis zum Eigenkapital (RAROC) beziehungsweise zum risikoadjustierten Kapital (RORAC).

So ist beispielsweise die Einführung einer risikobasierten Kapitalallokation nur im Zusammenhang mit der Performancesteuerung sinnvoll, da ein risikobasiertes Kapital zu Solvabilitätszwecken stets auf das Unternehmen in seiner Gesamtheit abzustellen hat.

Daher stehen im Zentrum einer risikobasierten Performancesteuerung typischerweise Performancemaße, wie zum Beispiel der RORAC oder RAROC

So werden zum einen die Kosten der Maßnahmen im Rahmen der Planzahlen berücksichtigt, als auch die Wirkung der Maßnahmen (durch eine Anpassung der Parameter der jeweiligen Verteilungsfunktion).[19]

[19] So werden bestimmte Maßnahmen auf die Häufigkeit eines Schadenszenarios auswirken und andere Maßnahmen eher auf die Schadenshöhe oder die Schwankungsbreite.

3.7 Blick in die Zukunft: AI und Predictive Analytics

In jüngster Zeit haben vor allem maschinelle Lernverfahren, etwas aus dem Bereich Deep Learning, eine beeindruckende Entwicklung präsentiert, um komplexe Fragestellungen zu analysieren. Unter Deep Learning wird allgemein eine Klasse von Optimierungsmethoden künstlicher neuronaler Netze verstanden. Methodisch basiert Deep Learning auf einer Kombination einer stochastischen Simulation (Monte-Carlo-Simulation) eines Entscheidungsbaums und künstlichen neuronalen Netzen. Die Algorithmen von Deep Learning orientierten sich – vereinfacht formuliert – an der Arbeitsweise des menschlichen Gehirns und simulieren ein dicht verwobenes Netz aus einfachen Nervenzellen. Wie bei einem Kleinkind, das Laufen lernt, lernen auch Deep-Learning-Algorithmen aus der Erfahrung (also Fehlern und Erfolgen), indem sie die Stärke der simulierten Neuronenverbindungen passgenau ändern.

So werden beispielsweise bei der Bilderkennung und -suche künstliche neuronale Netze zu Ebenen angeordnet, die immer komplexere Merkmale verwenden, um beispielsweise den Inhalt eines Bildes zu identifizieren.

Bereits in den 1960er-Jahre wurden von Alexey Ivakhnenko die ersten Deep-Learning-Systeme (des Feedforward-Multilayer-Perzeptron-Typs) entwickelt. Doch erst die enorme Rechenleistung, die wir heute durch spezielle Prozessoren[20] zur Verfügung haben, ermöglichte die enormen Anwendungsfelder und Fortschritte.

Doch es sind nicht nur die schieren Datenmengen, die einen Boom im Kontext Artificial Intelligence und maschinelles Lernen hervorgerufen haben. Ein weiterer Treiber liegt in der Miniaturisierung der extrem leistungsfähigen Mikroprozessoren, die heute in jedem Smartphone stecken.[21] Seit dem Jahr 1994 ist die Zahl der Bauelemente auf einem Mikrochip um mindestens den Faktor 10.000 gestiegen und parallel dazu die Rechenleistung. Die stärksten Supercomputer konnten Mitte der 1990er-Jahre etwa 100 Milliarden Rechenoperationen pro Sekunde bewältigen – das schafft heute jedes gute Smartphone. Und zugleich sank der Stromverbrauch auf weniger als ein 100.000stel. Gleichzeitig hat jedes Smartphone und jedes Auto eine Vielzahl von Sensoren: Hochauflösende Kameras, Rotations- und Beschleunigungssensoren, Messgeräte für Magnetfelder und Umgebungslicht, Satellitenortung, Fingerabdrucksensoren, Mikrofone und vieles mehr.

---

[20] Die sogenannten Tensor Processing Units (TPUs) sind anwendungsspezifische Computerchips, die von Google entwickelt wurden, um Anwendungen im Rahmen von maschinellem Lernen zu beschleunigen. Die dritte Generation wurde im Jahr 2018 vorgestellt. Die TPU 3.0 Pods bestehen aus 8 Racks mit insgesamt 1024 TPUs und 256 Server-CPUs. Die Rechenleistung von einem Pod liegt bei knapp über 100 PFLOPS (Floating Point Operations Per Second, d. h. Gleitkomma-Operationen pro Sekunde).

[21] Der US-amerikanische Zukunftsforscher und Director of Engineering bei Google, Ray Kurzweil, weist darauf hin, dass wir heute für 1000 Dollar etwa die Leistungsfähigkeit des Gehirns einer Maus mit rund 100 Millionen Nervenzellen kaufen können – bei einer Vertausendfachung wären wir im Jahr 2040 dann beim Komplexitätsgrad des menschlichen Gehirns angelangt. Vgl. Kurzweil (2012), S. 257 f.

Ein exzellentes Beispiel für den Einsatz von Simulationsverfahren in Form von Deep Learning lieferte in den vergangenen Jahren das britische AI-Unternehmen DeepMind Technologies, das im Jahr 2014 vom US-Konzern Google gekauft wurde.

Bereits im Jahr 2015 veröffentlichte DeepMind die Ergebnisse eines Forschungsprojektes, bei der die „Artificial Intelligence" (AI)[22] alte Atari-Spiele selbstständig erlernen sollte. Nach Angaben von DeepMind gelang es den Algorithmen, sowohl die Spielregeln zu erlernen als auch Erfolgstaktiken selbstständig zu entwickeln (ohne historische Daten).

Einen weiteren Höhepunkt errang das Unternehmen DeepMind mit der Entwicklung eines auf Deep Learning basierenden Algorithmus, um das strategische Brettspiel Go selbstständig zu lernen. Bei Go wird von zwei Spielern die Strategie verfolgt, durch abwechselndes Legen linsenförmiger Spielsteine auf die Schnittpunkte der 19×19-Spielfeldlinien Territorien zu erobern, diese zu sichern und dabei nach Möglichkeit auch Spielsteine des Gegners „gefangen" zu nehmen. Nach Spielende wird die Größe der eroberten Territorien verglichen und die Anzahl der gefangenen Spielsteine hinzugezählt. Hierbei wird das Ziel verfolgt, möglichst viele Punkte aus eroberten Territorien und Gefangenen zu erzielen.

Das Spielfeld besteht aus 19 horizontalen und 19 vertikalen Linien, die ein Gitter von $19 \times 19 = 361$ Schnittpunkten bilden. Daraus resultieren geschätzte $2{,}08168199382 \times 10^{170}$ verschiedene Positionen (das entspricht im üblichen Dezimalsystem einer Zahl mit 171 Ziffern). Daher gilt das Spiel als sehr komplex und basiert stark auf Intuition der Spieler.

Im März 2016 besiegte das von DeepMind entwickelte Programm AlphaGo einen der besten Go-Spieler, den südkoreanischen Profi Lee Sedol. Der Algorithmus gewann nach fünf Runden mit 4:1.

AlphaGo setzt dabei die Methodik Monte Carlo Tree Search (vgl. Abb. 3.30) ein. Diese Methodik kombiniert eine stochastische Simulation (Monte Carlo Simulation) mit einem neuronalen Netz. Die stochastische Simulation (Monte Carlo Simulation) basiert auf zufälligen, endlichen Simulationen. Der Durchschnitt aller Ergebnisse dieser Simulationen wird dann später als Ergebnis herangezogen. Monte Carlo Tree Search (MCTS) beschreibt eine Familie von Algorithmen, deren Ziel es ist, die erfolgversprechendsten Züge simulationsbasiert zu finden. Der Durchbruch für MCTS erfolgte im Jahr 2006, nachdem Rémi

[22] Der englische Begriff „Artificial Intelligence" (AI) wird nur allzu häufig mit „Künstlicher Intelligenz" übersetzt. Dabei bedeutet „Intelligence" viel mehr Informationsverarbeitung. „Die Central Intelligence Agency heißt ja auch nicht so, weil die so gescheit sind", sagt der österreichische Kybernetiker, Artificial-Intelligence-Experte und emeritierter Universitätsprofessor Robert Trappl. AI beschäftigt sich im Kern mit der Nachbildung menschenähnlicher Entscheidungsstrukturen durch Algorithmen. Das heißt ein Computer wird so programmiert, dass er eigenständig Probleme bearbeiten kann, beispielsweise Auto fahren, Texte übersetzen oder Go spielen. AI wiederum untergliedert sich in viele weitere Teilgebiete. Ein Anwendungsfeld liegt etwa darin, dass aus einer großen Menge von Daten eine allgemeine Regel abgeleitet wird oder Wissen aus Erfahrung „künstlich" generiert wird („maschinelles Lernen").

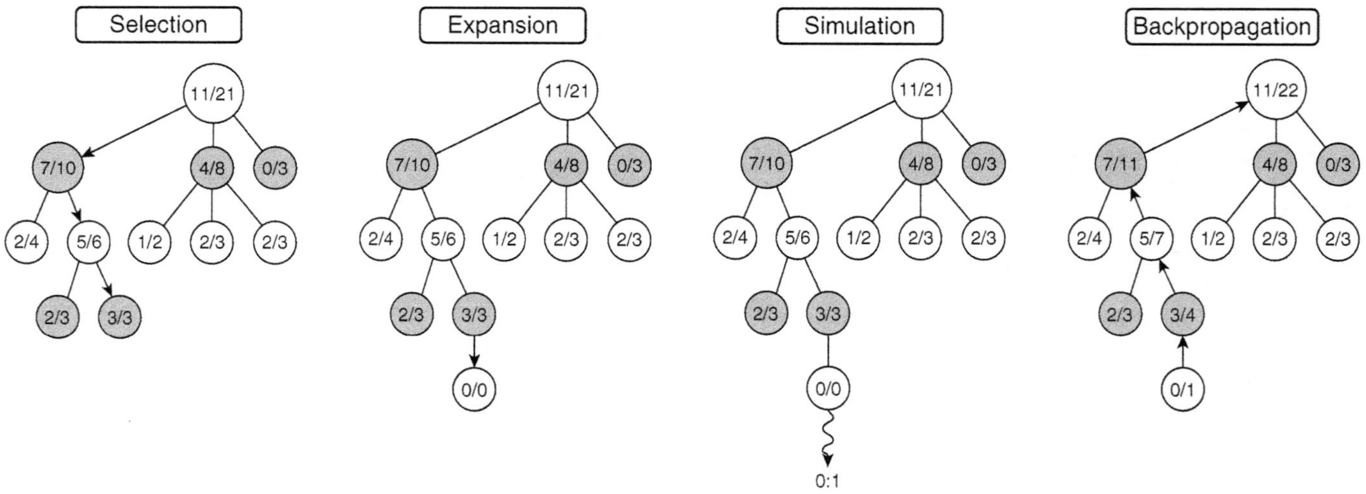

Abb. 3.30 Monte Carlo Tree Search. (Eigene Abbildung basierend auf https://en.wikipedia.org/wiki/Monte_Carlo_tree_search (abgerufen am 4. Juli 2019))

Coulom[23] und L. Kocsis und Cs. Szepesvári[24] unabhängig voneinander die Suche in Baumstrukturen mit einer stochastischen Simulation kombinierten. Zusammenfassend kann man sagen, dass ein Algorithmus anhand tausender Beispiele lernt, bestimmte Gesetzmäßigkeiten zu erkennen.

Das Verfahren basiert im Kern auf vier Schritten (vgl. hierzu Abb. 3.30):

1. **Selection:** Ziel ist es, einen Zustand im Spielbaum zu finden, der erweiterbar ist. Erweiterbar ist ein Zustand dann, wenn er nicht terminal ist und noch nicht besuchte Züge hat. Je nach gewähltem Verfahren (als „tree policy" bezeichnet) werden nun Züge ausgewählt, bei denen besonders vielversprechende, aber auch selten besuchte Zustände erreicht werden, bis ein erweiterbarer Zustand gefunden wurde.
2. **Expansion:** Es wird ein noch nicht besuchter Zug des in Schritt 1 gewählten Zustands zufällig gewählt und ausgeführt. Der Spielbaum wird nun um den neuen entstandenen Zustand erweitert.
3. **Simulation:** Der Rest des Spiels wird nun mit einem Zufallsverfahren (als „default policy" bezeichnet) bis zum Ende simuliert.
4. **Backpropagation:** Alle besuchten Zustände werden über das aus dem vorherigen Schritt resultierende Ergebnis benachrichtigt und die Statistiken dieser Zustände angepasst.

Im Januar 2019 wurde AlphaStar vorgestellt, ein Algorithmus von DeepMind, dass das Echtzeit-Strategiespiel StarCraft II spielt. AlphaStar gewann jedes Spiel in zwei Sätzen zu je fünf Spielen gegen die professionellen Spieler Dario „TLO" Wünsch und Grzegorz „MaNa".

Die Entwicklung in den Bereich AI, Predictive Analytics liefern erste Eindrücke über die potenziellen Entwicklungen zum Einsatz derartiger Simulations- und AI-Methoden im Risiko-Management[25] sowie bei der Entwicklung von Frühwarnsystemen.

Einen Mehrwert aus den Exabytes an Daten wird allerdings erst dann generiert, wenn neue Erkenntnisse daraus abgeleitet oder Entscheidungsprozess optimiert werden. In diesem Kontext sind Datenanalysten davon überzeugt, dass Predictive Analytics einer der wichtigsten Big-Data-Trends ist, insbesondere im Bereich des Risiko-Managements. Eine gute Orientierung liefert hierbei das Analytics-Reifegradmodell von Gartner. Hierbei werden vier Reifegradstufen unterschieden (vgl. Abb. 3.31).

Bei der **Descriptive Analytics** geht es um die Frage „Was ist passiert?", das heißt eine Analyse von Daten aus der Vergangenheit, um potenzielle Auswirkungen auf die Gegenwart zu verstehen (siehe Business Intelligence).

---

[23] Vgl. Coulom (2006).

[24] Vgl. Kocsis, Szepesvari und Willemson (2006).

[25] Vgl. vertiefend Romeike (2019b, S. 45 ff.).

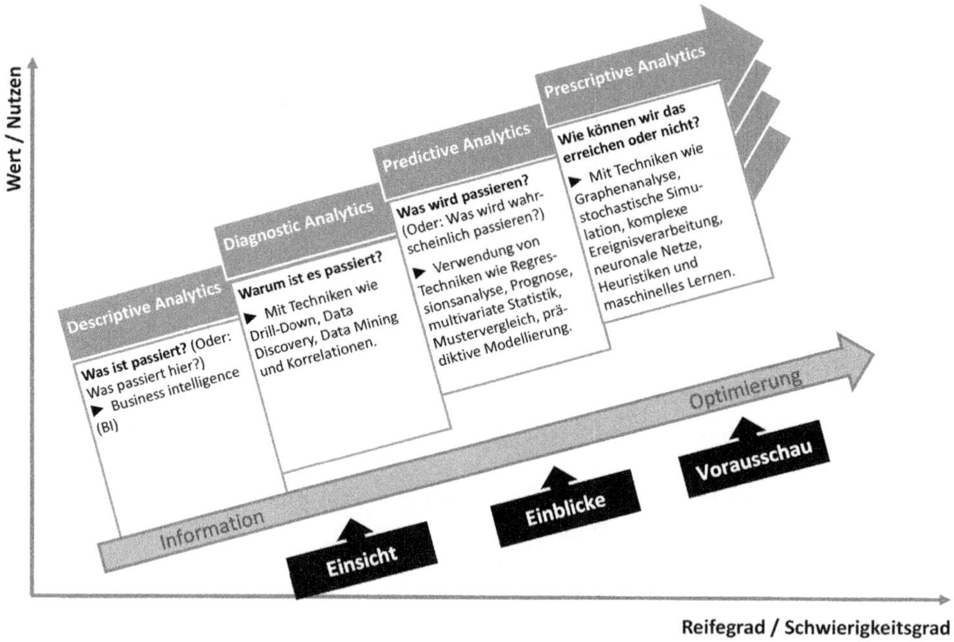

Abb. 3.31 Analytics-Reifegradstufen. (Quelle: Romeike und Eicher 2016, S. 168)

Bei **Diagnostic Analytics** geht es um die Frage „Warum ist etwas passiert?“, das heißt eine Analyse der Ursache-Wirkungs-Beziehungen, Wechselwirkungen oder Folgen von Ereignissen (siehe Business Analytics).

Bei **Predictive Analytics** geht es um die Frage „Was wird passieren?“, das heißt eine Analyse potenzieller Zukunftsszenarien sowie eine Generierung von Frühwarninformationen. Basierend auf Technologien des Data Mining, Artificial Intelligence, statistischer Methoden und Operations-Research erfolgt eine Berechnung von Wahrscheinlichkeiten zukünftiger Ereignisse.

Bei **Prescriptive Analytics** geht es um die Frage „Wie müssen wir handeln, damit ein zukünftiges Ereignis (nicht) eintritt?“, das heißt im Kern werden – basierend auf den Ergebnissen von Predictive Analytics – Maßnahmen simuliert, etwa basierend auf stochastischen Szenarioanalysen sowie Sensitivitätsanalysen.

So besitzen die AI-Methoden das Potenzial, die Prognosegüte von quantitativen Risikomodellen signifikant zu verbessern, insbesondere bei der Identifikation von nicht-linearen Zusammenhängen zwischen Risikofaktoren und Risikoereignissen.[26] Unter anderem

---

[26] In der Praxis dominieren heute primär Methoden, die einfache (lineare) Ursache-Wirkungs-Zusammenhänge abbilden (siehe Korrelation, lineare Regression), obwohl Systeme tatsächlich eher nicht-linear, hochgradig vernetzt und komplex sind. So existieren beispielsweise Rückkopplungsschleifen („Feedback-Loops“) und mehrere Prozesse laufen abhängig und unabhängig voneinander parallel ab. Winzige Ereignisse können in solchen hochgradig komplexen Systemen zu stark unter- oder überproportionalen Ergebnissen führen (siehe „Schmetterlingseffekt“).

FinTechs haben mit dem Einsatz von Predictive Analytics und selbstlernenden Algorithmen bereits positive Erfahrungen gemacht, beispielsweise bei der Berücksichtigung von Online-Aktivitäten (digitale Geldtransaktionen etc.) oder beim Scoring im Rahmen von Kreditentscheidungsprozessen. Weitere Einsatzgebiete dieser Algorithmen sind die Identifikation von Betrugsfällen oder die Analyse von Liquiditätsrisiken.[27] Auch im Model Risk Management, Stresstesting und zur Identifikation von zusätzlichem Input für die Quantifizierung operationeller Risiken wird AI und Machine Learning bereits in der Praxis eingesetzt.[28] Auffällig ist bei den eingesetzten Verfahren eine überzeugende Prognosegüte der Risikomodelle. Allerdings werden diese Ergebnisse nicht nur positiv gesehen. Die hohe Prognosegüte ist teilweise auf ein Overfitting[29] dieser Methoden an die der Modellierung zu Grunde liegenden Daten zurückzuführen. Außerdem können diese Methoden nicht mit traditionellen (statistischen) Verfahren validiert werden und besitzen oftmals den Charakter einer „black box".[30]

Auch die daraus resultierenden neuen Anforderungen an die methodischen Fähigkeiten und Kompetenzen von Risikomanagern, aber auch die Hardware stellt Unternehmen vor Herausforderungen.[31] Der Risikomanager der Zukunft wird voraussichtlich eher ein Data Scientist. Der adäquate Umgang mit (statistischen) Methoden und Tools (beispielsweise der statistischen Datenanalyse-Software und Programmiersprache R) und (Skript-)Sprachen wie Python gewinnen für Risikomanager immer mehr an Bedeutung. Unter anderem auch im Hinblick auf die Modellakzeptanz – sowohl innerhalb der Unternehmen als auch bei Regulatoren – werden Risikomanager auch immer stärker sich mit Model Governance beschäftigen müssen.

Literatur

Artzner, P./Delbaen, F./Eber, J.-M./Heath, D.: Coherent Measures of Risk, in: Mathematical Finance, Volume 9, Issue 3, July 1999, S. 203–228.

Albrecht, P./Maurer, R.: Investment- und Risikomanagement, 4. Auflage, Schäffer Poeschel Verlag, Stuttgart 2016.

Bohmfalk, T.-B./Romeike, F.: Stochastische Szenarioanalyse bei der CCC AG, in: GRC aktuell, Ausgabe Mai 2018, 02/2018, S. 87–92.

Coulom, R.: Effcient selectivity and backup operators in Monte-Carlo tree search. In: International Conference on Computers and Games Springer, 2006, S. 72–83.

[27] Economist Intelligence Unit (2014): Retail banks and big data. Big data as the key to better risk management; http://www.eiuperspectives.economist.com/financial-services/retail-banks-and-big-data/white-paper/retail-banks-and-big-data-big-data-key-better-risk-management (abgerufen am 4. Juli 2019).

[28] Financial Stability Board (2017).

[29] Vgl. hierzu vertiefend Martin, Quell und Wehn (2013).

[30] Vgl. Hassani und Silva (2015).

[31] Vgl. Silver (2013).

Ferdous, R./Khan, F./Sadiq, R./Amyotte, P./Veitch, B.: Analyzing system safety and risks under uncertainty using a bow-tie diagram: An innovative approach, in: Process Safety and Environmental Protection, Vol. 91, 2013, S. 1–18.

Financial Stability Board: Artificial intelligence and machine learning in financial services – Market developments and financial stability implications, November 2017.

Fink, A./Siebe, A.: Szenario-Management – Von strategischem Vorausdenken zu zukunftsrobusten Entscheidungen, Campus Verlag, Frankfurt a. M. 2016.

Fleischer, K./Gleissner, W.: Der Variationskoeffizient als Risikokennzahl in wertorientiertem Controlling und in Krisenfrühwarnsystemen, Teil 1, in: KRP – Kredit & Rating Praxis, 6/2016, S. 15–19.

Fleischer, K./Gleissner, W.: Der Variationskoeffizient als Risikokennzahl in wertorientiertem Controlling und in Krisenfrühwarnsystemen, Teil 2, in: KRP – Kredit & Rating Praxis, 1/2017, S. 11–13.

Gleissner, W.: Die Aggregation von Risiken im Kontext der Unternehmensplanung, in: ZfCM – Zeitschrift für Controlling & Management, Heft 5/2004, S. 350–359.

Gleissner, W.: Risikomaße und Bewertung (Serie), in: Risiko Manager, Ausgabe 12/13/14/2006, S. 1-11/17-23/14-20.

Gleissner, W.: Die Risikoaggregation: Früherkennung „bestandsbedrohender Entwicklungen", in: Der Aufsichtsrat, 13. Jg., Nr. 4, 2016, S. 53–55.

Gleissner, W.: Grundlagen des Risikomanagements, 3. Auflage, Vahlen Verlag, München 2017.

Gleissner, W./Romeike, F.: Risikomanagement – Umsetzung, Werkzeuge, Risikobewertung, Freiburg i. Br. 2005.

Götze, U.: Szenario-Technik in der strategischen Unternehmensplanung, Deutscher Universitätsverlag, Wiesbaden 1993.

Hassani, H./Silva, E. S.: Forecasting with Big Data: A Review. Annals of Data Science 2 (1) 2015.

Kahn, H./Wiener, A. J.: The Year 2000: A Framework for Speculation on the Next Thirty-Three Years, MacMillan, New York 1967.

Kjølle, G. H./Utne, I. B./Gjerde, O.: Risk analysis of critical infrastructures emphasizing electricity supply and interdependencies, in: Reliability Engineering and System Safety, Vol. 105, 2012, S. 80–89.

Kocsis, L./Szepesvari, C./Willemson, J.: Improved montecarlo search, in: Univ. Tartu, Estonia, Tech. Rep 1 (2006).

Kurzweil, R. (2012): How to Create a Mind: The Secret of Human Thought Revealed, Viking Books, New York 2012.

Martin, M. R. W./Quell, P./Wehn, C. S. (Hrsg.): Modellrisiko und Validierung von Risikomodellen – Regulatorische Anforderungen, Verfahren, Methoden und Prozesse, Bank-Verlag, Köln 2013.

Romeike, F.: Risikomanagement, Springer Verlag, Wiesbaden 2018a.

Romeike, F.: Toolbox – Reifegrade definieren Methoden, in: GRC aktuell, Ausgabe Februar 2018, 01/2018b, S. 41–45.

Romeike, F.: Stochastische Investitionssimulation. Seriöser Umgang mit Unsicherheit bei Investitionsplanungen, in: CFO aktuell, Ausgabe Juli 2018c, S. 167–172.

Romeike, F.: Toolbox – Fehlermöglichkeits- und Einflussanalyse (FMEA), in: GRC aktuell, Ausgabe Mai 2018, 02/2018d, S. 73–77.

Romeike, F.: Toolbox – Die Bow-Tie-Analyse, in: GRC aktuell, Ausgabe Februar 2019, 01/2019a, S. 39–44.

Romeike, F.: Risk Analytics und Artificial Intelligence im Risikomanagement, in: Rethinking Finance, Ausgabe 03/2019, Juni 2019b, S. 45–52.

ROMEIKE, F./STALLINGER, M.: Bandbreiten- bzw. Korridorplanung – Integration von Risikomanagement und Unternehmensplanung, in: Risk, Compliance & Audit (RC&A), 06/2012, S. 12–21.

ROMEIKE, F./SPITZNER, J.: Von Szenarioanalyse bis Wargaming – Betriebswirtschaftliche Simulationen im Praxiseinsatz, Wiley Verlag, Weinheim 2013.

ROMEIKE, F./EICHER, A.: Predictive Analytics: Looking into the future, in: FIRM Yearbook 2016, p. 168–171.

RUIJTER, A. DE/GULDENMUND, F.: The bowtie method: A review, in: Safety Science, Vol. 88, 2016, S. 211–218.

SILVER, N.: The Signal and the Noise: The Art and Science of Prediction, Penguin Books, New York 2013.

VON REIBNITZ, U.: Szenario-Technik. Instrumente für die unternehmerische und persönliche Erfolgsplanung, Gabler-Verlag, Wiesbaden 1992.

Strategische Chancen und Risiken

4

Der Begriff „Strategie“ leitet sich ab aus dem Griechischen, wo er so viel bedeutet wie „Feldherrenkunst“. Demnach ist in der „Unternehmensstrategie“ das Element der „Menschenführung“ ebenso enthalten wie der richtige Einsatz aller Ressourcen, Techniken und Materialien. Kurz gefasst können wir sagen: Strategie ist die Kunst, zu gewinnen, Menschen und Unternehmungen zum Sieg, zum Erfolg zu führen.

F. Romeike, P. Hager, *Erfolgsfaktor Risiko-Management 4.0*,
https://doi.org/10.1007/978-3-658-29446-5_4

4.1 Lessons learned: Insolvenz Kodak

Die vergangenen Jahre haben viele Beispiele für Unternehmensinsolvenzen und Unternehmensschieflagen geliefert, deren Ursachen vor allem auf strategische Risiken zurückgeführt werden kann. An dieser Stelle seien Schlecker, NOKIA, Karstadt-Quelle und Kodak erwähnt. Nachfolgend werden die wesentlichen Ursachen für die Insolvenz von Kodak beschrieben.

Das Unternehmen Eastman Kodak Company of New York verfügt über eine lange Unternehmenshistorie und ging im Jahr 1892 aus der Eastman Dry Plate Company hervor, das von dem Erfinder George Eastman und dem Geschäftsmann Henry Strong 1880 gegründet worden war. Das Motto und der Werbeslogan lauteten: „You press the button – we do the rest".

Seit Gründung beherrschte Kodak den Markt für analoge Fotografie, da das Unternehmen die komplette Prozesskette unterstützte: Kamera, Film, Dunkelkammergeräte, Chemikalien, Fotopapier.

Bereits im Jahr 1974 baute der junge Kodak-Ingenieur Steve Sasson die erste digitale Kamera der Welt. Wenige Jahre später, im Jahr 1978, ließ Kodak die neue Kamera patentieren. Das Patent Nr. US4131919A wurde zur Grundlage für alle Digitalkameras von heute.

Im Jahr 1987 fertigte Kodak die weltweit erste digitale Spiegelreflexkamera für den japanischen Konzern Canon, die Canon New F-1 Electro-Optic Camera. Weniger Jahre später, im Jahr 1989, brachte Kodak seine erste Digitaldruckmaschine heraus – die Kodak XL 7700 – und verkaufte im Jahr 1999 den Geschäftsbereich an Heidelberger Druckmaschinen.

Auch mit der Kodak Photo CD (1992) und später mit der Kodak Picture Disc war Kodak einer der Vorreiter in der digitalen Fotografie.

Und trotzdem stellte am 19. Januar 2012 Kodak einen Insolvenzantrag gemäß Chapter 11 des amerikanischen Insolvenzrechts. Zuvor kursierende Konkursgerüchte wies Kodak als Spekulationen zurück. Am 3. September 2013 wurde das Unternehmen aus dem Gläubigerschutzverfahren entlassen.

Was kann aus der Insolvenz von Kodak gelernt werden?

Kodak scheiterte nicht an einer fehlenden Innovationsfähigkeit oder am Aufkommen der neuen digitalen Fototechnik. Vielmehr war Kodak ein Vorreiter im Bereich der digitalen Fotografie. Die eigentlichen Ursachen für den Niedergang lagen im Bereich der strategischen Ausrichtung. Das Kodak-Management verfügte über äußerst begrenzte Antizipationsfähigkeit zukünftiger Szenarien. Zu lange hatte Kodak auf die analoge Fotografie gesetzt und die digitale Revolution unterschätzt.

Der Niedergang von Kodak ein Lehrstück dafür, wie sich ein Marktführer vom technologischen Fortschritt überrollen lassen kann. Und die tragische Ironie hierbei ist, dass Kodak die Zukunft als erster in der Hand hielt.

Maßgebliche Einflussfaktoren bei Unternehmenskrisen, die auch im Fall der Insolvenz von Kodak sowie weiteren Unternehmenszusammenbrüchen zu erkennen waren, sind:

- **Strategische Fehleinschätzungen**
  Die eigene strategische Ausrichtung des Unternehmens ist regelmäßig kritisch zu hinterfragen und mit den sich wandelnden Rahmenbedingungen abzugleichen. Gerade auf Grund der steigenden Umweltkomplexität und -dynamik nimmt die Gefahr strategische Fehler zu begehen zu.
- **Frühwarnindikatoren werden ausgeblendet**
  Vorhandene Frühwarnsignale wurden nicht beachtet bzw. komplett ausgeblendet. Man ruht sich auf dem Erfolg der Vergangenheit aus und verfügt nur über unzureichende Antizipationsfähigkeiten, wir sich die Zukunft entwickeln könnte.
- **Versagen von Aufsichtsgremien und Banken sowie mangelhafte Kontrollsysteme**
  Regelmäßig wird bei Unternehmenskrisen und -zusammenbrüchen ein Versagen der Aufsichts- und Kontrollorgane konstatiert. Die durch strenge regulatorische Auflagen in ihrem Handlungsspielraum eingeengten Banken neigen zeitweise zu Überreaktionen und entziehen so auch prinzipiell kreditwürdigen Unternehmen ihre Unterstützung voreilig.
- **Intransparenz der Geschäfte und Unternehmensstrukturen**
  Mit zunehmender Intransparenz der Geschäfte eines Unternehmens und seiner Strukturen nimmt auch die Effizienz von Kontrollen ab. Zusätzlich fördert Intransparenz das absichtliche Verdecken von Fehlern und die Entstehung von Wirtschaftskriminalität. Letztendlich kann Intransparenz in einer Krise Externe von einer Hilfestellung bzw. einem Engagement mit frischem Kapital abhalten, da diese von der Unübersichtlichkeit des Investments abgeschreckt werden.
- **Unzureichende Risikokultur**
  Das Risikobewusstsein jedes einzelnen Mitarbeiters ist gefordert und gilt es zu fördern. Dazu bedarf es einer entsprechenden Unternehmenskultur. Insbesondere bei sehr erfolgreichen Unternehmen lässt die Unternehmenskultur tendenziell ein Bewusstsein für mögliche Fehlentscheidungen und Risiken vermissen. Kommt dann eine Fixierung auf den Unternehmensgründer respektive Vorstandsvorsitzenden hinzu, wird offene Kritik an Missständen und die Diskussion von Gefahren und Risiken allzu oft gemieden.
- **Politische Einflussnahme**
  Große Unternehmen und Gruppen branchengleicher Unternehmen betreiben gerne Lobbyarbeit, national wie auch europaweit oder gar international. Aber auch in der Region sind sie meist mit dem politischen System in einem guten Kontakt. Bei größeren Unternehmen entstehen zusätzliche Verflechtungen durch die Besetzung von Aufsichtsratsposten mit Politikern oder beispielsweise die Vergabe von Berateraufträgen an Politiker mit dazu geeigneten Berufen aus ihrer Zeit vor Amtsantritt. Politiker sind aber nicht unbedingt gute und sachverständige Kontrolleure in einem Aufsichtsrat. Umgekehrt ist deren Möglichkeit zur Unterstützung des Unternehmens in einer Krise von politischer Seite begrenzt. Bei Unternehmenszusammenbrüchen ist immer häufiger ein schneller Rückzug der Politik zu beobachten.[1] Anders verhält es sich bei Systemkrisen, wie zum Beispiel der Finanzmarktkrise 2008.

[1] Vgl. Erben (2007, S. 42 ff.).

4.2 Mission, Vision, Strategie

Unternehmenswerte werden vor allem durch strategische Risiken zerstört (vgl. Abb. 4.1).

▶ Das strategische Risiko ist das Risiko einer nachteiligen Geschäftsentwicklung in Folge (fehlerhafter) geschäftspolitischer Grundsatzentscheidungen.

Strategische Risiken entstehen beispielsweise beim Eintritt in neue Märkte, aber auch bei fehlendem Aufbau neuer Erfolgspotenziale.

Empirische Studien verdeutlichen, dass rund 50 bis 60 Prozent der „Unternehmenswertvernichter" im Bereich der strategischen Risiken liegen. Eine Studie des Kreditversicherers Euler Hermes – in Zusammenarbeit mit dem Zentrum für Insolvenz und Sanierung an der Universität Mannheim (ZIS) – hat im Jahr 2006 die Gründe für Unternehmensinsolvenzen empirisch untersucht.[2] Die Studie kam zu den folgenden wesentlichen Ergebnissen:

1. **Insolvenz meist Folge mehrerer Managementfehler**
   - 79 Prozent der Insolvenzverwalter halten „fehlendes Controlling" für eine häufige Insolvenzursache.
   - 76 Prozent nennen „Finanzierungslücken".
   - 64 Prozent sehen in einem „unzureichenden Debitorenmanagement" einen wichtigen Grund.
   - 57 Prozent bemängeln „autoritäre, rigide Führung".
   - 44 Prozent führen ungenügende Transparenz und Kommunikation als Grund an.
   - 42 und 41 Prozent glauben, „Investitionsfehler" und „falsche Produktionsplanung" führten in die Insolvenz.
2. **Unternehmen verpassen Chance zur Sanierung**
   - 72 Prozent der Insolvenzverwalter meinen, Unternehmen stellen einen Antrag auf Eröffnung des Insolvenzverfahrens zu spät.
   - 96 Prozent betonen, die Chancen, das Unternehmen zu sanieren, seien bei früherer Antragstellung größer.
   - 86 Prozent glauben, eine Liquiditätsverbesserung sei bei früher Antragstellung leichter erreichbar.
   - 58 Prozent sind davon überzeugt, dass die Geschäftsführung bei früherer Antragstellung Anregungen erhielte, an die sie bisher nicht gedacht hat.
   - 56 Prozent der Verwalter rechnen im „typischen Fall" damit, das Unternehmen sanieren zu können.

[2] Vgl. Euler Hermes (2006).

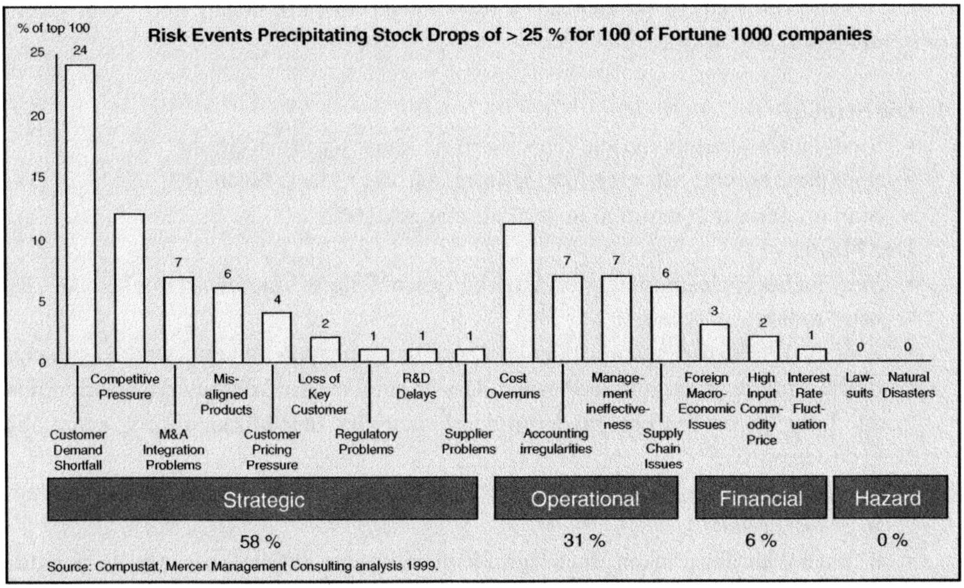

Abb. 4.1 Treiber für die Zerstörung von Unternehmenswerten (Quelle: Eigene Abbildung basierend auf Compustat/Mercer)

3. **Abwehr und Angst verhindern rechtzeitiges Handeln**
   - 96 Prozent der Insolvenzverwalter glauben, Unternehmer hegten die Hoffnung, es werde „irgendwie von selbst wieder aufwärtsgehen".
   - 95 Prozent halten Angst vor Bloßstellung im Bekanntenkreis und in der Branche für einen Grund, die Insolvenz zu verzögern.
   - 88 Prozent meinen, die Situation werde zu lange als Krise und nicht als Insolvenz eingestuft.
4. **Insolvenzrecht nicht ausreichend bekannt**
   - 77 Prozent der Befragten sagen, Insolvenzanträge würden zu spät gestellt, weil das Vertrauen in das Verfahren fehle.
   - 58 Prozent halten fehlende Kenntnis des Verfahrens für einen Hinderungsgrund.
5. **Externe Faktoren verschlechtern die Situation vor und während der Insolvenz**
   - 82 Prozent erkennen in der schlechten Zahlungsmoral der Kunden einen entscheidenden Grund für die Insolvenz.
   - 81 Prozent kritisieren die bürokratische Anwendung des Arbeits- und Sozialrechts.
   - 73 Prozent sagen, notwendige personelle Umstrukturierungen würden von den Arbeitsgerichten verhindert.
   - 60 Prozent machen den negativen Einfluss der Bankenregulierung auf die Finanzierungsmöglichkeiten geltend.
   - 37 Prozent benennen die Gefahr durch Folgeinsolvenzen.

Die Studie führt einige (strategische) Risikofelder auf, mit denen sich Unternehmen präventiv beschäftigen sollten:[3]

1. **Die Strategie**
   - Sind die Unternehmensziele realistisch, schlüssig und ausformuliert?
   - Sind die Kernkompetenzen klar definiert und dem Markt bekannt?
   - Sind Fragen der Nachfolge in der Führung geklärt?
2. **Der Markt**
   - Sind Technologiesprünge mit Auswirkungen auf die Wettbewerbsfähigkeit der eigenen Produkte zu erwarten?
   - Sind die Produkte innovativ, oder sind sie einem reinen Preiswettbewerb ausgesetzt?
   - Ist die Unternehmensmarke so stark, dass gegenüber dem Wettbewerb höhere Preise durchgesetzt werden können. Wird durch die Stärke der Marke die Krisenanfälligkeit reduziert?
   - Sind starke Preisschwankungen bei Rohstoffen und Vorprodukten (Rohstoffpreisrisiken) zu erwarten?
   - Können Währungsrisiken einen signifikanten Einfluss auf die Preis-Absatz-Funktion ausüben?
3. **Die Produktion**
   - Ist die Produktion wegen einzelner Komponenten oder Rohstoffe besonders anfällig?
   - Ist die Fehlerhäufigkeit sehr hoch, so dass die Möglichkeit von Produktionsausfällen besteht?
   - Ist mit einer kostenintensiven Erneuerung der Produktionsanlagen zu rechnen (Investitionsstau)?
4. **Der Absatz**
   - Sind alle wichtigen und profitablen Kundengruppen identifiziert worden?
   - Sind häufiger Transportschäden zu verzeichnen?
   - Sind wichtige Liefer- und Abnahmeverträge auf ihre betrieblichen Auswirkungen hin untersucht worden?
5. **Die Liquidität**
   - Werden Zahlungsziele von den Kunden eingehalten?
   - Werden sich Liquidität und Bonität in absehbarer Zeit verschlechtern?
   - Werden potenzielle Zahlungsausfälle von Kunden zum Problem für die Unternehmensliquidität?
   - Werden Factoring oder Risikotransfer- bzw. Risikofinanzierungsinstrumente (etwa Kreditversicherung) genutzt, um die Liquidität zu sichern?
6. **Die Beschaffung**
   - Besteht eine Abhängigkeit von einem oder wenigen Zulieferern? (Single Sourcing)
   - Besteht die Möglichkeit, Rohstoffe durch andere zu ersetzen oder aus anderen Quellen zu beziehen?

[3] Vgl. Euler Hermes (2006, S. 19 ff.).

- Besteht die Möglichkeit, durch Just-in-time-Produktion Lagerkosten zu vermeiden? (Hinweis: Detaillierte Risikoanalyse erforderlich, da parallel möglichweise das Risiko eine Betriebsunterbrechung erhöht wird.)

7. **Das Rechnungswesen/Controlling**
   - Gibt es eine Kostenrechnung mit transparenten Ergebnissen?
   - Gibt es eine laufende Liquiditätskontrolle?
   - Gibt es ein umfassendes Debitorenmanagement?
   - Gibt es ein umfassendes Controlling, das direkt an die Unternehmensführung berichtet?
8. **Die rechtlichen Risiken/Compliance**
   - Welche Änderungen der Rechtsprechung könnten das Unternehmen treffen?
   - Welche Gefahren ergeben sich aus unzureichend rechtssicheren Verträgen und AGBs?
   - Welche Lücken bestehen bei den eigenen Eigentumsvorbehalten in Verträgen?
   - Welche Risiken bergen Umweltauflagen, Handelsbeschränkungen und Produkthaftpflicht?
   - Werden Compliance-Risiken systematisch identifiziert und bewertet?
9. **Risiken im Bereich Informationstechnologie**
   - Kann ein Ausfall der Infrastruktur im Bereich Informationstechnologie das Geschäft lahmlegen?
   - Kann auf Ersatzkapazitäten in Rechenzentren zurückgegriffen werden?
   - Verfügt das Unternehmen über eine Notfallplanung bzw. eine Business Continuity Management (BCM)?
   - Können alle wichtigen Zugriffe auf Systeme protokolliert werden?

Eine Studie der Schweizer Wissenschaftler Probst/Raisch[4] zeigt auf, dass Unternehmensinsolvenzen einer einheitlichen Logik des Niedergangs folgen. Die Wissenschaftler widmeten sich der Frage, wieso gerade Unternehmen, die jahrelang zu den erfolgreichsten und angesehensten zählten (siehe Kodak), so häufig in Schwierigkeiten? Zur Analyse haben die Wissenschaftler die 100 größten Unternehmenskrisen der vergangenen fünf Jahre analysiert. Eine erste Analyse ergab, dass mehr als die Hälfte der untersuchten Unternehmen bis zum Zeitpunkt ihres Niedergangs ausgesprochen erfolgreich waren. Sie waren Marktführer in ihrer jeweiligen Branche und seit Jahren hochprofitabel.[5]

Alle untersuchten Insolvenzen haben gezeigt, dass der Absturz in allen Fällen „hausgemacht" und alles andere als unvermeidbar war. Die Wissenschaftler konnten vor allem zwei verschiedene Ausprägungen dieser Logik unterscheiden:

- **Burn-out-Syndrom:** Bei 70 Prozent der untersuchten Unternehmen lässt sich der Niedergang hierauf zurückführen. Dieses Syndrom ist durch vier Treiber gekennzeichnet.

---

[4] Vgl. Probst und Raisch (2004, S. 37–45).

[5] Vgl. Probst und Raisch (2004, S. 38).

1. Ein Niedergang folgt häufig auf eine Phase extremer Expansion. 2. Das hohe Wachstum führt früher oder später zur Sättigung des ursprünglichen Marktes. Um weiter zu wachsen, diversifizierten viele Unternehmen in neue Märkte und Produkte/Dienstleistungen. Dies führt nicht selten zu einer höheren Komplexität und Unruhe in der Organisation. Erwartete Synergien lassen sich vielfach nicht realisieren. In der Konsequenz litt häufig das Kerngeschäft und das Unternehmen verlor letztendlich seine Identität. 3. Die beiden ersten Treiber sind häufig verknüpft mit dominanten, nahezu autokratisch herrschende, Vorstandschefs, die nach „Gutdünken" walten und schalten. Als 4. Treiber zählt eine überzogene Erfolgskultur. „Zusammenfassend lassen sich die vier beschriebenen Faktoren als Symptome derselben Krankheit einordnen, die wir Burn-out-Syndrom (oder Ermüdungssyndrom) genannt haben. Ein übertrieben ehrgeiziger Vorstandschef überlastet durch exzessives Wachstum und unaufhörlichen Wandel die Organisation auf Dauer so sehr, dass diese schlicht ausbrennt. Geschwächt durch hohe Schulden, wachsende Komplexität und anhaltende Unsicherheit, bricht das System im Extremfall in sich zusammen."[6]

- **Premature-Aging-Syndrom:** Erklärt den Niedergang der verbleibenden 30 Prozent. 1. Diese Unternehmen sind durch stagnierende Umsätze gekennzeichnet (siehe Kodak). Der Niedergang der analysierten Unternehmen ist im Kern auf ein starres Festhalten an einer zunehmend veralteten Erfolgsformel zurückzuführen.[7] Starke Kräfte im Unternehmen blockieren jegliche Veränderungen (siehe Kodak). So kämpfen Entscheider mit der Situation, dass ein großer Anteil des Umsatzes auf dem traditionellen Geschäftsfeld generiert wird (bspw. analoge Filme), obwohl das Marktsegment substituiert wird. Und dies ist umso erstaunlicher, als das die Unternehmen parallel Innovationen entwickeln und sich das Management trotzdem auf das traditionelle Kerngeschäft fokussiert. 2. Ein weiterer Treiber liegt im Führungsstil. Häufig steht ein Vorstandschef an der Spitze, der – durch vergangene Erfolge bestätigt – zunehmend starr an seinen Gewohnheiten festhält („Das haben wir immer so gemacht!"). 3. Die Unternehmen sind durch eine angenehme, auf Loyalität und Vertrauen angelegte Unternehmenskultur gekennzeichnet. Doch es gibt eine Schattenseite einer solchen Kultur: Das Management vermeidet notwendige Einschnitte beim Personal. „Zusammengefasst können wir bei der zweiten Gruppe von Unternehmen – durch das Fehlen von Wachstum und Wandel – ein vorzeitiges Vergreisen feststellen, das wir als Premature-Aging-Syndrom bezeichnen. Das Management ignoriert Veränderungen zunehmend, bis das Unternehmen in eine Schieflage gerät."[8]

---

[6] Probst und Raisch (2004, S. 39–40).

[7] So hat der damalige CEO von Kodak, George M. C. Fisher, im Jahr 1997 gesagt: „Digitalfotografie wird den Film nicht verdrängen!"

[8] Probst und Raisch (2004, S. 42).

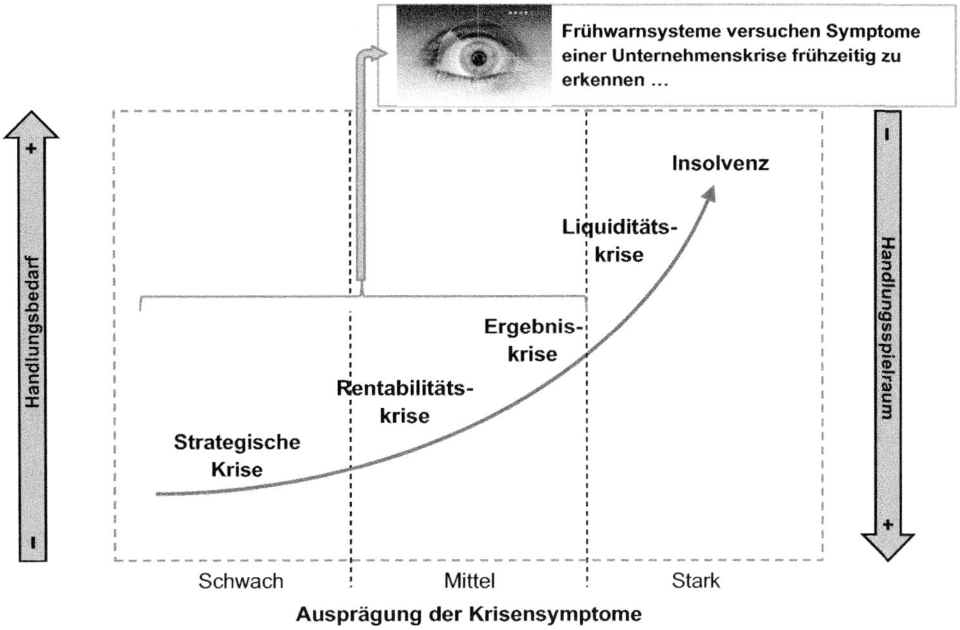

Abb. 4.2 Die unterschiedlichen Phasen einer Krise

Die Wissenschaftler weisen darauf hinein, dass ein effektives Frühwarnsystem[9] schwache Signale erkennen sollte und bereits existierende Frühwarnsysteme dringend um eine strategische Komponente erweitert werden sollten.

Sind anschließend latente Krisensignale erkannt, so ist es unerlässlich, sofort geeignete Maßnahmen zur Risikosteuerung zu ergreifen. Dahinter steckt die Logik eines idealtypischen Krisenverlaufs (siehe Abb. 4.2).

Je früher die „schwachen Signale" einer Krise erkannt werden, desto mehr Zeit bleibt zur Umsetzung entsprechender Gegenmaßnahmen.

In diesem Kontext weisen die Autoren darauf hin, dass ein zentrales Problem hier psychologischer Art ist. Denn um rechtzeitig gegenzusteuern, muss ein Firmenchef die bisherige Strategie und das Geschäftsmodell bereits zu einem Zeitpunkt ändern, zu dem diese (zumindest oberflächig betrachtet) noch erfolgreich ist. Kurzum: „Um langfristig erfolgreich zu sein, benötigen Unternehmen aber Vorstände und Aufsichtsräte, die sich trotz anhaltender Erfolge die Fähigkeit zur Selbstkritik und den Mut zur Richtungsänderung erhalten."[10]

Nachfolgend sind exemplarisch Beispiele für „strategische Fehler" bei der Unternehmenssteuerung (zugegebenermaßen stark vereinfacht) dargestellt:[11]

---

[9] Vgl. Romeike (2005, 2007).

[10] Probst und Raisch (2004, S. 45).

[11] Vgl. ergänzend und speziell zum Thema Unternehmenskrisen als Auslöser von Bilanzskandalen: Peemöller und Hofmann (2016).

Baumarkt Praktiker AG

- Ruinöse Rabattpolitik („20 Prozent auf alles“);
- Schlechter Service.

Nokia Oyj

- Paradigmenwechsel in der Mobilfunkindustrie nicht erkannt.
- Zu langes Festhalten an Betriebssystems Symbian.

Swissair (offizieller Name: „Swissair“ Schweizerische Luftverkehr Aktiengesellschaft)

- Festhalten an der vom Strategieberater McKinsey vorgeschlagenen „Hunter-Strategie“: Aufbau einer eigenen Allianz unter Swissair-Führung, vorzugsweise mit den europäischen Partnern des amerikanischen Swissair-Partners Delta Airlines und kleine Flag-Carriers mit starkem Marktanteil im Heimmarkt.[12]
- Ungenügende Zusammenarbeit zwischen Verwaltungsrat und Vorstand.
- Unterschätzung der Komplexität eines Konzerns mit 256 Gesellschaften.
- Konzentration auf Dienstleistungen, die weit von den ursprünglichen und gewohnten Qualitätsstandards entfernt waren.
- Expansion in „flugferne“ Bereiche (Abfertigung, Catering), in denen die Fluggesellschaft auf harte Konkurrenz traf.

Schlecker

- Festhalten an unrentablen Filialen. Strategie mit eher niedrigen Durchschnittsumsätzen pro Filiale und vergleichsweise hohen Kosten und Preisen konnte im Wettbewerb nicht bestehen. Kunden und Wettbewerb setzten auf größere, attraktiv gestaltete und wertige Filialen (wertige Produktpräsentation und emotionale Zielgruppenansprache fehlte).
- Mögliche Fehler bei Gutachten zu Filialschließungen durch Strategieberater McKinsey.
- Schlechte bis keine Kommunikationsstrategie und Öffentlichkeitsarbeit.
- Einkaufsstrategie mit Lieferanten konzentrierte sich zu einseitig auf den Preis.
- Rechtsform (Einzelkaufmann) nicht adäquat zur Unternehmensgröße und -struktur.

Philipp Holzmann AG

- Unprofessionelles Projekt-Risikomanagement (um im Zuge der damaligen allgemeinen Baukrise die Marktposition zu halten, setze die Philipp Holzmann AG auf die Entwicklung eigener Projekte, die dann auch selbst vermarktet oder vermietet werden sollten. Diese Projekte waren auch der Auslöser für Planabweichungen, die dann mit einem Verlust von 1,7 Milliarden DM ein wesentlicher Auslöser der Insolvenz waren.

Nixdorf Computer AG

- Keine solide Nachfolgeregelung vorhanden. Das Unternehmen geriet durch den plötzlichen Tod des Unternehmensgründers Heinz Nixdorf im Jahr 1986 in eine Nachfolgekrise.

---

[12] Vgl. hierzu vertiefend Erben (2003, S. 435–463).

- Außerdem verpasste Nixdorf den grundlegenden Wandel in der Computer- und Elektronikbranche (beispielsweise den Siegeszug der Personal Computer) sowie den raschen Preisverfall im hart umkämpften Massenmarkt der Mittleren Datentechnik.

KarstadtQuelle AG/Arcandor-Quelle

- Wandel des Geschäftsmodells Versandhandel in Richtung Internet wurde nicht rechtzeitig antizipiert.
- Frühwarnindikatoren (siehe Amazon in der Gründungsphase) wurden ausgeblendet.
- Wettbewerber, wie H&M und Zara, haben mit preiswerten und schnell wechselnden Kollektionen Marktanteile gewonnen.
- Die „Alles unter einem Dach"-Strategie der Einkaufszentren ist erfolgreicher als eine Warenhaus-Strategie.
- Unklare Markenpositionierung und Strategie.
- Vertrauensverlust bei den Mitarbeitern durch radikalen Sanierungskurs.
- Hohe Fremdkapitalkosten. Druck der Finanzaufsicht BaFin auf Bankhaus Sal. Oppenheim

Eine Unternehmensstrategie sollte darauf abzielen, die richtigen Dinge zu tun, im Unterschied zum operativen Alltag, in dem es darum geht, die Dinge richtig zu tun. Dies gelingt nicht allen Unternehmen. Basierend auf Studien erreichen rund 40 bis 50 Prozent der neu gegründeten ihren ersten Geburtstag nicht. Die mittlere Lebenserwartung von Unternehmen liegt laut unabhängiger Studien in der nördlichen Hemisphäre deutlich unter 20 Jahren. Großunternehmen, die nach ihrer „Kindheit" kräftig expandierten, lebten im Durchschnitt 20 bis 30 Jahre länger. K. K. Kongō Gumi war bis zum Jahr 2006 mit 1428 Jahren das Unternehmen mit der weltweit längsten kontinuierlichen Betriebsgeschichte. Es wurde im Jahr 578 gegründet, als Shōtoku Taishi Mitglieder der Familie Kongō aus Baekje im heutigen Korea nach Japan holte, um den buddhistischen Tempel Shitennō-ji in Ōsaka bauen zu lassen. Im Januar 2006 wurde Kongō Gumi wegen Verschuldung aufgelöst.

Die Bayerische Staatsbrauerei Weihenstephan wurde im Jahr 1040 gegründet und gilt als das älteste Unternehmen Deutschlands und die älteste noch bestehende Brauerei der Welt.

Entscheidend für die Überlebensfähigkeit von Unternehmen ist die richtige strategische Ausrichtung. Die nachfolgenden Beispiele zeigen plakativ, wie Unternehmenslenker Marktpotenziale völlig falsch eingeschätzt haben:

- Im Jahr 1997 stellte Ken Olsen, Gründer und CEO der Digital Equipment Corporation, fest: „Es gibt keinen Grund dafür, dass jemand einen Computer zu Hause haben wollte." Tatsächlich besaß er zu Hause selber Computer und bezog sich mit „Computer" in seiner Aussage auf Zentralrechner, die den Haushalt führen.

- „Jeder, der in der Umwandlung der Atome eine neue Energiequelle sucht, spricht kompletten Unsinn!“ (Ernest Rutherford, 1. Baron Rutherford of Nelson, Atomphysiker, der 1908 den Nobelpreis für Chemie erhielt.)
- „Ich habe nicht das winzigste Molekül Zuversicht, dass es eine andere Luftschiffart geben wird als die mit Ballonen.“ (William Thomson, 1. Baron Kelvin, britischer Physiker)
- „Wenn alle Menschen ein Telefon hätten, wären alle Briefträger sofort arbeitslos.“ (Gewerkschaftspräsident)
- „640 Kilobyte sind wirklich genug für jeden.“ (William „Bill“ Henry Gates III, Microsoft)
- „Die verrückte Vorstellung, mit dampfgetriebenen Schiffen über den Atlantik zu fahren, ist ebenso ein Hirngespinst wie die Reise zum Mond.“ (Eigentümer einer Reederei)
- „OS/2 wird die Plattform der 90er werden.“ (William „Bill“ Henry Gates III, Microsoft)
- „Das Erdöl ist eine nutzlose Absonderung der Erde – eine klebrige Flüssigkeit, die stinkt und in keiner Weise verwendet werden kann.“ (Wissenschaftler)
- „Trotz allen kommenden wissenschaftlichen Fortschritts wird der Mensch niemals einen Fuß auf den Mond setzen.“ (Lee De Forest, Erfinder der gasgefüllten Audion-Röhre)
- Die Erde ist hohl. (Astronom Edmond Halley)
- „Was, bitte sehr, veranlasst sie zu der Annahme, dass ein Schiff gegen den Wind und gegen die Strömung segeln könnte, wenn man nur ein Feuer unter Deck anzünde? Bitte entschuldigen sie mich. Ich habe keine Zeit, um mir so einen Unsinn anzuhören.“ (Napoleon Bonaparte, französischer General, Staatsmann und Kaiser)
- „No, Sir. Die Amerikaner brauchen vielleicht das Telefon, wir aber nicht. Wir haben sehr viele Eilboten.“ (Sir William Preece, Chefingenieur der britischen Post, 1896 zu Graham Bell, als dieser ihm die praktische Verwendbarkeit des Telefons demonstriert hatte)
- „Die weltweite Nachfrage nach Kraftfahrzeugen wird eine Million nicht überschreiten – allein schon aus Mangel an verfügbaren Chauffeuren.“ (Gottlieb Wilhelm Daimler, deutscher Ingenieur, Konstrukteur und Industrieller)
- „Der Mensch wird es in den nächsten 50 Jahren nicht schaffen, sich mit einem Metallflugzeug in die Luft zu erheben.“ (Wilbur Wright, US-amerikanischer Flugzeugbauer)
- „Ich denke, dass es einen Weltmarkt für vielleicht fünf Computer gibt.“ (Thomas John Watson junior, Chef der IBM von 1952 bis 1971)
- „Von Facebook wird in fünf bis sechs Jahren kein Mensch mehr reden. Soziale Netzwerke sind heute schon weit über ihren Hype hinaus.“ (Matthias Horx, Trend- und Zukunftsforscher, 9. Juli 2010)

Im Gegensatz präsentiert das folgende Zitat eine exzellente Antizipationsfähigkeit. Dem einflussreichen Journalisten Arthur Brehmer (1858–1923) gelang es, im Zeitraum

1909 und 1910 prominente Autoren zu gewinnen, die sich Gedanken über die Zukunft gemacht haben. Veröffentlicht wurden die Ergebnisse in dem Sammelband „Die Welt in 100 Jahren".

Nachfolgend ein kurzer Auszug aus dem Buch:

> *„Sobald die Erwartungen der Sachverständigen auf drahtlosem Gebiet erfüllt sein werden, wird jedermann sein eigenes Taschentelefon haben, durch welches er sich, mit wem er will, wird verbinden können, einerlei, wo er auch ist, ob auf der See, ob in den Bergen, ob in seinem Zimmer, oder auf dem dahinsausenden Eisenbahnzuge, dem dahinfahrenden Schiffe, dem durch die Luft gleitenden Aeroplan, oder dem in der Tiefe der See dahinfahrenden Unterseeboot. […] Auf seinem Wege von und ins Geschäft wird er seine Augen nicht mehr durch Zeitungslesen anzustrengen brauchen, denn er wird sich in der Untergrundbahn, oder auf der Stadtbahn oder im Omnibus oder wo der grad' fährt und wenn er geht, auch auf der Straße, nur mit der „gesprochenen Zeitung" in Verbindung zu setzen brauchen, und er wird alle Tagesneuigkeiten, alle politischen Ereignisse und alle Kurse erfahren, nach denen er verlangt."*
> (Brehmer 1910)

Bereits der römische Philosoph, Dramatiker, Naturforscher und Staatsmann Lucius Annaeus Seneca erkannte „Wenn ein Kapitän nicht weiß, welches Ufer er ansteuern soll, dann ist kein Wind der richtige."

Strategien sollen uns daher dabei unterstützen, im Tagesgeschäft die Erreichung unserer langfristigen Vision nicht aus dem Auge zu verlieren und unsere Entscheidungen daran auszurichten. Visionen sind klar von Strategien und strategischen Zielen zu unterscheiden (vgl. Abb. 4.3).[13] Visionen sollten eher pauschal und allgemein formuliert werden. Visionen werden auch als Leitziele des Unternehmens bezeichnet. Demgegenüber spiegelt die Mission eines Unternehmens das Leitbild des Unternehmens wider.

Eine Strategie beinhaltet ein Handlungsmuster.[14] Daher reflektiert eine Strategie das Muster im Entscheidungsstrom eines Unternehmens.[15] Damit beschreibt eine Strategie auch den Weg zum Erreichen von Unternehmenszielen. Drei wesentliche Merkmale kennzeichnen eine Strategie:[16]

Eine Strategie berücksichtigt Handlungen und Handlungsoptionen anderer Akteure (etwa Kunden, Wettbewerber, Lieferanten), sie ist proaktiv und langfristig.

In diesem Sinne zeigt die Unternehmensstrategie in der Unternehmensführung, auf welche Art ein mittelfristiges (etwa 2 bis 4 Jahre) oder langfristiges (etwa 4 bis 8 Jahre) Unternehmensziel erreicht werden soll. Diese klassische Definition der Strategie – die

---

[13] Vgl. Romeike (2003, S. 49 ff.).

[14] Vgl. Mintzberg (2005).

[15] Vgl. Mintzberg (1978, S. 934–948). Mintzberg spricht von „a pattern in a stream of decisions").

[16] Vgl. Huber (2008, S. 29 ff.).

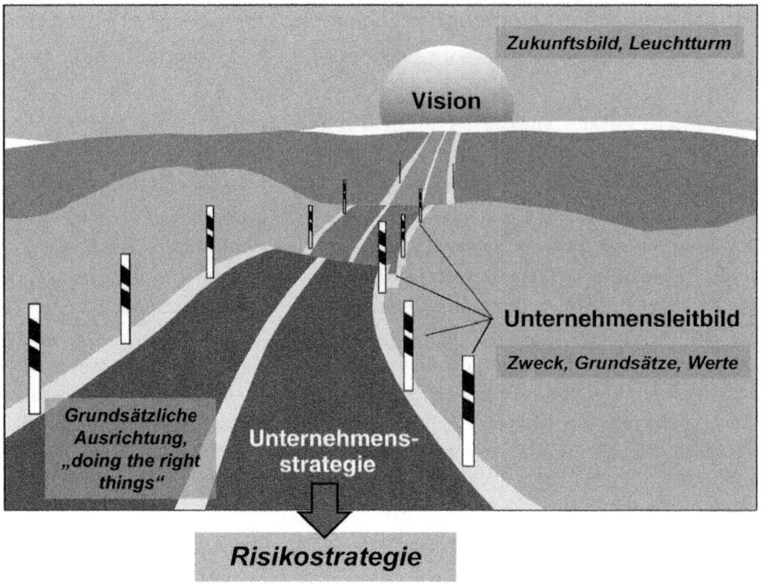

Abb. 4.3 Zusammenhang zwischen Vision, Leitbild und Strategie und Risikostrategie (Eigene Abbildung basierend auf Vahs 2007)

ihren etymologischen Ursprung im Bereich des Militärs und der Heeresführung hat – wird heute vor allem auf Grund ihrer exakten Annahme der Planbarkeit kritisiert.

Bereits Michael E. Porter, einer der führenden Ökonomen auf dem Gebiet des strategischen Managements, rückt vom Konzept der Planbarkeit ab. Für ihn ist nicht langfristige Planung relevant, sondern die Fähigkeit, auf der Grundlage einer längerfristigen Betrachtungsweise einen Wettbewerbsvorteil zu entwickeln, der auf klaren Unterscheidungsmerkmalen (bzw. Erfolgspotenzialen) beruht.[17]

Mintzberg setzt neben die klassische „rationale Planung" von Strategien ergänzend die Möglichkeit emergenter Strategien. Diese sind nicht dokumentiert und proaktiv definiert, sondern entwickeln sich aus der Unternehmung heraus. Seiner Ansicht nach hat eine Strategie fünf Bedeutungsinhalte, die im Rahmen des strategischen Managements alle eine Rolle spielen: Plan (Handlungsabsicht), Ploy (Manöver/List zwecks Bezwingung eines Gegners), Pattern (Widerspruchsfreies Verhaltensmuster), Position (Positionierung einer Organisation in ihrer Umwelt) und Perspective (Sichtweise und Interpretation der Welt).

Kirsch unterscheidet in analoger Weise zwischen formulierter (also definierter und kodifizierter) und formierter (also von-selbst entstandener) Strategie. Für ihn ist jede

[17] Vgl. Porter (2008, S. 78–93).

Strategie ex definitione eine formierte Strategie mit einem stark evolutionären Charakter.[18]

Das deutsche Wort „Vision“ entstammt dem lateinischen Wort „videre“ = „sehen“ bzw. „visio“ = „Schau“. Die Vision ist eine wirklichkeitsnahe Vorstellung der gewünschten Zukunft. Die Vision ist daher ein Bild von unserer Zukunft, für das wir uns begeistern und dann auch andere (beispielsweise unsere Mitarbeiter) begeistern können. Es bringt Klarheit und Richtung in das Handeln und Denken, denn wir wissen, was wir anstreben, wofür wir etwas tun und in welche Richtung wir uns bzw. unser Unternehmen entwickeln wollen. Eine indianische Weisheit bringt diesen Zusammenhang auf den Punkt:

> *„Alle Dinge beginnen mit einer Vision, alle Dinge haben ihren Ursprung in der Vision, doch alle Dinge müssen dann auch noch ins Werk gesetzt werden. Alles, was ist oder entsteht oder erzeugt oder geschaffen wird, alles ist das Ergebnis eines Tuns oder Ausführens. Selbst die Vision ist nicht ohne Voraussetzung, wir müssen sie suchen, wir müssen Visionen und Träume suchen und unsere Träume dann leben.“* (Schwanfelder 2006, S. 44)

Visionen sind – in Abgrenzung zur Mission – eher nach innen, auf das eigene Unternehmen, gerichtet und haben ihren Ausgangspunkt häufig in Utopien. Eine Vision spiegelt häufig ein sehr konkretes Bild der Zukunft wider. Dabei ist das Zukunftsbild bereits so nahe, dass eine Realisierbarkeit bereits erkannt wird. Vision bilden quasi eine Art Leitstern für das unternehmerische Handeln. Visionäres Denken erfordert die Erzeugung von Bildern.

Nachfolgend haben wir Beispiele für Visionen zusammengestellt:

- „Our vision is to be earth’s most customer-centric company; to build a place where people can come to find and discover anything they might want to buy online.“ (Amazon)
- „To give people the power to share and make the world more open and connected.“ (Faceboook)
- „Einen besseren Alltag für die vielen Menschen schaffen.“ (IKEA)
- „... creating a better tomorrow than today.“ (PepsiCo)
- „A just world without poverty.“ (Oxfam, internationaler Verbund verschiedener Hilfs- und Entwicklungsorganisationen)
- „To make people happy.“ (Disney)
- „To give ordinary people the opportunity to buy the same things as rich people.“ (Wal Mart)
- „Imagine a world in which every single person is given free access to the sum of all human knowledge.“ (Wikipedia)

Eine Vision sollte

[18] Vgl. Kirsch et al. (2009).

- einfach und verständlich formuliert sein (leichte Kommunikation);
- Emotionen wecken (motivierende Wirkung) und
- Sinn stiften (nachhaltiger Antrieb).

Eine Mission hingegen kommuniziert, wie ein Unternehmen von „außen", etwa von Kunden oder Medien, gesehen werden will. Welches Bild hat unser Kunde, Partner oder wer auch immer von uns im Kopf, welche Gefühle und Intentionen verbindet er?

Die Marke wiederum ist quasi das Spiegelbild der Visionen, Missionen und Strategien. Ein Leitbild beschreibt die Mission und Vision einer Organisation sowie die angestrebte Organisationskultur. Ein Leitbild formuliert daher einen Zielzustand (d. h. ein realistisches Idealbild). Nach innen soll ein Leitbild Orientierung geben und somit handlungsleitend und motivierend für die Organisation als Ganzes und die einzelnen Mitarbeiter wirken. Nach außen (beispielsweise Öffentlichkeit) soll es verdeutlichen, wofür eine Organisation steht. Es ist Basis für die „Corporate Identity" einer Organisation.

Eine Mission beschreibt in Form eines Slogans den Auftrag des Unternehmens, den es zur Erschließung des in der Vision beschriebenen Nutzenpotenzials leisten will.

Geht man einen Schritt weiter, so gelangt man von der Vision zur Strategie. Etymologisch entstammt der Begriff dem militärischen Bereich. Im Brockhaus des Jahres 1906 konnte man lesen: „Feldherrnkunst, die Lehre von der Anwendung der Kriegsmittel zur Erreichung des Kriegszwecks, die in Friedenszeiten schon in der Anlage von Befestigungen, in der Unterbringung und Ausbildung des Heers und dem Ausbau der Flotte, sodann aber im Kriegsfalle beim Aufmarsch und beim Vorgehen der Truppen sowie in der Ausnützung des Geländes und aller Schwächen des Gegners sich zu bewähren hat."

Bei der Entwicklung einer Strategie werden Grundsatzentscheidungen getroffen, die sämtliche Unternehmensbereiche betreffen. Ein Unternehmen entwickelt in der Regel Strategien, um stärker oder besser zu werden als der Mitbewerber.

Oder kurz: Zunächst die richtigen Dinge tun und dann die Dinge richtig tun. Eine Strategie sollte Klarheit darüber verschaffen, wie bestimmte Ziele (etwa Wachstum) erreicht werden. Passen unsere Prozesse? Haben wir die richtigen Mitarbeiter? Nutzen wir die adäquaten Vertriebswege?

- Die **Strategie** beschreibt den Weg, welchen das Unternehmen mittel- und langfristig beschreiten wird.
- **Visionen** beantworten die Frage, wo wir hinwollen, also das (langfristige) Ziel unserer Reise!
- **Missionen** beantworten die Frage, welche Rolle das Unternehmen einnehmen möchte und welche Aufgaben es in diesem Zusammenhang erfüllt! Eine Mission beschreibt in Form eines Slogans den Auftrag des Unternehmens, den es zur Erschließung des in der Vision beschriebenen Nutzenpotenzials leisten will.
- **Strategien und strategische Ziele** definieren den „Spielplan" des Unternehmens!

Die Quellen der strategischen Erfolgsfaktoren findet man sowohl in externen (Markt, gesetzliche Rahmenbedingungen etc.), als auch in internen Faktoren (Mitarbeiterqualifikation, Organisation, Forschung und Entwicklung etc.). Insbesondere auch die Marke – als wertegeleitetes Sinn-Angebot[19] – ist eine wichtige Quelle bei der Analyse der strategischen Erfolgsfaktoren. Die Summe alle Erfolgsfaktoren bilden das Erfolgspotenzial eines Unternehmens.

4.3 Methoden: Strategische Chancen und Risiken erkennen

Im Folgenden werden vier Methoden zur Bewertung und Quantifizierung von strategischen Chancen und Risiken vorgestellt. Begonnen wird mit der **Spieltheorie**, die derzeit einen noch abstrakten Ansatz bietet, jedoch als erste Methode die Umweltzustände nicht als gegeben ansieht, sondern abhängig vom Handeln der Konkurrenten bzw. Wettbewerber. Daran sich anschließend erfolgt die Bewertung von strategischen Chancen und Risiken mit Hilfe von **Realoptionen**, die bereits seit Jahren zur Quantifizierung in Unternehmensbewertungsmodellen eingesetzt werden und ebenfalls den Wert einer Option von den Handlungen der anderen Investoren bzw. Konkurrenten abhängig machen. Als dritte Methode wird die (deterministische) **Szenarioanalyse** vorgestellt. Die Szenarioanalyse ist im betriebswirtschaftlichen Kontext und im Risiko-Management eine weit verbreitete Methode, die insbesondere im Bereich Strategie/Unternehmensentwicklung als Instrument der Entscheidungsvorbereitung und -unterstützung etabliert ist. Sie wird vorrangig bei zukunftsorientierten Fragestellungen eingesetzt, kann aber auch bei der Auswahl einer Alternative bei einer unmittelbar anstehenden Entscheidung wirkungsvoll unterstützen. Als vierte Methode wird das **Business Wargaming** vorgestellt. Im Kern geht es bei einem Business Wargame um die Simulation einer Situation, an der mehrere Spielparteien beteiligt sind. Jede dieser Spielparteien nimmt die Sicht- und Handlungsweise eines relevanten Stakeholders einer zu untersuchenden Situation ein. Sie erhält demensprechend einen Spielauftrag, der dem Wesen des jeweiligen Stakeholders entspricht oder zumindest sehr wahrscheinlich entsprechen würde. In einem rundenbasierten Spiel wird nun versucht, diesen Spielauftrag zu erreichen. Dabei sind bei einem Wargame die Grenzen zu einem Rollenspiel (am Wargame sind mehrere Spielparteien beteiligt), zur Szenarioanalyse (es wird eine bestimmte Situation unter gegebenen Rahmenbedingungen untersucht) oder auch zum Planspiel (beispielsweise verstanden als Lernmethode, Zusammenhänge zu erkennen) fließend.

Die Spieltheorie befasst sich als Wissenschaft mit der Modellierung von Entscheidungsprozessen, in denen die Umweltbedingungen sich dynamisch verändern können.

[19] Vgl. Schiller und Quell (2003, S. 117–145).

Hierbei werden agierende oder auf eigene Entscheidungen reagierende Konkurrenten (Mitspieler) angenommen. Die Spieltheorie war ursprünglich eine mathematische Theorie und hat in den letzten Jahren Einzug in die Realwissenschaften, insbesondere in die Wirtschaft- und Sozialwissenschaft, gehalten. Sie eignet sich vorrangig für Strategieplanung, Marketing und Organisation, um Probleme als strategische Konflikte abzubilden. Dabei handelt es sich jedoch um eine relativ junge Disziplin der Wissenschaft, so dass in der Literatur Grundlagenforschung gegenüber praktischen Anwendungen tendenziell überwiegt.[20]

Im Gegensatz zu der klassischen Entscheidungstheorie, die Umweltsituationen wie zum Beispiel das Verhalten der Konkurrenz eines Unternehmens am Markt als gegeben ansieht und unter diesen Rahmenbedingungen nach dem optimalen Ergebnis sucht, betrachtet die Spieltheorie die wechselseitigen Abhängigkeiten zwischen eigenen Entscheidungen und dem Konkurrenzverhalten. Ähnlich wie bei Gesellschaftsspielen ändern sich die Rahmenbedingungen einer Entscheidung durch das Verhalten rationaler Gegenspieler. Das Ergebnis einer Entscheidungssituation ist damit sowohl vom eigenen als auch von dem Verhalten anderer Entscheider (Konkurrenten) abhängig, wobei eine soziale Interaktion zwischen allen Beteiligten berücksichtigt wird. Rieck definiert ein strategisches Spiel als eine Entscheidungssituation, in der mehrere vernunftbegabte Entscheider Einfluss auf das Resultat haben und dabei ihre eigenen Interessen verfolgen.[21]

Die grundlegende Idee der Spieltheorie lässt sich am Beispiel des häufig zitierten und bereits genannten Gefangenen-Dilemmas beschreiben. Zwei eines Verbrechens beschuldigte Gefangene werden isoliert inhaftiert und bekommen vom Staatsanwalt jeweils folgendes Angebot unterbreitet: Bei Gestehen des Verbrechens wird im Rahmen einer Kronzeugenregelung Haftverschonung garantiert, der zweite Beschuldigte erhält dann neun Jahre Haft. Gestehen beide, erhalten sie beide jeweils fünf Jahre Haft. Leugnen beide, können sie nur wegen geringfügigerer Vergehen für je ein Jahr inhaftiert werden. Da aber das Verhalten nicht mehr gegenseitig abgestimmt werden kann, kommt es sowohl zu ei-

[20] Für wissenschaftliche Studien und Arbeiten rund um die Spieltheorie wurde bis zum Jahr 2018 acht Mal der Alfred-Nobel-Gedächtnispreis für Wirtschaftswissenschaften vergeben. Dies verdeutlicht die große Bedeutung der Spieltheorie für die moderne Wirtschaftstheorie. Im Jahr 1994 ging der Preis an John Forbes Nash Jr., John Harsanyi und Reinhard Selten (für ihre grundlegende Analyse des Gleichgewichts in nicht-kooperativer Spieltheorie), im Jahr 1996 an William Vickrey und James Mirrlees (für ihre grundlegenden Beiträge zur ökonomischen Theorie von Anreizen bei unterschiedlichen Graden von Information der Marktteilnehmer), im Jahr 2005 an Robert Aumann und Thomas Schelling (für ihre grundlegenden Beiträge zur Spieltheorie und zum besseren Verständnis von Konflikt und Kooperation) und im Jahr 2012 an Alvin Roth und Lloyd S. Shapley (für die Theorie stabiler Verteilungen und die Praxis des Marktdesign). Für ihre Erforschung begrenzter Rationalität erhielten Herbert A. Simon im Jahr 1978 und Daniel Kahneman im Jahr 2002 den Alfred-Nobel-Gedächtnispreis für Wirtschaftswissenschaften. Auch die Preise an Leonid Hurwicz, Eric S. Maskin und Roger B. Myerson im Jahr 2007 für ihre Forschung auf dem Gebiet der Mechanismus-Design-Theorie stehen in engem Zusammenhang zu spieltheoretischen Fragestellungen.

[21] Vgl. Rieck (2007, S. 21 ff.).

Abb. 4.4 Matrix Szenario 1

Gefangener Frank		Gefangener Peter	
		leugnen	gestehen
	leugnen	(1;1)	(9;0)
	gestehen	(0;9)	(5;5)

Abb. 4.5 Matrix Szenario 2

Gefangener Frank		Gefangener Peter	
		leugnen	gestehen
	leugnen	(8;8)	(0;9)
	gestehen	(9;0)	(4;4)

nem persönlichen Dilemma jedes Einzelnen als auch für die Gruppe beider Inhaftierter (Abb. 4.4).

Die Matrix bedeutet: Wenn Peter und Frank leugnen, bekommen sie jeweils ein Jahr Haft. Wenn Peter gesteht und Frank leugnet, bekommt Frank neun Jahre Haft und Peter geht straffrei aus. Wenn beide gestehen erhalten sie jeweils fünf Jahre Haft. Die Maximalstrafe beträgt für jeden Einzelnen neun Jahre Haft und die persönliche Nutzenmaximierung besteht nun in der Reduzierung der maximalen Haftzeit. Dazu wird die Matrix in Anlehnung an Rieck überführt in eine Darstellung der verkürzbaren Haftzeit in Jahren (= Maximalstrafe – Hafterleichterung durch Gestehen bzw. beidseitiges Leugnen) (Abb. 4.5).

Die neue Matrix kennzeichnet die Hafterleichterung durch Verkürzung der Haftzeit in Jahren und dadurch einem Zugewinn von Jahren in Freiheit. Wenn Peter gesteht und Frank leugnet, gewinnt Peter neun Jahre in Freiheit und Frank null, da er die Maximalstrafe absitzen muss. Wenn beide leugnen gewinnen sie jeweils acht Jahre in Freiheit, da beide nur das eine Jahr absitzen müssen. Gestehen beide und müssen folglich fünf Jahre absitzen, haben sie immer noch vier Jahre in Freiheit gewonnen.

Die Strategie „beidseitiges Leugnen" stellt immer noch die für beide beste Alternative da und führt damit zum maximalen Ergebnis für die Gruppe. Für jeden Einzelnen jedoch entsteht durch die Ungewissheit über das Handeln des jeweils Anderen folgendes Dilemma: Egal wie Frank sich verhält, für Peter bietet die Variante „Gestehen" den größten individuellen Nutzen: Wenn Frank leugnet, bekommt Peter neun Freiheitsjahre und damit eins mehr als bei der Variante „Leugnen". Wenn Frank ebenfalls gesteht, bekommt Peter vier Freiheitsjahre und damit vier mehr als bei der Variante „Leugnen". Gleichgültig wie Frank sich verhält, die Variante „Gestehen" bietet in jedem Szenario die für Peter persönlich beste Lösung. Das Gleiche gilt auch aus Franks Perspektive gegenüber Peter.

Die Variante „beidseitiges Gestehen" wird auch als strategisches Gleichgewicht bzw. Nash-Gleichgewicht bezeichnet,[22] da für jeden einzelnen Entscheider als Einziger das Abweichen von dieser Strategie zu einem für ihn persönlich schlechteren Ergebnis führt.

[22] Vgl. Nash (1951, S. 286–295). An dieser Stelle sei auf den Film „A Beautiful Mind – Genie und Wahnsinn" hingewiesen. Der US-amerikanische Kinofilm des Regisseurs Ron Howard aus dem Jahr 2001 skizziert die reale Lebensgeschichte des Mathematikers John Forbes Nash.

Denn weicht nur einer ab, so erhält er statt vier Freiheitsjahren keine Haftverschonung (null).

Sowohl das strategische Gleichgewicht als auch die persönliche Nutzenoptimierung führen zu einem Ergebnis, das aus Gruppensicht die schlechteste Lösung darstellt: Wenn beide gestehen, müssen sie in der Summe zehn Jahre Haft absitzen (= Gruppenergebnis von 2 • 5 Jahren). In jeder anderen Variante wäre das Gruppenergebnis besser (zum Beispiel 2 • 1 Jahr oder 0 + 9 Jahre). Auch ist der Nutzen für jeden Einzelnen geringer als bei beidseitigem Leugnen. Trotzdem stellt die Variante „beidseitiges Gestehen" bei Unsicherheit über das Verhalten des Konkurrenten die persönlich beste Lösung dar.

Die Spieltheorie bietet weitaus komplexere Modelle als das Gefangenendilemma, das sich jedoch für eine Einführung in die Thematik besonders gut eignet. Das Beispiel zeigt, dass das Ergebnis eines strategischen Spiels von der Interaktion der einzelnen Entscheider abhängt und diese sich bei ihrer Entscheidungsfindung von den Handlungsmöglichkeiten der Konkurrenten und ihrer Wirkung auf das Gesamtergebnis beeinflussen lassen. Eine Übertragung auf die Praxis könnte beispielsweise die strategische Frage sein, ob das eigene Unternehmen einen bestimmten Markt betreten soll oder ihn seinen Konkurrenten überlassen möchte.

Ein praktisches Beispiel bildet die Schließung von Bankfilialen in ländlicheren und strukturschwachen Regionen. Wird ein Filialbetrieb dort als unrentabel identifiziert, wäre eine Schließung die logische Konsequenz. Dann müssten die vorhandenen Kunden den Weg zum nächsten Ort mit einer noch vorhandenen Filiale auf sich nehmen. Schließt die Konkurrenz ihre (ebenfalls unrentable) Filiale jedoch nicht, wird sich die Bank mit dem Rückzug der eigenen Präsenz aus diesem Geschäftsgebiet schwer tun. Ähnlich dem Gefangenendilemma entsteht die für beide Unternehmen zusammen betrachtet schlechteste Variante: Betrieb zweier jeweils unrentablen Filialen. Würde sich eine Bank aus dem Geschäftsgebiet zurückziehen, dann hätte die damit einsetzende Kundenwanderung zur verbleibenden Filiale der Konkurrenz eine Verbesserung deren Rentabilität zur Folge. Ähnlich dem Gefangenendilemma erreicht so ein Unternehmen das maximale und das andere das schlechteste Ergebnis. Erst wenn sich beide zurückziehen, würde daraus das beste Ergebnis für die Gruppe entstehen, die Schließung zweier jeweils unrentablen Filialen.

Die Spieltheorie unterscheidet zwischen kooperativen Spielen (Kommunikation mit bindender Vereinbarung zwischen den Spielern) und nicht-kooperativen Spielen (bindende Vereinbarungen sind nicht möglich). Für beide Zweige werden entsprechende Modelle bereitgestellt. Jedoch sind in der wirtschaftlichen Realität aufgrund von gesetzlichen Rahmenbedingungen (etwa um Monopole zu verhindern) und Aufsichtsbehörden (beispielsweise Bundeskartellamt) teilweise keine rechtlich bindenden Verträge möglich. Ein weiteres Beispiel für ein nicht-kooperatives strategisches Spiel bietet die langjährige Konkurrenz zwischen den digitalen Pay-TV-Anbietern Premiere und DF1 (Kirch-Gruppe). Der Bieterwettkampf um Ausstrahlungsrechte und Sportrechte bescherte beiden Anbietern hohe Verluste mit erheblichen Konsequenzen für beide Seiten.[23] Wegen Überschuldung

[23] Vgl. Erben (2007, S. 45).

(6,5 Mrd. EUR) musste die KirchMedia im April 2002 Insolvenz anmelden. Die Pay-TV-Plattform DF1 ging schließlich in Premiere auf. Ein weiteres Beispiel bietet die Versteigerung der UMTS-Lizenzen an Mobilfunkbetreiber. Infolge der hohen Investitionssummen mussten die teilnehmenden Unternehmen Fremdkapital aufnehmen und Zinsen zahlen. Die hohen Kosten haben in der Konsequenz vor allem Gewinn, Aktienkurs und Rating der Mobilfunkunternehmen unter Druck gesetzt.

Einen weiteren wissenschaftlichen Ansatz zur Bewertung von strategischen Chancen und Risiken bieten die **Realoptionen**, deren Konzept sich aus den finanzmarktwirtschaftlichen Kapitalmarktoptionen ableitet. Strategische Risiken ergeben sich aus den getroffenen Entscheidungen des Unternehmens, beispielsweise in eine Fertigungsstätte zu investieren, noch zu warten oder diese Investition bewusst zu unterlassen. Die gleiche Handlungsoption haben oftmals mehrere Investoren gleichzeitig, so dass der Wert einer Realoption von den Handlungen der anderen Investoren bzw. Konkurrenten beeinflusst wird.

Die Handlungsalternativen von Unternehmen haben viele *Parallelen zu Aktienoptionen*. Eine Investition bedeutet die Möglichkeit, gegen Zahlung eines Entgelts eine Vermögensposition mit unsicherer Wertentwicklung zu erwerben. Die Investitionsauszahlung ist vergleichbar mit dem Basispreis einer Aktienoption. Dem steht der Barwert aller erwarteten Rückflüsse aus der Investition gegenüber, der vergleichbar ist mit dem Kassakurs einer Aktie. Der Zeitraum, bis zu dessen Ende die Investitionsentscheidung getroffen werden kann, ist vergleichbar mit der Optionslaufzeit einer Aktienoption.

Ebenso wie die Möglichkeit einer Investition lässt sich auch die Möglichkeit einer Desinvestition mit einer Aktienoption vergleichen. In Abb. 4.6 werden in Anlehnung an Tomaszewski die Parallelen zwischen einer Aktienoption und den beiden Investitionsmöglichkeiten aufgezeigt.[24] Die Möglichkeit, eine Investition respektive Desinvestition zu tätigen oder zu unterlassen, wird als *Realoption* bezeichnet. Unter einer Realoption ist

Aktienoption	Investition	Desinvestition
Aktienkurs (=Bezugsgut)	Gegenwartswert der erwarteten Rückflüsse (ohne Investitionsauszahlung)	Gegenwartswert der erwarteten Rückflüsse
Basispreis	Investitionsauszahlung	Desinvestitionseinzahlung
Optionslaufzeit	Zeitraum, bis zu dessen Ende mit der Investitionsentscheidung gewartet werden kann	Zeitraum, bis zu dessen Ende mit der Desinvestitionsentscheidung gewartet werden kann

Abb. 4.6 Parallelen zwischen Aktienoptionen und Realoptionen

[24] Vgl. Tomaszewski (2000, S. 92) sowie Werner (2000, S. 39).

allgemein die zukünftige Wachstumsmöglichkeit eines Unternehmens zu verstehen. Die Existenz von Realoptionen mit einem positiven Wert setzt das Vorhandensein von Faktoren wie Marktmacht, Kostenvorteile oder Marktfriktionen voraus.[25]

Die Realoption einer Investition wird dann in Anspruch genommen, wenn bis zum Ende des Entscheidungszeitraums der Barwert aller erwarteten Rückflüsse aus der Investition größer als der Investitionsbetrag ist. Auch hier ist die Analogie zur Kaufoption auf eine Aktie (engl. Call) erkennbar, da diese ausgeübt wird, wenn der Aktienkurs (vgl. Barwert zukünftiger Erträge der Investition) über dem Basispreis (vgl. Investitionsbetrag) liegt.

Eine vollständige Übereinstimmung zwischen Aktienoptionen und Realoptionen besteht jedoch nicht. Tomaszewski verweist beispielhaft auf die permanent verfügbaren Marktpreise von Aktien und Aktienoptionen (vgl. Abb. 4.7). Im Gegensatz dazu können die „Marktpreise" für die den Realoptionen zu Grunde liegenden Bezugsgüter häufig nur geschätzt werden. Während für Aktienoptionen gut funktionierende Sekundärmärkte existieren, sind Realoptionen häufig nicht veräußerbar.[26] Während der Käufer einer Aktienoption selbst und unabhängig von anderen Marktteilnehmern über die Ausübung entscheiden kann, ist für Realoptionen bei Existenz von Wettbewerbern diese Exklusivität nicht immer gegeben. Es kann vorkommen, dass eine Realoption mit dem gleichen Bezugsgut mehreren Unternehmen zur Verfügung steht, was zu einer Minderung des Werts für das einzelne Unternehmen führt.

Für die Bewertung von Realoptionen kann auf die finanzwirtschaftlichen Optionspreismodelle zurückgegriffen werden. Als zeitdiskreter Ansatz wird häufig das Binomialmodell von Cox, Ross und Rubinstein angewendet, einen zeitstetigen Ansatz liefert das Black-/Scholes- Modell. Das *Binomialmodell von Cox, Ross und Rubinstein* ist zeitdiskret, da es eine begrenzte Anzahl von möglichen Wertänderungen während der Optionslaufzeit

	Aktienoption	Investition	Desinvestition
Einsatzzweck	Spekulation / Hedging	Erhöht das Gewinnpotenzial des Unternehmens	Begrenzt das Verlustpotenzial
Veräußerbarkeit	Hohe Fungibilität der Option (aufnahmefähige Sekundärmärkte)	Realoptionen sind meist nicht veräußerbar	
Basispreis	Basispreis vertraglich fixiert	Basispreis als Barwert zukünftiger Cash Flows ist unsicher, da die Cash Flows selbst unsicher sind	

Abb. 4.7 Unterschiede zwischen Aktienoptionen und Realoptionen

[25] Vgl. Lucke (2001, S. 7 f.).

[26] Vgl. Tomaszewski (2000, S. 95–98).

betrachtet.[27] Die Anwendung des Modells auf Realoptionen wird an einem Beispiel gezeigt.

Die Fluggesellschaft NCB Airlines plant das Konkurrenzunternehmen Y-Reisen zu 100 Prozent zu übernehmen. Der Wert des Konkurrenzunternehmens möge sich als Barwert aller erwarteten Rückflüsse ergeben, der vereinfachend als eine ewige Rente von 50 Mio. EUR jährlich geschätzt werden kann. Für einen risikoadjustierten Zinssatz von 10 % p.a. über alle Laufzeiten beträgt der Unternehmenswert von Y-Reisen nach der Discounted-Cash-Flow-Methode 500 Mio. EUR (=50 Mio. EUR/0,10). Zusätzlich zu den realisierbaren Rückflüssen aus dem Konkurrenzunternehmen erhofft sich die Fluggesellschaft NCB Airlines durch die Übernahme Synergieeffekte und ein schnelleres Wachstum des Marktanteils. Nach der Übernahme von Y-Reisen will die NCB Airlines über die Investition in neue Flugstrecken entscheiden. Zuvor soll jedoch eine Marktbeobachtung stattfinden. Der Zeitraum für die Marktanalyse und Entscheidungsvorbereitung möge ein Jahr betragen.

Nach Ablauf des Beobachtungszeitraums sind zwei gleichwahrscheinliche Szenarien denkbar. In Szenario 1 ist mit einer hohen Nachfrage für die neuen Flugstrecken zu rechnen. In Szenario 2 ist die erwartete Nachfrage zu gering, um in eine Erweiterung des Flugnetzes zu investieren. Mit der hohen Nachfrage aus Szenario 1 sind höhere zukünftige Rückflüsse von 20 Mio. EUR zusätzlich pro Jahr zu erwarten. Auch die zusätzlichen Rückflüsse werden als eine ewige Rente betrachtet und ergeben bei einem konstanten risikoadjustierten Zinssatz von 10 % p.a. den Barwert von 200 Mio. EUR (=20 Mio. EUR/0,1). Dem steht in $t = 1$ eine Folgeinvestition für zusätzliche Flugstrecken und Maschinen in Höhe von 175 Mio. EUR gegenüber. Umgekehrt würden die zusätzlichen Rückflüsse in dem schlechteren Szenario 2 nur 8,24 Mio. EUR jährlich betragen, so dass für diesen Fall der Barwert der zusätzlichen Rückflüsse nur 82,40 Mio. EUR (=8,24 Mio. EUR/0,1) unter den zusätzlichen Investitionsausgaben liegt und daher keine Folgeinvestition durchgeführt wird. In Abb. 4.8 wird der Sachverhalt grafisch verdeutlicht.

Die Möglichkeit der NCB Airlines, im Zeitpunkt $t = 1$ ihr Flugstreckennetz auszubauen, kann als eine Realoption aufgefasst werden. Im Gegensatz zu einer Aktie wird das Bezugsgut Flugstrecke jedoch nicht auf einem organisierten Markt gehandelt, folglich ist es schwierig, einen objektivierten Marktpreis festzustellen.[28] In der Literatur werden zwei Alternativen zur Abschätzung des Marktwerts für das Bezugsgut einer Realoption präsentiert. Zum einen wird die Abschätzung mit einem in der Risikostruktur stark korrelierenden Vermögenstitel vorgeschlagen, für Gold-, Kupfer- oder Ölförderrechte zum Beispiel anhand der jeweiligen Rohstoffpreise am Markt.[29] Zum andern kann die Wertbestimmung mit Hilfe eines Verfahrens aus der Investitionsrechnung erfolgen, da deren Zweck gerade die Ermittlung des Werts ist, zu dem das Investitionsobjekt bei Erfüllung der jeweiligen Modellprämissen am Kapitalmarkt gehandelt würde.

---

[27] Vgl. Cox et al. (1979, S. 229 ff.).

[28] Vgl. Werner (2000, S. 39).

[29] Vgl. Tomaszewski (2000, S. 109 f.).

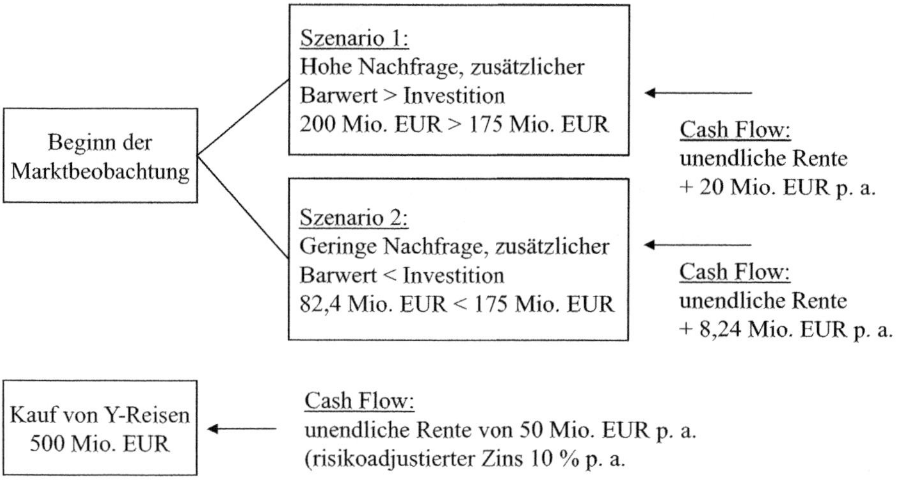

Abb. 4.8 Beispiel für eine Realoption

In dem Beispiel der NCB Airlines lässt sich der Wert für das Bezugsgut „neue Flugstrecken" mit dem Barwert der daraus erwarteten Rückflüsse abschätzen. Der Erwartungswert für das Bezugsgut ergibt sich aus der Gewichtung der Barwerte beider Szenarien mit ihren Eintrittswahrscheinlichkeiten. In Szenario 1 hat das Bezugsgut neue Flugstrecken zum Zeitpunkt t = 1 einen Barwert von 200 Mio. EUR und die Eintrittswahrscheinlichkeit hierfür beträgt 50 %. Bei Szenario 2 wird mit gleicher Wahrscheinlichkeit nur ein Barwert von 82,4 Mio. EUR erreicht. Der Erwartungswert zum Zeitpunkt t = 1 beträgt 141,20 Mio. EUR (= 200,00 Mio. EUR • 0,5 + 82,40 Mio. EUR • 0,5). Die Diskontierung mit dem risikoadjustierten Zinssatz von 10 % p.a. führt zu einem Erwartungswert von 128,36 Mio. EUR im Zeitpunkt t = 0 (=141,20 Mio. EUR/(1 + 0,1)). Das der Realoption zu Grunde liegende Bezugsgut „neue Flugstrecken" hat folglich zum Zeitpunkt t = 0 einen Barwert von 128,36 Mio. EUR.

Die bisherigen Bemühungen dienten nur zur Wertbestimmung des der Realoption zu Grunde liegenden Bezugsgutes.[30] Im nächsten Schritt wird das Optionsrecht auf das Bezugsgut bewertet. In Analogie zu einer Aktienoption sind die in Abb. 4.9 gezeigten preisbestimmenden Parameter notwendig und bekannt.

Die notwendige Investitionsauszahlung ist exogen gegeben und der Barwert des Bezugsguts wurde oben berechnet. Wenn nach dem Ablauf einer Periode das Szenario 1 eintritt, steigt der Wert des Bezugsguts auf 200,00 Mio. EUR in t = 1. Aus der Relation von dem Barwert in Szenario 1 per t = 1 zu dem Barwert des Bezugsguts in t = 0 ergibt sich ein Steigungsfaktor von 1,5581 (=200,00 Mio. EUR/128,36 Mio. EUR). Bei Eintritt von Sze-

[30] Bei Aktienoptionen entspricht der Kassakurs der Aktie dem Bezugsgut.

Preisbestimmende Parameter der Realoption	Wert	vergleichbarer Parameter bei einer Aktienoption
Barwert des Bezugsguts	B_0 = 128,36 Mio. EUR	Kassakurs der Aktie
Investitionsauszahlung	I = 175,00 Mio. EUR	Basispreis der Option
Steigungsfaktor	u = 1,5581	Steigungsfaktor
Senkungsfaktor	d = 0,6419	Senkungsfaktor
Zinssatz der Binomialperiode	r = 10 %	Zinssatz der Binomialperiode
Optionslaufzeit	T = 1 Jahr	Optionslaufzeit

Abb. 4.9 Preisbestimmende Parameter der Realoption

nario 2 sinkt der Wert des Bezugsguts auf 82,40 Mio. EUR in t = 1, woraus sich ein Senkungsfaktor von 0,6419 errechnet (=82,40 Mio. EUR/128,36 Mio. EUR).

Für eine risikoneutrale Bewertung der Investitionsmöglichkeiten kann der Steigungs- und Senkungsfaktor mit Hilfe einer Formel von Cox/Ross/Rubinstein in Wahrscheinlichkeiten umgerechnet werden.[31] Die Grundlage hierfür bildet die risikoneutrale Bewertung einer Aktienoption mit Hilfe eines Duplikationsportfolios, welches aus Aktien und einem Kredit besteht. Um den Wert der Aktienoption zu bestimmen, können die Eigenschaften der Aktienoption vollständig mit einem Duplikationsportfolio nachgebildet werden. Wenn das Duplikationsportfolio zu jedem Zeitpunkt der betrachteten Laufzeit die gleichen Eigenschaften und den gleichen Wert wie die Aktienoption selbst hat, muss der Barwert des Duplikationsportfolios im Zeitpunkt t = 0 zu dem gesuchten Preis der Aktienoption führen. Eine ausführliche Darstellung der risikoneutralen Bewertung von Aktienoptionen würde den Umfang dieses Abschnitts übersteigen, weshalb auf einschlägige Literatur zu diesem Thema verwiesen wird.[32] Aus dem Modell von Cox/Ross/Rubinstein ergibt sich die gesuchte Gl. 4.1 zur Berechnung von Wahrscheinlichkeiten aus den Steigungs- und Senkungsfaktor sowie dem risikolosen Zinssatz.[33]

$$p = \frac{1 + r - d}{u - d} \tag{4.1}$$

Die berechnete Wahrscheinlichkeit p für das Eintreten von Szenario 1 beträgt 50 % [=(1 + 0,10 – 0,6419)/(1,5581 – 0,6419)]. Daraus folgt als Gegenwahrscheinlichkeit 1 – p

[31] Vgl. Cox et al. (1979, S. 229 ff.).

[32] Vgl. Koch (1999, S. 43 ff.).

[33] Vgl. Hull (2005, S. 300 ff.).

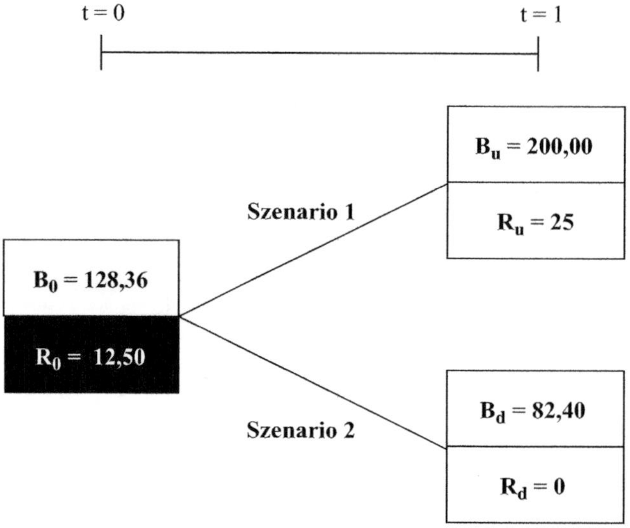

Abb. 4.10 Wertentwicklung von Bezugsgut B_0 und Realoption R_0 gemäß den Erwartungen des Investors

für das Eintreten von Szenario 2 ebenfalls der Wert 50 % (=1 – 0,5). Der Wert der Investitionsmöglichkeit zum Zeitpunkt t = 1 ergibt sich aus der Differenz vom szenarioabhängigen Wert des Bezugsguts in t = 1 und der Investitionsauszahlung. Für Szenario 1 hat das Bezugsgut per t = 1 einen Barwert von 200 Mio. EUR, nach Abzug der Investitionszahlung von 175 Mio. EUR verbleiben 25 Mio. EUR.

Bei Eintritt von Szenario 2 hat die Investitionsmöglichkeit per t = 1 einen Wert von 0, da der Wert des Bezugsguts mit 84,40 Mio. EUR noch unter der Investitionsauszahlung von 175 Mio. EUR liegt und die Investition deshalb nicht getätigt wird. Mit Hilfe der Wahrscheinlichkeiten für das Eintreten der Szenarien lässt sich der Erwartungswert per t = 1 für die Investitionsmöglichkeit berechnen. Die beiden szenarioabhängigen Werte des Bezugsguts werden mit ihrer Eintrittswahrscheinlichkeit gewichtet und führen zu einem Erwartungswert von 12,50 Mio. EUR (=0,5 • 25 Mio. EUR + 0,5 • 0 Mio. EUR).

In Abb. 4.10 werden die Wertentwicklungen des Bezugsguts „neue Flugstrecken" der Realoption auf dieses Bezugsgut gegenübergestellt. Die Preisobergrenze für den Erwerb von Y-Reisen beträgt aus Sicht der NCB Airlines 512,50 Mio. EUR. Der Betrag setzt sich zusammen aus einem mit der traditionellen Discounted Cash Flow Methode ermittelten Wert von 500,00 Mio. EUR und dem Wert der zusätzlichen Investitionsmöglichkeit in Höhe von 12,50 Mio. EUR.

Das betrachtete Modell hat bisher eine Optionslaufzeit von einer Periode, nach deren Ablauf einmalig die Entscheidung über den Ausbau des Flugstreckennetzes möglich ist. Denkbar ist auch, dass die Entscheidung bis zur vierten Periode getroffen werden kann. Das Binomialmodell wird für diesen Fall auf vier Teilperioden ausgedehnt. An dem Vorgehen ändert sich jedoch nichts. Für jede Teilperiode kann wieder ein Steigungs- und

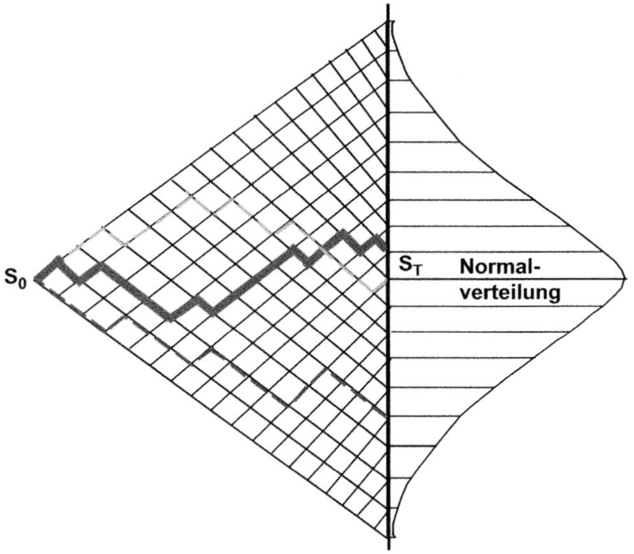

Abb. 4.11 Für n → ∞ geht das Binomialmodell in die Normalverteilung des Black-/Scholes-Modells über

Senkungsfaktor ermittelt werden. Bei drei Teilperioden mit identischen Steigungs- und Senkungsfaktoren sind vier Umweltzustände am Ende der Optionslaufzeit denkbar.[34] Theoretisch ist die Ausdehnung auf unendliche viele Teilperioden möglich. Dann kann das zeitdiskrete Binomialmodell in das zeitstetige Black-/Scholes-Modell überführt werden. In Abb. 4.11 ist skizziert, wie das Binomialmodell bei einer Vielzahl von Teilperioden gegen eine Normalverteilung strebt.[35]

Die Steigungs- und Senkungsfaktoren lassen sich mit Hilfe der Parameterüberführung von Cox/Ross/Rubinstein in eine Volatilität für die Normalverteilung umrechnen.[36] Die Konstante e steht für die Eulersche Zahl 2,71828182845904523536028747 1352 …,[37] T ist die Laufzeit der Option und n die Anzahl der Binomialperioden. Daraus ergibt sich die Dauer einer Periode mit $dt = T/n$. Die Volatilität σ ist die auf den Zeitraum von 1 Jahr bezogene Standardabweichung des Bezugsguts.

[34] Die identischen Steigungs- und Senkungsfaktoren können wie Kopf und Zahl beim Werfen einer Münze betrachtet werden. Dabei ist es für das Endergebnis „Anzahl der Würfe mit Zahl oben" unerheblich, in welcher Reihenfolge Kopf und Zahl geworfen werden. Ebenso ist es für den Umweltzustand am Ende der Optionslaufzeit unerheblich, in welcher Reihenfolge die über alle Perioden identischen Steigungs- und Senkungsfaktoren eintreten.

[35] Vgl. Schierenbeck und Wiedemann (1996, S. 363 ff.).

[36] Vgl. Deutsch (2001, S. 155 ff.) sowie Hull (2005, S. 303).

[37] Die Eulerische Zahl ist die Basis des natürlichen Logarithmus und der (natürlichen) Exponentialfunktion.

$$u = e^{\sigma \bullet \sqrt{dt}} \tag{4.2}$$

$$d = e^{-\sigma \bullet \sqrt{dt}} = 1 / u \tag{4.3}$$

Im Beispiel wird von einer Binomialperiode mit einem Steigungsfaktor von 1,5581 und einem Senkungsfaktor von 0,6419 ausgegangen. Die Optionslaufzeit T beträgt 1 Jahr. Um die gesuchte Volatilität σ berechnen zu können, müssen die Gleichungen für u und d umgestellt werden. Gl. 4.2 dient zur Berechnung des Aufwärtsfaktors u. Für T = 1 und n = 1 ist der Wert der Wurzel 1 und es verbleibt für u der Ausdruck $u = e^{\sigma}$. Die Umkehrung der e-Funktion ist der Logarithmus und σ ergibt sich aus ln(u). Im Beispiel beträgt die Volatilität 44,34 % (=ln[1,5581]). Weil die Volatilität symmetrisch ist, muss geprüft werden, ob sich für den Senkungsfaktor die gleiche Volatilität ergibt. Nach Einsetzen von dt = 1 in Gl. 4.3 bleibt $d = e^{-\sigma}$ und die Umkehrfunktion lautet σ = ln(1/d). Der Abwärtsfaktor lässt sich ebenfalls in eine Volatilität von 44,34 %(=ln[1/0,6419]) überführen.

Nachdem die diskreten Steigungs- und Senkungsfaktoren in eine Volatilität überführt wurden, ist die Herleitung des Black-/Scholes-Modell aus dem Binomialmodell zu zeigen. Der wesentliche Unterschied zwischen dem Black-/Scholes-Modell und dem Binomialmodell besteht in der Annahme der Wertentwicklung des Bezugsguts. Statt dem zeitdiskreten multiplikativen Binomialprozess mit den Steigungs- und Senkungsfaktoren wird ein stochastischer Prozess mit einer Volatilität angenommen. Die zu Grunde liegende Annahme entspricht einem Random Walk, der aus einer deterministischen Trendkomponente μ und einer stochastischen Komponente, dem Wiener Prozess $dz = \varepsilon \bullet \sqrt{dt}$ (auch geometrisch Brownsche Bewegung genannt) besteht.[38] Da ε einer Standardnormalverteilung folgt, ist auch der Wiener Prozess dz normalverteilt mit einem Erwartungswert μ = 0 und σ = 1. Für den einfachen Fall einer Aktie mit dem Kurs K ergibt sich die Aktienkursveränderung dK im Black-/Scholes-Modell aus Gl. 4.4.

$$dK = \mu \bullet K \bullet dt + \sigma \bullet K \bullet dz \tag{4.4}$$

Das Black-/Scholes-Modell basiert ebenso wie das Binomialmodell auf dem Gedanken eines risikolosen Hedgeportfolios, auch Duplikationsportfolio genannt, welches sich aus dem Kauf eines Anteils der Aktie und dem Verkauf einer Option auf die Aktie zusammensetzt.[39] Der Wert des Hedgeportfolios ist der Saldo aus der gekauften anteiligen Aktie und der verkauften Option.

$$H = \Delta \bullet K - C \tag{4.5}$$

[38] Vgl. Hull (2005, S. 338 f.).

[39] Vgl. Schierenbeck und Wiedemann (1996, S. 350 ff.).

❶ $$dC = \frac{\delta C}{\delta t} \cdot dt + \frac{\delta C}{\delta K} \cdot dK + \frac{1}{2}\frac{\delta^2 C}{\delta K^2} \cdot (dK)^2$$

❷ $$dH = \Delta dK - dC$$

❸ $$dH = \underbrace{\frac{\delta C}{\delta K} \cdot dK}_{\Delta dK} - \underbrace{\left[\frac{\delta C}{\delta t} \cdot dt + \frac{\delta C}{\delta K} \cdot dK + \frac{1}{2}\frac{\delta^2 C}{\delta K2} \cdot \sigma^2 \cdot K^2 \cdot dt\right]}_{dC}$$

❹ $$dH = r \cdot dt \cdot H = r \cdot dt \cdot (\Delta \cdot K - C) \qquad \text{wegen} \quad H = (\Delta \cdot K - C)$$

❸ = ❹ $$\frac{\delta C}{\delta K} \cdot dK - \frac{\delta C}{\delta t} \cdot dt - \frac{\delta C}{\delta K} \cdot dK - \frac{1}{2}\frac{\delta^2 C}{\delta K^2} \cdot \sigma^2 \cdot K^2 \cdot dt = r \cdot dt(\Delta \cdot K - C)$$

$$\Leftrightarrow \frac{\delta C}{\delta t} + \frac{1}{2}\frac{\delta^2 C}{\delta K^2} \cdot \sigma^2 \cdot K^2 + r \cdot \Delta \cdot K - r \cdot C = 0$$

$$\Leftrightarrow \frac{\delta C}{\delta t} + \frac{1}{2}\Gamma \cdot \sigma^2 \cdot K^2 + r \cdot \Delta \cdot K - r \cdot C = 0$$

Abb. 4.12 Herleitung der Differenzialgleichungvon Black-/Scholes

Der Ausdruck Delta (Δ) entspricht der relativen Veränderung des Optionswerts in Bezug auf den Aktienkurs ($\Delta = dC/dK$) und steht für den Aktienanteil im Portfolio. Ändert sich der Aktienkurs um den Betrag dK, bewirkt dies eine Veränderung des Portfoliowerts um dH.

$$dH = \Delta \bullet dK - dC \tag{4.6}$$

Die Veränderung dC des Optionswerts C lässt sich durch eine Taylor-Approximation beschreiben (vgl. Schritt 1 in der Abb. 4.12). Der letzte Summand beinhaltet das Gamma und den Faktor $(dK)^2$. Wenn angenommen wird, dass der Aktienkurs K einem Wiener Prozess folgt, kann $(dK)^2$ durch den Ausdruck $(\sigma \bullet K \bullet \sqrt{dt})^2$ bzw. $\sigma^2 \bullet K^2 \bullet dt$ ersetzt werden.[40] Wird nun dC in der Gleichung für die Veränderung des Portfoliowerts dH durch die Taylor-Approximation für dC ersetzt (Schritt 2), ergibt sich daraus Schritt 3 in der nachfolgenden Abbildung. Weil das Hedgeportfolio H risikolos ist, hat es eine risikolose Rendite r. Deshalb kann die Wertänderung dH des Hedgeportfolios über die Verzinsung des Portfoliowerts mit dem risikolosen Zinssatz r für die Laufzeit dt ausgedrückt werden (vgl. Schritt 4 in der Abb. 4.12). Wegen der Gleichung $H = (\Delta \bullet K - C)$ für den Portfoliowert kann $dH = r \bullet dt \bullet H$ in $dH = r \bullet dt \bullet (\Delta \bullet K - C)$ umgeformt werden.

In Schritt 3 der Abb. 4.12 wird dH über die Änderung dC des Callpreises ausgedrückt, wobei für letztere die Taylor-Approximation angewendet wird. Schritt 4 beschreibt ebenfalls die Wertänderung dH, jedoch mit Hilfe der risikolosen Verzinsung des Portfolios H. Da es sich in beiden Gleichungen um dasselbe dH handelt, können die Gleichungen aus

[40] Das ergibt sich aus der Annahme eines Wiener Prozesses für den Aktienkurs.

den Schritten 3 und 4 gleichgesetzt werden. Nach einigen Kürzungen und Umformungen ergibt sich daraus in der letzten Zeile die Differenzialgleichung von Black-/Scholes.

Die Differenzialgleichung ist noch in einer offenen Form. Der Callpreis einer Aktie kann damit nur iterativ bestimmt werden. Um die Gleichung in eine geschlossene Form zu überführen, ist ein Integral erforderlich. Für diesen Zweck dient ein Integral aus der Physik, welches auch für die Differenzialgleichung von Black-/Scholes gültig ist. Es handelt sich dabei um die Wärmeleitungsgleichung, auch Diffusionsgleichung genannt, welche ebenso wie die Black-/Scholes-Gleichung eine lineare, parabolische partielle Differenzialgleichung zweiter Ordnung ist.[41]

Für die Überführung der Differenzialgleichung von Black-/Scholes in eine geschlossene Form sind drei Nebenbedingungen zu berücksichtigen:[42]

1. Am Ende der Laufzeit ist der Wert einer Kaufoption gleich dem inneren Wert, falls diese positiv ist, sonst Null
   $C_{t=T} = \max(K - X; 0)$
2. Wenn die Aktie K keinen Wert besitzt, dann ist auch die Kaufoption wertlos
   $C_{K=0} = 0$
3. Für unendlich hohe Aktienkurse sind Aktienkurs und Optionswert identisch
   $C_{K=\infty} = K$

Das Integral der partiellen Differenzialgleichung unter Berücksichtigung der drei Nebenbedingungen ist die analytische, eindeutig geschlossene Formel zur Bewertung von europäischen Kaufoptionen, auch als Black-/Scholes-Formel für Aktienoptionen bekannt (vgl. obige Ableitung).[43]

Die Herleitung der Formel von Black-/Scholes für die Bewertung von Aktienoptionen dient in diesem Buch zwei Zwecken. Zum einen kann im Folgenden gezeigt werden, wie sich eine Realoption mit einem zeitstetigen Modell bewerten lässt. Zum anderen wird aber deutlich, dass die üblichen Bewertungsmodelle für Derivate ebenso auf einem Random Walk und einer Normalverteilung aufbauen, wie das in diesem Werk verwendete Prognosemodell. Zusammenfassend kann festgestellt werden, dass der Varianz-Kovarianz-Ansatz, die stochastische Simulation (Monte-Carlo-Simulation), die Bewertungsformel von Black-/Scholes für Aktienoptionen, die Black76-Formel für Zinsoptionen sowie das hier angewendete Prognosemodell für die Entwicklung von Marktpreisrisiken *alle auf der gleichen Annahme beruhen:* Die Entwicklung von Marktpreisen folgt einem *Random Walk.*

Das gesamte in diesem Abschnitt präsentierte Konzept ist in sich geschlossen und konsistent. Wenn die Random-Walk-Annahme gilt, müssen alle darauf aufbauenden Modelle

[41] Für eine ausführliche Darstellung der Parallelen zwischen der Wärmeleitungsgleichung aus der Physik und der Differenzialgleichung von Black-/Scholes vgl. Deutsch (2001, S. 100 ff.).

[42] Vgl. Tomaszewski (2000, S. 128 f.).

[43] Vgl. Black und Scholes (1973, S. 637 ff.), Merton (1973, S. 141 ff.), Lucke (2001, S. 7, 55).

$$C = K \cdot N(d_1) - X \cdot e^{-R_f \cdot t} \cdot N(d_2)$$

$$P = X \cdot e^{-R_f \cdot t} \cdot N(-d_2) - K \cdot N(-d_1)$$

mit:

$$d_1 = \frac{\ln\left(\frac{K}{X}\right) + (R_f + 0{,}5 \cdot \sigma^2) \cdot t}{\sigma \cdot \sqrt{t}}$$

$$d_2 = d_1 - \sigma \cdot \sqrt{t}$$

Ausgangsdaten

C	**Fair Value des Calls**
K	**Aktueller Kassakurs der Aktie**
X	**Basispreis**
t	**Restlaufzeit der Option**
R_f	**Risikoloser Zinssatz für die Restlaufzeit der Option**
σ	**Volatilität der Aktie**
N	**kumulative Standard-Normal-Verteilung**

Abb. 4.13 Die Black-/Scholes-Formel für Aktienoptionen

akzeptiert werden. Wird jedoch die Random-Walk-Annahme abgelehnt, dann muss sie konsequent für alle Modelle abgelehnt werden, also auch für die genannten Optionspreismodelle.

Abschließend erfolgt die Bewertung der Realoption aus dem obigen Beispiel auf Basis der Daten von Abb. 4.9. Alle Parameter können übernommen werden, nur der Steigungs- und Senkungsfaktor wird durch die zuvor errechnete Volatilität von 44,34 % p.a. ersetzt. Statt des diskreten Zinssatzes von 10 % p.a. ist nun ein stetiger Zinssatz von 9,53 % p.a. (=ln(1 + 0,10)) zu verwenden. Nach Einsetzen der Werte in die Black-/Scholes-Formel aus Abb. 4.13 ergibt sich für $d_1 = -0{,}251794$ und für $d_2 = -0{,}695194$. Die Werte $N(d_1)$ und $N(d_2)$ sind die Quantile der Standard-Normalverteilung von d_1 und d_2. Für $N(d_1) = 0{,}4006$ und $N(d_2) = 0{,}2435$ errechnet sich ein Callpreis C = 12,69 Mio. EUR.

Die Optionspreistheorie kann für vielfältige Fragestellungen in der Industrie eingesetzt werden. Von Koch wird die Bewertung von Lizenzprojekten in der Pharmaindustrie unter Berücksichtigung von Entwicklungsrisiken und Umsatzpotenzialen präsentiert.[44] Der Einsatz der Optionspreistheorie zur Bewertung von Softwareentwicklungsprojekten wird von Stickel vorgestellt.[45] Ebenso lassen sich Biotech-Start-ups,[46] globale Produktions- und Logistiknetzwerke[47] oder Kraftwerksinvestitionen[48] als Realoptionen quantifizieren. Ebenso werden Realoptionen eingesetzt, um die notwendige Flexibilität und den Hedgingbedarf unter Berücksichtigung der Unsicherheit über die zukünftige Preisentwicklung von Strom, Öl oder Gas in der Elektrizitätswirtschaft zu bewerten.

Die Auswirkung von Wechselkursschwankungen auf geplante Investitionen wie etwa den Bau einer Fertigungsstätte im Ausland, zeigt Werner mit Hilfe einer Realoption und der stochastischen Simulation (Monte-Carlo-Simulation.)[49] Als Erkenntnis ergibt sich,

[44] Vgl. Koch (2001, S. 79 ff.); Einen ähnlichen Ansatz entwickelt auch Pritsch (2000, S. 285 ff.).

[45] Vgl. Stickel (2001, S. 231 ff.).

[46] Vgl. Schäfer und Schässburger (2001, S. 251 ff.).

[47] Vgl. Huchzermeier (2001, S. 207 ff.).

[48] Vgl. Rams (2001, S. 155 ff.)

[49] Vgl. Werner (2000, S. 69 ff., 96 ff., 119 f.).

dass mit zunehmender Unsicherheit die Investition zeitlich herausgezögert wird. Diese These wird im Rahmen einer empirischen Untersuchung für Deutschland bestätigt.

Die Chancen und Risiken aus strategischen Projekten können ebenfalls als Realoptionen aufgefasst und mit Hilfe der Optionspreistheorie bewertet werden. Erst dieser Schritt ermöglicht es, die zunächst nicht quantifizierbaren Risiken in Zahlen und Werte zu überführen. Sobald aber Cash Flows oder Barwerte verfügbar sind, können mit Hilfe von Value-at-Risk- und Cash-Flow-at-Risk-Modellen auch die Chancen und Risiken aus strategischen Entscheidungen quantifiziert werden. Daher dienen Realoptionen im Exposure-Mapping als Schnittstelle für die Einbindung von immateriellen Vermögenswerten in die Risikosteuerung.

4.4 Risiken und zukünftige Szenarien antizipieren

Die klassische (deterministische) Szenarioanalyse ist im betriebswirtschaftlichen Kontext und im Risiko-Management eine weit verbreitete Methode, die insbesondere im Bereich Strategie/Unternehmensentwicklung als Instrument der Entscheidungsvorbereitung und -unterstützung etabliert ist. Die Methode zählt zu den Kreativitätsmethoden. Statt Szenarioanalyse wird auch der Begriff Szenariomanagement[50] verwendet. Sie wird vorrangig bei zukunftsorientierten Fragestellungen eingesetzt, kann aber auch bei der Auswahl einer Alternative bei einer unmittelbar anstehenden Entscheidung wirkungsvoll unterstützen (vgl. Abb. 4.14). Die Methode eignet sich auch zur strukturierten Identifikation strategischer Risiken.

Szenarios werden häufig in Form eines Szenariotrichters dargestellt. Die Trichterform basiert darauf, dass die Unsicherheit zunimmt, je weiter potenzielle Szenarien in der Zukunft liegen. Die Grundidee ist, einen alternativen Zustand zu beschreiben und anhand dieser Beschreibung Konsequenzen auf eine zu untersuchende Fragestellung abzuleiten.[51] In aller Regel werden die so erhaltenen Kenntnisse verwendet, um darauf aufbauend zu konkreten Handlungsempfehlungen zu gelangen.

Die Besonderheit der Szenarioanalyse liegt darin, dass zukünftige Einflussfaktoren in die Szenariodefinition einfließen. D.h. man versucht aus der Zukunft bzw. potenziellen zukünftigen Szenarien zu lernen.

Die Szenarioanalyse wurde im Jahr 1967 von Herman Kahn und Anthony J. Wiener in die Wirtschaftswissenschaften eingeführt. Sie definieren Szenario als „a hypothetical sequence of events constructed for the purpose of focussing attention on causal processes and decision points."[52] Kahn und Wiener weiter „They answer two kinds of questions: (1) Precisely how might some hypothetical situation come about, step by step? and (2) What alternatives exist, for each actor, at each step, for preventing, diverting, or facilitating the

[50] Vgl. Fink und Siebe (2016).

[51] Vgl. Romeike und Spitzner (2013, S. 94).

[52] Vgl. Kahn und Wiener (2000, S. 6).

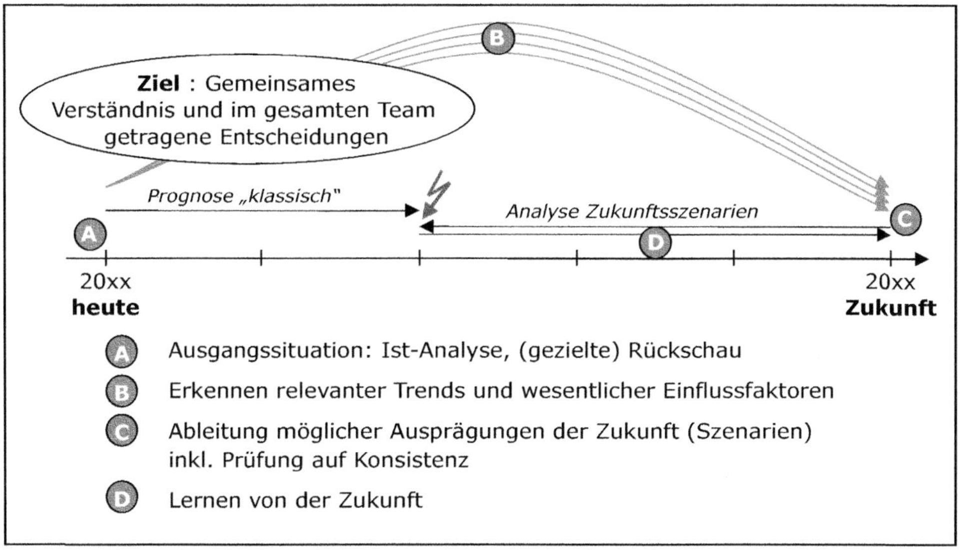

Abb. 4.14 Formale Grundidee der (deterministischen) Szenarioanalyse. (Quelle: In Anlehnung an Romeike 2018a, S. 167)

process."[53] Kahn wollte – nach den Erfahrungen des Zweiten Weltkriegs – mit Hilfe von Szenarien eingetretene Denkpfade verlassen und unvorstellbare und undenkbare („think the unthinkable") Entwicklungen bei den Analysen berücksichtigen.

Dieses „Verlassen eingetretener Denkpfade" ist insbesondere auch bei der Identifikation strategische Risiken von hoher Relevanz. Man denke in diesem Zusammenhang beispielsweise an die „Disruption" traditioneller und etablierter Geschäftsmodelle.[54]

Für die Szenarioanalyse existieren je nach Methoden-Schule verschiedene Vorgehensmodelle,[55] die jedoch alle den drei Hauptschritten Analysephase, Extrapolation und Szenariobildung sowie Auswertung und Transfer der Erkenntnisse folgen.

In Abb. 4.15 ist ein aus acht Schritten bestehendes Vorgehensmodell dargestellt.

Der **erste Schritt**, das Festlegen der zu untersuchenden Fragestellung, dient insbesondere zwei wichtigen Aspekten: Klarheit zu erlangen, was genau zu untersuchen ist, sowie dem gemeinsamen Verständnis darüber im Szenario-Team.[56] Bei dem zweiten Aspekt geht es auch darum, eine gemeinsame Sprache zu finden, was in einem interdisziplinär oder intersektoral zusammengesetzten Team in der Praxis häufig nicht ganz einfach, aber sehr

[53] Vgl. Kahn und Wiener (2000, S. 6).

[54] Vgl. hierzu vertiefend Christensen und Overdorf (2000), Christensen et al. (2015), Romeike (2016), Romeike (2018b) sowie Kempf und Romeike (2017).

[55] Vgl. hierzu exemplarisch Götze (1993), von Reibnitz (1992) oder Romeike und Spitzner (2013, S. 166 ff.).

[56] Vgl. Romeike und Spitzner 2013, S. 95.

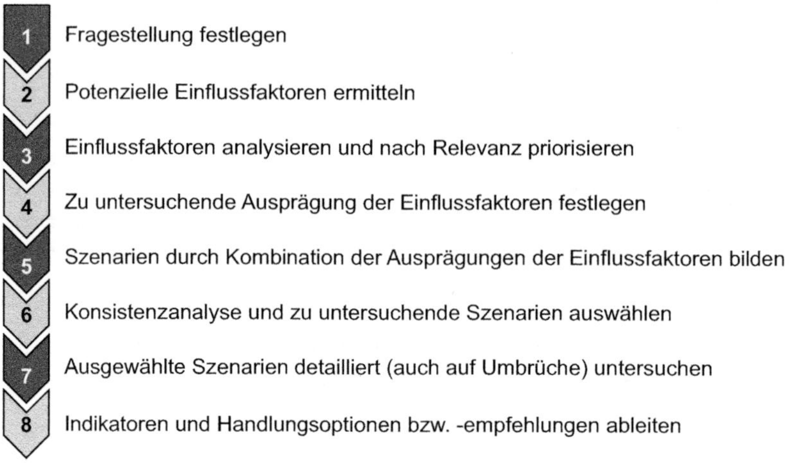

Abb. 4.15 Die acht Schritte der deterministischen Szenarioanalyse. (Quelle: In Anlehnung an Romeike 2018a, S. 168)

wichtig ist. Nur das gemeinsame Verständnis sichert, dass in der weiteren Analyse das Team in die gleiche Richtung arbeitet.

Die in einem zweiten Schritt zu identifizierenden Einflussfaktoren beschreiben relevante Sachverhalte in Bezug auf die zu untersuchende Fragestellung. Dies könnten beispielsweise zukünftige Chancen und Risiken sein oder auch gesellschaftliche, geopolitische oder technologische Veränderungen. Sie sind dadurch gekennzeichnet, dass sie veränderlich sind und diese Veränderung jeweils wichtig in Bezug auf die Fragestellung ist. Das Identifizieren von Einflussfaktoren beginnt häufig als interne Analyse unter dem Einsatz von Kreativitätstechniken. Gegebenenfalls können hier Strukturvorgaben – etwa in Form der **STEP**-Analyse oder auch **PEST**-Analyse, englisches Akronym für **S**ociological, **T**echnological, **E**conomic and **P**olitical Change – bei der Sammlung potenzieller Einflussfaktoren helfen (vgl. Abb. 4.16). Basierend auf diesen Ergebnissen helfen vertiefende Literaturrecherchen und Experteninterviews, die ermittelten Einflussfaktoren zu verifizieren und zu ergänzen. Im Ergebnis dieses Schrittes sollte zu den Einflussfaktoren ein gemeinsames Verständnis vorherrschen, Duplikate sollten ebenso wie Ober- und Unterbegriffe eliminiert sein. Um in der späteren Analyse Missdeutungen zu vermeiden, sind Einflussfaktoren wertfrei zu beschreiben.

Im **dritten Schritt** werden die Einflussfaktoren entsprechend ihrer Relevanz und Wichtigkeit in Bezug auf die Fragestellung priorisiert. Ziel ist es, sich in der weiteren Analyse auf die wichtigsten Einflussfaktoren zu konzentrieren, um Komplexität zu reduzieren. Als Faustregel sollten nach diesem Filterprozess nicht mehr als maximal zwanzig Einflussfaktoren übrigbleiben.[57] Als Ergebnis wird die Komplexität der weiteren Analyse reduziert. Ohne diese Priorisierung besteht die Gefahr, in eine Komplexitätsfalle zu tappen und

[57] Vgl. Romeike und Spitzner (2013, S. 96).

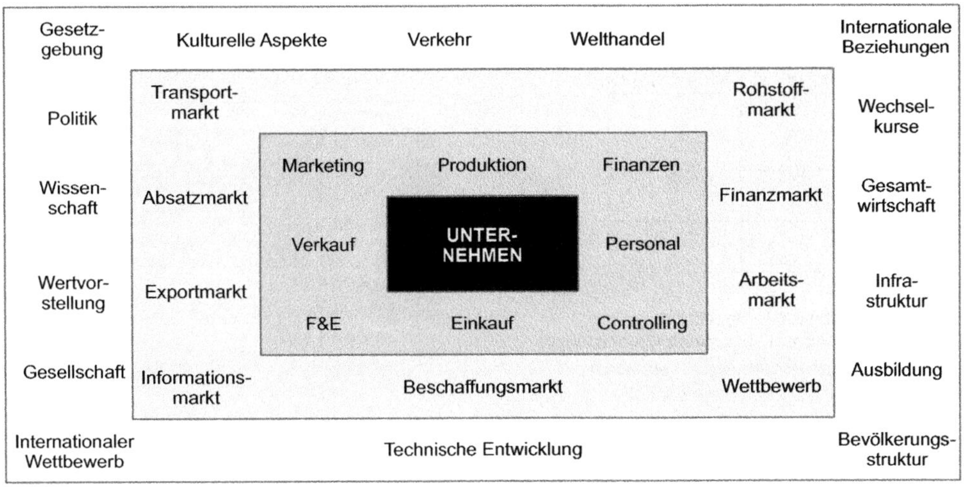

Abb. 4.16 Kreative Unterstützung und Strukturvorgabe zur Analyse potenzieller Einflussfaktoren. (Quelle: Eigene Abbildung in Anlehnung an von Reibnitz 1992)

von \ auf	EF 1	EF 2	EF 3	EF 4	EF 5	AS
EF 1	--	2	1	2	3	8
EF 2	0	--	1	0	2	3
EF 3	3	3	--	1	1	8
EF 4	2	1	0	--	3	6
EF 5	1	0	2	1	--	4
PS	6	6	4	4	9	29

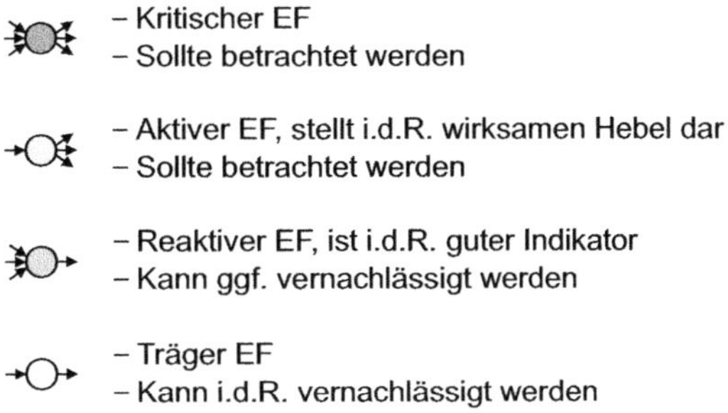

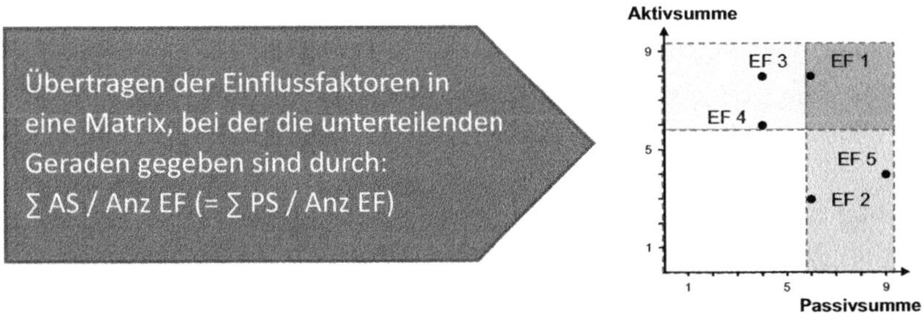

Abb. 4.17 Einflussfaktorenanalyse in der Praxis. (Quelle: In Anlehnung an Romeike 2018a, S. 171)

an der Analyse zu scheitern. Als Instrumente kommen hier die Einflussfaktoren analyse, auch Vernetzungsmatrix oder Papiercomputer von Vester bzw. Vester'sche Einflussmatrix genannt, oder auch eine Einfluss-Unsicherheitsanalyse zum Einsatz (vgl. Abb. 4.17). Zu beachten ist, dass bei diesem Schritt immer die Gefahr besteht, dass relevante Bereiche für die weitere Analyse eliminiert werden. Eine regelmäßige Kontrolle, ob hier versehentlich

1. Schritt: Konsistenzmatrix ausfüllen

		EF 1			EF 2		EF 3	
		A	B	C	A	B	A	B
EF 1	A	X						
	B							
	C							
EF 2	A	1	2	2	X			
	B	-2	0	0				
EF 3	A	1	2	0	1	2	X	
	B	2	-2	-1	-1	0		

- Mögliche Skala zur Bewertung
  2: stark konsistent, 1: schwach konsistent, 0: neutral, keine Beziehung, -1: schwach inkonsistent, -2: stark inkonsistent
- Inkonsistente (ggf. auch schwach inkonsistente) Kombinationen ausschließen

2. Schritt: Alle theoretischen Szenarien auf Konsistenz prüfen

Szenario	Inkon-sistent?	Konsistenz-summe
1-A & 2-A & 3-A		1+1+1 = 3
1-A & 2-A & 3-B	(schwach)	1+2-1 = 2
1-A & 2-B & 3-A	Ja	---
1-A & 2-B & 3-B	Ja	---
1-B & 2-A & 3-A		**2+2+1 = 5**
1-B & 2-A & 3-B	Ja	---
1-B & 2-B & 3-A		0+2+2 = 4
1-B & 2-B & 3-B	Ja	---
1-C & 2-A & 3-A		2+0+1 = 3
1-C & 2-A & 3-B	(2x schwach)	2-1-1 = 0
1-C & 2-B & 3-A		0+0+2 = 2
1-C & 2-B & 3-B	(schwach)	0-1+0 = -1

Abb. 4.18 Konsistenzanalyse in der Praxis. (Quelle: In Anlehnung an Romeike 2018a, S. 171)

falsche Einflussfaktoren gestrichen wurden, ist daher in der Praxis sowie im weiteren Prozess unerlässlich.

Im **vierten Schritt** werden die als realistisch erscheinenden Ausprägungen je Einflussfaktor für die weitere Szenarioanalyse festgelegt. Quellen für diese Festlegung sind Studien, Experteninterviews, Extrapolationen, Gruppendiskussionen und Intuition.

Mögliche Szenarien werden anschließend in einem **fünften Schritt** durch Kombination verschiedener Ausprägungen der Einflussfaktoren gebildet. Für diese ist zu untersuchen, ob sie in sich möglichst konsistent sind, das heißt, ob die Ausprägungen der Einflussfaktoren sich nicht widersprechen. Dies kann mit einer paarweisen Analyse oder mit Hilfe einer Konsistenzmatrix erfolgen (**sechster Schritt**; vgl. hierzu Abb. 4.18). Aus den konsistenten Szenarien werden dann diejenigen ausgewählt, die im Folgenden detailliert zu untersuchen sind.

Die ausgewählten Szenarien werden in Hinblick auf die zu untersuchende Fragestellung analysiert und die sich aus ihnen ergebenden Konsequenzen abgeleitet. Oft ist es ratsam, Störereignisse wie beispielweise externe Schocks oder Trendbrüche mit in diese Analyse aufzunehmen, um so ein Gefühl für die Sensitivität bzw. Stabilität der Szenarien zu erhalten (**siebter Schritt**).

Änderungen im Ausmaß eines Extremereignisses oder einer Katastrophe sollten bei dieser Sensitivitätsanalyse jedoch außen vor bleiben, da mit ihnen häufig eine Veränderung des gesamten Gefüges verbunden ist, also die getroffenen Annahmen und berücksichtigten Wirkungszusammenhänge nicht mehr gelten. Basierend auf den Konsequenzen werden Handlungsoptionen gesammelt und diese ebenfalls auf ihren Einfluss hin untersucht. Ergebnis sind dann konkrete Handlungsempfehlungen für die untersuchte Fragestellung (**achter Schritt**). Insbesondere für negative Szenarien ist es zudem ratsam, Indikatoren zu identifizieren, die den Eintritt des Szenarios ankündigen. All diese Ergebnisse werden in einem sogenannten Szenario-Steckbrief zusammengefasst (vgl. Abb. 4.19).

In der Tab. 4.1 sind die Stärken und Grenzen der deterministischen Szenarioanalyse zusammengefasst.

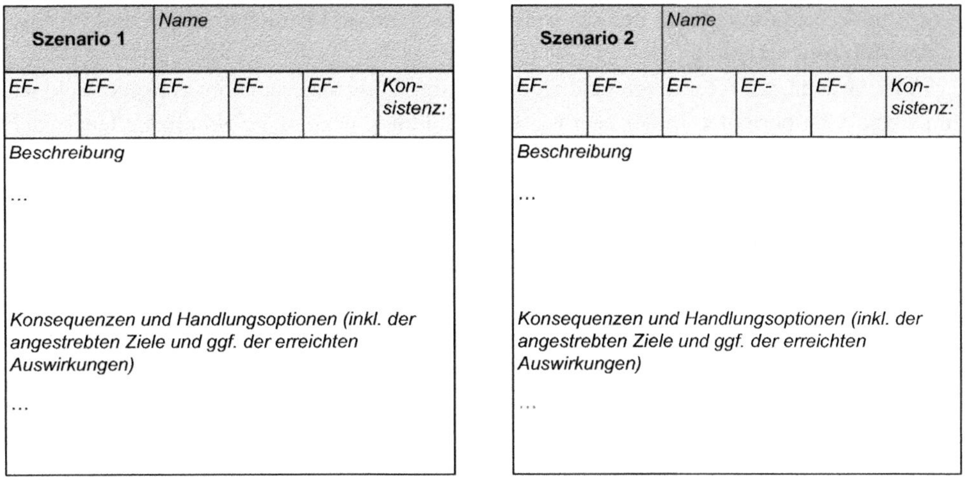

Abb. 4.19 Szenario-Steckbrief

Tab. 4.1 Vorteile und Grenzen der Szenarioanalyse

Stärken	Grenzen
• Eine Szenarioanalyse erlaubt den Einbezug qualitativer Aspekte und quantitativer Daten in die Analyse, sie fördert das Denken in Alternativen. • Häufig werden durch die Betrachtung aus verschiedenen Perspektiven Zusammenhänge sichtbar, die auf den ersten Blick nicht offensichtlich sind. Darüber hinaus erweitert die meist interdisziplinäre Zusammenarbeit die Sichtweise des Analyseteams. • Die Szenarioanalyse kann leicht mit weiteren Methoden der Erkenntnisgewinnung kombiniert werden, beispielsweise Prognosen, Umfragen oder Delphi-Verfahren. • Die Szenarioanalyse „zwingt" die Teilnehmer zu einem strukturierten Vorgehen bei der Analyse zukünftiger Szenarien. • Komplexität kann mit Hilfe der Einflussfaktorenanalyse sowie der Konsistenzmatrix reduziert werden.	• Erforderlich für den Einsatz der Szenarioanalyse ist die Fähigkeit komplex und vernetzt zu denken. • Die Qualität der Szenarien ist unter anderem abhängig von Kompetenz, Vorstellungskraft, Kreativität, Teamfähigkeit, Kommunikationsfähigkeit oder Enthusiasmus der Teilnehmer der Szenarioanalyse; hierin liegen vielfältige Möglichkeiten für ein Scheitern. • Die Ergebnisse der Analyse sind – je nach Stärke der subjektiven Beeinflussung durch die Teilnehmer – nicht wertfrei und daher keine gesicherten Erkenntnisse, sie sind stets angreifbar. • Die Anwendung der Methode ist zeit- und arbeitsintensiv, damit in der Regel auch mit hohen Kosten verbunden.

Quelle: In Anlehnung an Romeike (2018a, S. 174)

4.5 Praxisbeispiel: Business Wargaming

Betrachtet man Wargaming in einem sehr allgemeinen Kontext, so ist es vermutlich eine der ältesten Simulationsmethoden überhaupt. Als eines der ersten Wargames wird häufig das Spiel „Wei-Hai“ („Einkesselung“) genannt.[58] Dieses etwa 5000 Jahre alte Spiel wurde vor rund 5000 Jahren durch den chinesischen General und Militärstrategen und Philosophen Sūnzĭ entwickelt.

Sūnzĭ war an einer Reihe von Feldzügen beteiligt, unter anderem wird von einer Schlacht im Reich Chu berichtet, in der er mit 30.000 Soldaten gegen eine zehnfache Übermacht siegte. In seinem Standardwerk „Die Kunst des Krieges“ führt er aus: „Wenn Du Deinen Feind und auch Dich kennst, brauchst Du nicht die Ergebnisse von einhundert Kämpfen zu fürchten. Wenn Du Dich kennst, nicht aber Deinen Feind, wirst Du für jeden Sieg eine Niederlage erfahren. Wenn Du weder Dich noch Deinen Feind kennst, wirst Du in jeder Schlacht versagen. Die größte Leistung besteht darin, den Widerstand des Feindes ohne einen Kampf zu brechen“.[59] In diesem geschichtlichen Kontext ist es wenig erstaunlich, dass die Kreativitätsmethode „Businss Wargaming“ bei chinesischen Unternehmen bekannt und in der Praxis sehr häufig angewendet wird, etwa zu Wettbewerbsanalyse. Bei vielen Risikomanagern und Entscheidern in Europa hingegen ist diese Kreativitätsmethodik eher unbekannt.

Im nachfolgenden Text wird herausgearbeitet, dass Wargames auch bei der Analyse von Risiken – beispielsweise im Bereich strategischer Risiken – ein effizientes Werkzeug darstellen können. Nachfolgend werden das methodische Vorgehen, die unterschiedlichen Arten an Wargames sowie die Stärken und Grenzen der Methode im Detail beschrieben.

Business Wargames werden allgemein auch als Konfliktsimulation (beziehungsweise Kosim oder Cosim, Consim vom englischen „conflict simulation“) bezeichnet. Im Kern geht es um die Simulation aktueller oder potenzieller zukünftiger Konflikte bzw. Szenarien. Das Fundament sowie die wesentlichen Weiterentwicklungen erfuhren die ersten Konfliktspiele durch das Militär.[60]

Beginnend etwa mit dem 17. bis 18. Jahrhundert wurden die Spiele immer mehr der (militärischen) Realität angepasst, um so die Befehlshaber der eigenen Armee besser ausbilden zu können. Ziele einer derartigen Ausbildung waren vor allem eine bessere Vorbereitung auf unvorhergesehene Entwicklungen in einer militärischen Auseinandersetzung sowie das Vermeiden von Fehlentscheidungen und den daraus resultierenden Verlusten (strategischen „downside“-Risiken) sowie das Antizipieren von strategischen Chancen („upside“-Risiken).

So hatte unter anderem der Einsatz von Wargames einen nicht unwesentlichen Anteil am Aufstieg Preußens zur europäischen Großmacht. So setzten Georg Heinrich Rudolf

[58] Vgl. Oriesek und Schwarz (2009, S. 10).

[59] Vgl. Sun Tsu (1989).

[60] Die nachfolgenden Ausführungen basieren im Wesentlichen auf Romeike und Spitzner, Jan (2013, S. 134 ff.).

Johann von Reißwitz oder Generalstabschef Gerhard Johann David von Scharnhorst, die diese Methode zunächst zur Ausbildung, dann jedoch auch zur Entwicklung der Kriegsstrategie und -taktik einsetzten. Nicht nur in Preußen, sondern weltweit kamen Wargames zum Einsatz, so etwa in Frankreich, Großbritannien, Italien, Russland, den Vereinigten Staaten oder Japan.[61]

Ihre Anwendung beschränkte sich nicht nur auf militärische Fragen. Sondern auch politische Fragestellungen – und später ökonomische Themen – wurden mit Wargames analysiert und potenzielle Szenarien simuliert bzw. antizipiert.

Im Kern geht es bei einem Wargame (oder auch Business Wargame) um die Simulation einer Situation, an der mehrere Akteure beteiligt sind. Jede dieser Spielparteien nimmt die Sicht- und Handlungsweise eines relevanten Stakeholders einer zu untersuchenden Situation ein und erhält demensprechend einen Spielauftrag, der dem Wesen des jeweiligen Stakeholders entspricht oder zumindest sehr wahrscheinlich entsprechen würde (vgl. Abb. 4.20). In einem rundenbasierten Spiel wird nun versucht, diesen Spielauftrag zu erreichen. Somit sind bei einem Wargame die Grenzen zu einem Rollenspiel (am Wargame sind immer mehrere Spielparteien beteiligt), zur Szenarioanalyse (es wird eine bestimmte

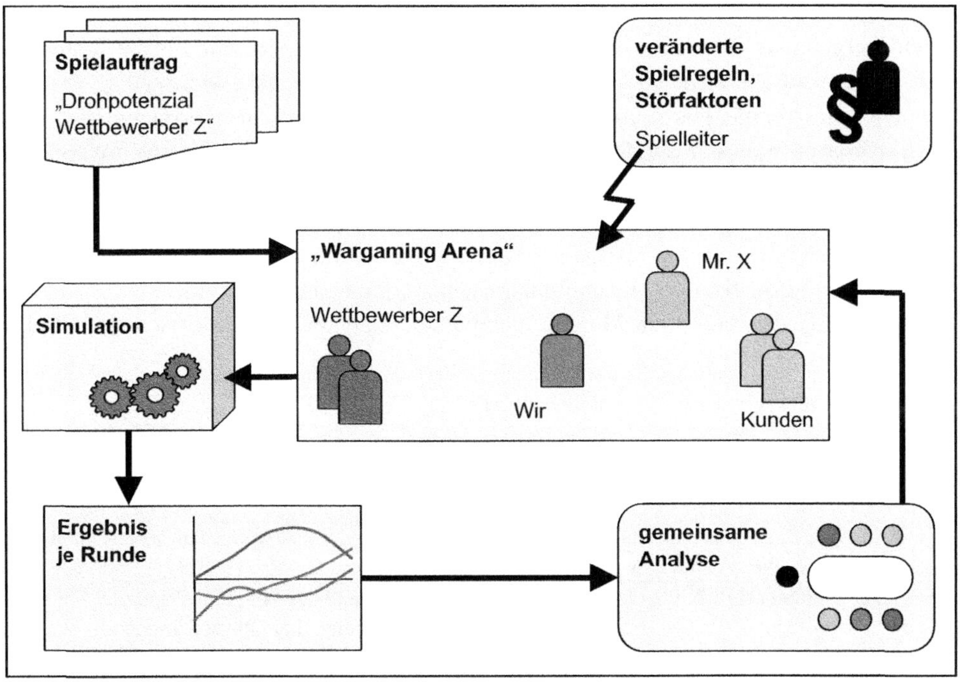

Abb. 4.20 Methodik eines Wargames. (Quelle: Weber et al. 2008, S. 64 sowie Romeike 2018a, S. 162)

[61] Vgl. Oriesek und Schwarz (2009, S. 13–19).

Situation unter gegebenen Rahmenbedingungen untersucht) oder auch zum Planspiel (beispielsweise verstanden als Lernmethode, Zusammenhänge zu erkennen) fließend.

Der Verlauf des Spiels ist grundsätzlich – wie bei fast allen Kreativitätsmethoden – nicht vorhersagbar, er wird vielmehr durch die Aktionen und Reaktionen der einzelnen Spieler beeinflusst. Dieser Wesenszug eines Wargames erlaubt jedoch in einer nachgelagerten Analyse, die Wirkungsmechanismen in der untersuchten Situation zu verstehen, zumindest dann, wenn die Spielteilnehmer ihre Rollen realitätsnah interpretieren. Und so liegt der Fokus eines Wargames auch in der Analyse von Spielzügen und Spielstrategien, die im Rahmen eines Wargames gemeinsam diskutiert und analysiert werden. Der Anreiz, als Spieler das Wargame zu gewinnen, ist für die Analyse und das Erkennen von Wirkungszusammenhängen und Aktions-Reaktionsmustern zwar förderlich, jedoch ist der Sieg im Wargame nicht das primäre Spielziel.

In der Praxis existieren quantitative und qualitative Wargames (vgl. Tab. 4.2). Der Unterschied eines rein qualitativen im Vergleich zum quantitativen Wargame besteht darin, dass die neue Ausgangssituation der folgenden Runde nicht berechnet wird, sondern sich aus der Diskussion der teilnehmenden Stakeholderteams ergeben muss. Im Schema des Wargames, vergleiche dazu Abb. 4.20, ist daher lediglich der Schritt Simulation durch eine gemeinsame Diskussion zu ersetzen. Die Herausforderung dabei ist in aller Regel, sich auf Rundenergebnisse zu einigen. Gelingt dies nicht, so haben gegebenenfalls die Teams ihre Spielzüge nicht ausreichend dargelegt oder es besteht noch Diskussionsbedarf, weil ein gemeinsames Verständnis zwischen den Stakeholderteams noch nicht erreicht ist.

Illustriert werden soll nachfolgend zunächst ein Beispiel eines quantitativen Wargames. Es soll der Markteintritt eines europäischen Unternehmens in einen asiatischen Markt mit Hilfe eines Wargames vorbereitet werden und evtl. strategische Risiken analysiert werden. Konkret geht es für das europäische Unternehmen darum, einen neuen Absatzmarkt zu erschließen, der bisher von einem einheimischen Unternehmen dominiert wird. Dazu ist es notwendig, die relevanten Marktteilnehmer im Wargame zu berücksichtigen. Neben

Tab. 4.2 Qualitatives versus Quantitatives Wargaming

Qualitatives Wargaming	Quantitatives Wargaming
• Auf die Erstellung eines quantitativen Modells wird verzichtet	• Kern des Wargames ist ein quantitatives Modell
• Die Spielzüge der einzelnen Stakeholder (Spielparteien) werden intensiv diskutiert	• Das Modell ist realitätsnah zu gestalten
• Gespielt werden i.d.R. 2-3 Runden im Rahmen eines Workshops	• Im Vorfeld des Wargames sind die Teilnehmer ebenfalls auf ihre Rolle vorzubereiten
• Im Vorfeld werden die Teilnehmer auf ihre Rolle vorbereitet	• I.d.R. bietet sich ein „Probelauf“ des Modells an
• Das Wargame benötigt aktive Mitarbeit sowie Diskussionen bzw. offenes Feedback im Plenum	• Entscheidend für gute Ergebnisse ist die Akzeptanz des Modells durch die Teilnehmer

Quelle: Romeike (2018a, S. 161)

dem europäischen Unternehmen, im Wargame mit „Wir“ bezeichnet, sind vor allem der heimische Marktführer, der „Platzhirsch“, sowie die Kunden im Zielmarkt zu berücksichtigen. Da das europäische Unternehmen aktuell nicht plant, eine neue Produktionsstätte im Zielmarkt zu eröffnen, kann auf die Berücksichtigung von Lieferanten gegebenenfalls verzichtet werden. Allerdings hat der Zielmarkt als Besonderheit, stark reguliert zu sein, was zur Folge hat, dass ein Spielteam die Rolle des Regulierers, im Wargame als „Behörde“ bezeichnet, übernimmt. Darüber hinaus hat der Autor gute Erfahrungen damit gemacht, ein weiteres Team zu berücksichtigen, welches die Rolle eines kreativen Wettbewerbers oder Start-Ups, „Mr. X“, übernimmt. Die Aufgabe dieses Teams besteht vor allem darin, mit unkonventionellen Ideen den Markt aufzumischen. Vervollständigt wird das ganze Setup noch durch einen Spielleiter und Moderator, der die Einhaltung der Regeln überwacht und gegebenenfalls in den Spielablauf eingreift.

Aus der beschriebenen Situation können die folgenden Fragen abgeleitet werden: „Welche Chancen (upside risk) und Risiken (downside risk) resultieren aus der Strategie? Wie muss die Marktpositionierung, Segmentierung und Produkt-/Markt-Strategie angepasst werden? Welche Preisstrategie ist optimal? Welcher Expansionspfad ist in der neuen Marktdynamik sinnvoll beziehungsweise optimal“?

Im Wargame werden nun mehrere Runden gespielt. In jeder Runde ist es die Aufgabe der Teams, in der jeweils aktuellen Marktsituation unternehmerische Entscheidungen zu treffen, beispielsweise zu Preisen, Qualität, Servicekonditionen, Maßnahmen zur Risikosteuerung oder ähnlichem.

Welche Entscheidungen konkret zu treffen sind, hängt von der zu untersuchenden Fragestellung und dem darauf aufbauenden Design des Wargames ab. Haben alle Teams ihren Spielzug beendet, so werden die Spielzüge in einem Marktmodell konsolidiert und die Rundenergebnisse berechnet. Anschließend geht es mit einer neuen Marktsituation in die nächste Spielrunde. In regelmäßigen Abständen, das kann nach jeder Runde, aber auch nach einer bestimmten Anzahl an Runden sein, werden die Spielzüge und dahinter liegenden Strategien der einzelnen Stakeholderteams offengelegt und gemeinsam diskutiert. Damit wird erreicht, dass alle Teilnehmer ein Verständnis zu den Marktmechanismen sowie damit zusammenhängenden Risiken entwickeln, was schließlich ein Ziel des Wargames ist.

Das Besondere am Wargaming ist, dass hier die Simulation einen spielerischen Charakter hat. Gleichzeitig erlaubt ein Wargame jedoch den Teilnehmern, ihre Emotionen und Neigungen mit einzubringen und die Entscheidungen zu erleben. Dies führt in aller Regel zu einer stärkeren Identifikation mit der einzunehmenden Rolle, was sich dann auch in der Qualität der Ergebnisse widerspiegelt. Das aktive Spielen und Erleben ist auch ein wesentliches Unterscheidungsmerkmal des Wargaming im Vergleich zu anderen Simulationsmethoden.

Der idealtypische Ablauf eines Business Wargames ist in Abb. 4.21 zusammengefasst.

Ein wesentliches Charakteristikum von Wargaming ist, dass an ihm mehrere Spieler teilnehmen, die unterschiedliche Ziele verfolgen und Interessen haben (beispielsweise Risikomanager, Vertriebsleiter oder Projektleiter). Will man die eigenen Interessen bzw. die des Unternehmens durchsetzen, so kann dies nur gelingen, indem man möglichst weit

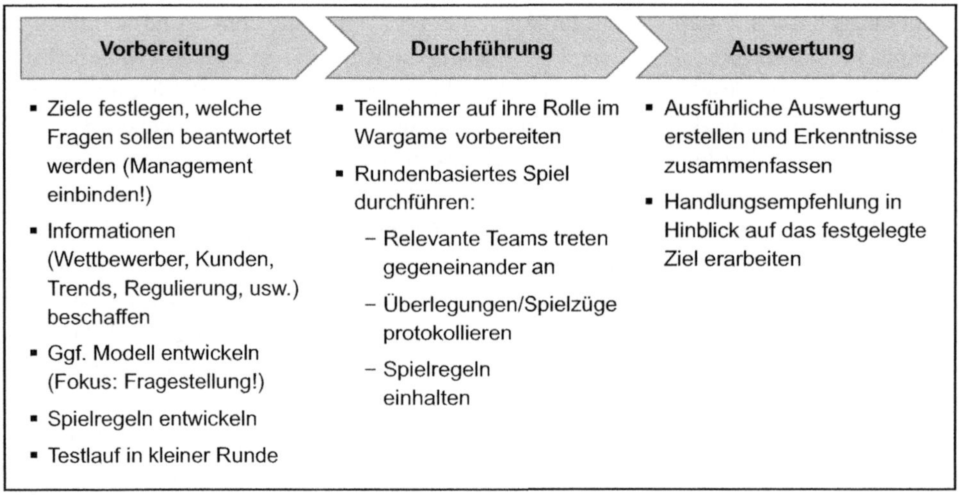

Abb. 4.21 Ablauf eines Business Wargames. (Quelle: Romeike 2018a, S. 161)

vorausschauend agiert sowie potenzielle Szenarien antizipiert. Um sich dabei nicht von anderen Spielern durch deren Aktionen überraschen zu lassen, ist ein Verständnis der Wirkungsmechanismen (Ursache-Wirkungsketten) und möglichen Aktions-Reaktionsmuster geradezu zwingend notwendig.

Eine Vielzahl betriebswirtschaftlicher Fragestellungen folgen einer ähnlichen Struktur und sind damit ein potenzieller Anwendungsfall für ein Wargame. Insbesondere dann, wenn Reaktionen sich nicht deterministisch vorhersagen lassen, sondern stattdessen kognitive Verhaltensweisen, psychologische Effekte und irrationales Agieren das Handeln der Einzelnen beeinflussen, sind Wargames eine geeignete Methodologie. Dies gilt insbesondere auch für das Management von Chancen und Risiken. Insbesondere kann ein erhöhtes Verständnis von Marktmechanismen für mögliche Chancen und Risiken sensibilisieren, die sich aus diesen ergeben. Das gemeinsame Erleben von Marktentwicklungen und die Diskussionen im Plenum dazu schaffen Verständnis für den Prozess der Risikoidentifikation, -bewertung und auch -steuerung. Außerdem senken spielerische Elemente die Hemmschwelle, scheinbar unwahrscheinliche Risiken zu kommunizieren und erweitern damit die Suche nach Risiken (höhere Kreativität, Blick über den Tellerrand, Denken in Szenarien, breiterer Blick auf eine Organisation, klare Verantwortlichkeiten, Risiken werden nicht mehr als Fehler betrachtet etc.).

Auch mangelnde Erfahrung oder eine neuartige Aktion, beispielsweise ein neues Produkt oder eine neuartige Vertragsbeziehung, sprechen für die Anwendung eines Wargames. Vor diesem Hintergrund sind typische Anwendungsfälle dieser Simulationsmethode:[62]

[62] In Anlehnung an: Romeike und Spitzner (2013, S. 139).

- **Verhaltensanalyse für Wettbewerber, Kunden und Lieferanten:** Ist man sich über das Verhalten anderer Stakeholder und die dahinter liegenden Ursachen im Unklaren, kann ein Wargame weiter helfen, um beispielsweise Risiken zu identifizieren. Hier kommt insbesondere die Eigenschaft eines Wargames zum Tragen, dass über die durch die einzelnen Spieler verfolgten Spielstrategien und Spielzüge gemeinsam diskutiert wird. So lässt sich schrittweise ein Verständnis für die Aktionen und Verhaltensweisen der anderen Stakeholder aufbauen sowie eine Risikotransparenz schaffen.
- **Produktneueinführung, Markteintrittsszenarien, Aufbau neuer Geschäftsbereiche:** Bei derartigen Fragestellungen betritt ein Unternehmen in aller Regel Neuland, kann also nicht oder nur auf wenige Erfahrungen in diesem Umfeld zurückgreifen. Mit Hilfe eines Wargames wird nun beispielsweise der Eintritt in einen Markt simuliert, wodurch die Abwehrreaktionen der dort bereits etablierten Wettbewerber zu Tage treten und potenzielle Risiken aufgezeigt werden. Mit dieser Kenntnis kann die eigene Markteintrittsstrategie angepasst und auf die erwarteten Gegenreaktionen hin optimiert werden.
- **Auswirkungen veränderter Marktrahmendaten:** Werden durch beispielsweise neue Gesetze und regulatorische Eingriffe die Rahmenbedingungen auf einem Markt geändert, so werden sich in der Folge auch die Usancen der Marktteilnehmer entsprechend verändern. Gekennzeichnet ist dies häufig durch eine Phase des Austestens, und zwar so lange, bis sich wieder etablierte Marktgepflogenheiten herausgebildet haben. Durch den Einsatz eines Wargames lässt sich diese Phase bereits im Vorfeld simulieren und so ein strategischer Vorteil gegenüber anderen Marktteilnehmern herausarbeiten.
- **Simulation von Verhandlungen:** Eine Verhandlung ist dann erfolgreich, wenn die beteiligten Parteien das Gefühl haben, einen Teil ihrer ursprünglichen Ziele erreicht und bei den im Laufe des Verhandlungsprozesses geopferten Zielen ihr Gesicht nicht verloren zu haben. Wie das Ergebnis am Ende jedoch konkret ausfallen wird, ist vom Verhandlungsgeschick und der dahinter liegenden Taktik abhängig. Wargames bieten hier eine Möglichkeit, die Verhandlung im Vorfeld zu simulieren, Risiken zu identifizieren sowie die eigene Taktik erfolgsversprechend zu gestalten.
- **Analyse strategischer Chancen und Risiken:** Erfolgreiche Unternehmen haben i.d.R. eine besondere Fähigkeit, zukünftige „Überraschungen" (positive und negative) zu antizipieren und sich hierauf präventiv vorzubereiten. So kann ein Business Wargame beispielsweise die Fragen analysieren, wie robust das aktuelle Geschäftsmodell ist und inwieweit dieses durch neue Marktteilnehmer („Spielverderber" bzw. disruptive Technologien oder Geschäftsmodelle) gefährdet ist.

Ein Business Wargame vereint in sich Elemente aus Kreativitäts-, Szenario- und Simulationstechniken und ist damit eine erweiterte Form der Szenario- und Simulationstechnik unter Zuhilfenahme spielerischer Elemente und Interaktionsmustern. In Tab. 4.3 sind die wesentlichen Stärken und Grenzen der Methode „Business Wargaming" zusammengefasst.

Tab. 4.3 Vorteile und Grenzen von Business Wargames

Stärken	Grenzen
• Schafft tieferes Verständnis zu den Aktionen und Reaktionen der Marktteilnehmer. • Expliziert psychologisches Verhalten. • Erlaubt die Analyse und Entwicklung von Strategien im Wettbewerbskontext. • Generiert häufig neue Ideen. • Rundenbasiertes Vorgehen reduziert nicht-rationale Verhaltensweisen. • Entscheidende Werttreiber, Handlungsmuster, Markteintrittsbarrieren etc. lassen sich erkennen. Kulturelle Aspekte und Unterschiede werden transparent gemacht und führen zu einem „Blick über den Tellerrand". • Spielerische Elemente senken die Hemmschwelle, scheinbar unwahrscheinliche Risiken zu kommunizieren und erweitern damit die Suche nach Risiken (höhere Kreativität, Blick über den Tellerrand, Denken in Szenarien, breiterer Blick auf eine Organisation, Risiken werden nicht mehr als Fehler betrachtet etc.) • In der Konsequenz kann insgesamt mit Business Wargames eine höhere Risikokultur entwickelt werden.	• Ergebnisse sind nur Trendaussagen, sie stellen keine quantitativ belastbaren Größen dar. • Zu berücksichtigende Komplexität bedingt hohen in der Regel einen hohen Zeitbedarf für Design und Vorbereitung. • Ergebnisse sind im Allgemeinen nicht garantierbar, da ein Wargame von der „Tagesform" der Teilnehmer (Kompetenz, Vorstellungskraft, Kreativität, Teamfähigkeit, Kommunikationsfähigkeit, Enthusiasmus etc.) abhängig ist.

Quelle: In Anlehnung an Romeike (2018a, S. 166)

4.6 Praxisbeispiel: Stochastische Investitionssimulation

Abschließend wird am Beispiel einer strategischen Entscheidungssituation im Kontext einer Investition die „stochastische Szenariosimulation" angewendet. Details zur stochastischem Simulationmethode wurden bereits in den vorangegangenen Kapiteln erläutert.

Die Investitionsrechnung sowie das Investitionscontrolling erfüllen im Unternehmen die Aufgabe, das Management bei Investitionsentscheidungen durch angemessene Projektionen und mit Informationen basierend auf adäquaten Modellen und Methoden zu unterstützen. Die Werkzeuge, die hierbei in der Praxis dem Investitionscontrolling zur Verfügung stehen, umfassen im Wesentlichen die statischen und dynamischen Verfahren der Investitionsrechnung.[63] Hierbei werden in der Regel „Best Guess"-Annahmen über zukünftige Entwicklungen unterstellt. Außerdem suggeriert die Festlegung auf in der Regel einen (Punkt-)Wert je Jahr vollkommene Sicherheit. Risiken und Unsicherheiten werden weitestgehend ausgeblendet bzw. über den Diskontierungsfaktor pauschaliert. Auch deterministische Szenario-Betrachtungen, die mehrere Werte gegenüberstellen (worst case, realistic case, best case) weisen Schwächen auf, da abschließend nicht das „richtige" Szenario wählbar ist.

[63] Vgl. hierzu Kruschwitz (2005), Wöhe et al. (2016) sowie Romeike (2018c).

Es wird daher deutlich, dass mit zunehmender Unsicherheit die klassische Investitionsrechnung allein als Entscheidungsgrundlage nicht ausreichend ist, Entscheidungen fundiert zu treffen. Vielmehr ist eine ausreichende Transparenz zu Unsicherheit in den Annahmen und ihrer Ergebniswirkung zu berücksichtigen. Außerdem sollte das Investitionscontrolling Angaben zur Wahrscheinlichkeit des Erfolgs/Misserfolgs einer Investition liefern. Des Weiteren sollte die Methodik eine gezielte Optimierung des Investitionsvorhabens durch Transparenz über Sensitivitäten der Parameter und Aus-wirkungen möglicher Gestaltungsoptionen liefern. Die stochastische Szenarioanalyse hingegen antizipiert eine große Anzahl potenzieller Zukunftspfade basierend auf Zufallsexperimenten und aggregiert die Szenarien zu einem Gesamtbild.

Die klassische Investitionsrechnung[64] bietet bei Entscheidungen Methoden, um eine rationale Beurteilung einer Investition zu ermöglichen. So soll beispielsweise die Frage beantwortet werden, ob sich eine Investition lohnt oder welche Investition aus mehreren Alternativen die Beste ist. Zu diesem Zweck werden die finanziellen Auswirkungen (beispielsweise Cash-flow-Entwicklungen) einer Investition bewertet und verdichtet. Allgemein wird in der modernen Investitionstheorie eine Investition als ein Zahlungsstrom aller Einzahlungen und Auszahlungen betrachtet.

Allgemein wird in der Betriebswirtschaftslehre zwischen „einfachen" statischen Methoden der Investitionsrechnung (Kostenvergleichsrechnung, Gewinnvergleichsrechnung, Rentabilitätsrechnung, Amortisationsrechnung, MAPI-Methode)[65] sowie dynamischen Verfahren (Kapitalwertmethode, Vermögensendwertmethode, Methode des internen Zinsfußes, Annuitätenmethode, Dynamische Amortisationsrechnung, Economic Value Added) unterschieden.[66] Während bei den statischen Methoden mit Durchschnittswerten aus den Einzeldaten der Nettozahlungen und der Anfangsauszahlung gerechnet wird, basieren die dynamischen Verfahren auf einem Barwertansatz. Allgemein wird der aufgewendete Barwert für die Investition den Barwerten der Einnahmen in einer über mehrere Rechnungsperioden angelegten Planung gegenübergestellt (vgl. Abb. 4.22).

Die Antizipation der zukünftigen Zahlungsströme (Cash flows) gewichtet den zeitlichen Anfall der Zahlungsströme mittels Auf- oder Abzinsung (sogenannte „Net Present Value", NPV bzw. Nettogegenwartswert oder Kapitalwert). Durch eine Abzinsung alle zukünftigen Zahlungsströme auf den Beginn der Investition werden Zahlungen vergleich bar gemacht, die zu beliebigen Zeitpunkten anfallen. Die anschließende Entscheidungsregel lautet: Übersteigt der Barwert der Einnahmen den Investitionsaufwand, wird die Investition als wirtschaftlich betrachtet (NPV > 0: Investition durchführen).

[64] Vgl. vertiefend Kruschwitz (2005), Wöhe et al. (2016) sowie Romeike (2018c).

[65] Bei der ursprünglich vom „Machinery and Allied Products Institute" (MAPI) entwickelten MAPI-Methode wird zur Entscheidungsfindung eine relative Rentabilität errechnet, die die Erträge und Kosten des nächsten Jahres (bei Neuinvestition) ins Verhältnis zur Kapitalfreisetzung (bei Investitionsverzicht) setzt. Die ausschließliche Betrachtung des nächsten Jahres setzt voraus, dass die relative Vorteilhaftigkeit der Investition stets zunimmt.

[66] Vgl. vertiefend Wöhe et al. (2016).

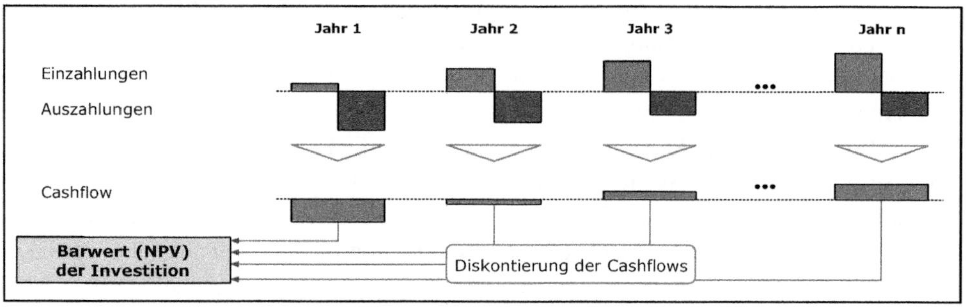

Abb. 4.22 Vorgehen bei der klassischen Investitionsrechnung. (Quelle: Romeike 2018c, S. 168)

Die Entscheidungsregel lautet im Allgemeinen:
Grundsätzlich ist eine Investition vorteilhaft, wenn ihr Kapitalwert größer als null ist.

- Kapitalwert = 0: Der Investor erhält sein eingesetztes Kapital zurück und eine Verzinsung der ausstehenden Beträge in Höhe des Kalkulationszinssatzes. Die Investition hat keinen Vorteil gegenüber der Anlage am Kapitalmarkt zum gleichen (risikoäquivalenten) Zinssatz. Exakt an dieser Stelle befindet sich der interne Zinsfuß.
- Kapitalwert > 0: Der Investor erhält sein eingesetztes Kapital zurück und eine Verzinsung der ausstehenden Beträge, die den Kalkulationszinssatz übersteigen.
- Kapitalwert < 0: Die Investition kann eine Verzinsung des eingesetzten Kapitals zum Kalkulationszinssatz nicht gewährleisten. Die Investition sollte nicht durchgeführt werden.

Es wird deutlich, dass in der klassischen Investitionsrechnung die Bewertung der Investition zum einen sehr stark von den unsichereren Zahlungsströmen und zum anderem von dem Kalkulationszinssatz abhängig ist. Bei den klassischen Verfahren der Investitionsrechnung werden vor allem Risiken (und damit auch Chancen) und Unsicherheit nur unzulänglich und sehr pauschal (über den Kalkulationszinssatz) berücksichtigt. Man könnte auch formulieren: Die klassische Investitionsrechnung basiert auf einer „Anmaßung von Wissen" über zukünftige Entwicklungen und berücksichtigt Unsicherheit gar nicht, beziehungsweise nur pauschal und intransparent.

So basiert die Berechnung auf „Best Guess"-Annahmen über zukünftige (häufig höchst unsichere) Entwicklungen. Außerdem suggeriert die Festlegung auf einen Wert je Jahr eine vollkommene Sicherheit.

In der Praxis könnten nun unterschiedliche Szenarien gerechnet werden, in dem die Parameter entsprechend angepasst werden. Beispielsweise könnte jeweils ein Worst-case-, ein Best-case- sowie ein Realistic-case-Szenario gerechnet werden. Das Ergebnis ist weiterhin abhängig von der konkreten (realistischen!) Ausprägung der Parameter. Zum Schluss gilt jedoch auch hier: Das „richtige" Szenario ist nicht wählbar, da für die Berechnung der Szenarien immer nur einzelne Ausprägungen der Paramater angepasst werden.

Abb. 4.23 Annahmen für ein Investitionsprojekt. (Quelle: Romeike 2018c, S. 168)

Investitionskosten Produktionsanlage (in EUR)	3.600.000
Absatz Hauptkunde (in Stück)	
Worst Case	26.000
Realistic Case	30.000
Best Case	44.000
Absatz sonstige Kunden (in Stück)	
Worst Case	50.000
Realistic Case	70.000
Best Case	82.000
Erlös je Stück (in EUR)	80,00
var. Stückkosten Produktion (in EUR)	39,00
var. Stückkosten Rohstoffe (in EUR)	25,00
Mittelwert	25,00
Standardabweichung (in %)	5,00
Diskontierungsfaktor	10,0 %

In Abb. 4.23 ist exemplarisch ein Investitionsvorhaben in Höhe von 3,6 Mio. EUR beschrieben. Betrachtet wird ein Zeitraum von drei Jahren. Unterstellt werden drei unterschiedliche diskrete Szenarien für die Absatzentwicklungen mit dem Hauptkunden und den sonstigen Kunden sowie jeweils einem Szenario bei einer Veränderung der variablen Stückkosten und der Erlöse. Die Ergebnisse der (deterministischen) Szenarioberechnungen sind in Abb. 4.24 zusammengefasst. Bei dem „Realistic Case“-Szenario (Szenario 1) liegt die Rendite der Investition bei 10,53 %. Erhöhen sich die variablen Stückkosten auf

Szenario 1: Absatz Hauptkunde + sonstige Kunden (Realistic Case)		
		Rendite
Planwert und Rendite:	378.963 €	10,53%
Szenario 2: Absatz Hauptkunde + sonstige Kunden (Worst Case)		
		Rendite
Planwert und Rendite:	- 575.988 €	-16,00%
Szenario 3: Absatz Hauptkunde + sonstige Kunden (Best Case)		
		Rendite
Planwert und Rendite:	1.413.494 €	39,26%
Szenario 4: Variale Stückkosten steigen auf 41 EUR		
		Rendite
Planwert und Rendite:	- 764.989 €	-21,25%
Szenario 5: Erlöse je Stück sinken auf 78,50 EUR		
		Rendite
Planwert und Rendite:	- 859.489 €	-23,87%

Abb. 4.24 Unterschiedliche Szenarioergebnisse bieten keine Grundlage für eine Investitionsentscheidung. (Quelle: Romeike 2018c, S. 168)

41 EUR (Szenario 4), sinkt die Rendite auf -21,25 %. Im „Best Case“-Szenario (Szenario 2) hinsichtlich der Absatzentwicklung liegt die Rendite bei 39,26 %. Bei sinkenden Erlösen pro Stück auf 78,50 EUR (Szenario 5) sinkt die Rendite auf −23,87 %. Es wird deutlich, dass ein „richtiges“ Szenario bei einer (deterministischen) Szenarioanalyse nicht wählbar ist, sondern je nach Interessenlage Argumente vorgebracht werden können, warum genau diese oder jenes Szenario die zukünftige Entwicklung am besten abbildet.

Es wird deutlich, dass die Methoden der klassischen Investitionsrechnung Schwächen bei der Berücksichtigung von Unsicherheit beziehungsweise positiven und negativen Planabweichungen aufweisen. Mit zunehmender Unsicherheit bei Investitionsentscheidungen (volatile Marktentwicklungen, geopolitische Risiken, disruptive Einflüsse etc.) sind die klassischen Methoden allein nicht mehr ausreichend, Entscheidungen methodisch fundiert zu unterstützen.

Wichtig sind vielmehr die folgenden Aspekte:[67]

- Höhere Transparenz über die Unsicherheit in den Annahmen und ihrer Ergebniswirkung;
- Berechnung der Wahrscheinlichkeit des Erfolgs beziehungsweise Misserfolgs einer Investition;
- Gezielte Optimierung des Investitionsvorhabens durch Transparenz über Sensitivitäten der Parameter und Auswirkungen möglicher Maßnahmen (beispielsweise durch den Einsatz von Derivaten oder Versicherungen);
- Höhere Transparenz über die Sensitivitäten zur Konzentration auf kritische Parameter und Risiken in der Umsetzungsphase des Projektes.

Die Stochastik bietet hier nahezu perfekte Methoden, um diese Ziele in der Praxis zu erreichen. So lässt sich Unsicherheit über geeignete Wahrscheinlichkeitsverteilungen (beispielsweise eine Normalverteilung, eine Dreiecksverteilung oder eine Compoundverteilung) sehr gut beschreiben. Durch ein Simulationsmodell wird es möglich, im definierten Realitätsausschnitt zu „experimentieren" und Auswirkungen verschiedener Parameteränderungen (Risiken und Chancen) auf die definierten Zielgrößen (beispielsweise das Betriebsergebnis oder den NPV) zu analysieren. Das grundsätzliche Vorgehen ist in Abb. 4.25 visualisiert.

Die grundlegende Idee der Stochastischen Szenarioanalyse ist es, für zufällig gewählte Parameter über die entsprechenden Zusammenhänge (Ursache-Wirkungsgeflecht) die zugehörigen Ergebnis- oder Zielgrößen zu ermitteln).[68] Die Darstellung der Ergebnisse erfolgt in Form eines Häufigkeitsdiagramms beziehungsweise einer Dichtefunktion.

Mathematisches Fundament dieses Vorgehens sind das Gesetz der großen Zahlen, der Fundamentalsatz der Statistik (=Satz von Gliwenko-Cantelli)[69] sowie der zentrale Grenzwertsatz. Die Methode ist damit ein Stichprobenverfahren. Aufgrund der zufälligen Auswahl der Parameter hat sich für die Stochastischen Szenarioanalyse ebenfalls der Begriff der Monte-Carlo-Simulation etabliert.

Basierend auf dem oben skizzierten Investitionsprojekt (vgl. Abb. 4.23) erfolgt nachfolgend die Analyse basierend auf einer Stochastischen Szenarioanalyse. Die relevanten Parameter, die hier exemplarisch alle mit Hilfe einer (stetigen) Dreiecksverteilung (worst

[67] Vgl. Romeike (2018c, S. 169).

[68] Vgl. vertiefend Romeike (2018a, S. 176).

[69] Vgl. Topsøe (1970).

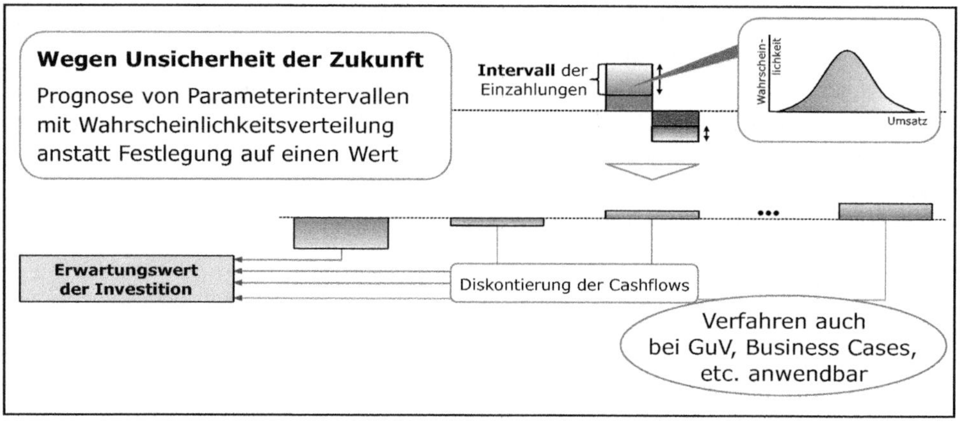

Abb. 4.25 Unsicherheiten lassen sich perfekt durch Simulationsmethoden bei Investitionsprojekten berücksichtigen. (Quelle: Romeike 2018c, S. 169)

case, realistic case, best case) abgebildet wurden, sind in Abb. 4.26 zusammengefasst. Ergänzend oder alternativ könnten ereignisorientierte Risiken (Compliance-Risiko, Elementarrisiken etc.) sinnvoll mit einer Compoundverteilung (Häufigkeit und Schadensausmaß als kombinierte Verteilungsfunktionen) beschrieben werden. Hier würde beispielsweise die Häufigkeit mit einer diskreten Poissonverteilung beschrieben werden. Die Unsicherheit würde bei der Modellierung in der Form berücksichtigt, dass neben dem Erwartungswert von „zweimal im Jahr" auch beispielsweise die Szenarien „einmal im Jahr", „Null mal im Jahr" oder auch beispielsweise „drei oder viermal im Jahr" und so weiter berücksichtigt würden (beziehungsweise auch das Szenario „während des Investitionszeitraums einmal oder x-mal").

Die Beschreibung der Risiken mit Hilfe einer Verteilungsfunktion ist mit dem Vorteil verbunden, dass bei der Abschätzung der Parameter seriös mit der Unsicherheit der (in der Zukunft liegenden) Risiken umgegangen wird. Risiken werden über potenzielle Bandbreiten (bei einer Dreiecks- oder PERT-Verteilung beispielsweise mit Hilfe potenzieller Worst-Case-, Realistic-Case- und Best-Case-Szenarien) beschrieben.

Die Ergebnisse der Simulationsläufe (in unserem Fall basierend auf 50.000 Szenarien) sind in Abb. 4.27, 4.28 sowie 4.29 wiedergegeben. Anhand der ermittelten Ergebnisverteilung ist es möglich, beispielsweise zu berechnen, mit welcher Wahrscheinlichkeit aus einem Investitionsprojekt eine negative Rendite resultieren wird oder mit welcher Wahrscheinlichkeit ein bestimmter Mindestwert der Rendite erzielt wird.

Die Simulationsergebnisse zeigen, dass der Erwartungswert (Mean bzw. Average) des NPV bei 72.004 EUR liegt (und nicht wie in der klassischen Investitionsrechnung bei 378.963 EUR). Der Erwartungswert der Rendite liegt bei 2 % (vgl. Abb. 4.28), gegenüber der vermeintlich sichereren Rendite von 10,53 % im Realistic-Case-Szenario – berechnet mit einem klassischen NPV-Ansatz. Die Differenz resultiert aus dem „Ausblenden" der risikobehafteten Szenarien jenseits des „Realistic Case"-Pfades in klassischen Methoden

Parameter		Verteilungsfunktion
Absatz Hauptkunde (in Stück)		
Worst Case	26.000	
Realistic Case	30.000	
Best Case	44.000	
Absatz sonstige Kunden (in Stück)		
Worst Case	50.000	
Realistic Case	70.000	
Best Case	82.000	
Erlöse je Stück		
Worst Case	72,00	
Realistic Case	80,00	
Best Case	86,00	
var. Stückkosten Rohstoffe (in EUR)		
Worst Case	28,00	
Realistic Case	25,00	
Best Case	24,00	
var. Stückkosten Produktion (in EUR)	39,00	
Diskontierungsfaktor	10%	

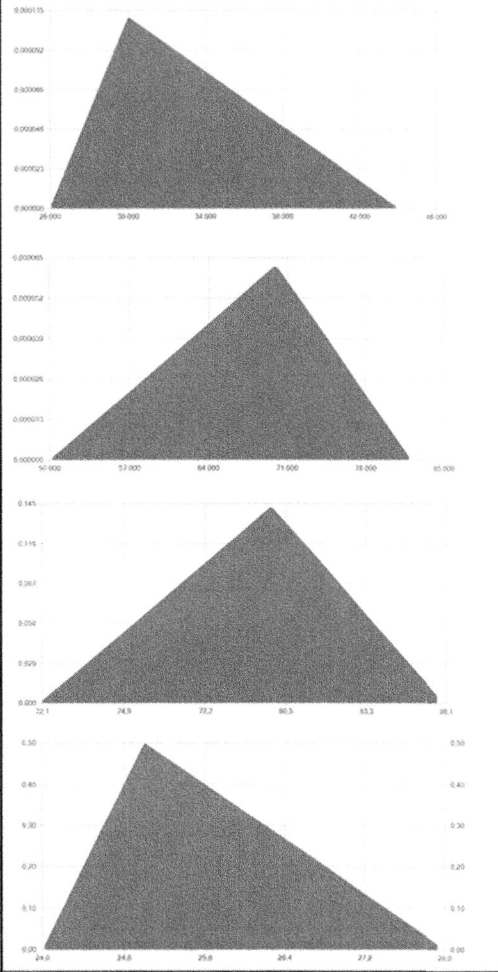

Abb. 4.26 Parameter der Investitionssimulation. (Quelle: Romeike 2018c, S. 170)

der Investitionsrechnung. Bei einer stochastischen Simulation werden gleichberechtigt – basierend auf den definierten Verteilungsannahmen – alle Parameterveränderungen berücksichtigt, kombiniert und simuliert. Auch könnten Abhängigkeiten mit Hilfe von Ursache-Wirkungs-Ketten, Korrelationen oder Copulas berücksichtigt werden.

Die kumulierte (bzw. kumulative) Verteilungsfunktion (CDF, cumulative distribution function) berechnet die kumulative Wahrscheinlichkeit für einen bestimmten

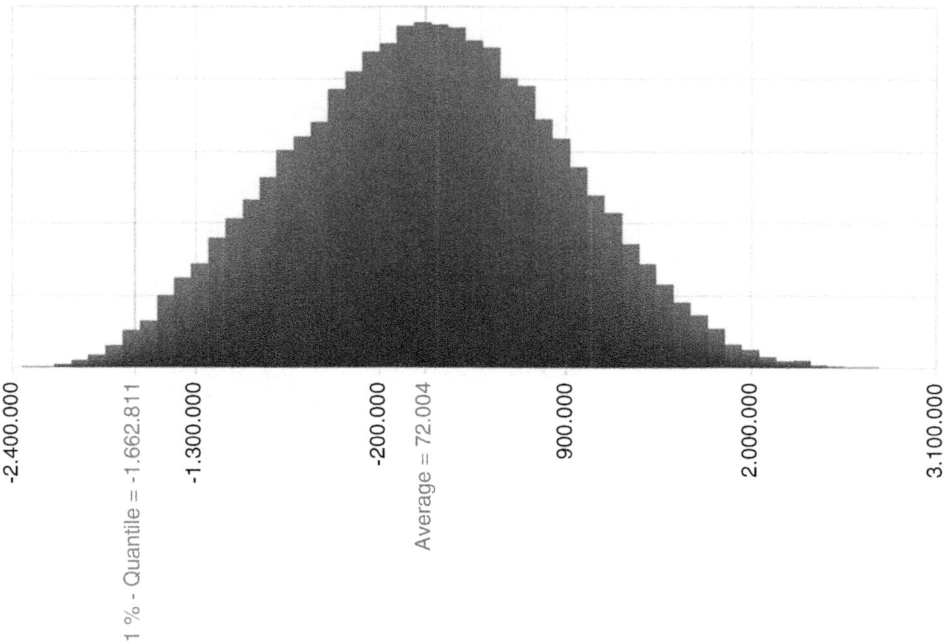

Abb. 4.27 Ergebnis der stochastischen Simulation (NPV). (Quelle: Romeike 2018c, S. 170)

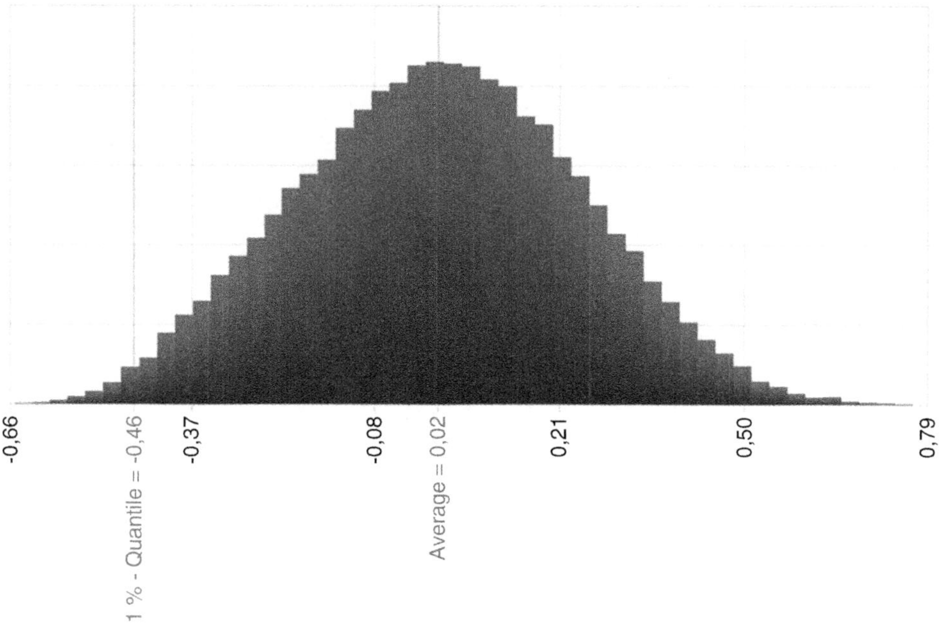

Abb. 4.28 Ergebnis der stochastischen Simulation (Rendite). (Quelle: Romeike 2018c, S. 168)

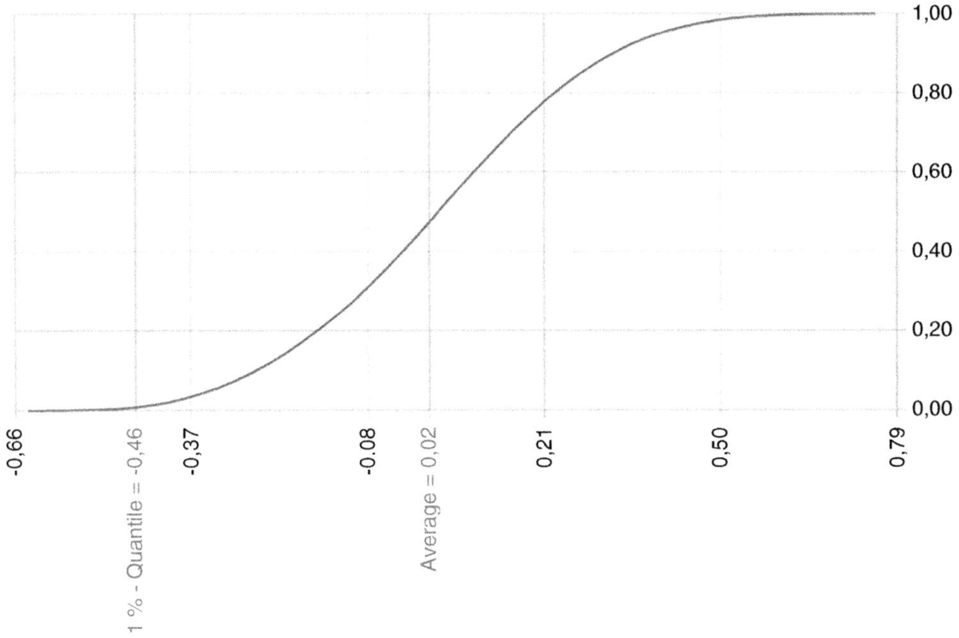

Abb. 4.29 Ergebnis der stochastischen Simulation (Rendite), dargestellt in einer kumu-lierten Dichtefunktion. (Quelle: Romeike 2018c, S. 171)

x-Wert. Mit der CDF kann so beispielsweise die Wahrscheinlichkeit ermittelt werden, mit der eine zufällig aus der Grundgesamtheit entnommene Beobachtung kleiner oder gleich einem bestimmten Wert ist. Im konkreten Beispiel kann in der kumulativen Dichtefunktion (vgl. Abb. 4.29) abgelesen werden, dass die Wahrscheinlichkeit für eine negative Rendite aus der Investition bei rund 40 % liegt, gegenüber 60 % für die Szenarien mit einer positiven Rendite. Die infolge der Wirkung der Unsicherheiten über den Investitionszeitraum von drei Jahren vorliegende Volatilität beträgt 22 %, berechnet mit Hilfe der Standardabweichung der Renditeszenarien. Außerdem kann beantwortet werden, mit welcher Wahrscheinlichkeit ein Verlust von x % nicht überschritten wird (Cashflow at Risk).

In einem nächsten Schritt könnte die Simulation in der Weise erweitert werden, dass die Unsicherheit im Diskontierungsfaktor über eine geeignete Verteilungsfunktion abgebildet wird.

Die Ergebnisse der Simulation haben vor allem verdeutlicht, dass die Risiken einer Investition maßgeblich aus der Volatilität des Umfeldes eines Unternehmens heraus determiniert werden. Diese bedeutet gleichzeitig, dass Unternehmen durch entsprechende präventive Maßnahmen die Auswirkungen potenzieller Risikoeintritte auf das Investitionsobjekt beeinflussen können, um so die Chancenseite („upside risk") positiv zu beeinflussen und die strategischen und operativen Risiken („downside risk") zu reduzieren.

Eine Sensitivitätsanalyse würde zeigen, dass vor allem die variablen Stückkosten die Rendite der Investition stark beeinflussen. So sollten in einem nächsten Schritt die Entscheider analysieren, ob die Beeinflussung der Variable mit dem stärksten Einfluss auf die Ergebnisgröße zu einem anderen Ergebnis führt. So könnten beispielsweise bestimmte Kosten durch den Abschluss eines Optionsgeschäfts reduziert werden. Hierbei würden zwar durch die Kosten für das Optionsgeschäft zunächst auch die Renditen sinken; parallel sinkt aber möglicherweise auch die Verlustwahrscheinlichkeit und insgesamt auch die Rendite. Alternativ könnte mit dem Hauptkunden eine Mindestabnahme vertraglich vereinbart werden. Mit Hilfe der Simulation könnten die Effekte auf das Investitionsprojekt realitätsnah analysiert werden.

Entscheidungen, deren Auswirkungen erst in der Zukunft wirken, sollten nicht durch einen einzelnen Schätzwert beschrieben werden, denn dies vermittelt eine Genauigkeit, der nicht entsprochen werden kann. Aus diesem Grund sollte ein Unternehmen seine Planrechnungen und Analysen nicht auf ein einzelnes oder einige wenige Szenarien ausrichten, wie es im Rahmen der klassischen Investitionsrechnung auch heute noch in vielen Unternehmen üblich ist. Wichtig ist vielmehr ein seriöses methodisches Vorgehen beim Umgang mit Unsicherheit.

Literatur

Black, F./Scholes, M.: The Pricing of Options and Corporate Liabilities, in: Journal of Political Economy, 81, 1973, S. 637 ff.

Brehmer, A.: Die Welt in 100 Jahren, Verlagsanstalt Buntdruck, Berlin 1910.

Christensen, C. M./Overdorf, M.: Meeting the Challenge of Disruptive Change, in: Harvard Business Review, Mar.-Apr. 2000, p. 66–76.

Christensen, C. R./Raynor, M./McDonald, R.: What is disruptive innovation?, in: Harvard Business Review; Dec. 2015; p. 44–53.

Cox, J. C./Ross, S. A./Rubinstein, M., Option pricing: a simplified approach, in: Journal of Financial Economics, Vol. 7, No. 3, 1979, S. 229–263.

Deutsch, H-P.: Derivate und interne Modelle: Modernes Risikomanagement, 2. Auflage, Schaeffer Poeschel Verlag, Stuttgart 2001.

Erben, R.: Enron, Kirch und Swissair – Lessons Learned, in: Finke, R./Romeike, F. [Hrsg.]: Erfolgsfaktor Risikomanagement, Gabler Verlag, Wiesbaden 2003, S. 435–463.

Euler Hermes (Hrsg.): Ursachen von Insolvenzen – Gründe für Unternehmensinsolvenzen aus der Sicht von Insolvenzverwaltern, Hamburg 2006.

Fink, A./Siebe, A.: Szenario-Management – Von strategischem Vorausdenken zu zukunftsrobusten Entscheidungen, Campus Verlag, Frankfurt a. M. 2016.

Götze, U.: Szenario-Technik in der strategischen Unternehmensplanung, Deutscher Universitätsverlag, Wiesbaden 1993.

Hager, P.: Corporate Risk Management – Cash Flow at Risk und Value at Risk in Unternehmen, Frankfurt School Verlag, Frankfurt/Main 2004.

Huber, A.: Praxishandbuch Strategische Planung, Erich Schmidt Verlag, Berlin 2008.

Huchzermeier, A.: Bewertung von Realoptionen in globalen Produktions- und Logistiknetzwerken, in: v. Hommel, U.; Scholich, M.; Vollrath, R.: Realoptionen in der Unternehmenspraxis – Wert schaffen durch Flexibilität, Berlin, Heidelberg 2001, S. 207 ff.

HULL, J. C.: Optionen, Futures und andere Derivate, 6. Aufl., Vahlen Verlag, München 2005.

ERBEN, R.: Management von operationellen Risiken im Groß- und Einzelhandel der Konsumgüterbranche, in: Kaiser, Thomas.: Wettbewerbsvorteil Risikomanagement, Erich Schmidt Verlag, Berlin 2007, S. 145–159.

KAHN, H./WIENER, A. J.: The Year 2000: A Framework for Speculation on the Next Thirty-Three Years, MacMillan, New York 1967.

KEMPF, A./ROMEIKE, F: The success of „disruptive innovations“ remains uncertain, in: FIRM Yearbook 2017, Frankfurt/Main 2017, S. 144–147.

KIRSCH, W./SEIDL, D./VAN AAKEN, D.: Unternehmensführung. Eine evolutionäre Perspektive, Schaeffer Poeschel Verlag, Stuttgart 2009.

KOCH, C.: Optionsbasierte Unternehmensbewertung – Realoptionen im Rahmen von Akquisitionen, Gabler Verlag, Wiesbaden 1999.

KOCH, U.: Finanzielle Bewertung von Lizenzprojekten in der Pharmaindustrie: NPV-Modelle oder Realoptionsansatz? In: v. Hommel, U./Scholich, M./Vollrath, R.: Realoptionen in der Unternehmenspraxis – Wert schaffen durch Flexibilität, Springer Verlag, Berlin, Heidelberg 2001.

KRUSCHWITZ, L.: Investitionsrechnung, 10. Auflage, Oldenbourg Verlag, München 2005.

LUCKE, C.: Investitionsprojekte mit mehreren Realoptionen – Bewertung und Analyse, in: Schriftenreihe Wirtschafts- und Sozialwissenschaften, Band 46, Sternenfels, 2001.

MERTON, R. C.: Theory of Rational Option Pricing, in: Bell Journal of Economics and Management Science, 4, 1973, S. 141 ff.

MINTZBERG, H./AHLSTRAND, B./LAMPEL, J.: Strategy Safary. Eine Reise durch die Wildnis des strategischen Managements, Redline Verlag, Heidelberg 2005.

MINTZBERG, H.: Patterns of Strategy Formulation, Management Science 24 (1978), S. 934–948

NASH, J.: Non-Cooperative Games, in: Annals of Mathematics 54, 1951, S. 286–295.

ORIESEK, D. F./SCHWARZ, J. O.: Business Wargaming. Unternehmenswert schaffen und schützen, Gabler Verlag, Wiesbaden 2009.

PEEMÖLLER, V. H./HOFMANN, S.: Bilanzskandale – Delikte und Gegenmaßnahmen, 2. Auflage, Erich Schmidt Verlag, Berlin 2016.

PORTER, M. E.: The five competitive forces that shape strategy, in: Harvard Business Review 01/2008, S. 78–93.

PRITSCH, G.: Realoptionen als Controlling-Instrument – Das Beispiel pharmazeutische Forschung und Entwicklung, Gabler Verlag, Wiesbaden 2000.

PROBST, G./RAISCH, S. (2004): Die Logik des Niedergangs, in: Harvard Business Manager, Ausgabe März 2004, S. 37–45.

RAMS, A.: Die Bewertung von Kraftwerksinvestitionen als Realoption, in: v. Hommel, U.; Scholich, M.; Vollrath, R.: Realoptionen in der Unternehmenspraxis – Wert schaffen durch Flexibilität, Springer Verlag, Berlin, Heidelberg 2001.

REIBNITZ, U: Szenario-Technik. Instrumente für die unternehmerische und persönliche Erfolgsplanung, Gabler Verlag, Wiesbaden 1992.

RIECK, C.: Spieltheorie – Eine Einführung, 7. Auflage, Christian Rieck Verlag, Eschborn 2007.

ROMEIKE, F.: Balanced Scorecard in Versicherungen, Strategien erfolgreich in der Praxis umsetzen, Gabler Verlag, Wiesbaden 2003.

ROMEIKE, F.: Qualitätsmanagement und Frühwarnsysteme als Bestandteil des Risikomanagement von Operationellen Risiken in Industrieunternehmen, in: Kaiser (Hrsg.): Wettbewerbsvorteil Risikomanagement, Erich Schmidt Verlag, Berlin 2007, S. 161–176.

ROMEIKE, F.: Frühwarnsysteme im Unternehmen, Nicht der Blick in den Rückspiegel ist entscheidend, in: RATING aktuell, April/Mai 2005, Heft 2, S. 22–27.

ROMEIKE, F.: Disruptive Innovation, in: Der Aufsichtsrat, 10/2016, S. 147.

ROMEIKE, F.: Risikomanagement, Springer Verlag, Wiesbaden 2018a.

ROMEIKE, F.: Reinventing Insurance Brokerage in a Digitally Disruptive World, in: Eckstein/Funk-Münchmeyer/Liebetrau [Hrsg.]: Insurance & Innovation, Ideen und Erfolgskonzepte von Experten aus der Praxis, Verlag Versicherungswirtschaft, Karlsruhe 2018b, S. 43–55.

ROMEIKE, F.: Stochastische Investitionssimulation. Seriöser Umgang mit Unsi-cherheit bei Investitionsplanungen, in: CFO aktuell, Ausgabe Juli 2018c, S. 167–172.

ROMEIKE, F./SPITZNER, J.: Von Szenarioanalyse bis Wargaming – Betriebswirtschaftliche Simulationen im Praxiseinsatz, Wiley Verlag, Weinheim 2013.

ROMEIKE, F./STALLINGER, M.: Bandbreiten- bzw. Korridorplanung – Integration von Risikomanagement und Unternehmensplanung, in: Risk, Compliance & Audit (RC&A), 06/2012, S. 12–21.

SCHÄFER, H./SCHÄSSBURGER, B.: Bewertung eines Biotech-Start-ups mit dem Realoptionsansatz, in: v. Hommel, U./Scholich, M.; Vollrath, R.: Realoptionen in der Unternehmenspraxis – Wert schaffen durch Flexibilität, Springer Verlag, Berlin, Heidelberg 2001, S. 251 ff.

SCHIERENBECK, H./WIEDEMANN, A.: Marktwertrechnungen im Finanzcontrolling, Schaeffer Poeschel Verlag, Stuttgart 1996.

SCHILLER, W./QUELL, M.: Brand Risk Management – Marke als Gegenstand des ganzheitlichen Risikomanagements; in: Romeike, F.; Finke, R. (Hrsg.): Erfolgsfaktor Risikomanagement: Chance für Industrie und Handel, Gabler Verlag, Wiesbaden 2003, S. 117–145.

SCHWANFELDER, W.: Konfuzius im Management: Werte und Weisheiten im 21. Jahrhundert, Campus Verlag, Frankfurt am Main 2006.

STICKEL, E.: Einsatz der Optionspreistheorie zur Bewertung von Softwareentwicklungsprojekten, in: v. Hommel, U.; Scholich, M.; Vollrath, R.: Realoptionen in der Unternehmenspraxis – Wert schaffen durch Flexibilität, Springer Verlag, Berlin, Heidelberg 2001, S. 231 ff.

Sun Tsu: Über die Kriegskunst (übersetzt und kommentiert von Klaus Leipnitz), Info Verlag, Karlsruhe 1989.

TOMASZEWSKI, C.: Bewertung strategischer Flexibilität beim Unternehmenserwerb – Der Wertbeitrag von Realoptionen, Peter Lang Verlag, Frankfurt/Main 2000.

TOPSØE, F.: On the Glivenko-Cantelli theorem. In: Zeitschrift für Wahrscheinlichkeitstheorie und Verwandte Gebiete. Band 14, 1970, S. 239–250

WERNER, T.: Investitionen, Unsicherheit und Realoptionen, Gabler Springer Verlag, Wiesbaden 2000.

VAHS, D.: Organisation – Einführung in die Organisationstheorie und -praxis, 6. Auflage, Schaeffer Poeschel Verlag, Stuttgart 2007.

WEBER, J./SPITZNER, J./STOFFELS, M.: Erfolgreich steuern mit Market Intelligence. Marktentscheidungen fundiert treffen, Wiley Verlag, Weinheim 2008.

WÖHE, G./DÖRING, U./BRÖSEL, G.: Einführung in die Allgemeine Betriebswirtschaftslehre, Vahlen Verlag, München 2016.

5 Bandbreitensimulation von Preisen im Einkauf und Vertrieb

Wie volatil hätten Sie es gerne?

F. Romeike, P. Hager, *Erfolgsfaktor Risiko-Management 4.0*,
https://doi.org/10.1007/978-3-658-29446-5_5

5.1 Lessons learned: Schwankende Marktpreise

In arbeitsteiligen Industrienationen mit einem hohen Anteil an Importen und Exporten gehören Risiken infolge schwankender Marktpreise für Rohstoffe und Wechselkursschwankungen zum Tagesgeschäft. In den letzten Jahrzehnten haben Unternehmen wie beispielsweise BMW, Daimler, Lufthansa Schlagzeilen mit teilweise hohen Verlusten aus Wechselkursänderungen oder Rohstoffpreissteigerungen gemacht. Aber auch mittelständische Unternehmen mit einem hohen Materialeinsatz oder Exportanteil sind regelmäßig betroffen. Teilweise wurden in den letzten Jahren Konzepte zur Steuerung der Marktpreisrisiken implementiert. Vielfach mangelt es jedoch an geeigneten Ansätzen zur Risikomessung und -steuerung, insbesondere im Mittelstand.

Abb. 5.1 zeigt exemplarisch einen volatilen Marktpreis für Kupfer und einen tendenziell stabilen Markpreis von Aluminium. Da beide Rohstoffe auf den Weltmärkten in USD gehandelt werden, kommt für einen europäischen Einkäufer noch die Wechselkursschwankung hinzu, so dass je nach Rohstoff die Einstandspreise stark schwanken können. Das trifft insbesondere diejenige verarbeitende Industrie, die solche Preisschwankungen nicht unmittelbar an den Kunden weitergeben kann, da beispielsweise langfristige Lieferverträge mit den eigenen Kunden geschlossen wurden. Bei geringen Margen im Vertrieb kann eine fehlerhafte Rohstoffpreisabsicherung zu einem zu hohen Einkaufspreis ebenso ruinös wirken wie eine fehlende Absicherung. Das betrifft aber nicht nur Rohstoffe, sondern auch den Einkauf von Vorprodukten und Komponenten sowie Energie.

Der Vorteil für die Einführung eines Risiko-Managements im Einkauf und Verkauf besteht darin, dass sich viele der in diesen Bereichen vorkommenden Risiken quantifizieren lassen und so Gewinn- und Verlustchancen leichter zu bestimmen sind. Bei Marktpreisrisiken und Absatzrisiken liegen die idealen Bedingungen für eine Risikomessung vor, da

Abb. 5.1 Schwankungen von Marktpreisen für Kupfer und Aluminium

meistens monatliche oder gar tägliche Messgrößen vorliegen und häufig auch eine hinreichend lange Historie für die Adjustierung der Risikomodelle vorliegt.

5.2 Wertorientierte versus zahlungsstromorientierte Messung

Unter der finanziellen Exposure eines Unternehmens ist dessen offene Risikoposition zu verstehen, deren Wert durch unerwartete Veränderungen von Risikofaktoren beeinflusst wird. Innerhalb der offenen Risikopositionen ist zwischen Value und Cash Flow Exposures zu unterscheiden. Während die Cash Flow Exposures mit dynamischen Risikomodellen wie etwa Cash Flow at Risk, Earnings at Risk, Ebit at Risk oder Budget at Risk gemessen werden, genügen für die Messung von Value Exposures statische, aber weniger rechenintensive Value at Risk-Modelle.[1] Bereits seit Mitte der 1990er-Jahre erfreuen sich Value at Risk-Modelle insbesondere im Bereich von Kreditinstituten und Finanzdienstleistern großer Beliebtheit.[2] Im Gegensatz zu den zuvor eingesetzten Szenarioanalysen mit standardisierten, aber meist unrealistischen Risikoszenarien (vgl. die Ausführungen zur deterministischen Szenarioanalyse im vorangegangenen Kapitel), verknüpfen Value at Risk-Modelle ihre Risikoprognose zusätzlich mit einer Wahrscheinlichkeit.

Auf Unternehmen können die in Kreditinstituten beliebten Risikomessverfahren nur bedingt übertragen werden. Das Finanzmanagement in Unternehmen bekommt von den anderen Unternehmensabteilungen Cash Flows gemeldet und ermittelt auf dieser Basis eine Risikoposition (Exposure). Eine wichtige Frage hierfür ist, welche Cash Flows einbezogen und gemeldet werden sollen. Werden nur bereits vertraglich fixierte Cash Flows einbezogen, dann wären beispielsweise auch die Löhne und Gehälter für ausländische Niederlassungen zu berücksichtigen, nicht jedoch die geplanten und noch unsicheren Umsatzerlöse auf den ausländischen Märkten. Dadurch würde eine Überzeichnung des Wechselkursrisikos stattfinden, da die sicheren Auszahlungen durch die unsicheren Einzahlungen mehr oder minder kompensiert werden und somit die tatsächliche Risikoexposure geringer ist als bei einer isolierten Betrachtung der vertraglich fixierten Cash Flows. Im nicht unwahrscheinlichen Extremfall könnte eine Kompensierung der Auszahlungen (Löhne) durch die Einzahlungen (Umsatzerlöse Ausland) zu einer entgegensetzten Risikoposition führen, so dass dann das Risiko nicht mehr in einer Abwertung, sondern in der Aufwertung der Inlandswährung liegen würde (vgl. Abb. 5.2).

Die Betrachtung von sowohl sicheren als auch unsicheren Cash Flows ist für die korrekte Messung der Exposure zu empfehlen. Da jedoch Modelle, wie sie in Kreditinstituten zum Einsatz kommen, die Kenntnis der Cash Flows voraussetzen, müssten die unsicheren Cash Flows genauso wie vertraglich fixierte Cash Flows behandelt werden, um von diesen Konzepten erfasst werden zu können. Eine solche Lösung führt zu verfälschten Ergebnissen, da durch die Umwidmung von unsicheren in sichere Cash Flows das Risiko von Schwankungen in den

[1] Vgl. Hager (2004, S. 218 ff.) sowie Romeike (2017) und Romeike (2018).

[2] Vgl. beispielsweise RiskMetrics von J.P. Morgan, das bereits 1996 im Internet frei verfügbar war (www.riskmetrics.com).

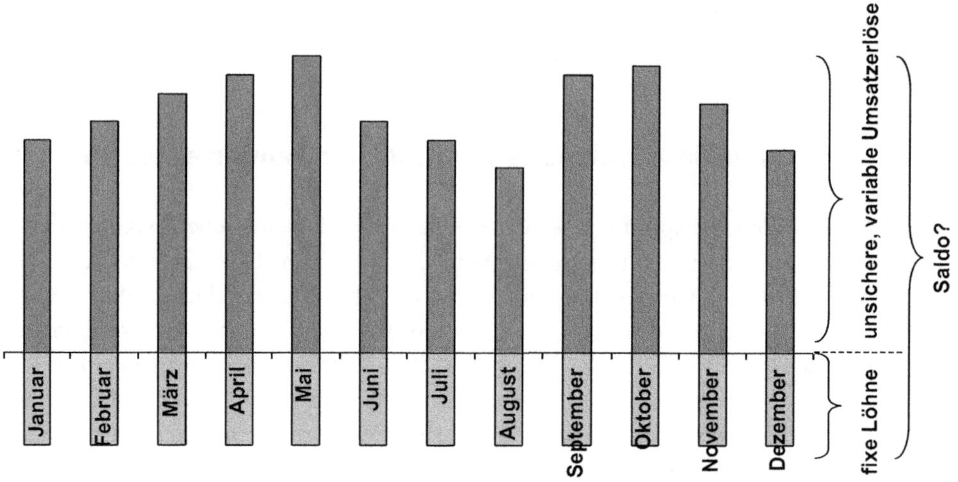

Abb. 5.2 Sichere versus unsichere Zahlungsströme

unsicheren Cash Flow per Definition ausgeschlossen wird. Im oben genannten Beispiel mit der Produktion und Vermarktung von Gütern im Ausland bedeutet dies, dass das eigentliche Absatzrisiko mit seinen unsicheren Umsätzen einfach ausgeblendet und stattdessen wie bei einer vertraglichen Abnahme von Gütern ein sicherer, fester Umsatz eingeplant wird.[3]

Ein Ansatz zur korrekten Erfassung von sicheren und unsicheren Cash Flows könnte eine grundlegende Trennung der Exposures in Value Exposures und Cash Flow Exposures sein. Diese Trennung muss eindeutig durchführbar und sinnvoll sein, damit nicht sich gegenseitig kompensierende Risiken zu großen Exposures auseinandergezogen werden. Im Folgenden wird zwischen Value und Cash Flow Exposures unterschieden. Unter *Value Exposures* werden die finanziellen Risiken ausgesetzten Bestände oder Lagervorräte an Rohstoffen, Währungen und Finanzinstrumenten wie beispielsweise Wertpapiere und Kredite zusammengefasst. Es handelt sich hierbei um Barwerte oder Marktwerte von Vermögenspositionen (= Values), die einem Risiko ausgesetzt sind (= Value at Risk). Während Marktwerte sich aus den an offiziellen Börsen und anderen Finanzmarktplätzen durch Angebot und Nachfrage zustanden kommenden Preisen ergeben, können Barwerte aus sicheren Cash Flows berechnet werden. Der Unterschied zwischen Cash Flow und Value Exposures wird im Folgenden am Beispiel von Rohstoff-, Wechselkurs- und Zinsrisiken erklärt.

Eine Finanzierung durch einen Kredit beispielsweise führt zu einer Verbindlichkeit des Unternehmens mit einem vertraglich kontrahierten Zahlungsstrom. Abgesehen vom Ausfallrisiko des Kreditnehmers (=Unternehmen) bzw. kostenpflichtigen Vertragsänderungen wird es bis zur Fälligkeit der Finanzierung keine Änderung des Zahlungsstroms geben. Wenn aber alle Zahlungen sicher sind, können sie auch zu einem Barwert verdichtet werden. Im nachfolgenden Beispiel wird ein zehnjähriger Kredit von fünf Mio. EUR mit endfälliger Tilgung und einem Nominalzins von sechs Prozent p. a. betrachtet. Vereinfachend soll die Zinszahlung jährlich erfolgen und es wird für die Barwertermittlung eine horizontale Zinsstruktur-

[3] Vgl. Hager (2004, S. 218 ff.) sowie Romeike und Hager (2013, S. 194 ff.).

kurve am Interbankenmarkt von fünf Prozent über alle Laufzeiten unterstellt. Das bedeutet, dass Kreditinstitute Geld für jede beliebige Laufzeit zu fünf Prozent anlegen oder aufnehmen können, während der Kunde aufgrund der Marge und seiner Bonität sechs Prozent bezahlen muss. Der Kreditvertrag bedeutet für das Unternehmen sichere Zinsaufwendungen über zehn Jahre von −300.000 EUR p. a. und nach zehn Jahren eine Tilgungszahlung von −5.000.000 EUR. Werden diese Zahlungen mit fünf Prozent diskontiert, das heißt die −5.300.000 EUR im zehnten Jahr werden mit $1{,}05^{10}$ (=−5.300.00/$1{,}05^{10}$), die −300.000 im neunten Jahr mit $1{,}05^{9}$ usw. abgezinst, folgt daraus ein Barwert von −5.386.087 EUR. Das Unternehmen nimmt einen Kredit von 5.000.000 EUR auf und geht im Gegenzug zukünftige Zahlungsverpflichtungen mit einem Marktwert (Barwert) von 5.386.000 EUR ein.

Das Value Exposure des Unternehmens beträgt −5.386.076 EUR und es besteht ein Zinsrisiko in Form von sinkenden Zinsen. Würden beispielsweise einen Tag nach Abschluss des Kreditvertrags die Marktzinssätze von fünf Prozent auf vier Prozent für alle Laufzeiten sinken, hätte dies einen Anstieg des Value Exposures auf −5.811.090 EUR zur Folge. An der Zahlungsverpflichtung des Unternehmens hat sich nominal nichts geändert, es zahlt weiterhin jährlich 300.000 EUR Zinsen und am Ende der Kreditlaufzeit 5.000.000 EUR. Aber der wirtschaftliche Wert, das heißt der Marktwert dieser Position ist größer geworden, was jedoch für das Unternehmen einen Nachteil bedeutet. Denn nachdem die Marktzinsen gesunken sind, hätte das Unternehmen den Kredit mit einer günstigeren Zinsbelastung bekommen können, nun ist es aber schon vertraglich an die vergleichsweise hohe Zinszahlung gebunden. Daher ist der Marktwert der Verbindlichkeit gestiegen. Bei einer Umschuldung käme dieser Umstand durch die Vergütung einer Vorfälligkeitsentschädigung an die Bank zum Ausdruck. Der Barwert einer Vermögensposition (engl. value) im Zeitpunkt t = 0 bildet daher die Exposure, deren Risiko mit Hilfe eines barwertorientierten Modells messbar ist.

Anders verhält es sich bei erwarteten Cash Flows, deren Eintritt per se nicht sicher vorausgesagt werden kann. Aber auch wenn die geplanten Cash Flows näherungsweise realisiert werden, können sie hinsichtlich Zeitpunkt und Betrag von den Erwartungen abweichen. In Abb. 5.3 sind die erwarteten Umsatzerlöse für die nächsten zwölf Monate

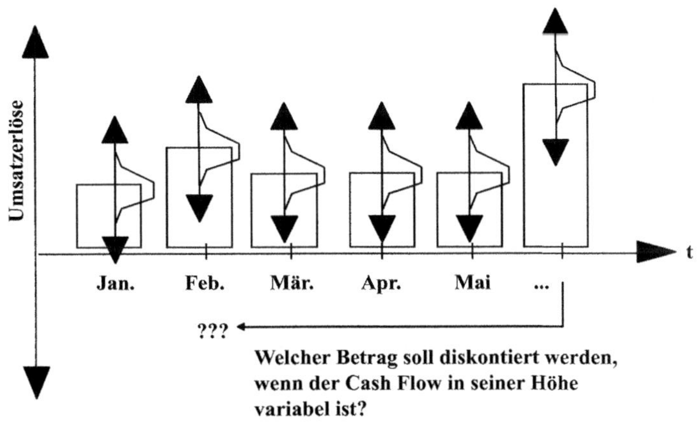

Abb. 5.3 Erwartete Umsatzerlöse als Beispiel für eine Cash Flow Exposure

gezeigt. Der gezeigte Cash Flow ist geplant, jedoch im Gegensatz zu den Zinszahlungen des Kredits nicht vertraglich fixiert. Hinsichtlich der sicheren Quantifizierung der monatlichen Umsatzerlöse besteht ein qualitativer Unterschied zum vorherigen Beispiel. In den erwarteten Umsatzerlösen sind viele Unsicherheiten enthalten. Die auf vielen Annahmen und Meinungen beruhende Schätzung der zukünftigen Absatzzahlen kann nicht mit vertraglich fixierten Zinszahlungen gleichgesetzt werden. Beispielsweise könnte die Marketing-Abteilung das Absatzpotenzial falsch eingeschätzt haben. Handelt es sich um Exportgeschäfte, könnten Wechselkursänderungen zu einer Verteuerung des Produktes auf dem ausländischen Markt und zu einem damit verbundenen Absatzrückgang führen. Zahlreiche Unwägbarkeiten können zu einer Abweichung von der Zielgröße führen.

Da es sich nicht um sichere, exakt quantifizierbare Cash Flows handelt, kann deren Barwert nicht berechnet werden. Selbst dann, wenn nur zwei unterschiedlich hohe Cash Flows je Zeitpunkt denkbar wären, etwa bestmöglicher und schlechtester denkbarer Monatsumsatz, wäre eine Barwertermittlung ohne einschränkende Prämissen nicht möglich. Von diesem konzeptionellen Problem abgesehen würde eine barwertige Messung zukünftiger Umsatzerlöse zu wenig brauchbaren Aussagen führen, denn welche Geschäftsleitung aus der Industrie oder dem Dienstleistungsgewerbe kann mit der Barwertschwankung seiner zukünftigen Umsatzerlöse etwas anfangen? Solche Steuerungsmodelle sind Kreditinstituten und Finanzdienstleistern vorbehalten. Industrie, Handel und Dienstleistung denken in Zahlungsströmen wie Cash Flows, EBIT oder Budgets und sollten daher auch zahlungsstromorientierte Risikomodelle anwenden.

Die bisherigen Überlegungen führen zu der Erkenntnis, dass es im Unternehmen zwei grundlegende Arten von Exposures gibt. Auf der einen Seite befinden sich die Value Exposures, denen Vermögenspositionen zu Grunde liegen. Die Vermögenspositionen werden mit den Barwerten von sicheren Cash Flows bewertet. Das Vermögen kann für einen bestimmten Zeitpunkt bewertet werden und dann als Grundlage von barwertorientierten Risikoberechnungen dienen. Auf der anderen Seite stehen die zeitraumbezogenen Cash Flow Exposures. Hierfür können keine Barwerte ermittelt werden, da zum Bewertungszeitpunkt noch nicht sicher ist, ob diese Cash Flows tatsächlich so eintreten werden, wie es erwartet wird. Um die Risiken für erwartete, aber nicht sichere Cash Flows zu berechnen, bedarf es eines zeitraumbezogenen Modells. In diesem Buch werden für beide Exposurearten, sowohl für Value Exposures (Kap. 9) als auch Cash Flow Exposures (dieses Kapitel), Risikomodelle vorgestellt.

Für die getrennte Betrachtung von finanziellen Cash Flow Exposures und Value Exposures erfolgt eine Abgrenzung der in diesem Buch behandelten Kategorien von Marktpreisrisiken. Als Wechselkurs-Cash-Flow-Exposure wird die Gesamtheit der in einer Fremdwährung nominierten erwarteten Cash Flows definiert, die in der Zukunft in eine andere Währung umgetauscht werden müssen (vgl. Abb. 5.4).[4] Dabei ist die relevante Zukunft definiert als der Zeitraum zwischen dem Betrachtungszeitpunkt und dem Ende des Planungshorizonts für unsichere Cash Flows. Dieser Zeitraum wird in den Beispielen in Monatsintervalle unterteilt, sogenannte Stützstellen. Jede andere Anzahl von Stützstellen, beispielsweise eine tageweise oder quartalsweise Betrachtung der Cash Flows, ist ebenso

[4] Vgl. Hager (2004, S. 22 f.).

	Cash Flow Exposure	Value Exposure
Beschreibung	- alle Cash Flows im Planungszeitraum - Stromgröße	- sichere Cash Flows - Bestandsgröße
Inhaber der Fremdwährung	- Risiko bei Abwertung der Fremdwährung - Umtauschbedarf unsicher	- Risiko bei Abwertung der Fremdwährung - Umtauschbedarf = Bestand
Käufer der Fremdwährung	- Risiko bei Aufwertung der Fremdwährung - Umtauschbedarf unsicher	- Risiko bei Aufwertung der Fremdwährung - Umtauschbedarf = Bestand

Abb. 5.4 Definition der Wechselkurs-Exposures

möglich. Die Höhe der Cash Flows ist zum Bewertungszeitpunkt unsicher, der Wechselkurs ist nicht fixiert und Verluste infolge von Wechselkursänderungen können nicht sofort an die Kunden durchgereicht werden.

Ein Beispiel für diese Exposureart sind die monatlichen Exportumsätze eines deutschen Automobilherstellers in den USA. Der Planungshorizont für die unsicheren Cash Flows möge ein Jahr betragen und die Zahlungen werden monatlich betrachtet (= zwölf Stützstellen). Wie viele Fahrzeuge in den USA während den nächsten zwölf Monaten verkauft werden können, ist noch nicht sicher. Damit ist auch noch nicht sicher, wie viele US-Dollar dem Automobilhersteller aus dem Verkauf der Fahrzeuge zufließen werden und es ist schwierig, das Wechselkursrisiko von den nur „erhofften" Cash Flows per Termingeschäft abzusichern. Gleichzeitig mögen die Verkaufspreise von den Fahrzeugen für die nächsten zwölf Monate in den Preislisten festgeschrieben sein und ein gegenüber dem US-Dollar fallender Euro kann nicht sofort durch Preiserhöhungen ausgeglichen werden. Das Risiko des Automobilherstellers besteht deshalb in der Abwertung des USD, bevor die Fahrzeuge abgesetzt und der Cash Flow von USD in EUR umgetauscht werden kann. Für den gleichen Planungszeitraum sind die sicheren Cash Flows kalkulatorisch zu berücksichtigen, damit es zu keiner fehlerhaften Einschätzung der Exposure kommt. Wenn beispielsweise die sicheren Cash Flows für Investitionen in USD die unsicheren Cash Flows aus Erlösen in USD übersteigen, besteht das Risiko nicht in einer Abwertung, sondern in einer Aufwertung des USD.

Die Wechselkurs-Cash-Flow-Exposure für ein Unternehmen, das zukünftig eine Fremdwährung kaufen muss, besteht in der Aufwertung der Fremdwährung. Ein Automobilhersteller, der Rohstoffe und Komponenten aus dem Ausland importiert, würde beispielsweise auch als Käufer von Fremdwährungen auftreten. Da sein eigener Absatz von Fahrzeugen Schwankungen unterliegt, ist auch der Bedarf an Rohstoffen und Zulieferteilen unsicher. Folglich ist der Fremdwährungsbedarf für den Einkauf im Ausland ebenfalls unsicher.

Unter der Wechselkurs-Value-Exposure ist das gesamte in einer fremden Währung gehaltene Vermögen zu verstehen, beispielsweise die Fremdwährungsbestände von inländischen Unternehmen für die Bezahlung von Importen und ausländischen Investitionen (vgl. Abb. 5.4). Das Risiko für die Vermögensposition besteht in einer Abwertung der gehaltenen Fremdwährung. Umgekehrt besteht das Risiko für eine Verbindlichkeit in ausländischer Währung in einer Aufwertung der Fremdwährung. Beispielsweise müsste ein deutsches Unternehmen nach Aufwertung des US-Dollar mehr EUR aufwenden, um die Zins- und Tilgungszahlungen für einen in USD aufgenommen Kredit zu begleichen. Die Value Exposure lässt sich durch die Diskontierung der sicheren Cash Flows ermitteln. Im Beispiel des Fremdwährungskredits ergibt sich die Wechselkurs-Value-Exposure aus dem Barwert der noch ausstehenden Zins- und Tilgungszahlungen.

Die Zins-Value-Exposure umfasst alle zukünftigen sicheren Cash Flows, wie sie beispielsweise aus festverzinslichen Wertpapieren, Mietverträgen oder mehrjährigen Lieferverpflichtungen mit fixen Mengen und Preisen resultieren (vgl. Abb. 5.5). Für die sicheren Cash Flows kann ein Barwert bestimmt werden, der wie oben gezeigt auch sofort realisierbar ist. Bei positiven Cash Flows besteht das Risiko in steigenden Zinsen, da infolge einer stärkeren Diskontierung der Barwert sinkt. Umgekehrt bedeuten sinkende Zinsen ein Risiko für negative Cash Flows, da in diesem Fall der steigende Barwert für das Unternehmen nachteilig ist.

Zum besseren Verständnis wird dieser Fall an einem Beispiel erläutert. Das Unternehmen möge einen festverzinslichen Kredit zu sechs Prozent p. a. aufgenommen haben und anschließend beginnen die Zinsen zu sinken. Der Barwert des Kredits stellt den aktuellen Wert der Verbindlichkeit dar und steigt bei sinkenden Zinsen. Das Unternehmen erleidet Verluste, da der steigende Barwert eine Verbindlichkeit des Unternehmens gegenüber dem Kreditgeber ist. Die Verluste aufgrund der gesunkenen Zinsen können ökonomisch so erklärt werden, dass das Unternehmen den gleichen Kredit nun zu einem geringeren Zinssatz erhalten könnte, folglich war der Abschluss zum hohen Zinsniveau von sechs Prozent unvorteilhaft. Der ökonomische Wert des hochverzinslichen Kredits muss mit sinkenden Zinsen abnehmen. Bei dem oben beispielhaft genannten Fremdwährungskredit liegt eine Kombination aus Wechselkurs-Value-Exposure und Zins-Value-Exposure vor.

Im Gegensatz zur Value Exposure ist die Ermittlung der Zins-Cash-Flow-Exposure schwieriger (vgl. Abb. 5.5). In die Zins-Cash-Flow-Exposure fließen alle Zahlungen ein, die bis zum Ende des für unsichere Cash Flows relevanten Planungshorizonts erwartet werden. Aus diesen Zahlungen wird unter Berücksichtigung der vorhandenen Liquidität der erwartete Netto-Refinanzierungsbedarf bzw. Anlagebedarf je Monat (= Stützstelle)

	Cash Flow Exposure	**Value Exposure**
Beschreibung	- alle Cash Flows im Planungszeitraum - Stromgröße	- sichere Cash Flows - Bestandsgröße
positive Cash Flows	- Risiko bei steigenden Zinsen - Zinsexposure ist variabel	- Risiko bei steigenden Zinsen - Zinsexposure ist bekannt
negative Cash Flows	- Risiko bei sinkenden Zinsen - Zinsexposure ist variabel	- Risiko bei sinkenden Zinsen - Zinsexposure ist bekannt

Abb. 5.5 Definition der Zins-Exposures

berechnet. Anschließend wird der Netto-Refinanzierungsbedarf über alle Stützstellen kumuliert und zu dem Netto-Refinanzierungsbedarf des Prognosezeitraums zusammengefasst. Das Risiko besteht in steigenden Zinsen. Für einen positiven Betrag ergibt sich ein Netto-Anlagebedarf im Prognosezeitraum mit einem Risiko bei sinkenden Zinsen. Für den gleichen Planungszeitraum sind die sicheren Cash Flows kalkulatorisch zu berücksichtigen, damit es zu keiner fehlerhaften Einschätzung der Exposure kommt. Beispielsweise können negative unsichere Cash Flows durch positive sichere Cash Flows kompensiert werden, so dass sich aus der integrierten Betrachtung beider Positionen eine andere Exposure ergibt als bei einer isolierten Betrachtung der unsicheren Cash Flows.

Als Rohstoff-Cash-Flow-Exposure eines Unternehmens, das als Käufer auftritt, wird die Gesamtheit der bis zum Ende des Planungshorizonts benötigten Rohstoffe definiert (vgl. Abb. 5.6). Der exakte Bedarf ist zum Betrachtungszeitpunkt noch nicht bekannt, der Bezugspreis ist nicht vertraglich fixiert und Verluste aus Rohstoffpreiserhöhungen können nicht sofort durchgereicht werden. Ein Beispiel für diese Exposure sind Unternehmen mit einem von der Nachfrage abhängigen Rohstoffbedarf, aber im Risikozeitraum verbindlichen Preisen. Für Unternehmen, die als Verkäufer von Rohstoffen auftreten, wie beispielsweise die ölfördernde und -verarbeitende Industrie, besteht die Rohstoff-Cash-Flow-Exposure in sinkenden Rohstoffpreisen. Dabei ist die zukünftige Absatzmenge unsicher und sinkende Rohstoffpreise müssen nicht automatisch zu höheren Absatzmengen führen. Beispielsweise können Erhöhungen der Mineralölsteuer auch bei sinkenden Rohstoffpreisen zu konstanten oder sogar abnehmenden Absatzmengen führen.

Die Rohstoff-Value-Exposure erfasst zum einen die vom Unternehmen gelagerten Rohstoffe, deren Wert ebenfalls Preisschwankungen unterliegen kann (vgl. Abb. 5.6). Die Lagerbestände bilden eine Vermögensposition, so dass sinkende Rohstoffpreise zu Wertverlusten führen. Zum anderen kann die Rohstoff-Value-Exposure aus einer Lieferverbindlichkeit bestehen, so zum Beispiel, wenn sich ein Unternehmen verpflichtet, eine festgelegte Menge von Rohstoffen zu einem festen Preis über einen bestimmten Zeitraum zu liefern. Das Risiko besteht in steigenden Rohstoffpreisen, von denen das ausliefernde Unternehmen wegen der Preisfestschreibung nicht profitieren kann. Der Abnehmer

	Cash Flow Exposure	Value Exposure
Beschreibung	- alle Cash Flows im Planungszeitraum - Stromgröße	- sichere Cash Flows - Bestandsgröße
Käufer	- Risiko bei steigenden Preisen - unsichere Einkaufsmenge (= zukünftiger Bedarf)	- Risiko bei sinkenden Preisen - Lagerbestand oder sichere Einkaufsmenge (Bedarf)
Verkäufer	- Risiko bei sinkenden Preisen - unsicherere Absatzmenge (= zukünftiger Absatz)	- Risiko bei steigenden Preisen - Lagerbestand oder sichere Verkaufsmenge (Absatz)

Abb. 5.6 Definition der Rohstoffpreis-Exposures

der Rohstoffe hat die entgegengesetzte Risikoposition. Seine Verpflichtung, die Rohstoffe zu einem festen Preis zu kaufen, hindert ihn daran, an sinkenden Rohstoffpreisen zu partizipieren.

Unabhängig von der Frage, welches Risiko in welcher Exposure-Art vorliegt, muss in einer grundsätzlichen Entscheidung stets der Rahmen der einzubeziehenden Unternehmensteile, Tochtergesellschaften und Beteiligungen festgelegt werden. Welche Unternehmensteile einbezogen werden sollten, hängt von den individuellen Gegebenheiten im Unternehmen ab. Tochterunternehmen, an denen das Mutterunternehmen nur quotal beteiligt ist, sollten, sofern eine Verlustbeteiligung ebenfalls quotal erfolgt und keine anderen Absprachen getroffen werden, auch quotal mit ihrer Risikoexposure einbezogen werden. Im Einzelfall kann es aber auch zu abweichenden Regelungen kommen. Werden beispielsweise für die nur anteiligen Tochtergesellschaften alle Risiken von der Muttergesellschaft übernommen und gesteuert, ist es sinnvoll, die Risikopositionen der Töchter nicht nur quotal, sondern vollständig einzubeziehen.

Für die erfassten Risikopositionen ist in einem zweiten Schritt zu prüfen, ob mögliche Risiken auch tatsächlich eintreten können. Beispielsweise wäre es denkbar, dass Verluste aus unerwarteten Rohstoffpreiserhöhungen oder Wechselkursänderungen direkt an die Kunden weitergegeben werden können. Solche Positionen sollten in der Risikoexposure unbeachtet bleiben. Umgekehrt kann die Preisentwicklung einzelner Rohstoffe eine herausragende Bedeutung für die Wettbewerbsfähigkeit von Unternehmen haben, wenn unerwartete Preisänderungen nicht sofort weitergegeben werden können. So sind beispielsweise Luftfahrt- und Touristikunternehmen besonders von Preisänderungen für Kerosin betroffen. Bei den im Beispiel genannten Branchen sind die Angebote in den Flugplänen und Reisekatalogen oftmals für 12 bis 24 Monate mit verbindlichen Preisen vertraglich festgelegt. Preiserhöhungen für Kerosin führen bis zur nächsten möglichen Preisanpassung zu geringeren Margen. Auf Märkten mit starkem Wettbewerb kann eine Preiserhöhung noch länger dauern oder ganz ausbleiben.

Schließlich ist die Festlegung eines Zeithorizonts für Risikomessungen notwendig. Sofern Value Exposures mit barwertorientierten Modellen gemessen werden, ist den Risikoprognosen häufig ein Zeithorizont der nächsten ein bis zehn Tage zu Grunde gelegt. Es empfiehlt sich, einen für alle Value Exposures einheitlichen Planungshorizont festzulegen, da sonst beispielsweise ein Zinsrisiko binnen Tagesfrist nicht aggregierbar ist mit dem Wechselkursrisiko der nächsten zehn Tage. Bei Cash Flow Exposures sind beliebige kurz- bis mittelfristige Zeithorizonte möglich, deren Länge auf der modelltechnischen Seite ausschließlich durch die Güte der Prognosemodelle für Risikofaktoren begrenzt wird. Der Planungshorizont für Cash Flow Exposures wird wesentlich länger sein als bei Value Exposures, sollte aber für alle Cash Flows Exposures einheitlich gewählt werden. Damit wird die Aggregierbarkeit von Risiken innerhalb der beiden Exposure Kategorien gewährleistet. Wegen der unterschiedlichen Zeithorizonte sind die beiden Exposure Kategorien jedoch nicht aggregierbar.

Die Unterscheidung nach Value Exposure und Cash Flow Exposure für alle Marktpreisrisiken bietet Vorteile gegenüber dem traditionellen Vorgehen, bei dem die nur erwarteten

Cash Flows wie sichere Cash Flows behandelt werden. Bei Anwendung eines traditionellen Konzepts müssen die operativen Abteilungen Punktschätzungen für ihre Cash Flows abgeben, zum Beispiel der Exporterlös in zwölf Monaten wird 1,5 Mio. EUR betragen. Dann können die operativen Cash Flows zu einem Barwert diskontiert und wie eine Value Exposure betrachtet werden. Dabei wird aber die Möglichkeit, dass der Exporterlös nur 1,3 Mio. EUR oder auch 1,6 Mio. EUR betragen könnte, nicht mehr berücksichtigt. Damit wird die Unsicherheit über die zukünftige Entwicklung der Exporterlöse ignoriert.

5.3 Szenario-Generierung für Marktpreisrisiken

Die Messung von Chancen und Risiken erfolgt mit Hilfe von alternativen Szenarien für die zukünftige Entwicklung der relevanten Risikofaktoren und die Veränderung von Umweltzuständen. Die erforderlichen Szenarien können aus der Historie, Expertenbefragungen, deterministischen Szenarioanalysen,[5] aktuellen Marktgegebenheiten und -preisen, Zufallszahlen und vielen anderen Quellen gewonnen werden. Im Bereich der Marktpreisrisiken wird häufig auf Terminpreise, historische und/oder per Zufallszahlen simulierte Preisänderungen zurückgegriffen. Terminpreise werden für meist an Börsen gehandelte Finanzinstrumente und Güter gestellt. Dazu gehören insbesondere Zinsen, Aktien, Wechselkurse, Rohstoffe und Energie. Für Zinsen, Wechselkurse und Rohstoffe wird im Folgenden exemplarisch die Ableitung von Terminpreisen aus aktuellen Marktpreisen vorgeführt.

Die Berechnung von Terminpreisen im Zinsbereich wird am Beispiel eines EUR-Swapzinssatzes gezeigt. Der 1-Jahres-Swapzins beträgt in dem Beispiel im Zeitpunkt $t = 0$ 3,77 %, der 2-Jahres-Swapzins liegt zu diesem Zeitpunkt bei 2,86 %. Als faire Forward Rate FR(1,1) wird in diesem Beispiel der Zinssatz für ein Geschäft bezeichnet, das in einem Jahr beginnt und eine Laufzeit von einem Jahr hat. Ein Unternehmen möge in einem Jahr eine Zwischenfinanzierung von 1.000.000 EUR benötigen und möchte sich das aktuell niedrige Zinsniveau sichern. Die Fragestellung ist, welcher Zinssatz für eine Finanzierung in einem Jahr mit Laufzeit ein Jahr marktgerecht ist und wie sich das Unternehmen diesen Zinssatz im Zeitpunkt $t = 0$ für die Zukunft sichern kann.

Terminpreise beruhen auf Arbitrageüberlegungen. Arbitrage bedeutet die Ausnutzung von Preisunterschieden für gleiche Güter von verschiedenen Anbietern oder Märkten. In der Finanzmathematik ist ein Marktpreis arbitragefrei, wenn durch keine Nachbildung mit anderen Finanzinstrumenten das gleiche Produkt oder der gleiche Zahlungsstrom zu einem günstigeren Preis erstellt werden kann. Im Beispiel der Geldaufnahme in der Zukunft könnte das Unternehmen versuchen, den gleichen Zahlungsstrom durch eine Kombination von Kassageschäften, das heißt Geschäften mit sofortigem Beginn per $t = 0$ nachzubilden. Um einen Betrag in einem Jahr für ein Jahr aufzunehmen, könnte das Unternehmen im Zeitpunkt $t = 0$ sofort einen zweijährigen Kredit von 990.982 EUR zu dem in $t = 0$ gültigen

[5] Vgl. hierzu vertiefend Romeike und Spitzner (2013) sowie die Ausführungen in Kap. 3.

2-Jahres-Zinssatz von 2,86 % aufnehmen und diesen Betrag im ersten Jahr zu dem 1-Jahres-Zinssatz von 3,77 % anlegen, da es die Liquidität erst ab dem zweiten Jahr benötigt.[6] Damit hätte das Unternehmen in t = 0 per Saldo eine Vermögensänderung von Null. Das ist gerechtfertigt, da das Unternehmen im Zeitpunkt t = 0 noch keinen Finanzierungsbedarf hat, folglich auch keine liquiden Mittel benötigt.

Nach dem Ablauf von einem Jahr sind die Kreditzinsen für das abgelaufene Jahr zu tilgen. Das Unternehmen hat eine Zinsschuld von 28.342 EUR zu bezahlen (=990.982 • 0,0286). Aus der 1-jährigen Geldanlage erhält es eine Zinszahlung von 37.360 EUR (=990.982 • 0,0377) und die angelegten 990.982 EUR. Per Saldo steht dem Unternehmen nach Verrechnung der Zinszahlungen 1.000.000 EUR Liquidität zur Verfügung. Das ist genau der Betrag, den das Unternehmen von t = 0 aus für den Zeitraum von t = 1 bis t = 2 aufnehmen wollte. Nach Ablauf des zweiten Jahres muss das Unternehmen für den zweijährigen Kredit mit Zins und Tilgung 1.019.324 EUR zurückbezahlen (=990.982 • 1,0377).

In Abb. 5.7 sind die Cash Flows der beiden Geschäfte über die Laufzeit von zwei Jahren dargestellt. Per Saldo hatte das Unternehmen einen Zahlungsmittelzufluss von 1.000.000 EUR im Zeitpunkt t = 1 und einen Zahlungsmittelabfluss von −1.019.324 EUR im Zeitpunkt t = 2. Für den Zeitpunkt t = 0 ist der Saldo Null. Der saldierte Cash Flow aus beiden Geschäften entspricht aus Sicht von t = 0 einer Geldaufnahme (Finanzierung) in einem Jahr für ein Jahr. Der Zinssatz für dieses Geschäft berechnet sich aus der Restschuld in t = 2 und dem „aufgenommenen" Kapital in t = 1. Dieser Zins ist die gesuchte Forward Rate (1,1) und beträgt 1,93 % (=1.019.324 EUR/1.000.000 EUR).

Auf arbitragefreien Märkten muss die Kombination aus einer zweijährigen Geldaufnahme mit einer einjährigen Geldanlage im ersten Jahr der Laufzeit zu dem gleichen Er-

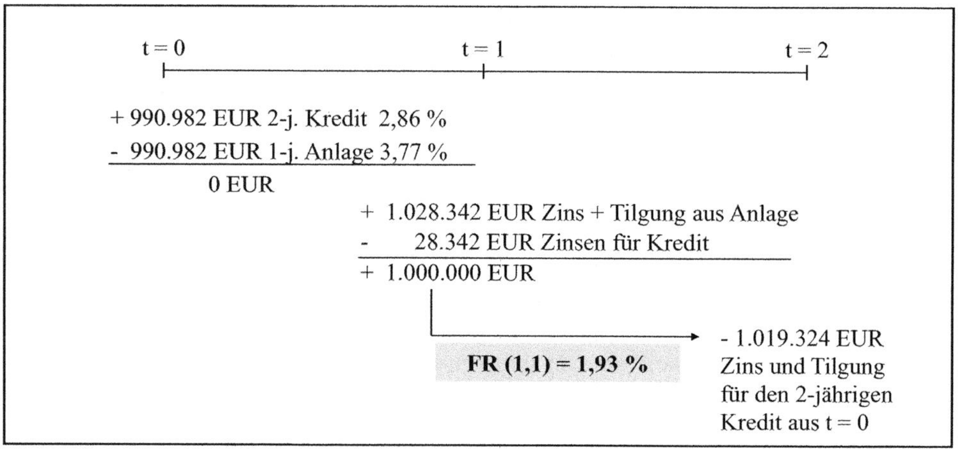

Abb. 5.7 Arbitragefreie Forward-Zinssätze

[6] Von Bonitätsaufschlägen für das Kreditausfallrisiko des Unternehmens wird an dieser Stelle vereinfachend abgesehen.

gebnis führen, wie der Abschluss einer einjährigen Geldaufnahme zum Forward-Zins (Terminpreis) mit Beginn in einem Jahr. Beide Varianten haben die gleiche Fristigkeit, den gleichen Zinsertrag und das gleiche Zinsrisiko. Der einzige Unterschied besteht darin, dass Variante 1 aus zwei Verträgen und Variante 2 aus nur einem Vertrag besteht. Folglich müssen beide Varianten zu dem gleichen Endvermögen in t = 2 führen.

Die arbitragefreien Forwardsätze werden teilweise als die Zinsmeinung des Marktes betrachtet und als Substitut für Zinsprognosen verwendet. Insbesondere für Risikoberechnungen erscheinen jedoch diese „Prognosen des Marktes" wenig geeignet. Dabei ist zu berücksichtigen, dass sich diese „Zukunftszinssätze" mathematisch aus der aktuellen Zinsstrukturkurve ergeben. Auf eine Meinung der Markteilnehmer kommt es hierbei nicht an. Bei einer normalen Zinsstrukturkurve, die für lange Laufzeiten höhere Zinssätze als für kurze Laufzeiten aufweist, werden sich stets über der aktuellen Zinsstrukturkurve liegende Forwardsätze ergeben. Die wechselnden Phasen hoher und niedriger Volatilitäten, der im Zeitablauf schwankende Risikoappetit der Marktteilnehmer und andere Marktunvollkommenheiten werden bei diesem Ansatz nicht berücksichtigt.

Die kalkulatorischen Zukunftszinssätze können als ein Vergleichsmaßstab für die eigene Zinsmeinung nützlich sein. Liegt die persönliche Zinserwartung unter dem Forwardsatz, wäre es beispielsweise sinnvoll, schon heute eine Geldanlage zu dem Forwardsatz abzuschließen. Das ist auch der Zweck von Forwardgeschäften, einen arbitragefreien Zinssatz für Geschäfte mit Beginn in der Zukunft schon heute vertraglich zu vereinbaren.

Ebenso wie Forward-Zinssätze können auch zukünftige, *deterministische Wechselkurse* berechnet werden. Wenn beispielsweise der 6-Monats-Zins in Deutschland 3,96 % p. a. und in den USA 2,54 % p. a. beträgt und der Wechselkassakurs bei 1,25 EUR/USD liegt, dann muss auf arbitragefreien Märkten der Terminkurs für den Umtausch von USD in EUR in sechs Monaten 1,24 EUR/USD betragen. In dieser Konstellation ist eine sechsmonatige Geldanlage in den USA gleichwertig zu einer sechsmonatigen Geldanlage in Deutschland, Arbitrage ist nicht möglich (vgl. Abb. 5.8).

Zur Ausnutzung des hohen Zinsniveaus in den USA könnte ein deutsches Unternehmen beispielsweise einen sechsmonatigen Kredit in Höhe von 10.000.000 USD zu 2,54 % aufnehmen, den Betrag zum aktuellen Kassakurs von 1,25 EUR/USD in 8.000.000 EUR umtauschen und in Deutschland zu 3,96 % für sechs Monate anlegen. In sechs Monaten ist eine Zahlung in Höhe von 8,158 Mio. EUR (=8 Mio. EUR • (1 + 0,0396/2)) für Zins und Tilgung zu erwarten. Das Risiko für das Unternehmen besteht in einer Aufwertung des US-Dollar gegenüber dem EURO, wodurch ein Teil des höheren Zinsertrags auf dem deutschen Markt verzehrt werden kann. Es besteht die Möglichkeit, das Wechselkursrisiko bereits am Tag der Geldanlage durch die vertragliche Fixierung eines Terminkurses für den Fälligkeitstermin abzusichern.

Aus den Arbitragefreiheits-Überlegungen muss der Terminkurs am Tag der Geldanlage 1,24 EUR/USD betragen. Wenn sich das Unternehmen diesen Wechselkurs sichert, hat es kein Wechselkursrisiko mehr und kann mit einem sicheren Cash Flow von 10,127 Mio. USD (=8,158 Mio. EUR • 1,24 EUR/USD) in sechs Monaten rechnen. Das ist gleichzeitig genau der Betrag, den das Unternehmen in sechs Monaten zur Tilgung des aufgenommenen Kredites in USD benötigt (=10,127 Mio. EUR • (1 + 0,0254/2)). Per Saldo ist keine

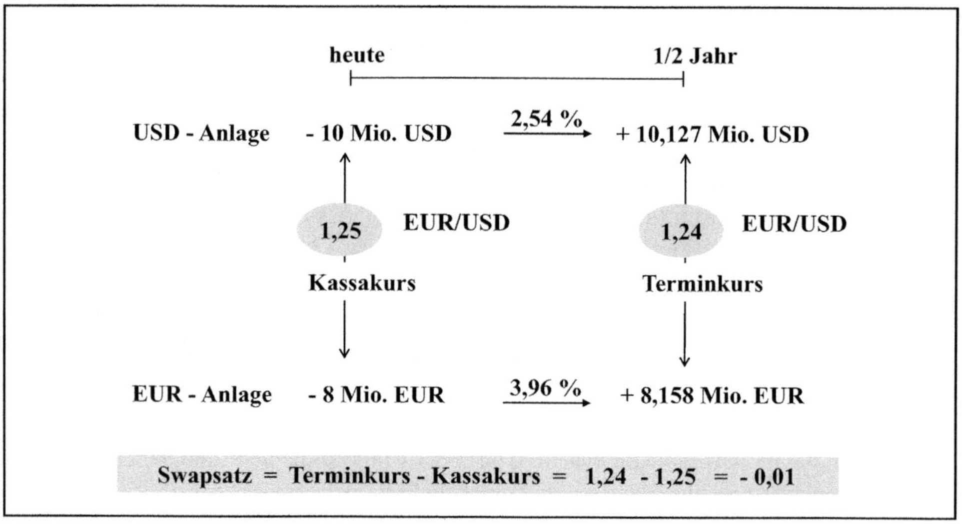

Abb. 5.8 Zukünftige, deterministische Wechselkurse

Arbitrage durch die Geldaufnahme zum niedrigeren Auslandszins bei gleichzeitiger Absicherung des Wechselkursrisikos möglich. Wie bei den Forward-Zinssätzen auch, handelt es sich bei den Terminkursen für Währungen um arbitragefreie Wechselkurse, die sich aus den aktuellen Kassakursen berechnen. Der gegenüber dem Kassakurs niedrigere Terminkurs ergibt sich aufgrund des in den USA gegenüber Deutschland niedrigeren Zinsniveaus. Die Devisenterminkurse bilden, wie zuvor die Forward-Zinssätze auch, eine Möglichkeit zur Marktbeobachtung. Für Risikoprognosen erscheinen sie ungeeignet. Auch die Devisenterminkurse ergeben sich aus rein kalkulatorischen Arbitrageüberlegungen.

Die Preise von Rohstoffen haben im Vergleich zu Aktienkursen, Zinsen und Wechselkursen grundlegend unterschiedliche Eigenschaften. Im Gegensatz zu den Finanzinstrumenten werden Rohstoffe nur von wenigen Marktteilnehmern für Spekulationszwecke gehalten. Die Spekulation mit Rohstoffen würde auch höhere Kosten als bei Finanzinstrumenten verursachen, denn die Depotgebühren für 10.000 Aktien sind nicht mit den Lagerkosten von 10.000 Tonnen Öl zu vergleichen. Davon werden die Futurepreise der Rohstoffe beeinflusst. Bei Finanzinstrumenten setzt sich der Futurepreis aus dem Kassakurs (Spotpreis) des zu Grunde liegenden Basisinstruments (Underlying) und den Cost of Carry zusammen (vgl. Gl. 5.1).

$$\text{Futurepreis}_{(F)} = \text{Spotpreis}_{(F)} + \text{Cost of Carry}_{(F)} \tag{5.1}$$

Die Cost of Carry bei Finanzinstrumenten sind abhängig von den Haltekosten des Underlyings. Durch den Kauf eines Zins-Futures spart der Käufer bis zum Erfüllungszeitpunkt die Finanzierungskosten für den Erwerb der gegenüber dem Future teureren Anleihe. Gleichzeitig entgehen ihm die Kuponzinsen, die er bei dem direkten Erwerb der Anleihe erhalten würde. Die ersparten Finanzierungskosten müssen den Futurepreis erhöhen, die entgangenen Finanzierungserträge mindern den Preis. Beide Komponenten zusammen ergeben die Cost of Carry (Finanzierungskosten – Finanzierungserträge bzw. Kreditzinsen – Kuponzinsen).

Die Cost of Carry der Rohstoffpreis-Futures enthalten weitaus mehr Komponenten als es bei den Finanzinstrumenten der Fall ist. Bei dem Kauf und Verkauf von Rohstoffen entstehen Transport-, Lager- und Versicherungskosten. In den meisten Fällen dienen Rohstoffe daher nicht der Spekulation, sondern der Weiterverarbeitung, so dass sie gegenüber den Finanzinstrumenten zusätzlich zu ihrem Kaufpreis einen Konsumwert (Convenience Yield) besitzen. Die Berücksichtigung der Convenience Yield kann bei Rohstoffpreisen zu einem Verlauf der Rohstoffpreise führen, der als „Backwardation" bezeichnet wird.

Die Backwardation ist in ihrem Verlauf mit einer inversen Zinsstrukturkurve vergleichbar und dadurch gekennzeichnet, dass die Spotpreise von Rohstoffen höher sind als die Futurepreise, das heißt ein Rohstoff ist heute mehr wert als zu einem Zeitpunkt in der Zukunft. Insbesondere bei wichtigen Rohstoffen wie Öl lässt sich der Effekt dadurch erklären, dass es bei Produktionsengpässen oder Transportproblemen von Öl, wie sie zum Beispiel als Folge von politischen Krisen auftreten können, zu teuren Absatzschwankungen und sogar Produktionsstillstand in der weiterverarbeitenden Industrie kommen kann. Daher wird aus dem physikalischen Besitz der Rohstoffe ein zusätzlicher Konsumwert erzielt, wodurch der Spotpreis höher ist als der Futurepreis. Die „normale" Marktsituation wird als „contango" bezeichnet und ist in ihrem Verlauf vergleichbar mit einer normalen Zinsstrukturkurve. Aufgrund der Cost of Carry sind höhere Rohstoffpreise für den Kauf zu einem Zeitpunkt in der Zukunft eine Folge der Lagerkosten des Verkäufers. Der Futurepreis für Rohstoffe setzt sich aus drei Komponenten zusammen (vgl. Gl. 5.2).

$$\text{Futurepreis}_{(R)} = \text{Spotpreis}_{(R)} + \text{Cost of Carry}_{(R)} - \text{Convenience Yield}_{(R)} \tag{5.2}$$

Kurzfristig sind Angebot und Nachfrage festgeschrieben. Daher reagieren Rohstoffpreise schon auf geringe Marktturbulenzen sehr sensibel und der Konsumwert ist entsprechend hoch. Nur mittel- und langfristig können die Produktionskapazitäten der Rohstofflieferanten sowie der rohstoffverarbeitenden Industrie angepasst werden. Deshalb kann bei Rohstoffpreisen zum Teil die Eigenschaft beobachtet werden, nach kurzfristig starken Schwankungen gegen einen Mittelwert zu konvergieren (Mean Reversion), der von ihren Produktionskosten abhängig ist. Die Mean Reversion vollzieht sich aber, wenn überhaupt, nur sehr langfristig. Der Effekt kann ausgesetzt werden, wenn zum Beispiel ein Rohstoff durch einen anderen substituiert wird und somit auf Dauer einen Wertverlust erleidet.

Die Futurepreise von Rohstoffen besitzen, wie auch die Forward-Zinssätze und Devisenterminkurse zuvor, keine hohe Prognosegüte bezüglich der zukünftigen Marktpreisentwicklung eines Rohstoffs. Die Kurven von Rohstoff-Futurespreisen können einen geknickten Verlauf annehmen (Smile-Effekt), was bedeutet, dass die Futurepreise für beispielsweise ein bis sechszehn Monate einen stark sinkenden Verlauf haben und die längerfristigen Futurepreise wieder steigen.[7] Einige Rohstoffe wie Agrargüter und Öl können abhängig vom Wetter saisonalen Schwankungen unterliegen. Eine verregnete Ernte wird zu steigenden Getreidepreisen und ein kalter Winter zu steigenden Ölpreisen führen. Auch diese Eigenschaften unterscheiden Rohstoffe von Zinsen oder Wechselkursen, wo etwa ein Zusammenhang zwischen der Außentemperatur und dem Euribor nicht erkennbar ist. Es ist aber nicht möglich, eine zwölfmonatige Wetterprognose zu erstellen und im Öl-Futurepreis zu berücksichtigen. Trotzdem wird das Wetter in zwölf Monaten den Ölpreis beeinflussen.

Zusammenfassend ist die Verwendung von Forward-Zinssätzen, Devisenterminkursen und Futurepreisen für Risikoprognosen abzulehnen. Terminpreise treten vom Zufall abhängig ein oder nicht. Die Gefahr besteht darin, dass das Unternehmen in seiner Risikoeinschätzung auf das Eintreten der Terminpreise vertraut und tatsächlich die entgegengesetzte Entwicklung stattfindet. Wünschenswert wäre im Risikocontrolling ein Konzept, das sowohl die Auswirkungen von steigenden als auch vor sinkenden Preisen quantifiziert und die daraus resultierenden Ergebniswirkungen mit Wahrscheinlichkeiten belegen kann. Im Folgenden werden hierzu Zufallsprozesse und daraus resultierende Vertrauensintervalle für die Entwicklung von Risikofaktoren entwickelt.

Die Entwicklung von zukünftigen Zinssätzen, Wechselkursen und Rohstoffpreisen kann als ein Zufallsprozess aufgefasst werden. Zum Zeitpunkt der Risikoprognose ist es ungewiss, ob die tatsächliche Entwicklung eines Marktpreises gemäß den aktuellen Terminpreisen verlaufen wird oder ob sich eine entgegengesetzte Entwicklung einstellt. Der Random Walk bildet einen Zufallsprozess ab und kann bei einer Vielzahl von Szenarien sowohl die Auswirkungen von hohen und mittleren als auch von niedrigen Wechselkursen simulieren. In Gl. 5.3a ist gezeigt, wie mit Hilfe eines einfachen (geometrischen) Random Walks[8] zukünftige Wechselkursentwicklungen simuliert werden können. Die Variable S_0 kennzeichnet den aktuellen Wechselkurs zum Zeitpunkt der Simulation. Im Beispiel notiert der Wechselkurs EUR/USD im Zeitpunkt $t = 0$ bei 1,2935. Der zweite Faktor enthält im Exponenten eine standardnormalverteilte Zufallszahl, die Standardabweichung der logarithmierten Wechselkursänderungen und die Wurzel aus der simulierten Zeitdauer. Dieses Produkt wird zur Basis $e \approx 2{,}718282$ potenziert und simuliert den Zufallsprozess. Die folgenden Ausführungen sind an Hager angelehnt.[9]

$$S_t = S_0 \cdot e^{\left(\text{standardnormalverteilte Zufallszahl} \cdot \sigma \cdot \sqrt{t}\right)} \tag{5.3a}$$

$$S_t = S_0 + \text{standardnormalverteilte Zufallszahl} \cdot \sigma \cdot \sqrt{t} \tag{5.3b}$$

[7] So ein Verlauf ist beispielsweise für Zinssätze nur in theoretischen Extremsituationen möglich. Bei Rohstoffen kann dieser Effekt hingegen zeitweise am Markt beobachtet werden.

[8] Vgl. Romeike und Hager (2010).

[9] Vgl. Hager (2004, S. 172 ff.) sowie Romeike und Hager (2013, S. 207 ff.).

Die Gl. 5.3b zeigt einen arithmetischen Random Walk. Beim geometrischen Random Walk sind größere Preissprünge möglich als bei dem arithmetischen, so dass je nach Einsatzzweck eine sinnvolle Variante gewählt werden kann. Beispielsweise werden Aktienkurse häufig als geometrischer Random Walk simuliert, da hier größere Kursausschläge und extreme Verläufe vom Ausgangspunkt denkbar sind, während stabile Wechselkurse tendenziell als arithmetischer Zufallsprozess betrachtet werden. Die Anwendung beider Varianten wird am Beispiel des Wechselkurses EUR/USD gezeigt. Dabei bleibt der Wert für die tägliche Standardabweichung σ konstant und für die Zeit t von eins bis 255 Handelstage wird der jeweils betrachtete Tag eingesetzt. Die standardnormalverteilte Zufallszahl wird mit Hilfe einer Monte-Carlo-Simulation beispielsweise 10.000-mal erzeugt. Daraus ergeben sich für jeden der 255 Handelstage 10.000 mögliche Wechselkurse.

Insgesamt werden 2,55 Mio. Simulationen benötigt. Statt nur einem historischen Preispfad, wie er bei einer Historischen Simulation entstehen würde, simuliert die Monte-Carlo-Methode 10.000 Preispfade. In Abb. 5.9 wird exemplarisch ein geometrischer und ein arithmetischer Random Walk für den Wechselkurs dargestellt. Wie im unteren Teil der Abb. 5.10 zu erkennen ist, werden mit den Random Walks auch einige wenige Wechselkurse außerhalb des zweiseitigen Vertrauensintervalls simuliert. Die Verwendung von Random Walks ermöglicht es, alle denkbaren zukünftigen Entwicklungen von Risikoparametern zu simulieren. Aus einer Vielzahl von simulierten zeitlichen Entwicklungen der relevanten Risikoparameter können später Verteilungen und Wahrscheinlichkeitsaussagen abgeleitet werden.

Um die simulierten Wechselkurspfade kann ein zweiseitiges Vertrauensintervall gespannt werden. Wenn für das Vertrauensintervall ein Wert z = 1,65 gewählt wird, dann liegen ca. 90 % der simulierten Preispfade in diesem Vertrauensintervall. Die obere Intervallgrenze ergibt sich aus Gl. 5.4 und die untere aus Gl. 5.5.

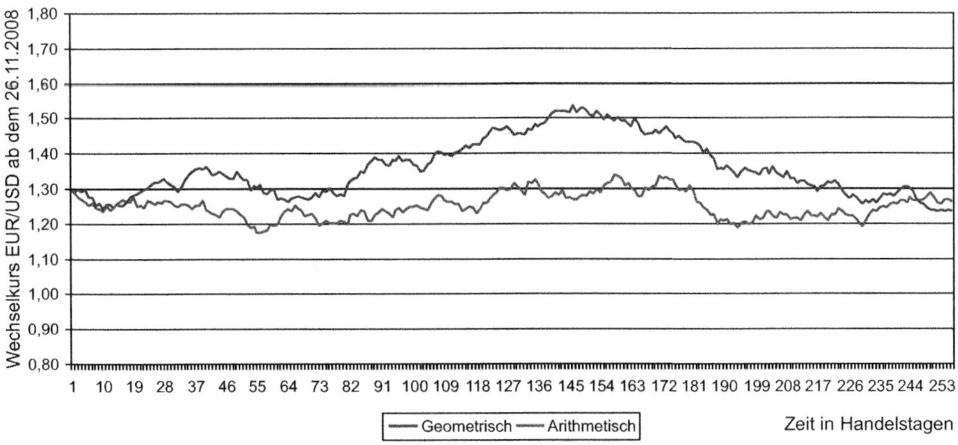

Abb. 5.9 Beispiele für einen geometrischen und einen arithmetischen Random Walk

$$\text{obere Intervallgrenze} \quad \text{mit } t = 1 \text{ bis } 255 \text{ und } z = 1{,}644853$$

$$S_{t^o} = S_0 \cdot e^{\left(-z \cdot \sigma \cdot \sqrt{t}\right)} \quad \text{(geometrischer Random Walk)} \tag{5.4}$$

$$S_{t^o} = S_0 + z \cdot \sigma \cdot \sqrt{t} \quad \text{(arithmetischer Random Walk)}$$

$$\text{untere Intervallgrenze} \quad \text{mit } t = 1 \text{ bis } 255 \text{ und } z = 1{,}644853$$

$$S_{t^u} = S_0 \cdot e^{\left(-z \cdot \sigma \cdot \sqrt{t}\right)} \quad \text{(geometrischer Random Walk)} \tag{5.5}$$

$$S_{t^u} = S_0 - z \cdot \sigma \cdot \sqrt{t} \quad \text{(arithmetischer Random Walk)}$$

In Abb. 5.10 ist der Verlauf einiger exemplarisch gewählter Szenarien für die zukünftige Entwicklung des Wechselkurses EUR/USD gezeigt. Die tulpenförmige Umrandung beschreibt das Vertrauensintervall, durch das ca. 90 % der simulierten Kurspfade laufen. Darüber und darunter werden jeweils weitere ca. fünf Prozent Kurspfade simuliert, die extremere Wechselkursentwicklungen simulieren. Bisher wurde für die Simulation des zukünftigen Wechselkurses nur der Random Walk verwendet. Zusätzlich zu diesem stochastischen Prozess kann eine deterministische Komponente im Sinne eines Trends berücksichtigt werden. Der Trendkomponente lässt sich entweder aufgrund von historischen Beobachtungen schätzten, oder sie wird aus dem Forward-/Futurepreis abgeleitet. Bei Betrachtung der historischen Entwicklung stellt sich die Frage, welche Historie der Trendbestimmung zu Grunde gelegt werden soll. So kann sich je nach Länge des historisch betrachteten Zeitraums jeweils ein anderer Trend ergeben. Oder ein historisch feststellbarer Trend bricht abrupt ab und die gegensätzliche Marktpreisentwicklung setzt ein (vgl. Abb. 5.11).

Statt der Orientierung an der Vergangenheit können zukunftsbezogene Parameter für die Trendabschätzung herangezogen werden. So könnte beispielsweise ein linearer aus der

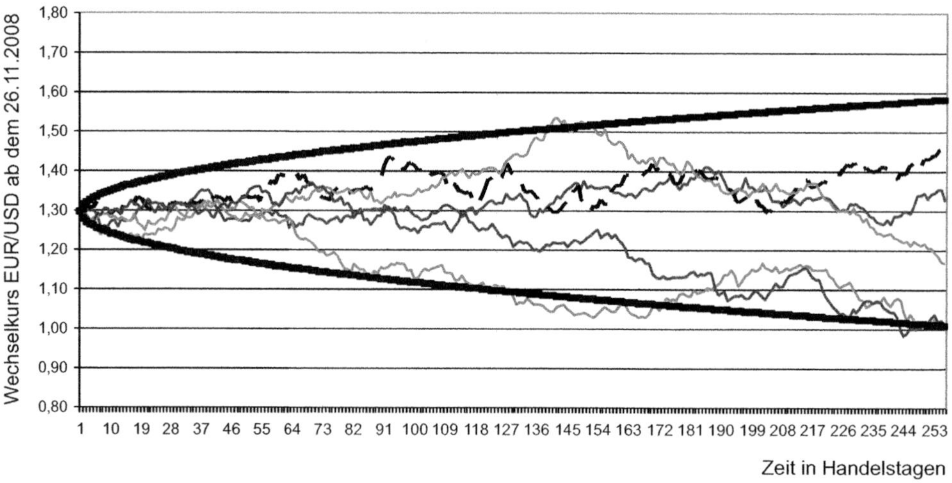

Abb. 5.10 Random Walks innerhalb eines Vertrauensintervalls

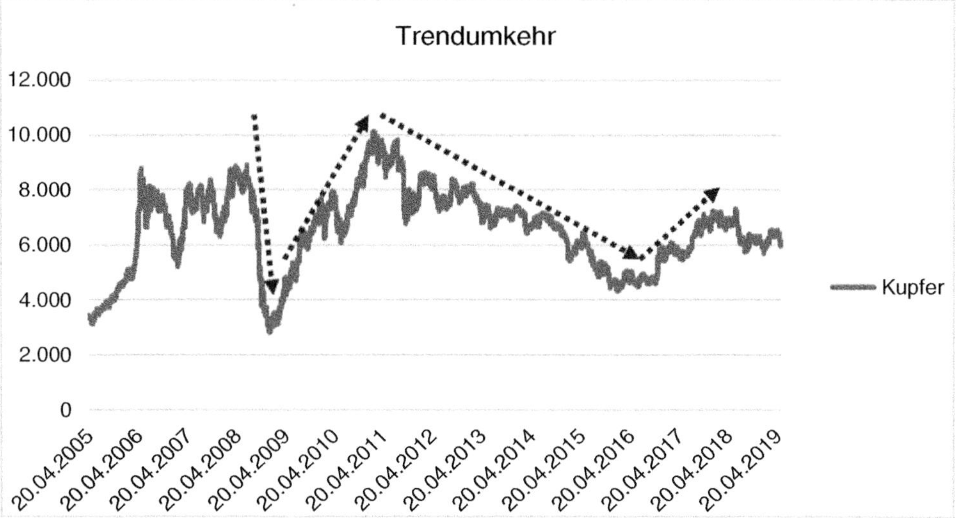

Abb. 5.11 Die Berücksichtigung historischer Trends

Forward-Prämie für einen Marktpreis abgeleitet werden, die sich als Differenz zwischen Devisenterminkurs und Devisenkassakurs berechnet. Um diesen linearen Trend gibt es eine zufallsbedingte Schwankung des Marktpreises. In den Gl. 5.6a und 5.6b werden sowohl der Trend als auch die stochastische Komponente in den Random Walks berücksichtigt.

$$S_t = S_0 \cdot e^{\left(\mu \cdot t + \text{standardnormalverteilte Zufallszahl} \cdot \sigma \cdot \sqrt{t}\right)} \tag{5.6a}$$

$$S_t = S_0 + \mu \cdot t + \text{standardnormalverteilte Zufallszahl} \cdot \sigma \cdot \sqrt{t} \tag{5.6b}$$

Im Exponenten der e-Funktion ist im Vergleich zu Gl. 5.3a ein neuer Summand enthalten. Mit dem Ausdruck μ • t wird ein im Zeitablauf t = 1 bis 255 sinkender Wechselkurs simuliert. Die Grenzen des zweiseitigen 90 % – Vertrauensintervalls werden in der Gl. 5.8a und 5.8b ebenfalls um die Trendkomponente erweitert (mit t = 1 bis 255 und z = 1,644853).

obere Intervallgrenze mit Berücksichtigung eines Trends

$$S_{t^o} = S_0 \cdot e^{\left(\mu \cdot t + z \cdot \sigma \cdot \sqrt{t}\right)} \quad \text{(geometrischer Random Walk)} \tag{5.7a/b}$$

$$S_{t^o} = S_0 + \mu \cdot t + z \cdot \sigma \cdot \sqrt{t} \quad \text{(arithmetischer Random Walk)}$$

untere Intervallgrenze mit Berücksichtigung eines Trends

$$S_{t^u} = S_0 \cdot e^{\left(\mu \cdot t - z \cdot \sigma \cdot \sqrt{t}\right)} \quad \text{(geometrischer Random Walk)} \tag{5.8a/b}$$

$$S_{t^o} = S_0 + \mu \cdot t - z \cdot \sigma \cdot \sqrt{t} \quad \text{(arithmetischer Random Walk)}$$

In Abb. 5.12 wird für die Simulation des Wechselkurses EUR/USD ab dem Zeitpunkt t = 0 ein steigender Trend unterstellt. Die Szenarien und das Vertrauensintervall passen sich dem Trend an. Die Größe und Richtung sowohl von historischen Trends als auch Trends aus Termingeschäfts-Prämien sind durch eine starke Abhängigkeit von dem betrachteten Zeitraum geprägt. Für die Bestimmung des Trends ist nur der erste und der letzte Wert des ausgewählten Zeitraums relevant. Der Zusammenhang wird an dem einfachen Beispiel deutlich.

$$\ln\ S = \ln\left(\frac{A_1}{A_0}\right) + \ln\left(\frac{A_2}{A_1}\right) + \ln\left(\frac{A_3}{A_2}\right) + \ln\left(\frac{A_4}{A_5}\right) + \ln\left(\frac{A_5}{A_4}\right) + \ln\left(\frac{A_6}{A_5}\right)$$

Für die Berechnung von ln S im Zeitraum von t_0 bis t_6 sind die Werte A_1 bis A_5 nicht notwendig, sie lassen sich kürzen. Die Gesamtveränderung, und damit auch der Trend von S, ist nur abhängig von dem Logarithmus aus A_6/A_0. Einen Tag später wird der Wert von A_0 durch A_1 ersetzt und für A_6 folgt A_7. Der Trend könnte nun ganz anders aussehen. Es zeigt sich, dass die Trendbestimmung wesentlich von dem Betrachtungszeitpunkt und dem ausgewählten Zeitfenster abhängig ist. Das gilt auch für Termin (Forward)-Prämien, da sie aus kalkulatorischen Arbitragerechnungen resultieren und sich täglich mit den Spot-Preisen ändern.

Die Verwendung von Trends setzt in einem ersten Schritt voraus, dass die historische Entwicklung oder die Termingeschäfts-Prämien als zuverlässige Indikatoren für die Zukunft verwendet werden können. In einem zweiten Schritt wäre mit Hilfe eines rollierenden Zeitfensters eine Mittelung der Trendberechnungen durchzuführen, um so eine größere Unabhängigkeit von einem einzigen Betrachtungszeitpunkt zu gewährleisten. Für historische Trends könnte beispielsweise die Trendkomponente für A_{30}/A_0, A_{31}/A_1, … ,

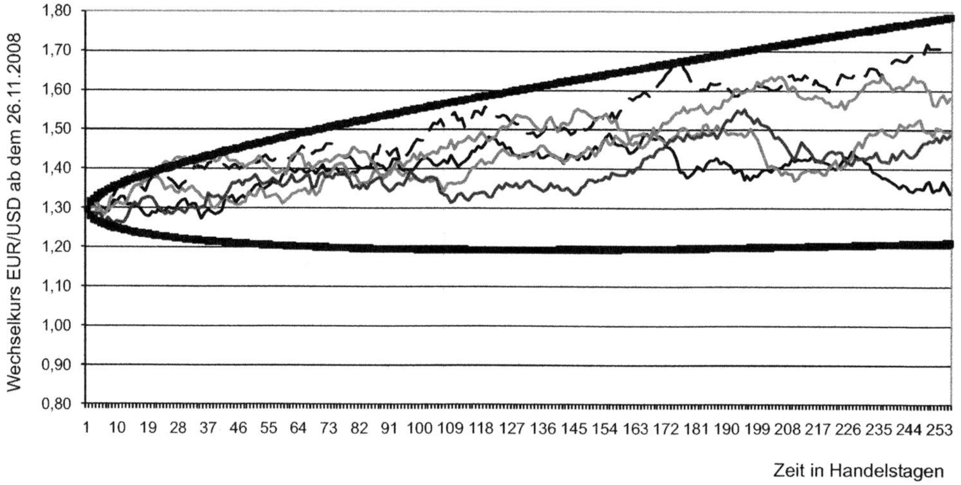

Abb. 5.12 Prognose mit Trend und Random Walk

A_{59}/A_{29} bestimmt werden. Mit den 30 ermittelten Trends könnten 30 Prognosen erstellt werden, aus denen in einem zweiten Schritt der Mittelwert zu berechnen wäre. Das Vorgehen bei Verwendung von Forward-Prämien ist analog, nur werden dabei die Forward-Prämien der letzten 30 Tage verwendet.

Durch die Verwendung von Trends werden Prognoseverfahren aufwendiger. Wegen der Unsicherheit über die zukünftige Relevanz der ermittelten Trends sind nach Möglichkeit Prognoseverfahren ohne Trendberücksichtigung zu verwenden. Sofern Risikoprognosen ohne Trendkomponente keine zufriedenstellende Prognosegüte liefern, sollte eine empirische Untersuchung folgen, welche Trendkomponente die valideren Ergebnisse liefert. Eine Alternative bieten die ökonometrischen Modelle.

Ökonometrische Modelle leiten aus einer Vielzahl von Marktpreisen und ökonomischen Kennzahlen Prognosen ab. Im Vergleich zu den Prognosen auf Basis von Terminpreisen oder Random Walks sind die ökonometrischen Modelle komplexer und benötigen einen großen Datenhaushalt. Der Einsatz von ökonometrischen Modellen ist dann sinnvoll, wenn mit den einfachen Random Walk Modellen keine zuverlässigen Risikoprognosen zu erzielen sind.

In der Praxis des Währungsmanagements überwiegt die Fundamental-Analyse wenn makroökonomischer Variablen berücksichtigt werden sollen, weil die Verwendung von ökonometrischen Modellen zu zeitaufwendig ist. Für das Rohstoffpreismanagement bevorzugen Praktiker ebenfalls die Auswertung von fundamentalen Informationen und die Technische Chartanalyse. Insbesondere die Chartanalyse wird in der Praxis gerne durchgeführt, da sie wenig Aufwand bereitet und keine Kenntnisse der komplexen ökonometrischen Modelle voraussetzt. Gleichzeitig erfordert die Chartanalyse im Vergleich zu den ökonometrischen Modellen keine hohen Rechenkapazitäten.

Vor diesem Hintergrund gilt es, einen Ansatz zu finden, der anders als beispielsweise die zinsrisikospezifischen Modelle auf möglichst viele Risikofaktoren wie Aktienkurse, Wechselkurse und Rohstoffpreise anwendbar ist. Der Ansatz muss in der Lage sein, sehr viele denkbare Marktsituationen abzubilden und statt einzelner Punktschätzungen einen Korridor für die zukünftige Entwicklung der Risikoparameter aufzuzeigen.

Ein Random-Walk-Modell kann den Anforderungen der Praxis ebenfalls gerecht werden. Im Gegensatz zu anspruchsvollen ökonometrischen Modellen benötigt ein Random-Walk-Modell weniger Dateninput und ist einfacher zu implementieren. Die Simulation mit einem Random-Walk- Modell kann, wenn ein Rechenkern für die stochastische Simulation (Monte-Carlo-Simulation) vorhanden ist, mit Hilfe einer Tabellenkalkulation auf die individuellen Bedürfnisse des Unternehmens abgestimmt werden.

In dem breit angelegten Test der RiskMetrics Group wurden 65 Marktpreise aus den vier Assetklassen Währungen, Zinsen, Aktien und Rohstoffe über einen Zeithorizont von zwölf Monaten prognostiziert. Die Wahrscheinlichkeit für das zweiseitige Vertrauensintervall beträgt 90 %, so dass nach unten und oben insgesamt 10 % Ausreißer zu erwarten wären.

Die tatsächliche Anzahl der Ausreißer für die einzelnen Modelle ist in Tab. 5.1 gezeigt. Die beiden gezeigten Modelle sind nur einen Auszug der Untersuchung, da noch mehr

Tab. 5.1 Backtesting der Modelle für Langzeitprognosen

Modell	Anzahl der Ausreißer (erwartet 10 %)
Random Walk ohne Trendkomponente	3,23 % bis 8,60 %
Random Walk mit Trendkomponente	5,40 % bis 14,63 %

Modelle analysiert wurden. In der Darstellung der RiskMetrics Group werden Intervalle angegeben, die die Bandbreite der Ausreißer über alle Assetklassen angeben.[10] Der Random Walk mit Trendkomponente liefert in dem Backtesting mehr Abweichungen von den erwarteten zehn Prozent nach unten und oben als der Random Walk ohne Trendkomponente. Dieser erweist sich als konservativ und führt in dem vorliegende Backtesting stets zu weniger Ausreißern, als bei Anwendung eines 90 % Vertrauensintervalls zu erwarten wären.

Bei dem Testergebnis der RiskMetrics Group handelt es sich um eine Zusammenfassung der Prognosegüte für 65 einzelne Marktpreise. Bei Hager werden die Prognosen eines Random-Walk-Modells ohne Trendkomponente mit den über einen Zeitraum von 255 Tagen tatsächlich eingetretenen Marktpreisen für Aluminium, Gold, Kupfer, Öl, Silber, Swapzinsen und für die beiden Wechselkurse EUR/USD und USD/JPY verglichen.[11] Es zeigt sich, dass für alle betrachteten Risikofaktoren die tatsächliche Marktentwicklung weitgehend von den Vertrauensintervallen des Prognosemodells erfasst wird. Das Random-Walk-Modell schafft den Kompromiss zwischen der notwendigen Kompatibilität, um viele unterschiedliche Risikofaktoren und damit die individuellen Anforderungen eines Unternehmens abbilden zu können, einer geringen Rechenzeit, zuverlässigen Prognosen und einer überschaubaren Komplexität (Modellrisiko). Daher erscheint zunächst die Beschränkung auf ein einfaches Modell wie den Random Walk ohne Trend sinnvoll.

Auf die Berücksichtigung von Korrelationen zwischen den Risikofaktoren bei der Erstellung von mittel- und langfristigen Prognosen wird verzichtet. Zum einen hat die Diskussion im ersten Teil des Buches bereits die konzeptionellen Unzulänglichkeiten der Korrelation aufgezeigt. Insbesondere ist die fehlerhafte Abbildung nichtlinearer Zusammenhänge hier noch einmal zu nennen. Zum anderen können sich Korrelationen im Zeitablauf schnell ändern, im Extremfall kommt es zum Correlation Breakdown. Am Beispiel von Rohöl und Heizöl wird noch ein anderes Problem deutlich. Für die beiden Rohstoffpreise lässt sich empirisch eine starke positive Korrelation nachweisen. Wenn der Rohölpreis steigt, steigt auch der Heizölpreis. Umgekehrt ist bei sinkenden Rohölpreisen oft nur eine Seitwärtsbewegung des Heizölpreises zu beobachten. Die Korrelation ist ein in der Praxis beliebtes Maß zur Messung der Wechselbeziehungen von Risikofaktoren. Jedoch ist die Korrelation für längere Prognosehorizonte wenig geeignet, da sich hier der Grad der wechselseitigen Abhängigkeit im Zeitablauf deutlich verändern kann.

[10] Vgl. Kim et al. (1999, S. 87).

[11] Vgl. Hager (2004, Anhang C.2).

Seit einigen Jahren werden Copulas als Alternative zu Korrelationen in der Wissenschaft diskutiert und in der Praxis angewendet.[12] Copulas beschreiben die Abhängigkeit zwischen zwei oder mehreren Zufallsvariablen, so dass sie zu einer gemeinsamen Verteilung zusammengeführt werden können, die dann als Grundlage für weitere Auswertungen dient. Das Konzept des Copula-Ansatzes wird an einem Beispiel skizziert.

Für ein Unternehmen soll eine GuV-Simulation für das kommende Geschäftsjahr durchgeführt werden. Hierbei wird vereinfachend zwischen den beiden Summenposten Erträge und Aufwendungen unterschieden. Aus den Erfahrungen der vergangenen Jahre können die Erträge und Aufwendungen die in Tabelle gezeigten Realisationen annehmen, denen bereits Eintrittswahrscheinlichkeiten zugeordnet wurden.

Die Faltung der beiden Zufallsvariablen E (Erträge) und A (Aufwendungen) zu einer gemeinsamen Zufallsvariable G (Gewinn) ist durch einfache Subtraktion nur möglich, sofern E und A unabhängig voneinander sind. In diesem Fall wird die gemeinsame Verteilungs- bzw. Dichtefunktion für G als Produkt der Randverteilungen respektive Randdichten konstruiert. Die gemeinsame Verteilungs- bzw. Dichtefunktion G wird verwendet, um beispielsweise den Erwartungswert oder ein Quantil für den Gewinn unter Berücksichtigung der Abhängigkeiten von Erträgen und Aufwendungen zu bestimmen. Die Faltung ist jedoch nur möglich bei unabhängigen Zufallsvariablen.

Der in der Praxis häufiger eintretende Fall wird jedoch eine Abhängigkeit zwischen den Zufallsvariablen beinhalten. Hierbei können mit Hilfe von Copulas beliebig verteilte Zufallsvariablen mit beliebigen Abhängigkeiten anhand ihrer Randverteilungen in einer gemeinsamen Verteilungsfunktion beschrieben werden. Die Copula legt die Art der Abhängigkeit fest, z. B. schief oder symmetrisch. Auch nichtlineare Abhängigkeiten können mit Copulas im Gegensatz zu Korrelationen berücksichtigt werden. In Abb. 5.13 sind jeweils die Quantile zweier Zufallsvariablen geplotet. Während auf der linken Seite keine Abhängigkeit zwischen den Quantilen erkennbar ist, zeigt die rechte Seite einen deutlichen Zusammenhang.[13] Die Copula drückt aus wie stark dieser Zusammenhang ist. Mit Hilfe der geschätzten Copula kann aus den beiden Zufallsvariablen ähnlich wie im Beispiel der Tab. 5.2 (Ertrag und Aufwendungen), jedoch nun unter Berücksichtigung der Abhängigkeit die gemeinsamen Verteilungs- und Dichtefunktion für den Gewinn bestimmt werden.

Die Bestimmung von Copulas ist jedoch mathematisch anspruchsvoll und ein bis heute aktuelles Forschungsthema. Da es schwierig ist die theoretisch exakte Copula zur Beschreibung der Abhängigkeiten zu ermitteln, wird in der Praxis mit Näherungen und Schätzungen gearbeitet. Eine beliebte Copula-Funktion ist die Normal-Copula auf Basis von zuvor gemessenen Korrelationen. Mit der Normal-Copula lässt sich zeigen, dass für normalverteilte Zufallsvariablen der Copula-Ansatz identische Ergebnisse wie

---

[12] Vgl. Beck et al. (2006, S. 29–33), Nelsen (2006), Embrechts et al. (2002, S. 176–223) sowie Mai und Scherer (2017).

[13] Vgl. Mai und Scherer (2012).

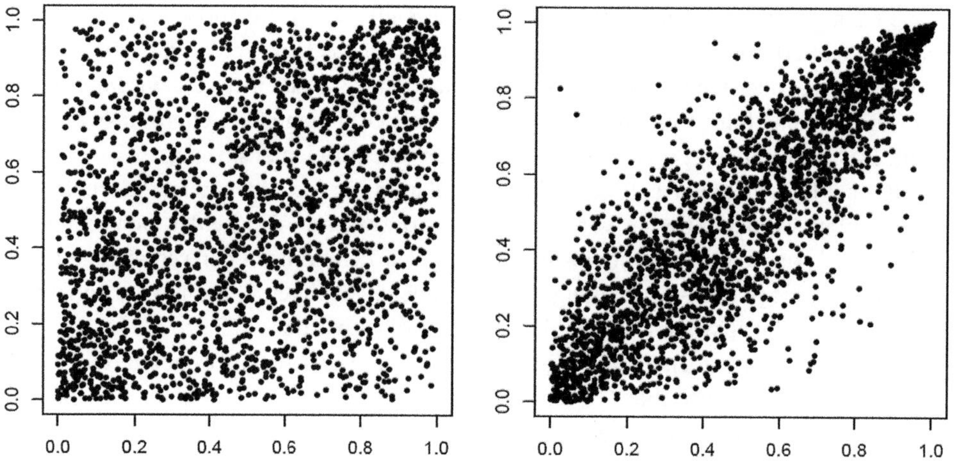

Abb. 5.13 Abhängigkeit der Quantile

Tab. 5.2 Beispiel für die Verteilung einer zweidimensionalen diskreten Zufallsvariable mit Randverteilungen

	Erträge	20.000	50.000	100.000	Randvert.
Aufwendungen					
15.000		0,20	0,15	0,10	0,45
40.000		0,10	0,05	0,20	0,35
65.000		0,05	0,05	0,10	0,20
Randverteilung		0,35	0,25	0,40	1,00

ein klassisches Risikomodell mit Korrelationen liefert. Der Vorteil des Copula-Ansatzes besteht aber darin, dass zur Berücksichtigung von Abhängigkeiten zwischen Zufallsvariablen nicht zwingend unterstellt werden muss, dass alle Zufallsvariablen normalverteilt oder zumindest gleichartig verteilt sind. Stattdessen können auch beliebige Verteilungen zu einer gemeinsamen Verteilung verknüpft und diese dann ausgewertet werden.

Losgelöst von der Frage der Aggregation voneinander abhängiger Zufallsvariablen ist es möglich, für unterschiedliche Marktpreise auch unterschiedliche Prognosemodelle zu verwenden. Grundsätzlich sind Kombinationen wie beispielsweise die Verwendung eines ökonometrischen Modells für den Risikofaktor A, der Einsatz eines Random Walkes mit Trend für den Risikofaktor B und die Prognose mit einem Random Walk ohne Trend für den Risikofaktor C denkbar. Eine Kombination von mehreren Prognosemodellen ist dann zu rechtfertigen, wenn sie zu insgesamt besseren Prognosen führt, weil für jeden Risikofaktor das Modell gewählt wurde, das dessen Verlauf am besten beschreiben kann. In diesem Kapitel wird für die Prognose aller Marktpreise ein Random Walk ohne Trend verwendet.

5.4 Fallstudie: Management von Marktpreisrisiken im Einkauf

Ein fiktives Unternehmen, die Inntal AG, möchte aufgrund eines stark schwankenden Kupferpreises und Wechselkurses von EUR/USD ihr Risiko im Einkauf von Rohstoffen reduzieren. Vor der Absicherung des Rohstoffpreis- und Wechselkursrisikos möchte der Vorstand eine Schätzung, in welchem Umfang das Jahresergebnis des Geschäftsjahres t + 1 durch volatile Marktpreise beeinträchtigt werden kann. Die relevante Größe für die interne Steuerung bilden die Earnings before interest and taxes (EBIT).[14]

Vereinfachend wird zunächst von einem konstanten Einkaufsbedarf von zehn Tonnen Kupfer pro Monat ausgegangen. Zwei Risikofaktoren sind zu berücksichtigen: Der volatile Kupferpreis in USD pro Tonne und der Wechselkurs EUR/USD. Beginn der Planung ist t = 0 und der Planungshorizont endet t = 1, also nach genau einem Jahr. Für den Kupferpreis wird ein geometrischer Random Walk angenommen, da hierfür in der Historie zum Teil erratische Preisschwankungen zu verzeichnen waren. Der Wechselkurs EUR/USD wird als arithmetischer Random Walk simuliert. Die Volatilitäten beider Risikofaktoren werden aus dem Vorjahr gemessen, und auf eine Verwendung von Trends wird verzichtet. Für die Messung der Chancen und Risiken wird eine Wahrscheinlichkeit von 95 % zu Grunde gelegt.

Zu Beginn des Zeitraums t = 0 bis t = 1 beträgt der Wechselkurs EUR/USD 1,4598 und der Kupferpreis steht bei 6676,50 USD/T. Für den geometrischen Random Walk wird die Standardabweichung der logarithmierten Tagesrenditen aus dem Vorjahr bestimmt, deren Wert bei 0,020 liegt. Die Standardabweichung der Tagesdifferenzen des Wechselkurses EUR/USD beträgt für den gleichen Zeitraum 0,005. Wegen des häufig zu beobachtenden Volatilitätsclusterings, bei dem sich volatile und ruhige Marktphasen regelmäßig abwechseln, kann es bei Verwendung einer sehr kurzfristigen Volatilität zu falschen mittelfristigen Risikoprognosen kommen. In einer Phase hoher Volatilitäten würde es zu einer Überschätzung und in einer Phase niedriger Volatilitäten zu einer Unterschätzung der Volatilität für die nächsten zwölf Monate kommen. Bei der Auswahl einer sehr langfristigen Volatilität wird das Modell aber zu träge. Daher wird als Kompromiss häufig der historische Beobachtungszeitraum genauso lang gewählt wie der zu prognostizierende Planungszeitraum lang ist. Abb. 5.14 zeigt die gesamte zur Verfügung stehende Historie von t = 0 für 1122 Tage in die Vergangenheit zurück und den Verlauf der beiden Risikofaktoren.

Mit Hilfe einer stochastischen Simulation (Monte-Carlo-Simulation) werden für jeden der 255 Tage 10.000 standardnormalverteilte Zufallszahlen generiert, aus denen sich 10.000 mögliche Wechselkurse und Kupferpreise pro Tag ergeben. Mit den Zufallszahlen wird gleichzeitig eine Wechselkursänderung und Kupferpreisänderung angenommen. Insgesamt simuliert die stochastische Simulation in dem Prognosezeitraum

[14] EBIT: Bezeichnet den Gewinn vor Zinsen und Steuern. In der gängigen Definition werden bei diesem Ergebnis alle außerordentlichen Ergebnisse sowie das Finanzergebnis und die Steuern ignoriert. Ziel ist das Ergebnis aus dem betrieblichen Kerngeschäft innerhalb einer Periode.

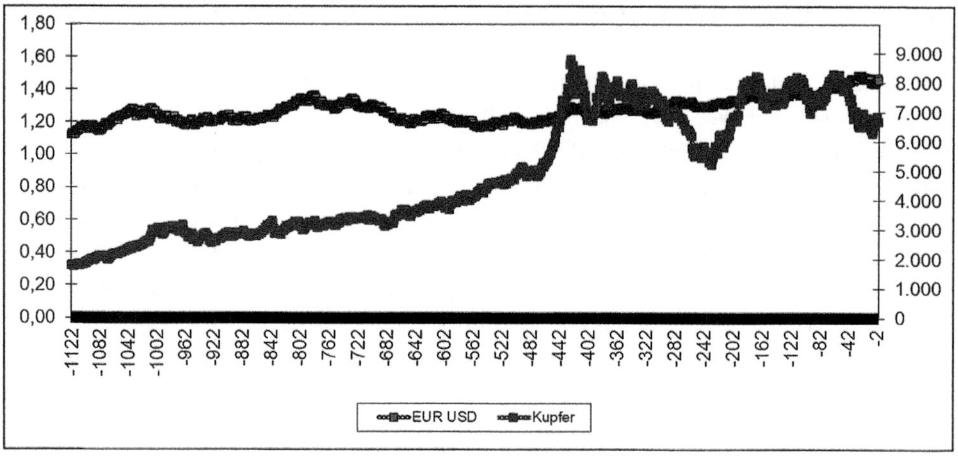

Abb. 5.14 Historischer Verlauf für Kupferpreis und EUR/USD

von 255 Handelstagen je 2,55 Mio. Wechselkurse und Kupferpreise, die auch als 10.000 Pfade interpretiert werden können.[15]

Simulation des Wechselkurses EUR/USD für die ersten drei Tage des Planungshorizonts auf Basis eines geometrischen Random Walks mit standardnormal verteilten Zufallszahlen:

$$T = 0{,}1.\text{Tag}: \quad Wk_1 = 1{,}12 \cdot e^{(N(0;1)-\text{Zufallszahl}} \cdot 0{,}005 \cdot \sqrt{1})$$
$$T = 0{,}2.\text{Tag}: \quad Wk_2 = Wk_1 \cdot e^{(N(0;1)-\text{Zufallszahl}} \cdot 0{,}005 \cdot \sqrt{1})$$
$$T = 0{,}3.\text{Tag}: \quad Wk_3 = Wk_2 \cdot e^{(N(0;1)-\text{Zufallszahl}} \cdot 0{,}005 \cdot \sqrt{1})$$

Simulation des Kupferpreises USD/Tonne für die ersten drei Tage des Planungshorizonts auf Basis eines arithmetischen Random Walks mit standardnormal verteilten Zufallszahlen:

$$T = 0{,}1.\text{Tag}: \quad CU_1 = 6.022{,}75 + N(0;1) - \text{Zufallszahl} \cdot 0{,}02 \cdot \sqrt{1})$$
$$T = 0{,}2.\text{Tag}: \quad CU_2 = CU_1 + N(0;1) - \text{Zufallszahl} \cdot 0{,}02 \cdot \sqrt{1})$$
$$T = 0{,}3.\text{Tag}: \quad CU_3 = CU_2 + N(0;1) - \text{Zufallszahl} \cdot 0{,}02 \cdot \sqrt{1})$$

Abb. 5.15 zeigt exemplarisch je einen simulierten Pfad für den zukünftigen Verlauf des Wechselkurses EUR/USD und den Kupferpreis. Während der Wechselkurs aufgrund seiner geringeren Standardabweichung und des arithmetischen Random Walks sich nur geringfügig verändert, unterliegt der volatilere Kupferpreis in der Simulation als geometrischer Random Walk höheren Schwankungen. Die gezeigten Pfade für den Wechselkurs

[15] Ein handelsüblicher Computer benötigt eine geeignete Simulationssoftware (beispielsweise Risk Kit, @Risk oder die Statistik-Programmiersprache R) wenige Sekunden für die Simulation.

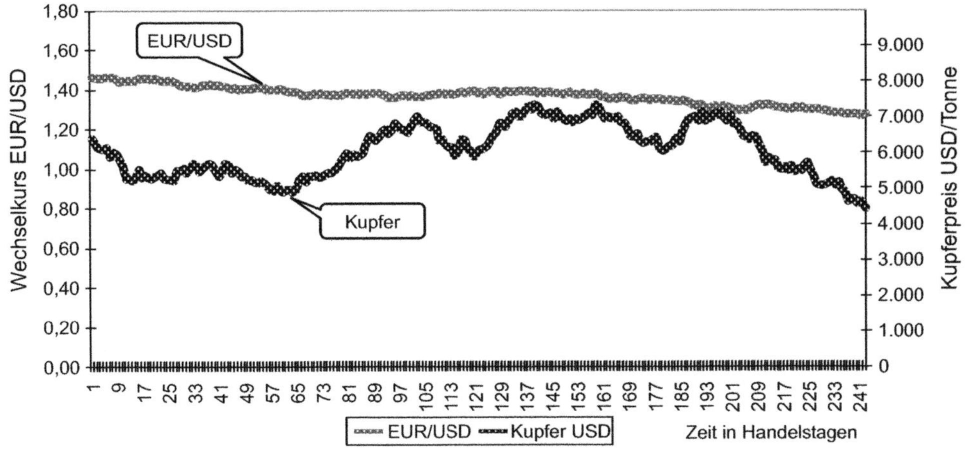

Abb. 5.15 Beispiel für die Simulation der beiden Risikofaktoren

und den Kupferpreis sind nur exemplarisch. Unter den simulierten Szenarien sind auch volatilere Wechselkurs- und stabilere Kupferpreisentwicklungen zu sehen. Bei 10.000 simulierten Preispfaden kann davon ausgegangen werden, dass nahezu alle Möglichkeiten der Entwicklung des zukünftigen Wechselkurses abgebildet werden.

Im Vergleich zu der Simulation zeigt Abb. 5.16 rückblickend den tatsächlichen Verlauf für den Wechselkurs EUR/USD und den Kupferpreis in dem Beispiel ab dem Zeitpunkt t = 0.[16] Für die Modellierung des Wechselkurses lieferte die historische Standardabweichung einen guten Schätzwert, der Kupferpreis ist jedoch zuletzt stark eingebrochen was die geringere historische Volatilität nicht abbilden konnte. Solche drastischen Preisszenarien sind zwar in der Simulation mit einem Random Walk enthalten, jedoch meist nur außerhalb eines Vertrauensintervalls (Extremfälle). In der Realität werden daher unerwartete volkswirtschaftliche Krisen eine wichtige Prämisse statistischer Risikomodelle aufheben: Funktionierende Märkte![17]

In jedem Simulationslauf werden die USD-Ausgaben für Kupfer mit den generierten Wechselkursen EUR/USD bewertet. Aus der Addition der in EUR umgerechneten Rohstoffkosten ergibt sich die zu erwartende Belastung des EBIT durch Ausgaben für den Materialeinsatz. Aus den 10.000 simulierten Szenarien folgt die in Abb. 5.17 gezeigte Häufigkeitsverteilung der Rohstoffausgaben für das nächste Geschäftsjahr. Aus der Häufigkeitsverteilung

---

[16] Das Beispiel beruht auf Echtdaten. So konnte zum einen die historische Volatilität aus den Marktdaten für die Simulation berechnet werden. Im Nachgang wurden die Simulationsdaten mit der echten Marktentwicklung verglichen. Das Vorgehen eignet sich auch für ein einfaches Backtesting: Ein Modell wird mit allen Daten bis zum vorletzten Jahr parametrisiert, anschließend das letzte Jahr simuliert und die Ergebnisse können anschließend mit der echten Marktentwicklung des letzten Jahres verglichen werden.

[17] Zu den Prämissen für den Einsatz von Random Walks und darauf basierenden Risikomodellen, u. a. auch VaR-Modellen vgl. das Kap. 13.

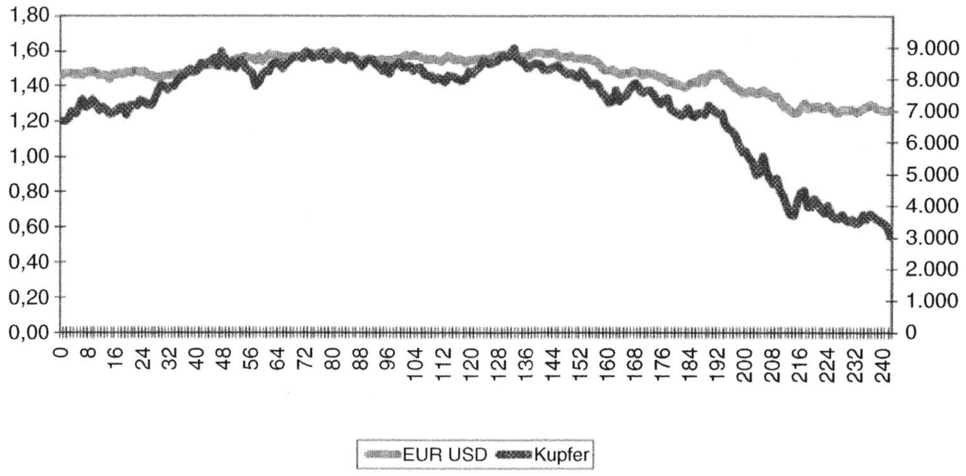

Abb. 5.16 Tatsächlicher Verlauf der Marktpreise ab t = 0 für 250 Tage

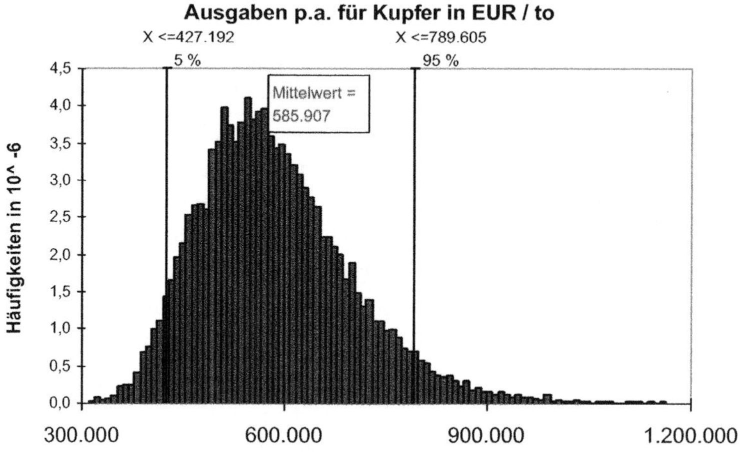

Abb. 5.17 Ergebnis der Simulation der Rohstoffausgaben für Kupfer in EUR für das kommende Geschäftsjahr t + 1

kann eine Aussage getroffen werden, welcher Ausgabensumme mit einer Wahrscheinlichkeit von 95 % nicht unterschritten wird. Der gesuchte Wert entspricht dem empirischen 95 %-Quantil der Verteilung. Mit einer Wahrscheinlichkeit von 95 % werden die Rohstoffausgaben für das nächste Geschäftsjahr nicht mehr als 789.605 EUR betragen. Der Maximalwert der Ausgaben liegt mit 1.163.898 EUR noch deutlich darüber. Die tatsächlichen Ausgaben hätten rückblickend aufgrund der realen Wechselkurs- und Kupferpreisentwicklung 552.942 EUR betragen.

Aus der Häufigkeitsverteilung der Jahresausgaben für Kupfer in EUR kann die Geschäftsleitung der Inntal AG ablesen, wie stark das Ergebnis im nächsten Jahr (EBIT) von den Rohstoffausgaben belastet werden könnte. Darauf aufbauend können alternative Absicherungsstrategien wie zum Beispiel Termingeschäfte für den Bezug von Kupfer, Termingeschäfte oder Optionen für EUR/USD erwogen und in ihrer Wirkung auf den EBIT analysiert werden. Dazu wird die Simulation erneut unter Berücksichtigung der jeweiligen Sicherungsmaßnahem angestoßen und die Auswirkung auf den EBIT bzw. auf die mit 95 % Wahrscheinlichkeit nicht zu überschreitenden Ausgaben gemessen.

5.5 Risikomessung mit Cash Flow at Risk, EBIT at Risk und Budget at Risk

Basierend auf der Fallstudie aus dem vorangegangen Abschnitt können alternative Risikomaße angewendet werden. Da das Unternehmen an dem Risiko für das Ergebnis des kommenden Jahres interessiert ist, empfiehlt sich die Messung eines Cash Flow at Risk, EBIT at Risk oder Budget at Risk.[18] Die Messmethode ist bei allen drei Verfahren gleich: Cash Flow at Risk, EBIT at Risk und Budget at Risk unterscheiden sich nur anhand der zu Grunde gelegten Messgröße Cash Flow, EBIT oder Budget. Grundsätzlich sind die drei Risikokennzahlen für alle Arten von Exposuredefinitionen anwendbar, sofern Stromgrößen statt Bestandsgrößen der Risikomessung zu Grunde liegen. In der Praxis kommen alternative Exposuredefinitonen wie zum Beispiel Earnings per Share at Risk, Shareholder Value at Risk oder Balance Sheet Translation Risk angedacht. Alle weiterführenden Konzepte basieren jedoch entweder auf dem Cash Flow oder auf den handelsrechtlichen Erträgen und Aufwendungen (Earnings).

Während der Cash Flow at Risk aus den erwarteten Einnahmen und Ausgaben berechnet wird, gehen in die Earnings at Risk die erwarteten Erträge und Aufwendungen des Unternehmens ein. Im Earnings at Risk-Ansatz werden die Auswirkungen von finanziellen Risiken auf den handelsrechtlichen Jahresgewinn simuliert, aus dem externe Analysten und Investoren Kennzahlen zur Bewertung des Unternehmens etwa die Price-Earnings-Ratio und den Return-on-Equity herleiten. Die Begrenzung der Volatilität von Erträgen kann zu einer Steigerung von Aktienkurs und Shareholder Value des Unternehmens führen.[19] Zur Ermittlung der Earnings at Risk bedarf es eines Referenzwertes, der mit einer bestimmten Wahrscheinlichkeit innerhalb des Prognosehorizonts um nicht mehr als den Earnings at Risk-Betrag marktrisikobedingt verfehlt wird. Denkbar ist auch die Ermittlung des Minimums bzw. Maximums der Earnings für eine bestimmte Wahrscheinlichkeit innerhalb des Prognosezeitraums, um zu prüfen, ob die Planwerte des Unternehmens realistisch sind. Für die Praxis ist es aber bedeutender, zu messen, wie groß das Risiko ist, die Planwerte zu verfehlen.

[18] Ein Value at Risk, wie er häufig in der Literatur genannt wird, ist hier nicht angebracht. Der Value at Risk misst eine Vermögensänderung. Hier wird aber eine Zahlungsstromgröße betrachtet: Die Ausgaben für Kupfer in den nächsten zwölf Monaten.

[19] Vgl. Hager (2004, S. 10 ff.) sowie Romeike und Hager (2013, S. 221 ff.).

Die *Unterschiede* zwischen Earnings at Risk und Cash Flow at Risk lassen sich aus den Unterschieden zwischen handelsrechtlicher und pagatorischer Erfassung der Zahlungsströme ableiten. Beispielsweise führt die Durchführung einer Investition pagatorisch zu einer sofortigen, aber einmaligen Auszahlung in Höhe des Anschaffungspreises, während in der handelsrechtlichen Gewinn- und Verlustrechnung der Kaufpreis in Form von Abschreibungen über die Nutzungsdauer verteilt wird. Es wird deutlich, dass es zwischen Earnings at risk und Cash Flow at Risk Unterschiede bezüglich Betrags und Zeitpunkt einer Zahlung geben kann.

Durch handelsrechtliche Vorschriften können sich in beiden Konzepten unterschiedliche Risikowirkungen für ein und dieselbe Position ergeben. Beispielsweise kann der Einsatz derivativer Instrumente die Earnings at Risk erhöhen, während gleichzeitig der Cash Flow at Risk gesenkt wird. Der Fall wird regelmäßig dann eintreten, wenn aufgrund nationaler Rechnungslegungsvorschriften die Verwendung eines derivativen Instruments nicht als Hedgegeschäft anerkannt wird und somit als eine zusätzliche Risikoposition zu werten ist. In diesem Fall steigt der Earnings at Risk, gleichzeitig sinkt der Cash Flow at Risk durch die risikomindernde Wirkung des Derivats.

Das Cash Flow at Risk-Konzept ist für die Zwecke der Risikosteuerung dem Earnings at Risk-Konzept überlegen, da letzteres Konzept aufgrund von handelsrechtlichen Restriktionen zu falschen Steuerungsinformationen führen kann.[20] Zudem eröffnet sich ein großer Spielraum bei der Frage, welche Erträge der Messung zu Grunde gelegt werden sollen. Von den Bruttoerträgen beginnend bis hin zu dem Gewinn nach Steuern sind alle Facetten denkbar und kalkulierbar. Das Konzept zur Kalkulation der Earnings at Risk ist vollkommen identisch mit dem Cash Flow at Risk, nur der Input ist ein anderer.

Von den an Stromgrößen orientierten Risikokennzahlen (Cash Flow bzw. Earnings at Risk) ist der an Bestandsgrößen oder Vermögenswerten orientierte Value at Risk deutlich abzugrenzen. Anders als es manche Autoren etwas oberflächlich schildern, unterscheiden sich Value at Risk und Cash Flow at Risk nicht nur in der zugrunde gelegten Exposuredefinition, sondern insbesondere in dem Risikomessverfahren. Damit sind diese Kennzahlen auch nicht ineinander überführbar. Angenommen, der deutsche Hersteller würde Vorräte an Rohstoffen lagern und auf seinen Konten Devisenpositionen vorhalten. Der Value at Risk wäre dann die richtige Antwort auf eine der nachfolgenden Fragen:

- Wie groß kann mit einer bestimmten Wahrscheinlichkeit der Wertverlust der Rohstoffvorräte aufgrund von Rohstoffpreisänderungen innerhalb von einem (respektive 10) Tag(en) ausfallen?
- Wie groß kann mit einer bestimmten Wahrscheinlichkeit der Wertverlust der Devisenbestände aufgrund von Wechselkursänderungen innerhalb von einem
- (respektive 10) Tag(en) ausfallen?

[20] Das Problem von unterschiedlichen Steuerungsimpulsen aus der Gewinn- und Verlustrechnung und tatsächlichen Cash Flows (Barwertsteuerung) ist bekannt und hat in der Bankenwelt zu einem dualen Steuerungsansatz geführt (Barwert- und GuV-Steuerung parallel).

In diesen Fällen handelt es sich um das Marktpreisrisiko für Bestände an Rohstoffen und Devisen. Der Value at Risk prognostiziert, welcher Verlust dieser Vermögenswerte mit einer bestimmten Wahrscheinlichkeit nicht überschritten wird. Die Messung ist statisch komparativ und beruht auf einer analytischen oder empirischen Häufigkeitsverteilung (für Details dazu vgl. zum Value at Risk im Kap. 9 und den „Mathematischen Anhang“). Statisch komparativ bedeutet, dass der Vermögenswert heute mit einem Vermögenswert an einem Stichtag in der Zukunft verglichen wird. Voraussetzung sind in jedem Fall Vermögenswerte. Existieren stattdessen nur Cash Flows, müssen diese durch Diskontierung zu einem Barwert erst zu Vermögenswerten verdichtet werden, bevor der Value at Risk zum Einsatz gelangen kann. Der Cash Flow at Risk (bzw. Earnings at Risk) simuliert im Gegensatz zum Value at Risk nicht nur die Marktsituation an einem Stichtag, sondern über einen ganzen Zeitraum für jeden Tag darin. Es handelt sich hierbei um pfadabhängige Risikosimulationen, meistens für mittelfristige Planungsperioden. Mit diesen simulierten Entwicklungen für jeden Risikofaktor über den gesamten Planungszeitraum können auch alle darin befindlichen Cash Flows bewertet werden.

Das Value at Risk-Konzept liefert nur eine gute Prognosegüte für die Zeiträume, für die es auch von den Handelsbereichen der Banken konzipiert wurde. Insbesondere bei Haltedauern von ein bis zehn Tagen können Value at Risk-Modelle gute Risikoschätzungen liefern. Unter Missachtung der gezeigten Fehlerquellen[21] bei längeren Prognosen könnte der Value at Risk auch auf 30 Tage oder ganz grob auf 90 Tage ausgedehnt werden. Selbst dieser Zeitraum ist zu kurz, um bei Erkennen von Risiken im operativen Geschäft wirksame Maßnahmen zu planen, einzuleiten und erfolgreich abzuschließen. Für Banken entstehen Risiken aus Finanzgeschäften, die mit Hilfe von Derivaten binnen kurzer Zeit vollständig abgesichert werden können. In Unternehmen haben die Risiken aus Finanzgeschäften gegenüber den Risiken aus dem operativen Geschäft eine vergleichsweise geringe Bedeutung. Im operativen Geschäft ist ein Unternehmen jedoch eher mit einem großen Schiff in voller Fahrt vergleichbar und es benötigt einen wesentlich längeren „Bremsweg“ bei Erkennen von Risiken als eine Bank. Aus der industriellen Sichtweise erscheint der Prognosezeitraum von zwölf Monaten noch knapp bemessen zu sein.

Die Risiken des operativen Geschäfts können mit dem Value at Risk-Ansatz nicht adäquat erfasst werden. Ein Ansatz zum Einsatz des Value at Risk für die integrierte Steuerung von Risiken aus operativen Geschäften könnte darin bestehen, die Cash Flows des operativen Geschäfts per Definition festzulegen und zu diskontieren. Dann lauten bei korrekter Würdigung der Voraussetzungen zur Anwendung des Value at Risk-Modells die impliziten Annahmen:

- Die Cash Flows aus dem operativen Geschäft lassen sich genau schätzen und es gibt keine zufälligen Schwankungen der Absatzmenge. Sonst können keine Barwerte ermittelt werden, hierzu bedarf es sicherer und konstanter Cash Flows für den Prognosezeitraum;

[21] Vgl. die im „Mathematischen Anhang“ erläuterten Fehlerquellen für Value at Risk-Prognosen über längere Zeiträume.

- Risiken aus anderen unerwarteten Entwicklungen, wie beispielsweise der Verlust von Marktanteilen an Konkurrenten bei bestimmten Wechselkursentwicklungen, existieren nicht;
- Eine Prognose der Risiken für die nächsten ein bis 30/90 Tage ist auch zur Risikosteuerung in den operativen Bereichen vollkommen ausreichend.

Alle Modelle sind eine Abstraktion der Realität, sie müssen Annahmen und Vereinfachungen vornehmen, um funktionieren zu können. Wenn ein Unternehmen mit den oben genannten Annahmen zurechtkommt, ist die Anwendung eines Value at Risk-Modells auch zur Steuerung der noch verbleibenden Risiken aus dem operativen Geschäft vorstellbar. Beide Konzepte, Cash Flow at Risk und Value at Risk können in Unternehmen dienlich sein.

Für die Messung eines Risikos bedarf es in beiden Konzepten eines Referenzpunktes, von dem aus die Abweichung als Risiko gemessen werden soll. Das Risiko wird definiert als eine unerwartete und ungünstige Abweichung von einem erwarteten oder geplanten Ergebnis. In der Fallstudie „Inntal AG" beträgt der Mittelwert aller simulierten Rohstoffausgaben gerundet 586.000 EUR (exakt 585.907 EUR). Für die Berechnung eines EBIT at Risk fehlen bisher die restlichen Ausgaben und die Einnahmen. Daher wird zunächst der Budget at Risk bestimmt: Aufgrund der Volatilität des Kupferpreises und des Wechselkurses sind bei einer konstanten Bedarfsmenge für die Produktion von Exportgütern von zehn Tonnen Kupfer pro Monat für das kommende Geschäftsjahr Rohstoffausgaben in Höhe von 585.907 EUR zu erwarten. Ein entsprechendes Budget wurde in der Planung für das nächste Geschäftsjahr berücksichtigt. Mit 95 % Wahrscheinlichkeit wird dieser Wert nicht um mehr als knapp 204.000 EUR überschritten, da das 95 %-Quantil in der Simulation bi 789.605 EUR liegt.[22]

Die Nachricht an die Geschäftsleitung lautet: Für den Rohstoffeinkauf von Kupfer wird im nächsten Geschäftsjahr ein Budget von 586.000 EUR benötigt. Bei konstanten Bedarfsmengen für das Exportgeschäft wird dieses Budget mit 95 % Sicherheit nicht um mehr als 204.000 EUR überschritten in Folge von Marktpreisschwankungen auf den volatilen Weltmärkten. Erscheint der Geschäftsleitung diese mögliche Budgetüberschreitung zu riskant, kann das Risiko gegen Zahlung einer Prämie und/oder den Verzicht auf Chancen durch sinkende Marktpreise reduziert werden. Abb. 5.18 zeigt die Definition und Messung des Budget at Risk. Darauf aufbauend wird in den nächsten Schritten der EBIT at Risk entwickelt.

Für eine Messung aller relevanten Risiken aus dem Einkauf und Verkauf von Waren und Dienstleistungen bedarf es zunächst eines Exposure Mappings. Darin werden die geplanten Ein- und Ausgaben (=Cash Flows) für den betrachteten Zeitraum erfasst, in dem Beispiel für die zwölf Monate von Januar bis Dezember des nächsten Jahres. Zwischen

[22] Den Autoren erscheint eine geringe Rundung der Werte angemessen und praxisgerecht, da die Werte aus einer Zufallszahlensimulation stammen und somit weder reproduzierbar sind noch den Anspruch erheben, exakt bis auf die letzte Nachkommastelle die Realität im Modell erfasst zu haben.

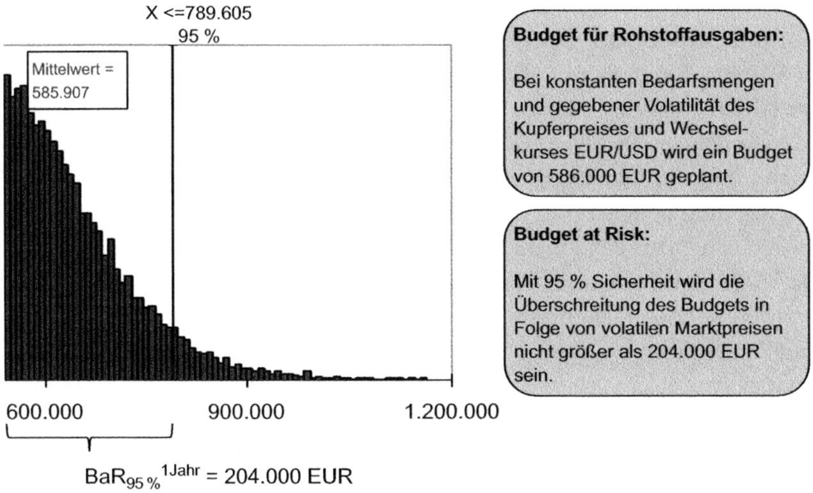

Abb. 5.18 Messung des Budget at Risk

den Einnahmen und Ausgaben können Wechselbeziehungen bestehen: Steigen beispielsweise in Folge von höheren Rohstoffkosten die Verkaufspreise der selbst produzierten Endprodukte, wird in der Folge die Nachfrage gebremst. Damit sinkt der Rohstoffeinsatz. Außerdem könnte sich der Umsatz aus Preis mal Menge je nach Preiselastizität rückläufig entwickeln. Die Preiselastizität beschreibt, wie sich die Nachfragemenge ändert, wenn sich der Verkaufspreis etwa infolge von steigenden Rohstoffpreisen erhöht.

Die Beziehungen zwischen den Risikofaktoren und den finanziellen Ergebnissen der Unternehmung sind von den individuellen Gegebenheiten eines Unternehmens abhängig. Ein deutsches Unternehmen mit Exporten in die USA ist dem Wechselkursrisiko von EUR/USD ausgesetzt. Für einen amerikanischen Konkurrenten, der auf dem gleichen Absatzmarkt tätig ist, existiert dieses Risiko hingegen nicht.[23] Die Komplexität des Exposure Mappings kann stufenweise erweitert werden. In der einfachsten Stufe erfolgt eine ausschließliche Betrachtung des Marktpreisrisikos. In einer höheren Komplexitätsstufe können zum Beispiel die Exporterlöse in EUR in Abhängigkeit des Wechselkurses und der Absatzmenge betrachtet werden, wobei die Absatzmenge selbst vom Wechselkurs abhängig ist. Wird beispielsweise ein Fahrzeugtyp für 50.000 EUR pro Stück in die USA exportiert, beträgt der kalkulierte Verkaufspreis Anfang Januar des nächsten Jahres bei einem Wechselkurs von 1,46 EUR/USD 73.000 USD (50.000 EUR • 1,46 EUR/USD = 73.000 USD). Auf einem Wechselkursniveau von ca. 1,40–1,50 EUR/USD plant das Unternehmen eine Absatzmenge von 12.000 Fahrzeugen pro Jahr. Wenn der Wechselkurs jedoch auf ca. 1,60 EUR/USD steigt, fällt der in EUR konvertierte Exporterlös je Fahrzeug auf 45.625 EUR (=73.000 USD: 1,60 EUR/USD). Kann der Automobilhersteller diesen Ver-

[23] Zunächst wird vereinfachend unterstellt, dass der amerikanische Konkurrent dieses Risiko nicht hat. Später wird diese vereinfachende Annahme aufgehoben.

lust nicht verkraften, muss er die Preise in USD anpassen. Dann verteuert sich das Fahrzeug auf dem Absatzmarkt um 7000 USD auf 80.000 USD (50.000 EUR • 1,60 EUR/USD = 80.000 USD). Für den um knapp zehn Prozent gestiegenen Preis ist mit einer geringeren Absatzmenge zu rechnen.

Das Unternehmen möge im Beispiel die Verkaufspreise in USD anheben und infolge des angehobenen Verkaufspreises 3000 Fahrzeuge weniger absetzen, woraus sich geringere Exporterlöse ergeben. Bei der integrierten Betrachtung von Geschäfts- und Marktpreisrisiko kann daher nicht mehr von konstanten Cash Flows in USD ausgegangen werden. Der Zusammenhang zwischen der Absatzmenge und dem Wechselkurs lässt sich mit Hilfe von Preiselastizitäten darstellen. Die *Preiselastizität* misst die Reaktion der Nachfrage auf Änderungen des Preises und berechnet sich für infinitesimal kleine Änderungen gemäß Gl. 5.9.

$$\eta_{p_i;M_i} = \frac{dM_i}{M_i} : \frac{dp_i}{p_i} = \frac{dM_i}{dp_i} \cdot \frac{p_i}{M_i} \tag{5.9}$$

Der Quotient dM_i/M_i misst die relative Änderung der Absatzmenge M_i. Aus dem Quotienten dp_i/p_i berechnet sich die relative Preisänderung. Der Quotient aus der relativen Änderung der Absatzmenge zur relativen Preisänderung ergibt die Preiselastizität an einem bestimmten Punkt der Preis-Absatzfunktion. Im Beispiel beträgt die relative Änderung der Absatzmenge −0,25 (=−3000 Stück/12.000 Stück), die relative Preisänderung liegt bei 0,096 (=7000 USD/73.000 USD). Bei einer Absatzmenge von 12.000 Stück und einem Preis von 73.000 USD beträgt die Preiselastizität −2,6 (=−0,25/0,096).

Im Normalfall ist die Preiselastizität stets Null oder negativ, da bei steigenden Preisen mit sinkenden Absatzmengen bzw. bei sinkenden Preisen mit steigenden Absatzmengen zu rechnen ist. Folglich ist stets eine der beiden relativen Änderungen negativ. Per Definition liegt die Preiselastizität daher im Intervall zwischen minus Unendlich und Null. Bei einer Preiselastizität zwischen 0 und −1 führt eine Preiserhöhung zu einer Umsatzerhöhung, da die Absatzmenge langsamer zurückgeht, als der Preis steigt. Insgesamt führt das Produkt aus Preis mal Menge zu mehr Umsatz. Im Sonderfall einer Preiselastizität von −1 gleichen sich Mengenänderung und Preisänderung in ihrer Wirkung auf den Umsatz aus.

Für eine negative Preiselastizität kleiner als −1 kommt es bei einer Preiserhöhung zu einem Umsatzrückgang, weil sich die Absatzmenge schneller verringert, als der Preis steigt. In dem gezeigten Beispiel ist das der Fall, da eine Preiserhöhung von knapp zehn Prozent zu einem Umsatzrückgang von 25 % führt. Vor der Preiserhöhung hätte der Umsatz 876 Mio. USD betragen (=73.000 USD/Stück • 12.000 Stück), nach der Preiserhöhung sind es noch 720 Mio. USD (=80.000 USD/Stück • 9000 Stück). Mit der Preiselastizität von −2,6 kommt ein für das Unternehmen ungünstiges Verhältnis von Mengenänderung (−25 %) und Preisänderung (+9,6 %) zum Ausdruck.

Die Verwendung von Elastizitäten zur Darstellung der Abhängigkeit zwischen Marktpreisänderungen und Veränderungen des Unternehmens-Cash Flows stellt einen praktikablen und einfachen Ansatz für die integrierte Messung beider Effekte da. Im Unternehmen

Abb. 5.19 Beispiele für Preiselastizitäten der Nachfrage. (Quelle: FAZ/MC Dowell u. a., Principles of Economics)

sollten für die betriebliche Planung die eigenen Preiselastizitäten bekannt sein. Sofern die Daten nicht bekannt sind und auch nicht aus den eigenen Aufzeichnungen ermittelt werden können, ist auf volkswirtschaftliche Publikationen zurückzugreifen. In Abb. 5.19 sind einige Beispiele für Preiselastizitäten der Nachfrage gezeigt. Weitere Beispiele finden sich bei Pindyck/Rubinfeld für die Nachfrage in Supermarktketten, Designerjeans usw.[24]

In der nächst höheren Komplexitätsstufe können die geschäftspolitischen Risikofaktoren wie beispielsweise Absatzmengen und Marktpreisrisikofaktoren als zwei Random Walks betrachtet werden. Zwar ist auch hier eine starre Beziehung zwischen der Absatzmenge und dem Wechselkurs wie zuvor mit der Preiselastizität herstellbar, zusätzlich wird die Absatzmenge aber auch zufälligen Schwankungen unterliegen. Für diesen Ansatz wäre im Beispiel eines in die USA exportierenden Unternehmens die Kenntnis der Beziehung zwischen Wechselkurs und Absatzmenge sowie die Schätzung der Schwankungsbreite der Absatzmenge (Volatilität) notwendig. Wenn keine Volatilität für die Absatzmenge berücksichtigt wird, wird implizit unterstellt, dass kein Geschäftsrisiko existiert. Die Gleichungen zur Berechnung einzelner Risiken, wie zum Beispiel dem Wechselkursrisiko bei Exporten, können zu einem Risikomodell für das gesamte Unternehmen zusammengefasst werden. Darin können beispielsweise auch Hedgingmaßnahmen und saisonale Ergebnisschwankungen Berücksichtigung finden.

In der Exposure Map werden die Abhängigkeiten der Produktion, des Vertriebs und damit der Ergebnisgröße Earnings before interest and taxes (EBIT) von den Risikofaktoren systematisch erfasst. Neben den zuvor beschriebenen Marktpreisrisiken können hier auch operationelle Risiken wie beispielsweise der Ausfall eines Lieferanten oder der Brand einer Fabrik mit der Folge einer Produktionsstörung und eines Umsatzeinbruchs als

[24] Vgl. Pindyck und Rubinfeld (2005, S. 468).

Zufallsereignis berücksichtigt werden. Beispielsweise kann im simulierten Planungszeitraum in jedem Monat eine Abfrage erfolgen, ob es durch Brand in der Produktionsstätte, langanhaltende Streiks der Belegschaft, Ausfall der IT und ähnliches zu einem Produktionsausfall kommen soll. Solche Schätzungen können mit Hilfe von Versicherungsstatistiken, insbesondere den Prämien für Produktionsausfallversicherungen, erstellt werden. In der Praxis wären noch viele weitere Risikofaktoren in der Exposure Map zu berücksichtigen. Die Exposure Map ist der Rohbau des Modells, allerdings noch ohne Szenario Generator.

In der Fallstudie „Inntal AG" bleiben die Auslandsnachfrage und damit der Rohstoffeinsatz für das Exportgeschäft zunächst konstant. Die Rohstoffe werden zum Monatsultimo für die Produktion im nächsten Monat eingekauft. Zusätzlich zu den Ausgaben für den Materialeinsatz werden die damit erzielten Umsatzerlöse berücksichtigt. Vereinfachend wird unterstellt, dass der Materialeinkauf ausschließlich der Produktion für das Exportgeschäft dient. Die Umsatzerlöse auf dem Exportmarkt betragen konstant 200.000 USD pro Monat und werden nach einem abgeschlossenen Monat zum Monatsersten des jeweiligen Folgemonats in EUR konvertiert. Am Beispiel des Monats Januar in t + 1 lässt sich dieser Zusammenhang wie folgt beschreiben: Per 31. Dezember des laufenden Jahres t wurden die Rohstoffe für die Januar-Produktion in t + 1 eingekauft. Die fertigen Produkte wurden daraufhin im Januar t + 1 ausgeliefert, und am Monatsende vom Januar bezahlen die Kunden ihre Einkäufe in USD an den Hersteller. Der Zahlungseingang beim Hersteller findet im Februar t + 1 statt. Zum Zeitpunkt des Zahlungseingangs wird der erhaltene USD-Betrag in EUR konvertiert.

Alle gezeigten Abhängigkeiten zwischen Rohstoffpreisen, Wechselkursen und Mengen werden in einem Tabellenkalkulationsprogramm verknüpft, um so die Cash Flows der geplanten zwölf Monate simulieren zu können (vgl. Abb. 5.20). Zunächst wird isoliert das Risiko einer Rohstoffpreiserhöhung für Kupfer und das Risiko einer Wechselkurserhöhung für die Konvertierung der Exporterlöse betrachtet. Die Simulation zeigt, dass mit 95 % Wahrscheinlichkeit die Ausgaben für Kupfer in den nächsten zwölf Monaten nicht über 789.605 EUR und damit gerundet 790.000 EUR steigen werden. Mit der gleichen Wahrscheinlichkeit werden die Exporterlöse von zwölfmal 200.000 USD aufgrund von Wechselkursschwankungen nicht unter einen Jahreserlös von 1.693.799 EUR, rund 1.700.000 EUR fallen. Per Saldo würde damit der Deckungsbeitrag nach Rohstoffkosten mit 95 % Wahrscheinlichkeit nicht unter 910.000 EUR (=1.700.000 − 790.000) fallen. Da jedoch ein hoher Wechselkurs EUR/USD gleichzeitig gut für den Einkauf von Kupfer ist, wird die negative Auswirkung auf den Umtausch der Exporterlöse durch den günstigeren Einkauf der Rohstoffe etwas kompensiert. Denn der Einkauf von Rohstoffen erfolgt jeweils zum Monatsende, am Monatsanfang des Folgemonats werden die Umsatzerlöse konvertiert. Damit liegen beide Zeitpunkte stets dicht beieinander. Bei integrierter Betrachtung beider Risiken fällt der Deckungsbeitrag nach Rohstoffkosten mit 95 % Wahrscheinlichkeit nicht unter 990.000 EUR (=Wert aus der Häufigkeitsverteilung für den Saldo Umsatzerlöse in EUR minus Rohstoffkosten in EUR). Dieser Wert ist um 80.000 EUR oder fast zehn Prozent besser als der Wert aus einer isolierten Betrachtung beider Risikofaktoren (910.000 EUR). Abb. 5.21 zeigt die Verteilung für den Deckungsbeitrag in EUR nach Rohstoffkosten.

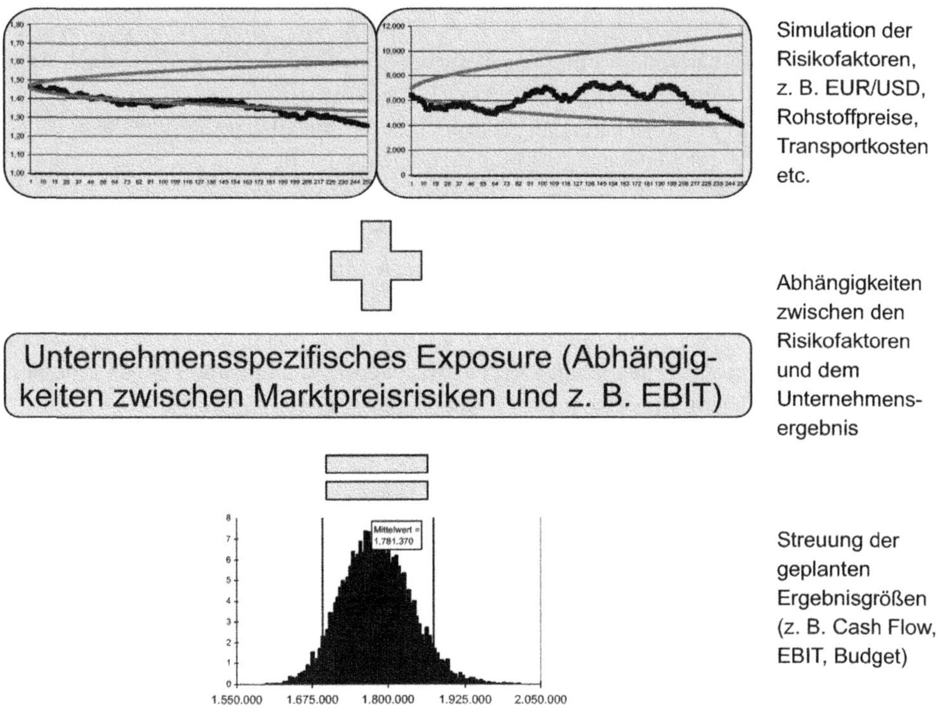

Abb. 5.20 Schema der Budget-, Cash Flow oder EBIT at Risk-Berechnung

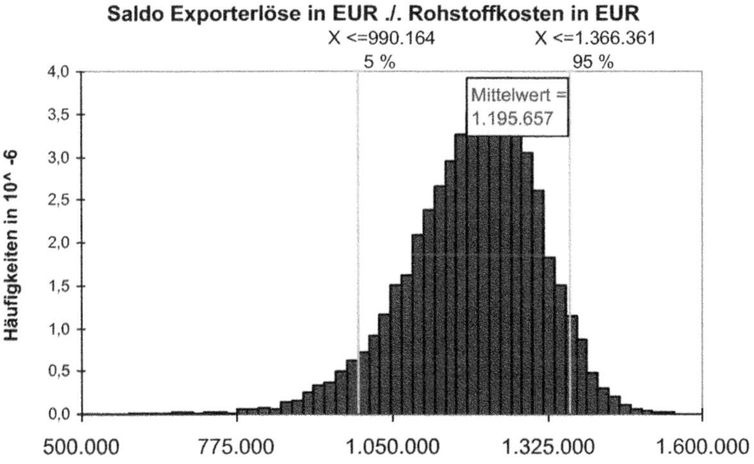

Abb. 5.21 Deckungsbeitrag in EUR nach Rohstoffkosten

Die zwölf Monats-Cash-Flows aus Exporterlösen werden um die Rohstoffausgaben saldiert, in EUR konvertiert und zu einem Jahres-Cash-Flow aggregiert. Aus der Häufigkeitsverteilung des Jahres-Cash-Flows ist in Abb. 5.21 der Betrag ablesbar, der mit einer

Wahrscheinlichkeit von 95 % nicht durch Änderungen der Marktpreise unterschritten wird. Das Modell schätzt, dass mit 95 % Wahrscheinlichkeit der Cash Flow nach Abzug der Rohstoffkosten mindestens rund 990.000 EUR betragen wird.

Mit dieser Risikoprognose kann das Unternehmen prüfen, ob der mit 95 % Wahrscheinlichkeit zu erwartende Mindest-Cash-Flow nach Abzug der Rohstoffkosten ausreicht, um die darüber hinaus entstehenden Kosten zu decken. In Abb. 5.22 werden drei weitere Positionen mit Kosten von dem Cash Flow abgezogen, woraus ein Deckungsbeitrag von 210.500 EUR resultiert. Wenn die Exporterlöse nach Abzug der Rohstoffkosten mit 95 % Wahrscheinlichkeit nicht unter 990.000 EUR fallen, dann wird der Deckungsbeitrag mit 95 % Wahrscheinlichkeit nicht unter 210.500 EUR sinken. Reicht dem Unternehmen dieser Deckungsbeitrag nicht aus, dann werden Absicherungsmaßnahmen gegen eine negative Entwicklung der Marktpreise und des Wechselkurses notwendig.

Mit Hilfe der Empirischen Verteilungsfunktion aus den simulierten Werten können Wahrscheinlichkeiten für die Deckung der einzelnen Positionen ermittelt werden. Mit fast 100 % Wahrscheinlichkeit sind die anteiligen Lohnkosten gedeckt (450.000 EUR). Mit 99,80 % Wahrscheinlichkeit werden zusätzlich auch die Betriebskosten gedeckt sein (450.000 + 280.000 EUR). Und mit fast der gleichen Wahrscheinlichkeit (99,70 %) werden auch zusätzlich die Fremdkapitalzinsen verdient. Der Deckungsbeitrag von 210.500 EUR wird mit 95 % Wahrscheinlichkeit erreicht. Die Wahrscheinlichkeit für einen Deckungsbeitrag von zum Beispiel 500.000 EUR oder mehr beträgt jedoch nur knapp 24 %. Und nur mit einem Prozent Wahrscheinlichkeit wird der Deckungsbeitrag mehr als 650.000 EUR betragen.

Diese Eckwerte helfen der Unternehmensleitung einzuschätzen, wie realistisch die eigene Planung im Vergleich zu den aktuellen Marktvolatilitäten ist. Sollte der geplante Deckungsbeitrag durch volatile Marktpreise signifikant gefährdet sein, ist bei einem Planungshorizont von zwölf Monaten ein frühes Eingreifen noch möglich. Die isolierte Betrachtung der Rohstoff-Ausgaben (Fallstudie „Inntal AG") hätte zu der falschen Erkenntnis geführt, dass die Exposure von einem sinkenden Wechselkurs EUR/USD abhängt (Rohstoffkosten in EUR = Rohstoffkosten in USD: Wechselkurs EUR/USD). Je geringer

Position	**Risikoadjustierte 12-Monats-Planung für den Export**	
0	Exporterlöse in EUR nach Abzug der Rohstoffkosten (Untergrenze mit 95 % Wahrscheinlichkeit)	990.000 EUR
1	./. Anteilige Lohnkosten (fix)	450.000 EUR
2	./. Anteilige Betriebskosten (fix)	280.000 EUR
3	./. Fremdkapitalzinsen für Vorfinanzierung	49.500 EUR
	Deckungsbeitrag	210.500 EUR

Abb. 5.22 Implementierung des CFaR in die betriebliche Planung

der Kurs, desto teurer werden die Rohstoffe im Einkauf in EUR. Aufgrund der integrierten Betrachtung von Rohstoff-Ausgaben und Exporterlösen ergibt sich eine entgegengesetzte Exposure. Das Risiko besteht in einem steigenden Wechselkurs EUR/USD. Je höher der Kurs, desto geringer ist der Umsatzerlös in EUR nach Umtausch der USD-Erlöse.

Literatur

Beck, A./Lesko, M./Schlottmann, F./Wimmer, K.: Copulas im Risikomanagement. In: Zeitschrift für das gesamte Kreditwesen, Ausgabe 14/2006, S. 29–33.

Embrechts, P./McNeil/Strautmann, D.: Correlation and dependence in risk manage-ment: properties and pitfalls, in: Dempster, M. A. H. (Hrsg.): Risk Management: Value at Risk and Beyond, Cambridge, S. 176–223.

Hager, P.: Corporate Risk Management – Cash Flow at Risk und Value at Risk, Frankfurt/Main 2004.

Kim, J.; Malz, A. M.; Mina, J.: LongRun Technical Document, RiskMetrics Group, 1999, www.riskmetrics.com.

Lee, A. Y.: CorporateMetrics™ Technical Document, RiskMetrics Group, New York 1999, www.riskmetrics.com.

MAI, J.-F.; SCHERER, M.: Die Welt ist nicht (normal)verteilt, in: RISIKO MANAGER, Ausgabe 25/26, Köln 2012, S. 1, 6–11. Internet: https://www.risknet.de/themen/risknews/die-welt-ist-nicht-normalverteilt/.

Mai, J.-F./Scherer, M.: Simulating Copulas – Stochastic Models, Sampling Algorithms, and Applications, 2nd Edition, Imperial College Press, London 2017.

Malz, A. M.: Financial crises, implied volatility and stress testing, in: Working paper Number 01-01, RiskMetrics Group, 2001, www.riskmetrics.com.

Nelsen, R. B.: An Introduction to Copulas (Lecture Notes in Statistics), Heidelberg u.a. 2006.

Pindyck, R. S.; Rubinfeld, D. L.: Mikroökonomie, 6. Aufl., München 2005.

Romeike, F.: Management von Rohstoffrisiken, in: Schöning/Göğüş/Pernsteiner (Hrsg.): Risikomanagement in Unternehmen – Interkulturelle Betrachtungen zwischen Deutschland, Österreich und der Türkei, Springer Gabler Verlag, Wiesbaden 2017, S. 117–173.

Romeike, F.: Hammade Risklerinin Yönetimi, in: Schöning/Göğüş/Pernsteiner (Derleyen): İşletmelerde Risk Yönetimi: Türkiye, Almanya ve Avusturya Karşılaştırması, Istanbul Bilgi Üniversitesi Yayinlari, Istanbul 2018.

Romeike, F./Hager, P.: Gute Frage: Was ist ein „Random Walk", in: Risk, Compliance & Audit (RC&A), 06/2010, S. 11–12.

Romeike, F./Hager, P.: Erfolgsfaktor Risiko-Management 3.0 – Methoden, Beispiele, Checklisten, Praxishandbuch für Industrie und Handel, 3. Auflage, Springer Gabler Verlag, Wiesbaden 2013.

Romeike, F./Spitzner, J.: Von Szenarioanalyse bis Wargaming – Betriebswirtschaftliche Simulationen im Praxiseinsatz, Wiley Verlag, Weinheim 2013.

6 Risiko-Management in der Produktion

Le risque est l'onde de proue du succès! (Risiko ist die Bugwelle des Erfolgs)

F. Romeike, P. Hager, *Erfolgsfaktor Risiko-Management 4.0*,
https://doi.org/10.1007/978-3-658-29446-5_6

6.1 Risikoursachen und -wirkungen in der Produktion

In einem Industrie- und Handelsunternehmen können Risiken an jedem Punkt entlang der Wertschöpfungskette entstehen. Durch die verstärkte Globalisierung der Wertschöpfungsnetzwerke sowie die Verschlankung derartiger Netzwerke ist die Risikoexponierung vieler produzierender Unternehmen in den vergangenen Jahren angestiegen. Insbesondere durch den zunehmenden Trend zur Konzentration auf Kernkompetenzen (Verringerung von intraorganisationaler Arbeitsteilung bzw. Fertigungstiefe im Unternehmen) entwickeln sich zunehmend differenziertere Supply Chains.

Aus einer Makroperspektive kann die Wertschöpfungskette eines produzierenden Unternehmens als Prozess von vorgelagerten und nachgelagerten Prozessen – von der Rohstoffbeschaffung bis zum Service beim Endkunden – betrachtet werden (siehe Abb. 6.1). Auf die besonderen Aspekte des „Risiko-Managements in der Logistik und Supply Chain“ wird im nachfolgenden Kap. 7 eingegangen. Alle Aktivitäten, die Teil der Wertschöpfungskette sind, können mit dem Begriff *Supply Chain Management* (SCM) zusammengefasst werden.[1]

Der Wert eines Produktes oder auch einer Dienstleistung besteht nicht nur aus dem eigentlichen Produkt oder der Dienstleistung, sondern – betrachtet aus einer Mikroperspektive – aus sehr vielen unterschiedlichen Komponenten, die in den „Wertschöpfungsstufen“

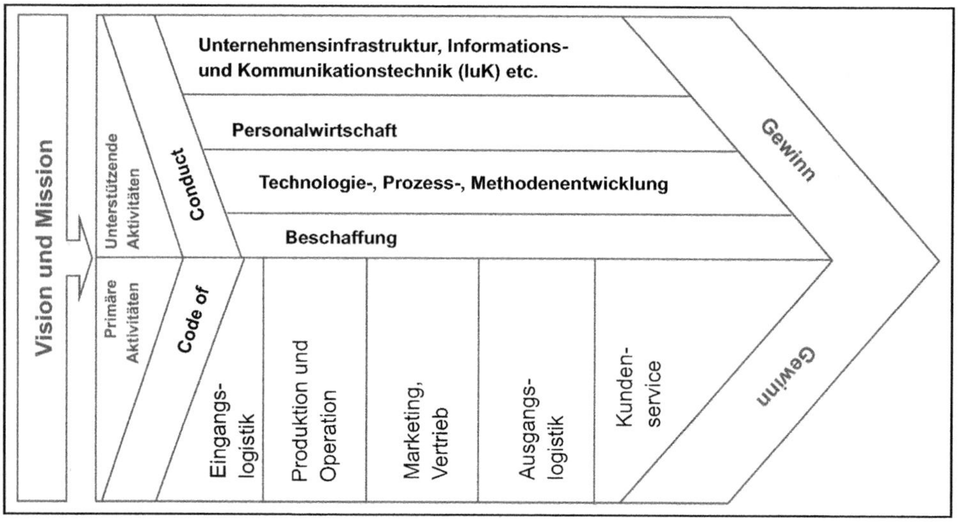

Abb. 6.1 Klassische Wertschöpfungskette in der Industrie und im Handel. (Eigene Darstellung)

[1] Vgl. Porter (1985), Sennheiser und Schnetzler (2008), Huth (2012) sowie Huth und Romeike (2016, S. 33 ff.).

[2] Die Begriffe „value chain“ und Wertschöpfungsnetzwerk bzw. Wertschöpfungskette werden im Folgenden synonym verwendet.

entstehen. In Addition stellen mehrere Wertschöpfungsstufen eine Wertschöpfungskette dar. Während sich die Wertkette (value chain)[2] ausschließlich auf die intraorganisationalen Bereiche bezieht, ist die Lieferkette (supply chain) weiter gefasst und umfasst auch externe Wertschöpfungsstufen (etwa in der Folge eines Outsourcings). In diesem Kontext spricht man auch von einem Wertschöpfungsnetzwerk.

Nachfolgend ist am Beispiel des Rohstoffs Kohle ein typisches Wertschöpfungsnetzwerk skizziert:

- Die Kohle wird in einem Bergwerk oder im Tagebau gefördert und an ein Stahlwerk verkauft.
- Das Stahlwerk verfeuert die Kohle – mit Stahlschrott – in Hochöfen. Dabei verbrennen im Stahl unerwünschte Begleitelemente wie Schwefel, Phosphor, Kohlenstoff etc. und gehen in das Rauchgas oder die Schlacke über. Der Rohstahl wird in eine Stahlgießpfanne abgegossen. Der Stahl wird dann – für das Strangguss-Verfahren in die so genannte Kokille abgegossen, bevor der Rohstahl durch Umformen oder Walzen weiterverarbeitet wird.
- Das Stahlwerk verkauft den Stahl an Automobilzulieferer, der sie in ein Karosserieteil verarbeitet, welches wiederum an einen
- Automobilhersteller verkauft und dort zu einem Auto verbaut wird.
- Das Auto wird an einen Händler verkauft und landet schließlich beim
- Verbraucher, der das Auto kauft.

An dem kleinen Beispiel erkennt man, dass die „supply chain" ein Netzwerk von Organisationseinheiten ist, die durch Interaktion eine Leistung in Form eines Produkts oder

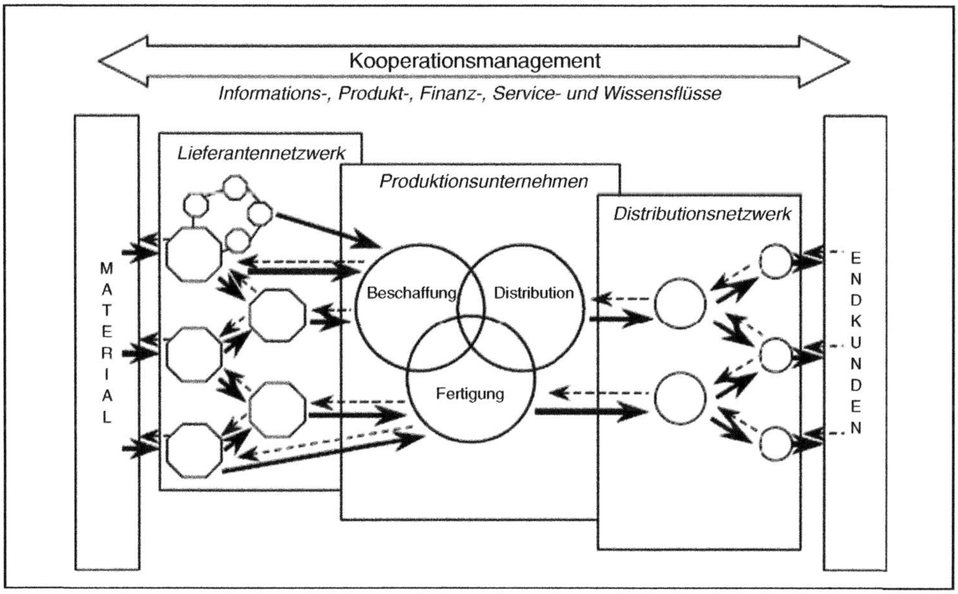

Abb. 6.2 Allgemeines Supply-Chain-Modell. (Quelle: Kersten et al. 2008)

einer Dienstleistung erbringen (vgl. Abb. 6.2). In diesem Kontext ist es unerheblich, zu welchem Unternehmen die Organisationseinheiten gehören. Im Kern der Betrachtung stehen übergreifende Prozesse, die beschreiben, wie Produkte oder Dienstleistungen erstellt werden, transportiert werden und schließlich beim Kunden ankommen. Eine Wertschöpfungskette besteht in der Regel aus Zulieferern, Produktionsstandorten, Logistikdienstleitern, Logistik- und Distributionszentren und einer Händlerorganisation sowie aus Rohstoffen, Halbfertigerzeugnissen und Fertigwaren, die zwischen den einzelnen Organisationselementen fließen. Ergänzt werden kann auch noch der Informations-, der Kapital-, Service und Wissenstransfer.[3]

Daher kann man eine derartige Wertschöpfungskette auch als ein unternehmensübergreifendes virtuelles Organisationsgebilde (= Netzwerk) betrachten, das als gesamtheitlich zu betrachtendes Leistungssystem spezifische Wirtschaftsgüter produziert.

Das oben skizzierte Beispiel könnte man daher auch noch um das Recycling des Autos ergänzen, so dass die „supply chain" sich von der Rohstoffgewinnung bis zum Recycling von Alt-Produkten erstreckt.

Das Supply Chain Management zielt in diesem Zusammenhang auf eine langfristige (strategische), mittelfristige (taktische) und kurzfristige (operative) Verbesserung von Effektivität und Effizienz industrieller Wertschöpfungsketten ab. Auch das Risiko-Management muss daher die komplette Wertschöpfungskette analysieren und potenzielle Risiken entsprechend bewerten.

Ergebnis der Verschlankung der Wertschöpfungsketten in den vergangenen Jahrzehnten – als Folge des zunehmenden globalen Wettbewerbs und der gestiegenen Anforderungen auf der Kundenseite – sind reduzierte Lagerbestände (*Just-in-time-Produktion* oder *Just-in-time-Logistik*), hoch ausgelastete Kapazitäten und optimierte Durchlaufzeiten.

So bezeichnet man als Just-in-time-Produktion (JIT) eine fertigungs- bzw. bedarfssynchrone Produktionsstrategie.[4] Hierbei wird das Ziel verfolgt, über durchgängige Material- und Informationsflüsse entlang der Wertschöpfungskette eine schnellere Auftragsbearbeitung zu ermöglichen. Ein Produkt – beispielsweise ein Auto – wird exakt zu dem Zeitpunkt produziert bzw. geliefert, zu dem es auch benötigt wird. In dem Kontext sind die einzelnen Produktionsschritte zeitlich in der Wertschöpfungskette einzuplanen.[5]

JIT kann die Effektivität der Wertschöpfungskette stark erhöhen. So sinkt beispielsweise die End-Montagezeit eines Autos in der Folge des JIT-Konzepts von ursprünglich 20 auf etwa acht Stunden beim Bau des Smart. Gleichzeitig muss der Lieferant die Vorma-

[3] Vgl. Huth und Romeike (2016) sowie Bowersox, Closs, und Cooper (2007).

[4] Vgl. Wildemann (2001), Toyota Motor Corporation (1998), Herlyn (2012) sowie Majima (1994).

[5] Das JIT-Konzept wurde ursprünglich vom japanischen Automobilhersteller Toyota eingeführt. Es war in den 1950er-Jahren ein Teil des Toyota Produktionssystem (TPS). Laut Taiichi Ono, dem die Idee zu JIT zugeschrieben wird, begann die Innovation in Richtung JIT im Jahr 1945, als der damalige Präsident von Toyota verlangte, dass sein Unternehmen binnen drei Jahren an Amerika Anschluss fände. Ono verfolgte daher die Strategie, dass durch die Eliminierung von Verschwendung (jap. Muda) Einsparungen erzielt werden können. Das Problem, welches er zu adressieren suchte, war die Überproduktion (mehr zu produzieren, als man unmittelbar benötigt) und die Vorratshaltung (Lagerung). Vgl. Ono (1988).

terialien und Endprodukte der jeweiligen Baugruppen vorhalten, so dass in der Folge der Hersteller seine Lagerkapazität und seine Lagerkosten verringern kann.

Auf der anderen Seite steigt in der Folge der schlanken Wertschöpfungsnetzwerke, globaler Lieferanten- und Distributionsnetzwerke auch deren Verwundbarkeit. In diesem Kontext sind nicht nur die höhere Komplexität und die kürzen Zeitfenster (siehe JIT) als Ursachen für steigende Risiken zu nennen, sondern auch der Einfluss unterschiedlicher Kulturen und Rechtssysteme. So werden bei einer JIT-Fertigung in aller Regel hohe Konventionalstrafen vereinbart, sofern der Lieferant in Lieferschwierigkeiten gerät und in der Konsequenz auch die Wertschöpfungskette des Herstellers massiv beeinflusst wird.

Die bisherigen Ausführungen verdeutlichen, dass Produktionsrisiken als Teil eines Wertschöpfungssystems oder einer Wertschöpfungskette betrachtet werden müssen. So interagieren beispielsweise logistische Risiken oder Supply-Chain-Risiken stark mit Produktionsrisiken. Die Beispiele im anschließenden Kap. 7 verdeutlichen die Verwundbarkeit der Wertschöpfungskette am Beispiel der Automobilindustrie in der Folge des Tōhoku-Erdbeben im Jahr 2011. Ein weiteres Beispiel lieferten uns im Jahr 2020 die Auswirkungen von SARS-CoV-2 / Covid-19 auf die globalen Lieferketten. So konnte beobachtete werden, dass es in der Supply Chain zu einem Dominoeffekt gekommen war. Einzelne Lieferanten oder eine „Kette an Lieferanten“ gerieten in Schwierigkeit (bspw. hinsichtlich ihrer Liquidität) und die gesamte Kette verlangsamte sich bzw. brach zusammen. Diese Kettenreaktionen werden auch als „Loopback-Effekte“ bezeichnet und ähneln den Nachbeben nach einem Erdbeben.

Empirische Studien zeigen auf, dass zunehmende Risiken vor allem durch die engere Zusammenarbeit in Wertschöpfungsnetzwerken, die fortschreitende Internationalisierung der „supply chains“ sowie eine starke Effizienzfokussierung induziert werden. So wurden als wichtige Treiber die Globalisierung der Wertschöpfungsnetzwerke sowie der Abbau von Lagerbeständen, der Trend zu Lean Management und der anhaltende Trend zum Outsourcing identifiziert.[6]

Der Industrieversicherer Allianz Global Corporate & Specialty[7] führt regelmäßig unter mehreren Tausend Experten eine Umfrage zu den wichtigsten Risiken in produzierenden Unternehmen durch. In Abb. 6.3 sind Ergebnisse aus dem Jahr 2019 zusammengefasst.

Globale und lokale IT-Ausfälle und die Einführung strengerer Datenschutzbestimmungen rücken Cyberrisiken zunehmend in den Blickpunkt des Risiko-Managements. Laut dem Allianz Risk Barometer 2019 gehören Cybervorfälle gemeinsam mit Betriebsunterbrechungen zu den größten Geschäftsrisiken weltweit. Zwar dominiert aus Sicht deutscher Unternehmen auch weiterhin das Risiko einer Betriebsunterbrechung (48 %) knapp vor dem Risiko eines Cybervorfalls (44 %). Die Sorge vor rechtlichen Veränderungen im Wirtschaftsumfeld, zum Beispiel hervorgerufen durch Handelskriege, Zölle, Wirtschaftssanktionen, nimmt jedoch

[6] Vgl. Jüttner, U.: Supply chain risk management: Understanding the business requirements from a practitioner perspective, in: International Journal of Logistics Management, Vol 16/2005, S. 134.

[7] Vgl. www.agcs.allianz.com.

erstmals Platz drei im deutschen Ranking ein (35 %) und rangiert damit noch vor der Gefahr von Naturkatastrophen (28 %). Risiken, die von neuen Technologien wie künstlicher Intelligenz oder Autonomen Fahren ausgehen, sind ein weiterer großer Aufsteiger im deutschen Ranking und erreichen erstmals Platz 5 (20 %) gegenüber Platz 7 im Vorjahr.

In der Wirkung können viele der in Abb. 6.3 skizzierten Szenarien zu einer Betriebsunterbrechung in der Produktion führen. Denn fast alle großen Sachschäden beinhalten inzwischen das Wirkungsszenario einer Betriebsunterbrechung, das in der Regel den größten Teil des Schadens ausmacht. Auffällig ist zudem, dass Cyber- und Betriebsunterbrechungsrisiken miteinander verknüpft sind, da beispielsweise Ransomware-Angriffe oder IT-Ausfälle

Rang	Risikoursache bzw. Wirkung	Prozent	Trend
1	Betriebsunterbrechung (inkl. Supply-Chain-Unterbrechung)	48 %	↔
2	Cyber-Attacken (IT-Ausfall, Datenschutzverletzungen, Geldbußen und Straf en etc.)	44 %	↔
3	Rechtliche Veränderungen (bspw. Handelsrestriktionen und Handelskriege, Protektionismus, Zerfall Euro-Zone)	35 %	↑
4	Naturkatastrophen (bspw. Sturm, Überschwemmung, Erdbeben)	28 %	↓
5	Neue Technologien (bspw. Vernetzung Maschinen, Nanotechnologie, AI, 3D-Druck, Blockchain)	20 %	↑
6	Feuer, Explosion	19 %	↓
7	Produktrückruf, Qualitätsmängel, Serienfehler	17 %	↔
8	Marktentwicklungen (bspw. Volatilität, verstärkter Wettbewerb, M&A)	17 %	↓
9	Reputationsverlust oder Beeinträchtigung des Markenwertes	13 %	↔
10	Makroökonomische Entwicklungen (bspw. Rohstoffpreise, Deflation, Inflation)	9 %	↔

Abb. 6.3 Die 10 wichtigsten Risiken in der deutschen Industrie. (Quelle: Allianz Global Corporate & Specialty (2019). Die Zahlen repräsentieren, wie oft ein Risiko als Prozentsatz aller Antworten ausgewählt wurde. Die Zahlen addieren sich nicht zu 100 Prozent, da bis zu drei Risiken ausgewählt werden konnten. Befragt wurden insgesamt 172 Teilnehmer)

oft zu Betriebs- und Serviceunterbrechungen führen. So sind Cybervorfälle laut Allianz Risk Barometer die am meisten gefürchteten Auslöser von Betriebsunterbrechungen (50 % der Antworten), gefolgt von Feuer/Explosion (40 %) und Naturkatastrophen (38 %).

6.2 Methoden zur Analyse von Produktionsrisiken

Die Risikoquellen in einer Wertschöpfungskette können sowohl *endogener* als auch *exogener Natur* sein. Neben *Versorgungsrisiken* (exogen), *Nachfragerisiken* (exogen) und *Umfeldrisiken* (exogen) können im Workflow-Prozessrisiken (endogen und exogen) sowie Steuerungsrisiken (exogen und endogen) entstehen (Vgl. Abb. 6.4). *Umfeldrisiken* können beispielsweise durch geopolitische, politische Risiken, Naturkatastrophen oder Terrorismus entstehen. *Prozessrisiken und Steuerungsrisiken* resultieren aus den unternehmensinternen Produktions- und Logistikprozessen bzw. aus strategischen Entscheidungen des Managements.

Empirische Studien sind bei einer Analyse der wesentlichen Risikotreiber in Wertschöpfungsnetzen zu dem Ergebnis gekommen, dass vor allem Versorgungs- und Nachfragerisiken die Risikolandkarte dominieren.[8]

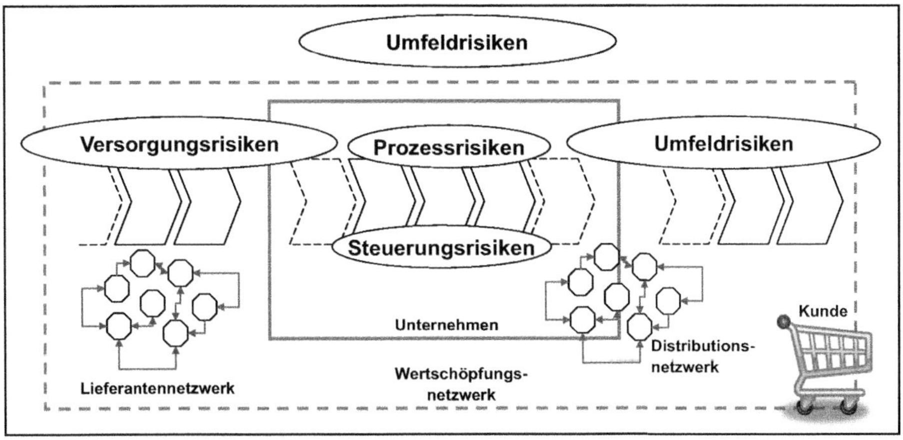

Abb. 6.4 Risikoquellen im Wertschöpfungsnetz eines Industrieunternehmens

[8]Vgl. beispielhaft Kersten und Hohrath (2008). Siehe hierzu auch das Kap. 7. Hierbei werden strategische Risiken nicht berücksichtigt.

Praxisbeispiel: Erdbeben von Kōbe und Auswirkungen im Bereich der Produktion
So führte beispielsweise das Erdbeben von Kōbe (Hanshin-Awaji-Erdbebenkatastrophe, offizielle Bezeichnung Süd-Hyōgo-Beben), welches am 17. Januar 1995 eine Stärke von M = 7,3[9] erreichte, nicht nur zu einer Naturkatastrophe mit einer der höchsten Schadenssummen aller Zeiten in Japan, sondern vor allem auch zu massiven Schäden im Bereich der Wertschöpfungskette von diversen Computerherstellen. Die Gesamtsumme aller durch das Erdbeben verursachten Schäden wird auf etwa 100 Milliarden US-Dollar – ohne Berücksichtigung von Folgeschäden durch Produktionsunterbrechungen – geschätzt. Die Ursache für das schwere Beben liegt in der tektonischen Struktur, da vor der Ostküste Japans drei Kontinentalplatten (Eurasische Platte, philippinische Platte und Pazifische Platte) aufeinandertreffen. Durch das Erdbeben und seine Folgen starben etwa 6400 Menschen, rund 42.000 Menschen wurden verletzt. 300.000 Menschen wurden durch das Erdbeben obdachlos, viele davon erst durch die vom Beben ausgelösten mehr als 300 Brände. Es wurden etwa 210.000 Gebäude zerstört oder schwer beschädigt, davon 7500 durch Feuer.[10]

Das Epizentrum lag etwa zwanzig Kilometer südwestlich vom Stadtzentrum von Kōbe in der Straße von Akashi, das Hypozentrum lag in einer Tiefe von sechzehn Kilometern. Das Hauptbeben dauerte etwa zwanzig Sekunden und setzte achtmal soviel Energie frei wie die Hiroshima-Bombe.

Trotz der gesetzlich vorgeschriebenen erdbebensicheren Bauweise (Urban Building Law aus dem Jahr 1919) wurden sowohl Neubauten als auch ältere Gebäude beschädigt oder zerstört. Obwohl diese Gesetze im Laufe der Zeit immer wieder nach Schadenbeben in Japan modifiziert und den neuen Erkenntnissen angepasst wurde, hielten auch viele neuere Gebäude den Schwingungen und Disalokationen des Untergrunds nicht stand.[11]

---

[9] Die Stärke eines Erdbebens kann mit Hilfe einer Magnitudenskala gemessen werden. Die populärste Magnitudenskala ist die Richterskala, die von Charles Francis Richter und Beno Gutenberg am California Institute of Technology 1935 entwickelt und anfänglich als ML-Skala (Magnitude Local) bezeichnet wurde. Aufgrund ihrer Definition ist die Richterskala nach oben unbegrenzt, die physischen Eigenschaften der Erdkruste machen aber ein Auftreten von Erdbeben der Stärke 9,5 oder höher nahezu unmöglich, da das Gestein nicht genug Energie speichern kann und sich vor Erreichen dieser Stärke entlädt. Der angegebene Wert, die Magnitude oder Größenklasse leitet sich aus dem dekadischen Logarithmus der maximalen Amplitude (Auslenkung) im Seismogramm ab, mit der ein kurzperiodisches Standardseismometer ein Beben in einer Entfernung von 100 km zum Epizentrum aufzeichnen würde. Ein Punkt mehr auf der Skala bedeutet demnach einen etwa zehnfach höheren Ausschlag (Amplitude) im Seismogramm und die 32-fache Energiefreisetzung (logarithmischer Anstieg) im Erdbebenherd. Vgl. Seibold (1995, S. 70).

[10] Vgl. Münchener Rückversicherungs-Gesellschaft (1996, S. 8).

[11] Vgl. United Nations Centre for Regional Development (UNCRD) (1995, S. 59 ff.).

In Kobe wurde zuvor ein Sicherheits-Steuerungssystem zur Verhinderung von Überschwemmungsschäden durch gebrochene Wasserleitungen installiert. Bei einer Magnitude von M = 5 wurde automatisch die Wasserzufuhr gestoppt. Die Löschwasserversorgung sollte daher durch Tankwagen erfolgen. Durch die Zerstörung des Straßennetzes war es jedoch den Tankwagen nicht in allen Fällen möglich, die Brandherde zu erreichen. Nach einem besonders regenarmen Sommer waren die Zisternen der Stadt nicht mit Löschwasser aufgefüllt worden, so dass die Feuerwehr den meisten Bränden tatenlos zusehen musste.[12]

In der Folge des Erdbebens waren alle Transportwege zwischen zwischen Nishainomiya und Kōbe schwer beschädigt. Ebenso wurden die wesentlichen Versorgungssysteme wie Elektrizität, Wasserversorgung, Gasleitungen und Telekommunikation zum Teil stark zerstört. Dadurch wurde das urbane Leben für mehrere Tage erschwert, und auch die Aufräumarbeiten konnten nicht in vollen Umfang durchgeführt werden. So waren beispielsweise nach dem Erdbeben etwa 85 Prozent der Menschen ohne Wasserversorgung.[13]

Die Wiederherstellungszeiten der Infrastruktur gestalteten sich in Kōbe wie folgt:

- Transportwege: etwa 4 Monate
- Hafenanlage: etwa 2 bis 3 Jahre
- Telefonnetz: etwa 2 Wochen
- Stromversorgung: etwa eine Woche
- Wasserversorgung: etwa 5 Wochen
- Gasversorgung: etwa 5 Monate

Kōbe zählt zu den wirtschaftlich erfolgreichsten Zentren auf der Insel Honshū. Der bedeutende Hafen von Kōbe wickelte im Jahr 1998, gemessen am Wert, acht Prozent des gesamten japanischen Außenhandels ab und war damit nach den Häfen Yokohama und Tōkyō (je elf Prozent) der drittwichtigste Hafen. Viele Unternehmen haben in Kōbe und Umgebung ihre Niederlassungen und Produktionsstätten. Diese Agglomeration war einer der wesentlichen Gründe für das hohe Schadensausmaß. In der Folge des Erdbebens kamen die Waren- und Materialflüsse – und damit in der Konsequenz das Wertschöpfungsnetzwerk – zum Erliegen. Die Produktion des größten japanischen Automobilherstellers Toyota war aufgrund der Schäden von zwei großen Stahlproduzenten für etwa drei Wochen stark beeinträchtigt. Betriebsunterbrechungen führten fast in der kompletten globalen Computerindustrie zu Lieferengpässen und Produktionsunterbrechungen.

[12] Vgl. United Nations Centre for Regional Development (UNCRD) (1995, S. 101).

[13] Vgl. United Nations Centre for Regional Development (UNCRD) (1995, S. 75).

Zur damaligen Zeit wurden die meisten Aktiv-Matrix-Displays (Flüssigkristallbildschirme für die Laptop-Fertigung, Thin Film Transistor = TFT) in Japan und überwiegend in Kōbe produziert. So mussten die Unternehmen Fujitsu, Matsushita, Sanyo, Sharp und Display Technology ihre Produktion zeitweilig einstellen. In der Folge der globalen Vernetzung der Wertschöpfungsketten kam es auch im globalen Kontext zu wirtschaftlichen Schäden in der Folge von Betriebsunterbrechungen. Die Produktionsausfälle führten beispielsweise zu Lieferengpässen bei den US-amerikanischen Herstellern Apple und IBM Corporation.

In der Folge des Erdbebens fiel auch der japanische Nikkei 225-Börsenindex am Tag nach dem Erdbeben um über tausend Punkte (5,6 Prozent). Auch die Börsen in Hongkong und Singapur brachen um 3,6 Prozent bzw. um 3,1 Prozent ein. Dies führte indirekt zur Insolvenz der Barings Bank, da deren Mitarbeiter Nick Leeson hohe Summen in Optionen auf den Nikkei investiert hatte.[14]

Zielsetzung eines präventiv ausgerichteten Risiko-Managements ist es, potenzielle Schwachstellen sowie die Ursachen für Störungen in der Wertschöpfungskette zu identifizieren und adäquate Maßnahmen zu initiieren, um die Resilienz des gesamten Systems zu erhöhen.

Hierbei ist zu berücksichtigen, dass ein bestimmtes Risikoszenario häufig erst durch die Kombination mehrerer Ursachen auftritt. Abb. 6.5 veranschaulicht, dass ein Risikoeintritt mehrere Folgereignisse auslösen kann, wobei diese oftmals nicht nur in eine Richtung wirken, sondern es können auch Rückkopplungen auftreten. In der unternehmerischen Praxis ist nicht selten zu beobachten, dass das, was man als Wirkung bezeichnet, auf die Ursache zurückwirkt und damit selbst zur Ursache wird. Außerdem können in der Praxis so genannte *„Dominoeffekte"* eintreten, sodass einzelne als unwesentlich wahrgenommene Risikoereignisse eine Kette weiterer Risiken mit schwerwiegenden Auswirkungen auslösen können.

Derartige „Dominoeffekte" werden auch als *systemische Risiken* bezeichnet. Ein systemisches Risiko liegt vor, wenn sich ein auf ein Element eines Systems einwirkendes Ereignis aufgrund der dynamischen Wechselwirkungen zwischen den Elementen des Systems auf das System als ganzes negativ auswirken kann oder wenn sich aufgrund der Wechselwirkungen zwischen den Elementen die Auswirkungen mehrerer auf einzelne Elemente einwirkender Ereignisse so überlagern, dass sie sich auf das System als ganzes negativ auswirken können. Ihre besondere Brisanz gewinnen systemische Risiken nicht allein aus den direkten physischen Schäden, die sie verursachen. Es sind vielmehr die weitreichenden Wirkungen in zentralen gesellschaftlichen Systemen (etwa der Wirtschaft, der Finanzwelt oder der Politik), die den Umgang mit diesem Risikotyp schwierig und zugleich dringlich machen.

[14] Vgl. vertiefend Erben (2004, S. 46–50).

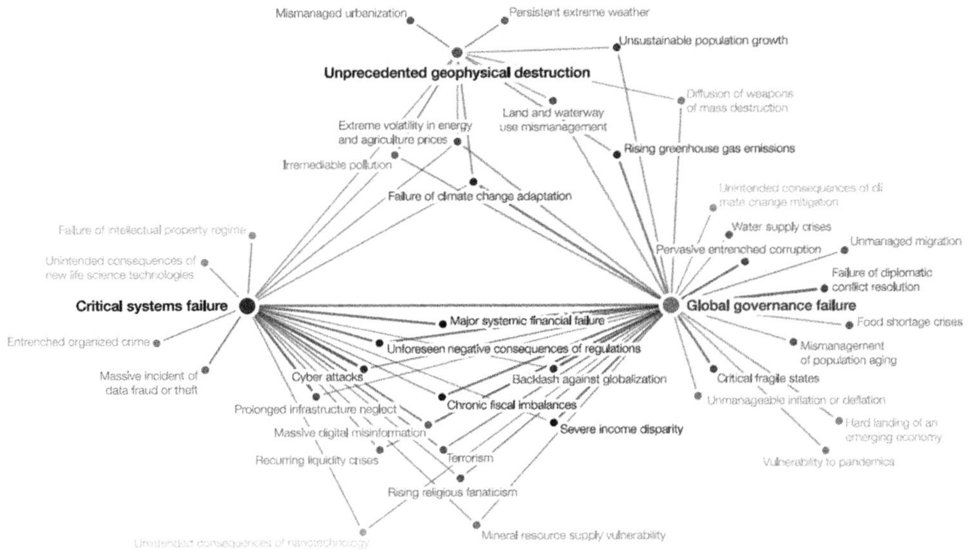

Abb. 6.5 Systemtheoretisches Risikoverständnis: Abhängigkeiten im Kontext des Tōhoku-Erdbebens 2011. (Quelle: World Economic Forum 2012, S. 31)

In Abb. 6.5 sind die Abhängigkeiten und komplexen Wirkungsketten des Tōhoku-Erdbeben aus dem Jahr 2011 skizziert. Das große Seebeben vor der Sanriku-Küste der japanischen Region Tōhoku ereignete sich am 11. März 2011 und erreichte eine Magnitudenstärke von M = 9,0. Während der nördliche Teil des betroffenen Gebiets bereits mehrfach in der Historie von starken Tsunamis verwüstet wurde (vermutlich etwa 1611, 1896, 1933), gab es in der südlichen Region (Sendai) wohl nur im Jahr 869 einen ähnlich hohen Tsunami.[15] Auf der Basis diverser wissenschaftlicher Analysen historischer seismischer Flutwellen und von GPS-Messungen lässt sich eine Spannweite von Wiederkehrperioden von 440 bis 1500 Jahren für ein Großbeben der Magnitude M = 9,0 in dieser Region Japans schätzen.[16]

Die Konsequenz war, dass einige Fabrikationsstätten japanischer Automobilhersteller und Zulieferbetriebe ihren Betrieb einstellen mussten. Diese Betriebsunterbrechungen führten global zu Lieferschwierigkeiten und Produktionsunterbrechungen in der Automobilindustrie. An der japanischen Ostküste – insbesondere rund um Fukushima, wurden Mikrocontrollern bzw. Mikroprozessoren produziert. Sie werden u. a. in Geld- und Telefonkarten, Mobiltelefonen, Waschmaschinen sowie in den Steuergeräten in Kraftfahrzeugen (beispielsweise ABS, ESP, Airbag, Motorregelung) eingebaut. Betroffen waren auch Hersteller von Silizium-Wafer. Diese werden aus ein- oder polykristallinen (Halbleiter-) Rohlingen (Ingots) hergestellt und dienen in der Regel als Substrat (Grundplatte) für elektronische Bauelemente, unter anderem für integrierte Schaltkreise, mikromechanische Bauelemente oder fotoelektrische Beschichtungen. Außerdem wurden rund um Fukus-

[15] Vgl. Allmann (2012, S. 7).

[16] Vgl. Allmann (2012, S. 8).

hima Leiterplatten (Printed Circuit Boards) und Lithium-Ionen-Batterien hergestellt. Die weltweite Verknüpfung der Risiken in der Wertschöpfungskette wird bei einer Analyse der Importquellen für Wafer deutlich. Rund 60 Prozent des Weltumsatzes an Silizium-Wafern wurden im Jahr 2010 aus Japan importiert. Ebenfalls aus Japan importiert wurden 35 Prozent der Flash-Speicher. Außerdem stammte im Jahr 2010 rund 21 Prozent der Halbleiterproduktion aus Japan. Ein weiteres wichtiges Exportprodukt sind Bismaleimide-Triazine, eine Verbindungskomponente, die in Kombination mit anderen Harzbausteinen und Glasgewebe als Verstärkung dient, in denen die ausgezeichnete thermische Stabilität von Polyimid mit den guten dielektrischen Eigenschaften von Cyanatester vereint sind. Rund 90 Prozent der Bismaleimide-Triazine stammen aus Japan.

Die japanische Regierung hat die geschätzten Kosten in der Folge des Tōhoku-Erdbebens auf rund 25 Billionen Yen (220 Mrd. Euro) beziffert. Werden jedoch die Havarien der Kernkraftwerke von Fukushima-Daiichi berücksichtigt, muss der Schaden als wesentlich höher bewertet werden. Insgesamt gilt das Erdbeben als die bisher weltweit teuerste Naturkatastrophe. Außerdem kann das Tōhoku-Erdbeben als die erste Naturkatastrophe betrachtet werden, die in vielen Ländern weitab von der betroffenen Region zu nachhaltigen energiepolitischen Veränderungen (Atomausstieg in Deutschland und der Schweiz, Nichteinstieg in Italien) geführt hat.

Die beiden Ereignisse in Kōbe (1995) und Tōhoku (2011) haben vor allem vor Augen geführt, dass in einer globalisierten Weltwirtschaft sich kein Risiko mehr isoliert betrachten lässt. So kann eine Betriebsunterbrechung bei einem Zulieferer in Asien direkte und massive Rückwirkungen auf einen Dritthersteller auf der anderen Seite der Erde haben. Und auch die globalen Auswirkungen von SARS-CoV-2 / Covid-19 und der (fast) weltweite „Shut Down" im Jahr 2020 haben vielen Unternehmen die Verwundbarkeit der Supply Chain schmerzhaft verdeutlicht.

Im Kap. 3 sind ausgewählte Methoden der Risikoidentifikation und -bewertung beschrieben worden. Im Zusammenhang mit Risiken im Kontext Produktion werden die folgenden Methoden vertiefend beschrieben:

- Szenarioanalyse/-technik,
- FMEA (Failure Mode and Effects Analysis),
- Fehlerbaumanalyse,
- Bow-Tie-Analyse,
- Key Risk Indicator (Frühwarnindikatoren),
- CIRS,
- HAZOP,
- stochastische Szenarioanalyse.

Die „stochastische" Szenarioanalyse wird im anschließenden Kap. 7 „Risiko-Management in der Logistik und Supply Chain" exemplarisch dargestellt. Das methodische Vorgehen lässt sich direkt auf Risiken im Bereich Produktion übertragen. Weitere Kollektionsmethoden und analytischen Methoden wurden bereits im Kap. 3 beschrieben.

6.3 Szenariotechnik/Szenarioanalyse (deterministisch)[17]

Die *Szenariotechnik* ist ursprünglich als Methode der *Zukunftsforschung*[18] entwickelt worden. Sie wurde in den 1950er-und 1960er-Jahren von Herman Kahn[19] und Mitarbeitern in den USA entwickelt und vor allem als Prognosetechnik bei nicht linearen Verläufen und unberechenbaren Ereignissen eingesetzt. Im Hinblick auf die Zukunftsforschung definiert Kahn seine Szenarien als „[...] hypothetische Folge von Ereignissen, die konstruiert werden, um die Aufmerksamkeit auf kausale Prozesse und Entscheidungspunkte zu lenken."[20] Dabei „[...] beschränkt sich die Szenario-Technik im Gegensatz zu den meisten Prognosetechniken nicht nur auf die Verarbeitung quantitativer Informationen",[21] sondern greift vor allem auch auf qualitative Daten zurück. Darauf aufbauende, komplexe Systemanalysen sollen für ein umfassendes Verständnis des Systems sorgen und alternative Zukunftsbilder hervorbringen.

Inzwischen ist die Prognosefunktion in den Hintergrund getreten und Szenarien dienen mehr als Entscheidungshilfe („Was wäre, wenn ...") beispielsweise im Zusammenhang mit der Strategischen Planung. Sie basiert im Kern auf der Entwicklung und Analyse möglicher Entwicklungen der Zukunft. Die Szenariotechnik verfolgt etwa die Analyse von Extremszenarios, besonders relevanter oder typischer Szenarios (Trendszenario). Szenarios werden häufig in Form eines Szenariotrichters dargestellt (vgl. Abb. 6.6). Bezogen auf die Zukunft symbolisiert der Trichter Komplexität und Unsicherheit. Die Zukunftsbilder befinden sich folglich auf der Schnittstelle des Trichters, wohingegen die Gegenwart immer am engsten Punkt des Trichters liegt. Den Ausgangspunkt der Betrachtung bildet das Trendszenario, welches auf einer Zeitachse aufgespannt wird. Dieses Trendszenario stellt die zukünftige Entwicklung unter der Annahme stabiler Umweltentwicklungen dar (ceteris paribus).

Jenes Extremszenario, das die bestmögliche Entwicklung („best case") aufzeigt, stellt das obere Ende des Trichters dar, wohingegen der sogenannte „worst case", also die schlechteste Entwicklungsmöglichkeit, das untere Ende bildet.

---

[17] Eine ausführliche Einführung in die deterministische Szenarioanalyse enthält das Kap. 4. Hier werden auch die Vorteile und Grenzen im Detail erläutert.

[18] Die Zukunftsforschung ist eine interdisziplinär ausgerichtete wissenschaftliche Beschäftigung mit möglichen, wahrscheinlichen und wünschbaren Zukunftsentwicklungen und Gestaltungsoptionen sowie deren Voraussetzungen in Vergangenheit und Gegenwart. In der internationalen Zukunftsforschung werden hauptsächlich die Begriffe Future(s) Research und Futures Studies gebraucht. Methoden und Techniken der Zukunftsforschung umfassen unter anderem Trendanalysen und -extrapolationen, Prognoseverfahren, Modellbildungen, Szenariotechniken, Simulationsverfahren, Zukunfts- und Visionswerkstätten. Neuerdings wird versucht, die Ergebnisse der Futurologie durch sogenannte Wild Cards zu ergänzen, also unvorhersehbare Entwicklungssprünge, ausgelöst etwa durch Kriege oder die Terroranschläge vom 11. September 2001.

[19] Kahn war bei der RAND Corporation beschäftigt, einem vom amerikanischen Verteidigungsministerium gegründeten Institut für Zukunftsforschung.

[20] Vgl. Kahn und Wiener (1968, S. 6), Romeike und Spitzner (2013, S. 94 ff.), Romeike (2018a, S. 166 ff.) sowie Götze (1993, S. 36).

[21] Vgl. Meyer-Schönherr (1992, S. 31).

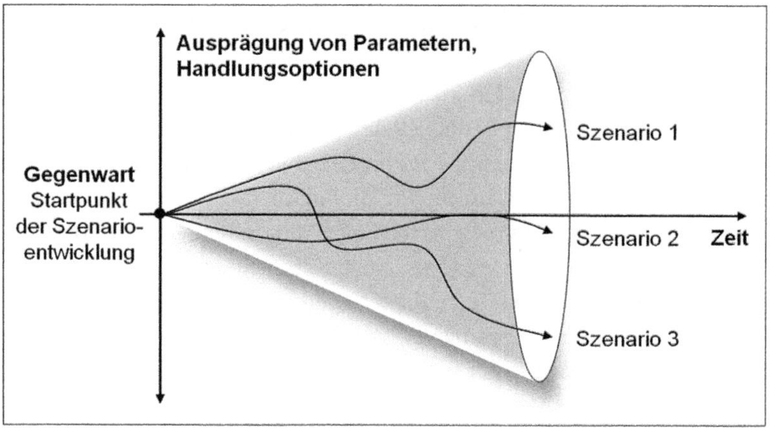

Abb. 6.6 Szenariotrichter. (Quelle: Romeike und Hager (2013, S. 254) basierend auf Linder und Spitzner (2010, S. 13))

In der Praxis ist eine enorme Vielfalt an Definitionen und Varianten der Szenariomethode anzutreffen. Daher ist eine Systematisierung der Vorgehensweise keineswegs trivial. In Kap. 4 „Strategische Chancen und Risiken" wird ein achtstufiges Vorgehen der deterministischen Szenarioanalyse im Detail beschrieben.

Im Folgenden ist ein einfaches vierstufiges Vorgehen skizziert:[22]

Schritt 1: Aufgaben- und Problemanalyse: Im Rahmen der Aufgaben- und Problemanalyse wird der Untersuchungsgegenstand zunächst festgelegt und beschrieben. Anschließend werden die Faktoren/Deskriptoren ermittelt, die den Untersuchungsgegenstand bzw. die künftigen Szenarios dieses Feldes beschreiben und möglicherweise beeinflussen. Output dieser Phase sind eine detaillierte Aufgaben- und Problembeschreibung sowie eine Faktorenliste.

Schritt 2: Einflussanalyse: Eine gute System- und Einflussanalyse muss die wesentlichen Systemelemente (Schlüsselfaktoren) und Beziehungen erfassen. In der Einflussfaktorenanalyse[23] wird untersucht, wie sich die einzelnen Faktoren wechselseitig beeinflussen. Dies kann mit einer Vernetzungstabelle ermittelt werden. Hierbei werden die Deskriptoren einander gegenübergestellt. Im direkten Vergleich wird ermittelt, welchen Einfluss (keinen, mittlere Wirkung, hohe Wirkung) ein Faktor auf einen anderen Faktor besitzt. Anschließend können jeweils die Aktiv- und die Passivwirkungen kumuliert und die Faktoren in einer Einflussmatrix miteinander verglichen werden.

Output dieser Phase sind die Vernetzungstabelle und eine Einflussfaktorenmatrix sowie eine Übersicht über die Größe des Einflusses der einzelnen Faktoren. Mit Hilfe dessen kann man die meist sehr große Anzahl von Einflussfaktoren auf eine handhabbare Anzahl reduzieren, wenn man nur die einflussreichsten Faktoren auswählt.

[22] Im Kap. 4 ist ein achtstufiges Vorgehen skizziert.

[23] Vgl. vertiefend das Kap. 4.

Schritt 3: Trendprojektion und Ermittlung von Szenarios: Zunächst gilt es, die unterschiedlichen Entwicklungsmöglichkeiten für die einzelnen ausgewählten Faktoren zu ermitteln. Welche Ausprägungen/zukünftige Entwicklungen sind für die einzelnen Faktoren möglich/denkbar? Die unterschiedlichen Ausprägungen können generisch in einem morphologischen Kasten ermittelt werden.

Durch die mathematische Kombination der verschiedenen Faktorausprägungen entstehen mögliche Szenarios. Beispielsweise kombiniert man die erste Ausprägung des ersten Faktors mit der zweiten Ausprägung des dritten Faktors: „Politische Risiken in Drittländern" mit der Ausprägung „Single-Sourcing-Risiken" wird kombiniert mit der Ausprägung des Faktors 3 „Technologieabhängigkeit". Da aber unter Umständen nicht alle Kombinationen sinnvoll sind oder sich sogar ausschließen, oder mehrere Kombinationen aufgrund ihrer Ähnlichkeit oder Bedeutung zusammengefasst werden können, ist eine Bündelung der Alternativen und eine Beschränkung der weiteren Untersuchung auf ausgesuchte Szenarios oder Alternativenbündel sinnvoll. Diese Filterung kann mit einer paarweisen Analyse oder mit Hilfe einer Konsistenzmatrix erfolgen (vgl. hierzu Abb. 4.18 in Kap. 4). Aus den konsistenten Szenarien werden dann diejenigen ausgewählt, die im Folgenden detailliert zu untersuchen sind. Um effektiv mit den Szenarios arbeiten zu können, ist es sinnvoll, eine Anzahl von vier bis acht Szenarios auszuwählen. Üblicherweise wird man wenigstens die beiden Extremszenarios, das Trendszenario und eventuell wenige, ausgewählte Szenarios weiter betrachten. Man sollte aber darauf achten, nicht ausschließlich die beiden Extremszenarios weiter zu betrachten, sich also nicht nur auf eine schwarze oder weiße Zukunft einstellen.

Output dieser Phase sind die möglichen Ausprägungen der einzelnen Faktoren/Deskriptoren, sowie ihre Kombination/Bündelung zu verschiedenen Szenarios. Anschließend bietet sich eine Beschreibung/Ausformulierung der Szenarios an, um sie verständlicher und leichter kommunizierbar zu machen.

Schritt 4: Bewertung und Interpretation

Die ausgewählten Szenarios werden in dieser Phase weiter untersucht. Die Szenarios werden ggf. mit ihren geschätzten Eintrittshäufigkeiten bzw. Eintrittswahrscheinlichkeiten und den mit den jeweiligen Szenarios verbundenen Chancen und Risiken gegenübergestellt. Außerdem lassen sich die Szenarios bezüglich Ist Situation (in welchem Szena rio befinden wir uns) und Erwartungssituation (wohin entwickelt sich die Zukunft) bewerten. Nach dieser Betrachtung können Unternehmen Maßnahmen/Handlungsoptionen für die einzelnen Szenarios definieren, um sich für diese zu rüsten. Mit Hilfe von Szenarios kann ein Unternehmen ebenfalls seine Strategie überprüfen. Stellt es fest, dass seine aktuelle Strategie in keinem der erarbeiteten Szenarios Erfolg hat, muss eine Anpassung der Strategie stattfinden. Szenarios helfen in diesem Fall bei der zukunftsrobusten Strategiefindung.

Output dieser Phase ist Bewertung und Gegenüberstellung sowie abgeleitete Handlungsoptionen und Maßnahmen der ausgewählten Szenarios.

Beim *Einsatz der Szenariotechnik im Risiko-Management* können eine Reihe von Anforderungen definiert werden:[24]

- Sachkompetenz: Kenntnisse über Untersuchungsgegenstand und -raum,
- Vorstellungen und Kenntnisse über grundlegende ökonomische und gesellschaftliche Zusammenhänge und Prozesse,
- Methodenkompetenz,
- Fantasie und Kreativität.

Da eine einzelne Person alle Anforderungen nur in den seltensten Fällen erfüllen kann, sollte die Szenariotechnik immer nur im Rahmen von (interdisziplinär zusammengesetzten) Workshops angewendet werden. So eignet sich die Szenariotechnik ideal für die Risikoevaluierung im Rahmen von Projektteams oder Risikokomitees.

In der Unternehmenspraxis sind unterschiedliche Typen von Szenarien bekannt, deren Übergänge jedoch fließend sind.

Trendszenarien stellen die Frage, wie es weitergeht, wenn alles wie bisher weiterläuft („business as usual"). Als Ausgangsszenarien sind sie wichtig. Sie kommen Trendextrapolationen am nächsten, berücksichtigen aber auch qualitative Informationen und sind damit methodisch komplexer. Beispiel: Wie entwickelt sich die Risikolandkarte, wenn keine neuen Risiken hinzutreten und die ökonomischen Rahmenbedingungen gleichbleiben?

Alternativszenarien stellen die Frage, was wäre, wenn diese oder jene Richtung eingeschlagen würde (beispielsweise „best case" oder „worst case"). Sie geben alternative Entwicklungsmöglichkeiten an, die, wenn sie erreicht werden sollen, entsprechendes zielgerichtetes Handeln voraussetzen oder, wenn sie vermieden werden sollen, entsprechende Gegenmaßnahmen notwendig machen. Beispiel: Wie entwickelt sich die Risikolandkarte, wenn der Dollar/Euro-Wechselkurs sich um zwanzig Prozent verändert? Wie entwickelt sich die Risikolandkarte, wenn unser Hauptkunde insolvent wird?

Kontrastszenarien stellen die Frage, was zu tun ist, um ein bestimmtes Ziel zu erreichen. Beispiel: Was ist zu tun, damit unsere Risikotragfähigkeit erhalten bleibt oder Value at Risk den Betrag von fünf Millionen Euro nicht überschreitet?

In Tab. 6.1 sind die wesentlichen Stärken und Grenzen der deterministischen Szenarioanalyse zusammengefasst.

6.4 FMEA (Failure Mode and Effects Analysis)

Die Fehlermöglichkeits- und Einflussanalyse bzw. Ausfalleffektanalyse (FMEA = Failure Mode and Effects Analysis) ist eine systematische, halbquantitative Risikoanalysemethode.[25] Sie wurde ursprünglich zur Analyse von Schwachstellen und Risiken technischer

[24] Vgl. Sträter (1988, S. 429).

[25] Vgl. Romeike und Hager (2013, S. 256–257), Romeike (2018b, S. 73–77).

Tab. 6.1 Stärken und Grenzen der Szenarioanalyse. (Quelle: Romeike 2018a, S. 187–188)

Stärken	Grenzen
Eine Szenarioanalyse erlaubt den Einbezug qualitativer Aspekte und quantitativer Daten in die Analyse, sie fördert das Denken in Alternativen.	Erforderlich für den Einsatz der Szenarioanalyse ist die Fähigkeit komplex und vernetzt zu denken.
Häufig werden durch die Betrachtung aus verschiedenen Perspektiven Zusammenhänge sichtbar, die auf den ersten Blick nicht offensichtlich sind, darüber hinaus erweitert die meist interdisziplinäre Zusammenarbeit die Sichtweise des Analyseteams.	Die Qualität der Szenarien ist unter anderem abhängig von Kompetenz, Vorstellungskraft, Kreativität, Teamfähigkeit, Kommunikationsfähigkeit oder Enthusiasmus der Teilnehmer der Szenarioanalyse; hierin liegen vielfältige Möglichkeiten für ein Scheitern.
Die Szenarioanalyse kann leicht mit weiteren Methoden der Erkenntnisgewinnung kombiniert werden, beispielsweise Prognosen, Umfragen oder Delphi-Verfahren.	Die Ergebnisse der Analyse sind – je nach Stärke der subjektiven Beeinflussung durch die Teilnehmer – nicht wertfrei und daher keine gesicherten Erkenntnisse, sie sind stets angreifbar.
Die Szenarioanalyse „zwingt" die Teilnehmer zu einem strukturierten Vorgehen bei der Analyse zukünftiger Szenarien.	Die Anwendung der Methode ist zeit- und arbeitsintensiv, damit in der Regel auch mit hohen Kosten verbunden.
Komplexität kann mit Hilfe der Einflussfaktorenanalyse sowie der Konsistenzmatrix reduziert werden.	

und militärischer Systeme und Prozesse entwickelt. Bereits im Jahr 1949 wurde sie erstmalig unter der Bezeichnung „Military Specification MIL-P-1629" vom US-Militär entwickelt und eingesetzt. Mit der Methode solle die Zuverlässigkeit von Systemen und Ausrüstung durch eine Analyse und Darstellung der Folgen von system- und ausrüstungsbezogenen Fehlern bewertet werden. Die Fehler wurden hinsichtlich der potenziellen Auswirkungen auf Erfolg, Personal und Sicherheit der Ausrüstung unterschieden.

Später wurde eine erweiterte Version, die FMECA (Failure Mode, Effects, and Criticality Analysis) im Jahr 1963 von der US-Bundesbehörde für Raumfahrt und Flugwissenschaft, der National Aeronautics and Space Administration (Nasa), für die Untersuchung der technischen Risiken beim Apollo-Projekt angewendet. Das Projekt brachte zum ersten und bislang einzigen Mal am 20. Juli 1969 Menschen auf den Mond. Anschließend fand die Methodik Verbreitung in der Luft- und Raumfahrt, für Produktionsprozesse in der chemischen Industrie und in der Autoindustrie – insbesondere im Bereich der Fahrzeugentwicklung und Forschung.

So wurde die FMEA in der Automobilbranche im Jahr 1977 durch Ford Motor Co. eingeführt. Im Jahr 1980 wurde die Methode als DIN-Norm 25448 veröffentlicht und vom Verband der Automobilindustrie (VDA) weiterentwickelt.

Des Weiteren wurde die FMEA nach dem Störfall im Druckwasserreaktor „Three Miles Island" in Harrisburgh/Pennsylvania vom 28. März 1979 auch für Nuklearanlagen empfohlen. Heute empfehlen viele Standards, beispielsweise im Qualitätsmanagement, nachdrücklich den Einsatz einer FMEA-Methode. Seit einigen Jahren wird in der Automobilindustrie die Erstellung einer FMEA sogar zwingend vorgeschrieben. So ist für jedes Produkt eine FMEA nachzuweisen, die die spezifischen Risiken bewertet und abbildet. Bei der Analyse sind die Einsatzbedingungen des Produkts in der Nutzungsphase, insbesondere bezogen auf Sicherheitsrisiken sowie auf einen erwartungsgemäßen Fehlgebrauch, zu berücksichtigen.

Die Kernidee der modernen FMEA basiert auf dem frühzeitigen Erkennen und Vermeiden von potenziellen Fehlern und damit der Reduktion des Auftretens potenzieller Wirkungen von Risikoeintritten. Die FMEA analysiert daher präventiv bzw. antizipativ Fehler und deren Ursache. Sie folgt damit der im Risiko-Management wichtigen Unterscheidung zwischen Ursache (cause), Risiko (risk) und Wirkung (effect). Siehe hierzu vertiefend die Ausführungen zur Bow-Tie-Analyse.

Sie bewertet Risiken bezüglich Auftretens, Bedeutung und ihrer Entdeckung in der Ursachenebene. Hierbei gilt die einfache und fast triviale Logik: Je früher ein Fehler erkannt wird, desto besser. Eine Fehlerfortpflanzung über den gesamten Produktentstehungszyklus von der Forschung und Entwicklung bis zum ausgelieferten Produkt bedeutet fast immer eine Potenzierung des Aufwandes.

Aus Sicht der Automotive Action Group (AIAG) und des Verbands der Automobilindustrie e. V. (VDA)[26] unterstützt die FMEA Unternehmen bei der Erreichung der nachfolgenden Ziele:

- Verbesserung der Qualität, Zuverlässigkeit, Herstellbarkeit, Wartungsfreundlichkeit und Sicherheit von Produkten;
- Herunterbrechen und Zuordnen von Systemanforderungen auf Untersysteme und Komponenten;
- Senkung der Gewährleistungs- und Kulanzkosten;
- Nachweisbarkeit der Produkt- und Prozessrisikoanalyse im Produkthaftungsfall;
- Vermeidung von späten Änderungen während der Entwicklung;
- Fehlerfreie Produkteinführungen;
- Zielgerichtete Kommunikation bei internen und externen Kunden- und Lieferantenbeziehungen;
- Aufbau einer Wissensbasis im Unternehmen, beispielsweise Dokumentation von gewonnenen Erkenntnissen (Lessons Learned);
- Einhaltung gesetzlicher- und behördlicher Genehmigungsauflagen bei der Zulassung von Komponenten, Systemen und Fahrzeugen;
- Sicherstellen der korrekten Erfassung von hierarchischen Beziehungen, Verknüpfungen und Schnittstellen zwischen Komponenten, Systemen und Fahrzeugen.

Im Prozessschritt der Risikoidentifikation und -bewertung ermittelt die FMEA die Ursache für ein Risiko über die drei Faktoren A, B und E. Hierbei symbolisiert A (Auftreten oder auch O für „Occurrence“ beziehungsweise für „Probability“) die subjektive Wahrscheinlichkeit, dass ein gewisses Risiko auftritt, E die Entdeckungswahrscheinlichkeit (oder auch D für „Detection“) und B für die Bedeutung der Fehlerfolge/ (oder auch S für „Severity“).[27]

---

[26] Vgl. Automotive Action Group (AIAG) und Verband der Automobilindustrie e. V. (2017, S. 19).

[27] Vgl. Bojar (2012, S. 44) sowie Romeike und Hager (2013, S. 257).

Hierzu werden aktuell drei Matrizen (BxA = Produkt-Risiko, BxE = Verifizierungs-Risiko, AxE = Durchschlupf-Risiko) zur Analyse verwendet. Die früher oft benutzte RPZ (BxAxE) diente mehr oder weniger als Maß zur Risikobewertung, wird aber von keinem professionellen FMEA-Experten – aufgrund mangelnder Aussagekraft – mehr empfohlen.[28]

Da üblicherweise alle drei Faktoren auf den Bereich 1 bis 10 normiert werden, eignet sich das Verfahren insbesondere zur Quantifizierung von qualitativen Daten.[29] Die in der Praxis häufig noch angewendete, aber nicht mehr empfohlene RPZ entsteht durch Multiplikation der A-, B- und E-Scorewerte ($RPZ = B \cdot A \cdot E$) und kann dementsprechend Werte zwischen 1 und 1000 annehmen.

Bedingt durch dieses Vorgehen, lassen sich die Ergebnisse lediglich als grobe Einschätzung eines Risikos verstehen und bietet eine grobe Priorisierung einzelner Risiken. Eine hohe RPZ deutet demnach auf die Notwendigkeit weiterer Maßnahmen hin, während Risiken mit niedriger RPZ vernachlässigt werden können. Die multiplikative Verknüpfung der drei Faktoren muss jedoch kritisch bewertet werden: Insbesondere bei „Low-probability-high-consequence-risks“ (Extremereignissen) kann die RPZ bei extrem niedrigen P- oder W-Werten insgesamt niedrig sein und damit eine geringe Dringlichkeit suggerieren. Da die verwendeten Matrizen meistens asymmetrisch sind, wird eine Multiplikation, wie in der RPZ, oft falsche Abarbeitungs-Prioritäten liefern.

Deshalb wurde bereits im Jahr 2009 der Ampelfaktor (Farbbestimmung in den drei Matrizen) als alternative Priorisierung vorgestellt.[30] Diese Auswertung ist inzwischen in vielen Unternehmen etabliert (sowie in anerkannten Methodenbeschreibungen sowie in der Mehrzahl der am Markt angebotenen Analyse-Software umgesetzt). Inzwischen wurde der „Ampelfaktor“ zur RMR (Risk-Matrix based Ranking) weiterentwickelt.

Die Analyse der modernen FMEA erfolgt in der Regel grafisch unterstützend zu den Entwicklungstätigkeiten. Dies bringt den Beteiligten erheblich mehr Übersichtlichkeit und somit Nutzen als die früher übliche Formblattnotation.

Durch die Konsolidierung von Risiken an einzelnen Stellen eines größeren Systems, dessen Grenzen klar definiert sein müssen, erlaubt FMEA insbesondere auch die Ableitung eines Maßes für die Verlässlichkeit eines komplexen Systems. Im Kontext des Risiko-Managements ermöglicht die FMEA so, durch Analyse aller Netzwerkkomponenten, eine (grobe) Gesamtrisikobewertung für eine Infrastruktur zu erstellen.

Die FMEA ist letztendlich weniger eine Methode zur Risikoidentifikation, sondern mehr ein Mittel zu einer (möglichst) ganzheitlichen Dokumentation, Bewertung und Steuerung identifizierter Fehler beziehungsweise potenzieller Risiken sowie ein bedeutendes Medium zur Konzentration in der systematischen Kommunikation.

Ein weiterer Vorteil der Fehler-Folgen-Analyse ist die klare Formalisierung mit Hilfe von „Worksheets“ (Arbeitsblättern), die neben der Funktion, die Fehlerursache, die Fehlerwirkung, die bedrohten Objekte (targets) sowie die Risikobewertung enthalten (vgl. Abb. 6.7).

---

[28] Vgl. hierzu Werdich (2019).

[29] Vgl. Arvanitoyannis und Varzakas (2008).

[30] Vgl. Werdich (2012).

RiskNET®

FMEA: Formblatt

Prozess-FMEA ☐ Produkt-FMEA ☐

Name / Abteilung: Prozess- / Produktname: Erstellt durch: Datum: Überarbeitet durch / am:

					Derzeitiger Zustand						Verant-	Verbesserter Zustand				
	Fehlerort / Fehlermerkmal	Potenzielle Fehler	Fehlerfolge	Fehlerursache	Kontrollmaßnahmen	A*	B*	E*	RPZ*	Empfohlene Maßnahmen	wortlich	Getroffene Maßnahmen	A*	B*	E*	RPZ*
1.	Server X200	Firmware Bug	Totalausfall	Firmware Upgrade nicht geladen	Regelmäßige Upgrades	3	10	10	300	Parallelsystem und Spiegelung	PH	Parallelsystem gestartet	1	10	10	100
2.	Lagerung	Spiel in der Lageranordnung	unexakte Funktionserfüllung	Lockern der Wellenmutter im Betrieb	Regelmäßige Kontrollen	3	8	10	240	Zusätzliche Sicherung der Wellenmutter	FR		1	8	10	80
3.		Dichtung durchlässig	frühzeitiger Lagerverschleiß	Dichtung genügt nicht den Anforderungen		2	5	10	100	Radialwellendichtring nach DIN verwenden	PH		1	5	10	50
4.	Vertrieb	Falsche Adresse	Retoursendung / Kundenverlust	Unachtsamkeit beim Kundenkontakt	Regelmäßige Stichproben im CallCenter	4	9	10	360	Bessere Schulung der CallCenter Mitarbeiter	FR	Zielgerichtete Auswahl von CallCenter Mitarbeitern	1	8	10	80
5.																
6.																
7.																
8.																
9.																
10.																

A* ... Auftreten

Wahrscheinlichkeit des Auftretens (Fehler kann vorkommen)

unwahrscheinlich	= 1
sehr gering	= 2 - 3
gering	= 4 - 6
mäßig	= 7 - 8
hoch	= 9 -10

B* ... Bedeutung

Auswirkungen auf den Kunden

kaum wahrnehmbar	= 1
unbedeutender Fehler	= 2 - 3
mäßig schwerer Fehler	= 4 - 6
schwerer Fehler	= 7 - 8
äußerst schwerer Fehler	= 9 -10

E* ... Entdeckung

Wahrscheinlichkeit der Entdeckung (vor Auslieferung an Kunden)

hoch	= 1
mäßig	= 2 - 3
gering	= 4 - 6
sehr gering	= 7 - 8
unwahrscheinlich	= 9 -10

RPZ* ... Risiko-Prioritätszahl

hoch	<= 1000
mittel	<= 250
gering	<= 125
kein	= 1

Abb. 6.7 Beispiel für ein FMEA-Arbeitsblatt. (Quelle: Romeike und Hager 2013, S. 259)

In der Praxis werden unterschiedliche Arten von FMEA unterschieden:

(1) **Design-FMEA/Konstruktions-FMEA**
Die Design- oder Konstruktions-FMEA unterstützt bei der Fehler-/Risikoeinschätzung bei der Entwicklung und Konstruktion von Produkten, um die Fertigungs- und Montageeignung möglichst präventiv und frühzeitig einzuschätzen. Die Analyse beinhaltet systematische Fehler während der Konstruktionsphase.
(2) **System-FMEA**
Hierbei liegt der Fokus vor allem auf einem einwandfreien Funktionieren der einzelnen Systemkomponenten. Bereits in einer sehr frühen Produktplanungsphase werden Überlegungen zum Gesamtrisiko, wie etwa unsichere Marktanteile, Kostenbeherrschung, Make or Buy, Sicherheit, Werbe- und Vertriebsstrategien oder Fragen der Umweltverträglichkeit gestellt. Die Analyse beinhaltet zufällige und systematische Fehler während des Betriebes.
(3) **Hardware-FMEA**
Eine Hardware-FMEA verfolgt das Ziel, Fehler beziehungsweise Risiken aus dem Bereich Hardware & Elektronik zu analysieren, zu bewerten und mit Maßnahmen abzustellen.
(4) **Software-FMEA**
Eine Software-FMEA verfolgt das Ziel, Fehler beziehungsweise Risiken im Programmcode zu analysieren, zu bewerten und mit Maßnahmen abzustellen.
(5) **Prozess-FMEA**
Hierbei liegt der Fokus vor allem bei der Analyse von einwandfreien Prozessen zur Herstellung der Bauteile und Systeme. Bevor die Einzelteile und Baugruppen in die Produktion gehen, untersucht ein Expertenteam die Realisierungsrisiken und legt fest, welche möglichen prozessbegleitenden Maßnahmen zur besseren Beherrschung notwendig werden. Entdeckt werden sollen Fehler vor der Auslieferung an den Kunden.

Im FMEA-Handbuch des Verbands der Automobilindustrie e. V.[31] sind sowohl die Design-FMEA als Prozess-FMEA wird in sechs Schritten im Detail und unterlegt mit Praxisbeispielen beschrieben (siehe hierzu exemplarisch Abb. 6.8). Außerdem wird im Handbuch die Anwendung der FMEA im Softwareentwicklungsprozess sowie für Maschinen- und Anlagenhersteller skizziert.[32]

Auf die Grenzen der FMEA weisen auch die Verbände AIAG und VDA hin.[33] So ist etwa für das richtige Verständnis und eine adäquate Interpretation der Ergebnisse das Bewusstsein wichtig, dass es sich bei der FMEA um eine qualitative bzw. semi-quantitative Analyseme-

[31] Vgl. Automotive Action Group (AIAG) und Verband der Automobilindustrie e. V. (2017).

[32] Weitere Praxisbeispiel siehe Romeike (2018b) sowie Arvanitoyannis und Varzakas (2008).

[33] Vgl. hierzu Automotive Action Group (AIAG) und Verband der Automobilindustrie e. V. (2017, S. 20 f.).

System Analysis			Failure Analysis and Risk Mitigation		
1st Step Scope Definition	2nd Step Structure Analysis	3rd Step Function Analysis	4th Step Failure Analysis	5th Step Risk Analysis	6th Step Optimization
Project identification	System structure for a product or elements of a process	Overview of the functionality of the product or process	Establishment of the failure chain (potential Failure Effects, Failure Modes, Failure Causes) for each product or process function (step)	Assignment of Prevention Controls (existing and/or planned) to the Failure Causes and Failure Modes	Identification of the actions necessary to reduce risks
Project plan	Visualization of the analysis scope using a structure tree or equivalent: block diagram, boundary diagram, digital model, physical parts, or process flow diagram	Visualization of product or process functions using a function tree (function net), function matrix parameter diagram or process flow diagram	Visualization of product or process failure relationships (failure nets and/or the FMEA worksheet)	Assignment of detection controls (existing and/or planned) to the Failure Causes and Failure Modes	Assignment of responsibilities and deadlines for action implementation
Analysis boundaries: What is included and excluded from the analysis	Identification of design interfaces, interactions, close clearances, or process steps	Association of requirements or characteristics to functions and functions to system or process elements	Creation of failure structures by linking the failures in the failure chain	Rating of Severity, Occurrence and Detection for each failure chain	Implementation and documentation of actions taken
Identification of baseline FMEA with lessons learned		Cascade of customer (external and internal) functions with associated requirements	Identification of product noise factors or process sources of variation (4M) using a fishbone diagram, parameter diagram, or failure network		Confirmation of the effectiveness of the implemented actions
			Collaboration between customer and supplier (Failure Effects)	Collaboration between customer and supplier (Severity)	Assessment of risk after actions taken
				Evaluation of Priority Matrix Results (PMR)	Continuous Improvement of the product and process
Basis for the Structure Analysis step	Basis for the Function Analysis step	Basis for the Failure Analysis step	Basis for the record of failures in the FMEA form and the Risk Analysis step	Basis for the product or process Optimization step	Basis for refinement of the product and/or process requirements and prevention / detection controls

Abb. 6.8 Die Durchführung der Design-FMEA in sechs Schritten. (Quelle: Automotive Action Group (AIAG) und Verband der Automobilindustrie e. V. (VDA) 2017, S. 37)

thode handelt. Außerdem zeigt sie die Abhängigkeiten von den Fehlerursachen auf, die stets als Einzelfehler betrachtet werden. Für quantitative Analysen und Mehrfachfehler bietet die Werkzeugkiste des Risikomanagers ergänzende Methoden (beispielsweise die FMEDA, Failure Modes, Effects and Diagnostic Coverage Analysis oder Methoden aus dem Bereich der stochastischen Szenarioanalyse beziehungsweise quantitativer Simulationsmethoden). Diese quantitativen Methoden ermöglichen beispielsweise die Analyse potenzieller Einzelfehler, Mehrfachfehler sowie latente Fehler auf der Grundlage quantitativer Metriken.

Für die Anwendung in der Praxis ist es außerdem wichtig, dass die FMEA möglicher Fehler sowie angemessene Maßnahmen eindeutig beschreibt. So weisen die Verbände AIAG und VDA darauf hin, dass technisch präzise Formulierungen zu verwenden sind, die es einem Experten erlauben, Fehler zu erkennen und deren mögliche Folgen abzuschätzen. Dehnbare oder gar emotional besetzte Begriffe (gefährlich, untragbar, unverantwortlich, usw.) sind unbedingt zu vermeiden. Außerdem dürfen potenzielle Fehler nicht verharmlost werden, auch wenn eine mögliche Wirkung zu einem Stressszenario führen könnte (siehe hierzu der Diesel- oder Abgasskandal, der im September 2015 öffentlich bekanntgemacht wurde. Die Volkswagen AG hatte eine illegale Abschalteinrichtung in der Motorsteuerung ihrer Diesel-Fahrzeuge verwendet. Die US-amerikanischen Abgasnormen wurden nur in einem speziellen Prüfstandsmodus erreicht, im Normalbetrieb wurde dagegen ein Großteil der Abgasreinigungsanlage weitgehend abgeschaltet.).

In Tab. 6.2 sind die wesentlichen Stärken und Grenzen der FMEA zusammengefasst.

Tab. 6.2 Stärken und Grenzen der FMEA. (Quelle: Romeike 2018a, S. 85)

Stärken	Schwächen
Das System wird vollumfassend betrachtet und schrittweise in kleinste Komponenten zerlegt.	Die Multiplikation der ordinal skalierten Merkmale B, A und E ist streng mathematisch nicht definiert. Daher ist die (klassische) RPZ eher kritisch zu bewerten.
FMEA wird in diversen ISO-Regelwerken beschrieben und ist beispielsweise in der Automobilindustrie zwingend vorgeschrieben.	Viele Risiken (vor allem schwankungsorientierte) können nicht mit Hilfe B, A und E bewertet werden. Bei einer Multiplikation von Eintrittswahrscheinlichkeit und Schadensausmaß wird eine Binomialverteilung der Risiken unterstellt.
Ein wesentlicher Vorteil der Ausfalleffektanalyse ist die klare Formalisierung mit Hilfe von „Worksheets“ (Arbeitsblättern).	Es ist nicht sichergestellt, dass ähnlichen Risiken eine identische RPZ zugeordnet wird.
	Zeit- und Ressourcenverbreich hoch.
	Großer Datenbedarf und Systemkenntnisse erforderlich (Spezialisten-Know-how).
	Interdependenzen zwischen den einzelnen Komponenten des Gesamtsystems können (in der originären FMEA) nicht analysiert werden.
	Bei einer nur schwach ausgeprägten Fehler-/Risikokultur sind Manipulationen bei der qualitativen Bewertung sehr einfach möglich.

Die FMEA zielt darauf ab, Fehler von vornherein zu vermeiden, statt sie nachträglich zu entdecken und zu korrigieren, da dies in der Regel immer mit höheren Kosten verbunden ist. Um optimale Ergebnisse zu erzielen, sollte die FMEA bereits vor der Einführung eines potenziell fehlerträchtigen Produkts oder Prozesses vorgenommen werden.

Aufgrund der aufgezeigten Schwächen der FMEA befindet sich die Methode zurzeit massiv im Wandel (unter anderem auch durch die Arbeiten der Verbände AIAG und VDA). Durch eine Ergänzung anderer Methoden beziehungsweise eine Erweiterung etwa im Bereich der Bewertung, könnte die FMEA in der Zukunft eine größere Rolle in einem universellen Analysemodell spielen.

Bei der Bewertung der Möglichkeiten und Grenzen der FMEA sollte man sich vor allem ins Bewusstsein rufen, für welchen Zweck die FMEA ursprünglich entwickelt wurde. Die Ursprünge liegen im Bereich der Analyse von Fehlern in der Design- bzw. Entwicklungsphase neuer Produkte oder Prozesse. Mit der Analyse komplexer Systeme (etwa im Bereich eines Produktionsprozesses oder einer Supply Chain) ist die FMEA überfordert und bietet hier keinen bzw. einen nur geringen Nutzen.

6.5 Fehlerbaumanalyse (Fault Tree Analysis)

Mit Beginn der 1960er-Jahre wurden Techniken zur systematischen Analyse sicherheitskritischer Systeme entwickelt. Dazu gehören neben der Hazard and Operability Analysis (HAZOP) und der FMEA auch die *Fehlerbaumanalyse* (*fault tree analysis*, FTA). Sie wurde im Jahr 1961 in den Bell Telephone Laboratories entwickelt.[34]

So wurde beispielsweise in der Planungsphase des Apollo-Programms, bei dem zum ersten und bislang einzigen Mal Menschen auf den Mond gebracht wurde, die Frage gestellt, mit welcher Wahrscheinlichkeit Astronauten erfolgreich auf den Mond geschickt und sicher zur Erde gebracht werden können. Es wurde eine quantitative Risiko- oder Zuverlässigkeitsberechnung durchgeführt, und das Ergebnis war eine unannehmbar niedrige Wahrscheinlichkeit für den Erfolg der Mission. Die Ergebnisse entmutigte die NASA von weiteren quantitativen Risiko- oder Zuverlässigkeitsanalysen. Daher hat im Jahr 1963 die NASA die eher qualitativ ausgerichtete „Failure Mode and Effects Analysis" (FMEA) für das Apollo-Projekt entwickelt und andere qualitative Methoden zur Bewertung der Systemsicherheit eingesetzt.[35]

Erst nach dem katastrophalen Unfall des Space Shuttles Challenger am 28. Januar 1986 hat die NASA die Bedeutung einer probabilistischen Risikobewertung (PRA) und einer quantitativen Risikoanalyse mit Hilfe einer Fehlerbaumanalyse erkannt. Bei der Katastrophe explodierte bereits 73 Sekunden nach dem Start die Raumfähre, in der Folge kamen alle sieben Besatzungsmitglieder ums Leben. Der Auslöser für die Explosion waren ein oder mehrere Dichtungsringe (O-Ringe) in einer der seitlichen Feststoffraketen (Booster). Durch ungewöhnlich tiefe Temperaturen in der Nacht vor und am Morgen des Starts büßte

[34] Vgl. Romeike (2018a, S. 81 ff.).

[35] Vgl. Romeike (2018b) und Romeike (2019c).

der Kunststoff der Dichtungsringe seine Elastizität ein, was durch die extremen Druck- und Hitzebelastungen nach der Zündung zunächst zu einem Verschleiß der O-Ringe und schließlich zum teilweisen Ausströmen des Verbrennungsgases führte (Blowby). Dies führte schließlich zur Explosion der Challenger und führte zur vorübergehenden Einstellung des Shuttle-Programms der NASA. Aus Sicht der Risikoanalyse ist erwähnenswert, dass bereits am Abend vor dem Start der Raumfähre, ein Ingenieur von Morton Thiokol, der Herstellerfirma der Feststoffraketen, wegen der Kälte vor dem Start, auf die potenziellen Risiken hingewiesen hatte.

Ein berühmtes Mitglied der Untersuchungskommission der Challenger-Katastrophe war der Physiker und Nobelpreisträger Richard P. Feynman, der detaillierte Erkenntnisse der Ursachen und Versäumnisse in einem Buch zusammengefasst hat.[36]

In der Folge des Challenger-Unfalls gilt die Fehlerbaumanalyse heute als eine der wichtigsten Techniken der Systemzuverlässigkeit und Sicherheitsanalyse in der Raumfahrt und in anderen Branchen.

Als internationaler Standard IEC 61025 (EN 61025) ist das Verfahren unter dem Begriff Fehlerzustandsbaumanalyse von der International Electrotechnical Commission beschrieben. In Deutschland ist die Fehlerbaumanalyse Inhalt der nationalen DIN 25424.[37]

Die Fehlerbaumanalyse basiert auf der booleschen Algebra[38] und dient dazu, die Wahrscheinlichkeit eines Ausfalls einer Anlage oder Gesamtsystems zu bestimmen. Die Fehlerbaumanalyse verfolgt das Ziel, durch die Analyse der logischen Verknüpfungen potenzielle Teilsystemausfälle auf allen kritischen Pfaden zu ermitteln, die zu einem Ausfall des Gesamtsystems führen können.

Die Fehlerbaumanalyse nimmt daher als Ausgangspunkt – im Gegensatz zur FMEA – nicht eine einzelne Systemkomponente, sondern das potenziell gestörte Gesamtsystem. Sie gehört zu den „Top-down"-Analyseformen (vgl. Abb. 6.9). In einem ersten Schritt wird daher das Gesamtsystem detailliert und exakt beschrieben. Darauf aufbauend wird analysiert, welche primären Störungen eine Störung des Gesamtsystems verursachen oder dazu beitragen können. Der nächste Schritt gliedert die sekundären Störungsursachen weiter auf, bis schließlich keine weitere Differenzierung der Störungen mehr möglich oder sinnvoll ist. Der Fehlerbaum stellt damit alle Basisergebnisse dar, die zu einem interessierenden Top-Ereignis führen können.

In der einfachsten Form besteht er aus den folgenden Elementen: Entscheidungsknoten (E), die Entscheidungen kennzeichnen, Zufallsknoten, die den Eintritt eines zufälligen Ereignisses darstellen sowie aus Ergebnisknoten (R), die das Ergebnis von Entscheidungen oder Ereignissen darstellen. Zwischen diesen Elementen befinden sich Verbindungslinien

[36] Vgl. Feynman (1996).

[37] Fehlerbaumanalyse, Teil 1: Methode und Bildzeichen, Teil 2: Handrechenverfahren zur Auswertung eines Fehlerbaumes.

[38] Die boolesche Algebra ist eine spezielle algebraische Struktur, die die Eigenschaften der logischen Operatoren UND ($\wedge$), ODER ($\vee$), NICHT ($\neg$) sowie die Eigenschaften der mengentheoretischen Verknüpfungen Durchschnitt ($\sqcap$), Vereinigung ($\sqcup$ oder *), Komplement ($\circ$) verallgemeinert.

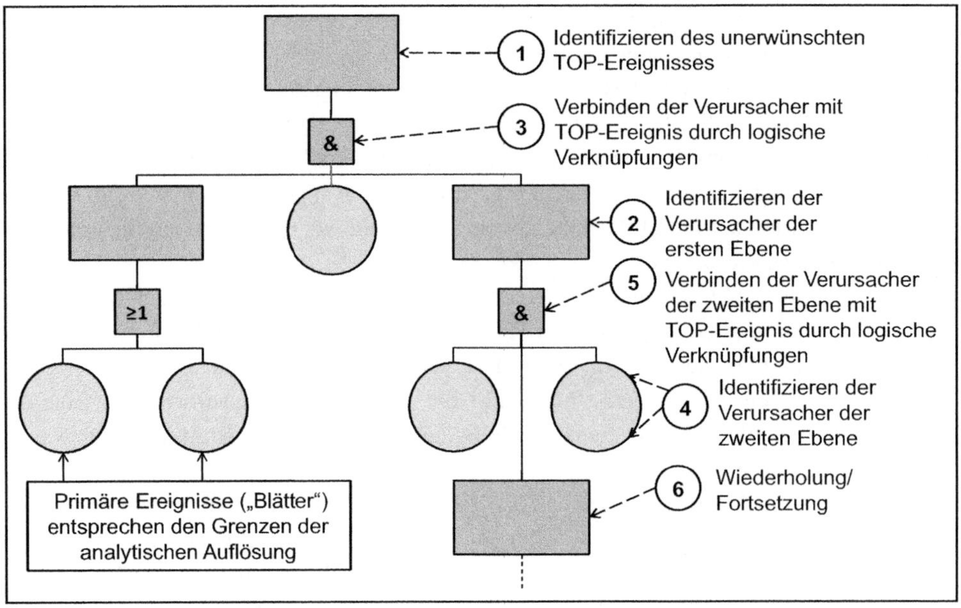

Abb. 6.9 Vorgehensweise zur Konstruktion eines Fehlerbaumes (Vgl. Romeike 2018a, S. 82)

Komplexe Fehlerereignisse werden mittels logischer Verknüpfung (booleschen Algebra; auch als boolescher Verband bezeichnet) weiter in einfachere Ereignisse aufgeteilt. Verknüpfungen lassen sich grundlegend in zwei Kategorien einteilen: in Oder-Verknüpfungen, bei denen der Fehler auftritt, falls eines der Ereignisse auftritt, sowie in Und-Verknüpfungen, bei denen der Fehler nur auftritt, falls alle Ereignisse auftreten. Ein Block-Gatter führt zwischen einem Ereignis und der entsprechenden Ursache eine Nebenbedingung ein.

Die Nebenbedingung muss zusätzlich zur Ursache vorhanden sein, damit die Wirkung eintritt. Die Bedingung beschreibt Ereignisse, die keine Fehler oder Defekte sind und im Normalbetrieb auftreten. Um einen großen Fehlerbaum anschaulich zu präsentieren, können ganze Unterbäume durch ein Transfer-Symbol markiert und separat analysiert werden. Die im Fehlerbaum definierten Ursachen sind Zwischenereignisse, die weiter untersucht werden, bis ein gewünschter Detaillierungsgrad erreicht wird. Ursachen, die nicht weiter untersucht werden, sind Blätter im Fehlerbaum. Blätter sind entweder Basisereignisse des Systems oder Ereignisse, die für die Analyse (noch) nicht detailliert genug beschrieben wurden (nicht untersuchte Ereignisse).

In Abb. 6.9 ist ein Beispiel für einen Fehlerbaum dargestellt. In Abb. 6.10 sind die grundlegenden Symbole im Zusammenhang mit der Fehlerbaumanalyse skizziert.

Eine wesentliche Eigenschaft der Ereignisse in einem Fehlerbaum ist, dass sie unerwünscht sind. Sie beschreiben Fehlerzustände, Störungen oder Ausfälle. Nach Erstellung des Fehlerbaums wird bei der quantitativen Fehlerbaumanalyse jedem Basisereignis eine bestimmte Eintrittswahrscheinlichkeit für den Ausfall zugewiesen.

Symbol(e)	Name	Bedeutung
	Top/Zwischen-ereignis	Ein Ereignis, das aus der Interaktion mehrerer Ereignisse durch eine logische Verknüpfung resultiert, u.a. das *unerwünschten Ereignis* (Top Event) und die *Zwischenereignisse* (Intermediate Events).
	Primäres Ereignis	Ein *Primäres Ereignis* (PE) repräsentiert den Ausfall einer Komponente oder einen Bedien-Fehler. Es wird nicht weiter aufgegliedert und stellt somit die feinste Auflösung des Fehlerbaums dar.
	Unentwickeltes Ereignis	Mit der Raute werden fehlerhafte Ereignisse symbolisiert. die nicht weiter aufgegliedert werden, da keine näheren Details bekannt sind order die weitere Verfeinerung des Fehlerbaums nicht erwünscht ist.
IN OUT	Transfer Symbole	Das Dreick wird benutzt, um (Teil-) Bäume zu verbinden. Das IN-Symbol signalisiert den Input von einem anderen Baum (in der Regel auf einer neuen Seite). Und das OUT-Symbol erscheint an der Position des Top Event und bedeuter, dass diese Stelle den Input für einen anderen Baum liefert.
≥1	ODER-Verknüpfung	Bei der ODER-Verknüpfung tritt das Ausgangsereignis ein, sobald mindestens ein Eingangsereignis eingetreten ist. Die ODER-Verknüpfung kann beliebig viele Eingänge haben.
&	UND-Verknüpfung	Der Ausgang der UND-Verknäpfung ist genau dann wahr, wenn alle seine Eingänge wahr sind. Die Anzahl der Eingänge ist beliebig.
= 1	X-ODER-Verknüpfung	Die X-ODER-Verknüpfung ist wahr, wenn genau einer der Eingänge wahr ist. Die Anzahl der Eingänge ist beliebig.
≥M M	X-ODER-Verknüpfung	Die M-VON-N-Verknüpfung ist wahr, wenn mindestens M der N Eingänge wahr sind. Die Anzahl der Eingänge ist beliebig.
B	Bedingte Verknüpfung	Das Ausgangsereignis der bedingten Verknüpfung tritt ein, wenn des Eingangsereignis eintritt und die Bedingung B erfüllt ist.

Abb. 6.10 Symbole im Rahmen der Fehlerbaumanalyse (Vgl. Schwindt 2004)

In der Praxis ist der Einsatz von Fehlerbaum-Techniken oft auch gemeinsam mit Szenariotechniken und mit Ereignisbaum-Techniken zu beobachten. Letzterer Ansatz verfolgt das Ziel, dass alle Faktoren identifiziert werden, die zu einem Störfall führen können. Die Darstellung erfolgt ebenfalls als Baum.

Bei einer rein qualitativen Analyse (vgl. Abb. 6.9) werden die kausalen Zusammenhänge in einem System analysiert und grafisch dargestellt. Hierbei steht die Frage im Mittelpunkt, welche Komponenten besonders kritisch für das Gesamtsystem sind? Von besonderem Interesse sind dabei der sogenannte „Single point of failure“ (SPOF). Hierunter versteht man eine besonders kritische Komponente. Wenn diese Komponente ausfällt, tritt das Top-Ereignis ein (siehe Dichtungsring und Explosion der Challenger). Insbesondere in der Luftfahrt ist die Vermeidung von „Single points of failure“ von herausragender Bedeutung.

Außerdem werden sogenannte „Cut Sets“ analysiert. Hierbei handelt es sich um Kombinationen von Komponenten, die alle gemeinsam ausfallen müssen, damit es zum Eintritt des Top-Ereignisses kommt.

Des Weiteren werden „Minimal Cut Sets“ analysiert. Hierbei handelt es sich um Systeme mit wenigen Komponenten und bereits der Ausfall einer Komponente ist ausreichend für den Ausfall des Gesamtsystems.

Bei der quantitativ ausgerichteten Fehlerbaumanalyse werden den einzelnen Ursachen Wahrscheinlichkeiten zugeordnet, die anschließend über bedingte Wahrscheinlichkeiten (auch konditionale Wahrscheinlichkeit) im Detail bewertet werden. Resultierend aus den Axiomen von Kolmogorow[39] gilt bei einer UND-Verknüpfung zweier unabhängiger Ereignisse:

$$P(A \cap B) = P(A) \cdot P(B)$$

Bei einer ODER-Verknüpfung für sich ausschließende (inkompatible) Ereignisse gilt:

$$P(A \cup B) = P(A) + P(B)$$

Bei einer ODER-Verknüpfung für unabhängige Ereignisse gilt:

$$P(A \cup B) = P(A) + P(B) - P(A) \cdot P(B)$$

Bei einer XOR-Verknüpfung[40] für unabhängige Ereignisse gilt:

$$P(A \cup B) = P(A) + P(B) - 2 \cdot P(A) \cdot P(B)$$

Die Fehlerbaumanalyse wird beispielsweise für die folgenden Fragestellungen eingesetzt:

- In der Planung von Industrieanlagen, vor allem in der Verfahrenstechnik, und im vorbeugenden Brandschutz.
- In der Software-Entwicklung wird sie verwendet, um die Fehler von Programmen zu analysieren.

[39] Benannt nach dem russischen Mathematiker Andrei Nikolajewitsch Kolmogorow.

[40] Hierbei handelt es sich um eine exklusiv-ODER-Verknüpfung (auch XOR Antivalenz Kontravalenz; von engl. e*X*clusive *OR* – exklusives Oder, entweder oder). Die Gesamtaussage ist dann wahr wenn entweder die erste Aussage oder die zweite Aussage wahr ist aber nicht beide.

Tab. 6.3 Stärken und Grenzen der Fehlerbaumanalyse. (Quelle: Romeike 2018a, S. 85)

Stärken	Grenzen
Baumstruktur ermöglicht klar strukturierte systematische Untersuchung.	Ermittelt „nur“ die Ausfallwahrscheinlichkeiten – basierend auf „einfacher“ boolescher Algebra.
Relativ einfache Analyse von Teilsystemausfällen auf allen kritischen Pfaden durch logische Verknüpfungen.	Vollständigkeit des Fehlerbaums ist nicht garantiert (insbesondere bei komplexen Systemen).
Kann als Methode für die Ursachenanalyse im Rahmen der Bow-tie Analysis genutzt werden.	Detailliertes Strukturwissen erforderlich.
ISO- und DIN-Standardisierung.	Nur bei einfachen Systemen übersichtlich.
Viele Umsetzungsbeispiele in diversen Branchen.	Keine Abbildung von Komponenten mit mehr als zwei Zuständen möglich.

- In der Flugsicherheit werden zur Bestimmung der definierten Sicherheit Fehlerbaumanalysen mittels Checklisten ausgeführt.
- In der Produktentwicklung, vor allem in der Automobilindustrie.
- Im Rahmen der PSÜ (Periodische Sicherheitsüberprüfung) für kerntechnische Anlagen, um die Wahrscheinlich für den Ausfall eines sicherheitstechnischen Systems angeben zu können.

In Tab. 6.3 sind die wesentlichen Stärken und Grenzen der Fehlerbaumanalyse zusammengefasst.

6.6 Bow-Tie-Analyse

Die Bow-Tie-Analyse eignet sich nahezu perfekt zur strukturierten Darstellung und Analyse von Risiken im Bereich der Produktion. Bereits in den frühen neunziger Jahren übernahm die Royal Dutch Shell Group die Bow-Tie-Analyse als Methode und Unternehmensstandard für die Analyse und das Management von Risiken. Später übernahmen weitere Unternehmen aus der Öl- und Gasindustrie sowie aus der Luftfahrtindustrie, dem Schienenverkehr, der Schifffahrt und im Chemie- und Gesundheitswesen die Bow-Tie-Analyse als Standard zur Strukturierung und Analyse von Risiken. Das Vorgehen sowie der Methode wurde bereits im Kap. 3 beschrieben.

Ein wesentlicher Mehrwert der Die Bow-Tie-Analyse liegt darin, dass Elemente verschiedener anderer Methoden vereint werden.[41] Dazu zählen insbesondere die

- Fehlerbaumanalyse (Fault Tree Analysis, FTA),
- die Ereignisbaumanalyse (Event Tree Analysis),

[41] Vgl. de Ruijter und Guldenmund (2016, S. 211–212) sowie Romeike und Spitzner (2013, S. 134–135).

- die Barrier Analysis sowie
- die Ursache-Wirkungs-Diagramme (Cause and Effect Diagram bzw. Ishikawa-Diagramm).

Die Methode wird in der Praxis dazu verwendet, ein Risiko sowie dessen Ursachen und Wirkungen zu identifizieren und in einem einzigen Diagramm strukturiert darzustellen (vgl. Abb. 6.11. Da ein Risiko in der Regel eine Vielzahl von Ursachen, aber auch Wirkungen aufweist, hat das Diagramm die Form einer Fliege (im Englischen: bow tie). Es unterstützt damit die Risikoidentifikation, aber auch die Risikokommunikation und die Entwicklung von Maßnahmen zur Risikosteuerung. Die Ursachen können mittels der Fehlerbaumanalyse (Fault Tree Analysis), die Wirkungen mittels der Ereignisbaumanalyse (Event Tree Analysis) erarbeitet werden. Wenn (quantitative) Daten zu Ursachen und Wirkungen verfügbar sind, kann die Bow-tie Analysis auch zur Risikobewertung genutzt werden.

Die Bow-tie Analysis integriert einzelne Elemente der oben genannten vier Methoden. In Abb. 6.12 ist am Beispiel der Nuklearkatastrophe von Fukushima vom 11. März 2011 und der Reihe von katastrophalen Unfällen und schweren Störfällen im japanischen

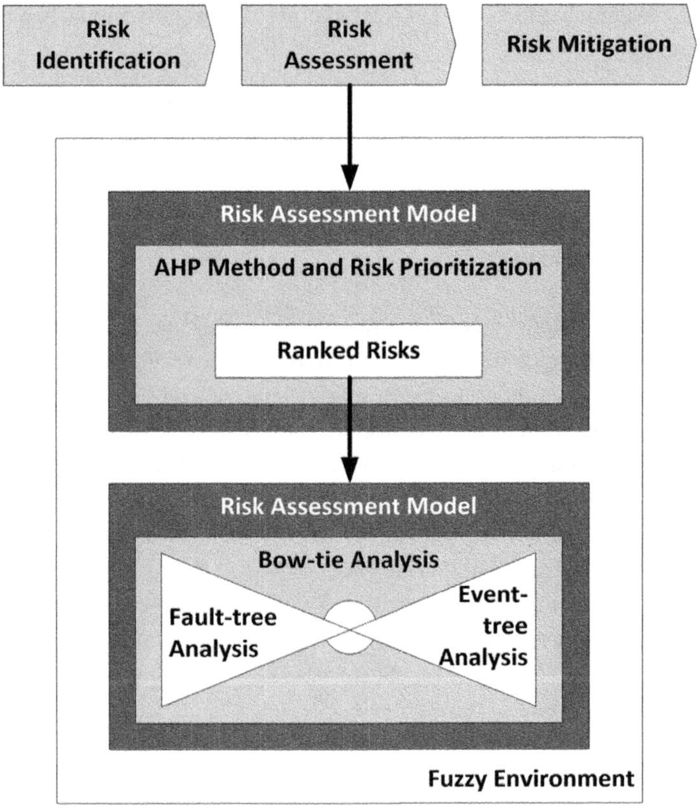

Abb. 6.11 Bow-Tie-Analyse. (Quelle: Romeike (2018a, S. 77) in Anlehnung an Mokhtari et al. (2011) und Mokhtari et al. (2012))

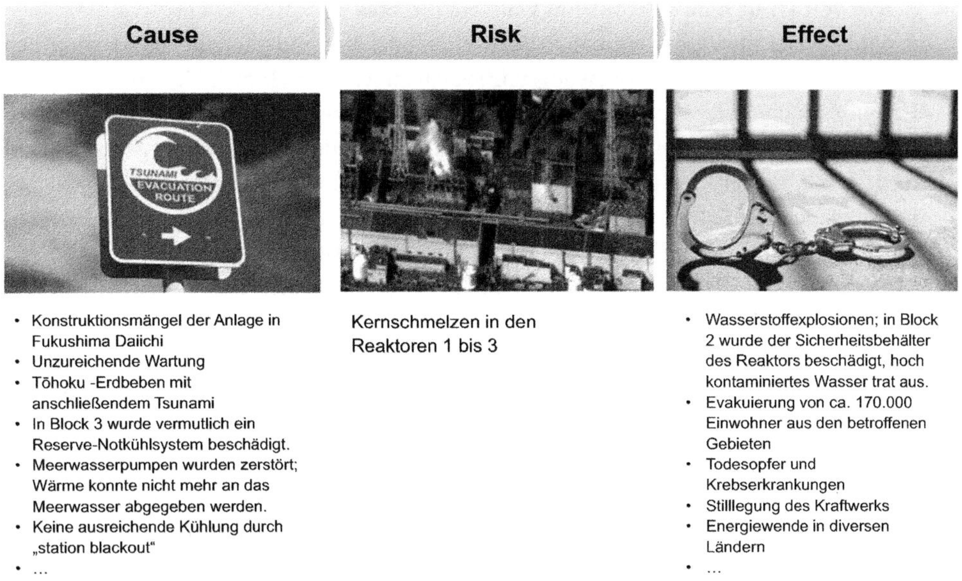

Abb. 6.12 Konkretes Praxisbeispiel: Nuklearkatastrophe von Fukushima vom 11. März 2011. (Quelle: Romeike 2019b, S. 43)

Kernkraftwerk Fukushima Daiichi (Fukushima I) eine Auswahl an Ursachen (Causes), Risiken (Risks) und Wirkungen (Effects) dargestellt. Die Übersicht vereinfacht stark und ist nicht als abschließend zu betrachten, da das Ursache-Wirkungsgeflecht im konkreten Fall um ein Vielfaches komplexer war.

Die Bow-tie Analysis wird aus den folgenden Elementen gebildet:[42]

- **„Top Event" bzw. Risiko**, konkret im Kontext Risiko-Management die potenzielle Ziel-/Planabweichung: Das zentrale (unerwünschte) Ereignis, für das Ursachen und Wirkungen identifiziert werden sollen.
- **Ursachen (Causes):** Auf der linken Seite des „Top Events" werden die identifizierten Ursachen für das unerwünschte Ereignis dargestellt. Dies kann mittels eines Ursache-Wirkungs-Diagramms oder mittels einer Fehlerbaumanalyse geschehen.
- **Wirkungen (Effects):** Auf der rechten Seite des „Top Events" werden die möglichen Wirkungen des unerwünschten Ereignisses dargestellt. Auch hier kann ein Ursache-Wirkungs-Diagramm genutzt werden, alternativ aber auch eine Ereignisbaumanalyse. Die Anwendung von Fehlerbaum- und Ereignisanalyse unter Nutzung quantitativer Daten ermöglicht es, die Bow-tie Analysis auch zur Risikobewertung zu nutzen. Ein derartiger Ansatz wird beispielsweise bei Ferdous et al.[43] dargestellt; er wird durch die Anwendung der Fuzzy-Theorie erweitert.

[42] Vgl. de Ruijter und Guldenmund (2016, S. 213) sowie Romeike (2018a, S. 75 f.).

[43] Vgl. Ferdous (2013).

- **Schwellen (Barrier):** Sowohl links als auch rechts des „Top Events" werden sogenannte Barrier platziert. Damit sind Schwellen oder Sperren gemeint, mit denen (dann bereits im Sinne einer Risikobewältigung) versucht wird, den Eintritt des unerwünschten Ereignisses und/oder die Wirkungen zu vermindern oder zu vermeiden. Die „Barrier" im Bereich der Ursachen sind sogenannte präventive oder ursachenbezogene Maßnahmen. Die „Barrier" im Bereich der Wirkungen sind reaktive Maßnahmen bzw. wirkungsbezogene Maßnahme, die beispielsweise die finanziellen Wirkungen abmildern (etwa in Form eines abgeschlossenen Versicherungsvertrags).
- **Management-System:** Teilweise werden die in Verbindungen stehenden Management-Systeme ebenfalls in das Diagramm eingezeichnet.

Es existieren verschiedene Variationen der Bow-Tie-Analyse, die davon abhängen, zu welchem Zweck die Analyse genutzt werden soll (Risikoidentifikation, Risikobewertung, Risikokommunikation) und aus welchen konkreten Elementen das Diagramm besteht bzw. welche Methoden angewandt werden.

Die Anwendung der Bow-tie Analysis kann begleitet werden durch weitere analytische Methoden, beispielsweise die „Analytic Hierarchy Method" für die Priorisierung der Risiken oder eine Kritikalitätsbewertung basierend auf einem Scoringansatz (vgl. Abb. 6.13). Hierbei erfolgt beispielsweise die Bewertung der Kritikalität über einen Scoringansatz (beispielsweise mit Hilfe von Scorewerten von 1 bis 5). Die Kritikalität basiert immer auf der Bewertung der Wirkung der identifizierten Szenarien. In einem zweiten Schritt erfolgt die Bewertung nach „Ability to act", d. h. welche präventiven oder auch reaktiven Maßnahmen überhaupt ergriffen werden können, um den Risikoeintritt zu verhindert oder die Wirkung zu reduzieren. Anschließend können die Risikoszenarien in einer einfachen Grafik visualisiert werden.

Ursache (Cause)	Risiko (Risk)	Wirkung (Effect)	Kritikalität (1-5)	Ability to Act (1-5)

Abb. 6.13 Scoringbasierte Ansatz zur pragmatischen Bewertung von Kritikalität und „Ability to act". (Quelle: Eigene Abbildung)

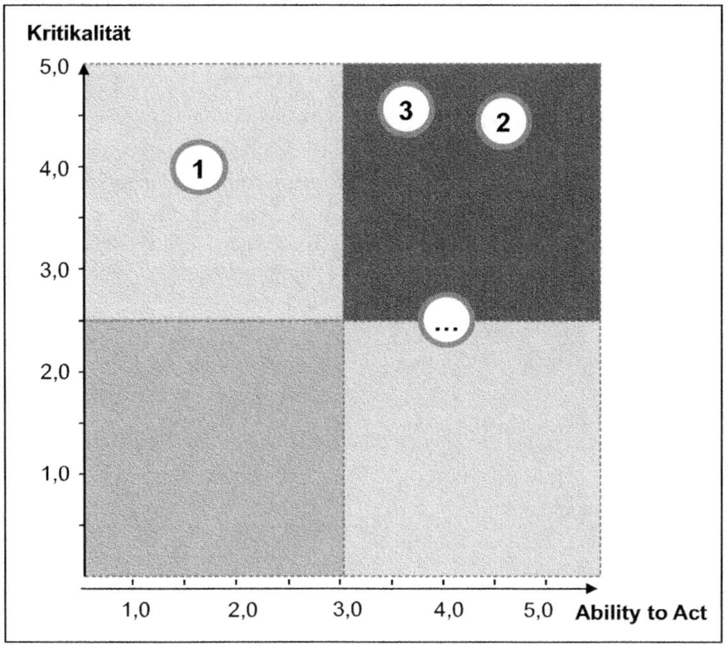

Abb. 6.14 Visualisierung der identifizierten Risiken nach Kritikalität und „Ability to act". (Quelle: Eigene Abbildung)

In einem weiteren Schritt sollten für alle kritische Szenarien detaillierte Maßnahmenpakete definiert werden. Zu diesem Zweck sollten die einzelnen Szenarien noch einmal im Detail analysiert werden und mit Hilfe geeigneter quantitativer Methoden (bspw. „worst case", „realistic case" und „best case" sowie ggf. Schätzung der Häufigkeit) bewertet werden (Abb. 6.14).

Die wesentlichen Stärken und Schwächen der Bow-Tie-Analyse sind in Tab. 6.4 zusammengefasst.

6.7 Key Risk Indicator, Key Performance Indicator, Key Control Indicator

Ein *Risikoindikator* bzw. *Key Risk Indicator* ist mit dem menschlichen Nervensystem vergleichbar. Es registriert Veränderungen innerhalb eines Organismus und löst Warnungen aus. Wenn die „Schmerzgrenze" überschritten ist, reagiert der Körper und versucht die negative Situation zu ändern, damit die Schmerzen eliminiert oder reduziert werden.

So basieren Frühwarnsysteme im Bereich des Katastrophenschutzes auf einer Sammlung von Umweltdaten (etwa Temperatur oder Schwingungen), die über viele Sensoren

Tab. 6.4 Stärken und Schwächen der von Bow-Tie Analysis. (Quelle: Romeike 2018b, S. 81)

Stärken	Schwächen
Strukturierte Methodik zur korrekten Abgrenzung von Ursachen, Risiken/Chancen und Wirkungen.	Komplexe Ursache-Wirkungszusammenhänge können nur sehr eingeschränkt abgebildet werden (komplexe Feedback-Loops und nicht lineare Abhängigkeiten).
Transparente und intuitive Visualisierung von Ursachen, Ereignissen und Effekten.	Wirkungen bilden oft die Ursache für andere „Top Events". Dies kann im Bow-Tie-Diagramm nur sehr eingeschränkt abgebildet werden.
Bow-tie Analysis fördert ein strukturiertes Denken (Transparenz der Ursache-Wirkungs-Zusammenhänge).	
Eine gute strukturierte Bow-tie Analysis bietet eine exzellente Basis für die Definition von Frühwarnindikatoren bzw. Key Risk Indicator (ganz links in der Ursachenketten).	
Grafische Darstellung auch zur Risikokommunikation geeignet.	
Gute Verbindungsmöglichkeiten zu anderen – vor allem analytischen – Methoden.	
Auch präventive und reaktive Maßnahmen (Barrier) können in der Bow-tie Analysis abgebildet werden.	

erfasst werden. Die Messwerte der Sensoren werden fortlaufend auf Unregelmäßigkeiten überprüft. Beim Überschreiten definierter Schwellenwerte wird ein Alarm oder eine automatische Reaktion ausgelöst. So lassen sich Züge stoppen, Brücken sperren und Gasleitungen abdrehen.[44] Das wohl am meisten verbreitete Frühwarnsystem findet sich im Bereich des Brandschutzes. Dort werden mit Hilfe von Rauchdetektoren, Feuermeldern, Brandschutztüren, Sprinklern und Sirenen beim Überschreiten definierter Schwellenwerte Brände rechtzeitig gemeldet und größere Schäden somit vermieden. Nichts anderes im Bereich der Wirtschaft: Auch dort soll über Sensoren bzw. Frühwarnindikatoren rechtzeitig darauf hingewiesen werden, ob ein Unternehmen möglicherweise in „gefährliche Gewässer segelt" oder ein „Leck in der Bordwand" zu einem existenzbedrohenden Ungleichgewicht führt. Die Beachtung von Frühwarnindikatoren im Bereich der Wirtschaft war immer schon ein wichtiges unternehmenspolitisches Instrument zur Erreichung der Unternehmensziele.

Unternehmen hatten sich in der Vergangenheit nicht selten vor allem auf ihr „Bauchgefühl" verlassen und auf Risiken primär situativ bzw. retrospektiv reagiert. Frühwarnsysteme bzw. Risiko-Management hat per definitionem jedoch nicht das Ziel, die Vergangenheit

[44] Vgl. Romeike (2005a, S. 22–27).

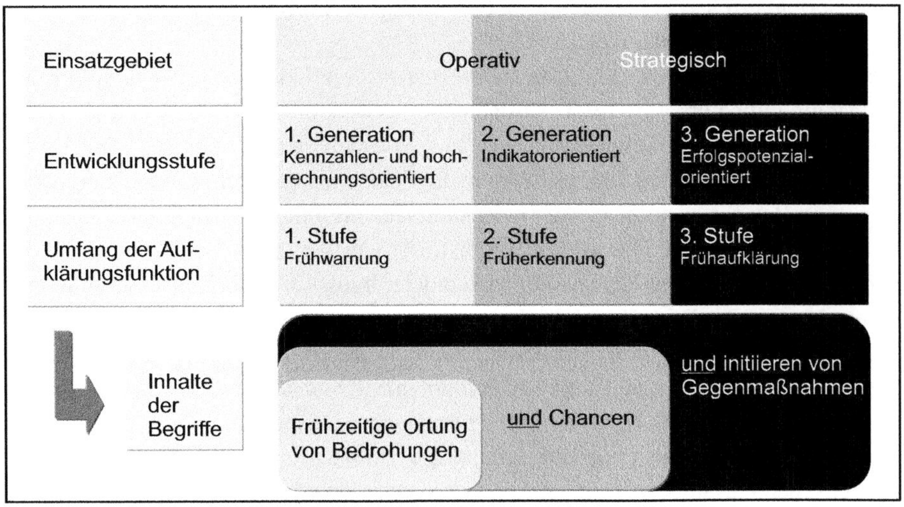

Abb. 6.15 Typologisierung von Frühaufklärungsansätzen (In Anlehnung an Krystek und Müller-Stewens 1993, S. 26)

zu erklären, sondern will zukünftige Chancen und Risiken antizipieren und helfen, bessere Antworten auf bessere Fragen zu finden. Risiko-Management sollte daher proaktiv (oder auch prospektiv) ausgerichtet sein.

Allgemein können drei unterschiedliche Arten bzw. Generationen von Frühaufklärungssystemen unterschieden werden (vgl. Abb. 6.15):

- Kennzahlen- und hochrechnungsorientierte,
- Indikatororientierte und
- Strategische Frühaufklärungssysteme.

Kennzahlen- und hochrechnungsorientierte Frühaufklärungssysteme basieren auf einem periodischen Vergleich von Kennzahlen bzw. auf innerjährlichen Hochrechnungen von Über- und Unterschreitungen bestehender Jahrespläne (Budgets) und eignen sich daher vor allem für das operative Controlling.[45] Hierbei werden insbesondere Soll-Ist-Zahlen bzw. Soll-Wird-Zahlen verglichen. Beim Unter- bzw. Überschreiten definierter Schwellenwerte sollen adäquate Warnmeldungen ausgelöst werden. Kritisch ist hierbei anzumerken, dass kennzahlen- und hochrechnungsorientierte Frühaufklärungssysteme auf vergan-

[45] Vgl. Romeike (2006, S. 453 ff.).

genheitsorientierten Daten basieren und eine längerfristige Früherkennung von Chancen und Risiken nicht möglich ist.

Zentrale Elemente von *indikatororientierten Frühaufklärungssystemen* sind Indikatoren (leading indicators), die Informationen über die zukünftige Entwicklung der Umweltveränderungen im unternehmensinternen und externen Bereich liefern.[46] Die Definition und Erhebung von Indikatoren sollte sinnvollerweise im Rahmen von existierenden Planungs- und Berichtssystemen bzw. im Zusammenhang mit einer implementierten Balanced Scorecard erfolgen. Die größte Herausforderung bei indikatorbasierten Frühaufklärungssystemen besteht bei der Selektion geeigneter Indikatoren, da Kausalzusammenhänge in einer komplexen Wirtschaftswelt nur selten über singuläre und statische Indikatoren erklärt werden können. Indikatoren spiegeln nicht selten lediglich die bisherigen Erfahrungen und Kenntnisse wider und blenden potenzielle neue Entwicklungen und Kausalitäten aus. Adäquate Indikatoren müssen insbesondere eindeutig, vollständig und rechtzeitig verfügbar sein, frühzeitig auf zukünftige Entwicklungen hinweisen sowie unter ökonomischen Gesichtspunkten sinnvoll erfasst werden können. In den vergangenen Jahren haben insbesondere global operierende Konzerne große Anstrengungen unternommen, um adäquate (Key)-Risk-Indikatoren zu definieren und zu erfassen.

Strategischen Frühaufklärungssystemen liegt das Konzept der schwachen Signale von Ansoff zugrunde.[47] Ansoff geht davon aus, dass tief greifende Umbrüche (etwa im ökonomischen, sozialen und politischen Bereich) nicht zufällig ablaufen, sondern sich lange im Voraus durch schwache Signale (weak signals) ankündigen. Oft handelt es sich um Informationsrudimente, das heißt unscharfe und wenig strukturierte Informationen, wie beispielsweise Gefühle, dass mit Bedrohungen bzw. Chancen zu rechnen ist (etwa basierend auf Presseberichten, Studien von Zukunftsforschungsinstituten, Informationen aus Diskussionsforen im Internet oder Informationen bezüglich der allgemeinen wirtschaftlichen Entwicklung), nur vagen Informationen über mögliche Quellen und Ursachen latenter Gefahren, nur vagen Informationen bzgl. konkreter Bedrohungen und Chancen, aber klarer Vorstellung hinsichtlich strategischer Relevanz. Schwache Signale verstärken sich häufig im Zeitablauf und weisen immer stärker auf Trend-/Paradigmawechsel hin.

Nach Ansoff gibt es unerwartete Diskontinuitäten nur, weil die Empfänger dieser Signale nicht darauf reagieren. Zur Vorbeugung von strategischen „Überraschungen" müssen schwache Signale rechtzeitig geortet werden. Dies bedingt eine Sensibilisierung aller Mitarbeiter für schwache Signale, da mit zunehmender Konkretisierung der Signale die Reaktionsfähigkeit des Unternehmens abnimmt. Insbesondere erfordert die Umsetzung des Konzepts von schwachen Signalen eine Abkehr von starren und streng hierarchisch strukturierten Denk- und Organisationsstrukturen. Frühaufklärungssysteme der dritten Generation werden auch unter dem Begriff des *„strategischen Radars"* bzw. *„360-Grad-Radar"* zusammengefasst, da das Ortungssystem offen und ungerichtet ist. Das „strategische Ra-

---

[46] Vgl. Romeike (2006, S. 453 ff.).

[47] Vgl. Krystek und Müller (1999, S. 181 ff.) sowie Ansoff (1976, S. 129–152).

dar" verwendet vor allem die Instrumente des „Scanning" und „Monitoring". Ersteres stellt ein ungerichtetes Abtasten des gesamten Unternehmensumfeldes dar und bezweckt das Erkennen trendartiger Entwicklungen. Diese werden im Rahmen des Monitorings gezielteren und tief greifenderen Analysen unterzogen.

Ziel dabei ist es, möglichst viele unscharfe Signale zu empfangen, die erst in einem weiteren Schritt hinsichtlich ihres Verhaltens- bzw. Ausbreitungsmuster sowie ihrer Ursachen und Wirkungen analysiert werden. In einem weiteren Schritt wird die Relevanz der analysierten Signale beurteilt und hinsichtlich ihrer Dringlichkeit in eine Rangordnung gebracht. Erst in einem abschließenden Schritt werden adäquate Reaktionsstrategien entwickelt und umgesetzt. Bei der Analyse von strategischen Frühaufklärungssystemen können Instrumente aus dem strategischen Marketing (Erfahrungskurve, Produktlebenszyklus etc.) und auch andere etablierte und praxiserprobte Methoden (Szenario-Technik, Portfoliomethode, Delphi-Verfahren, Trend-Impact-Analyse etc.) verwendet werden.

Die Eigenschaften eines guten Risikoindikators können wie folgt beschrieben werden:

- Ein Risikoindikator wird regelmäßig gemessen.
- Ein Risikoindikator sollte das Risiko reflektieren.
- Ein Risikoindikator benötigt Schwellenwerte, die definieren, ab wann korrigierende Aktionen und Maßnahmen eingeleitet werden sollen.
- Ein Risikoindikator wird zeitnah gemessen.
- Ein Risikoindikator zeigt die Veränderungen des Risikoprofils präventiv an, bevor bestimmte Ereignisse akut werden.
- Ein Risikoindikator sollte effizient gemessen werden.

Die regelmäßige Messung ist eine Voraussetzung für die Erkennung von ungünstigen Trends. Darüber hinaus hängt es von der verbleibenden Reaktionszeit nach einer Warnmeldung ab, wie oft gemessen werden muss. Wenn die Reaktionszeit kurz ist, muss die Messfrequenz entsprechend hoch sein. Wenn die Reaktionszeit sehr lang ist und trotzdem mit einer hohen Messfrequenz gemessen wird, kommt es sehr leicht zur Vernachlässigung der Warnmeldungen. In solchen Fällen würde das Ziel der Implementierung von Risikoindikatoren geradezu verfehlt.

In einem nächsten Schritt müssen für den Risikoindikator Schwellenwerte definiert werden. Unternehmen und Unternehmenslenker sind daran interessiert zu erfahren, wann eine Situation gefährlich oder gar kritisch wird. Oftmals werden diese Situationen mit Ampelfarben abgebildet. Die Schwellenwerte müssen für jeden Risikoindikator individuell bestimmt werden. In der Unternehmenspraxis sind regelmäßig die Risikoindikatoren mit einer „Warnmeldefunktion" verknüpft, die nach einer Überschreitung der festgelegten Schwellenwerte den verantwortlichen Personenkreis informiert.

Ein Risikoindikator soll *zeitnah* gemessen werden. Die Messfrequenz wird durch die notwendige Reaktionszeit und durch die zu erwartende Schadenshöhe bestimmt. Die Bestimmung wird unter der Randbedingung der Wirtschaftlichkeit optimiert.

Es scheint so selbstredend, dass die Risikoindikatoren die *Veränderungen im Risikoprofil* abbilden sollen. Die Erfüllung dieser Anforderung ist in der Praxis keineswegs so trivial, wie vermutet werden könnte. Dass Risiko-Indikatoren effizient gemessen werden sollen, ist eher eine Randbedingung als eine funktionale Eigenschaft.

In der Folge der rasanten Entwicklungen in den Bereichen Artificial Intelligence (AI), Big Data, Datenanalysen und Predictive Analytics haben sich in den vergangenen Jahren die Möglichkeiten zur Früherkennung von potenziellen Risiken und schwachen Frühwarnindikatoren massiv verbessert.

Bereits heute wissen wir, dass sich aus Facebook- und Twitter-Nachrichten politische Einstellungen ableiten lassen und diese Informationen auch genutzt werden.[48] Aus Daten und Algorithmen sollen sich potenzielle Straftaten antizipieren lassen, bevor sie überhaupt geplant oder begangen wurden.[49] Beispielsweise hat der Streaming-Dienst Netflix mit Unterstützung von Predictive Analytics sehr treffsicher prognostiziert, wie die richtige Mischung aus Drama, Witz und Liebe in einer Geschichte aussehen muss, damit ein Film erfolgreich ist. Die Grundlage hierfür bildeten die Daten über das Zuschauerverhalten. Bereits seit einiger Zeit schätzen Kreditinstitute mit Hilfe eines Kredit-Scorings das Risiko ab, mit dem eine Person oder ein Unternehmen die zukünftigen Ratenzahlungen eines Kredits nicht leisten könnte. Und auch Erst- und Rückversicherungen prognostizieren über Data Mining und Predictive Analytics zukünftige Schäden.[50] Und der Datentsunami nimmt weiter zu und damit auch die Möglichkeiten hieraus Muster und Frühwarnindikatoren abzuleiten. Möglicherweise werden wir schon bald erkennen, dass Milliarden von Informationen unterschiedlicher Qualität sinnvoller sind als wenige, dafür aber akkurate Daten.

Doch es sind nicht nur die schieren Datenmengen, die einen Boom im Kontext Artificial Intelligence und maschinelles Lernen hervorgerufen haben. Ein weiterer Treiber liegt in der Miniaturisierung der leistungsfähigen Mikroprozessoren, die heute in jedem Smartphone stecken. Seit dem Jahr 1994 ist die Zahl der Bauelemente auf einem Mikrochip um mindes-

[48] So wurde im Jahr 2018 bekannt, dass das inzwischen insolvente britische Beratungsunternehmen Cambridge Analytica die Daten von 87 Millionen Facebook-Nutzern weitergegeben hatte, die unter anderem für Manipulationen im Wahlkampf von Donald Trump verwendet wurden. Vgl. https://www.washingtonpost.com/technology/2019/02/14/us-government-facebook-are-negotiating-record-multi-billion-dollar-fine-companys-privacy-lapses/ (abgerufen am 1. August 2019). Christopher Wylie, ein früherer Mitarbeiter bei Cambridge Analytica, kam auch die Entscheidung der Briten für den Brexit durch gezielte Wählermanipulation über Facebook zustande: „Ich glaube nicht, dass der Brexit geschehen wäre, hätte es nicht die von Cambridge Analytica entwickelte Datentechnologie und das Netzwerk von Handelnden gegeben", sagte Wylie bei einer Anhörung im Europaparlament.

[49] Romeike und Eicher (2016) sowie Romeike (2019a, S. 56 ff.).

[50] Vgl. Schiller (2019).

tens den Faktor 10.000 gestiegen und parallel dazu die Rechenleistung. Die stärksten Supercomputer konnten Mitte der 1990er-Jahre etwa 100 Milliarden Rechenoperationen pro Sekunde bewältigen – das schafft heute jedes gute Smartphone.[51] Und zugleich sank der Stromverbrauch auf weniger als ein 100.000stel. Gleichzeitig hat jedes Smartphone und jedes Auto eine Vielzahl von Sensoren: hochauflösende Kameras, Rotations- und Beschleunigungssensoren, Messgeräte für Magnetfelder und Umgebungslicht, Satellitenortung, Fingerabdrucksensoren, Mikrofone und vieles mehr.

So könnten beispielsweise Wetterdaten aus den Sensoren der Fahrzeuge verwendet werden, um auf einer lokalen Ebene Frühwarninformationen über Wetterextreme abzuleiten oder Stromnetze zu steuern.

Ein weiterer Treiber sind maschinelle Lernverfahren, etwas aus dem Bereich Deep Learning. Hierunter wird allgemein eine Klasse von Optimierungsmethoden künstlicher neuronaler Netze verstanden. Bereits in den 1960er-Jahre wurden von Alexey Ivakhnenko die ersten Deep-Learning-Systeme (des Feedforward-Multilayer-Perzeptron-Typs) entwickelt. Dort erst die enorme Rechenleistung, die wir heute durch spezielle Prozessoren[52] zur Verfügung haben, ermöglichte die enormen Anwendungsfelder und Fortschritte.

Doch einen Mehrwert aus den Exabytes an Daten wird erst dann generiert, wenn neue Erkenntnisse daraus abgeleitet oder Entscheidungsprozess optimiert werden. In diesem Kontext sind Datenanalysten davon überzeugt, dass Predictive Analytics einer der wichtigsten Big-Data-Trends ist, insbesondere im Bereich des Risiko-Managements. Eine gute Orientierung liefert hierbei das Analytics-Reifegradmodell von Gartner. Hierbei werden vier Reifegradstufen unterschieden (vgl. Abb. 6.16).

Bei der *Descriptive Analytics* geht es um die Frage **„Was ist passiert?"**, das heißt eine Analyse von Daten aus der Vergangenheit, um potenzielle Auswirkungen auf die Gegenwart zu verstehen (siehe Business Intelligence).

Bei *Diagnostic Analytics* geht es um die Frage **„Warum ist etwas passiert?"**, das heißt eine Analyse der Ursache-Wirkungs-Beziehungen, Wechselwirkungen oder Folgen von Ereignissen (siehe Business Analytics).

Bei *Predictive Analytics* geht es um die Frage **„Was wird passieren?"**, das heißt eine Analyse potenzieller Zukunftsszenarien sowie eine Generierung von Frühwarninformationen. Basierend auf Technologien des Data Mining, Artificial Intelligence, statistischer

---

[51] Der US-amerikanische Zukunftsforscher und Director of Engineering bei Google, Ray Kurzweil, weist darauf hin, dass wir heute für 1000 Dollar etwa die Leistungsfähigkeit des Gehirns einer Maus mit rund 100 Millionen Nervenzellen kaufen können – bei einer Vertausendfachung wären wir im Jahr 2040 dann beim Komplexitätsgrad des menschlichen Gehirns angelangt. Vgl. Kurzweil (2012, S. 257 f.).

[52] Die sogenannten Tensor Processing Units (TPUs) sind anwendungsspezifische Computerchips, die von Google entwickelt wurden, um Anwendungen im Rahmen von maschinellem Lernen zu beschleunigen. Die dritte Generation wurde im Jahr 2018 vorgestellt. Die TPU 3.0 Pods bestehen aus 8 Racks mit insgesamt 1024 TPUs und 256 Server-CPUs. Die Rechenleistung von einem Pod liegt bei knapp über 100 PFLOPS (Floating Point Operations Per Second, d. h. Gleitkomma-Operationen pro Sekunde).

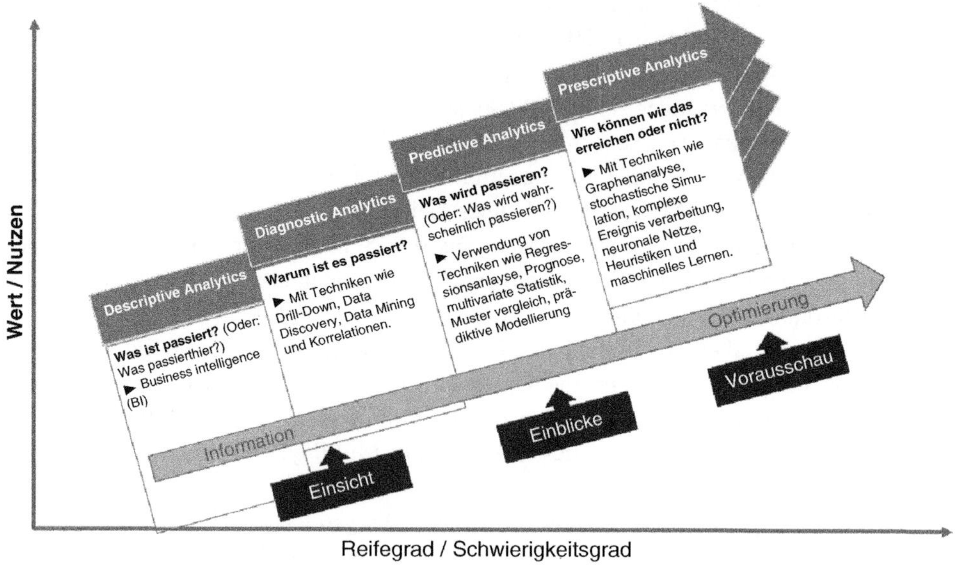

Abb. 6.16 Analytics-Reifegradstufen. (Quelle: Romeike und Eicher 2016, S. 168)

Methoden und Operations-Research erfolgt eine Berechnung von Wahrscheinlichkeiten zukünftiger Ereignisse.

Bei *Prescriptive Analytics* geht es um die Frage **„Wie müssen wir handeln, damit ein zukünftiges Ereignis (nicht) eintritt?"**, das heißt im Kern werden – basierend auf den Ergebnissen von Predictive Analytics – Maßnahmen simuliert, etwa basierend auf stochastischen Szenarioanalysen sowie Sensitivitätsanalysen.[53]

Die Internet-Suchmaschine Google hat mit „Google Flu Trends" bereits im Jahr 2008 gezeigt, wie mithilfe von Algorithmen und Big Data die jährlichen Grippewellen besser prognostiziert werden können.[54] Die Idee von Google war, die Suchanfragen seiner Nutzer zu analysieren und hieraus Frühwarninformationen für eine Grippewelle abzuleiten (vgl. Abb. 6.17). Der Datenanalysten von Google verglichen über einen fünfjährigen Zeitraum die 50 Millionen am häufigsten von US-Bürgern eingegebenen Suchbegriffe mit den realen Krankheitsdaten, wie sie von der Seuchenschutzbehörde Centers for Disease Control and Prevention (CDC) archiviert werden. Die Google-Analysten fanden aus 50 Millionen Suchbegriffen und 450 Millionen Begriffskombinationen 45 Begriffe, die stark mit dem Auftreten einer Grippe korrelierten. Anfangs präsentierte „Google Flu Trends" sehr gute Prognosen. Im Jahr 2013 prognostizierte Google jedoch doppelt so viele Fälle, wie tatsächlich auftraten. Auch die Pandemie H1N1 2009/10 (Schweinegrippe) wurde von Google nicht als Szenario erkannt. Die Gründe hierfür sind vielfältig: Erstens schlossen

[53] Vg. Romeike (2015).

[54] Vgl. Lazer, Kennedy, King, und Vespignani (2014).

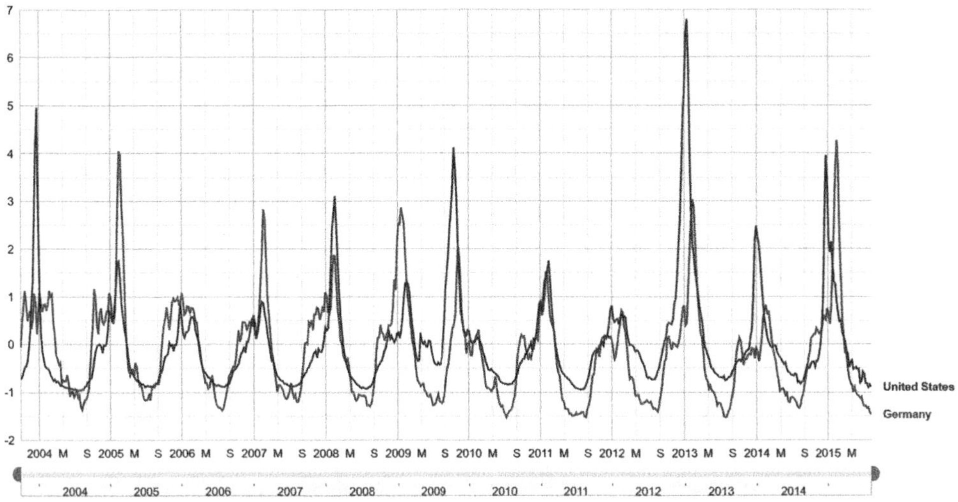

Abb. 6.17 Flue Search Activity (Vergleich Deutschland und USA). (Quelle: Google Inc.)

die Datenanalysten aus historischen Korrelationen auf zukünftige Veränderungen. Diese gemessene Korrelation muss jedoch nicht für die Zukunft gelten. Wird beispielsweise viel über Grippeepidemien berichtet, suchen die Nutzer auch verstärkt nach Informationen im Netz. Ein weiterer Grund lag darin, dass Epidemiologen eine Grippe anderes definierten als der Laie, der vielleicht nur eine leichte Erkältung hat und im Netz aber nach „Grippe" sucht. Kurzum: Die zu Grunde liegenden Daten waren unscharf und lieferten daher auch fehlerhafte Prognosen und Frühwarninformationen.[55]

6.8 CIRS

Unter einem *Critical Incident Reporting-System* (CIRS) wird ein Berichtssystem zur in der Regel anonymen Meldung von kritischen Ereignissen (critical incident) und Beinahe-Schäden (near misses) verstanden. In der Industrie und im Handel dient ein CIRS der *Prävention von zukünftigen Risikoeintritten*. Im Gesundheitswesen wird CIRS als ein In-

[55] Vgl. Romeike (2019a).

[56] Vgl. beispielsweise Fehlerberichts- und Lernsystem für Hausarztpraxen, www.jeder-fehler-zaehlt.de oder die externe Schadenfalldatenbank für operative Risiken (im Bereich Banken und Versicherungen) der Operational Riskdata eXchange Association (ORX). Die Datenbank enthält mehr als 700.000 Schadensfälle im Gesamtwert von über 500 Milliarden Euro und bietet Mitgliedern Zugang zu verschiedenen Standardberichten, einschließlich Benchmarks zu Schadensfällen.

strument zur Verbesserung der Patientensicherheit eingesetzt. Dahinter steckt die Erkenntnis, dass man nicht jeden Fehler selber machen muss, um daraus zu lernen.[56]

Herbert William Heinrich, ein US-amerikanischer Pionier im Bereich der industriellen Schadenprävention und Mitarbeiter der Travelers Insurance Company, hat im Jahr 1931 aus einer Beobachtung von 550.000 Unfällen eine Ursache-/Wirkungsanalyse durchgeführt.[57] Seine Untersuchungen kamen zu dem Ergebnis, dass in Kliniken Trivialereignisse, wenn sie in einer unglücklichen Verkettung auftreten, in äußerst seltenen Fällen zu schweren Störungen von Gesundheit oder zum Verlust von Leben führen.

„Heinrichs Gesetz" (Heinrich's law) hat zum Inhalt, dass katastrophale Ereignisse nicht unvorhersehbar sind oder überraschend eintreten.[58] Gerade kleine Fehler oder gefährliche Situationen ohne negative Auswirkungen dürfen nicht einfach mit der Bemerkung „Ist ja gerade noch mal gut gegangen" abgetan werden. Basierend auf Heinrichs Gesetz bilden 300 Beinahe-Unfälle (oder „leichte Fehler" oder „kleine Verschwendungen") die statistische Grundlage für 29 mittelschwere Vorkommnisse (oder „sichtbare/spürbare Fehler" oder „deutliche kostenwirksame Verschwendungen") und diese wiederum sind die statistische Basis für einen Katastrophenfall (oder „Kunstfehlerklage"). Mittelschwere Unfälle und Katastrophen deuten sich also an in Form von Frühwarninformationen, abgeleitet aus Frühwarnindikatoren. So wird der Grenzübergang vom Bagatellfehler (also dem allseits akzeptierten und arbeitstäglich tolerierten kleinen Fehler) zum mittelschweren Problem ebenso wie der Übergang zur Katastrophe gerade dann in der Praxis beobachtbar vollzogen, wenn Außergewöhnliches passiert bzw. Organisation und Mitarbeiter unter Zeitdruck geraten.

Heinrichs Gesetz rät, durch verstärkte Fehlererkennung, Fehlervermeidung und Fehlerbehebung bereits am „stumpfen Ende" des Risikoeisbergs die Unglücksfälle am „spitzen Ende" zu verhindern (vgl. Abb. 6.18).

Da Herbert William Heinrich für die Basis seiner „Gesetzmäßigkeit" keine empirischen Daten und Dokumente vorweisen konnte, geriert „Heinrichs Gesetz" auch in Kritik.[59] So wird u. a. kritisiert, dass seine Studien auf Unfällen basieren, die in den 1920er-Jahren passierten. Sicherheit bei der Arbeit und die Arbeitsplätze selbst haben sich bis heute substanziell verbessert.

Außerdem wird von Kritikern die unterstellte 300-29-1 Ratio (Heinrichs Dreieck, siehe Abb. 6.18) kritisiert, da es danach nicht möglich ist, von Einzelfalldaten, die mit den üblichen Erfassungsmethoden von 1926 dokumentiert wurden, auf die verletzungsfreien Unfälle zu schließen. Vielmehr führen aktuelle Untersuchung von Unfällen zu dem Ergebnis, dass die Unfälle, die zum Tode oder zu schwerwiegende Verletzungen führten, nicht mit

[57] Vgl. Heinrich, Petersen, Roos, Brown, und Hazlett (1980).

[58] Vgl. von Eiff und Middendorf (2004, S. 537–542).

[59] Vgl. hierzu insbesondere Manuele (2002) und Manuele (2003).

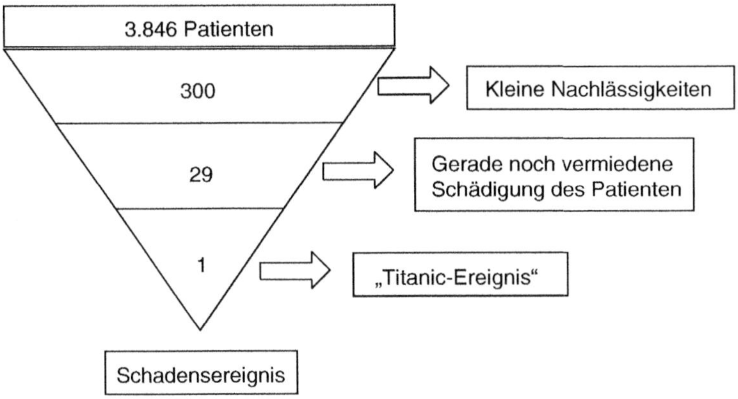

Abb. 6.18 Heinrichs Gesetz. (Quelle: Romeike und Hager 2013, S. 271)

denen von Unfällen, die häufig auftreten und mit leichten Verletzungen ausgehen, kausal zusammenhängen.

Trotz dieser Kritik kann Heinrichs Gesetz vom Prinzip auch auf Unternehmen aus Industrie und Handel übertragen werden. Auch dort (siehe auch die Ausführungen zu Frühwarnindikatoren im vorangegangenen Kapitel) treten Ereignisse häufig nicht unvermittelt und plötzlich ein. Vielmehr gehen sogenannte „Vorläufer" – also Frühindikatoren einer möglichen Veränderung – voraus. Strukturbrüche und Krisen lassen sich daher frühzeitig noch vor ihrem eigentlichen Eintreten wahrnehmen.

Wie bereits skizziert, geht insbesondere der *„Weak Signal"-Ansatz von Ansoff* davon aus, dass unerwartete exogene Störungen nicht vollständig unvorhersehbar eintreten. Frühaufklärungsinformationen werden quasi mit einem „360-Grad-Radar" überall und zu jeder Zeit als „schwache Signale" gewonnen. Dabei kann es sich beispielsweise um folgende, unscharf strukturierte Informationen handeln:[60]

- die Verbreitung neuartiger Meinungen und Ideen in Medien,
- die plötzliche Häufung gleichartiger Ereignisse mit strategischer Relevanz für das betreffende Unternehmen,
- Meinungen und Stellungnahmen von Organisationen und Verbänden bzw. von Schlüsselpersonen aus dem öffentlichen Leben,
- Tendenzen der Gesetzgebung und Rechtsprechung.

„Schwache Signale" werden bevorzugt über öffentlich zugängliche Kommunikationsorgane wie etwas das Internet verbreitet. Eine besondere Problematik „schwacher Signale" besteht aus der anfänglich vorherrschenden Ignoranz bei den Empfängern, die in eine regelrechte „Ignoranzfalle" münden kann. Trotz einer hohen Manövrierfähigkeit wer-

[60] Vgl. Romeike (2005b, S. 22–27).

den daher häufig „schwache Signale“ nicht ernst genommen. Erst bei einer zunehmenden Häufung von Signalen und gleichzeitig abnehmender Ignoranz bei den Signalempfängern wächst die Bereitschaft zu Reaktionsstrategien.

Das Konzept der „schwachen Signale“ von Ansoff weist eine Reihe von Schwächen auf. Insbesondere wird die Frühzeitigkeit der Problemerkennung erkauft mit einer größeren Unsicherheit und erhöhten Subjektivität in der Signalinterpretation. Außerdem können die Ereignisse und deren Einfluss auf die Strategieumsetzung und die Potenziale nur qualitativ gemessen werden.

6.9 PAAG und HAZOP

Die PAAG-Methode und die HAZOP-Methode beinhaltet eine systematische Vorgehensweise zum Auffinden möglicher Zielabweichungen und Störungen in Systemen aller Art. Etabliert hat sich die Methode insbesondere als Instrument der Sicherheitstechnik in der Prozess-, Pharma- und Petrochemie.

Von der methodischen Seite ist die *PAAG-Methode* und die *HAZOP-Methode* mit der Design-FMEA vergleichbar. Die HAZOP-Methode (von englisch Hazard and Operability) war ursprünglich für Chemieanlagen konzipiert, wird heute aber auch für Anlagen in anderen Industrien eingesetzt, hauptsächlich bei der Planung von Neuanlagen, aber auch bei der Planung von Umbauten und bei der Bewertung von bestehenden Anlagen. In Deutschland ist die HAZOP-Methode auch als *PAAG-Verfahren* bekannt. PAAG basiert auf den Bausteinen **P**rognose, **A**uffinden der Ursache, **A**bschätzen der Auswirkungen, **G**egenmaßnahmen definieren.

In einer HAZOP-Studie wird untersucht, welche Abweichungen vom bestimmungsgemäßen Betrieb einer Anlage zu welchen Problemen bezüglich Sicherheit und Betrieb einer Anlage führen können. Die Studie wird in der Unternehmenspraxis regelmäßig in einem interdisziplinären Team durchgeführt, welches Kompetenzen über die eingesetzten Substanzen, den Prozess, die Anlage und die Automatisierungstechnik zusammenführt. Im Rahmen der Analyse wird systematisch jede Komponente einer Anlage untersucht, was geschehen könnte, wenn ein charakteristischer Betriebsparameter dieser Komponente vom vorgesehenen Wert bzw. Wertebereich abweichen sollte.

Dabei werden eine oder mehrere Sollfunktionen für die betrachtete Komponente (Anlagenteil, Verfahrensabschnitt, Aggregat, Apparat etc.) definiert, mit denen die vorgesehene Funktionalität beschrieben wird. Anhand von einfachen Leitworten (ja/nein, mehr/weniger, sowohl als auch, teilweise, anders als) wird dann die „Ausführung“ der Sollfunktion entsprechend geändert, die daraus resultierenden Konsequenzen diskutiert und so Ursachen für Ablaufstörungen bis hin zu Störfällen erkannt.

Üblicherweise basiert eine HAZOP-Studie auf einer gemeinsamen Betrachtung der Fließbilder der Anlage. Den Fließbildern lassen sich die Stoffströme und zum Teil auch die Informationsflüsse innerhalb der Anlage entnehmen.

Tab. 6.5 Leitworte der PAAG-/HAZOP-Methode. (Quelle: Eigene Tabelle basierend auf Sommer 2008)

Leitwort	Erläuterung
Nein oder nicht	Die definierte Sollfunktion wird nicht erfüllt oder findet nicht statt.
Mehr	Quantitativer Zuwachs von Prozessgrößen, etwas erfolgt zu viel.
Weniger	Quantitative Abnahme von Prozessgrößen, etwas geschieht zu wenig.
Sowohl als auch	Zusätzlich zum bestimmungsgemäßen Prozess geschieht noch etwas anderes.
Teilweise	Die Sollfunktion wird nur unvollständig erfüllt bzw. einzelne Teile der Sollfunktion sind nicht vollständig vorhanden.
Umkehrung	Etwas geschieht in umgekehrter Richtung oder in umgekehrter Reihenfolge.
Anders als	Elemente der Sollfunktion werden durch etwas anderes ersetzt.

Zentraler Baustein der Methodik ist die Anwendung so genannter Leitworte, mittels derer die Abweichungen und Störungen „generiert" werden (vgl. Tab. 6.5).

Je nach Unternehmen kann die Methodik individualisiert werden. So kann man sich beispielsweise auf vier Leitworte (nein, mehr, weniger, anders als) beschränken, anhand derer die Diskussion gesteuert wird. Die Methodik wird immer durch Kreativitätsmethoden begleitet. In der Regel erfolgt dies basierend auf einem Brainstorming von Experten verschiedener Fachrichtungen.

6.10 Krisenmanagement

> *„Wenn mich jemand fragt, wie ich am besten meine Erfahrungen aus 40 Jahren auf hoher See beschreiben würde, so könnte ich diese Frage lediglich mit ‚unspektakulär' beantworten. Natürlich gab es schwere Stürme, Gewitter und Nebel, jedoch war ich nie in einen Unfall jeglicher Art verwickelt, der es wert wäre, über ihn zu berichten. Ich habe während dieser langen Zeit kaum in Schiff in Seenot erlebt […] Ich habe weder ein Wrack gesehen noch bin ich selbst in Seenot geraten oder habe ich mich sonst in einer misslichen Lage befunden, die in irgendeiner Form drohte zum Desaster zu werden."*

Dieses Zitat stammt von Edward John Smith und datiert auf das Jahr 1907. Und E. J. Smith wurde der „Stolz Großbritanniens" – das Luxusschiff RMS Titanic – anvertraut. Doch bereits die Jungfernfahrt von Southampton nach New York war ihre letzte Reise. Überhöhte Geschwindigkeit, blindes Vertrauen in die Technik und ein riesiger Eisberg verursachten ein Inferno: Die Reise der Titanic wurde am 14. April gegen 23:40 Uhr jäh unterbrochen, als der Ausguck Frederick Fleet direkt voraus einen Eisberg entdeckte, dreimal die Alarmglocke läutete und die Warnung direkt telefonisch an die Brücke weiterleitete, wo sie vom 6. Offizier James P. Moody entgegengenommen wurde. Die Titanic kollidierte bei voller Reisegeschwindigkeit ungebremst mit ihrer vorderen Steuerbordseite mit dem circa 300.000 Tonnen schweren Eisgebilde. In der ersten Stunde strömten zwischen 22.000 Tonnen und 25.000 Tonnen Wasser in das Schiff.

Kapitän Smith erteilte den Funkern gegen 0:15 Uhr den Befehl, Notrufe an andere Schiffe zu senden. Das nächste Schiff, das darauf antwortete, war die Carpathia, welche fast vier Stunden bis zur Unglücksstelle brauchte. Nachdem mehrere Besatzungsmitglieder in der Ferne Lichter eines Schiffes ausgemacht hatten, wurde ab 0:45 Uhr versucht, durch regelmäßigen Abschuss von Seenotraketen Kontakt zu dem Schiff aufzunehmen, doch blieb eine Antwort aus. Bei der durch den Kapitän um 0:05 Uhr angeordneten Evakuierung wurde etwa 65 Minuten nach der Kollision das erste Rettungsboot in das Wasser hinabgelassen.

Gegen 2:10 Uhr war Kesselraum Nummer vier, die siebte wasserdichte Abteilung vom Bug aus gesehen komplett geflutet. Rund 40.000 Tonnen Wasser drückten den Bug in die Tiefe, das Wasser erreichte nun die Schiffsbrücke und begann, das Bootsdeck zu überspülen.

Experten hatten zuvor bestätigt, dass das Schiff wegen seiner 16 wasserdichten Abteilungen unsinkbar sei. Unglücklicherweise durchbohrte der Eisberg sechs davon. Von den 2220 Personen kamen 1513 ums Leben – einer davon war der Kapitän E. J. Smith.

Aus der Titatic-Katastrophe kann man eine Reihe von *Lehren für das Krisenmanagement* und auch Risiko-Management in Unternehmen ziehen. Nachfolgend sind einige „Lessons learned" skizziert:

- Das Schiff ist nachweislich zu schnell durch gefährliches Gewässer gefahren. E. J. Smith war als risikofreudiger Draufgänger berühmt. Bei Sturm und schlechtem Wetter fuhr er regelmäßig „unter Volldampf". So wird berichtet, dass E. J. Smith regelmäßig das Schiff mit voller Fahrt durch die Sandbänke der Süd-West-Landzunge hindurchmanövrierte, die Entfernungen mit Augenmaß abschätzte und an jeder Seite nur wenige Zentimeter Platz zwischen Schiffswand und Sandbänken war.
- E. J. Smith war ein weißhaariger „Gentleman" mit perfekter Ausstrahlung und bei Mannschaften, Passagieren und Reederei sehr beliebt. Dadurch war er gleichzeitig auch „unantastbar" und immun für jegliche Kritik.
- Die Reederei (als Aufsichtsorgan) hatte die tatsächliche Kompetenz von E. J. Smith sowohl falsch eingeschätzt als auch niemals überprüft.
- Bereits bei der Jungfernfahrt des Schwesterschiffes der Titanic, der Olympic, verursacht Smith als verantwortlicher Kapitän aufgrund eines Navigationsfehlers im Hafen von New York eine Havarie mit einem anderen Schiff. Dieser Frühwarnindikator wurde von keiner Seite beachtet.
- E. J. Smith bekam die Kommandos über die beiden großen Schiffe im Alter von 60 Jahren. Trotz seiner langjährigen Erfahrungen als Kapitän hatte er keinerlei Erfahrungen mit derart großen Schiffen.
- Die Titanic galt als unsinkbar aufgrund neuer Sicherheitskonzepte (siehe oben). Man verließ sich auf die quer verlaufenden Schotts. Vorab wurden jedoch keinerlei Tests durchgeführt.
- An Bord gab es keinerlei präventive Sicherheitsstandards oder präventive Notfallübungen. Es gab vielmehr zu wenige Rettungsringe und Rettungsboote.

- Alle Frühwarnindikatoren, insbesondere Eisbergwarnungen, die via Telegramm und Funk eingingen, wurden ignoriert. Die Fahrt wurde mit ungedrosselter Geschwindigkeit fortgesetzt.
- Trotz der Eisbergwarnungen wurde die Route nicht weit genug nach Süden verlegt, um das ehrgeizige Ziel und den Zeitplan von E. J. Smith nicht zu gefährden.
- Erst etwa 30 Minuten nach der Kollision erfolgte der erste SOS-Funkspruch.
- An Bord der Titanic gab es keinen „offiziellen" Alarm. Vielmehr klopften Stewards an die Türen der 1. Klasse und wiesen auf den Unfall hin. Die Passagiere der 3. Klasse wurden erst wach, als das Wasser durch die Türen und Fenster kam.
- Von den vorhandenen 1178 Rettungsbootplätzen wurden nur 705 genutzt. Statt der teilweise möglichen Kapazität von 65 Passagieren wurden viele Boote nur zur Hälfte besetzt; eines der für 40 Passagiere ausgelegten Rettungsboote wurde sogar bereits gefiert, als sich darin nur zwölf Personen befanden.
- Die SS Californian, die sich in der Nähe befand, kam nicht zu Hilfe, weil deren Bordfunker dienstfrei und sich schlafen gelegt hatte. Bis heute ist aber strittig, ob die Lichter, die von der Titanic aus gesehen wurden, tatsächlich die der Californian waren, denn zum damaligen Zeitpunkt waren die Positionen von Schiffen nicht jederzeit genau bestimmbar.

Wie auf den Ozeanen geraten auch in der komplexen Wirtschaftswelt des 21. Jahrhunderts immer mehr Flaggschiffe in akute Seenot oder versinken komplett. Ob Enron, WorldCom, Schlecker, Quelle, Nokia oder Kodak – die Topmanager dieser Unternehmen erkannten die Risiken zu spät, ignorierten die Frühwarnindikatoren oder waren schlichtweg korrupt. Und auch der Staat liefert uns regelmäßig Beispiel für ein eher reaktives Krisenmanagement an Stelle eines antizipativen Krisenmanagements (Krisenvorsorge). So basierten fast alle Maßnahmen zur Bekämpfung der COVID-19-Pandemie – in der Folge des neuartigen Coronavirus SARS-CoV-2 – auf Ad-hoc-Maßnahmen, die nicht zuvor geplant waren. Dies erstaunt umso mehr, als dass ausgewiesene Experten seit vielen Jahren auf die Risiken einer Pandemie hinweisen. Der exzellente Statistiker und Professor für Internationale Gesundheit, Hans Rosling, hat bereits vor vielen Jahren auf die fünf globalen Risiken hingewiesen, die uns beunruhigen sollten. Als Top-1-Risiko beschreibt er in seinem Buch „Factfulness" das Risiko einer globalen Pandemie.[61] In renommierten Fachzeitschriften, wie etwa Nature, Science und Nature Reviews Microbiology, wurden Studienergebnisse über die Risiken einer globalen Epidemie veröffentlicht, die beispielsweise durch Coronaviren verursacht werden können. Und auch die Risikoanalyse „Pandemie durch Virus Modi-SARS" aus dem Jahr 2012 wurde von Wissenschaftlern und Experten des Robert Koch-Instituts (RKI) und zahlreichen Bundesämtern erstellt und den Mitgliedern des Deutschen Bundestages präsentiert. Das fiktive Szenario beschrieb eine von Asien ausgehende, globale Verbreitung eines neuartigen Erregers „mit außergewöhnlichem Seuchengeschehen". Hierfür wurde der hypothetische, jedoch mit realistischen Eigenschaften

[61] Vgl. Rosling; Rosling Rönnlund; Rosling (2020, S. 285 ff.).

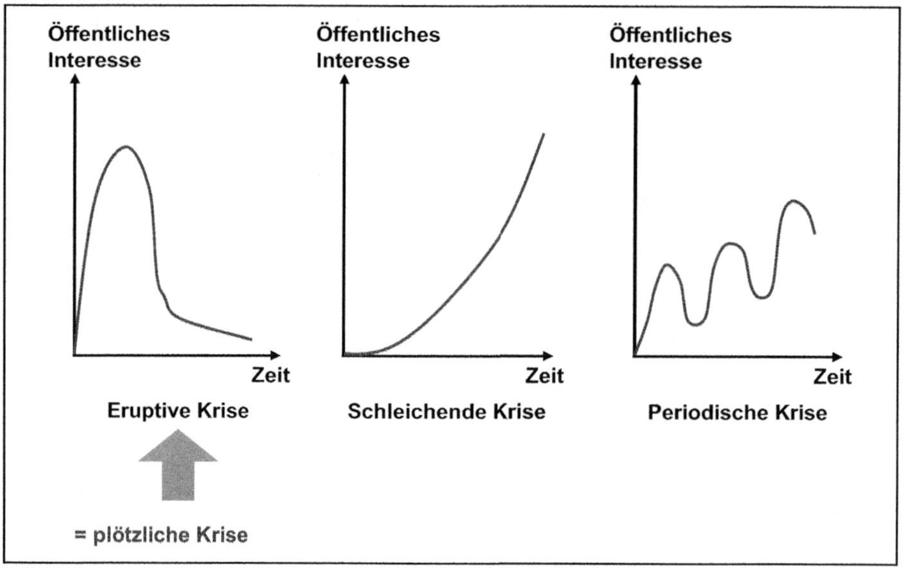

Abb. 6.19 Krisentypologien. (Quelle: Romeike und Hager (2013, S. 276) in Anlehnung an Töpfer (1999, S. 275))

versehene Erreger „Modi-SARS" zugrunde gelegt. So stellt sich die Frage, warum aus dem konkreten Pandemie-Szenario keine präventiven und Risiko reduzierenden Maßnahmen abgeleitet und umgesetzt wurden.

Die typischen Verläufe von Krisen sind in Abb. 6.19 idealtypisch dargestellt. Eine *eruptive Krise* kann dadurch charakterisiert werden, dass sich kurz nach dem Kriseneintritt ein stark ansteigendes öffentliches Interesse zeigt. Dieses Interesse nimmt jedoch relativ schnell – in Abhängigkeit von den Krisenbewältigungsmaßnahmen – stetig ab. Als Beispiele können hier Katastrophen in der Folge von Flugzeugabstürzen oder Großbrände genannt werden.

Bei einer *schleichenden Krise* ist das öffentliche Interesse anfänglich sehr gering und nimmt im Zeitablauf, ausgelöst durch Multiplikator- und Akzeleratorwirkungen, exponentiell zu. Im Höhepunkt des Krisenverlaufs eskaliert die Krise. Eine schleichende Krise weist häufig darauf hin, dass entweder kein oder nur ein unzureichendes Krisenmanagement betrieben wurde.

Ein vielzitiertes Beispiel ist die geplante Versenkung der Brent Spar, bei der es sich um einen schwimmenden Öltank in der Nordsee handelt. Der im Besitz des Shell-Konzerns und Esso befindliche Tank wurde in den Medien oftmals irrtümlich als Förderplattform bezeichnet. Als Pipelines, die das Öl zum Ölterminal Sullom Voe befördern, die Aufgabe des Öltransports übernahmen, wurde die mit einer Höhe von 140 Metern, einem Durchmesser von 30 Metern und einem Gewicht von 14.500 Tonnen zu den kleineren Tanks zählende Brent Spar überflüssig und sollte 1995 im Meer versenkt werden. Nach anfänglichem Desinteresse in der Bevölkerung gelang es der Umweltorganisation Greenpeace – u. a. durch die Besetzung von Brent Spar durch Aktivisten der Umweltschutzorganisation Greenpeace – ein starkes öffentliches Interesse zu mobilisieren. Dies mündete u. a. in einem Boykott von Shell-Tankstellen. Auch einige deutsche Behörden ließen ihre Autos nicht mehr bei Shell tanken. Daraufhin sanken die Umsätze der deutschen Shell-Tankstellen um bis zu 50 Prozent.

Bei einer *periodischen Krise* ist ein ständiges Auf und Ab des öffentlichen Interesses zu beobachten. Insgesamt steigt jedoch das öffentliche Interesse insgesamt. Bei dieser Kriseneerscheinungsform ist im Allgemeinen festzustellen, dass „[...] das Unternehmen keine Lerneffekte erzielt und damit auch keine Maßnahmen zur Krisenbewältigung und Krisenvorsorge durchführt".[62]

Ergänzend zum eher präventiv ausgerichteten Risiko-Management verfolgt eine sowohl präventiv als auch reaktiv ausgerichtetes *Notfall- und Krisenmanagement* das Ziel, die negativen Konsequenzen aus einem Notfall bzw. einer Krise – wie beispielsweise Reputationsverlust oder Wiederherstellungskosten – zu eliminieren bzw. zu reduzieren sowie den Fortbestand des Unternehmens sicherzustellen.

Die Unterscheidungsmerkmale zwischen *Risiko-Management, Notfallorganisation und Krisenmanagement* sind in Abb. 6.20 skizziert.

Der Zyklus des Krisenmanagements kann klassischerweise und idealtypisch in fünf Phasen aufgeteilt werden (vgl. Abb. 6.21).

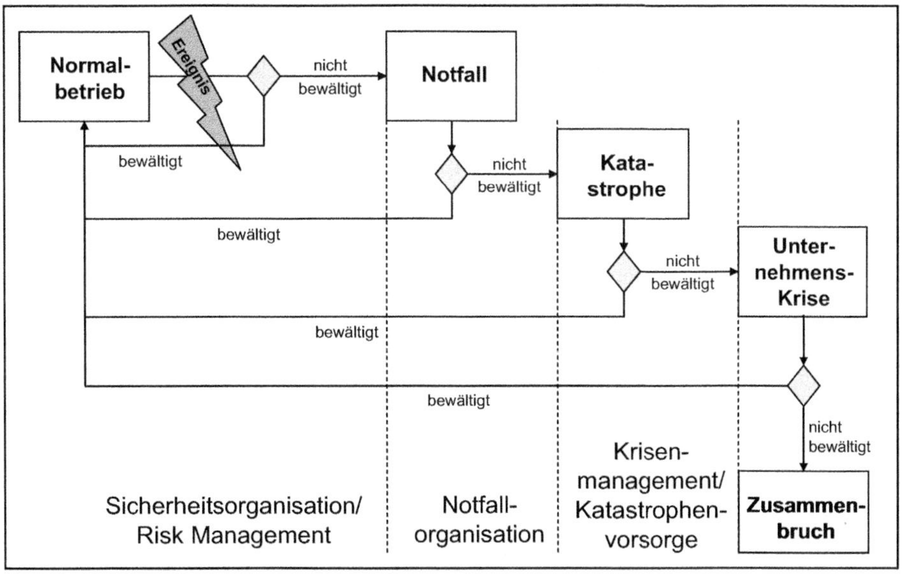

Abb. 6.20 Risiko-Management, Notfallorganisation, Krisenmanagement. (Quelle: Romeike 2004, S. 71)

[62] Vgl. Töpfer (1999, S. 275).

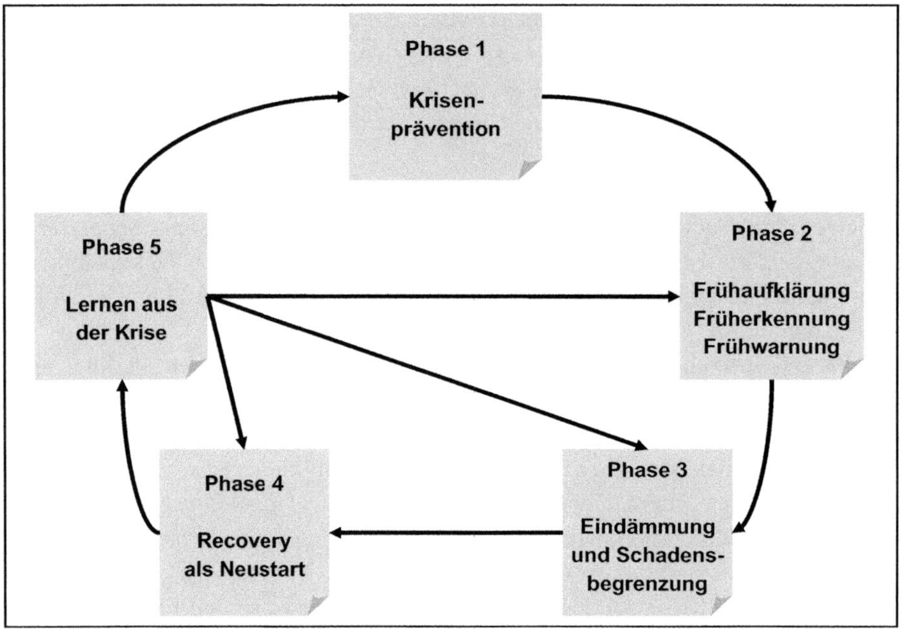

Abb. 6.21 Zyklus des Krisenmanagementprozesses (Vgl. Romeike und Hager 2013, S. 277)

Phase 1 – Krisenprävention: In der ersten Phase, der Krisenprävention, werden die Maßnahmen definiert, die eingeleitet wurden, um die potenzielle Krise zu vermeiden oder auch eine akute Krise in die richtigen Bahnen zu lenken. Krisenprävention hat vor allem etwas mit Krisenbewusstsein zu tun. Man muss das Undenkbare vorausdenken („Think the unthinkable") und potenzielle Krisenursachen antizipieren. Ziel der ersten Phase sollte die Erstellung eines Krisenplans (evtl. auch als Bestandteil eines Risiko-Management-Handbuches) sein. Hier sollten potenzielle Krisen sowie organisatorische, technische und personelle Maßnahmen beim Anbahnen einer Krise dargestellt werden. Wichtig sind ferner Aussagen zur Krisenkommunikation und zu Verantwortlichkeiten. Der Krisenplan sollte nicht als starre Prozessdefinition verstanden werden, sondern vielmehr als grobe Leitlinie. Um bei einer sich anbahnenden Krise schnell zu reagieren, können außerdem „Darksites" im Internet helfen. Diese werden im Krisenfall online geschaltet.

Phase 2 – Frühaufklärung, Früherkennung und Frühwarnung: Wie bereits im Kapitel über Frühwarnindikatoren dargestellt, sollte ein Unternehmen im Bereich der Frühaufklärung versuchen, schwache Signale („weak signals" im Sinne von Ansoff) für eine Krise abzufangen und über mögliche Krisenursachen aufzuklären (360-Grad-Radar). Im Bereich der Früherkennung und -warnung sollten typische Krisenindikatoren beim Überschreiten bestimmter Toleranzgrenzen rechtzeitig erkannt werden und latente Krisen in die richtigen Bahnen gelenkt werden. In Abb. 6.22 ist ein typischer Krisenverlauf ohne Krisenmanagement dargestellt. In Abb. 6.23 ist demgegenüber ein

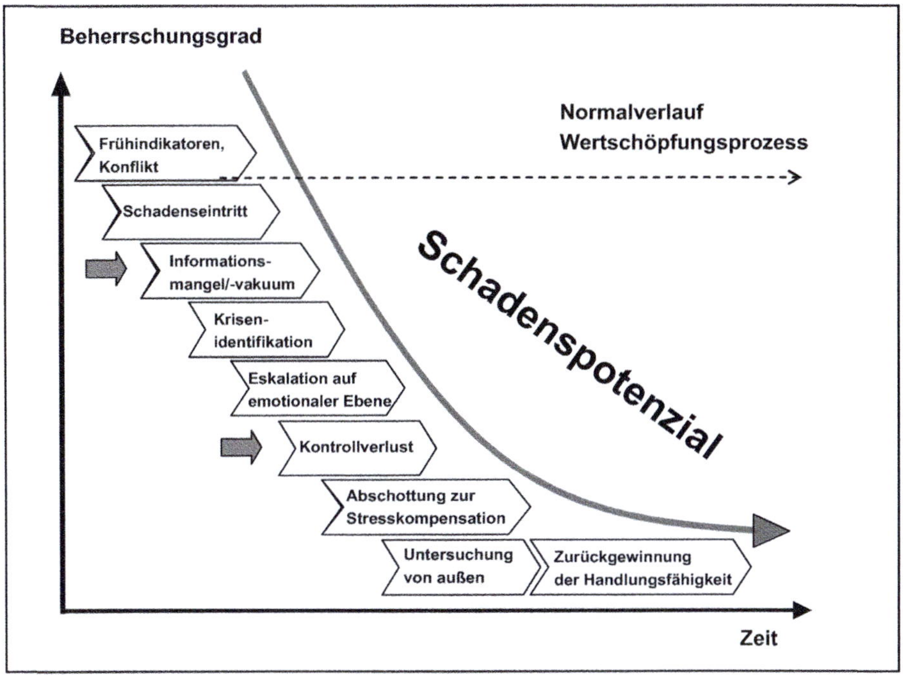

Abb. 6.22 Potenzieller Krisenverlauf ohne Krisenmanagement. (Quelle: Romeike und Hager 2013, S. 279)

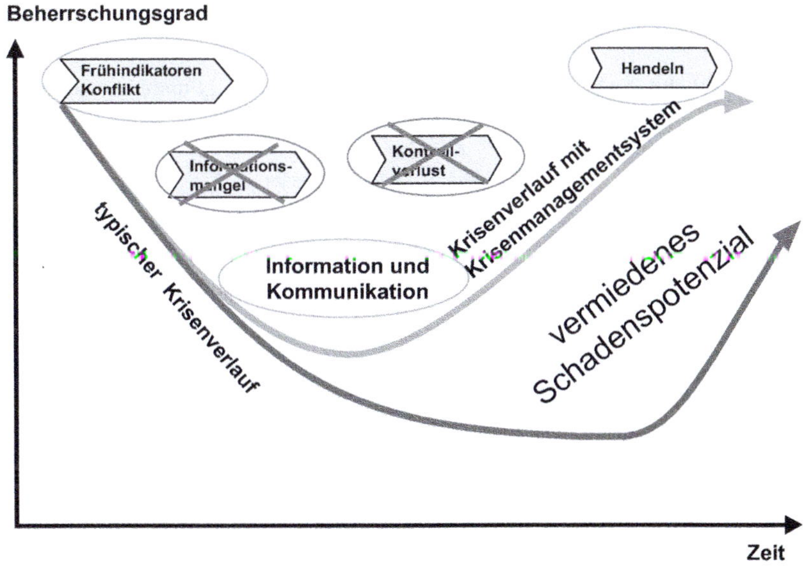

Abb. 6.23 Potenzieller Krisenverlauf mit Krisenmanagement. (Quelle: Romeike und Hager 2013, S. 280)

idealtypischer Verlauf unter Berücksichtigung der Wirkung eines Krisenmanagements skizziert.

Das Krisenmanagement bietet verschiedene Methoden und Werkzeuge der Frühaufklärung und -erkennung. Als Beispiele seien hier die bereits beschriebene Methode der Szenarioanalyse oder das Medienmonitoring genannt.

3. Phase – Eindämmung und Schadensbegrenzung: Welche Maßnahmen wurden nach Eintritt der Krise zur Schadensbegrenzung ergriffen? Vor allem ein präventiv erstellter Krisenplan bietet hier eine wertvolle Hilfe. In der Prozessphase der Schadensbegrenzung ist insbesondere eine gezielte Krisenkommunikation wichtig. Vor allem in der Vergangenheit aufgebaute Netzwerke zu Medien sind in diesem Kontext nicht zu unterschätzen.

4. Phase – Recovery als Neustart durch Beseitigung der negativen Folgewirkungen: Wie können die negativen Folgewirkungen einer Krise beseitigt werden? Wie erreicht man das Vertrauen der Kunden oder Shareholder zurück? Auch in dieser Phase spielt eine gezielte Kommunikation eine ganz wesentliche Rolle. Dies beginnt vor allem bei dem Versuch des Wiedererlangens des Vertrauens der Mitarbeiter, Kunden und Shareholder. Die Wiederaufnahme des Normalbetriebs, vor allem auch der geregelten Werbemaßnahmen nach der Zeit des permanenten medialen Drucks und der Rechtfertigungen ist enorm wichtig, um das Ziel des Recovery möglichst rasch erreichen zu können.

5. Phase – Lernen aus der Krise (Krisennachbereitung): Die Erfahrungen, die während der Krise gesammelt werden, sollten im Sinne einer „Lernenden Organisation" in der Lernphase wieder als Feedback in die Organisation zurückfließen. So können sich Unternehmen auf zukünftige Krisen besser vorbereiten.

Basierend auf der Analyse von diversen Krisenverläufen können die folgenden *zwölf Grundsätze des Krisenmanagements* formuliert werden:

1. Jede Krise ist anders.
2. Krisenvorsorge – wie auch Risiko-Management – ist eine Investition in die Zukunft.
3. Die Formulierung eines Krisenplans bedeutet immer eine Gratwanderung zwischen standardisierten Inhalten und Prozessen sowie vollständiger Flexibilität.
4. Das Denken in Worst-case-Szenarien („Think the unthinkable") reduziert die Wahrscheinlichkeit von existenzbedrohenden Krisen.
5. Während einer Krise muss das Top-Management als „Kapitän" agieren, ein Krisenteam als Task Force und ein Kommunikationsprofi als Kommunikator.
6. Präventives Medientraining führt zu einer höheren Souveränität.
7. Ein Sparring mit einem (externen) Review-Team hilft, Krisengefahren zu lokalisieren, zu präzisieren und zu vermeiden und reduziert das Risiko von Betriebsblindheit.
8. Der Wille zur Aufklärung muss kommuniziert werden. Als primäres Ziel muss eine rasche Transparenzschaffung über die Krisenursachen verfolgt werden.

9. Die Interessen der Kunden und der Öffentlichkeit stehen an erster Stelle.
10. In der Krise ist es wichtig, dass bereits etablierte Kommunikationsnetzwerke genutzt werden.
11. Eindeutige Botschaften in der Krisenkommunikation verstärken die Glaubwürdigkeit.
12. Vertrauen ist das höchste Gut in einer Krise.

Literatur

ALLIANZ GLOBAL CORPORATE & SPECIALTY (2019): Allianz Risk Barometer – Top Business Risks for 2019, München 2019.

ALLMANN, A.: Erdbeben, Tsunami, Atomunfall – die Dreifach-Katastrophe von Tohoku, in: Münchener Rückversicherungs-Gesellschaft (Hrsg.): Topics Geo (Ausgabe 2012, Naturkatastrophen 2011 – Analysen, Bewertungen, Positionen), München 2012, S. 7–11.

ANSOFF, H. I.: Managing Surprise and Discontinuity – Strategic Response to Weak Signals (dt. Übersetzung: Die Bewältigung von Überraschungen – Strategische Reaktionen auf schwache Signale), in: Zeitschrift für betriebswirtschaftliche Forschung 28 (1976), S. 129–152.

ARVANITOYANNIS, I./VARZAKAS, T.: Application of ISO 22000 and Failure Mode and Effect Analysis (FMEA) for Industrial Processing of Salmon: A Case Study, Critical Reviews in Food Science and Nutrition, 48, 2008, p 411–429.

AUTOMOTIVE ACTION GROUP (AIAG)/VERBAND DER AUTOMOBILINDUSTRIE E. V. (VDA): Fehler-Möglichkeits- und -Einfluss-Analyse (FMEA) Handbuch, Berlin 2017.

BOJAR, P.: Application of FMEA method for assessment of risk in land transportation of hazardous materials, in: Journal of KONES Powertrain and Transport Vol. 19 No. 3, 2012, S. 41–47.

BOWERSOX, D. J.; CLOSS, D. J.; Cooper, M. B.: Supply chain logistics management, Boston 2007.

ERBEN, R. F.: Sandbank – Wie Barings & Co. Schiffbruch erlitten hat, in: RISKNEWS, 1. Jg. (2004), H. 1, S. 46–50.

FERDOUS, R./KHAN, F./SADIQ, R./AMYOTTE, P./VEITCH, B.: Analyzing system safety and risks under uncertainty using a bow-tie diagram: An innovative approach, in: Process Safety and Environmental Protection, Vol. 91, 2013, S. 1–18.

FEYNMAN, R. P.: Kümmert Sie, was andere Leute denken? 7. Auflage, Piper Verlag, München 1996.

GÖTZE, U.: Szenario-Technik in der strategischen Unternehmensplanung, Wiesbaden 1993.

HEINRICH, H. W.; PETERSEN, D.; ROOS, N. R.; BROWN, J.; HAZLETT, S.: Industrial Accident Prevention: A Safety Management Approach, 1980.

HERLYN, W.: PPS im Automobilbau – Produktionsprogrammplanung und -steuerung von Fahrzeugen und Aggregaten. Hanser Verlag, München 2012.

HUTH, M./ROMEIKE, F.: Risikomanagement in der Logistik. Konzepte – Instrumente – Anwendungsbeispiele, Springer Gabler Verlag, Wiesbaden 2016.

HUTH, M.: Einführung in die Logistik. Ventus Publishing, London 2012.

JÜTTNER, U.: Supply chain risk management: Understanding the business requirements from a practitioner perspective, in: International Journal of Logistics Management, Vol 16/2005, S. 120–141.

KAHN, H.; WIENER, A. J.: The Year 2000. A Framework for Speculation on the next 33 Years, New York, Toronto 1968.

KERSTEN, W.; HOHRATH, P.; WINTER, M.: Risikomanagement in Wertschöpfungsnetzwerken – Status quo und aktuelle Herausforderungen, in: Fachhochschule des bfi Wien (Hrsg.): Supply Chain Risk Management, Wien 2008.

Krystek, U.; Müller, M.: Frühaufklärungssysteme – Spezielle Informationssysteme zur Erfüllung der Risikokontrollpflicht nach KonTraG, in: Controlling, Heft 4/5 (1999).

Krystek, U./Müller-Stewens, G.: Frühaufklärung für Unternehmen: Identifikation und Handhabung zukünftiger Chancen und Bedrohungen, Stuttgart 1993.

Kurzweil, R.: How to Create a Mind, New York 2012.

Lazer, D./Kennedy, R./King, G./Vespignani, A.: The Parable of Google Flu: Traps in Big Data Analysis, in: Science, 343 (6176), 2014, S. 1203–1205.

Linder, S./Spitzner, J: Effektives Risiko- und Chancenmanagement in turbulenten Zeiten – Wie Sie Szenarien und Simulationen richtig nutzen, in: Risk, Compliance & Audit (RC&A), Ausgabe 5/2010, S. 12–18.

Majima, I.: JIT, Kostensenkung durch Just-In-Time Production, München 1994.

Manuele, F. A.: Heinrich Revisited: Truisms or Myths. National Safety Council, 2002, ISBN 0-87912-245-5.

Manuele, F. A.: On the Practice of Safety. John Wiley & Sons, 2003, ISBN 0-471-27275-2.

Meyer-Schönherr, M.: Szenario-Technik als Instrument der strategischen Planung, Ludwigsburg/Berlin 1992.

Mokhtari, K./Ren, J./Roberts, C./Wang, J.: Application of a generic bow-tie based risk analysis framework on risk management of sea ports and offshore terminals, in: Journal of Hazardous Materials, Vol. 192, Issue 2, 2011, S. 465–475.

Mokhtari, K./Ren, J./Roberts, C./Wang, J.: Decision support framework for risk management on sea ports and terminals using fuzzy set theory and evidential reasoning approach, in: Expert Systems with Applications, Vol. 39, Issue 5, 2012, S. 5087–5103.

Münchener Rückversicherungs-Gesellschaft (Hrsg.): Topic 95, München 1996.

Ono, T.: Toyota Production System: Beyond Large-Scale Production, Cambridge 1988.

Porter, M.: Competitive Advantage: Creating and Sustaining Superior Performance, New York 1985.

Romeike, F.: Lexikon Risiko-Management, Weinheim 2004.

Romeike, F.: Frühwarnsysteme im Unternehmen, Nicht der Blick in den Rückspiegel ist entscheidend, in: RATING aktuell, April/Mai 2005a, Heft 2, S. 22–27.

Romeike, F.: Frühaufklärungssysteme als wesentliche Komponente eines proaktiven Risikomanagements, in: Controlling, Heft 4–5/2005b (April/Mai), S. 271–279.

Romeike, F.: Integriertes Risiko-Controlling und -Management im global operierenden Konzern, in: Schierenbeck, H. (Hrsg.): Risk Controlling in der Praxis, Zürich 2006, S. 429–463.

Romeike, F.: Szenarioanalyse: Lernen aus der Zukunft, in: FIRM Jahrbuch 2015, Frankfurt/Main 2015, S. 118–120.

Romeike, F.: Risikomanagement, Springer Gabler Verlag, Wiesbaden 2018a.

Romeike, F.: Toolbox – Fehlermöglichkeits- und Einflussanalyse (FMEA), in: GRC aktuell, Ausgabe Mai 2018, 02/2018b, S. 73–77.

Romeike, F.: Risk Analytics und Artificial Intelligence im Risikomanagement, in: Rethinking Finance, Ausgabe 3/2019, Juni 2019a, S. 45–52.

Romeike, F.: Toolbox – Die Bow-Tie-Analyse, in: GRC aktuell, Ausgabe Februar 2019, 01/2019b, S. 39–44.

Romeike, F.: Toolbox – Fehlerbaumanalyse, in: GRC aktuell, Ausgabe August 2019, 03/2019c.

Romeike, F./Spitzner, J.: Von Szenarioanalyse bis Wargaming – Betriebswirtschaftliche Simulationen im Praxiseinsatz, Wiley Verlag, Weinheim 2013.

Romeike, F./Hager, P.: Erfolgsfaktor Risiko-Management 3.0 – Methoden, Beispiele, Checklisten, Praxishandbuch für Industrie und Handel, 3. Auflage, Springer Gabler Verlag, Wiesbaden 2013.

Romeike, F./Eicher, A. (2016): Predictive Analytics: Looking into the future, in: FIRM Yearbook 2016, S. 168–171.

ROMEIKE, F./EICHER, A.: Predictive Analytics – Looking into the future, in: FIRM Jahrbuch 2016, Frankfurt/Main 2016, S. 168-171.

ROSLING, H.; ROSLING RÖNNLUND, A.; ROSLING, O.: Factfulness: Wie wir lernen, die Welt so zu sehen, wie sie wirklich ist, 5. Auflage, Ullstein Verlag, Berlin 2020.

RUIJTER, A. DE/GULDENMUND, F.: The bowtie method: A review, in: Safety Science, Vol. 88, 2016, S. 211–218.

SCHILLER, F.: Big Data in der Lebensversicherung, in: RISIKO MANAGER 04/2019, S. 4–7.

SCHWINDT, E.: Gefahrenanalyse mittels Fehlerbaumanalyse, Paderborn 2004 (Ausarbeitung im Rahmen des Seminars Analyse, Entwurf und Implementierung zuverlässiger Software).

SEIBOLD, E.: Entfesselte Erde – Vom Umgang mit Naturkatastrophen, Stuttgart 1995, S. 70.

SENNHEISER A.; SCHNETZLER M.: Wertorientiertes Supply Chain Management, Heidelberg/Berlin 2008.

SOMMER, J.: Das PAAG-Verfahren – Methodik, Anwendung, Beispiele. Hrsg.: IVSS Sektion Chemie. 4. Auflage. Heidelberg 2008.

STRÄTER, D.: Szenarien als Instrument der Vorausschau in der räumlichen Planung. In: Akademie für Raumforschung und Landesplanung (Hrsg.): Regionalprognosen. Methoden und ihre Anwendung, S. 417–440, Hannover 1988 (Veröffentlichungen der Akademie für Raumforschung und Landesplanung: Forschungs- und Sitzungsberichte, 175).

TÖPFER, A.: Plötzliche Unternehmenskrisen – Gefahr oder Chance?, Grundlagen des Krisenmanagement, Praxisfälle, Grundsätze zur Krisenvorsorge, Neuwied/Kriftel 1999.

TOYOTA MOTOR CORPORATION: The Toyota Production System – Leaner manufacturing for a greener planet. TMC, Public Affairs Division, Tokyo 1998.

UNITED NATIONS CENTRE FOR REGIONAL DEVELOPMENT (UNCRD): Comprehensive Study of the Great Hanshin Earthquake, Nagoya 1995.

VON EIFF, W.; MIDDENDORF, C.: Klinisches Risikomanagement – kein Bedarf für deutsche Krankenhäuser?, in: Das Krankenhaus, 7/2004, S. 537–542.

WERDICH, M.: FMEA – Einführung und Moderation, 2. Auflage, Springer Vieweg, Wiesbaden 2012.

WERDICH, M: Die RPZ ist tot – Es lebe die AP, Internet: https://www.risknet.de/themen/risknews/die-rpz-ist-tot-es-lebe-die-ap/ [Abruf am 29.07.2019].

WILDEMANN, H.: Das Just-In-Time-Konzept, München 2001.

WORLD ECONOMIC FORUM (HRSG.): Global Risks 2012, An Initiative of the Risk Response Network, Cologny/Geneva 2012.

Risiko-Management in der Logistik und Supply Chain

7

„Risiken? Et hätt noch emmer joot jejange!“ (Frei übersetzt: Wir wissen, es ist Murks, aber es wird schon gut gehen.)

F. Romeike, P. Hager, *Erfolgsfaktor Risiko-Management 4.0*,
https://doi.org/10.1007/978-3-658-29446-5_7

7.1 Lessons learned: Erdbeben legt komplette Wertschöpfungskette lahm

Viele Unternehmen haben uns in den vergangenen Jahren Beispiele für ein nicht adäquates und damit wenig effektives Risiko-Management in der Logistik geliefert. So war Toyota über viele Jahre der „Musterknabe" für ein exzellentes Logistik-Risikomanagement und Supply Chain Management. Nach dem großen Tōhoku-Erdbeben im Jahre 2011 benötigte Toyota jedoch sechs Monate, um die Produktion wieder auf das ursprüngliche Niveau zu bringen. Dies war nur durch einen enormen Aufwand möglich.

Im Folgenden wird anhand von Beispielen beschrieben, welche Auswirkungen das Erdbeben und der Tsunami auf die Supply Chain der Toyota Motor Corporation hatten. Dazu betrachten wir zunächst die Supply Chain von Toyota, die in Abb. 7.1 in stilisierter Form zusammengefasst ist.

Im Jahr vor dem Erdbeben produzierte Toyota Motor Corporation rund 60 Prozent der gesamten Produktionsmenge in Japan, wobei rund 25 Prozent der Absatzmenge auf den japanischen Markt entfielen.[1] Durch die Naturkatastrophe waren unter anderem vier Werke von Toyota in Japan direkt betroffen, in denen entweder Fahrzeuge oder Fahrzeugteile produziert wurden.

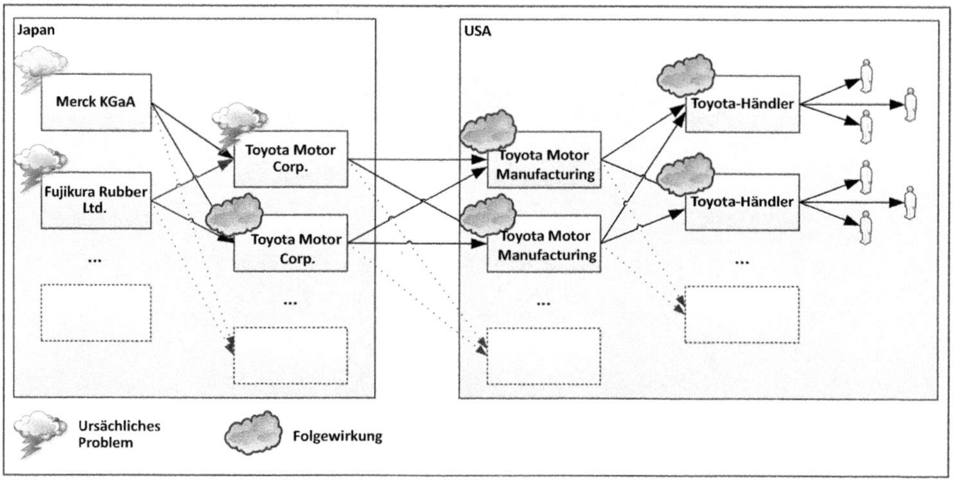

Abb. 7.1 Stilisierte Supply Chain der Toyota Motor Corporation. (Quelle: Huth und Romeike 2016, S. 23)

[1]Vgl. Team (2011). Die nachfolgenden Ausführungen basieren auf Huth und Romeike (2016, S. 22 ff.).

Die Schäden in den eigenen Werken konnten relativ schnell behoben werden. Und bereits am 4. April 2011 lief in zwei Werken, in denen drei verschiedene Modelle mit Hybridantrieb gefertigt wurden, die Produktion wieder an. Dagegen waren rund zwei Drittel von Toyotas Zulieferbetrieben im Nordwesten Japans noch nicht in der Lage zu produzieren.[2]

Einer der Lieferanten in der Supply Chain von Toyota, der durch das Erdbeben und den Tsunami besonders stark betroffen war, war Fujikura Rubber Ltd., ein Produzent industrieller Gummiprodukte. Fujikura Rubbers Odeka-Werk lag in der Evakuierungszone rund um das Atomkraftwerk in Fukushima. Es war daher nicht möglich, die Produktion in diesem Werk wieder anlaufen zu lassen. Um die Lieferfähigkeit von Fujikura Rubber wiederherzustellen, wurde die Entscheidung getroffen, dass die zur Toyota-Gruppe gehörende Denso Corp., einer der weltweit größten Teilelieferanten in der Automobilbranche, Teile eines eigenen Werks für ein Jahr Fujikura Rubber für deren Produktion zur Verfügung stellen würde.[3] Gut zwei Monate nach dem Erdbeben und dem Tsunami nahm Fujikura Rubber die Produktionsprozesse in diesem Werk auf.[4]

Die Probleme für die Produktionsfähigkeit der japanischen Automobilindustrie wurden dadurch verstärkt, dass häufig ein „Single Sourcing" betrieben wird: Einzelne Rohmaterialien, Teile, Komponenten oder Baugruppen werden nur von einem einzigen Lieferanten bezogen. Bei einigen Produkten, die von Lieferanten bezogen werden, ist ein Single-Sourcing-Ansatz jedoch der einzig gangbare Weg: So gab einen Monat nach der Katastrophe knapp die Hälfte der Prozessindustrie an, keine alternativen Lieferanten nutzen zu können.[5] Diese Einschränkung lag unter anderem auch daran, dass viele der High-end-Komponenten oder -Technologien sowie die entsprechenden Herstellprozesse von japanischen Unternehmen patentiert sind; eine Verlagerung auf andere Zulieferer ist damit nicht oder nur sehr aufwendig möglich.

So verwies Toyotas damaliger Executive Vice President Takeshi Uchiyamada auf das Beispiel Renesas Electronics (vgl. Abb. 7.2). Renesas Electronics ist einer der führenden Hersteller von Mikrocontroller-Prozessoren für die Automobil-Elektronik; das Unternehmen basiert auf einem Zusammenschluss der ausgegliederten Halbleiterbereiche von Hitachi, Mitsubishi Electric und NEC. Wie bei vielen anderen Komponenten und Baugruppen setzte Toyota auch bei den Halbleitern auf ein „Single Sourcing". Durch dreifache Katastrophe aus Erdbeben, Tsunami und Kernreaktorschaden ergaben sich massive Konsequenzen für Renesas Electronics, so dass in dessen Werk in Hitachinaka für eine Zeitdauer von rund sechs Monaten nicht produziert werden konnte. Uchiyamada machte deutlich: „But in the

[2] Vgl. Team (2011).

[3] Vgl. Treece (2011).

[4] Vgl. Denso Corp. (2011).

[5] Vgl. van der Putten (2012, S. 13).

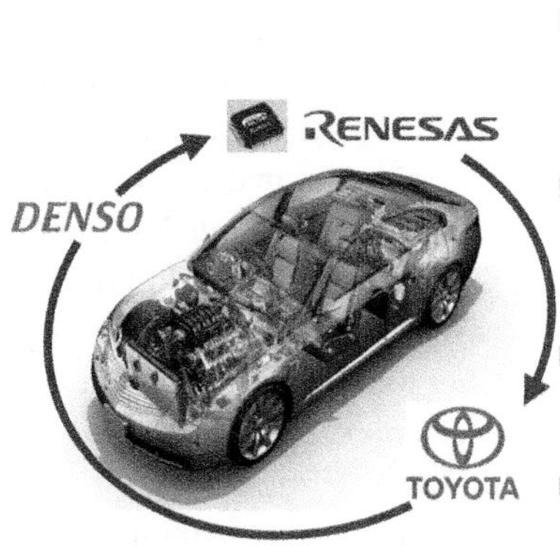

- **Toyota** war lange Zeit der „Musterknabe" für ein exzellentes Supply Chain Management; auch in Krisenzeiten
- Nachdem **Tohoku Erdbeben** 2011 benötigte Toyota 6 Monate, um die Produktion wieder auf das ursprüngliche Niveau zu bringen
- Dies war nur durch einen enormen Aufwand (2500 Mitarbeiter zu den Lieferanten) möglich
- Hauptgrund für die Schwierigkeiten war das Single-Sourcing einer Microcontroller Einheit des 1-Tier Denso von Renesas

Abb. 7.2 Single-Sourcing von Renesas. (Quelle: Huth und Romeike 2016, S. 24)

end, our biggest problem was electronics."[6] Die Schwierigkeiten, die sich bei einem Ausfall eines Single-Sourcing-Lieferanten ergeben, sind auch dann von großem Einfluss, wenn der Single-Sourcing-Ansatz auf einer niedrigeren Zulieferstufen erfolgt, dem eigentlichen Hersteller aber nicht bekannt ist. In diesem Kontext wird ein Toyota-Manager hierbei mit der folgenden Aussage zitiert: „We thought our supply chain was pyramid shaped, but it turned out to be barrel-shaped."[7]

Dass ein derartiges Szenario bei Lieferproblemen des Lieferanten nahezu unweigerlich zu Konsequenzen beim Abnehmer führt, zeigt das Beispiel der Merck KGaA. Merck stellt unter anderem mit Xirallic ein Farbpigment her, das besondere Glitzereffekte und hohe Farbstärken verspricht. Das damals einzige Werk für Xirallic stand in Onahama und damit im Erdbebengebiet. Auch wurden nur dort Sicherheitsbestände an Xirallic vorgehalten.[8] Aufgrund der Konsequenzen der Naturkatastrophe konnte an dem Standort zwei Monate lang nicht produziert werden.[9] Für die Automobilhersteller, unter anderem Toyota in Japan, hatte das gravierende Konsequenzen: Eine Vielzahl von Metallic-Lackierungen konnte nicht mehr gemischt werden; bestimmte Lacke standen daher für eine Weile nicht mehr zur Verfügung, ohne dass die Automobilhersteller auf andere Lieferanten hätten ausweichen können.[10] Fahrzeughersteller konnten damit bestimmte Farbvarianten nicht anbieten.[11] Parallel zu den Aufräum- und Reparaturarbeiten im japanischen Werk, die die Wiederaufnahme der Produktion Anfang Mai 2011 ermöglichten, plante Merck, die Ver-

[6] Vgl. Schreffler (2012).
[7] O.V. (2012).
[8] Vgl. Greimel (2012).
[9] Vgl. Schreffler (2012).
[10] Vgl. Brückner (2011).
[11] Vgl. Canis (2011, S. 7–8).

sorgungssicherheit dadurch zu erhöhen, dass ein zweiter Standort für die Produktion von Xirallic bis Ende 2011 in Deutschland errichtet werden sollte.[12]

Mit Single Sourcing lassen sich einige relevante Vorteile erzielen:[13] So lassen sich mit einer Single-Sourcing-Strategie vor allem günstigere Einkaufspreis aufgrund der Abnahme größerer Mengen realisieren. Eine Dual-Sourcing- oder Multiple-Sourcing-Strategie führt in der Regel zu höheren Einkaufspreisen. Außerdem kann eine Single-Sourcing-Strategie mit einem reduzierten Verhandlungs-, Kommunikations- und Logistikaufwand verbunden sein, wenn beispielweise mit dem Single-Sourcing-Lieferanten Rahmenverträge geschlossen werden. Die Transaktionskosten lassen sich damit reduzieren. „Weiche" Faktoren, die sich aus einem Single Sourcing ergeben, sind eine einfachere Kommunikation, aber auch eine verbesserte Möglichkeit, gemeinsam neue Produkte und/oder Dienstleistungen zu entwickeln. Auch aus Sicht des Risiko-Managements kann eine Single-Sourcing-Strategie ein sinnvoller Weg sein, da Single-Sourcing-Kunden (mit einem entsprechenden Volumen) bei Lieferengpässen, Qualitätsproblemen, eiligen Aufträgen oder Sonderwünschen bevorzugt behandelt werden. Das „Commitment" des Lieferanten wird bei einem Single Sourcing tendenziell höher sein.

Gleichzeitig steigen die logistischen Risiken durch Single Sourcing: Bei einer Störung in dieser Versorgungskette sind keine kurzfristigen Alternativen einsetzbar, so dass eine Out-of-Stock-Situation droht. Toyota setzte bei vielen Teilen, Komponenten oder Baugruppen auf einen Single-Sourcing-Ansatz und versuchte, weitere Skaleneffekte dadurch zu realisieren, derartige Beziehungen über die gesamte Breite des Produktsortiments in unterschiedlichen Märkten zu etablieren.[14] Allerdings wurden bereits vor dem Tōhoku-Erdbeben Risiken dieses Ansatzes sichtbar: „In the aftermath of Toyota's crisis, the industry is now asking itself whether sole-sourcing has gone too far. ‚It may be safer not to have all your eggs in one basket, but to have maybe three suppliers for major components who can benchmark each other'".[15] Die Risiken sind Toyota allerdings auch bewusst: So geht der Jahresbericht 2011 nicht nur auf die Single-Sourcing-Beziehungen von Toyota ein, sondern auch auf Konstellationen, bei denen Toyota Lieferanten einbindet, die wiederum bestimmte Materialien oder Teile von Single-Sourcing-Lieferanten beziehen.

Durch die Produktionseinschränkungen bei den Lieferanten ergaben sich Versorgungsprobleme vor allem für die Toyota-Standorte in Japan, die zu Produktionsdrosselungen führten. Die Probleme für die japanische Industrie wurden nicht geringer, als im Mai 2011 die japanische Regierung ein weiteres Atomkraftwerk aufgrund Sicherheitsbedenken bei einem möglichen weiteren Erdbeben außer Betrieb setzen ließ. Dieses Atomkraftwerk versorgte unter anderem die Hälfte der 18 japanischen Werke von Toyota mit Energie. Für Sommer 2011 rechnete man daher mit einer Verknappung der Energiekapazität von rund 25 Prozent im Vergleich zum bisherigen Energieangebot.[16]

---

[12] Vgl. Merck (2011).

[13] Vgl. die Übersicht über Stärken und Schwächen bei Huth (2012).

[14] Vgl. Huth und Romeike (2016, S. 24 ff.).

[15] O.V. (2010).

[16] Vgl. Canis (2011, S. 9).

Durch die Stillstände in den japanischen Werken von Toyota oder ihren Zulieferbetrieben ergaben sich daneben auch Probleme für Toyota-Werke in anderen Ländern, deren Produktion und Montage auf Lieferungen aus Japan angewiesen waren.[17] So fehlten in Toyotas US-amerikanischen Betriebsstätten für mehrere Wochen lang rund 150 verschiedene Teile, so dass die verfügbare Produktionskapazität nur zu 30 Prozent ausgelastet wurde.[18]

Auch in der Auslieferung von Fahrzeugen, die in Japan produziert wurden, an Händler in den USA gab es massive Rückgänge. So mussten die Lieferungen für die erste Mai-Hälfte vollständig gestrichen werden; für die zweite Maihälfte wurde für die Region der Bundesstaaten Michigan, Ohio, Kentucky und Tennessee eine Ausliefermenge in Höhe von 400 bis 600 Fahrzeugen erwartet – anstelle der üblichen 2000 bis 3000 Einheiten.[19]

Tatsächlich war Nordamerika die Region, in der Toyota nach der Dreifachkatastrophe des Jahres 2011 in Japan die größten Versorgungs-, Produktions- und Auslieferprobleme realisieren musste. Den finanziellen Schaden in Bezug auf das operative Jahresergebnis bezifferte Toyota mit einem Betrag in Höhe von 880 Mio. US-Dollar.[20]

Aus dem skizzierten Beispiel einer massiven Störung der Supply Chain – verursacht durch ein exogenes Ereignis – lassen sich die folgenden Schlussfolgerungen ziehen:

- Die Auswirkungen von exogenen Ursachen – beispielsweise Naturkatastrophen – können auch für betriebliche und technische Systeme und damit für globale Supply Chains gravierend sein und ein Unternehmen an die Grenzen der Risikotragfähigkeit bringen. Es handelt sich dabei in der Regel um Risiken, die eine sehr geringe Eintrittswahrscheinlichkeit aufweisen. Derartige „Low probability/high consequence risk" (bzw. „Low probability/high severity risk") dürfen daher trotz der oftmals außerordentlich geringen Eintrittswahrscheinlichkeit keinesfalls außer Acht gelassen werden.[21] Ansonsten besteht die Gefahr, dass derartige Risiken die Existenz des Unternehmens bedrohen können. Die in der Praxis nicht selten anzutreffende Methodik der Multiplikation von Eintrittswahrscheinlichkeiten und Schadensausmaß führt daher zu einem völlig falschen Bild.
- Die Komplexität von Supply Chains vermindert aufgrund der Stufigkeit und der großen Anzahl involvierter Akteure deren Transparenz (oder besser: Visibility). Risiken lassen sich daher auch im Vorfeld oftmals nur schwer identifizieren. Für Unternehmen stellt sich daher die Anforderung, die „Visibility" herzustellen bzw. zu erhöhen. Dies gilt nicht nur für die unmittelbaren Partner in einer Supply Chain, sprich: die direkten Kunden und Lieferanten.

[17] Vgl. Nanto et al. (2011, S. 12).

[18] Vgl. Canis (2011, S. 11).

[19] Vgl. Stein (2011).

[20] Vgl. Schweinsberg (2012).

[21] Dieses „Wegmultiplizieren" von Risiken basiert darauf, dass Risiken häufig mit einer Eintrittswahrscheinlichkeit und einem (fixen) Schadensausmaß bewertet werden (siehe Binomialverteilung), um anschließend aus der Multiplikation von Eintrittswahrscheinlichkeit und Schadensausmaß einen Erwartungswert zu ermitteln. Supply-Chain-Risiken sind eben gerade dadurch gekennzeichnet, dass unterschiedliche Schadensszenarien möglich sind. Diese Bandbreite an Szenarien sollte durch eine geeignete Verteilungsfunktion (bspw. Pert-, Dreiecks-, Pareto- oder Log-Normalverteilung) beschrieben werden. Vgl. hierzu vertiefend: Gleißner und Romeike (2011, S. 21 ff.).

Am Beispiel Toyotas wird deutlich, dass Risiken auch auf vorgelagerten Stufen schlummern – daher muss die Transparenz für alle Stufen der Supply Chain sichergestellt sein.

- Auch globale Produktionsnetzwerke sind vor den Auswirkungen von Katastrophen nicht gefeit. Risiken in lieferantenseitigen Stufen können Auswirkungen auf marktnähere Stufen haben, selbst wenn sich diese Stufen auf anderen Kontinenten befinden. Risiken beachten keine politischen oder geografischen Grenzen. Risiken können allerdings regional sehr unterschiedlich ausgeprägt sein: So ist die Gefahr eines Erdbebens in Japan deutlich höher als bspw. in Mitteleuropa.
- Single-Sourcing weist eine Vielzahl von betriebswirtschaftlichen und organisatorischen Vorteilen auf. Auf der anderen Seite steigt die Anfälligkeit einer Lieferkette für Versorgungsprobleme jedoch an. Zwar ist die Wahrscheinlichkeit eines unerwünschten Ereignisses geringer als bei einem Multiple-Sourcing-Ansatz, aber der potenzielle Schaden eines solchen Ereignisses wird deutlich höher sein.[22] In Verbindung mit einer niedrigen „Visibility" können Risiken aufgrund von Single-Sourcing auch in der vorgelagerten Supply Chain (das heißt bei eigenen Lieferanten oder deren Zulieferunternehmen) auftreten.
- Die Bündelung von Lagerbeständen an einem einzigen Standort kann dann problematisch werden, wenn dieser singuläre Lagerstandort nicht lieferfähig ist. Auch hier ist der betriebswirtschaftlich oftmals sinnvolle Ansatz, auf der einen Seite Bestände durch Zentralisierung zu reduzieren und auf der anderen Seite durch eine Bündelung Skaleneffekte zu erzielen, unter Risikoaspekten mit Ausfallgefahren behaftet. Eine Risikostreuung kann durch weitere, geografisch verteilte Lagerstandorte erzielt werden.
- Schlanke Supply Chains, bei denen Verschwendung (beispielsweise aufgrund von Lagerbeständen) so weit wie möglich vermieden wird und in denen Abnehmer „just in time" versorgt werden, sind ebenfalls anfälliger für Out-of-Stock-Situationen. Es ist daher abzuwägen zwischen den eingesparten Kosten und den möglichen Folgekosten, wenn Risiken realisisert werden. Pufferbestände können, insbesondere bei Risiken mit höherer Eintrittswahrscheinlichkeit, das aggregierte Gesamtrisiko stark reduzieren.
- Eine Supply Chain kann nur als System betrachtet werden und muss daher auch als komplexes Ursache-Wirkungs-Geflecht aus der Perspektive des Risiko-Managements analysiert werden. Beim Ausfall eines Akteurs kann die gesamte Kette ins Stocken geraten. Nach einer derartigen Katastrophe können kooperative Ansätze wie die temporäre Überlassung von Betriebsmitteln helfen, die Produktionsfähigkeit der Supply-Chain-Partner und damit die Lieferfähigkeit der gesamten Kette schnell wiederherzustellen. Notfallpläne verkürzen die Reaktionszeit nach einer Katastrophe oder einem Großschadenereignis; es kann daher durchaus sinnvoll sein, für bestimmte Risiken proaktiv Notfallpläne zu entwickeln.

7.2 Blockierter Suez-Kanal stoppt logistische Kette

Der Markt für Unterhaltungselektronik (Consumer Electronics) ist ein hart umkämpfter Markt. Der Markt ist gekennzeichnet durch ein fragmentiertes Umfeld, in dem es keine Unternehmen gibt, die nachhaltig hohe Marktanteile erzielen können. Aus dieser Situation

[22] Vgl. Blome und Henke (2008).

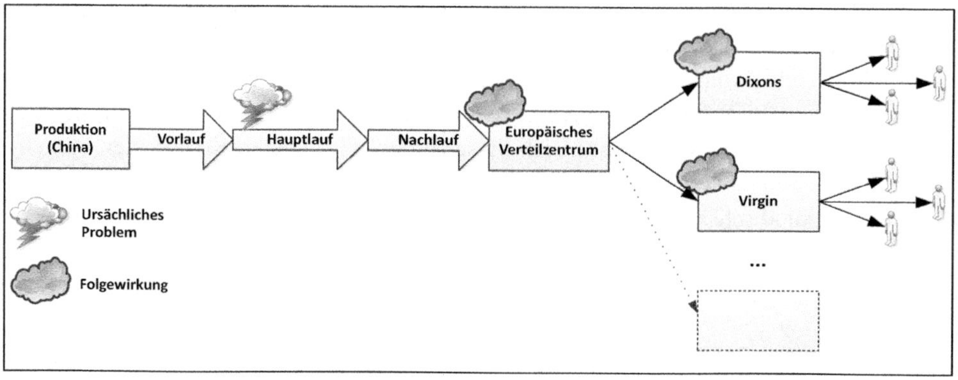

Abb. 7.3 Stilisierte Supply Chain der Sony Corporation. (Quelle: Huth und Romeike 2016, S. 28)

wird ein Großteil des Wettbewerbs über den Preis ausgemacht. Der Preisverfall – und damit auch die stetige Reduktion der Margen – ist in keinem Segment des Einzelhandels so drastisch wie im Bereich der Unterhaltungselektronik.[23] Damit muss für eine definierte Rendite ein deutlich höherer Umsatz erwirtschaftet werden.

Bei derartigen Anforderungen an die schnelle Verfügbarkeit von Produkten, insbesondere in der Vorweihnachtszeit, kann die Störung der logistischen Kette erhebliche monetäre und nicht-monetäre Auswirkungen nach sich ziehen. Und genau das passierte Anfang November 2011 (vgl. hierzu auch Abb. 7.3): Der 244 Meter lange Öltanker „Tropic", der unter liberianische Flagge den Suez-Kanal in einer Gruppe von 19 Frachtschiffen Richtung Süden durchquerte, setzte nach Problemen mit der Ruderanlage bei Kilometer 73 des 194 Kilometer langen Wasserwegs auf Grund. Auch wenn einzelne Bereiche des Suez-Kanals bis zu 270 Meter breit sind und damit zwei Fahrrinnen bieten, gibt es andere Passagen, in denen jeweils nur ein einzelnes Schiff passieren kann – und in einer solchen Passage havarierte die „Tropic". Auch wenn erste Befürchtungen von einer länger andauernden Sperrung des Kanals ausgingen, konnte der Kanal nach wenigen Tagen wieder für die Schifffahrt geöffnet werden. Dennoch resultierte aus der Sperrung für die Betreibergesellschaft ein entgangener Umsatz von rund 7 Millionen US-Dollar pro Tag.[24]

Für den Frachtverkehr auf See hat der Suez-Kanal eine eminente Bedeutung: Rund 7,5 Prozent des weltweiten Seeverkehrs nutzt den Kanal, der die Fahrt um den afrikanischen Kontinent – und damit rund 8000 Seemeilen – erspart.[25]

Durch die Sperrung des Kanals aufgrund der Havarie waren sowohl die 39 Schiffe an der Weiterfahrt blockiert, die sich bereits zu beiden Seiten des Unglücksortes im Suezkanals befanden, als auch die 113 Frachter, die sich an den beiden Eingängen in Suez und Port Said befanden (vgl. Ibrahim 2004). Auch für die Reeder entstehen so erhebliche Mehrkosten: So sei laut einem Experten bei großen Containerschiffen ein Verlust in Höhe

[23] Vgl. Huth und Romeike (2016, S. 28).

[24] Vgl. Ibrahim (2004).

[25] Vgl. Kröger (2004).

von bis zu 100.000 US-Dollar pro Tag anzusetzen; dennoch lohne sich bei einer relativ kurzen Verzögerung der Umweg um das Kap der guten Hoffnung nicht.[26]

Eines der Frachtschiffe das durch die Sperrung des Suezkanals blockiert war, sollte eine große Menge der erst kurz zuvor im Markt eingeführten PlayStation 2 (PS2) der Sony Corporation von China nach Europa transportieren. In den Niederlanden befindet sich das primäre Distributionszentrum von Sony für Europa; von diesem Verteilzentrum werden jeden Monat mehr als 100.000 PlayStations in die einzelnen Märkte distribuiert.[27] Die meisten der Konsolen auf dem blockierten Frachtschiff waren für das Weihnachtsgeschäft in Großbritannien vorgesehen. In Großbritannien war zu der Zeit der Bedarf an PS2 größer als in anderen europäischen Ländern, da Sony zuvor die Nachfrage fälschlicherweise deutlich zu gering prognostiziert hatte.

Damit hatten sich in kurzer Zeit zwei Risiken realisiert: auf der einen Seite die falschen Planannahmen hinsichtlich Absatzmengen, auf der anderen Seite die Lieferverzögerung durch die Havarie im Suez-Kanal. Obwohl der Suez-Kanal nach wenigen Tagen wieder freigegeben war, dauerte der Abbau des „Staus" in beide Richtungen doch deutlich länger: So teilte ein Sony-Sprecher mit, dass die Gesamtverzögerung rund zwei Wochen betragen hätte.[28] Die Kombination dieser beiden Probleme führte zu erheblichen Konsequenzen: Kurz nach dem Verkaufsstart im November wurden in Großbritannien wöchentlich rund 70.000 PS2 verkauft; aufgrund der falschen Prognosewerte und der Lieferverzögerung konnten dagegen in der ersten Dezemberwoche 2004 und damit im umsatzträchtigen Weihnachtsgeschäft nur rund 6000 Einheiten abgesetzt werden.[29] Die Kombinationseffekte der beiden realisierten Risiken führte damit zu einer um mehr als 90 Prozent reduzierten Absatzmenge im britischen Markt.

Um die Konsequenzen dieser Probleme abzumildern, entschied sich Sony kurzfristig, russische Transportflugzeuge des Typs Antonov AN-124 zu chartern, um durch einen direkten Transport von China nach Großbritannien möglichst rasch die dortige Nachfrage bedienen zu können.[30] Eine Maschine dieses Typs kann bis zu 120 Tonnen Fracht fassen; sie hat ein Fassungsvermögen von etwa 40.000 PS2. Mindestens zweimal pro Woche landete eine Maschine in Stansted bzw. Gatwick.[31] Insgesamt waren rund 100 Flüge geplant. Das entspricht einer Transportmenge von rund 4 Mio. PlayStations. Trotz dieses Aufwands sahen Analysten die Wachstumsmöglichkeiten für Sony als kritisch an. Auch die britischen Händler litten unter den Konsequenzen der „Suez-Krise": So fiel der Aktienkurs des britischen Spielehändlers „Game" zwischen Mitte November und Anfang Dezember um 12 Prozent; und Analysten prognostizierten einen um knapp 6 Prozent niedrigeren Gewinn vor Steuern.[32]

---

[26] Vgl. Kröger (2004).

[27] Vgl. Ferrari (2011).

[28] Vgl. Huth und Romeike (2016, S. 27 ff.).

[29] Vgl. Elliott und Theodoulou (2004).

[30] Vgl. Elliott und Theodoulou (2004).

[31] Vgl. Elliott und Theodoulou (2004).

[32] Vgl. Huth und Romeike (2016, S. 27 ff.).

Aus dem skizzierten Beispiel lassen sich die folgenden Schlussfolgerungen ziehen:

- Eine logistische Kette besteht aus einer Vielzahl von seriellen und/oder parallelen Prozessen. Damit bestehen Risiken für jeden einzelnen der logistischen Prozesse. Um diese Risiken innerhalb der logistischen Kette aufzudecken, ist eine prozessbezogene Risikoidentifikation sinnvoll. Dazu kann die vorhandene Prozessdokumentation als Grundlage verwendet werden.
- Logistische Risiken können „hausgemacht" oder fremdverschuldet sein. Die Gefahr nicht-zutreffender Prognosewerte sind interne Risiken, die sich bspw. aufgrund fehlender Standards, nicht-geeigneter Methoden[33] oder einem fehlenden Vier-Augen-Prinzip bei der Kontrolle der Planwerte ergeben können. Die Havarie eines fremden Schiffes in einer Infrastruktur mit deutlich begrenzter Kapazität ist dagegen ein externes Risiko, das negative Auswirkungen auf das eigene Unternehmen aufweist. Die möglichen risikopolitischen Maßnahmen im Rahmen der Risikosteuerung müssen dies berücksichtigen.
- Auch wenn es unwahrscheinlich ist, dass zwei unabhängige Risiken mit jeweils geringer Eintrittswahrscheinlichkeit gemeinsam eintreten, so ist dies dennoch möglich. Derartige Risiken, die unabhängig voneinander sind und damit in keinem Ursache-Wirkungs-Zusammenhang stehen, können gleichzeitig realisiert werden. Im ungünstigsten Fall verstärken sie sich dann in erheblicher Weise.
- Präventive Notfallpläne ermöglichen, im Notfall (das heißt bei eingetretenen Risiken) schnell zu reagieren. Damit lassen sich Versorgungsengpässe bei überschaubaren Kosten vor allem schnell beheben. Ohne Notfallplan schnellen die Kosten für „Feuerwehreinsätze" sehr schnell in die Höhe.

7.3 Besonderheiten logistischer Risiken

Um die Besonderheiten logistischer Risiken zu erkennen, ist es sinnvoll, sich mit den charakteristischen Eigenschaften der Logistik zu beschäftigen. Wir werden daher sowohl den Logistikbegriff als auch den Begriff der Supply Chain inhaltlich abgrenzen. Weiterhin werden wir auf wichtige Trends eingehen und aufzeigen, welche Risiken dadurch induziert werden.[34]

Für den Logistikbegriff lassen sich drei unterschiedliche Definitionsansätze unterscheiden: Es existieren flussorientierte, lebenszyklusorientierte und dienstleistungsorientierte Definitionen der Logistik.[35] In der wissenschaftlichen Debatte hat sich die flussorientierte Definition weitgehend durchgesetzt; wir gehen daher vertieft auf diesen Ansatz ein.

[33] Etwa einer Planung basierend auf einer Einpunktschätzung an stelle einer Bandbreitenplanung. Vgl. hierzu vertiefend: Romeike und Stallinger (2012).

[34] Die nachfolgenden Ausführungen basieren auf Huth und Romeike (2016, S. 30 ff.).

[35] Vgl. Pfohl (2010, S. 12–14).

▶ Danach gehören zur **Logistik** „alle Tätigkeiten, durch die die raumzeitliche Gütertransformation und die damit zusammenhängenden Transformationen hinsichtlich der Gütermengen und -sorten, der Güterhandhabungseigenschaften sowie der logistischen Determiniertheit der Güter geplant, gesteuert, realisiert oder kontrolliert werden. Durch das Zusammenwirken dieser Tätigkeiten soll ein Güterfluss in Gang gesetzt werden, der einen Lieferpunkt mit einem Empfangspunkt möglichst effizient verbindet."[36]

Einzelne logistische Aktivitäten werden damit zu einer Kette verknüpft, die zu einem durchgängigen Waren- und Informationsfluss führt. Der Begriff der Aktivität deutet auf die Prozessorientierung der Logistik. So gestaltet die Logistik die notwendigen Prozesse, um Sachgüter, Personen, Informationen und Energie (kurz: Logistikobjekte) bedarfsgerecht zur Verfügung zu stellen.[37] Die Verknüpfung der Prozesse führt zu logistischen Prozessketten. Das beabsichtige Ergebnis einer Prozesskette lässt sich durch die sieben „R" der Logistik charakterisieren, nach denen das richtige Produkt in der richtigen Menge in der richtigen Qualität zur richtigen Zeit am richtigen Ort für den richtigen Kunden zu den „richtigen" Kosten bereitgestellt wird (vgl. hierzu Abb. 7.4).[38]

Für das logistisch ausgerichtete Risiko-Management lassen sich aus dieser ersten Charakterisierung zwei Schlussfolgerungen ableiten:

7 R der Logistik	Beispiel	Risiko
Das richtige *Produkt*	Spielekonsole Alpha 3	Falsches Produkt
In der richtigen *Menge*	1.500 Stück	Abweichende Menge
In der richtigen *Qualität*	Getestet, ohne Fehler	Qualitätsmängel
Zur richtigen *Zeit*	14.12.2014, 14-16 Uhr	Zu späte (oder auch: verfrühte) Lieferung
Am richtigen *Ort*	Distributionszentrum West, Tor 24	Falsche Ablieferstelle
Beim richtigen *Kunden*	Sigma Elektronik GmbH	Falscher Kunde
Zu den richtigen *Kosten*	418.950 EUR	Höhere Kosten als geplant

Abb. 7.4 Die sieben „R" der Logistik. (Quelle: Huth und Romeike 2016, S. 28)

[36] Pfohl (2010, S. 12).

[37] Vgl. Isermann (1998, S. 34).

[38] Vgl. beispielsweise Gleißner und Femerling (2008, S. 4–5).

1. Risiken in der Logistik bestehen hinsichtlich der Zielerreichung von Logistikketten. Mit anderen Worten: Mögliche Abweichungen von den sieben „R“, das heißt vom beabsichtigten Ergebnis logistischer Prozesse, sind als Risiken anzusehen. Während bei betrieblichen Entscheidungen häufig auf das „klassische magische Dreieck“ hinsichtlich Kosten, Qualität und Zeit fokussiert wird, ergeben sich aufgrund der sieben „R“ weitaus mehr Dimensionen für Risiken. Für einen Versender ergeben sich damit zum Beispiel Risiken, Produkte an einen falschen Kunden auszuliefern. Innerhalb einer „Just-in-Time“-Lieferkette ergeben sich Risiken, Produkte nicht rechtzeitig (das heißt nicht zur richtigen Zeit) bereitzustellen.
2. Die Quelle für Risiken liegt in den zugrunde liegenden Logistikprozessen. Das bedeutet: Wenn Risiken hinsichtlich der sieben „R“ identifiziert und gehandhabt werden wollen, ist es notwendig, sich mit den logistischen Prozessen zu beschäftigen, die zur Leistungserfüllung beitragen.

Anhand eines einfachen Beispiels sollen die beiden Schlussfolgerungen verdeutlicht werden: Abb. 7.5 stellt eine simplifizierte, serielle Prozesskette dar, in der logistische Prozesse von der Auftragsannahme bis zur Auslieferung eines Auftrags beim Kunden aufgeführt sind. Für die Logistikkette als Ganzes und damit auch für den finalen Prozess der Entladung des Lkw beim Kunden gilt es, die sieben „R“ zu erfüllen. Risiken bestehen, diese Ziele nicht zu erfüllen, bspw. durch eine verspätete Auslieferung oder durch Lieferung beschädigter Ware.

Nicht nur jedoch die Logistikkette als Ganzes ist durch die Erfüllung der sieben „R“ gekennzeichnet. Jeder logistische Prozess hat einen geplanten Output, der zwar nicht zwangsläufig alle sieben „R“ umfasst, aber zumindest eine Teilmenge dieser Ziele beinhaltet. Beispielsweise sollen durch die Kommissionierung die richtigen Produkte in der richtigen Menge und richtigen Qualität am richtigen Packplatz bereitgestellt werden. Damit existieren auch innerhalb der logistischen Kette, das heißt für jeden einzelnen Prozess, Risiken: So besteht beispielsweise das Risiko, die falschen Produkte zu kommissionieren.

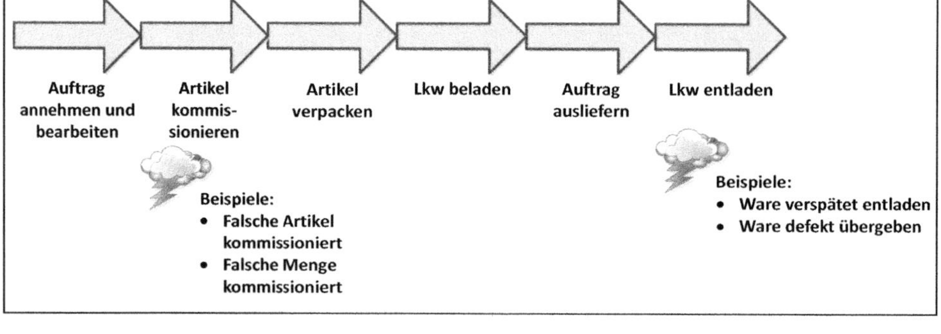

Abb. 7.5 Beispiel einer logistischen Prozesskette. (Quelle: Eigene Darstellung in Anlehnung an Huth 2012, S. 16; vgl. Huth und Romeike 2016, S. 28)

Indem neben den unterschiedlichen Aktivitäten und Flüssen auch die beteiligten Akteure genannt werden, definiert Schulte Logistik als die „markorientierte, integrierte Planung, Gestaltung, Abwicklung und Kontrolle des gesamten Material- und dazugehörigen Informationsflusses zwischen einem Unternehmen und seinen Lieferanten, innerhalb eines Unternehmens sowie zwischen einem Unternehmen und seinen Kunden."[39] Damit wird ein weiteres Charakteristikum der Logistik deutlich: die Beziehung eines Unternehmens zu anderen Unternehmen, die in der Wertschöpfungskette vor- oder nachgelagert sind. Dabei sollten jedoch nicht nur Kunden und Lieferanten betrachtet werden, sondern auch Dienstleister (in der Regel Logistikdienstleister), die aufgrund zunehmender Fremdvergabe wesentliche Logistikprozesse übernehmen.

In diesem Zusammenhang erweitern wir unseren Betrachtungshorizont, indem wir nicht nur auf (direkte) Kunden und Lieferanten fokussieren, sondern auf die gesamte Wertschöpfungskette, die sehr häufig mit dem englischsprachigen Begriff der „Supply Chain"[40] beschrieben wird. Dabei wird eine Supply Chain im weiteren Sinne aus all denjenigen Unternehmen gebildet, die daran beteiligt sind, einen Kundenwunsch zu erfüllen.[41] Auch wenn diese Charakterisierung sehr allgemein ist und in der betrieblichen Praxis kaum realistisch ist, zeigt sie doch einen wesentlichen Aspekt, der für die Logistik relevant ist: Bei der Betrachtung der Beziehungen sind nicht nur die direkten Lieferanten und Kunden zu betrachten, sondern auch die indirekten Zulieferer und Abnehmer. Diese Relevanz wurde durch den Fall von Toyota (siehe einführendes Beispiel in diesem Kapitel) verdeutlicht: Toyota war vor dem Erdbeben nicht bewusst, welche logistischen Risiken, insbesondere durch Single Sourcing, auf der dritten, vierten oder gar fünften Lieferantenebene schlummerten. Indem der Betrachtungshorizont auf eine ganze Supply Chain ausgeweitet wird, lassen sich auch Risiken identifizieren und handhaben, die in der vorgelagerten Wertschöpfungskette weit vor- oder nachgelagert sind.

Mit der Betrachtung von Supply Chains verbunden ist eine weitere wesentliche Eigenschaft der Logistik – das Systemdenken.[42] Als System lässt sich eine Menge von Elementen verstehen, die mit einander in Beziehung stehen. Einzelne Systemelemente können dabei nicht isoliert verändert werden; vielmehr haben diese Anpassungen aufgrund der oftmals vielfältigen Beziehungen zu anderen Elementen ebenfalls Auswirkungen auf diese Elemente. So hat die Anpassung der Produktionsnetzwerke von Mazda, Honda und Nissan, die zu einem stärkeren Engagement in Mexiko führte, unweigerlich Auswirkungen

[39] Schulte (2012).

[40] In einer allgemein akzeptierten Definition bezeichnet Christopher (1998) eine Lieferkette als das Netzwerk von Organisationen, die über vor- und nachgelagerte Verbindungen an den verschiedenen Prozessen und Tätigkeiten der Wertschöpfung in Form von Produkten und Dienstleistungen für den Endkunden beteiligt sind. Die Lieferkette berücksichtigt somit ein Unternehmen, dessen Zulieferer, die Zulieferer der Zulieferer usw. sowie dessen Kunden, die Kunden der Kunden usw. Vgl. Christopher (1998, S. 15).

[41] Vgl. Chopra und Meindl (2013).

[42] Vgl. Grant et al. (2006, S. 6).

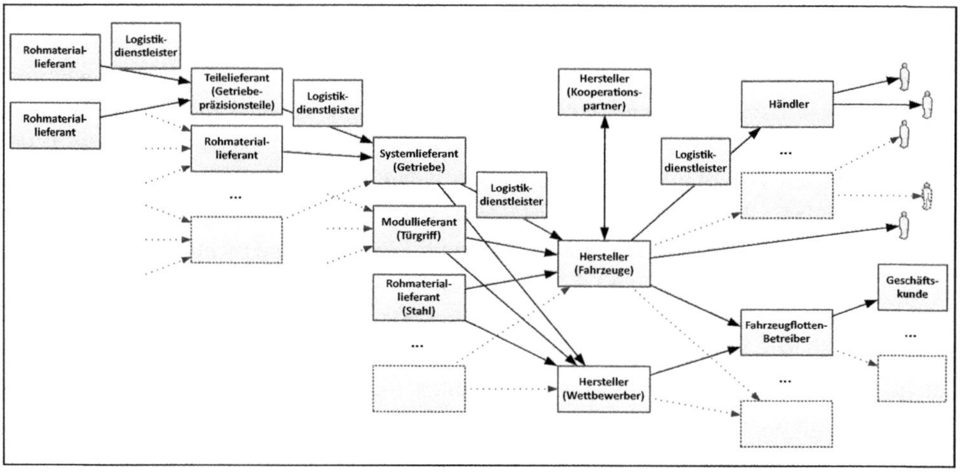

Abb. 7.6 Beispiel einer stilisierten Supply Chain. (Quelle: Huth und Romeike 2016, S. 34)

auf ihre direkten Zulieferer. Für die Zulieferer können sich dadurch andere Bedarfsmengen, vor allem aber veränderte Destinationen der Bedarfe ergeben; dies wiederum hat Auswirkungen auf Transportentfernungen, Transportwege, Transportkosten sowie Lieferzeiten und Sicherheitsbestände.

Abb. 7.6 zeigt das Beispiel einer stilisierten Supply Chain. Trotz der starken Vereinfachung wird ein Aspekt deutlich: Supply Chains und damit logistische Lieferketten sind in ihrer Struktur komplex. Auch wenn Unternehmen versuchen, die Komplexität durch unterschiedliche Maßnahmen zu reduzieren, sind Supply Chains doch Gebilde, bei denen allein die Anzahl der beteiligten Akteure immens ist. Die Unterbrechungen der Supply Chain in der Folge der Covid-19-Pandemie haben vielen Unternehmen vor Augen geführt, wie wichtig es ist, die Komplexität der Lieferketten transparent zu machen und sich über Notfallpläne adäquat vorzubereiten. Die Pandemie hat nicht nur gezeigt, dass die Mehrzahl der Staaten (eine rühmliche Ausnahme waren vor allem Singapur, Taiwan, Südkorea, die aus Erfahrungen gelernt hatten und ein präventives Notfallmanagement aufgebaut hatten) über kein adäquates antizipierendes und präventives Krisenmanagement bzw. Risiko-Management verfügten, sondern auch viele Unternehmen Mängel beim „Business Continuity Management" und bei der Lieferkettentransparenz aufwiesen.

Neben der Komplexität, die aus der Struktur, der Breite und Tiefe sowie den Beziehungen einer Supply Chain resultiert, ergibt sich eine weitere Facette der Komplexität aus dem Produktprogramm sowie den eigentlichen Produkten – und damit aus den Logistikobjekten, die durch eine Supply Chain fließen. So stieg bei fast allen Automobilherstellern in den vergangenen Jahren das Produkt- und Marktspektrum der Modelle und damit die Komplexität deutlich. Ein Personenkraftwagen besteht beispielsweise aus vielen Tausend Teilen: Pro Fahrzeug werden zwischen 3000 und 6000 Materialpositionen verbaut.[43] Andere Schätzungen gehen von bis zu 10.000 Einzelteilen aus.

[43] Vgl. Klug (2010, S. 41).

Bei einer Fertigungstiefe, die 1980 noch bei deutlich über 35 Prozent lag und kontinuierlich auf einen Wert von knapp oberhalb 20 Prozent abgesunken ist, bedeutet dies eine ständig steigende Verlagerung von wertschöpfenden Tätigkeiten auf die Lieferantenstufen innerhalb einer Supply Chain. Ein OEM (Original Equipment Manufacturer, übersetzt: Originalausrüstungshersteller) in der Automobilindustrie kennt in der Regel nicht alle an der Supply Chain beteiligten Unternehmen – vor allem nicht diejenigen am Anfang der Supply Chain, also die kleinen Zulieferbetriebe. Die Transparenz der Supply Chain – oder besser: die „Visibility“ – ist somit oftmals nicht oder nur in geringem Maße gegeben. Nach der Dreifachkatastrophe im Jahr 2011 in Japan wurde dieses Thema auch für Toyota relevant. So hat sich zwar an der Supply Chain von Toyota strukturell wenig geändert; allerdings hat Toyota eine deutlich stärkere Kontrolle über die gesamte Supply Chain gewonnen und damit auch die Transparenz der Supply Chain bis zu den Third-Tier- und Fourth-Tier-Lieferanten erhöht.[44]

Das vorliegende Kapitel lässt sich wie folgt zusammenfassen: Logistiksysteme und Supply Chains bergen Risiken hinsichtlich ihrer Zielerreichung, die sich vereinfacht durch die sieben „R“ ausdrücken lassen. Die für unsere weitere Analyse relevante, flussorientierte Charakterisierung der Logistik fokussiert auf logistische Prozesse und Prozessketten, die für die Leistungserbringung relevant sind und die zu Material-, Informations- und Finanzflüssen führen. Ursachen für Risiken in der Logistik können damit in den Logistikprozessen liegen. Ursachen für Logistikrisiken können aber auch in der Komplexität liegen, die für Supply Chains charakteristisch ist. Wir werden in den späteren Kapiteln diese Besonderheiten der Logistik berücksichtigen, wenn wir auf die Struktur und Ausgestaltung des Logistik-Risikomanagements eingehen.

7.4 Weitere relevante Treiber für Logistikrisiken und Supply-Chain-Risiken

Unterschiedliche aktuelle Ursachen führen zu einer steigenden Relevanz logistischer Risiken und Supply-Chain-Risiken in vielen Branchen. Hierzu zählen die folgenden Treiber:

- Zunehmende geopolitische Konflikte und Nationalisierungstrends,
- Trend zu weiterem Outsourcing von Geschäftsprozessen,
- Veränderung der Zulieferstrukturen hin zu Systemlieferanten,
- ständige Reduzierung von Zykluszeiten,
- intensivere Nutzung von Informations- und Kommunikationssystemen (IuK-Systemen),
- „Mass Customization“, das heißt die Individualisierung von Produkten unter Bedingungen der Massenfertigung,
- Veränderung der Nachfragemärkte,
- anhaltender Kostendruck,

[44] Vgl. Schreffler (2012).

- Umsetzung von „Lean Management"-Ansätzen und
- stärkere Fokussierung auf Skaleneffekte.[45]

Eine Vielzahl an Faktoren führt auf der einen Seite zu einer weiter steigenden Globalisierung und auf der anderen Seite einer Abschottung sowie Handelsrestriktionen. Zu diesen Faktoren zählen unter anderem das Fallen politischer Grenzen, der damit verbundene leichtere Zugang zu neuen Beschaffungs- und Absatzmärkten, technologische Entwicklungen, insbesondere im Bereich der IuK-Systeme, regionale Kostenunterschiede sowie der Aufbau internationaler Wertschöpfungsketten. Eine Globalisierung von Geschäftsaktivitäten hat sowohl Auswirkungen auf die lieferantenseitigen Elemente, Beziehungen und Prozesse einer Supply Chain als auch auf die kundenseitigen. Die lieferantenseitige Supply Chain ändert sich, wenn Unternehmen Produktionsstätten neu aufbauen, schließen oder verlagern und dementsprechend ihre Zuliefernetzwerke und Materialflüsse anpassen. Die „Inbound Supply Chain" verändert sich auch, wenn Unternehmen die benötigten Materialien und Komponenten von Zulieferern aus zum Teil weit entfernten Ländern beziehen. Die kundenseitige Wertschöpfungskette wird dagegen angepasst, wenn ein Unternehmen seine Produkte auf (regional gesehen) neuen Märkten anbietet. Mit einer weiterhin zunehmenden Globalisierung sind mehrere risikorelevante Implikationen verbunden: Zunächst steigt aufgrund der größeren Zahl an Märkten und Marktteilnehmern die Wettbewerbsintensität. Oftmals führen globalisierte Supply Chains, wenn nicht auf lokal ansässige Lieferanten zurückgegriffen wird, auch zu längeren Transportstrecken, damit längeren Transportdauern und aufgestockten Sicherheitsbeständen, die dann wiederum zu höheren Kosten beitragen. Daneben können Risiken aufgrund von Währungsschwankungen auftreten.

Derartige Risiken lassen sich dann reduzieren, wenn auch die Lieferantenbasis entsprechend angepasst wird. Ein Beispiel hierfür bietet die Automobilindustrie mit Fokus auf den nord- und mittelamerikanischen Markt, bei der statt einer weiteren Globalisierung als Strategie die Regionalisierung der Supply Chain gewählt wird.[46] So ist seit kurzer Zeit Mexiko ein bevorzugtes Land für Automobilhersteller und, in ihrem Gefolge, deren First-Tier-Supplier, insbesondere im Hinblick auf den nordamerikanischen Absatzmarkt. Durch eine Verlagerung der Produktion nach Mexiko reduziert sich beispielsweise für den japanischen Hersteller Mitsubishi das Risiko von Währungsschwankungen; parallel lassen sich Transportzeiten von sechs bis acht Wochen deutlich verkürzen.[47] Auf der anderen Seite steigen, insbesondere im Grenzgebiet zu den Vereinigten Staaten, sicherheitsbezogene Risiken: So berichteten rund 28 Prozent der Unternehmen von Sicherheitsproblemen hinsichtlich der Werke oder des Personals.[48]

Auch wenn es vereinzelte Berichte gibt, in denen Beispiele für ein „Insourcing" geliefert werden, ist doch der Trend zu einem weiteren Outsourcing ungebrochen. Insbeson-

---

[45] Vgl. Trent und Roberts (2010, S. 112–123); Hendricks und Singhal (2011, S. 63–64) sowie Huth (2012, S. 21–23).

[46] Vgl. hierzu Chopra und Sodhi (2014, S. 74).

[47] Vgl. Huth und Romeike (2016, S. 21 ff.).

[48] Vgl. Huth und Romeike (2016, S. 21 ff.).

dere dann, wenn Geschäftsprozesse keine Kernkompetenz darstellen und für ein Unternehmen nicht kritisch sind, kann eine Fremdvergabe an ein drittes Unternehmen betriebswirtschaftlich sinnvoll sein. Dies gilt insbesondere für Logistikprozesse, für die weiterhin ein großes Outsourcing-Potenzial gesehen wird. Gleichzeitig sind mit einer Fremdvergabe logistischer Prozesse Risiken verbunden.

So erhöht sich beispielsweise durch den zusätzlichen Akteur innerhalb der Supply Chain deren Komplexität. Zum anderen bestehen Risiken in den Prozessen des Lieferanten oder Dienstleisters, deren Sichtbarkeit eingeschränkt ist und die nicht mehr im unmittelbaren Einflussbereich des vergebenden Unternehmens liegen.

Supply Chains verändern sich – und mit ihnen die Rolle einzelner Akteure innerhalb einer Supply Chain. So zeigen unabhängige Studien für die Automobil- und Luftfahrtindustrie deutlich die Trendwende der Zulieferer vom Systemlieferanten hin zur Systemintegration. Zulieferer sollen immer häufiger als sogenannte Risk-Sharing-Partner agieren. In der Folge verändert sich auch die Organisation der Supply-Chain. Bisher agierten viele Zulieferunternehmen auf einer nachgelagerten Wertschöpfungsebene als fertigungsorientierte Zulieferunternehmen (Tier 1) für die Systemführer (Tier 0). Heute übernehmen sie mehr und mehr selbst in weltweiten Supply Chains die Verantwortung für die Integration von kompletten Teilsystemen, inklusive deren Design und Entwicklung (Risk Sharing Partnership), also eine Tier-0-Rolle.

So hat beispielsweise Airbus mit dem A350-Programm den mit dem A380 eingeleiteten Weg zur Einbeziehung von starken Risk-Sharing-Partnern fortgeführt. Insbesondere wird von den Zulieferern explizit das Eingehen von Risk-and-Revenue-Sharing-Partnerschaften verlangt. In Risk-and-Revenue-Sharing-Partnerships (RRSP) beteiligen sie sich zunehmend an Entwicklungskosten und -risiken der neuen Projekte der Systemführer. Dies bedeutet, dass das Risiko auf gemeinsame Schultern verlagert werden soll. Dies wiederum erfordert eine adäquate Risikotragfähigkeit der häufig mittelständischen Unternehmen, was allerdings durch deren Kapitalausstattung limitiert ist. Diese neuen Anforderungen haben bereits in den USA, Großbritannien und Frankreich eigenständige große, global agierende Konzerne auf Zuliefererebene entstehen lassen. Die skizzierten Entwicklungen verdeutlichen die zunehmende Relevanz eines präventiven Risiko-Managements für die (Zuliefer-) Industrie beziehungsweise den „risk sharing partner".

Insbesondere in Dienstleistungsbranchen oder bei Produkten, bei denen eine rein produktbezogene Differenzierung schwierig ist, spielen Serviceaspekte eine große Rolle, um sich von Wettbewerbern positiv abzuheben. Aus Kundensicht bedeutsam ist dabei die Lieferzeit, weil sie Auswirkungen auf die Lagerbestände und die Flexibilität des Kunden hat. Dies bedeutet für ein Unternehmen, eine hoch-flexible, schnell reagierende Supply Chain aufzubauen. Oftmals müssen dazu die Durchlaufzeiten der eigenen Prozesse weiter verkürzt werden. In ähnlicher Form gilt dies auch für Lebenszyklus- und Entwicklungszeiten: Auch für diese Zeiten besteht ein ständiger Druck, sie weiter zu verkürzen. Bei steigenden Anforderungen wächst jedoch auch die Gefahr an, die geplante Zeitdauer zu überschreiten.

Um kürzere Zykluszeiten zu ermöglichen, müssen auch die Informationsflüsse beschleunigt werden, wobei häufig ein Datenaustausch mit Kunden und/oder Lieferanten real-time oder near-time angestrebt wird. Logistische Risiken liegen dabei unter anderem in der grundsätzlichen Qualität der verfügbaren Daten, im Datenaustausch (beziehungsweise den Schnittstellen zwischen zwei IuK-Systemen) sowie in der Eignung der genutzten IuK-Systeme.

Eine der bedeutendsten Entwicklungen der jüngeren Vergangenheit ist der Trend zu „Mass Customization", der Produktion individualisierter Produkte unter Nutzung der Vorteile einer Massen- oder Großserienfertigung. „Mass Customization" (oder auch „kundenspezifische Massenfertigung") ermöglicht es einem Unternehmen, eine Vielzahl von Kundenwünschen hinsichtlich Produktgestaltung oder sonstigen Produkteigenschaften zu berücksichtigen und damit die Kundenzufriedenheit zu erhöhen. Damit wird eine große Bandbreite an Varianten eines Produkts erzeugt. Beispiele für „Mass Customization" für Konsumgüter sind personalisierte Sportkleidung bei Adidas oder Nike oder individuell gemischtes Müsli bei „my muesli". Voraussetzung für die Umsetzung von „Mass Customization" sind unter anderem hochgradig flexible Produktionssysteme, die eine kosteneffiziente Produktion auch kleiner Losgrößen (bis hinunter zur „Losgröße eins") ermöglichen. Auch ein „Postponement" unterstützt die Umsetzung eines „Mass Customization"-Ansatzes. Dabei werden die Varianten erst dann gebildet, wenn der konkrete Kundenauftrag mit der detaillierten Spezifikation vorliegt.

Aufgrund der großen Anzahl an Varianten führt „Mass Customization" allerdings zu einer deutlich höheren Produktkomplexität. Außerdem kann „Mass Customization" zu einer erheblichen Zunahme des Lagerbestands führen.

Vor allem aufgrund der technischen Möglichkeiten, die das Internet bietet, haben sich Märkte verändert. Kunden können nahezu jedes Produkt in beinahe jedem Land zu jeder Uhrzeit bestellen. Aufgrund der verfügbaren Informationen lassen sich Produkte und Preise vergleichen. Dies führt zu neuen Anforderungen an Unternehmen: Zum Ersten steigt tendenziell der Preisdruck, so dass Unternehmen kontinuierlich nach Möglichkeiten suchen, Kosten zu reduzieren. Zum Zweiten wird es schwieriger, die Kundennachfrag möglichst genau zu prognostizieren und damit auch Angebot und Nachfrage miteinander in Einklang zu bringen. Drittens steigen die Erwartungen der Kunden, Produkte schnell zu erhalten – die Lieferzeit ist damit ein entscheidender Leistungsparameter (wie oben dargestellt). Und viertens führen diese Veränderungen zu geringeren Transportmengen bei einer gleichzeitig steigenden Transportfrequenz. Kurz gefasst führen diese Anforderungen unweigerlich zur Entwicklung hochgradig flexibler, reaktiver Supply Chains.

Die Einflussfaktoren, die für den Preisdruck verantwortlich sind, hatten wir oben schon genannt: Unter anderem ergibt sich der Preisdruck aufgrund eines Wettbewerbs, der durch Globalisierung und internet-basierte neue Geschäftsmodelle und Geschäftsbeziehungen intensiver geworden ist. Die Suche nach Einsparmöglichkeiten kann jedoch auch neue Risiken induzieren. Zum Beispiel können Kapitalbindungskosten reduziert werden, indem Lagerbestände vermindert werden; hierbei besteht jedoch das Risiko einer Out-of-stock-Situation, das heißt die Gefahr, nicht lieferfähig zu sein. Die Wahl eines neuen Logistikdienstleisters einzig auf Basis von Kosten beinhaltet Risiken hinsichtlich der logistischen Servicequalität.

Eine Strategie, Kosten weiter zu reduzieren, besteht in der Anwendung eines Lean-Management-Ansatzes. Dieser Ansatz, der den Prinzipien des Toyota Produktionssystems folgt, verfolgt das Ziel, jegliche Verschwendung innerhalb eines Systems beziehungsweise innerhalb der entsprechenden Prozesse zu vermeiden. Beispielsweise werden Lagerbestände als Verschwendung angesehen, so dass ein Unternehmen versuchen sollte, diese Bestände zu reduzieren oder gar gänzlich zu vermeiden. Die Anwendung von Lean Management kann zu erheblichen Kosteneinsparungen führen: So werden über realisierte Einsparungen im Lagerbereich zwischen 20 Prozent und 50 Prozent sowie im Transportbereich von bis zu 40 Prozent berichtet.[49]

Damit verbunden ist die Entwicklung von Just-in-time-Anlieferungen (auch als produktionssynchrone Beschaffung bezeichnet). Vorreiter für derartige Entwicklungen war erneut Toyota mit dem Toyota Produktionssystem. Die damit verbundenen Risiken wurden bereits erläutert. Die generelle Entwicklung zu „Null-Lagerbestand-Konzepten" muss daher in Frage gestellt werden. In diesem Zusammenhang können Bestände durchaus zur Wertschöpfung beitragen, indem sie Dominoeffekte bei Störungen in einer Lieferkette reduzieren. Treffend lässt sich zusammenfassen: „Schlankheit erhöht die Überlebenswahrscheinlichkeit, Magersucht setzt sie dagegen aufs Spiel."[50]

Ein anderer Ansatz, Kosten zu reduzieren, besteht darin, Größendegressionseffekte – sogenannte „Economies of Scale" – zu realisieren. Derartige Effekte können beispielsweise erzielt werden, wenn Prozesse zentralisiert und damit akkumuliert durchgeführt werden. Durch eine Zentralisierung von Prozessen können logistische Systeme allerdings auch anfälliger für Störungen werden. Ein Beispiel aus der Luftfracht verdeutlicht derartige Risiken: Sowohl DHL, FedEx, TNT als auch UPS haben ihre Netze nach dem Hub-and-spoke-System aufgebaut, jeweils mit Hubs in Nordamerika, Europa und der Asien-Pazifik-Region. Die Störung eines dieser Zentren führt nahezu unweigerlich zu weltweiten Verzögerungen in der Belieferung mit Luftfrachtsendungen, wie nach dem Ausbruch des isländischen Vulkans Eyjafjallajökull im Jahr 2010 deutlich wurde. Auch nehmen die potenziellen Schäden zu, wenn versucht wird, Skaleneffekte durch Nutzung größerer Transportmittel zu erzielen: Bereits 2009, also noch vor dem Bau des mit 18.270 TEU Kapazität größten Containerschiffstyp, der Triple-E-Klasse der dänischen Reederei Maersk Line, gab es Schätzungen zu den möglichen Schäden bei der Havarie oder Kollision von Containerschiffen. So wurde damals der durchschnittliche Wert der Ladung bei 11.000 beladenen und 4000 Leercontainern mit rund einer halben Milliarde Euro taxiert, zusätzlich der Schiffswert in Höhe von 200 bis 300 Millionen Euro.[51]

Größendegressionseffekte lassen sich auch durch geeignete Beschaffungsstrategien realisieren, und zwar sowohl hinsichtlich der Lieferanten von Material und Komponenten als auch bezüglich der Logistikdienstleister. Grundsätzlich lassen sich dabei Single Sourcing und Multiple Sourcing unterscheiden.[52] Tatsächlich existieren aber auch Ansätze wie Dual Sourcing zwischen diesen gegensätzlichen Beschaffungsstrategien, die versuchen, die Stärken zu kombinieren. Bei Wahl eines Single-Sourcing-Ansatzes, der zu „Economies of Scale" führen soll, ergeben sich ähnliche Risiken wie bereits oben skizziert: Ein kurzzeitiger Ausfall eines Lieferanten, beispielsweise aufgrund technischer Probleme

[49] Vgl. Alicke und Lösch (2010, S. 2).

[50] Bretzke (2011, S. 2).

[51] Vgl. vertiefend Huth und Romeike (2016, S. 21 ff.).

[52] Vgl. Huth (2012, S. 57).

oder aus Kapazitätsgründen, kann zu kurzfristigen Bestandsproblemen und Bandstoppern führen. Gravierend ist dagegen, wenn ein Single-Sourcing-Lieferant, beispielsweise durch Insolvenz, auch längerfristig auszufallen droht. Damit ist die Versorgungssicherheit über einen längeren Zeitraum gravierend gefährdet. Beispiele für die Risiken aus Single-Sourcing-Beziehungen sind die Lieferschwierigkeiten von Kiekert an Ford im Jahr 1998, die Insolvenz von Peguform im Jahr 2002, deren gravierende Auswirkungen nur durch eine konzertierte Rettungsaktion der führenden Autohersteller gemildert werden konnte, und die Probleme von Nissan bei der Beschaffung benötigter Stahlmengen im Jahr 2004.

In einer Studie der Bundesvereinigung Logistik (BVL)[53] zu den Trends und Strategien in Logistik und Supply Chain Management wurden insgesamt 15 Trends identifiziert. Hierbei stehen Kostendruck, Individualisierung und Komplexität – wie bereits in den in den Vorjahren durchgeführten Studien – an der Spitze der Trends. Von höchster Relevanz sind zudem die Digitalisierung von Geschäftsprozessen, die Transparenz in der Wertschöpfungskette sowie die stärkere Vernetzung der Prozesse.

Als allgemeine Trends in den Bereichen Logistik und Supply Chain Management wurden identifiziert:[54]

- Kostendruck, Individualisierung und Komplexität bleiben auch im Zeitalter der Digitalisierung die Top-Trends, welche von extern an die Unternehmen herangetragen werden. Hinter diesen Trends verbergen sich eine Reihe potenzieller Risiken (und Chancen), wie die skizzierten Beispiele in diesem Kapitel aufgezeigt haben.
- Digitalisierung der Geschäftsprozesse und Transparenz in der Supply Chain sind hingegen die wichtigsten Trends, die zukünftig mehr aus den Unternehmen heraus getrieben werden müssen. Unternehmen, die auf diese Anforderungen – resultierend aus der Digitalisierung – nicht reagieren, gehen existenzbedrohende Risiken ein. Auf der anderen Seite resultieren aus der Digitalisierung der Geschäfts- und Logistikprozesse neue Unsicherheiten und potenzielle Cyberrisiken.
- Die Bedeutung von Nachhaltigkeit hat im Vergleich zu den Vorjahren deutlich zugenommen. Auch hieraus lassen sich direkt Risiken (und Chancen) ableiten.

Aus diesen Trends lassen sich direkt Maßnahmen ableiten. Den größten Handlungsbedarf sehen die befragten Unternehmen im Hinblick auf den zunehmenden Personalmangel

[53] Vgl. Bundesvereinigung Logistik (2017).

[54] Vgl. Bundesvereinigung Logistik (2017, S. 12–13). Die Untersuchung nutzte vier aufeinander aufbauende Methoden. Zunächst wurde eine Literaturrecherche durchgeführt und das Ergebnis für die Entwicklung eines Interviewfragebogens genutzt. Im Rahmen der mit diesem Fragebogen geführten, durchschnittlich einstündigen Gespräche wurden 38 Experten aus den Sektoren Verarbeitendes Gewerbe, Logistikdienstleistung, Handel sowie Beratung befragt. Im Anschluss wurden diese Erkenntnisse in einer Online-Befragung mit 1351 Teilnehmern quantitativ erweitert, wobei 363 vollständig vorliegende Datensätze statistisch ausgewertet wurden. Abschließend wurden die Ergebnisse in sechs Fokusgruppendiskussionen mit Unternehmensvertretern diskutiert, interpretiert und mögliche Handlungsoptionen abgeleitet.

und aufkommende Business Analytics-Anwendungen – über 60 Prozent der Unternehmen konnten sich an diese Entwicklungen bisher nicht ausreichend anpassen.

Bezüglich der Chancen und Risiken der digitalen Transformation in den Bereichen Logistik und Supply Chain Management kam die Studie zu folgenden Ergebnissen:

- 73 Prozent der Befragten schätzen die Chancen, die sich durch eine digitale Transformation für ihr Unternehmen ergeben, als hoch bis sehr hoch ein. Mehr als die Hälfte der Unternehmen warten aber ab, bis erprobte Lösungen vorliegen.
- Gleichzeitig sieht ein Drittel der Befragten jedoch auch hohe bis sehr hohe Risiken.
- In den Sektoren Industrie und Logistikdienstleistung erwarten jeweils mehr als die Hälfte der Unternehmen zusätzliche Erlöse bzw. Kostenreduzierungen. Im Handel erwarten sogar zwei Drittel der Unternehmen zusätzliche Erlöse, aber nur rund 40 Prozent Kostenreduzierungen.

Die Studie zeigt auch auf, dass Unternehmen, welche Digitalisierung für sich als wichtig erkannt und vorangetrieben haben, tendenziell auch besser mit den kundengetriebenen Anforderungen umgehen können.

Hinsichtlich innovativer Technologiekonzepte zeigt die Studie folgende Trends auf:

- Prädiktive Analysen und die Anwendung von künstlicher Intelligenz (Artificial Intelligence, AI) bergen erhebliches Potenzial für die Optimierung von Logistikprozessen.
- Der Zugriff auf Daten über mobile Endgeräte hat hohe Relevanz und wird in Zukunft erheblich ausgebaut.
- Sensorik wird eine wesentliche Datenquelle für Überwachung und Optimierung der Logistik und der Prozesse im Supply Chain Management.
- Hohes Wachstum ist bei Fahrerlosen Transportsystemen, unternehmensübergreifender Maschine-zu-Maschine-Kommunikation und Augmented Reality-Konzepten zu erwarten.

Die größte Herausforderung und entsprechende Risiken sehen die Befragten bei der Einführung von neuen Technologien durch Inkompatibilität mit bestehenden Systemen.

Hinsichtlich der Wertschöpfungskette werden die folgenden Veränderungen erwartet:

- Logistikziele mit höchster Priorität sind die Erfüllung von Kundenanforderungen, Lieferzuverlässigkeit/Termintreue und Logistikkosten.
- Die Veränderung der Vertriebswege in Richtung Plattformen und Portale führt zu kleinteiligeren und kundenindividuelleren Logistikdienstleistungen.
- Die Fähigkeit zur Ankopplung an durchgängige IT-Systeme wird zur Überlebensfrage für Lieferanten.
- Datenbedarfe in der Supply Chain werden heute noch häufig nicht befriedigt, aber eine zunehmende Bereitschaft zum Teilen der Daten ist vielfach erkennbar.
- Die Unternehmen erwarten überwiegend, dass Bestands-, Lagerhaltungs- und Verwaltungskosten durch die Digitalisierung sinken. Der Handel erwartet jedoch hierdurch auch Kostensteigerungen bei Verpackung und Retouren.

Vor dem Hintergrund der skizzierten Trends sehen die Befragten veränderte Kompetenzanforderungen:

- Ein intuitiver Umgang mit IT ist zukünftig noch stärker auf Fach- und Führungsebenen erforderlich.
- Um mit der Geschwindigkeit der Digitalisierung mithalten zu können, ist die Implementierung einer Fast Failure-Kultur hilfreich. Dies erfordert auf allen Ebenen Experimentierfreude und einen positiven Umgang mit Fehlern.
- Neue Kompetenzen werden insbesondere im Hinblick auf den Umgang mit großen Datenmengen benötigt.
- Der Data Scientist wird für die Logistik als Berufsbild unabdingbar.

Außerdem werden neue und angepasste Geschäftsmodelle in der Zukunft erwartet:

- Flexibilität, Anpassungsfähigkeit, Qualität und Schnelligkeit sind zentrale Wettbewerbsfaktoren der nächsten fünf Jahre in allen Sektoren.
- Nahezu die Hälfte der Unternehmen haben bisher nicht geplant, ihr Geschäftsmodell digital zu transformieren.
- Stattdessen hat knapp die Hälfte der Unternehmen zumindest begonnen, das bestehende Geschäftsmodell um digitale Dienstleistungen zu erweitern.
- Neben der Digitalisierung der Kundenschnittstelle sind „analytics"-getriebene und kundengetriebene Geschäftsmodell-Innovationen absehbar.
- Durch Plattformen droht konventionellen Geschäftsformen der Verlust des Endkundenzugangs.

7.5 Simulation von Logistik- und Supply-Chain-Risiken

Die skizzierten Beispiele haben gezeigt, dass Risiken im Bereich Logistik durch komplexe Ursache-Wirkungsketten, Zeitverzögerungen und Feedback-Loops[55] gekennzeichnet sind. Der Begriff der Komplexität bezeichnet hierbei die aus den Beziehungen hervorgehende Vielfältigkeit von Zuständen und Zustandskonfigurationen in Systemen während einer Zeitspanne.[56] Dabei ist die Komplexität umso größer, je mehr Elemente vorhanden und je mehr diese voneinander abhängig sind.

Supply Chains und Logistikrisiken entstehen in komplexen und dynamischen Systemen und interagieren mit anderen Subsystemen (beispielsweise Produktion oder Informationstechnologie).

---

[55] Hierbei handelt es sich um in sich geschlossener Wirkungsketten (Loops) mit positiven (reinforcing loops) und negativen (balancing loops) Polaritäten.

[56] Vgl. Ulrich und Probst (1991, S. 58).

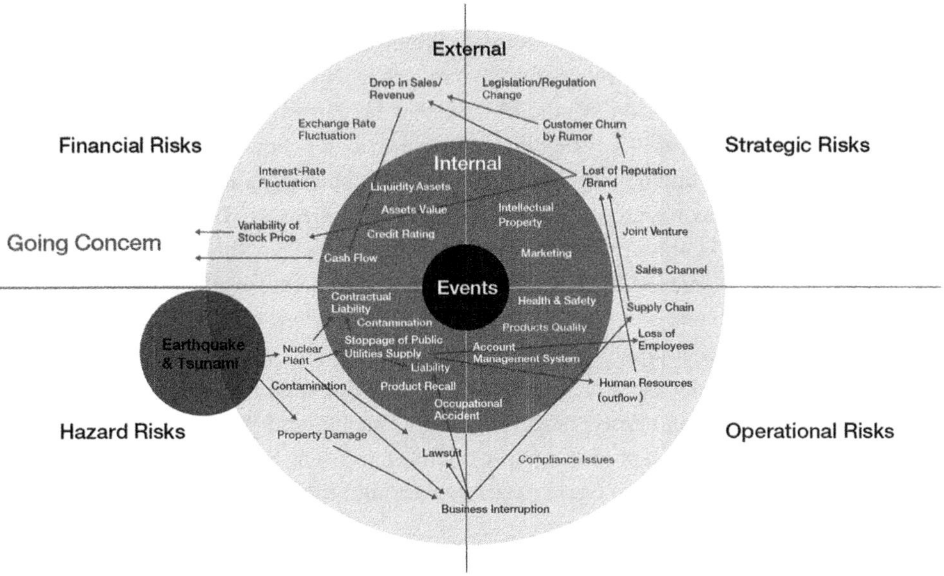

Abb. 7.7 Dominoeffekte des großen Tōhoku-Erdbebens in Japan. (Quelle: Huth und Romeike 2016, S. 68 basierend auf World Economic Forum 2012, S. 32)

Die Ursachen für Supply-Chain-Störungen liegen häufig im Bereich der Vorlieferanten oder auch außerhalb der offensichtlichen Szenarien, etwa verursacht durch Naturkatastrophen, Extremereignisse, Handelsrestriktionen oder geopolitische Konflikte. Das heißt, die Ursachen liegen auch außerhalb des eigenen Verantwortungsbereichs und lassen sich nur eingeschränkt präventiv verhindert oder reduzieren.

Unterschiedliche Ursachen interner und externer Art sind durch zahlreiche Abhängigkeiten miteinander verknüpft und unterliegen nicht selten sehr starken und abrupten Veränderungen. Unternehmen und deren Wertschöpfungsnetzwerke sind komplexe Netzwerke ohne einfache (lineare) Ursache-Wirkungs-Logik (vgl. hierzu die „Interconnections Map" in Abb. 7.7). Die skizzierten Beispiele von Toyota und Sony zeigen recht deutlich die komplexen Abhängigkeiten zwischen einzelnen Risiken und Risikokategorien sowie die Wirkung auf andere Subsysteme (beispielsweise die Produktion).

Die heute verwendeten Werkzeuge im Bereich des Logistik-Risikomanagements treffen immer häufiger auf Grenzen, da sie mit der Komplexität der Strukturen und Prozesse der realen Welt nicht adäquat umgehen können. Insbesondere ist Intuition allein häufig ein eher schlechter beziehungsweise überforderter Ratgeber. Weder Kollektionsmethoden noch analytische Methoden (beispielsweise eine FMEA)[57] können die Komplexität adäquat abbilden. Benötigt werden vielmehr Methoden, die eine ganzheitliche Analyse und (Modell-)Simulation komplexer und dynamischer Systeme ermöglichen.

So bietet beispielsweise die Methodik „System Dynamics" einen Ansatz, der auf der allgemeinen Systemtheorie und Regelungstheorie bzw. Kybernetik aufbaut und in dynamischen, komplexen Situationen eine wirksame Entscheidungsunterstützung bietet. Derartige Systeme zeichnen sich sowohl durch verzögerte Ursache-Wirkungs-Beziehungen als auch durch Rückkopplungsbeziehungen zwischen einzelnen Variablen aus.

System Dynamics unterstützt Entscheidungsträger zum einen qualitativ die Beziehungen zwischen einzelnen Systembestandteilen zu identifizieren und zum zweiten – darauf aufbauend – die Entwicklung eines mathematischen Modells zur Simulation potenzieller Szenarien. Die Besonderheit von System-Dynamics-Modellen liegt vor allem darin, dass Feedbackbeziehungen und Zeitverzögerungen in Ursache- und Wirkungsbeziehungen explizit durch Akkumulationsprozesse berücksichtigt werden. Kurzum: System Dynamics kann exzellent mit komplexen Systemen umgehen und bietet hier einen exzellenten Ansatz zur Entscheidungsunterstützung.

Eine weitere Methodik, die komplexe Systeme simulieren kann, um hieraus neue Erkenntnisse aus dem Systemverhalten zu erlangen, bietet die stochastische Simulation (Monte-Carlo-Simulation). Mit ihren randomisierten Algorithmen stellt sie ein effizientes Werkzeug zur Verfügung, um mit Hilfe der Wahrscheinlichkeitstheorie in ausreichender Anzahl Zufallsereignisse zu simulieren. Es können damit Ereignisräume betrachtet werden, die über alleinige Intuition hinausgehen. Diese durch eine stochastische Simulation erzeugten, neuen beziehungsweise erweiterten Möglichkeiten entbinden den Anwender jedoch nicht von der Pflicht, Simulationsergebnisse auf Plausibilität zu prüfen, um mögliche Modell-, Parameter- und Berechnungsfehler auszuschließen! Vielmehr erlaubt erst das Zusammenspiel von Simulationsergebnissen und Intuition, Entscheidungsfindung auf eine neue, höhere Qualitätsstufe zu heben.

Im Bereich des Logistik-Risikomanagements können durch dieses Zusammenspiel die komplexen Wirkungsgeflechte zwischen einzelnen Risiken und Risikoarten abgebildet werden und die Wirkung beispielsweise auf eine Ergebnisgröße (zum Beispiel Betriebsergebnis) analysiert werden. Basierend auf historischen Daten über Logistikrisiken lassen sich dabei auch Abhängigkeiten (beispielsweise in Form von Korrelationen oder Ursache-Wirkungszusammenhängen) simulieren. Entsprechende Maßnahmen zur Risikosteuerung (im ersten Schritt meist durch Intuition generiert und dann mit Hilfe der Simulation analysiert und weiterentwickelt) erlauben es schließlich dem Logistik-Risikomanagement, eine resiliente Supply-Chain zu entwickeln (beziehungsweise zu ihrer Entwicklung beizutragen).

---

[57] Die Fehlermöglichkeits- und Einflussanalyse bzw. Ausfalleffektanalyse (FMEA = Failure Mode and Effects Analysis) ist eine systematische, halbquantitative Risikoanalysemethode. Sie wurde ursprünglich zur Analyse von Schwachstellen (Risiken) technischer und militärischer Systeme oder Prozesse entwickelt. So wurde die FMEA beispielsweise in den sechziger Jahren für die Untersuchung der Sicherheit von Flugzeugen entwickelt und anschließend auch in der Raumfahrt, für Produktionsprozesse in der chemischen Industrie und in der Automobilentwicklung verwendet. Vgl. vertiefend Romeike (2018b, S. 73).

Fazit: Die stochastische Simulation stellt daher eine geeignete Methode dar, die Analyse von einzelnen und verketteten Risiken zu verbessern. Sie nimmt jedoch – wie jede andere Berechnung auch – der verantwortlichen Person nicht die Entscheidung ab. Der Nutzen liegt vielmehr darin, dass eine Vielzahl möglicher Ereignisse/Situationen in die Entscheidungsfindung integriert wird, um basierend auf einer höheren Transparenz eine bessere Entscheidungsgrundlage zur Verfügung zu haben.

Beim Einsatz von Simulationsmethoden muss es vor allem darum gehen, Zeit und Ressourcen auf die wesentlichen kritischen Aspekte einer Fragestellung und der dazugehörigen Entscheidungssituation zu lenken. Mit dem Wissen um die den Simulationen auf natürliche Weise innewohnende, verbleibende Unsicherheit können so entscheidungsunterstützende Erkenntnisse gewonnen werden. Dies bedingt jedoch ein Verständnis der existierenden Werkzeuge und Methoden zur „systematischen Was-wäre-wenn-Analyse".

7.6 Stochastische Szenarioanalyse im Bereich logistischer Risiken

Simulationen sind im Prinzip zur Bearbeitung einer zu untersuchenden Fragestellung geeignet, wenn die in Abb. 7.8 aufgeführten Kriterien 1 bis 5 alle mit „Ja" beantwortet werden können. Es kann in diesem Fall davon ausgegangen werden, dass mit Hilfe einer geeigneten Simulationsmethode eine erfolgversprechende Bearbeitung und damit Lösung dieser Fragestellung möglich ist. Die Kriterien 6 und 7 in Abb. 7.8 beantworten schließlich die Frage, ob der Einsatz von Simulationsmethoden auch dem Problem angemessen ist.

Kriterium 1 greift zunächst den Kontext einer Was-wäre-wenn-Analyse auf, indem das Untersuchungsziel, also die Zielgrößen, als abhängig von Parametern gekennzeichnet

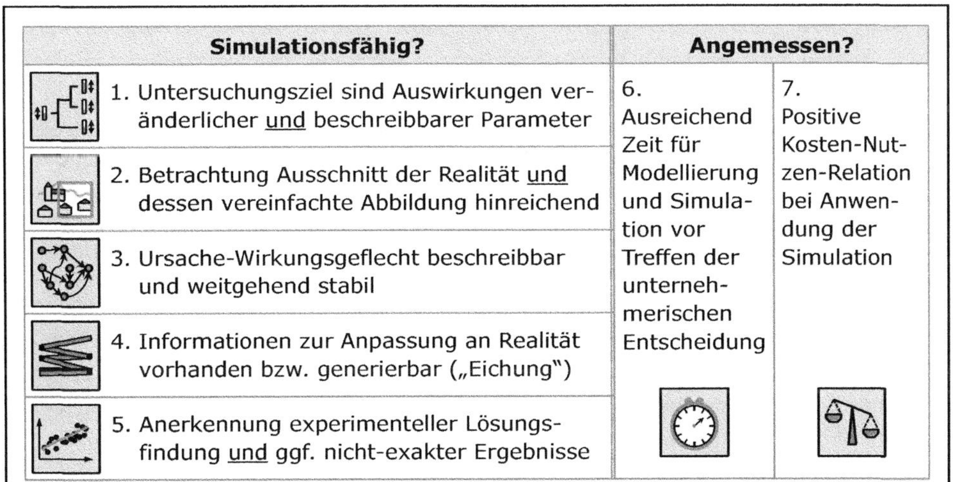

Abb. 7.8 Kriterien zur Simulationsfähigkeit. (Quelle: Romeike und Spitzer 2013, S. 68)

wird. Jedoch ist es für den Einsatz einer Simulationsmethode erforderlich, die Veränderung der Parameter auch beschreiben zu können. Nur so kann schließlich das „wenn" greifbar und analysierbar gemacht werden.

Die grundlegenden Eigenschaften eines Modells werden mit **Kriterium 2** aufgegriffen. Hierbei wird für das Simulationsmodell verlangt, dass zielorientiert in Bezug auf die zu untersuchende Fragestellung lediglich der relevante Realitätsausschnitt betrachtet wird und darüber hinaus, dass für diesen eine vereinfachte Abbildung durch das Simulationsmodell erfolgt.

Kriterium 3 stellt einen Zusammenhang zwischen dem Modell und der durch die Simulation zu untersuchenden Fragestellung her. Dabei muss man in der Lage sein, das Ursache-Wirkungsgeflecht, welches dem Simulationsmodell zugrunde liegt, überhaupt beschreiben zu können. Dieses Ursache-Wirkungsgeflecht kann dabei Abhängigkeiten verschiedenster Art umfassen. Je nach Fragestellung können hier beispielsweise deterministische, stochastische oder auch psychologische Abhängigkeiten relevant sein. Da aber hinter der zu untersuchenden Fragestellung auch immer eine (betriebswirtschaftliche) Entscheidung steht, muss für den Einsatz einer Simulationsmethode gewährleistet sein, dass das Simulationsmodell sich schneller erstellen und anwenden lässt, als sich die grundlegenden Zusammenhänge verändern. Nur so ist gewährleistet, dass die Anwendung der Simulation zur Beantwortung der zu untersuchenden Frage beiträgt, da das Modell die Realität und das in ihm abgebildete Ursache-Wirkungsgeflecht hinreichend genau beschreibt.

Soll eine Simulation zur Entscheidungsunterstützung verwendet werden, muss sichergestellt sein, dass die Simulationsergebnisse realitätsnah sind. Diesen Aspekt greift **Kriterium 4** auf. Häufig lässt sich eine größere Realitätsnähe durch eine Adaption der Ursache-Wirkungsbeziehungen und eine geeignete Wahl der Parameter erzielen, daher spricht man hier auch von der Eichung des Simulationsmodells.

Kriterium 5 ist insbesondere im Kontext der Entscheidungsunterstützung relevant. Eine Simulation ist und bleibt eine experimentelle Methode. Daher sind die mit Hilfe einer Simulation erhaltenen Resultate auch immer mit gewissen Unsicherheiten oder Ungenauigkeiten behaftet. Diese Unschärfe in den Ergebnissen muss durch den Entscheider akzeptiert sein, damit Simulationen letztendlich auch als eine mögliche Untersuchungsmethode geeignet sind. Hierbei muss vor allem auch akzeptiert werden, dass beispielsweise ein betrachteter Zukunftspfad beziehungsweise ein betrachtetes Szenario nicht exakt genauso eintreten wird wie simuliert.

Kriterien 6 und 7 kommen dann zum Tragen, wenn die Frage nach der Angemessenheit der Anwendung von Simulationen zu beantworten ist. Dabei greift **Kriterium 6** den zeitlichen Aspekt auf. Man muss ein Simulationsmodell schneller erstellen und anwenden können, als die zu untersuchende Frage eine Entscheidung verlangt. Nur so können durch Einsatz von Simulationsmethoden überhaupt noch relevante Informationen gewonnen werden. **Kriterium 7** lenkt schließlich die Aufmerksamkeit noch auf den ökonomischen Aspekt in der Anwendung einer Methode. Der durch die Anwendung einer Simulation erzielbare Nutzen sollte die durch die Anwendung entstehenden Kosten (deutlich) überkompensieren.

Zu beachten ist, dass speziell die Kriterien 6 und 7 der Abb. 7.8 in der Praxis erst dann final beantwortet werden können, wenn eine ganz konkrete Simulationsmethode als Hilfsmittel zur Problembearbeitung ausgewählt wurde. Erst dann lässt sich der mit der Simulation verbundene zeitliche und finanzielle Aufwand abschätzen und entscheiden, ob die Ergebnisse der Simulation zeitig genug vorliegen und die Anwendung der Methode eine positive Kosten-Nutzen-Relation aufweist.

Dennoch lassen sich aus der Erfahrung heraus einige Faustregeln angeben, wann Simulationen in der Praxis eingesetzt oder zumindest in ernste Erwägung gezogen werden sollten:

- Durch den Einsatz von Simulationen werden neue Erkenntnisse und Sichtweisen erwartet, die anderweitig nicht generierbar wären.
- Es wird erwartet, dass die Arbeit mit einer Simulation bedeutende Zeitvorteile bei der Vorbereitung von Entscheidungen mit sich bringt.
- Es ist notwendig, eine ganze Reihe von Analysen beziehungsweise eine große Anzahl an Varianten zu betrachten, die die wiederholte Anwendung der Simulation erwarten lassen.
- Neben der konkreten Fragestellung soll ein umfassendes Verständnis zu dem gesamten Kontext aufgebaut werden (dieser Wissensaufbau wird durch die notwendige Modellierung unterstützt).

Bezogen auf die Analyse von Logistik-Risiken beziehungsweise komplexe Ursache-Wirkungsketten in Supply-Chain-Netzwerken wird schnell deutlich, dass alle in Abb. 7.8 skizzierten Anforderungen grundsätzlich erfüllt werden.[58] Die Parameter, die auf das Untersuchungsziel einen Einfluss haben (beispielsweise geopolitische oder operative Risiken bei der Analyse von Logistikrisiken) sind veränderlich und beschreibbar (Kriterium 1). Eine vereinfachte Abbildung der Realität ist hinreichend (Kriterium 2). Im Kontext der Analyse von Logistikrisiken wird die Realität in der Form verkürzt, dass nicht alle Attribute der Realität berücksichtigt werden. Beispielsweise wird statt einem Kontinuum in der Zeit eine Vereinfachung in Form einer Folge diskreter Zeitpunkte betrachtet. Bei dem Simulationsmodell wird also von der Realität abstrahiert, da diese zu komplex ist, um sie genau abzubilden. Dabei sollte man sich auf die wesentlichen Einflussfaktoren konzentrieren. Die Ursache-Wirkungsgeflechte sollten beschreibbar und weitestgehend stabil sein (Kriterium 3). Im Kontext von Logistikrisiken sind die potenziellen Ursachen in der Regel sehr gut beschreibbar und auch die potenziellen Wirkungen.

Die Ursache-Wirkungsgeflechte sollten in der Praxis mit Hilfe von analytischen Methoden und Kreativitätsmethoden analysiert werden. Außerdem sind im Bereich der Logistikrisiken Informationen zur Anpassung an die Realität vorhanden (Kriterium 4). Die

[58] Vgl. Huth und Romeike (2016, S. 133 ff.).

Anerkennung der simulationsbasierten Lösungsfindung hängt von der Methodenauswahl, dem Simulationsmodell und den Akteuren ab (Kriterium 5). In der Regel kann unterstellt werden, dass bis zur Entscheidungsfindung ausreichend Zeit vorhanden ist (Kriterium 6). Erfahrungen aus der Praxis zeigen außerdem, dass die Kosten-Nutzen-Relation einer Simulation meist positiv bewertet werden kann (Kriterium 7).

Generell lassen sich zwei Problemgruppen unterscheiden, bei denen die stochastische Szenarioanalyse/Simulation[59] angewendet werden kann.[60] Mit ihrer Hilfe können einerseits Problemstellungen deterministischer Natur, die eine eindeutige Lösung besitzen, bearbeitet werden. Auf der anderen Seite sind aber auch Fragen, die sich der Gruppe stochastischer Problemstellungen zuordnen lassen, für eine stochastische Simulation ein geeignetes Anwendungsfeld.

Der speziell in der ersten Problemgruppe mit dem Einsatz der stochastischen Simulation erzielte Vorteil liegt in einer sehr schnellen und einfachen Ermittlung des Ergebnisses. Dafür werden durch das Näherungsverfahren entstehende Genauigkeitsverluste im Vergleich zu einer exakten Ergebnisermittlung, die häufig wesentlich aufwändiger und deutlich zeitintensiver ist, bewusst in Kauf genommen. Und so findet die stochastische Szenarioanalyse in diesem Problemfeld neben der Berechnung von bestimmten Integralen beispielsweise ebenfalls Anwendung bei der Lösung gewöhnlicher und partieller Differenzialgleichungen, insbesondere in der Teilchenphysik.

Die zweite Problemgruppe stochastischer Fragestellungen ist dadurch gekennzeichnet, dass die Eingangsparameter und daraus resultierend auch die Zielgrößen stochastischer Natur sind. Damit ist gemeint, dass statt eines wohldefinierten Wertes für den Parameter im einfachsten Fall mehrere mögliche diskrete Werte, jeweils versehen mit einer Eintrittswahrscheinlichkeit oder Eintrittshäufigkeit, gegeben sind. Im Allgemeinen stammen die Parameter sogar aus einem Kontinuum an Werten, für das eine Wahrscheinlichkeitsdichte, eine sogenannte Verteilungsfunktion, bekannt ist oder gar nur geschätzt wird. Die mit diesen Parametern in Verbindung stehenden Zielgrößen sind dann ebenfalls stochastischer Natur, was heißt, dass sie mittels einer Verteilungsfunktion beschreibbar sind.

Bei geringer Komplexität der Zusammenhänge zwischen Parametern und Zielgrößen und gleichzeitig einfachen Verteilungsfunktionen der Parameter können die Verteilungsfunktionen der Zielgrößen meist noch analytisch ermittelt werden. Schnell ist jedoch eine Grenze erreicht, wo die analytische Ermittlung zu aufwändig wird oder auch gar nicht mehr möglich ist. Hier kommt dann die stochastische Szenarioanalyse zum Einsatz. Wie bereits oben beschrieben werden dazu auf Basis der Verteilungsfunktionen zufällige Parameter ausgewählt und für diese werden die zugehörigen Zielgrößen ermittelt. Durch ein vielfaches Wiederholen der Ermittlung der Zielgrößen wird für diese eine Häufigkeitsver-

[59] Auch als Monte-Carlo-Simulation bekannt. Hierbei wird eine große Zahl gleichartiger Zufallsexperimente durch die Simulation von zufälligen Ereignissen mit geeigneten Algorithmen (Pseudozufallszahlen, sofern diese durch kryptografisch sichere Zufallszahlengeneratoren ausgegeben werden) abgebildet.

[60] Vgl. Huth und Romeike (2016, S. 140 ff.).

teilung bestimmt, die eine Näherung für die tatsächliche Verteilungsfunktion der Zielgrößen darstellt.

Aus einer betriebswirtschaftlichen Sicht können somit alle Fragen untersucht werden, die

- entweder aufgrund der Vielzahl ihrer Einflussgrößen nicht mehr exakt analysiert werden (können) und bei denen daher auf eine Stichprobe für die Analyse zurückgegriffen wird oder
- bei denen die Eingangsparameter Zufallsgrößen sind. (Auch die Optimierung von Prozessen oder Entscheidungen bei nicht exakt bekannten Parametern gehört zu dieser Gruppe.)

Diese beiden Kriterien treffen nun auf eine Vielzahl betriebswirtschaftlicher Entscheidungen im Kontext Logistik und Supply Chain zu, dementsprechend finden sich eine ganze Reihe konkreter Anwendungsfälle von stochastischen Simulationen (Monte-Carlo-Simulationen) in betriebswirtschaftlichen (logistischen) Fragestellungen:[61]

- Die **Stabilitätsanalyse von Systemen**: Hier werden stochastische Simulationen genutzt, um beispielsweise Auswirkungen von Störereignissen in einer Supply Chain zu analysieren und Aussagen zur Fehlerfortpflanzung beziehungsweise Resilienz der Supply Chain zu treffen.
- Die **Aggregation von Einzelrisiken eines Unternehmens zu einem unternehmerischen Gesamtrisiko**: Hierbei wird für jedes Einzelrisiko eine Wahrscheinlichkeitsverteilung geschätzt, um daraus mit Hilfe der Simulation ein aggregiertes Risiko zu ermitteln. Die entstehende Verteilungsfunktion wird in aller Regel auf einzelne kommunizierbare Kennzahlen, etwa Erwartungswert oder ausgewählte Quantile (zum Beispiel Value at Risk, Expected Shortfall oder Risikokapital), verdichtet. Dies trifft natürlich auch auf die Risiken im Bereich Logistik, wie beispielsweise das aggregierte Risiko in einem Geschäftssegment oder einem Land, zu. Außerdem können basierend auf der stochastischen Risikoaggregation Performancemaße, wie etwa der RORAC (Return on Risk Adjusted Capital) beziehungsweise der RAROC (Risk Adjusted Return on Capital), abgeleitet werden. Hierbei handelt es sich um das Verhältnis eines risikobereinigten Betriebsergebnisses beziehungsweise des mittleren EBT (bei Risiko) zum Eigenkapital (RAROC) oder zum risikoadjustierten Kapitel (RORAC).
- Ein wichtiger Schritt zu einer risikoorientierten Weiterentwicklung des Controllings stellt die so genannte **„Szenario-Planung“**[62] dar: Hierbei werden zukünftige EBIT-Entwicklungen unter Berücksichtigung von Risiken (EBIT-at-Risk) simuliert. In diesem Kontext könnten beispielsweise potenzielle Logistikrisiken und deren Auswirkung

[61] Vgl. Huth und Romeike (2016, S. 141 f.).

[62] In der Praxis auch als Bandbreiteplanung oder Korridorplanung bezeichnet. Vgl. Romeike und Stallinger (2012).

auf das Betriebsergebnis analysiert werden. Hierbei liegt die Erkenntnis zu Grunde, dass Szenarien und Simulationen bewährte Instrumente aus der Praxis darstellen, um sich mit zukünftigen potenziellen Entwicklungen zu beschäftigen. Eine risikoorientierte Planung verfolgt das Ziel, die traditionelle „einwertige" Planung mit einem Zielwert durch eine realistischere Planung unter Nutzung von Verteilungsfunktionen („stochastische Planung") zu ersetzen, die sowohl das erwartete Ergebnis als auch den Umfang möglicher Abweichungen (Risiken, aber auch Chancen) beschreiben kann.
- Die Analyse von Entwicklungen, die selbst durch zufällige Ereignisse beeinflusst werden (sogenannte **stochastische Prozesse**): Ein klassisches Beispiel ist die Simulation von Rohstoffpreisen, Aktien- oder Währungskursen, die auf die Arbeiten des französischen Mathematikers Louis Bachelier zurückgeht.[63] Basierend auf eigenen Annahmen, gegebenenfalls begründet mit Beobachtungen aus der Vergangenheit, werden hierbei beispielsweise Währungskurse simuliert und ihre Auswirkungen auf betriebswirtschaftliche Größen analysiert. Durch die heutzutage weltweiten Lieferketten ist dies gerade im Bereich der Logistik ein relevantes Thema. Aber auch für (weitere) Risiken im Bereich Logistik und Supply Chain gilt in der Regel, dass deren Entwicklungen durch zufällige Ereignisse beeinflusst werden. So beeinflussen beispielsweise ein Rohstoffpreis sowie die Verfügbarkeit eines Rohstoffs ganz wesentlich die Supply Chain.
- Die **Optimierung von eigenen Entscheidungen**, die auf unsicheren Annahmen beruhen: Hierunter fallen beispielweise das Einkaufs- und Lagerverhalten zwecks Gewinnmaximierung bei unsicherem Absatz (siehe Newsvendor-Modell) oder die Analyse und Optimierung von Investitionsvorhaben in Hinblick auf die Erfolgswahrscheinlichkeit oder Finanzierung der Investition entlang der Supply Chain.

Konkrete Beispiele für die Simulation von logistischen Risiken und Risiken im Bereich der Supply Chain enthält die Publikation von Huth/Romeike.[64]

7.7 Fazit und Ausblick

Die skizzierten Beispiele verdeutlichen, welche Risiken in der Logistik schlummern und welche Konsequenzen drohen, wenn unerwünschte Ereignisse eintreten. Die Beispiele verdeutlichen aber auch, in welchem Maße ein wirksames und präventives Risiko-Management dazu beitragen kann, die Auswirkungen realisierter Risiken abzufedern. Einem strukturierten und effektiven Risiko-Management in der Logistik kommt damit eine erhebliche Bedeutung zu, logistische Ketten stabil und resistent zu halten.

Die Relevanz des Themas für die Supply Chain wird durch den durch das Business Continuity Institute (BCI) regelmäßig veröffentlichten „Supply Resilience Report" bestätigt.[65]

---

[63] Vgl. Romeike und Hager (2010) und Romeike (2007).

[64] Vgl. Huth und Romeike (2016).

[65] Vgl. Business Continuity Institute (2018).

So hat der im Jahr 2018 veröffentlichte Bericht gezeigt, dass 56 Prozent der 589 befragten Unternehmen in den letzten 12 Monaten eine Unterbrechung in der Supply Chain hatten. 52 Prozent (8 Prozent mehr als 2017) der Unternehmen berichteten von Störungen in der Lieferkette bei ihren Tier-1-Lieferanten, während eine erhöhte Anzahl von Unternehmen (plus 8 Prozent seit 2017) angaben, im Falle einer Störung nicht das gesamte Ausmaß ihrer Lieferkette zu analysieren.

Auch die Ursachen- und Risikolandkarte für Lieferketten hat sich in den letzten Jahren verändert. Während ungeplante IT- und Kommunikationsausfälle (53 Prozent) nach wie vor die Hauptursache für Störungen sind, folgen auf ungünstige Witterungsbedingungen (41 Prozent) Cyberangriffe und Datenschutzverletzungen (33 Prozent), Verlust von Talenten/Know-how (30 Prozent) und Störungen in der Verkehrsinfrastruktur (27 Prozent).

Insbesondere Cyberangriffe und Datenschutzverletzungen (49 Prozent) werden als die größte Herausforderung für Business Continuity in den nächsten fünf Jahren bewertet.

Zusammenfassend können wir festhalten: Auf der einen Seite werden Logistiknetze und logistische Prozessketten länger und gleichzeitig komplexer. Parallel dazu nehmen die Anforderungen an logistische Leistungen hinsichtlich Kosten, Zeit und Qualität zu. Diese Ansprüche an höhere Effizienzniveaus führen zu „schlankeren" Logistikketten, indem jede mögliche Verschwendung, beispielsweise aufgrund von Redundanzen wie Zwischenlager, vermieden wird. Beide Tendenzen führen dazu, dass Logistikketten anfälliger für potenzielle Störungen sind. Mit anderen Worten: Die Risiken, die mit der Erbringung logistischer Leistungen verbunden sind, nehmen zu.

Literatur

Alicke, K./Lösch, M.: Lean and mean: How does your supply chain shape up? McKinsey & Company (2010).

Blome, C./Henke, M.: Single versus multiple sourcing: A supply risk management perspective. In: Zsidisin, G.A., Ritchie, B. (Hrsg.) Supply Chain Risk – A Handbook of Assessment, Management, and Performance, S. 127–135. Springer, New York 2008.

Bretzke, W.-R.: Der schmale Grat zur Magersucht, in: DVZ Deutsche Logistik-Zeitung, Nr. 44, 1–2 (2011).

Brückner, F.: Autobauern gehen die Farben aus, Internet: https://www.handelsblatt.com/unternehmen/industrie/folgen-des-bebens-in-japan-autobauern-gehen-die-farben-aus/3996440.html (2011) [Letzter Aufruf: 18.07.2019].

Bundesvereinigung Logistik (BVL): Chancen der digitalen Transformation – Trends und Strategien in Logistik und Supply Chain Management, Bremen 2017.

Business Continuity Institute: BCI Supply Resilience Report 2018, Caversham/Berkshire 2018.

Canis, B.: The Motor Vehicle Supply Chain: Effects of the Japanese Earthquake and Tsunami, Congressional Research Service, http://fas.org/sgp/crs/misc/R41831.pdf (2011). [Letzter Aufruf: 18.07.2019].

Chopra, S./Meindl, P.: Supply Chain Management – Strategy, Planning, & Operation. 5. Auflage, Pearson Verlag, Harlow 2013.

Chopra, S./Sodhi, M. S.: Reducing the Risk of Supply Chain Disruptions. MIT Sloan Management Review. 55 (3), 73–80 (2014).

CHRISTOPHER, M.: Logistics and Supply Chain Management. Strategies for Reducing Cost and Improving Service. 2nd Ed., London 1998.

DENSO CORP.: CSR Report 2011: Aiming to be a trustworthy company in harmony with society, https://www.denso.com/common/confidential-published/global/en/investors/library/annual_report/documents/2011_annual_report.pdf (2011). [Letzter Aufruf: 18.07.2019].

ELLIOTT, V./THEODOULOU, M.: Merry Christmas, your PlayStation 2 is stuck in Suez 2004, http://www.timesonline.co.uk/tol/news/uk/article400887.ece (2004). [Letzter Aufruf: 18.07.2019].

FERRARI, B.: Sony Deals With Potential Interruption in European Distribution of PS3's, http://www.theferrarigroup.com/supply-chain-matters/2011/03/07/sony-deals-with-potential-interruption-in-european-distribution-of-ps3s/ (2011). [Letzter Aufruf: 18.07.2019].

GLEISSNER, H./FEMERLING, J. C.: Logistik: Grundlagen – Übungen – Fallbeispiele, Gabler Verlag, Wiesbaden 2008.

GLEISSNER, W./ROMEIKE, F.: Die größte anzunehmende Dummheit im Risikomanagement – Berechnung der Summe von Schadenserwartungswerten als Maß für den Gesamtrisikoumfang, in: Risk, Compliance & Audit (RC&A), 01/2011, S. 21–26.

GRANT, D.B./LAMBERT, D.M./STOCK, J.R./ELLRAM, L.M.: Fundamentals of Logistics Management. McGraw-Hill Education, Maidenhead 2006.

GREIMEL: https://www.autonews.com/article/20120312/OEM01/303129961/how-2-suppliers-are-getting-ready-for-the-next-disaster (2012). Zugegriffen: 14. April 2020

HENDRICKS, K. B./SINGHAL, V. R.: The Effect of Supply Chain Disruptions on Corporate Performance, in: Kouvelis, P. et al. (Hrsg.) Handbook of Integrated Risk Management in Global Supply Chains, S. 51–78. John Wiley & Sons, Hoboken 2011.

HUTH, M./ROMEIKE, F.: Risikomanagement in der Logistik. Konzepte – Instrumente – Anwendungsbeispiele, Springer Gabler Verlag, Wiesbaden 2016.

HUTH, M.: Einführung in die Logistik. Ventus Publishing, London 2012.

IBRAHIM, A.: Canal traffic jam, http://weekly.ahram.org.eg/2004/716/eg7.htm (2004). [Letzter Aufruf: 18.07.2019].

ISERMANN, H.: Grundlagen eines systemorientierten Logistikmanagements. In: Isermann, H. (Hrsg.): Logistik – Gestaltung von Logistiksystemen. 2. Aufl., S. 21–60. mi, Verlag Moderne Industrie, Landsberg/Lech 1998.

KLUG, F.: Logistikmanagement in der Automobilindustrie: Grundlagen der Logistik im Automobilbau, Springer, Berlin/Heidelberg 2010.

KRÖGER, M.: Havarie: Tanker blockiert Suez-Kanal, http://www.spiegel.de/wirtschaft/havarie-tanker-blockiert-suez-kanal-a-327001.html (2004) [Letzter Aufruf: 18.07.2019].

MERCK KGAA: Xirallic-Produktion in Japan wieder aufgenommen. Pressemitteilung Merck KGaA vom 10.05.2011.

NANTO, D. K./COOPER, W. H./DONNELLY, J. M./JOHNSON, R.: Japan's 2011 Earthquake and Tsunami: Economic Effects and Implications for the United States, Congressional Research Service, http://fas.org/sgp/crs/row/R41702.pdf (2011). [Letzter Aufruf: 18.07.2019].

O.V.: The machine that ran too hot, https://www.economist.com/business/2010/02/25/the-machine-that-ran-too-hot (2010). [Letzter Aufruf: 18.07.2019].

O.V.: Manufacturers expect lasting quake impact, https://www.japantimes.co.jp/news/2011/05/20/business/manufacturers-expect-lasting-quake-impact/ (2012). [Letzter Aufruf: 18.07.2019].

PFOHL, H.-C.: Logistik – Betriebswirtschaftliche Grundlagen, 8. Aufl., Springer Verlag, Heidelberg u. a. 2010.

ROMEIKE, F.: Frühwarnsysteme im Unternehmen, Nicht der Blick in den Rückspiegel ist entscheidend, in: RATING aktuell, April/Mai 2005, Heft 2, S. 22–27.

ROMEIKE, F.: Louis Bachelier (Köpfe der Risk-Community), in: RISIKO MANAGER, Ausgabe 21/2007, Seite 24–26.

ROMEIKE, F.: Risikomanagement, Springer Verlag, Wiesbaden 2018a.

ROMEIKE, F.: Toolbox – Fehlermöglichkeits- und Einflussanalyse (FMEA), in: GRC aktuell, Ausgabe Mai 2018, 02/2018b, S. 73–77.

ROMEIKE, F./HAGER, P.: Gute Frage: Was ist ein „Random Walk", in: Risk, Compliance & Audit (RC&A), 06/2010, S. 11–12.

ROMEIKE, F./STALLINGER, F.: Bandbreiten- bzw. Korridorplanung – Integration von Risikomanagement und Unternehmensplanung, in: Risk, Compliance & Audit (RC&A), 06/2012, S. 12–21.

ROMEIKE, F./SPITZNER, J.: Von Szenarioanalyse bis Wargaming – Betriebswirtschaftliche Simulationen im Praxiseinsatz, Wiley Verlag, Weinheim 2013.

SCHREFFLER, R.: Quake Changes Little in Toyota's Supply-Chain Strategy, https://www.wardsauto.com/industry/quake-changes-little-toyota-s-supply-chain-strategy (2012) [Letzter Aufruf: 18.07.2019].

SCHULTE, C.: Logistik – Wege zur Optimierung der Supply Chain. 6. Aufl. Franz Vahlen, München 2012.

SCHWEINSBERG, C.: Toyota Says Toll From Earthquake Cost ¥70 Billion in Fiscal 2012, https://www.wardsauto.com/industry/toyota-says-toll-earthquake-cost-70-billion-fiscal-2012 (2012). [Letzter Aufruf: 18.07.2019].

STEIN, J.: Massive cuts for Toyota, Nissan, https://www.autonews.com/article/20110418/OEM01/304189958/massive-cuts-for-toyota-nissan (2011). [Letzter Aufruf: 18.07.2019].

TEAM, T.: Japan Quake, Tsunami Take Heavy Toll On Toyota, https://www.forbes.com/sites/greatspeculations/2011/04/08/japan-quake-tsunami-take-heavy-toll-on-toyota/ (2011). [Letzter Aufruf: 18.07.2019].

TREECE, J. B.: Denso to lend plant to quake-damaged Fujikura Rubber, https://www.autonews.com/article/20110428/OEM10/110429868/denso-to-lend-plant-to-quake-damaged-fujikura-rubber (2011). [Letzter Aufruf: 18.07.2019].

TRENT, R. J./ROBERTS, L. R.: Managing Global Supply and Risk – Best Practices, Concepts, and Strategies. J. Ross Publishing Inc., Fort Lauderdale 2010.

ULRICH, H./PROBST, G.J.B.: Anleitung zum ganzheitlichen Denken und Handeln: Ein Brevier für Führungskräfte. 3. Aufl. Haupt, Bern/Stuttgart 1991.

VAN DER PUTTEN, R.: Japan: One year after the Tohoku earthquake, Conjoncture, https://economic-research.bnpparibas.com/Views/DisplayPublication.aspx?type=document&IdPdf=19077 (2012). [Letzter Aufruf: 18.07.2019].

WORLD ECONOMIC FORUM: Global Risks 2012. 7th Edition, Cologny/Geneva 2012.

Der Chancen-/Risikofaktor Personal

8

Die Mitarbeiter sind unser wichtigstes Kapital.
(In vielen Unternehmensgrundsätzen nachzulesen).

F. Romeike, P. Hager, *Erfolgsfaktor Risiko-Management 4.0*,
https://doi.org/10.1007/978-3-658-29446-5_8

8.1 Talente binden – Personalrisiken frühzeitig erkennen

Das Management von Risiken des Humankapitals sowie eine „gelebte" Risiko- und Fehlerkultur stehen in zahlreichen Unternehmen noch am Anfang. Während zu Beginn der Industrialisierung die Produktionsfaktoren Boden und Kapital (Maschinen, Anlagen, Rohstoffe) im Vordergrund standen, wird heute in vielen Branchen der Produktionsfaktor Personal zunehmend als wichtiger Wettbewerbsvorteil erkannt.

Ein sicheres Indiz für die Bedeutung des Produktionsfaktors Personal für die Marktwirtschaft ist das verstärkte Aufkommen von Personalberatern in den letzten Jahren, die sich nicht selten darauf spezialisiert haben, Leistungsträger abzuwerben und an Wettbewerber zu vermitteln. Mit der wachsenden Globalisierung, der Verlagerung von Produktionsstätten in Billiglohnländer und der damit einhergehenden Konzentration auf Forschung & Entwicklung und Dienstleistungen widmen sich Unternehmen verstärkt dem Produktionsfaktor Personal. Zwischen Mitarbeiter- und Kundenzufriedenheit ist eine positive Korrelation erkennbar. Allerdings beschränken sich viele Maßnahmen zur Risikosteuerung sich bisher vielfach auf innovative Vergütungssysteme, Personalentwicklung und vereinzelte Versuche zur Mitarbeiterbindung. Das Management des Chancen-/Risikofaktors Personal im Rahmen eines integrierten Risiko-Managements (Corporate Risk Management oder Enterprise Risk Management) ist in nur wenigen Unternehmen vorhanden.

Dabei ist der Chancen-/Risikofaktor Personal schwieriger zu steuern als die Produktion, Finanzen oder der Einkauf von Rohstoffen: Das Personal entscheidet selbst, mit welcher Intensität (Motivation) und Dauer (Fluktuation) es sich in das Unternehmen einbringt. In Kombination mit der zunehmenden Bedeutung dieses Produktionsfaktors wird deutlich, wie wichtig ein Management von Personalchancen- und risiken wird.

Den Zusammenhang zwischen dem Handeln des Unternehmens und dem Verhalten des Personals zeigt Abb. 8.1. Die daraus ableitbaren und wichtigsten Personalrisiken sind:

- **Engpassrisiko:** Das Fehlen von Leistungsträgern. Das Risiko-Management muss rechtzeitig erkennen, welche Qualifikationen in welcher Menge zukünftig im Unternehmen zur Umsetzung der Strategie benötigt werden. Zu unterscheiden ist zwischen Bedarfslücken (funktionsbezogen) und Potenziallücken (personenbezogen). Nur so können Mitarbeiter rechtzeitig weiterqualifiziert oder extern angeworben werden. Im Rahmen des Engpassrisikos ist auch zu analysieren, mit welcher Fluktuation durch Austritte, Versetzungen an andere Standorte und Pensionierungen zu rechnen ist, um so langfristige Bedarfslücken zu vermeiden.
- **Anpassungsrisiko:** Strategiewechsel lassen sich nicht umsetzen. Im Zeitalter regelmäßig erfolgender Fusionen kann sich ein Unternehmen gar nicht davor schützen, spätestens mit der nächsten Übernahme zum Teil auch falsch qualifizierte oder wenig flexible Mitarbeiter zu bekommen. Sind diese weiterbildungswillig, geistig und sozial flexibel, so kann der Mangel noch behoben werden. Häufig wechseln jedoch diejenigen, die besonders flexibel sind und keine Probleme mit einem neuen Umfeld haben, sobald ihnen ein besseres Angebot vorliegt. Neueinstellungen, insbesondere über Personalberater, sind teuer. Das Management des Anpassungsrisikos ist daher eng verzahnt mit dem Austrittsrisiko.

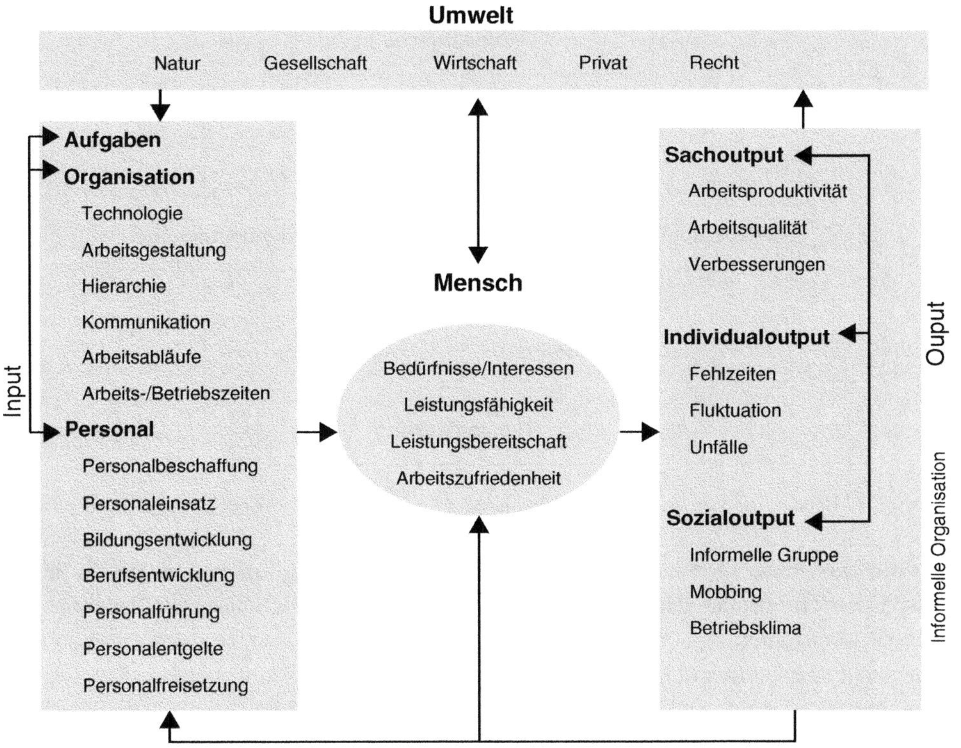

Abb. 8.1 Bezugsrahmen für den Menschen und Produktionsfaktor Personal (Vgl. Kropp 2004, S. 4)

- **Austrittsrisiko:** Verlust von Leistungsträgern mit Schlüsselqualifikationen. Es liegt in den Eigeninteressen des Mitarbeiters und seines persönlichen Risiko-Managements, dass er seine Absicht zur Kündigung zeitlich nur so knapp wie vertraglich erforderlich ankündigt. Das ist für ein Unternehmen besonders dann schädlich, wenn es sich um Leistungsträger oder Nachwuchskräfte handelt, in die bereits umfangreich investiert wurde und die in der Zukunftsplanung fest berücksichtigt sind. Dem entgegenwirken können Frühwarnindikatoren, Checklisten und Maßnahmen, die zu einem guten Betriebsklima, persönlichen Weiterentwicklungsmöglichkeiten, Arbeitsplatzsicherheit, eigenverantwortlichen Arbeiten und Reputation im Unternehmen führen. Hinzu kommt eine leistungsgerechte Bezahlung, offene Kommunikation mit den Mitarbeitern und eine transparente Unternehmenspolitik.
- **Motivationsrisiko:** Rückgang der Intensität der Arbeitsleistung. Hierunter fallen Schlagwörter wie „Burnout", „innere Kündigung", „Montagsauto", der Rückzug auf Pflichtleistungen und das Ausbleiben von Goodwill-Leistungen seitens der Mitarbeiter, aber auch die bewusste Schädigung des Arbeitgebers sowie Betrugsdelikte seitens der Mitarbeiter (Loyalitätsrisiko).

Diese Risiken gilt es im Prozess des Risiko-Managements zu identifizieren, bewerten und steuern (vgl. Abb. 8.2). Die in Abb. 8.1 genannten Inputfaktoren zeigen die Quellen

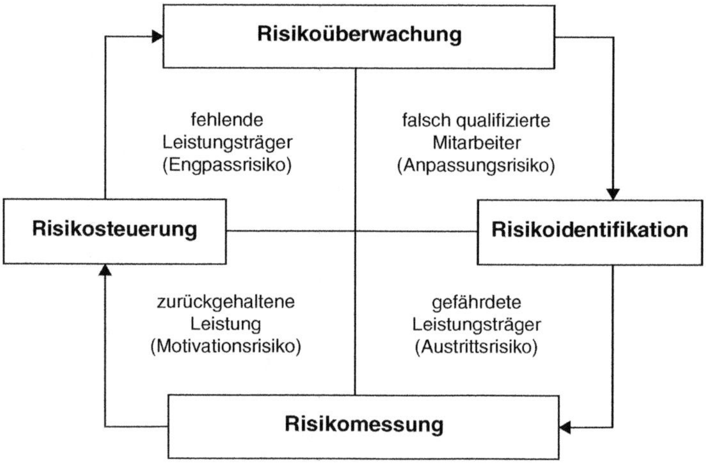

Abb. 8.2 Personalrisiken und Risiko-Management-Prozess. (Quelle: Kobi 2002, S. 20 ff.)

für die Entstehung möglicher Risiken und bieten gleichzeitig Eingriffsmöglichkeiten zur Risikominderung oder gar Risikovermeidung. Das Verhältnis zwischen den Input- und Output-Kennzahlen kann in Frühwarnsysteme integriert werden, so dass Verbesserungspotenziale, Fehlentwicklungen und Gefahren rechtzeitig erkannt werden. Der folgende Abschnitt beschäftigt sich mit qualitativen und quantitativen Methoden zur Risikoidentifizierung und Risikomessung für den Produktionsfaktor Personal.

Ackermann[1] hat vier Grundtypen von Risiken im Personalbereich identifiziert, die in einer umfassenden Risikoerkennung analsiert werden müssen:

- Risiken durch Personal,
- Risiken für Personal,
- Risiken durch Personalmanagement,
- Risiken für Personalmanagement.

Die Analyse der **„Risiken durch Personal"** berücksichtigt dabei die Tatsache, dass grundsätzlich jeder Mitarbeiter sich inkompatibel zu den definierten Zielen und Erwartungen der Organisation verhalten kann. Der Einsatz von (ungeeignetem Personal) ist damit die Ursache von Risiken. Somit wird deutlich, dass Personal-Risikomanagement bereits bei der Personalauswahl beginnt. Aus Sicht des Personalmanagements wird in diesem Kontext zwischen Eintrittsrisiken, Bleiberisiken und Austrittsrisiken unterschieden.

Die wesenlichen „Risiken durch Personal" sind in Tab. 8.1 kompakt zusammengefasst.

Die potenziellen **„Risiken für Personal"** beziehen sich auf eine Gefährdung von Leib und Leben der Mitarbeiter. Diese bestehen beispielsweise in körperlichen und gesundheitlichen Schäden, die die Mitarbeiter bei der Arbeit und durch die Arbeit bzw. durch ungünstige Arbeitsbedingungen erleiden, so beispielsweise als Folge von Arbeits- und

[1] Vgl. Ackermann (1999a, b).

Tab. 8.1 Kompakte Zusammenfassung potenzieller Einzelrisiken durch Personal

Risiken durch Personal (Haupttypen)	Potenzielle Ziel-/Planabweichungen (Beispiele)
Eintrittsrisiko	• Zielperson, die für den Eintritt ins Unternehmen gewonnen werden sollen, bewerben sich nicht, sagen nach der Bewerbung ab oder ziehen ihre Zusage trotz eines abgeschlossenen Arbeitsvertrags vor Aufnahme der Arbeit wieder zurück. • Interessenten können nicht zu den unternehmensseitig vorgeschlagenene Arbeitsbedingungen, beispielsweise bzgl. Vergütungsniveau, Eintrittszeitpunkt, Arbeitszeitregelungen etc. zum Eintritt ins Unternehmen bewegt werden.
Bleiberisiko	• Mitarbeiter haben überdurchschnittliche häufige/lange Fehlzeiten. • Mitarbeiter verursachen fahrlässig oder grob fahrlässig Personenschäden, Sachschäden oder Vermögensschäden. • Mitarbeiter erfüllen nach erfolgter Einstellung die Anforderungen ihrer jeweiligen Stelle nicht oder nur unzureichend, halten Zielvereinbarungen nicht ein oder zeigen andere Formen des nicht rollenkonformen Verhaltens. • Mitarbeiter kommen mit Vorgesetzten, Arbeitskollegen und unterstellten Mitarbeiter nicht zurecht und verursachen Störungen und Konflikte im Team. • Mitarbeiter verletzen „ungeschriebene Regeln" der definierten Unternehmenskultur oder Corporate Governance bzw. verhalten sich „non-compliant".
Austrittsrisiken	• Mitarbeiter kündigen und wechseln zum Wettbewerbsunternehmen. • Mitarbeiter weigern sich, das Unternehmen zum gewünschten Zeitpunkt oder zu den angebotenen Bedingungen zu verlassen.

Tabelle in Anlehnung an Ackermann (1999a), S. 69 sowie Paul (2005, S. 17)

Betriebsunfällen, technischen Mängeln, Störungen durch Drittpersonen, besonderen Umweltbelastungen (Staub, Lärm, Hitze, Kälte, etc.) oder anderen Störfaktoren, insbesondere die ergonomisch nicht optimierte Arbeitsplatzgestaltung.[2]

Hierzu zählen auch potenzielle psychologische Schäden, die durch die Nichtbeachtung der individuellen Grundbedürfnisse (physiologischer Bedürfnisse, Sicherheitsbedürfnisse, soziale Bedürfnisse, Selbstbeachtungs- und Selbstaktualisierungsbedürfnisse) entstehen.

Als potenzielle denkbare Folgen sind Aggressionen, Flucht in die Krankheit, innerer Rückzug, Dienst nach Vorschrift oder auch der Weggang aus dem Unternehmen genannt werden. Die Wirkungen (beispielsweise auf die Produktivität des Unternehmens insgesamt) sind vielfältig.

Es wird deutlich, dass zwischen Risiken für Personal und Risiken durch Personal ein enger Ursache-Wirkungs-Zusammenhang existiert.

Bei **„Risiken durch Personalmanagement"** wird das Personalmanagement als potenzieller Stör- und Einflussfaktor betrachtet. Das heißt, die Risiken liegen im Zusammenhang

[2] Vgl. Paul (2005, S. 17).

mit Entscheidungen des Personalmanagements über das Personal. In Tab. 8.2. sind exemplarisch einige „Risiken durch Personalmanagement“ zusammengefasst.

Potenzielle **„Risiken für Personalmanagement“** können ihren Ursprung im (unerwarteten) Verhalten der Mitarbeiter haben. Dies führt dazu, dass personalpolitische Ziele verfehlt werden. Damit stellen sie Risiken dar, die die Funktion des Personalmanagements betreffen und deren Ursachen innerhalb und/oder außerhalb des Unternehmens liegen können.

So können beispielsweise Risiken durch nicht geplante Tariflohn- und Gehaltserhöhungen eintreten. Oder ein sich wandelnden Arbeitsrecht führt zu neuen potenziellen Ziel-Planabweichungen. Auch ein gesellschaftlichen Wertewandels (Stichwort „Generation Y und Z“).[3]

Außerdem können disruptive und technologische Entwicklungen (siehe Digitalisierung) eine tief greifende Veränderung der Anforderungsprofile für benötigte Mitarbeiter auslösen und stellen damit ein wichtiges Risiko im Personalbereich dar.

Tab. 8.2 Kompakte Zusammenfassung potenzieller Risiken durch Personalmanagement

Aufgabenfelder	Potenzielle Ziel-/Planabweichungen (Beispiele)
Personalbestandsanalyse und -prognose	• Potenzielle Fehlprognose des quantitativen und qualitativen Personalbestandes im Unternehmen (durch beispielsweise schlechte Szenarioannahmen über die zukünftige Entwicklung).
Personalbedarfsprognose	• Potenzielle Fehleinschätzung des künftigen Personalbedarfs nach Anzahl, Qualifikation, Einsatzort und Einsatzzeit der benötigten Mitarbeiter ohne oder mit systematischer Personalbedarfsplanung.
Personalbeschaffung (extern)	• Potenzielle Beschaffung von Mitarbeitern über oder unter dem tatsächlichen Bedarf, möglicher Fehlgriff bei der Bewerberauswahl/fehlende Qualifikation etc.
Personalentwicklung	• Potenzielle Fehleinschätzung des Trainingsbedarfs, Wahl ungeeigneter Instrumente, Trainingsanbieter und/oder Methoden der Personalentwicklung.
Personalfreisetzung	• Potenzielle Fehleinschätzung des Personalfreisetzungsbedarfs, der notwendigen Personalfreisetzungen in der geplanten Zeit und/oder mit den geplanten Kosten
Personaleinsatz	• Potenzieller Fehleinsatz von Personen, mögliche Fehlbesetzung von Stellen.
Personalführung	• Potenzielle Abweichungen des praktizierten Führungsverhaltens der Vorgesetzen vom gewünschten Führungsstil.
Personalkostenmanagement	• Potenzielle Ziel-/Planabweichungen bei den Personalkosten.

Tabelle in Anlehnung an Ackermann (1999a, S. 72) sowie Paul (2005, S. 18)

[3] So wird beispieswelse der Generation Z eine fehlende Bereitschaft unterstellt, sich an ein Unternehmen zu binden. Die Loyalität ist geringer als beispielsweise bei Generation Y. Daraus folgt das Bedürfnis nach klarer Trennung zwischen Berufs- und Privatleben. Vgl. hierzu vertiefend Kring und Hurrelmann (2019).

8.2 Die Chancen-/Risikobeurteilung im Personalbereich

Für die Früherkennung von Chancen und Risiken im Personalbereich können mit Hilfe diverser Auswertungen von Personaldaten wertvolle Indikatoren und Kennzahlen abgeleitet werden, etwa für das Austrittsrisiko anhand von Fluktuationszahlen oder für das Anpassungsrisiko mit Hilfe von Fortbildungstagen oder der Anzahl eingereichter Verbesserungsvorschläge.[4] Verfügt das Unternehmen bereits über eine Balanced Scorecard so bieten die dort verfügbaren Kennzahlen aus der „internen Perspektive" bzw. „Lern- und Entwicklungsperspektive" eine umfangreiche Quelle mit Kennzahlen zur Personalentwicklung. Ein weiterer Vorteil der Balanced Scorecard besteht darin, dass sie in einer Ursachen-Wirkungskette auch die Verknüpfungen von Personalzielen mit weiteren bestehenden Unternehmenszielen aufzeigt und so einer integrierten Chancen-/Risikobetrachtung dient (vgl. Abb. 8.3).[5]

Neben den im Rechnungswesen, Controlling und in der Kosten-Leistungs-Rechnung erfassten Daten über Entgeltentwicklung, Krankheitstage und andere Ausfallzeiten, Fluktuation etc. können mit Hilfe unterschiedlicher Techniken weitere Daten für das Personal-Risikomanagement beschafft werden. Beginnend mit dem Engpassrisiko liefern interne Zielplanungen aus den Bereichen Finanzen, Beschaffung, Produktion, Absatz und Investition

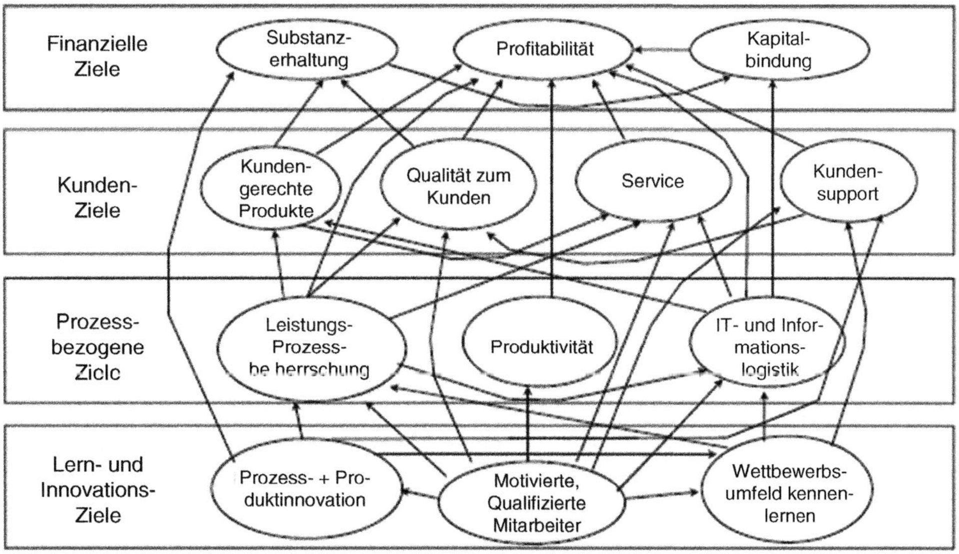

Abb. 8.3 Ursache-Wirkungsbeziehungen der Balanced Scorecard

[4] Vgl. Wiedemann (2001, S. 493–507), Lisges und Schübbe (2007, S. 298 f.), Romeike (2003, S. 60 ff.).

[5] Vgl. Romeike (2003, S. 65).

den aktuellen und zukünftigen Personalbedarf. So aktualisierte und periodisch wiederkehrende Personalbedarfsrechnungen decken frühzeitig im Abgleich mit den vorhandenen Personalkapazitäten ungünstige Trends auf. Öffentliche Statistiken wie beispielsweise von Krankenkassen und Berufsgenossenschaften über Krankheiten und Unfälle, Auswertungen von Fehlerquoten durch Berufsverbände, Fluktuationsstatistiken von Personaldienstleistern sowie Personalmarkt- und Gesellschaftsanalysen erweitern diesen internen Datenkranz.

Besonders beliebt sind Interviews sowie Feedbacks in mündlicher und schriftlicher Form. Hier kann jeder jeden beurteilen, Vorgesetzte ihre Mitarbeiter, Mitarbeiter ihre Vorgesetzten, Kunden das Personal usw. Neben den klassischen Ziel- oder Beurteilungsgesprächen haben in den letzten Jahren die 360-Grad-Feedbacks zugenommen. Dabei wird ein Leistungsträger durch seine Vorgesetzten, Kollegen auf der gleichen Hierarchiestufe und Untergebenen beurteilt. Je nach Ansatz kann zusätzlich auch das Feedback von Großkunden einbezogen werden. Dieses Fremdbild wird mit der Selbsteinschätzung (Selbstbild) des Beurteilten verglichen. Das gesamte Verfahren ist jedoch sehr aufwendig. Einfacher und grober lassen sich ausgewählte Frühwarnindikatoren durch schriftliche Befragungen mit standardisierten Fragebögen durchführen. Diese fragen in der Regel die Einschätzung, Zufriedenheit und Verbesserungswünsche der Mitarbeiter bezüglich der in Abb. 8.1 genannten Inputfaktoren ab.

Formloser und gleichzeitig wesentlich subjektiver ist die Informationsquelle des Flur- und Pausengesprächs mit Kollegen und Vorgesetzten. Diese Gespräche sind jedoch nicht geeignet, um Frühwarnindikatoren zu quantifizieren, sondern bestenfalls um Verantwortliche zu sensibilisieren und in der Folge eine detailliertere Analyse möglicher Chancen und Risiken anzustoßen. Das persönliche Gespräch kann aber ganz konkrete Ansatzpunkte über Schwachstellen liefern, wenn es beispielsweise mit austrittswilligen Mitarbeitern geführt wird, die bereits ihre Kündigung angedroht oder eingereicht haben. Auch das Feedback von Außenstehenden wie etwa Bewerbern, Praktikanten oder Werkstudenten liefert einen Baustein für die Beurteilung des Unternehmens durch das (potenzielle) Personal. Mit „great places to work" ausgezeichnete Unternehmen haben tendenziell weniger Fluktuation (Austrittsrisiko), geringere Personalbeschaffungskosten (siehe Engpassrisiko) und zeichnen sich in Langzeitstudien auch als „great places to invest" aus.[6]

Die aus verschiedenen Datenquellen zusammengetragenen Werte und Beobachtungen können in einer kompakten Übersicht verdichtet und bewertet werden (vgl. Abb. 8.4).[7] Die bisher diskutierten Verfahren dienen vorrangig der Risikoidentifikation und bereiten den Boden für eine spätere Risikobewertung. Im nächsten Schritt gilt es, Verfahren zur Quantifizierung der im Personalbereich identifizierten Chancen und Risiken zu entwickeln. Da der gesamte Bereich des Personal-Risikomanagements noch am Anfang seiner Entwicklung steht, mangelt es insbesondere an den meist anspruchsvolleren Modellen zur Messung von Risiken in dieser Kategorie. Die Autoren entwickeln im Folgenden einen eigenen Ansatz zur Ermittlung eines Personalrisikowerts als EBIT at Risk.

[6] Vgl. Kobi (2000, S. 255).

[7] Vgl. Kropp (2004, S. 21).

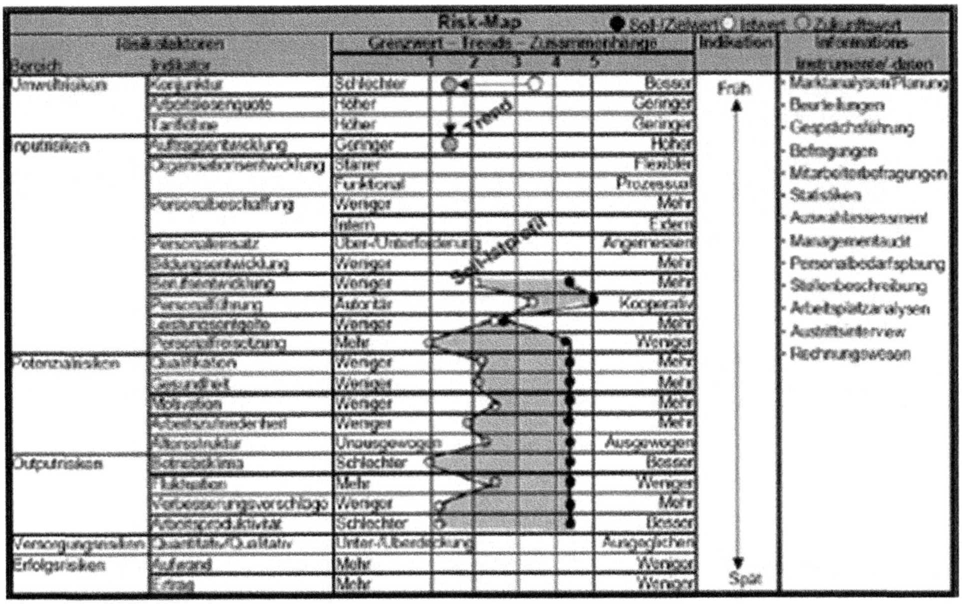

Abb. 8.4 Risk Map zur Risikoidentifizierung und -bewertung

Ausgehend von den Überlegungen von Rieder zu Investments in Humankapital via Studienfonds als neue Assetklasse wird ein quantitativer Ansatz zur Chancen-/Risikoermittlung im Personalbereich hergeleitet.[8] In seinem Modell betrachtet Rieder das Chancen-/Risikoprofil eines Studienfonds, der während der Ausbildung in Studierende verschiedener Studiengänge investiert und anschließend auf eine Rückzahlung der Fördergelder hofft. Unter Berücksichtigung einer Reihe von Markt-, Makro- und Modellrisiken münden seine Überlegungen in einem Varianz-Kovarianz-Ansatz zur Messung eines Value et Risk unter Berücksichtigung von Korrelationen zwischen den einzelnen Risikofaktoren.

Für ein einzelnes Unternehmen ist dieses anspruchsvolle Modell jedoch zu aufwendig, so dass sich die Autoren für einen einfacheren Ansatz auf Basis von Scoringtabellen und anschließender Verdichtung zu einem Risikowert entschlossen haben. Ausgehend von den eingangs angestellten Überlegungen zum Engpass-, Anpassungs-, Austritts- und Motivationsrisiko werden in einer Scoringtabelle die von den jeweiligen Risiken betroffenen Leistungsträger erfasst und die Eintrittswahrscheinlichkeit für das jeweilige Risiko mit einer Einschätzung wie „sehr wahrscheinlich (6)“, „wahrscheinlich (5)“, „tendenziell wahrscheinlich (4)“, „tendenziell unwahrscheinlich (3)“, „unwahrscheinlich (2)“ und „sehr unwahrscheinlich (1)“ belegt. Bei dem Engpassrisiko und Austrittsrisiko können alternativ auch historisch gemessene oder für die Zukunft prognostizierte Quoten verwendet werden, die beispielsweise aus einer anonymen Mitarbeiterbefragung ableitbar sind (vgl. Abb. 8.5).

[8] Rieder (2008, S. 1 und 8 ff.).

b) Wie wahrscheinlich ist es, dass Sie innert den unten angegebenen Zeiträumen weggehen?

Anzahl Jahre	Praktisch unmöglich (0-5 %)	sehr unwahrscheinlich (5-20 %)	unwahrscheinlich (20-40 %)	durchaus möglich (40-60 %)	wahrscheinlich (60-80 %)	sehr wahrscheinlich (80-95 %)	praktisch sicher (95-100 %)
1	☐	☐	☐	☐	☐	☐	☐
2-3	☐	☐	☐	☐	☐	☐	☐
4-5	☐	☐	☐	☐	☐	☐	☐
5-8	☐	☐	☐	☐	☐	☐	☐

c) Auf welchen Erfahrungen und Annahmen basiert diese Einschätzung?

4. Grösse des potenziellen Schadens

a) Welches sind die Auswirkungen eines Abgangs Ihrerseits? (auf die Geschäftsergebnisse)
   a) im schlimmsten Fall?
   b) im wahrscheinlichsten Fall?
   c) im besten Fall?

b) Auf welchen Erfahrungen und Annahmen basiert diese Einschätzung?

c) Wie lange benötigt jemand, um sich in Ihre Stelle einzuarbeiten, damit er/sie operativ tätig sein kann?
   < 3 Monate ☐ 3-4 Mt. ☐ 5-6 Mt. ☐ 7-8 Mt. ☐ mehr ☐

d) Wie lange dauert es bis jemand annähernd so viel weiss wie Sie?
   < 5 Monate ☐ 6-8 Mt. ☐ 9-12 Mt. ☐ 13-18 Mt. ☐ mehr ☐

Abb. 8.5 Mitarbeiterbefragung zum Austrittsrisiko (Vgl. Meyer und Zbinden 2001, S. 10)

In Abb. 8.6 ist die Zusammenfassung aller Quoten und Scoringwerte gezeigt. Die Autoren dieses Buches haben bei der Skala des Scorings auf einen mittleren Wert verzichtet, das heißt der Anwender muss sich entweder für den positiven Bereich 1 bis 3 oder für den negativen Bereich 4 bis 6 entscheiden. Andernfalls liegt es in der Psyche des Menschen sich vorsichtig in der Mitte zu positionieren (zum Beispiel „40 bis 60 % Wahrscheinlichkeit, durchaus möglich"), um nichts falsch zu machen. Auf diese Art ist es aber in Befragungen schwierig, an verwertbare Chancen-/Risikoprognosen zu gelangen. Ohne die „goldene Mitte" wird eine Entscheidung für die eine oder andere Seite erzwungen.

Den einzelnen Risiken werden im nächsten Schritt Schadensausmaße bzw. Kosten zugeordnet. Bei diesen Kosten ist die Größe der jeweiligen Abteilung zu beachten: Da in der Produktion in der Regel deutlich mehr Personal beschäftigt wird als im Bereich F&E, sind die damit verbundenen Kosten höher. Beispiel: 450 Beschäftigte in der Produktion werden mit 250 Arbeitstagen pro Jahr eingeplant. Pro Jahr werden 13,50 Mio. EUR für die Bezahlung dieses Teils der Belegschaft budgetiert. Fallen von den 112.500 Manntagen (450 Beschäftige · 250 Arbeitstage) wie im Beispiel 7 % bei voller Lohnfortzahlung aus, verursacht das Kosten in Höhe von ca. 950.000 EUR pro Jahr.

Ähnlich können beim Austrittsrisiko die Kosten für Leiharbeiter oder externe Berater bis zur Wiederbesetzung der Stelle, gegebenenfalls zuzüglich der Ausgaben für einen Per-

Unternehmensbereich	Engpassrisiko Fehlzeiten-quote	Unfall-quote	Austrittsrisiko Fluktuation (Austrittswahrsch. p.a.)	Pension.	Anpassungs-risiko Scoring	Motivations-risiko Scoring
F&E	2,00%	1,50%	20,00%	5,00%	1	1
Produktion	7,00%	2,80%	50,00%	50,00%	5	5
Vertrieb	5,00%	0,50%	10,00%	7,00%	4	4
Betriebswirtschaft & Rechnungs wes en	4,50%	0,25%	10,00%	7,00%	3	5
Führungspersonal 1., 2. und 3. Ebene	2,00%	0,25%	10,00%	5,00%	2	1

Abb. 8.6 Quoten und Scoringwerte für die Risikobewertung

	Durchschnittlicher Schaden oder durchschnittliche Kosten bei Eintritt von					
Unternehmensbereich	Fehlzeit	Unfall	Wechsel	Ruhestand	Weiterbildung	Motivationsrisk.
F&E	1.250.000	450.000	150.000	150.000	180.000	5.000.000
Produktion	13.500.000	27.000.000	5.000	3.000	30.000	70.000
Vertrieb	3.950.000	11.850.000	6.000	2.000	90.000	2.500.000
Betriebswirtschaft & Rechnungs wes en	800.000	2.400.000	30.000	10.000	28.000	800.000
Führungspersonal 1., 2. und 3. Ebene	2.900.000	8.700.000	120.000	120.000	70.000	25.000.000

Abb. 8.7 Risikobewertung in Form eines durchschnittlichen Schadens oder Kosten bei Eintritt

sonalberater, berücksichtigt werden. Die Quantifizierung beim Anpassungs- und Motivationsrisiko gestaltet sich schwieriger. Hier gilt es, mit analytischer Methoden und Kreativitätsmethoden (wie beispielsweise Brainstorming oder einer Szenarioanalyse)[9] die möglichen Folgen für das Unternehmen abzuschätzen.

Wie wirken sich Anpassungs- und Motivationsrisiken auf die Erreichung der strategischen Unternehmensziele, auf die Konkurrenzfähigkeit, die Qualität der Produkte etc. aus? Welche Chancen bestehen, wenn mehr in die Weiterbildung und Motivation des Personals investiert wird? Welche stillen Reserven können durch eine bessere Förderung der Mitarbeiterpotenziale gehoben werden? Welche Steigerungen des Outputs und der Unternehmensperformance sind bei konstantem Personalbestand und gleichzeitig gesteigerter Motivation und Know-How-Förderung möglich? Wie kann dieses Wissen gesichert werden? Alle möglichen Schäden, Kosten und Erträge aus diesen Überlegungen gilt es in einer Übersicht zusammenzufassen (vgl. Abb. 8.7).

Abschließend werden die Schäden und Kosten der einzelnen Risiken mit den jeweiligen Quoten und Eintrittswahrscheinlichkeiten multipliziert und zu einem Gesamtrisikowert je Risikokategorie (das Ergebnis ist ein Erwartungswert) addiert. Beispielsweise sind die Fehlzeitenquoten der einzelnen Abteilungen mit den daraus entstehenden Kosten zu multiplizieren (2 % • 1.250.000 + 7 % • 13.500.000 + 5 % • 3.950.000 + 4,5 % • 800.000 + 2 % • 2.900.000) und ergeben in der Summe 1.261.500 EUR pro Jahr. Hinzu kommen 849.750 EUR aus Fehlzeiten durch Unfälle. Die Summe aller hier erfassten Engpassrisiken beträgt 2.111.250 EUR. Die mit einem Scoring von 1 bis 6 belegten Anpassungs- und

[9] Vgl. hierzu vertiefend Kap. 3.

Motivationsrisiken müssen in einem Zwischenschritt mit Hilfe von Wahrscheinlichkeiten aggregiert werden. Dazu wurden von den Autoren die in Abb. 8.8 gezeigten Wahrscheinlichkeiten vereinfachend den einzelnen Scoringwerten zugeordnet.

Auf diese Weise errechnen sich für das Anpassungsrisiko Kosten von 112.200 EUR und für das Motivationsrisiko ein Schaden von 8.446.000 EUR. Die Summe aller bisher identifizierten und bewerteten Personalrisiken beträgt 10.733.390 EUR pro Jahr (EBIT at Risk aus dem gesamten Personalrisiko). In einer vereinfachten Risk Map werden die erfassten Risiken grafisch dargestellt (vgl. Abb. 8.9). Aus der Übersicht können die gefährlichsten und vom Ausmaß für das Bestehen des Unternehmens bedeutenden Risiken entnommen werden.

Auf der Abszisse (X-Achse) werden mögliche Kosten oder Schäden abgetragen. Auf der Ordinate (Y-Achse) findet sich die Einschätzung bezüglich der Eintrittswahrscheinlichkeit und/oder Häufigkeit wieder. Für eine korrekte Darstellung ist es erforderlich, die Einzelwahrscheinlichkeiten der jeweiligen Risikoart mit ihren Kosten oder Schäden zu gewichten, um so eine durchschnittliche Eintrittswahrscheinlichkeit je Risikoart zu erhalten. Die durchschnittliche Eintrittswahrscheinlichkeit des Engpassrisikos beträgt: 2.111.250 EUR/72.800.000 EUR = 2,90 %. Nach dem gleichen Schema beträgt die durchschnittliche Eintrittswahrscheinlichkeit für das Austrittsrisiko 10,73 %, für das Anpas-

Abb. 8.8 Belegung von Scoringwerten mit Wahrscheinlichkeiten

Scoring	Wahrscheinlichkeit
1	5%
2	20%
3	40%
4	60%
5	80%
6	100%

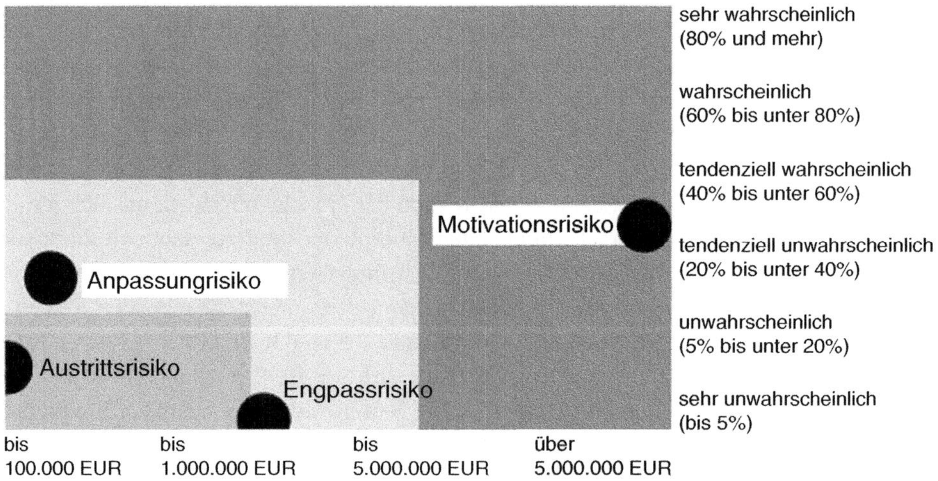

Abb. 8.9 Risk Map für das Personalrisiko

sungsrisiko 28,19 % und für das Motivationsrisiko 25,31 %. Aus der Risk Map wird ersichtlich, dass von allen Personalrisiken das Motivationsrisiko am wesentlichsten ist. Der durchschnittliche Schaden von knapp 8,5 Mio. EUR in Kombination mit einer durchschnittlichen Eintrittswahrscheinlichkeit von rund 25 % kann als EBIT at Risk betrachtet werden und lässt diesem Risiko eine besondere Aufmerksamkeit zukommen.

8.3 Stochastische Szenarioanalyse zur Bewertung von Personalrisiken

Als alternative Methodik kann die Wirkung von Personalrisiken mit Hilfe einer stochastischen Szenarioanalyse in Verbindung mit der Bow-Tie-Methodik abgebildet und bewertet werden. Dieser Ansatz bietet sich in der Praxis vor allem dann an, wenn die Bow-Tie-Methodik sowie die stochastische Szenarioanalyse in einem Risikomanagement-System auch für andere Risikoarten (beispielsweise operative und strategische Risiken sowie Finanzrisiken) angewendet wird. Eine konsistente Bewertung aller Risiken basierend auf geeigneten Verteilungsfunktionen bildet die Grundlage für eine anschließende Aggregation zu einem unternehmensweiten Gesamtbild. In diesem Kontext muss vor allem berücksichtigt werden, dass Personalrisiken nicht selten die Ursachen bzw. Treiber für andere Risiken sind und daher erst eine gesamthafte und systemische Analyse aller Ursache-Wirkungs-Zusammenhänge ein sinnhaftes Gesamtbild ergeben. Johann Wolfgang von Goethe hat dies in einem prägnaten Satz zusammengefasst: „*Ein* Phänomen, *ein* Versuch kann nichts beweisen; es ist das Glied einer großen Kette, das erst im Zusammenhange gilt." Auch im Risiko-Management liegt aller Rätsel Lösung im Kontext. Ein Blick in die Praxis zeigt, dass häufig ein ausgeprägtes Silodenken (hier Personal und dort IT bzw. Produktion) eines der häufigsten und drängendsten Probleme in Unternehmensorganisationen darstellt, wenn es beispielsweise darum geht, eine Strategie umzusetzen oder ein gemeinsames Ziel zu erreichen. Daher ist es – insbesondere auch im Risiko-Management – wichtig, Unternehmen als komplexe und dynamische Systeme zu betrachten.

Die grundsätzliche Vorgehensweise der Bow-Tie-Analyse wurde bereits in den vorangegangegen Kapiteln[10] erläutert. Die Bow-Tow-Analyse ist eine sehr transparente und grafische Darstellungsform und Methode, die eine logische Beziehung zwischen den Ursachen (causes) und Wirkungen (effects) eines Ereignisses, beispielsweise eines Risikos, darstellt. Die Ursachen, Ereignisse/Risken und Wirkungen werden übersichtlich in einem Bow-Tie-Diagramm dargestellt (vgl. Abb. 8.10) und bilden damit eine Grundlage für eine transparente und leicht verständliche Risikokommunikation und die Definition von präventiven und reaktiven Maßnahmen zur Risikosteuerung.

Personalrisiken sind häufig Ursachen bzw. Treiber für viele andere Risiken. So kann eine verfehlte Personalstrategie und -führung zu einer schlechten Unternehmenskultur und

[10] Vgl. hierzu insbesondere Kap. 3.

Abb. 8.10 Bow-Tie-Analyse zur Abbildung von Personalrisiken

Corporate Governance führen, was in der Wirkung zu einem Produktivitätsrückgang oder zu Qualitätsdefiziten führen kann. Das Ergebnis dieser Personalrisiken kann zeitverzögert im Finanzergebnis (EBIT etc.) abgelesen werden. Oder Personalrisiken führen zu einer Zunahme von Compliancethemen, die anschließend zu Strafzahlungen der Schadensersatzzahlungen führen können.

Die Bow-Tie-Analyse vereint Elemente verschiedener anderer Methoden. Dazu zählen insbesondere die Fehlerbaumanalyse (Fault Tree Analysis, FTA), die Ereignisbaumanalyse (Event Tree Analysis), die Barrier Analysis sowie die Ursache-Wirkungs-Diagramme (Cause and Effect Diagram bzw. Ishikawa-Diagramm).

Die Anwendung der Bow-tie-Analyse kann begleitet werden durch weitere analytische Methoden, beispielsweise die „Analytic Hierarchy Method" für die Priorisierung der Risiken oder eine Kritikalitätsbewertung (vgl. Abb. 8.11) basierend auf einem Scoringansatz.[11]

Für die Top-Risiken (resultierend aus der Kritikalitätsbewertung; diese fokussiert sich immer auf die Wirkung der Risiken, bspw. auf den Effekt hinsichtlich der definierten Unternehmensziele) wird anschließend beispielsweise eine detaillierte Szenarioanalyse oder

[11] Vgl. Romeike (2019, S. 39–44).

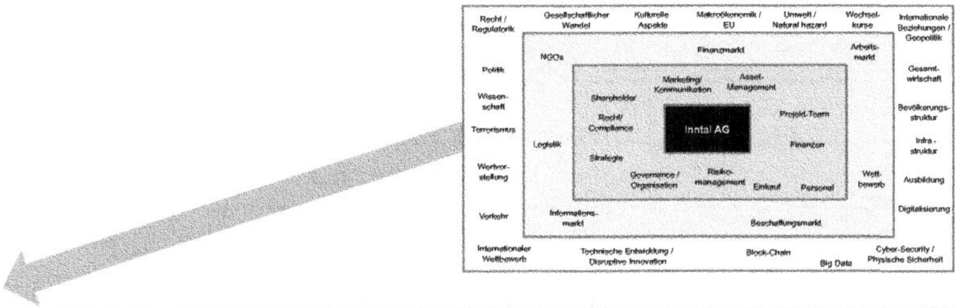

Ursache (Cause)	Risiko (Risk)	Wirkung (Effect)	Kritikalität (1-5)	Ability to Act (1-5)
War for talents (finden keine qualifizierten MA)	UN-Strategie „Digitalisierung" kann nicht umgesetzt werden!	EBIT ↓ / Aktienkurs ↓ ...	5	4-5
Schlechte Corporate Governance / U-Kultur	Personalziele nicht erreicht (Einstellung neue MA etc.)	Personalaufwand ↑ ...	3	3

Abb. 8.11 Einfache Kritikalitätsbewertung. (Quelle: Romeike 2019, S. 43)

stochastische Simulation angewendet, um Ursachen und Wirkungen zu identifizieren sowie eine detaillierte quantitative Bewertung durchzuführen.

Details zur Bewertung von Personalrisiken mit Hilfe geeigneter Verteilungsfunktionen und zur Durchführung einer stochastischen Szenarioanalyse enthlten die Kap. 3, Kap. 4 und Kap. 7. Daher wird an dieser Stelle auf weiterführende Informationen verzichtet.

8.4 Chancen fördern, Personalrisiken reduzieren

Dem klassischen Controllingzyklus folgend sind nach der Risikoidentifikation und Risikomessung Maßnahmen zur Risikosteuerung zu ergreifen. Im geschlossen Controllingzyklus erfolgt dabei ein permanenter Abgleich zwischen dem alten Istwert und der Zielerreichung (Planwert). Beispielsweise werden in einer Tabelle die identifizierten Personalrisiken mit ihren Istwerten erfasst und jedem Risiko wird ein zukünftig angestrebter Zielwert zugeordnet. Daneben werden Maßnahmen zur Zielerreichung definiert. Im nächsten Analysedurchlauf erfolgt ein Abgleich der zuletzt geplanten Zielwerte mit den nun gemessenen Istwerten, um die Effizienz der Maßnahmen beurteilen zu können (vgl. Abb. 8.12).

Das Management von Personalchancen und -risiken ist so vielfältig wie die Zusammensetzung des Personals. Daher verwundert es nicht, wenn umfangreiche Maßnahmenkataloge

Vollständiger Risiko-Controllingzyklus							
Risikoidentifikation			Planung	Steuerung	Überwachung		
Personalrisiko	Messgröße	Istwert (alt)	Zielwert (neu)	Maßnahme(n)	Istwert (neu)	Abweichung	Kommentar
Engpassrisiko							
- Fehlzeit	quotal	5,63%	3,00%		4,20%	-1,20%	Grippewelle
- Unfall	quotal	1,67%	1,00%	Unfallverhütung verbessern	1,85%	-0,85%	Brand mit Rauchvergift.
Austrittsrisiko							
- Fluktuation	quotal	15,47%	10,00%	Flexiblere Arbeitszeiten	13,53%	-3,53%	Headhunter Angriff
- Pensionierung	quotal	5,56%	3,00%	Altersteilzeit einführen	6,13%	-3,13%	mangelnde Stellen
Anpassungsrisiko	Scoring	2,30	2,00	mehr Seminare bei RiskNET	1,73	0,27	top
Motivationsrisiko	Scoring	1,33	1,30	Erfolgsbeteiligung einführen	1,27	0,03	ohne Wirkung

Abb. 8.12 Risikosteuerung und Optimierung der Maßnahmen

für die Steuerung jeder einzelnen Risikokategorie existieren. Beispielhaft für die Reduzierung des Austrittsrisikos zählen Lisges/Schübe auf:[12]

- Vereinbarung angemessener Kündigungsfristen (je größer das Austrittsrisiko, umso länger die zu vereinbarende Frist im Rahmen der gesetzlichen Rahmenbedingungen)
- Zufriedenheitsanalyse durch Mitarbeiterbefragungen um potenzielle Austrittsgründe frühzeitig zu erkennen:
  - Führungssituation
  - Betriebsklima
  - Materielle Leistungen des Unternehmens
  - Weiterbildungs- und Entwicklungsmöglichkeiten
  - Freiraum für eigenverantwortliches Handeln
- Tätigkeitsbezogene Analyse des Arbeitsmarktes (regional/überregional)
- Analyse der soziodemografischen Situation:
  - Ausgewogene Alters- und Dienstaltersstruktur sicherstellen
  - Auf angemessenes Verhältnis zwischen Bildungsstufen achten
- Materielle Motivatoren beachten:
  - Marktgerechte, transparente und leistungsorientierte Vergütung
  - Zusatzleistungen
  - Betriebliche Altersvorsorge oder Förderung der privaten Vorsorge
  - Breit angelegtes Weiterbildungsangebot
- Immaterielle Motivatoren beachten:
  - Übertragung von Verantwortung
  - Vergabe von Projektaufgaben
  - Flexible Arbeitszeitgestaltung
  - Wertschätzende Führungskultur
  - Kommunikationsfördernde Arbeitsbedingungen

Das Management von Personalchancen und -risiken ist eine operative und strategische Aufgabe. Es ist verbunden mit der Überlegung, welche Mitarbeiter das Unternehmen in der Zukunft braucht, um seine Ziele zu verwirklichen, wie es diese Mitarbeiter heranziehen und

[12] Vgl. Lisges und Schübbe (2007, S. 280 f.) sowie Berthel und Becker (2017).

halten kann und wie die Anpassungsfähigkeit an neue Entwicklungen und die Motivation dauerhaft gesichert werden kann.

Das Ziel des Personal-Risikomanagements ist es, Chancen und Risiken rechtzeitig zu erkennen und mit Hilfe optimierter Maßnahmen so zu steuern, dass die Unternehmensstrategie gefördert wird. Das heißt, das Personal-Risikomanagement muss immer im Kontext der Geschäftsstrategie betrachtet werden. Kritisch sind vor allem die (Personal-) Risiken, die dazu führen können, dass das definierte Ziel der Strategie nicht erreicht wird. Diese Arbeit wird dadurch erschwert, dass das Personal im Gegensatz zu Maschinen und Computern eigene und höchst intrinsische Ziele verfolgt. Seitdem mit der Globalisierung vielfach einhergehend der Verlust von Arbeitsplatzsicherheit, Fairness seitens der Arbeitgeber und Loyalität und Treue der Arbeitnehmer beklagt wird, breitet sich in beiden Lagern, bei Arbeitnehmern und Arbeitgebern, beispielsweise ein zunehmender Egoismus heraus. Beide Seiten verfolgen verstärkt ihre eigenen Interessen wie etwa Karriere, optimierte Work-Life-Balance oder maximale Rendite. Zahlreiche Verlagerungen von Produktionsstandorten ins Ausland, starke Beschäftigungsschwankungen, Lohndumping etc. belasten das Vertrauensverhältnis ebenso wie überzogene Renditeerwartungen, aber auch häufige Streiks und überdimensionierte Forderungen nach Lohnerhöhungen. Gleichzeitig nimmt die Mobilität der Arbeitnehmer zu und im Gegensatz zu früheren Generationen (beispielsweise Generation Y bzw. Z als Nachfolgegeneration der Boomers) ist häufiger Wechsel des Arbeitgebers üblich.

Dieser gesellschaftliche Wertewandel hebt die besondere Bedeutung eines ganzheitlichen Chancen-/Risiko-Managements im Personalbereich hervor, verknüpft mit anderen wichtigen Bereichen wie beispielsweise der strategischen Planung. Gleichzeitig ist das Management von Personalchancen und -risiken eine komplexe Aufgabe, deren Erfüllung nicht mit stark theoretischen Konzepten praxisgerecht möglich ist. Hier gilt es, transparente Methoden auszuwählen, die auch in mittelständischen Unternehmen umsetzbar sind und trotzdem die Komplexität der Realität adäquat berücksichtigen. Mögen die in diesem Abschnitt entwickelten Ansätze einen hilfreichen Beitrag für die Praxis leisten.

Insbesondere die diversen Korruptionsskandale der vergangenen Jahre haben verdeutlicht, dass ein solides „Value Management“ , im Sinne eines „Integrity Managements“, die solide Grundlage für Unternehmen bilden sollte. Integres Verhalten kann als Benchmark für die moralische Performance eines Unternehmens betrachtet werden. Die diversen Werte können in einer Werte-Relevanz-Matrix (auch Werte-Viereck) abgebildet werden. In Abb. 8.13. sind die grundlegenden Werte in einer Vier-Felder-Matrix abgebildet, die mit den Koordinaten „ökonomisch relevant“ und „ethisch relevant“ arbeitet und die einzelnen Werte in die vier Cluster Leistungswerte, Kommunikationswerte, Kooperationswerte und moralische Werte unterteilt.

Im Rahmen des unternehmensweiten Risiko-Managements bildet das „Integrity Management“ eine solide Grundlage für die Risikomanagement-Kultur sowie die gesamte Unternehmenskultur. Die aktive Umsetzung und das „Vorleben“ – insbesondere auch von der Unternehmensleitung – der in Abb. 8.13 skizzierten Werte bietet eine exzellente Prävention für Personalrisiken.

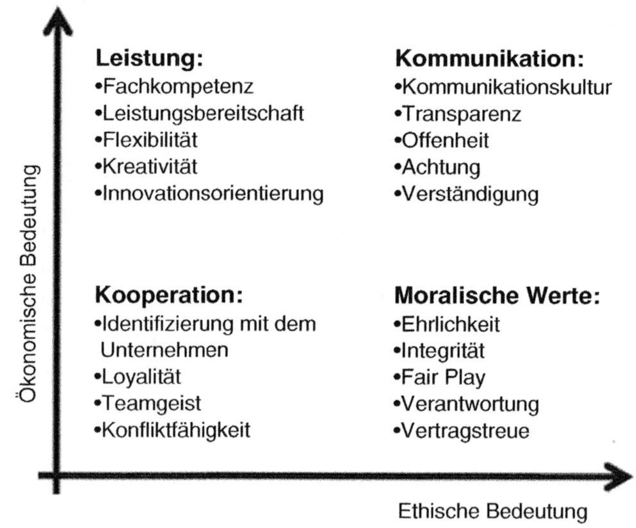

Abb. 8.13 Werte-Relevanz-Matrix

Eine in 2018 veröffentlichte Studie des Gallup-Instituts hat gezeigt, dass über fünf Millionen Arbeitnehmer (14 Prozent) ihren Job bereits innerlich gekündigt haben und keine emotionale Bindung zum Unternehmen besitzen.[13] Nur 15 Prozent der Beschäftigten weisen in Deutschland eine hohe emotionale Bindung an ihren Arbeitgeber auf und gehen ihrer Arbeit mit Hand, Herz und Verstand nach. Drei von vier Beschäftigten machen lediglich Dienst nach Vorschrift (71 Prozent).[14] Nach jüngsten Berechnungen verursacht die innere Kündigung von Mitarbeitern dabei einen jährlichen, volkswirtschaftlichen Schaden von bis zu 103 Milliarden Euro.[15]

Die Studie zeigt außerdem auf, dass bei agilen Unternehmen 43 Prozent der Befragten emotional hoch gebunden sind, während es bei nicht agilen Unternehmen nur sechs Prozent sind. Beschäftigte, die ihrem Arbeitgeber Agilität zuschreiben, stufen ihn laut Zahlen der Gallup-Experten als deutlich besser für die Zukunft aufgestellt ein, als Arbeitnehmer aus nicht-agilen Unternehmen. So haben in agilen Unternehmen drei von vier Befragten Vertrauen in die finanzielle Zukunft ihres Unternehmens (71 Prozent), hingegen bei nicht agilen Unternehmen lediglich 39 Prozent.

Abb. 8.14 zeigt die Tendenzen seit 2001.

Gallup definiert acht Komponenten, die beim Thema Agilität eine besondere Rolle spielen: Wissensaustausch, Kooperationswille, Fehlerkultur, Geschwindigkeit bei der Ent-

[13] Vgl. Gallup (2018). Seit dem Jahr 2001 erstellt Gallup jährlich, anhand von zwölf Fragen zum Arbeitsplatz und -umfeld, den sogenannten Q12®, den Engagement Index für Deutschland. Die Studie gibt Auskunft darüber, wie hoch der Grad der emotionalen Bindung von Mitarbeitern und damit das Engagement und die Motivation bei der Arbeit ist. Die Ergebnisse sind repräsentativ für die Arbeitnehmerschaft im jeweiligen Land.

[14] Vgl. Gallup (2018).

[15] Vgl. Gallup (2018).

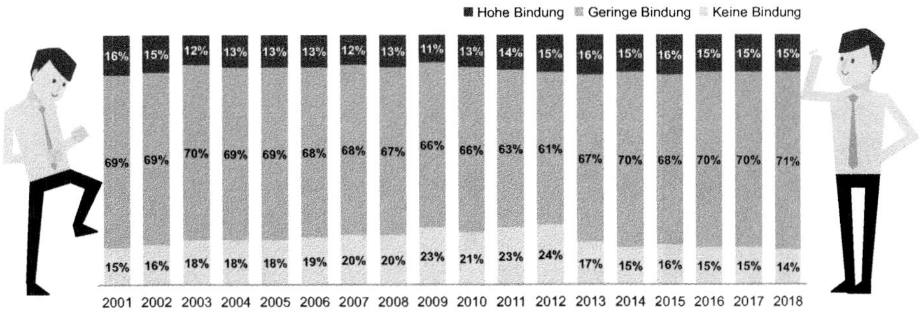

Abb. 8.14 Gallup-Engagement-Index für Deutschland von 2001–2018 (Vgl. Gallup GmbH 2018)

scheidungsfindung, Innovationsfähigkeit, Empowerment, Simplizität sowie die Förderung neuer Technologien. Nur jeder dritte Mitarbeiter (33 Prozent) sagt, dass in seinem Unternehmen denjenigen vertraut wird, Entscheidungen zu treffen, die mit der jeweiligen Aufgabe am vertrautesten sind. Lediglich vier von zehn Beschäftigten (39 Prozent) berichten davon, dass es in ihrem Unternehmen gelebte Praxis ist, Informationen, Wissen und Ideen offen miteinander zu teilen. Und nur jeder fünfte Mitarbeiter (20 Prozent) gibt an, dass sein Arbeitgeber ein Arbeitsumfeld schaffe, in dem sich Mitarbeiter und Mitarbeiterinnen ausprobieren, scheitern und aus Fehlern lernen können.

Emotional hoch gebundene Mitarbeiter sind in vielerlei Hinsicht wichtig für Unternehmen: Bei ihnen erhöht sich die Wahrscheinlichkeit, dass sie als Markenbotschafter für Produkte und Dienstleistungen des eigenen Unternehmens fungieren, dass sie ihr Unternehmen als Arbeitgeber weiterempfehlen oder ihm selbst langfristig erhalten bleiben.

Aus der geringen emotionalen Bindung an das Unternehmen resultiert neben dem grundsätzlichen Risiko Unternehmensziele in Ermangelung hinreichend motivierten Personals zu verfehlen, auch die Gefahr einer mangelnden Akzeptanz und Unterstützung eines betrieblichen Risiko-Managements zur Sicherung des Fortbestands des Arbeitgebers („Nicht gelebte Risikokultur"). In diesem Kontext sei darauf hingewiesen, dass eine (gelebte) Risikokultur nur auf einer entsprechenden Unternehmenskultur aufbauen kann. Unter der Organisations- oder Unternehmenskultur ist die Gesamtheit von allen in einer Organisation wirksamen Werten, Normen und Einstellungen zu verstehen, die nach innen das Denken, die Entscheidungen und das Verhalten der Organisationsmitglieder prägen und nach außen die Art und Weise der Interaktion zwischen der Organisation und ihrer Umwelt bestimmen. Gegenüber den „harten" Faktoren gewinnt die Unternehmenskultur als das „weiche" Handlungsfeld der Veränderungsmanagements, insbesondere auch durch den gesellschaftlichen Wertewandel und seine Folgen, zunehmend an Bedeutung.[16] Einige Hemmnisse und Widerstände („resistance to change") sind in Abb. 8.15 zusammengefasst. Unter Widerstand sind vor allem mentale Barrieren zu verstehen, die sich in einer aktiven und passiven Ablehnung von Veränderungen zeigen. In dem Spannungsfeld der „Visionär

[16] Vgl. Vahs (2007, S. 328).

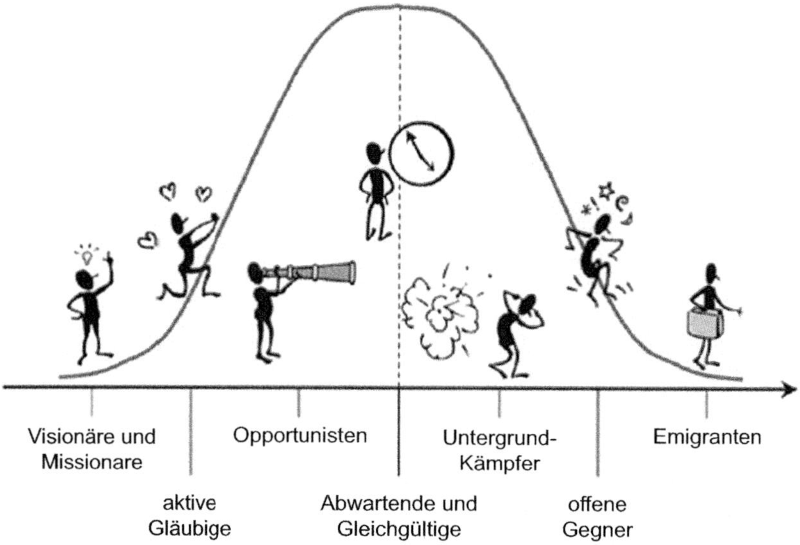

Abb. 8.15 Typische Einstellungen gegenüber dem organisatorischen Wandel (Vgl. Vahs 2007, S. 330)

und Missionare" und „Emigranten" bewegt sich auch das Risiko-Management, um für den „Mehrwert" dieser Aufgabe in der strategischen und operativen Steuerung zu werben. Zu einer eher kleinen Schlüsselgruppe gehören die *Visionäre* und *Missionare*, die eher zu den „change leader" gehören und die Ziele und Maßnahmen des geplanten Wandels mit erarbeiten.

Im Sinne von Missionaren versuchen sie auch die anderen Organisationsmitglieder von der Notwendigkeit der Veränderung zu überzeugen und mit Hilfe von „visionären Zukunftsbildern" für eine aktive Mitarbeit zu gewinnen. Erste Erfolge haben sie damit vor allem bei den *aktiven Gläubigen*, die den bevorstehenden Wandel für sich akzeptieren und bereit sind, ihre Arbeits- und Überzeugungskraft einzusetzen, um die Ideen in die Organisation zu tragen. Demgegenüber sind die *Opportunisten* zunächst einmal auf der Suche nach ihren persönlichen Vor- und Nachteilen, die ein Wandel mit sich bringen könnte. Während sie sich gegenüber ihren veränderungsbereiten Vorgesetzen positiv über die neue Organisation, den Kulturwandel oder ähnliches äußern („schon lange überfällig", „hervorragend geplant" etc.), verhalten sie sich gegenüber ihren Kollegen und Mitarbeitern eher kritisch und zurückhaltend („ob das funktioniert", „ziemlich schwierig"). Allerdings folgen in der Regel auf die Worte weder in positiver noch in negativer Hinsicht Taten. Vahs bezeichnet dieses Verhalten daher bereits als schwache Form des Widerstands.[17] Die Mehrheit der Mitarbeiter kann in fast allen Unternehmen zur *Gruppe der Abwartenden*

[17] Vgl. Vahs (2007, S. 330).

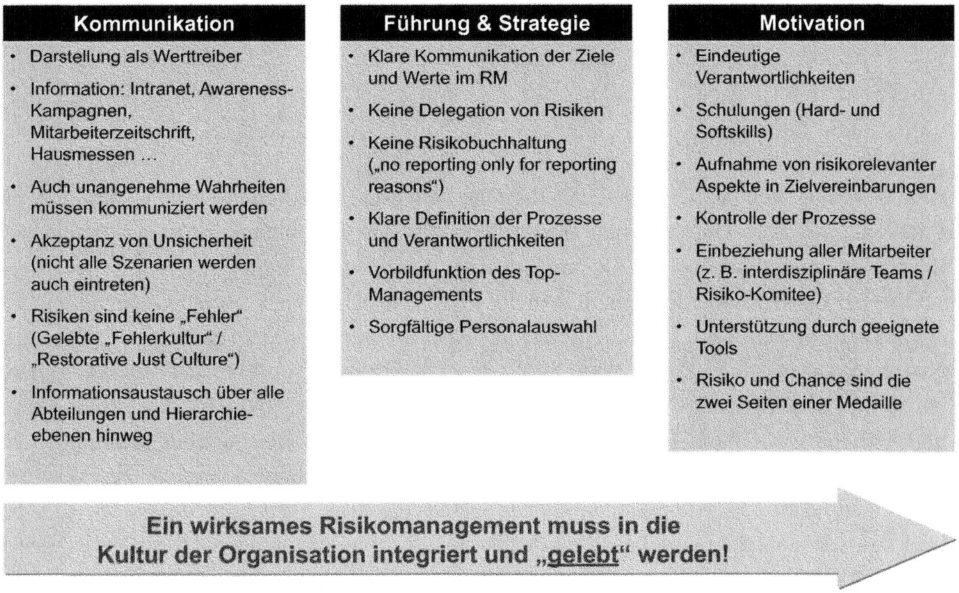

Abb. 8.16 Elemente zur Entwicklung einer Risikokultur (Vgl. Romeike 2018, S. 219)

und *Gleichgültigen* gezählt werden. Sie handeln vor allem nach dem Motto „Das haben wir doch schon mehrmals erlebt, und am Ende ist alles beim Alten geblieben." Die Bereitschaft der Abwartenden und Gleichgültigen sich aktiv am Veränderungsprozess zu beteiligen, kann als sehr gering eingestuft werden. Zu den aktiven Gegnern der Veränderung zählen zum einen die *Untergrundkämpfer* und zum anderen die *offenen Gegner*. Der Untergrundkämpfer geht verdeckt vor und versucht sich als Stimmungsmacher und Kolporteur von Gerüchten. Die Gruppe der offenen Gegner kommunizieren ihre Bedenken offen und sollten daher auch willkommene Gesprächspartner im Veränderungsprozess sein. Die Gruppe der *Emigranten* besteht aus solchen Personen, die sich entschlossen haben, den Wandel in keiner Weise mit zu tragen. Sie verlassen das Unternehmen. Häufig handelt es sich bei den Emigranten um Leistungsträger im Unternehmen, denen keine ausreichenden Perspektiven in der Phase der Veränderung und in der Zeit danach geboten wurden. In Abb. 8.16 werden die wesentlichen Elemente bei der Entwicklung einer (gelebten) Risikokultur skizziert.

Die Verantwortlichen im Risiko-Management sollten vor allem die „Visionäre" und „Missionare" sowie die „aktiven Gläubigen" als Multiplikatoren für ihr Thema einbinden, um die Opportunisten, Abwartenden und Gläubigen und offenen Gegner von dem Mehrwert eines gelebten Risiko-Managements und einer risiko- und wertorientierten Unternehmenssteuerung zu überzeugen. Im folgenden Abschnitt wird ein Ansatz vorgestellt, mit dem ein Expertensystem zur Messung weicher Faktoren wie beispielsweise Motivation der Mitarbeiter und deren emotionale Bindung an das Unternehmen gemessen werden kann.

8.5 Luftfahrt als Beispiel für eine gelebte Risiko-/Fehlerkultur

„Aus Fehlern lernt man!“, „Fehler gehören zum Leben dazu!“, „Nobody is perfect!“, „Irren ist menschlich!“ – wir alle kennen diese Binsenweisheiten. Viele Menschen wissen grundsätzlich, dass eine positive Fehlerkultur für den Erfolg eines Unternehmens wichtig ist. Doch wie sieht die Realität aus? Fehlervermeidung und Fehlerleugnung lenkt in der Praxis nur allzu oft – bewusst oder auch unbewusst – unser Denken und Handeln. Psychologen bezeichnen diesen Teufelskreis als „Poor Judgement Chain“.

Um zu verstehen, wie Risikokultur in der Praxis tatsächlich umgesetzt werden kann, hilft ein Blick in die Luftfahrt, bei der ein gelebtes Risiko- und Krisenmanagement auf eine lange Historie verweisen kann. Es ist kein Zufall, dass das Flugzeug rein statistisch zu den sichersten Verkehrsmitteln zählt. In den Kindertagen der Luftfahrt bestand das Risiko-Management- und Frühwarnsystem des Piloten – neben dem Kompass – im Wesentlichen aus drei Instrumenten: Schal, Krawatte und Brille. An der Art wie der Schal flatterte, konnte der Pilot Geschwindigkeit und Seitenwind abschätzen. Hing die Krawatte schräg, musste die Kurvenlage korrigiert werden. Und beschlug die Brille, so zeigte dies baldigen Nebel oder Regen an – und die Notwendigkeit, schleunigst zu landen. Heute sieht die Welt in der Luftfahrt anders aus: Hochtechnische Navigations- und Frühwarnsysteme, hoch redundante Technologie und ausgefeilte Risikomanagement-Systeme haben zu einer hoch entwickelten Risikokultur und einem exzellenten Sicherheitsniveau in der Luftfahrt geführt. Ein wesentliches Element bei der Entwicklung einer hohen Risiko-/Fehlerkultur spielen heute Simulationen.

Heute wird in der Luftfahrt jeder Zwischenfall bei einem Flug, jeder Flugunfall und auch jeder kritische Zwischenfall akribisch hinsichtlich der Ursachen analysiert. Hierbei geht es nicht darum, den Schuldigen zu finden, sondern zu verstehen, warum sich beispielsweise die Piloten so verhalten haben. In der Luftfahrtbranche begriff an bereits recht früh, dass Fehler keine menschliche Fehlfunktion sind, sondern schlich und einfach ein Faktor menschlichen Handelns darstellt. In der Luftfahrt spricht man daher auch nicht von „Human Error“, sondern von „Human Factor“.

Wie hoch schätzen Sie das Risiko ein, bei einem Flug mit einer Passagiermaschine der Lufthansa abzustürzen? 99,5 Prozent? Also das von Solvency II (europäisches Aufsichtsregime in der Versicherungswirtschaft) definierte Sicherheitsniveau? Das tatsächliche Sicherheitsniveau beträgt > 99,99998 Prozent. Die Basis für die Sicherheit in der Luftfahrt bildet das bei den Kunden und in der Öffentlichkeit akzeptiertes Sicherheitsniveau. Luftfahrt-Experten gehen davon aus, dass ein Unfall alle 100 Jahre von den Kunden hingenommen wird. Dies bedeutet zum Beispiel für den Lufthansa-Konzern bei rund 600.000 Flügen pro Jahr eine maximale Unfallwahrscheinlichkeit von 1 zu 100.000.000 Flügen oder 10^{-8}.[18] Das Sicherheitsniveau beträgt demnach mindestens 99,999999 Prozent.

Sich der eigenen Schwächen beim intuitiven Umgang mit Risiken bewusst zu sein, ist der erste Schritt für die Verbesserung der Potenziale im Risiko-Management. Hierbei können beispielsweise Planspiele (Business Games, Business War Games) einen erheblichen Mehrwert bieten.

---

[18] Quelle: Vortrag von Manfred Müller, Leiter Flugsicherheitsforschung der Lufthansa Group, RiskNET Summit 2017, 24./25. Oktober 2017.

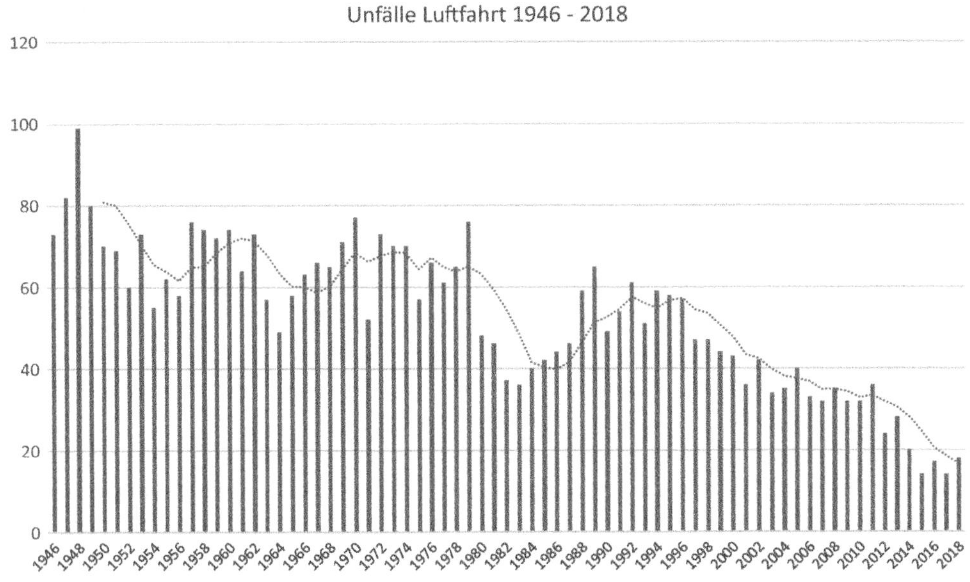

Abb. 8.17 Unfälle in der Luftfahrt von 1946 bis 2018

So üben Piloten im Flugsimulator den richtigen Einsatz von Risikomanagement-Methoden und die adäquate Reaktion in Krisen. Der Flugsimulator stellt eine realitätsnahe Trockenübung dar und vereint Elemente aus Kreativitäts-, Szenario- und Simulationstechniken. Die erweiterte Form der Szenario- und Simulationstechnik unter Zuhilfenahme spielerischer Elemente und Interaktionsmuster kann auch im Unternehmensalltag genutzt werden, um Unternehmens- und Risiko-/Fehlerkultur zu entwickeln.

In Abb. 8.17 ist die beeindruckende Rückgang der Unfälle in der globalen Luftfahrt widergegeben.

Unternehmen sollten sich davon verabschieden, dass eine Firmenkultur aufgebaut wird, in der kein Mensch Fehler macht. Vielmehr muss es darum gehen, die Fehler frühzeitig zu erkennen, sie abzustellen und daraus zu lernen.

Nachfolgend sind einige wesentliche Erkenntnisse aus der Luftfahrt zusammengefasst, die auch auf andere Branchen und Unternehmen übertragen werden können:[19]

- **Flight Safety Info:** Von den Fehlern anderer lernen! Unabhängige Studien zeigen auf, dass wir aus fremden Fehlern mehr lernen als aus eigenen. Piloten berichten über „Flight Safety Info" transparent über ihre Fehler oder Beinahefehler, um andere an ihrem Lernprozess teilhaben zu lassen.[20]

---

[19] Teilweise basierend auf Inhalten aus einem Vortrag von Philip Keil, Berufspilot und Buchautor. Vgl. Keil (2019).

[20] Siehe auch CIRS: Ein Critical Incident Reporting System (CIRS) ist ein Berichtssystem zur anonymisierten Meldung von kritischen Ereignissen (englisch critical incident) und Beinahe-Ereignissen (englisch near miss) im Gesundheitswesens und der Luftfahrt.

- **Confidential Report:** Sich mit Fehlern auseinandersetzen und diese Erkenntnisse teilen! Jede Fluggesellschaft hat eine Abteilung, die anonyme Berichte von Piloten sammelt und vertraulich behandelt.
- **Captain's call:** Führungskräfte sollten ein gutes Vorbild sein. Führungskräfte sollten mit Mitarbeitern offen über Fehler und Misserfolge sprechen. Dies wirkt nicht nur souverän und vertrauenswürdig, sondern führt im Ergebnis zu einer gelebten Fehlerkultur auf allen Hierarchieebenen.
- **Multi-Crew Concept:** Vier Augen sehen mehr als nur zwei! Im Cockpit sind Einzelkämpfer undenkbar. Auch im Unternehmen sollte regelmäßig Feedback eingeholt werden.
- **Fucked-up nights/Fail Award:** Regelmäßige „Lessons-learned-Meetings"! Studien zeigen, dass die Motivation und Zufriedenheit von Mitarbeitern durch eine positive Fehlerkultur zunehmen. In den „Lessons-learned-Meetings" sollte offen über jegliche „Bauchschmerzen" und „Patzer" diskutiert werden.
- **„Lern-Logbuch" anlegen!** In dem Logbuch werden die Lehren aus jedem Fehler erfasst. Wenn das Logbuch regelmäßig gelesen wird, werden Fehler nur einmal gemacht.
- **No Blame Culture:** Trainieren statt Sanktionieren! Selbst bei schwerwiegenden Fehlern erhält ein Pilot Training statt Bestrafung. Niemand macht absichtlich Fehler. Deshalb sollte die Führungskraft lieber zuhören statt zu tadeln![21]
- **Sorgfältige Auswahl des Personals:** Hierbei sollte nicht die fachliche Kompenz im Mittelpunkt stehen, sondern vor allem die Persönlichkeit (Empathie, Verlässlichkeit, Hilfsbereitschaft, Verantwortungsgefühl). Außerdem ist das Arbeitsverhalten (Auffassungsgabe, Prioriätensetzung, Resilienz, Teamfähigkeit) eine wichtige Komponente. Außerdem ist das Führungsverhalten sowie die -fähigkeit (Transaktional & Transformational, Delegationsverhalten) zu beücksichtigen.[22]
- **Ein klar und transparent formulierter Wertekodex:** Dieser Wertkodex („Code of Coduct") muss von der Geschäftsleitung bzw. dem Vorstand transparent kommuniziert und „vorgelebt" werden.

[21] Vgl. hierzu vertiefend Dekker (2014, 2017).

[22] Der Begriff Führung wird im deutschen Sprachraum häufig synonym für Management verwendet. Im englischen Sprachraum dagegen unterscheidet man stärker zwischen Leadership und Management bzw. zwischen Leader und Manager. Der fundamentale Zweck von Management ist, das Funktionieren eines laufenden Systems zu gewährleisten, der fundamentale Zweck von Führung, nützliche Veränderungen zu produzieren. Führung läuft über Menschen und Kultur, Management über Hierarchien und Systeme. Führung ist mehr informell und emotional, Management ist „kühler" und „härter". Bass (1990, S. 383) formuliert den Unterschied wie folgt: „To manage, the executive carries out the classic functions (planning, organizing, controlling); to lead, the executive behaves in ways that inspires and influences the behavior of others".

8.6 Quantifizierung „weicher" Risikofaktoren

Im Gegensatz zu den klassischen, finanziellen und damit leicht quantifizierbaren Risiken umfasst das Personalrisiko eine ganze Bandbreite von weichen Risikofaktoren. Ähnlich wie bei einem Puzzle gilt es die vielen Indikatoren in einen sachlogischen Zusammenhang zu bringen, woraus sich ein Expertenurteil ableiten lässt. Diese Art der Aufgabenstellung beherrschen Expertensysteme, die in Analogie zu der logischen Entscheidungsfindung eines Experten mit Hilfe von automatisierten Prozessen Informationen bewerten und verdichten.[23] Die Fuzzy-Theorie ist ein beliebtes Verfahren hierzu und wurde im Jahr 1965 von Lotfi Zadeh zur Modellierung von Unsicherheiten begründet. Sie steht im Gegensatz zu der klassischen, zweiwertigen Booleschen Logik, die nur zwischen „wahr" (Wert = 1) und „falsch" (Wert = 0) unterscheidet. In der Fuzzy Logik sind auch Werte zwischen 0 und 1 möglich, die den Grad der Zugehörigkeit eines Elements zu einer unscharfen Menge (Fuzzy-Menge) ausdrücken. So lassen sich ungenaue oder unscharfe Sachverhalte mathematisch fassbar machen und es wird die Möglichkeit geschaffen, diese Sachverhalte systematisch in die Entscheidungen einfließen zu lassen.

Ein einfaches Beispiel für Fuzzy-Logik ist die Einstufung einer gemessenen Temperatur in „kalt" (Wert = 0) und „heiß" (Wert = 1). Im Gegensatz zu der klassischen Booleschen Logik mit den zwei sich gegenseitig ausschließenden Attributen „kalt/heiß" können die Temperaturen in der Fuzzy-Logik anteilig den beiden Mengen „kalt" und „heiß" angehören. Wahrheitsgrade bzw. Zugehörigkeitswerte zwischen 0 und 1 sind fuzzylogisch möglich. Beispielsweise könnte eine Temperatur von 18 Grad Celsius zu 60 % das Attribut „heiß" und zu 40 % das Attribut „kalt" zugeordnet bekommen.

Übertragen auf den Risikofaktor Personal wird die Fuzzy-Theorie genutzt um aus mehreren Indikatoren ein Frühwarnsystem zu konzeptionieren. Unscharfe Aussagen wie beispielsweise „das Betriebsklima ist schlecht" werden als linguistische Variablen bezeichnet. Da solche Aussagen im Allgemeinen nicht präzise sind, werden die Werte der linguistischen Variablen durch Fuzzy-Mengen dargestellt.

Die Eingangsgrößen, z. B. Fehlzeiten und Fluktuation, werden mit Hilfe von Zugehörigkeitsfunktionen den unscharfen Aussagen (Mengen) zugeordnet.[24] Der Begriff der unscharfen Menge bezieht sich dabei auf Wahrheitsgrade zwischen 0 und 1 für die Zugehörigkeit der einzelnen Elemente. Sei X eine klassische Menge und $\mu\_A : X \rightarrow [0, 1]$ die Zugehörigkeitsfunktion. Dann heißt $A = \{(x, \mu\_A(x)|x \in X)\}$ Fuzzy-Menge (unscharfe Menge, fuzzy set) mit Zugehörigkeitsfunktion μ_A auf X, welche für jeden Wert in x den Zugehörigkeitsgrad von x in A angibt.

Die Übertragung von Eingangsgrößen in linguistische Variablen wird als „fuzzyfizieren" bezeichnet. Hierbei wird jedem linguistischen Ausdruck wie z. B. „die Fluktuation ist

[23] Vgl. Rommelfanger und Eickemeier (2002).

[24] In der Praxis können mehr als zwei Eingangsgrößen verwendet werden. Für eine bessere Übersichtlichkeit wird das Beispiel jedoch auf zwei Eingangsgrößen zur Beschreibung des Personalrisikos beschränkt.

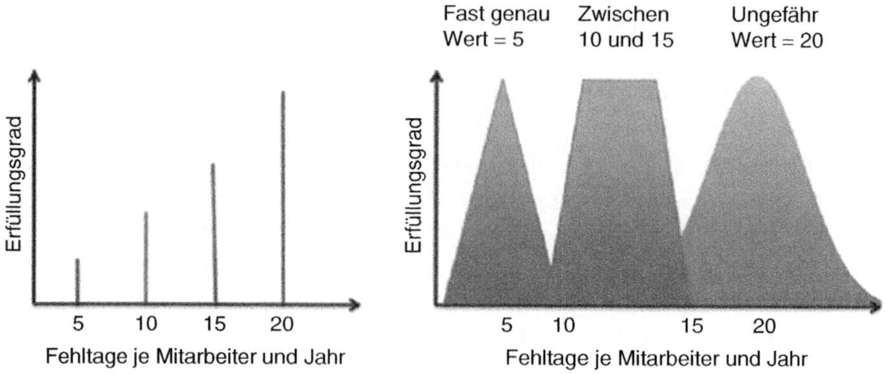

Abb. 8.18 Exemplarische Darstellung grafischer Zugehörigkeitsfunktionen

hoch" oder die „Fehlzeiten sind hoch" ein Erfüllungsgrad zugewiesen. Am Beispiel der Fehlzeiten könnten z. B. 73 Tage im Durchschnitt je Mitarbeiter und Jahr einen Wert von 1 (= 100 % wahr), 45 Fehltage den Wert 0,55 und 30 Tage den Wert 0,3 erhalten. Diese Zuordnung beruht auf den Einschätzungen und Erfahrungen der Experten. Nach Fuzzifizierung der Eingangsgrößen gilt es WENN-DANN-Regeln aufzustellen. Die manuelle Entscheidungsfindung durch eine Expertenschätzung nach dem Vier-Augen-Prinzip wird zukünftig durch Fuzzy-Logic ersetzt. Im Folgenden werden die einzelnen Schritte detailliert erläutert.

Für die sprachlichen Begriffe wie beispielsweise „Fluktuation" und „Fehlzeiten" werden linguistische Variablen definiert. Diese enthalten Terme wie beispielsweise „hoch" respektive „gering" und „hoch". Die Terme der linguistischen Variablen werden zu Fuzzy-Sets zusammengefasst (Fuzzyfizierung). Daraus leitet das Fuzzy-System Erfüllungsgrade der logischen Aussagen ab. Hierzu bedarf es der Definition von Zugehörigkeitsfunktionen. Diese sind zunächst für alle linguistischen Terme eines Fuzzy-Systems aufzustellen. Deren Verlauf entspricht in der Regel entweder einem Dreieck, einem Trapez, einer Gaußfunktion oder einem Singleton. Letzteres ist ein Peak mit dem Wert eins. In Abb. 8.18 sind beispielhaft einige Zugehörigkeitsfunktionen für „Fehlzeiten" grafisch dargestellt.

Im Folgenden wird das Aufstellen einer Zugehörigkeitsfunktion für die Fehlzeiten gezeigt. Eine Überschreitung von mehr als 73 Fehltagen im Durchschnitt je Mitarbeiter und Jahr wird als zu 100 % hoch eingestuft. Der Erfüllungsgrad dieser Aussage nimmt stetig ab. So haben etwa 45 Fehltage den Erfüllungsgrad von 55 % für die Aussage „Die Fehlzeiten sind hoch". Bei 20 Fehltagen hat die Aussage „Die Fehlzeiten sind hoch" einen Erfüllungsgrad von knapp 20 %, während die Aussage „Die Fehlzeiten sind gering" einen Erfüllungsgrad von rund 70 % aufweist. In Abb. 8.19 ist beispielhaft gezeigt wie der Verlauf der Zugehörigkeitsfunktion für die Fehlzeiteneinstufung aussehen könnte.

In Analogie ist eine Zugehörigkeitsfunktion für die linguistische Variable „Fluktuation" aufzustellen. Alle scharfen Eingangsgrößen des Fuzzy-Systems, im Beispiel die durchschnittliche Anzahl an Fehltagen pro Mitarbeiter und Jahr sowie die Höhe der Fluktuation

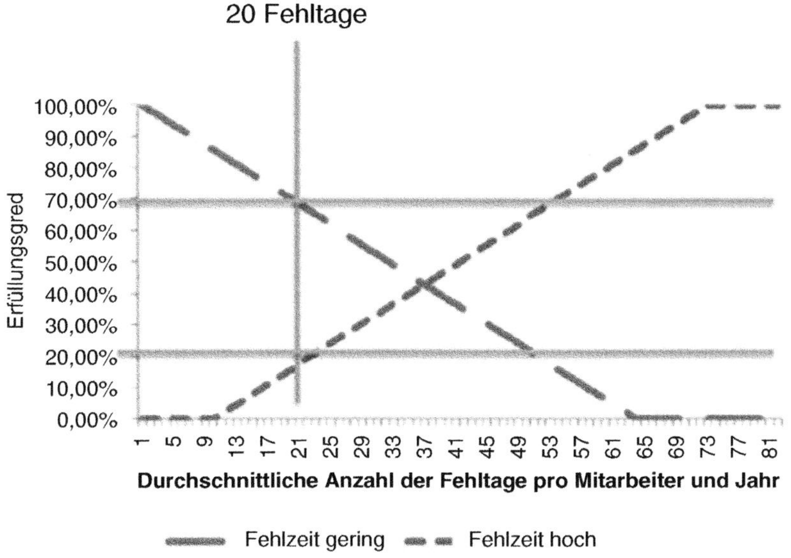

Abb. 8.19 Linguistische Variable „Fehlzeiten"

sind mit Hilfe von Zugehörigkeitsfunktionen in Erfüllungsgrade fuzzylogischer Aussagen umzuwandeln (beispielsweise „Fehlzeiten sind gering", „Fluktuation ist hoch").

Als Inferenz wird der Prozess bezeichnet, bei dem die oben zu Eingangs-Fuzzy-Sets zusammengesetzten Terme mit Hilfe aufgestellter Regeln in Ausgangs-Fuzzy-Sets (Ableitung der aktuellen Motivation und des Personalausfallrisikos) übersetzt werden. Diese Regeln werden im Anschluss mit Hilfe von Fuzzy-Verknüpfungsoperatoren ausgewertet. Verallgemeinernd zu klassischen Mengenoperatoren existieren auch in der Fuzzy-Theorie Operatoren, welche es ermöglichen Fuzzy-Mengen zu verknüpfen und somit Fuzzy-Systeme aufzubauen. Die Tab. 8.3 zeigt exemplarisch einen Auszug der ableitbaren Regeln für die Verknüpfung der beiden linguistischen Variablen „Fehlzeiten" und „Fluktuation". Die wichtigsten Operatoren sind das fuzzylogische UND sowie ODER. Das UND bezeichnet die Schnittmenge zweier Fuzzysets, das ODER die Vereinigungsmenge. Aus diesen Operatoren wird ein logisches Regelwerk erstellt, das anschließend mit Hilfe eines Inferenzschemas in ein Ausgangs-Fuzzy-Set überführt wird.

Für jedes Ergebnis mit einem Erfüllungsgrad größer null muss in einem weiteren Schritt eine Defuzzyfizierung erfolgen. Als Defuzzyfizierung bezeichnet man die Umwandlung der Erfüllungsgrade der Ergebnisse mit Hilfe mathematischer Bewertungsverfahren in scharfe Ausgangsgrößen. Letztere dienen zur Ableitung einer Aussage über das Personalausfallrisiko auf Basis einer Vielzahl von Indikatoren. In der Praxis werden hierzu mehr als die beiden Indikatoren „Fehlzeiten" und „Fluktuation" verwendet. Auf diese Weise lassen sich in unscharfen Mengen abgebildete Informationen über die Motivation der Mitarbeiter und deren Stimmungslage für ein Frühwarnsystem im Personalrisiko verdichten.

Tab. 8.3 Beispiel für ein Fuzzy-Regelwerk

Regel	Linguistische Variable „Fluktuation“	Verknüpfungs-operator	Linguistische Variable „Fehlzeiten“	Ergebnis
1	Die Fluktuation ist hoch (1,0)	UND	Die Fehlzeiten sind hoch (1,0)	Das Personalausfallrisiko ist hoch (100 wahr)
2	Die Fluktuation ist hoch (0,7)	UND	Die Fehlzeiten sind hoch (1,0)	Das Personalausfallrisiko ist hoch (93 % wahr)
3	Die Fluktuation ist hoch (0,8)	UND	Die Fehlzeiten sind hoch (1,0)	Das Personalausfallrisiko ist hoch (82 % wahr)
4	Die Fluktuation ist hoch (1,0)	UND	Die Fehlzeiten sind hoch (0,5)	Das Personalausfallrisiko ist hoch (75 % wahr)
5	Die Fluktuation ist hoch (0,6)	UND	Die Fehlzeiten sind hoch (0,7)	Das Personalausfallrisiko ist hoch (68 % wahr)
6	…	…	…	…

Das Fuzzy-System übernimmt die sehr schnelle Bewertung einer großen Anzahl von Informationen nach dem Vorbild von Experten. Im Gegensatz zu klassichen WAHR-oder FALSCH-Aussagen kann eine Information zu einem Teil WAHR und FALSCH sein. Das entspricht auch der Einschätzung eines Experten, der eine Fluktuation oder Fehlzeitenrate als tendenziell hoch oder gering einschätzen wird. Jedoch selten wird er zu der Aussage gelangen, dass ein Wert zu 100 % hoch oder gering ist. Das Expertensystem wandelt unscharfe Aussagen über die aktuelle Motivation des Personals in mathematisch zu verarbeitende Größen um. Diese werden anschließend anhand logischer Operatoren für eine Entscheidungsfindung zusammengefügt. So lässt sich ein Teil des Expertenwissens in automatisierte Prozesse übernehmen. Dadurch kann in sehr kurzer Zeit eine Vielzahl von Frühwarnindikatoren bewertet werden. Die Ergebnisse können anschließend in ein unternehmensweites Risikomodell einfließen und decken dort für den Bereich des Personalrisikos einen eigenen Risikoindikator ab.

Literatur

Ackermann, K-F.: Risikomanagement im Personalbereich, in: Prof. Dr. K.-F. Ackermann GmbH (Hrsg.): Risikomanagement im Personalbereich. Reaktionen auf die Anforderungen des KonTraG, Gabler Verlag, Wiesbaden 1999a, S. 43–102.

Bass, B.M.: Bass and Stogdill's handbook of leadership: Theory, research, and managerial applications, 3rd edition, Free Press, New York 1990.

Ackermann, K-F.: Früherkennung und Bewältigung von Personalrisiken durch aktionsorientierte Mitarbeiterbefragungen, in: Prof. Dr. K.-F. Ackermann GmbH (Hrsg.): Risikomanagement im Personalbereich. Reaktionen auf die Anforderungen des KonTraG, Gabler Verlag, Wiesbaden 1999b, S. 103–129.

Berthel, J./Becker, F. G.: Personal-Management: Grundzüge für Konzeptionen betrieblicher Personalarbeit, 11. Auflage, Schaeffer Poeschel Verlag, Stuttgart 2017.

Dekker, S. (2014): The Field Guide to Understanding „Human Error“, 3rd edition, GRC Press Taylor & Francis Group, Boca Raton/FL, London, New York 2014.

Dekker, S. (2017): Just Culture: Restoring Trust and Accountability in Your Organization, 3rd edition, GRC Press Taylor & Francis Group, Boca Raton/FL, London, New York 2017.

Gallup GmbH, Engagement Index Deutschland 2018, Pressemitteilungen und Unterlagen für Pressegespräche (29.08.2018).

Keil, P.: Du bist der Pilot: Wie Sie selbstBEWEUSST Ihre Ziele im LEBEN erreichen, Raffler Verlag, Lippstadt 2019.

Kobi, J.-M.: Die Mitarbeiterdimension in der Balanced Scorecard, in: Controller Magazin 3/2000.

Kobi, J.-M.: Die Früherkennung von Personalrisiken als Pflicht, PERSONALmagazin, 10/2002, S. 20 ff.

Kring, W./Hurrelmann, K.: Die Generation Z erfolgreich gewinnen, führen und binden. NWB Verlag, Herne 2019.

Kropp, W.: PersonalRisikomanagement, in: Bröckermann, R.; Pepels, W.: Personalbindung: Wettbewerbsvorteile durch strategisches Human Resource Management, Berlin 2004.

Lisges, G.; Schübbe, F.: Personalcontrolling, 2. Auflage, Freiburg 2007.

Meyer, P./Zbinden, D.: WissensRisikomanagement, in: Reihe A: Discussion Paper 2001–05, veröffentlich von der FH Solothurn Nordwestschweiz.

Paul, C.: Personalrisikomanagement (Arbeitspapier 112), Hans-Böckler-Stiftung, Düsseldorf 2005.

Rieder, M.: Rendite-Risiko-Profil eines Investments in Humankapital, in: Risiko Manager 08/2008, S. 1 und 8 ff.

Romeike, F.: Balanced Scorecard in Versicherungsunternehmen, Wiesbaden 2003.

Romeike, F.: Risikomanagement, Springer Gabler Verlag, Wiesbaden 2018.

Romeike, F.:: Toolbox – Die Bow-Tie-Analyse, in: GRC aktuell, Ausgabe Februar 2019, 01/2019, S. 39–44.

Rommelfanger, H./Eickemeier, S.: Entscheidungstheorie – Klassische Konzepte und Fuzzy-Erweiterungen, Berlin 2002.

Vahs, D.: Organisation – Einführung in die Organisationstheorie und -praxis, Stuttgart 2007.

Wiedemann, A.: Balanced Scorecard als Instrument des Bankcontrolling, in: Handbuch Bankcontrolling, hrsg. v. Schierenbeck, H./Rolfes, B. und Schüller, St., 2. Aufl., Wiesbaden 2001, S. 493–507.

Quantifizierung von Risiken im Finanzbereich

9

Risiko-Management im Finanzbereich

F. Romeike, P. Hager, *Erfolgsfaktor Risiko-Management 4.0*,
https://doi.org/10.1007/978-3-658-29446-5_9

9.1 Das Drei-Werte-Verfahren

Traditionell verwenden Risikoanalysen im Treasury (Vermögensbereich, der sich im Unternehmen mit der Steuerung von Zahlungsströmen befasst) punktgenaue Schätzungen auf Basis ausgewählter Szenarien für die zu prognostizierenden Variablen. Dabei wird zwischen erwarteten Szenarien (Normalszenarien) und unerwarteten Szenarien mit extremen Auswirkungen (Stressszenarien) unterschieden. Die Szenarioanalysen erfreuen sich in der Praxis einer großen Beliebtheit, da sie im Vergleich zu statistischen Analysen schnell und einfach durchführbar sind. Am bekanntesten ist die Risikoanalyse mit dem Drei-Werte-Verfahren, das einen optimistischen (besten, „best case"), einen pessimistischen (schlechtesten, „worst case") und einen erwarteten (normalen, „realistic case") Wert enthält. Der erwartete Wert wird für „am wahrscheinlichsten" gehalten, wobei es sich in der Regel um eine vom Anwender subjektiv empfundene, auf Erfahrungen beruhende Wahrscheinlichkeit handelt. Die optimistischen Werte bilden den besten Fall (engl. „best case"), die pessimistischen Werte den schlechtesten Fall (engl. „worst case") und das vom Anwender erwartete Szenario setzt sich aus den für ihn wahrscheinlichsten Werten zusammen.

Eine Grundlage für die Definition von Szenarien unter alternativen Rahmenbedingungen bietet traditionell die Betrachtung der Vergangenheit, besser wären jedoch zukunftsgerichtete Szenarien. Im Beispiel erfolgt die Betrachtung eines deutschen Unternehmens, das auf einem Fremdwährungskonto Vermögen in USD hält, um damit zukünftige Importe zu bezahlen. Mit Hilfe einer Szenarioanalyse wird der Gegenwert des Vermögens in EUR zum nächsten Bilanzstichtag simuliert. Die Risikoprognose erfolgt am 30.06. in $t = 0$ mit einem Prognosehorizont von sechs Monaten auf den 31.12. in $t = 0$. Auf Basis der Historie der letzten 250 Handelstage wurde als bester Wechselkurs 1,34 EUR/USD und als schlechtester Wechselkurs 1,60 EUR/USD beobachtet. Folglich wird unterstellt, dass auch in den nächsten zwölf Monaten ein EUR nicht mehr als 1,60 USD und nicht weniger als 1,34 USD kosten wird (vgl. Abb. 9.1). Im Mittelwert lag der Wechselkurs in der betrachteten Historie bei 1,48 EUR/USD und aus diesem Wert wird das normale (erwartete) Szenario gebildet.

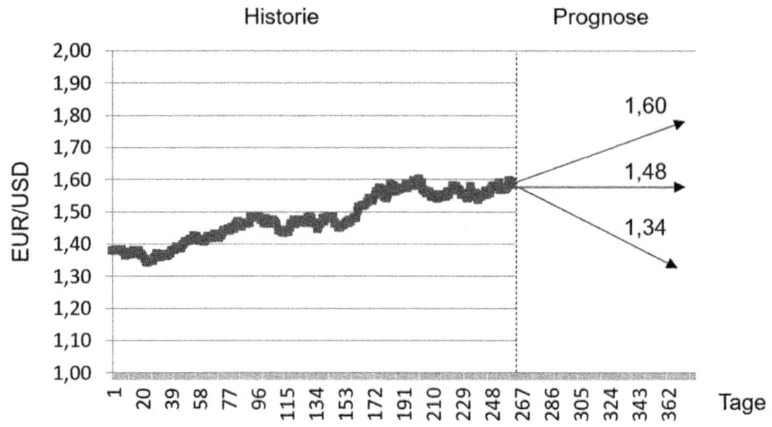

Abb. 9.1 Schwankende Wechselkurse und Unternehmensplanung

Neben dem Wechselkurs gibt es eine zweite Unbekannte zum Bilanzstichtag: Den dann noch vorhandenen Bestand an Vermögen in USD. Dieser Vermögensbestand ist abhängig von der Anzahl der in den nächsten sechs Monaten noch zu importierenden Waren. Bei einer hohen Inlandsnachfrage und einem damit starken Importgeschäft wird sich der Vermögensbestand in USD zum Bilanzstichtag nach der Schätzung des Unternehmens noch auf 5.000.000 USD belaufen. Sollte die Inlandsnachfrage sehr schlecht sein, werden weniger Importe benötigt und es bleibt schätzungsweise 12.000.000 USD Fremdwährungsbestand zum 31.12. in t = 0. Treten exakt die Planwerte des Unternehmens für den Import ein, wird der Fremdwährungsbestand auf 8.000.000 USD sinken. Aus den drei Prognosewerten für den Wechselkurs und den drei geschätzten Fremdwährungsbeständen ergeben sich die in Abb. 9.2 gezeigten neun Realisationen für das von USD in EUR konvertierte Vermögen zum nächsten Bilanzstichtag.

Der beste Fall in Abb. 9.2 setzt sich zusammen aus dem bestmöglichen Importergebnis und damit dem geringsten Fremdwährungsbestand in USD von 5.000.000 und dem günstigsten Wechselkurs von 1,34 EUR je USD (5 Mio. USD: 1,34 EUR/USD = 3,125 Mio. EUR). Im schlechtesten Fall beträgt der Fremdwährungsbestand 12.000.000 USD und der Wechselkurs notiert bei 1,60 EUR je USD (= 12 Mio. USD: 1,60 EUR/USD = 7,5 Mio. EUR). Den erwarteten Fall bildet die Kombination aus dem erwarteten Fremdwährungsbestand von 7.000.000 USD bei geplantem Importgeschäft und dem mittleren Wechselkurs von 1,48 EUR je USD. Abb. 9.2 fasst alle neun Szenarien in einer Übersicht zusammen.

Die Spannbreite des denkbaren Fremdwährungsbestands liegt in EUR konvertiert per 31.12. in t = 0 zwischen 3.125.000 EUR und 8.955.224 EUR im schlechtesten Fall. Welche der neun Realisationen eintreten wird, ist unsicher. Zur Unterstützung der Planung lässt sich das arithmetische Mittel aus den neun Szenarien berechnen. Zunächst wird vereinfachend unterstellt, dass alle neun Szenarien gleichwahrscheinlich seien.[1] In der

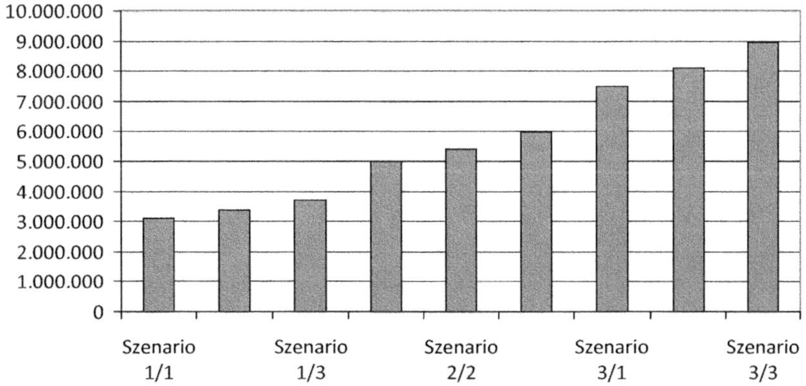

Abb. 9.2 Szenarioanalyse des Fremdwährungsbestands für ein Beispielunternehmen

[1] Das ist eine stark vereinfachende Annahme zu Beginn, denn die Kombination aus dem schlechtesten Importgeschäft (= größter Fremdwährungsbestand) und dem ungünstigsten Wechselkurs von 1,60 EUR/USD dürfte weniger wahrscheinlich sein als eine Kombination aus einem moderaten Wechselkurs und dem geplanten Importgeschäft.

Statistik wird eine Verteilung, bei der alle Realisationen einer diskreten Zufallsvariable gleichwahrscheinlich sind, als Gleichverteilung bezeichnet. Das arithmetische Mittel beträgt in diesem Beispiel 5.685.956 EUR. Bisher wurden keine statistischen Verteilungen für den Wechselkurs EUR/USD und den Fremdwährungsbestand in USD benötigt. Jedes Szenario besteht bisher aus der Kombination von einem der drei Wechselkurse mit einem der drei Fremdwährungsbestände. Zur Ermittlung des arithmetischen Mittels bei neun Szenarien wurde mangels besserer Kenntnis angenommen, dass alle neun Szenarien gleichwahrscheinlich sein mögen. Die (diskrete) Gleichverteilung bezog sich auf die Eintrittswahrscheinlichkeiten der neun Szenarien.

Im nächsten Schritt wird für den Wechselkurs und für den Fremdwährungsbestand zum Bilanzstichtag (und damit für die geleisteten Importe) jeweils eine Gleichverteilung verwendet. Dabei sind nicht nur die zuvor ermittelten besten und schlechtesten Werte zulässig, sondern auch alle Werte dazwischen. Das bedeutet, dass in der Simulation alle denkbaren Wechselkurse zwischen 1,34 und 1,60 mit allen denkbaren Fremdwährungsbeständen zwischen 5.000.000 USD und 12.000.000 USD kombiniert werden. Aus den zuvor neun Szenarien werden nun beliebig viele Szenarien, im Beispiel sind es gewählte 10.000. Abb. 9.3 zeigt die Häufigkeitsverteilung für das in EUR konvertierte Fremdwährungsvermögen aus USD zum Bilanzstichtag 31.12. in t = 0.

Abb. 9.3 zeigt als Eingangsgrößen die Wechselkurse und Fremdwährungsvermögen jeweils am oberen Rand als Gleichverteilung angedeutet. Die Verteilungen haben die Form eines Rechtecks, da alle Realisationen von Wechselkursen bzw. Fremdwährungsvermögen innerhalb der angegebenen Intervalle jeweils die gleiche relative Häufigkeit haben. Für beide Eingangsgrößen werden aus Zufallszahlen jeweils 10.000 Werte innerhalb der angegebenen Intervalle generiert und mit Hilfe der Division „Fremdwährungsvermögen in USD" geteilt durch „Wechselkurs EUR/USD" zu der Häufigkeitsverteilung in der Mitte der Abb. 9.3 verdichtet.

Im unteren Teil der Abb. 9.3 werden die simulierten Fremdwährungsbestände in EUR in einer Häufigkeitsverteilung mit 100 Klassen dargestellt. Auf der Abszisse (x-Achse) der Häufigkeitsverteilung werden die in Größenklassen erfassten Realisationen der Fremdwährungsvermögen in EUR und auf der Ordinate (y-Achse) die korrespondierenden relativen Häufigkeiten abgetragen. Die relativen Häufigkeiten ergeben sich aus der Anzahl der Beobachtungen je Größenklasse in Relation zur Gesamtzahl der Beobachtungen. Wenn beispielsweise zwei von 10.000 Szenarien zu einem Fremdwährungsvermögen in EUR zwischen 3.200.000 EUR und 3.260.000 EUR führen, beträgt die relative Häufigkeit für diese Größenklasse 0,0002 (= 2/10.000) respektive 0,02 %. An den beiden Extrema für das Fremdwährungsvermögen in EUR hat sich auch bei der Simulation von 10.000 Szenarien nichts geändert. Der niedrigste Wert liegt noch immer bei 3.125.000 EUR und der höchste Wert bei 8.955.224 EUR. Aus der Kombination von zwei gleichverteilten Variablen ergibt sich aber keine Gleichverteilung der Ergebnisgröße. Die Erklärung für diesen Effekt besteht darin, dass viele Kombinationen von Fremdwährungsbeständen in USD (nach Importen) und Wechselkursen zu Fremdwährungsvermögen in EUR im mittleren Bereich

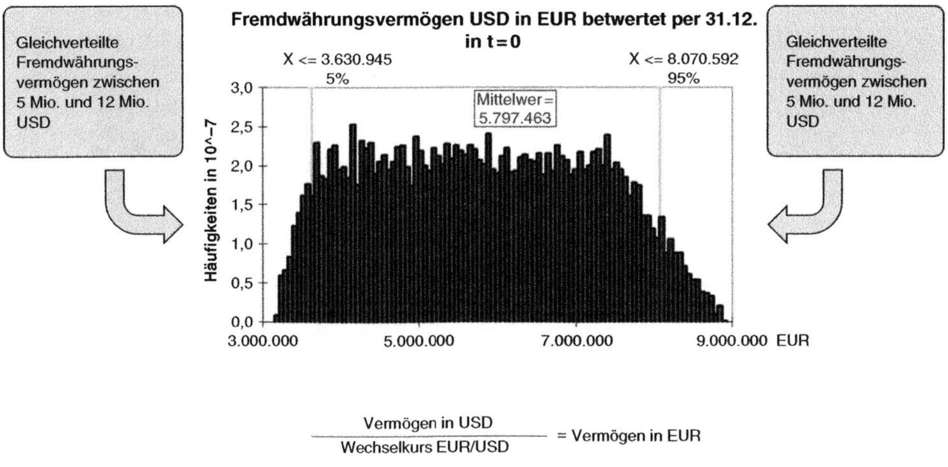

Abb. 9.3 Risikoanalyse mit 10.000 Szenarien

führen, wohingegen beispielsweise das minimale Fremdwährungsvermögen in EUR von 3.125.000 EUR nur bei einer einzigen Kombination möglich ist.

Das arithmetische Mittel steigt bei 10.000 Szenarien auf 5.797.463 EUR im Vergleich zu 5.685.956 EUR bei nur neun Szenarien. Aus der Häufigkeitsverteilung kann abgezählt werden, dass in circa 95 % der Szenarien ein Fremdwährungsvermögen in EUR von weniger als 8.070.000 EUR erreicht wird. Das Abzählen der relativen Häufigkeiten in der Häufigkeitsverteilung ist jedoch aufwendig. Die relativen Häufigkeiten für das Fremdwährungsvermögen in EUR lassen sich als kumulierte Häufigkeiten in einer empirischen Verteilungsfunktion abtragen. Hierzu werden die Umsatzerlöse nach ihrer Größe aufsteigend geordnet.

Die kleinste beobachtete Realisation für das Fremdwährungsvermögen in EUR beträgt in diesem Simulationslauf 3.125.000 EUR. In der aufsteigenden Ordnung von Abb. 9.4 steht sie auf Rang 1 und macht 0,01 % der simulierten Werte aus (= 1/10.000). Auf Rang 2 steht ein Umsatzerlös von 3.147.104 EUR. Die kumulierte Häufigkeit für ein Fremdwährungsvermögen in EUR von höchstens 3.147.104 EUR umfasst die ersten beiden Beobachtungen bzw. 0,02 % der simulierten Werte. Auf diese Weise wird Abb. 9.4 bis zur letzten Beobachtung vervollständigt. So beträgt beispielsweise die Unterschreitungswahrscheinlichkeit 99,96 % für ein Fremdwährungsvermögen von 8.849.865 EUR, da 9996 von 10.000 Realisationen kleiner als dieser Wert sind. Die Gegenwahrscheinlichkeit für ein Fremdwährungsvermögen von mindestens 8.849.865 EUR beträgt 0,04 % (= 1−0,9996), da vier von 10.000 Realisationen auf oder über diesem Wert liegen.

Auf der Abszisse der Verteilungsfunktion in Abb. 9.4 sind wieder die möglichen Fremdwährungsvermögen in EUR gezeigt, auf der Ordinate lässt sich die korrespondierende kumulierte Wahrscheinlichkeit ablesen. Um beispielsweise die Wahrscheinlichkeit dafür

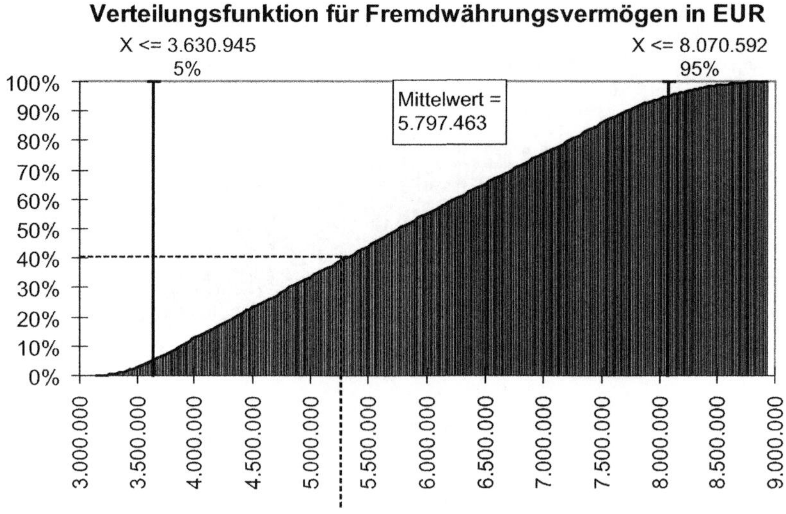

Abb. 9.4 Verteilungsfunktion auf Basis von 10.000 simulierten Szenarien

zu ermitteln, dass das Fremdwährungsvermögen per 31.12. in t = 0 weniger als 5.309.387 EUR betragen wird, muss von diesem Wert auf der Abszisse ausgehend eine gedachte Linie bis zur Höhe des Randes der grauen Fläche gezogen, auf dieser Höhe lässt sich an der Ordinate die zugehörige Wahrscheinlichkeit von 40 % ablesen. Damit beträgt in diesem Beispiel das Fremdwährungsvermögen mit 40 % Wahrscheinlichkeit weniger als 5.309.387 EUR per 31.12. in t = 0.

Die Wahrscheinlichkeit von fünf Prozent für die Erreichung bzw. Unterschreitung eines Fremdwährungsbestands von 3.630.945 EUR wird in der Statistik als Quantil bezeichnet. Das 5 %-Quantil sagt aus, dass fünf Prozent der beobachteten Werte kleiner oder gleich dem Quantilswert (3.630.945 EUR) sind. Umgekehrt wird mit 95 % Wahrscheinlichkeit ein höheres Fremdwährungsvermögen als dieser Wert realisiert. Wenn eine Stichprobe zu klein ist, um das gewünschte Quantil zu bilden, wird zwischen zwei Werten interpoliert. Beispielsweise ist es bei 100 Beobachtungen zur Ermittlung des 97,5 %-Quantils erforderlich, zwischen dem 97 %- und 98 %-Quantil zu interpolieren.

Das Bild der Häufigkeitsverteilung könnte sich noch stärker ändern, wenn auch die zu Grunde liegenden Verteilungsannahmen optimiert werden. Bisher wurde angenommen, dass die 10.000 simulierten Realisationen des Wechselkurses und des Fremdwährungsvermögens innerhalb ihres jeweiligen Intervalls gleichwahrscheinlich sind. Die Intervalle wurden auf Basis historischer Beobachtungen ermittelt und die Intervallgrenzen orientierten sich an den historischen Höchst- und Tiefstkursen. Es ist fraglich, ob diese beiden Extremwerte die gleiche Eintrittswahrscheinlichkeit haben wie zum Beispiel moderatere Werte zwischen den Extrema. Ist ein Wechselkurs von zum Beispiel 1,40 EUR/USD ebenso wahrscheinlich wie das 250-Tages-Hoch von 1,60 EUR/USD? Ebenso könnte in Frage gestellt werden, ob die Extremwerte für Fremdwährungsbestände (und damit für Importe) gleichwahrscheinlich

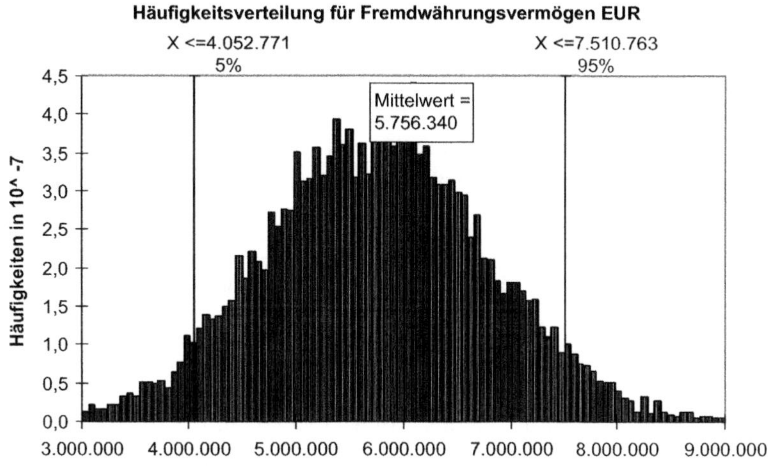

Abb. 9.5 Häufigkeitsverteilung auf Basis von Normalverteilungen

sind wie zum Beispiel mittlere Werte, denn die statistischen Modelle unterscheiden sich gerade darin von subjektiven Szenarioanalysen, dass sie Wahrscheinlichkeitsaussagen für das Eintreten von bestimmten Ereignissen abgeben können.

Die Annahme einer statistischen Gleichverteilung für alle Unbekannten war zunächst gerechtfertigt, da die Gleichverteilung für solche Fälle empfohlen wird, in denen keine Informationen über die tatsächliche Verteilung vorliegen. Für die Beschreibung der Realität hat jedoch die Gleichverteilung wenig Bedeutung. Dort treten moderate Werte mit einer größeren Wahrscheinlichkeit ein als Extremwerte. Im mathematischen Anhang in Kap. 13 wird erklärt, wie die Verteilung von Risikofaktoren bestimmt werden kann.

Die Veränderung der Verteilungsannahmen von Gleichverteilungen auf Normalverteilungen für den Wechselkurs und den Fremdwährungsbestand hätte in diesem Beispiel zu einer anderen Einschätzung des Risikos geführt (vergleiche die Verteilung in Abb. 9.5 mit der Verteilung in Abb. 9.3).

9.2 Das Varianz-Kovarianz-Modell

Die quantitative Messung von Risiken kann grundsätzlich auf zwei Wegen erfolgen, analytisch oder durch Simulation. Für den analytischen Weg bedarf es einer Verteilungsannahme. Im mathematischen Anhang in Kap. 13 ist gezeigt, wie die Modellierung von Risikofaktoren auf Basis eines Random Walks zu einer Normalverteilungsannahme führt. Die Normalverteilungsannahme für Risikofaktoren liegt dem *Varianz-Kovarianz-Modell* zu Grunde. Bei der Normalverteilung sind Werte um den Mittelwert am wahrscheinlichsten, die Verteilung ist symmetrisch und damit sind Abweichungen nach unten und oben vom Mittelwert möglich.

In den Natur-, Ingenieur- und Wirtschaftswissenschaften wird die Normalverteilung häufig als Näherung für die Verteilung von Unbekannten genutzt. Beispielsweise werden zufällige Messfehler bzw. Produktionsfehler gerne mit der Normalverteilung beschrieben. In der Finanz- und Versicherungsmathematik können mit der Normalverteilung Verluste und Schäden im mittleren Bereich modelliert werden. Für die Messung extrem seltener Risiken sind die Normalverteilung wie auch das gesamte Value at Risk-Konzept hingegen nicht geeignet. Die Value at Risk-Verfahren sind konzipiert für die Messung von Risiken unter normalen Umweltbedingungen, das heißt mittlere bis größere Verluste durch übliche Marktpreisschwankungen auf funktionierenden Märkten.

Der Value at Risk einer einzelnen Vermögensposition ergibt sich im Varianz-Kovarianz-Modell aus der Multiplikation von einem Marktwert mit seiner Volatilität, wobei letztere zuvor auf die gewünschte Wahrscheinlichkeit der Aussage skaliert wurde. Am Beispiel des Wechselkurses EUR/USD beträgt die historische Tagesvolatilität auf Basis der letzten 250 Tage vom 30.06. in t = 0 ausgehend 4,60 %. Wird eine Normalverteilung der Wechselkursschwankungen unterstellt, so beträgt die Wechselkursschwankung bei einem Ausgangswert von 1,58 EUR/USD am 30.06. in t = 0 pro Tag ± 0,07 EUR/USD (= ±4,60 %). Die Normalverteilung sagt aus, dass mit einer Wahrscheinlichkeit von circa zwei Dritteln (68,27 %) die Abweichung vom Ausgangswert höchstens eine Standardabweichung (im Beispiel 0,07 EUR/USD) beträgt.[2] Mit Hilfe für die Normalverteilung definierter Faktoren (z-Werte) kann gemessen werden wie groß höchstens die Abweichung beispielsweise mit 95 % ausfällt. Dazu wird die Volatilität (4,60 %) respektive die Standardabweichung (0,07 EUR/USD) mit dem Faktor 1,6449 multipliziert. Die Aussage lautet nun: Mit 95 % Wahrscheinlichkeit wird der Wechselkurs von 1,58 EUR/USD am nächsten Tag nicht höher als 1,70 EUR/USD liegen.

Das bisher beschriebene Modell ist noch recht grob, denn meistens sind die Risikofaktoren wie hier im Beispiel der Wechselkurs EUR/USD nicht normalverteilt. Abb. 9.6 zeigt vergleichend die Verteilung der Wechselkurse und die Verteilung der logarithmierten Veränderungen der Wechselkurse.[3] Während die Wechselkurse selbst nicht normalverteilt sind, lassen sich deren Veränderungen näherungsweise mit Hilfe der Normalverteilung beschreiben. Diese Beobachtung gilt für die meisten Marktpreisrisiken.[4] Das Risiko des Unternehmens besteht auch nicht in dem Wechselkurs, sondern in seiner unerwarteten und wirtschaftlich ungünstigen Veränderung. Ausgehend von dieser Erkenntnis wird im Folgenden nur noch auf die Veränderungen der Risikofaktoren abgestellt.

Für den Wechselkurs EUR/USD beträgt die tägliche Standardabweichung der logarithmierten Veränderungen 0,00555 EUR/USD.[5] Bei den späteren Risikoberechnungen muss

---

[2] Vgl. Mathematischer Anhang, Kap. 13.

[3] Zu den Eigenschaften von Werten vor und nach dem Logarithmieren und der Bedeutung für das Risiko-Management vgl. den mathematischen Anhang, Kap. 13.

[4] Vgl. Hager (2004, Kapitel B.1 bis B.2 und Anhang C.1).

[5] Gemessen wurden die logarithmierten Veränderungen der Wechselkurse eines Jahres auf Tagesbasis. Diese ergeben sich aus der Formel LN(Wechselkurs vom Vortag: Wechselkurs des aktuellen Tages). Aus diesen logarithmierten Veränderungen wurde die Standardabweichung ermittelt. Für Details vgl. den mathematischen Anhang in Kap. 13.

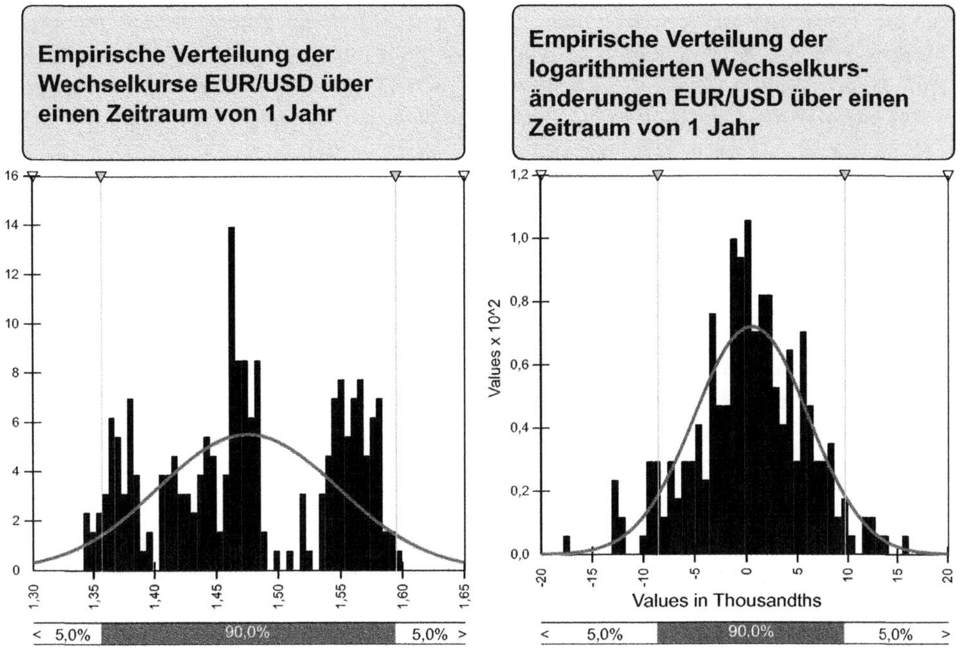

Abb. 9.6 Häufigkeitsverteilung auf Basis von Normalverteilungen

die Standardabweichung der logarithmierten Renditen wieder transformiert werden. Die Umkehrfunktion zum Logarithmieren bildet die e-Funktion (vgl. mathematischer Anhang im Kap. 13). Der Value at Risk Wert mit 95 % Wahrscheinlichkeit beträgt für einen Tag 1,58 EUR/USD $\cdot$ $e^{(0{,}00555\ \text{EUR/USD} \cdot 1{,}6449)}$ = 1,59 EUR/USD und für 125 Tage 1,58 EUR/USD $\cdot$ $e^{(0{,}00555\ \text{EUR/USD} \cdot 1{,}6449 \cdot \sqrt{125})}$ = 1,75 EUR/USD. Mit diesem Risikowert können anschließend Fremdwährungs- und Rohstoffbestände bewertet werden, beispielsweise die Lagervorräte von Kupfer. Die tägliche Standardabweichung der logarithmierten Veränderungen des Kupferpreises beträgt für die oben gewählte Historie 0,0180 USD. Ausgehend von einem aktuellen Kupferpreis von 8775,50 USD per 30.06. in t = 0 folgt daraus ein Value at Risk Wert mit 95 % Wahrscheinlichkeit für einen Tag von 8775,50 USD $\cdot$ $e^{(0{,}018 \cdot -1{,}6449)}$ = 8519 USD und für 125 Tage 8775,50 USD $\cdot$ $e^{(0{,}018 \cdot -1{,}6449 \cdot \sqrt{125})}$ = 6302 USD.

Setzt sich ein Portfolio aus mehreren unterschiedlichen Vermögenspositionen zusammen, bedarf es einer Aggregation der einzelnen Value at Risk-Beträge zu einem Portfolio-Value at Risk. Bei einer einfachen Addition der Risikobeträge bleiben die häufig vorhandenen Diversifikationseffekte unbeachtet. Eine Aussage über die mögliche Diversifikationswirkung zwischen zwei Vermögenspositionen liefert deren Korrelationskoeffizient.[6] Die risikodiversifizierende Wirkung des Korrelationskoeffizienten wird

[6] Die Definition und Berechnung von Korrelationen wird im mathematischen Anhang in Kap. 13 erläutert.

für ein Beispiel-Portfolio berechnet. Die Inntal AG möge Kupfervorräte mit einem Marktwert von 478 Tonnen halten.[7] Am 30.06. in t = 0 beträgt das Rohstoffvermögen in Kupfer bei einem Marktpreis von 8775,50 USD je Tonne 4.194.689 USD respektive 2.654.866 EUR bei einem aktuellen Wechselkurs von 1,58 EUR/USD. Mit einer Wahrscheinlichkeit von 95 % wird der Verlust aus einer Kupferpreisänderung binnen eines Tages nicht größer als circa 122.600 USD (=478 Tonnen · (8775,50 – 8519) USD) respektive ceteris paribus rund 77.600 EUR (=122.600 USD: 1,58 EUR/USD). Denn mit 95 % Wahrscheinlichkeit wird der Kupferpreis von 8775,50 USD binnen eines Tages nicht unter 8519 USD fallen, der Wechselkurs EUR/USD wird dabei konstant gehalten.

Bei einem mit 95 % Wahrscheinlichkeit nicht höher als 1,59 notierenden Wechselkurs beträgt der Verlust aus Wechselkursschwankungen bei einem ceteris paribus konstanten Kupferpreis circa 16.700 EUR [= (478 Tonnen · 8775,50 USD: 1,58 EUR/USD) – (478 Tonnen · 8775,50 USD: 1,59 EUR/USD)]. Das Gesamtrisiko aus Kupferpreis- und Wechselkursschwankung beträgt mit 95 % Wahrscheinlichkeit binnen eines Tages nicht mehr als 77.600 EUR + 16.700 EUR = 94.300 EUR.

Mit der Addition beider Risiken wird unterstellt, dass das Wechselkursrisiko und das Rohstoffpreisrisiko gleichzeitig schlagend werden (Korrelation = 1). Die Korrelation zwischen EUR/USD und dem Kupferpreis liegt jedoch empirisch nahe Null, das gilt sowohl für den hier betrachteten Zeitraum von einem Jahr Historie (k = 0,075) als auch für längere Zeiträume.[8] Mit einer Korrelation unter 1 können *Risikodiversifikationseffekte* realisiert werden, die in der bisherigen Berechnung noch nicht betrachtet wurden. Die Korrelation zwischen den beiden Risikofaktoren kann mit Hilfe von Gl. 9.1 berücksichtigt werden, welche an eine Formel aus dem *Portfolio-Selection-Modell* von Markowitz zur Berechnung des Portfoliorisikos im Zwei-Anlagen-Fall angelehnt ist.[9]

$$\mathrm{VaR_P} = \sqrt{\mathrm{VaR}_1^2 + \mathrm{VaR}_2^2 + 2 \cdot \mathrm{VaR}_1 \cdot \mathrm{VaR}_2 \cdot k_{1,2}} \qquad \text{(Gl. 9.1)}$$

Bei Anwendung der Gl. 9.1 wird für den VaR_1 der $\mathrm{VaR}_{\mathrm{Kupfer}}$ = 77.600 EUR, für den VaR_2 der $\mathrm{VaR}_{\mathrm{EUR/USD}}$ = 16.700 EUR und für die Korrelation zwischen beiden $k_{1,2}$ = 0,075 eingesetzt. Gegenüber dem Portfolio-$\mathrm{VaR}_{\mathrm{EUR}}$ mit einer Korrelation von 1 verringert sich der Risikobetrag in Folge des nun berücksichtigten Diversifikationseffekts um 13.700 EUR auf circa 80.600 EUR.

Für die Berechnung eines Value at Risk mit mehr als zwei Risikofaktoren lässt sich Gl. 9.1 in eine allgemeine Form bringen mit Hilfe der Matrizenschreibweise bringen. Bei einer Vielzahl von Risikofaktoren würde ein langer Ausdruck unter der Wurzel entstehen,

[7] Der Weltmarktpreis für Rohstoffe wie Gold, Silber, Kupfer und Rohöl wird in der Regel in USD angegeben.

[8] Vgl. Hager (2004, S. 104).

[9] Vgl. Hager (2004, S. 104 f.) und Markowitz (1952, S. 77 ff.).

Abb. 9.7 Das Varianz-Kovarianz-Modell in unterschiedlichen Schreibweisen

$$\mathbf{VaR_p = \sqrt{VaR_1{}^2 + VaR_2{}^2 + 2 \cdot VaR_1 \cdot VaR_2 \cdot k_{1,2}}}$$

⇓

$$\mathbf{VaR_p = \sqrt{\sum_{i=1}^{n} x_i^2 \sigma_i^2 + 2 \cdot \sum_{i=1}^{n} \sum_{j<1}^{n} x_i \cdot x_j \cdot \sigma_{i,j}} \cdot z}$$

⇓

$$\mathbf{VaR_p = \sqrt{[x_1, x_2, \ldots, x_n] \cdot \begin{bmatrix} \sigma_1^2 & cov_{1,2} & \ldots & cov_{1,n} \\ \vdots & & & \\ cov_{1,2} & cov_{n,2} & \ldots & \sigma_n^2 \end{bmatrix} \cdot \begin{bmatrix} x_1 \\ \vdots \\ x_n \end{bmatrix}} \cdot z}$$

⇓

$$\mathbf{VaR_p = \sqrt{X^T \cdot cov \cdot X} \cdot z}$$

namentlich u. a. die Summanden aller möglichen Zweierkombinationen von Value at Risk-Werten und deren Korrelationen, so dass die Überführung in eine *Matrizenschreibweise* mehr Übersichtlichkeit verschafft. Eine Matrix A ist ein rechteckiges Zahlenschema mit m Zeilen und n Spalten und wird kurz als m · n Matrix bezeichnet. Abb. 9.7 zeigt die unterschiedlichen Schreibweisen.[10]

Die ausführliche Matrizenschreibweise ist im unteren Teil von Abb. 9.7 dargestellt. Darunter steht die Kurzform, in der X^T für den Zeilenvektor der x_i, cov für die Varianz-Kovarianz-Matrix und X für den Spaltenvektor der x_i steht. Der Zeilenvektor X^T ist die Transponente des Spaltenvektors X und trägt daher den Index T. Für den Fall zweier Anlagen sind die unteren Gleichungen identisch mit der ursprünglichen Gl. 9.1. Zur Verwendung der Matrizenschreibweise ist die Berechnung von Kovarianzen notwendig. Die Kovarianz zwischen zwei Risikofaktoren ist eine Kombination aus ihren Volatilitäten und der gegenseitigen Korrelation. Zwischen dem Kupferpreis und dem Wechselkurs EUR/USD lässt sich die Kovarianz beispielhaft wie folgt ermitteln ($cov_{1,2} = \sigma_1 \cdot \sigma_2 \cdot k_{1,2} = 0{,}0180 \cdot 0{,}00555 \cdot 0{,}075$). Im nächsten Schritt wird die Varianz-Kovarianz-Matrix erstellt. Die benötigten Varianzen ergeben sich aus den quadrierten Standardabweichungen. In dem Beispiel mit Kupfer und dem Wechselkurs EUR/USD entsteht aufgrund der zwei Risikofaktoren eine zwei mal zwei *Varianz-Kovarianz-Matrix.* Aus dieser allgemeinen Schreibweise mit Matrizen ist der Name für das Risikomodell entstanden: Varianz-Kovarianz-Modell. Anschaulicher als die Matrizen mit Varianzen-Kovarianzen ist aber die in Gl. 9.1 vorgestellte Form mit Standardabweichungen (in den Value at Risk-Werten der Einzelrisiken) und Korrelationen.

---

[10] Für eine ausführliche Darstellung der Matrizenrechnung im Varianz-Kovarianz-Modell mit entsprechenden Beispielrechnungen vgl. Hager (2004, S. 106 ff.).

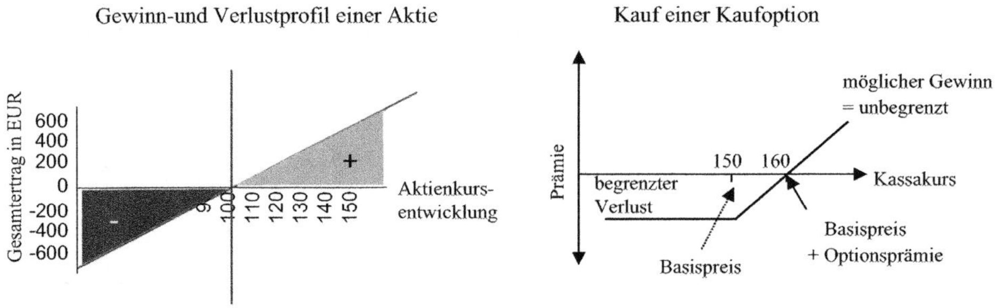

Abb. 9.8 Symmetrische und asymmetrische Derivate

Das Varianz-Kovarianz-Modell existiert in zwei Varianten, dem Delta-Normal-Ansatz und dem Delta-Gamma-Ansatz.[11] Der *Delta-Normal-Ansatz* unterstellt, dass die Marktwerte der Positionen im Portfolio linear auf Veränderungen der Risikofaktoren reagieren und ist daher für die Risikoberechnung von Portfolios mit symmetrischen Finanzinstrumenten geeignet. Ein Beispiel für *symmetrische Finanzinstrumente* sind Aktien. Kauft ein Unternehmen eine Aktie zum Kurs von 100 EUR, so bedeutet jeder Euro Kursverlust einen gleich großen Verlust für das Unternehmen und umgekehrt erhöht jeder Kursgewinn den Gewinn des Unternehmens um den gleichen Betrag. Das Unternehmen könnte alternativ eine Kaufoption auf eine Aktie beziehen (engl. Call). Durch den Kauf eines Calls ist das Unternehmen berechtigt, aber nicht verpflichtet, eine bestimmte Anzahl von Aktien zu einem vorher vertraglich fixierten Basispreis vom Stillhalter der Option zu beziehen.

Der mögliche Verlust des Unternehmens als Inhaber des Wahlrechts ist auf die gezahlte Optionsprämie beschränkt. Sollte der Kurs der Aktie unter einen zuvor vereinbarten Basispreis von beispielsweise 95 EUR fallen, kann das Unternehmen die Aktie am Markt günstiger beziehen als durch die Ausübung der Option. Der Call auf die Aktie verfällt wertlos und die gezahlte Prämie ist verloren. Umgekehrt hat das Unternehmen unbegrenzte Gewinnchancen. Unabhängig davon, wie stark der Aktienkurs steigt, kann das Unternehmen bei Ausübung der Option die Aktie stets zu 95 EUR kaufen und am Markt zu dem entsprechend höheren Kassakurs wiederverkaufen. Dem begrenzten Verlustpotenzial steht ein unbegrenztes Gewinnpotenzial gegenüber. Im Gegensatz zur Aktie liegt bei dem Call daher ein *asymmetrisches Gewinn- und Verlustprofil* vor. In Abb. 9.8 wird das symmetrische Profil einer Aktie dem asymmetrischen Profil einer gekauften Call-Option gegenübergestellt.

Wie symmetrische und asymmetrische Finanzinstrumente im Delta-Normal-Ansatz berücksichtigt werden, wird an einem Beispiel gezeigt. Das Unternehmen möge ein Portfolio halten, welches aus einer Aktie und einer Option auf eine weitere gleichartige Aktie (Call) besteht. Mit der Option hat sich das Unternehmen bei Vertragsabschluss einen Bezugspreis von 95 EUR gesichert. Inzwischen möge der Kurs der Aktie (engl. Underlying der Option) auf 100 EUR gestiegen sein. Die Option ist somit im Geld, denn bei Ausübung könnte das Unternehmen eine Aktie zum Preis von 95 EUR beziehen, obwohl der aktuelle Marktwert

[11] Vgl. Hull (2019).

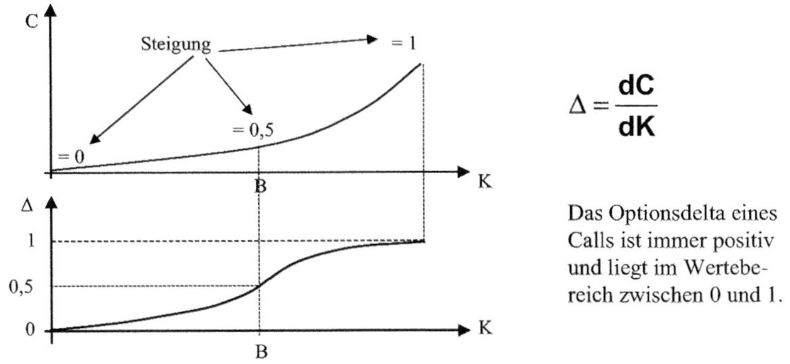

Abb. 9.9 Veränderung des Deltas bei einer Call-Option in Abhängigkeit des Kassakurses

bei 100 EUR liegt. Der Marktwert der Option ist daher höher als bei Vertragsabschluss, jedoch steigt der Optionspreis im Gegensatz zur Aktie nicht linear. Im oberen Teil von Abb. 9.8 ist der Verlauf des Optionspreises für alternative Aktienkurse skizziert.[12] An der Ordinate ist der Preis C der Call-Option abgetragen, an der Abszisse der Kurs K der Aktie.

Die Kurve für den Marktwert der Option in Abhängigkeit vom Aktienkurs verläuft gekrümmt. Ist der Aktienkurs weit unter dem Basispreis von 95 EUR, steigt die Kurve für den Marktwert der Option nur langsam. Die Option ist weit „aus dem Geld" und ihre Ausübung ist unwahrscheinlich. Je weiter sich der Aktienkurs dem Basispreis annähert, desto stärker steigt die Kurve für den Marktwert. Die Option ist „am Geld", wenn der Aktienkurs sehr dicht am Basispreis liegt. Hier ist die Unsicherheit einer Ausübung am größten. Wegen der Volatilität des Aktienkurses kann die Option noch aus dem Geld oder tiefer ins Geld wandern. Die Kurve für den Marktwert der Option ist in diesem Bereich am stärksten gekrümmt und bereits kleine Änderungen des Aktienkurses verursachen stärkere Änderungen des Optionspreises. Für einen Aktienkurs weit über dem Basispreis ist die Option tief „im Geld", eine Ausübung ist relativ sicher und der Marktwert steigt nur noch langsam an (vgl. Abb. 9.9).

Die Abhängigkeit des Marktwerts der Option gegenüber dem Aktienkurs wird durch das *Optionsdelta* beschrieben. Es bezeichnet allgemein die Preissensitivität einer Option gegenüber Veränderungen des Basisobjektpreises. Das Delta trägt den griechischen Buchstaben Δ und berechnet sich aus der Relation der Optionspreisänderung dC für den Call zur Änderung des Kassakurses dK (vgl. Gl. 9.2).

$$\Delta = \frac{dC}{dK} \qquad \text{(Gl. 9.2)}$$

Graphisch entspricht das Delta der Steigung der Optionspreiskurve in Abhängigkeit von dem Kassakurs. Wie im unteren Teil der Abb. 9.9 zu erkennen ist, strebt das Delta für

[12] Die exakte Bestimmung der Optionspreise erfolgt für Aktien mit dem Black/Scholes-Modell und für Zinsoptionen mit dem Black76-Modell. Vgl. Hull (2019).

einen Aktienkurs weit unter dem Basispreis gegen Null. Der obere Teil der Abb. 9.9 zeigt, dass bei einem sehr niedrigen Aktienkurs die Option weit aus dem Geld ist und ihr Preis nur marginal auf eine Änderung des Aktienkurses reagiert. Daher muss das Delta in diesem Bereich sehr klein sein. Hingegen strebt das Delta gegen Eins, wenn der Aktienkurs weit über dem Basispreis liegt. Dann ist die Ausübung der Option fast sicher und jede Änderung des Aktienkurses erhöht im gleichen Verhältnis den Wert der Option.[13]

Für das Beispiel-Portfolio soll zum Vergleich sowohl der Value at Risk für die Aktie als auch für die Option berechnet werden. Als Tages-Volatilität der Aktie wird der Wert 1,2 % angenommen und die Option möge eine Tages-Volatilität von 1,075 % haben. Der Value at Risk der Aktie für eine Haltedauer von einem Tag mit 95 % (z = −1,6449) Wahrscheinlichkeit ergibt sich als Produkt aus dem Aktienkurs und der mit −1,6449 skalierten Volatilität.

$$\begin{aligned} VaR_{Aktie} &= \text{Kurs} \cdot \text{z - Wert} \cdot \text{Volatilität} \\ &= 100\ \text{EUR} \cdot (-1{,}6449) \cdot 0{,}012 \\ &= -1{,}974\ \text{EUR} \end{aligned}$$

Um den Value at Risk der Call-Option zu berechnen, muss die Berechnung um das Delta erweitert werden. Für das Beispiel möge $\Delta = 0{,}8113$ sein.[14] Die Ergänzung der Value at Risk-Berechnung um das Delta ist notwendig, da bei einem Kursverlust der Aktie von zum Beispiel 10 EUR die Option nur einen Wertverlust von $\Delta \cdot 10$ EUR ($0{,}8113 \cdot 10$ EUR = 8,11 EUR) erleiden würde. Der Optionspreis beträgt 7,80 EUR.

$$\begin{aligned} VaR_{Call} &= \text{Optionspreis} \cdot \Delta \cdot \text{z - Wert} \cdot \text{Volatilität} \\ &= 7{,}80\ \text{EUR} \cdot 0{,}8113 \cdot (-1{,}6449) \cdot 0{,}01075 \\ VaR_{Call} &= -0{,}1119\ \text{EUR} \end{aligned}$$

Trotz der VaR-Adjustierung um das Delta der Option kommt es bei der Delta-Normal-Methode häufig zu einer *Fehleinschätzung des tatsächlichen Risikos*. In dem Beispiel befindet sich der aktuelle Aktienkurs bei 100 EUR und der Wert der Option beträgt 7,80 EUR. Bei einem Kursverlust von 2,00 EUR ändert sich der Wert der Option wegen des nichtlinearen Verlaufs der Preisfunktion nur um einen Bruchteil, der durch das Delta $\Delta = 0{,}8113$ approximiert wird. Der Wert der Option fällt näherungsweise um

[13] Optionspreise bestehen aus zwei Komponenten, einem inneren Wert und einem Zeitwert. Der Zeitwert ist eine Prämie für die Unsicherheit über die Ausübung oder Nichtausübung der Option. Für eine Option weit aus dem Geld oder weit im Geld spielt diese Komponente eine absolut untergeordnete Rolle. Ist die Option weit im Geld, wird ihr Preis vorrangig durch den inneren Wert bestimmt, der sich als Differenz aus dem Marktpreis der Aktie und dem Basispreis ergibt. Der innere Wert steigt linear mit dem Aktienkurs.

[14] Das Delta ist identisch mit dem Wert N(d1) aus der Optionspreisformel von Black/Scholes. Die Berechnung für das Delta und den Optionspreis mit Hilfe der Black/Scholes-Formel wird ausführlich im mathematischen Anhang in Kap. 13 dargestellt.

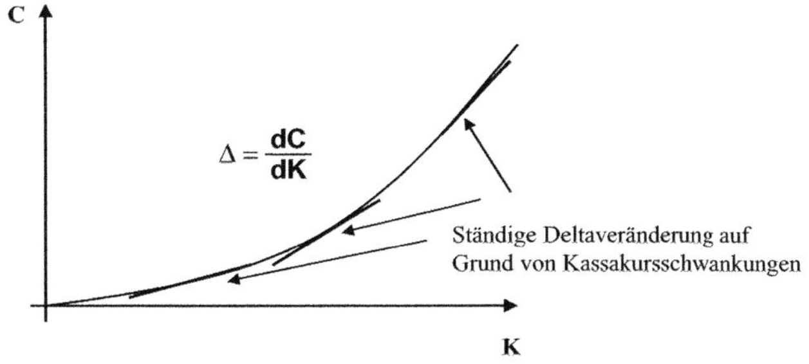

Abb. 9.10 Die ständige Veränderung des Deltas

0,8113 · (−1 EUR) auf 6,17 EUR. Eine exakte Neubewertung der Option mit Hilfe der Black/Scholes-Formel führt zu einem Optionspreis von 6,24 EUR. Der Optionspreis sinkt langsamer, als es von der Delta-Normal-Methode angenommen wird. Die Differenz zwischen dem exakten und dem approximierten Wert beträgt 0,07 EUR (= 6,24 EUR − 6,17 EUR). Sie entsteht dadurch, dass sich das Delta stets verändert.

Die *ständige Veränderung des Deltas* ist auf die permanent schwankenden Aktienkurse zurückzuführen. Für jeden Aktienkurs ergibt sich eine andere Steigung der Optionspreiskurve (Delta). Beispielsweise würde das Delta bei dem neuen Aktienkursniveau von 98 EUR den Wert 0,7404 statt zuvor 0,8113 haben. Aus der ständigen Veränderung des Deltas entstehen Fehler bei der Value at Risk-Berechnung mit der Delta-Normal-Variante des Varianz-Kovarianz-Modells (vgl. Abb. 9.10).

Die zweite Methode des Varianz-Kovarianz-Modells bildet der *Delta-Gamma-Ansatz*.[15] Darin wird die Veränderung des Deltas durch eine weitere griechische Kennzahl berücksichtigt. Das Gamma Γ gibt die Veränderungsrate des Deltas Δ bezüglich der Veränderung des Kassakurses an (vgl. Abb. 9.11).

Für das Beispiel lässt sich berechnen, wie stark sich das Delta ändert, wenn sich der Aktienkurs um 1,00 EUR verändert. Graphisch beschreibt das Gamma die Krümmung der Optionspreiskurve (vgl. Abb. 9.12). Die Krümmung ist dort am größten, wo der Aktienkurs nahe am Basispreis liegt, die Option also am Geld ist. In diesem Bereich ist das Gamma am größten, was bedeutet, dass dort die Steigung der Optionspreiskurve am steilsten ist und sich somit das Delta am stärksten verändert.

Für das Beispiel ergibt sich für den Aktienkurs von 100 EUR ein Gamma von −0,0336.[16] Damit das Gamma in der Value at Risk-Berechnung berücksichtigt werden kann, ist zuvor eine *Taylor-Approximation* der Optionsbewertungsfunktion notwendig. Die Taylor-Approximation hat viele Verwendungszwecke bei Risikoberechnungen. Mit ihrer Hilfe lassen sich Durationsmaße, Konvexitätsmaße und auch die Formel von Black/Scholes ableiten. Zunächst wird die Taylor-Approximation an einem einfachen Beispiel vorgeführt. Gegeben sei eine fiktive Bewertungsfunktion H mit $H(x) = x^5$. Der Preis H für das fiktive

[15] Vgl. Hull (2019).

[16] Das Gamma bezieht auf eine Kursänderung der Aktie von −1 EUR. Die Formel zur Berechnung des Gammas und der ausführliche Rechenweg werden im mathematischen Anhang in Kap. 13 gezeigt.

Das Optionsgamma gibt die Veränderungsrate des Optionsdeltas bezüglich der Veränderung des Kassakurses an:

$$\Gamma(\text{Call}) = \frac{d^2C}{dK^2}$$

Für eine Call-Option auf Aktien ohne Dividendenzahlung gilt gemäß dem Modell von Black/Scholes:

$$\Gamma(C) = \frac{N'(d_1)}{K * \sigma * \sqrt{T}}$$

Abb. 9.11 Das Gamma

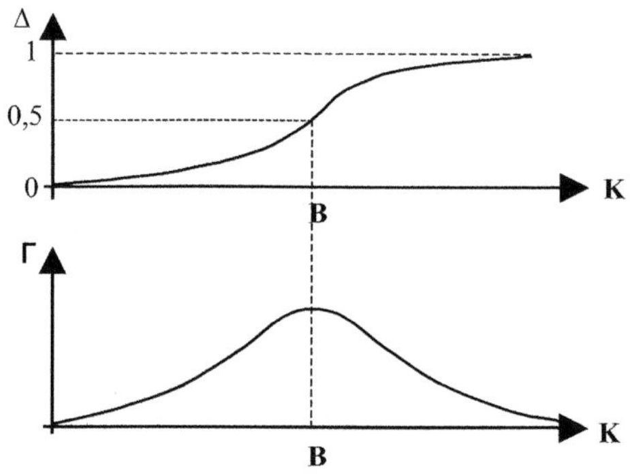

Abb. 9.12 Das Optionsgamma beschreibt die Krümmung des Optionsdeltas

Instrument ergibt sich in Abhängigkeit von x. Für x = 11 wird H(x) exakt berechnet und ergibt den Wert 161.051 (= 11^5). Die Fragestellung lautet: Wie ändert sich H(x) wenn sich x um −1 verändert, das heißt x = 10 ist. Eine neue Berechnung von H(x), mit x = 10 führt zu dem Wert 100.000 (= 10^5). Für eine Value at Risk-Berechnung mit dem Varianz-Kovarianz-Ansatz ist die Berechnung von H(x) für jedes x zu aufwändig, insbesondere, wenn H(x) eine Optionspreisformel wäre. Für nichtlineare Finanzinstrumente wie Optionen muss eine *Linearisierung* der nichtlinearen Bewertungsfunktion versucht werden.

Mit Hilfe der Taylor-Approximation kann näherungsweise der Wert für H(10) berechnet werden, wenn H(11) bekannt ist. Zu diesem Zweck wird schrittweise die erste, zweite, dritte bis n-te Ableitung von H(x) gebildet und zu einer Summe verknüpft. In Abb. 9.13 ist die Taylor-Approximation von H(x) zunächst allgemein und darunter für das verwendete Beispiel mit $H(x) = x^5$ gezeigt. Die erste Ableitung von H(x) nach x ist dH/dx, folglich wird aus $H(x) = x^5$ nach der Ableitung $5 \cdot x^{5-1} = 5 \cdot x^4$. Die zweite Ableitung von H(x) ist $4 \cdot 5 \cdot x^{4-1} = 20 \cdot x^3$. Jeder abgeleitete Term bildet einen Summanden, der erste Term wird mit $\Delta x = -1$ gewichtet, der zweite Term mit $\Delta x^2 = (-1)^2$ und der dritte Term mit $\Delta x^3 = (-1)^3$. Allgemein wird der Term der n-ten Ableitung mit Δx^n gewichtet.

Mit Hilfe der Taylor-Approximation kann näherungsweise der Wert für H(10) berechnet werden, wenn H(11) bekannt ist. Zu diesem Zweck wird schrittweise die erste, zweite, dritte bis n-te Ableitung von H(x) gebildet und zu einer Summe verknüpft. In Abb. 9.13 ist die Taylor-Approximation von H(x) zunächst allgemein und darunter für

Abb. 9.13 Beispiel für eine Taylor-Approximation

Funktion $H(x)=x^5$

exakte Berechnung für $x=11$: $H(11)=11^5=161.051$

Taylor – Approximation für $x=10$ $(\Delta x=-1)$

$$\Delta H=\frac{dH}{dx}\cdot\Delta x+\frac{1}{2}\cdot\frac{d^2H}{dx^2}\Delta x^2+\frac{1}{6}\cdot\frac{d^3H}{dx^3}\Delta x^3+\frac{1}{24}\cdot\frac{d^4H}{dx^4}\Delta x^4$$

$$=5\cdot x^4\cdot\Delta x+\frac{1}{2}\cdot 20\cdot x^3\cdot\Delta x^2+\frac{1}{6}60\cdot x^2\cdot\Delta x^3+\frac{1}{24}\cdot 120\cdot x^1\cdot\Delta x^4$$

$$=\underbrace{5\cdot 11^4\cdot(-1)}_{\substack{\text{1. Summand}\\ =-73.205}}+\underbrace{\frac{1}{2}\cdot 20\cdot 11^3\cdot(-1)^2}_{\substack{\text{2. Summand}\\ =13.310}}+\underbrace{\frac{1}{6}\cdot 60\cdot 11^2\cdot(-1)^3}_{\substack{\text{3. Summand}\\ =-1.210}}+\underbrace{\frac{1}{24}\cdot 120\cdot 11\cdot(-1)^4}_{\substack{\text{4. Summand}\\ =55}}$$

das verwendete Beispiel mit $H(x) = x^5$ gezeigt. Die erste Ableitung von $H(x)$ nach x ist dH/dx, folglich wird aus $H(x) = x^5$ nach der Ableitung $5 \cdot x^{5-1} = 5 \cdot x^4$. Die zweite Ableitung von $H(x)$ ist $4 \cdot 5 \cdot x^{4-1} = 20 \cdot x^3$. Jeder abgeleitete Term bildet einen Summanden, der erste Term wird mit $\Delta x = -1$ gewichtet, der zweite Term mit $\Delta x^2 = (-1)^2$ und der dritte Term mit $\Delta x^3 = (-1)^3$. Allgemein wird der Term der n-ten Ableitung mit Δx^n gewichtet.

Die Summe der Ableitungen des 1-ten bis n-ten Grades approximiert die Veränderung ΔH für eine Änderung von x um Δx. Daher werden die Summanden aus der Taylor-Approximation zu dem Wert von $H_{(11)} = 161.051$ addiert, um $H_{(11+\Delta x)}$ zu erhalten. Wie viele Terme zu berücksichtigen sind, hängt von der gewünschten Genauigkeit der Näherung ab. Wird nur der erste Term berücksichtigt, ergibt die Taylor-Approximation einen Schätzwert von 87.846 (= 161.051 + (−73.205)). Die Differenz zu dem exakten Wert von 100.000 beträgt 12.154. Die Berücksichtigung der ersten beiden Summanden führt zu einem besseren Schätzwert von 101.156 (= 161.051 + (−73.205) + 13.310). Wenn schließlich die ersten vier Summanden einbezogen werden, liefert die Taylor-Approximation einen Schätzwert von 100.001, der nur noch marginal von dem exakten Wert 100.000 abweicht (vgl. Abb. 9.14).

Die Delta-Normal-Methode berücksichtigt nur das Delta, welches der ersten Ableitung der Optionspreisformel von Black/Scholes entspricht. Bei der *Delta-Gamma-Methode* wird auch die *zweite Ableitung* berücksichtigt, so dass Wertschwankungen von Optionen

	Taylor-Terme	kumuliert
H(11)	161.051	
1. Ableitung	-73205	87.846
2. Ableitung	13310	101.156
3. Ableitung	-1210	99.946
4. Ableitung	55	100.001

Abb. 9.14 Taylor-Approximation

besser abgebildet werden können. Aus den in Abb. 9.11 gezeigten Abhängigkeiten folgt für das Gamma der Aktienoption ein Wert von −0,0336.[17] Das Gamma entspricht der zweiten Ableitung der Optionspreisformel von Black/Scholes und wird in Form einer Taylor-Approximation zu der ersten Ableitung addiert, dem Delta.

Die allgemeine Darstellung der Delta-Gamma-Methode in Form einer Taylor-Approximation zeigt Gl. 9.3. Für das Beispiel ergibt sich ein Value at Risk der Aktienoption von −0,1116 mit einer Wahrscheinlichkeit von 95 %. Die Differenz zum Value at Risk mit der Delta-Normal-Methode beträgt 0,00032 und ist identisch mit dem Wert aus der zweiten Ableitung, die das Gamma enthält.

$$\begin{aligned} VaR_{Call} &= \text{Optionspreis} \cdot |\Delta| \cdot z\text{-Wert} \cdot \text{Volatilität} - \tfrac{1}{2} \cdot \Gamma \\ &\cdot (z\text{-Wert} \cdot \text{Volatilität} \cdot \text{Optionspreis})^2 \end{aligned} \qquad \text{(Gl. 9.3)}$$

Beispiel

$$\begin{aligned} VaR_{Call} &= 7{,}80\,EUR \cdot 0{,}8113 \cdot (-1{,}6449) \cdot 0{,}01075 + \%\sigma\, 0{,}0336 \\ &\cdot (-1{,}6449 \cdot 0{,}01075 \cdot 7{,}80)^2 \\ VaR_{Call} &= -0{,}1119 + 0{,}00032 = -0{,}1116 \end{aligned}$$

Der Value at Risk mit Hilfe der Delta-Gamma-Methode fällt geringer aus, da durch das Gamma der gekrümmte Verlauf der Optionspreisformel besser berücksichtigt wird. Wenn der Aktienkurs sinkt, fällt der Optionspreis langsamer als von der Delta-Normal-Methode angenommen wird (vgl. Abb. 9.15). Der Käufer einer Kaufoption, im Englischen wird die

Abb. 9.15 Delta-Gamma-Approximation für eine Kaufoption

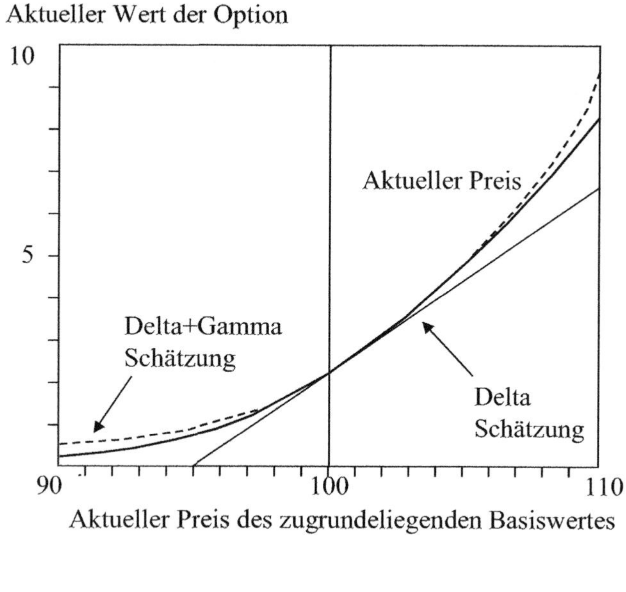

[17] Genaue Berechnung vgl. mathematischer Anhang im Kap. 13.

Position kurz als long Call bezeichnet, profitiert von einem hohen Gamma (long Gamma). Je größer das Gamma, desto stärker ist die Kurve gekrümmt und umso langsamer fällt der Optionswert bei sinkenden Aktienkursen. Ebenso positiv ist der Fall steigender Kurse, denn hier steigt der Optionswert schneller als dies bei einem linearen Verlauf angenommen wird.[18]

Im Umkehrschluss bedeutet ein hohes Gamma für den Stillhalter (Verkäufer, engl. short Call) der Option sowohl bei sinkenden als auch steigenden Aktienkursen ein höheres Risiko, als von der Delta-Normal-Methode angenommen wird. Der Delta-Gamma-Methode hingegen gelingt es besser, den gekrümmten Verlauf der Optionspreiskurve nachzubilden. Jedoch entsteht durch die Krümmung ein neues Problem. Je größer das Gamma ist, umso stärker krümmt sich die Optionspreiskurve und umso schiefer wird die Verteilung der Optionspreise. Für den Käufer einer Kaufoption ist das Gamma positiv und es ergibt sich eine rechtsschiefe Verteilung der Optionspreise (vgl. Abb. 9.16).[19]

Eine rechtsschiefe Verteilung ist gekennzeichnet durch eine schmale Flanke am äußerst linken Ende. Für die Value at Risk-Berechnung ist das linke Ende entscheidend. Da auch von der Delta-Gamma-Methode eine Normalverteilung angenommen wird, kommt es ohne Berücksichtigung der Schiefe zu einer *Überschätzung des Risikos*. Eine Korrektur unter Einbezug der gemessenen Schiefe ist mit Hilfe der Cornish-Fisher-Erweiterung möglich, die den z-Wert um die Schiefe der Verteilung bereinigt.[20]

Abschließend werden beide Varianten des Varianz-Kovarianz-Modells kritisch gewürdigt. Die Delta-Normal-Methode hat gegenüber allen anderen Methoden zur Risikomessung den Vorteil einer besonders schnellen und einfachen Risikoschätzung. Davon abge-

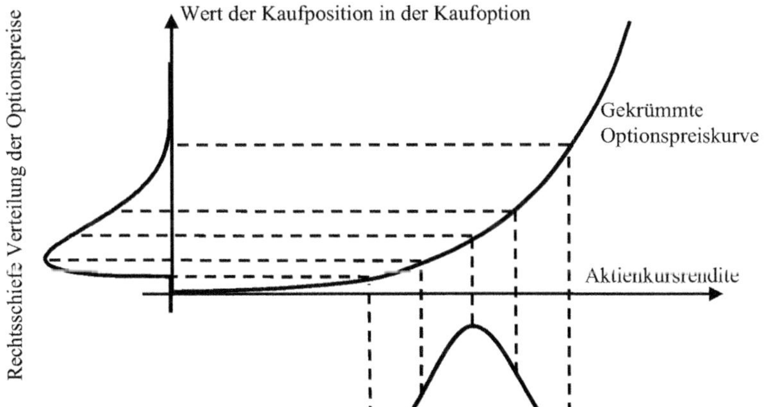

Abb. 9.16 Verteilung für den Optionspreis einer Kaufoption

[18] Der gleiche Effekt gilt bei long Put Positionen und Anleihen mit einer hohen Konvexität.

[19] Der Verkäufer einer Kaufoption hat die Gegenposition, folglich ein negatives Gamma und eine daraus resultierende linksschiefe Verteilung für den Optionswert. Vgl. Hull (2019, S. 500 f.).

[20] Vgl. Hull (2019, S. 502 f.).

sehen benötigt das Modell aber eine Reihe von Annahmen, die in der Realität nicht immer erfüllt sind. Am häufigsten wird die Annahme normalverteilter Veränderungen der Risikofaktoren kritisiert. Eine häufiger gewählte alternative Verteilung zur Risikomessung ist zum Beispiel die Student-t-Verteilung.

Die **Student-t-Verteilung** wurde im Jahr 1908 von W. S. Gossett entdeckt. Zu diesem Zeitpunkt war Gossett bei der Guinness Brauerei beschäftigt, die ihren Angestellten keine Veröffentlichungen zugestand. Daher veröffentlichte Gossett seine Erkenntnisse unter dem Pseudonym „Student". Die Student-t-Verteilung ist, wie die Normalverteilung auch, eine Glockenkurve, die den Bereich von minus bis plus Unendlich abdeckt. Die Parametrisierung der Verteilung erfolgt über die Anzahl der Freiheitsgrade υ.

Die Student-t-Verteilung nähert sich mit zunehmendem Freiheitsgrad der Standardnormalverteilung N(0;1) an. Für unendlich viele Freiheitsgrade ist die Student-t-Verteilung mit der Standardnormalverteilung identisch. In Abb. 9.17 wird eine Student-t-Verteilung mit sechs Freiheitsgraden der Standardnormalverteilung gegenübergestellt. Im Gegensatz zu der Standardnormalverteilung hat die Student-t-Verteilung breitere Enden und kann somit besser die in der Realität häufig beobachteten „fat tails" abbilden. Von Koedjik, Huisman und Pownall wird vorgeschlagen, die Anzahl der Freiheitsgrade der Student-t-Verteilung anhand der „(fat) tails" auszurichten.[21]

Neben den aufgewiesenen Vorteilen hat die Student-t-Verteilung auch *Nachteile*. Die Verteilung ist zwar besonders gut geeignet, um die fat tails abzubilden und kann entsprechend parametrisiert werden, dieser Vorteil wird jedoch zum Nachteil, wenn nicht nur die Risiken betrachtet werden sollen, sondern die gesamte Renditeverteilung. Denn fat tails gehen häufig einher mit hohen Wahrscheinlichkeiten für sehr geringe Renditen, was zusammen die Leptokurtosis ausmacht. Bereits die Normalverteilung ist in der Mitte zu

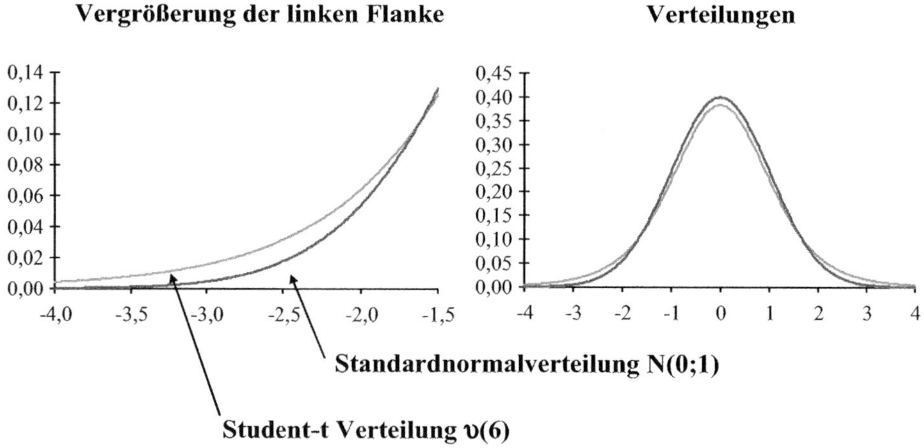

Abb. 9.17 Vergleich Student-t-Verteilung mit Standardnormalverteilung

[21] Vgl. Koedijk, Huisman und Pownall (1998, S. 47 ff.).

flach, um bei der Leptokurtosis die hohen Wahrscheinlichkeiten für Renditen nahe Null abbilden zu können. Die Student-t-Verteilung ist noch flacher und damit vorrangig für die Berechnung des Value at Risk, nicht aber für die gesamte Wahrscheinlichkeitsverteilung von Renditen. Da Zeitreihen häufig nur begrenzt stationär sind, wird der Anwender in regelmäßigen Abständen mit der Parametrisierung der Student-t-Verteilung konfrontiert. Der daraus resultierende Nachteil besteht in dem hohen Aufwand zur Ermittlung des Verteilungsparameters.

Für die Abbildung einer *einzelnen Kategorie von Risikofaktoren*, wie etwa Zinssätze für die Bewertung von Anleihen, mögen bessere Verteilungen als die Normalverteilung existieren. Die Herausforderung besteht jedoch darin, ein komplexes Portfolio mit einer Vielzahl unterschiedlicher Risikofaktoren, wie beispielsweise Zinsen, Aktien, Wechselkurse und Rohstoffpreise, adäquat und zeitnah abzubilden. Die Abweichung von der Normalverteilung zur Student-t-Verteilung ist dann eine gute Alternative, wenn das Unternehmen nur einem oder sehr wenigen Risikofaktoren ausgesetzt ist, alle Verteilungen mit der gleichen Anzahl von Freiheitsgraden parametrisiert werden können, und der Schwerpunkt der Risikomessung insbesondere auf der Berücksichtigung von fat tails liegt.

Die Delta-Normal-Methode führt, unabhängig davon, welche Verteilung ihr zu Grunde gelegt wird, zu ungenauen Risikoprognosen, wenn in dem betrachteten Portfolio Optionen enthalten sind. Das Ausmaß des Fehlers wächst mit dem Portfolioanteil asymmetrischer Produkte. Daher wurde in dem zweiten Abschnitt dieses Kapitels die *Delta-Gamma-Methode* zur Lösung des Problems vorgeschlagen. Die Anwendung der Delta-Gamma-Methode liefert für Portfolios mit optionalen Produkten exaktere Value at Risk-Schätzungen als die Delta-Normal-Methode. Dennoch kommt es auch bei der Delta-Gamma-Methode zu *fehlerhaften Risikoeinschätzungen,* wenn die Restlaufzeit der Optionen gegen Null strebt und/oder die Optionen im Geld sind.

Die Autoren Knöchlein und Liermann haben die Prognosegüte der Delta-Normal-Methode und der Delta-Gamma-Approximation für Aktienoptionen mit einer Restlaufzeit von 91 Tagen und drei Tagen untersucht.[22] Dabei wurden die Value at Risk-Schätzungen aus den beiden Methoden mit Referenzwerten aus einer stochastischen Simulation (Monte-Carlo-Simulation) verglichen. Während die Delta-Normal-Methode und die Delta-Gamma-Approximation nur eine Näherungslösung für die Veränderung des Optionspreises bei Änderung von Preisparametern liefern, wird bei der Monte-Carlo-Simulation die Option mit jedem simulierten Satz von Preisparametern neu bewertet (Vollbewertung).

Bei Restlaufzeiten von 91 Tagen entstehen aus beiden Approximationen bereits Abweichungen, die bei drei Tagen Restlaufzeit deutlich zunehmen. Für Optionen, die am Geld sind und/oder eine sehr kurze Restlaufzeit haben, wird eine Vollbewertung als ebenso notwendig angesehen wie bei exotischen Optionen oder sehr großen Risikofaktoränderungen. Weder die Delta-Normal-Methode noch die Delta-Gamma-Approximation liefern in den genannten Fällen zuverlässige Value at Risk-Schätzungen.

[22] Vgl. Knöchlein und Liermann (2000, S. 386–390).

Zusammenfassend ist festzustellen, dass ein Portfolio, welches optionale Produkte beinhaltet, beiden Varianz-Kovarianz-Modellen Probleme bereitet. Die Delta-Normal-Methode ist einfach zu implementieren, kann jedoch in Extremfällen einen Value at Risk von Null ausweisen, obwohl tatsächlich Risiken in Millionenhöhe vorhanden sind.[23] Die Delta-Gamma-Methode ist exakter, aber mathematisch auch anspruchsvoller. Trotzdem gelingt auch mit dieser Methode keine zuverlässige Bestimmung des Value at Risk, sobald ein erhöhter Bestand an Optionen in das Portfolio aufgenommen wird. Dabei kann keine generelle Aussage über die Größe des Fehlers bei der VaR-Schätzung in Abhängigkeit des Volumens an Optionen gemacht werden. Die alleinige Präsenz von Optionen im Portfolio muss allerdings nicht zu einem falschen Value at Risk führen. Der Fehler hängt vielmehr von der Restlaufzeit und der Volatilität der Optionen und von der betrachteten Haltedauer für den Value at Risk ab.

Für die Praxis kann das Varianz-Kovarianz-Modell als erste schnelle Lösung dienen, um beispielsweise einen groben Eindruck von den aktuell bestehenden Risiken zu erhalten. So könnte die tägliche Risikoüberwachung mit einem Varianz-Kovarianz-Modell erfolgen und in gewissen Abständen wären die Risikoschätzungen mit Hilfe von exakteren, aber komplexen und rechenaufwendigen Modellen wie beispielsweise einer stochastischen Simulation (Monte-Carlo-Simulation) und einer Vollbewertung zu prüfen.

9.3 Die Historische Simulation

Die Historische Simulation verzichtet auf eine analytische Untersuchung der Risikofaktoren und arbeitet stattdessen mit Daten der Vergangenheit. Entsprechend hoch ist der Aufwand für die Pflege des Datenhaushalts. Während für die Anwendung des Varianz-Kovarianz-Ansatzes und der Monte-Carlo-Simulation die Schätzung der Volatilitäten und Korrelationen genügt, müssen für die Historische Simulation von allen Risikofaktoren alle Tageswerte der betrachteten Vergangenheit archiviert werden. Die Schwierigkeit besteht in der Auswahl eines optimalen Zeitfensters. Wenn die betrachteten Werte weit in die Vergangenheit zurückgehen, stellt sich die Frage, inwiefern sehr alte Beobachtungen für die aktuelle Risikomessung noch relevant sind. Wird die Historie jedoch zu kurz gewählt, stellt sich die Frage, ob die Anzahl der betrachteten Werte repräsentativ ist. Gleichzeitig vergrößert sich der Schätzfehler bei abnehmendem Stichprobenumfang. Repräsentativität ist keine Frage der Stichprobengröße. Ein wichtiges Kennzeichen repräsentativer Stichproben ist ihre Konstruktion als „Random Selection“, d.h. eine zufällige Ziehung aus einer Grundgesamtheit. Statistisch bedeutet dies, dass jedes Element der Grundgesamtheit die gleiche Wahrscheinlichkeit haben muss, in die Stichprobe zu gelangen.

Im Folgenden wird die Historische Simulation an einem Beispiel erläutert. Für den Wechselkurs EUR/USD soll am 30.06. in $t = 0$ auf Basis von zunächst 250 historischen Wechselkursdifferenzen der Value at Risk mit einer Haltedauer von einem Tag und einer

[23] Als Beispiel kann die deltaneutrale Kombination von Calls und Puts betrachtet werden. Das positive Delta vom Call wird durch das negative Delta vom Put aufgehoben. Die Delta-Normal-Methode würde ein Risiko von Null ausweisen.

Historie	Datum	EUR/USD	Differenz	Simulation
-250	26.10. t=-1	1,4848		
-249	27.10. t=-1	1,4839	-0,0009	1,5746
-248	28.10. t=-1	1,4668	-0,0171	1,5584
-247	29.10. t=-1	1,4658	-0,0010	1,5745
-246	30.10. t=-1	1,4615	-0,0043 ⟷	1,5712
-245	31.10. t=-1	1,4626	0,0011	1,5766
-244	01.11. t=-1	1,4618	-0,0008	1,5747
-243	02.11. t=-1	1,4531	-0,0087	1,5668
...	...	...	...	...
...	...	...	...	...
...	...	...	...	...
-4	26.06. t=0	1,5570	-0,0066	1,5689
-3	27.06. t=0	1,5666	0,0096	1,5851
-2	28.06. t=0	1,5752	0,0086	1,5841
-1	29.06. t=0	1,5787	0,0035	1,5790
0	30.06. t=0	1,5755	-0,0032	1,5723

Beispiel:
Aktueller Wechselkurs 1,5755 + historische Differenz (-0,0043) ergibt einen simulierten Wechselkurs von 1,5712.

Abb. 9.18 Die Differenzenmethode

Wahrscheinlichkeit von 95 % berechnet werden. Das einfachste Verfahren zur Durchführung einer Historischen Simulation ist die *Differenzenmethode*. Die Anwendung der Differenzenmethode wird für die Inntal AG mit einer Fremdwährungsposition von 4.194.689 USD (= Rohstoffvorrat von 478 Tonnen Kupfer) gezeigt, die per 30.06. in t = 0 einen Gegenwert von 2.654.866 EUR hat (= 4.194.689 USD: 1,58 EUR/USD).

In einem ersten Schritt werden für die vom 30.06. in t = 0 aus betrachtet letzten 250 Handelstage die täglichen Wechselkursdifferenzen berechnet (jeweils alter Wechselkurs minus neuen Wechselkurs). Ausgehend vom aktuellen Wechselkurs 1,58 EUR/USD per 30.06. in t = 0 werden die 250 historischen Differenzen addiert und ergeben so 250 Szenarien für die Wechselkursänderung binnen eines Tages. Mit den 250 Wechselkursszenarien wird im zweiten Schritt die Fremdwährungsposition von 4.194.689 USD bewertet. Daraus entstehen 250 mögliche Fremdwährungsvermögen in EUR konvertiert. Diese können der Größe nach geordnet und als Häufigkeitsverteilung dargestellt werden (vgl. Abb. 9.18). Aus der Häufigkeitsverteilung ist ablesbar, welcher Verlust im Fremdwährungsvermögen in EUR mit einer bestimmten Wahrscheinlichkeit binnen eines Tages aufgrund von Wechselkursschwankungen nicht überschritten wird. In dem betrachteten Beispiel beträgt dieser Value at Risk circa 16.200 EUR (= Ausgangswert heute 2.654.866 minus 5 %-schlechtester Wert morgen 2.638.633).

Für einen längeren Planungshorizont werden statt der täglichen Differenzen die wöchentlichen, monatlichen oder quartalsweisen Differenzen berechnet und in der Simulation addiert. Beispielsweise ergibt sich die erste 10-Tages-Differenz aus der Subtraktion des Wechselkurses vom 26.10. t = −1 (t_{-250} = 1,4848 EUR/USD) von dem Wert am 03.11. t = −1 (t_{-240} = 1,4669 EUR/USD) und beträgt −0,0179 EUR/USD. In der Risikobetrachtung wird dieser Wert zum aktuellen Wechselkurs von 1,58 EUR/USD addiert und simuliert das erste Szenario für den Wechselkurs in zehn Tagen: 1,598 EUR/USD. Das zweite Szenario folgt analog aus der 10-Tages-Differenz zwischen dem 27.10. t = −1 und dem

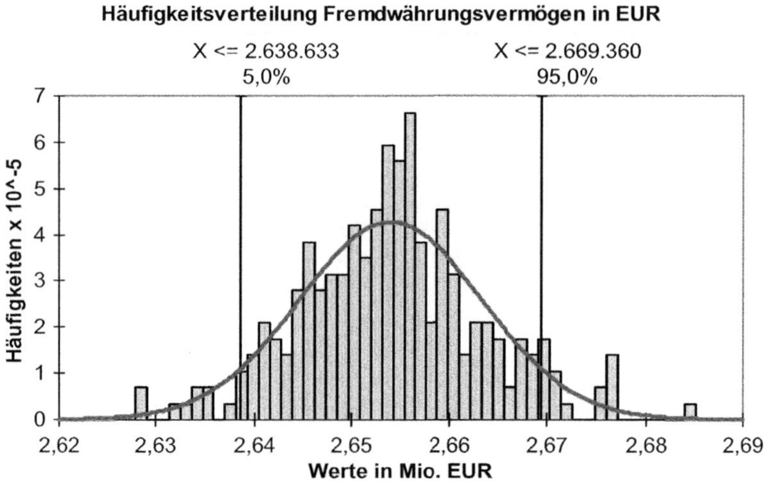

Abb. 9.19 Geordnete Ergebnisse für die Differenzenmethode

04.11. t = −1. Die geordneten Ergebnisse für die Differenzenmethode in Form einer Häufigkeitsverteilung enthält Abb. 9.19.

Die wesentliche *Annahme der Differenzenmethode* besteht darin, dass die Höhe der Differenzen unabhängig vom Niveau des Risikofaktors ist, respektive das Niveau im Zeitablauf relativ konstant bleibt. Diese Annahme ist bei einem Wechselkurs annähernd erfüllt, da dieser keine Sprünge von 1,00 EUR/USD auf 8,00 EUR/USD und zurückverfolgt. Anders sieht es beispielsweise beim Kupferpreis aus, der im Mai 2005 bei einem Preisniveau um 3200 USD notierte und im Mai 2006 auf knapp 8800 USD kletterte. Anfang 2016 lag der Preis wieder bei 4350 USD und 2018 wieder bei über 7200 USD: Die auf einem Preisniveau um 3200 USD gemessenen Schwankungen sind nicht übertragbar auf das Niveau von 8800 USD und umgekehrt. In solchen Fällen kann es zu falschen Risikoeinschätzungen kommen.

In der Literatur wird in Einzelmeinungen die Verwendung relativer oder logarithmierter Veränderungen als Alternative gegenüber der Betrachtung von absoluten Differenzen abgelehnt.[24] Das nachfolgende Beispiel zeigt aber, dass der herrschenden Meinung folgend gerade die relativen und logarithmierten Veränderungen (Renditen) von Risikofaktoren für eine korrekte Risikoeinschätzung zielführend sind. Die *Quotientenmethode* misst die *logarithmierten Veränderungen* und erfüllt sowohl das Kriterium der Unabhängigkeit von dem absoluten Niveau als auch das Kriterium der Stationarität.[25] Für das Standardbeispiel einer Fremdwährungsposition werden die *logarithmierten Wechselkursänderungen* der vergangenen 250 Tage berechnet. Die erste Wechselkursänderung ergibt sich aus dem natürlichen Logarithmus des Quotienten ln(Wechselkurs$_{t\text{-}249}$: Wechselkurs$_{t\text{-}250}$) und beträgt für das Beispiel 0,00065 (= ln(1,378/1,377)). Die nächste logarithmierte Wechselkursänderung folgt analog aus ln(Wechselkurs$_{t\text{-}248}$/Wechselkurs$_{t\text{-}249}$) und beträgt 0,00145

[24] Vgl. Wegner, Sievi und Schumacher (2001, S. 139).

[25] Zu den Kriterien vgl. den mathematischen Anhang, Kap. 13.

(= ln(1,380/1,378). Auf diese Weise entstehen 250 logarithmierte tägliche Wechselkursänderungen. Im zweiten Schritt werden die 250 beobachteten Veränderungen (Renditen) mit dem Wechselkurs vom 30.06. in t = 0 multipliziert (=1,58 EUR/USD · $e^{\text{logarithmierte Rendite}}$) und ergeben 250 mögliche Wechselkursänderungen für den nächsten Tag.

Die logarithmierte Veränderung (Rendite) wird zur Basis der Eulerschen Zahl e ≈ 2,718282 potenziert, da zuvor die Veränderungen aus dem Logarithmus des Quotienten zweier aufeinander folgenden Wechselkurse errechnet wurden. Die e-Funktion bildet die Umkehrfunktion zum natürlichen Logarithmieren. Durch die Betrachtung der Veränderungen in Relation zum jeweiligen Preisniveau können einfacher mehrere Risikofaktoren in ihrer wechselseitigen Wirkung betrachtet werden, beispielsweise der Wechselkurs EUR/USD und der Kupferpreis. Auf diese Weise werden wechselseitige Abhängigkeiten und Diversifikationseffekte implizit in der Risikosimulation berücksichtigt (vgl. Abb. 9.20). Aus Vereinfachungsgründen ist der Verzicht auf die logarithmierten Veränderungen zulässig, insbesondere dann, wenn die Wechselkursänderungen gering sind und die Wechselkurse selbst auf einem hohen Niveau liegen. Dann können die täglichen Veränderungen vereinfacht aus dem Quotienten $(S_{t-249} - S_{t-250})/S_{t-250}$ berechnet werden.

Auf die in Abb. 9.20 gezeigte Weise werden 250 mögliche Wechselkurse und Kupferpreise für den nächsten Tag berechnet. Die Wechselkursschwankungen und Kupferpreisänderungen werden paarweise so in die Zukunft simuliert, wie sie in der Historie beobach-

Historie	log. Rendite EUR/USD	log. Rendite Kupfer	Simulation EUR/USD	Simulation Kupfer	Vermögen in EUR
-249	0,00065	-0,01613	1,58	8.635	2.610.676
-248	0,00145	0,00509	1,58	8.820	2.664.545
-247	-0,00036	0,01524	1,58	8.910	2.696.610
-246	0,00261	0,01483	1,58	8.907	2.687.507
-245	-0,00188	0,01096	1,58	8.872	2.689.181
-244	0,00145	-0,00611	1,58	8.722	2.634.882
-243	-0,00740	-0,02293	1,57	8.577	2.613.958
-242	0,00087	-0,00869	1,58	8.700	2.629.598
-241	-0,00760	-0,00329	1,57	8.747	2.666.320
-240	0,00439	0,00063	1,59	8.781	2.644.911
...	...	...	...	...	...
...	...	...	...	...	...
...	...	...	...	...	...
-9	0,00252	-0,00900	1,58	8.697	2.624.450
-8	0,00174	0,01396	1,58	8.899	2.687.506
-7	-0,00168	0,01073	1,58	8.870	2.688.008
-6	0,00797	0,02409	1,59	8.990	2.698.036
-5	-0,00719	-0,00578	1,57	8.725	2.658.619
-4	0,00309	-0,00575	1,58	8.725	2.631.495
-3	0,00653	0,00593	1,59	8.828	2.653.269
-2	0,00547	0,00105	1,59	8.785	2.643.156
-1	0,00260	0,01497	1,58	8.908	2.687.922
0	-0,00254	0,01094	1,58	8.872	2.690.891

Abb. 9.20 Datenaufbereitung für die Quotientenmethode

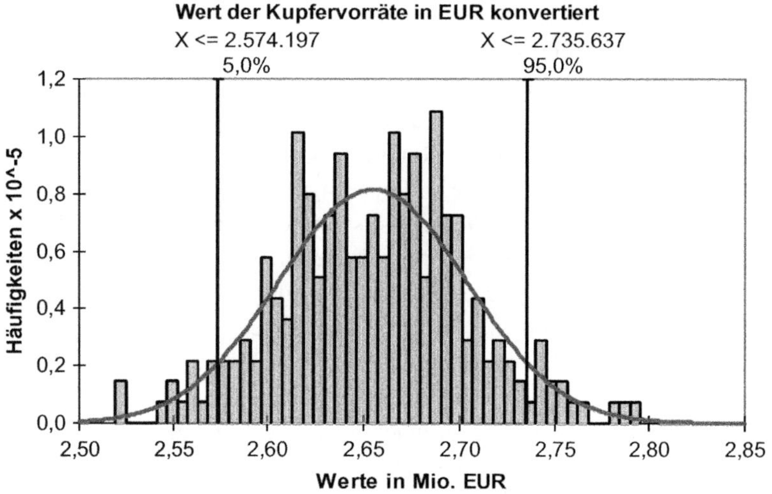

Abb. 9.21 Geordnete Ergebnisse der Historischen Simulation für den Wechselkurs EUR/USD und den Kupferpreis (logarithmierten Renditen)

tet wurden. Dadurch wird implizit die historische Korrelation zwischen beiden Risikofaktoren berücksichtigt. Abb. 9.21 zeigt als Ergebnis der Simulation die Häufigkeitsverteilung für den Wert in EUR der 478 Tonnen Kupfervorräte. Für die im Beispiel gewählte Wahrscheinlichkeit von 95 % muss das 5 %-Quantil bestimmt werden. Mit 5 % Wahrscheinlichkeit wird der Verlust höher als der Wert des 5 %-Quantils ausfallen. Umgekehrt wird mit 95 % Wahrscheinlichkeit höchstens ein Verlust in Höhe des 5 %-Quantils eintreten. Bei 250 geordneten möglichen Realisationen des Vermögens liegt das 5 %-Quantil zwischen dem 12. Wert und 13. Wert. Wird der 13. Wert als Quantilswert verwendet, dann sind 12 Werte (= 4,80 %) kleiner. Das ist zu wenig, da bei einem 5 %-Quantil erwartet wird, dass 5 % der Werte unter dem Quantilswert liegen. Dient der 14. Wert als Quantilswert, dann liegen 13 Werte (= 5,20 %) darunter. Das ist zu viel, denn die Value at Risk-Schätzung hat in diesem Fall nur eine Wahrscheinlichkeit von 94,78 % (= 100 % − 5,22 %) statt 95 %. Bei einer konservativen Entscheidung fällt die Wahl auf den 13. Wert als 5 %-Quantil. Alternativ könnte zwischen dem 12. und 13. Wert interpoliert werden. Die Differenz zwischen dem 12. und 13. Wert ist zu 0,50 Teilen vom 12. Wert zu subtrahieren. Es ergibt sich ein interpoliertes 5 %-Quantil.[26] Im Beispiel wird mit 95 % (hier mangels Interpolation exakt 95,20 %) Wahrscheinlichkeit der Wert der Rohstoffvorräte am nächsten Tag nicht unter 2.574.197 EUR fallen. Im Vergleich zum Ausgangswert vom 30.06. t = 0 (2.654.866 EUR) wäre das ein Verlust von circa 80.700 EUR. Dieser Value at Risk ist nahe an dem Wert von 80.600 EUR, der im vorangegangenen Kapitel mit

[26] Die Quantilsfunktion von EXCEL nutzt Interpolationen.

dem Varianz-Kovarianz-Ansatz ermittelt wurde, obwohl beide Risikomodelle grundsätzlich unterschiedlich konzipiert sind.[27]

Um die möglichen, oben diskutierten Fehler bei der Risikoabschätzung mit Differenzen zu vermeiden, ist die Quotientenmethode vorzuziehen. Darin dürfte auch die Ursache liegen, dass der Differenzenmethode in der Literatur nur wenig bis keine Bedeutung zukommt.

Für die Betrachtung mehrer Risikofaktoren können innerhalb der Historischen Simulation grundsätzlich zwei Ansätze zur Berechnung des Portfoliorisikos unterschieden werden, der Faktoransatz und der Portfolioansatz. Bei dem *Faktoransatz* wird zunächst für die einzelnen Risikofaktoren der Value at Risk isoliert berechnet und dann zu einem Value at Risk des Portfolios aufaddiert. Im Beispiel ergibt sich der Value at Risk des Portfolios aus der Summe der Value at Risk-Werte für das Wechselkursrisiko und das Rohstoffpreisrisiko, bei Bedarf unter Berücksichtigung einer explizit gemessenen Korrelation mit Hilfe der Gl. 9.1 Der Faktoransatz kann als ein gemischter Ansatz aus Differenzenmethode und Quotientenmethode eingesetzt werden. Die zweite Alternative zur Berücksichtigung mehrerer Risikofaktoren stellt der *Portfolioansatz* dar. Implizit wird dabei unterstellt, dass die Veränderungen mehrerer Risikofaktoren in der Zukunft in der gleichen Kombination auftreten werden, wie es in der Vergangenheit beobachtet wurde. Die Berechnung der in Abb. 9.20 aufgeführten Daten wurde nach dem Portfolioansatz durchgeführt.[28]

Abschließend kann für die Historische Simulation als wesentlicher Vorteil festgehalten werden, dass keine Verteilungsannahme benötigt wird. Der Ansatz kommt daher mit weniger Modellannahmen aus. Es wird keine explizite Korrelationsmatrix berechnet. Im Portfolioansatz werden in den Bewertungsdaten implizit die Korrelationen aus der Vergangenheit berücksichtigt. Durch Transformation der Bewertungsdaten aus der Vergangenheit werden Szenarien für die Risikofaktoren in der Zukunft generiert. Daraus ergeben sich zwei *Nachteile* der Historischen Simulation. Zum einen muss ein großer Datenhaushalt gepflegt werden und zum anderen lautet die *entscheidende Prämisse:* Was es in der Vergangenheit nicht gab, wird es auch in der Zukunft nicht geben, denn das Modell arbeitet mit historischen Beobachtungen und es lassen sich nur Dinge prognostizieren, die schon passiert sind. Zukunftsorientierte Marktdaten wie implizite Volatilitäten werden nicht berücksichtigt.

Bezüglich des Datenhaushalts können Probleme bei der Risikoberechnung entstehen, wenn beispielsweise in der Vergangenheit bestimmte Risikofaktoren (etwa Produkte, Währungen, Fonds et cetera.) noch nicht existiert haben, folglich auch keine Historie verfügbar ist. Umgekehrt ist die permanente Datenpflege aller potenziellen Risikofaktoren aufwendig. Für die Historische Simulation lässt sich ähnliche Kritik üben, wie für die

[27] Beide Modelle arbeiten aber mit einer identischen Historie. Im Varianz-Kovarianz-Ansatz wurden die Standardabweichungen und die Korrelation aus der gleichen Historie geschätzt, wie sie in der Historischen Simulation für die Ermittlung der logarithmierten Renditen dient.

[28] Für eine detaillierte Darstellung von Differenzen-/Quotientenmethode im Faktoransatz und Portfolioansatz vgl. Hager (2004, S. 133 ff.).

Volatilitäten auf Basis gleichgewichteter Beobachtungen aus einer langen Historie.[29] Alle historischen Veränderungen gehen durch ein rollierendes Zeitfenster gleichgewichtet in die Value at Risk-Berechnung ein. Dadurch können „Geisterkurven" entstehen, wenn zum Beispiel extreme Marktpreisveränderungen aus der Vergangenheit zunächst zu einer Überschätzung des aktuellen Risikos führen und anschließend, bei Wegfall aus dem rollierenden Zeitfenster, den Value at Risk plötzlich stark absacken lassen.

Die Berechnung eines Value at Risk für Haltedauern von mehr als einem Tag mit der Historischen Simulation führt zu einem Entscheidungsproblem. Zum einen kann der Value at Risk zunächst für die Haltedauer von einem Tag berechnet und anschließend mit dem Wurzelgesetz auf zehn Tage skaliert werden. Jedoch setzt das Wurzelgesetz ebenso wie die Normalverteilungsannahme bei dem Varianz-Kovarianz-Modell die stochastische Unabhängigkeit der Wertänderungen voraus. Wird aber das im Varianz-Kovarianz-Modell wegen der mangelnden Unabhängigkeit abgelehnt, darf auch das Wurzelgesetz nicht angewendet werden. Hier hört die „Parameterfreiheit" der Historischen Simulation auf. Als Alternative zum Wurzelgesetz ist die Messung der historischen Veränderungen eines Risikofaktors über die gewünschte Haltedauer möglich. Wird beispielsweise für die Risikoprognose eine Haltedauer von zehn Tagen gewünscht, kann die Berechnung auf Basis der historischen Veränderungen innerhalb von je zehn Tagen erfolgen. Damit wäre eine Anwendung des Wurzelgesetzes zur Skalierung eines eintägigen Value at Risk auf den zehntägigen Wert überflüssig.

Allerdings entsteht nun ein neues Problem, denn die historischen zehntägigen Veränderungen können auf zwei Weisen berechnet werden. Zunächst wäre es denkbar, die Veränderung von t_0 auf t_{10}, von t_{10} auf t_{20}, von t_{20} auf t_{30} und so weiter zu messen. Dann gehen aber die Informationen über die Wertänderungen zwischen den Stichtagen verloren. Insbesondere stellt sich die Frage, welcher Tag t_0 sein soll, denn davon ausgehend wird festgelegt, welche nachfolgenden Tage in dem zehntägigen Intervall berücksichtigt werden. Wenn t_0 beispielsweise ein Montag ist, wird stets die Veränderung von Montag auf Freitag der nachfolgenden Woche gemessen (zehn Handelstage). Dann stellt sich aber die Frage, wieso nicht beispielsweise von Mittwoch auf Dienstag der jeweils übernächsten Woche gemessen werden soll. Die Gefahr bei dieser Methode liegt darin, dass extreme Wertänderungen unbeobachtet bleiben, weil sie zwischen zwei betrachteten Zeitpunkten liegen. Im unteren Teil von Abb. 9.22 ist beispielhaft die Entwicklung eines Risikofaktors gezeigt. Die Wertänderung von t_{11} auf t_{12} ist extrem, wird aber bei der bisher gezeigten Alternative nicht berücksichtigt.

Um den großen Informationsverlust und das Problem der optimalen Auswahl von t_0 zu vermeiden, wäre es sinnvoll, die historischen zehntägigen Messungen der Wertänderungen von t_0 auf t_{10} ($= t_{10} - t_0$), von t_1 auf t_{11}, von t_2 auf t_{12} und so weiter, zu messen. Aber auch bei dieser Methode kann es zu Fehlern kommen. In Abb. 9.22 wird simuliert, dass ab dem Zeitpunkt t_{12} die Tageswerte auf einem höheren Niveau schwanken als in der Vergangenheit (etwa infolge eines Schocks wie beim Angriff auf das World Trade Center).

[29] Vgl. mathematischen Anhang, Kap. 13.

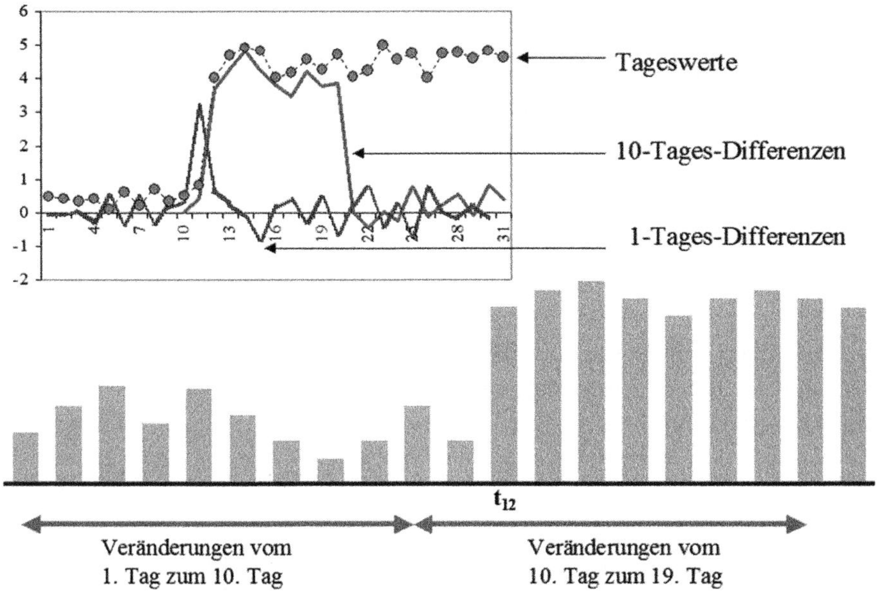

Abb. 9.22 Falscher Steuerungsimpuls bei 10-Tages Value at Risk

Die schraffierte graue Linie in dem Chart von Abb. 9.22 zeigt den Verlauf der täglichen Differenzen zwischen zwei aufeinanderfolgenden Marktpreisen. Bei den täglichen Differenzen macht sich die Erhöhung des Niveaus einmalig durch einen Ausschlag nach oben bemerkbar. Danach verlaufen die Differenzen wieder auf einem niedrigen Niveau. Das ist berechtigt, denn die zu Grunde liegenden Tageswerte schwanken nach der Verschiebung auf das höhere Niveau ebenfalls wieder geringer. Die 10-Tages-Differenzen zeigen aber die einmalige Verschiebung gleich neunmal an. Denn ein und dieselbe Verschiebung wird in den Differenzen von $t_{12} - t_2$, $t_{13} - t_3$, $t_{14} - t_4$, …, $t_{20} - t_{10}$ insgesamt neunmal gemessen.[30] Die Betrachtung von 30-Tages-Differenzen würde dem entsprechend eine einmalige Preisverschiebung 29-mal anzeigen.

Bei der Frage nach der korrekten Berechnung eines Value at Risk für zehn Tage Haltedauer stößt die Historische Simulation an ihre Grenzen, denn die Messung von 10-Tages-Differenzen kann zu fehlerhaften Impulsen führen. Die Historische Simulation erfolgt auf der Basis von historischen gleichgewichteten Beobachtungen. Falsche Risikoprognosen werden insbesondere dann entstehen, wenn es auf den Märkten zu temporär hohen Volatilitäten kommt. Das Konzept ist träge und kann sich daher nicht an schnell wechselnde Marktsituationen anpassen. Aus der gleichen Trägheit können Geisterkurven entstehen.[31]

[30] Das Beispiel lässt sich einfach in einer Tabellenkalkulation wie EXCEL nachvollziehen.

[31] Zum Effekt von „Geisterkurven" vgl. mathematischen Anhang, Kap. 13.

Im Gegensatz zu den mächtigeren Simulationsverfahren wie beispielsweise der stochastischen Simulation (Monte-Carlo-Simulation) wird von der Historischen Simulation nur ein einziger Preispfad berücksichtigt, eben der historische Verlauf. Die begrenzte Menge an noch für die Zukunft relevanten historischen Daten ist ein weiteres Dilemma der Historischen Simulation.[32] Häufig werden nur die letzten ein bis vier Jahre berücksichtigt, was 250 bis 1000 Beobachtungen entspricht. Bei zum Beispiel nur 250 Beobachtungen ist der Stichprobenumfang klein und der Schätzfehler groß. Um die gleiche Anzahl von Szenarien berücksichtigen zu können wie bei einer Monte-Carlo-Simulation mit 10.000 Zufallszahlen, würde die Historische Simulation die Daten der letzten 40 Jahre benötigen.[33] Wenn aber auf eine längere Historie zurückgegriffen wird, stellt sich die Frage, ob dass was in der Vergangenheit war, noch für die Zukunft relevant ist.

Insbesondere für die Bewertung von komplexen Portfolios mit Derivaten wird die nur geringe Menge der für die Zukunft repräsentativen historischen Daten zu einem Modellrisiko. Vor diesem Hintergrund werden Verfahren erprobt, wie aus einem begrenzten historischen Datensatz mehr Daten erzeugt werden können. Ein in der Praxis beliebtes Vorgehen besteht darin, die Vorzeichen der historischen Werte umzudrehen und dadurch die doppelte Anzahl von Daten zu erhalten. Trotzdem verfügt die Historische Simulation häufig nur über einen Bruchteil der Datenbasis einer stochastischen Simulation (Monte-Carlo-Simulation). Für die Bewertung von Derivaten sind für einen geringen Schätzfehler mindestens 5000 Simulationen zu empfehlen. Dafür müssten in einer Historischen Simulation die letzten zwanzig Jahre ausgewertet werden.[34]

Wegen dem Problem einer ausreichenden Datenbasis ist die Historische Simulation streng genommen auch konzeptionell kein geeignetes Verfahren für die Bewertung von Derivaten. Denn das Argument für die Historische Simulation besteht gerade darin, dass die Risikofaktoren keiner bestimmten Verteilung unterliegen und auch nicht durch einen Random Walk beschrieben werden können. Dann dürfen aber auch keine Optionsbewertungsmodelle für die Bewertung und Risikoprognose von im Portfolio enthaltenen Derivaten verwendet werden. Die meisten Bewertungsmodelle, insbesondere die in der Praxis häufig eingesetzten Modelle von Black und Black/Scholes zur Bewertung von Aktien- und Zinsoptionen, gehen aber von einem Random Walk der Underlyings aus. Hinzu kommt, dass bei der Simulation die unterschiedlichen Portfoliowerte sich ausschließlich aus Änderungen der Risikofaktoren bei konstanter Menge der Vermögenspositionen ergeben. Die Effekte aus einer Verkürzung der Restlaufzeit von Derivaten können nicht erfasst werden, denn im Gegensatz zu den analytischen Value at Risk-Modellen besteht bei der Historischen Simulation nicht die Möglichkeit, das Theta-Risiko zu berücksichtigen. Das Theta ist die Rate, mit der sich der Wert des Portfolios im Zeitablauf ändert, wenn alle anderen Faktoren konstant bleiben. Die Historische Simulation geht für ihre Risiko-

[32] Vgl. Hull (2019).

[33] Dabei wird von 250 Handelstagen pro Jahr ausgegangen: 250 • 40 = 10.000.

[34] 250 Handelstage • 20 Jahre = 5000 Veränderungen.

prognose ebenfalls davon aus, dass der dem Risiko ausgesetzte Betrag im Zeitablauf konstant bleibt.[35]

In Ermangelung von allgemein akzeptierten Bewertungsmodellen ist die Anwendung der marktüblichen Optionsbewertungsmodelle in der Regel notwendig, um die in einem Portfolio enthaltenen Optionen zu bewerten und eine Risikoprognose darüber zu erstellen, wie sich die Optionswerte ändern, wenn sich die Risikofaktoren verändern. In diesem Schritt müssen Renditen normalverteilt und durch einen Random Walk zu beschreiben sein. Gleichzeitig besteht die Argumentation für die Anwendung der Historischen Simulation aber gerade darin, dass die Renditen nicht normalverteilt sind und keinem Random Walk folgen. Der Value at Risk-Ausweis für ein Portfolio folgt mit dem besonderen Hinweis, dass das Verfahren frei von Modellprämissen und Verteilungsannahmen ist. Der für einen Tag berechnete Value at Risk wird aber mit dem Wurzelgesetz auf eine längere Haltedauer skaliert. Hier widersprechen sich die Kritiker der Normalverteilungsannahme und des Varianz-Kovarianz-Ansatzes selbst.[36]

Festzustellen ist auch, dass die Historische Simulation nicht so einfach zu handhaben ist, wie es mitunter behauptet wird und es zunächst den Eindruck erweckt. Insbesondere bei einem kurzen historischen Beobachtungszeitraum und einem langen Planungshorizont stößt die Historische Simulation an ihre Grenzen. Aus den bisherigen Erkenntnissen ist gut nachvollziehbar, dass wenige Szenarien, die zusätzlich aufgrund der Differenzenbildung über ein gleitendes Zeitfenster autokorreliert sind, zu einer schlechten Prognosegüte bei längeren Planungshorizonten führen müssen.

Insbesondere für mittelfristige Prognosen existieren qualitativ bessere Risikomodelle, wie das nächste Kapitel zur stochastischen Simulation (Monte-Carlo-Simulation) zeigt. Mit immer komplexer werdenden Portfoliostrukturen, wachsenden Anteilen optionaler Produkte und erhöhten Anforderungen an die Prognosegüte der Modelle ist eine Wanderungsbewegung zu den mächtigeren Simulationsverfahren zu erwarten.

Insbesondere für die Betrachtung von langen Haltedauern sei davor gewarnt, den Value at Risk entgegen seiner kurzfristigen Orientierung „mit Gewalt" auf eine langfristige Risikoprognose auszudehnen. Für die Haltedauer von einem oder wenigen Tagen sind jedoch von der Historischen Simulation zuverlässige Risikoprognosen zu erwarten. Nach der ausführlichen Diskussion der Kritik wird abschließend auf die wesentlichen Vorteile des Verfahrens eingegangen: Die Historische Simulation ist wegen ihres geringen mathematischen Anspruchs einfach umzusetzen. Der Portfolioansatz in Verbindung mit der Differenzenmethode erfordert nahezu keine statistischen und mathematischen Kenntnisse. Die Anwender müssen sich nicht mit der Messung von Volatilitäten und Korrelationen auseinandersetzen. Es werden auch keine Kenntnisse von Logarithmus, e-Funktion, Matrizenmultiplikation oder gar der Simulation von Zufallszahlen benötigt.

[35]Vgl. mathematischen Anhang, Kap. 13. Es kommt bei längeren Haltedauern durch den pull-to-par Effekt zu einer fehlerhaften Risikoprognose. Der Fehler wächst mit der Länge der Haltedauer.

[36]Vgl. beispielsweise Wegner, Sievi und Schumacher (2001, S. 140).

9.4 Die stochastische Simulation bzw. Monte-Carlo-Simulation

Die stochastische Simulation bzw. Monte-Carlo-Simulation wird in der Praxis für die Lösung komplexer Aufgaben verwendet. Es handelt sich um ein Simulationsverfahren auf Basis von Zufallszahlen, dessen Name zunächst etwas kurios erscheinen mag. Die genaue Herkunft der Bezeichnung für dieses Simulationsverfahren ist nicht bekannt, jedoch wurde in diesem Zusammenhang der Begriff *„Monte Carlo"* das erste Mal im Zweiten Weltkrieg als Deckname für eine geheime Forschung im Bereich des amerikanischen Atomwaffenprogramms verwendet. Zwei Wissenschaftler haben im Jahr 1942 in Los Alamos für die Lösung komplexer Probleme das Simulationsverfahren angewendet, welches 1949 als Monte-Carlo-Simulation bekannt wurde.[37] Vermutlich wurde der Name zuvor von einem 1862 in Monaco gegründeten Casino abgeleitet, da ein Roulette Tisch strenggenommen ebenfalls ein Zufallszahlengenerator ist.

In der Praxis wird sowohl der Begriff stochastische Szenarioanalyse bzw. Simulation als auch Monte-Carlo-Simulation verwendet.

Die *Generierung von Zufallszahlen* ist der wesentliche Unterschied zwischen der Monte-Carlo-Simulation und der Historischen Simulation. Die zukünftige Entwicklung von Risikofaktoren ist mit Unsicherheit behaftet. Statt historischer Wertänderungen wird die Unsicherheit über das zukünftige Verhalten der Risikofaktoren mit Zufallszahlen angegangen. Für die benötigten Marktbeobachtungen wird eine große Anzahl von Marktszenarien simuliert. Für jedes Marktszenario wird die Erfolgsauswirkung berechnet und gespeichert. Die Realisationen aus allen Marktszenarien ergeben eine Wahrscheinlichkeitsverteilung für die zukünftigen Gewinne und Verluste. Damit findet die „Marktbeobachtung" und die Einschätzung zukünftiger Marktentwicklungen per Simulation statt.

Die Anzahl der zu berücksichtigenden Marktszenarien kann beliebig groß vorgegeben werden. Deshalb ist die Simulation von beliebigen Verteilungen für Wertänderungen möglich. Das *Einsatzgebiet der Monte-Carlo-Simulation* ist groß. Sie kann zur Lösung von Integralen, im Operations-Research, zur Bewertung komplexer Derivate wie beispielsweise bestimmte pfadabhängige Optionen und für generell für umfangreiche Risikoberechnungen eingesetzt werden. In der Literatur wird die Berechnung der Zahl PI durch zufälliges Werfen einer Nadel auf liniertes Papier als Einführungsbeispiel für die Monte-Carlo-Simulation vorgeführt.[38] In diesem Buch wird die Monte-Carlo-Simulation direkt am Beispiel des bereits bekannten Rohstoffvorrats von Kupfer vorgestellt. Vereinfachend wird zunächst angenommen, dass die logarithmierten Veränderungen des Kupferpreises und Wechselkurses EUR/USD jeweils normalverteilt sind. Die Risikoberechnung erfolgt am 30.06. $t = 0$ für eine Haltedauer von einem Tag und mit einer Wahrscheinlichkeit von 95 %.

[37] Als Begründer gelten die Mathematiker J. v. Neumann und S. Ulam. Die erste Arbeit zur Monte Carlo Simulation wurde 1949 unter dem Titel „The Monte Carlo method" veröffentlicht. Vgl. Sobol (1977, S. 7) sowie Romeike und Spitzner (2013, S. 101 ff.).

[38] Vgl. Sobol (1977, S. 8 f.).

Im ersten Schritt gilt es, *standardnormalverteilte Zufallszahlen* zu erzeugen. Weil die Zufallszahlen mit einer Funktion oder einem Algorithmus generiert werden, ist die Bezeichnung Pseudozufallszahlen gebräuchlich. Diese Zufallszahlen sind nicht wirklich absolut zufällig und können sich nach einer bestimmten Sequenz wiederholen. Je nach der Güte des Algorithmus ist diese Sequenz kurz oder lang. Echte Zufallszahlen entstammen meist physikalischen Prozessen. Dennoch kann die Qualität der Zufallszahlen bei Bedarf durch statistische Verfahren verbessert werden.

Die Zufallszahlen müssen aber nicht normalverteilt sein, es können für die stochastische Simulation *Zahlen beliebiger Verteilungen* erzeugt werden. Die Grundlage hierfür bilden Zufallszahlen, die in einem Intervall von Null bis Eins gleichverteilt sind. Solche Werte können mit jeder gängigen Tabellenkalkulation erzeugt werden.[39] Die gleichverteilten Zufallszahlen werden durch Spiegelung an der Verteilungsfunktion mit den gewünschten Eigenschaften in eine neue Verteilung überführt.

In Abb. 9.23 ist beispielhaft die Transformation von gleichverteilten Zufallszahlen in standardnormalverteilte Zufallszahlen gezeigt. Die Datenbasis bilden zwischen Null und Eins gleichverteilte Zufallszahlen X. Die gleichverteilten Zufallszahlen werden an der Verteilungsfunktion der Standardnormalverteilung gespiegelt. Die Werte einer kumulierten Verteilungsfunktion F(Z) liegen immer im Intervall von Null bis Eins. Die standardnormalverteilten Zufallszahlen Z werden so bestimmt, dass gilt: X ist eine Funktion von Z, also

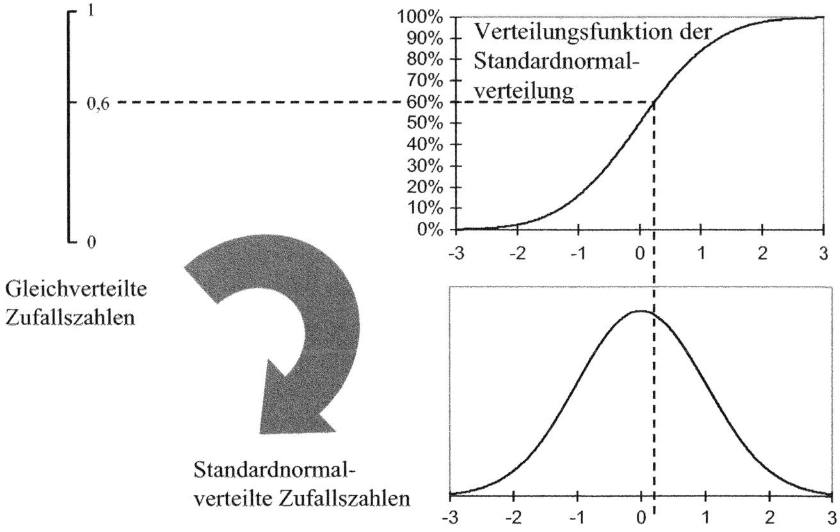

Abb. 9.23 Generierung normalverteilter Zufallszahlen

[39] In EXCEL muss hierfür im Add-Ins Manager (Menü Extras) die Option „Analyse-Funktionen" aktiviert werden. Anschließend können mit der Funktion „Zufallszahlengenerierung" (Menü Extras, Analyse-Funktionen) Zufallszahlen verschiedener Verteilungen generiert werden.

X = PDF(Z). Weil aber die gleichverteilten X bekannt sind und die standardnormalverteilten Zufallszahlen Z gesucht werden, ist die Umkehrfunktion nach Z zu bilden. Somit gilt, dass Zufallszahlen jeder beliebigen Verteilung generiert werden können, wenn eine Umkehrfunktion der kumulierten Verteilungsfunktion existiert. Daher können auf einfachem Wege nahezu alle Verteilungen simuliert werden. Im Beispiel der Abb. 9.23 entstehen auf diese Weise die gewünschten standardnormalverteilten Zufallszahlen. Für die Normalverteilung kann auch ein von Null abweichender Erwartungswert berücksichtigt werden.

Im Beispiel wird die Zufallszahl 0,6 aus der Gleichverteilung als das 60 %-Quantil der Verteilungsfunktion einer Standardnormalverteilung benutzt. Das 60 %-Quantil entspricht in der Standardnormalverteilung dem z-Wert 0,2533 (0,6 = PDF(0,2533)). Wäre die Zufallszahl aus der Gleichverteilung beispielsweise 0,95, dann würde sich daraus eine Zufallszahl in der Standardnormalverteilung von 1,6449 ergeben (0,95 = PDF(1,6449)). Auf diese Weise werden die Zufallszahlen aus der Gleichverteilung über die Quantile in Zufallszahlen der gewünschten Standardnormalverteilung transformiert.[40]

Wichtig ist die *Unabhängigkeit* der zu Grunde liegenden Zufallszahlen. Bei älteren Zufallszahlengeneratoren ist die Unabhängigkeit nicht gewährleistet. Trotz der Modulo-Funktion lässt sich eine Abhängigkeit der Zufallszahl x_i von ihrer Vorgängerin x_{i-1} erkennen. Inzwischen existieren jedoch bessere Zufallszahlengeneratoren, welche die Tests auf Unabhängigkeit bestehen. Trotzdem sind die Sequenzen von Zufallszahlen endlich und es kommt früher oder später zu einer Wiederholung. Aus theoretischer Sicht könnte hierin ein Mangel gesehen werden, praktisch werden aber für Risikoberechnungen häufig nur 5000 bis 10.000 Szenarien erzeugt, so dass eine Wiederholung sogar bei schlechten Zufallszahlengeneratoren unwahrscheinlich ist. Bei schlechten Generatoren wiederholen sich die Sequenzen nach einigen Tausend Werten, bei guten Generatoren jedoch erst nach Milliarden von Werten.

Eine andere Alternative zur Ermittlung von Zufallszahlen ist das *Bootstrap-Verfahren*, welches die Eigenschaften der Historischen Simulation mit der Monte-Carlo-Simulation verknüpft. Statt gleichverteilte Zufallszahlen aus einem Algorithmus zu verwenden, wird bei jedem Simulationslauf auf die historischen Werte zurückgegriffen. Das Prinzip der Transformation von Zahlen in eine bestimmte Verteilung bleibt erhalten, nur werden bei dem Bootstrap-Verfahren als Quelle der zu transformierenden Zahlen die historischen Werte statt gleichverteilter Zufallszahlen verwendet. Während bei der Historischen Simulation aus 500 Beobachtungen nur 500 Szenarien generiert werden können, ist bei dem Bootstrap-Verfahren die Anzahl der erzeugbaren Zufallszahlen theoretisch unbegrenzt. Mit den 500 Elementen lassen sich beispielsweise 5000 Zufallszahlen erstellen. Die grundlegende Bedingung hierfür ist, dass die 500 Elemente unabhängig voneinander sind. Es sollte eine akzeptable Relation aus historischen Beobachtungen und generierten Zufallszahlen eingehalten werden. Eine exakte Zahl für die Relation lässt sich nicht angeben, jedoch wäre die Generierung von beispielsweise 10.000 Zufallszahlen auf Basis von 100 historischen Beobachtungen fragwürdig. Ein Vorteil beim Bootstrap-Verfahren ist die im-

[40] In EXCEL lautet der Befehl für die Umkehrfunktion „=STANDNORMINV(0,6)“.

plizite Berücksichtigung von fat tails und anderen Abweichungen von der Normalverteilung.

Mit den bisher gezeigten Methoden könnten bereits die notwendigen Zufallszahlen erzeugt werden, um den Value at Risk für ein Portfolio mit einem einzigen Risikofaktor zu bestimmen. In der Praxis sind Portfolios jedoch häufig mehreren Risikofaktoren ausgesetzt, so dass es einer *multivariaten Simulation* bedarf. Zwar könnte für jeden Risikofaktor eine Reihe von Zufallszahlen erzeugt werden, jedoch sind die Reihen mit Zufallszahlen zunächst unkorreliert. Die Risikofaktoren verhalten sich aber häufig eben nicht unabhängig von einander. Damit auch Korrelationen für die Value at Risk-Berechnung berücksichtigt werden können, ist eine weitere Anpassung bei der Erzeugung von Zufallszahlen durchzuführen. Die zunächst unkorrelierten Zufallszahlen sind in *korrelierte Zufallszahlen* zu überführen.

Ein Verfahren zur Erzeugung korrelierter Zufallszahlen ist die *Cholesky-Zerlegung*.[41] Ausgehend von der Korrelationsmatrix der Risikofaktoren erfolgt die Umwandlung in eine untere Dreiecksmatrix, deren Elemente oberhalb der Diagonalen Null sind. Die Dreiecksmatrix muss die Eigenschaft haben, dass die Multiplikation mit ihrer transponierten Matrix wieder zur Korrelationsmatrix führt. Die Transponierte C^T einer Matrix C mit m Zeilen und n Spalten ($m \cdot n$ – Matrix) entsteht, wenn die Zeilen als Spalten geschrieben werden ($n \cdot m$ – Matrix). Für die Korrelationsmatrix K muss nach der Cholesky-Zerlegung gelten: $K = C^T \cdot C$. Zur Auflösung der Cholesky-Gleichung wird zunächst die Choleskymatrix aus der Matrizenmultiplikation von C^T mit C bestimmt (vgl. Abb. 9.24).

Durch Gleichsetzen der Einträge aus der Choleskymatrix mit den Einträgen aus der Korrelationsmatrix können rekursiv die Elemente der Matrix C bestimmt werden. Es ent-

Abb. 9.24 Gleichung für die Cholesky-Zerlegung

$$K = \begin{bmatrix} k_{11} & k_{12} & k_{13} \\ k_{21} & k_{22} & k_{23} \\ k_{31} & k_{32} & k_{33} \end{bmatrix} \quad c^T = \begin{bmatrix} c_{11} & 0 & 0 \\ c_{21} & c_{22} & 0 \\ c_{31} & c_{32} & c_{33} \end{bmatrix} \quad c = \begin{bmatrix} c_{11} & c_{12} & c_{13} \\ 0 & c_{22} & c_{23} \\ 0 & 0 & c_{33} \end{bmatrix}$$

Cholesky Gleichung

$$\begin{bmatrix} k_{11} & k_{12} & k_{13} \\ k_{21} & k_{22} & k_{23} \\ k_{31} & k_{32} & k_{33} \end{bmatrix} = \begin{bmatrix} c_{11} & 0 & 0 \\ c_{21} & c_{22} & 0 \\ c_{31} & c_{32} & c_{33} \end{bmatrix} \begin{bmatrix} c_{11} & c_{12} & c_{13} \\ 0 & c_{22} & c_{23} \\ 0 & 0 & c_{33} \end{bmatrix}$$

Korrelationsmatrix = Choleskymatrix

$$\begin{bmatrix} k_{11} & k_{12} & k_{13} \\ k_{21} & k_{22} & k_{23} \\ k_{31} & k_{32} & k_{33} \end{bmatrix} = \begin{bmatrix} c^2_{11} & c_{11}c_{21} & c_{11}c_{31} \\ c_{11}c_{21} & c^2_{21} + c^2_{22} & c_{21}c_{31} + c_{32}c_{22} \\ c_{11}c_{31} & c_{21}c_{31} + c_{32}c_{22} & c^2_{31} + c^3_{32} + c^2_{33} \end{bmatrix}$$

[41] Die Darstellung der Abb. 9.24 ist dem Anhang zum Technical Document von RiskMetrics (Zangari 1996, S. 255) entnommen.

steht eine Kette von rekursiven Gleichungen (vgl. Auszug davon in Abb. 9.25). Zur Berechnung des Standardbeispiels mit einem aus Kupfervorräten bestehenden Portfolio werden zwei korrelierte Reihen von Zufallszahlen benötigt. Die Korrelation zwischen den logarithmierten Wechselkursänderungen EUR/USD und den logarithmierten Kupferpreisänderungen beträgt auf Basis von 250 Beobachtungen 0,075. Aus den beiden Risikofaktoren lässt sich eine 2 · 2 Korrelationsmatrix ableiten. Die Korrelation eines Risikofaktors mit sich selbst ist jeweils 1 und die Korrelation zwischen den beiden unterschiedlichen Risikofaktoren beträgt 0,075. Von dieser Korrelationsmatrix ausgehend, wird in Abb. 9.26 die Cholesky-Zerlegung für das Beispiel durchgeführt. Als Ergebnis ergibt sich die gesuchte Matrix C, welche multipliziert mit ihrer Transponenten C^T wieder die ursprüngli-

$$k_{11} = c^2{}_{11} \Rightarrow c_{11} = \sqrt{k_{11}}$$

$$k_{21} = c_{11}c_{21} \Rightarrow c_{21} = \frac{k_{21}}{c_{11}}$$

$$k_{22} = c^2{}_{21} + c^2{}_{22} \Rightarrow c_{22} = \sqrt{k_{22} - c^2{}_{21}}$$

$$k_{31} = c_{11}c_{31} \Rightarrow c_{31} = \frac{k_{31}}{c_{11}}$$

$$k_{32} = c_{21}c_{31} + c_{32}c_{22} \Rightarrow c_{32} = \frac{1}{c_{22}}(k_{32} - c_{21}c_{31})$$

$$k_{33} = c^2{}_{11} + c^2{}_{22} + c^2{}_{33} = \sqrt{k_{33} - c^2{}_{11} - c^2{}_{22}}$$

Abb. 9.25 Bestimmung der Faktoren für die Cholesky-Zerlegung

	Kupfer	Wechselkurs		C		C^T
Kupfer	1	0,075	=	c_{11} 0	·	c_{11} c_{12}
Wechselkurs	0,075	1		c_{21} c_{22}		0 c_{22}

$$\begin{pmatrix} 1 & 0{,}075 \\ 0{,}075 & 1 \end{pmatrix} = \begin{pmatrix} c_{11} & 0 \\ c_{21} & c_{22} \end{pmatrix} \cdot \begin{pmatrix} c_{11} & c_{12} \\ 0 & c_{22} \end{pmatrix}$$

$$c_{11} = \sqrt{k_{11}} = \sqrt{1} = 1 \qquad c_{22} = \sqrt{k_{22} - c^2{}_{21}} = \sqrt{1 - 0{,}075^{\,2}}$$

$$c_{21} = \frac{k_{21}}{c_{11}} = \frac{0{,}075}{1} = 0{,}075 \qquad c_{22} = 0{,}997184$$

$$\begin{pmatrix} 1 & 0{,}075 \\ 0{,}075 & 1 \end{pmatrix} = \begin{pmatrix} 1 & 0 \\ 0{,}075 & 0{,}997184 \end{pmatrix} \cdot \begin{pmatrix} 1 & 0{,}075 \\ 0 & 0{,}997184 \end{pmatrix}$$

Korrelationsmatrix = C • C^T

Abb. 9.26 Cholesky-Zerlegung für zwei Risikofaktoren

unkorrelierte Zufallszahlen X	unkorrelierte Zufallszahlen Y		korrelierte Zufallszahlen X	korrelierte Zufallszahlen Y
0,0815	0,9516		0,0815	0,9542
0,6459	0,9685		0,6459	0,9949
0,0647	0,7717	$\cdot \begin{pmatrix} 1 & 0{,}075 \\ 0 & 0{,}997184 \end{pmatrix} =$	0,0647	0,7737
0,9556	0,1909		0,9556	0,2310
0,9635	0,7049		0,9635	0,7449
0,1481	0,9176		0,1481	0,9230
0,5199	0,5660		0,5199	0,5874
0,6729	0,6704	← Korrelation 0,000	0,6729	0,6981
0,8774	0,0265	Korrelation 0,075 →	0,8774	0,0634
0,3371	0,4523		0,3371	0,4662
0,7396	0,1745		0,7396	0,2056

Abb. 9.27 Transformation von unkorrelierten in korrelierte Zufallszahlen

che Korrelationsmatrix ergibt. Als Voraussetzung für die Cholesky-Zerlegung muss eine positiv-semidefinite Korrelationsmatrix vorliegen.[42]

Die in Abb. 9.27 gezeigten Reihen von Zufallszahlen X und Y dienen der Simulation der beiden Risikofaktoren. Dabei steht die Reihe X für die logarithmierten Veränderungen des Kupferpreises und Y steht für die logarithmierten Veränderungen des Wechselkurses EUR/USD. In beiden Reihen sind die Informationen über die Standardabweichungen der jeweiligen Risikofaktoren bereits integriert. Es werden 10.000 Zufallszahlen pro Risikofaktor erzeugt, wovon jeweils die ersten 11 Zahlen in der Abb. 9.27 zur Illustration aufgeführt sind.[43] Im nächsten Schritt werden die beiden Reihen unkorrelierter normalverteilter Zufallszahlen mit Hilfe der Cholesky-Zerlegung in korrelierte Zufallszahlen überführt. Dazu wird jede Zeile mit zwei Zufallszahlen als ein Zeilenvektor betrachtet und mit der transponierten Matrix C^T multipliziert, woraus sich wieder ein Zeilenvektor mit zwei Elementen ergibt. Die Elemente des daraus resultierenden Zeilenvektors sind in dem gewünschten Maß miteinander korreliert. Auf diese Weise werden Zeile für Zeile unkorrelierte, normalverteilte Zufallszahlen in korrelierte, normalverteilte Zufallszahlen transformiert.[44]

Nachdem alle benötigten Daten aufbereitet sind, kann die Simulation der Wertveränderungen des betrachteten Rohstoffvorrats beginnen. Für die Risikoberechnung wird der Portfolioansatz gewählt und es werden die logarithmierten Veränderungen der Vermögenspositionen simuliert.[45] Die einzelnen Schritte sind identisch zum Vorgehen bei der zuvor

[42] Falls in dem Wurzelausdruck der Rekursionsformeln aus Abb. 9.26 negative Werte entstehen, kann auf alternative Verfahren wie Eigenwert-Zerlegung und Singularwert-Zerlegung zurückgegriffen werden.

[43] Die Korrelationen in Abb. 9.27 beziehen sich die kompletten Reihen von jeweils 10.000 Werten.

[44] In dem Beispiel aus der Abb. 9.27 konnten nach mehreren Berechnungen Zufallszahlen mit einer Korrelation von 0,000 generiert werden.

[45] Um mit der Monte-Carlo-Methode Differenzen zu simulieren müsste statt einem geometrischen Random Walk ein arithmetischer Zufallsprozess generiert werden. Da letzterer jedoch auch negativ werden kann, ist dieser bedingt für die Modellierung von Preisen und Kursen geeignet. Vgl. mathematischen Anhang, Kap. 13.

mit k=0,75 korrelierte, normalverteilte Zufallszahlen		simulierter Kupferpreis USD	simulierter Wechselkurs	Wert der Rohstoffe EUR
1,850849	-1,989994	9.073	1,563	2.775.287
0,497234	1,407904	8.854	1,592	2.657.885
0,765199	-0,839840	8.897	1,573	2.704.262
0,656844	0,843909	8.880	1,587	2.673.889
-0,226290	0,302451	8.740	1,583	2.639.640
1,330204	0,690588	8.988	1,586	2.708.799
1,629763	1,238830	9.037	1,591	2.715.170
-0,712976	-0,127275	8.664	1,579	2.622.865
-1,022243	-1,327152	8.616	1,568	2.625.732
1,619456	1,346080	9.035	1,592	2.713.051

$8.775{,}50 \cdot e^{(1{,}619456 \, * \, 0{,}0180)}$

$1{,}58 \cdot e^{(1{,}346080 \, * \, 0{,}00555)}$

$\frac{478 \text{ Tonnen} \cdot 9.035 \text{ USD/Tonne}}{1{,}592 \text{ EUR/USD}}$ = 2.712.770 EUR simulierter MW

\- 2.654.866 EUR - aktueller MW

Beispiel: eine von 10.000 simulierten Wertänderungen des Rohstoffvorrats + 57.904 EUR = Wertänderung

Abb. 9.28 Monte-Carlo-Simulation (mit Korrelationen)

beschriebenen Historischen Simulation im Portfolioansatz mit Quotientenmethode. In den ersten beiden Spalten von Abb. 9.28 sind korrelierten Zufallszahlen gezeigt, welche die relativen Veränderungen vom Kupferpreis und Wechselkurs EUR/USD simulieren. Die mittleren beiden Spalten enthalten die simulierten Kupferpreise und die Wechselkurse. Am Beispiel der untersten Zeile ist die vollständige Berechnung für eine simulierte Wertänderung des Rohstoffvorrats gezeigt.

Zunächst wird ein simulierter Kupferpreis auf Basis des aktuellen Kupferpreises vom 30.06. in t = 0 in Höhe von 8775,50 USD/Tonne berechnet. Dazu bedarf es der täglichen Standardabweichung für die logarithmierten Kupferpreisänderungen der vergangenen 250 Handelstage in Höhe von 0,0180 und dem Wert für eine zufällige Änderung des Kupferpreises, der sich aus der generierten Zufallszahl 1,619456 (vgl. erste Spalte unten in Abb. 9.28) ergibt. Das Produkt aus der Standardabweichung und der zufälligen Wertschwankung wird zur Basis e, der Eulerschen Zahl, potenziert. Durch das Potenzieren entsteht aus der logarithmierten Wertschwankung ein Faktor, der multipliziert mit dem aktuellen Kupferpreis von 8775,50 USD/Tonne zu einem möglichen neuen Kupferpreis in Höhe von 9035 USD/Tonne führt (= $8775{,}50 \cdot e^{(1{,}619456 \cdot 0{,}0180)}$).

Auf die gleiche Weise berechnet sich ein möglicher neuer Wechselkurs aus dem aktuellen Wechselkurs in Höhe von 1,58 EUR/USD, der Zufallszahl 1,346080 und der Volatilität für die logarithmierten Wechselkursänderungen in Höhe von 0,00555. In dem betrachteten Simulationslauf ergibt sich als ein möglicher Wechselkurs der Wert 1,592 (= $1{,}58 \cdot e^{(1{,}346080 \cdot 0{,}00555)}$). Für das Portfolio lässt sich mit Hilfe der beiden simulierten Marktpreise ein neuer möglicher Portfoliowert für den nächsten Tag bestimmen. Die 478 Tonnen Kupfer werden mit dem simulierten Preis von 9035 USD/Tonne multipliziert und durch

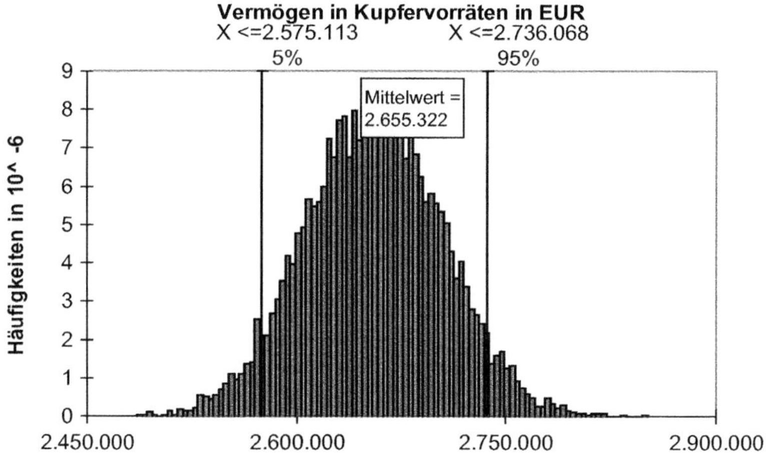

Abb. 9.29 Stochastische Simulation am Beispiel Kupferpreisschwankung

den simulierten Wechselkurs von 1,592 EUR/USD dividiert, woraus sich ein Vermögen in Rohstoffen von 2.712.770 EUR ergibt. Davon ist der aktuelle Vermögenswert vom 30.06. in t = 0 in Höhe von 2.654.866 EUR zu subtrahieren, woraus ein simulierter Gewinn aus Marktpreisänderungen von 57.904 EUR resultiert. Die für eine Zeile gezeigte Prozedur wird für 10.000 Simulationsläufe (Zeilen) durchgeführt. Die simulierten Wertänderungen werden der Größe nach geordnet, und es lässt sich der Value at Risk mit der gewünschten Wahrscheinlichkeit ablesen. So beträgt der Value at Risk für einen Tag Haltedauer und 95 % Wahrscheinlichkeit 79.700 EUR. Auch dieser Wert liegt nahe bei den Value at Risk-Werten aus dem Varianz-Kovarianz-Modell (80.600 EUR) und dem Wert aus der Historischen Simulation (80.700 EUR), obwohl alle drei Modelle konzeptionell grundsätzlich unterschiedlich funktionieren.

Häufig werden Kovarianzen für die Cholesky-Zerlegung verwendet. Das Ziel, aus unabhängigen Zufallszahlen korrelierte Zufallszahlen zu erzeugen, kann auf beiden Wegen erreicht werden. Der übliche Weg besteht darin, zunächst normalverteilte Zufallszahlen mit einem Erwartungswert von Null und Standardabweichung von Eins zu erzeugen. Die Zufallszahlen sind standardisiert (standardnormalverteilt) und enthalten noch keine Informationen über die Standardabweichung und die Korrelationen. Im nächsten Schritt wird die Kovarianzmatrix mit der Cholesky-Zerlegung aufgespalten und die Zeilenvektoren der standardnormalverteilten Zufallszahlen werden mit der Choleskymatrix multipliziert. In der zu Grunde liegenden Kovarianzmatrix sind sowohl Informationen über die Varianzen (Standardabweichungen) als auch über die Kovarianzen (Korrelationen) enthalten. Durch die Multiplikation der in den Zeilenvektoren zusammengefassten Zufallszahlen mit der Choleskymatrix entstehen multivariat normalverteilte Zufallszahlen mit den gewünschten Eigenschaften.

Der zweite Weg besteht darin, normalverteilte Zufallszahlen zu generieren, deren Standardabweichung bereits den gewünschten Wert beinhaltet. Um beispielsweise die Zufallszahlen für die Simulation von logarithmierten Veränderungen des Kupferpreises zu generieren, ist bei der Erzeugung der Zufallszahlen die Standardabweichung der Log-Änderungen vorgegeben. Die noch fehlenden Korrelationen werden durch die Multiplikation mit einer Korrelationsmatrix aus der Cholesky-Zerlegung eingefügt, woraus multivariat normalverteilte Zufallszahlen mit den gewünschten Eigenschaften entstehen. Wegen der *Summenstabilität der Normalverteilung* sind beide Wege möglich.[46] Die Cholesky-Zerlegung wurde in diesem Beispiel anhand der Korrelationsmatrix vorgeführt, weil Korrelationen gegenüber den sehr kleinen Kovarianzwerten übersichtlicher sind.

In den beiden bisherigen Alternativen wurden die Standardabweichung und die Korrelation respektive die Kovarianz der Risikofaktoren berücksichtigt. Zusätzlich kann auch eine Trendkomponente (Mittelwert) für die Risikofaktoren berücksichtigt werden. So können beispielsweise mit Hilfe des Excel-Addins RiskKit[47] Reihen von Zufallszahlen generiert werden, die den empirisch beobachteten Mittelwert, die Standardabweichung der logarithmierten Veränderungen und Korrelationen von Risikofaktoren berücksichtigen (= multivariate Verteilungen). In Abb. 9.29 ist die simulierte Häufigkeitsverteilung (Histogramm) am Beispiel Kupferpreisschwankung dargestellt.

Die stochastische Simulation (Monte-Carlo-Simulation) gilt wegen ihrer Flexibilität gegenüber anderen Verfahren als überlegen, insbesondere bei der Risikomessung von komplexen Exposures, wie sie beispielsweise aus Derivaten resultieren. Die stochastische Simulation kann Restlaufzeitverkürzungseffekte, Volatilitätsclustering, fat tails, nichtlineare Exposures und Extremszenarios in der Risikoberechnung berücksichtigen. Bei Portfolios mit einem erhöhten Anteil an Optionen ist eine stochastische Simulation (Monte-Carlo-Simulation) die einzige praktikable Methode. In Abb. 9.30 ist die Verteilung der Gewinne und Verluste eines Portfolios mit komplexen Optionen gezeigt.

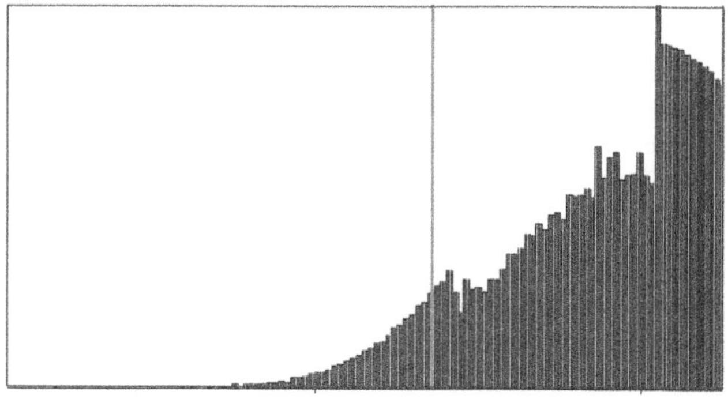

Abb. 9.30 Gewinn- und Verlustverteilung für ein Portfolio mit erhöhtem Optionsanteil

[46] Für einen ausführlichen Vergleich siehe Hager, P.: Cash Flow at Risk und Value at Risk in Unternehmen, Dissertation an der Universität Siegen 2002.

[47] Oder alternativ auch mit der freien Statistik-Software R, die im Jahr 1992 von den Statistikern Ross Ihaka und Robert Gentleman an der Universität Auckland entwickelt wurde. Bei R handelt es sich um eine freie Programmiersprache für statistische Berechnungen und Grafiken.

Aufgrund des erhöhten Optionsanteils ist die Renditeverteilung so komplex, dass sie mit einem analytischen Ansatz nicht mehr beschrieben werden kann. Statt nur einem Hügel (unimodal), wie es etwa bei der Normalverteilung angenommen wird, besitzt die tatsächliche Renditeverteilung des Portfolios drei Hügel. Die Monte-Carlo-Methode simuliert in 10.000 Szenarien zukünftige Marktzustände. Für jedes Szenario wird das Portfolio mit nicht-approximierten Bewertungsfunktionen komplett neu bewertet. Darin unterscheidet sich die stochastische Simulation (Monte-Carlo-Simulation) maßgeblich vom Varianz-Kovarianz-Ansatz und der Historischen Simulation. Sie benötigt keine lineare Näherung der Risikofaktoren, sondern kalkuliert das Risiko auf Basis einer Vollbewertung aller Instrumente. Das Ergebnis ist die gesuchte Verteilung der Gewinne und Verluste, wie sie in Abb. 9.30 gezeigt ist.

Der Einsatz eines Varianz-Kovarianz-Modells für die Risikomessung eines Portfolios mit nichtlinearen Derivaten könnte zu rechtfertigen sein, wenn so viele unterschiedliche Risikofaktoren für die Wertänderungen relevant sind, dass aufgrund des Gesetzes der großen Zahl die Verteilung der Portfoliowertänderungen gegen eine Normalverteilung konvergiert. Aber auch für die Berechnung von Kreditrisiken und anderen Risiken mit langen Prognosehorizonten und komplexen Strukturen gibt es keine Alternative zur stochastischen Simulation, sie ist methodisch den anderen Ansätzen überlegen. Daher ist dieses Verfahren besonders geeignet für den Einsatz in Unternehmen, wo der Bedarf für Risikoprognosen über mittelfristige Zeithorizonte besteht. Gleichzeitig werden mit der Entscheidung für die Monte-Carlo-Simulation Schnittstellen zur späteren Implementierung von Kreditrisiken und operationellen Risiken in ein ganzheitliches Risikomesssystem geschaffen.

Ein Verfahren, das so viele Vorteile hat und bei komplexen Risikostrukturen exaktere Ergebnisse als die anderen Value at Risk-Modelle liefert, hat auch *Nachteile.* Der meist genannte Nachteil, den die Literatur speziell mit der stochastischen Simulation in Verbindung bringt, ist ihre *Rechenintensität.* Die Methode benötigt hohe Rechenkapazitäten und kann für große Portfolios viel Zeit in Anspruch nehmen. Hier gilt es, zwischen Geschwindigkeit und Genauigkeit der Risikoprognose abzuwägen. Weniger Simulationen erhöhen grundsätzlich den Schätzfehler. Die Rechengenauigkeit ist proportional zu dem Faktor $\sqrt{}$ (D/N), wobei D eine Konstante und N die Anzahl der Versuche ist.[48] Daraus folgt, dass eine Reduzierung des Schätzfehlers um 1/10, oder anders gesagt eine weitere richtige Dezimalstelle, N = 100-mal mehr Simulationen erfordert (1/10 = $\sqrt{}$(1/100)). Im Zeitalter der Supercomputer ist der skizzierte Nachteil der Rechenintensität immer weniger relevant. Supercomputer werden heute in vielen Anwendungsfeldern eingesetzt, etwa für Simulationen im Bereich der Quantenmechanik, Wettervorhersagen, Klimatologie, Molekulardynamik, Kosmologie, Astrophysik, Fusionsforschung, im Bereich Risk Analytics bis hin zur Kryptoanalyse. Der erste offiziell installierte Supercomputer Cray-1 schaffte im Jahr 1976 130 MegaFLOPS. Im Vergleich: Der Superrechner Summit der Oak Ridge National Laboratory (Tennessee, USA) verfügt über eine Rechenleistung von 122.300,00

[48] Vgl. Sobol (1977, S. 9).

TeraFLOPS. Der schnellste Superrechner in Deutschland, der JUWELS im Forschungszentrum Jülich, verfügt über ein Rechenleistung von 9.891,07 TeraFLOPS.

Ein Kritikpunkt an der stochastischen Simulation könnte in dem Problem der Erzeugung von echten Zufallszahlen liegen. Diese Kritik ist für den Bereich der Risikomessung aber unerheblich, da bereits aus 5000 bis 10.000 Simulationen zuverlässige Risikoprognosen erstellt werden können und eine Wiederholungsgefahr von Zufallszahlen in dieser Größenordnung auch bei schlechten Zufallszahlengeneratoren nicht besteht. Alternativ können Bootstrap-Verfahren zur Anwendung kommen, bei denen keine Zufallszahlen auf Basis einer bestimmten Verteilung generiert werden müssen. Stattdessen werden aus einem Pool historischer Marktpreisänderungen zufällig Werte gezogen und für die Simulation verwendet. Die Idee ist es, ohne eine Verteilungsannahme auszukommen und statt generierter Zufallszahlen historische Werte zu verwenden. Auf diese Weise könnten zwar fat tails berücksichtigt werden, jedoch stößt der Ansatz schnell an seine Grenzen. Wenn beispielsweise nur 500 historische Beobachtungen als relevanter Zeitraum zu Grunde gelegt werden können, macht es wenig Sinn, aus den 500 Werten 10.000 Stichproben zu ziehen.

Gegenüber dem Varianz-Kovarianz-Modell können mit der Monte-Carlo-Methode verhältnismäßig einfach alternative Verteilungen simuliert werden. Eine Umsetzung der Verteilungsfunktionen in das Risikomodell entfällt, da in der Regel von der Software zahlreiche Verteilungen für die Simulation der gewünschten Zufallszahlen zur Verfügung stehen. Auf diese Weise können die Verteilungen gewählt werden, die am besten zu den tatsächlich beobachteten Veränderungen der Risikofaktoren passen. Wenn beispielsweise nur die fat tails abgebildet werden sollen, kann der Anwender eine Student-t-Verteilung simulieren lassen.

Besteht das Ziel darin, sowohl die fat tails als auch die Leptokurtosis insgesamt abzubilden, wird als Lösungsansatz die Simulation von zwei Normalverteilungen vorgeschlagen, die jeweils eines der beiden Merkmale erfüllen und anschließend zu einer neuen Verteilung mit beiden Merkmalen addiert werden. Die erste Verteilung ist beispielsweise schief und besitzt eine hohe Wahrscheinlichkeit für Renditeschwankungen nahe Null, und die zweite Verteilung ist flacher, hat dafür aber eine hohe Varianz und breite Flanken. Die Summe beider Verteilungen enthält hohe Wahrscheinlichkeiten für kleine Schwankungen und gleichzeitig breite Flanken (Leptokurtosis und fat tails). Die stochastische Simulation ist flexibel und kann schnell auf unterschiedliche Fragestellungen ausgerichtet werden. Auch die Berücksichtigung von häufig wechselnden Phasen hoher und niedriger Volatilitäten kann über die Kombination der Monte-Carlo-Simulation mit einem EWMA- oder GARCH-Modell[49] erfolgen.

Der Aufwand einer Monte-Carlo-Simulation ist bei den heute verfügbaren Rechenkapazitäten erst gerechtfertigt, wenn komplexe Risikostrukturen vorliegen. Für die „einfachen“ Risikostrukturen, bei denen ein linearer Zusammenhang zwischen Veränderungen

[49] EWMA bedeutet „exponentially weighted moving average“, GARCH bedeutet „generalized autoregressive conditional heteroscedasticity“ und beides wird in Kap. 13 erläutert.

der Risikofaktoren und Wertänderungen des Portfolios besteht, ist ein Varianz-Kovarianz-Ansatz oder eine Historische Simulation ein erster einfacher Weg. Sowohl vom theoretischen Ansatz als auch der praktischen Umsetzung in Simulationsmodellen ist die stochastische Simulation ein mächtiger und vielversprechender Ansatz für das moderne Risiko-Management, der sich wegen seiner Flexibilität und dem breiten Anwendungsspektrum seit Jahren zunehmender Beliebtheit bei erfahrenen Risikomanagern erfreut.

Literatur

HAGER, P.: Corporate Risk Management – Value at Risk und Cash Flow at Risk, Frankfurt/Main 2004.

HULL, J. C.: Optionen, Futures und andere Derivate, 10. Aufl., München 2019.

KNÖCHLEIN, G./LIERMANN, V.: Value at Risk und Barwert-Approximation, in: Betriebswirtschaftliche Blätter, Nr. 8/2000, 49. Jahrgang, S. 386–390.

KOEDIJK, K./HUISMAN, R./POWNALL, R.: VaR-x: Fat tails in Financial Risk Management, Journal of Risk 1, 1998, p. 47–61.

MARKOWITZ, H.: Portfolio Selection, in: Journal of Finance, Vol. 7, 1952, No. 1, S. 77–91.

MINA, J./YI XIAO, J.: Return to RiskMetrics: The Evolution of a Standard, RiskMetrics Group, New York 2001, veröffentlicht auf: www.riskmetrics.com.

ROMEIKE, F.: Management von Rohstoffrisiken, in: Schöning/Göğüş/Pernsteiner (Hrsg.): Risikomanagement in Unternehmen – Interkulturelle Betrachtungen zwischen Deutschland, Österreich und der Türkei, Springer Gabler Verlag, Wiesbaden 2017, S. 117–173.

ROMEIKE, F.: Hammade Risklerinin Yönetimi, in: Schöning/Göğüş/Pernsteiner (Derleyen): İşletmelerde Risk Yönetimi: Türkiye, Almanya ve Avusturya Karşılaştırması, Istanbul Bilgi Üniversitesi Yayinlari, Istanbul 2018.

ROMEIKE, F.: Stochastische Investitionssimulation. Seriöser Umgang mit Unsicherheit bei Investitionsplanungen, in: CFO aktuell, Ausgabe Juli 2018, S. 167–172.

ROMEIKE, F./HAGER, P.: Gute Frage: Was ist ein „Random Walk", in: Risk, Compliance & Audit (RC&A), 06/2010, S. 11–12.

ROMEIKE, F./SPITZNER, J.: Von Szenarioanalyse bis Wargaming – Betriebswirtschaftliche Simulationen im Praxiseinsatz, Wiley Verlag, Weinheim 2013.

SOBOL, I. M.: Die Monte-Carlo-Methode, 2. Aufl., hrsg. v. H. Karl, Berlin 1977.

WEGNER, O.; SIEVI, C.; SCHUMACHER, M.: Szenarien der wertorientierten Steuerung des Zinsänderungsrisikos, in: Betriebswirtschaftliche Blätter, 03/2001, S. 138–145.

ZANGARI, P.: RiskMetricTM, Technical Document, 4th Edition, J.P. Morgan/Reuters, New York 1996.

Marken- und Vertriebsrisiken 10

Es braucht zwanzig Jahre, um einen guten Ruf aufzubauen und fünf Minuten, ihn zu zerstören. (Warren E. Buffet)

F. Romeike, P. Hager, *Erfolgsfaktor Risiko-Management 4.0*,
https://doi.org/10.1007/978-3-658-29446-5_10

10.1 Wie sich der Wert eines Unternehmens zusammensetzt

Im Zeitalter der Industrialisierung haben Grundstücke, Gebäude, Maschinen und Güter den wesentlichen Wert eines Unternehmens gebildet. Unter dem Sammelbegriff „Produktionsfaktor Kapital" wird der gesamte Bestand an Produktionsausrüstung zusammengefasst. Diese Vermögenswerte werden in einer Bilanz zusammengefasst und mit den restlichen Aktiva und Passiva saldiert. Aus der Bilanz lässt sich nach der Substanzwertmethode ein Unternehmenswert ermitteln. Dieser berücksichtigt den Marktwert, Wiederbeschaffungswert oder Liquidationswert der Aktiva und saldiert davon die Verbindlichkeiten und Rückstellungen. Das Verfahren der Substanzwertermittlung zur Unternehmenswertermittlung geht noch zurück auf die Zeiten, als der Produktionsfaktor Kapital mit seinen sichtbaren Werten im Vordergrund stand. Heute dominieren die Ertragswertverfahren in der Unternehmensbewertung und berücksichtigen insbesondere die (noch) nicht sichtbaren Werte oder noch nicht realisierten Werte eines Unternehmens. Dazu gehören beispielsweise die Innovationsfähigkeit, aktuelle Forschungen, Know-how der Mitarbeiter und insbesondere die Marke und der Bekanntheitsgrad eines Unternehmens. Die Ertragswertverfahren berechnen aus den mit einem Unternehmen zukünftig erzielbaren Überschüssen aus Einnahmen und Ausgaben (Cash Flows, EBIT) einen Vermögenswert (Barwert), der als Unternehmenswert zugrunde gelegt wird.

Verglichen mit dem menschlichen Körper entspricht das Substanzwertverfahren der Wertermittlung aller Stoffe, die im Körper enthalten sind (vgl. Abb. 10.1). Danach zu urteilen wäre ein Mensch, gemessen an seinem Materialwert, circa 13 EUR wert. Diese Aussage bezieht sich nur auf die chemischen Stoffe in dem Gewebe eines erwachsenen Mannes mit 75 kg Körpergewicht und berücksichtigt keinerlei ethischen Wertmaßstäbe. Demgegenüber steht der Ertragswert eines Menschen, der beispielsweise bei Berufsunfähigkeit für die Ermittlung einer Versicherungsleistung herangezogen wird. Auch die Invaliditätsversicherung verwendet eine inzwischen individuell von der jeweiligen Versicherungsgesellschaft bestimmbare Gliedertaxe, um den (Funktions-)Verlust ausgewählter Gliedmaße und Körperteile zu bemessen. Bei einer vereinbarten Invaliditätssumme von zum Beispiel 150.000 EUR wird der vollständige Verlust eines Daumens mit 20 %, im Beispiel 30.000 EUR, entschädigt (vgl. Abb. 9.2). Der Verlust des Augenlichts auf einer Seite ist der Versicherung 50 %, im Beispiel 75.000 EUR, wert (Abb. 10.2).

Die teuersten Gliedmaßen sind Arme und Beine, gefolgt von den einzelnen Augen und Ohren. Das alles sind Körperteile, die in den meisten Berufen zur Erwerbstätigkeit unbedingt erforderlich sind. Hingegen wird der Verlust eines kleinen Zehs mit 2 % (= 3000 EUR) oder des Geschlechtsorgans mit 0 % als unbedeutend angesehen. Verglichen mit dem zuvor ermittelten Materialwert von 13 EUR stehen jedoch die Schadensersatzleistungen von bis zu 150.000 EUR in einer ungewöhnlichen Relation. Ähnlich verhält es sich heute bei vielen Unternehmen mit der Relation zwischen dem eingesetzten Kapital in Form von Grundstücken, Gebäuden, Maschinen und Werkzeugen zu dem Markenwert, hinter dem der zukünftige Ertragswert steckt.

Konrad Mellerowicz lieferte bereits 1963 die noch heute am weitesten verbreitete Markendefinition: „Markenartikel sind die für den privaten Bedarf geschaffenen Fertigwaren,

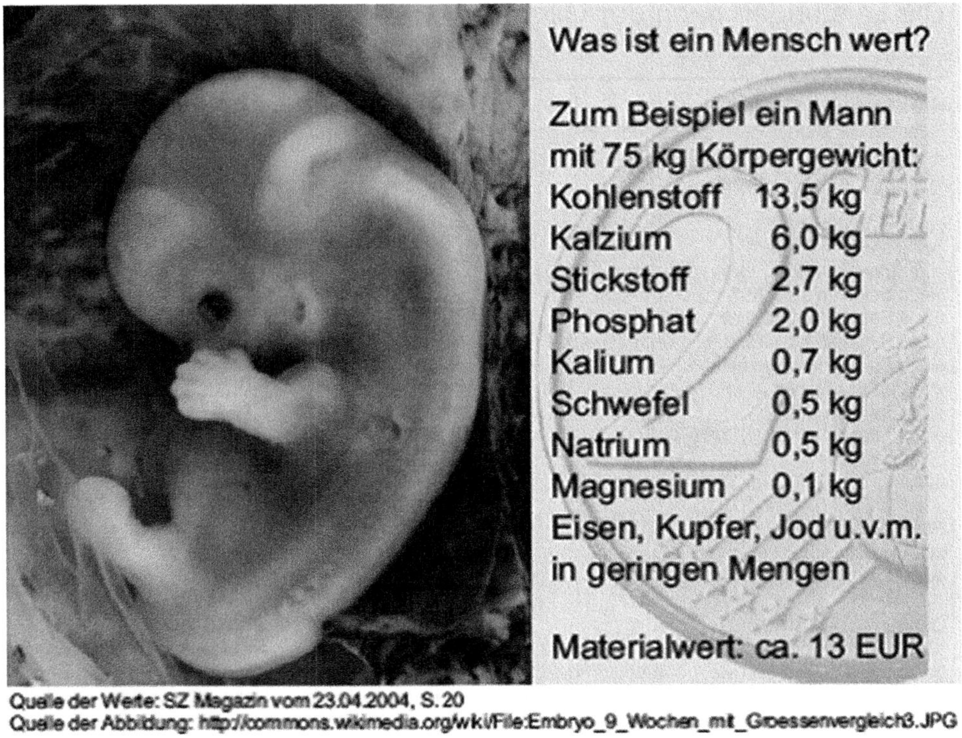

Abb. 10.1 Materialwert eines Menschen

die in einem größeren Absatzraum unter einem besonderen, die Herkunft kennzeichnenden Merkmal in einheitlicher Aufmachung, gleicher Menge, sowie gleichbleibender oder verbesserter Güte erhältlich sind und sich dadurch sowie durch die für sie betriebene Werbung die Anerkennung der beteiligten Wirtschaftskreise erworben haben."[1] Während Produktangebote zunehmend austauschbar werden, offenbart sich in der Marke die Einzigartigkeit. Es gibt keine zwei gleichen Marken, wohl aber gleiche Produkte. Ein **Produkt** wird in einem Unternehmen hergestellt; eine **Marke** wird vom Kunden gekauft. Ein **Produkt** kann von einem Wettbewerber kopiert und nachgemacht werden; eine **Marke** ist einmalig. Ein **Produkt** kann sehr schnell überholt sein; eine erfolgreiche **Marke** ist zeitlos.

In diesem Kontext ist die Marke ein Konstrukt zur Minderung von Risiken.

Besonders deutlich tritt die Einzigartigkeit einer Marke hervor, wenn der Volksmund sie stellvertretend für eine ganze Produktgattung nennt. Neben „Aspirin" anstatt Kopfschmerztabletten sagt man zu Transparentklebeband einfach „Tesa", Papiertaschentücher heißen „Tempo" und Suppenwürze ist „Maggi".[2] Es geht sogar soweit, dass Markennamen als Verb Einzug in die Sprache nehmen. Im Duden findet man das Verb „einwecken", welches das Einkochen von Lebensmitteln bezeichnet. Die Wenigsten wissen, dass diese Tä-

[1] Mellerowicz (1963, S. 193).

[2] Vgl. Schiller und Quell (2003, S. 120 ff.).

Die Leistungen nach der Gliedertaxe

Verlust oder Funktionsunfähigkeit*	Invaliditätsgrad in Prozent
eines Armes im Schultergelenk	70
eines Armes bis oberhalb des Ellenbogengelenk	65
eines Armes bis unterhalb des Ellenbogengelen	60
einer Handim Handgelenk	55
eines Daumens	20
eines Zeigefingers	10
eines anderen Fingers	5
eines Beines über der Mitte des Oberschenkel	70
eines Beines bis zur Mitte des Oberschenkel	60
eines Beines bis unterhalb des Knie	50
eines Beines bis zur Mitte des Unterschenkel	45
eines Fußes im Fußgelenk	40
einer großen Zehe	5
einer anderen Zehe	2
eines Auges	50
beider Augen	100
des Gehörs auf einem Ohr	30
... auf beiden Ohren	60
Penis/Hoden	0
des Geruchssinns	10
des Geschmackssinns	5

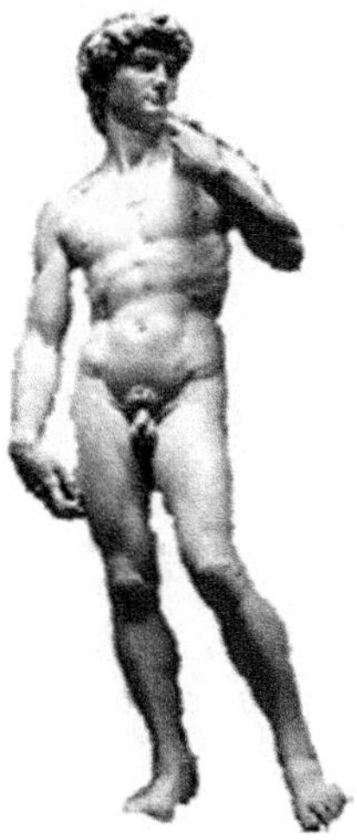

Quelle: GDV/AUB 99
*Werden durch den Unfall mehrere Körperteile oder Sinnesorgane in ihrer Funktionsfähigkeit dauernd be einträchtigt, müssen die Invaliditätsgrade, die sich aus der Gliedertaxe für die einzelnen Schädigungen ergeben, zusammengerechnet werden. Ein Invaliditätsgrad von mehr als 100 Prozent ist jedoch unmöglich.

Abb. 10.2 Ertragswertschmälerungen am menschlichen Körper

tigkeit nach dem Erfinder der Einweckgläser Johann Weck benannt ist und die Begriffe „Weck" und „Einweck" von der J. Weck GmbH u. Co. KG gesetzlich geschützt sind.[3]

Das gleiche gilt für die englische verbalisierte Form von „(to) google". Das Verb ist abgeleitet vom Suchmaschinenanbieter Google. In den Duden wurde das Verb googeln bereits im Jahr 2004 aufgenommen. Ebenso findet man in der Umgangssprache das Verb „googlen". Wenn der Name Google als generischer Gattungsname gebraucht würde, muss Google befürchten, sein Markenrecht zu verlieren. Daher nimmt das Unternehmen starken Einfluss auf Wörterbuch- und Zeitungsredaktionen sowie Sprachwissenschaftlern, um zu erreichen, dass der explizite Bezug genau zur Google-Suchmaschine dem Anschein nach immer gewahrt sei.

Wie aber kann es dazu kommen, dass Menschen mit Marken bestimmte Gefühle, Gedanken, Erfahrungen verbinden und oft ein emotionales Verhältnis zu ihren Lieblingsmarken aufbauen und ihnen einen ideellen Wert beimessen, der den Warenwert weit übersteigt?

Neben dem Wertangebot muss das Produkt Resultat einer problemlösenden Idee sein und diese leistungsernst verkörpern. Denn der Käufer kann nur zum Wiederkäufer und schließlich zum Kunden werden, wenn das Produkt auch das Versprechen, das es wertegeleitet kommuniziert, einlöst. Anderenfalls entsteht kein Vertrauen, dem Produkt ergeht es wie etwa 85 % aller Neueinführungen auf dem Markt: es floppt.[4]

[3]Vgl. Schiller und Quell (2003, S. 120).

[4]Vgl. Schiller und Quell (2003, S. 121).

Marke offenbart hier eine weitere Eigenschaft: Sie bildet eine Grenze zwischen denen, die „dazugehören", also ihrer Kundschaft und denen die nicht dazu gehören wollen oder können (siehe Hermès, Porsche und Chanel, Bugatti etc.). Bereits im Ursprung des Wortes ist diese Eigenschaft verankert. Marke stammt von dem französischen Verb *marquer*, welches mit „kennzeichnen; bezeichnen; merken" übersetzt werden kann.

Neben der Einschränkung der Freiheitsgrade des Individuums vermag Marke jedoch gleichzeitig auch das Gegenteil: sie reduziert Komplexität und schafft dadurch Freiheit. Der Soziologe und Hauptprotagonist der Systemtheorie, Niklas Luhmann, erläutert diesen Zusammenhang wie folgt: „Für jede Art realer Systeme in der Welt (...) ist die Welt übermäßig komplex: Sie enthält mehr Möglichkeiten als die, auf die das System sich erhaltend reagieren kann." Für den Menschen bedeutet es: „Er kann Welt, bloße Möglichkeiten, kann sein Nichtwissen thematisch erfassen und sich selbst erkennen als jemanden, der entscheiden muss."[5]

Dauerhaftes Marken-Vertrauen kann nur generieren, wer sich darüber bewusst ist, dass jede Lebensäußerung der Marke bedeutsam ist (vgl. Tab. 10.1). Der Verbraucher fällt sein Urteil aufgrund von Details. Auch dies ist ein Mechanismus zur Reduktion von Komplexität, der bei Marken besonders zu Tage tritt: Das Schließen von der einfach zu beurteilenden Form auf den komplexen Inhalt. Die „Bild-Zeitung" verdeutlicht täglich das massenhafte Bedürfnis nach dieser Form der Orientierung und konnte so zur erfolgreichsten Tageszeitung Europas avancieren. Die Vermittlung des Inhalts über die Form ist elementare Aufgabe für die Markenführung. Dies kann nur durch die Schaffung eines einzigartigen und unverwechselbaren Stils geschehen, der sich wie der Stil eines Hauses in den Besonderheiten, den Details ausdrückt. Der Maler Anselm Feuerbach schrieb in seinem Vermächtnis, dass Stil richtiges Weglassen des Unwesentlichen sei. In Bezug auf Marke ist Stil folglich Kommunikation des Wesentlichen in allen Subsystemen vom Produkt/Sortiment, Preis, Distribution bis hin zu Design/Werbung. Die genaue Festlegung dessen,

Tab. 10.1 Marke aus Konsumenten- und Herstellersicht

Konsumentensicht	Herstellersicht
Reduziert Qualitätsrisiko bei Kaufentscheidung	Differenzierung zum Wettbewerb
Verdichtet Informationen: Bündel aus funktionalen und emotionalen Attributen	Je stärker der Marke, desto mehr Schutz vor preisaggressiven Handelsmarken und Schutz vor Nachahmung
Mindert Risiko der Orientierungslosigkeit bei Reizüberflutung	Mindert Absatzrisiko durch Begehrlichkeit
Mindert Überforderung durch Komplexitätsreduktion	Schafft Kundenloyalität und Kundentreue
Schafft soziales Prestige, dient der individuellen Selbstdarstellung des Verbrauchers	Schafft Stabilität und Planungssicherheit: Marken sind weniger anfällig für Marktschwankungen
Bietet emotionale Identifikation und Gruppenzugehörigkeit	Mindert Risiko der Dominanz des Handels als Absatzmittler: Direkte Kommunikation zum Kunden über Marke

[5] Luhmann (1989, S. 5).

was kommunizieren soll und das Bewusstsein, dass alles kommuniziert, sind grundlegend für eine stilvolle und stilstrenge Markenführung.[6]

Damit ein lebendiges, sich dauernd veränderndes und wachsendes System aber Bündnisse um sich herum bilden kann, muss es immer wiedererkennbar sein. Sein Wachstum und seine Regeneration müssen bestimmten Mustern folgen, denn sonst kann es keine Gewohnheit geben: Vertrauensaufbau wird unmöglich.[7] Das Prinzip, nach dem sich Systeme entwickeln müssen, ist das universelle Ordnungsprinzip der Natur: Selbstähnlichkeit. Sie „durchdringt die Natur vom einzelnen Atom bis zur Verteilung der Galaxien im Universum."[8]

Bei Selbstähnlichkeit wiederholen sich die Formen im Großen wie im Kleinen, d. h. es genügt ein Bruchstück, um auf das Ganze zu schließen. Wenn man beispielsweise das Blatt einer Linde betrachtet, so stellt man fest, dass zwar jedes individuell anders aussieht, aber das Grundmuster in jedem Blatt immer wieder auftritt und es sich damit für jeden Betrachter unverwechselbar als Blatt des Lindenbaums zu erkennen gibt.

Ersetzt man Baum durch Marke und Blatt durch Produkt, Werbung etc., so wird deutlich, wie das Organisationsprinzip erfolgreicher Marken auszusehen hat: Jedes Produkt, jede Werbeanzeige, jeder „Markenast" muss untrennbar mit der Marke verbunden sein. Sie muss ein stimmiges selbstähnliches Ganzes bilden, denn „nur wenn sich eine Marke ihren Kunden über längere Zeit in gleicher Gestalt, und nicht jeden Tag neu, überraschend, abweichend präsentiert, gewöhnen sich die Menschen an ihre Formen, Farben, Klänge, Düfte, ihren Gestus und ihre Botschaften."[9]

Das fließende Prinzip der Selbstähnlichkeit erlaubt es dem System, sich ständig an Veränderungen in der Umwelt anzupassen und dabei trotzdem es selbst zu bleiben und damit das entwickelte Vertrauen nicht zu erschüttern. Verändert das Markensystem sich fremdähnlich, so wird es seine vertraute Attraktivität verlieren und seine Anhänger werden es verlassen. Verändert die Marke sich jedoch überhaupt nicht, wird sie von besser an die Umwelt angepassten Markensystemen verdrängt.

Bei der selbstähnlichen Markenführung muss der Anteil des Gewohnten und Vertrauten wesentlich höher sein als der der Veränderung. Selbstähnliches Markenwachstum sollte, wenn man es in Zahlen ausdrücken will, aus 80 % Tradition und 20 % Innovation bestehen, wobei die Erneuerung immer an das Grundmuster der Marke anknüpfen muss.[10]

---

[6] Vgl. Schiller und Quell (2003, S. 123).

[7] Vgl. Schiller und Quell (2003, S. 124).

[8] Schroeder (1994, Vorwort, S. XIV).

[9] Brandmeyer (1999, S. 397) sowie Vgl. Schiller und Quell (2003, S. 124 ff.).

[10] Die 80:20-Regel geht auf den italienischen Wirtschaftswissenschaftler Vilfredo Pareto zurück, der feststellte, dass „innerhalb einer gegebenen Gruppe oder Menge einige wenige Teile einen weitaus größeren Wert ausmachen, als dies ihrem relativen, größenmäßigen Anteil an der Gesamtmenge in dieser Gruppe entspricht." Pareto sah dabei eine Verteilung von 80 zu 20. Als Pareto-Prinzip wird diese Erkenntnis in diversen Bereichen des wirtschaftlichen Lebens genutzt, beispielsweise im Zeitmanagement.

„Es kann 100 Jahre dauern, eine gute Marke aufzubauen und 30 Tage, sie fertig zu machen."[11] Der Grad zwischen Tradition und Erneuerung ist bei Systemen schnell überschritten und führt zu dessen Zerstörung von innen. Brüche in der Markenevolution lassen sich beispielsweise bei Führungswechseln feststellen. Oftmals stehen die „Neuen" für Erneuerung auf ganzer Linie, was meist auch die Erneuerung von im Markt bewährten Erfolgsfaktoren einschließt. Dass damit Kundschaftsirritationen einhergehen, die sich in Vertrauensverlust niederschlagen, wird oft erst bemerkt, wenn es zu spät ist.

Das Risiko der nicht systemadäquaten Entwicklung in dem Spannungsfeld Erstarrung/Erneuerung besteht durch die Vernetzung der Marke in allen ihren Subsystemen. Die sich aus diesen Umständen ergebene Risikolandschaft in der Markenführung soll im Folgenden näher untersucht werden.[12]

10.1.1 Gefahrenfeld Produkt/Sortiment

Marke ist die unbedingte Verpflichtung zur höchstmöglichen Qualität. Nur durch permanente Qualitätssicherung kann sich Kundschaftsvertrauen bilden. Im Marketing findet man jedoch nur selten Brand-Manager, sondern überwiegend Product-Manager. Aus dieser Produkt-Fokussierung erwachsen zahlreiche Probleme und Risiken. Denn jedes neue Produkt muss auf demselben Qualitätsniveau wie das Kernprodukt sein. Je mehr Produkte unter einem Markennamen versammelt sind, desto aufwendiger ist die Qualitätssicherung, desto höher die Komplexität. So wird mit der Verlagerung des Produktionsstandortes oder der Abwanderung in „Billiglohnländer" auch immer ein Stück Kontrolle aus der Hand gegeben. Doch mehr noch. Jedes Produkt kommuniziert und erhöht das Risiko, dass eine negative Verbraucher-Erfahrung sich auf alle Produkte und damit auf die Marke niederschlägt.

Ein Produkt kann jedoch auch die Marke stärken, wenn es als selbstähnlicher Ableger ihren Leistungssinn transportiert. Dazu der Marken-Stratege Jean-Noël Kapferer: „Manche Arten der Ausdehnung wirken wie eine Frischzellenkur, d. h., sie revitalisieren die Marke und ihren Kern und bringen die Basiswerte der Marke neu und verstärkt in Erinnerung."[13] Wird ein Produkt jedoch als unstimmig, unglaubwürdig und nicht zur Marke passend empfunden, kippt das Vertrauen.

10.1.2 Gefahrenfeld Preis

„Was nichts kostet ist nichts wert", sagt der Volksmund und drückt damit aus, dass sich im Preis die Qualität widerspiegelt. Im ursprünglichen Wortsinn muss ein Markenartikel seiner Warenklasse entsprechend preis-*wert* sein, sich aber deutlich von den „No-Names"

[11] D'Alessandro, D., zitiert nach Klein (2000, S. 355).

[12] Der folgende Abschnitt über die Risikolandschaft in der Markenführung basiert auf dem folgenden Text: Schiller und Quell (2003, S. 124 ff.).

[13] Kapferer (1992, S. 128).

abgrenzen. Marke ist wertvoller als das Produkt – und das kommuniziert der Preis. Die anspruchsvolle Aufgabe für das Unternehmen besteht darin, auch im Preis selbstähnlich und glaubhaft zu sein. Absolute Preisdisziplin wird zur Herausforderung in der Markenführung. Denn die Verlockung durch Rabatte, Lagerverkäufe oder Sonderangebote Umsatz zu generieren, senkt nicht nur den Gewinn, sondern schadet dem Ansehen der Marke. Jeder kennt das Gefühl, wenn der neuerworbene Markenartikel kurze Zeit später für die Hälfte verramscht wird. Man fühlt sich betrogen und ärgert sich, zu viel bezahlt zu haben. Der von Unternehmen oft für die schlechte Entwicklung verantwortlich gemachte Schnäppchenjäger, der von der Werbung bereits ganz direkt angesprochen wird („Ich bin doch nicht blöd"; Media Markt bzw. „20 % auf alles"; Praktiker),[14] erweist sich bei näherer Betrachtung als hausgemacht. Dasselbe Risiko besteht auch beim Verkauf von Überhängen als „ungebrandete" weiße Ware. Schnell spricht es sich herum, dass das vermeintliche Billigprodukt in Wirklichkeit identisch ist mit dem teureren Markenartikel. Für ein kurzfristiges Umsatzplus wird langfristiger Gewinn- und Markenprestige-Verlust in Kauf genommen.

10.1.3 Gefahrenfeld Distribution

Neben den „Exoten" des Direktverkaufs (siehe Vorwerk Gruppe) gibt es diverse Strategien der „Controlled Distribution". Die Baumarktkette OBI, McDonald's, Starbucks oder The Body Shop setzen gewinnbringend auf das Franchise-Prinzip. Dabei erwerben selbstständige Unternehmer die Nutzungsrechte für ein vorgegebenes und meist bereits erfolgreich eingeführtes Betriebs-Konzept, das sich wie im Falle von Starbucks rasant ausbreiten kann. Von 1992 noch 165 Verkaufsstellen steigerte sich die Kaffee-Kette bis zum Jahr 2020 auf weit über 29.000 Cafés in rund 75 internationalen Märkten.

Eine andere Form der Selbstähnlichkeits-Sicherung können Hersteller mit der Etablierung von Shop-in-Shop-Systemen erreichen. Richtig installiert erzeugen die „Läden im Laden" ein „Partnership in Profit" von Hersteller und Händler. Dabei sind Shop-in-Shops sowohl bei Marken-Kaufhäusern als auch bei Kaufhaus-Marken sinnvoll. Entscheidend ist, dass sich das Umfeld affin zu den Markenwerten verhält. Beim Markenkaufhaus, beispielsweise die Pariser „Galeries Lafayette", sind es demnach die Konkurrenzmarken, die sich wechselseitig aufladen müssen. Die höchste Qualitäts-Stufe, gleichsam die mit dem geringsten Distributionsrisiko, erreicht der Hersteller durch die Etablierung von Standalone-Shops als eigengemanagte Stores oder im Franchise-System.

[14] Am 10. Juli 2013 erklärte sich das Unternehmen Praktiker für überschuldet und zahlungsunfähig und stellte am darauffolgenden Tag beim Amtsgericht Hamburg einen Insolvenzantrag für die acht inländischen Tochtergesellschaften. Eine Randbemerkung: Zwischen den Jahren 2011 und Anfang 2013 soll Praktiker rund 80 Millionen Euro für Beratungsdienstleistungen gezahlt haben, um die Krise abzuwenden. Unter anderem an die Unternehmensberatungen Roland Berger, Boston Consulting Group, McKinsey und die Wirtschaftskanzlei Freshfields.

10.1.4 Gefahrenfeld Design/Werbung

Unabhängige Studien zeigen auf, dass nur eine geringe Anzahl der Geschäftsführer Markenpflege als ihre Aufgabe betrachten. Die Mehrzahl der Unternehmenseigentümer und -lenker überlassen den Werbeagenturen die Erarbeitung der Markenstrategie. Dieses Ergebnis belegt, dass Marke in den Köpfen der Entscheider unterrepräsentiert ist und sie gleichsam mit dem Werbeetat in die Hand von „Kommunikationsspezialisten" gelegt wird. Wie beschrieben umfasst die Kommunikation das gesamte Markensystem. Marke kommuniziert nicht nur über die Werbung und das Design, sondern auch über das Produkt, den Preis, die Distribution und die Kunden. Mit der Eingrenzung der Kommunikationsaktivitäten auf lediglich ein Subsystem besteht das Risiko, dass zwischen den designten Werbewelten und der Realität in den anderen Markenbereichen eine Lücke klafft.

Werbe- und Designagenturen „leben" von der Erneuerung, Marke hingegen ist Verpflichtung zur Bestätigung der erfolgreich kommunizierten Wertebotschaften und ihres typischen Stils. „Eine gute Werbung schöpft ausschließlich aus dem Ideenkreis der Markenware selbst.",[15] wusste schon Hans Domizlaff. Für kreative Gestalter klingt das ausgesprochen langweilig, begrenzt es doch den Horizont der Möglichkeiten. Doch Werbung oder Design als „l'art pour l'art" ist für die Marke ineffizient. Erst wenn die Sonderleistung des Markenproduktes in einfachen Worten dauerhaft und einzigartig kommuniziert wird, kann sie sich angesichts der Bilder- und Informationsflut in der Öffentlichkeit verankern. Die höchste Effizienz in der werblichen Kommunikation wird dabei über markenaffine Schlüsselbilder (Key Visuals) erreicht. Zu diesem Ergebnis kam eine Studie, die den Einfluss von 20 Gestaltungsmerkmalen auf 200 Plakaten untersuchte. Die Key Visuals erzeugten nach Meinung der Befragten die höchste Markenbekanntheit und Markensympathie und die zweithöchste Kaufbereitschaft. Ein Beispiel für Werbung mit Schlüsselbildern aus dem „Ideenkreis" der Marke ist der Autovermieter „Sixt". „Sixt" schaffte es, mit einer einzigartigen Farb- und Fotoauffassung aus jedem „Mercedes", „Porsche" oder „BMW" ein unverkennbares „Sixt"-Mobil zu kreieren.[16] Nicht zuletzt aufgrund dieses klar definierten Auftritts, der kontinuierlich kommuniziert wurde, konnte sich das Unternehmen zum größten Autovermieter und Leasinganbieter Deutschlands entwickeln.

10.1.5 Gefahrenfeld Kundschaft

Wie die Marke zum Kunden passen muss, muss auch der Kunde zur Marke passen. Besonders im Luxusgütermarkt ist die Marke offenkundig Symbol der Abgrenzung. Macht sie sich durch günstigere Preise weiten Teilen der Bevölkerung zugänglich, wird diese Demokratisierung

[15] Domizlaff (1992, S. 120).

[16] Bereits im Jahr 1912 gründete Martin Sixt mit einem Fuhrpark von drei Automobilen die „Sixt Autofahrten und Selbstfahrer", nach eigenen Angaben die erste Autovermietung Deutschlands.

mit Vertrauensentzug der „Elite“ bestraft, die ihr Distinktions-Bedürfnis fortan mit anderen Marken befriedigen wird.

Es existiert aber auch der entgegengesetzte Fall. Das 1841 gegründete Textil-Kaufhaus „C&A“ stieg nach dem Zweiten Weltkrieg mit modisch schlichter, preisgünstiger Bekleidung zum deutschen Marktführer auf. Der Versuch, ein gehobeneres Klientel durch die Verpflichtung von Modedesignern wie Karl Lagerfeld oder Yves St. Laurent anzulocken, scheiterte in doppelter Hinsicht. Die Stammkundschaft, Familien und ältere Menschen, wanderte ab; die Nobelboutiquekunden blieben den Nobelboutiquen treu. C&A schrieb fünf Jahre lang Verluste, 2000 noch 46,2 Millionen Euro. Erst mit der Rückkehr zu den eigenen Wurzeln kamen auch die Kunden wieder. Heute erwirtschaftet das Unternehmen einen Umsatz von rund 6 Mrd. EUR (2017). Erneut scheint sich der Grundsatz zu bewahrheiten, dass es etwa sechs Mal teurer ist einen neuen Kunden zu gewinnen, als die Stammkundschaft zu pflegen.[17]

Beliebte Beispiele für den dominierenden Anteil einer Marke am Unternehmenswert sind die Marken Coca Cola und Google. Während das Getränk Coca Cola laut Herstellerangaben auf dem Etikett aus Wasser, Zucker, Kohlensäure, Lebensmittelfarbstoff, Säuerungsmittel (Phosphorsäure), Aroma und Aroma-Koffein besteht und die Produktionsanlagen zur Herstellung entsprechend unspektakulär sind, zählt die Marke mit einem Wert von knapp 66 Mrd. US-Dollar (Stand 2018) zu einer der wertvollsten Marken weltweit.[18]

Bis zum Jahr 2012 war Coca Cola – nach Berechnungen des Marktforschungsinstituts Interbrand – die wertvollste Marke der Welt. Im Jahr 2018 zählt hingegen Apple mit einem Markenwert von rund 214 Mrd. US-Dollar, Google mit einem Markenwert von 156 Mrd. US-Dollar, Amazon[19] mit einem Markenwert von 101 Mrd. US-Dollar zu den Top-3 der wertvollsten Marken weltweit (vgl. hierzu Abb. 10.5). Erst auf Platz 5 folgt Coca Cola. Mercedes-Benz belegt den achten Platz mit einem Markenwert von 49 Mrd. US-Dollar.

Das Marktforschungsinstitut Millward Brown kommt im Vergleich zu einer geringfügig anderen Reihenfolge und zu anderen Markenwerten. Bei der Markenbewertung wird grundsätzlich zwischen monetären, nicht-monetären sowie hybriden Verfahren unterschieden. Nicht-monetäre Verfahren stützen sich meist auf Konsumentenbefragungen und ermitteln Faktoren wie Bekanntheit, Markentreue, Zufriedenheit oder Reputation. Monetäre Verfahren hingegen erfassen vor allem den finanziellen Wert einer Marke. Hybride Verfahren kombinieren beide Ansätze miteinander.

---

[17] Vgl. Dittrich (2000, S. 16).

[18] Je nach Institut und Studie wird auch Google mit 86 Mrd. US-Dollar als wertvollste Marke weltweit bezeichnet. Vgl. hierzu http://www.millwardbrown.com/Sites/Optimor/Media/Pdfs/en/BrandZ/BrandZ-2008-PressRelease.pdf (abgerufen im Januar 2009).

[19] Der Onlinehändler Amazon konnte im Jahr 2018 – im Vergleich zum Vorjahr – seinen Markenwert um 56 Prozent steigern. Damit verzeichnet Amazon das größte Wachstum aller von Interbrand bewerteten Marken im Jahr 2018 sowie das einer einzelnen Marke seit Facebook im Jahr 2014. Im Jahr 2019 konnte eine weitere Steigerung von 24 Prozent gegenüber dem Vorjahr verzeichnet werden.

Sowohl Interbrand als auch Millward Brown kombiniert finanzielle und imagebezogene Kriterien zu einem Index. Die Markenbewertung von Interbrand erfolgt entlang von drei Aspekten:

- die finanzielle Performance der Produkte oder Dienstleistungen der Marke;
- die Rolle der Marke im Kaufentscheidungsprozess;
- der Stärke der Marke im Hinblick auf die Sicherung zukünftiger Erträge des Unternehmens.

In der Praxis existieren über 500 weitere, höchst unterschiedliche Modelle der Markenwertberechnung.

In einer bereits im Jahr 2002 veröffentlichten Studie der Boston Consulting Group wurde für verschiedene Unternehmen die Relation von Unternehmenswert und Ertragswert verglichen.[20] Die Differenz vom Ertragswert zum meist höheren Unternehmenswert ergibt sich aus Wachstumsfantasien, die in der Regel geprägt werden von der Stärke der Marke, der Innovationskraft des Unternehmens und der Qualität des Managements.

Während zum Beispiel bei der BMW AG der Unternehmenswert zu 93 % durch den Ertragswert (Fundamentalwert) bestimmt wird und die Erwartungsprämie nur 7 % beiträgt, verhält es sich bei Marken wie L'Oréal und H&M genau umgekehrt (vgl. Abb. 9.3). Der Unternehmenswert von L'Oréal wird nur zu 16 % und bei H&M zu 24 % durch den Fundamentalwert geprägt. Den Löwenanteil macht bei beiden Unternehmen jeweils die Erwartungsprämie aus (Abb. 10.3).

Insbesondere der Unternehmenswert der Hersteller von Lifestyle-, Sportartikeln und Mode korreliert laut der BCG-Studie gering mit dem Ertragswert (Fundamentalwert) und weist stattdessen eine hohe Korrelation zur Entwicklung der Marke auf (Brand-Impact). In Abb. 10.4 sind die Ergebnisse der Untersuchung für die Abhängigkeiten von Werten ausgewählter Unternehmen zu ihrem Ertragswert (Fundamentalwert) und der Markenentwicklung gezeigt.

Unter Brand-Impact definiert die BCG „marken- und innovationsgetriebenes Wachstum durch Produkt, Vertrieb und Werbung", während der Efficiency-Impact das Ergebnis aus Kostensenkungen und Steigerungen der Kapitalproduktivität umfasst. Der hohe Erwartungswert von Investoren in die Markenentwicklung und Innovationskraft unterstreicht die Bedeutung des Risiko-Managements, da sonst große Teile des Unternehmenswertes gefährdet sind. Abb. 10.5 zeigt die wertvollsten Marken im Jahr 2017.

Elf der 100 Marken in der Rangliste des Jahres 2018 stammen aus Deutschland. Damit stellt Deutschland die zweitstärkste Gruppe in der Liste und liegt in der Länderwertung direkt hinter den USA, die die Top 10 beherrschen und mit insgesamt 50 Marken unter den besten 100 nach wie vor das Ranking dominieren. Mercedes-Benz ist – basierend auf der Bewertungsmethode von Interbrand – mit rund 49 Milliarden Dollar auf Platz 8 die wert-

---

[20] Vgl. BCG – Boston Consulting Group (2002).

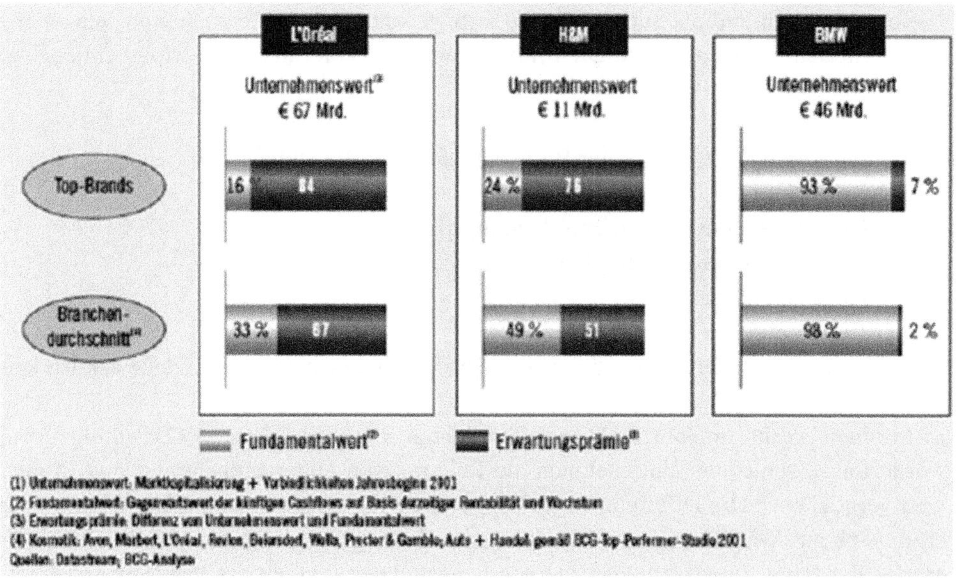

Abb. 10.3 Unternehmenswerte und Ertragswerte. (Vgl. BCG – Boston Consulting Group 2002, S. 6)

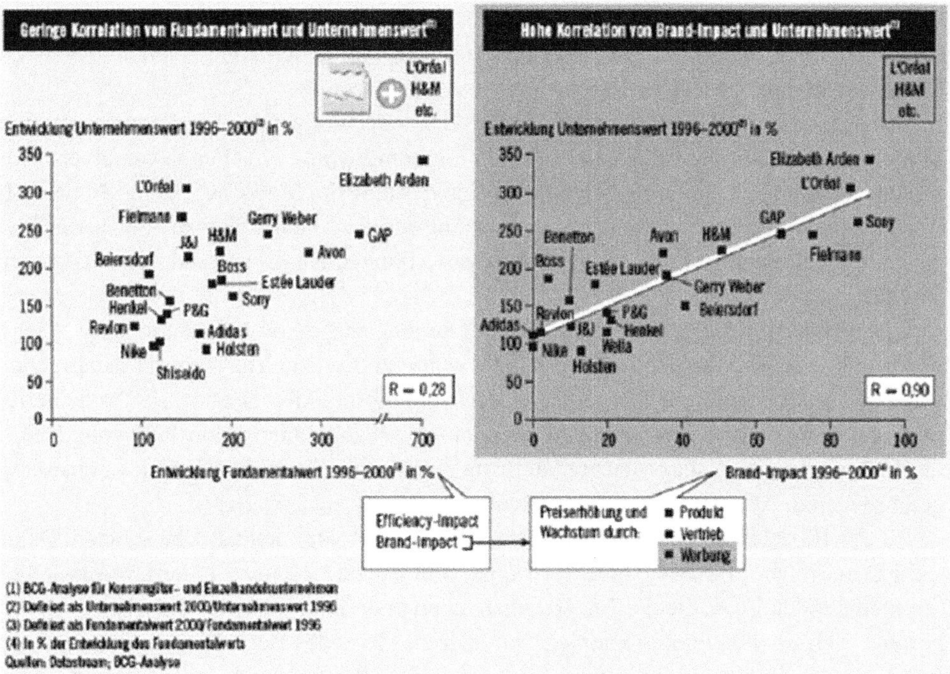

Abb. 10.4 Einflussfaktoren auf den Unternehmenswert. (Vgl. BCG – Boston Consulting Group 2002, S. 8)

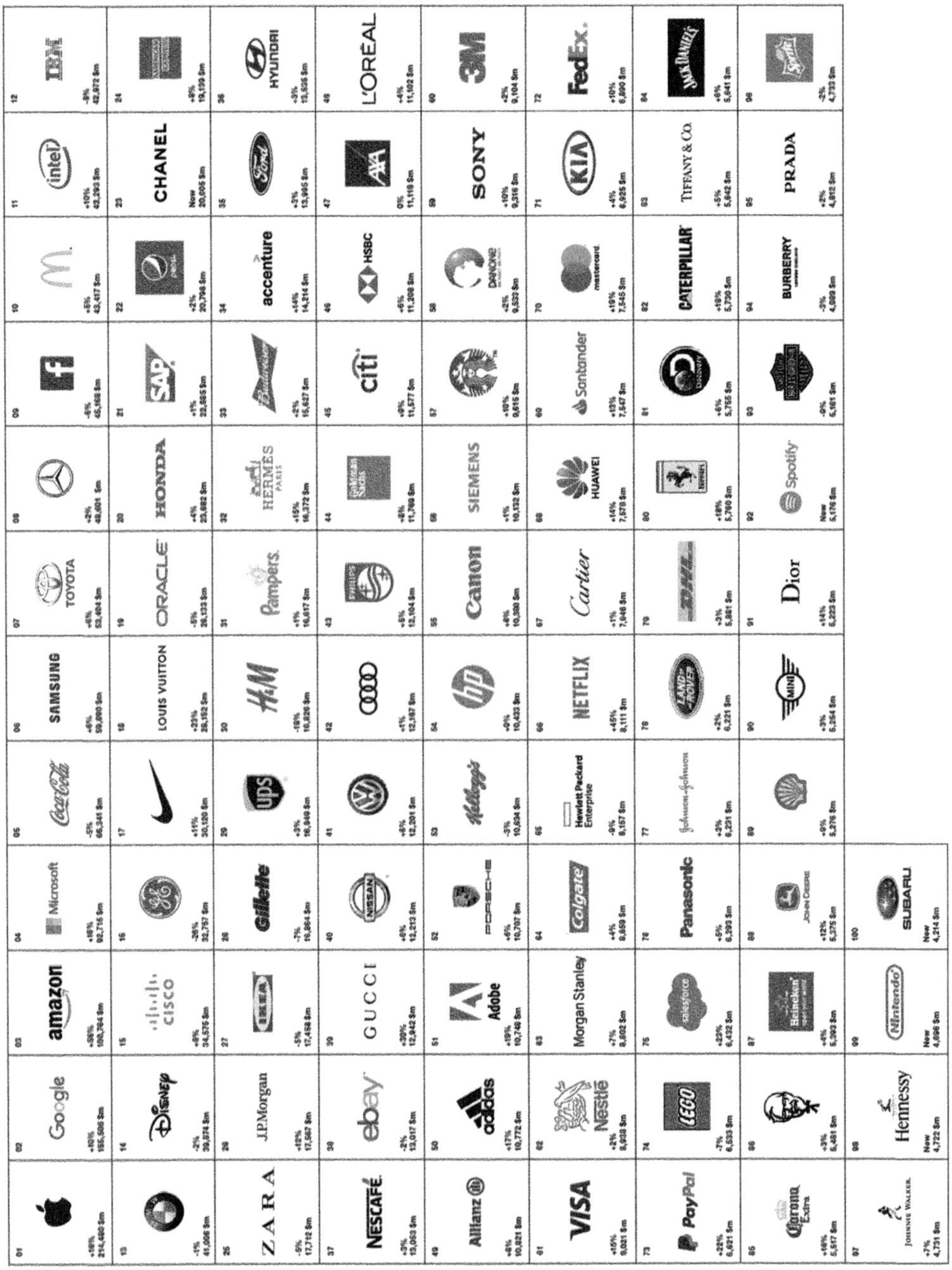

Abb. 10.5 (Fortsetzung)

Abb. 10.5 Die wertvollsten Marken 2018. (Vgl. das jeweils aktuelle Markenranking unter www.interbrand.com. Der Markenbewertungsansatz von Interbrand setzt drei Parameter, die zum Markenwert beitragen, in Relation: 1. den unternehmerischen Erfolg der Marke, der sich aus den finanziellen Kennzahlen des Unternehmens ergibt. 2. die Wirkung der Marke auf den Kunden, die angibt, wie wichtig der Beitrag der Marke für die Kaufentscheidung tatsächlich ist – je größer die Rolle der Marke, desto größer auch der Anteil am Unternehmenswert. 3. und die relative Markenstärke, die die Fähigkeit einer Marke misst, zukünftige Gewinne zu sichern und vergleicht den Wert mit der Konkurrenz Die Markenbewertung liefert einen vertieften Einblick in die Art und Weise, wie die Marke Nachfrage schafft und bildet die Brücke zwischen der Wirkung der Marke in ihren Märkten und dem geschaffenen ökonomischen Wert im Unternehmen. Um in das Ranking aufgenommen zu werden, müssen Unternehmen fünf Kriterien erfüllen: 1. Es müssen ausreichende, öffentlich zugängliche Marketing- und Finanzdaten vorhanden sein. 2. Die Marke muss global vertreten sein und auf den wichtigsten Weltmärkten signifikante Erträge erzielen. Dass heißt, mindestens ein Drittel des Umsatzes muss außerhalb des Ursprungslandes erwirtschaftet werden. 3. Drittens muss die Marke durch die Kommunikation eine hohe Marktpräsenz erreichen. 4. Der Economic Value Added (EVA) muss positiv sein. 5. Die Zielgruppe der Marke darf nicht ausschließlich aus B2B-Kunden bestehen; die Marke muss eine große Präsenz und Bekanntheit beim Endverbraucher aufweisen. Der aufgeführte Markenwert entspricht dem Gegenwartswert der in Zukunft zu erwartenden Erträge, die ausschließlich der Präsenz der Marke zuzurechnen sind)

vollste Marke Deutschlands. Nahezu alle deutschen Marken steigerten ihren Markenwert. Der Sportartikelhersteller adidas ist in diesem Jahr mit einem Wachstum von 17 Prozent die deutsche Marke mit dem größten Wertzuwachs und steigt von Rang 55 auf Rang 50 (Markenwert: 10,77 Milliarden US-Dollar). Der Versicherer Allianz verzeichnet mit plus acht Prozent das zweithöchste Wachstum in der Gruppe der deutschen Marken und belegt mit einem Markenwert von 10,82 Milliarden US-Dollar Rang 49. VW und Porsche steigern ihren Markenwert um je sechs Prozent, MINI und auch DHL um je drei Prozent. Audi, SAP und Siemens verbessern sich um je ein Prozent. Einzig BMW ist in diesem Jahr im Wert leicht rückläufig.

Nachfolgend sind 10 Schlüsselfragen zur Reduzierung von Risiken im Zusammenhang mit Marken zusammengefasst:[21]

1. Ist Ihre Marke sehr offen ohne eine alleinstellende Besonderheit positioniert?
2. Gibt Ihre Marke ihren Kunden kein verbindliches Nutzenversprechen?
3. Fehlen Ihren Mitarbeitern klare Leitlinien zur Führung Ihrer Marke in deren Verantwortungs- und Handlungsbereich?
4. Haben die Produkte keine Merkmale, an denen man sofort Ihre Marke erkennt?
5. Ist Ihre Marke mit unklaren oder austauschbaren Bedeutungsprofilen besetzt?
6. Ist Ihre Marke breit aufgestellt und umfasst zahlreiche Produktlinien, Preisniveaus und Kategorien?
7. Ist Ihre Marke stark mit einer Person verbunden, wie beispielsweise dem Gründer oder einer bekannten Person als Werbeträger?

[21] Vgl. Schiller (2018).

8. Fehlt Ihrem Markenmanagement-Team professionelles Know-how in Krisenmanagement, PR oder Sozialen Medien?
9. Fließt ein hoher Anteil Ihres Werbebudgets in digitale Werbung, die auf den Surfverläufen der Konsumenten basiert?
10. Setzen Sie eine Dachmarkenstrategie ein, bei der viele Produkte unter demselben Markennamen angeboten werden?

Je öfter die Fragen mit „Ja" beantwortet wurden, desto stärker ist die entsprechende Marke Risiken ausgesetzt.

Neben der hohen Bedeutung des Markenwerts bilden die Vertriebskanäle eines Unternehmens einen wichtigen Faktor für den Erfolg. Köcher beobachtet insbesondere im Handel eine zunehmende Vertikalisierung und einen Risikotransfer.[22] Darunter sind alle Verschiebungen in der Prozesskette des Handels zu verstehen, die darauf abzielen, Kontrolle über die gesamte Wertschöpfungskette aufzubauen, von der Beschaffung bis zum Management der Verkaufsfläche. Unter dem Begriff des Vertriebs- oder Absatzrisikos können zusammenfassend alle Verlustgefahren subsumiert werden, die bei der Veräußerung der Produkte bzw. nach deren Herstellung auftreten können. Wolke unterscheidet hinsichtlich des Vertriebsrisikos:[23]

- Das Erfüllungsrisiko, vertraglich zugesicherte Produkte nicht produzieren bzw. liefern zu können,
- Das Lagerrisiko, dass Produkte vor dem Verkauf untergehen oder beschädigt werden,
- Das Transportrisiko, auf den Lieferwegen zum Kunden
- Das Abnahmerisiko, dass der Kunde seinen Teil des Vertrages nicht erfüllt (Abnahme der Waren, Bezahlung),
- Das Verkaufsrisiko, dass die Produkte nicht abgesetzt werden können. Das Verkaufsrisiko kann feiner unterteilt werden in ein Mengenrisiko und ein Preisrisiko. Das Mengenrisiko tritt ein, wenn keine oder nicht genügend Käufer gefunden werden. Bei Eintritt des Preisrisikos kann der geplante Preis am Markt nicht durchgesetzt werden. Beide Risiken werden auch als Marktrisiko bezeichnet.

Das Vertriebs- bzw. Absatzrisiko ist eng verzahnt mit dem Supply-Chain-Risikomanagement, also den Methoden im Risiko-Management für Beschaffung und Einkauf. Wagner und Bude nennen in diesem Zusammenhang den Bullwhip-Effekt als weiteres Risiko im Absatz von Waren.[24] Dabei kommt es aufgrund von Unsicherheiten in der Prognose der Kundennachfrage zum Beispiel zu kostenintensiven Lieferengpässen oder steigenden Lagerengpässen. Ursachen können verspätete oder unvollständige Informationen über die Kundennachfrage, Sonderangebote, Preisfluktuation oder Überreaktionen der Nachfrage sein.

[22] Vgl. Köcher (2007, S. 146 ff.).
[23] Vgl. Wolke (2007, S. 216).
[24] Vgl. Wagner und Bude (2007, S. 63).

Alle Vertriebsrisiken werden in einem vollständigen Risikomanagement-Prozess identifiziert, bewertet und gesteuert. Im zweiten Abschnitt dieses Kapitels werden die hierzu geeigneten Verfahren erläutert. Das Verkaufsrisiko bzw. Marktrisiko bildet dabei den wichtigsten Teil des Vertriebsrisikos.

10.2 Marken- und Vertriebs-Risiko-Management

Für die Risikoidentifizierung im Marken- und Vertriebsrisikomanagement eignen sich insbesondere die Szenarioanalyse, Expertenbefragungen, stochastische Methoden, Zukunftsforschung und die Spieltheorie. Dabei kann die Szenarioanalyse mit stochastischen Methoden oder Expertenbefragungen kombiniert werden. Bei Hager findet sich eine Fallstudie, in der das Szenario „Umsatzeinbruch" um eine fest definierte Größe immer dann zusätzlich zu anderen Risiken eintritt, wenn im Rahmen stochastischer Prozesse für die Entwicklung verschiedener Markpreise Grenzwerte überschritten werden.[25]

In der Fallstudie geht es um zwei konkurrierende Exporteure, die beide den Absatzmarkt USA beliefern. Während der eine Exporteur in Deutschland produziert und in seiner Preisliste festgelegte Verkaufspreise in USD ausweist, das heißt das Wechselkursrisiko verbleibt beim Exporteur, sitzt die Konkurrenz in Japan und passt ihre Preise in Abhängigkeit der Wechselkursentwicklung an. Der Absatzmarkt in den USA ist hart umkämpft und die Kundenbindung an einen Hersteller gering. Sobald für die amerikanischen Konsumenten der Einkaufspreis japanischer Produkte in USD aufgrund einer günstigen Wechselkursentwicklung USD/YEN unter den Einkaufspreis bei dem deutschen Konkurrenten fällt, bricht dessen Umsatz um ein Drittel ein. Hier wird für die Risikoanalyse ein stochastischer Prozess für den Wechselkurs kombiniert mit einer Szenarioanalyse für den erwarteten bzw. schlechtesten Umsatz.

Die Szenarioanalyse[26] beschränkt sich im Gegensatz zu den meisten Prognosetechniken nicht nur auf die Verarbeitung quantitativer Informationen, sondern greift vor allem auch auf qualitative Daten zurück und beantwortet als Entscheidungshilfe „Was wäre wenn …" -Fragen. Dabei geht die Anwendung der Szenarioanalyse häufig mit einer Expertenbefragung einher, um so genügend Rohszenarien zu generieren. Allerdings ist die Szenarioanalyse sehr aufwendig, so dass Brainstorming und Expertenbefragungen häufiger zur Anwendung kommen, insbesondere bei zukünftigen Absatzplanungen.

Eine weitere Methode zur Identifizierung insbesondere strategischer Risiken im Vertrieb und Markenmanagement stellt die Spieltheorie dar. Die Spieltheorie befasst sich als Wissenschaft mit der Modellierung von Entscheidungsprozessen, in denen die Umweltbedingungen sich dynamisch verändern können. Hierbei werden agierenden oder auf eigene Entscheidungen reagierende Konkurrenten (Mitspieler) angenommen.

[25] Vgl. Hager (2004, Fallstudie „Berücksichtigung von Konkurrenten", S. 226–230).

[26] Vgl vertiefend Romeike und Spitzner (2013).

Die Zukunftsforschung ist die systematische und kritische Untersuchung von möglichen zukünftigen Entwicklungen mit wissenschaftlichen Methoden. Eine besondere Rolle spielen dabei Wild Cards, also unerwartete und plötzlich eintretende Ereignisse mit einer sehr geringen Eintrittswahrscheinlichkeit, die aber wesentliche Änderungen bewirken.[27] Der Begriff Wild Card ist angelehnt an den Joker in einem Kartenspiel. Ein häufig genanntes Beispiel ist in diesem Zusammenhang die deutsche Wiedervereinigung von 1990.

Köcher schlägt in Anlehnung an die Balanced Scorecard eine Risikomatrix vor, in der sie beispielhaft Risikoindikatoren den Perspektiven Kunde, Mitarbeiter, Ware/Prozesse und Finanzen zuordnet. Werden die Risikoindikatoren mit den Wertschöpfungsstufen kombiniert, ergibt sich ein ausgewogenes Portfolio an Indikatoren (vgl. Abb. 10.6).

Zahlreiche Methoden aus dem quantitativen, einige aus dem analytischen Bereich und nahezu alle Kreativitätsmethoden lassen sich auf das Marken- und Vertriebsrisiko anwenden.

Perspektive → / *Wertschöpfungsstufe ↓*	Kunden	Mitarbeiter	Ware/ Prozesse	Finanzen
Design	Zielgruppenaffinität der Kollektion	Artikel/ Designer	Einhaltung Kollektionsplanung	Designkosten/ Artikel
Vertrieb	Kundenfluktuation	Umsatz/ Mitarbeiter	Vertikalisierungsquote	Forderungsausfallquote
(Auftrags-) Produktion	Retourenquote	Auftragsvolumen/ Mitarbeiter	Anlieferungsquote	Deckungsbeitrag/Teil
Lager/Logistik	Kundenzufriedenheit Auslieferung	Kommissionierte Teile/ Mitarbeiter	Fehlerquote Kommissionierung	Durchlaufkosten/Teil
⋮	⋮	⋮	⋮	⋮
Einzelhandel	Endkundenzufriedenheit	Mitarbeiterfluktuation	Lagerumschlag	Durchschnittsbon

Abb. 10.6 Risikomatrix nach Perspektive und Wertschöpfungsstufe. (Vgl. Köcher 2007, S. 150 ff.)

[27] Für weiterführende Literatur vgl. Steinmüller und Steinmüller (2004).

Literatur

AAKER, D. A.; JOACHIMSTHALER, E.: Brand Leadership – Die Strategie für Siegermarken, München 2001.

BCG – BOSTON CONSULTING GROUP: Gegen den Strom – Wertsteigerung durch antizyklischen Markenaufbau, März 2002.

BRANDMEYER, K.: Selbstähnliche Markenführung – Die Gestalt-Gemeinschaft und der Einzelne, in: Jahrbuch Markentechnik 2000/2001, Frankfurt a. M. 1999.

DITTRICH, S.: Kundenbindung als Kernaufgabe im Marketing, St. Gallen 2000.

DOMIZLAFF, H.: Die Gewinnung des öffentlichen Vertrauens. Ein Lehrbuch der Markentechnik, Hamburg 1992.

HAGER, P.: Corporate Risk Management – Cash Flow at Risk und Value at Risk in Unternehmen, Frankfurt/Main 2004.

KAPFERER, J.-N.: Die Marke – Kapital des Unternehmens, Landsberg 1992.

KLEIN, N.: No Logo!, Gütersloh 2000.

KÖCHER, A.: Management von operationellen Risiken im Groß- und Einzelhandel der Konsumgüterbranche, in: Kaiser, T.: Wettbewerbsvorteil Risikomanagement, Berlin 2007, S. 145–159.

LUHMANN, N.: Vertrauen. Ein Mechanismus der Reduktion sozialer Komplexität, Stuttgart 1989.

MELLEROWICZ, K.: Markenartikel – die ökonomischen Gesetze ihrer Preisbildung und Preisbindung, 2. Auflage, München/Berlin 1963.

ROMEIKE, F./Spitzner, J.: Von Szenarioanalyse bis Wargaming – Betriebswirtschaftliche Simulationen im Praxiseinsatz, Wiley Verlag, Weinheim 2013.

SCHILLER, W.: Markensterben durch strategische Risiken, 2015; Internet: https://www.risknet.de/themen/risknews/markensterben-durch-strategische-risiken/ [Zugriff am 26.08.2019].

SCHILLER, W.: Marke und Risikomanagement, 2016; Internet: https://www.risknet.de/themen/risknews/marke-und-risikomanagement [Zugriff am 26.08.2019].

SCHILLER, W.: Die größten Risiken für Marken, 2018; https://www.risknet.de/themen/risknews/die-groessten-risiken-fuer-marken/ [Zugriff am 26.08.2019].

SCHILLER, W.; ERBEN, R.; HEBEIS, N.: Risikomanagement für Marken – Risiken, die Ihre Marke bedrohen – Identifikation, Analyse und Kontrolle, Weinheim 2005.

SCHILLER, W.; QUELL, M.: Brand Risk Management – Marke als Gegenstand des ganzheitlichen Risiko-Management, in: Romeike, F.; Finke, R. B. (Hrsg.): Erfolgsfaktor Risiko-Management – Chance für Industrie und Handel, Methoden, Beispiele, Checklisten, Wiesbaden 2003, S. 117–145.

SCHROEDER, M.: Fraktale, Chaos und Selbstähnlichkeit; Notizen aus dem Paradies der Unendlichkeit, Heidelberg 1994.

STEINMÜLLER, K.-H.; STEINMÜLLER, A.: Wild Cards – Wenn das Unwahrscheinliche eintritt, Hamburg 2004.

TAFELMEIER, R.: Markenbilanzierung und Markenbewertung, Frankfurt/Main 2009.

WAGNER, S. M.; BUDE, C.: Empirische Untersuchung von SC-Risiken und SC-Risikomanagement in Deutschland, in: Vahrenkamp; Siepermann: Risikomanagement in Supply Chains – Gefahren abwehren, Chancen nutzten, Erfolg generieren, Berlin 2007.

WOLKE, T.: Risikomanagement, München 2007.(*Fortsetzung*)

11 Risiko-Management in der Informations- und Kommunikationstechnologie (IuK)

Es gibt drei Möglichkeiten, eine Firma zu ruinieren: mit Frauen, das ist das Angenehmste; mit Spielen, das ist das Schnellste; mit Computern, das ist das Sicherste. (Oswald Dreyer-Eimbcke, dt. Kaufmann)

F. Romeike, P. Hager, *Erfolgsfaktor Risiko-Management 4.0*, https://doi.org/10.1007/978-3-658-29446-5_11

11.1 Risiken in der Welt der Bits und Bytes

Was haben Poodle und Zeus miteinander zu tun? Viel, denn bei beiden handelt es sich um Angriffe in der Cyberwelt. Während Poodle als einer der größten Hacks aller Zeiten gilt, erwirtschafteten die Hintermänner von Zeus mit dem Ausspähen von Finanzdaten rund 100 Millionen US-Dollar Gewinn – sprich Cybercrime ist money. Beide Beispiele zeigen, wie verwundbar die digitale Welt ist, welchen Schaden sie nehmen kann. Und doch stürzen sich immer mehr Anwender in die Digitalisierung.

In Zahlen ausgedrückt heißt das: Laut einer Expertenschätzung haben im Jahr 2018 rund 3,9 Milliarden Menschen weltweit das Internet genutzt. Für das Jahr 2021 wird prognostiziert, dass die Zahl der Internetnutzer bis auf rund 4,14 Milliarden steigen wird. Die Region mit den meisten Internetnutzern weltweit war bereits Ende 2018 Asien mit geschätzt 2,16 Milliarden. Direkt dahinter folgt Europa mit geschätzten 705 Millionen Onliner-Usern. Eine Projektion in die Zukunft zeigt, dass das Internet als Infrastruktur eine ähnliche Relevanz hat wie Strom und Wasser: Die Anzahl der Internetnutzer wächst täglich um eine Million neue Mitglieder. Bereits heute sind geschätzte 45 Prozent der Weltbevölkerung, knapp 3,5 Milliarden Menschen, in den sozialen Medien (Facebook, Twitter & Co.) aktiv.

Industrie 4.0 und Digitalisierung ist in aller Munde. Land auf, Land ab, befeuern Wirtschaftsvertreter, Lobbygruppen und Politiker das Thema. Der Grundtenor: Wer nicht mitmacht bei der großen Digitalisierung hat verloren. Auf der anderen Seite steht das Thema Cybersecurity. Besorgniserregend ist vor allem die Tatsache, dass ein signifikanter Anteil von Cyberkriminalität unerkannt bleibt. Dies gilt insbesondere für den Bereich der Industriespionage, da bei weitem nicht alle Angriffe bemerkt oder gemeldet werden.

Das Thema Informationssicherheit weist Parallelen zur Cartoon-Serie „Road Runner" und „Wile E. Coyote" auf. Die Clips sind simpel und laufen immer nach dem gleichen Muster ab: Der Kojote versucht mit allen möglichen Tricks und selbst gebastelten Maschinen den schnell laufenden Vogel Road Runner zu fangen. Das geht immer schief und der Kojote hat das Nachsehen.

Die Clips ließen sich prima in die digitale Welt von heute übertragen. Einziger Unterschied: Der Road Runner wäre ein Hacker und der Kojote die IT-Security-Firma oder eine Behörde für Datenschutz.[1] Das Ergebnis hingegen könnte ähnlich aussehen. Die Firma oder Behörde möchte den Hacker fangen, kommt aber vielfach einen Schritt zu spät. Das Ergebnis: Der Hacker ist weg und die Organisation hat den Schaden.

Den Wettlauf werden viele auch aus dem volkstümlich überlieferte Märchen „Der Hase und der Igel" kennen. Bei einer zufälligen Begegnung macht sich der Hase über die krummen Beine des Igels lustig, woraufhin ihn dieser zu einem Wettrennen herausfordert. Doch der Igel ist clever und läuft nach dem Start nur ein paar Schritte. Am Ende der Ackerfurche hat er seine zum

---

[1] An dieser Stelle sei an die diversen Hackerangriffe auf die Netzwerke der Bundesregierung erinnert. So bewegten sich die Hacker mehr als ein Jahr im zentralen Datennetz der Bundesverwaltung (Informationsverbund Berlin-Bonn (IVBB)). Bereits im Jahr 2015 wurde das gesamte Netzwerk des Bundestags mit Schadsoftware infiziert. Die Spur führte nach Russland, zu einem Hackerkollektiv des Militärgeheimdiensts GRU (Glawnoje Raswedywatelnoje Uprawlenije).

Verwechseln ähnlich aussehende Igel-Frau platziert. Als der siegesgewisse Hase heranstürmt, erhebt sich die Frau des Igels und ruft ihm zu: „Ich bin schon hier!". Der Hase versteht die Welt nicht mehr und verlangt Revanche. Beim 74. Rennen bricht er erschöpft zusammen und stirbt.

Für ein wirksames IT-Risiko-Management benötigen Unternehmen vor allem eine über die komplette Organisation funktionierende Risikokultur. (IT-)Risiko-Management muss in einer Organisation akzeptiert und gelebt werden. Und eine solche Kultur wächst nicht auf den Bäumen und die kann man auch nicht einfach kaufen. Das heißt, Unternehmen und ihr Topmanagement müssen solch einen Prozess initiieren, begleiten und überwachen. Andernfalls droht ein weiterer Wettlauf gegen Hacker und Cybergefahren, bei dem viele Firmen das Nachsehen haben.

So hängt beispielsweise die Funktionsfähigkeit einer Just-In-Time-Produktion und -Lieferung sowohl organisatorisch als auch logistisch essenziell von einer reibungslos funktionierenden Informations- und Kommunikationstechnologie ab.[2] So analysieren beispielsweise die Automobilhersteller im Rahmen eines Audits die Qualität der Produkte, aber auch die Zuverlässigkeit des Zulieferers in puncto Lieferpünktlichkeit und Kontinuität.

Die potenziellen Ursachen für Risiken im Bereich der Informations- und Kommunikationstechnologie sind in den vergangenen Jahren massiv gestiegen und sehr vielfältig: Höhere Gewalt (beispielsweise in Form von Blitzschlag, Feuer oder Überschwemmung), Fehlbedienung durch Personal oder zugangsberechtigte Personen, Computerviren, Trojaner und Würmer (die zusammengefasst als Malware bezeichnet werden), Spoofing, Phishing, Pharming oder Vishing, bei dem eine falsche Identität vorgetäuscht wird, Denial of Service-Angriff, Man-in-the-middle-Angriffe beziehungsweise Snarfing oder Social Engineering. Vor diesem Hintergrund ist die Bedeutung eines präventiven, antizipativen und wirksamen IT-Risiko-Managements als Bestandteil eines integrierten und unternehmensweiten Risiko-Managements deutlich gewachsen.

In den vergangenen Jahrzehnten fokussierte sich das Management von Risiken im Bereich der Informationstechnologie vor allem auf die eher „technikfokussierte" *IT Security* (IT-Sicherheit). IT Security beschränkte sich nicht selten auf die Einrichtung einer adäquaten Firewall oder das „Patchen" der Betriebssystemsoftware. IT Security wurde häufig eher retrospektiv und situativ betrieben. Das reaktive Management der IT-Risiken gewann erst dann an Bedeutung, als das „Kind bereits in den Brunnen gefallen war". Im situativen Risiko-Management verhalten sich viele Unternehmen wie der Autofahrer, dessen Frontscheibe beschlagen ist und der deshalb mit Hilfe des Rückspiegels fährt. Risiko-Management sollte jedoch proaktiv ausgerichtet sein. Ein funktionierendes und effizientes Risiko-Management und eine *gelebte Risiko- und Kontrollkultur* ist immer mehr ein wesentlicher Erfolgsfaktor für Unternehmen.

Fakt ist, dass IT-Risiken und Cyberrisiken durch einen hohen Grad an Unsicherheit gekennzeichnet sind (vgl. Abb. 11.1). Dies hat zur Konsequenz, dass sowohl die Identifikation potenzieller IT-Risiken als auch deren Bewertung alles andere als trivial ist. In der

[2] Details vgl. Kap. 6 sowie Kap. 7.

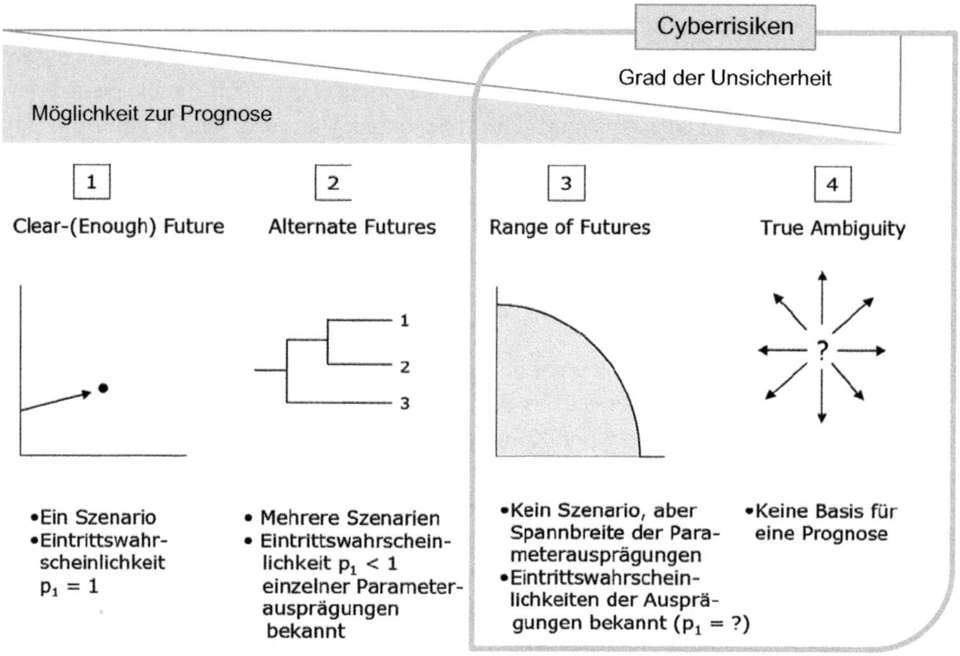

Abb. 11.1 Unsicherheitsgrad bei IT-Risiken

Regel liegen wenige bis keine Erfahrungswerte und Daten vor, so dass viele Unternehmen auf eine „Expertenschätzung" angewiesen sind.

Experten weisen seit Jahren darauf hin, dass sich die organisierte Kriminalität im Darknet wesentlich besser vernetzt hat, um agile, hochentwickelte und komplexe Cyberangriffe zu orchestrieren. Unternehmen sind mit ihren Abwehrmaßnahmen im Vergleich dazu sehr ineffizient. Aufgrund hierarchischer Unternehmensstrukturen und der limitierten Kooperationsmechanismen innerhalb der Industrie sind die Kosten für hochautomatisierte Cyberangriffe geringfügig und die kriminellen Gewinne sehr hoch, sodass die Cyberkriminalität in den nächsten Jahren weiter steigen wird. Wir benötigen daher vor allem eine Sicherheitskultur, die ebenso agil ist wie die der Angreifer und besser orchestriert ist. Ziel muss es beispielsweise sein, die Kosten für Cyberangriffe bereits durch „Security by Design" in die Höhe schießen zu lassen und gleichzeitig vernetzte Systeme besser zu überwachen.

11.2 Definition von IT-Risiko, Bedrohung und Gefährdung

In der Praxis des IT-Risiko-Managements existieren unterschiedliche Definition des Risikobegriffs.

So definiert beispielsweise die BaFin das IT-Risiko in den VAIT (Versicherungsaufsichtlichen Anforderungen an die IT)[3] als das bestehende und künftige Risiko von Verlus-

[3] Vgl. Bundesanstalt für Finanzdienstleistungsaufsicht (2019). Vgl. hierzu auch Rundschreiben 10/2017 (BA) – Bankaufsichtliche Anforderungen an die IT (BAIT), in der Fassung vom 14.09.2018.

ten aufgrund der Unzweckmäßigkeit oder des Versagens der Hard- und Software technischer Infrastrukturen, welche die Verfügbarkeit, Integrität, Zugänglichkeit und Sicherheit dieser Infrastrukturen oder von Daten beeinträchtigen können, definiert.[4]

Diese Definition von Risiko weicht von der Definition des Bundesamtes für Sicherheit in der Informationstechnik ab, die Risiko als die Kombination aus der Wahrscheinlichkeit, mit der ein Schaden auftritt, und dem Ausmaß dieses Schadens beschreiben.[5]

Diese Definition ist unscharf beziehungsweise falsch, da die Multiplikation von Eintrittswahrscheinlichkeit und Schadensausmaß bei (binomialverteilten) Risiken lediglich den Erwartungswert ermittelt.[6] (IT-)Risiko-Management sollte sich jedoch gerade nicht mit Erwartungswerten beschäftigen, sondern mit Szenarien jenseits der Erwartungswerte. Der Erwartungswert zeigt, was „im Mittel" passiert und ist somit kein dafür geeignetes Risikomaß. Schwankungsorientierte Risiken, deren Eintrittswahrscheinlichkeit immer 100 Prozent beträgt, werden von der BSI-Definition komplett ausgeblendet. Außerdem wird bei dieser Definition unterstellt, dass Risiken überhaupt sinnvoll mit einer sog. Binomialverteilung bzw. Bernoulliverteilung beschrieben werden können.

Für die überwiegende Anzahl IT-Risiken wird die Binomialverteilung bzw. Bernoulliverteilung eine schlechte Approximation sein, da hierbei immer von einer festen Schadenshöhe und einer definierten Wahrscheinlichkeit ausgegangen wird. Bei einer Binomialverteilung können genau zwei Ereignisse mit Wahrscheinlichkeit p beziehungsweise 1 − p auftreten. Sie gibt an, wie oft das Ereignis A bei n-maligem Durchführen eines sog. Bernoulli-Experiments auftritt.

Bei der Quantifizierung eines Risikos sind die beiden möglichen Ereignisse (vgl. Gl. 11.1):

- das Eintreten des Risikos mit einer gegebenen Schadenshöhe und der Eintrittswahrscheinlichkeit p
- und das Nicht-Eintreten des Risikos – was einer Schadenshöhe von Null entspricht – mit Wahrscheinlichkeit 1 − p.

$$f(x) = \begin{cases} \binom{n}{x} p^x (1-p)^{n-x} & x = 0,..,n \\ 0 & sonst \end{cases} \quad \text{(Gl. 11.1)}$$

Statt mit einer Binomialverteilung kann eine Mehrzahl von IT-Risiken sinnvoll beispielsweise mit Hilfe einer Compoundverteilung beschrieben werden. Die Compoundverteilung bildet die Komination eines Schadensszenarios (beispielsweise beschrieben über

[4] Vgl. Gampe (2018, S. 25). Eine interessante Formulierung, dass das „IT-Risiko […] als das bestehende und künftige Risiko […]" definiert wird. Man könnte hier auch von einer semantischen Redundanz sprechen.

[5] Siehe IT-Grundschutz im Kap. 4: Glossar und Begriffsdefinitionen.

[6] Vgl. hierzu vertiefend Gleißner und Romeike (2011, S. 21–26).

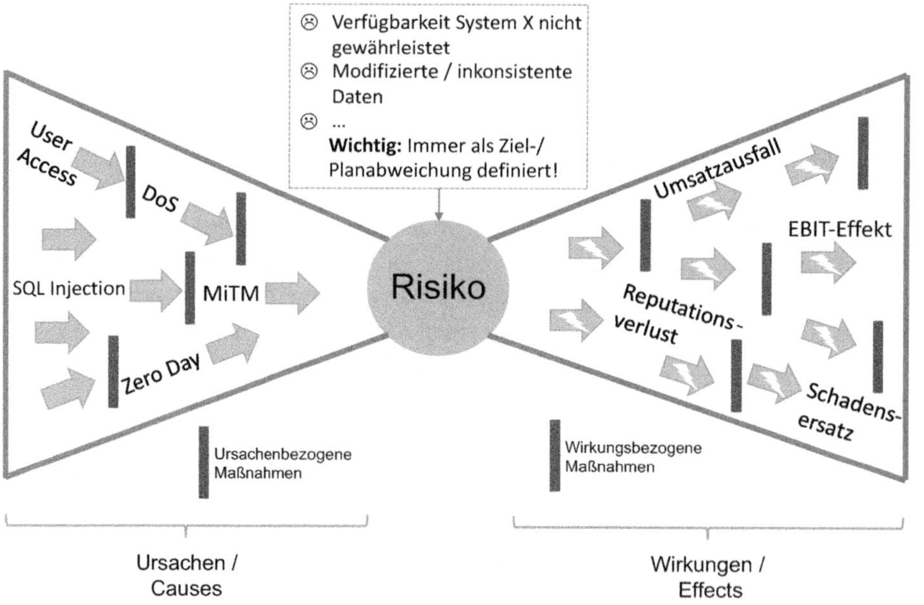

Abb. 11.2 Klare Unterscheidung zwischen Ursachen, Risiken und Wirkungen. (Quelle: Eigene Abbildung basierend auf Romeike (2018, S. 75) sowie Romeike (2019, S. 39–44))

eine Dreiecks- oder PERT-Verteilung in Form eines worst-case-, realistic-case- und best-case-Szenarios) sowie einer geschätzten Häufigkeit (abgebildet in Form einer Poissonverteilung) ab. Insbesondere operationelle Risiken können mit Hilfe einer Compoundverteilung sehr gut approximiert werden.

Was genau mit Verlusten gemeint ist, wird in der Mehrzahl der Definitionen (siehe hierzu beispielsweise die Definition der BaFin) nicht definiert. Angemessener wäre eine trennscharfe Unterscheidung zwischen Ursachen für einen Risikoeintritt, dem eigentlichen Risiko sowie den potenziellen Wirkungen.[7] In Abb. 11.2 ist die exemplarisch in einem Bow-Tie-Diagramm visualisiert. Die Ursachen für potenzielle Risiken liegen nicht selten im Bereich der Informationstechnologie. Die Risiken, die zu einer Plan- bzw. Zielabweichungen führen können (Wirkungen/Effects), liegen jedoch in der Regel auf der Geschäftsseite. Auch die Wirkungen hinsichtlich einer Kritikalität können nur beurteilt werden, wenn die komplette Wertschöpfungskette im Sinne eines Szenarios analysiert wird.

Die VAIT hingegen verbleiben auf der Ebene der „Verfügbarkeit, Integrität, Zugänglichkeit und Sicherheit" der Infrastruktur oder von Daten. Für die Bewertung der Kritikalität des gesamten Risikoszenarios – abgeleitet beispielsweise aus einer Cyberattacke – ist die Analyse der kompletten Wirkungskette wesentlich. Hierbei steht die Frage im Mittelpunkt, welchen Einfluss beispielsweise eine „Denial of Service"-Attacke, eine „Distributed Denial of Service"-Attacke, ein SQL-Injection-Exploit oder ein Zero-Day-Exploit auf das eigentliche

[7] Vgl. hierzu Kap. 2.

Geschäft und die Zielerreichung des Unternehmens hat. Führt das Szenario beispielsweise zu einem Umsatzausfall, einem negativen EBIT-Effekt oder einer Schadensersatzforderung?

Man könnte es auch umgekehrt formulieren: Das Versagen der Hard- und Software technischer Infrastrukturen, die zu einer eingeschränkten Verfügbarkeit oder Sicherheit der Infrastrukturen führen etc., interessiert ein Unternehmen nur dann, wenn es auf der „Business-Seite" zu einer relevanten oder auch kritischen Wirkungskette führt (beispielsweise Umsatzausfall, Reputationsverlust mit zeitverzögertem EBIT-Effekt, Schadensersatz). Nicht jede Unzweckmäßigkeit oder jedes Versagen der Hard- und Software technischer Infrastrukturen, welche die Verfügbarkeit, Integrität, Zugänglichkeit und Sicherheit dieser Infrastrukturen oder von Daten beeinträchtigen können, ist auch als Risiko zu bewerten. Risiken sind immer (und zwar für alle Risikoarten!) als Ziel- und Planabweichungen auf ein Ziel zu interpretieren.

Wichtig ist in diesem Kontext eine saubere Trennung zwischen den Begriffen Bedrohung, Gefährdung und Risiko.[8] Eine Bedrohung kann recht allgemein als ein Umstand oder Ereignis bezeichnet werden, durch den oder das ein Schaden entstehen kann. Diese Bedrohung kann einen Einfluss auf die Verfügbarkeit, die Datenintegrität oder Vertraulichkeit von Informationen haben. In der Folge kann (!) ein Schaden entstehen. Voraussetzung hierfür ist allerdings eine existierende Schwachstelle. Existiert eine solche Schwachstelle (beispielsweise offenere Port oder wenig ausgeprägte Sicherheits-/Risikokultur), so resultiert hieraus eine Gefährdung. Eine Gefährdung ist damit eine Bedrohung, die über eine Schwachstelle auf ein Objekt einwirkt. Ein Risiko hingegen ist immer als „Streuung" um einen Erwartungs- oder Zielwert zu betrachten. Risiken sind immer nur in direktem Zusammenhang mit einem definierten Ziel (abgeleitet bspw. aus der Geschäftsstrategie oder auch bezogen auf ein konkretes Projekt) zu interpretieren. Mögliche Abweichungen von den geplanten Zielen stellen Risiken dar – und zwar sowohl negative („Gefahren") wie auch positive Abweichungen („Chancen").

In diesem Zusammenhang weisen wir an dieser Stelle auf die grundsätzliche Unterscheidung von Gefahr und Risiko hin, da das Eingehen von Risiken immer eine Entscheidung voraussetzt:[9]

- *Gefahr* = Subjektunabhängig Bedrohung. Gefahren sind extern veranlasst, d. h. Gefahren ist man ausgesetzt.
- *Risiko* = Risiko beinhalt das Moment der Entscheidung. Verantwortung ist Voraussetzung für und Folge der Entscheidung. Risiken geht man ein.

Warum viele Standards im Bereich Informationssicherheit einer anderen Definition als den international akzeptieren Definitionen von „Risiko" folgen, ist nicht nachvollzieh-

[8] Diese Begriffe werden in der Praxis sehr häufig nicht trennscharf verwendet.

[9] Vgl. hierzu vertiefend Vgl. hierzu vertiefend Korte und Romeike (2010, S. 35).

bar.[10] Ein Grund liegt sicherlich darin, dass in der Informationssicherheit und in der IT-Sicherheit nicht durchgängig mit dem Begriff „Risiko" gearbeitet wird, sondern mit dem Terminus der Gefährdung und Bedrohung.[11] Eine Gefährdung ist allgemein in der Informationssicherheit und IT-Sicherheit eine Bedrohung, die konkret über eine Schwachstelle auf ein Objekt einwirkt. Eine Bedrohung wird somit erst durch eine vorhandene Schwachstelle zur Gefährdung für ein Objekt. Der Begriff Gefährdung ist jedoch nicht als Synonym für den Begriff Risiko zu verstehen. Eine Gefährdung wird erst dann zu einem Risiko, wenn der Risikoeintritt zu einer definierten Ziel-/Planabweichung führt. Wenn jedoch ein solches Ziel bzw. ein Plan (etwa strategische Ziele in einem Unternehmen oder definierte Ziele in einem Projekt) gar nicht definiert wurden, kann es auch zu keiner Ziel-/Planabweichung kommen.

Beispiel

Hierzu ein Beispiel aus der Praxis: Grundsätzlich sind alle Trojaner, beispielsweise in Form eines Key Loggers, eine Bedrohung für alle Computeranwender. Ein Anwender, der ein Schadenprogramm herunterlädt, wird von dem Trojaner zunächst einmal nur gefährdet. Zu einem Risiko wird diese Gefährdung erst dann, wenn hieraus tatsächliche eine Ziel-/Planabweichung für das Unternehmen resultieren könnte, bspw. werden die Login-Daten dazu verwendet, um ein IT-System zum Absturz zu bringen, und damit das Ziel der Verfügbarkeit oder Datenintegrität negativ zu beeinflussen. Oder die Unterbrechung des IT-Systems führt zu einer Unterbrechung des Online-Portals, wodurch der Umsatz beziehungsweise das Betriebsergebnis negativ beeinflusst werden kann. Wenn umgekehrt das installierte Schadprogramm weder zu einer Ziel-/Planabweichung führt, noch zu einem Effekt auf der Wirkungsseite führen kann, verbleibt es in Stadium einer „Gefährdung".

11.3 Schutzziele in der Informationssicherheit

Information (oder Daten) sind schützenswerte Güter. Der Zugriff auf diese sollte grundsätzlich beschränkt und kontrolliert sein. Nur autorisierte Anwender oder Softwareprogramme dürfen auf die Information zugreifen. Schutzziele werden zum Erreichen bzw.

[10] Vgl. hierzu beispielsweise COSO ERM sowie ISO 31000. COSO ERM 2017 definiert ein Risiko wie folgt: „Risk: The possibility that events will occur and affect the achievement of strategy and business objectives." Vgl. Committee of Sponsoring Organizations of the Treadway Commission (2017). Der internationale Standard ISO 31000:2018 definiert Risiko wie folgt: „Risk: effect of uncertainty on objectives. An effect is a deviation from the expected. It can be positive, negative or both, and can address, create or result in opportunities and threats. Objectives can have different aspects and categories, and can be applied at different levels. Risk is usually expressed in terms of risk sources [Ursachen, Anmerkung Autoren], potential events, their consequences [Wirkungen, Anmerkung Autoren] and their likelihood." Vgl. International Organization for Standardization (2018).

[11] Daher spricht das Bundesamt für Sicherheit in der Informationstechnik (BSI) auch von Gefährdungskatalogen und nicht von Risikokatalogen. Die Gefährdungskataloge sind Teil der IT-Grundschutz-Kataloge und enthalten Beschreibungen möglicher Gefährdungen der Informationstechnik.

Einhalten der Informationssicherheit und damit zum Schutz der Daten vor beabsichtigten Angriffen von IT-Systemen definiert. In der Welt der IT-Sicherheit gelten vor allem die folgenden drei primären Grundwerte bzw. Schutzziele:

- Vertraulichkeit,
- Verfügbarkeit und
- Integrität.
  - *Vertraulichkeit* (englisch: confidentiality) ist die Eigenschaft einer Nachricht, nur für einen beschränkten Empfängerkreis vorgesehen zu sein. Weitergabe und Veröffentlichung sind nicht erwünscht. Im Kontext der Informationssicherheit wird Vertraulichkeit definiert als „der Schutz vor unbefugter Preisgabe von Informationen."[12]
  - Die *Verfügbarkeit* (englisch: availability) eines technischen Systems ist die Wahrscheinlichkeit oder das Maß, dass das System bestimmte Anforderungen zu bzw. innerhalb eines vereinbarten Zeitrahmens erfüllt, und ist somit eine Eigenschaft des Systems. Im Kontext der Informationstechnologie heißt das, dass dem Benutzer Dienstleistungen, Funktionen eines IT-Systems oder auch Informationen zum geforderten Zeitpunkt zur Verfügung stehen.[13]
  - *Integrität* (englisch: integrity) ist auf dem Gebiet der Informationssicherheit[14] ein Schutzziel, das besagt, dass Daten über einen bestimmten Zeitraum vollständig und unverändert sein sollen. Eine Veränderung könnte absichtlich, unabsichtlich oder durch einen technischen Fehler auftreten. Integrität umfasst also Datensicherheit (Schutz vor Verlust) und Fälschungssicherheit (Schutz vor vorsätzlicher Veränderung).

In der Praxis existieren weitere Schutzziele der Informationssicherheit:

- *Authentizität* (englisch: authenticity) bezeichnet die Eigenschaften der Echtheit, Überprüfbarkeit und Vertrauenswürdigkeit eines Objekts.
- *Verbindlichkeit/Nichtabstreitbarkeit* (englisch: non repudiation): Sie erfordert, dass „kein unzulässiges Abstreiten durchgeführter Handlungen" möglich ist. Sie ist unter

[12] Vgl. Bundesamt für Sicherheit in der Informationstechnik.

[13] Als typische Kennzahlen der Verfügbarkeit sind in der Praxis gebräuchlich: Maximale Dauer eines einzelnen Ausfalls (Verfügbarkeit: Ausfallzeit im Jahresdurchschnitt, auch Verfügbarkeitsklasse), Zuverlässigkeit (Fähigkeit, über einen gegebenen Zeitraum hinweg unter bestimmten Bedingungen korrekt zu arbeiten), Fehlersicherer Betrieb (Robustheit gegen Fehlbedienung, Sabotage und höhere Gewalt), System- und Datenintegrität, Wartbarkeit (verallgemeinernd: Benutzbarkeit überhaupt), Reaktionszeit (wie lange dauert es, bis das System eine spezielle Aktion ausgeführt hat), Mean Time to Repair (MTTR, mittlere Dauer der Wiederherstellung nach einem Ausfall), Mean Time between Failure (MTBF, mittlere Betriebszeit zwischen zwei auftretenden Fehlern ohne Reparaturzeit), Mean Time to Failure (MTTF, siehe MTBF, wird jedoch bei Systemen/Komponenten verwendet, die nicht repariert, sondern ausgetauscht werden).

[14] Informationssicherheit ist weiter definiert als IT-Sicherheit. Ziel der Informationssicherheit ist es, sowohl die Informationen selbst als auch die Daten, Systeme, Prozesse und die Infrastruktur, welche die Informationen enthalten, verarbeitet, speichern oder liefern, zu schützen. Im Folgenden verstehen wir die beiden Begriffe als Synonyme und betrachten immer die gesamte Informationssicherheit.

anderem wichtig beim elektronischen Abschluss von Verträgen. Erreichbar ist sie beispielsweise durch digitale Signaturen.
- *Zurechenbarkeit* (englisch: accountability): Eine durchgeführte Handlung kann einem Kommunikationspartner eindeutig zugeordnet werden.

Ein weiteres Schutzziel ist – beispielsweise im Kontext Internetnutzung – die Anonymität. Dies bedeutet, dass eine Person oder eine Gruppe nicht identifiziert werden kann.

IT-Risikomanagement umfasst jedoch mehr als die Erfüllung der oben genannten Anforderungen an die Informationssicherheit.[15] Durch die Verflechtung der IT-Prozesse mit den Geschäftsprozessen kann nur ein integriertes (IT-)Risiko-Management die unterschiedlichen Risiken identifizieren, analysieren und bewerten sowie steuern und überwachen.

IT-Risiken können allgemein definiert werden als die „Unfähigkeit der IT-Organisation, effiziente und wirkungsvolle IT-Lösungen und -Dienstleistungen zur [...] Verfügung zu stellen. IT-Risiken sind die Unfähigkeit, leistungsfähige Systeme und deren Entwicklungen termingerecht zu liefern. IT-Risiken führen zum Verlust oder zu Dateninkonsistenzen und zum Ausfall von Funktionen und Systemen."[16] Aus einer Gesamtunternehmenssicht kommt insbesondere der *Geschäftskontinuität* (Business Continuity) eine hohe Bedeutung zu. In vielen Branchen und Unternehmen ist die Geschäftskontinuität in einem hohen Grad von der IuK-Infrastruktur und -Ressourcen abhängig, so dass bei einem Ausfall oder bei Störungen der Informations- und Kommunikationstechnologie auch die Geschäftsprozesse massiv beeinflusst werden.

IT-Risiken führen schlussendlich nach Eintritt zu negativen Zahlungsströmen. Diese können ihren Ursprung in einem erhöhten Budget oder indirekt in Form der Faktoren Zeit, Reputation, Funktionalität oder Ähnlichem haben.

Die wesentlichen Risikokategorien im IT-Bereich können wir folgt skizziert werden:[17]

- *Organisatorische Risiken*, d. h. sind beispielsweise Informationen vor unzulässigen Zugriffen geschützt?
- *Anwendungs- und prozessbezogene Risiken*, d. h. existieren beispielsweise Schnittstellenprobleme oder basiert die IT auf unzähligen isolierten Insellösungen?
- *Projektbezogene Risiken*, d. h. führen Projekte im Bereich der Informationstechnologie zu Termin- und/oder Kostenüberschreitungen oder wird kein professionelles Projektmanagement eingesetzt?
- *Kosten- und leistungsbezogene Risiken*, d. h. existiert eine IT-Kostenrechnung mit verursachungsgerechter Verteilung der Kosten?
- *Infrastrukturelle Risiken*, d. h. sind ausreichende physische Sicherungsmaßnahmen vorhanden und stellen Business-Recovery-Pläne sicher, dass Behinderungen des Betriebsablaufs nach einer Betriebsunterbrechung minimiert werden.

[15] In der Praxis orientiert sich die Informationssicherheit häufig an der ISO Standard-Reihe 2700x.

[16] Gutzwiller (1999, S. 1194).

[17] Vgl. Romeike (2003, S. 194).

Tab. 11.1 IuK-Risikokategorien

Risikokategorien im Bereich Informations- und Kommunikationstechnologie			
Mensch	Technologie	Prozesse	Externe Einflüsse
Gesetzeswidrige Handlungen, Betrug (intern) Unautorisierte Handlungen Fehlerhafte Transaktionen Know-how-Verlust, Humankapital Strategische Fehlentscheidungen	Systemsicherheit Softwarefehler Hardwarefehler Infrastruktur (Gebäude, Anlagen)	Management-, Kontroll und Prozessschwächen Projektmanagement	Gesetzeswidrige Handlungen, Betrug (extern) Politische Risiken Externe Dienstleister Supply-Chain-Risiken Infrastruktur extern (Strom, Netzinfrastruktur etc.) Naturkatastrophen Sonstige Katastrophen Rechtliche Entwicklungen/ Compliance

In Tab. 11.1 ist exemplarisch eine alternative Kategorisierung von IT-Risiken dargestellt.

11.4 Der Regelkreis des IT-Risiko-Managements

Die grundsätzliche Struktur und der Regelkreis eines IT-Risiko-Managements ist in Abb. 11.3 skizziert. Dieser unterscheidet sich lediglich inhaltlich von dem klassischen Risiko-Management-Prozess für andere Risikoarten Neben dem Aufbau des eigentlichen Prozesses sollte in einem ersten Schritt zunächst einmal die genaue Zielrichtung (IT-Risikostrategie, vgl. hierzu auch Abb. 11.4) und der Umfang des IT-Risiko-Managements definiert werden. Außerdem führt der Aufbau eines IT-Risiko-Managements zu Fragen der Aufbauorganisation (Wer ist für was verantwortlich?) sowie Fragen der Risikokultur bzw. der „Risk Awareness" (Wie wird Risiko-Management im Unternehmen tatsächlich gelebt?) und der softwareseitigen Unterstützung.

Die *operative Umsetzung* des IT-Risiko-Managements beinhaltet vor allem den regelkreisbasierten Prozess der systematischen und laufenden Risikoanalyse der IT-Prozesse und -Risiken sowie der Geschäftsabläufe. Wie bereits skizziert, ist das Ziel der Risikoidentifikation das frühzeitige Erkennen von „den Fortbestand der Gesellschaft gefährdenden Entwicklungen", das heißt die möglichst vollständige Erfassung aller Frühwarnindikatoren, Risikoquellen, Schadensursachen und Störpotenziale. Für einen effizienten Prozess des IT-Risikomanagements kommt es darauf an, dass IT-Risikomanagement als kontinuierlicher Prozess in die Unternehmensprozesse integriert wird (vgl. Abb. 11.3). Eine isolierte Umsetzung eines IT-Risiko-Management – wie in der Praxis anzutreffen – ist kein sinnvoller Weg, da die IT-Prozesse mit den Geschäftsprozessen verbunden sind und eine Trennung rein akademischer Natur wäre (vgl. hierzu auch Abb. 11.2). In der Unternehmenspraxis können viele IT-Prozesse direkt aus den Anforderungen der Geschäftsprozesse abgeleitet werden.

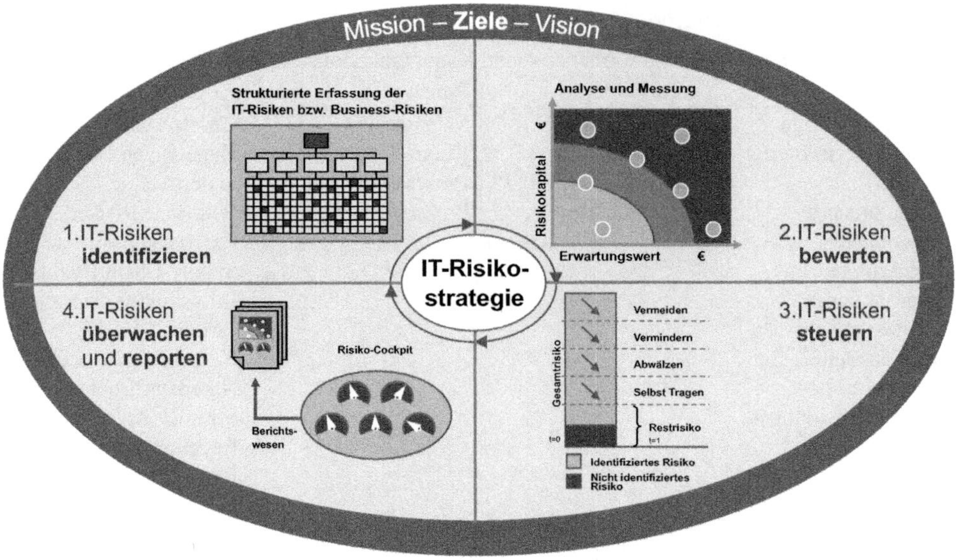

Abb. 11.3 Struktur beim Aufbau eines IT-Risiko-Managements

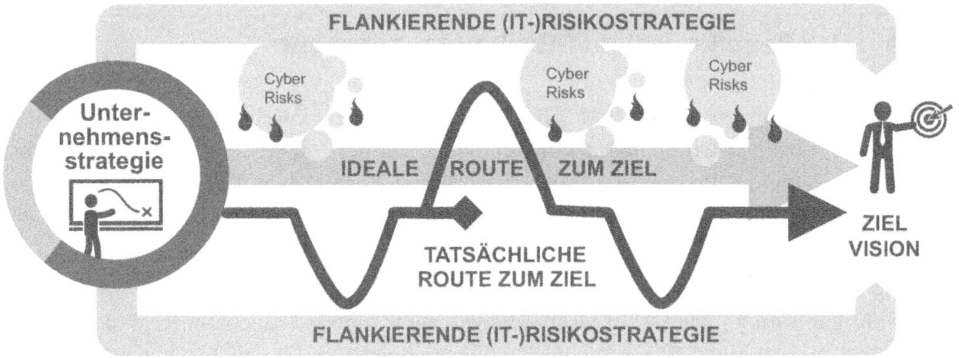

Abb. 11.4 Zielsetzung eines IT-Risiko-Managements

Bevor ein Unternehmen die potenziellen IT-Risikoszenarien definiert, muss in einem ersten Schritt geklärt werden, was die schützenswerten Objekte bzw. Assets sind.[18] Dabei sind u. a. die folgenden Fragen zu beantworten:[19]

- Was und welche Objekte gehören zum Anwendungsbereich des IT-Risiko-Managements und sollen als Risikoobjekte bezeichnet werden?

[18] Vgl. Königs (2017, S. 413).

[19] In Anlehnung an Königs (2017, S. 413).

- An welchen Risikoobjekten (Informationen, Systemen, Infrastruktur) können durch unterschiedliche Ursachen Schäden entstehen?
- Wie sind die einzelnen Risikoobjekte voneinander abhängig?
  - Welches sind primäre und welches unterstützende Risikoobjekte?
  - An welchen Risikoobjekten können durch Cyber-Risiken primär Schäden entstehen und wie werden diese Risikoobjekte durch Vorfälle beeinträchtigt?
  - Inwiefern ist es sinnvoll, einzelne Risikoobjekte zu größeren Risikoobjekten zusammenzufassen (beispielsweise Zusammenfassung der Daten einzelner Personen in einer Datenbank zu einem Risikoobjekt „Personendaten in der Personaldatenbank")?
- Welche Schutzziele des Unternehmens sind zu berücksichtigen? Hierzu exemplarisch einige Fragen:
  - Gilt es die Geheimhaltung bestimmter Daten zu gewährleisten?
  - Gilt es die einwandfreie und unterbrechungsfreie Funktion bestimmter Einrichtungen (beispielsweise von „Kritischen Infrastrukturen") vor Cyber-Risiken zu gewährleisten?
- Können Menschen aufgrund von Cyber-Risiken Schaden an Leib und Leben erleiden (beispielsweise durch ein „Blackout"-Szenario)?

Als Methodik der Risikoidentifikation und -bewertung bietet sich – analog zum Prozess des allgemeinen Risiko-Managements – entweder ein „Top-down"- oder ein „Bottom-up"-Ansatz an. Der „Top-down"-Ansatz bietet den Vorteil einer relativ schnellen Erfassung der Hauptrisiken aus strategischer Sicht. Diese „Helikopterperspektive" kann jedoch auch dazu führen, dass bestimmte Risiken nicht erfasst werden oder Korrelationen zwischen Einzelrisiken nicht korrekt bewertet werden. Demgegenüber bietet ein „Bottom-up"-Ansatz den Vorteil, dass sämtliche Geschäftsbereiche und (IT-)Prozesse erfasst und analysiert werden können. Allerdings ist der „Bottom-up"-Ansatz auch um ein Vielfaches aufwendiger.

Sind die IT-Risiken erkannt, so erfolgt in der nächsten Phase der Risikobewertung eine Quantifizierung der Risiken hinsichtlich ihrer Auswirkungen auf bestimmte Ziel- oder Ergebnisgrößen (vgl. hierzu die Bow-Tie-Logik in Abb. 11.2). Wie alle Risiken eines Unternehmens können auch IT-Risiken immer nur in direktem Zusammenhang mit der Planung eines Unternehmens interpretiert werden. Auch IT-Risiken sind die aus der Unvorhersehbarkeit der Zukunft resultierenden, durch „zufällige" Störungen verursachten Möglichkeiten, von geplanten Zielwerten abzuweichen. Mögliche Abweichungen von den geplanten Zielen stellen Risiken dar – und zwar sowohl negative („Gefahren") wie auch positive Abweichungen („Chancen"). Als Zielwert im Bereich der IT-Risiken kann beispielsweise die Wirkung auf den EBIT[20] oder andere betriebswirtschaftliche Kennzahlen verwendet werden. Alternativ wäre es auch denkbar, die Wirkung von IT-Risiken auf die „Erfolgsfaktoren" eines Unternehmens zu spiegeln. Diese Erfolgsfaktoren sollten sich beispielsweise in der Geschäftsstrategie eines Unternehmens wiederspiegeln.

[20] EBIT = earnings before interest and taxes. EBIT ist eine betriebswirtschaftliche Kennzahl und kann wörtlich als „Gewinn vor Zinsen und Steuern" übersetzt werden.

Die Risikobewertung zielt außerdem darauf ab, die Risiken hinsichtlich ihres Risikopotenzials in eine Rang- bzw. Relevanzordnung zu bringen sowie ein unternehmensindividuelles Risikoportfolio abzubilden.

Für die *Bewertung von IT-Risiken* stehen diverse Methoden zur Verfügung. Ist eine objektive Quantifizierung nicht möglich (beispielsweise bei der Bewertung von Reputationsrisiken oder strategischen Risiken), so kann ein Risiko auch semi-quantitativ bzw. semi-qualitativ bewertet werden (existenzbedrohend, schwerwiegend, mittel, gering, unbedeutend). Auf eine Bewertung in Geldeinheiten sollte trotz alledem nicht verzichtet werden, da sich eine Bestandsgefährdung durch Einzelrisiken oder durch kumulierte Wirkungen von diversen Einzelrisiken nur dann analysieren lässt, wenn diese mit einer finanziellen Größe hinterlegt werden. Auch eine Aggregation einzelner Risiken zu einem Gesamtbild und der anschließende Abgleich mit der „Risikotragfähigkeit" bedingt eine Quantifizierung aller Risiken. Schließlich schaffen auch erst die Transformation von Risiken in „harte" Zahlen und deren monetäre Bewertung die notwendige Voraussetzung, um die unterschiedlichen Faktoren vergleichbar zu machen, zu priorisieren und den – unter Kosten-Nutzen-Aspekten – optimalen Methoden-Mix für eine wirkungsvolle Risikosteuerung der IT-Risiken auszuwählen.

Die Praxis zeigt, dass gerade bei Risiken, die sich einer exakten Messung entziehen, die Gefahr besteht, dass diese ignoriert oder unterschätzt werden. Daher ist es auch ein wesentliches Element einer guten Risikokultur, das Risikobewusstsein der Mitarbeiter nicht nur auf quantifizierbare Gefahrenpotenziale zu lenken. Vielmehr sollte sich die Aufmerksamkeit insbesondere auch auf Faktoren richten, die nicht messbar sind oder sich allenfalls durch subjektive Schätzungen bewerten lassen. Wie zahlreiche Beispiele zeigen, können nämlich gerade diese „weichen" und nicht unmittelbar oder nur schwer messbaren Risiken (wie etwa die Beschädigung der Marke, ein Reputationsverlust, negative Pressemeldungen etc.) eine weitaus gravierendere Wirkung entfalten als gut quantifizierbare Risiken (beispielsweise technische Störungen im Rechenzentrum, Diebstahl von Hardware etc.).[21]

In einem nächsten Schritt müssen die IT-Risiken und sonstigen Unternehmensrisiken zur *Bestimmung der Gesamtrisikoposition* eines Unternehmens aggregiert werden. Die Risikoaggregation liefert gleichzeitig Informationen über die relative Bedeutung einzelner IT-Risiken unter Berücksichtigung von Wechselwirkungen (Korrelationen oder logische Kausalbeziehungen) zwischen allen Risiken (Geschäftsrisiken, IT-Risiken etc.).[22]

Die Risikoaggregation kann erst durchgeführt werden, wenn die Wirkungen der IT-Risiken unter Berücksichtigung ihrer jeweiligen Häufigkeit/Eintrittswahrscheinlichkeit,

[21] Vgl. Romeike (2006, S. 446 ff.).

[22] Die zunehmende Bedeutung des Risikoaggregation wird durch die Überarbeitung des IDW Prüfungsstandards „Die Prüfung der Maßnahmen nach § 91 Abs. 2 AktG im Rahmen der Jahresabschlussprüfung gemäß § 317 Abs. 4 HGB" (IDW EPS 340 n.F.) bestätigt. Der Standard legt dar, dass bestandsgefährdende Entwicklungen vor allem auch aus dem Zusammenwirken mehrerer Risiken resultieren können. Diese führen möglicherweise bei einer isolierten Betrachtung zu keiner Bestandsgefährdung. Daher ist zwingend eine Aggregation relevanter Risiken erforderlich, um zu beurteilen, ob eine bestandsgefährdende Entwicklung vorliegt.

ihrer Schadensverteilung (quantitative Auswirkung) sowie ihrer Wechselwirkungen (Ursache-Wirkungszusammenhänge, Korrelationen, Copulas etc.) untereinander durch ein geeignetes Verfahren ermittelt werden.

Für die Risikoaggregation kann man sich der so genannten *stochastischen Simulation* („*Monte-Carlo-Simulation*") bedienen. Hier werden zunächst die Wirkungen der Einzelrisiken bestimmten Positionen, etwa der Plan-Erfolgs-Rechnung (Gewinn- und Verlustrechnung), Cash-flow-Planung oder der Plan-Bilanz, zugeordnet: Beispielsweise wird sich ein ungeplanter Ausfall der IT auf die Position „Umsatz" auswirken, da bestimmte Vertriebsprozesse (etwa ein Onlineshop) nicht mehr funktionsfähig sind. Eine Voraussetzung für die Bestimmung des „Gesamtrisikoumfangs" mittels Risikoaggregation stellt die Zuordnung von Risiken zu Positionen der Unternehmensplanung dar. Es stellt also die mögliche Ursache einer Planabweichung dar. Dabei können Risiken als Schwankungsbreite um einen Planwert modelliert werden (beispielsweise ± 4 % Umsatzmengenschwankung). Zudem können jedoch auch „ereignisorientierte Risiken" (wie etwa ein Brandschaden im Rechenzentrum oder ein Stromausfall in der Kommunikationsinfrastruktur) eingebunden werden, die dann über das außerordentliche Ergebnis den Gewinn beeinflussen.[23] Ein Blick auf die verschiedenen Szenarien der Simulationsläufe veranschaulicht, dass sich bei jedem Simulationslauf andere Kombinationen von Ausprägungen der Risiken ergeben.[24] Damit erhält man in jedem Schritt einen simulierten Wert für die betrachtete Zielgröße (beispielsweise EBIT). Die Gesamtheit aller Simulationsläufe liefert eine „repräsentative Stichprobe" aller möglichen (IT-)Risiko-Szenarien des Unternehmens. Aus den ermittelten Realisationen der Zielgröße ergeben sich aggregierte Wahrscheinlichkeitsverteilungen (Dichtefunktionen), die dann für weitere Analysen genutzt werden. Details zum methodischen Vorgehen enthält Kap. 2 (Wert- und risikoorientierte Unternehmensführung).

Ausgehend von der durch die Risikoaggregation ermittelten Verteilungsfunktion der betriebswirtschaftliche Kennzahl EBIT kann unmittelbar auf den Eigenkapitalbedarf (Risk Adjusted Capital, RAC) des Unternehmens geschlossen werden. Zur Vermeidung einer Überschuldung wird zumindest so viel Eigenkapital benötigt, wie auch Verluste auftreten können, die beispielsweise in der Folge von IT-Risiken (auf der Ursachenseite, vgl. Bow-Tie-Diagramm in Abb. 11.2) auftreten. Analog lässt sich der Bedarf an Liquiditätsreserven unter Nutzung der Verteilungsfunktion der Zahlungsflüsse (freie Cash Flows) ermitteln. Ergänzend können Risikokennzahlen und -maße (Value at Risk, Expected Shortfall, Risk Adjusted Capital etc.) abgeleitet werden.

Eine weitere Schlüsselstelle im gesamten IT-Risiko-Management-Prozess nimmt die *Risikosteuerung und -kontrolle* ein. Diese Phase zielt darauf ab, die Risikolage des Unternehmens positiv zu verändern bzw. ein ausgewogenes Verhältnis zwischen Ertrag (Chance) und Verlustgefahr (Risiko) zu erreichen. Die Risikosteuerung und -kontrolle um-

---

[23] Hierfür eignet sich die sog. Compoundverteilung in der Praxis. Diese bildet als kombinierte Verteilungsfunktionen Häufigkeiten/Eintrittswahrscheinlichkeiten sowie Schadensszenarien in einer kombinierten Verteilungsfunktion ab. Vgl. hierzu vertiefend Kap. 6 sowie Kap. 12.

[24] Vgl. hierzu vertiefend Kap. 6, Kap. 9, Kap. 12 sowie die einleitenden Kap. 2 und Kap. 3.

fasst alle Mechanismen und Maßnahmen zur Beeinflussung der Risikosituation, entweder durch eine Verringerung der Eintrittwahrscheinlichkeit bzw. Eintrittshäufigkeit und/oder des Schadensausmaßes. Dabei sollte die Risikosteuerung und -kontrolle mit den in der Risikostrategie definierten Zielen übereinstimmen.

Methodisch wird der IT-Risikomanager bei der Priorisierung von Maßnahmen durch die Ergebnisse einer Sensitivitätsanalyse unterstützt. Diese liefert eine „Reihenfolge" der Risiken und liefert eine fundierte Aussage über die Wirkung der Risiken auf die definierte Outputgröße (beispielsweise EBIT).

Risiken können beispielsweise vermieden werden, indem wirtschaftliche Aktivitäten aufgegeben (etwa Ausstieg aus einem IT-Projekt) bzw. verändert werden (etwa Entwicklung neuer Technologien). Insbesondere können Risiken aber auch durch organisatorische (beispielsweise IT-Notfallplanung, Awareness-Programme) und technische Maßnahmen (Backup-Systeme, Spiegelung von bestimmten Systemen etc.) vermindert werden. Des Weiteren können sie durch Risikoüberwälzung und Risikostreuung begrenzt werden. Durch regionale, objektbezogene und personenbezogene Streuung kann ein Risikoausgleich bei voneinander unabhängigen Risiken erfolgen.

11.5 Wichtige Regelwerke der Informationssicherheit und des IT-Risiko-Managements

11.5.1 Überblick

Standards im Bereich Risiko-Management und IT-Sicherheit bieten der Unternehmenspraxis eine potenziell gute Hilfestellung bei Aufbau, Weiterentwicklung und Benchmarking.

In Abb. 11.5 sind einige der etablierten Standards und Kriterienwerke im Bereich IT-Sicherheit und -Risiko-Management in einer Matrix zusammengefasst. Der Inhalt des jeweiligen Kriterienwerks kann sich auf die Sicherheit eines einzelnen IT-Produktes oder auf die Sicherheit eines gesamten IT-Verbundes beziehen. Außerdem erfolgt in der Abbildung eine Unterscheidung nach technischen oder nicht-technischen (beispielsweise aufbau- oder ablauforganisatorischen) Aspekten.

Nachfolgend sind einige relevante Standards für die Praxis aufgeführt:

- ISO/IEC 27000: Enthält Begriffe und Definitionen, die in der Normenserie ISO/IEC 27000 verwendet werden.
- ISO/IEC 27001: Enthält die Anforderungen an ein Informationssicherheits-Managementsystem (ISMS).
- ISO/IEC 27002: Enthält Empfehlungen für diverse Kontrollmechanismen für die Informationssicherheit.
- ISO/IEC 27003: Enthält einen Leitfaden zur Umsetzung der ISO/IEC 27001.
- ISO FCD 27004: Information Security Management Measurement.
- ISO FCD 27005: Behandelt das Thema IS-Risikomanagement.

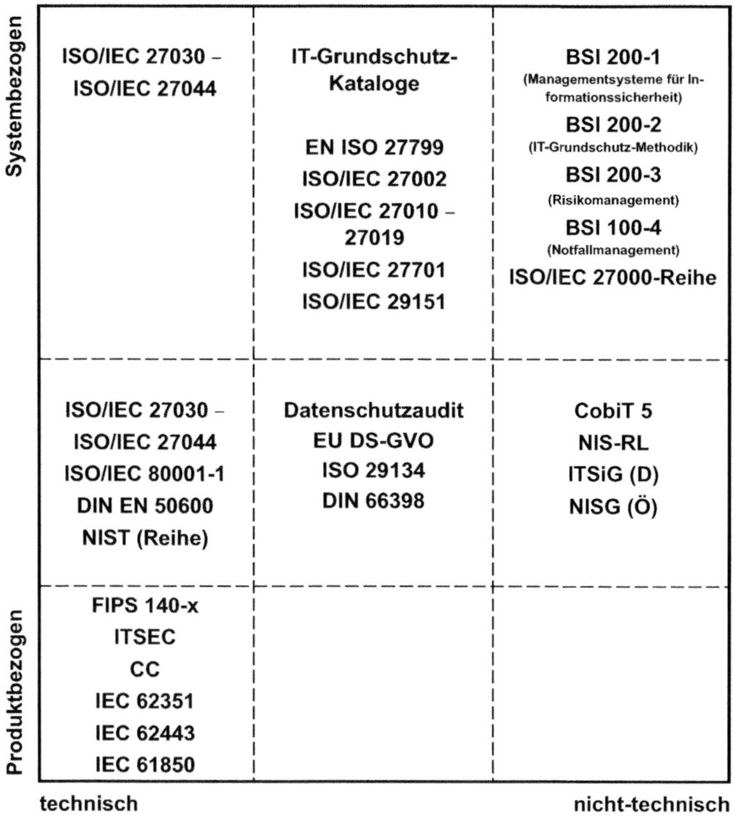

Abb. 11.5 Einordnung verschiedener Regelwerke

- ISO/IEC 27006: Definiert die Kriterien, nach denen Stellen arbeiten müssen, die Informationssicherheits- und Managementsysteme nach ISO/IEC 27001 auditieren und zertifizieren wollen.
- ISO/IEC 27007: Leitfaden zur Auditierung von Informationssicherheits- und Managementsysteme („Information technology – Security techniques – Guidelines for information security management systems auditing").
- ISO/IEC TR 27008: Leitfaden zur Auditierung von Informationssicherheits- und Managementsysteme, insb. „system controls" („Information technology – Security techniques – Guidance for auditors on information security management systems controls").
- ISO/IEC 27010: Information security management for inter-sector and inter-organizational communications.
- ISO/IEC 27011: Information security management guidelines for telecommunications organizations based on ISO/IEC 27002.

- ISO/IEC 27013: Guideline on the integrated implementation of ISO/IEC 20000-1 and ISO/IEC 27001.
- ISO/IEC 27014: Governance of information security.
- ISO/IEC TR 27015: Information security management guidelines for financial services.
- ISO/IEC TR 27016: Auditing and Reviews
- ISO/IEC 27017: Security techniques – Code of practice for information security controls for cloud computing services.
- ISO/IEC 27018: Security techniques – Code of practice for controls to protect personally identifiable information processed in public cloud computing services
- ISO/IEC TR 27019: Information security management guidelines based on ISO/IEC 27002 for process control systems specific to the energy industry.
- ISO/IEC 27031: „Business continuity".
- ISO/IEC 27032: Guidelines for Cybersecurity.
- ISO/IEC 27033: enthält insgesamt sieben Substandards:
  - ISO/IEC 27033-1: Guidelines for network security.
  - ISO/IEC 27033-2: Guidelines for the design and implementation of network.
  - ISO/IEC 27033-3: Reference networking scenarios – Threats, design techniques and control issues.
  - ISO/IEC 27033-4: Securing communications between networks using security gateways – Risks, design techniques and control issues.
  - ISO/IEC 27033-5: Securing virtual private networks – Risks, design techniques and control issues.
  - ISO/IEC 27033-6: Securing communications across networks using Virtual Private Networks.
  - ISO/IEC 27033-7: Guidelines for the design and implementation of network security.
- ISO/IEC 27034 Guidelines for application security.
- ISO/IEC 27035 Information security incident management.
- EN ISO 27799 Sicherheitsmanagement im Gesundheitswesen bei Verwendung der ISO/IEC 27002.
- IEC 62351-1: Übersicht über das Gesamtdokument IEC 62351 und Einführung in die informationstechnischen Sicherheitsaspekte für den Betrieb von Stromversorgungsanlagen.
- IEC 62351-2: Glossar der verwendeten Begriffe und Abkürzungen.
- IEC 62351-3: Ende-zu-Ende-Absicherung des Datenverkehrs für TCP/IP-basierte Verbindungen durch Verwendung von TLS gemäß RFC 5246 mit erforderlicher gegenseitiger Authentifizierung von Client und Server auf Basis von X.509-Zertifikaten.
- IEC 62351-4: Sicherheitsmaßnahme für MMS-basierte Protokolle durch Absicherung der Transportschicht gemäß IEC 62351-3 und Definition eines Authentifizierungsmechanismus „SECURE" auf der Anwenderschicht für MMS-Assoziationen unter Verwendung von X.509-Zertifikaten.

- IEC 62351-5: Sicherheit für IEC 60870-5 und abgeleitete Protokolle auf der Anwenderschicht mittels Zugriffsberechtigung auf kritische Ressourcen einer Unterstation unter Verwendung von Rollen-basierten Zugriffsbeschränkungen RBAC und Erfassung sicherheitsrelevanter Ereignisse in Statistiken.
- IEC 62351-6: Sicherheit für das IEC 61850-Protokoll durch Einsatz von VLAN-Markierungen und X.509-Signaturen bei GOOSE- und SMV-Telegrammen, sowie Anwendung von Authentifizierungsmechanismen für SNTP.
- IEC 62351-7: Sicherheit durch Einsatz von Tools zur Netzwerk- und Systemverwaltung, um eine Überwachung der Stromnetz-Infrastruktur zu ermöglichen, beispielsweise unter Verwendung von Management Information Base MIB-Definitionen für IEDs, die herstellerunabhängige relevante Systeminformationen bezüglich des Gerätes und der Kommunikationslinien über das SNMP-Protokoll in einer standardisierten Art bereitstellen.
- IEC 62351-8: Definition von Methoden zur Verarbeitung und Verwaltung von Zugriffsrechten für Benutzer und Dienste auf Basis eines Rollen-basierten Zugriffskontrollsystems (RBAC).
- IEC 62351-9: „Cyber Security", das Schlüssel-Management für Stromversorgungsanlagen, behandelt den korrekten und sicheren Umgang mit sicherheitskritischen Parametern, beispielsweise Passwörter, Verschlüsselungsschlüssel und den gesamten Lebenszyklus von kryptografischer Information.
- IEC 62351-10: Erläutert Sicherheits-Architekturen für die gesamte IT-Infrastruktur, mit zusätzlichem Fokus auf spezielle Sicherheitsanforderungen aus dem Umfeld der Stromerzeugung.
- IEC 62351-11: Sicherheit für XML-Dateien durch Einbettung des originalen XML-Inhalts in einen XML-Container, der wahlweise Verschlüsselung, X.509-Signatur für die Authentizität der XML-Daten, Erstellungszeitpunkt und Zugriffskontrolle für XML-Daten ermöglicht.
- ISO/IEC 29134: Beschreibt den Ablauf einer Datenschutzfolgenabschätzung von der Vorbereitungs- über die Durchführungs- bis hin zur Nachbereitungs- und Report-Phase.
- DIN 66398: Leitlinie zur Entwicklung eines Löschkonzepts mit Ableitung von Löschfristen für personenbezogene Daten.
- ISO/IEC 29151: Leitfaden für den Schutz personenbezogener Daten.
- ISO IEC 80001-1: Anwendung des Risikomanagements für IT-Netzwerke, die Medizinprodukte beinhalten.
- IEC 62443: Internationale Normenreihe über „Industrielle Kommunikationsnetze – IT-Sicherheit für Netze und Systeme".
- IEC 61850: Beschreibt ein allgemeines Übertragungsprotokoll für die Schutz- und Leittechnik in elektrischen Schaltanlagen der Mittel- und Hochspannungstechnik (Stationsautomatisierung).

- NIST: Standards des „National Institute of Standards and Technology“ (NIST, deutsch: Nationales Institut für Standards und Technologie). Pendants in Deutschland sind das Bundesamt für Sicherheit in der Informationstechnik (BSI).
- ITSiG: Gesetz zur Erhöhung der Sicherheit informationstechnischer Systeme (IT-Sicherheitsgesetz).

In den folgenden Abschnitten werden einzelne Kriterienkataloge näher – jedoch eher überblicksartig – vorgestellt.[25]

Besonders die verschiedenen Rahmenwerke der „COBIT 5“-Reihe von ISACA (Information Systems Audit and Control Association)[26] und die Standards der ISO/IEC 270xx-Reihe werden nachfolgend überblickartig beschrieben, da sie einen ganzheitlichen Ansatz für das Informations-Risiko-Management verfolgen.

Viele der heute in der Praxis akzeptierten Standard-Regelwerke sind aus sog. „best practices“ oder „good practices“ entstanden. Sie enthalten Definitionen, Orientierungen, Vorgehensweisen und Umsetzungs-Leitfäden für die Praxis.

11.5.2 COBIT®

Control Objectives for Information and related Technology (COBIT®, bis Version 4.1 wurde das Akronym so bezeichnet, ab Version 5.0 wird nur noch das Akronym COBIT verwendet) ist ein international anerkanntes Rahmenwerk zur IT-Governance und gliedert die Aufgaben der IT in Prozesse und Control Objectives (Steuerungsvorgaben). COBIT definiert hierbei nicht vorrangig, wie die Anforderungen umzusetzen sind, sondern konzentriert sich primär darauf, was umzusetzen ist. COBIT wurde ursprünglich im Jahr 1993 vom internationalen Verband der IT-Prüfer (Information Systems Audit and Control Association, ISACA) entwickelt, seit dem Jahr 2000 obliegt es dem IT Governance Institute, einer Schwesterorganisation der ISACA,[27] COBIT zu entwickeln und fortzuschreiben. COBIT hat sich von einem Werkzeug für IT-Prüfer (Auditoren) zu einem Werkzeug für die Steuerung der IT aus Unternehmenssicht entwickelt und wird unter anderem auch als Modell zur Sicherstellung der Einhaltung gesetzlicher Anforderungen (Compliance) eingesetzt.

---

[25] Zur Vertiefung kann die folgende Literatur empfohlen werden: Werners und Klempt (2005) sowie Eckert (2013) sowie Königs (2013) sowie Müller (2008).

[26] ISACA ist ein unabhängiger und globaler Berufsverband für IT-Revisoren, Wirtschaftsprüfer sowie Experten der Informationssicherheit und IT-Governance.

[27] Vgl. www.isaca.org/COBIT. Die aktuelle Version 5.0 kann auf der Internetseite der „Information Systems Audit and Control Association“ (ISACA) heruntergeladen werden. COBIT 5.0 wurde April 2012 veröffentlicht.

COBIT ist in starker Anlehnung an das *COSO ERM-Framework*[28] erstellt worden, um die Integration der IT-Governance in die Corporate Governance und das unternehmensweite Risiko-Management zu gewährleisten. Die neueste Version COBIT 5 soll ihren Zielen vorangig die Stakeholder-Anforderungen an „Wertschöpfung" efüllen, indem „Nutzenrealisierung", „Ressoucren-Optimierung" und „Risiko-Optimierung" angestrebt werden. Mit Hilfe einer Zielkaskade werden die übergeordneten Ziele auf untergeordnete Unternehmensziele, IT-Ziele und sogenannte „Enabler-Ziele" heruntergebrochen. Enabler sind Erfolgsfaktoren zur Erfüllung der Forderungen der Anspruchsgruppen (wie z. B. Stakeholder) an das Unternehmen. Beispiele für Enabler in COBIT sind: Policies oder Prozesse. Insgesamt unterscheidet COBIT 5.0 sieben Enabler-Kategorien:

1. Prinzipien, Policies und Rahmenwerke
2. Prozesse
3. Organisatorische Strukturen
4. Kultur, Ethik und Verhalten
5. Informationen
6. Dienstleistungen, Infrastruktur und Anwendungen
7. Mitarbeiter, Fähigkeiten und Kompetenzen

COBIT versucht u. a. auf die folgenden Fragstellungen eine Antwort zu geben: Wie werden die Risiken des Unternehmens gemanagt und wie können die IT-Ressourcen abgesichert werden? Wie kann das Unternehmen sicherstellen, dass die IT die Ziele erreicht und das Kerngeschäft unterstützt?

Erstens benötigt das Management Control Objectives, die das eigentliche Ziel der Umsetzung von Richtlinien, Prozessen und Verfahren sowie der Organisationsstruktur darstellen, um zu gewährleisten, dass Unternehmensziele erreicht und ungeplante Vorkommnisse verhindert oder entdeckt und korrigiert werden.

Zum zweiten geht COBIT davon aus, dass das Management laufend kompakte und aktuelle Informationen benötigt, um komplexe Entscheidungen bezüglich Risiko und Steuerung schnell und effizient treffen zu können.

---

[28] Die COSO (Committee of Sponsoring Organizations of the Treadway Commission, gegründet 1985) veröffentlichte als ergänzende Erweiterung des COSO-Modells im Jahr 2004 erstmalig das COSO ERM-Framework (Enterprise Risk Management), auch als COSO II bezeichnet. Das im Juni 2017 überarbeitete Rahmenwerk („Enterprise Risk Management – Integrating with Strategy and Performance") verdeutlicht, wie wichtig es ist, Risikomanagement in die strategische Planung einzubinden und in der Unternehmensorganisation zu verankern. Einige wesentliche Modifikationen im 2017er Standard sind: 1. Die Unterstützung des Strategiefindungsprozesses, um alternative Strategien zu beurteilen; 2. Stärkere Verbindung von Ergebnissteuerung und Risikomanagement durch eine verbesserte Zieldefinition und mehr Transparenz im Hinblick auf den Einfluss von Risiken auf das Ergebnis; 3. Betonung der Strategie/Werte und Vision des Unternehmens; 4. Der sog. „COSO-Würfel" wird abgelöst; 5. Die Rolle des Boards (Vorstand und Aufsichtsrat) wird durch eine eigene Komponente „Exercise Board Risk Oversight" gewürdigt und in weiterer Folge die Rolle des Prüfungsausschusses im Hinblick auf die Überwachung der Risikoposition betont.

Eine Antwort auf die unternehmerische Anforderung, angemessene IT-Steuerungs- und Performanceniveaus zu bestimmen und zu beurteilen, ist die COBIT-spezifische Definition der folgenden Bereiche:

- Benchmarking des Potenzials der IT-Prozesse in Form eines Prozessfähigkeits-Modells nach ISO/IEC 33020:2015.
- Ziele und Metriken der IT-Prozesse, um deren Output und Performance festzulegen und zu messen, wobei auf die Grundlagen der Balanced Scorecard zurückgegriffen wird.
- Ziele für Aktivitäten, um, basierend auf den detaillierten Control Objectives, die Prozesse unter Kontrolle zu bringen.

Die Inhalte von COBIT 5.0 sind in Abb. 11.6 zusammengefasst.

Meeting Stakeholder Needs erzeugt für die Anspruchgruppen Werte durch Ausnutzung der vorhandenen Ressourcen, Optimierung der Risiken und gleichzeitger Realisierung von Nutzen.

Covering the Enterprise End-to-End bedeutet die IT Governance des Unternehmens in die Unternehmens-Governance zu integrieren. Alle Enabler mit IT-Bezug werden unternehmensweit betrachtet umd so alle Funktionen und Prozesse über das gesamte Unternehmen abzudecken.

Applying a Single Integrated Framework zielt darauf ab mit COBIT 5.0 auch für andere Standards und Rahmenwerke einen Rahmen für die Anwendung eines einheitlichen Frameworks zu bieten und diese in COBIT 5.0 einzubeziehen.

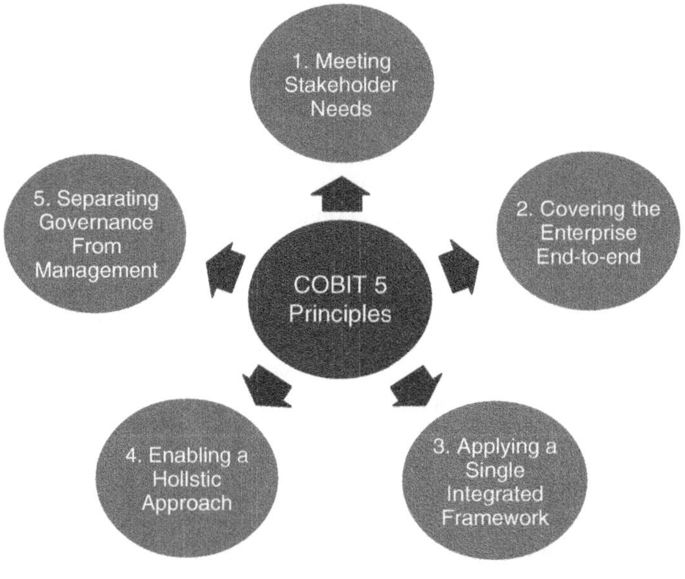

Abb. 11.6 COBIT 5 Principles. (Quelle: IT Governance Institute: COBIT 5.0, siehe www.isaca.org/COBIT)

Enabling a Holistic Approach berücksichtigt in einer ganzheitlichen Sichtweise alle Komponenten des COBIT 5.0 Frameworks in ihrer Interaktion zueinander (z. B. Ziele und Enabler). Jede Anforderung der Anspruchsgruppen kann so durch einen oder mehrere in Beziehung zueinander stehende Komponenten in ihrer Erfüllung gefördert werden.

Seperating Governance From Management meint die strenge Trennung zwischen Governance und Management. Hierbei stellt Governance die Anforderungen der Anspruchsgruppen sicher und macht Vorgaben zur Erreichung der Unternehmensziele. Auf diesen Vorgaben aufbauend führt das Management Aktivitäten zur Erreichung der Unternehmensziele aus. Hierzu gehören Planung (plan), Aufbau (build), Betrieb (run) und Überwachung (monitor).

In COBIT 5.0 werden jeweils 17 generische Unternehmensziele und IT-bezogene Ziele definiert. Diese jeweils 17 generischen Ziele sind den vier Perspektiven einer Balanced Scorecard zugeordnet. In einer unternehmensspezifischen Zielkaskade sollen Mapping-Tabellen definiert werden, die beschreiben wie untergeordnete Ziele die Erreichung übergeordneter Ziele und Erfüllung der Anforderungen der Anspruchsgruppen fördern. Beispielsweise sollen auf Unternehmensebene die beiden generischen Ziele „Gemanagtes Geschäftsrisiko" und „Kontinuität und Verfügbarkeit" durch darunter liegende IT-bezogene Ziele wie „Gemanagtes, IT-bezogenes Unternehmensrisiko", „Sicherheit von Information, Verarbeitungsstruktur und Anwendungen" oder „Verfügbarkeit zuverlässiger und verwendbarer Informationen zur Entscheidungsfindung" gefördert werden. Den IT-bezogenen Zielen sind wiederum Prozesse zugeordnet, deren Performance bei der Zielerreichung über Metriken quantifiziert wird.

Der Prozess „APO 13: Managen von Informationssicherheit" wird beispielsweise bewertet anhand der beiden Metriken „Anzahl klar definierter Sicherheits-Rollen" und „Anzahl von sicherheitsbezogenen Vorfällen".

Eine wichtige Rolle bei der Erreichung aller Ziele spielen Informationen und deren Güte. So kommt der Enabler-Kategorie „Information" eine besondere Rolle zu. In Tab. 11.2 sind die Zielkriterien aus COBIT 5 für die Enabler-Kategorie „Information" aufgeführt. Diese werden, wie bei allen Enabler-Kategorien, nochmals drei Qualitäts-Kategorien gruppiert (erste Spalte der Tabelle).

Die *Intrensische Qualität* beschreibt den Grad der Genauigkeit und Objektivität, mit der ein Enabler Ergebnisse zur Zielerreichung liefert.

Die *Kontextbezogene und repräsentative Qualität* beschreibt in welchem Ausmass die Ergebnisse eines Enablers dem beabsichtigten Zweck dienen.

Die *Zugänglichkeit und Sicherheit* drückt aus in welchem Ausmass die Ergebnisse eines Enablers zugänglich, verfügbar und gesichert sind.

Bei Zielabweichungen von einzelnen Qualitätskriterien (z. B. „Vollständigkeit" oder „Verfügbarkeit" kann ein Risiko abgeleitet werden.

Die *Prozessorientierung von COBIT* wird durch das Prozessreferenzmodell dargestellt. Dieses beinhaltet 32 Prozesse, die in einer Enabler-Kategorie enthalten sind.

Für das Risiko-Management sind insbesondere die Prozesse aus den beiden Produkten „COBIT 5 for Risk" und „COBIT 5 for Informations Security" von Bedeutung. Ein Beispiel-Prozess aus „COBIT 5 for Risk" ist „APO 12: Managen von Risiken". Dieser

Tab. 11.2 Zielkriterien für den Enabler „Information" in COBIT 5.0

Enabler Zielkategorie COBIT 5.0	*Information* in *Criteria*/Geschäftsanforderung/Qualitätskriterium	Erläuterung
Intrensische Qualität	*Objectivity*	Objektivität der Information
	Believability	Glaubwürdigkeit der Information
	Reputation	Reputation der Information(squelle)
	Accuracy	Genauigkeit der Information
Kontextbezogene und darstellerische Qualität	*Completeness*	Vollständigkeit
	Relevancy	Relevanz
	Appropirate amount	Geeignete Informationsmenge
	Interpretability	Interpretierbarkeit
	Understandability	Verständlichkeit
	Ease of manipulation	Einfache Handhabung
	Currency	Aktualität
	Consice representation	Präzise Darstellung
	Consistent representation	Konsistente Darstellung
Zugänglichkeit	/*Availability / Timeliness*	Verfügbarkeit/Rechtzeitigkeit
Sicherheit	*Restricted Access*	Eingeschränkter Zugriff
Alle	*All goals depending on requirements*	Abhängigkeit von den Anforderungen aller Ziele

Tab. 11.3 Komponenten für Risikoszenarien in COBIT 5.0

Komponente	Erläuterung
Actor	Ein Akteur kann eine Person oder eine Sache sein, von der eine Bedrohung zur Ausnutzung einer Schwachstelle ausgeht.
Threat Type	Der Bedrohungs-Typ beschreibt das Wesen der Bedrohung (z. B. vorsätzliche oder zufällige Verursachung)
Event	Das Ereignis beschreibt die Auswirkung bei Ausnutzung der Schwachstelle (z. B. Data Leakage, Diebstahl vertraulicher Informationen)
Asset / Ressource	Ein Vermögenswert des Unternehmens wird durch das Ereignis betroffen (z. B. Netzwerk und IT-Infrastruktur) oder eine Ressource beeinträchtigt (z. B. Personal, Geschäftsprozesse).
Time	Eintritt des Ereignisses zu einem für das Unternehmen kritischen Zeitpunkt, Dauer des Ausfalls von Assets / Ressourcen usw.

beinhaltet untergeordnete Prozesspraktiken wie z. B. Erfassen von Daten, Analysieren des Risikos bis hin zu Behandeln des Risikos. Wichtige und detaillierter ausgeführte Enabler in diesen beiden Produkten sind Prinzipien und Policies wie auch die Fähigkeiten und Kompotenzen des eingesetzten Personals.

In COBIT 5 for Risk werden ausgehenden von den Unternehmenszielen Risikoszenarien top-down abgeleitet. Hinzu kommen bottom-up-Ableitungen aus der jeweiligen Unternehmenssituation heraus. In Tab. 11.3 sind die wesentlichen Komponenten der Risikoszenarien dargestellt.

Gegenüber COBIT kann kritisch angemerkt werden, dass alle Control Objectives sehr allgemein formuliert sind. Für die praktische Umsetzung von Control Objectives werden weitere Informationen und Methoden benötigt. COBIT bietet – u. a. auch im Bereich Risiko-Management – keine Empfehlungen für bestimmte Methoden zur Identifikation oder Bewertung von Risiken. COBIT bietet hingegen einen Prüfmechanismus, ob alle IT-Prozesse vorhanden sind. Ergänzend können Prozesse durch das „Process Capability Framework" der Standard-Reihe ISO/IEC 330xx in ihrem Reifegrad beurteilt werden.

11.5.3 Common Criteria ISO/IEC 15408

Die *Common Criteria* (ISO/IEC 15408, CC) bieten gemeinsame Kriterien für die *Prüfung und Bewertung der Sicherheit von Informationstechnik.*[29] Der Common-Criteria-Standard soll eine gemeinsame Grundlage Sicherheitsbewertungen bieten und soll vermeiden, dass Komponenten oder Systeme in verschiedenen Ländern mehrfach zertifiziert werden müssen. Damit kann die Vertrauenswürdigkeit in die IT-Sicherheitsfunktionalität von IT-Produkten und IT-Systemen dargestellt werden. Jeder IT-Hersteller kann für die IT-Sicherheitsfunktionalität seines Produktes ein Zertifikat erwerben und seinen Kunden einen international anerkannten Nachweis der Vertrauenswürdigkeit vorlegen. Dies beinhaltet ein Vertrauen hinsichtlich der folgenden Punkte:

- Konfigurationsmanagement,
- Auslieferung und den Betrieb,
- Entwicklungsprozess,
- Qualität der Handbücher,
- Lebenszyklus-Unterstützung,
- (unabhängiges) Testen der Funktionalität,
- Schwachstellenbewertung und
- Erhaltung der Vertrauenswürdigkeit.

Die CC sind eine Weiterentwicklung und Harmonisierung der europäischen „Kriterien für die Bewertung der Sicherheit von Systemen der Informationstechnik (ITSEC)", des „Orange-Book (TCSEC)" der USA und der kanadischen Kriterien (CTCPEC).

Die Common Criteria gliedern sich in drei Teile:

- *Teil 1: Einführung und allgemeines Model:* Im ersten Teil werden die Grundlagen der IT-Sicherheitsevaluation und der allgemeine Geltungsbereich der CC erläutert. In den Anhängen werden Schutzprofile (Protection Profile) und Sicherheitsvorgaben (Security Target) für den zu prüfenden Evaluationsgegenstand (EVG) beschrieben.

[29] Weitere Informationen finden Sie hier: www.commoncriteriaportal.org. Die CC Version 3.1 (Release 5) wurde bereits im September 2006 von der Staatengemeinschaft im internationalen Common Criteria Anerkennungsabkommen verabschiedet und wurde gemäß BSI-Zertifizierungsverordnung im Bundesanzeiger vom 23.02.2007 offiziell bekannt gegeben.

Tab. 11.4 Evaluation Assurance Level

CC EAL	ITSEC E	BSI ITS Q	Bedeutung	TCSEC
EAL1	E0–E1	Q0–Q1	Funktionell getestet	D–C1
EAL2	E1	Q1	Strukturell getestet	C1
EAL3	E2	Q2	Methodisch getestet und überprüft	C2
EAL4	E3	Q3	Methodisch entwickelt, getestet und durchgesehen	B1
EAL5	E4	Q4	Semiformal entworfen und getestet	B2
EAL6	E5	Q5	Semiformal verifizierter Entwurf und getestet	B3
EAL7	E6	Q6	Formal verifizierter Entwurf und getestet	A

- *Teil 2: Funktionale Sicherheitsanforderungen:* Dieser Teil enthält einen umfangreichen Katalog von Funktionalitätsanforderungen. Er stellt ein empfohlenes Angebot für die Beschreibung der Funktionalität eines Produktes bzw. Systems dar, von dem jedoch in begründeten Fällen abgewichen werden kann. Im Anhang finden sich Hintergrundinformationen. Zusätzlich werden Zusammenhänge zwischen Bedrohungen, Sicherheitszielen und funktionalen Anforderungen aufgezeigt.
- *Teil 3: Anforderungen an die Vertrauenswürdigkeit:* Im dritten Teil sind die Anforderungen an die Vertrauenswürdigkeit aufgelistet. Wichtig ist, dass ein Evaluationsergebnis immer auf einer Vertrauenswürdigkeitsstufe (EAL) basieren sollte, eventuell ergänzt durch weitere Anforderungen. Die CC geben sieben hierarchische EAL-Stufen vor.

Die Common Criteria definieren sieben Stufen der Vertrauenswürdigkeit (Evaluation Assurance Level, EAL1–7), die die Korrektheit der Implementierung des betrachteten Systems bzw. die Prüftiefe beschreiben (vgl. Tab. 11.4).

11.5.4 BSI-Standards und IT-Grundschutz

BSI-Standards enthalten Empfehlungen des Bundesamts für Sicherheit in der Informationstechnik (BSI)[30] zu Methoden, Prozessen und Verfahren sowie Vorgehensweisen und Maßnahmen mit Bezug zur Informationssicherheit. Das BSI greift dabei Themenbereiche auf, die von grundsätzlicher Bedeutung für die Informationssicherheit in Behörden oder Unternehmen sind und für die sich national oder international sinnvolle und zweckmäßige Herangehensweisen etabliert haben.[31]

[30] Das Bundesamt für Sicherheit in der Informationstechnik (BSI) wurde im Jahr 1991 gegründet und ist eine in der Bundesstadt Bonn ansässige zivile obere Bundesbehörde im Geschäftsbereich des Bundesministeriums des Innern (BMI), die für Fragen der IT-Sicherheit zuständig ist. Das BSI ging aus der Zentralstelle für Sicherheit in der Informationstechnik (ZSI) hervor, deren Vorgängerbehörde die dem Bundesnachrichtendienst (BND) unterstellte Zentralstelle für das Chiffrierwesen (ZfCh) war.

[31] Weitere Informationen zu BSI-Standards unter www.bsi.bund.de/.

Das Fundament eines *IT-Grundschutzkonzepts* ist der initiale Verzicht auf eine detaillierte und unternehmensindividuelle Risikoanalyse. In einem ersten Schritt wird von pauschalen Gefährdungen ausgegangen und dabei auf die differenzierte Einteilung nach Schadenshöhe und Eintrittswahrscheinlichkeit/Häufigkeit verzichtet. Es werden drei Schutzbedarfskategorien gebildet, mit deren Hilfe man den Schutzbedarf des Untersuchungsgegenstandes feststellt und darauf basierend die entsprechenden personellen, technischen, organisatorischen und infrastrukturellen Sicherheitsmaßnahmen aus dem *IT-Grundschutzkompendium*[32] auswählt. Für Unternehmen ist dies vor allem mit dem Vorteil verbunden, dass der Aufwand einer detaillierten Risiko- und Sicherheitsanalyse zunächst unterbleiben kann, da mit pauschalen und standardisierten Gefährdungen gearbeitet wird.

Die Bausteine sind in zehn Schichten aufgeteilt und beschäftigen sich mit unterschiedlichsten Themen der Informationssicherheit – von Anwendungen (APP) über Industrielle IT (IND) bis hin zu Sicherheitsmanagement (ISMS, Information Security Management System). Bei der Erstellung der Bausteine wurde bereits eine Risikobewertung für Bereiche mit normalem Schutzbedarf durchgeführt. Die Anforderungen in den Bausteinen sollen den aktuellen Stand der Technik abbilden.

Im IT-Grundschutz-Kompendium werden standardisierte Sicherheitsanforderungen für typische Geschäftsprozesse, Anwendungen und IT-Systeme in einzelnen Bausteinen beschrieben. Ziel des IT-Grundschutzes ist es, einen angemessenen Schutz für alle Informationen einer Institution bzw. eines Unternehmens zu erreichen. Durch die geeignete Kombination von organisatorischen, personellen, infrastrukturellen und technischen Sicherheitsanforderungen soll ein Sicherheitsniveau erreicht, das für den jeweiligen Schutzbedarf angemessen und ausreichend ist, um geschäftsrelevante Informationen zu schützen. Darüber hinaus erläutert das Grundschutz-Kompendium an vielen Stellen, wie ein höheres Sicherheitslevel erreichbar ist.

Seit dem 1. Februar 2018 dient das IT-Grundschutz-Kompendium als Prüfgrundlage für Zertifizierungen nach ISO 27001 auf Basis von IT-Grundschutz.

Die Version 2019 des IT-Grundschutz-Kompendiums enthält insgesamt 94 IT-Grundschutz-Bausteine. Die IT-Grundschutz-Methodik nutzt das Baukastenprinzip, um den heterogenen Bereich der Informationstechnik einschließlich der Einsatzumgebung besser strukturieren und planen zu können. Die einzelnen Bausteine thematisieren typische Abläufe von Geschäftsprozessen und Bereiche des IT-Einsatzes, wie beispielsweise Notfall-Management, Client-Server-Netze, bauliche Einrichtungen sowie Kommunikations- und Applikationskomponenten.

---

[32] Die IT-Grundschutz-Kataloge sind mit der 15. Ergänzungslieferung letztmalig im Jahr 2016 erschienen. Seit 2018 gibt es das IT-Grundschutz-Kompendium als Nachfolgewerk der IT-Grundschutz-Kataloge. Vor dem Jahr 2005 waren die „IT-Grundschutz-Kataloge"Das im „IT-Grundschutzhandbuch" heißt seit der Version 2005 „IT-Grundschutz-Kataloge". Die IT-Grundschutz-Kataloge beinhalten die Baustein-, Maßnahmen- und Gefährdungskatalogezusammengefasst.

Die folgenden BSI-Standards wurden veröffentlicht:

- *BSI-Standard 200-1: Managementsysteme für Informationssicherheit (ISMS).* Dieser Standard definiert allgemeine Anforderungen an ein Managementsystem für Informationssicherheit (ISMS). Er ist weiterhin kompatibel zum ISO-Standard 27001 und berücksichtigt die Empfehlungen der anderen ISO-Standards wie beispielsweise ISO 27002.
- *BSI-Standard 200-2: IT-Grundschutz-Methodik.* Dieser Standard bildet die Basis der BSI-Methodik zum Aufbau eines Informationssicherheitsmanagements (ISMS). Er etabliert drei neue Vorgehensweisen bei der Umsetzung des IT-Grundschutzes.
- *BSI-Standard 200-3: Risiko-Management.* Dieser Standard beinhaltet erstmals gebündelt alle risikobezogenen Arbeitsschritte bei der Umsetzung des IT-Grundschutzes. Der Vorteil für die Anwender ist ein deutlich reduzierter Aufwand, um ein angestrebtes Sicherheitsniveau zu erreichen. Der Standard bietet sich an, wenn Unternehmen oder Behörden bereits erfolgreich mit der IT-Grundschutz-Methodik arbeiten und möglichst direkt eine Risikoanalyse an die IT-Grundschutz-Analyse anschließen möchten.
- *BSI-Standard 100–4: Notfallmanagement.* Mit dem BSI-Standard 100–4 wird ein systematischer Weg aufgezeigt, ein Notfallmanagement aufzubauen, um auf Notfälle und Krisen adäquat vorbereitet zu sein und effizient reagieren zu können. Ziel eines Notfallmanagements ist es, die Ausfallsicherheit zu erhöhen und die wichtigen Geschäftsprozesse in einem Notfall schnell wieder aufnehmen zu können, um den Schaden für das Unternehmen zu minimieren.

Im folgenden wird überblicksartig die BSI-Standard 200-3 „Risiko-Management" vorgestellt. In vielen Fällen reicht die Abbildung der konkreten Risiken mit den existierenden Bausteinen des IT-Grundschutzes nicht aus. Oder es besteht ein hoher Schutzbedarf in mindestens einem der drei Grundwerte Vertraulichkeit, Integrität oder Verfügbarkeit. Dies führt dazu, dass eine dedizierte Risikoanalyse durchgeführt werden sollte. Die Risikoanalyse sollen u. a. Antworten auf die folgenden Fragen liefern:

- Welchen Gefährdungen für Informationen ist durch die Umsetzung der relevanten IT-Grundschutz-Bausteine noch nicht ausreichend oder sogar noch gar nicht Rechnung getragen?
- Müssen eventuell ergänzende Sicherheitsmaßnahmen, die über das IT-Grundschutz-Modell hinausgehen, eingeplant und umgesetzt werden?

Der BSI-Standard 200-3 basiert auf einer zweistufigen Risikoanalyse. In einem ersten Schritt wird eine Gefährdungsübersicht systematisch abgearbeitet. Dabei wird für jedes Zielobjekt und jede Gefährdung eine Bewertung unter der Annahme vorgenommen, dass bereits Sicherheitsmaßnahmen umgesetzt oder geplant worden sind. In der Regel wird es sich hierbei um Sicherheitsmaßnahmen handeln, die aus den Basis-und Standard-Anforderungen des IT-Grundschutz-Kompendiums abgeleitet worden sind. An die erste

Bewertung schließt sich eine erneute Bewertung an, bei der die Sicherheitsmaßnahmen zur Risikobehandlung betrachtet werden. Durch eine Synopse lässt sich die Wirksamkeit der Sicherheitsmaßnahmen prüfen, die zur Risikobehandlung eingesetzt worden sind.

Der BSI-Standard 200-3 beschreibt, wie für bestimmte Zielobjekte festgestellt werden kann, ob und in welcher Hinsicht über den IT-Grundschutz hinaus Handlungsbedarf besteht, um Informationssicherheitsrisiken zu reduzieren. Hierzu werden Risiken, die von elementaren Gefährdungen ausgehen, eingeschätzt und anhand einer einfachen (Risiko-) Matrix bewertet. Die Einschätzung erfolgt über die zu erwartende Häufigkeit des Eintretens und die Höhe des Schadens, der bei Eintritt des Schadensereignisses entsteht.

Unter einer Risikoanalyse versteht der Standard den Prozess zur Identifikation von Risiken (Risk Identification), zur Analyse von Risiken (Risk Analysis) sowie zur Evaluation oder Bewertung von Risiken (Risk Evaluation).

Die Risikoanalyse nach BSI-Standard 200-3 basiert auf den folgenden Schritten vgl. auch Abb. 11.7):

- **Schritt 1: Erstellung einer Gefährdungsübersicht:**
  - Zusammenstellung einer Liste von möglichen elementaren Gefährdungen
  - Ermittlung zusätzlicher Gefährdungen, die über die elementaren Gefährdungen hinausgehen und sich aus dem spezifischen Einsatzszenario ergeben
- **Schritt 2: Risikoeinstufung:**
  - Risikoeinschätzung (Ermittlung von Eintrittshäufigkeit und Schadenshöhe)
  - Risikobewertung (Ermittlung der Risikokategorie)
- **Schritt 3: Risikobehandlung:**
  - Risikovermeidung
  - Risikoreduktion (Ermittlung von Sicherheitsmaßnahmen)
  - Risikotransfer
  - Risikoakzeptanz

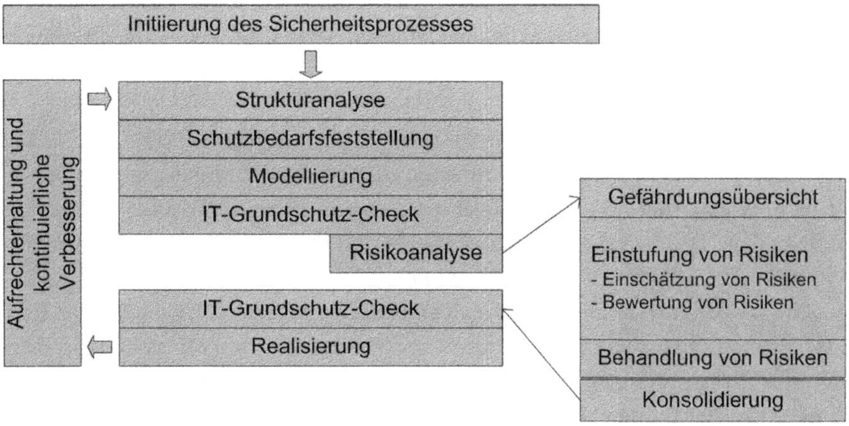

Abb. 11.7 Integration der Risikoanalyse in den Sicherheitsprozess. (Vgl. BSI 2017c, S. 7)

- **Schritt 4: Konsolidierung des Sicherheitskonzepts:**
  - Integration der aufgrund der Risikoanalyse identifizierten zusätzlichen Maßnahmen in das Sicherheitskonzept

Zur Bewertung der Risiken schlägt der IT-Grundschutz eine rein qualitative Bewertung vor. Exemplarisch wird folgende Struktur vorgeschlagen:

- Eintrittshäufigkeit: selten, mittel, häufig, sehr häufig;
- Potenzielle Schadenshöhe: vernachlässigbar, begrenzt, beträchtlich, existenzbedrohend.

Auch die vom BSI vorgeschlagene Visualisierung in Form einer Risikomatrix basiert auf einer rein qualitativen Darstellung. Zur Kritik an der Risikodefinition und einer nicht quantitativen Bewertung bzw. zur Bewertung basierend auf einer geschätzten Eintrittswahrscheinlichkeit und einem geschätzten Schadensausmaß sei auf Kap. 11.2 sowie auf Kap 2 verwiesen. Risiken im Bereich der Informationstechnologie und alle weiteren ereignisorientierten Risiken können nicht (seriös und methodisch fundiert) mit einer Binomialverteilung bzw. Bernoulliverteilung bewertet werden.

11.5.5 ISO/IEC 27001-Reihe

Mit dem Ziel einer internationalen Standardisierung verschiedener Standards zur Informationssicherheit wurden in Zusammenarbeit von ISO (International Organization for Standardization) und IEC (International Electrotechnical Commission) die Normenreihe 2700x (Information technology – Security techniques) veröffentlicht. Für die Evaluierung und Zertifizierung von IT-Produkten und -systemen existiert der Standard ISO/IEC 15408 (Common Criteria).

In der ISO/IEC 27000-Reihe (auch ISO/IEC 27000-Familie oder kurz auch ISO27k genannt) sind eine Reihe von Standards zur Informationssicherheit enthalten.

Nachfolgend sind die wesentlichen Normen der ISO-/IEC-2700x-Reihe zusammengefasst:

- *ISO/IEC 27000 (Information security management systems – Overview and vocabulary):* Diese Norm liefert einen kompakten Überblick über Managementsysteme für Informationssicherheit (ISMS) und über die Zusammenhänge der verschiedenen Normen der ISO-/IEC-2700x-Familie. In der ISO/IEC 27000 sind außerdem die grundlegenden Begriffe und Definitionen für ISMS enthalten.
- *ISO/IEC 27001 (Information securitymanagement systems – Requirements):* Es handelt sich hierbei um eine internationale Norm zum Management von Informationssicherheit, die auch eine Zertifizierung ermöglicht. ISO/IEC 27001 enthält auf rund neun Seiten normative Vorgaben zur Einführung, dem Betrieb und der Verbesserung eines dokumentierten Informationssicherheitsmanagementsystems (ISMS). In einem normativen Anhang werden

mehr als 100 Maßnahmen (Controls) aufgeführt, die unter Berücksichtigung der relevanten Risiken ausgewählt werden sollten. Die Norm enthält allerdings keine Hinweise zur Umsetzung eines ISMS in der Praxis. Bisher orientierten sich die Anforderungen der ISO/IEC 27001 an einem Lebenszyklusmodell, das nach der englischen Benennung der einzelnen Phasen („Plan", „Do", „Check", „Act") auch als PDCA-Zyklus bezeichnet wird.

- *ISO/IEC 27002 (Code of practice for information security controls):* Diese Norm unterstützt bei der Auswahl und Umsetzung der in der ISO/IEC 27001 beschriebenen Maßnahmen, um ein funktionierendes Sicherheitsmanagement aufzubauen und in der Institution/Unternehmen zu verankern. Die dafür geeigneten Sicherheitsmaßnahmen werden auf den 90 Seiten der Norm ISO/IEC 27002 beschrieben. Die Empfehlungen sind in erster Linie für die Management-Ebene gedacht und enthalten daher kaum konkrete technische Hinweise.
- *ISO/IEC 27004 (Monitoring, measurement, analysis and evaluation):* Die ISO-Norm 27004 behandelt die Bewertung der Umsetzung und der Wirksamkeit eines ISMS anhand verschiedener Kenngrößen.
- *ISO/IEC 27005 (Information security risk management):* Diese Norm enthält Rahmenempfehlungen zum Risiko-Management für Informationssicherheit. Unter anderem unterstützt sie bei der Umsetzung der Anforderungen aus ISO/IEC 27001. Hierbei wird allerdings keine spezifische Methode für das Risiko-Management vorgegeben. Diese Norm basiert wiederum wesentlich auf der Norm ISO/IEC 31000 (Risk management – Guidelines, Second edition, 2018-02). In der unterstützenden Norm ISO/IEC 31010 (Risk assessment techniques) werden Werkzeuge und Methoden (in einer eher unstrukturierten Art und Weise) präsentiert, wie Risiken identifiziert, eingeschätzt, bewertet und behandelt werden können.
- *ISO/IEC 27006 (Requirements for bodies providing audit and certification of information security managementsystems):* Diese Norm spezifiziertAnforderungen an die Akkreditierung von Zertifizierungsstellen für ISMS und behandelt auch Spezifika der ISMS-Zertifizierungsprozesse.
- *ISO/IEC 27009 (Sector-specific application of ISO/IEC 27001 – Requirements):* Die ISO-Norm 27009 beschreibt, wie sektorspezifische Erweiterungen (beispielsweise aus den Bereichen Energie, Cloud Computing, Finanzen) zukünftig in ein ISMS nach ISO/IEC 27001 einfließen und dort als Anforderungen berücksichtigt werden können.

Die ISO/IEC 27010 bis ISO/IEC 27019 sind sektorspezifische Normen, etwa für den Energiesektor, die basierend auf der ISO/IEC 27009 entwickelt wurden.

Die ISO/IEC 27005 (Information technology – Security techniques – Information security risk management) wurde im Jahr 2018 in einer dritten Version veröffentlicht.

Auf rund 60 Seiten werden in generischer Weise der Informationssicherheits-Risiko-Management-Prozess mit den darin anfallenden Teilprozessen und Vorgehensweisen beschrieben. Der im Standard beschriebene Risiko-Management-Prozess ist weitgehend an den in der ISO standardisierten allgemeinen Risiko-Management-Prozess (ISO 31000:2018) und das in der ISO standardisierte Risikomanagement-Vokabular gemäss ISO/IEC Guide 73:2009 angelehnt (vgl. Abb. 11.8).

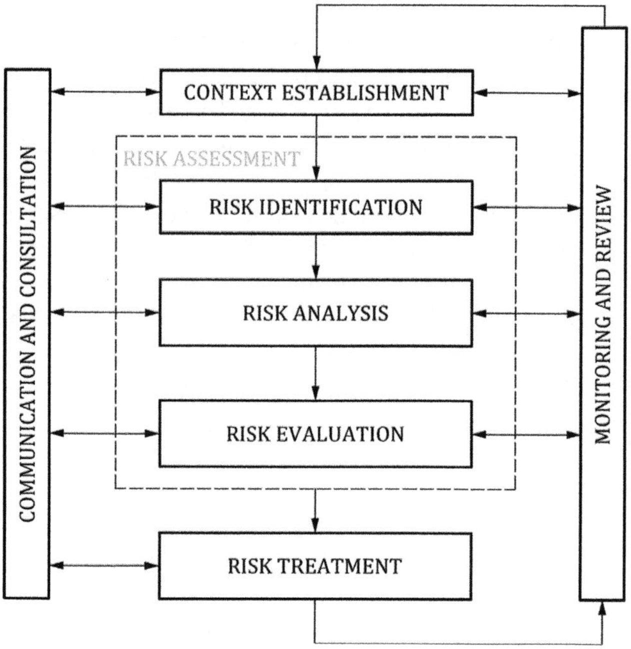

Abb. 11.8 Der Risiko-Management-Prozess gemäß ISO 27005:2018. (Quelle: ISO 27005:2018 2018, S. 3)

Der Standard ISO/IEC 27005:2018 bietet in seiner generische Form eine grobe Orientierung für die Gestaltung und Umsetzung eines Informations-Risiko-Management-Prozesses. Allerdings ist eine exakte Umsetzung des Standards, wie sie beispielsweise beim Standard ISO/IEC 27001 für die Erlangung einer Zertifizierung gefordert wird, beim Standard ISO/IEC 27005 weder beabsichtigt noch sinnvoll.

11.6 IT-Krisen- und Notfallmanagement

11.6.1 Einführung in die Krisen- und Notfallprävention

Durch eine Störung, einen Notfall, eine Katastrophe sowie eine Krise können die Prozesse eines Unternehmens massiv negativ beeinflusst werden. Allgemein versteht man unter einer *Störung* eine Situation, in der Prozesse oder Ressourcen eines Unternehmens nicht wie geplant funktionieren. Eventuelle Schäden sind als eher gering einzustufen. Störungen werden durch die im allgemeinen Tagesgeschäft integrierte Störungsbehebung beseitigt. Störungen können sich jedoch zu einem Notfall ausweiten und sind deshalb genau zu beobachten. Derartige Ereignisse werden im Rahmen eines „Incident Managements“ erfasst und analysiert.

Auch bei einem *Notfall* funktionieren die Prozesse oder Ressourcen eines Unternehmens nicht wie geplant. Kann bei einer teilweisen oder kompletten Nichtverfügbarkeit der Informations- und Kommunikationstechnologie der Systemausfall nicht innerhalb einer angemessenen Zeit in einen „normalen“ Betriebszustand zurückgeführt werden, liegt ein Notfall vor. Dies hat zur Konsequenz, dass auch der Geschäftsbetrieb stark beeinträchtigt ist. Die Folge sind hohe bis sehr hohe Schäden, die sich signifikant auf das Geschäftsergebnis eines Unternehmens auswirken.

Eine *Katastrophe* hingegen ist ein entscheidendes, folgenschweres Unglücksereignis, das zeitlich und örtlich kaum begrenzbar ist und großflächige Auswirkungen auf Menschen, Werte und Sachen hat oder haben kann. Versicherungsunternehmen definieren Katastrophen als Schadensereignisse, welche deutlich über die Ausmaße von Schadensereignissen des täglichen Lebens hinausgehen und dabei Leben und Gesundheit zahlreicher Menschen, erhebliche Sachwerte oder die lebensnotwendigen Versorgungsmaßnahmen für die Bevölkerung erheblich gefährden oder einschränken. Im Bereich der Exekutive ist die Katastrophenabwehr eine Aufgabe des Katastrophenschutzes.

Charakteristika einer *Krise* sind eine dringende Notwendigkeit von Handlungsentscheidungen, ein durch die Entscheidungsträger wahrgenommenes Gefühl der Bedrohung, ein Anstieg an Unsicherheit, Dringlichkeit und Zeitdruck und das Gefühl, das Ergebnis sei von prägendem Einfluss auf die Zukunft. Allgemein wird unter einer Krise eine vom Normalzustand abweichende Situation verstanden, die trotz vorbeugender Maßnahmen im Unternehmen bzw. der Behörde jederzeit eintreten und mit der normalen Aufbau- und Ablauforganisation nicht bewältigt werden kann. Für die Bewältigung existiert kein Ablaufplan, sondern lediglich Rahmenanweisungen und -bedingungen.

11.6.2 Business Continuity Management

Das *Business Continuity Management* (BCM) – auch Betriebliches Kontinuitätsmanagement genannt oder allgemein Notfallmanagement – umfasst Konzepte, Planungen und Maßnahmen zur Aufrechterhaltung der betrieblichen Kontinuität bzw. der Fortführung der Geschäftstätigkeit nach einer Krise.

Zunächst entwickelte sich BCM im militärischen Bereich und erst später im zivilen Bereich. Mit der zunehmenden Bedeutung der Informations- und Kommunikationstechnologie und der zunehmenden Verletzbarkeit der gesamten Geschäftsprozesse durch die IT, entwickelte sich in den vergangenen Jahrzehnten das BCM vor allem im Bereich der IT-Kontinuität. Die Sicherstellung des IT-Betriebs erfolgt durch *IT Disaster Recovery* (auch IT-Notfallplanung genannt). In Abb. 11.9 sind die Zusammenhänge der verschiedenen Aktivitäten und Pläne zur Wiedererlangung und zum Erhalt der Geschäftskontinuität skizziert.

Das *Risiko-Management* identifiziert und analysiert proaktiv/präventiv potenzielle Risiken, die die Vermögens-, Finanz- und Ertragslage eines Unternehmens mittel- und langfristig gefährden könnten. Ein proaktives Risiko-Management verfolgt das Ziel, den Fortbestand eines Unternehmens sicherzustellen sowie evtl. Planabweichung durch die aktive Steuerung von Risiken (Risikovermeidung, -reduzierung, -begrenzung bzw. -transfer und -finanzierung) zu beeinflussen.

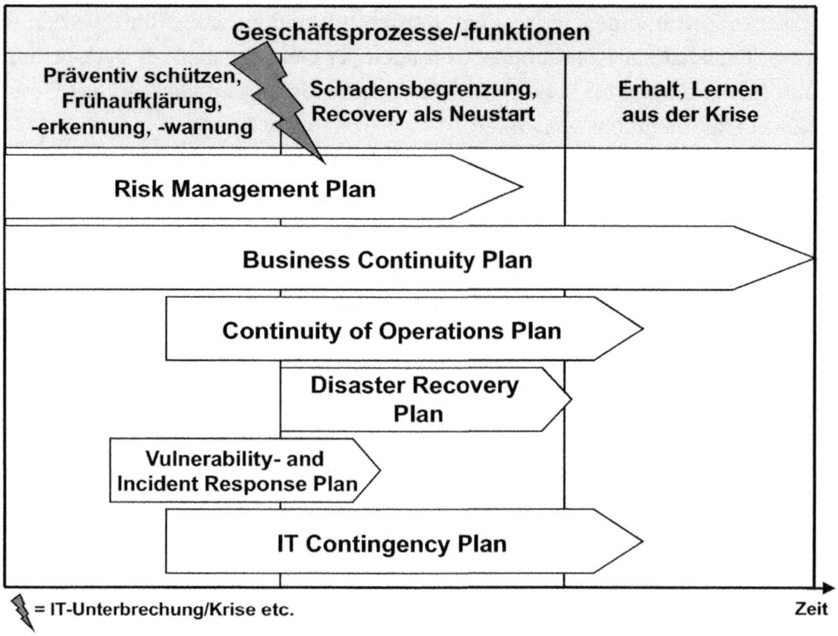

Abb. 11.9 Pläne zum Schutz, zur Wiedererlangung und zum Erhalt der Geschäftskontinuität

Der *Business Continuity Plan* (BCP, Geschäftskontinuitäts-Plan)konzentriert sich auf eine nachhaltige Aufrechterhaltung der Unternehmensprozesse während einer Krisensituation oder einer Katastrophe. Ziel des BCP ist es, sicherzustellen, dass wichtige Geschäftsprozesse selbst in kritischen Situationen nicht oder nur temporär unterbrochen werden und die wirtschaftliche Existenz der Institution auch bei einem größeren Schadensereignis gesichert bleibt. Business Continuity Management ist als „Geschäftsaufrechterhaltungs- und -fortsetzungsplanung" integraler Bestandteil des unternehmensweiten Risiko-Managements (Enterprise Risk Management, ERM). Aus dem Business Continuity Plan resultieren Konzepte, Handlungsanweisungen, Prozesse und Checklisten, die konkrete Maßnahmen beschreiben, die eine Wiederanlauffähigkeit gewährleisten. Business Continuity Management ist als kontinuierlicher Prozess zu verstehen:

1. In einem ersten Schritt werden die kritischen Geschäftsfunktionen, Geschäftsprozesse und die Infrastruktur identifiziert.
2. In einem weiten Schritt werden die Unternehmensrisiken identifiziert, die einen Einfluss auf die Geschäftsfortführung haben. In diesem Kontext sind vor allem Abhängigkeiten (Ursache-Wirkungs-Zusammenhänge, Korrelationen etc.) im Unternehmen und außerhalb (etwa zu Zulieferern) zu berücksichtigen.
3. Schließlich werden geeignete Maßnahmen entwickelt, um die Geschäftskontinuität permanent aufrechtzuerhalten und Probleme gar nicht erst entstehen zu lassen (etwa

redundante Auslegung technischer Komponenten, Fehlervermeidung oder -früherkennung, Bereitschaftsregelungen, aktuelle Dokumentationen).
4. Außerdem werden Notfallprozesse definiert, die einen möglichst schnellen Wiederanlauf ermöglichen. Für die Praxis ist es wichtig, dass diese Notfallpläne regelmäßig getestet werden.

Continuity of Operations Plan (COOP) enthält Vorkehrungen für eine minimale Aufrechterhaltung der betrieblichen Kernfunktionen an alternativen Standorten. In einem COOP sollten Regelungen zu Backup-Lösungen hinsichtlich Aufbauorganisation (Fachkräfte, Führungskräfte) sowie Ablauforganisation (Prozesse, Auslagerung an einen alternativen Drittstandort) enthalten sein.

Ein *Disaster Recovery Plan* (Notfallplan) sollte integraler Bestandteil eines Business Continuity Plans sein. Im Rahmen des Business Continuity Managements steht nicht nur die Wiederherstellung der IT-Prozesse im Vordergrund, sondern die Wiederherstellung der Geschäftsprozesse und aller Abläufe im Unternehmen. Im Disaster Recovery Plan werden beispielsweise die Themen Datenwiederherstellung als auch das Ersetzen nicht mehr benutzbarer Infrastruktur und Hardware thematisiert. Grundlage für eine effiziente Disaster-Recovery-Lösung sind die Analyseergebnisse einer Business Impact Analyse. So wird bei einer Business Impact Analyse beispielsweise untersucht, wie lange ein Geschäftsprozess/System ausfallen darf. Bei dieser so genannten „Recovery Time Objective" handelt es sich um die Zeit, die vom Zeitpunkt des Schadens bis zur vollständigen Wiederherstellung der Geschäftsprozesse (das heißt Wiederherstellung der Infrastruktur und der Daten sowie Wiederaufnahme des IT-Betriebs) vergehen darf. Neben der „Recovery Time" muss ergänzend die Frage beantwortet werden, wie viel Datenverlust in Kauf genommen werden kann. Bei der Recovery Point Objective handelt es sich um den Zeitraum, der zwischen zwei Datensicherungen liegen darf, das heißt, wie viele Daten/Transaktionen dürfen zwischen der letzten Sicherung und dem Systemausfall höchstens verloren gehen.

Ein *Vulnerability- und Incident-Response-Plan* operiert in der präventiven Phase sowie in der Phase der Schadenbegrenzung. Das Spektrum möglicher Vorfälle reicht dabei von technischen Problemen und Schwachstellen bis hin zu konkreten Angriffen auf die IT-Infrastruktur. Im Kern beinhaltet der Plan Vorkehrungen für die Abwehr bestimmter Ereignisse (beispielsweise Hacking, Viren, Würmer, Trojaner, Denial of Service etc.) bzw. bestimmter Fehlerfunktionen. Der Plan sollte sowohl organisatorische als auch rechtliche sowie technische Detailfragen berücksichtigen. Unter einem Incident/Vorfall versteht man nach IT Infrastructure Library (ITIL):[33] „Ein Ereignis, das nicht zum standardmäßigen Betrieb eines Services gehört und das tatsächlich oder potenziell eine Unterbrechung dieses Services oder eine Minderung der vereinbarten Qualität verursacht."

---

[33] Die „IT Infrastructure Library" (ITIL) hat sich in den letzten Jahrzehnten als weltweit akzeptierter Defacto-Standard für Gestaltung, Implementierung und Management wesentlicher Steuerungsprozesse in der Informationstechnik etabliert. Vgl. www.itil-officialsite.com/. Am 18. Februar 2019 wurde mit dem Buch ITIL Foundation das erste Buch der ITIL 4 Edition veröffentlicht.

Ein *IT Contingency Plan* (IT-Notfall-Plan) sollte in der Praxis mit dem Business Continuity Plan verknüpft sein oder in ihm enthalten sein. Im Kern enthält der IT Contingency Plan Maßnahmen zur Wiederherstellung der IT-Systeme, die direkt oder indirekt Supportsysteme für die Geschäftsprozesse darstellen.

Empfehlungen zum Aufbau eines Business Continuity Managements sind in einer Reihe von Standards und Empfehlungen enthalten. So enthält beispielsweise der vom British Standard Institute veröffentlichte *BS 25999–1 „Business Continuity Management – Part 1: Code of Practice*" Informationen zum Aufbau einer Organisationsstruktur und die Umsetzung eines Business Continuity Management Prozesses auf Basis von Good Practice Vorgaben. Der Lebenszyklus des BS 25999 besteht aus vier Phasen:

- Umfassende Analyse der eigenen Organisation zur Erhöhung der Transparenz bzw. Prozesse und Aufbauorganisation (etwa basierend auf einer Business Impact Analyse),
- entwickeln von verschiedenen BCM-Strategien,
- Definition und Umsetzung von Steuerungsmaßnahmen und BCM-Plänen sowie
- regelmäßiges Durchführen von BCM-Übungen sowie ggf. Anpassen der BCM-Pläne und -Maßnahmen.

Die notwendigen Schritte oder konkrete Maßnahmen für ein IT-Notfallmanagement werden im Standard nicht beschrieben. Hierfür wird auf weitere Standards (wie etwa ISO 27001) verwiesen.

Die internationale Norm ISO 22301:2019[34] (Societal security – Business continuity management systems – Requirements) enthält eine Reihe von Anforderungen für die Erstellung und den Umgang mit dem Business Continuity Management System.

Der ISO-Standard spezifiziert die Anforderungen, um ein dokumentiertes Kontinuitätsmanagementsystem zu planen, einzurichten, realisieren, betreiben, überwachen, überprüfen, unterhalten und kontinuierlich zu verbessern, um sich auf Betriebsunterbrechungen präventiv vorzubereiten, auf diese zu reagieren oder um sich als Unternehmen von Betriebsunterbrechungen zu erholen.

Die in ISO 22301:2019 spezifizierten Anforderungen sind – analog auch zur ISO 31000 – allgemein gehalten, denn sie sollen auf Organisationen (oder Teilen davon) jeglicher Art, ohne Rücksicht auf die Größe oder Branche anwendbar sein. Der Umfang der Anwendbarkeit der definierten Anforderungen hängt von den Betriebsumgebung und der Komplexität der Organisation ab.

Die ISO 22301:2019 ist anwendbar auf alle Organisationen, die:

- ein BCM einrichten, implementieren, unterhalten und verbessern möchten;
- Konformität mit der Business-Continuity-Strategie der Organisation sicherstellen möchten;

[34] Am 31. Oktober 2019 wurde die zweite, überarbeitete Version der ISO 22301:2019 veröffentlicht. Die ISO 22301 ist Teil einer kompletten Serie an Standards zu BCM, u.a. ISO 22313:2013, ISO/TS 22317:2015, ISO/TS 22318:2015, ISO/TS 22330:2018, ISO/TS 22331:2018, ISO/IEC/TS 17021-6:2014

- Konformität gegenüber Dritten, bspw. Zulieferern, belegen möchten;
- eine Zertifizierung/Registrierung ihres Business Continuity Managements durch/bei einer akkreditierten Zertifizierungsstelle suchen; oder
- eine Konformität mit diesen internationalen Standard selbst deklarieren möchten.

Für eine erfolgreiche Umsetzung eines betrieblichen Kontinuitätsmanagements definiert der ISO-Standard eine Reihe von Bausteinen. Ein erstes Modul konzentriert sich auf die Organisation.

So ist es wichtig, dass die externen und internen Sachverhalte analysiert werden, die für den Erfolg der Organisation wichtig sind (Erfolgspotenziale) und die durch eine Unterbrechung möglicherweise gefährdet werden. Hierzu gehören beispielsweise die Analyse:

- der Aktivitäten, Aufgaben, Dienstleistungen, Produkte, Partnerschaften, Lieferketten (Supply Chain), sonstigen Stakeholder sowie der potenziellen Auswirkung einer Betriebsunterbrechung;
- der Verknüpfungen zwischen der Business-Continuity-Strategie und den Unternehmenszielen der Organisation sowie die Abhängigkeit zu anderen Regelwerken. Hierzu gehört auch eine Analyse der unternehmensübergreifenden Risiko-Managementstrategie;
- des Risikoappetits sowie der Risikotragfähigkeit der Organisation;
- der Bedürfnisse und Erwartungen von relevanten Stakeholdern;
- der Compliance-Anforderungen, d. h. relevanter gesetzlicher, regulatorischer und anderer Anforderungen.

Ebenfalls Teil dieses Moduls ist die Bestimmung des Geltungsbereichs des betrieblichen Kontinuitätsmanagements. Dabei müssen die strategischen Ziele, Schlüsselprodukte und -dienstleistungen, die Risikotoleranz sowie alle regulatorischen und vertraglichen Verpflichtungen oder Verpflichtungen gegenüber Anspruchsberechtigten der Organisation berücksichtigt werden.

Im nächsten Modul der ISO 22301:2019 geht es um die Führung. Analog zum betrieblichen Risiko-Management ist eine Vorbildfunktion des Top-Managements entscheidend für eine erfolgreiche Umsetzung. Das Top-Management muss die Relevanz und Verpflichtung eines BCM fortlaufend demonstrieren. Durch Führung kann das Management eine Risikokultur schaffen, so dass alle Akteure bzw. Mitarbeiter in dem Prozess involviert sind.

Das Management ist verantwortlich:

- sicherzustellen, dass das BCM kompatibel ist mit der strategischen Ausrichtung der Organisation;
- die BCM-Anforderungen in die Geschäftsprozesse der Organisation zu integrieren;
- die notwendigen Ressourcen für das BCM bereitzustellen;
- die Bedeutung eines wirksamen BCM zu kommunizieren;
- sicherzustellen, dass das BCM die erwarteten Ergebnisse erzielt;

- die kontinuierliche Verbesserung (Continuous Improvement Process, CIP) des BCM zu leiten und zu unterstützen;
- eine Business-Continuity-Strategie zu erstellen und zu kommunizieren;
- sicherzustellen, dass die BCM-Ziele und -Pläne erstellt werden;
- sicherzustellen, dass klare Verantwortlichkeiten und Befugnisse für relevante Rollen zugeordnet werden.

In einem nächsten Modul geht es um die Planung des betrieblichen Kontinuitätsmanagements. Diese Phase wird als kritisch eingestuft, da die Definition der strategischen Ziele und Leitprinzipien das Fundament für das BCM bildet. Die Business-Continuity-Ziele müssen u. a.:

- konsistent sein mit der Business-Continuity-Strategie;
- messbar sein;
- anwendbare Anforderungen beachten;
- überwacht und gegebenenfalls aktualisiert werden.

Der nächste Baustein beschäftigt sich mit der Unterstützung des BCM durch adäquate Ressourcen. Das erfolgreiche und kontinuierliche Management eines wirksamen BCM basiert auf einem soliden Fundament angemessener Ressourcen. Diese beinhalten u. a. qualifiziertes Personal, unterstützende Dienstleistungen, ein gelebtes Risikobewusstsein sowie eine adäquate Kommunikation.

In diesem Kontext spielt vor allem die interne wir auch die externe Kommunikation ein große Rolle. Auch die Anforderungen an die Erstellung, die Aktualisierung und die Kontrolle der BCM-Dokumentation sind Bestandteil dieses Moduls.

Nach der Planung des betrieblichen Kontinuitätsmanagement muss eine Organisation das BCM-System in Betrieb nehmen. Das Modul Betrieb umfasst:

- *Business Impact Analysis (BIA):* Hierbei handelt es sich um eine Methode zur Sammlung und Identifizierung von Prozessen und Funktionen innerhalb einer Organisation, um die den Prozessen zugrunde liegenden Ressourcen zu erfassen. Des Weiteren können durch eine BIA wechselseitige Abhängigkeiten zwischen Prozessen und/oder Unternehmensbereichen aufgezeigt, die Auswirkungen bei Ausfällen von Prozessen, die Kritikalität jedes Prozesses für den Gesamtkonzern und die benötigte Wiederanlaufzeit aufgedeckt werden.
- *Risikobeurteilung:* Die ISO 22301:2019 nimmt Bezug auf den internationalen Risiko-Management-Standard ISO 31000:2018. Die ISO 31000 weist drei spezifische Merkmale auf: Es handelt sich erstens um einen umfassenden Top-down-Ansatz, zweitens wird Risiko-Management als Führungsaufgabe (und nicht nur als Prozess) dargestellt und drittens handelt es sich um eine allgemein gehaltene Basis-Norm.
- *Business-Continuity-Strategie:* Nachdem die Anforderungen über die BIA und die Risikobeurteilung erfasst worden sind, müssen Strategien entwickelt werden, um Maßnahmen zu identifizieren, welche es der Organisation erlauben, auf der Basis ihrer Ri-

sikotoleranz sowie Risikotragfähigkeit und innerhalb festgelegter Ziele für die Wiederherstellungszeit kritische Aktivitäten zu schützen und wiederherzustellen. Erfahrungen aus der Praxis zeigen deutlich auf, dass die frühzeitige Verfügbarkeit einer übergreifenden BCM Strategie sicherstellt, dass BCM Aktivitäten auf die gesamte Geschäftsstrategie ausgerichtet sind und diese unterstützen. Hierbei sollte die Business-Continuity-Strategie ein integraler Bestandteil der Unternehmensstrategie sein.
- *Business-Continuity-Verfahren:* Die Organisation muss Verfahren dokumentieren, um die Kontinuität von Aktivitäten und das Management von Betriebsunterbrechungen sicherzustellen. Diese Verfahren müssen:
  - einen angemessenen Plan für die interne und externe Kommunikation festlegen;
  - spezifisch sein hinsichtlich der konkreten Schritte, die anlässlich einer Betriebsunterbrechung zu erfolgen haben;
  - flexibel sein, um auf unerwartete Bedrohungen (zur sprachlichen Trennung zum Terminus Risiko vgl. Kap. 11.2) und sich verändernde interne und externe Bedingungen antworten zu können;
  - auf Auswirkungen von Ereignissen fokussieren, die möglicherweise den Betrieb unterbrechen könnten;
  - entwickelt werden auf der Basis der Analyse von Wechselwirkungen; und
  - wirksam sein bei der Minimierung von Folgen durch die Implementierung von angemessenen Strategien zur Schadensminderung.
- *Üben und Testen:* Um sicherzustellen, dass die Business-Continuity-Verfahren und -Prozesse mit den Business- Continuity-Zielen konsistent sind, hat die Organisation sie regelmäßig zu testen. Üben und Testen sind die Prozesse zur Bestätigung von Business-Continuity-Plänen, um zu gewährleisten, dass die gewählten Strategien sicherstellen, innerhalb der durch das Management bestimmten Zeitfenster Antworten und Wiederherstellungsergebnisse zu liefern.

Sobald das BCMS implementiert ist, verlangt ISO 22301:2019, dass das System ständig überwacht und periodisch überprüft wird (Leistungsbewertung), um seinen Betrieb zu verbessern:

- Messen der Leistung von Prozessen, Verfahren und Funktionen, die priorisierte Aktivitäten schützen;
- Überwachung der Übereinstimmung mit dem Standard und den Business-Continuity-Zielen;
- Überwachung der historischen Erfahrungen einer mangelhaften Leistung des betrieblichen Kontinuitätsmanagements;
- Ausführung von regelmäßigen internen Audits.

Der britische Standard *BS 25999–2 „Business Continuity Management – Part 2: Specification"*legt die Punkte fest, die zur Zertifizierung eines Business Continuity Managements vorhanden sein müssen. Das Business Continuity Institute (BCI) hat sich als unabhängige, nicht kommerzielle Organisation dem Thema Business Continuity Management verschrieben.

Die *IT Infrastructure Library (ITIL)*ist eine Sammlung von etablierten Methoden und Prozessen („Good Practices") in einer Reihe von Publikationen, die eine mögliche Umsetzung eines IT-Service-Managements (ITSM) beschreiben und inzwischen international als De-facto-Standard hierfür gelten. In dem Regel- und Definitionswerk werden die für den Betrieb einer IT-Infrastruktur notwendigen Prozesse, die Aufbauorganisation und die Werkzeuge beschrieben. Das Ziel von ITIL besteht im Wesentlichen darin, die bislang meist technologiezentrierte IT-Organisation prozess-, service- und kundenorientiert auszurichten. ITIL ist technologie- und anbieterunabhängig und so generisch gehalten, dass die dort formulierten Empfehlungen unabhängig von der konkret eingesetzten Hardware und Software bzw. von Dienstleistern (wie etwa Outsourcing-Anbietern) sind.

ITIL wird vom Office of Government Commerce (OGC), einer britischen Regierungsbehörde, herausgegeben, gepflegt und weiterentwickelt. Nach ITIL besteht die Aufgabe des Continuity Management für IT-Services im Support des übergeordneten Business Continuity Management (BCM), indem sichergestellt wird, dass die IT-Infrastruktur und die IT-Services (einschließlich Support und Service Desk) nach einer Katastrophe möglichst rasch wieder hergestellt werden.

Der *IT-Service-Continuity-Lebenszyklus nach ITIL* besteht aus vier Phasen:

- Initiierung des Prozesses: Festlegung der Policy und des Scopes,
- Erfordernisse und Strategie: Business Impact Analysis (BIA), Risikoanalyse und Kontinuitätsstrategie,
- Umsetzung: Entwicklung von Kontinuitätsplänen, Wiederherstellungsplänen und Teststrategien,
- Operatives Management: Schulung und Sensibilisierung, Revisionen, Tests und Change Management.

Vom Bundesamt für Sicherheit in der Informationstechnik (BSI) wurde der *BSI-Standard 100–4* „Notfallmanagement" veröffentlicht.[35] Mit dem BSI-Standard soll ein systematischer Weg aufgezeigt werden, ein Notfallmanagement aufzubauen, um auf Notfälle und Krisen adäquat vorbereitet zu sein und effizient reagieren zu können. Der Standard enthält Elemente aus BS 25999, ITIL Service Continuity Management und vereint diese mit den relevanten Bausteinen der IT-Grundschutz-Kataloge.

Literatur

Ahrendts, F./Marton, A.: IT-Risikomanagement leben! Wirkungsvolle Umsetzung für Projekte in der Softwareentwicklung, Berlin/Heidelberg 2008.

Bundesanstalt für Finanzdienstleistungsaufsicht: Rundschreiben 2/2017 (VA) – Mindestanforderungen an die Geschäftsorganisation von Versicherungsunternehmen (MaGo), in der Fassung vom 25.01.2017, geändert am 02.03.2018.

[35] Weitere Informationen unter www.bsi.bund.de.

Bundesanstalt für Finanzdienstleistungsaufsicht: Rundschreiben 10/2018 (VA) – Versicherungsaufsichtliche Anforderungen an die IT (VAIT), in der Fassung vom 20.03.2019.

Bundesanstalt für Finanzdienstleistungsaufsicht: Rundschreiben 10/2017 (BA) – Bankaufsichtliche Anforderungen an die IT (BAIT), in der Fassung vom 14.09.2018.

Boehmer, W.: Überlebenswahrscheinlichkeit eines Unternehmens bei Anwendung eines BCMS gemäß BS 25999, Wie wahrscheinlich übersteht ein Unternehmen eine Katastrophe?, in: Risk, Compliance & Audit (RCA), 2/2009, Seite 23–30.

Bundesamt für Sicherheit in der Informationstechnik (Hrsg.): IT-Grundschutz-Kompendium Edition 2019, Stand: 2019.

Bundesamt für Sicherheit in der Informationstechnik (Hrsg.): BSI-Standard 200-1: Managementsysteme für Informationssicherheit (ISMS), Bonn 2017a.

Bundesamt für Sicherheit in der Informationstechnik (Hrsg.): BSI-Standard 200-2: IT-Grundschutz-Methodik, Bonn 2017b.

Bundesamt für Sicherheit in der Informationstechnik (Hrsg.): BSI-Standard 200-3: Risikomanagement, Bonn 2017c.

Bundesamt für Sicherheit in der Informationstechnik (Hrsg.): BSI-Standard 100–4: Notfallmanagement, Bonn 2008.

Bundesamt für Sicherheit in der Informationstechnik (Hrsg.): IT-Grundschutz-Kompendium, BSI, jährlich neu, https://www.bsi.bund.de/grundschutz

Calder, A.: Information Security Based on ISO 27001/ISO 27002: A Management Guide, Zaltbommel 2009.

Committee of Sponsoring Organizations of the Treadway Commission: Enterprise Risk Management, Aligning Risk with Strategy and Performance, 2017.

Eckert, C.: IT-Sicherheit. Konzepte – Verfahren – Protokolle, 8. Auflage, München 2013.

Gampe, J.: IT-Sicherheit – Aufsicht konkretisiert IT-Anforderungen an die Versicherungswirtschaft, in: BaFin (Hrsg.): BaFin Journal, April 2018, S. 24–28.

Gleissner, W.: Grundlagen des Risikomanagements im Unternehmen, München 2008.

Gleissner, W./Romeike, F.: Risikomanagement – Umsetzung, Werkzeuge, Risikobewertung, Freiburg im Breisgau 2005.

Gleissner, W./Romeike, F.: Die größte anzunehmende Dummheit im Risikomanagement – Berechnung der Summe von Schadenserwartungswerten als Maß für den Gesamtrisikoumfang, in: Risk, Compliance & Audit (RC&A), 01/2011, S. 21–26.

Gutzwiller, C. R.: IT-Risikomanagement und IT-Audit – Ein neues Konzept für die Bewirtschaftung von IT-Risiken. In: Der Schweizer Treuhänder, Heft 12 (1999), S. 1191–1198.

International Organization for Standardization (Hrsg.): ISO/IEC 27000:2016, Information technology – Security techniques – Information Security management systems – Overview and vocabulary, ISO/IEC JTC 1/SC 27, 2016.

International Organization for Standardization (Hrsg.): ISO/IEC 27001:2013, Information technology – Security techniques – Information security management systems – Requirements, ISO/IEC JTC 1/SC 27, 2013.

International Organization for Standardization (Hrsg.): ISO/IEC 27002:2013, Information technology – Security techniques – Code of practice for information security controls, ISO/IEC JTC 1/SC 27, 2013.

International Organization for Standardization (Hrsg.): ISO/IEC 27005:2018, Information technology – Security techniques – Information security risk management, ISO/IEC JTC 1/SC 27, 2018.

International Organizationfor Standardization (Hrsg.): ISO/IEC 27006:2015, Information technology – Security techniques – Requirements for bodies providing audit and certification of information security management systems, ISO/IEC JTC 1/SC 27, 2015

International Organizationfor Standardization (Hrsg.): ISO/IEC 31000:2018, Risk management – Principles and guidelines, ISO/TC 262, 2009.

International Organizationfor Standardization (ISO: ISO 31000:2018, Risk management — Guidelines, Vernier, Geneva 2018.“

Kersten, H./Reuter, J./Schröder, K.-W.: IT-Sicherheitsmanagement nach ISO 27001 und Grundschutz: Der Weg zur Zertifizierung, Wiesbaden 2008.

Königs, H.-P.: IT-Risikomanagement mit System, 4. Auflage, Wiesbaden 2013.

Königs, H.-P.: IT-Risikomanagement mit System – Praxisorientiertes Management von Informationssicherheits-, IT- und Cyber-Risiken, 5., überarbeitete und erweiterte Auflage, Springer Vieweg Verlag, Wiesbaden 2017.

Korte, T./Romeike, F.: MaRisk VA erfolgreich umsetzen: Praxisleitfaden für das Risikomanagement in Versicherungen, 2., komplett überarbeitete Auflage, Erich Schmidt Verlag, Berlin 2010.

Müller, K.-R.: IT-Sicherheit mit System. Sicherheitspyramide – Sicherheits-, Kontinuitäts- und Risikomanagement – Normen und Practices – SOA und Softwareentwicklung, 3. Auflage, Wiesbaden 2008.

Romeike, F.: Integration von IT Risiken in das proaktive Risk Management, in: DuD Datenschutz und Datensicherheit, 27. Jahrgang, Heft 4, April 2003, S. 193–199.

Romeike, F.: Lexikon Risikomanagement, Weinheim 2004.

Romeike, F.: Frühaufklärungssysteme als wesentliche Komponente eines proaktiven Risikomanagements, in: Controlling, Heft 4–5/2005 (April/Mai), S. 271–279.

Romeike, F.: Integriertes Risiko-Controlling und -Management im global operierenden Konzern, in: Schierenbeck, H. (Hrsg.): Risk Controlling in der Praxis, Zürich 2006, S. 429–463.

Romeike, F.: Was steckt hinter der ISO 22301:2012?, in: Risk, Compliance & Audit (RC&A), Ausgabe 3/2012, S. 15–16.

Romeike, F.: Risikomanagement, Springer Verlag, Wiesbaden 2018.

Romeike, F.: Bow-Tie-Analyse, in: GRC aktuell, Ausgabe Februar 2019, 01/2019, S. 39–44.

Salvati, D.: Management of Information Security Risks, Dissertation ETH, Zürich 2009.

Seibold, H.: IT-Risikomanagement, München 2006.

Völker, J.: BS 7799: Von „Best Practice“ zum Standard, Secorvo White Paper, Karlsruhe 2005.

von Rössing, R.: Betriebliches Kontinuitätsmanagement, Bonn 2005.

Werners, B./Klempt, Ph.: Standards und Kriterienwerke zur Zertifizierung von IT-Sicherheit, Arbeitsbericht Nr. 9 des Instituts für Sicherheit im E-Business, Bochum 2005.

Wieczorek, M./Naujoks, U./Bartlett, B. (Hrsg.): Business Continuity. Notfallplanung für Geschäftsprozesse, Berlin u. a. 2002.

Witt, B.: IT-Sicherheit kompakt und verständlich. Eine praxisorientierte Einführung, Wiesbaden 2006.

Risiko-Management in Projekten

12

If there's more than one possible outcome of a job or task, and one of those outcomes will result in disaster or an undesirable consequence, then somebody will do it that way. (Edward A. Murphy, jr.)

F. Romeike, P. Hager, *Erfolgsfaktor Risiko-Management 4.0*,
https://doi.org/10.1007/978-3-658-29446-5_12

12.1 Projekt und Projektmanagement

Ein Projekt ist ein einmaliger Prozess, der aus einem Satz von abgestimmten und gelenkten Tätigkeiten mit Anfangs- und Endtermin besteht und durchgeführt wird, um unter Berücksichtigung von Zwängen bezüglich Zeit, Kosten und Ressourcen ein Ziel zu erreichen, das spezifische Anforderungen erfüllt.[1] Man spricht von einem Projekt, wenn die folgenden Merkmale erfüllt sind:

Zeitliche Begrenzung: Im Unterschied zu permanenten (Routine-)Aufgaben sind Projekte durch einen exakt festgelegten Anfang und ein definiertes Ende gekennzeichnet.

Finanzielle und personelle Ressourcen: Das Kostenbudget und die Anzahl der im Projekt mitarbeitenden Mitarbeiter sind beschränkt. Auch andere Ressourcen stehen nur begrenzt zur Verfügung. Daher muss vorab exakt analysiert und definiert werden, welche Mitarbeiter und welche Ressourcen erforderlich sind, um die Projektziele zu erreichen.

Festgelegtes Ziel: Ohne Ziel kann es kein Projekt geben (und auch keine Risiken im Sinne von Ziel-/Planabweichungen). Häufig scheitern Projekte daran, dass zu Beginn eines Projektes kein messbares Ziel definiert wurde. Aus den definierten Projektzielen leiten sich direkt die Maßnahmen ab.

Bereichsübergreifende Teamarbeit: Projekte zeichnen sich regelmäßig durch eine interdisziplinäre Zusammenarbeit aus. Erst durch die Zusammenarbeit von verschiedenen Experten aus unterschiedlichen Fachbereichen und Funktionen kann das geplante Projektziel erreicht werden.

Mit Unsicherheit und potenziellen Planabweichungen behaftet: In der Regel weiß man zu Beginn des Projektes nicht, ob es zu Ziel- bzw. Planabweichungen kommen wird. Nicht selten wird der Zeitrahmen nicht eingehalten oder die Kosten werden weit übertroffen. Diese durch „zufällige" Störungen verursachten Möglichkeiten, von geplanten (Projekt-)Zielwerten abzuweichen, werden allgemein auch als Risiken bezeichnet. Planabweichungen können auch als „Streuung" um einen Erwartungs- oder Zielwert betrachtet werden. Risiken sind immer nur in direktem Zusammenhang mit der Planung eines Unternehmens zu interpretieren. Mögliche Abweichungen von den geplanten Zielen stellen Risiken dar – und zwar sowohl negative („Gefahren") wie auch positive Abweichungen („Chancen").

---

[1] Die DIN 69901 definiert ein Projekt als ein „Vorhaben, bei dem innerhalb einer definierten Zeitspanne ein definiertes Ziel erreicht werden soll, und das sich dadurch auszeichnet, dass es im Wesentlichen ein einmaliges Vorhaben ist".

Das *Projektmanagement* umfasst die Gesamtheit aller Methoden zur Durchführung von Projekten.[2] Dies sind alle Leitungsaufgaben und Instrumente für die Planung, Steuerung, Kontrolle und Organisation eines Projektes. Gegenstand des Projektmanagements ist auch die Personalführung der am Projekt beteiligten Personen.

Mit der Projektdurchführung können eine einzige, aber in komplexen Projekten auch mehrere Tausend Personen befasst sein. Entsprechend reichen die Werkzeuge des Projektmanagements von einfachen To-Do-Listen bis hin zu komplexen Organisationseinheiten mit ausschließlich zu diesem Zweck gegründeten Unternehmen.

Daher ist eine der Hauptaufgaben des Projektmanagements vor Projektbeginn die Festlegung, welche Projektmanagementmethoden in genau diesem Projekt angewendet werden sollen. Im Rahmen des Projektmanagements müssen vor allem die folgenden drei Fragen beantwortet werden:

- Es wird das **„Wer“** eines Projektes bestimmt (Institutionelle Aufgaben):
  - Wahl eines geeigneten Organisationsmodells
  - Festlegung des Projektteams
  - Organisatorische Einbindung der Projektgruppe in die Aufbauorganisation
  - Implementierung eines Lenkungsausschusses für Entscheidungsprozesse
- Es wird das **„Was“** eines Projektes bestimmt (Funktionale Aufgaben):
  - Abgrenzung der Projektaufgaben
  - Vereinbarung der Projektziele
  - Planung, Steuerung und Kontrolle der personellen und finanziellen Ressourcen sowie des Projektfortschritts
- Es wird das **„Wie“** der Projektdurchführung betrachtet (Instrumentale Aufgaben):
  - Festlegung der Erhebungstechniken
  - Festlegung der Planungs- und Kontrolltechniken

[2] Die DIN-Normenreihe DIN 69901 definiert Projektmanagement als die Gesamtheit von Führungsaufgaben, -organisation, -techniken und -mitteln für die Initiierung, Definition, Planung, Steuerung und den Abschluss von Projekten. Die Normenreihe beschreibt Grundlagen, Prozesse, Prozessmodell, Methoden, Daten, Datenmodell und Begriffe im Projektmanagement. Unter dem Haupttitel Projektmanagement; Projektmanagementsysteme enthält diese Normenreihe folgende fünf Teile:

DIN 69901-1 Grundlagen
DIN 69901-2 Prozesse, Prozessmodell
DIN 69901-3 Methoden
DIN 69901-4 Daten, Datenmodell
DIN 69901-5 Begriffe.

Das Project Management Institute (PMI) definiert Projektmanagement wie folgt: „Project Management is the application of knowledge, skills, tools and techniques to project activities to meet project requirements.“ („Projektmanagement ist die Anwendung von Wissen, Können, Werkzeugen und Techniken auf Projektaktivitäten, um Projektanforderungen zu erfüllen.“).

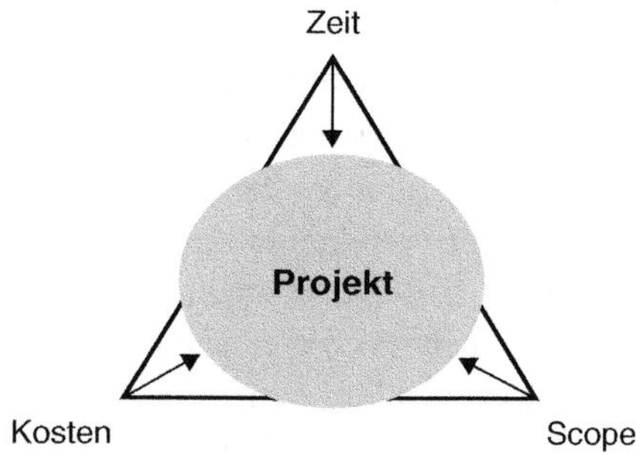

Abb. 12.1 Das „Magische Dreieck" des Projektmanagements

Das „*Magische Dreieck*" (Triple Constraint) im Projektmanagement (vgl. Abb. 12.1) ist die symbolische Darstellung seiner drei zentralen Inhalte, die zugleich die entscheidenden Risiken sind:

- Das Projektziel, das mit einer bestimmten Qualität erreicht werden soll.
- Der Zeitraum bzw. der Termin, in dem bzw. bis zu dem das Projekt abgeschlossen werden muss.
- Der Aufwand (Finanzmittel, Arbeitskraft und andere Ressourcen), der maximal für das Projekt eingesetzt werden sollte.

Zieht man an einer Ecke des „Magischen Dreiecks", so verschiebt sich das Verhältnis der Seiten entsprechend zueinander. Beispielsweise kann man die Qualität eines neuen Produktes dadurch steigern, dass man mehr Zeit in seine Entwicklung investiert. Dies hat aber zwangsläufig auch einen Anstieg der Entwicklungskosten zur Folge.

Falls die Erreichung eines Projektziels durch den kritischen Erfolgsfaktor Personalressourcen beeinflusst wird, so wird häufig auch eine vierte Steuergröße „Personal" ergänzt. Obwohl die Personalkomponente ein Teil der Kosten (Personalkosten) ist, kann der Erfolg eines Projektes ganz wesentlich von dedizierten Personalressourcen abhängen.

Projekte werden häufig in *Projektphasen* aufgeteilt, welche die iterative Vorgehensweise im Projektmanagement unterstreichen. Diese Phasen sind abhängig vom angestrebten Produkt bzw. Projektergebnis, das heißt die Phasen eines Projekts zum Bau eines Hochhauses unterscheiden sich deutlich von den Projektphasen einer Softwareentwicklung. Üblicherweise enden die Projektphasen mit definierten Meilensteinen. Phasenmodelle sind meistens sehr spezifisch und am zu erstellenden Projektprodukt oder der Branche orientiert. Alle Phasen bilden gemeinsam den *Projektlebenszyklus*.

Ein *allgemeines Phasenmodell* könnte wir folgt untergliedert sein:

Initiierung: Die Prozesse der Projektinitiierung stellen sicher, dass für ein Projekt bzw. die nächste Phase einen klaren Auftrag mit definiertem Startzeitpunkt existiert.

Planung: Die Prozesse der Planung stellen sicher, dass erst geplant und dann gehandelt wird. Das klingt trivial, ist aber in der Praxis nicht unbedingt selbstverständlich.

Ausführung: Mit den Prozessen der Ausführung wird das Geplante umgesetzt, es werden die in der Planungsphase angestrebten Liefergegenstände erstellt.

Steuerung: Diese Prozesse stehen übergreifend über Planung und Ausführung und erlauben damit die Reaktion auf Ereignisse, die zu Abweichungen vom Plan führen können.

Projektabschluss: Mit den Prozessen des Abschlusses wird sichergestellt, dass alle Arbeiten abgeschlossen werden, aber auch die Erfüllung von Verträgen überprüft und Freigaben (beispielsweise für die nächste Projektphase) erteilt werden.

Neben einem klassischen, allgemeinen Phasenmodell wurden in den vergangenen Jahrzehnten eine Reihe von alternativen Ansätzen und interntionalen Projektmanagement-Standards entwickelt: Wasserfallmodell, prototypische Vorgehensmodelle in der Softwareentwicklung, Spiralmodell, V-Modell 97 und V-Modell XT, PRINCE 2, HERMES, DIN 69901, DIN ISO 21500:2016-02, evolutionäre bzw. inkrementelle Vorgehensmodelle, STEPS (SW-Technik für Evolutionäre Partizipative Systementwicklung), Rational Unified Process (RUP), agile Prozesse, SCRUM, eXtreme Programming (XP), Model Driven Architecture (MDA) etc.[3] Für die Praxis des Risiko-Managements ist es wichtig, dass in die einzelnen Vorgehensmodelle des Projektmanagements die Instrumente und Werkzeuge des Risiko-Managements integriert werden. In diesem Kontext sollte Risiko-Management bereits am Anfang das Projekt parallel begleiten, insbesondere in der Planungsphase. So können evtl. Planabweichungen bereits früh identifiziert und eliminiert bzw. reduziert werden.

In den vergangenen Jahren wurde die strenge Phaseneinteilung in vielen Projekten – etwa im Bereich der Softwareentwicklung – wieder aufgegeben. In der Projektpraxis können Phasenverläufe sich überlappen oder zirkulär angelegt sein.

Der *Projektleiter* ist für die operative Planung und Steuerung des Projektes verantwortlich. In diesem Kontext trägt er die Verantwortung für das Erreichen von Sach-, Termin- und Kostenzielen im Rahmen der Projektdurchführung. Für einen erfolgreichen Projektabschluss sind die Qualifikationen des Projektmanagers ganz wesentlich. Neben einer ausreichenden Fach-, Methoden- und Organisationskompetenz sollte ein Projektleiter vor allem auch über eine adäquate Sozialkompetenz verfügen. Hierzu gehören vor allem auch eine entsprechende Belastbarkeit und Anpassungsfähigkeit (Zeitdruck, Umgang mit Widerständen) sowie Kommunikationsfähigkeit (Koordinierungsaufgaben, Überzeugungsfähigkeit, Durchsetzungsvermögen, Verhandlungshärte und -geschick).

Die Aufgabe des Projektmanagements ist immer auch automatisch Risiko- oder Chancenmanagement, das heißt jeder Projektmanager ist automatisch auch Risikomanager und in Einzelfällen auch Krisenmanager. In fast jedem Projekt treten Planabweichungen auf. Wenn ein Projektmanager die Werkzeuge des Risiko-Managements beherrscht, so wird er potenzielle Planabweichungen früh erkennen und antizipieren sowie mit einer hohen Effizienz wieder in den Griff bekommen.

Das *Projektcontrolling* kann als Teilsystem des Projektmanagements betrachtet werden und bildet die Basis für die Entscheidungen des Projektleiters bezüglich der Steuerung des

[3] Zur Vertiefung vgl. Ahrendts und Marton (2008).

Projektes und für das Projektberichtswesen. Das Projektcontrolling erstreckt sich über alle Phasen eines Projekts: von der Projektdefinition, über die Projektplanung und Projektsteuerung bis hin zum Projektabschluss. Das Projektcontrolling stellt daher eine Querschnittsfunktion dar.

Das Projektcontrolling gliedert sich in strategische und operative Aufgaben. Das *strategische Controlling* beschäftigt sich mit der langfristigen Planung der für das Unternehmen wichtigen Projekte.

Die operativen Aufgaben des Projektcontrollings fallen unter anderem die folgenden Fragestellungen: Welche Pläne (Terminpläne, Ressourcenpläne, Kostenpläne) sind zu erstellen und wie wird deren Einhaltung kontrolliert? Ergänzend unterstützt das operative Projektcontrolling die laufende Projektabwicklung, indem beispielsweise die Einhaltung von Terminen, Lieferumfang und Kosten durch das Projektcontrolling durchgeführt werden.

12.2 Die häufigsten Hürden und Stolperfallen

Die Chaos-Studie der Standish Group untersucht regelmäßig die Ursachen für Erfolg und Misserfolg von Projekten und hat eine Korrelation von Erfolgswahrscheinlichkeit und Projektgröße festgestellt.

Basierend auf der Analyse sind die primären Erfolgsfaktoren:

- Einbindung der Endbenutzer
- Unterstützung durch das obere Management
- Klare Anforderungen

Die Hauptpunkte, die zum Scheitern der Projekte führen sind:

- Fehlende Kooperation und Mitarbeit durch Benutzer
- Unvollständige/unklare Anforderungen
- Häufige Anforderungsänderungen

Vor allem Projekte im Bereich „Forschung und Entwicklung" (F&E) führen häufig zu gravierenden Planabweichungen. So wurde im Rahmen einer empirischen Studie festgestellt, dass von 100 F&E-Projekten 57 technisch, aber nur 12 wirtschaftlich erfolgreich sind. Die Trefferquote geht dabei je nach Branchen weit auseinander. Für F&E-Projekte im Bereich der Pharmaindustrie gilt das Verhältnis 1000 zu 1, in der Elektronikindustrie 100 zu 1, in der Telekommunikation, in der Medienbranche sowie im Bereich der Softwareentwicklung 10 zu 1.[4] Eine weitere Studie kam zu ähnlichen Ergebnissen, die in Tab. 12.1 skizziert sind.[5] In einer weiteren Studie wurden für IT-Projekte die in Tab. 12.2 aufgeführten Risikopotenziale identifiziert.

---

[4] Vgl. Eglau et al. (2000, S. 10).

[5] Vgl. Computerwoche vom 29.07.2008, „Die 14 häufigsten Projektfehler vermeiden".

Tab. 12.1 Ursachen für das Scheitern von Projekten

	Risikopotenziale	Angaben in %
1	Projektziele nicht klar definiert	71
2	Zeitvorgaben sind unrealistisch	61
3	Mangelnde Abstimmung aller am Projekt Beteiligten	55
4	Fehlerhafte Kommunikation innerhalb des Unternehmens	45
5	Projektleiter sind überlastet	44
6	Budgetrahmen ist unrealistisch	43
7	Feinplanung nicht sorgfältig genug	41
8	Komplexität des Vorhabens wird unterschätzt	39
9	Berichtswesen/Reporting funktioniert nicht reibungslos	36
10	Es fehlt ein Projekt-Cockpit, aus dem heraus gesteuert wird	36

Quelle: Assure Consulting. Basis für die empirische Studie bildeten die Antworten von 75 Fach- und Führungskräften aus der deutschen Wirtschaft

Tab. 12.2 Ursachen für das Scheitern von IT-Projekten

	Risikopotenziale	Vermeidungsstrategien
1	Personelles Versagen	Die besten Mitarbeiter engagieren; Teambildung, Training, Bonusvereinbarungen, Peer Reviews, Anpassung der Prozesse an vorhandenes Know-how
2	Unrealistische Zeit- und Kostenplanung	Business-Case-Analyse; Inkrementelle Entwicklung; Wiederverwendung von Software; Anpassung der Zeit- und Kostenplanung
3	Gefahr mit Standardsoftware bzw. externen Komponenten (Inkompatibilität etc.)	Benchmarking; Prototyping; Überprüfung von Referenzinstallationen; Kompatibilitätsanalyse; Review der Lösungsanbieter
4	Anforderungen und entwickelte Funktionen stimmen nicht überein	Win-Win-Vereinbarungen zwischen Beteiligten; Business-Case-Analyse; Prototyping; Anwendungsfallbeschreibung in frühen Phasen
5	Benutzerschnittstellen stimmen nicht mit Bedürfnissen überein	Prototyping; Entwicklung von Szenarien; Beschreibung der Anwenderaufgaben/-rollen; Usability Testing
6	Unzureichende Architektur, Performance, Qualität	Architektur-Review; Simulation; Benchmarking; Modellierung; Prototyping; Tuning
7	Ständige Änderungen der Anforderungen	Erhöhung der Schwelle für Änderungen; Information Hiding; Inkrementelle Entwicklung; Change-Management-Prozess; Change Control Board
8	Risikopotenziale resultierend aus Altsystemen	Design Recovery; Restrukturierung
9	Gefahr mit extern ausgeführten Aufgaben	Lieferanten-Audits; Paralleles Design oder Prototyping durch mehrere Anbieter; Teambildungsmaßnahmen
10	Überschätzung der eigenen (Informatik-) Fähigkeiten	Projekt- und Prozess-Assessment; technische Analyse; Kosten-/Nutzenanalyse; Prototyping

Quelle: Boehm (1998) sowie Wallmüller (2004, S. 84)

Projekte sind für Risiken besonders anfällig, da sie nicht selten viele neue Elemente enthalten, zu denen es noch keine oder nur wenig Erfahrung gibt und eine Standardisierung kaum möglich ist (Einzigartigkeit). Die Termine, Meilensteine und Zeitbudgets sind häufig ehrgeizig bemessen (Zeitdruck). In einer stark technisierten Umwelt, regulierten Märkten und intransparenten Unternehmensstrukturen gestalten sich Projekte oftmals komplex (Komplexität). Projekte werden in der Regel sehr stark von unterschiedlichen Menschen geprägt und das ist ein Risiko für sich (operationelle Risiken). Je länger ein Projekt dauert, desto größer ist die Wahrscheinlichkeit, dass sich Rahmen- und Umweltbedingungen ändern (Eigendynamik).

Vor diesem Hintergrund können nach CobiT für Projekte die folgenden *kritischen Erfolgsfaktoren* aufgezählt werden:[6]

- *PO10.1 Programme Management Framework:* Analysiere und betrachte das einzelne Projekt als Teil eines Projektportfolios durch Identifikation, Festlegung, Evaluierung, Priorisierung, Auswahl, Initiierung, Management und Steuerung. Stelle sicher, dass die Projekte die Ziele des Programms unterstützen. Koordiniere die Aktivitäten und gegenseitigen Abhängigkeiten von mehreren Projekten, manage den Beitrag aller Projekte innerhalb des Programms zu den erwarteten Ergebnissen und löse Ressourcenbedarf und -konflikte.
- *PO10.2 Project Management Framework:* Erstelle und unterhalte ein allgemeines Projektmanagement-Framework, das den Umfang und die Grenzen des Projektmanagements sowie die für alle unternommenen Projekte anzuwendenden Methodologien definiert. Diese Methodologien sollten mindestens die Initiierungs-, Planungs-, Ausführungs-, Controlling- und Projektabschlussphasen umfassen sowie die Kontrollpunkte und Freigaben. Das Framework und die unterstützenden Methodologien sollten in das unternehmensweite Projekt-Portfoliomanagement und die Programm-Management-Prozesse integriert werden.
- *PO10.3 Project Management Approach:* Etabliere einen generischen Projektmanagement-Ansatz passend für Projekte unterschiedlicher Größe, Komplexität und rechtlicher Rahmenbedingungen. Die Struktur zur Projektsteuerung kann Rollen, Verantwortlichkeiten und Zuständigkeiten von Programm- und Projektsponsoren, Lenkungsausschuss, Projektbüro und Projektmanager und die Mechanismen, durch die diese die Verantwortlichkeiten übernehmen können (wie Berichterstattung und Phasen-Reviews). Stelle sicher, dass alle Projekte Sponsoren mit ausreichender Autorität besitzen, um die Verantwortung für die Projektumsetzung im Rahmen der strategischen Gesamtprogramms umzusetzen.
- *PO10.4 Stakeholder Commitment:* Hole die Zusage und Beteiligung der betroffenen Stakeholder bei der Festlegung und Ausführung des Projektes im Rahmen des übergeordneten Investitionsprogramms ein.

[6]Vgl. CobiT (Control Objectives for Information and Related Technology), PO10 Manage Projects. Hierbei handelt es sich um ein international anerkanntes Framework zur IT-Governance. Die Aufgaben der IT werden bei CobiT in Prozesse und Control Objectives unterteilt. Im Internet zu finden unter www.isaca.org/cobit.

- *PO10.5 Project scope statement:* Definiere und dokumentiere die Art und den Umfang des Projekts, um unter den Stakeholdern ein gemeinsames Verständnis für den Projektumfang zu bestätigen und zu entwickeln. Außerdem sollte analysiert werden, wie sich das Projekt mit anderen Projekten innerhalb des Investitionsprogramms verhält. Die Definition sollte vor der Projektinitiierung durch die Programm- und Projektsponsoren formal freigegeben sein.
- *PO10.6 Project Phase Initiation:* Stelle sicher, dass die Initialisierung wesentlicher Projektphasen formell verabschiedet und allen Stakeholdern kommuniziert wird. Die Genehmigung der Initialisierungsphase sollte auf Entscheiden der Programmsteuerung basieren. Die Genehmigung der nachfolgenden Phasen sollte auf einer Überprüfung und Abnahme der Ergebnisse der vorhergehenden Phase basieren und einer Abnahme eines aktualisierten Business-Case anlässlich der nächsten größeren Überprüfung des Programms. Im Fall sich überlappender Projektphasen sollte ein Punkt zur Freigabe durch die Programm- und Projektsponsoren festgelegt werden, um die Projektfortführung zu genehmigen.
- *PO10.7 Integrated Project Plan:* Erstelle einen formellen und genehmigten integrierten (die Unternehmens- und IT-Ressourcen umfassenden) Projektplan zur Steuerung der Projektumsetzung und Projektsteuerung während des gesamten Projekts. Die Aktivitäten und gegenseitigen Abhängigkeiten von mehreren Projekten innerhalb eines Programms sollten verstanden und dokumentiert sein. Der Projektplan sollte während der Projektlaufzeit unterhalten werden. Der Projektplan und die Änderungen daran sollten entsprechend der Frameworks zur Programm- und Projektsteuerung genehmigt werden.
- *PO10.8 Project Resources:* Lege die Verantwortlichkeiten, Beziehungen, Kompetenzen und Leistungskriterien der Projektteam-Mitglieder fest und spezifiziere für das Projekt die Grundlage für die Beschaffung und Zuweisung kompetenter Mitarbeiter und/oder Vertragsnehmer. Die Beschaffung von Produkten oder Diensten, welche für jedes Projekt benötigt werden, sollten geplant und gemanagt werden, um die Projektziele durch Verwendung der Beschaffungspraktiken des Unternehmens zu erreichen.
- *PO10.9 Project Risk Management:* Beseitige oder reduziere spezifische, mit einzelnen Projekten in Verbindung stehende Risiken durch einen systematischen Prozess zur Planung, Identifikation, Analyse, Reaktion, Monitoring und Steuerung der Bereiche oder Ereignisse, die das Potenzial besitzen, unerwünschte Änderungen zu verursachen. Die Risiken, denen der Projektmanagement-Prozess ausgesetzt ist, und die Projektergebnisse sollten festgehalten und zentral aufgezeichnet werden.
- *PO10.10 Project Quality Plan:* Bereite einen Qualitätsmanagementplan vor, der das Projekt-Qualitätssystem und dessen Umsetzung beschreibt. Der Plan sollte formell geprüft und durch alle betroffenen Parteien abgenommen werden und dann in den Projektplan integriert werden.
- *PO10.11 Project Change Control:* Entwickle ein System zur Steuerung von Änderungen für alle Projekte, so dass alle grundlegenden Änderungen am Projekt (beispielsweise Kosten, Zeitplan, Umfang und Qualität) angemessen überprüft, freigegeben und, entsprechend der Vorgaben des Programms und des Projekt-Governance-Frameworks, in den integrierten Projektplan eingearbeitet werden.

- *PO10.12 Project Planning of Assurance Methods:* Identifiziere während der Projektplanung Bestätigungs-Methoden, die zur Unterstützung der Akkreditierung von neuen oder geänderten Systemen benötigt werden, und nehme diese in den integrierten Projektplan auf. Die Aufgaben sollten Gewissheit verschaffen, dass Internal Controls und Sicherheitseigenschaften den festgelegten Anforderungen entsprechen.
- *PO10.13 Project Performance Measurement, Reporting and Monitoring:* Messe die Projektperformance basierend auf den wesentlichen Projektkriterien (etwa Umfang, Zeitplan, Qualität, Kosten und Risiken). Identifiziere sämtliche Abweichungen vom Plan, beurteile deren Auswirkungen auf das Projekt und das übergeordnete Programm; berichte die Ergebnisse an die wesentlichen Stakeholder. Empfehle, implementiere und überwache – wo notwendig – Verbesserungsmaßnahmen entsprechend der Frameworks für Programm- und Projektsteuerung.
- *PO10.14 Project Closure:* Fordere, dass am Ende jedes Projektes die Projekt-Stakeholder bestätigen, ob das Projekt die geplanten Ergebnisse und den geplanten Nutzen erbracht hat. Identifiziere und kommuniziere alle offenen Aktivitäten, die notwendig sind, um die geplanten Projektergebnisse und den Nutzen des Programms zu erzielen, und identifiziere und dokumentiere die „Lessons Learned" für künftige Projekte und Programme.

Positiv formuliert sind (mindestens) die folgenden vier Faktoren für den erfolgreichen Abschluss eines Projektes relevant:

- *Erfahrene und in die Organisation integrierte Projektleiter:* Projekte sind immer dann erfolgreich, wenn erfahrene und exzellente Manager das Projekt leiten. Diese müssen vor allem auch über Entscheidungskompetenz verfügen.
- *Klar definierte Ziele:* Transparenz über Projektziele und Zielvereinbarungen für das gesamte Projektteam, klare Projektanforderungen zwischen Projektleiter und Management, Zielkontrolle durch einen konsequenten Change-Request-Prozess. Keine Optimierung von Sub-Zielen möglich.
- *Exzellente Kommunikation zwischen allen Projektbeteiligten:* Regelmäßige Informationen an das Management, Stakeholder-Analyse und Stakeholder-Management, Reporting des Projektfortschritts und die Anwendung eines Kommunikationsplans.
- *Wirksames und antizipierendes Projekt-Risiko-Management:* Potenzielle Ziel-/Planabweichungen werden frühzeitig erkannt und durch adäquate Maßnahmen gegengesteuert. Anwendung fundierter Methoden und Integration des Risiko-Management-Prozesses in die Organisation.

12.3 Strategisches Projektcontrolling

Aufgabe des strategischen Projektcontrollings ist es, Informationen für die Bewertung der Projektvorschläge zusammenzustellen und damit die Entscheidung über Auswahl, den Freigabezeitpunkt und ggf. den Abbruch von Projekten zu unterstützen. Klassische Werkzeuge des strategischen Projektcontrollings sind Portfoliotechnik, Wirtschaftlichkeitsberechnungen, Nutzwertanalysen sowie Risikoanalysen, die das Erfolgspotenzial von Projekten abschätzen.

Mit Hilfe der *Portfoliotechnik* erfolgen eine systematische Bestandsaufnahme der Projektlandschaft sowie eine Analyse der Projekte im Kontext der Erreichung der strategischen Unternehmensziele. Erst die Beurteilung von Planwert (beispielsweise erwarteter Rendite) und Planungssicherheit (Risiko) erlaubt ein Abwägen beider Aspekte bei unternehmerischen Entscheidungen, etwa bei einem Investitionsprojekt (vgl. Abb. 12.2).

Höhere (erwartete) Risiken (geringere Planungssicherheit) erfordern höhere erwartete Renditen. Dies ist die zentrale Idee jedes wertorientierten Managements. Die Portfoliooptimierung basiert auf Prognosen bezüglich der zukünftig erwarteten Risiken und der zukünftig erwarteten Renditen. Das Portfoliomanagement setzt sich insbesondere mit Veränderungen der Gesamtrisikoposition auseinander. Risiko-Management und Portfoliomanagement haben insbesondere die Aufgabe, den Gesamtrisikoumfang des Portfolios zu optimieren, um beispielsweise ein angestrebtes Ertragsniveau mit einer möglichst hohen Sicherheit (geringerer Umfang von Abweichungen) erreichen zu können.

So würden sich möglicherweise Projekt C und D aus einer reinen Rentabilitätsbetrachtung als sinnvolle Projekte erweisen, wenn die Risikoperspektive ausgeblendet würde. Ein Blick auf die mit den Projekten C und D verbunden Risiken zeigt auf, dass Projekt C zu risikobehaftet ist und daher nicht weiter betrachtet werden sollte. Projekt D wiederum sollte unter Abwägung von Rentabilität und Risiko initiiert werden. Allerdings führt eine

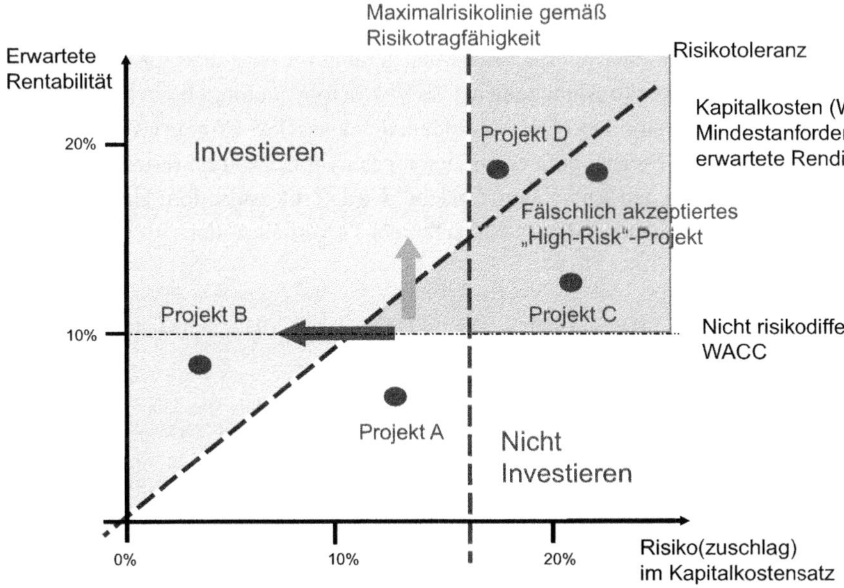

Abb. 12.2 Projektportfolio. (Quelle: Gleißner und Romeike 2007, S. 57 sowie Gleißner und Romeike 2005, S. 43)

definierte Risikobeschränkung („Safety-First-Ansatz")[7] zu der Entscheidung, das Projekt nicht durchzuführen. Ein Safety-First-Entscheidungskalkül findet man insbesondere bei institutionellen Investoren (etwa Versicherungsunternehmen oder Pensionsfonds), die ihr Portfolio in einer Weise gestalten, dass in einzelnen Anlageperioden oder auch im gesamten Planungshorizont mit möglichst hoher Wahrscheinlichkeit eine bestimmte vorgegebene Mindestrendite erreicht wird.[8] Die Beschränkung des Gesamtrisikoumfangs – also die Einschränkung bezüglich der Substitution von Risiko gegenüber Rendite – wird häufig auch durch exogene Restriktionen begründet, beispielsweise aufsichtsrechtliche Anforderungen.

Der Safety-First-Ansatz gemäß Roy[9] zielte darauf ab, die Shortfall-Wahrscheinlichkeit (LPM_0)[10] zu minimieren. Kataoka[11] geht dagegen von einer maximal akzeptierten Shortfall-Wahrscheinlichkeit (Verlustwahrscheinlichkeit) aus und errechnet dasjenige Portfolio, das die maximal erwartete Rendite aufweist, ohne diese Verlustwahrscheinlichkeit zu überschreiten. Telser[12] entwickelt einen Safety-First-Portfolioansatz, bei dem sowohl die maximal akzeptierte Verlustwahrscheinlichkeit als auch eine angestrebte Mindestrendite fixiert wird. Unter denjenigen Portfolios, die beide Anforderungen erfüllen, wird dasjenige mit der höchsten erwarteten Rendite ausgewählt.

Voraussetzung für eine korrekte Entscheidung über Projekte im Projektportfolio sind ausreichende Informationen über die mit den Projekten verbundenen Risiken, d.h. eine adäquate Risikotransparenz. Diese Informationen liefert das Risiko-Management, welches das Projektmanagement über alle Projektphasen begleiten sollte.

12.4 Bewertung von Risiken und Chancen von Projekten

Analog zu einem unternehmensweiten Risiko-Management müssen auch für die wirksame Umsetzung eines Projekt-Risiko-Managements die vier Erfolgsfaktoren berücksichtigt werden: 1. Methoden: Wichtig sind fundierte Methoden, die dem KISS-Prinzip (Keep it simple, stupid) folgen. 2. Prozess: Hierbei geht es um einen professionellen und reifen Risiko-Management-Prozess, der von den Anwendern „gelebt" wird. 3. Organisation: Hierbei geht es um eine effektive und schlanke Risiko-Management-Governance und -Organisation in

[7] Vgl. beispielsweise Vijay und Bawa (1978, S. 255–269) sowie Roy (1952, S. 434–449).

[8] Vgl. Albrecht et al. (1998, S. 258).

[9] Vgl. Roy (1952, S. 434–449).

[10] Unter LPM (Lower Partial Moments) versteht man Risikomaße, die sich als Downside-Risikomaß nur auf einen Teil der gesamten Wahrscheinlichkeitsdichte beziehen. Sie erfassen nur die negativen Abweichungen von einer Schranke c (Zielgröße), werten hier aber die gesamten Informationen der Wahrscheinlichkeitsverteilung aus (bis zum theoretisch möglichen Maximalschaden). Bei LPM_0 steht die nominale Kapitalerhaltung im Vordergrund.

[11] Vgl. Kataoka (1963, S. 181–196).

[12] Vgl. Telser (1955, S. 1–16).

Projekten. Diese beinhaltet beispielsweise klare Rollen und Verantwortlichkeiten. 4. Fehler- und Risikokultur: Risiko-Management muss in der Projektorganisation gelebt werden und Teil der Unternehmenskultur sein. Grundlegend ist hierfür vor allem ein aktives Wollen der Projekt- und Unternehmensleitung, also ein klarer „Tone from the top" aber auch „Tone from the Middle". Risikokultur – analog zur Unternehmenskultur – hat viel mit Fehlerkultur, Umgang mit Werten und einer „Speak-up"-Kultur zu tun. Die Identifizierung und Bewertung von Risiken und Chancen im Zusammenhang mit Projekten erfolgt analog der bereits beschriebenen Regelkreislogik des Risiko-Managements.[13] Ein wesentlicher Unterschied gegenüber dem klassischen Regelkreis liegt darin, dass die Risikoanalyse und Risikosteuerung häufiger durchgeführt werden müssen, da die Risikolandkarte sich bei Projekten häufiger verändert. Ziel muss es sein, dass Veränderungen im Risikoprofil möglich frühzeitig erkannt werden, um entsprechende Steuerungs- und Kontrollmaßnahmen einzuführen.

Da in der Praxis – aus ökonomischen Erwägungen – nicht alle potenziellen Risiken identifiziert werden können, ist es sinnvoll, dass potenzielle Risiken nach deren Relevanz „gefiltert" werden. Das Vorgehen zum „Filtern" der Risiken ist in Abb. 12.3 skizziert. Nach der Identifikation der Risiken mit Unterstützung von Kollektions- und Suchmethoden (Analytische Methoden und Kreativitätsmethoden)[14] erfolgt eine Quantifizierung der

Abb. 12.3 Filterfunktion bei der Identifikation von Risiken. (Quelle: Gleißner und Romeike 2007, S. 33)

[13] Vgl. Kap. 2.

[14] Vgl. Kap. 2 und Kap. 3.

Risiken. Ein alternativer und praxisorientierter Ansatz zur Filterung, basierend auf der Kritikalitätsbewertung der Risiken, wurde in Kap. 3 beschrieben. Dieser Ansatz lässt sich auch für Projektrisiken anwenden.

Die unterschiedlichen Werkzeuge zur Quantifizierung nehmen eine Bewertung von Risiken bezüglich der Kombination von Wahrscheinlichkeit/Häufigkeit und Auswirkung auf das Unternehmen vor. Diese Einschätzung sollte auf einer möglichst objektiven Grundlage beruhen. Zudem muss eine systematische, nachvollziehbare Dokumentation des Vorgehens der Quantifizierung erstellt werden. Bei der Bewertung von Projektrisiken haben sich in der Praxis u. a. die folgenden Methoden etabliert:

- Experteneinschätzung
- Benchmarks
- Dephi-Methode
- FMEA
- Fehlerbaumanalyse
- Stochastische Szenarioanalyse

Im Rahmen einer *Experteneinschätzung* wird auf die Erfahrungen der im Unternehmen tätigen Mitarbeiter bzw. Entscheidungsträger zurückgegriffen. Diese versuchen die zukünftig zu erwartenden Abweichungen abzuschätzen. Dies kann mit Hilfe von Kreativitätsmethoden (Brainstorming, Brainwirting, Synektik etc.), analytischen Methoden (Fragenkatalog etc.) sowie Kollektionsmethoden (Checklisten, Interviews etc.) erfolgen. Die Experteneinschätzung erfordert in jedem Fall ein systematisches Vorgehen. In der Praxis werden auch häufig Szenariotechniken angewendet. Wichtig ist es in der Regel, sowohl

Tab. 12.3 Transformation von Eintrittswahrscheinlichkeiten auf eine Zeitachse

Erwartete Wartezeit in Jahren	Eintrittswahrscheinlichkeit pro Jahr in %	Konfidenzniveau VaR in %
5000	0,02	99,98
1000	0,10	99,90
500	0,20	99,80
200	0,50	99,50
100	1,00	99,00
50	1,98	98,02
20	4,88	95,12
10	9,52	90,48
5	18,13	81,87
4	22,12	77,88
3	28,35	71,65
2	39,35	60,65
1	63,21	36,79
0,5	86,47	13,53
0,166666667	99,75	0,25
0,083333333	99,999	0,001

den Umfang einer Abweichung als auch deren Wahrscheinlichkeit zu erfassen. Nur so können in Kombination mit entsprechenden Verteilungsannahmen die an sich notwendigen Parameter bestimmt werden. In der Praxis hat es sich als sinnvoll erwiesen, dass die Parameter Eintrittswahrscheinlichkeit nicht in Prozent bzw. Schadensausmaß in Euro abgefragt werden, sondern die Auswirkungen bestimmter Risiken auf Ergebnisgrößen (beispielsweise: Welche Auswirkung hat der Eintritt des Projektrisikos A auf den EBIT bzw. das Projektbudget?). Hinsichtlich der Schätzung einer Häufigkeit bzw. Eintrittswahrscheinlichkeit ist es sinnvoll, dass die Wahrscheinlichkeit auf eine verständliche und transparente Zeitachse übertragen wird: 1. Kategorie: Das Risiko tritt ungefähr jeden Monat einmal ein! 2. Kategorie: Das Risiko tritt einmal im Jahr ein! 3. Kategorie: Das Risiko tritt einmal in fünf Jahren ein! 4. Kategorie: Das Risiko tritt alle 50 Jahre ein! 5. Kategorie: Das Risiko tritt alle 200 Jahre ein!

In Tab. 12.3 ist die Eintrittswahrscheinlichkeit (auch Schadenswahrscheinlichkeit, oder Schadenshäufigkeit) – interpretiert als statistischer Erwartungswert für das Eintreten eines bestimmten Ereignisses in einem bestimmten Zeitraum in der Zukunft – auf eine Zeitachse transformiert worden. Die Eintrittswahrscheinlichkeit wird in der Regel in Prozent bzw. als ein Wert zwischen 0 und 1 angegeben. In diesem Kontext bedeutet eine Eintrittswahrscheinlichkeit von „0", dass das Ereignis nie eintreten wird (= unmögliches Ereignis). Werte in der Nähe von „0" weisen auf ein Ereignis mit einer sehr geringen Eintrittswahrscheinlichkeit hin. Ein Wert von „1" bedeutet, dass das Ereignis auf jeden Fall eintreten wird (= sicheres Ereignis).

Die in Tab. 12.3 aufgeführten Wahrscheinlichkeiten basieren auf der Annahme eines Exponentialprozesses mit konstanter Intensität (Eintrittswahrscheinlichkeit pro Jahr = 1 - EXP (-1 / Erwartete Wartezeit in Jahren)).

Bei der Verwendung von *Benchmarks* wird auf unternehmensexterne Risikoinformationen zurückgegriffen. Diese beruhen dann nicht mehr auf den spezifischen Gegebenheiten, sondern sind als mittlerer Schätzer für eine relevante Vergleichsgruppe von Unternehmen zu verstehen. Hier ist insbesondere die Wahl einer geeigneten Referenzgruppe wichtig. Für die Praxis empfehlen sich insbesondere die Strukturmerkmale Branche und Unternehmensgröße. Die zu wählende Branche sollte dabei dem hauptsächlichen Tätigkeitsschwerpunkt des Unternehmens entsprechen.

Im Rahmen der *Delphi-Methode* (auch Delphi-Studie oder Delphi-Befragung genannt) wird ein mehrstufiges Verfahren der Expertenschätzung mit einer Vielzahl von Experten durchgeführt. Die Ergebnisse einer ersten Befragungsrunde fließen in weitere Befragungsrunden ein und führen so zu einer verbesserten Abschätzung der zu erwartenden Risiken. Der Einsatz derartiger Verfahren erfordert umfangreiche methodische Planungen, ausreichende finanzielle Ressourcen sowie eine adäquate und offene Risiko- bzw. Unternehmenskultur.[15]

Eine weiteres Instrument ist die *FMEA* (Failure Mode and Effects Analysis). Hier wird das Verhalten eines Gesamtsystems bzw. einzelner Teilsysteme beim Ausfall einzelner

[15] Details zur Delphi-Methode sind in Kap. 2 sowie in Romeike (2018) beschrieben.

Systemelemente untersucht. Ausfallkombinationen werden nicht betrachtet. Zunächst werden die Teilsysteme erfasst sowie deren Interdependenzen analysiert. Die potenziellen Fehler einzelner Systemkomponenten werden mit Wahrscheinlichkeiten belegt. Ziel ist es zu ermitteln, wann das Gesamtsystem einen kritischen, instabilen Zustand erreicht. Außerdem wird das Ziel verfolgt, die kritischen Systemkomponenten zu analysieren und ggf. auszuschalten.[16]

Bei der *Fehlerbaumanalyse* wird das Ausgangsereignis zurück bis an seine Wurzeln verfolgt.[17] Ein Ereignis auf oberster Ebene wird mehrstufig auf seine Ursachen und Bedingungen hin untersucht. Diese Beziehungen werden durch logische Verknüpfungen dargestellt. Ziel ist es, diese auf ursächliche, elementare Ereignisse herunterzuberechen, deren Eintrittswahrscheinlichkeiten aus Statistiken bekannt sind. Basierend auf diesen Ausgangswerten kann dann die Eintrittswahrscheinlichkeit des Ereignisses auf oberster Ebene berechnen werden.

Bei der *statistischen Analyse* werden die in der Vergangenheit aufgetretenen Werte der zu betrachtenden Plangröße, die risikobehaftet ist, analysiert. Diese können entweder den Jahresabschlüssen des Unternehmens entnommen werden oder sind in detaillierten, oft nur intern zugänglichen Planungs- oder Kontrollsystemen bzw. Schadenfalldatenbanken zu finden. Außerdem wird neben den tatsächlichen historischen Werten der dazugehörige Planwert benötigt. Nur so kann die unerwartete Abweichung bestimmt werden, die den Risikoumfang bestimmt. Da jedoch Planwerte oft überhaupt nicht vorliegen oder nicht mehr verfügbar sind, muss dann auf eine Schätzung zurückgegriffen werden. Auf Basis der realisierten und geplanten Werte kann dann die statistische Analyse durchgeführt werden. Für die jeweils unterstellte Verteilungsannahme werden dann die entsprechenden Parameter geschätzt (beispielsweise die Standardabweichung bzw. die minimale und maximale Planabweichung). Um verlässliche Ergebnisse zu erhalten, ist es notwendig, eine ausreichende Anzahl historischer Werte zu verwenden.

Im Rahmen der Modellierung von Risiken wichtige Verteilungsfunktionen sind beispielsweise

- die Binomialverteilung,
- die Poissonverteilung,
- die PERT-Verteilung,
- die Gleichverteilung,
- die Normalverteilung,
- die Log-Normalverteilung,
- die Dreiecksverteilung,
- die Exponentialverteilung sowie
- die Compoundverteilung.

---

[16] Details zur FMEA sind in Kap. 6 beschrieben.

[17] Details zur Fehlerbaumanalyse sind in Kap. 6 beschrieben.

Dabei sind die zwei erstgenannten Verteilungen diskrete und die übrigen stetige Wahrscheinlichkeitsverteilungen. Die Compoundverteilung setzt sich aus zwei Verteilungsfunktionen zusammen.[18]

Die Risikobewertung kann zum einen mittels zweier Verteilungsfunktionen erfolgen: Einer zur Abbildung der Schadenshäufigkeit in einer Periode (beispielsweise mit Hilfe der Poissonverteilung) und einer weiteren Verteilung zur Darstellung der Schadenshöhe je Schadenfall (beispielsweise mit Hilfe der Normalverteilung oder PERT-Verteilung). Zum zweiten können Risiken mit Hilfe einer verbundenen Verteilungsfunktion modelliert werden, in der die Risikowirkung in einer Periode dargestellt wird.

Nach der Modellierung der einzelnen Risiken kann eine Aggregation zur quantitativen Bewertung einer *Gesamtrisikoposition* aller Projektrisken eines einzelnen Projekts oder auch eines Projektportfolios erfolgen. Mit Hilfe dieser statistischen Berechnung (stochastische Szenarionanalyse basierend auf einer Monte-Carlo-Simulation) kann die Gesamtwirkung aller Einzelrisiken ermittelt werden (methodisch mit Hilfe einer Sensitivitätsanalyse).

12.5 Exkurs: Stochastische Bewertung von Projektrisiken

In der Praxis werden Projektrisiken sehr häufig basierend auf einer Schätzung eines Eintrittswahrscheinlichkeit und eines potenziellen Schadensausmaßes bewertet. Mathematisch bedeutet dies, dass das Projektrisiko mit Hilfe eines Bermoulliverteilung (bzw. Binomialverteilung, konkret handelt es sich um sog. Bernoulli-Experimente) bewertet wird. Dies bedeutet, dass bei einer geschätzten Eintrittswahrscheinlichkeit von beispielsweise 20 Prozent, die Gegenwahrscheinlichkeit (1-p), dass das Risiko nicht eintritt, 80 Prozent beträgt. Falls das Risiko eintritt, ist der Schaden hingegen fix, beispielweise 500.000 EUR (vgl. Abb. 12.4).

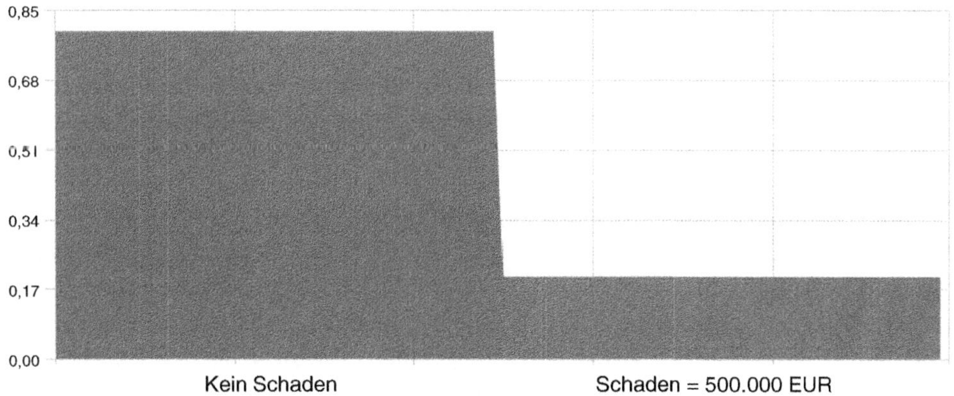

Abb. 12.4 Binomialverteilung mit zwei Zuständen: Schaden in Höhe von 500.000 EUR mit 20 % Wahrscheinlichkeit oder Kein-Schaden mit 80 % Wahrscheinlichkeit

[18] Details zur stochastischen Modellierung sind in Kap. 2, Kap. 3 und 13 zusammengefasst.

Als Maß für den Umfang eines bestimmten Risikos wird dann der Schadenserwartungswert als Produkt von Schadenshöhe und Eintrittswahrscheinlichkeit berechnet.

Der Gesamtrisikoumfang des Projektes wird (in der Praxis nicht selten) anschließend bestimmt als Summe dieser Schadenserwartungswerte. Und genau dies ist ein gravierender Fehler,[19] da die Summe der Schadenserwartungswerte über den relevanten Gesamtrisikoumfang eines Projektes so gut wie nichts aussagt. Die Summe der Schadenserwartungswerte (Risikoerwartungswerte) zeigt nur die mittlere Ergebnisbelastung resultierend aus den Risiken und informiert nicht darüber, welche realistische Maximalbelastung in denkbaren ungünstigen Zukunftsszenarien auf Eigenkapital- und Liquiditätsausstattung des Projektes/Unternehmens (dem Risikodeckungspotenzial) zukommen kann. Durch die damit einhergehende massive Unterschätzung des Gesamtrisikoumfangs ist es nicht möglich, die tatsächliche Bedrohung durch die Gesamtheit der Risiken einzuschätzen.

Wenn das Eigenkapital des Unternehmens durch den Schadenserwartungswert nicht gedeckt wird, würde dies ausdrücken, dass das Unternehmen bzw. Projekt bereits „planmäßig" auf eine Insolvenz zuläuft. Tatsächlich beschäftigt sich das (Projekt-) Risiko-Management mit den möglichen, nicht sicher vorhersehbaren Zukunftsszenarien, die das Projektergebnis (oder eben auch das gesamte Unternehmen) gefährden könnten.

Der relevante Gesamtrisikoumfang ist damit nicht die mittlere Belastung aus den Risiken, sondern der mögliche Umfang von Verlusten aus der aggregierten Risikowirkung, der beispielsweise mit 95 %iger oder 99 %iger Sicherheit nicht überschritten wird – was offenkundig eine wesentlich größere Zahl ergibt. Das Sicherheitsniveau (die Wahrscheinlichkeit von 95 oder 99 Prozent im Beispiel) ergibt sich aus dem definierten Risikoappetit (bzw. der definierten Risikoakzeptanz).

Zwischen Risiko und Renditeerwartungen eines Projektes resultiert immer ein klarer Zusammenhang (siehe hierzu Abb. 12.2).

Die Ergebnisse des Risiko-Managements sollten die Unternehmensführung in die Lage versetzen, bei wichtigen Entscheidungen die erwarteten Erträge (Rendite) und die damit verbundenen (aggregierten) Risiken gegeneinander abzuwägen. Bei einer methodisch nicht fundierten Bewertung aller relevanten Projektrisiken (beispielsweise durch eine nicht adäquate Bewertung durch eine Binomial-/Bernoulliverteilung) besteht ein hohes Risiko für eine Fehlentscheidung (vgl. das fälschlich akzeptiert High-Risk Projekt in Abb. 12.2).

Vor diesem Hintergrund sollten Risiken möglichst korrekt und mit Hilfe einer geeigneten Verteilungsfunktion bewertet werden. Hier hat sich bei der Bewertung von Projektrisiken die PERT-Verteilung (vgl. Abb. 12.5) etabliert. So wird bei der Anwednung von PERT (Program evaluation and review technique) die Zeit, in der ein Vorgang durchgeführt werden kann, nicht als skalare Größe geschätzt. Vielmehr wird von einer Wahrscheinlichkeitsverteilung ausgegangen. Dabei legt PERT die Beta-Verteilung zu Grunde, die sich für diesen Zweck in der Praxis des Projektmanagements bewährt hat.

[19] Vgl. hierzu vertiefend Gleißner und Romeike (2011).

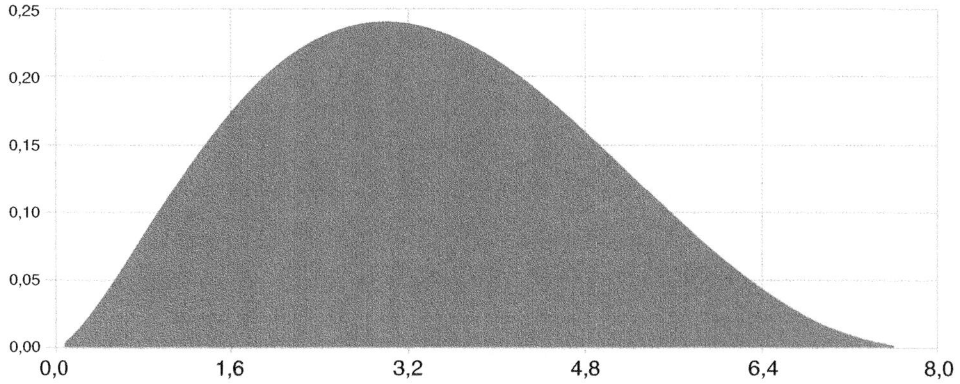

Abb. 12.5 PERT-Verteilung mit Schätzung von Best-Case (0), Likely-Case (3) und Worst-Case (8)

Typischerweise wird die PERT-Schätzung[20] (auch 3-Punkt-Schätzung genannt) als eine Methode zur Schätzung von Zeit oder Aufwand im Projektmanagement angewendet. Sie lässt sich gleichermaßen für die Bewertung von Risiken (hier sinnvollerweise als Compoundverteilung, die dann auch die Häufigkeit korrekt abbildet) verwenden.

Aus den drei Schätzwerten Best-Case, Likely-Case und Worst-Case berechnet die PERT-Verteilung beispielsweise den Erwartungswert oder Wahrscheinlichkeiten für das Über-/Unterschreiten definierter Schwellen.

Über die PERT-Verteilung (oder alternativ auch eine Dreiecksverteilung)[21] erfolgt die Bewertung potenzieller Schadensszenarien. Für die korrekte Bewertung von Projektrisiken ist ergänzend die Bewertung einer Häufigkeit unabdingbar. Eine wichtige Wahrscheinlichkeitsverteilung für die Bewertung von geschätzten Häufigkeiten ist die Poisson-Verteilung, benannt nach dem französischen Mathematiker und Physiker Siméon Denis Poisson (1781–1840). Die Poisson-Verteilung wird vor allem dort eingesetzt, wo die Häufigkeit eines Ereignisses über eine gewisse Zeit (beispielsweise einen definierten Projektzeitraum) betrachtet wird (vgl. Abb. 12.6 und 12.7). Die Poisson-Verteilung wird auch manchmal als „Verteilung der seltenen Ereignisse" bezeichnet.[22] Die verallgemeinerte

[20] Die „Program evaluation and review technique" (PERT) ist im Projektmanagement eine ereignisorientierte Netzplantechnik. Die Methodik wurde erstmalig bei der Entwicklung der UGM-27 Polaris, strategischen Mittelstreckenraketen der US-Armee, angewendet. Bei dem Projekt konnten weder die exakten Kosten noch der Zeitbedarf auch nur annähernd exakt geschätzt werden. Die Endtermine konnten nur basierend auf geschätzten Wahrscheinlichkeit angenähert werden. Experten schätzen, dass durch die PERT-Methodik die Polaris-Rakete zwei Jahre und somit 45 Prozent früher fertiggestellt werden konnte.

[21] Die Dreiecksverteilung „überschätzt" jedoch tendenziell bestimmte Szenarien.

[22] Das klassische Beispiel der „seltenen Ereignisse" stammt von dem polnischen Statistiker und Ökonomen Ladislaus von Bortkewitsch, der bei der Untersuchung der Anzahlen der Todesfälle durch Hufschlag in den einzelnen Kavallerie-Einheiten der preußischen Armee pro Jahr belegen konnte, dass diese Anzahlen gut durch eine Poisson-Verteilung beschrieben werden können.

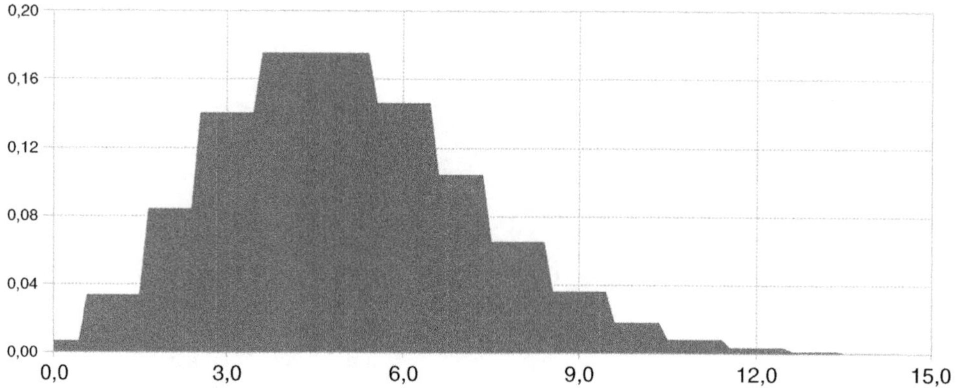

Abb. 12.6 Poisson-Verteilung mit λ (lambda) = 5

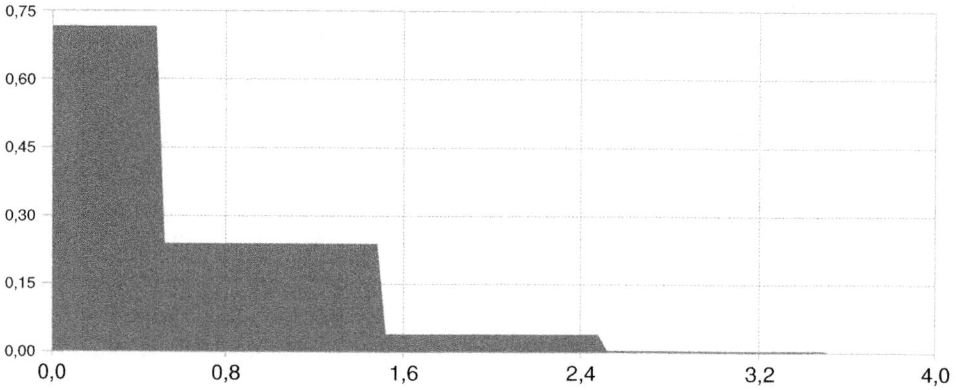

Abb. 12.7 Poisson-Verteilung mit λ (lambda) = 1/3 (alle drei Jahre einmal, normiert auf ein Jahr)

Poisson-Verteilung und die gemischte Poisson-Verteilung werden vor allem im Bereich der Versicherungsmathematik angewendet, wo es auch um die Schätzung der Häufigkeit von Schadensereignissen geht. Ist eine Zufallsvariable X Poisson-verteilt, so ist λ zugleich Erwartungswert und Varianz.

Ebenso wie die Binomialverteilung (siehe oben) berechnet die Poisson-Verteilung das zu erwartende Ergebnis einer Serie von Bernoulli-Experimenten. Letzteres sind Zufallsexperimente, die nur zwei mögliche Ergebnisse kennen (beispielsweise „Risiko tritt ein" und „Risiko tritt nicht ein"), also einen dichotomen Ereignisraum besitzen. Wird das zeitliche oder räumliche Beobachtungsintervall immer weiter unterteilt, erhöht sich damit die Zahl der Versuche ($n \to \infty$). Das Produkt $n \cdot p$ konvergiert gegen einen endlichen Grenzwert λ. Dementsprechend nähert sich die binomiale Wahrscheinlichkeitsverteilung der mathematisch etwas einfacheren Poisson-Verteilung an.

Die geschätzte Häufigkeit (durch eine Poissonverteilung beschrieben) muss methodisch korrekt mit der Schadensausmaßbewertung (hier PERT-verteilt) kombiniert werden. Dies erfolgt mathematisch über die Compoundverteilung. In Abb. 12.8 und in Abb. 12.9 ist das

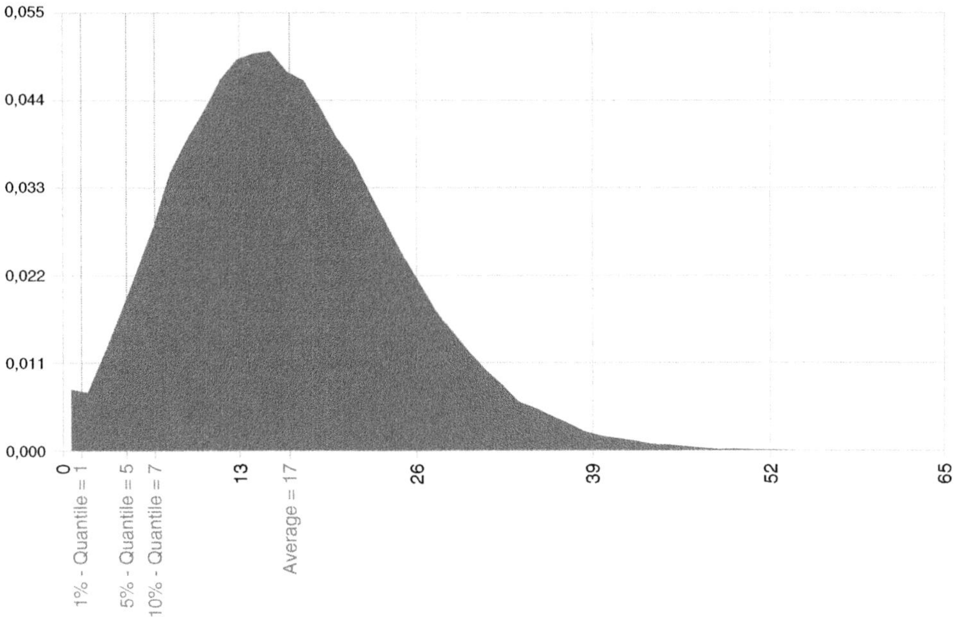

Abb. 12.8 Simulationsergebnis (Compoundverteilung) nach 100.000 Simulationsläufen als Histogramm

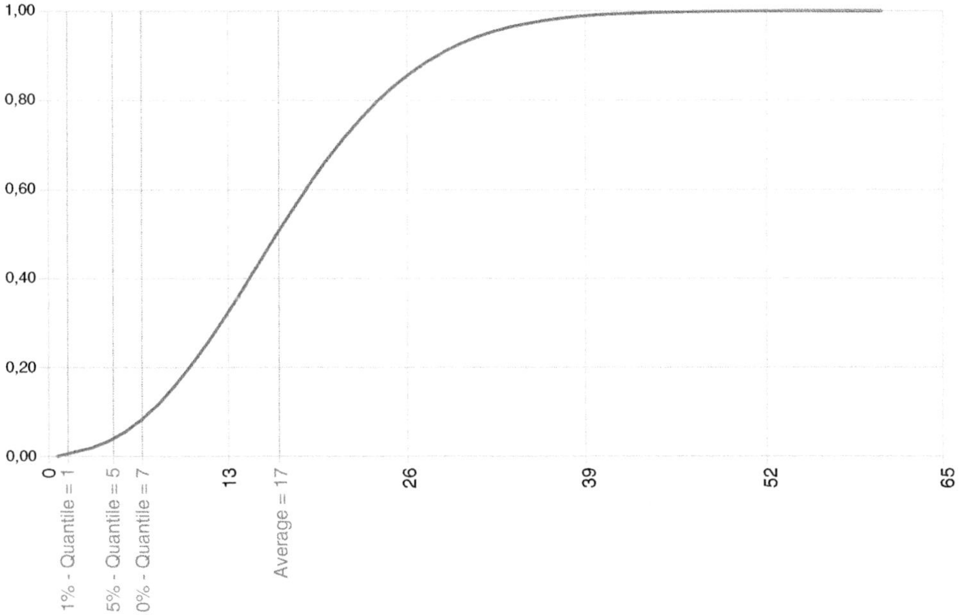

Abb. 12.9 Simulationsergebnis (Compoundverteilung) nach 100.000 Simulationsläufen als kumulierte Dichtefunktion (CDF, cumulative distribution function)

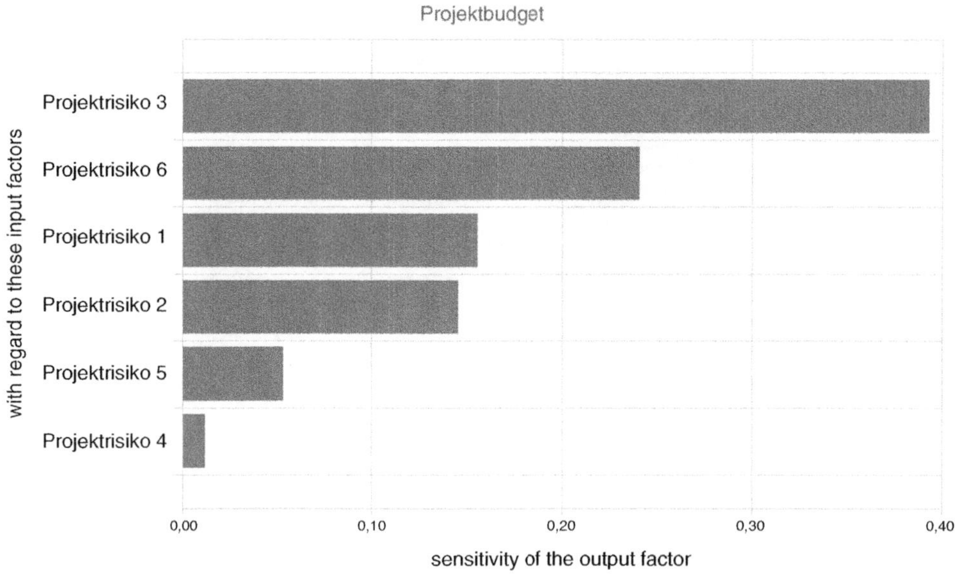

Abb. 12.10 Ergebnis einer Sensitivitätsanalyse in Form einer „Tornado-Grafik“

Ergebnis einer Simulation aus Häufigkeit (vgl. Abb. 12.6) und Schadensausmaß (vgl. Abb. 12.5) wiedergegeben. Hierbei wird in diversen Simulationsläufen (hier konkret 100.000 Simulationen) zunächst die Häufigkeit simuliert und abhängig vom Ergebnis die Schadensausmaß-Szenarien berechnet. Um Wahrscheinlichkeiten für das Über-/Unterschreiten bestimmter Schadensszenarien abzulesen, bietet sich die Auswertung einer kumulierten Dichtefunktion (CDF) an (siehe Abb. 12.9).

Mit Hilfe der Hilfe der stochastischen Simulation und Risikoaggregation können methodisch fundiert sowohl komplette Projektportfolien analysiert werden als auch Risiken in einzelnen Projekten. Eine Sensitivitätsanalyse (vgl. Abb. 12.10) ermöglicht eine Maßnahmenpriorisierung.

Außerdem können die Abhängigkeiten zwischen den Risiken aus Projekten abgebildet werden sowie die Abhängigkeiten zwischen Projektrisiken und anderen unternehmerischen Risiken. Eine Aggregation der Teilrisiken aus Projektrisiken zum unternehmensweiten Risiko-Management ist methodisch sehr einfach möglich, um so beispielsweise die Wirkung auf die gesamte Risikotragfähigkeit des Unternehmens zu analysieren.

12.6 Projektsteuerung und Projektkontrolle

Insbesondere eine sorgfältige *Projektplanung* ist ein wesentlicher Schlüssel für das Erreichen der definierten Projektziele. Hierbei ist die Planung kein einmaliger Prozess, sondern als projektbegleitende Aufgabe zu verstehen. Die Planung umfasst die klare und unmissverständliche Definition des Projektauftrags mit den Zielen, die Wahl der Projektorganisation, eine passende Phaseneinteilung, die Erstellung des Projektstrukturplans sowie die Ermittlung des Aufwands, der Termine, der Ressourcen und der Kosten.

Im Rahmen des Projektmanagements ist neben einer sorgfältigen Planung auch eine regelmäßige und effektive *Projektkontrolle* ein maßgeblicher Erfolgsfaktor. Die Projektkontrolle umfasst die folgenden Tätigkeiten:[23]

- Ermittlung der Ist-Situation und -Daten,
- Gegenüberstellung der entsprechenden Plandaten mit den Ist-Daten,
- Analyse evtl. identifizierter Planabweichungen, mit dem Ziel einer Ursachenanalyse und gegebenenfalls
- Planung und Einleitung von Gegenmaßnahmen.

12.7 Standards und Normen im Bereich Projektmanagement

Ziel des Projektmanagements – und auch des Risiko-Managements – sollte es sein, eine möglichst transparente und einheitliche Begriffsbasis und Terminologie zu etablieren und zu fördern. In diesem Zusammenhang bieten Standards eine hilfreiche Unterstützung. Außerdem führt die Anwendung von Standards tendenziell auch zu einer Reduktion von potenziellen Plan-/Zielabweichungen.

Normen bzw. *Standards* dienen im technischen und wirtschaftlichen Bereich der Verständigung sowie der Vereinheitlichung unterschiedlichster Aktivitäten und Produkte.[24] Der Zweck von Standards wird in ihrer erzieherischen bzw. bildenden, vereinfachenden bzw. komplexitätsreduzierenden und ressourcenschonenden Wirkung sowie in ihrer Eigenschaft als Zertifizierungsbasis, also in einer transparenzerhöhenden und vertrauensbildenden Wirkung, gesehen. Aus ökonomischer Sicht sind die Wirkungen in der Reduktion externer Effekte, der Senkung von Transaktionskosten, der Realisierung von Netzwerkeffekten sowie von Skalenerträgen zu sehen.

Im Bereich Projektmanagement haben verschiedene Normierungsinstitute und Verbände Standards veröffentlicht. So hat beispielsweise das US-amerikanische Project Management Institute (PMI)[25] einen „*Guide to the Project Management Body of Knowledge*" (PMBoK Guide) als Standardwerk zum Projektmanagement herausgegeben. Das PMI bietet mehrere individuelle Zertifizierungen an:

- Ein *Certified Associate in Project Management* (CAPM®) verfügt über Basiskenntnisse im Projektmanagement. Voraussetzung sind 1500 Stunden Arbeit in einem Projektteam oder 23 Anwesenheitsstunden in einer formalen Projektmanagement-Ausbildung.

---

[23] Vgl. Fiedler (2001, S. 102).

[24] Vgl. hierzu vertiefend Kuster et al. (2019).

[25] Das PMI wurde im Jahr 1969 gegründet und hatte Ende 2008 fast 300.000 Mitglieder in 171 Ländern.

- Ein *Project Management Professional* (PMP®) muss eine spezifische Ausbildung und einschlägige Erfahrungen über mindestens drei Jahre vorweisen. Er hat eine Prüfung bestanden, die die Projektmanagementkenntnisse nach PMI-Standard überprüft. Zusätzlich hat er sich bereit erklärt, den Regeln des PMI-Berufskodex („Code of conduct") zu folgen. Darüber hinaus muss ein PMP ständigen Zertifizierungsanforderungen genügen um seine Zertifizierung aufrechtzuerhalten.
- Um eine Zertifizierung als *Program Management Professional* (PgMP℠) zu erreichen, muss man jeweils mindestens vier Jahre Berufspraxis als Projekt- und Programm-Manager nachweisen, eine Prüfung über Wissen und Techniken des Programm-Managements ablegen und sich einer Leistungsbewertung durch eine Gruppe Kollegen und Experten unterziehen.
- *Scheduling Professional* (PMI-SP℠)
- *Risk Management Professional* (PMI-RMP℠)

Der PMBoK Guide[26] (Guide to the Project Management Body of Knowledge) ist prozessorientiert aufgebaut. Basierend auf definierten Prozessen strukturiert das PMBoK das Methodenwissen im Bereich Projektmanagement. Das PMBoK besteht aus insgesamt drei Abschnitten:

1. PM-Rahmen, mit einer allgemeinen Einführung in die Struktur des Buches und in Projektorganisation und -Lebenszyklus.
2. PM-Prozessgruppen
3. PM-Wissensgebiete, mit einer detaillierten Liste von Prozessen und Ergebnistypen im Projektmanagement

Insgesamt werden im PMBoK Guide 44 Prozesse definiert, die in *fünf Prozessgruppen* strukturiert werden:

1. *Initiierung:* Prozesse zur formalen Autorisierung des Projekts. Ergebnisse sind der Projektauftrag (Beauftragung des Projektleiters) und das vorläufige „Scope Statement".
2. *Planung:* Festlegung des Projekt-Umfangs (Ergebnis: „Scope Statement") und Festlegung, wie in den einzelnen Wissensgebieten geplant wird (Ergebnis Projektmanagementplan als „Meta-Plan"), dazu Durchführung der Planung (Ergebnisse: beispielsweise Projektstrukturplan, Terminplan, Kostenplan, Beschaffungsplan, Risikoplan).
3. *Ausführung:* Sicherstellen, dass die Aktivitäten ausgeführt werden, wie sie geplant wurden. Wichtigstes Ergebnis ist – trivialerweise – der eigentliche Liefergegenstand des Projekts. Auch Prozesse wie Qualitätssicherung, Projektteam aufbauen und Anbieter auswählen zählen zu dieser Prozessgruppe.
4. *Überwachung und Steuerung:* Die zugehörigen Prozesse sammeln und bewerten Informationen zur Projekt-Performance entsprechend der Planung im Projektmanagement-

[26] Project Management Institute. Vgl. www.pmi.org.

plan. Auch die Risikosteuerung und -überwachung gehört zu dieser Prozessgruppe. Wichtige Ergebnisse sind Vorschläge für Korrekturmaßnahmen oder vorbeugende Maßnahmen. Der Prozess „Integrierte Änderungssteuerung" regelt die Abwicklung von Änderungsanträgen (Change Requests).
5. *Abschluss:* Die beiden Prozesse dieser Gruppe sind Vertragsbeendigung (besonders Verträge mit Kunden und Lieferanten) und Projektabschluss (dabei wird der Projektauftrag als geschlossen erklärt).

Der Abschnitt über die *Wissensgebiete* bildet den Schwerpunkt des PMBoK Guide. Jeweils ein Kapitel widmet sich einem Wissensgebiet. Dabei werden für jeden der 44 Prozesse die Inputs, Outputs und Methoden und Werkzeuge beschrieben.

Nachfolgend sind die Wissensgebiete, denen die Einzelprozesse aus den Prozessgruppen jeweils eindeutig zugeordnet sind, skizziert:

- Das Wissensgebiet *Integrationsmanagement* in Projekten umfasst die Prozesse und Vorgänge, die benötigt werden, um die verschiedenen Prozesse und Projektmanagementvorgänge in den Projektmanagement-Prozessgruppen zu identifizieren, zu definieren, zu kombinieren, zu vereinheitlichen und zu koordinieren. Im Kontext des Projektmanagements umfasst die Integration Merkmale der Vereinheitlichung, Konsolidierung und Gliederung sowie integrative Aktionen, die entscheidend sind für den Abschluss von Projekten, die erfolgreiche Erfüllung der Anforderungen von Kunden und anderer Stakeholder und den Umgang mit den definierten Erwartungen.
- Das *Inhalts- und Umfangsmanagement* in Projekten beinhaltet die erforderlichen Prozesse, um sicherzustellen, dass das Projekt alle erforderlichen Arbeiten, aber auch nur diese, umfasst, um es erfolgreich zu beenden. Hierbei geht es vorrangig um die Definition und Steuerung dessen, was im Projekt eingeschlossen ist und was nicht.
- Ein professionelles *Terminmanagement* zielt auf die Einhaltung des Zeitrahmens und sollte alle beteiligten Zielgruppen einbinden. Der Projektplan dient dabei vor allem auch als Kommunikationsmedium.
- Das *Kostenmanagement* konzentriert sich auf die Einhaltung der vereinbarten Budgets. In diesem Kontext ist der Kostenverlauf zu erfassen. Bei Abweichungen sind Steuerungsmaßnahmen einzuleiten.
- Das *Qualitätsmanagement* konzentriert sich auf eine Standardisierung von Projektmanagement-Prozessen, der Dokumentation sowie eines geeigneten Maßnahmenmanagements
- Das *Personalmanagement* umfasst die Prozesse, die das Projektteam organisieren und managen.
- Das *Kommunikationsmanagement* in Projekten ist das Wissensgebiet, in dem die Prozesse angewendet werden, die für das rechtzeitige und sachgerechte Erzeugen, Sammeln, Verteilen, Speichern, Abrufen und Verwenden von Projektinformationen notwendig sind.
- Das *Risiko-Management* in Projekten umfasst die Prozesse bezüglich der Identifizierung, Bewertung sowie Überwachung und Steuerung der mit dem Projekt zusammenhängenden

Risiken. Ziele des Risiko-Managements ist die Reduzierung von Plan-/Zielabweichungen im Kontext des Projekts. Oder anders formuliert: Ziel ist das Antizipieren und damit die Reduktion von „Überraschungen".

- Das *Beschaffungsmanagement* in Projekten beinhaltet die Einkaufsprozesse für Produkte und Dienstleistungen, die extern für die Durchführung des Projekts benötigt werden. Das Beschaffungsmanagement in Projekten umfasst das Vertragsmanagement und die Prozesse zur Änderungssteuerung, die zum Managen der von autorisierten Projektteammitgliedern ausgegebenen Verträge oder Bestellungen erforderlich sind. Das Beschaffungsmanagement in Projekten umfasst außerdem die Verwaltung aller Verträge, die von einer externen Organisation (dem Käufer) ausgegeben wurden, der das Projekt von der Trägerorganisation (dem Verkäufer) erwirbt, sowie die Verwaltung vertraglicher Verpflichtungen, die dem Projektteam durch den Vertrag auferlegt werden.

Als weiterer Standard im Bereich Projektmanagement haben sich die IPMA[27] *Competence Baseline* (ICB)[28] etabliert. Sie sind die zentrale Referenz der GPM Deutsche Gesellschaft für Projektmanagement.

Etabliert haben sich außerdem – vor allem in Großbritannien sowie den Niederlanden – der Standard PRINCE2[29] (**Pr**ojects **in** **C**ontrolled **E**nvironments). Sie wurde ursprünglich 1989 von der britischen Central Computer and Telecommunications Agency (CCTA)[30] als Regierungsstandard für Projektmanagement im Bereich der Informationstechnik (IT) entwickelt, wurde jedoch bald regelmäßig auch außerhalb von reinen IT-Umgebungen angewendet. Auch PRINCE2 ist ein prozessorientierter Projektmanagement-Ansatz, der insgesamt acht Teilprozesse definiert:

- Lenken eines Projekts,
- Planung eines Projekts,
- Vorbereiten eines Projekts,
- Initiieren eines Projekts,
- Steuern einer Projektphase,
- Managen der Produktlieferung,
- Managen der Phasenübergänge,
- Abschließen eines Projekts.

Die einzelnen Zertifizierungsmodelle sind in Tab. 12.4 kompakt zusammengefasst.

Integraler Bestandteil der Planungsphase ist auch die Risikoanalyse. Auch die Phase „Managen der Phasenübergänge" beinhaltet die Aktualisierung des Risikoprotokolls.

---

[27] IPMA: International Project Management Association.

[28] Vgl. www.ipma.ch/Documents/ICB_V._3.0.pdf und www.gpm-ipma.de/download/33R09_ICB20DL.pdf.

[29] Zur Vertiefung vgl. Office of Government Commerce (2005) sowie Triest (2008).

[30] Die aktuelle Version wurde im Jahre 2005 vom Office of Government Commerce (OGC) veröffentlicht, das mittlerweile die CCTA abgelöst hat.

Tab. 12.4 Übersicht zu Zertifizierungsmodellen

	IPMA	PMI	Prince2	HERMES 5
Projektmitarbeiter	Certified Project Management Associate (Level D)	CAPM	PRINCE2 2017 Foundation	HERMES 5 – Foundation Level
Projektleiter	Certified Project Manager (Level C) Certified Project Senior Manager (Level B)	PMP, PMI-ACP	PRINCE2 2017 Practitioner PRINCE2 Agile Practitioner	HERMES 5 – Advanced Level
Projektdirektor, Programm Manager und Portfolio-Manager	Certified Project Director (Level A)	PgMP, PfMP		

Quelle: Kuster et al. (2019, S. 52)

In Deutschland finden insbesondere die Normen DIN 69900-1, DIN 69900-2, DIN 69901 bis 69905 Anwendung. Als internationaler Leitfaden für Qualitätsmanagement in Projekten ist die Norm ISO 10006:2003 veröffentlicht worden.

Literatur

AHRENDTS, F./MARTON, A.: IT-Risikomanagement leben! Wirkungsvolle Umsetzung für Projekte in der Softwareentwicklung, Berlin 2008.

ALBRECHT, P./MAURER, R.; MÖLLER, M.: Shortfall-Risiko/Excess-Chance-Entscheidungskalküle: Grundlagen und Beziehungen zum Bernoulli-Prinzip, in: Zeitschrift für Wirtschafts- und Sozialwissenschaften 118/1998, S. 249–274.

BOEHM, B.: Software Risk Management. CS577, University of Southern California, Center of Software Engineering, 1998.

DEMARCO, T.: Der Termin. Ein Roman über Projektmanagement. Hanser, München 1998.

EGLAU, H. O.; KLUGE, J.; MEFFERT, J.; STEIN, L.: Durchstarten zur Spitze – McKinseys Strategien für mehr Innovation, campus Verlag, Frankfurt/Main 2000.

ERBEN, R. F./ROMEIKE, F.: Komplexität als Ursache von Risiken, in: Romeike, F.; Finke, R.: Erfolgsfaktor Risikomanagement, Wiesbaden 2003.

FIEDLER, R.: Controlling von Projekten, Wiesbaden 2001.

GLEISSNER, W./ROMEIKE, F.: Risikomanagement – Umsetzung, Werkzeuge, Risikobewertung, Freiburg im Breisgau 2005.

GLEISSNER, W./ROMEIKE, F.: Grundlagen und Grundbegriffe einer risikoorientierten Unternehmensführung, in: Risikoorientierte Unternehmensführung, Düsseldorf 2007.

Gleißner, W./Romeike, F.: Die größte anzunehmende Dummheit im Risikomanagement, in: RC&A, Ausgabe 01/2011, S. 21–26.

HECHE, D.: Praxis des Projektmanagements, Berlin 2004.

HEIMBOLD, R.: Endlich im grünen Bereich! Projektmanagement für jederman, Bonn 2005.

JAKOBY, W.: Intensivtraining Projektmanagement – Ein praxisnahes Übungsbuch für den gezielten Kompetenzaufbau, 2., aktualisierte und erweiterte Auflage, Springer Vieweg Verlag, Wiesbaden 2019.

JENNY, B.: Projektmanagement – das Wissen für den Profi, Zürich 2007.

Kataoka, S.: A Stochastic Programming Model, Econometrica, Vol. 31/1963, S. 181–196.
Kuster, J./Bachmann, C. et al: Handbuch Projektmanagement, Agil – Klassisch – Hybrid, 4., vollständig überarbeitete und erweiterte Auflage, Springer Gabler Verlag, Berlin 2019.
Litke, H.-D.: Projektmanagement-Handbuch für die Praxis. Konzepte – Instrumente – Umsetzung, München 2005.
Litke, H.-D.: Projektmanagement: Methoden, Techniken, Verhaltensweisen, München 2007.
Madauss, B. J.: Handbuch Projektmanagement, Stuttgart 2000.
Office Of Government Commerce: Managing Successful Projects with PRINCE2. The Stationery Office Books, Norwich 2005.
Project Management Institute: A Guide to the Project Management Body of Knowledge: PMBoK Guide PMI, 2004.
Romeike, F.: Risikomanagement, Springer Verlag, Wiesbaden 2018.
Roy A.: Safety first and the holding of assets, in: Econometrica, Heft 20/1952, S. 434–449.
Schmitz, H./Windhausen, M. P.: Projektplanung und Projektcontrolling, Düsseldorf 1986.
Stöger, R.: Wirksames Projektmanagement, Stuttgart 2007.
Telser, L.: Safety First and Hedging, in: Review of Economic Studies, Vol. 23/1955, S. 1–16.
Triest, S.: PRINCE2 – Gezielte Vorbereitung auf die Foundation- und die Practitioner-Prüfung, Bonn 2008.
Vijay S./Bawa V.: Safety-First, Stochastic Dominance, and optimal Portfolio Choice, in: Journal of Financial and Quantitative Analysis, June 1978, S. 255–269.
Wallmüller, E.: Risikomanagement für IT- und Software-Projekte, München 2004.
Zimmermann, J./Stark, C./Rieck, J.: Projektplanung – Modelle, Methoden, Management, Berlin 2006.

Mathematische Grundlagen 13

Mathematik: Die Wissenschaft, bei der man weder weiß, wovon man spricht, noch ob das, was man sagt, wahr ist. (Bertrand Russell, 1872–1970, britischer Philosoph und Mathematiker)

F. Romeike, P. Hager, *Erfolgsfaktor Risiko-Management 4.0*,
https://doi.org/10.1007/978-3-658-29446-5_13

13.1 Modellierung von Risikoprozessen als Random Walk

Die Betrachtung der Entwicklung von Risikofaktoren wie Wechselkursen, Zinsen und Rohstoffpreisen lässt deutlich erkennen, dass die Märkte einer irregulären Bewegung folgen. In Abb. 13.1 wird die Entwicklung von vier ausgewählten Marktpreisen und Kursen für die Historie von 2018 bis 2019 dargestellt. Während der Wechselkurs Goldpreis tendenziell stetig steigt, ist insbesondere für den Ölpreis und den Aktienindex DAX ein Wechsel von ruhigen und volatilen Phasen mit zum Teil großen Schwankungen erkennbar. Mittelfristig könnte die Entwicklung von Marktpreisen als ein Zufallsprozess abgebildet warden, in dem sich positive und negative Veränderungen zufällig aneinander reihen. Dann würde die Änderung eines Marktpreises bezüglich der Richtung und Entfernung von dem ursprünglichen Punkt ein vom Zufall bestimmter Weg (engl. Random Walk) sein.[1]

Zahlreiche finanzmathematische Bewertungs- und Risikomodelle bauen auf einem *Random Walk* auf.[2] In Anlehnung an eine Parabel von Murray kann dieser zufällig gewählte Pfad wie der Weg eines Betrunkenen betrachtet werden.[3] Wenn der Betrunkene auf seinem Heimweg eine Teilstrecke zurückgelegt hat, ist es ungewiss, welche Richtung er als nächstes einschlagen wird und welche Entfernung er dann in dieser Richtung hinter sich lässt. Die insgesamt von dem Betrunkenen zurückgelegte Wegstrecke setzt sich aus mehreren Teilschritten zusammen, die jeder für sich betrachtet bezüglich der Richtung und Länge ebenso zufällig und unabhängig vom vorherigen Schritt sind wie die daraus entstehende Gesamtentfernung vom Ursprungspunkt. Random Walks können auf unterschiedliche Weise generiert werden: Als echter Zufallsprozess, als Prozess mit bestimmten Mustern in der zeitlichen Entwicklung der Volatilität, mit oder ohne Trends usw. Im Folgenden wird zunächst der einfache Random Walk diskutiert.

In Abb. 13.2 wird gezeigt, wie sich seine zurückgelegte Entfernung S von seinem ursprünglichen Standpunkt aus den einzelnen Schritten S_1 bis S_6 zusammensetzen könnte. Der Random Walk startet vom Ausgangspunkt A_0 beginnend in eine zufällige Richtung und legt dabei eine Strecke S_1 zufälliger Länge zurück. An dem nächsten Punkt A_1 angekommen, wird wieder eine Strecke S_2 zufälliger Länge in eine zufällige Richtung beschritten. Nach sechs Schritten wird der Punkt A_6 erreicht. Die einzelnen Schritte S_i eines Random Walks lassen sich mit Hilfe von Vektoren beschreiben. In Abb. 13.2 ist jeder Schritt ein zweidimensionaler Vektor. Der erste Schritt S_1 wäre beispielsweise ein Vektor mit den Elementen $x = 2$ und $y = 3$. Werden vom Punkt A_0 beginnend zwei Einheiten nach rechts und drei Einheiten nach oben zurückgelegt, wird der Punkt A_1 erreicht. Bei einem negativen x und y würde die Bewegung genau in die entgegengesetzte Richtung führen. Entsprechend lassen sich die restlichen Schritte S_2 bis S_6 als Vektoren ausdrücken. Die Summe der sechs Schritt-Vektoren S_i ergibt den Random Walk, welcher selbst einen Vektor S darstellt und die Bewegung von

[1] Random Walk bedeutet übersetzt „zufälliger Weg" oder „zufällige Bewegung". In der Wissenschaft wird damit ein Zufallsprozess bezeichnet.

[2] Beispielsweise die Black/Scholes-Formel, das Varianz-Kovarianz-Modell und häufig die stochastische Simulation (Monte Carlo Simulation).

[3] Vgl. Kim et al. (1999, S. 87 ff.). Diese Parabel wird zur Verdeutlichung unterschiedlicher Effekte verwendet und ist hier in abgewandelter Form wiedergegeben.

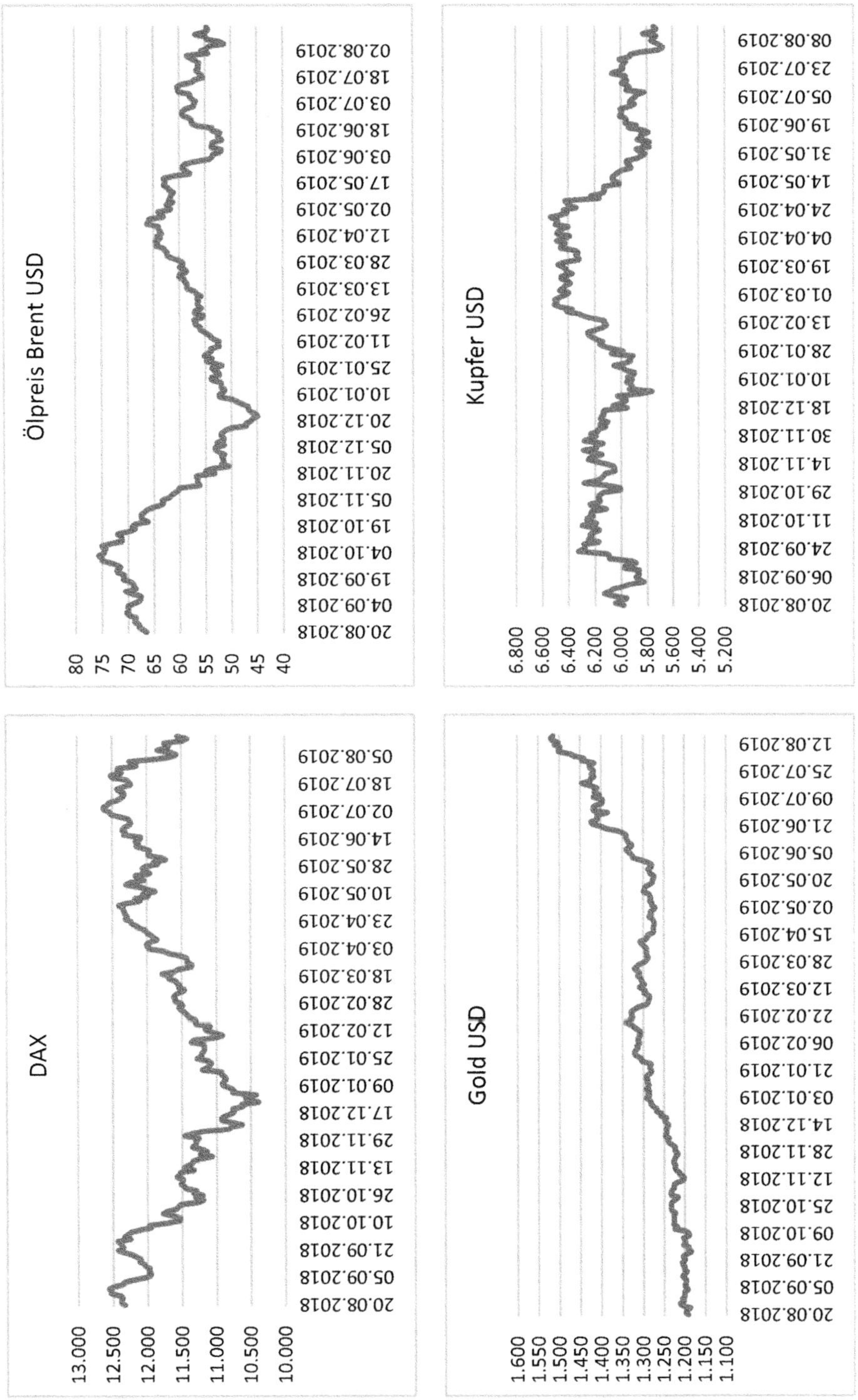

Abb. 13.1 Historische Entwicklung ausgewählter Marktpreise

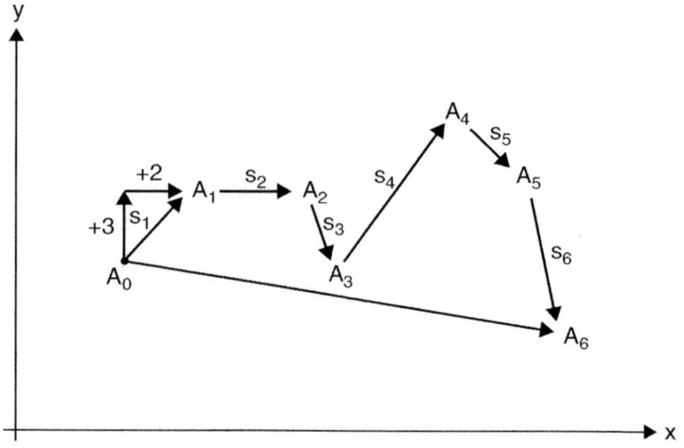

Abb. 13.2 Beispiel für einen Random Walk

A_0 nach A_6 beschreibt. Jeder Vektor S kann deshalb als eine Summe von n einzelnen Schritt-Vektoren S_i aufgefasst werden oder selbst ein Schritt-Vektor eines übergeordneten Random Walks sein. Diese Eigenschaft wird als *Selbstähnlichkeit* bezeichnet.

Weil die Länge und Richtung der einzelnen Vektoren vom Zufall abhängig ist, ist auch der daraus entstehende Random Walk ein Zufallsprozess. Für statistische Aussagen sind viele Random Walks mit der gleichen Anzahl n von Schritten (Vektoren) notwendig, denn erst bei einer großen Anzahl von zufälligen Bewegungen kann etwas über deren mittlere Entfernung vom Ursprungspunkt ausgesagt werden. Dabei hängt die mittlere Entfernung von der Anzahl n der Schritt-Vektoren S_i ab, denn der Summen-Vektor S wird umso länger, je mehr Schritt-Vektoren S_i vorhanden sind. Es lässt sich zeigen, dass der Erwartungswert $E[S^2]$ für das Quadrat des Summen-Vektors proportional zu der Anzahl der Schritt-Vektoren ist (vgl. Gl. 13.1). Die nachfolgenden Gleichungen sind eine Auswahl und Zusammenfassung der ausführlichen Darstellungen bei Deutsch, Hull und Franke/Härdle/Hafner.[4]

$$\text{Erwartungswert } E\left[S^2\right] \sim n \qquad (13.1)$$

In Gl. 13.1 wird statt des Summen-Vektors das Quadrat des Summen-Vektors für die Proportionalitätsbeziehung verwendet. Der Erwartungswert E[S] für den Summen-Vektor selbst ist Null, da der Summen-Vektor in jede Richtung zeigen kann, die unterschiedlichen Richtungen haben aber unterschiedliche Vorzeichen und deshalb heben sich die Vektoren in der Summe auf. Daher gilt für den Erwartungswert des Summen-Vektors E[S] = 0 und es lässt sich keine Proportionalität zu der Anzahl der Schritt-Vektoren herstellen.

Die Varianz einer Zeitreihe berechnet sich allgemein aus dem Erwartungswert $E[(X - E(X))^2]$. Um die Varianz für den Summenvektor S zu berechnen, wird der Erwartungswert E[S] = 0 in die Formel für die Varianz V(S) eingesetzt.

$$\text{Varianz } V(S) = E\left[\left(S - E[S]\right)^2\right] = E\left[\left(S - 0\right)^2\right] = E\left[S^2\right] \qquad (13.2)$$

[4]Vgl. Cremers (1999, S. 297–299), Deutsch (2001, S. 27–34), Hull (2001, S. 313–337), Franke et al. (2001, S. 37–47).

Da der Erwartungswert für S gleich Null ist, berechnet sich die Varianz aus den quadrierten Differenzen von S und Null und kann auf den Ausdruck $E[S^2]$ verkürzt werden. Der Erwartungswert $E[S^2]$ des quadrierten Summen-Vektors ist gemäß Gl. 13.1 proportional zu der Anzahl der Schritte n und die Varianz V(S) folgt gemäß Gl. 13.2 aus dem Erwartungswert $E[S^2]$, also ist die Varianz proportional zu der Anzahl der Schritte n.

$$\text{Varianz}\,(S) = E\left[S^2\right] \sim n \tag{13.3}$$

Dann gilt für die Standardabweichung σ(S), welche die Wurzel aus der Varianz ist, dass sie proportional zu der Wurzel aus n ist.

$$\text{Standardabweichung}\,(S) = \sigma(S) \sim \sqrt{n} \tag{13.4}$$

Diese Erkenntnis wird als *Wurzelgesetz* bezeichnet und ist für viele Modelle in der Risiko-Analyse notwendig. Das Wurzelgesetz besagt, dass die Unsicherheit von Marktpreisentwicklungen proportional mit der Wurzel aus der Anzahl der Schritte (Zeit) zunimmt. Die Unsicherheit kommt über die Standardabweichung bzw. Volatilität eines Risikofaktors zum Ausdruck. Für die Gültigkeit des Wurzelgesetzes müssen die täglichen Marktpreisänderungen $X_1, \ldots, X_n \sim X$ *unabhängig und identisch* verteilt sein mit dem Erwartungswert E(X) und der Varianz Var(X).[5] Dann lässt sich aus den täglichen Veränderungen zum Beispiel die 5-Tages-Volatilität wie folgt berechnen:

$$\begin{aligned} 5\text{-Tages-Volatilität} &= \sqrt{\operatorname{Var}(X_1 + X_2 + X_3 + X_4 + X_5)} \\ &= \sqrt{\operatorname{Var}(X_1) + \operatorname{Var}(X_2) + \operatorname{Var}(X_3) + \operatorname{Var}(X_4) + \operatorname{Var}(X_5)} \\ &= \sqrt{5 \cdot \operatorname{Var}(X)} \end{aligned}$$

Die Proportionalität zwischen der Zeit und der Varianz kann grafischgezeigt werden. In dem Beispiel aus Abb. 13.2 wird der Zusammenhang sichtbar: Die Zeit für die Bewegung von Punkt A_1 zu Punkt A_n entspricht der Anzahl der Zufallsschritte. Je mehr Zeit (T – t) zwischen diesen beiden Punkten liegt, desto größer ist die Anzahl n der Vektoren S_i. Wird für die Entfernung von A_1 nach A_2, von A_2 nach A_3 und allgemein von A_{n-1} nach A_n jeweils die Zeit ∂t benötigt, dann dauert die Bewegung von A_1 nach A_6 die Zeit 6 • ∂t. Die Zeitdifferenz von t bis T ist identisch mit n • ∂t (das heißt: T – t = n • ∂t). Im Beispiel gibt es nach sechs Zeiteinheiten (T = 6) genau 6 Marktpreisänderungen (n = 6). Die gesamte Marktpreisänderung innerhalb von 6 Zeiteinheiten (= Summenvektor) stellt einen Random Walk dar und setzt sich zusammen aus der Summe der sechs täglichen Veränderungen (= Schritt-Vektoren). Wenn A_0 der Marktpreis zum Zeitpunkt t = 0 und A_1 der Marktpreis zum Zeitpunkt t = 1 ist, beträgt die von dem Schritt-Vektor im Zeitraum t = 0 bis t = 1 zurückgelegte Entfernung $S_1 = A_1 - A_0$. Die Summe aller Schritt-Vektoren führt daher zu der zufälligen Bewegung (Random Walk) des Marktpreises von A_0 nach A_6 im Zeitraum t = 0 bis t = 6 (Vgl. Gl. 13.5).

[5] Vgl. Jorion (1997, S. 80 f.).

$$SD = (A_1 - A_0) + (A_2 - A_1) + (A_3 - A_2) + (A_4 - A_5) + (A_5 - A_4) + (A_6 - A_5) \\ = (A_6 - A_0) \tag{13.5}$$

Die *Differenz zweier Marktpreise* wird in Geldeinheiten gemessen. Wäre beispielsweise $A_0 = 500$ EUR der Preis einer Aktie zum Zeitpunkt $t = 0$ und $A_1 = 490$ EUR der Preis zum Zeitpunkt $t = 1$, dann würde die Differenz eine Marktpreisschwankung von −10 EUR bilden. Angenommen die Aktie fällt bis zum Zeitpunkt $t = 5$ auf $A_5 = 20$ EUR und in der Zeit bis $t = 6$ auf $A_6 = 10$ EUR, dann bedeutet auch diese Differenz von $A_6 - A_5$ eine Marktpreisschwankung von −10 EUR.

Für eine ökonomische Risikobetrachtung ist es wenig sinnvoll, wenn die erste Marktpreisschwankung gleichwertig zu der letzten ausgewiesen wird. Während die erste Schwankung nur einen Verlust von 2 % (= [490 EUR–500 EUR]: 500 EUR) bedeutet, wird bei der letzten Marktpreisänderung ein Verlust von 50 % (= [10 EUR–20 EUR]: 20 EUR) gemessen. Daher ist es notwendig, statt der absoluten die *relativen Schwankungen* der Marktpreise zu erfassen (vgl. Gl. 13.6).

$$S^R = [(A_1A_0)/A_0] \cdot [(A_2A_1)/A_1] \cdot [(A_3A_2)/A_2] \cdot \ldots \cdot [(A_6A_5)/A_5] \tag{13.6}$$

Obwohl die relativen Änderungen ökonomisch sinnvoller sind als die absoluten Änderungen, gilt es, weitere betriebswirtschaftliche Anforderungen zu erfüllen. An einem zweiten Beispiel wird gezeigt, welches Problem noch zu lösen ist: Ein Risikofaktor möge im Zeitpunkt $t = 0$ den Wert 0,001 haben. Im Zeitpunkt $t = 1$ erfolgt ein Anstieg auf 0,002 und im Zeitpunkt $t = 2$ sinkt der Risikofaktor wieder auf seinen Anfangswert von 0,001. Dann weist die relative Veränderung von $t = 0$ zu $t = 1$ einen Anstieg um 50 % (= 0,001 – 0,002]: 0,002) aus. Die relative Veränderung von $t = 1$ zu $t = 2$ besteht in einem Verlust von 100 % (= [0,002 – 0,001]: 0,001). Zwei betragsmäßig gleiche Wertschwankungen von absolut 0,001 führen aufgrund der unterschiedlichen Vorzeichen der absoluten Veränderungen zu unterschiedlichen relativen Veränderungen. Aus ökonomischer Sicht ist die Messung von Veränderungen eines Risikofaktors mit der Gl. 13.6 noch nicht zufriedenstellend (vgl. Abb. 13.3).

Die Verwendung der *logarithmierten Quotienten* zweier aufeinanderfolgender Werte führt zu dem gewünschten Ergebnis. Die Abkürzung „ln" wird im Folgenden für den Natürlichen Logarithmus zur Basis der Eulerschen Zahl $e \approx 2{,}718282$ verwendet. Die logarithmierte Veränderung von $t = 0$ zu $t = 1$ beträgt −69,3 % (= ln(0,001/0,002)) und die logarithmierte Veränderung von $t = 1$ zu $t = 2$ ergibt einen Wert von 69,3 % (= ln(0,002/0,001)). Im Gegensatz zu den relativen Veränderungen haben die logarithmierten Veränderungen einen weiteren wichtigen Vorteil. Während das Produkt der relativen Veränderungen zu einer falschen Gesamtveränderung von −50 % (= −0,50 • 1,00) im Zeitraum von $t = 0$ bis $t = 2$ führt, sind die logarithmierten Veränderungen *summationsstabil* und führen zu der korrekten Gesamtveränderung von 0 % (= −69,3 % + 69,3 %).

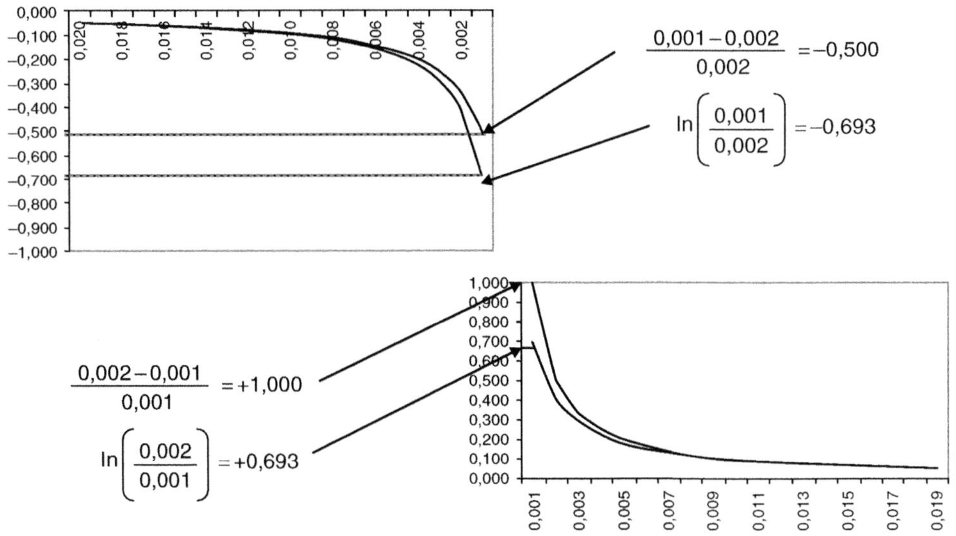

Abb. 13.3 Logarithmierte versus relative Veränderungsraten

Das Konzept ist auch schlüssig mit der Auffassung eines Random Walk als Summen-Vektor von einzelnen Schritt-Vektoren. Während sich in Gl. 13.6 die Gesamtveränderung aus dem Produkt der einzelnen relativen Änderungen ergibt, führt in Gl. 13.7 die Addition der logarithmierten Veränderungen zum Summen-Vektor. Damit ist der Random Walk wieder die Summe von zufälligen Schritt-Vektoren.

$$S^L = \ln\left(\frac{A_1}{A_0}\right) + \ln\left(\frac{A_2}{A_1}\right) + \ln\left(\frac{A_3}{A_2}\right) + \ln\left(\frac{A_4}{A_5}\right) + \ln\left(\frac{A_5}{A_4}\right) + \ln\left(\frac{A_6}{A_5}\right) = \ln\left(\frac{A_6}{A_0}\right) \quad (13.7)$$

Die Umkehrfunktion zum Logarithmieren bildet das Potenzieren zur Basis e. Ist in dem obigen Beispiel zum Zeitpunkt t = 0 der Preis einer Aktie A_0 = 500 EUR und A_1 = 490 EUR ihr Preis zum Zeitpunkt t = 1, dann ist die logarithmierte relative Veränderung ln(490/500) = –0,020203. Ausgehend von A_0 = 500 EUR führt die Multiplikation mit $e^{-0,020203}$ wieder zum Kurs A_1 = 490 EUR($A_1 = A_0 \cdot e^{-0,020203}$ = 500 EUR · 0, 98 = 490 EUR) (vgl. Gl. 13.8).[6]

$$S^L = \ln\left(\frac{A_T}{A_t}\right) \Leftrightarrow A_T = A_t \cdot e^{\ln\left(\frac{A_T}{A_t}\right)} = A_t \cdot e^s \quad (13.8)$$

[6] Wegen der Selbstähnlichkeit von Schritt-Vektoren und Summen-Vektor kann der Summen-Vektor als ein Schritt-Vektor eines übergeordneten Summen-Vektors aufgefasst werden.

Bisher war es noch nicht notwendig, eine *Wahrscheinlichkeitsverteilung für den Random Walk* anzunehmen. Der Random Walk ist ein Summen-Vektor und entsteht aus unabhängigen zufälligen Schritt-Vektoren. Für genügend viele (n) Marktpreisveränderungen (= Schritt-Vektoren) ergibt sich daraus, dass der Summen-Vektor S in Folge des Zentralen Grenzwertsatzes normalverteilt ist. Der Zentrale Grenzwertsatz besagt, dass unter bestimmten Bedingungen die Folge der Verteilungsfunktionen standardisierter Summen unabhängiger Zufallsvariablen gegen die Verteilungsfunktion der Standardnormalverteilung konvergiert. Für große n sind die Summen der Ausgangsvariablen näherungsweise *normalverteilt.*[7] Es ist an dieser Stelle deutlich hervorzuheben, dass für die Ableitung des Wurzelgesetzes keine Normalverteilungsannahme erforderlich ist. Die grundlegende Prämisse besteht in *unabhängigen und identisch verteilten Marktpreisveränderungen*, woraus das Wurzelgesetz folgt.

13.2 Von der Normalverteilung zum Value at Risk

Für die Beschreibung einer *Normalverteilung* genügen zwei Parameter, der Erwartungswert μ und die Standardabweichung σ. In Abb. 13.4 werden die Eigenschaften einer Normalverteilung mit $\mu = 0$ und $\sigma = 1$ dargestellt. Eine Normalverteilung mit diesen Parametern heißt *Standardnormalverteilung*.

Die Normalverteilung ist stetig und besitzt daher eine Dichtefunktion, welche vergleichbar ist mit der Wahrscheinlichkeitsfunktion einer diskreten Verteilung. Im linken Teil der Abb. 13.4 ist die Dichtefunktion gezeigt. Dort befinden sich innerhalb des Intervalls $[0 - 1\,\sigma; 0 + 1\,\sigma]$ circa 68 % der Wahrscheinlichkeitsmasse. Im Intervall von $0 \pm 1{,}65\,\sigma$ liegt die Wahrscheinlichkeit von 90 % und das Intervall $0 \pm 2\,\sigma$ umfasst circa 95 % der Wahrscheinlichkeitsmasse. Für das Intervall mit einer Wahrscheinlichkeit von 90 % wird die Standardabweichung mit dem Faktor 1,65 multipliziert. Dieser Faktor heißt z-Wert und kann aus einer tabellierten Verteilungsfunktion der Standardnormalverteilung entnommen werden.[8] Wird statt des zweiseitigen Intervalls nur ein einseitiges Intervall betrachtet, dann beinhaltet der z-Wert von 1,65 eine Wahrscheinlichkeit von 95 % innerhalb des Intervalls von $[0 - 1{,}65\,\sigma; \infty[$. Das sind fünf Prozent mehr als bei dem zweiseitigen Intervall $[0 - 1{,}65\,\sigma; 0 + 1{,}65\,\sigma]$. Die fünf Prozent kommen nun hinzu, da das rechts offene Intervall $[0 - 1{,}65; \infty[$ keine Kappungsgrenze mehr auf der positiven Seite jenseits von Null hat.

Wegen der symmetrischen Eigenschaft der Standardnormalverteilung ergibt sich der z-Wert für die Gegenwahrscheinlichkeit von fünf Prozent (= 1 − 0,95 = 0,05) aus dem z-Wert für 95 % mit umgekehrten Vorzeichen. Es gilt für das Beispiel die Beziehung

[7] Vgl. Bosch (1998, S. 332 ff.).

[8] In MS Excel wird der z-Wert einer gewünschten Wahrscheinlichkeit mit der Funktion „= STANDNORMINV(Zelle)" abgefragt.

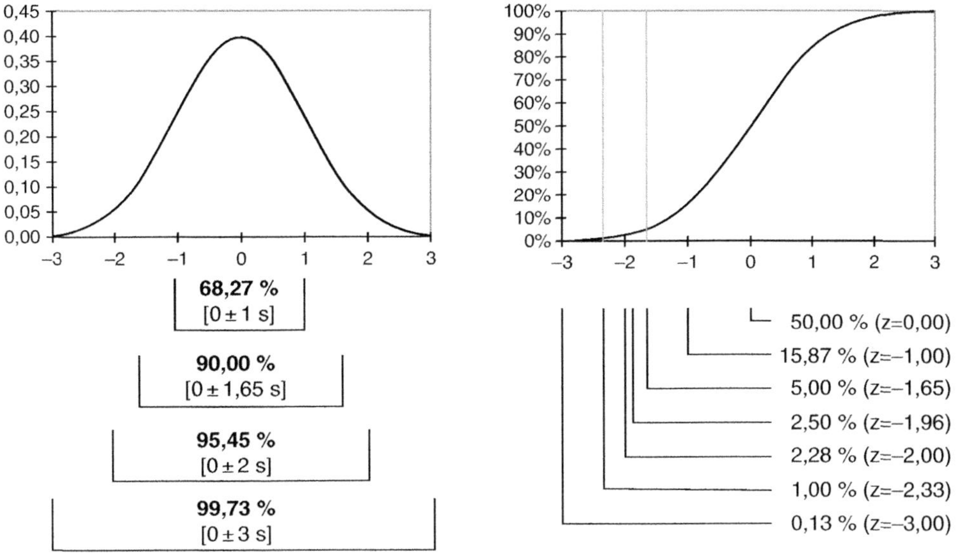

Abb. 13.4 Eigenschaften der Standardnormalverteilung

$z_{0,05} = -z_{0,95} = -1{,}65$. Dann liegen fünf Prozent der Werte (Dichte) innerhalb des Intervalls von] ∞ ; 0 − 1, 65[. Zwischen dem 5 %-Quantil und dem 95 %-Quantil kann die Beziehung mit $Q_z^{N(0,1)} = -Q_{1-z}^{N(0,1)}$ allgemeingültig ausgedrückt werden. Auf der rechten Seite ist in Abb. 13.4 die Verteilungsfunktion der Standardnormalverteilung zu sehen. Während in der Dichtefunktion bisher zweiseitige Intervalle betrachtet wurden, lässt sich in der Verteilungsfunktion direkt ablesen, mit welchem z-Wert die gewünschte Wahrscheinlichkeit für ein einseitig geschlossenes Intervall berechnet werden kann.

Bisher lässt sich zusammenfassen, dass der Summen-Vektor S einen Erwartungswert von Null hat und seine Varianz $\sigma^2 \cdot n$ proportional zur Anzahl n der Schritt-Vektoren ist. Der Summen-Vektor ist normalverteilt und für eine unendlich kleine (infinitesimale) Zeit ∂t dieses Intervalls sind die logarithmierten Änderungen des Summenvektors S ebenfalls normalverteilt mit dem Mittelwert Null und der Varianz $\sigma^2 \cdot \partial t$. Jeder Schritt des Summen-Vektors kann als eigenständiger Random Walk betrachtet werden. Es gilt Gl. 13.9.

$$\Delta S^L \sim N\left(0;\sigma^2 \cdot \ \partial t\right) \tag{13.9}$$

Wegen der Selbstähnlichkeit von Random Walks kann die Gesetzmäßigkeit auch auf endliche Zeitabschnitte Δt übertragen werden. Da T der Endzeitpunkt und t der Anfangszeitpunkt der Betrachtung ist, bildet die Differenz T − t den betrachteten Zeitraum. Für ein zwischen zwei Messungen konstantes Zeitintervall Δt (zum Beispiel Δt = ein Tag) vergeht zwischen zwei Schritten des Random Walks ein Tag. Wenn Δt konstant ist, dann ist die Anzahl n der Schritte proportional zur Zeitdauer T − t des Random Walks. Wenn zum

Beispiel der Kursverlauf einer Aktie auf Tagesbasis im Zeitraum von t = 1 bis t = 255 mit Hilfe eines Random Walks simuliert werden soll, sind n = 255 Schritte erforderlich. Für einen längeren Zeitraum wären entsprechend mehr Schritte notwendig. Wegen der Proportionalität zwischen der Anzahl n der Schritte und der Zeitdauer T − t lässt sich die Varianz $\sigma^2 \cdot n$ des Summen-Vektors S auch schreiben als Gl. 13.10.

$$\text{Var}\left(S\right)=\sigma^2 \cdot n=\sigma^2 \cdot \left(T-t\right)=\sigma^2 \cdot dt \quad \text{mit} \quad dt=T-t \tag{13.10}$$

Nachdem in Gl. 13.4 bereits die Proportionalität zwischen der Standardabweichung und der Zeit festgestellt wurde, konkretisiert Gl. 13.10 den exakten Zusammenhang zwischen der Varianz und der Zeit. Wenn die Einzelschritte ΔS^L normalverteilt sind, dann ist auch der Summen-Vektor normalverteilt und seine Varianz wächst linear mit der Anzahl der Schritte (Zeit). Die Standardabweichung ist die Wurzel aus der Varianz und wächst daher mit der Wurzel aus der Anzahl der Schritte (Zeit), dieser Zusammenhang ist jedoch nicht mehr linear. Für infinitesimale, logarithmierte Änderungen $\Delta\ln(S^L)$ lässt sich das Wurzelgesetz als Gl. 13.11 schreiben.

$$\Delta\ln\left(S^L\right)\overset{P}{\approx}\sigma \cdot \sqrt{dt} \tag{13.11}$$

Bisher wurden zwei Parameter diskutiert, die Länge des Zeitraums und die damit verbundene Volatilität. Beide Parameter sind deterministisch, und es fehlt noch ein stochastischer Parameter zur Simulation des Random Walks. Zu der Gl. 13.11 wird daher eine standardnormalverteilte *Zufallsvariable* mit dem Erwartungswert 0 und der Varianz 1 beigemischt, woraus sich für die Modellierung der zufälligen Veränderungen in infinitesimaler Schreibweise die Gl. 13.12 ergibt. Dabei wird zunächst in Gl. 13.12 keine Trendkomponente berücksichtigt.

$$\Delta\ln\left(S^L_{(\mu;\sigma)}\right)=\mu \cdot dt+\sigma \cdot X \cdot \sqrt{dt} \quad \text{mit} \quad X \sim N\left(0;1\right) \tag{13.12}$$

Dieser Random Walk hat einen Mittelwert von Null ($\mu = 0$) und eine Varianz $\sigma^2 dt$. Der Ausdruck $X \cdot \sqrt{dt}$ wird auch als *Wiener Prozess* bezeichnet und beschreibt beispielsweise in der Physik die Brownsche Molekularbewegung.[9] In der Literatur wird dieser Ausdruck als eine geometrische *Brownsche Bewegung* bezeichnet. Sie dient zur Beschreibung einer (infinitesimalen) Veränderung eines Risikofaktors im Zeitablauf.[10]

Der modellierte Random Walk bildet einen zufallsabhängigen Prozess mit der Eigenschaft, dass jeder Schritt-Vektor in seiner Richtung unabhängig ist von den vorherigen Schritt-Vektoren. Zwischen den einzelnen logarithmierten Veränderungen $\Delta\ln(S^L)$ der Schritte S_i innerhalb des Random Walks ist kein Zusammenhang erkennbar. Stochastische

[9] Vgl. Hull (2001, S. 314 ff.).

[10] Für eine ausführliche Darstellung der Brownschen Bewegung zur Simulation von Kurspfaden vgl. Schäfer (1994, S. 30 ff.).

Prozesse mit dieser Eigenschaft heißen *Markov-Prozesse*,[11] da einzig der aktuelle Wert Einfluss auf den ihm folgenden Wert hat.[12] Der Weg, den die betrachtete Zufallsvariable in der Vergangenheit zurückgelegt hat, um den aktuellen Wert zu erreichen, ist ohne Bedeutung, denn der aktuelle Wert enthält bereits alle Informationen der Vergangenheit.[13] So wird zum Beispiel bei schwacher Markteffizienz angenommen, dass der nächste Kurs einer Aktie nur vom jetzigen Kurs und neuen Informationen abhängt, nicht aber von der historischen Kursentwicklung. Denn alle aus der historischen Kursentwicklung ableitbaren Informationen sollen in dem aktuellen Kurs bereits enthalten sein. Neue Informationen sind aber unsicher.

Das in diesem Buch verwendete Modell für die Prognose von Risikoparametern kann *zwei Komponenten* berücksichtigen. Eine Komponente davon ist *vom Zufall abhängig* und setzt sich aus den einzelnen Schritten des Random Walks zusammen. Diese Komponente wird durch den Wiener Prozess beschrieben. Die andere Komponente ist *deterministisch* und wird als Drift oder Trend bezeichnet. In Fortführung des Beispiels von Murray mit dem Betrunkenen, lässt sich die Trendkomponente (Drift) so erklären, dass der Betrunkene zwar einen absolut zufälligen Weg wählt und auch den einen oder anderen Umweg geht, jedoch dabei grob in die Richtung seiner Wohnung marschiert. Exakt lässt sich die Drift aus der *Martingale-Eigenschaft* ableiten, die allen Risikofaktoren zu Grunde liegt.[14] Diese besagt, dass der normierte Preis eines handelbaren Finanzinstruments zum Zeitpunkt t gleich dem Erwartungswert des zukünftigen normierten Preises ist. Eine ausführliche Darstellung der Martingale-Eigenschaft würde den Umfang dieses Kapitels übersteigen, daher wird sie exemplarisch an einigen Beispielen erläutert.

Bei einer Aktie kennzeichnet die Drift deren mittlere Rendite, die sich ein Investor langfristig von seinem Engagement erwartet. Daher muss bei der Modellierung von Aktienkursen der Random-Walk-Vektor mit der Zeit wachsen und darf nicht Null sein. Dieses Wachstum wird mit Hilfe der Drift dargestellt. Bei der Modellierung von Wechselkursschwankungen bildet das Verhältnis von Terminkurs zu Kassakurs die Drift, die auch als Trend verstanden werden kann. Bei Zinssätzen ergibt sich die Drift aus der Relation von Forward-Zinssatz zu dem aktuellen Zinssatz. Dabei steht der Forward-Zinssatz für einen Zins, dessen Laufzeit in der Zukunft beginnt. Liegt dieser Zins über dem aktuellen Zinssatz, so ist die Drift positiv. Umgekehrt, wenn der schon heute am Markt verfügbare Zukunftszinssatz unter dem aktuellen (Spot-)Zinssatz liegt, ergibt sich eine negative Drift. Da die deterministische Drift vom Zufall unabhängig ist, ändert sich nichts an der Normalverteilung des Random Walks.

In Abb. 13.5 wird der zukünftige Kursverlauf einer Aktie beispielhaft anhand zweier Random Walks simuliert. Der aktuelle Kassakurs der Aktie zum Zeitpunkt der Prognose beträgt 100 EUR, die jährliche Kursvolatilität liegt bei 20 % und das erwartete Wachstum

[11] Vgl. vertiefend Romeike (2020, S. 31).

[12] Vgl. Deutsch (2001, S. 29), Hull (2001, S. 314 ff.).

[13] Vgl. Tomaszewski (2000, S. 125).

[14] Vgl. Deutsch (2001, S. 33).

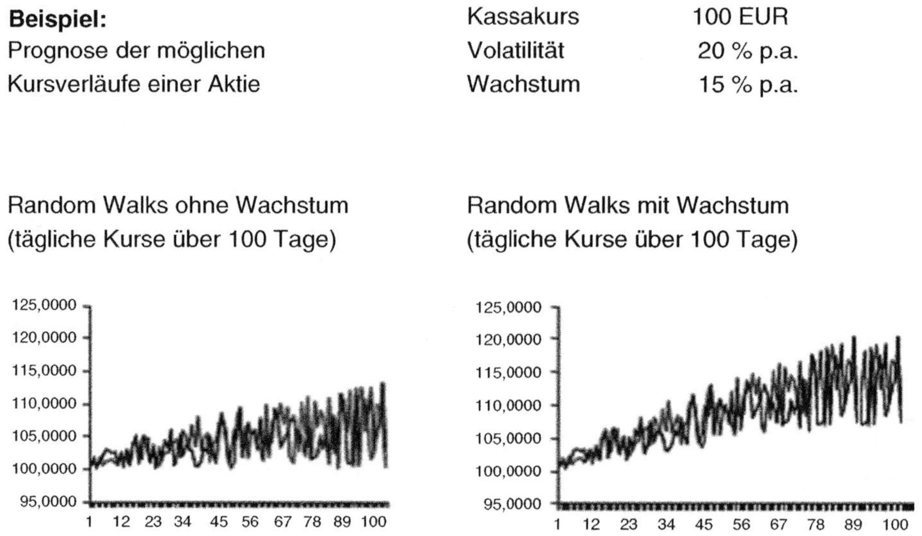

Abb. 13.5 Simulation zweier Random Walks

beträgt 15 % pro Jahr. Die beiden Random Walks sollen mögliche Kursverläufe der nächsten 100 Tage auf Basis täglicher Aktienkurse simulieren. Der Graf im linken Teil der Abb. 13.5 zeigt den Verlauf der beiden Random Walks ohne Berücksichtigung der jährlichen Wachstumsrate (Drift $\mu = 0$).

Die mit einem Random Walk simulierten Aktienkurse A_t zum Zeitpunkt t ergeben sich ohne Drift aus $A_t = A_0 \cdot e^{\Delta \ln(S)}$ respektive $A_t = A_0 \cdot e^{(\sigma \cdot X \cdot \sqrt{dt})}$. Die Variable A_0 steht für den Kassakurs der Aktie zum Zeitpunkt der Prognose. Die jährliche Kursvolatilität der Aktie muss für die Simulation mit Hilfe des Wurzelgesetzes in eine tägliche Veränderung umgerechnet werden ($= 0{,}20 / \sqrt{250}$), da der Wiener Prozess die Volatilität mit dem Wurzelgesetz über den Prognosehorizont skaliert (vgl. $\sigma \cdot X \cdot \sqrt{dt}$ im Exponenten). Das X bezeichnet eine standardnormalverteilte Zufallsvariable und kann mit Hilfe einer Software simuliert werden.[15] Für beide Random Walks ist eine Seitwärtsbewegung mit den im Zeitablauf zunehmenden Kursschwankungen erkennbar. Darin kommt das Wurzelgesetz zum Ausdruck, welches besagt, dass die Standardabweichung proportional mit der Zeit wächst. Je weiter ein zu prognostizierender Aktienkurs in der Zukunft liegt, umso größer ist das Intervall möglicher Werte und damit verbunden die Unsicherheit über den zukünftigen Kurs.

Der Graf rechts in Abb. 13.5 zeigt die beiden Random Walks mit Berücksichtigung der jährlichen Wachstumsrate in Höhe von 15 %. Für den Aktienkurs zum Zeitpunkt t gilt

[15] In der Tabellenkalkulation MS Excel führt der Befehl „= Zufallszahl()" zu den gewünschten gleichverteilten Zufallszahlen. Seit Excel 2010 wird zum Generieren von Zufallszahlen den Mersenne Twister-Algorithmus verwendet. Für normalverteilte Zufallszahlen lautet die Exzel-Funktion: =NORMVERT(ZUFALLSZAHL();0;sigma;)

$A_t = A_0 \cdot e^{\left(\mu \cdot dt + \sigma \cdot X \cdot \sqrt{dt}\right)}$. Wie bei der Simulation ohne mittlere Rendite muss auch hier die tägliche Veränderung verwendet werden. Zusätzlich zu der stochastischen Komponente in Form eines Wiener Prozesses ist nun auch die deterministische Drift enthalten (vgl. $\mu \bullet dt$ im Exponenten). Die Variable μ bezeichnet das tägliche Wachstum des Aktienkurses und ergibt sich aus der jährlichen Wachstumsrate von 15 % geteilt durch die Anzahl der Handelstage pro Jahr (= 0,15/250). Unter Berücksichtigung der Wachstumsrate ist für beide Random Walks ein steigender Verlauf der Aktienkurse mit im Zeitablauf zunehmenden Kursschwankungen erkennbar. Die Wachstumsrate wurde in diesem Beispiel hoch angesetzt, um den Unterschied zwischen einem Random Walk mit und ohne Trendkomponente (Drift) zu zeigen.

Die zentrale Frage bei der Modellierung der zeitlichen Entwicklung von Risikofaktoren ist, wie sie sich innerhalb einer Zeitspanne dt verändern können. Am Beispiel der Aktie soll die Frage gelöst werden. Der Kurs einer Aktie ergibt sich nach Ablauf einer Zeit dt mit Berücksichtigung des erwarteten Kurswachstums aus der Gleichung 13.13.

$$A_{t+dt} = A_t \cdot e^{\left(\mu \cdot dt + \sigma \cdot X \cdot \sqrt{dt}\right)} \quad \text{mit} \quad X \cdot \sqrt{dt} \sim N\left(0, dt\right) \tag{13.13}$$

Anstatt einer einzelnen Aktie wird im nächsten Schritt ein Portfolio betrachtet, das aus der Anzahl von N Aktien mit dem Kurs A_t besteht. Im Zeitpunkt t = 0 hat dieses Portfolio den Wert V, der sich aus der Multiplikation des Kassakurses in t = 0 mit der Anzahl der Aktien ergibt (Gl. 13.14).

$$V = N \cdot A_t \tag{13.14}$$

Nach Ablauf einer Zeitspanne dt hat der Kurs der Aktie den Wert A_{t+dt}. Die Kursänderung ergibt sich aus der Differenz von dem Aktienkurs A_{t+dt} zum Zeitpunkt t + dt und dem Aktienkurs A_t in t. Die Wertänderung dV des Portfolios errechnet sich aus der Kursdifferenz multipliziert mit der Anzahl der Aktien (Gl. 13.15).

$$dV = N \cdot \left[A_{t+dt} A_t\right] \tag{13.15}$$

Durch Einsetzen von Gl. 13.13 in Gl. 13.15 folgt Gl. 13.16.

Eine alternative Schreibweise von Gl. 13.15:

$$\begin{aligned} dV &= N \cdot A_{t+dt} - N \cdot A_t \\ &= N \cdot A_t \cdot e^{\left(\mu \cdot dt + \sigma \cdot X \cdot \sqrt{dt}\right)} - N \cdot A_t \\ &= N \cdot A_t \cdot \left[e^{\left(\mu \cdot dt + \sigma \cdot X \cdot \sqrt{dt}\right)} - 1\right] \end{aligned}$$

Gl. 13.16 bestimmt die Wertänderung des Portfolios nach einer Zeitspanne dt und kann verwendet werden, um für eine bestimmte Wahrscheinlichkeit den maximalen Verlust zu schätzen. Mit der Wahrscheinlichkeit P wird der Verlustbetrag des Portfolios innerhalb der Zeitspanne dt nicht größer als der Betrag VaR sein (Vgl. Gl. 13.16).[16]

$$P\left(dV \leq VaR\right) = P\left(N \cdot A_t \cdot \left[e^{\left(\mu \cdot dt + \sigma \cdot X \cdot \sqrt{dt}\right)} - 1\right] \leq VaR\right) \tag{13.16}$$

Das einzige zufallsabhängige Element in der Gleichung ist der Ausdruck X für den Wiener Prozess, wobei X eine standardnormalverteilte Zufallsvariable ist ($X \sim N(0,1)$). Daher kann die unbekannte kumulierte Wahrscheinlichkeit P nun in eine bekannte Wahrscheinlichkeitsverteilung, die Standardnormalverteilung überführt werden.[17] Nach der Überführung in die Standardnormalverteilung lautet die Gleichung für die Wertänderung des Portfolios:

$$dV = N \cdot A_t \cdot \left[e^{\left(\mu \cdot dt + \sigma \cdot z \cdot \sqrt{dt}\right)} - 1\right] \tag{13.17}$$

Ein Vergleich der Gl. 13.15 vor der Umwandlung in eine Standardnormalverteilung mit der Gl. 13.17 nach der Umwandlung zeigt, dass nun statt der Zufallszahl X der Wert z verwendet wird.

$$\text{Vorher}: dV = N \cdot A_t \cdot \left[e^{\left(\mu \cdot dt + \sigma \cdot X \cdot \sqrt{dt}\right)} - 1\right]$$

$$\text{Nachher}: dV = N \cdot A_t \cdot \left[e^{\left(\mu \cdot dt + \sigma \cdot z \cdot \sqrt{dt}\right)} - 1\right]$$

Der Wert z steht für ein bestimmtes Quantil der Standardnormalverteilung. Mit Hilfe dieses Quantils kann bestimmt werden, mit welcher Wahrscheinlichkeit der Betrag dV des Portfolios nicht größer als der gesuchte Betrag VaR sein soll. In Gl. 13.18 wird definiert VaR = dV.

$$VaR = N \cdot A_t \cdot \left[e^{\left(\mu \cdot dt + \sigma \cdot z \cdot \sqrt{dt}\right)} - 1\right] \tag{13.18}$$

Für die Formelherleitung wurde ein Portfolio mit einer positiven Anzahl N von Wertpapieren angenommen, daher beschreibt der Betrag VaR die Wertänderung einer Long-Position, die mit einer bestimmten Wahrscheinlichkeit nicht überschritten wird. Bei einer Short-Position wäre eine negative Anzahl -N zu berücksichtigen, so dass sich bei analoger Formelherleitung und Überführung in eine Standardnormalverteilung als dV für die Short-Position ergibt:

[16] Die Abkürzung VaR steht für Value at Risk.

[17] Die einzelnen Schritte werden bei Deutsch (2001, S. 368–370) ausführlich dargestellt und deshalb hier nicht im Detail wiedergegeben.

$$\text{VaR} = -\text{N} \cdot \text{A}_t \cdot \left[e^{\left(\mu \cdot dt - \sigma \cdot z \cdot \sqrt{dt}\right)} - 1 \right] \tag{13.19}$$

Neben der negativen Anzahl -N an Wertpapieren unterscheidet sich die Wertänderung einer Short-Position auch durch einen Vorzeichenwechsel im Exponenten. Daher sind für Long-und Short-Positionen unterschiedliche Gleichungen für die gesuchte Wertänderung zu verwenden. Für kurze Perioden von dt sind Näherungen der beiden Gleichungen zulässig. Zum einen kann die Exponentialfunktion durch eine lineare Funktion angenähert werden, zum anderen kann die mittlere Rendite für kurze Zeiträume vernachlässigt werden.

$\text{VaR} \approx \text{N} \cdot \text{A}_t \cdot \left[e^{\left(\mu \cdot z \cdot \sqrt{dt}\right)} - 1 \right]$ ohne mittlere Rendite;

$\text{VaR} \approx \text{N} \cdot \text{A}_t \cdot \mu \cdot dt + \sigma \cdot z \cdot \sqrt{dt}$ lineare Näherung der Exponential-Funktion;

$\text{VaR} \approx \text{N} \cdot \text{A}_t \cdot \left[\sigma \cdot z \cdot \sqrt{dt} \right]$ ohne mittlere Rendite und mit linearer Näherung der Expotentialfunktion.

Nur für die letzte der drei Näherungen, bei der sowohl die mittlere Rendite unberücksichtigt bleibt als auch die Exponentialfunktion durch eine lineare Funktion approximiert wird, lässt sich zeigen, dass die Wertänderung VaR für eine Long-und Short-Position identisch ist. Ebenso darf nur in dieser Näherung das Wurzel-Gesetz für die Umrechnung von Zeitperioden angewendet werden. Nur hier ist die Umrechnung zwischen unterschiedlichen Wahrscheinlichkeiten zulässig. Wird die Anzahl N der Wertpapiere mit dem Kurs A_t multipliziert, ergibt sich daraus der Marktwert des Portfolios. Daher ist, sofern die dritte Näherung als hinreichend exakt akzeptiert wird, auch die folgende Schreibweise gebräuchlich:

$$\text{VaR} = \text{Marktwert} \cdot \sigma \cdot z \cdot \sqrt{dt} \tag{13.20}$$

Die Abkürzung *VaR* wurde deshalb gewählt, weil sie im Englischen für den Ausdruck *Value at Risk* steht, was wortwörtlich übersetzt dem Risiko ausgesetztes Vermögen bedeutet. Obwohl es auch Synonyme wie beispielsweise Money at Risk (MaR) gibt, hat sich der Ausdruck Value at Risk (VaR) international durchgesetzt. Aus einem Value-at-Risk-Wert kann die Aussage abgeleitet werden, dass mit der verwendeten Wahrscheinlichkeit (z-Wert) der Verlustbetrag in Bezug auf einen Marktwert innerhalb einer bestimmten Zeitdauer (dt) nicht größer sein wird als der Betrag „VaR".

Die gesamte in diesem Kapitel gezeigte Herleitung der Gleichung für den Value at Risk baut auf einer einzigen *grundlegenden Annahme* auf: Die Schwankungen von Risikofaktoren sind unabhängig voneinander und lassen sich als stochastischer Prozess, konkret als ein Random Walk, beschreiben. Aus dieser Annahme konnte die Normalverteilungsannahme für die logarithmierten Wertänderungen von Risikofaktoren hergeleitet werden und darauf aufbauend entstand die Gleichung für die maximale Wertänderung eines Portfolios, die mit einer bestimmten Wahrscheinlichkeit nicht überschritten wird.

Abb. 13.6 Der Value at Risk auf Basis einer Normalverteilung

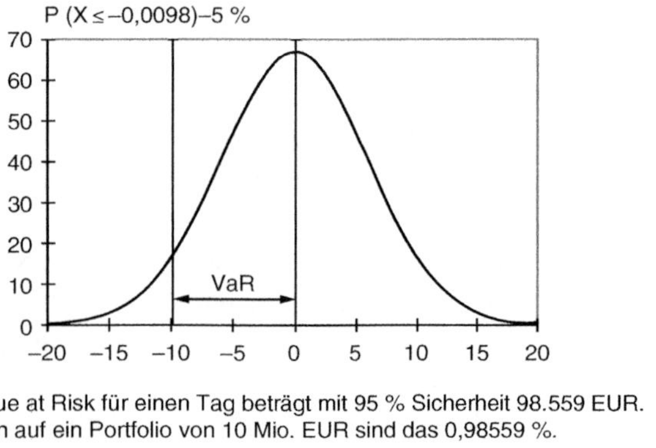

Zusätzlich zu der Wahrscheinlichkeit für den Value at Risk ist eine Aussage über den Zeithorizont notwendig, auf den sich die Risikoprognose bezieht. Der Prognosehorizont ist abhängig von dem Zeitraum, auf den die Volatilität bezogen wird. In der Praxis bildet häufig die Jahres-Volatilität die Datengrundlage für weitere Berechnungen.[18] Mit Hilfe des Wurzelgesetzes lässt sich die Jahres-Volatilität auf beispielsweise einen Tag herunterbrechen. Der mit der Tages-Volatilität berechnete maximale Wertverlust (= Value at Risk) gilt dann ebenfalls für die Zeitdauer von einem Tag. Wird für die Berechnung des Value at Risk die 10-Tages-Volatilität eingesetzt, folgt daraus der maximale Wertverlust in den nächsten zehn Tagen.

In Abb. 13.6 ist ein Beispiel zur Berechnung des Value at Risk auf Basis einer Normalverteilungsannahme gezeigt. Für ein Aktienportfolio mit 10 Mio. EUR Volumen und einer Tages-Volatilität von 0,5992 % wird der Value at Risk für einen Tag mit 95 % Wahrscheinlichkeit berechnet. Aus der Multiplikation des z-Werts der gewünschten Wahrscheinlichkeit mit dem Marktwert und der täglichen Veränderung des Portfolios ergibt sich der gesuchte Value at Risk von −98.562 EUR (= 10.000.000 EUR · (−1,6449) · 0,005992 · 1). Häufig wird auf das negative Vorzeichen des Value at Risk verzichtet, was jedoch zu Vorzeichenfehlern bei auf diesem Wert aufbauenden Formeln führen kann.

Das hergeleitete Modell kann für die Messung des Value at Risk verwendet werden, wenn es die Realität hinreichend genau beschreibt. Ein wichtiges Kriterium hierfür ist die Frage, ob die logarithmierten Wertänderungen von Risikofaktoren hinreichend unabhängig voneinander und normalverteilt sind. Im nächsten Kapitel werden deshalb Verfahren für die Prüfung der Eigenschaften von Zeitreihen vorgestellt.

[18] Datenanbieter wie etwa Bloomberg, Reuters und Datastream bieten aber auch andere Volatilitäten an (beispielsweise für 3 Monate).

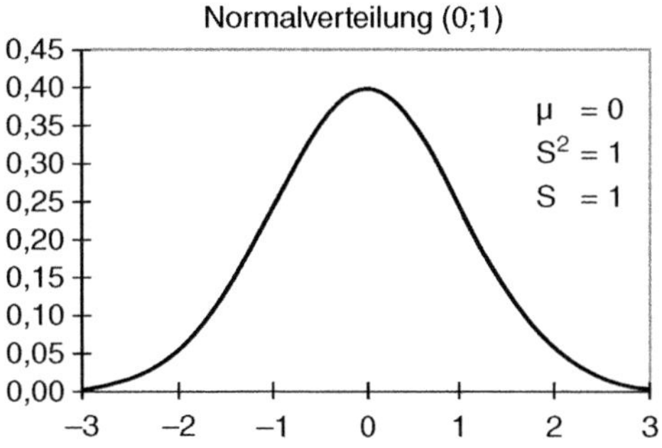

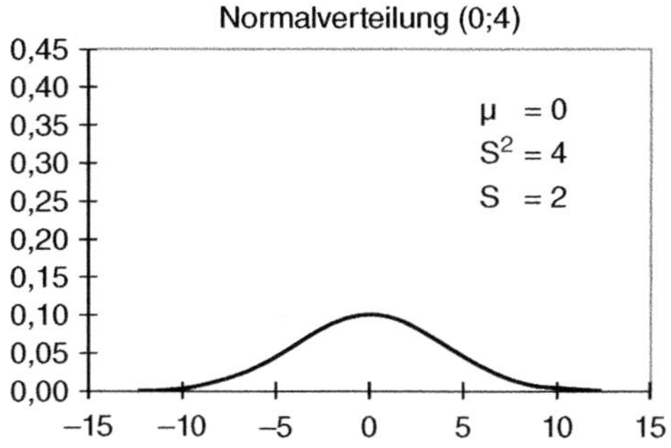

Abb. 13.7 Varianz und Standardabweichung

13.3 Die Prüfung einer Verteilungsannahme

Die Modellierung der Entwicklung von Risikoparametern auf Basis eines Random Walks führte in Teil 2 dieses mathematischen Anhangs zu der Normalverteilungsannahme. Als Zusammenfassung dieses Kapitels ist festzuhalten, dass, wenn Risikoparameter einem Random Walk folgen, sie näherungsweise normalverteilt sind.[19] Der Vorteil einer Normalverteilung liegt darin, dass sie sich mit nur zwei Parametern, der Standardabweichung und dem Erwartungswert, beschreiben lässt. Die Berechnung des Value at Risk mit Hilfe dieses parametrischen Ansatzes gelingt umso exakter, je besser die zu Grunde liegenden Daten einer Normalverteilung folgen.

Zu prüfen ist daher stets, wie gut die Zeitreihe eines zu untersuchenden Risikoparameters einer Normalverteilung folgt. Eine erste Prüfung kann mit Hilfe der Kennzahlen Erwartungswert, Varianz, Schiefe und Kurtosis erfolgen. Der *Erwartungswert (engl. Mean)* einer endlichen Zufallsgröße ergibt sich, in dem die Produkte aus den möglichen Werten und deren Wahrscheinlichkeit addiert werden. Für die Anzahl von T Tagesrenditen x_i berechnet sich der Erwartungswert gemäß Gl. 13.21.

$$\mu = \frac{1}{T} \cdot \sum x_i \quad \text{mit } i = 1 \text{ bis } T \tag{13.21}$$

Aus der *Varianz (engl. Variance)* lässt sich auf die Streuung der beobachteten Werte um den Erwartungswert schließen. Die Wurzel aus der Varianz ergibt die *Standardabweichung*. Je größer die Varianz (Standardabweichung) ist, umso stärker ist die Streuung der Einzelwerte. In Abb. 13.7 werden zwei Normalverteilungen mit identischen Erwartungswerten, jedoch unterschiedlicher Varianz gezeigt. Die linke Verteilung zeigt die Standardnormalverteilung, deren Varianz und Standardabweichung 1 beträgt. Im Vergleich dazu fällt die Streuung der Einzelwerte um ihren Erwartungswert in der rechten Verteilung grö-

[19] Die Normalverteilung ergibt sich als Folge des Zentralen Grenzwertsatzes für unabhängige Zufallsvariablen. Vgl. Deutsch (2001, S. 29).

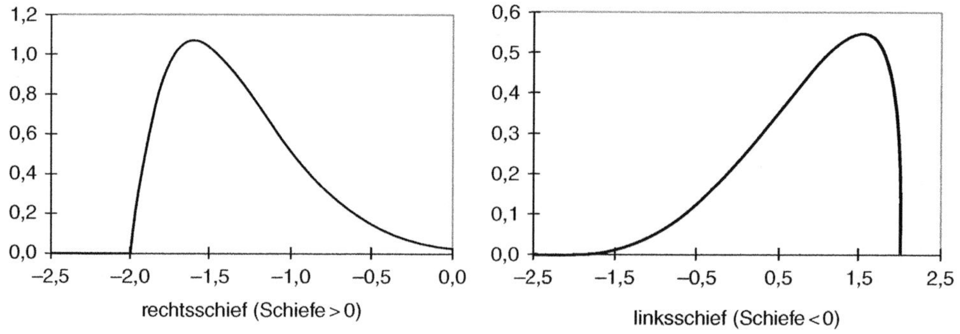

Abb. 13.8 Die Schiefe von Verteilungen

ßer aus. Dort beträgt die Varianz 4 und die Standardabweichung 2. Die empirische Varianz errechnet sich gemäß Gl. 13.22.

$$\sigma^2 = \frac{1}{T-1} \cdot \Sigma\left(x_i - \mu\right)^2 \quad \text{mit } i = 1 \text{ bis } T \tag{13.22}$$

Die *Schiefe* (engl. Skewness) ist ein Kriterium, um zu prüfen, ob eine symmetrische Verteilung vorliegt, das heißt die Wahrscheinlichkeiten für positive und negative Abweichungen gleich hoch sind. Da die Normalverteilung eine symmetrische Verteilung ist, hat sie eine Schiefe von Null. Eine linksschiefe Verteilung hat einen negativen Wert, eine rechtsschiefe Verteilung einen positiven Wert. In Abb. 13.8 wird der Unterschied zwischen linksschiefer und rechtsschiefer Verteilung gezeigt. Mit Hilfe der Gl. 13.23 kann die empirische Schiefe einer Verteilung berechnet werden.

$$\gamma = \frac{1}{T-1} \cdot \frac{\Sigma\left(x_i - \mu\right)^3}{\sigma^3} \quad \text{mit } i = 1 \text{ bis } T \tag{13.23}$$

Die Kurtosis beschreibt die Wölbung der Verteilung und hat für die Normalverteilung den Wert 3. Auch der Exzess bringt zum Ausdruck, wie spitz eine Verteilung zuläuft. Allerdings ist der Exzess auf die Normalverteilung normiert, das heißt eine Normalverteilung hat eine Kurtosis von 3 und einen Exzess von 0. Beide, Kurtosis und Exzess, beschreiben jedoch gleichermaßen die Wölbung einer Verteilung. Eine Kurtosis über 3 (Exzess > 0) bedeutet, dass Extremwerte in den äußerst linken und rechten Enden der Verteilung häufiger vorkommen, als es die Normalverteilung annimmt, was als „fat tails" bezeichnet wird. In Abb. 13.9 ist eine Normalverteilung mit Kurtosis 3,0 einer Logistikverteilung mit Kurtosis 4,2 gegenübergestellt.

Gehen die „fat tails" mit weniger Ausprägungen im mittleren Bereich (thinner midrange) und einer spitzen Mitte einher, so liegt eine Leptokurtosis vor. Bei einer leptokurtosischen Verteilung sind die Wahrscheinlichkeiten für sehr kleine und für sehr große positive wie negative Renditen höher, als es von der Normalverteilung unterstellt wird. Dabei

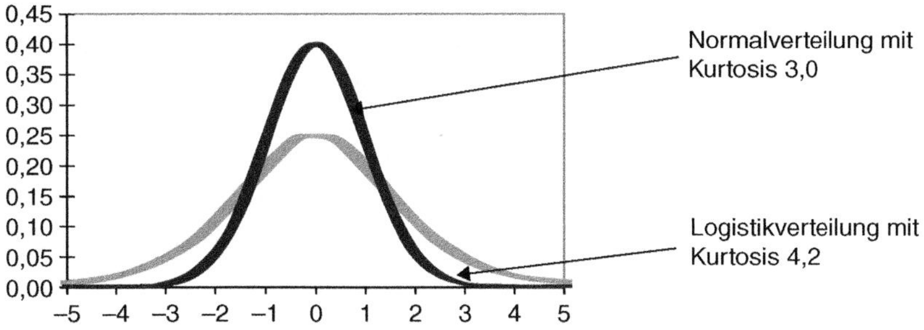

Abb. 13.9 Kurtosis einer Verteilung

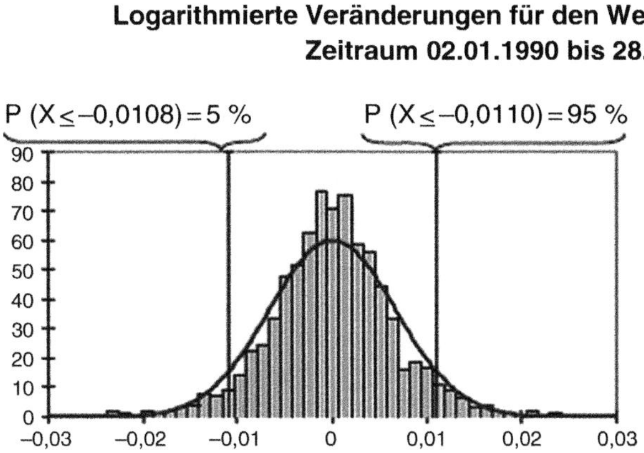

	Fit	Input
Minimum	–Infinity	–0,030007
Maximum	+Infinity	0,031672
Mittelwert	0,0001021	0,0001021
Std. Abw.	0,0066426	0,0066426
Varianz	4,41E-05	4,41E-05
Schiefe	0,0000	–0,0108
Kurtosis	3,0000	4,9621

Abb. 13.10 Prüfung der Normalverteilungs-Eigenschaften

bildet insbesondere die unerwartet hohe Wahrscheinlichkeit für große negative Renditen eine Fehlerquelle für die Risikomessung. Es kommt hierbei zu einer Unterschätzung des Risikos, da für die Berechnung des Value at Risk die Enden der Verteilung (tails) relevant sind und in den fat tails die Wahrscheinlichkeiten für extreme negative Renditen höher sind, als von der Normalverteilung angenommen wird. Eine Bereinigung der Zeitreihe um Crash-Werte (Extremwerte) kann die Kurtosis senken. Gl. 13.24 dient der Berechnung der empirischen Kurtosis einer Verteilung.

$$\delta = \frac{1}{T-1} \cdot \frac{\Sigma\left(x_i - \mu\right)^4}{\sigma^4} \quad \text{mit } i = 1 \text{ bis } T \qquad (13.24)$$

Mit Hilfe der vier gezeigten Kennzahlen wird an einem Beispiel die Anwendung auf die Praxis gezeigt. Das Beispiel ist aus Hager entnommen und behandelt die Eigenschaften der historischen Entwicklung des Wechselkurses DEM/USD im Zeitraum vom 02.01.1990 bis 06.03.2001.[20] Analysiert werden die Verteilungseigenschaften der logarithmierten Veränderungen auf Basis von 2913 Beobachtungen. In Abb. 13.10 stehen in der Spalte „Fit" die Parameter einer angepassten Normalverteilung und dem gegenübergestellt in der Spalte „Input" die Parameter der beobachteten Werte.

Im Gegensatz zu einer perfekten Normalverteilung ist die Verteilung der beobachteten Veränderungen linksschief mit dem Wert −0,0108, was bedeutet, dass positive Veränderungen häufiger vorkommen als negative. Die Kurtosis der beobachteten Veränderungen beträgt 4,9621 und liegt damit über dem Wert 3,0 einer Normalverteilung. Bei genauer Betrachtung der Flanken überragen die tatsächlichen Veränderungen die angedeutete Normalverteilungskurve. Die hohe Kurtosis ist ein Indiz für eine starke Besetzung der Flanken („fat tails"). Verbunden mit der spitzen Mitte bietet die Verteilung ein gutes Beispiel für eine Leptokurtosis.

Die Prüfung der Normalverteilungs-Eigenschaft wird durch einen *PP-Plot* ergänzt. In einem PP-Plot werden den Wahrscheinlichkeiten einer beobachteten Verteilung die Wahrscheinlichkeiten einer vermuteten Verteilung, beispielsweise der Normalverteilung, gegenübergestellt. Wenn die Verteilungsannahme für die beobachtete Verteilung zutrifft, dann müssen die Punkte in dem Diagramm eine Diagonale bilden.

In Abb. 13.11 ist ein Beispiel für einen PP-Plot gezeigt. Der Plot zeigt Wölbungen im unteren und oberen Verlauf an. Diese Wölbungen könnten ein Indiz für „fat tails" sein. Eine Vergrößerung des Fensters für den Bereich zwischen 0 % und 10 % bestätigt den ersten Eindruck. Das Zoom-Fenster in Abb. 13.11 zeigt, dass das 5 %-Quantil der Normalverteilung dem 5,8 %-Quantil der beobachteten Verteilung entspricht. Eine Value-at-Risk-Schätzung mit 95 % Wahrscheinlichkeit hätte in diesem Beispiel tatsächlich nur eine

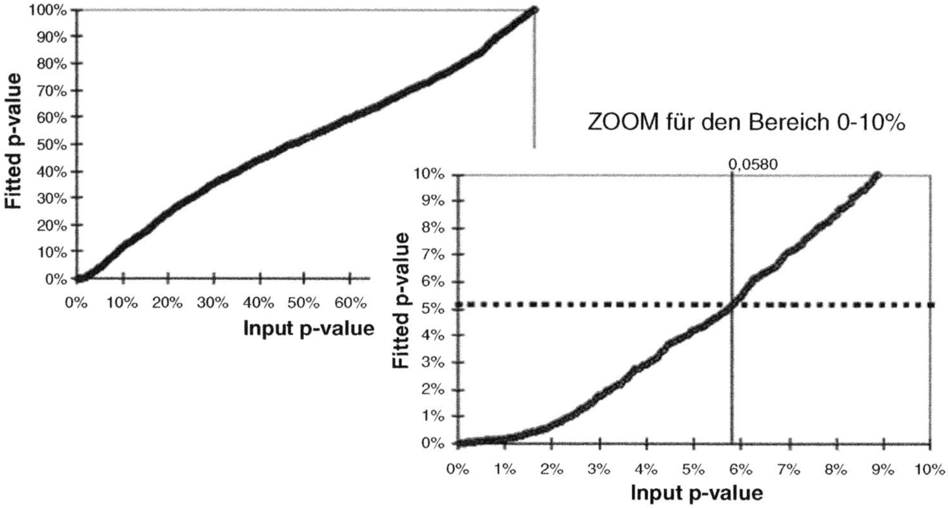

Abb. 13.11 Beispiel für einen PP-Plot

[20] Vgl. Hager (2004, S. 61 ff.).

Wahrscheinlichkeit von 94,2 %. Die Betrachtung eines PP-Plots zeigt direkt, in welchen Bereichen die beobachtete Verteilung besonders stark von der angenommenen Verteilung abweicht. So lässt sich prüfen, ob die Abweichungen für die Risikomessung relevant sind. Das wird regelmäßig bei Abweichungen im Bereich zwischen 0 % und 10 % (fat tails) der Fall sein.

Der Verlauf des PP-Plots bei einer Normalverteilungsannahme für die logarithmierten Veränderungen des Wechselkurses DEM/USD im Zeitraum vom 02.01.1990 bis zum 28.11.2000 ist in Abb. 13.12 gezeigt. Der PP-Plot lässt keine starken Wölbungen erkennen und auch eine Vergrößerung des Bereichs zwischen 0 % und 10 % lässt eine nur geringe Abweichung zwischen dem 5 %-Quantil der Normalverteilung und dem 5 %-Quantil der beobachteten Verteilung erkennen. Bisher kann daher davon ausgegangen werden, dass die Annahme einer Normalverteilung für die logarithmierten Wechselkursänderungen zu einer zuverlässigen Risikoschätzung führen wird.

Zusätzlich zu dem PP-Plot können statistische Tests auf das Vorliegen einer Normalverteilung durchgeführt werden. In diesem Buch wird der Chi-Quadrat-Anpassungstest und der Kolmogorov-Smirnov-Test angewendet.[21] Der *Chi-Quadrat-Anpassungstest* kann für beliebige Verteilungen benutzt werden. Bei dem Test auf eine bestimmte Verteilung, zum Beispiel die Normalverteilung, müssen zunächst die unbekannten Parameter geschätzt werden, um daraus die hypothetische Normalverteilung zu bestimmen. Für einen korrekten Test muss ein großer Stichprobenumfang vorliegen. Enthält die beobachtete Zeitreihe

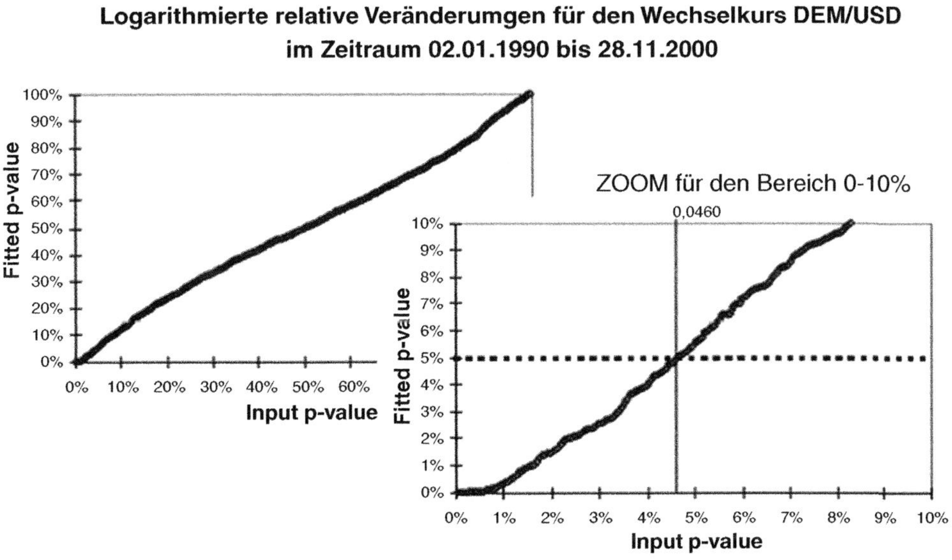

Abb. 13.12 Prüfung der Normalverteilungs-Eigenschaft mit dem PP-Plot

[21] Für die Durchführung der beiden Tests vgl. Bosch (1998, S. 370 ff. und 377 ff.). An dieser Stelle soll lediglich eine Interpretation der Testergebnisse erfolgen.

viele Renditen nahe Null, kann der Chi-Quadrat-Anpassungstest auf die Normalverteilung falsche Ergebnisse liefern.

Im vorliegenden Fall lautet die zu testende Hypothese, dass die beobachtete Verteilung einer Normalverteilung entspricht. Die Gegenhypothese lautet, dass keine Normalverteilung vorliegt. Der Chi-Quadrat-Anpassungstest lehnt für einen α-Fehler von fünf Prozent die Normalverteilungsannahme mit einem p-Wert von circa 0 % ab. Der α-Fehler quantifiziert die Wahrscheinlichkeit, die Nullhypothese abzulehnen, obwohl sie korrekt ist. Der p-Wert gibt die kleinste Irrtumswahrscheinlichkeit an, mit der die Hypothese abgelehnt werden kann. In dem vorliegenden Fall könnte für den Chi-Quadrat-Anpassungstest die Hypothese der Normalverteilung auch noch bei einer Irrtumswahrscheinlichkeit kleiner 0,001 % abgelehnt werden. Hingegen hätte ein p-Wert von mehr als fünf Prozent (α-Fehler) auf das Vorliegen einer Normalverteilung hingedeutet.

Der *Kolmogorov-Smirnov-Test* ist im Gegensatz zum Chi-Quadrat-Anpassungstest verteilungsfrei und liefert auch bei einer Häufung von Renditen nahe Null zuverlässige Testergebnisse.[22] Der Versuchsaufbau erfolgt analog zum Chi-Quadrat-Anpassungstest. Die Hypothese lautet: Die beobachtete Verteilung ist eine Normalverteilung und die Gegenhypothese verneint das Vorliegen einer Normalverteilung. Der α-Fehler beträgt wieder fünf Prozent. Für den Kolmogorov-Smirnov-Test ergibt sich ein p-Wert von weniger als ein Prozent. Damit kann bei diesem Test die Hypothese der Normalverteilung noch bei einer Irrtumswahrscheinlichkeit von fünf Prozent abgelehnt werden. Zusammenfassend ist festzustellen, dass die beiden hier angewendeten statistischen Tests zu einer Ablehnung der Normalverteilungsannahme führen.

In der Literatur wird zum Teil die *Filterung der Daten* vorgeschlagen, um auf diese Weise eine bessere Anpassung der Beobachtungen an eine statistische Verteilung zu erreichen.[23] Problematisch ist nur die Entscheidung, welcher Filter geeignet ist. Wenn zum Beispiel per Definition alle Beobachtungen außerhalb eines Intervalls von plus minus drei Standardabweichungen als Ausreißer definiert und ausgefiltert werden, dann würde der p-Wert für den Chi-Quadrat-Anpassungstest auf über neun Prozent steigen und die Normalverteilungsannahme wäre gerechtfertigt. Der Kolmogorov-Smirnov-Test würde weiterhin die Hypothese der Normalverteilung bei einem p-Wert unter einem Prozent ablehnen. Auf die Anwendung von Filtern wird in diesem Buch verzichtet, da es schwierig ist, eine objektive Entscheidung darüber zu treffen, welche Werte noch „normal" und welche Werte bereits als Ausreißer zu werten sind. Statt einer Veränderung der zu Grunde liegenden Daten kann jedoch eine Fehleradjustierung am Value-at-Risk-Wert selbst erfolgen.

Ein geeignetes Verfahren hierfür ist die *Cornish-Fisher-Erweiterung*.[24] Das Verfahren berücksichtigt einen von Null abweichenden Erwartungswert der Verteilung und adjustiert den z-Wert unter Berücksichtigung der Schiefe γ, woraus sich ein neuer Faktor w

[22] Vgl. Cremers (1999, S. 271 f.).

[23] Vgl. Deutsch (2001, S. 546 ff.).

[24] Vgl. Hull (2001, S. 504, 520 f.).

ergibt. Für eine rechtsschiefe Verteilung ist die Schiefe γ positiv. Daraus folgt ein positiver Faktor w, der größer ist als der ursprüngliche z-Wert und damit den Value at Risk erhöht. Das ist gerechtfertigt, da eine rechtsschiefe Verteilung mehr Wahrscheinlichkeitsmasse im Bereich der hohen negativen Renditen aufweist als im Bereich der hohen positiven Renditen. Folglich ist der Value at Risk größer, als von der symmetrischen Normalverteilungsannahme unterstellt wird. Für eine linksschiefe Verteilung ist die Schiefe γ negativ, daher wird auch der Faktor w negativ und in Folge dessen sinkt der adjustierte Value at Risk gegenüber dem Value at Risk aus der Normalverteilung. Diese Korrektur ist erforderlich, da bei einer linksschiefen Verteilung hohe positive Renditen wahrscheinlicher sind als hohe negative Renditen, und die symmetrische Normalverteilung den Value at Risk überschätzt.

Die Verwendung der Cornish-Fisher-Erweiterung sei an einem Beispiel demonstriert. Im ersten Schritt wird der Faktor wberechnet, der als ein um die Schiefe korrigierter z-Wert betrachtet werden kann. Der Wechselkurs DEM/USD besitzt bei Betrachtung der Historie vom 02.10.1990 bis zum 28.11.2000 und Einsatz eines Filters von drei Standardabweichungen eine Schiefe von $\gamma = -0{,}0108$. Für eine Wahrscheinlichkeit von 95 % ist ein z-Wert von 1,6449 erforderlich. Der um die Schiefe korrigierte Faktor w berechnet sich wie folgt:

$$\begin{aligned} w &= z + \frac{1}{6} \cdot \left(z^2 - 1\right) \cdot \gamma \\ w &= -1{,}6449 + \frac{1}{6} \cdot \left(-1{,}6449^2 - 1\right) \cdot \left(-0{,}0108\right) \\ w &= -1{,}6480 \end{aligned} \tag{13.25}$$

In einem zweiten Schritt kann der tatsächliche Mittelwert von 0,0001 in die Value-at-Risk-Berechnung aufgenommen werden (vgl. Gl. 13.26). Abschließend wird das korrigierte 95 %-Quantil für ein Devisenportfolio mit 10 Mio. EUR Volumen berechnet.

$$\begin{aligned} \text{Quantil} &= \mu + w \cdot \sigma \\ 95\% - \text{Quantil} &= 0{,}0001 - 1{,}6480 \cdot 0{,}006643 \\ &= -0{,}010848 \\ \text{VaR}_{95\%} &= -0{,}010848 \cdot 10\,\text{Mio. EUR} \\ \text{VaR}_{95\%} &= -108.480\ \text{EUR} \end{aligned} \tag{13.26}$$

Ohne Berücksichtigung der Schiefe und des von Null abweichenden Mittelwerts würde sich bei Annahme einer Normalverteilung aus der Multiplikation des z-Werts mit der Standardabweichung ein Value at Risk von näherungsweise −109.270 EUR (= 10 Mio. EUR · (−1,6449) · 0,006643) ergeben. Wird statt dem z-Wert von −1,6449 ein um die Schiefe korrigierter Faktor w = −1,6480 verwendet und der tatsächliche Mittelwert von 0,0001 berücksichtigt, sinkt der Value at Risk auf −108.480 EUR. Das ist bei einer linkschiefen Verteilung mit einem positiven Erwartungswert gerechtfertigt, da positive Renditen wahrscheinlicher sind als negative Renditen. In dem Beispiel mit dem Wechselkurs DEM/USD ist die Korrektur des Value at Risk von nur geringen Ausmaß, da die logarithmierten relativen Veränderungen eine geringe Schiefe und einen marginal von Null abweichenden Mittelwert aufweisen. Für die Erläuterung des Vorgehens bei der Cornish-Fisher-Erweiterung ist das Beispiel aber ausreichend.

Während die klassische Value-at-Risk-Berechnung mit der Normalverteilungsannahme nur auf die Volatilität abstellt, können bei der Cornish-Fisher-Erweiterung auch die anderen Momente wie Erwartungswert und Schiefe berücksichtigt werden. Zur Berechnung von Risiken mit Hilfe der Momente einer Verteilung ist eine gewisse Kontinuität vorauszusetzen. Diese Eigenschaft heißt *Stationarität.* Ohne den Anspruch auf mathematische Exaktheit kann eine Zeitreihe als stationär aufgefasst werden, wenn bei jedem beliebigen Zeitfenster gleicher Länge, das über die Grafik der Zeitreihe gleitet, sich stets ein qualitativ gleiches Bild zeigt, also keine systematischen Veränderungen im Gesamtbild erkennbar sind.[25] Dann dürfen die Schätzer für den Erwartungswert und die Standardabweichung, die auf der Basis unterschiedlicher Zeitfenster gleicher Länge der Zeitreihe errechnet wurden, nicht stark voneinander abweichen.

Bei nicht stationären Zeitreihen ist die Berechnung von Kennzahlen wie Erwartungswert, Varianz, Schiefe und Kurtosis wenig sinnvoll, da diese Werte einem stetigen Wandel unterliegen. Hier führen Ansätze wie die Value-at-Risk-Berechnung auf Basis einer Verteilungsannahme zu falschen Ergebnissen. Für ökonometrische Schätzungen wird die Betrachtung der relativen Veränderungsraten statt der absoluten Werte empfohlen, um die Bedingung der Stationarität einer Zeitreihe besser zu erfüllen.[26]

Ein weiterer Fehler bei der Value-at-Risk-Berechnung kann durch die Autokorrelation von Messungen entstehen. Bei Vorhandensein von *Autokorrelation* ist der aktuelle Wert einer Zeitreihe nicht unabhängig von den vorhergehenden Werten. Für Finanzmarkt-Datenreihen lässt sich ein Volatilitätsclustering beobachten, das heißt die Entwicklung der Volatilität im Zeitablauf folgt einem gewissen Muster. Auf eine Phase hoher Volatilitäten folgt eine Phase niedriger Volatilitäten und umgekehrt. In einer Phase hoher Volatilitäten wird erwartungsgemäß auf eine hohe Volatilität wieder eine hohe Volatilität folgen. In Phasen niedriger Volatilitäten wird eine niedrige Volatilität wieder von einer niedrigen gefolgt. Diese Korrelation einer Größe heute mit sich selbst zu einem anderen Zeitpunkt wird als Autokorrelation bezeichnet.

Aus Sicht der Statistik wäre eine Reihe von Tests durchzuführen. Es wäre mit Hilfe von einzelnen Tests für jeden Risikofaktor beispielsweise zu prüfen, ob die vermutete Verteilung vorliegt, ob Stationarität gegeben ist oder ob eine starke Autokorrelation messbar ist. In diesem Buch wird ein anderer Ansatz verfolgt. Statt jedes Merkmal einzeln zu prüfen, erfolgt am Ende der Modellbildung eine Ex-post-Prüfung der vollständigen Modelle. Über einen in der Vergangenheit liegenden Zeitraum von 255 Tage werden mit den Model-

---

[25] Für eine mathematisch exakte Definition von schwacher und starker Stationarität mit formalen Bedingungen vgl. Schlittgen und Streitberg (1999, S. 3, 100 f., 104).

[26] Vgl. Bartram (2000a, S. 243).

Abb. 13.13 Kennzahlen für das Backtesting von Modellen

Anzahl der Fehler (Überschreitungen) bei einem Signifikanzniveau von a = 0,5

Wahrscheinlichkeitsgrad	Nichtablehnungsbereich für die Anzahl der Fehler N		
P	T = 255 Tage	T = 510 Tage	T = 1000 Tage
0,01	N < 7	1 < N < 11	4 < N < 17
0,025	2 < N < 12	6 < N < 21	15 < N < 36
0,05	6 < N < 21	16 < N < 36	37 < N < 65
0,075	11 < N < 28	27 < N < 51	59 < N < 92
0,10	16 < N < 36	38 < N < 65	81 < N < 120

Anmerkung: N steht für die Anzahl der Fehler (Überschreitungen), die mit der Stichprobengröße T beobachtet werden könnte, ohne die Nullhypothese, laut der p mit 5%-iger Irrtumswahrscheinlichkeit die korrekte Wahrscheinlichkeit ist, abzulehnen.

len Risikoprognosen erstellt und mit den tatsächlich eingetretenen Werten verglichen. Dieses als *Backtesting* bezeichnete Vorgehen prüft, ob das Modell als Ganzes zuverlässige Prognosen liefert.[27]

Nachdem die Herleitung eines Modells für die Messung von Risiken abgeschlossen ist, gilt es, die vom Modell benötigten Parameter zu bestimmen. Für die Value-at-Risk-Messung stehen alternative Wahrscheinlichkeiten und Haltedauern zur Auswahl. Als *Wahrscheinlichkeit* einer Risikoprognose wird häufig das 95 %, 97,5 % oder 99 %-Quantil gewählt. Von Kupiec wurden die in Abb. 13.13 gezeigten Vertrauensintervalle berechnet, mit denen geprüft werden kann, ob die tatsächlich beobachtete Anzahl von Überschreitungen des prognostizierten Value at Risk zur Ablehnung des Modells führt.[28] Beträgt die Wahrscheinlichkeit in dem Risikomodell beispielsweise 99 %, so liegt die Gegenwahrscheinlichkeit für eine Überschreitung des Value at Risk bei einem Prozent. In der ersten Zeile ist die Gegenwahrscheinlichkeit $p = 1$ % abgetragen und in der ersten Spalte stehen die Vertrauensintervalle für einen Beobachtungszeitraum von $T = 255$ Handelstagen. Die Variable N steht für die Anzahl der beobachteten Überschreitungen des für die Haltedauer von einem Tag prognostizierten Value at Risk. Kommt es in einem Zeitraum von 255 Handelstagen an sieben oder mehr Tagen zu einer Überschreitung des Value at Risk, so wird das Risikomodell verworfen. Für diesen Test beträgt die Wahrscheinlichkeit für den α-Fehler, das Modell zu Unrecht abzulehnen, fünf Prozent. In diesen Fällen wird das Risikomodell aufgrund der Kriterien von Kupiec abgelehnt, obwohl es tatsächlich korrekte Ergebnisse liefert.

Die Ablehnung des Modells wegen der Überschätzung des Risikos ist bei einer Wahrscheinlichkeit von 99 % und einem Beobachtungszeitraum von 255 Tagen ist nicht möglich. Das Konfidenzintervall für die Annahme des Modells umfasst [0 %; 2,35 %]. Wenn das Risiko ex post in mehr als 2,35 % der Beobachtungen höher als geschätzt war, dann wird das Modell abgelehnt. Das Modell kann daher nur abgelehnt werden, wenn es das Risiko unterschätzt. Jedoch könnte es an sechs von 255 Handelstagen zu einer Überschrei-

[27] Vgl. Butler (1999, S. 41), Hull (2001; S. 506 f.), Zangari (1996, S. 217 ff.).

[28] Zur Gleichung von Kupiec für die Berechnung der Vertrauensintervalle vgl. Jorion (1997, S. 95 f.).

tung des Value at Risk kommen, was 2,35 % statt eines Prozents entspricht, ohne dass das Modell signifikant zu widerlegen wäre.

Im Gegensatz dazu ist ein Modell mit einer Wahrscheinlichkeit von 95 % leichter zu verifizieren bzw. zu widerlegen. Das Konfidenzintervall beträgt hier [2,75 %; 7,84 %]. Für den Zeitraum von 255 Handelstagen wird es erwartungsgemäß an dreizehn Tagen zu einer Überschreitung des Value at Risk kommen. Das Vertrauensintervall für die Prüfung der Prognosegüte ist nun zweiseitig, bei nur sechs und weniger Überschreitungen überschätzt das Modell das Risiko und wird daher abgelehnt. Wenn es an 21 oder mehr Handelstagen zu einer Überschreitung des Value at Risk kommt, unterschätzt das Modell das Risiko und wird ebenfalls abgelehnt. Während bei einer Wahrscheinlichkeit von einem Prozent die tatsächliche Überschreitung das 2,35-fache betragen darf, ohne dass das Modell widerlegbar ist, sinkt die zulässige Überschreitung bei 95 % Wahrscheinlichkeit auf das 1,53-fache (= 20/13).

13.4 Parametrisierung von Risikomodellen

In Abb. 13.14 ist das äußerst linke Ende der Verteilung für die logarithmierten Wechselkursänderungen DEM/USD im Zeitraum von 27.11.1998 bis 28.11.2000 gezeigt. Bei Betrachtung des 99 %-Quantils zeigt sich, dass das verbleibende ein Prozent Wahrscheinlichkeitsmasse der Verteilung, welches das über den Value at Risk hinausgehende Risiko kennzeichnet, keiner erkennbaren Normalverteilung folgt. Hingegen lassen sich bei einem 95 %-Quantil die verbleibenden fünf Prozent Wahrscheinlichkeitsmasse besser durch die linke Flanke einer Normalverteilung beschreiben.

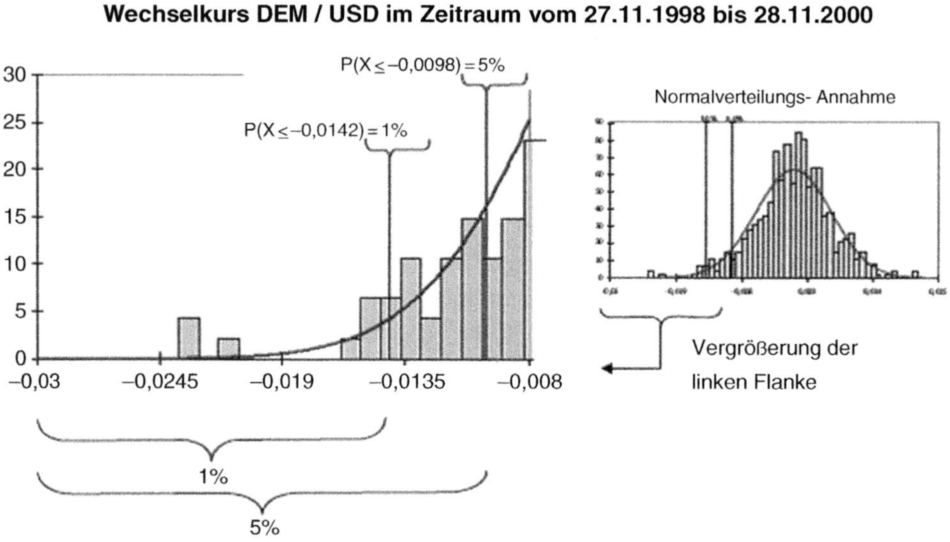

Abb. 13.14 Vertrauensintervalle der Normalverteilungs-Approximation

Es bleibt die Frage, ob eine Wahrscheinlichkeit von 99 % „sicherer" ist als ein Wert von 95 %. Diese Schlussfolgerung liegt nahe, ist jedoch problematisch. Wie bereits gezeigt wurde, sind Modelle mit 95 % Wahrscheinlichkeit leichter widerlegbar bzw. verifizierbar und die tatsächlichen Value-at-Risk-Überschreitungen stimmen besser mit den Erwartungen überein. Der Value at Risk mit 95 % Wahrscheinlichkeit beschreibt tendenziell die Verluste unter normalen Umweltbedingungen, während ein Value at Risk mit 99 % Wahrscheinlichkeit tendenziell auf extreme Verluste abzielt, bei denen jedoch die meisten Value-at-Risk-Modelle versagen und häufig in die Kritik geraten. Auch kann der aus 95 % gegenüber 99 % Wahrscheinlichkeit resultierende geringere Value at Risk bei der Festlegung der Risikolimite kompensiert werden, was die Kritik einer zu großen Risikotoleranz bei Anwendung von 95 % Wahrscheinlichkeit entkräftet.[29]

Der Prognosehorizont für den Value at Risk wird auch als *Haltedauer* oder *Liquidationsperiode* bezeichnet. Ursprünglich wurde damit die Zeit bezeichnet, die benötigt wird, um eine Risikoposition zu schließen. Das Bundesaufsichtsamt für das Kreditwesen (als Vorgängerbehörde der heutigen Bundesanstalt für Finanzdienstleistungsaufsicht, BaFin) definierte die Haltedauer in § 34, Grundsatz I wie folgt[30]: „Bei der Ermittlung der potenziellen Risikobeträge ist (...) anzunehmen, dass die zum Geschäftsschluss im Bestand befindlichen Finanzinstrumente oder Finanzinstrumentsgruppen weitere zehn Arbeitstage im Bestand gehalten werden (Haltedauer) ...".[31] Mit dieser Interpretation kommt die besondere Vorsicht bei der Ermittlung von Risiken zum Ausdruck. Es wird davon ausgegangen, dass bis zu zehn Handelstage benötigt werden könnten, um die Schließung einer Risikoposition zu prüfen, zu entscheiden und dann auch umzusetzen.

Der Begriff Haltedauer wird zum Teil falsch interpretiert und als das Zeitintervall zwischen zwei aufeinanderfolgenden Risikomessungen aufgefasst. Wenn das Risiko aber nur alle zehn Tage gemessen wird, dann könnte im Extremfall die tatsächliche Haltedauer (Liquidationsperiode) einer Position zwanzig Tage betragen. Das wäre der Fall, wenn zehn Tage nach der letzten Messung ein zu hohes Risiko festgestellt wird und anschließend tatsächlich zehn Handelstage zur effektiven Schließung der Risikoposition benötigt werden. Daher sollte auch bei einer Haltedauer von zehn Tagen das Risiko täglich gemessen werden. Die lange Haltedauer ist nur eine zusätzliche Vorsichtsmaßnahme im Hinblick auf sehr exotische Positionen und wenig liquide Märkte, wo eine schnelle Auflösung von Exposures nicht immer gewährleistet ist. Die Haltedauer sollte nicht wesentlich über zehn Tage hinausgehen. Bei der Herleitung des Value-at-Risk-Modells auf Basis eines Random Walks wurde abschließend eine lineare Näherung der Exponentialfunktion mit Verzicht auf die mittlere Rendite durchgeführt. Diese Näherung ist aber nur für kurze Perioden zulässig.[32] Außerdem

[29] Vgl. Rau-Bredow (2001, S. 315).

[30] Im alten Grundsatz I konkretisierte die Deutsche Bundesbank den § 10 Abs. 1 KWG zur Eigenmittelausstattung von Kreditinstituten.

[31] Vgl. BaFin im Internet unter www.bafin.de, vgl. Grundsatz I.

[32] Vgl. Deutsch (2001, S. 372 f.).

können für ein Finanzinstrument oder ein ganzes Portfolio auch Wertänderungen entstehen, ohne dass sich die Risikofaktoren oder die Zusammensetzung des Portfolios verändern.

Die Wertveränderungen entstehen im Zeitablauf durch die *Verkürzung der Restlaufzeit* von Finanzinstrumenten. Als Beispiel hierfür kann ein festverzinsliches Wertpapier betrachtet werden. Der Kurs möge aufgrund eines gestiegenen Zinsniveaus unter 100 liegen und die Restlaufzeit beträgt 60 Handelstage. Im Zeitablauf nimmt die Restlaufzeit ab und der Tilgungszeitpunkt nähert sich. Die Diskontierungswirkung für den verbleibenden Cash Flow in 60 Tagen nimmt mit Verkürzung der Restlaufzeit ebenfalls ab. Einen Tag vor Fälligkeit müsste das Wertpapier mit dem Tageszins geteilt durch 360 Tage diskontiert werden.[33] Für einen Tageszins von beispielsweise vier Prozent würde sich ein Abzinsungsfaktor von 0,9999 (= 1/(1 + (0,04/360))) ergeben. Ein Tageszins von fünf Prozent würde ebenso zu einem Abzinsungsfaktor von 0,9999 führen wie ein Tageszins von drei Prozent.[34]

Die Veränderung des Zinssatzes hat bei einer sehr kurzen Restlaufzeit nahezu keine Bedeutung für den Barwert des Wertpapiers. Bei Fälligkeit wird das Wertpapier zum Nominalkurs von 100 getilgt. Daraus folgt, dass bei Verkürzung der Restlaufzeit und Annäherung an den Tilgungszeitpunkt der Barwert eines festverzinslichen Wertpapiers gegen den Rückzahlungskurs von 100 strebt, ungeachtet der Entwicklung der Bewertungszinsen. Diese Eigenschaft wird als *Pull-to-par-Effekt* bezeichnet.[35] Wenn der Kurs des Wertpapiers bei Verkürzung der Restlaufzeit gegen den Rückzahlungskurs strebt, muss auch die Kursvolatilität des Wertpapiers abnehmen. Die Kursvolatilität strebt mit Verkürzung der Restlaufzeit ebenfalls gegen Null, was als *Roll-down-Effekt* bezeichnet wird.

Bei der Value-at-Risk-Berechnung für einen Zeithorizont von mehr als einem Tag wird die tägliche Veränderung des Wertpapiers mit dem Wurzelgesetz auf die gewünschte Periode skaliert. Dabei wird eine über den gesamten Prognosehorizont konstante tägliche Veränderung unterstellt, aus der sich die mit dem Wurzelgesetz anwachsende Zeitraum-Volatilität für den jeweiligen Prognosehorizont ergibt. Dem steht jedoch eine mit Verkürzung der Restlaufzeit abnehmende Kursvolatilität entgegen. Damit erfolgt eine Missachtung des Roll-down-Effekts.

Für die Value-at-Risk-Berechnung werden die möglichen Wertschwankungen auf Basis des aktuellen Barwerts von dem Wertpapier berechnet. Der Barwert des Wertpapiers strebt bei abnehmender Restlaufzeit gegen den Nominalwert, so dass auch ohne Änderungen der Bewertungszinssätze täglich eine Wertänderung stattfindet. Für die Value-at-Risk-Berechnung von zehn Tagen wird ein konstanter Barwert über die gesamte Laufzeit angenommen.[36] Hierin besteht eine Missachtung des Pull-to-par-Effekts.

In Abb. 13.15 sind die Annahmen für die Risikoprognose mit dem klassischen Value-at-Risk-Verfahren dem tatsächlichen Verlauf von Kursvolatilität und Barwert gegenüber-

[33] Als Zinskonvention werden in diesem Beispiel 360 Zinstage pro Jahr angenommen.

[34] Die Abzinsungsfaktoren wurden jeweils auf 4 Nachkommastellen gerundet.

[35] Vgl. Finger (1997, S. 4 ff.).

[36] Vgl. Jorion (2001, S. 215): Bei einer Skalierung des Value at Risk mit dem Wurzelgesetz wird von einem konstanten Volumen und unabhängigen, identisch verteilten Tagesrenditen ausgegangen.

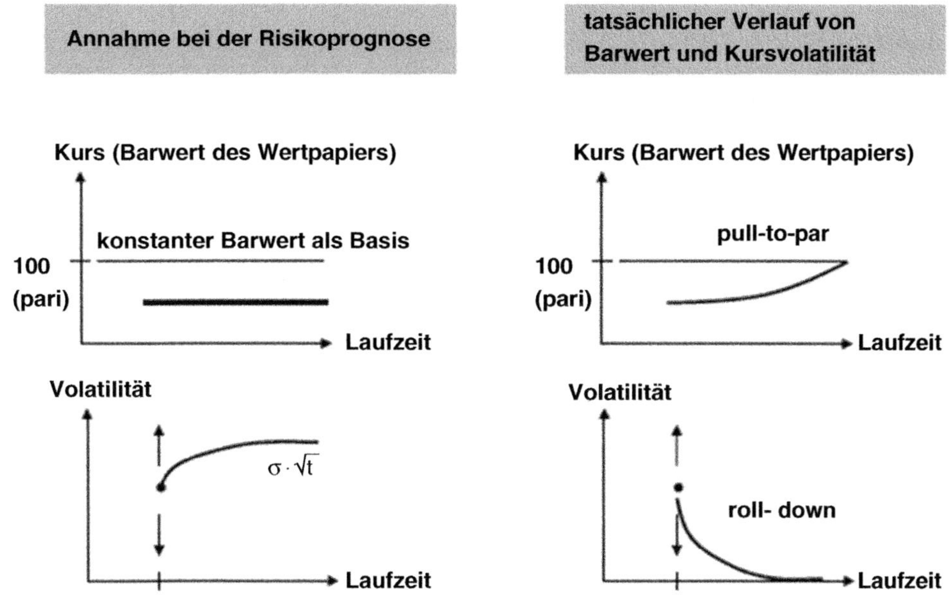

Abb. 13.15 Pull-to-par- und Roll-down-Effekte

gestellt. Beide Effekte sind relevant für Finanzinstrumente, die nicht mit den Volatilitäten der Risikofaktoren wie beispielsweise Wechselkursvolatilität oder Zinsvolatilität bewertet werden, sondern mit transformierten Kursvolatilitäten. Darüber hinaus entsteht ein Fehler aus der Annahme eines über den Zeitablauf konstanten Portfoliowerts für alle Value-at-Risk-Berechnungen mit Prognosehorizonten von mehr als einem Tag. Die Prämisse, dass sich der Barwert des Portfolios im Zeitablauf nicht ändert, wenn sich die Risikofaktoren nicht ändern, entspricht nicht der Realität. Sind in dem betrachteten Portfolio beispielsweise Optionen enthalten, führt eine Verkürzung der Restlaufzeit zu einer Verringerung des Zeitwerts der Option. Der Zeitwert ist im Preis der Option enthalten und wird gezahlt für die Unsicherheit über die zukünftige Entwicklung des Basisinstruments (Underlying) bis zur Fälligkeit der Option. Verringert sich die Restlaufzeit, so nimmt die Unsicherheit ab und der Zeitwert ebenso. Am Fälligkeitstag beträgt der Zeitwert Null, weil zu diesem Zeitpunkt bekannt ist, ob die Option ausgeübt wird und es somit keine Unsicherheit mehr gibt.

Das Problem wird an einem *Beispiel* deutlich: Eine Option möge aus dem Geld liegen. Sie besitzt folglich keinen inneren Wert und enthält nur noch einen Zeitwert von 10,00 EUR. Die Restlaufzeit der Option beträgt 30 Tage und die tägliche Veränderung des Optionspreises beträgt zu diesem Zeitpunkt 0,94 %. Gemäß dem Value-at-Risk-Modell würde der Barwert der Option über den Zeitraum von 30 Tagen unverändert bei 10 EUR bleiben und täglich einer konstanten Volatilität von 0,94 % unterliegen. Wird die tägliche Veränderung auf den Prognosehorizont von 30 Tagen skaliert, ergibt sich für diesen Zeitraum eine Volatilität von 5,15 % ($= 0{,}0094 \cdot \sqrt{30}$). Nach 30 Tagen würde die Option gemäß dem Value-at-Risk-Modell einen Barwert zwischen 9,49 EUR (= 10 −10 • 5,15 %) und 10,52 EUR (= 10 + 10 • 5,15 %) haben. Tatsächlich wird nach 30 Tagen von dem Zeitwert nichts mehr übrig sein, der Wert der Option wird dann Null sein oder positiv, wenn zwischenzeitlich die Option doch noch ins Geld gewandert ist. Wenn aber kein Wert mehr vorhanden ist, kann es auch keine Wertveränderungen geben, folglich würde ein falscher Value at Risk ausgewiesen.

Der gezeigte Fehler für Prognosehorizonte von mehr als einem Tag wurde schon frühzeitig erkannt. Der Fehler wird umso größer, je länger der Prognosehorizont gewählt wird. Bereits im Jahr 1996 hat Finger die Auswirkung der Effekte auf die Value-at-Risk-Berechnung untersucht und einen Lösungsansatz vorgeschlagen.[37] Dabei zeigte sich, dass für kurze Zeithorizonte von bis zu fünfzehn Tagen die Effekte vernachlässigbar gering sind. Für lange Zeithorizonte hingegen wird das Risiko beträchtlich überschätzt. In diesen Fällen sollte für die Value-at-Risk-Berechnung der originäre Cash Flow der Finanzinstrumente durch einen Proxy Cash Flow ersetzt werden, dessen Eigenschaften an den Prognosehorizont angepasst werden. Bei einem festverzinslichen Wertpapier mit 90 Tagen Restlaufzeit dient für die Value-at-Risk-Berechnung mit einer Haltedauer von 30 Tagen nicht der aktuelle Barwert des Wertpapiers als Basis, sondern der kalkulatorische Barwert am Prognosehorizont in 30 Tagen. Ein festverzinsliches Wertpapier mit 60 Tagen Restlaufzeit wird als „Proxy" (engl. Stellvertretung) für das tatsächliche Wertpapier mit 90 Tagen verwendet, wodurch der Restlaufzeitverkürzungseffekt bereits im Barwert berücksichtigt ist. Für eine ausführliche Darstellung der Methode sei auf Finger verwiesen, jedoch kann auch dieser Lösungsansatz zu Fehlern führen.[38]

Abschließend ist zu zeigen, wie die Güte der Schätzungen von Kennzahlen für einen Risikoparameter beurteilt werden kann. Ungeachtet der Berücksichtigung von Kurtosis und Schiefe entstehen weitere Fehler, da für die Schätzungen nur ein Ausschnitt der vergangenheitsbezogenen Daten betrachtet wird. Für die angepasste Normalverteilung der logarithmierten Tagesrenditen von DEM/USD wurde gemäß Abb. 13.10 ein Erwartungswert von 0,0001 und eine Standardabweichung von 0,006643 gemessen. Diese Werte beruhen jedoch auf einer Stichprobe, da nur ein Zeitfenster als Auswahl der Grundgesamtheit betrachtet wird. Messungen auf Basis von Stichproben (zum Beispiel historischen

[37] Vgl. Finger (1997, S. 4 ff.).

[38] Ein Problem ergibt sich beispielsweise aus dem Cash Flow Mapping. Dabei werden die in der Praxis über das gesamte Jahr zu beliebigen Zeitpunkten anfallenden Cash Flows auf wenige Stützstellen zusammengefasst, da für die Risikoberechnungen nur Volatilitäten für ganzjährige Laufzeiten verfügbar sind. Um zum Beispiel das Zinsrisiko einer Zahlung in einem Jahr, zwei Monaten und drei Tagen zu berechnen, wäre zumindest ein Zinssatz und eine Volatilität für diese gebrochene Laufzeit notwendig. Cash Flows fallen bei größeren Portfolios an jedem Handelstag an, entsprechend müssten pro Jahr mit 250 Handelstagen auch 250 Volatilitäten verfügbar sein. In der Praxis werden die anfallenden Cash Flows auf Zeitpunkte verteilt, für die Risikoparameter verfügbar sind. Häufig werden der 1.1. und 31.12. eines Jahres als Stützstellen benutzt. Für eine ausführliche Darstellung des komplizierten Cash-Flow-Mapping-Verfahrens siehe Butler (1999, S. 58–62). Ebenso: Zangari (1996, S. 117–121).

Zeitreihen) liefern stets einen mehr oder weniger guten Schätzwert für die Grundgesamtheit. Bode und Mohr verweisen darauf, dass es in den Naturwissenschaften üblich ist, zu jedem Messergebnis auch den möglichen Fehler der Messung anzugeben. Aber in den Finanzwissenschaften werden die Messwerte und Kurse als die wahren Werte betrachtet und weiterverarbeitet.[39] Sogar bei sehr genauen technischen Messungen und Messgeräten wie beispielsweise einer Waage oder einem Tachometer wird der angezeigte Wert nur in zufallsbestimmten Ausnahmefällen auch genau dem wahren Wert entsprechen.

Daher erscheint es sinnvoll und seriös, auch bei Risikoberechnungen den möglichen Schätzfehler zu untersuchen. Der statistische Fehler $\Delta\mu$ für die Schätzung von dem Erwartungswert μ berechnet sich näherungsweise gemäß der Gl. 13.27 und konvergiert für eine hohe Anzahl T von Beobachtungen gegen Null.[40]

$$\Delta\mu = \sigma \cdot \sqrt{\frac{1}{T}} = \sqrt{\mathrm{Var}(\hat{\mu})} \quad \text{mit } \hat{\mu} = \bar{X} \tag{13.27}$$

Für den Erwartungswert 0,0001 der logarithmierten Wechselkursänderungen von DEM/USD beträgt der Schätzfehler auf Basis von 2842 Beobachtungen ± 0,000125 ($= 0{,}006643 \cdot \sqrt{1/2842}$). Der tatsächliche Mittelwert liegt mit einer Wahrscheinlichkeit von circa 68 % (genau eine Standardabweichung) in einem Intervall von −0,000025 bis 0,000225. Mit Hilfe dieser Information kann entschieden werden, ob der mögliche Schätzfehler hinreichend gering ist oder eine größere Stichprobe zu dessen Verringerung notwendig ist. Da in der Praxis der Erwartungswert von Tagesrenditen häufig mit Null angenommen wird, möge an dieser Stelle keine Ausweitung der Stichprobe erfolgen.[41]

Für die gemessene Standardabweichung 0,006643 der logarithmierten Wechselkursänderungen lässt sich ebenfalls der Schätzfehler bestimmen. Gemäß Gl. 13.28 beträgt der Schätzfehler für die Standardabweichung ± 0,000088 ($= 0{,}006643 \cdot \sqrt{1/(2 \cdot 2842)}$). Die tatsächliche Standardabweichung wird in einem Intervall von 0,006555 bis 0,006731 (= 0,006643 ± 0,000088) liegen.

$$\sigma\Delta = \sigma \cdot \sqrt{\frac{1}{2 \cdot T}} \tag{13.28}$$

Der Schätzfehler für die Standardabweichung wird umso größer, je kleiner die Stichprobe ist. Für eine Historie mit halber Länge (1421 Handelstage, vom 02.01.1990 bis 19.06.1995)

[39] Vgl. Bode und Mohr (1994, S. 364–367).

[40] Vgl. Jorion (1997, S. 97). Für den Standardfehler der Volatilität vgl. Hull (2001, S. 346). Eine umfangreichere Darstellung findet sich bei Deutsch (2001, S. 496–499).

[41] Der Fehler der Annahme, dass der Erwartungswert von Tagesrenditen Null ist, wird als geringer eingeschätzt als der Fehler, der durch die Schätzung des Erwartungswertes auf Basis von historischen Daten resultiert (vgl. Beeck et al. 1999, S. 9).

würde sich ceteris paribus der Schätzfehler auf ± 0,000137 ($=0{,}007327\cdot\sqrt{1/(2\cdot 1421)}$) erhöhen.[42] Während der Umfang der Stichprobe halbiert wurde, hat sich der Schätzfehler nur um circa 56 % erhöht (von 0,000088 auf 0,000137). Bei Erhöhung des Stichprobenumfangs sinkt der Schätzfehler nur degressiv mit dem Faktor $\sqrt{1/(2\cdot T)}$, so dass er für kurze Perioden schnell groß wird und bei mittelfristigen bis längeren Zeitfenstern nur eine kleine Fehlerverringerung durch eine weitere Ausdehnung der Stichprobe festzustellen ist.

Die Gln. 13.27 und 13.28 messen den Schätzfehler mit einer Standardabweichung, das heißt der wahre Wert wird mit einer Wahrscheinlichkeit von circa 68 % innerhalb der Fehlertoleranz liegen. Wenn eine höhere Wahrscheinlichkeit gewünscht wird, so ist die Fehlertoleranz entsprechend zu skalieren. Eine Multiplikation des errechneten Fehlers mit dem Faktor zwei für zwei Standardabweichungen stellt sicher, dass derwahre Wert mit einer Wahrscheinlichkeit von etwa 95 % innerhalb der Fehlertoleranz liegen wird.[43]

Um den Schätzfehler gering zu halten, sollte die betrachtete Historie nicht zu kurz sein. Es wird aber im Verlauf dieser Arbeit noch zu untersuchen sein, ob bei Verwendung einer sehr langen Historie die geschätzten Parameter zu träge auf aktuelle Veränderungen reagieren. In diesem Zusammenhang ist zu hinterfragen, ob sehr alte Daten noch für die Einschätzung der aktuellen Entwicklung relevant sind. Für den weiteren Verlauf wird als Historie für Parameterschätzungen ein Zeitfenster von circa 250 bis 1000 Handelstagen als Kompromiss zwischen der Abwägung von Schätzfehlergröße und Relevanz der Historie verwendet. Dabei ist stetszu beachten, dass jede Schätzung einem statistischen Fehler unterliegt.

Bevor die historischen Daten für die Schätzung der Parameter verwendet werden, sollten sie kritisch geprüftwerden. Beispielsweise können nationale Feiertage dazu führen, dass für bestimmte Risikofaktoren Werte fehlen und für anderenicht. Ist zum Beispiel der Wechselkurs EUR/USD vorhanden, aber der Rohstoffpreis für Öl fehlt, kann entweder der fehlende Wert interpoliert werden oder auf den Handelstag muss vollständig verzichtet werden. Ohne Prüfung solcher Lücken könnte es zu unerwünschten Verschiebungen kommen, so dass nach einigen *Lücken in einzelnen Zeitreihen* die Korrelation zum Beispiel zwischen dem Wechselkurs vom 250. Tag und dem Ölpreis vom 245. Tag gemessen würde. Es ist also sicherzustellen, dass in der Datentabelle innerhalb einer Zeile zu einem bestimmten Datum tatsächlich in allen Spalten die Marktpreise von diesem Datum stehen. Mit welchen Methoden die Lücken der fehlenden Marktpreise geschlossen werden können, zeigen exemplarisch Malz/Mina.[44] Ein gutes Beispiel für die Notwendigkeit der Datenaufbereitung bietet die viertägige Schließung einiger nationaler US-Börsen nach den Anschlägen auf das World Trade Center vom 11.09.2001. Dadurch kam es zu Lücken in

---

[42] Die Standardabweichung der logarithmierten relativen Veränderungen beträgt in diesem Zeitraum 0,007327.

[43] In dem zweiseitigen Intervall $\mu \pm 2\,\sigma$ der Standardnormalverteilung liegen 95, 45 % der Wahrscheinlichkeitsmasse, vgl. Abb. 13.4.

[44] Vgl. Malz und Mina (2001, S. 1–4).

den Zeitreihen für bestimmte Marktpreise, die durch geeignete Verfahren zur Schätzung der fehlenden Daten geschlossen werden müssen.

Für die Bestimmung der Volatilität kann außer auf historische Beobachtungen der Veränderungen von Risikofaktoren bei Finanzinstrumenten auch auf implizite Volatilitäten zurückgegriffen werden.[45] *Implizite Volatilitäten* werden aus den Marktpreisen gehandelter Finanzinstrumente durch Iteration mit der Preisformel bestimmt. Beispielsweise sind für eine Option auf eine Zinsobergrenze (engl. Cap) alle preisbestimmenden Parameter wie Forward Rate, Ausübungszinssatz und Laufzeit bekannt, nur die vom Verkäufer der Option zu Grunde gelegte Volatilität ist unbekannt. Dafür ist aber der resultierende Marktpreis bekannt und infolgedessen kann durch Umstellung der Preisformel für Zins-Caps nach der unbekannten Volatilität der fehlende Wert errechnet werden.[46] Der Vorteil dieses Ansatzes besteht darin, dass anstatt von Vergangenheitsdaten die in den Optionspreisen enthaltenen Erwartungen der Markteilnehmer über die zukünftige Marktentwicklung berücksichtigt werden.

Das ist insbesondere dann wichtig, wenn es zu plötzlichen und unerwarteten Marktpreisschwankungen kommt. Als Beispiel hierfür nennt Rau-Bredow die Abwertung des britischen Pfunds im September 1992 und die Abwertung des thailändischen Baht im Juli 1997.[47] Im Fall des britischen Pfunds waren die historischen Volatilitäten in der Vergangenheit gering, da die Schwankungen durch das Europäische Währungssystem EWS auf eine festgelegte Bandbreite begrenzt wurden. Aber schon Wochen vor dem 16. September hätten die ansteigenden Preise von Optionen auf das Pfund und die darin enthaltenen impliziten Volatilitäten eine Warnung für die anstehenden Turbulenzen sein können. Das zweite Beispiel mit der Abwertung des thailändischen Baht hätte als Warnung für die nachfolgende Asienkrise dienen können. In beiden Fällen konnten Risikomodelle auf Basis historischer Volatilitäten nicht rechtzeitig genug auf plötzliche Veränderungen an den Märkten reagieren.

Als weiteres Beispiel wird in Abb. 13.16 die Entwicklung der impliziten Volatilität für Put-Optionen auf die DaimlerChrysler-Aktie betrachtet. Im Zeitraum von November 1999 bis September 2001 schwankte die implizite Volatilität zwischen 25 % und 45 %. Am 10.09.2001 lag die implizite Volatilität bei 40,5 %. Einen Tag später, am 11.09.2001, stieg die implizite Volatilität nach den Anschlägen auf das World Trade Center sprunghaft auf 63 % an. Zu diesem Zeitpunkt wurden vom Markt Informationen in den impliziten Volatilitäten berücksichtigt, die aus der Vergangenheit nicht abzuleiten waren. Historische Volatilitäten reagieren daher erst mit einer gewissen Zeitverzögerung.

Die Verwendung impliziter Volatilitäten bietet gewichtige Vorteile gegenüber vergangenheitsbezogenen Volatilitäten. Dabei ist aber zu berücksichtigen, dass aufgrund von in der Realität *nicht erfüllten Prämissen* der Optionsbewertungs-Modelle Ungenauigkeiten bei der Berechnung von impliziten Volatilitäten entstehen. Beispielsweise kennt das

---

[45] Vgl. Dieckmann (1998, S. 51 ff.), Sauter (1996, S. 14 ff., 28 ff.).

[46] Vgl. Hager (2004, Anhang A).

[47] Vgl. Rau-Bredow (2001, S. 317). Andere Beispiele finden sich bei Jorion (2001, S. 201 f.).

Abb. 13.16 Implizite Volatilität der DaimlerChrysler-Aktie

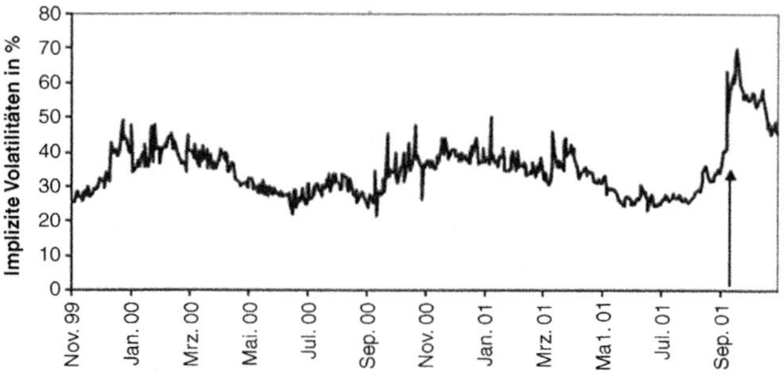

Black-Scholes-Modell zur Bewertung von Aktienoptionen keine Geld-/Briefspannen, die jedoch in der Realität existieren und in wenig liquiden Märkten entsprechend breit sind. Bei der Berechnungen der impliziten Volatilitäten führen die Geld-/Briefspannen zu fehlerhaften Werten.

Ein weiteres Problem besteht darin, dass Optionen, die tief im Geld oder tief aus dem Geld sind, kaum auf die Änderung der Volatilität reagieren. Eine Option ist dann tief im Geld, wenn der Ausübungspreis und der vereinbarte Basispreis so weit auseinanderliegen, dass die Ausübung der Option ziemlich sicher ist. Umgekehrt ist eine Option tief aus dem Geld, wenn der Abstand zwischen Ausübungspreis und Basispreis so groß ist, dass eine Ausübung der Option sehr unwahrscheinlich ist. In beiden Fällen ist die Unsicherheit über die Ausübung der Option sehr gering, folglich hat der für die Abbildung der Unsicherheit verantwortliche Parameter „Volatilität" wenig Bedeutung für die Preisermittlung der Option. Daher ändert sich der Preis für Optionen, die tief im oder aus dem Geld sind, nur gering oder gar nicht, wenn sich die Volatilität verändert. Umgekehrt reagiert der Preis einer Option, die am Geld ist, bei der folglich Basispreis und Ausübungspreis dicht beieinander liegen, sehr stark auf Veränderungen der Volatilität. Für diese Optionen besteht die größte Unsicherheit bezüglich der Ausübung.

In der Realität werden Optionen für ein Finanzinstrument (Underlying) mit unterschiedlichen Basispreisen gehandelt. Wird nun auf Basis der am Markt beobachteten Optionspreise die eingerechnete Volatilität ermittelt, kommt es häufig zu dem *„Smile-Effekt"*. Die impliziten Volatilitäten von Optionen, die tief im oder aus dem Geld sind, fallen deutlich höher aus als bei Optionen die auf das gleiche Finanzinstrument bezogen werden und am Geld sind.[48] Folglich ergibt sich eine in der Mitte nach unten gewölbte Kurve (Smiley) für die impliziten Volatilitäten. Das widerspricht jedoch der Logik, da ein und dasselbe Finanzinstrument, das den betrachteten Optionen zu Grunde liegt, nur eine Volatilität haben kann. Daher ist es empfehlenswert, die impliziten Volatilitäten aus Optionen zu bestimmen, die am Geld sind. Diese Optionen werden am Markt liquider gehandelt als Op-

[48] Vgl. Hull (2001, S. 363 f.).

tionen tief im oder aus dem Geld.[49] Wegen des lebhaften Handels kommt der in diesen Optionen enthaltenen impliziten Volatilität mehr Glaubwürdigkeit zu.

Ein weiteres Problem besteht in der mangelnden Verfügbarkeit von geeigneten Daten, da nicht für alle Risikofaktoren die impliziten Volatilitäten aus Optionen ermittelt werden können. Für viele Risikofaktoren existieren keine Optionen.[50] Daher ist es häufig nicht möglich, in einem Modell mit vielen Risikofaktoren einheitlich implizite Volatilitäten zu verwenden. Die Betrachtung der impliziten Volatilitäten, sofern sie ermittelt werden können, ist besonders sinnvoll in stressigen Marktphasen. Dann sind in den impliziten Volatilitäten Informationen enthalten, die aus der Vergangenheit nicht abgeleitet werden können.

Die impliziten Volatilitäten können sich noch auf eine andere Art als ein Frühwarnsystem eignen. Während bisher nur auf den Anstieg der impliziten Volatilitäten geachtet wurde, zeigt Malz noch einen zweiten Indikator für herannahende Krisen.[51] Wenn der Smile-Effekt im Zeitablauf zunimmt, das heißt das „Lächeln“der Kurve stärker wird, dann kann darin ein Indiz für eine herannahende Krise gesehen werden. Zwischen der Krümmung des Volatilitäts-Smilies und der Kurtosis der Verteilung für die erwarteten Renditen aus dem zu Grunde liegenden Finanzinstrument könnte ein Zusammenhang bestehen. Diese Erkenntnis wird von Malz aufgrund von empirischen Beobachtungen und statistischen Tests vertreten.

Zusammenfassend lässt sich feststellen, dass implizite Volatilitäten in der Literatur durchgehend als eine gute Grundlage für die Prognose zukünftiger Marktentwicklungen angesehen werden. Gleichzeitig besteht allerdings das Problem der Verfügbarkeit der Daten, so dass bei Risikofaktoren, für die keine impliziten Volatilitäten existieren, eine Alternative gefunden werden muss. Eine möglichst genaue Schätzung der Volatilität ist für zuverlässige Value-at-Risk-Prognosen unerlässlich, da eine fehlerhafte Volatilität bei einer Haltedauer von beispielsweise zehn Tagen und einer Wahrscheinlichkeit von 99 % mit dem Faktor 7,37 ($=2{,}33\cdot\sqrt{10}$) multipliziert wird. Bei einer Haltedauer von 30 Tagen und 99 % Wahrscheinlichkeit beträgt der Faktor sogar 12,76 ($=2{,}33\cdot\sqrt{30}$). Daher erfährt dieser Parameter bei der Risikomessung eine besonders aufmerksame Betrachtung.

In der Praxis wird wegen der mangelnden Verfügbarkeit von impliziten Volatilitäten häufig auf historische Volatilitäten zurückgegriffen. Traditionell berechnet sich die historische Volatilität für einen Marktpreis (Risikofaktor) aufgrund der Preisänderungen der letzten 30 bis 1000 Handelstage. Der Schätzer für die historische Volatilität auf Basis von beispielsweise 250 Beobachtungen kann zum Zeitpunkt j mit Hilfe von Gl. 13.29 aus den logarithmierten Veränderungen je zwei aufeinanderfolgenden Marktpreise ermittelt werden.

---

[49] Für Optionen tief im Geld muss der Käufer den hohen inneren Wert mitbezahlen, wodurch diese Optionen von Händlern gemieden werden. Die Optionen tief aus dem Geld sind ebenfalls zuwenig erfolgversprechend, als dass ein aktiver Handel stattfinden würde.

[50] Vgl. Jorion (2001, S. 202).

[51] Vgl. Malz (2001, S. 7 ff.).

$$\hat{\sigma}_j = \sqrt{\frac{1}{n-1} \cdot \sum_{i=j-249}^{j} \left(x_i - \overline{x}\right)^2}$$
$$\text{mit } x_i = \ln\left(\frac{S_i}{S_{i-1}}\right); \overline{x} = \frac{1}{n} \cdot \sum_{i=t-249}^{t} x_i \tag{13.29}$$

Es wird $\hat{\sigma}_t$ definiert als die am Ende von Tag $t-1$ berechnete Volatilität eines Marktpreises am Tag t. Für die Berechnung der Volatilität von täglichen Marktpreisänderungen haben sich *zwei Vereinfachungen* durchgesetzt. Das arithmetische Mittel für die Veränderung des Marktpreises hat bei Berechnungen auf Tagesbasis keine praktische Relevanz im Vergleich zur Volatilität und wird Null gesetzt.[52] Statt durch $n-1$ wird die Summe der quadrierten täglichen Marktpreisänderungen x_i durch n geteilt.[53] Die Schätzung für die Tages-Volatilität des Marktpreises am Tag t ergibt sich dann aus der Wurzel der gleichgewichteten, quadrierten täglichen Marktpreisänderungen der vergangenen 250 Tage. Diese Vorgehensweise wird im Folgenden mit der Abkürzung GLD gekennzeichnet.

$$\hat{\sigma}_t = \sqrt{\frac{1}{n} \cdot \sum_{i=t-249}^{t} x_i^2} \tag{13.30}$$

Die Volatilität wird im Folgenden auf Basis eines Zeitfensters mit n gleichgewichteten Beobachtungen von Marktpreisänderungen berechnet. Das Verfahren wird in Abb. 13.17 an einem Beispiel mit 600 Beobachtungen gezeigt. Die logarithmierte tägliche Veränderung eines Marktpreises beträgt zunächst 0,10. Die Volatilität der täglichen Veränderungen wird erstmalig am 251. Tag auf Basis der vergangenen 250 Beobachtungen berechnet und beträgt ebenfalls 0,10 ($= \sqrt{1/250 \cdot \sum x_{251-i}^2}$ mit i = 1 bis 250 bzw. zehn Prozent). Für die Ermittlung der Volatilität am 252. Tag entfällt die älteste Beobachtung vom Tag t = 1 und stattdessen wird die am Vortag t = 251 gemessene Marktpreisänderung in die Berechnung aufgenommen. Die restlichen 249 Beobachtungen bleiben unverändert in der Zeitreihe enthalten und aus den insgesamt 250 Werten ergibt sich am 252. Tag eine Volatilität von zehn Prozent (0,10). Die Berechnung wird auf die gezeigte Art fortgeführt.

Am 264. Tag der Zeitreihe beginnen die täglichen Veränderungen plötzlich zu steigen (vgl. Punkt 1 in Abb. 13.17). Am 278. Tag wird ein Maximalwert von 0,40 erreicht (vgl. Punkt 2 in Abb. 13.17), danach fallen die täglichen Veränderungen wieder und erreichen am 293. Tag das alte Niveau von 0,10. Die Volatilität auf Basis der jeweils letzten 250 täglichen Veränderungen ist im unteren Teil der Abb. 13.17 gezeigt. Aufgrund des großen Zeitfensters von 250 Tagen reagiert die Volatilität nur träge und abgeschwächt auf plötzliche starke Schwankungen.

---

52 Vgl. Hull (2001, S. 523). Im Gegensatz zu der genannten Quelle werden in der hier vorliegenden Arbeit für xi statt der relativen Veränderungen die logarithmierten Veränderungen betrachtet.

53 Diese Änderung führt zu einem Maximum-Likelihood-Schätzwert (vgl. Hull 2001, S. 523).

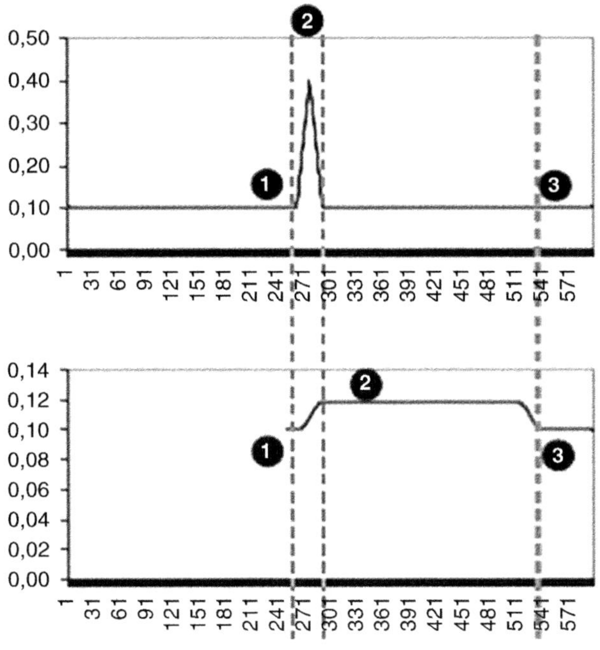

Abb. 13.17 Long-Memory-Effekt

Einen Tag nach dem Beginn des plötzlichen Anstiegs bei den täglichen Veränderungen beginnt auch die Volatilität langsam zu steigen, ihr Wert beträgt am 265. Tag 10,008 % (0,10008). Dieser Wert setzt sich zusammen aus 249 Beobachtungen im Zeitraum von t = 15 bis t = 263 mit je einem Tageswert von 0,10 und dem Vortageswert t = 264 von 0,12 (0,10008 = [249 · 0,10 + 0,12] : 250). In gleicher Weise wurden die weiteren Ergebnisse aus Tab. 13.1 berechnet, in der für ein ausgewähltes Zeitfenster der Zeitreihe die geschätzte Tages-Volatilität den täglichen Marktpreisänderungen gegenübergestellt wird. In Tab. 13.1 wurden die Tages-Volatilitäten mit Hilfe von Gl. 13.30 geschätzt. Aufgrund der in Gl. 13.30 getroffenen Vereinfachungen ist die Berechnung der Tages-Volatilität vergleichbar mit einem gleitenden Durchschnitt der täglichen logarithmierten Marktpreisänderungen auf Basis der vergangenen 250 Tage (GLD250).

Anhand der Werte in Tab. 13.1 ist zu erkennen, dass die Volatilität nur verzögert und gedämpft auf den starken Anstieg der täglichen Veränderungen reagiert. Während die täglichen Veränderungen ihr Maximum bei 0,40 erreichen, steigt die Volatilität nur bis zu einem Höchstwert von 0,118 und erreicht ihr Maximum erst am 293. Tag, somit fünfzehn Tage später als bei den Tageswerten. Zu dem Zeitpunkt, an dem die Volatilität ihren Höchstwert erreicht hat, befinden sich die täglichen Veränderungen bereits auf ihrem „normalen" Niveau von 0,10. In der Volatilität wird jedoch der einmalige Ausbruch der täglichen Veränderungen nach oben für ganze 250 Tage „gespeichert". Erst am 543. Tag erreicht auch die Volatilität das für die täglichen Veränderungen längst wieder gültige Niveau von zehn Prozent (bzw. 0,10, vgl. Punkt 3 in Abb. 13.17). Die lang anhaltende Speicherung der ein-

Tab. 13.1 Tägliche Veränderungen und ihre Volatilität

Tag	Tägliche Veränderung	Tages-Volatilität (GLD250)	Tag	Tägliche Veränderung	Tages-Volatilität (GLD250)
260	0,10	0,10000	281	0,34	0,11176
261	0,10	0,10000	282	0,32	0,11272
262	0,10	0,10000	283	0,30	0,11360
263	0,10	0,10000	284	0,28	0,11440
264	0,12	0,10000	285	0,26	0,11512
265	0,14	0,10008	286	0,24	0,11576
266	0,16	0,10024	287	0,22	0,11632
…	…	…	…	…	…
277	0,38	0,10728	298	0,10	0,11800
278	0,40	0,10840	299	0,10	0,11800
279	0,38	0,10960	300	0,10	0,11800
280	0,36	0,11072	301	0,10	0,11800

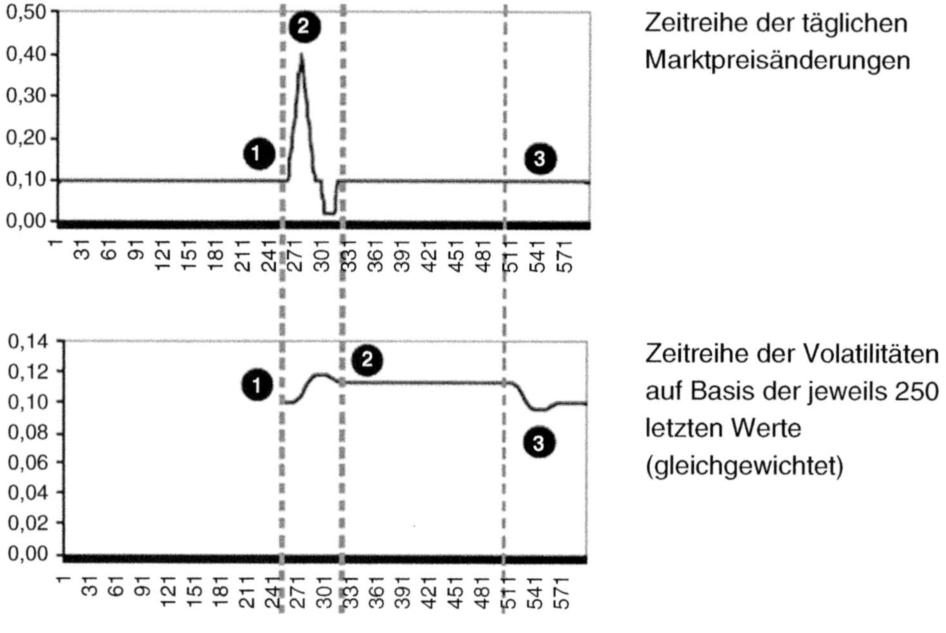

Abb. 13.18 Simulierte „Geisterkurven"

maligen Abweichung wird als „*Memory Effekt*" bezeichnet.[54] Auf die extremen Marktpreisänderungen vom 11.09.2001 würden Volatilitäten auf Basis von gleichgewichteten Beob-

[54] Vgl. Krämer et al. (2002, S. 83 ff.), Tschernig (1995, S. 53 ff.).

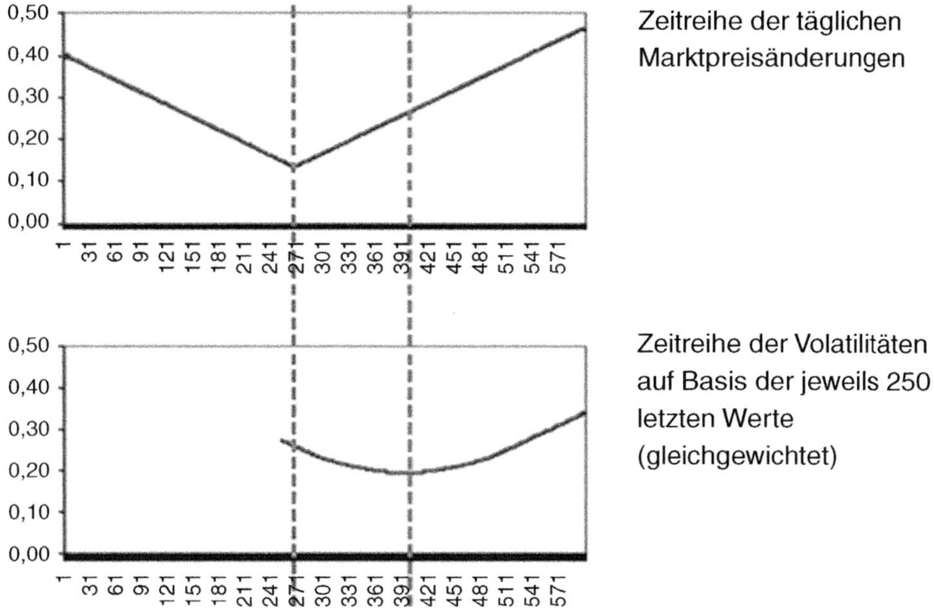

Abb. 13.19 Falscher Steuerungsimpuls von Volatilitäten

achtungen erst mit einer Zeitverzögerung auf die Stresssituation reagieren und diese Extremwerte dann für die Dauer des verwendeten Zeitfensters speichern.

In Abb. 13.18 wird das Beispiel um eine weitere Schwankung erweitert. Nach dem kurzen, starken Aufwärtstrend erfolgt ein entgegen gerichteter Abwärtstrend der täglichen Marktpreisänderungen, bis schließlich das alte Niveau wieder erreicht wird. Im Einzelnen steigen die täglichen Veränderungen am 278. Tag bis auf ein Maximum von 0,40 (vgl. Punkt 2 in Abb. 13.18), fallen anschließend am 304. Tag auf ein Minimum von 0,02 und klettern bis zum 319. Tag wieder auf ihr altes Niveau von 0,10. Die Volatilität steigt von 10,00 % auf 11,80 % am 293. Tag, fällt dann bis zum 319. Tag auf 11,32 % und bleibt auf diesem Niveau bis zum 514. Tag. Ab dem 515. Tag beginnt die Volatilität stark zu sinken und erreicht am 543. Tag ein Tief von 0,0952. Aus diesem Tief steigt die Volatilität wieder, bis schließlich am 569. Tag das Niveau von 10,00 % erreicht wird.

Als Fazit ist festzuhalten, dass es im Beispiel zwischen dem 514. Tag und dem 569. Tag bei Volatilitäten auf Basis gleichgewichteter Beobachtungen zu einer starken Abwärtsbewegung und einer etwas schwächeren Aufwärtsbewegung kommt, die jedoch anhand der aktuellen täglichen Marktpreisänderungen nicht zu erklären ist. Daher wird dieser Effekt häufig als „*Geisterkurve*" beschrieben, er beruht auf einem Auf-und-Abwärtstrend bei den Tageswerten, der schon 250 Tage zurückliegt und zwischen dem 264. und 319. Tag stattgefunden hat. Jede Veränderung der zu Grunde liegenden Werte wirkt volle 250 Tage mit

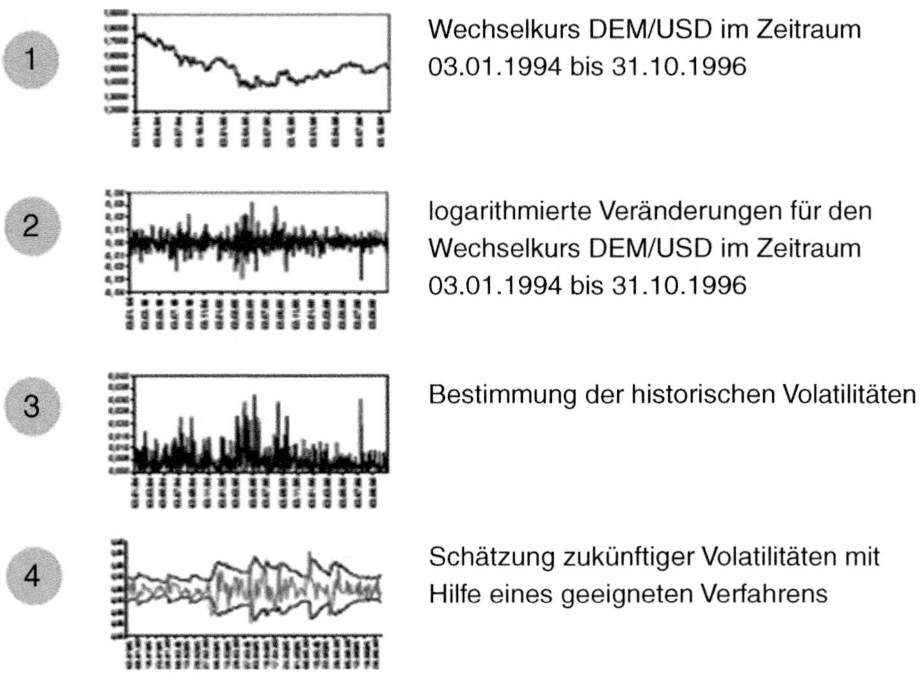

Abb. 13.20 Schätzung der Risikoparameter

gleichem Gewicht nach und verschwindet plötzlich, sobald der Wert nicht mehr vom gewählten Zeitfenster erfasst wird.[55]

Vollends falsche Impulse liefert das Konzept bei einer **Trendwende**. In Abb. 13.19 wird im oberen Teil ein zunächst sinkender Trend für die täglichen Veränderungen angenommen. Ab dem 270. Tag kommt es jedoch zu einer Trendumkehr und die täglichen Veränderungen beginnen zu steigen. Die Zeitreihe der Volatilitäten auf Basis von 250 historischen Beobachtungen zeigt zu diesem Zeitpunkt jedoch einen abnehmenden Trend. Auch in den folgenden 123 Tagen ändert sich an den gegensätzlichen Kurvenverläufen von täglichen Veränderungen und Volatilitäten nichts. Wird ein Monat mit 21 Handelstagen angesetzt, signalisieren die Volatilitäten rund ein halbes Jahr lang einen sinkenden Trend, obwohl die täglichen Marktpreisänderungen tatsächlich steigen.

Im Folgenden werden mit Hilfe historischer Wechselkurse für DEM/USD verschiedene Verfahren zur Schätzung von Volatilitäten verglichen. Das Vorgehen hierbei zeigt Abb. 13.20. Ausgehend von dem Verlauf des Wechselkurses DEM/USD im Zeitraum 03.01.1994 bis 31.10.1996 werden die logarithmierten Veränderungen zwischen zwei aufeinanderfolgenden Kursen berechnet.[56] Im nächsten Schritt wird aus den logarithmierten Veränderungen die Volatilität bestimmt, welche die Grundlage für die verschiedenen Ver-

[55] Vgl. Butler (1999, S. 204), Deutsch (2001, S. 531), Jorion (2001, S. 186 f.).

[56] Beispiel zur Parameterschätzung entnommen aus Hager (2002, S. 86 f.).

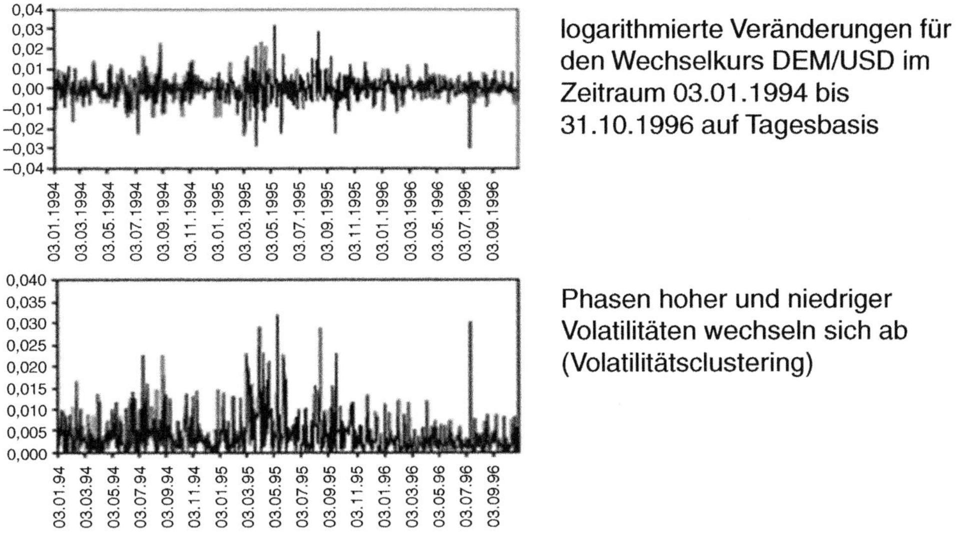

Abb. 13.21 Volatilitätsclustering

fahren zur Schätzung zukünftiger täglicher Veränderungen bildet. Im oberen Teil von Abb. 13.20 sind die historischen logarithmierten Veränderungen für den Wechselkurs DEM/USD im Zeitraum von 03.01.1994 bis 31.10.1996 dargestellt, aus denen später die zukünftigen täglichen Marktpreisänderungen geschätzt werden. Am Verlauf der korrespondierenden Volatilitäten ist zu erkennen, dass sich Phasen hoher und niedriger Volatilitäten abwechseln. Für das Jahr 1994 sind die Volatilitäten relativ gering im Vergleich zum nachfolgenden Jahr 1995. Ab März 1995 nehmen die Schwankungen deutlich zu. Das Jahr 1996 ist wieder von überwiegend geringen Volatilitäten geprägt.

Diese Beobachtung von sich abwechselnden Perioden mit hohen und geringen Volatilitäten ist für Finanzmärkte typisch und wird als *Volatilitätsclustering* bezeichnet.[57] Die Trägheit der Volatilitätsschätzung auf Basis gleichgewichteter Beobachtungen führt bei einem Wechsel von niedrigen Wertänderungen des betrachteten Risikofaktors zu hohen Wertänderungen zu einer Unterschätzung des Risikos, bei dem Wechsel von hohen Wertänderungen zu niedrigen Wertänderungen wird das Risiko überschätzt. Abb. 13.21 zeigt anschaulich ein Volatilitätsclustering am Währungsmarkt.

In Abb. 13.22 ist der Übergang von einer Phase niedriger Wertänderungen zu einer Phase hoher Wertänderungen gezeigt. Während in der Volatilität der letzten 250 täglichen Marktpreisänderungen noch die Niedrigphase aus dem Jahr 1994 gespeichert ist, schwanken die tatsächlichen Werte inzwischen deutlich höher. Das Konzept der Volatilitätsschätzung auf Basis gleichgewichteter Beobachtungen ist nicht flexibel genug, um dies zu berücksichtigen. Daher brechen die täglichen Veränderungen häufiger für mehrere Tage aus

[57] Vgl. Butler (1999, S. 193 ff.), Deutsch (2001, S. 506, 511), Frömmel et al. (1999, S. 509), Hull (2001, S. 527 ff.), Oehler und Unser (2001, S. 97).

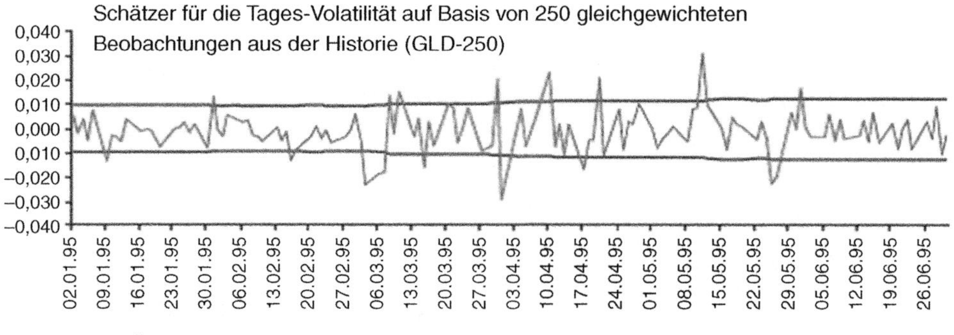

Abb. 13.22 Übergang von niedrigen zu hohen Wertänderungen

dem geschätzten Intervall aus. Insgesamt liegen in dem hier betrachteten Zeitraum vom 02.01.1995 bis 30.06.1995 bei einer Wahrscheinlichkeit von 90 % und einem zweiseitigen Intervall ($\pm z = 1{,}65$) die tatsächlichen Schwankungen an achtzehn von 130 Handelstagen außerhalb des geschätzten Intervalls, was einer Überschreitung des geschätzten Risikos in 13,85 % der Beobachtungen entspricht. Auch bei einem größeren zweiseitigen Intervall mit 95 % Wahrscheinlichkeit ($\pm z = 1{,}96$) kommt es an achtzehn von 130 Handelstagen zu einer Überschreitung. Bei einer Wahrscheinlichkeit von 98 % ($\pm z = 2{,}33$) kommt es zu vierzehn Ausreißern (10,77 %), was immer noch mehr als erwartet ist.

Die Dynamik in den zu Grunde liegenden täglichen Wertänderungen wird nur langsam und gedämpft weitergegeben, dafür aber mit einem lang anhaltenden Effekt. Mangels der Berücksichtigung von zeitlichen Strukturen wird durch die identische Gewichtung aller historischen Beobachtungen das Risiko in Extremsituationen deutlich unterschätzt, während in den darauffolgenden Phasen das Risiko überschätzt wird. Damit ist die Risikoschätzung maßgeblich von der Methode zur Schätzung der Volatilität abhängig.[58]

Ein Konzept mit mehr Flexibilität zur Berücksichtigung von Effekten wie dem Volatilitätsclustering oder plötzlich auftretenden Crashs stellt der *Exponentially Weighted Moving Average (EWMA)* dar.[59] Hierbei werden die historischen Werte exponentiell gewichtet, so dass in der nahen Vergangenheit liegende Werte gegenüber älteren Werten ein höheres Gewicht erhalten. Für diesen Zweck wird der Gewichtungsfaktor λ (*Lambda*) eingeführt, welcher auch als Verzögerungsfaktor bezeichnet wird und stets zwischen 0 und 1 liegt. Der Schätzwert für die Varianz zum Zeitpunkt t ergibt sich aus dem gewichteten Schätzwert für die Varianz σ^2_{t-1} des Vortages und der gewichteten, tatsächlichen, logarithmierten quadrierten Veränderung (Veränderungsrate) x^2_{t-1} des Risikofaktors am Vortag.

$$\sigma_t^2 = \lambda \cdot \sigma_{t-1}^2 + (1-\lambda) \cdot x_{t-1}^2 \tag{13.31}$$

Mit nur zwei Werten, dem Schätzwert für die Varianz des Vortages und der tatsächlich beobachteten Veränderungsrate am Vortag, lässt sich die Varianz für den nächsten Tag

[58] Vgl. Frömmel et al. (1999, S. 509).

[59] Vgl. Butler (1999, S. 199 ff.), Deutsch (2001, S. 531 ff.), Zangari (1996, S. 77 ff.).

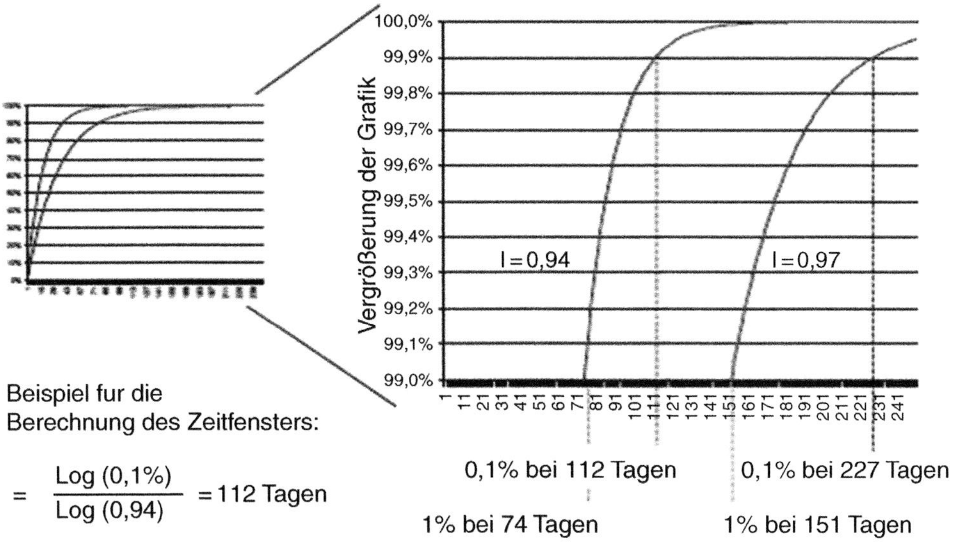

Abb. 13.23 Verzögerungsfaktor im EWMA-Modell

schätzen. Ist zum Beispiel $\lambda = 0{,}94$ und wurde für den aktuellen Tag eineVolatilität von 2,00 % (Varianz = $0{,}02^2 = 0{,}0004$) geschätzt sowie tatsächlich eine Volatilität von 3,00 %(Varianz = $0{,}03^2 = 0{,}0009$) beobachtet, ergibt sich der Schätzwert für die Volatilität des folgenden Tages t aus der Wurzel von $\sigma^2_t = 0{,}94 \cdot 0{,}0004 + (1 - 0{,}94) \cdot 0{,}0009$. Für σ^2_t ergibt sich 0,00043 und die Wurzel daraus führt zu dem gesuchten Schätzwert für die Volatilität des nächsten Tages, $\sigma_t = 2{,}0736$ %. In dem Schätzwert für die Volatilität des Vortages (im Beispiel 2,00 %) sind historische Werte der täglichen Veränderungen enthalten, die mit exponentiell sinkenden Gewichten berücksichtigt werden, je weiter sie in der Zeit zurück liegen. Zum besseren Verständnis bietet sich die Auflösung der Rekursionsformel an. Nach geeigneter Umstellung ergibt sich[60]:

$$\sigma_t^2 = (1-\lambda) \cdot \Sigma\left(\lambda^{i-1} \cdot x_{t-i}^2 + \lambda^n \cdot \sigma_0^2\right) \quad \text{mit i = 1 bis n} \qquad (13.32)$$

Mit n wird die Breite des Zeitfensters angegeben und für genügend große n wie zum Beispiel 250 Tage strebt der Summand $\lambda^n \bullet \sigma^2_0$ gegen Null, da λ regelmäßig kleiner eins ist und λ^n mit wachsenden n gegen Null strebt. Diese Vereinfachung führt zu der Gl. 13.33.

$$\sigma_t^2 = (1-\lambda) \cdot \Sigma\left(\lambda^{i-1} \cdot x_{t-i}^2\right) \quad \text{mit i = 1 bis n} \qquad (13.33)$$

Dabei wird der Gewichtungsfaktor λ^{i-1} für die historischen Veränderungsraten x^2_{t-i} umso kleiner, je größer i ist, das heißt je weiter die Beobachtung in der Vergangenheit liegt. In Abb. 13.23 sind die exponentiell sinkenden Gewichte so dargestellt, dass der Ver-

[60] Vgl. Hull(2001, S. 525 f.).

lauf λ^{i-1} von i = 1 bis 250 für λ = 0,94 und λ = 0,97 in einem Diagramm abgetragen werden kann.

Es ist sinnvoll, die Historie an einer geeigneten Stelle abzuschneiden, um Vergangenheitswerte, die mit nur einem verschwindend geringen Gewichtungsfaktor einfließen, nicht aufbewahren zu müssen. In der Praxis werden 99,9 % oder 99,0 % der Gewichte berücksichtigt.[61] Für λ = 0,94 erhalten die letzten 112 Tage ein Gewicht von 99,9 % und die letzten 74 Tage korrespondieren mit einem Gewicht von 99,0 %. Bei λ = 0,97 ist eine Historie von 227 Tagen für 99,9 % zu berücksichtigen. Hingegen genügen 151 Tage für 99,0 % und λ = 0,97. Strebt der Wert von λ → 1, dann geht im Grenzfall der exponentiell gewichtete gleitende Durchschnitt in den gleichgewichteten gleitenden Durchschnitt über.[62] Für λ → 0 erhält die aktuellste verfügbare Beobachtung vom Vortag ein immer stärkeres Gewicht.

Von J. P. Morgan wird für Prognosen von täglichen Veränderungen λ = 0,94 mit Berücksichtigung von 99,0 % der historischen Werte empfohlen, für Monatsprognosen λ = 0,97 mit ebenfalls 99,0 %.[63] Andere Autoren halten Werte zwischen 0,80 und 0,98 für sinnvoll.[64] Der Wert λ und die Entscheidung für 99,0 % oder 99,9 % sind zwei getrennt bestimmbare Parameter.

Im nächsten Schritt ist zu prüfen, ob mit dem EWMA-Konzept bessere Schätzungen der zukünftigen Volatilität möglich sind. Für λ = 0,94 und 99,9 % der Gewichte kommt es zu dem in Abb. 13.24 gezeigten Verlauf des geschätzten Vertrauensintervalls. Gegenüber den Volatilitäten auf Basis gleichgewichteter Beobachtungen (GLD) ergeben sich bei 90 % (±z = 1,65) Wahrscheinlichkeit sechzehn (12,31 %) statt achtzehn Ausbrüche (circa 14 %), das heißt die prognostizierten Schwankungen liegen zu 88 % statt 90 % im Vertrauensintervall. Mit einer Wahrscheinlichkeit von 95 % (±z = 1,96) kommt es zu 12 (circa 9 %) statt 18 Ausbrüchen (circa vierzehn Prozent).

An dieser Stelle wird sichtbar, warum eine Ausweitung des Vertrauensintervalls bei Volatilitäten auf Basis gleichgewichteter Beobachtungen zu keiner Verringerung der Ausreißer führt. Das starre Konzept kann mit einem höheren z-Wert nur eine „Parallel-Verschiebung" der Begrenzung nach Außen erreichen. Das EWMA-Konzept hingegen schmiegt sich sichtbar besser an den tatsächlichen Verlauf der Ausreißer an und erreicht somit bessere Ergebnisse. Zu noch besseren Schätzungen führt ein Verzögerungsfaktor von λ = 0,80 mit Berücksichtigung von 99,0 % der historischen Werte. Hier kommt es für das zweiseitige Intervall mit einer Wahrscheinlichkeit von 90 % (±z = 1,65) zu dreizehn (10 %) Ausbrüchen, bei einer Wahrscheinlichkeit von 95 % (±z = 1,96) kommt es zu elf (8,46 %). In Abb. 13.25 wird sichtbar, dass sich die Schätzung für λ = 0,80 noch besser an

[61] Bei Zangari (1996, S. 94 f.) werden 99,0 % verwendet.

[62] Vgl. Huschens (2000, S. 20).

[63] Vgl. Zangari (1996, S. 94 f.).

[64] Vgl. Deutsch (2001, S. 531). Einen Wert für die Gewichte gibt der Autor nicht an. Die Beziehung zwischen Lambda, der Maße für die Gewichte und dem Zeitfenster wird nicht dargestellt.

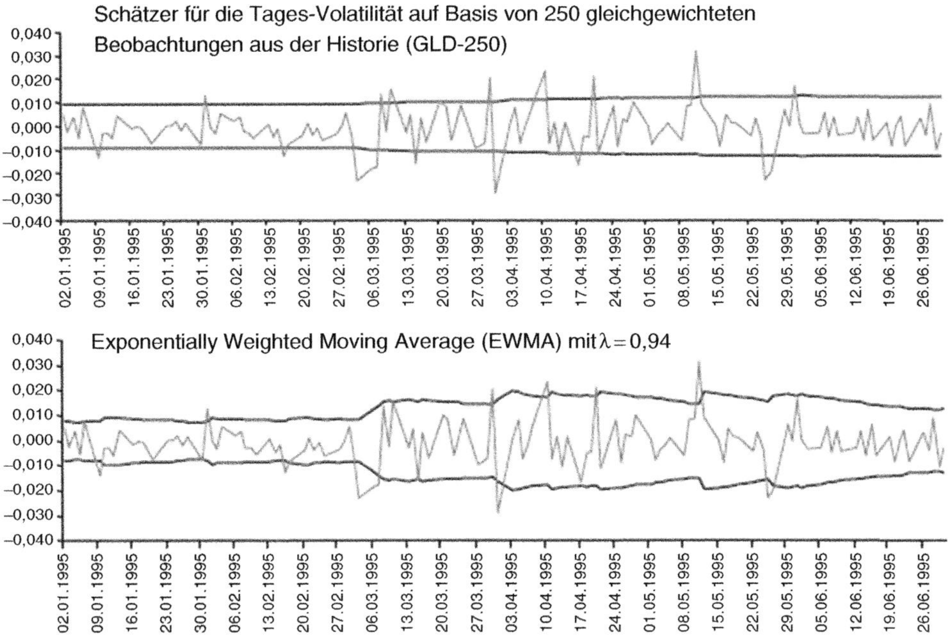

Abb. 13.24 GLD-250 versus EWMA mit $\lambda = 0{,}94$

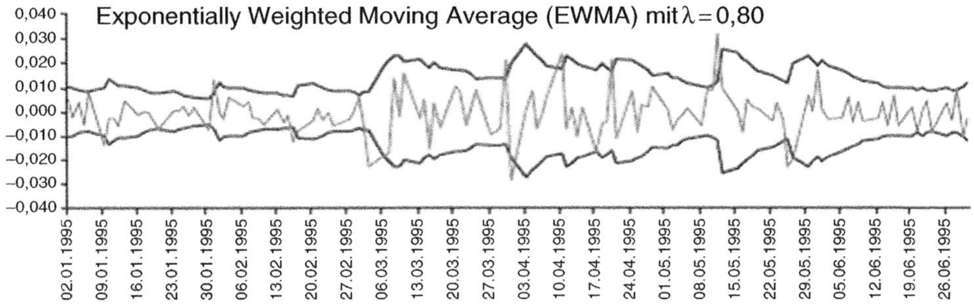

Abb. 13.25 Exponentially Weighted Moving Average (EWMA) mit $\lambda = 0{,}80$

den tatsächlichen Verlauf anschmiegen. Für eine Historie von 99,0 % statt 99,9 % der Werte ergeben sich in diesem Beispiel die gleichen Ergebnisse.

Es wäre zu vermuten, dass mit sinkendem λ die Prognosegüte stets zunimmt. Jedoch wird umso weniger Historie einbezogen, je geringer der Wert für λ ist. Mit abnehmender Historie steigt aber auch der mögliche Schätzfehler. Das optimale Lambda kann ermittelt werden, in dem der Mittlere Quadratische Fehler (MQF, MSE für „mean squared error") minimiert wird.[65]

---

[65] Vgl. Butler (1999, S. 203), Deutsch (2001, S. 521), Zangari (1996, S. 98).

$$\text{MQF} = \left(\frac{1}{n}\right)\Sigma\left(x_{i+1}^2 - \sigma_i^2\right) = \text{Minimum} \tag{13.34}$$

Wenn eine durchschnittliche Tagesrendite von Null angenommen wird, gilt für den Erwartungswert E $[x^2_{i+1}] = \sigma^2_{i,t}$. Die Varianz im Zeitpunkt t bildet den Erwartungswert für die Veränderungsrate in t + 1. Zur Lösung der Gleichung für den MQF ist ein iteratives Verfahren sinnvoll, da die Varianz σ_i^2 abhängig von Lambda ist.[66] Ohne Einsatz der MQF-Schätzung lautet die „Faustregel" für die Bestimmung eines geeigneten λ, dass der Wert umso kleiner zu wählen ist, je stärker das beobachtete Volatilitätsclustering ist. Als eine Erweiterung des EWMA-Modells können die GARCH-Modelle betrachtet werden. Die Abkürzung *GARCH* bedeutet „generalized autoregressive conditional heteroscedasticity", übersetzt generalisierte autoregressive bedingte Heteroskedastizität.[67] Diese Modelle dienen ebenfalls zur Berücksichtigung von Clusterbildung bei der Prognose von Volatilitäten, also der Eigenschaft von Volatilitäten, im Zeitablauf einem bestimmten Muster zu folgen. Die Eigenschaft konstanter Volatilitäten wird als Homoskedastizität bezeichnet, umgekehrt bedeutet Heteroskedastizität eine sich im Zeitablauf ändernde Volatilität.

Bei Volatilitätsclustern können autoregressive Eigenschaften, das heißt die Abhängigkeit einer Volatilität von ihrer Vorgängergröße, gemessen werden. Wenn die Zeitreihe autoregressiv ist, sind Erwartungswert und Varianz bedingt, da ihre Größe vom Auftreten vorheriger Werte abhängig ist. Bei den *GARCH-Modellen* wird angenommen, dass die zu Grunde liegenden Veränderungsraten normalverteilt sind, wobei die Varianz im Zeitablauf schwanken kann und abhängig ist von der Volatilität der Vorperioden. Auf diese Weise kann sowohl die Clusterbildung als auch eine leptokurtosische Verteilung modelliert werden.[68] In GARCH-Prozessen werden die oben beschriebenen Abhängigkeiten abgebildet, so dass beispielsweise eine Volatilitätsprognose unter Berücksichtigung der genannten Eigenschaften möglich ist.

Die GARCH-Modelle haben seit ihrem Aufkommen in den achtziger Jahren vielfach Beachtung in der Finanzökonomie gefunden. Eine Herleitung der Modelle und Darstellung der inzwischen zahlreichen Varianten würde den Rahmen dieses Werks übersteigen.[69] Daher wird an dieser Stelle stellvertretend für alle anderen GARCH-Varianten das einfachste und für die Modellierung von Finanzmarktdaten geeignete GARCH-(1,1)-Modell dargestellt[70]:

$$\sigma_t^2 = \gamma \cdot V + \alpha \cdot x_{t-1}^2 + \beta \cdot \sigma_{t-1}^2 + u \tag{13.35}$$

---

[66] Der MQF lässt sich in EXCEL mit Hilfe des Solvers bestimmen.

[67] Vgl. Butler(1999, S. 204 ff.), Oehler und Unser (2001, S. 97 f.).

[68] Vgl. Frömmel et al. (1999, S. 509).

[69] Zur Vertiefung vgl. Deutsch (2001, S. 524 ff.), Franke et al. (2001, S. 171 ff.), Schmidt (2000).

[70] Vgl. Deutsch (2001, S. 514, 529 ff.), Hull (2001, S. 528 ff.), Jorion (1997, S. 170 ff.).

Die Variable V bezeichnet die durchschnittliche langfristige Varianz der Zeitreihe und wird mit dem Faktor γ gewichtet. Der mit dem Faktor α gewichtete Ausdruck x^2_{t-1} steht für die am Vortag tatsächlich gemessene Veränderungsrate. Mit σ^2_{t-1} wird der Schätzwert für die Varianz des Vortages bezeichnet, der mit dem Gewicht β in die Formel eingeht. Die Summe der drei Gewichte muss eins ergeben ($\gamma + \alpha + \beta = 1$).[71] Die Variable u bezeichnet eine Störgröße. Im Gegensatz zu dem EWMA-Modell kann das GARCH-Modell die Mean Reversion Eigenschaft (Mittelwertannäherung) der langfristigen Varianz berücksichtigen. Die Berücksichtigung einer Mean Reversion impliziert, dass sich die Varianz mittel- bis langfristig immer wieder auf einen Gleichgewichtswert einpendelt. Wenn die Varianz, trotz zufallsbedingter Schwankungen, im Zeitablauf tendenziell auf ein langfristiges Durchschnittsniveau (Mean Reversion) tendiert, liefert das GARCH-Modell bessere Prognosen als das EWMA-Modell.

Die Schwierigkeit der GARCH-Modelle liegt in der Schätzung geeigneter Parameter, weshalb sich die betriebswirtschaftliche Literatur häufig auf den Hinweis beschränkt, das GARCH-Modelle eine gute Prognosegüte haben, jedoch schwierig zu parametrisieren sind. Die Schätzung der Parameter erfolgt mit Hilfe von *Maximum-Likelihood-Methoden*. Hierbei werden auf Basis historischer Beobachtungen die Parameter so geschätzt, dass sie die Wahrscheinlichkeit für das Eintreten der historischen Werte maximieren. Es werden die Parameter bestimmt, die am besten die bisher eingetretenen Beobachtungen beschreiben. Die Prognosegüte des GARCH-Modells wird daran beurteilt, wie gut es die Autokorrelation aus x_i^2 beseitigt.[72] Eine Vereinfachung der Schätzung stellt das *Varianz-Targeting* dar, bei dem das langfristige Durchschnittsniveau der Varianz gleich der historischen langfristigen Stichproben-Varianz gesetzt wird. Dann verbleiben die beiden Parameter α und β zur Schätzung, welche iterativ bestimmt werden können.[73]

Bei geeigneter Wahl der Parameter können die GARCH-Modelle in das einfachere EWMA-Modell überführt werden.[74] Für den Fall $\gamma = 0$, $\alpha = 1 - \lambda$ und $\beta = \lambda$ ergibt sich aus dem GARCH-Modell das EWMA-Modell, so dass letzteres als ein besonderer Fall von GARCH(1,1) angesehen werden kann.[75] Das EWMA-Modell ist eine akzeptable und einfache Alternative zu den rechenintensiven GARCH-Modellen.[76] Daher wird in diesem Buch auf die Verwendung von GARCH-Modellen verzichtet, und die Volatilitätsprogno-

---

[71] Für einen stabilen GARCH-Prozess muss $\alpha + \beta < 1$ sein. Zur Begründung vgl. Hull (2001, S. 538, 539). Für $\alpha + \beta > 1$ sollte auf das EWMA-Modell zurückgegriffen werden.

[72] Eine geeignete Kennzahl ist die zum Beispiel die Ljung-Box-Maßzahl (vgl. Hull 2001, S. 536–537). Weitere Gütemaße finden sich bei Deutsch (2001, S. 554 ff.).

[73] Die restlichen beiden Parameter α und β können mit Hilfe eines iterativen Verfahrens wie zum Beispiel dem Solver von Excel geschätzt werden.

[74] Vgl. Butler (1999; S. 206).

[75] Vgl. Hull (2001, S. 528).

[76] Vgl. Frömmel et al. (1999, S. 509).

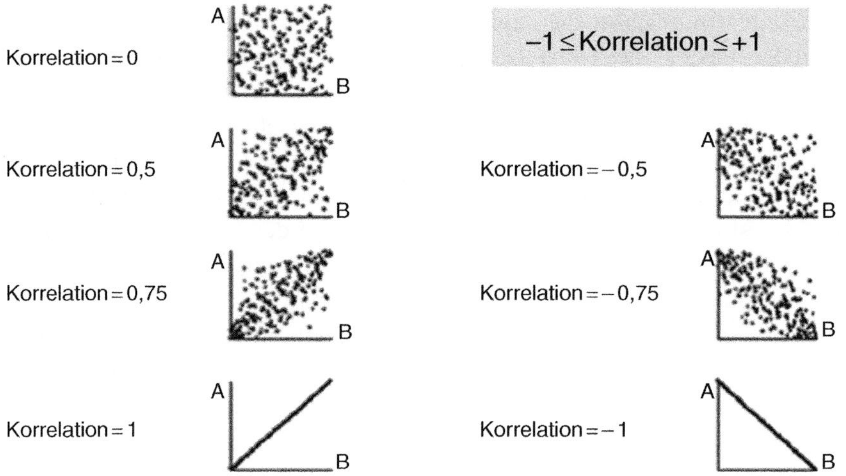

Abb. 13.26 Korrelationskoeffizienten

sen werden vergleichend mit Hilfe von Volatilitäten auf Basis gleichgewichteter Beobachtungen und Volatilitäten aus EWMA-Modellen durchgeführt.

13.5 Risikodiversifikation mit Korrelationen

Zusätzlich zu den Volatilitäten werden Korrelationen für die Berechnung von Risikokennzahlen benötigt. Ein *Korrelationskoeffizient* ist ein statistisches Maß, das die Stärke des linearen Zusammenhangs zweier Variablen misst und stets im Intervall zwischen minus Eins und Eins liegt. In Abb. 13.26 ist beispielhaft gezeigt, wie für unterschiedliche Korrelationskoeffizienten die Streuung der täglichen Kursänderungen zweier Wertpapiere oder Risiken A und B aussehen könnte. Die Werte der beiden Zeitreihen sind als dunkle und helle Punkte im Grafen abgetragen.

Bei einer Korrelation von Null ist kein systematischer linearer Zusammenhang zwischen den Kursentwicklungen der beiden Wertpapiere A und B erkennbar. Wird im Weiteren die Korrelation künstlich von Null in Richtung Eins verändert, formiert sich die ursprünglich Punktwolke immer stärker zu einer Geraden mit positiver Steigung. Bei einer Korrelation von exakt Eins würde Wertpapier A die Kursänderungen von Wertpapier B immer in der gleichen Richtung folgen. Auf der rechten Seite von Abb. 13.26 wird die Korrelation in die negative Richtung gegen minus Eins angepasst, so dass sich die Punktwolke langsam zu einer Geraden mit negativer Steigung formiert. Ein maximaler *Diversifikationseffekt* wird mit einer Korrelation von minus Eins erreicht. Dann verhält sich Wertpapier A in seiner Kursbewegung immer entgegengesetzt zu Wertpapier B. In der Realität sind häufig Korrelationen zwischen Null und unter Eins zu beobachten, weshalb in der Regel Risikodiversifikationseffekte gemessen werden können.

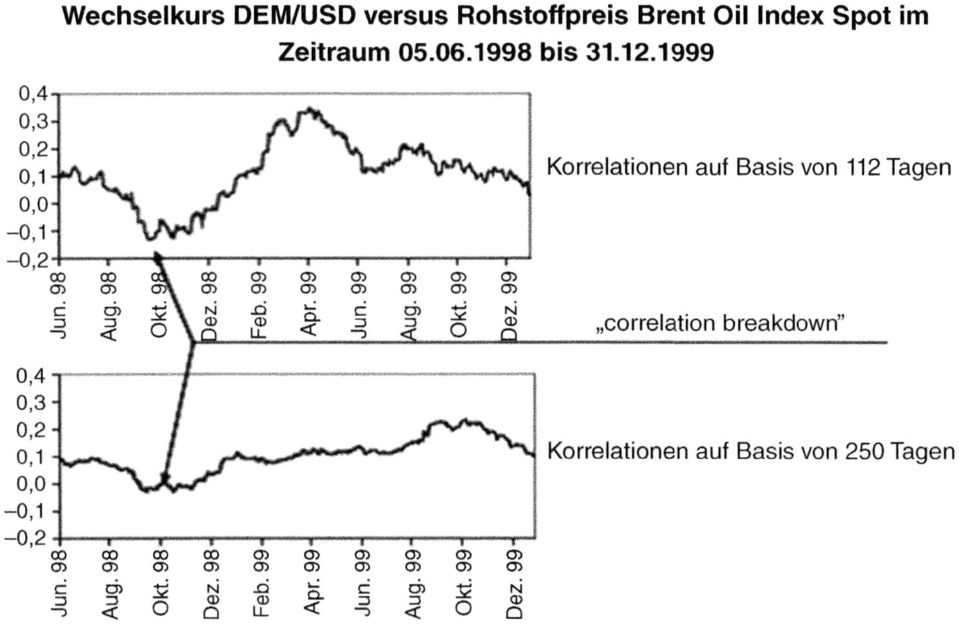

Abb. 13.27 Empirische Korrelationen im Zeitablauf

Die empirische Korrelation berechnet sich aus der Relation der Kovarianz zweier Zeitreihen und den Volatilitäten der beiden Zeitreihen (vgl. Gl. 13.36). In der Kovarianz sind somit die Korrelation und die Volatilitäten zweier Zeitreihen zusammengefasst. Auch die Kovarianz beschreibt das Zusammenspiel zweier Zufallsvariablen. Sie ist jedoch im Gegensatz zu der Korrelation nicht auf ein Intervall zwischen minus Eins und Eins standardisiert.[77] Aufgrund der Standardisierung ist es einfacher, die Stärke des Zusammenhangs zwischen zwei Variablen anhand der Korrelation zu beurteilen. Um die empirische Korrelation berechnen zu können, ist jedoch zuvor die Kenntnis der Kovarianz und der Volatilitäten beider Zeitreihen notwendig.

$$k = \frac{\text{cov}_{(A,B)}}{\sigma_A \cdot \sigma_B} \tag{13.36}$$

In Abb. 13.27 ist beispielhaft der Verlauf der empirischen Korrelation zwischen dem Wechselkurs DEM/USD und dem Rohstoffpreis Brent Oil Index Spot im Zeitraum vom 05.06.1998 bis 31.12.1999 gezeigt. Die Korrelation in der Grafik im oberen Teil der Abb. 13.27 beruht auf einer Messung von je 112 historischen Werten, die Graphik im unteren Teil zeigt Korrelationen auf Basis der jeweils 250 vergangenen Tage.[78] Trotz der

[77] Vgl. Cremers (1999, S. 305).

[78] Eine Historie von 112 Tagen ist ähnlich zu dem Zeitfenster des EWMA-Modells mit $\lambda = 0{,}94$, jedoch noch ohne exponentielle Gewichtung der in Abb. 13.27 abgetragenen Werte. Das Zeitfenster von 250 Tagen entspricht der traditionellen Betrachtung auf Basis gleichgewichteter Beobachtungen.

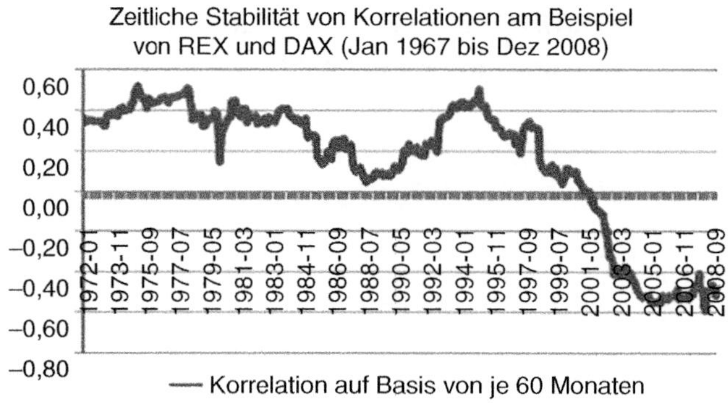

Abb. 13.28 Korrelation zwischen Zinsen und Aktien seit 1967

starken Glättung in der unteren Grafik ist auch dort der „*correlation breakdown*“ zwischen August und Oktober 1999 erkennbar. Bei einer Betrachtung auf Basis von 112 Tagen sank die Korrelation zwischen den beiden Marktpreisen von +0,1138 am28.07.1998 in nur 40 Handelstagen auf −0,1293 am 21.09.1998. Die Korrelation hat in nur 40 Handelstagen ihr Vorzeichen umgedreht. Auf Basis einer Historie von 250 Tagen ist die Entwicklung der Korrelation stärker gedämpft und zeitlich verzögerter als in der oberen Grafik mit 112 Tagen Historie, jedoch sank auch bei dieser Betrachtung die Korrelation von 0,0563 am 27.08.1998 in jetzt nur sechzehn Handelstagen auf −0,0299. Bei beiden Grafiken erreicht die Korrelation bereits im Januar 1999 wieder den ursprünglichen Wert vor dem Correlation Breakdown. Der Messwert für die empirische Korrelation ist abhängig von der gewählten Historie, die wahre Korrelation liegt in einem Konfidenzintervall.

Das Auftreten von Correlation Breakdowns kann in der Praxis besonders häufig in stressigen Marktphasen und Krisen beobachtet werden.[79] Wenn sich Korrelationen schnell ändern können, sollten kalkulatorische Diversifikationseffekte sehr konservativ in den Risikoschätzungen berücksichtigt werden. Abb. 13.28 zeigt als zweiten Vergleich die Entwicklung der Korrelation zwischen Zinsen und Aktien. Die Zinsen werden über den Rentenindex REX abgebildet, die Aktien über den Deutschen Aktien Index DAX.[80] Gemessen wurde über die Historie seit Januar 1967 die Entwicklung der Korrelation auf Basis von je 60 Monaten Beobachtungszeitraum (= Zeitfenster fünf Jahre). Die häufig zitierte Gesetzmäßigkeit „steigende Zinsen, sinkende Kurse“ scheint nur zeitweise zu gelten. In einzelnen Phasen war die Korrelation zwischen Zinsen und Aktien über Jahre hinweg deutlich positiv, beispielsweise 1975 bis 1985 und 1993 bis 1996. Eine positive Korrelation bedeutet, dass sich beide Risikofaktoren gleichgerichtet verhalten.

---

[79] Vgl. Malz (2001, S. 2 ff.), CEBS – Committee of European Banking Supervisors: Consultation paper on technical aspects of diversification under Pillar 2, CP20 vom 27.06.2008, http://www.c-ebs.org/Publications/Consultation-Papers/CP11-CP20/CP20.aspx, S. 8 ff.; 21 f.

[80] Datenquelle: Bundesbank-Statistik-Zeitreihendatenbank, www.bundesbank.de.

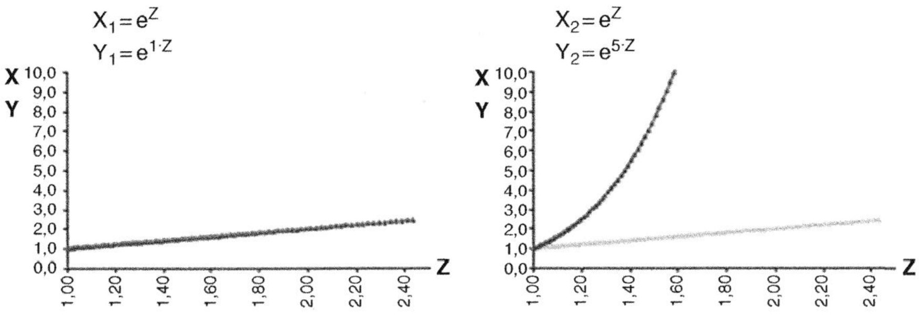

	X	Y	Z
X	1	**1**	0,8577
Y	**1**	1	0,8577
Z	0,8577	0,8577	1

	X	Y	Z
X	1	**0,7607**	0,8577
Y	**0,7607**	1	0,4695
Z	0,8577	0,8577	1

Abb. 13.29 Korrelierte oder unkorrelierte Zeitreihen?

Bei der kurzfristig ausgerichteten Risikoprognose für Bestands-Exposures werden in diesem Buch Korrelationen bei Bedarf in den parametrischen Risikomodellen berücksichtigt, da ohne Berücksichtigung von Diversifikationseffekten die Risiken überschätzt werden. Für Risikoprognosen von einem Tag kann von einer stabilen Korrelation ausgegangen werden. Dabei sollte aber nicht vergessen werden, dass es dennoch zu fehlerhaften Ergebnissen kommen kann. Die Korrelation ist nur geeignet, um einen linearen Zusammenhang zwischen zwei Variablen zu beschreiben.[81] Der Korrelationskoeffizient wird nahe bei Eins oder minus Eins liegen, wenn sich eine Punktwolke gut durch eine Gerade beschreiben lässt.

In Abb. 13.29 ist ein Beispiel mit den beiden Funktionen $X_{(Z)}$ und $Y_{(Z)}$ gezeigt. Sowohl $X_{(Z)}$ als auch $Y_{(Z)}$ sind nur von der Variablen Z abhängig. Im Gegensatz zu $X_{(Z)}$ wird bei $Y_{(Z)}$ die Variable Z mit einem konstanten Faktor multipliziert. In der ersten Alternative hat der konstante Faktor in der Funktion $Y_{1(Z)}$ den Wert Eins. Zwischen X und Y besteht eine Korrelation von Eins, da beide Funktionen identisch sind und nur von Z abhängen. Sowohl zwischen $X_{1(Z)}$ und Z als auch zwischen $Y_{1(Z)}$ und Z wird jeweils eine Korrelation von 0,8577 gemessen. Wegen dem exponentiellen Verlauf von $X_{1(Z)}$ und $Y_{1(Z)}$ kann deren Punktwolke nicht vollständig durch eine Gerade angenähert werden, folglich kommt es zu einem Korrelationskoeffizienten unter Eins.[82]

In einem zweiten Schritt wird der konstante Faktor in der Funktion $Y_{2(Z)}$ von Eins auf Fünf erhöht ($Y_{2(Z)} = e^{5 \cdot z}$). Obwohl $X_{2(Z)}$ und $Y_{2(Z)}$ weiterhin ausschließlich von der gleichen Variablen Z abhängen, sinkt die Korrelation zwischen $X_{2(Z)}$ und $Y_{2(Z)}$ von Eins auf

[81] Vgl. Cremers (1999, S. 307).

[82] Der exponentielle Verlauf von $X_{1(Z)} = e^z$ bzw. $Y_{1(Z)} = e^{1z}$ ist im linken Grafen der Abb. 13.29 wegen der identischen Skalierung bei der Darstellungnur schwach erkennbar.

0,7607. Die Korrelation zwischen $Y_{2(Z)}$ und Z beträgt nur noch 0,4695, obwohl sich nichts an der Abhängigkeit zwischen X und Y geändert hat. Unabhängig von einem konstanten Faktor müssten $X_{2(Z)}$ und $Y_{2(Z)}$ perfekt miteinander korreliert sein, da sich jede der beiden Funktionen aus der jeweils anderen ableiten lässt.[83] Trotzdem ist der Korrelationskoeffizient zwischen $X_{2(Z)}$ und $Y_{2(Z)}$ von dem konstanten Faktor in $Y_{2(Z)}$ abhängig. Bei Verwendung eines linearen Maßes für die Abhängigkeit zwischen $X_{2(Z)}$ und $Y_{2(Z)}$ kann der wahre Zusammenhang zwischen den beiden Funktionen nicht erkannt werden, da es sich hierbei um eine *nichtlineare Abhängigkeit* handelt. Gemäß Mina und Yi Xiao ist die Anwendung der Korrelation als Abhängigkeitsmaß nur für eine bestimmte Gruppe von Verteilungen zu rechtfertigen. Die Grundlage für diese Erkenntnis bilden die Untersuchungen von Emrechts, McNeil und Straumann, die auch alternative Maße für die Messung der gegenseitigen Abhängigkeit von Variablen vorschlagen.[84]

Im Risiko-Management ist ungeachtet der möglichen Fehler die Anwendung von Korrelationen zur Messung von Diversifikationseffekten üblich. Alle parametrischen Risikomodelle benötigen Korrelationen oder Kovarianzen. In der Regel werden Korrelationen über den Zeitraum der letzten 250 oder mehr Tage gemessen. Da die historischen Beobachtungen gleichgewichtet in die Berechnung einfließen, kann es zu Geisterkurven kommen. Im Folgenden wird daher ein aus dem EWMA-Modell abgeleiteter Ansatz als Alternative zur Prognose von Kovarianzen erläutert.

Das Modell setzt sich für diesen Zweck gemäß Gl. 13.37 zusammen aus der mit dem Faktor λ gewichteten Schätzung der Kovarianz zwischen den beiden Variablen x_i und y_i für den Vortag und dem Produkt aus den am Vortag beobachteten Veränderungen für die beiden Variablen x_i und y_i, gewichtet mit dem Faktor $(1 - \lambda)$.[85]

$$\text{cov}_t = \lambda \cdot \text{cov}_{t-1} + (1-\lambda) \cdot x_{t-1} \cdot y_{t-1} \tag{13.37}$$

Die Gleichung wird an einem Beispiel vorgeführt. Der gewählte Gewichtungsfaktor ist $\lambda = 0{,}94$, die Schätzung für die Kovarianz zwischen dem Wechselkurs DEM/USD und dem Brent Oil Index Spot hat am Vortag 0,000022 betragen. Die am Vortag beobachtete tägliche Veränderung lag für DEM/USD bei 0,62 % und für den Brent Oil Index Spot bei 2,87 %. Auf der Basis dieser Daten ergibt sich als Schätzwert für die Kovarianz des nächsten Tages:

$$\text{cov}_t = 0{,}94 \cdot 0{,}000022 + (1-0{,}94) \cdot 0{,}0287 \cdot 0{,}0062 = 0{,}000031$$

Für die Umrechnung von der Kovarianz zur Korrelation wird angenommen, dass der Schätzwert für die Volatilität des Wechselkurses DEM/USD für den folgenden Tag $\sigma_{t(DEM/USD)} = 0{,}64\ \%$ und der Schätzwert für die Varianz des Rohstoffpreises $\sigma_{t(Brent\ Oil)} = 2{,}88\ \%$ sei. Dann folgt der Schätzwert für die Korrelation k amfolgenden Tag aus Gl. 13.38:

[83] Vgl. Mina und Yi Xiao (2001; S. 96 f.).

[84] Vgl. Embrechts et al. (1999, S. 13 ff.).

[85] Vgl. Hull (2001, S. 543).

$$k = cov_t / \left(\sigma_{t(DEM/USD)} \cdot \sigma_{t(BrentOil)}\right)$$
$$k = 0{,}000031 / \left(0{,}0288 \cdot 0{,}0064\right) = 0{,}1701 \quad (13.38)$$

Die Berechnung von Korrelationen unter Verwendung des oben gezeigten Modells bereitet deutlich mehr Aufwand als die klassische Berechnung auf Basis historischer gleichgewichteter Beobachtungen. Im Gegensatz zu dem EWMA-Modell bei Volatilitäten erfordert das Modell für Korrelationen zunächst die Schätzung der Volatilitäten und der Kovarianz, um anschließend daraus die Korrelation berechnen zu können. Wie bei den Volatilitäten auch wird in diesem Werk zunächst versucht, mit Hilfe der einfacheren Messung von Volatilitäten auf Basis gleichgewichteter Beobachtungen gute Risikoprognosen zu erzielen. Wenn das abschließende Backtesting der Modelle keine zufriedenstellende Prognosegüte aufzeigt, kann auf die Möglichkeit, die Korrelationen mit dem oben gezeigten Modell zu schätzen, zurückgegriffen werden.

Die Prognose des Cash Flow at Risk ist im Gegensatz zum Value at Risk an einem mittel- bis langfristigen Zeithorizont von circa drei bis zwölf Monaten ausgerichtet. Bereits vor der Entwicklung der Cash-Flow-at-Risk-Modelle gab es streng genommen Anwendungsgebiete für eine mittel- bis langfristige Betrachtung von Risikoparametern, zum Beispiel die Messung von Kreditrisiken. Der Vorteil des Value at Risks besteht darin, das gesamte Risiko in einer Kennzahl ausdrücken zu können. Diese Eigenschaft kann aber auch als Nachteil ausgelegt werden, verbunden mit der Kritik, dass eine einzige Zahl nicht alles aussagen kann.[86] Insbesondere ist der Value at Risk nur für Risiken aus Finanzprodukten mit sicheren Cash Flows und kurze Zeithorizonte geeignet.[87] Der Value at Risk ist ein sehr kurzfristig orientierter Ansatz und nicht für die Betrachtung von dynamischen Entwicklungen über längere Zeiträume geeignet.[88] Restlaufzeitverkürzungs- und Pull-to-par-Effekte von Vermögenspositionen werden nicht berücksichtigt.[89] Vor einer Ausdehnung der Haltedauer „mit Gewalt“ wird gewarnt.[90]

13.6 Cash Flow at Risk versus Value at Risk

Unternehmen orientieren sich an längeren Zeithorizonten. Für das Wechselkursrisiko wurde empirisch ein durchschnittlicher Zeithorizont von zehn bis zwölf Monaten ermittelt.[91] Zusätzliche finanzielle Risiken können im Unternehmen aus den unsicheren operativen Cash Flows entstehen. Schon frühzeitig nach der Verbreitung des Value at Risk-

[86] Vgl. Frömmel et al. (1999, S. 506 ff.).

[87] Vgl. Harris-Jones (1998, S. 40–41).

[88] Vgl. Mohr (2001, S. 205), Burmester und Siegl (2001, S. 105 ff.).

[89] Vgl. Finger (1997, S. 4 ff.).

[90] Vgl. Wittrock und Jansen (1996, S. 909).

[91] Vgl. Bartram (1999, S. 76).

Konzeptes in der Bankenwelt wurde erkannt, dass eine *kurzfristige Steuerung auf der Basis von Marktwerten* nicht den Anforderungen von Unternehmen gerecht wird.[92] Für zahlreiche Vermögensgegenstände in Unternehmen sind Marktwerte nicht oder nur mit viel Aufwand ermittelbar. Insbesondere haben zukünftige, aber noch unsichere Cash Flows häufig einen bedeutenden Anteil am Unternehmenswert. Das Ziel des Cash Flow at Risk-Konzeptes ist nicht nur die Berücksichtigung der an die Treasury übertragenen finanziellen Risiken, sondern auch die Einbeziehung zukünftiger (noch unsicherer) Umsätze in das Exposure.[93] Der Begriff Risiko wird nicht mehr als Bestands-, sondern als Stromgröße definiert, in der auch die operative Tätigkeit eines Unternehmens zu berücksichtigen ist.

Daraus resultiert ein grundlegender Unterschied zwischen beiden Modellkategorien. Bei den Value at Risk-Modellen werden erst alle Cash Flows zu einem Barwert aggregiert und anschließend erfolgt eine Risikoschätzung bezüglich der maximalen Barwertänderung mit einer bestimmten Wahrscheinlichkeit innerhalb eines kurzen Zeitraums. In einem Cash Flow at Risk-Modell werden zunächst die Risiken für die einzelnen Cash Flows kalkuliert und erst im letzten Schritt erfolgt eine Aggregation zu einem Nominalwert.

Aus der Differenz zwischen dem Nominalwert und dem Planwert wird die maximale Cash-Flow-Veränderung berechnet, die mit einer bestimmten Wahrscheinlichkeit innerhalb des Prognosehorizonts nicht überschritten wird. Durch die erst im letzten Schritt erfolgende Aggregation ist der Ansatz besser geeignet, um beispielsweise im Zeitablauf eintretende Schwankungen der Absatzmengen zu simulieren. Der Cash Flow at Risk kann als ein *dynamischer Value at Risk* betrachtet werden, wenngleich eine Überführung vom VaR zum CFaR auch im einfachsten Fall nicht gelingt. Am Beispiel einer Fallstudie werden die Unterschiede zwischen den beiden Konzepten aufgezeigt. In der Fallstudie wird von sicheren, nominal konstanten Cash Flows ausgegangen. Damit sind noch am besten die Voraussetzungen für eine Value-at-Risk-Berechnung gegeben. Der gewünschte Risikohorizont umfasst zwölf Monate und die Wahrscheinlichkeit für die Risikoprognose beträgt 95 %. Um den Value at Risk auf die übliche Weise zu berechnen und anschließend mit dem Wurzelgesetz auf den gewünschten Prognosehorizont zu skalieren, ist zunächst eine Reihe von Annahmen und Vorbereitungen zu treffen.

Bevor ein Value at Risk berechnet werden kann, bedarf es der Diskontierung aller zu berücksichtigenden Cash Flows zu einem Barwert. Da es sich in der Fallstudie um Einnahmen in einer ausländischen Währung handelt, muss ein geeigneter ausländischer Zinssatz ausgewählt werden. Für jedes Laufzeitband steht eine Reihe von Zinssätzen zur Auswahl, begonnen von Zinssätzen für risikolose Staatspapiere über Swapzinssätze bis hin zu Pfandbriefsätzen. Die Zinssätze enthalten unterschiedlich hohe Risikoprämien und es stellt sich die Frage nach einem geeigneten Diskontierungszins. Die Entscheidung sollte sich am potenziellen Absicherungsinstrument orientieren. Wenn zum Beispiel Zinsrisiken

[92] Vgl. Bartram (2000b, S. 1269), Harris-Jones (1998, S. 41), Jorion (2001, S. 366 ff.), Lee (1999, S. 3 ff., 10 ff.), Mevay und Turner (1995, S. 84), Pfennig (2000, S. 1298), Schierenbeck und Lister (2001, S. 342 f.).

[93] Vgl. Pfennig (2000, S. 1300, 1306).

mit Swapgeschäften abgesichert werden, ist es sinnvoll, auch die Diskontierung mit Swapzinssätzen durchzuführen. Hat sich das Unternehmen für eine Kategorie von Zinssätzen entschieden, so gilt es in einem nächsten Schritt die historische Volatilität und bei Anwendung eines parametrischen Value-at-Risk-Modells die Korrelation der Zinsen zu dem Wechselkurs zu bestimmen. Dann könnte aus diesen Daten der Value at Risk für einen Tag Haltedauer errechnet werden, der anschließend mit dem Wurzelgesetz auf die Dauer von zwölf Monaten zu skalieren wäre.

In diesem Vorgehen stecken eine Reihe von *Annahmen*, die bei der Cash-Flow-at-Risk-Berechnung nicht benötigt werden. Zunächst ist keine Diskontierung der Cash Flows notwendig, folglich entfällt die Annahme über den hierfür adäquaten Zinssatz. Wäre das Unternehmen nur auf zwölf ausländischen Märkten vertreten, hätte es für die Diskontierung und Risikoberechnung umfangreiche Vorbereitungen und Annahmen zu treffen. Durch den Verzicht auf diese Daten und Annahmen wird die Risikoberechnung einfacher. Damit verbunden entfällt auch der Bedarf zur Ermittlung einer Vielzahl von Korrelationen wie beispielsweise zwischen den zwölf Zinskurven und den Währungen sowie zwischen den Währungen selbst. Es stellt sich auch nicht mehr die Frage, welche Historie für die Ermittlung der Korrelation relevant ist. Insbesondere entfällt die empirisch nicht haltbare Annahme, dass eine Korrelation über den Zeitraum von zwölf Monaten konstant bleibt.

Für die Überführung des Value at Risk in einen Cash Flow at Risk wird jeweils ein Value at Risk für die Quartalstage, an denen Cash Flows anfallen, berechnet. Das Verfahren ähnelt der Proxy-Cash-Flow-Methode, da der Value at Risk nicht am Betrachtungszeitpunkt 28.11.2000, sondern für einen in der Zukunft liegenden Zeitpunkt berechnet wird.[94] Die erste Value at Risk-Schätzung erfolgt für den 01.01.2001, der 24 Handelstage vom Betrachtungszeitpunkt 28.11.2000 entfernt ist. Ausgehend von den historischen logarithmierten täglichen Wechselkursänderungen in Höhe von 0,00710307 auf Basis von 250 gleichgewichteten Beobachtungen beträgt die Standardabweichung für den Zeitraum von 24 Tagen 0,034798 ($=\sqrt{24}\cdot 0{,}00710307$). Wie bei dem zweiseitigen Vertrauensintervall für einen Random Walk wird der Wechselkurs vom 28.11.2000 mit einem Faktor für die gewünschte Wahrscheinlichkeit multipliziert. Daraus folgt die Schätzung für den mit 95 % Wahrscheinlichkeit schlechtesten Wechselkurs in 24 Tagen zu 0,9075 EUR/USD (=0, 857 EUR/USD $\cdot\ e^{(1,644853\ \cdot\ 0,034798)}$). Dabei gilt es zu beachten, dass kein Minus vor dem z-Wert steht, da das Risiko in einem steigenden Wechselkurs EUR/USD besteht.

Von den 750.000 USD, die am 01.01.2001 fällig werden, bleiben mit 95 % Wahrscheinlichkeit nach dem Umtausch 826.446 EUR übrig (= 750.000 USD/0,9075 EUR/USD). In der gleichen Weise wird der mit 95 % Wahrscheinlichkeit nicht zu unterschreitende Cash Flow für die restlichen drei Quartale bestimmt. In Abb. 13.30 ist die Berechnung der einzelnen Cash Flows analytisch auf Basis der Normalverteilung und alternativ mit der stochastischen Simulation (Monte-Carlo-Simulation) auf Basis der Normalverteilung gezeigt. Für jeden der vier Stichtage werden 10.000 Wechselkurse simuliert. Bei so vielen Simulationsläufen sind die Unterschiede im Ergebnis zwischen den beiden Ansätzen marginal.

[94] Vgl. Finger (1997, S. 4 ff.).

Abb. 13.30 Minimaler Summen-Cash-Flow

Zeitpunkt	Tage ab dem 28.11.2000	Volatilität im Zeitraum	schlechtester Wechselkurs	analytisch	simuliert mit MC-Methode
01.01.2001	24 Tage	0,034798	0,9075	826.462	825.825
02.04.2001	89 Tage	0,067010	0,9569	783.812	784.363
02.07.2001	154 Tage	0,088147	0,9907	757.029	754.871
01.10.2001	219 Tage	0,105116	1,0188	736.192	740.497
Mit 95% Wahrscheinlichkeit nicht zu unterschreitender Summen Cash Flow in EUR				3.103.494	3.105.556

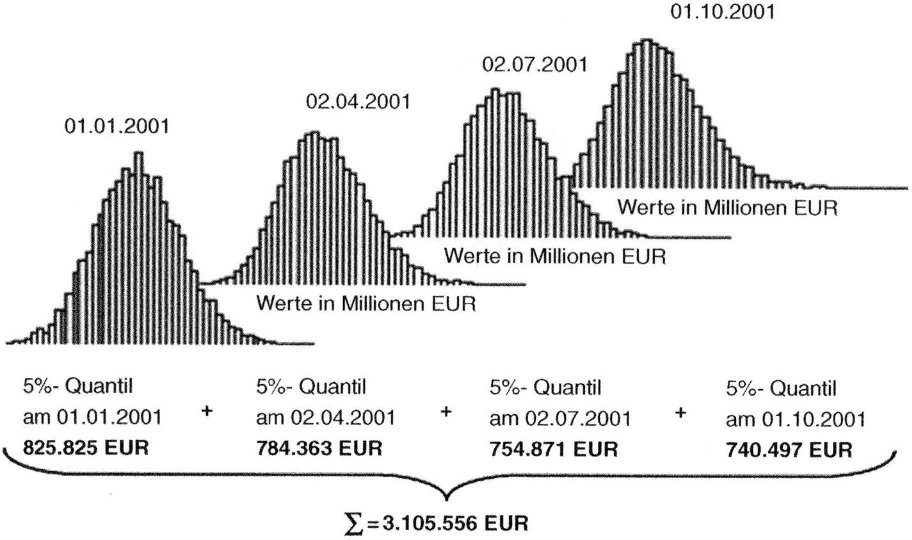

Abb. 13.31 Addition der einzelnen Value-at-Risk-Schätzungen für vier Quartale

Nach zwölf Monaten wird die Summe aller Cash Flows mit 95 % Wahrscheinlichkeit mindestens 3,1 Mio. EUR betragen.

Bei der Schätzung der vier Value-at-Risk-Werte wird für alle vier Zeitpunkte der mit 95 % Wahrscheinlichkeit schlechteste Wechselkurs unterstellt (vgl. Abb. 13.30). Die Annahme, die dahinter steht, wird bei einem Vergleich des Vertrauensintervalls mit dem Random Walk noch deutlicher. Das Vertrauensintervall in Abb. 13.31 ergibt sich, in dem für jeden der 250 betrachten Handelstage der mit 95 % Wahrscheinlichkeit schlechteste Wechselkurs bestimmt wird. Das ist die Denkweise bei der Value-at-Risk-Berechnung. Über den Zeitraum von 250 Handelstagen würde diese Denkweise aber in einer Parabel gesprochen bedeuten: Wenn es heute regnet, wird es morgen regnen, und übermorgen und so weiter, es wird die nächsten 250 Tage nur noch regnen. Genau von diesem mit 95 % Wahrscheinlichkeit schlechtesten Fall wird bei der Value-at-Risk-Betrachtung an jedem Tag bis zum Prognosehorizont ausgegangen.

In Abb. 13.32 ist exemplarisch einer von 10.000 simulierten Random Walks gezeigt, wie sie in dem Cash-Flow-at-Risk-Modell verwendet werden. Durch die Vielzahl der si-

Abb. 13.32 Der Value at Risk ist für mittelfristige Prognosen zu konservativ

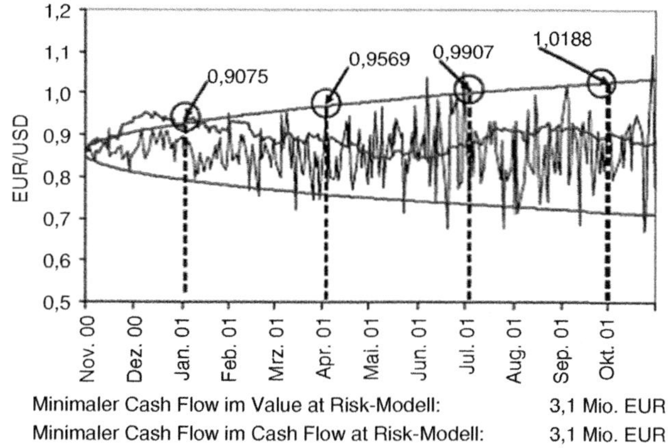

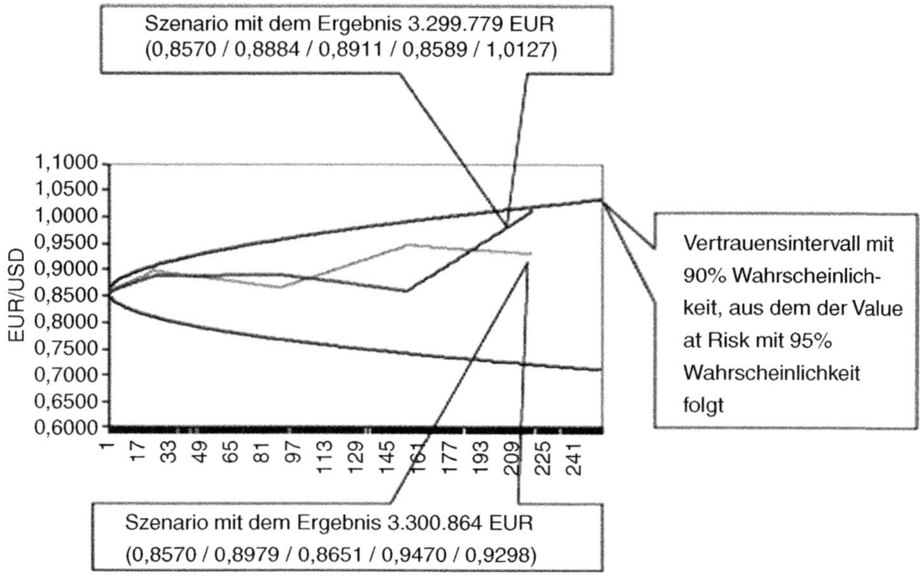

Abb. 13.33 Pfade im Cash-Flow-at-Risk-Beispiel

mulierten Pfade wird sichergestellt, dass viele im Zeitablauf mögliche Wechselkursentwicklungen in der Risikoschätzung berücksichtigt werden. Es wird höchstens einen Pfad geben, der genau am oberen Ast des Vertrauensintervalls entlang läuft und somit für jeden der 250 Tage den mit 95 % Wahrscheinlichkeit schlechtesten Wechselkurs generiert. Es wird aber auch Pfade geben, die stellenweise das Vertrauensintervall verlassen und sehr extreme Wechselkurse generieren.

Die Cash Flows werden mit allen 10.000 Pfaden bewertet, und das mit 95 % Wahrscheinlichkeit schlechteste Ergebnis daraus führt zu dem minimalen Cash Flow von 3,3 Mio. EUR für diese Wahrscheinlichkeit (vgl. Abb. 13.33). Weil aber nicht der fünf

Prozent schlechteste Pfad entlang der oberen Intervallgrenze verläuft, können Cash Flow at Risk und Value at Risk nicht identisch sein. Es handelt sich somit um eine andere Art der Risikoberechnung, obwohl beiden Ansätzen normalverteilte Risikofaktoren zu Grunde liegen.

Der *wesentliche Unterschied* zwischen einem Random Walk und einer langfristigen Risikoprognose mit dem Value-at-Risk-Verfahren besteht darin, dass der Random Walk einen vollständigen Pfad für den betrachteten Risikofaktor abbildet. Eine Langzeitprognose mit dem Value-at-Risk-Verfahren würde sich darauf beschränken, das 5 %-Quantil für jeden einzelnen Tag des betrachteten Zeitraums zu ermitteln und über alle Tage des betrachteten Risikozeitraums zu kumulieren. Damit wird unterstellt, dass an jedem einzelnen von zum Beispiel 255 Tagen der zu 95 % schlechteste Wert eintritt.

Für die Prognose von zukünftigen Marktentwicklungen sind aber Pfade von Marktpreisen notwendig. Bei Verwendung von Random Walks werden viele mögliche Preispfade simuliert, die alle sowohl sinkende als auch steigende Risikofaktoren berücksichtigen. Das Ergebnis der Risikoschätzung ist das 5 %-Quantil aus der Wertentwicklung von 255 Tagen, das nicht übereinstimmt mit der Summe von 255 täglichen 5 %-Quantilen (vgl. Abb. 13.30 ff.).

In Abb. 13.34 ergibt sich der mit 95 % Wahrscheinlichkeit geringste Cash Flow von 3,3 Mio. EUR beispielsweise dann, wenn der Wechselkurs EUR/USD, beginnend mit 0,8570 EUR/USD, nach 24 Tagen auf 0,8979 steigt, nach 89 Tagen wieder auf 0,8661 fällt, nach 154 Tagen auf 0,9470 steigt und am letzten Umtauschtag 0,9298 EUR/USD beträgt.

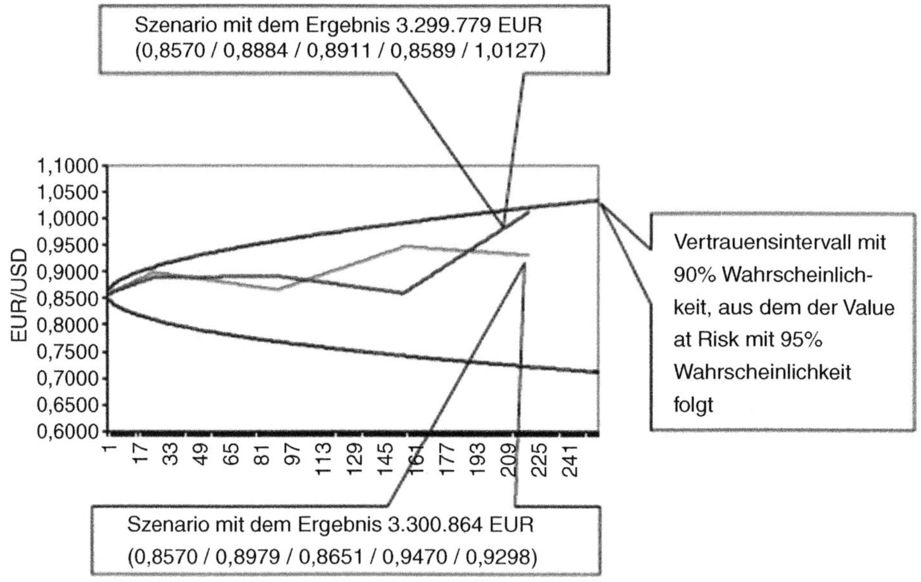

Abb. 13.34 Vergleich von CFaR- und VaR-Pfad

Ein ähnliches Ergebnis von 3,2998 Mio. EUR folgt aus einem zunächst sinkenden Wechselkurs, der aber im letzten Quartal stark ansteigt.

Bei Betrachtung des Vertrauensintervalls, das sich aus dem Value-at-Risk-Prinzip ergibt, wird auch deutlich, warum der Value at Risk für sehr kurzfristige Schätzungen zuverlässige Prognosen liefert. Im Bereich der ersten Tage der Risikoprognose ist das Vertrauensintervall noch sehr eng, es weitet sich aber mit zunehmendem Prognosehorizont schnell aus und führt zu der oben beschriebenen pessimistischen Überschätzung des Risikos.

Der in Abb. 13.32 gezeigte minimale Cash Flow stellt noch nicht den Cash Flow at Risk dar. Ein weiterer Unterschied des Cash Flow at Risk zum Value at Risk besteht darin, dass das Risiko als Abweichung von einem Referenzwert ungleich Null aufgefasst wird. Beim Value at Risk wäre das Risiko eine negative Barwertveränderung in der Zukunft im Vergleich zu dem Barwert zum Zeitpunkt der Risikoberechnung. Beim Cash Flow at Risk misst das Unternehmen die Abweichung von einem geplanten oder budgetierten Wert. Der Cash Flow at Risk hat somit einen *anderen Vergleichsmaßstab* als der Value at Risk. Beim Value at Risk ist das Risiko die mit einer bestimmten Wahrscheinlichkeit nicht zu überschreitende Barwertveränderung innerhalb einer kurzen Periode, die in Bezug auf den Barwert in $t = 0$ erfolgen kann. Der Cash Flow at Risk misst die mit einer bestimmten Wahrscheinlichkeit nicht zu überschreitende Abweichung von dem geplanten oder budgetierten Cash Flow der Unternehmung.

Wenn in dem gezeigten Beispiel das Unternehmen für die nächsten zwölf Monate einen Cash Flow von 3,5 Mio. EUR erwartet, dann beträgt der Cash Flow at Risk mit 95 % Wahrscheinlichkeit 200.000 EUR. Dieser Betrag ergibt sich aus der Differenz des mit 95 % Wahrscheinlichkeit nicht zu unterschreitenden Cash Flows und dem erwarteten Cash Flow (= 3,3 Mio. EUR −3,5 Mio. EUR). Bei Anwendung der Value-at-Risk-Denkweise würde der mit 95 % Wahrscheinlichkeit nicht zu unterschreitende Cash Flow bei 3,1 Mio. EUR liegen, woraus eine maximale Abweichung vom Planwert in Höhe von 400.000 EUR resultiert (= 3,1 Mio. EUR −3,5 Mio. EUR). Damit ist die Risikoschätzung bei Anwendung der Value-at-Risk-Methode doppelt so hoch wie bei Anwendung der Cash-Flow-at-Risk-Methode. In einer Ex-post-Analyse hätte der Cash Flow bei Berücksichtigung der tatsächlichen Marktentwicklung 3,35 Mio. EUR betragen, was eine Abweichung von 150.000 EUR vom Planwert bedeutet (= 3,35 Mio. EUR bis 3,5 Mio. EUR). Damit hätten beide Modelle das Risiko nicht unterschätzt, nur wäre die Schätzung bei Verwendung der Value-at-Risk-Methode zu konservativ gewesen.[95] Für sehr kurzfristige Risikoprognosen ist die Value-at-Risk-Methode aber geeignet.

Das Value-at-Risk-Konzept stammt aus dem Handelsbereich von Banken, wo es entwickelt wurde, um das Risiko von Finanzprodukten für die Haltedauer von einem Tag zu messen. Bei Finanzprodukten sind die Cash Flows in der Regel vertraglich fixiert, so dass ohne größere Probleme Barwerte ermittelt werden können. Gleichzeitig sind für die meis-

---

[95] Eine gesicherte Aussage über die Prognosegüte von Cash-Flow-at-Risk-Modellen kann erst durch das abschließende Backtesting über einen längeren Zeitraum erfolgen. In diesem Beispiel handelt es sich lediglich um einen Vergleich der Prognosegüte für eine einzige Risikoprognose.

ten Finanzprodukte auch Marktwerte an den Wertpapiermärkten erhältlich. Das Konzept ist bestandsorientiert, es misst die Risiken von den im Portfoliobestand enthaltenen Finanzprodukten.

Das Cash-Flow-at-Risk-Modell wurde entwickelt, um Risikoprognosen über einen längeren Zeithorizont zu erstellen. Damit soll der Bedarf der Unternehmen nach einem längeren Planungshorizont gedeckt werden. Im Gegensatz zum Value at Risk werden nicht Marktwerte von Portefeuilles betrachtet, sondern nominale Cash Flows. Statt einem berechneten Barwert werden Stromgrößen wie beispielsweise der Unternehmens-Cash Flow oder der EBIT (earnings before interest and taxes) der Risikoberechnung zu Grunde gelegt. Daher ist es auch möglich, operative Cash Flows und die Abhängigkeiten zu Marktpreisänderungen zu berücksichtigen. Die Cash Flows können einer eigenen Volatilität unterworfen werden.

Zwar könnten die operativen Cash Flows auch diskontiert werden, um anschließend den daraus resultierenden Barwert mit einem Value-at-Risk-Modell zu steuern, jedoch wären dafür eine Reihe von Annahmen notwendig. Insbesondere müsste unterstellt werden, dass die operativen Cash Flows exakt prognostiziert werden können und nominal konstant bleiben, völlig unabhängig von Änderungen der Marktpreise und Nachfragemengen. Nur dann ist die Annahme konstanter Cash Flows möglich, die vorhanden sein müssen, um eine Diskontierung durchführen zu können. Es ist nicht möglich, unsichere, von Marktpreisänderungen abhängige oder Nachfrageschwankungen ausgesetzte Cash Flows zu einem Barwert zu diskontieren. Für die Barwertrechnung bedarf es ausdrücklich sicherer und konstanter Cash Flows.

Bei dem Value at Risk werden stets alle bekannten Cash Flows einbezogen, da andernfalls keine korrekte Barwertermittlung möglich ist. Beispielsweise wären bei einem Wertpapier mit zehn Jahren Restlaufzeit die Cash Flows der nächsten zehn Jahre zu berücksichtigen. Für den Cash Flow at Risk hingegen werden nur die Cash Flows innerhalb des Prognosezeitraums berücksichtigt, was für die Fokussierung auf operative Cash Flows zwar gerechtfertigt ist, aber bei einem zehnjährigen Wertpapier mit endfälliger Tilgung zur Unterschätzung des Zinsrisikos führen würde.

Beide Konzepte haben ihre Berechtigung. Das festverzinsliche Wertpapier wird als ein barwertiger Vermögensbestandteil betrachtet. Das Risiko besteht in einer negativen Barwertänderung (Value Exposure). Die Value-at-Risk-Modelle wurden für die Messung genau dieser barwertigen Risiken entwickelt. Der operative Cash Flow ist hingegen eine Stromgröße, eine endfällige Tilgung wie bei einem Wertpapier gibt es hier nicht und das Risiko besteht in einer negativen Abweichung vom erwarteten Cash Flow (Cash Flow Exposure). In Tab. 13.2 werden die Unterschiede zwischen dem Value at Risk und Cash Flow at Risk systematisch gegenübergestellt.

Es stellt sich die Frage, warum nicht über die Interdependenzen zwischen den Marktpreisen und den operativen Cash Flows hinweggesehen wird, die Cash Flows einfach per Definition als konstant angenommen und zu einem Barwert diskontiert werden, um sie anschließend mit dem Value-at-Risk-Konzept zu steuern. Die genannten Prämissen wären zwar *realitätsfremd*, aber Modelle stellen stets eine Vereinfachung der Realität dar und

Tab. 13.2 Value at Risk versus Cash Flow at Risk

Kriterium	Value at Risk	Cash Flow at Risk
Exposuredefinition	Portfolioorientiert	Cash-Flow-orientiert
Underlying	Nur Finanzinstrumente	Alles, auch operatives Geschäft
Verhalten des Underlyings	Nominalvolumen bleibt konstant (bestenfalls Ausfallrisiko), der Barwert ändert sich nur infolge von Zins- oder Währungsrisiken	Cash Flows sind variabel (zum Beispiel Nachfrageschwankungen), der Summen-Cash-Flow hängt sowohl vom operativen Geschäft als auch von Zins-, Währungs- und Rohstoffpreisrisiken ab; Wechselwirkungen zwischen Marktpreisrisiken und Cash Flow (etwa Preiselastizität) werden berücksichtigt
Einbezogene Vermögensgegenstände/Cash Flows	Nur sichere Cash Flows werden erfasst	Auch finanzielle Risiken aus zukünftigen Umsätzen und Bestellungen werden in die Exposure einbezogen (→ explizite Berücksichtigung der Unsicherheit zukünftiger Cash Flows); → Einfluss der finanziellen Risikofaktoren über die gesamte Wertschöpfungskette wird berücksichtigt
Betrachtete Laufzeit	Komplett, alles, was bekannt ist, muss einbezogen werden (beispielsweise die nächsten zehn bis zwanzig Jahre bei Bonds)	Beliebige Zeitpunkte können berücksichtigt werden, zum Beispiel Änderung des Jahresüberschusses in den nächsten drei bis zwölf Monaten
Haltedauer	Bei seriösen Berechnungen bis maximal sechzig Tage	Beliebig, auch drei bis zwölf Monate
Einbezogene Risikofaktoren	Nur Marktpreisrisiken	Beliebig, auch strategische, operative Risiken
Zielgröße	Marktwert des Portfolios → Orientierung an Bestandsgrößen → für fast alle Aktiva und Passiva sind Marktwerte erhältlich (mark to market) → die Aktiva/Passiva sind objektiv zu bewerten (zum Beispiel Bonds etc.), leicht liquidierbar und handelbar	Cash Flow, Jahresüberschuss (= Earnings), EBIT, → Orientierung an Stromgrößen → nur für einen geringen Teil der Aktiva und Passiva von Industrieunternehmen existieren Marktwerte → die von Assets generierten Cash Flows sind vielfach subjektiv, von der spezifischen Marktposition abhängig und auch nicht oder nur schwer liquidierbar/handelbar

kommen nicht ohne Annahmen aus. Die Messung der finanziellen Risiken aus dem operativen Geschäft wäre oberflächlicher und gröber, aber dafür könnte eine einheitliche Risikomessmethode für alle Exposure-Kategorien angewendet werden.

Stattdessen werden Value Exposures mit dem Value at Risk und Cash Flow Exposures mit dem Cash-Flow-at-Risk-Modell gemessen. Die Antwort auf diese Frage lässt sich aus dem bei Unternehmen gegenüber Banken wesentlich längeren Planungshorizont herleiten. Wenn eine Bank beispielsweise in ihrem Wertpapierportfolio ein zu hohes Risiko feststellt, kann sie entweder Absicherungsinstrumente kaufen oder Wertpapiere in sehr kurzer Zeit abstoßen, da die Finanzmärkte in der Regel liquide sind. Deshalb sind Risikoprognosen für sehr kurze Haltedauern zur Risikomessung in Finanzportfolios ausreichend. Wenn ein Unternehmen nur die Risiken seiner Fremdwährungsposition oder des eigenen Pensionsfonds messen will, ist ebenfalls ein Value-at-Risk-Modell ausreichend. In diesen Fällen gibt es keinen Unterschied zwischen einer Bank und einem Unternehmen. Beide sind auf liquiden Märkten tätig und können Risikopositionen schnell schließen. Für andere Einsatzzwecke in Unternehmen als zur Messung der Risiken von Portfolios mit Finanzprodukten ist das Value-at-Risk-Modell kaum geeignet.[96]

Die finanziellen Risiken aus dem operativen Geschäft eines Unternehmens übersteigen in der Regel die finanziellen Risiken aus den Beständen an Wertpapieren und anderen Finanzprodukten. Das operative Geschäft kann aber nicht beliebig ge- und verkauft werden, wie es bei Wertpapieren der Fall ist. Insbesondere benötigt das Unternehmen eine gewisse Vorlaufzeit, um seine Unternehmenspolitik auf die am Horizont erkennbaren, jedoch nicht handelbaren Risiken abzustimmen.[97]

Literatur

BARTRAM, S. M.: Die Praxis unternehmerischen Risikomanagements von Industrie- und Handelsunternehmen, in: Finanz Betrieb, 6/1999, S. 71–77.

BARTRAM, S. M.: Finanzwirtschaftliches Risiko, Exposure und Risikomanagement von Industrie- und Handelsunternehmen, in: WiSt., 5/2000a, S. 242–249.

BARTRAM, S. M.: Verfahren zur Schätzung finanzwirtschaftlicher Exposures von Nichtbanken, in: Johanning, L.; Rudolph, B.: Handbuch Risikomanagement, Risikomanagement in Banken, Asset-Management-Gesellschaften, Versicherungs- und Industrieunternehmen, Bad Soden 2000b, S. 1267–1294.

BEECK, H.; JOHANNING, L.; RUDOLPH, B.: Value at Risk-Limitstrukturen zur Steuerung und Begrenzung von Marktrisiken im Aktienbereich, in: OR Spektrum – Quantitative Approaches in Management, 1999, Vol. 21, 1–2, S. 259–286.

BODE, M.; MOHR, M.: Alles falsch?, in: Die Bank, Nr. 6/1994, Juni 1994, (1994), S. 364–367.

BOSCH, K.: Statistik-Taschenbuch, München 1998.

Burmester, C.; Siegl, T.: Strategieorientierte Simulation in der Gesamtbanksteuerung für Markt- und Kreditrisiko, in: Eller, R.; Gruber, W.; Reif, M.: Handbuch Gesamtbanksteuerung – Integration von Markt-, Kredit- und operationalen Risiken, Stuttgart 2001, S. 104–120.

BUTLER, C.: Mastering Value at Risk – A step by step guide to understanding and applying VaR, Wiltshire GB 1999.

[96] Vgl. Stocks (1997, S. 77).

[97] Vgl. Shimko (1997, S. 94), Stocks (1997, S. 78).

CEBS – Committee of European Banking Supervisors: Consultation paper on technical aspects of diversification under Pillar 2, CP20 vom 27.06.2008, http://www.c-ebs.org/Publications/Consultation-Papers/CP11-CP20/CP20.aspx.

Cremers, H.: Mathematik und Stochastik für Banker, 2. Auflage, Frankfurt/Main 1999.

Deutsch, H.-P.: Derivate und interne Modelle: Modernes Risikomanagement, 2. Auflage, Stuttgart 2001.

Dieckmann, S.: Volatilität und Korrelation in der Zinsstruktur – Parameter in Bewertung und Handel von Cap, Floor und Swaption, Frankfurt/Main 1998.

Embrechts, P.; McNeil, A.; Straumann, D.: Correlation and Dependence in Risk Management: Properties and Pitfalls, Working Paper, ETH Zürich, 1999.

Finger, C. C.: When is a portfolio of options normally distributed?, in: J. P. Morgan/Reuters RiskMetricsTM Monitor, New York, 3. Qu. 1997.

Franke, J.; Härdle, W.; Hafner, C.: Einführung in die Statistik der Finanzmärkte, Berlin 2001.

Frömmel, M.; Menkhoff, L.; Tolksdorf, N.: Wechselkursvolatilität und institutsspezifische Value at Risk-Ansätze, in: Die Sparkasse, 11/1999, 116. Jahrgang, S. 506–511.

Hager, P.: Cash Flow at Risk und Value at Risk in Unternehmen, Dissertation an der Universität Siegen 2002, Download unter www.peterhager.de.

Hager, P.: Corporate Risk Management – Cash Flow at Risk und Value at Risk, Frankfurt/Main 2004.

Harris-Jones, J.: Why treasury must tackle all risk, in: Corporate Finance, 6/1998, S. 40–42.

Hedderich, J./Sachs, L.: Angewandte Statistik: Methodensammlung mit R, 16., überarbeitete und erweiterte Auflage, Springer Verlag, Berlin 2018.

Hull, J. C.: Optionen, Futures und andere Derivate, 4. Auflage, München 2001.

Hull, J. C.: Optionen, Futures und andere Derivate, 10. Aufl., München 2019.

Huschens, S.: Value at Risk-Berechnung durch historische Simulation, in: Dresdner Beiträge zu Quantitativen Verfahren Nr. 30/00, Technische Universität Dresden, Fakultät für Wirtschaftswissenschaften, Dresden 2000.

Jorion, P.: Value at Risk – The New Benchmark for Controlling Derivatives Risk, USA 1997.

Jorion, P.: Value at Risk – The New Benchmark for Managing Financial Risk, 2. Auflage, USA 2001.

Kim, J.; Malz, A. M.; Mina, J.: LongRun Technical Document, RiskMetrics Group, New York 1999.

Krämer, W.; Sibbersten, P.; Kleiber, C.: Long memory versus structural change in financial time series, Allgemeines Statistisches Archiv 86, 2002, S. 83–96.

Lee, A. Y.: CorporateMetrics™ Technical Document, RiskMetrics Group, New York 1999.

Malz, A. M.: Financial crises, implied volatility an stress testing, Working Paper Number 01–01, RiskMetrics Group, New York 2001.

Malz, A. M.; Mina, J.: Risk measurement in the aftermath of the terrorist attack, Research Technical Note, Risk Metrics Group, New York 2001.

Mevay, J.; Turner, C.: Could companies use Value at Risk?, in: Euromoney, 10/1995, S. 84–86.

Mina, J.; Yi Xiao, J.: Return to RiskMetrics: The Evolution of a Standard, RiskMetrics Group, New York 2001.

Mohr, R.: Gesamtbanksteuerung in Hypothekenbanken, in: Eller, R.; Gruber, W.; Reif, M.: Handbuch Gesamtbanksteuerung – Integration von Markt-, Kredit- und operationalen Risiken, Stuttgart 2001, S. 171–222.

Oehler A.; Unser M.: Finanzwirtschaftliches Risikomanagement, Berlin 2001.

Pfennig, M.: Shareholder Value durch unternehmensweites Risikomanagement, in: Johanning, L.; Rudolph, B.: Handbuch Risikomanagement, Risikomanagement in Banken, Asset-Management-Gesellschaften, Versicherungs- und Industrieunternehmen, Bad Soden 2000, S. 1295–1332.

Rau-Bredow, H.: Überwachung von Marktpreisrisiken durch Value at Risk, in: WiSt., 6/2001, S. 315–319.

ROMEIKE, F.: Management von Rohstoffrisiken, in: Schöning/Göğüş/Pernsteiner (Hrsg.): Risikomanagement in Unternehmen – Interkulturelle Betrachtungen zwischen Deutschland, Österreich und der Türkei, Springer Gabler Verlag, Wiesbaden 2017, S. 117–173.

ROMEIKE, F..: Hammade Risklerinin Yönetimi, in: Schöning/Göğüş/Pernsteiner (Derleyen): İşletmelerde Risk Yönetimi: Türkiye, Almanya ve Avusturya Karşılaştırması, Istanbul Bilgi Üniversitesi Yayinlari, Istanbul 2018a.

ROMEIKE, F.: Stochastische Investitionssimulation. Seriöser Umgang mit Unsicherheit bei Investitionsplanungen, in: CFO aktuell, Ausgabe Juli 2018b, S. 167–172.

ROMEIKE, F./HAGER, P.: Gute Frage: Was ist ein „Random Walk", in: Risk, Compliance & Audit (RC&A), 06/2010, S. 11–12.

ROMEIKE, F./SPITZNER, J.: Von Szenarioanalyse bis Wargaming – Betriebswirtschaftliche Simulationen im Praxiseinsatz, Wiley Verlag, Weinheim 2013.

ROMEIKE, F.: MARKOW-KETTEN / MARKOW-ANALYSE, in: GRC aktuell, Ausgabe 01/2020, S. 31–38.

SAUTER, J.: Messung und Prognose von Volatilitäten am Beispiel des DAX-Index, Frankfurt/Main 1996.

SCHÄFER, K.: Optionsbewertung mit Monte-Carlo-Methoden, Reihe: Quantitative Ökonomie, Band 52, Bergisch Gladbach 1994.

SCHIERENBECK, H.; LISTER, M.: Value Controlling – Grundlagen Wertorientierter Unternehmensführung, München 2001.

SCHLITTGEN, R.; STREITBERG, B.: Zeitreihenanalyse, 8. Auflage, München 1999.

SCHMIDT, M.: Modellierung von Kapitalmarktvolatilität mittels fehlspezifizierter GARCH (p, q)-Prozesse, Lohmar 2000.

SHIMKO, D. C.: Strategic Risk Management – Applying VAR to Corporate Investment Decisions, in: Deloitte & Touche LLP Risk Publications: Financial Risk and the Corporate Treasury – New Developments in Strategy and Control, London 1997.

STOCKS, M. E.: Value at Risk – A Risk Measurement Tool for Corporate Treasurers, in: Deloitte & Touche LLP Risk Publications: Financial Risk and the Corporate Treasury – New Developments in Strategy and Control, London 1997.

TSCHERNIG, R.: Long Memory In Foreign Exchange Rates Revisited, in: Journal of International Financial Markets, Institutions and Money, 5 (2/3) 1995, S. 53–78.

TOMASZEWSKI, C.: Bewertung strategischer Flexibilität beim Unternehmenserwerb – Der Wertbeitrag von Realoptionen, Frankfurt/Main 2000.

WITTROCK, C.; JANSEN, S.: Gesamtbanksteuerung auf Basis von Value at Risk – Ansätzen, in: Österreichisches Bank Archiv, Heft 12/96, 1996, S. 909–918.

ZANGARI, P.: RiskMetricTM, Technical Document, 4. Auflage, J. P. Morgan/Reuters, New York 1996.

Glossar

Ein sehr ausführliches Glossar rund um das Thema Risiko-Management finden Sie auf dem Kompetenz-Portal RiskNET: https://www.risknet.de/wissen/glossar/

ABC-Analyse Methode zur Schwerpunktbildung durch Dreiteilung: A: wichtig; B: weniger wichtig; C: unwichtig oder nebensächlich. Wird auch für die einfache Priorisierung von Risiken in der Prozessphase der Risikoanalyse eingesetzt.

Aggregation Zusammenfassung mehrerer Einzelgrößen (etwa Einzelrisiken) hinsichtlich eines gleichartigen Merkmals. Im Risiko-Management ist das Ziel der Aggregation, den auf die Risikoanalyse aufbauenden Gesamtrisiko-Umfang (das so genannte Risk Exposure) des Unternehmens sowie die relative Bedeutung der Einzelrisiken zu bestimmen. Korrelationen der Einzelrisiken sind explizit zu berücksichtigen. Ein Verfahren zur Risikoaggregation und -quantifizierung ist die stochastische Simulation (Monte-Carlo-Simulation). Bei normalverteilten Risiken wäre ein Aggregation mit dem möglich. Hierbei handelt es sich um ein analytisches Verfahren zur Bestimmung des Value at Risk (bspw. mit der Deltabewertung). Beim Delta-Gamma-Ansatz wird die Annahme der Normalverteilung aufgehoben. Zusätzlich zur Deltabewertung werden die nicht-linearen Terme zweiter Ordnung (Gammapositionen) auf Ebene der Risikofaktoren berücksichtigt, so dass auch schiefe Verteilungen interpretiert werden. Der Value at Risk wird aus den vier Momenten der Verteilung (Erwartungswert, Varianz, Schiefe und Kurtosis) mittels der Approximation von Cornish/Fisher berechnet.

ARCH-Modell Abkürzung für Autoregressive Conditional Heteroscedasticity = autoregressive bedingte Heteroskedastizität; Modellierung von Heteroskedastizität (d. h. die Varianz der Fehler bzw. der Residuen soll nicht mit den Werten der abhängigen Variablen bzw. deren Schätzwerten zusammenhängen) in Zeitreihen, bei der angenommen wird, dass die bedingte Varianz, die mittels der quadrierten Störgrößen geschätzt wird, einem autoregressiven Prozess folgen würde. ARCH-Modelle sind zu unverzichtbaren Werkzeugen für Wissenschaftler und Finanzanalysten geworden, die sie unter anderem zur Risikobewertung einsetzen.

F. Romeike, P. Hager, *Erfolgsfaktor Risiko-Management 4.0*,
https://doi.org/10.1007/978-3-658-29446-5

Asset-Liability-Management Managementkonzept, bei dem Entscheidungen bezüglich der Unternehmensaktiva und -passiva aufeinander abgestimmt werden. Dabei werden in einem kontinuierlichen Prozess Strategien zu den Aktiva und Passiva formuliert, umgesetzt, überwacht und revidiert, um bei vorgegebenen Risikotoleranzen und Beschränkungen die finanziellen Ziele zu erreichen.

Ausfalleffektanalyse (auch: FMEA = Failure Mode and Effects Analysis): Hier wird das Verhalten eines Gesamtsystems bzw. einzelner Teilsysteme beim Ausfall einzelner Systemelemente untersucht. Ausfallkombinationen werden nicht betrachtet. Zunächst werden die Teilsysteme erfasst sowie deren Interdependenzen analysiert. Die potenziellen Fehler einzelner Systemkomponenten werden mit Wahrscheinlichkeiten belegt. Ziel ist es, zu ermitteln, wann das Gesamtsystem einen kritischen, instabilen Zustand erreicht und die kritischen Systemkomponenten zu analysieren und auszuschalten.

Backtesting Mit diesem Verfahren wird rückwirkend die Güte der Risiko-Management-Methodik (bzw. des Ratingverfahrens) der Bank überprüft, indem beispielsweise beobachtete Verluste mit dem ursprünglich geschätzten Value at Risk verglichen werden. Werden geschätzte Maximalverluste pro Zeiteinheit wesentlich häufiger überschritten, als gemäß dem Konfidenzniveau zu erwarten gewesen wäre, so weist dies auf eine schlechte Qualität des Risikomodells oder des Ratingverfahrens hin. Mit dem Backtesting-Verfahren kann also ein Risikomodell oder ein Ratingverfahren laufend überprüft und in der Folge adjustiert, also verbessert werden.

Barwert Auf-/Abdiskontierung früherer bzw. zukünftiger Zahlungsströme auf den Zeitpunkt t_0 (= heute). Der Barwert kommt insbesondere bei Investitionen zur Vergleichbarkeit unterschiedlicher Anlageformen in Betracht.

Beta-Faktor Die Kennziffer „Beta" stellt die Volatilität eines Anlageobjektes oder Fonds gegenüber einem zweiten dar. Generelle Regel: Positives Beta: Ein Anstieg des Index impliziert einen Anstieg der Anlage. Negatives Beta: Ein Anstieg des Index impliziert einen Fall der Anlage. Ist der Beta-Wert größer als eins, so sind die Kursschwankungen der Anlage größer als die des Vergleichsindex; ist der Wert kleiner als eins, so weist die Anlage ein kleineres Risiko auf als der Index. Beta ist nur eine Schätzung. Um eine genaue Aussage zu erhalten, müssten beide Investments perfekt miteinander korrelieren.

Betriebsunterbrechungsrisiko Führen Störungen im Betriebsablauf zu dem Ergebnis, dass ein Unternehmen keine Erträge mehr erwirtschaften kann, so spricht man vom Ertragsausfallrisiko bzw. Betriebsunterbrechungsrisiko (BU-Risiko).

BilMoG Das Gesetz zur Modernisierung des Bilanzrechts (Bilanzrechtsmodernisierungsgesetz, BilMoG) war ein Gesetzgebungsvorhaben der deutschen Bundesregierung zur Reform des Bilanzrechts. Ein Schwerpunkt der geplanten Reform liegt in der Deregulierung und Kostensenkung zugunsten kleiner und mittlerer Unternehmen. Hierzu sollen Einzelkaufleute von der handelsrechtlichen Buchführungspflicht befreit werden, wenn sie nur einen kleinen Geschäftsbetrieb unterhalten.

Binomialverteilung Die Binomialverteilung (manchmal nicht ganz korrekt auch Bernoulli-Verteilung genannt) ist eine der wichtigsten diskreten Wahrscheinlichkeitsverteilungen. Sie beschreibt den wahrscheinlichen Ausgang einer Folge von gleichartigen

Versuchen, die jeweils nur zwei mögliche Ergebnisse haben, also die Ergebnisse von Bernoulli-Prozessen. Wenn das gewünschte Ergebnis eines Versuches die Wahrscheinlichkeit p besitzt und die Zahl der Versuche n ist, dann gibt die Binomialverteilung an, mit welcher Wahrscheinlichkeit sich insgesamt k Erfolge einstellen. Unter diesen Voraussetzungen ist der Versuch ein Bernoulli-Versuch.

Black-Scholes-Modell Das Black-Scholes-Modell ist ein finanzmathematisches Modell zur Bewertung von Finanzoptionen, das von Fischer Black und Myron Samuel Scholes im Jahr 1973 (nach zweimaliger Ablehnung durch reputierte Zeitschriften) veröffentlicht wurde und als ein Meilenstein der Finanzwirtschaft gilt. Robert C. Merton war ebenfalls an der Ausarbeitung beteiligt, veröffentlichte jedoch einen separaten Artikel. Daher müsste das Modell auch seinen Namen tragen, was sich aber nie durchsetzte. Jedoch wurde Merton zusammen mit Scholes für die Entwicklung dieses Modells mit dem Nobelpreis für Wirtschaftswissenschaften 1997 geehrt, Black war bereits 1995 verstorben. Die Einmaligkeit und Originalität des Modelles von Black, Scholes und Merton ist heute umstritten. Bereits 1908 hatte der Triestiner Mathematiker Vinzenz Bronzin ein weitgehend identisches Modell entwickelt.

Bottom-up-Bewertungsansatz Ausgehend von den Ursachen der Risiken wird versucht, die möglichen Folgen für das Unternehmen herzustellen und zu bewerten. Risikosensitiv, aber auch relativ teuer und zeitaufwendig. Beispiele: Simulationsmodell, Sensitivitätsanalyse, → Szenarioanalyse, → Prozessrisikoanalyse, → Top-down-Bewertungsansatz.

Business Judgement Rule Jede unternehmerische Entscheidung ist mit Risiken verbunden. In diesem Kontext schwebt aber auch immer das Damoklesschwert der persönlichen Haftung über dem Vorstand einer AG, wenn im Nachhinein das Gericht bei Fehlschlägen Pflichtverletzungen attestiert. Mit der Normierung dieser so genannten Business Judgement Rule durch das UMAG (das „Gesetz zur Unternehmensintegrität und Modernisierung des Anfechtungsrechts" ist am 16.06.2005 vom Bundestag verabschiedet worden) soll der Bereich unternehmerischen Handlungsspielraums von dem haftungsbegründenden Tatbestand der Sorgfaltspflichtverletzung abgegrenzt werden. Diese sind von den anderen Maßnahmen und dem sonstigen Verhalten des Vorstands und Aufsichtsrats einer Aktiengesellschaft abzugrenzen.

Schlagen ein Geschäft oder eine Maßnahme fehl und tritt bei der Aktiengesellschaft ein Schaden ein, ist aus einer Ex-ante-Betrachtung zu beurteilen, ob folgende – teils implizite – Tatbestandsmerkmale des neuen § **93** Abs. **1** Satz **2** AktG erfüllt sind, damit das Verhalten des Vorstands als unternehmerische Ermessenentscheidung angesehen werden kann, die trotz Fehlschlagens keine Haftung nach sic**h zieht:**

- Vorliegen einer unternehmerischen Entscheidung, die wegen ihrer Ausrichtung in die Zukunft durch Prognosen und damit durch nicht justiziable Einschätzungen gekennzeich**net ist;**
- Handeln auf der Grundlage angemessener Information. Dabei ist der Informationsbedarf individuell je nach der Art und Bedeutung des Rechtsgeschäfts, dem zur Verfü-

gung stehenden Entscheidungszeitraum und den mit dem Rechtsgeschäft verbundenen Chancen und Risiken zu beurteilen; eine rein formale Absicherung durch Einholung externen Rats reicht **nicht;**

- Handeln zum Wohl des Unternehmens, das heißt der Vorstand wollte die Ertragskraft der AG langfristig stärken und deren Wettbewerbsfähigkeit **sichern;**
- Handeln ohne Sonderinteressen und sachfremde Einflüsse, d. h. der Vorstand durfte mit der Maßnahme insbesondere keine eigenen Interessen verfol**gen; und**
- Gutgläubigkeit, d. h. der Vorstand durfte annehmen, dass er den vorgenannten Voraussetzungen Genüge getan hat; die Informationsgrundlage darf daher nicht evident unzureichend und die Entscheidung nicht objektiv vollkommen unvernünftig und damit offensichtlich ungeeignet sein, um das Wohl der Gesellschaft zu **fördern.**

Call Eine Call-Option (oder auch Vanilla Call, Kaufoption) ist eine Option, bei welcher der Käufer das Recht, aber nicht die Pflicht hat, innerhalb eines bestimmten Zeitraums (amerikanische Optionen) oder an einem bestimmten Zeitpunkt (europäische Optionen) einen bestimmten Basiswert (Underlying) zu einem im Voraus festgelegten Preis (Ausübungspreis, Strike-Preis) in einer im Voraus festgelegten Menge zu kaufen. Er wird sein Recht nur dann ausüben, wenn der Preis des Basiswertes über dem Ausübungspreis liegt. Der Verkäufer der Call-Option ist zur Lieferung des Basiswertes verpflichtet; für diese Verpflichtung erhält er die Optionsprämie vom Käufer der Option.

In der Praxis allerdings wird der Basiswert bei Ausübung der Option nicht notwendigerweise geliefert. Ggf. bezahlt der Verkäufer der Call-Option dem Käufer einfach die Differenz zwischen dem Preis, den der Basiswert zum ausgemachten Zeitpunkt hat, und dem Ausübungspreis – diese Praxis wird als Barausgleich bezeichnet. Ob bei Ausübung ein Barausgleich stattfindet oder ob der Basiswert geliefert wird, wird bei Vertragsabschluss festgelegt. → Optionen, → Put.

Cap Ein Cap (engl. für Deckel, Kappe) ist die vertragliche Zusicherung einer Zinsobergrenze (strike rate) bezogen auf einen vereinbarten nominellen Kapitalbetrag für einen vorher festgelegten Zeitraum. Übersteigt dabei der Referenzzinssatz zu dem Zinsanpassungstermin die Strikerate, so zahlt der Cap-Verkäufer dem Käufer die Differenz zwischen Referenzzinssatz und Zinsobergrenze.

CAPM (Capital Asset Pricing Model) Dies ist ein auf der Portfolio-Theorie basierendes Modell des Kapitalmarktes. CAPM ist von großer Bedeutung für die Bewertung von Aktien. Das Modell geht davon aus, dass Risiko explizit in Form einer marktdeterminierten, zusätzlich geforderten Rendite berücksichtigt wird. Nach CAPM hängt der Wert einer Aktie von ihrem Risikobeitrag zum Portefeuille ab. Kritisch muss angemerkt werden, dass CAPM von Annahmen ausgeht, die häufig realitätsfern sind. So werden etwa homogene Erwartungen unterstellt. Dies setzt voraus, dass alle Investoren die gleichen bewertungsrelevanten Informationen besitzen.

Captive Insurance Company (kurz: Captive) Hierbei handelt es sich um die höchste Stufe eines Finanzierungsfonds in einem Unternehmen; Risiken werden auf eine unternehmens- bzw. konzerneigene Versicherungsgesellschaft, die sogenannte Captive

Insurance Company, abgewälzt. Vor der Errichtung einer Captive wird in der Regel eine Feasibility Study durchgeführt. Es handelt sich um eine Form der externen Selbstversicherung. Gegenstand sind in der Regel Risiken aus den Bereichen der Sach- und/oder Haftpflichtversicherung.

Cash Flow Eine aus den Daten des Jahresabschlusses ermittelte finanzielle Stromgröße, die den in einer Periode erfolgswirksam erwirtschafteten Zahlungsmittelüberschuss angibt. Der Cash Flow ist ein Indikator für die Innenfinanzierungskraft des Unternehmens.

Cash Flow at Risk Risikomodelle, in denen die Unsicherheit über zukünftige Cash Flows, etwa infolge von zufälligen Absatzschwankungen, über einen eigenen Risikofaktor abgebildet wird. Wenn zukünftige Cash Flows – wie bei einem Versicherer – unsicher sind, kann kein sicherer Barwert mehr bestimmt werden. Zum einen lassen sich die Einnahmen und Ausgaben eines Unternehmens betrachten. Dies ist der Gegenstand der Cash-Flow-at-Risk-Modelle. Aus einer bilanziellen Sichtweise heraus kann zum anderen bei den so genannten Earnings-at-Risk-Konzepten auch die Entwicklung von Erträgen und Aufwendungen simuliert werden.

Code of Conduct Hierbei handelt es sich um einen Verhaltens- bzw. Ethikkodex, in dem Compliance-Standards zusammengefasst werden. Beim Code of Conduct handelt es sich um eine Sammlung von Verhaltenshinweisen und -normen, die in unterschiedlichsten Umgebungen und Zusammenhängen – abhängig von der jeweiligen Situation – angewandt werden können bzw. sollen. Im Gegensatz zu einer Regelung ist die Zielgruppe nicht zwingend an die Einhaltung gebunden – daher auch häufig der Begriff der „freiwilligen Selbstkontrolle". Ein Verhaltenskodex ist vielmehr eine Selbstverpflichtung, bestimmten Verhaltensmustern zu folgen oder diese zu unterlassen und dafür Sorge zu tragen, dass sich niemand durch Umgehung dieser Muster einen Vorteil verschafft.

Compliance In der betriebswirtschaftlichen Fachsprache wird der Begriff Compliance verwendet, um die Einhaltung von Gesetzen und Richtlinien aber auch freiwilligen Kodizes in Unternehmen zu bezeichnen. Compliance ist Teil des betrieblichen Risiko-Managements. Der Begriff Compliance/Regelüberwachung bezeichnet die Gesamtheit aller zumutbaren Maßnahmen, die das regelkonforme Verhalten eines Unternehmens, seiner Organisationsmitglieder und seiner Mitarbeiter im Hinblick auf alle gesetzlichen Ge- und Verbote begründen. Darüber hinaus soll die Übereinstimmung des unternehmerischen Geschäftsgebarens auch mit allen gesellschaftlichen Richtlinien und Wertvorstellungen, mit Moral und Ethik gewährleistet werden.

Conditional Value at Risk Der Conditional Value at Risk (CVaR) findet immer häufiger als Alternative zum → Value at Risk (VaR) Beachtung. Er entspricht dem Erwartungswert der Realisationen einer risikobehafteten Größe, die unter halb des Quantils zum Niveau $p = 1 - \alpha$ liegen. Der CVaR gibt an, welche Abweichung bei Eintritt des Extremfalls, das heißt bei Überschreitung des VaR, zu erwarten ist. Der CVaR berücksichtigt somit nicht nur die Wahrscheinlichkeit einer „großen" Abweichung (Extremwerte), sondern auch die Höhe der darüber hinaus gehenden Abweichung.

Delphi-Methode In mehreren, aufeinander aufbauenden Runden werden Expertenbefragungen durchgeführt (in aller Regel zwei bis vier Iterationen mit den Prozessschritten Befragung, Datenanalyse, Feedback, Diskussion und Entscheidung). Die Gruppengröße bei Delphi-Befragungen ist praktisch unbeschränkt, bewegt sich aber üblicherweise bei 50 bis 100 Personen. Die Iteration der Befragung wird so lange wiederholt, bis sich die Teilnehmer auf eine möglichst zufriedenstellende Lösung oder Prognose geeinigt haben oder sich kaum noch Abweichungen zur vorherigen Runde ergeben.

Derivate Derivate entwickeln sich auf der Grundlage von Finanzprodukten. Es handelt sich um Ableitungen konventioneller Anlageinstrumente, also zum Beispiel Aktien oder Schuldverschreibungen. Derivate können sich allerdings auch auf Währungen oder Indizes (etwa auf den DAX) beziehen. Zu den bekanntesten Derivaten gehören Optionsscheine. Sie verbriefen das Recht, gegen eine Gebühr innerhalb eines bestimmten Zeitrahmens oder zu einem fixierten Termin Basisobjekte (zum Beispiel Aktien) zu einem bestimmten Preis zu kaufen oder zu verkaufen. Wer auf einen stark steigenden Kurs hofft, sichert sich Kaufrechte („calls"), wer den Kurs in den Keller rutschen sieht, entscheidet sich für die Verkaufsoption („put"). Der Grund für die Attraktivität von derivaten Finanzprodukten: Der Anleger spekuliert mit wesentlich geringerem Kapitaleinsatz als beim Kauf oder Verkauf der Basiswerte. Entscheidet er sich für ein Derivat, so kann er mit einem relativ kleinen (Kapital-)Aufwand einen relativ großen (Kapital-) Ertrag erzielen. Insider sprechen in diesem Zusammenhang vom Hebeleffekt.

Downside-Risikomaß Maßzahl für Downside-Risiken. So ist etwa der → Value at Risk (VaR) ein Downside-Risikomaß im Bereich des Markt- und Kreditrisikos.

Downside-Risk Gefahrenpotenzial, im Gegensatz zum Chancenpotenzial (Upside Risk). → Upside-Risk.

Drei-Werte-Verfahren Im Rahmen der Risikoanalyse werden für die zu untersuchende Ergebnisgröße ein mit hoher Wahrscheinlichkeit erwarteter („realistic case"), ein optimistischer („best case") und ein pessimistischer („worst case") Ergebniswert geschätzt. Anschließend werden Abweichungen zueinander ins Verhältnis gesetzt. Aus einem Vergleich des Input-Koeffizienten mit dem Output-Koeffizienten lassen sich die Chancen und Risiken grob beurteilen.

Duration Methode zur Darstellung des → Zinsänderungsrisikos. Die Duration wird als durchschnittliche Kapitalbindungsdauer oder Selbstliquidierungsquote bezeichnet. Sie stellt die erste Ableitung der Barwertformel nach der Rendite dar.

Earnings at Risk (EaR) Risikobewertungsmethode, die auf dem Cash-Flow-at-Risk-Konzept aufbaut und die Schwankungen von Periodenerfolgsgrößen aus der Gewinn- und Verlustrechnung analysiert.

Eigenkapitalbedarf Der Eigenkapitalbedarf ist ein mit dem → Value at Risk (VaR) verwandtes, lageabhängiges → Risikomaß das aus der Wahrscheinlichkeitsverteilung des Gewinns abgeleitet wird. Er drückt aus, wie viel Eigenkapital (oder Liquidität) nötig ist, um realistische risikobedingte Verluste zu tragen. Er ermittelt sich als Maximum von Null und dem negativen $(1-\alpha)$-Quantil einer Zufallsgröße X. Wird auch als „Risk Adjusted Capital" (RAC) bezeichnet.

Enterprise Risk Management (ERM) ERM verbindet das klassische Risiko-Management mit einer risikoorientierten Kapitalbetrachtung. Das international anerkannte COSO-Framework wurde vor einigen Jahren zu einem ERM-Framework weiterentwickelt. Durch die ganzheitliche Betrachtung eines ERM resultieren einige Vorteile, u. a. eine Optimierung des Kapitaleinsatzes, eine Erhöhung der organisatorischen Effektivität, eine klare Stakeholder-Orientierung sowie eine Konformität mit aufsichtsrechtlichen Entwicklungen.

Erwartungswert Der Erwartungswert (selten und doppeldeutig → Mittelwert) ist ein Begriff der Stochastik. Der Erwartungswert (E(x) oder μ) einer Zufallsvariablen (*X*) ist jener Wert, der sich (in der Regel) bei oftmaligem Wiederholen des zu Grunde liegenden Experiments als Mittelwert der Ergebnisse ergibt. Er bestimmt die Lokalisation (Lage) einer Verteilung und ist vergleichbar mit dem empirischen arithmetischen Mittel einer Häufigkeitsverteilung in der deskriptiven Statistik. Das Gesetz der großen Zahlen sichert in vielen Fällen zu, dass der Stichprobenmittelwert bei wachsender Stichprobengröße gegen den Erwartungswert konvergiert.

Expected Shortfall Der Expected Shortfall (ES) wird auch als Conditional Value at Risk bezeichnet und wurde im Jahr 1997 von Artzner et al. als kohärentes Risikomaß eingeführt. Er zählt wie der VaR zu den Downside-Risikomaßen und ist definiert als der erwartete Verlust für den Fall, dass der VaR tatsächlich überschritten wird. Somit ist er der wahrscheinlichkeitsgewichtete Durchschnitt aller Verluste, die den VaR-Wert übertreffen. Es werden daher nur die Verluste betrachtet, die über den VaR hinausgehen.

Extremwerttheorie Die Extremwerttheorie ist eine mathematische Disziplin, die sich mit Ausreißern, d. h. maximalen und minimalen Werten von Stichproben, beschäftigt. Typische Fragestellungen könnten unter anderem sein: Wie hoch soll ein Staudamm gebaut werden, wenn man sichergehen möchte, dass er in den nächsten 100 Jahren nicht überschwemmt wird?

Feasibility Study engl.: Durchführbarkeitsstudie; Methode bei der strategischen Planung eines Investitionsvorhabens (beispielsweise Gründung einer unternehmenseigenen → Captive Insurance Company).

Fehlerbaumanalyse (auch: fault tree analysis) Hier werden potenzielle Störfälle simuliert und versucht, deren Ursachen zu analysieren. Ziel ist es, eine Aussage über das System bzgl. Zuverlässigkeit, Verfügbarkeit und Sicherheit zu erhalten. Methodisch wird mit Schadeneintrittswahrscheinlichkeiten gerechnet. Die einzelnen Komponenten des Schadenbaumes werden mittels logischer Operationen (AND, OR, NOT etc.) verknüpft. Die Tiefe des Fehlerbaums wird durch die betriebswirtschaftliche Sinnhaftigkeit bestimmt.

FMEA = Failure Mode and Effects Analysis siehe → Ausfalleffektanalyse.

Frühwarnsystem Informationssysteme, die latente, also verdeckt bereits vorhandene, Gefährdungen in Form von Reizen, Informationen oder Impulsen mit zeitlichem Vorlauf vor Eintritt signalisieren. Ein Frühwarnsystem soll durch eine rechtzeitige Reaktion in Form vom Frühwarnindikatoren helfen, Gefahren abzuwenden oder Folgeerscheinungen zu mildern.

GARCH-Modell Abkürzung für General Autoregressive Conditional Heterosce dasticity = verallgemeinerte autoregressiv bedingte Heteroskedastizität. Verallgemeinerte Version des → ARCH-Modells, bei dem neben dem autoregressiven Prozess noch andere Variablen (etwa die Kovarianzen) als Erklärung für den Verlauf der bedingten Varianz, die mittels der quadrierten Störgrößen geschätzt wird, angenommen werden.

Gesetz der großen Zahlen Zusammenfassende Bezeichnung für mehrere Gesetze der Wahrscheinlichkeitstheorie. Grundsätzlich besagt das Gesetz, dass bei Massenbeobachtungen Zufallsschwankungen eine umso geringere Rolle spielen, je größer die beobachtete Masse ist. Im Einzelnen unterscheidet man: a) schwaches Gesetz der großen Zahlen und b) starkes Gesetz der großen Zahlen. Auch bei der Risikoanalyse/-bewertung sind die Gesetze der großen Zahlen von großer Bedeutung, um beispielsweise Erwartungswerte zu ermitteln.

Hedging Risiken einer Position werden durch die Chancen einer anderen Position teilweise kompensiert (Diversifikation), d. h. Verringerung des Risikos durch Variation negativ korrelierter Einzelpositionen. So werden etwa Preisrisiken bei Welthandelsrohstoffen durch Sicherungsgeschäfte in Form von Warentermingeschäften abgesichert. Beim Finanz-Hedging werden Zins- und Wechselkursrisiken im Devisen-, Edelmetall- und Wertpapierhandel abgesichert.

Historische Simulation Simulationsverfahren, bei dem die Schadens-/Verlustfälle über einen längeren Zeitraum hinweg für eine festgelegte Halteperiode abgebildet werden. Dabei wird unterstellt, dass alle Risikofaktoren aus der Vergangenheit auch in Zukunft die unterschiedlichen Risikoparameter in gleicher Weise beeinflussen werden. → Monte-Carlo-Simulation.

IDW PS 340 Der vom Institut der Wirtschaftsprüfer (IDW) herausgegebene Prüfungsstandard 340 beinhaltet die Prüfung des Risikofrüherkennungssystems nach § 317 Abs. 4 HGB, das im Risiko-Management sowohl zur Identifikation als auch zur kontinuierlichen Überwachung von Risiken dient. Durch den Standard wird eine Mindestausgestaltung des Risikofrüherkennungssystems definiert und die Risikotragfähigkeit von Unternehmen untersucht. Seit 2017 wird der IDW PS 340 ergänzt durch den IDW PS 981 und seit 2018 durch den DIIR Revisionsstandard Nr. 2, der auch die Anforderungen aus § 93 AktG (Business Judgement Rule) an das Risikomanagement berücksichtigt (Einbeziehung des Risikomanagements bei der Vorbereitung unternehmerischer Entscheidungen).

IDW PS 981 Der vom Instituts der Wirtschaftsprüfer in Deutschland (IDW) herausgegebene Prüfungsstandard (PS) 981 definiert Grundsätze ordnungsmäßiger Prüfung von Risiko-Management-Systemen (RMS) gemäß § 107 Absatz 3 Aktiengesetz (AktG). Basierend auf dem PS 981 besteht ein RMS aus acht miteinander in Wechselwirkung stehenden Grundelementen: 1. Risikokultur, 2. Ziele des RMS, 3. Organisation des RMS, 4. Risikoidentifikation, 5. Risikobewertung, 6. Risikosteuerung, 7. Risikokommunikation, 8. Überprüfung und Verbesserung des RMS.

Kapitalkosten Kosten für die Bereitstellung des Kapitals, die sich seitens der Kapitalgeber aus einer risikogerechte Renditeforderung ableiten lässt. Sie bestimmen sich aus der Kapitalstruktur eines Unternehmens und damit aus sämtlichen Kosten, die zur Beschaffung von Kapital anfallen. In effizienten (vollkommenen) Kapitalmärkten entsprechen die Kapitalkostensätze der mindestens erwarteten Kapitalrendite. Die Kapitalkosten sind vom eingegangenen Risiko abhängig, d. h. höhere Risiken führen zu höheren Kapitalkostensätzen.

Key Control Indikator (KCI) KCI sind Parameter, die sich auf einzelne Geschäftsprozesse oder Prozessbündel beziehen und in der Lage sind, Veränderungen in den Kontrollprozessen des Unternehmens vorherzusehen. Die Indikatoren sollen folgende Ziele erfüllen: Risikoereignissen soll vorgebeugt und ungünstige Trends sollen rechtzeitig entdeckt werden.

Key-Risk-Indikator Key-Risk-Indikatoren sind Parameter, die sich auf Geschäftsprozesse oder Prozessbündel beziehen und in der Lage sind, Veränderungen im Risikoprofil dieser Geschäftsprozesse oder Prozessbündel vorherzusehen. Die Risiko-Indikatoren sollen folgende Ziele erfüllen: Risikoereignissen soll vorgebeugt und ungünstige Trends sollen rechtzeitig erkannt werden.

Konfidenzniveau Das Konfidenzniveau (auch Konfidenzintervall, Vertrauensbereich oder Mutungsintervall genannt) ist ein Begriff aus der mathematischen Statistik. Er sagt etwas über die Präzision der Lageschätzung eines Parameters (zum Beispiel eines → Mittelwertes) aus. Das Vertrauensintervall schließt einen Bereich um den geschätzten Wert des Parameters ein, der – vereinfacht gesprochen – mit einer zuvor festgelegten Wahrscheinlichkeit die wahre Lage des Parameters trifft. Ein Vorteil des Konfidenzintervalls gegenüber der Punktschätzung eines Parameters ist, dass man an ihm direkt die Signifikanz ablesen kann.

KonTraG Das Gesetz zur Kontrolle und Transparenz im Unternehmensbereich, kurz KonTraG, ist ein umfangreiches Artikelgesetz, das der Deutsche Bundestag am 5. März 1998 verabschiedete. Es trat am 1. Mai 1998 in Kraft (wobei einige Vorschriften erst später angewendet werden mussten bzw. durften). Ziel des KonTraG ist es, die Corporate Governance in deutschen Unternehmen zu verbessern. Deshalb wurden mit diesem Artikelgesetz etliche Vorschriften aus dem Handels- und Gesellschaftsrecht verändert. Das KonTraG präzisiert und erweitert dabei hauptsächlich Vorschriften des HGB (Handelsgesetzbuch) und des AktG (Aktiengesetz). Mit dem KonTraG wurde die Haftung von Vorstand, Aufsichtsrat und Wirtschaftsprüfern in Unternehmen erweitert. Kern des KonTraG ist eine Vorschrift, die Unternehmensleitungen dazu verpflichtet, ein unternehmensweites Früherkennungssystem für Risiken (Risikofrüherkennungssystem) einzuführen und zu betreiben sowie Aussagen zu Risiken und Risikostruktur des Unternehmens im Lagebericht des Jahresabschlusses der Gesellschaft zu veröffentlichen.

Wörtlich schreibt das Gesetz dazu in § **91** Abs. **2** des AktG eine neue Vorschrift, nach der der Vorstand verpflichtet wird, *geeignete Maßnahmen zu treffen, insbesondere ein Überwachungssystem einzurichten, damit den Fortbestand der Gesellschaft gefährdende Entwicklungen früh erkannt werden.* Abschlussprüfer werden außerdem verpflichtet, die Einhaltung der neuen Vorschriften insbesondere in Hinsicht auf Bestehen und Betrieb eines Risiko-Management-Systems und der zugehörigen Maßnahmen im Bereich der internen Revision zu prüfen und zum Bestandteil des Prüfungsberichtes zu **machen.**

Korrelation Die Korrelation beschreibt die lineare Beziehung zwischen zwei oder mehr statistischen Variablen. Wenn sie besteht, ist noch nicht gesagt, ob eine Größe die andere kausal beeinflusst, ob beide von einer dritten Größe kausal abhängen oder ob sich überhaupt ein Kausalzusammenhang folgern lässt. Ebenso kann eine strikt nichtlineare Beziehung nicht durch die Korrelation beschrieben werden.

Korrelationskoeffizient Der Korrelationskoeffizient oder die Produkt-Moment-Korrelation (von Bravais und Pearson, daher auch *Pearson-Korrelation* genannt) ist ein dimensionsloses Maß für den Grad des *linearen* Zusammenhangs (Zusammenhangsmaße) zwischen zwei mindestens intervallskalierten Merkmalen. Er kann Werte zwischen -1 und 1 annehmen. Bei einem Wert von $+1$ (bzw. -1) besteht ein vollständig positiver (bzw. negativer) linearer Zusammenhang zwischen den betrachteten Merkmalen. Wenn der Korrelationskoeffizient den Wert 0 aufweist, hängen die beiden Merkmale überhaupt nicht linear voneinander ab. Allerdings können diese ungeachtet dessen in *nichtlinearer* Weise voneinander abhängen. Damit ist der Korrelationskoeffizient kein geeignetes Maß für die (reine) stochastische Abhängigkeit von Merkmalen. → Korrelation.

Kosten-Nutzen-Analyse (auch: benefit cost analyse) systematischer Vergleich von Alternativen, um rationale Entscheidungen zu treffen. Zukünftige Kosten und Nutzen (Erträge) werden auf den heutigen Zeitpunkt abdiskontiert und mit alternativen Investitionsprojekten verglichen. Häufig können jedoch Kosten- und Nutzendeterminanten nicht ausreichend quantifiziert werden. Im Risiko-Management-Prozess spielt die Kosten-Nutzen-Analyse insbesondere bei der Risikofinanzierung eine große Rolle. Häufig werden Fragen der Risikofinanzierung jedoch rein intuitiv beurteilt. Risiko-Management-Methoden helfen bei solchen Entscheidungsprozessen.

Kumulrisiko (auch: Katastrophenrisiko) Risiko, dass ein einziges auslösendes Ereignis (beispielsweise ein Erdbeben oder ein Wirbelsturm) zu einer Häufung von Schadenfällen führt.

Kurtosis Die Kurtosis (auch Exzess oder Wölbung) ist ein Maß für die relative „Flachheit" einer Verteilung (im Vergleich zur → Normalverteilung, die eine Kurtosis von Null aufweist). Eine positive Kurtosis zeigt eine spitz zulaufende Verteilung (eine so genannte leptokurtische Verteilung), wohingegen eine negative Kurtosis eine flache Verteilung (platykurtische Verteilung) anzeigt.

Länderrisiko Das Länderrisiko ist begründet in wirtschaftlichen, politischen und währungspolitischen Unsicherheiten, die aus wirtschaftlichen Verbindungen mit ausländischen Partnern entstehen.

Liquiditätsrisiko Die Möglichkeit, dass ein Unternehmen möglicherweise nicht in der Lage sein wird, innerhalb einer angemessenen Zeit und zu einem Preis, der dem theoretischen Wert des Vermögensgegenstandes bzw. der eingegangenen Verpflichtung entspricht, einen Käufer zu finden.

MaRisk Verbindliche Vorgabe der Bundesanstalt für Finanzdienstleistungsaufsicht (Ba-Fin) für die Ausgestaltung des Risiko-Managements in deutschen Kreditinstituten. In den MaRisk hat die Ba-Fin als Aufsichtsbehörde zur Konkretisierung des § 25a Abs. 1 KWG die bis dahin gültigen Mindestanforderungen an das Betreiben von Handelsgeschäften (MaH), Mindestanforderungen an die Ausgestaltung der internen Revision (MaIR) und Mindestanforderungen an das Kreditgeschäft (MaK) konsolidiert, aktualisiert und ergänzt. Die MaRisk sind im Dezember 2005 veröffentlicht worden und zum 1. Januar 2007 in Kraft getreten.

Marktpreisrisiko Hiermit sind Geschäfte behaftet, deren Wert von der Entwicklung eines Marktpreises bzw. Börsenpreises abhängt. Je nach Art des Marktpreises lassen sich Fremdwährungs-, Rohwaren-, Zinsänderungs- bzw. Aktienkursrisiken unterscheiden.

Median Median (oder Zentralwert) bezeichnet eine Grenze zwischen zwei Hälften. In der Statistik halbiert der Median eine Stichprobe. Gegenüber dem arithmetischen Mittel, auch Durchschnitt genannt, hat der Median den Vorteil, robuster gegenüber Ausreißern (extrem abweichenden Werten) zu sein und sich auch auf ordinal skalierte Variablen anwenden zu lassen.

Mittelwerte treten in der Mathematik und insbesondere in der Statistik in inhaltlich unterschiedlichen Kontexten auf. In der Statistik ist ein Mittelwert ein so genannter Lageparameter, also ein aggregierender Parameter einer Verteilung, einer Stichprobe oder Grundgesamtheit.

Monte-Carlo-Simulation Ihren Namen erhielt die Monte-Carlo-Simulation durch die Ziehung von Zufallszahlen, was mit den Glücksspielen in Monte Carlo vergleichbar ist. Das Verfahren selbst ist schon länger bekannt, ließ sich jedoch erst mit dem Aufkommen von leistungsfähigen Computern problemlos anwenden. Bei einer Monte-Carlo-Simulation (stochastische Simulation) werden anhand von Zufallszahlen stochastische Stichproben erzeugt. Die unbekannten Parameter, mit denen Risiken beschrieben werden, sind durch Zufallsgrößen bestimmt. Grundsätzlich ist die Monte-Carlo-Simulation eine Art Stichprobenverfahren, bei dem anhand einer großen, repräsentativen Stichprobe auf die Grundgesamtheit geschlossen wird. Das allgemeine Vorgehen einer Monte-Carlo-Simulation lässt sich anhand der folgenden Schritte beschreiben:

1. Erzeugung der für die Monte-Carlo-Simulation benötigten Zufallszahlen
2. Umwandlung dieser Zufallszahlen in die benötigte Verteilung
3. Durchführung eines Schrittes der Monte-Carlo-Simulation gemäß den gezogenen Zufallszahlen und der dahinterliegenden Verteilung
4. Wiederholung der Schritte 1 bis 3, bis eine ausreichende Anzahl von Simulationen generiert wurde, um daraus stabile Verteilungen und Statistiken abzuleiten
5. Endauswertung, indem beispielsweise Mittelwerte (Verteilungen) der gemessenen Größen gebildet werden, Berechnungen des Value at Risk erfolgen oder statistische Fehler ermittelt werden. Anwendung findet die Monte-Carlo-Simulation beispielsweise bei der → Risikoaggregation, simulationsbasierten Bewertung, Ratingprognosen oder auch bei der Bewertung von „exotischen Optionen", für die keine allgemeine Bewertungsformel wie etwa der → Black-Scholes-Ansatz für europäische Kaufoptionen existiert. Bei der Risikoaggregation können durch die Anwendung der Monte-Carlo-Simulation beispielsweise sowohl Einzelrisiken als auch Zusammenhänge zwischen den Risiken (→ Korrelation) berücksichtigt werden. → Historische Simulation.

MPL Maximum Possible Loss, damit ist derjenige Schaden gemeint, der sich ereignen kann, wenn die ungünstigsten Umstände in mehr oder weniger ungewöhnlicher Weise zusammentreffen.

Normalverteilung Die Normal- oder Gauß-Verteilung (nach Carl Friedrich Gauß) ist ein wichtiger Typ kontinuierlicher Wahrscheinlichkeitsverteilungen. Ihre → Wahrscheinlichkeitsdichte wird auch Gauß-Funktion, Gauß-Kurve, Gauß-Glocke oder Glockenkurve genannt. Die besondere Bedeutung der Normalverteilung beruht unter anderem auf dem zentralen Grenzwertsatz, der besagt, dass eine Summe von n unabhängigen, identisch verteilten Zufallsvariablen im Grenzwert $n \to \infty$ normalverteilt ist. Das bedeutet, dass man Zufallsvariablen dann als normalverteilt ansehen kann, wenn sie durch Überlagerung einer großen Zahl von Einflüssen entstehen, wobei jede einzelne Einflussgröße einen im Verhältnis zur Gesamtsumme unbedeutenden Beitrag liefert. Viele natürliche, wirtschafts- und ingenieurwissenschaftliche Vorgänge lassen sich durch die Normalverteilung entweder exakt oder wenigstens in sehr guter Näherung beschreiben (vor allem Prozesse, die in mehreren Faktoren unabhängig voneinander in verschiedene Richtungen wirken).

Operational Risk Risiko von Verlusten bedingt durch inadäquate oder fehlerhafte interne Prozesse, Mitarbeiter, Systeme oder externe Ereignisse.

Option Das Recht, ein nach Menge und Preis vom Geschäftspartner gestelltes Vertragsangebot zeitlich befristet anzunehmen oder abzulehnen. So hat etwa bei einer Wertpapieremission der Käufer das Recht, zu vorher festgesetzten Bedingungen später weitere Wertpapiere zu beziehen (Optionsanleihe). Dagegen gibt es an den Terminbörsen die Möglichkeit, Kauf- (→ call) oder Verkaufs- (→ put) Optionen zu handeln. Mit ihnen erwirbt der Käufer das Recht, zum Kauf oder Verkauf des zu Grunde liegenden underlyings. Wird eine Option während der Optionsfrist nicht ausgeübt oder verkauft, so verfällt sie ersatzlos.

Patronatserklärung Verpflichtung einer Konzern-Muttergesellschaft gegenüber Dritten, für die ordnungsgemäße Geschäftsführung und Erfüllung von Verbindlichkeiten ihrer Tochtergesellschaft Sorge zu tragen.

Peaks over threshold (PoT) (wörtlich: Gipfel oberhalb einer Schwelle); insbesondere für Katastrophenereignisse (beispielweise Naturkatastrophen), die extrem selten eintreten (d. h., die Schadeneintrittswahrscheinlichkeit ist sehr niedrig), allerdings hohe Schäden nach sich ziehen (d. h. Schadenausmaß extrem hoch), wurde die PoT-Methode entwickelt. Die PoT-Methode basiert auf der Paretoverteilung, d. h. die Funktionswerte streben für große Werte von x langsamer gegen Null als bei der → Normalverteilung. Verallgemeinert kann man sagen, dass oberhalb einer Schwelle die Höhe der Werte einer verallgemeinerten Pareto-Verteilung folgen. Je höher die Schranke, desto besser die Näherung.

Poisson-Verteilung Die Poisson-Verteilung ist eine diskrete Wahrscheinlichkeitsverteilung, die beim mehrmaligen Durchführen eines Bernoulli-Experiments entsteht. Letzteres ist ein Zufallsexperiment, das nur zwei mögliche Ergebnisse besitzt (beispielsweise „Erfolg“ und „Misserfolg“). Führt man ein solches Experiment sehr oft durch und ist die Erfolgswahrscheinlichkeit gering, so ist die Poisson-Verteilung eine gute

Näherung für die entsprechende Wahrscheinlichkeitsverteilung → Wahrscheinlichkeitsdichte. Die Poisson-Verteilung wird deshalb manchmal als die *Verteilung der seltenen Ereignisse* bezeichnet (siehe auch Gesetz der kleinen Zahlen). Zufallsvariablen mit einer Poisson-Verteilung genügen dem Poisson-Prozess.

Portfoliotheorie Die Portfoliotheorie ist ein Teilgebiet der Finanzierung und untersucht das Investitionsverhalten an Kapitalmärkten (etwa Aktienmarkt). Die Portfoliotheorie geht auf Harry M. Markowitz (Portfolio Selection) zurück und unterstellt ein bestimmtes Verhalten von Investoren und erzielt so gewisse Aussagen über das Investitionsverhalten. Ziel der Portfoliotheorie ist es, Handlungsanweisungen zur bestmöglichen Kombination von Anlagealternativen zur Bildung eines optimalen Portfolios zu geben. In diesem optimalen Portfolio werden die Präferenzen des Anlegers bezüglich des Risikos und des Ertrags sowie die Liquidität berücksichtigt. Dadurch soll das Risiko eines Wertpapierportfolios, ohne eine Verringerung der zu erwartenden Rendite, minimiert werden. Notwendige Voraussetzung hierbei ist, dass die Wertpapiere nicht vollständig korreliert sind. Die Portfoliotheorie ist das theoretische Grundgerüst der in der Praxis des Portfoliomanagements verwendeten Verfahren. Die Portfoliotheorie unterstellt einen Investor, der sich in seinem Verhalten ausschließlich an Zahlungsgrößen (Cash Flows) orientiert und sein Vermögen mehren will. Er handelt rational und nutzenmaximierend: Das bedeutet, er informiert sich über die Gegebenheiten des Kapitalmarktes und entscheidet sich, indem er Chancen und Risiken gegeneinander abwägt. Dabei scheut er das Risiko (man spricht auch von Risikoaversion). Risikoaverses Verhalten bedeutet, dass ein höheres Risiko nur dann in Kauf genommen wird, wenn der erwartete Ertrag überproportional steigt.

Prozessrisikoanalyse Ziel der Prozessrisikoanalyse ist die Vermeidung von Störfällen beispielsweise in Produktionsprozessen. Grundlage für die Risikoanalyse sind die Werkzeuge der Risikoidentifikation und -bewertung.

Put Eine Put-Option (auch Put oder Vanilla Put, Verkaufsoption) ist eine der beiden grundlegenden Varianten einer Option. Der Inhaber einer Put-Option hat das Recht, aber nicht die Pflicht, innerhalb eines bestimmen Zeitraums (amerikanische Optionen) oder zu einem bestimmten Zeitpunkt (europäische Optionen) eine festgelegte Menge eines bestimmten Basiswert zu einem im Voraus festgelegten Preis (Ausübungspreis) zu verkaufen. → Call, → Optionen.

Quantil Der Quantilswert gibt an, wie viel Prozent der Gesamtzahl der Elemente unter bzw. über dem jeweiligen Quantilswert liegen. Beispielsweise liegen beim 1 %-Quantil der Gesamtrisikoverteilung aus der Risikoaggregation 99 Prozent der Wert über und 1 Prozent darunter. Daraus lässt sich – wenn der Wert dem Eigenkapital (= Risikodeckungspotenzial) gegenübergestellt wird – auf die Insolvenzwahrscheinlichkeit schließen.

Random Walk Bei einem Random Walk handelt es sich um eine wichtige Klasse stochastischer Prozesse. Sie dienen der Modellierung nichtdeterministischer Zeitreihen und der Herleitung von Wahrscheinlichkeitsverteilungen. Der eindimensionale Random Walk ist ein Bernoulli-Prozess, d. h. eine Folge von unabhängigen Bernoulli-Versuchen; er führt zu einer Binomialverteilung. Zahlreiche finanzmathematische Bewertungs- und Risikomodelle bauen auf einem Random Walk auf. In Anlehnung an eine Parabel von Murray kann dieser zufällig gewählte Pfad wie der Weg eines Betrunkenen betrachtet werden. Wenn der Betrunkene auf seinem Heimweg eine Teilstrecke zurückgelegt hat, ist es ungewiss, welche Richtung er als Nächstes einschlagen wird und welche Entfernung er dann in dieser Richtung hinter sich lässt. Die insgesamt von dem Betrunkenen zurückgelegte Wegstrecke setzt sich aus mehreren Teilschritten zusammen, die jeder für sich betrachtet bezüglich der Richtung und Länge ebenso zufällig und unabhängig vom vorherigen Schritt sind wie die daraus entstehende Gesamtentfernung vom Ursprungspunkt.

RaRoC (Risk Adjusted Return on Capital) Risikoadjustierte Eigenkapitalrendite. Weiterentwicklung des Return on Equity (RoE). Beim RaRoC-Konzept werden versicherungs- oder banktypische Risiken (insbesondere Kreditrisiken, Marktrisiken, operationelle Risiken) des Geschäftsportfolios im Sinne eines Value at Risk und im Sinne kalkulatorischer Standardrisikokosten quantifiziert. Das zu unterlegende ökonomische Kapital wird risikogerecht zugeordnet. Die Kennziffer RaRoC kann für einzelne Portfolios berechnet werden. RaRoC ergibt sich als Quotient aus Erträgen abzüglich Standardrisikokosten und Verwaltungskosten geteilt durch das zugeordnete ökonomische Kapital. → RoRaC. Der RaRoC wird berechnet als Quotient aus risikoadjustiertes Nettoergebnis geteilt durch Risikokapital. Für das Risikokapital wird entweder eine ökonomische oder regulatorische Kapitalgröße (insbesondere bei Banken und Versicherungen) verwendet. Oft kommt hier der Value at Risk zum Einsatz.

Rating Ein Rating ist die durch spezifische Symbole einer ordinalen Skala ausgedrückte Meinung einer auf Unternehmensanalysen spezialisierten Agentur (oder einer Bank) über die wirtschaftliche Fähigkeit, die rechtliche Bindung und die Willigkeit eines Schuldners, seinen zwingend fälligen Zahlungsverpflichtungen stets vollständig und rechtzeitig nachzukommen.

Regressionsanalyse Statistische Methode zur Untersuchung der Beziehungen zwischen einer endogenen Variablen (erklärte, abhängige Variable) und einer oder mehrerer exogener Variablen (erklärende, unabhängige Variable), wobei zusätzlich eine Störgröße (zufällige Komponente) in den Ansatz eingeht. Man unterscheidet Einfach-, Mehrfachregression, lineare sowie nichtlineare Regression.

Risiko Risiken sind die aus der Unvorhersehbarkeit der Zukunft resultierenden, durch „zufällige" Störungen verursachten Möglichkeiten, von geplanten Zielwerten abzuweichen. Risiken können daher auch als „Streuung" um einen Erwartungs- oder Zielwert betrachtet werden. Risiken sind immer nur in direktem Zusammenhang mit der Planung eines Unternehmens zu interpretieren. Mögliche Abweichungen von den geplanten Zielen stellen Risiken dar – und zwar sowohl negative („Gefahren") wie auch positive Abweichungen („Chancen").

Etymologisch kann man Risiko zum einen auf riza (griechisch = Wurzel, Basis) zurückverfolgen; siehe auch risc (arabisch = Schicksal). Auf der anderen Seite kann Risiko auf ris(i)co (italienisch) zurückverfolgt werden, die Klippe, die es zu umschiffen **gilt.**

Risikoaggregation Eine Risikoaggregation ist – vereinfacht ausgedrückt – eine Zusammenfassung aller Risiken, was jedoch nicht durch eine einfache Addition erfolgt. Zielsetzung der Risikoaggregation ist die Bestimmung der Gesamtrisikoposition eines Unternehmens sowie die Ermittlung der relativen Bedeutung von Einzelrisiken auf die Unternehmensentwicklung. Dabei sind Korrelationen (Wechselwirkungen) der Risiken durch Risikosimulationsverfahren explizit zu berücksichtigen. Die wichtigsten Verfahren der Risikoaggregation sind die so genannten → „Varianz-Kovarianz-Modelle", die → historische Simulation und insbesondere die → Monte-Carlo-Simulation. → Aggregation.

Risikoanalyse Der Risiko-Management-Prozess gliedert sich in die folgenden Stufen: Risikoanalyse, Prüfen der Handlungsalternativen (vermeiden, vermindern, begrenzen, selbst tragen, externalisieren), Gestaltung der Risikopolitik sowie Durchführung und Kontrolle. Der Prozess der Risikoanalyse wiederum gliedert sich in die Teilprozesse: Identifikation der Risiken und Bewertung der identifizierten Risiken. Die Risikoanalyse ist der schwierigste Teil des Risiko-Management-Prozesses, da hier auch potenzielle, zukünftige Risiken berücksichtigt werden müssen. Wichtig ist es, die Risikoanalyse in den gesamten Planungsprozess eines Unternehmens zu integrieren (daher in der Regel Top-down-Vorgehen). Der Prozess der Risikoanalyse muss die Gesamtunternehmenssicht widerspiegeln. Hierdurch können nicht unerhebliche Kosten gespart werden. Ziel der Risikoanalyse ist die Erstellung eines Risikoinventars/Risikokatalogs.

Risikobewusstsein (engl. risk awareness) Das Ausmaß, in dem Personen, die sich in einer Gefahrensituation befinden, um das Gefahrenpotenzial wissen; ferner, inwieweit Personen, die willentlich riskant handeln, sich des Umfangs ihres Risikos bewusst sind.

Risikofinanzierung Die risikopolitischen Handlungsalternativen zu externalisieren und selbstzutragen wird als Risikofinanzierung bezeichnet. Demgegenüber spricht man von Risikokontrolle, wenn Risiken vermieden, vermindern oder begrenzt werden.

Risikoinventar Die Erkenntnisse, die während der Risikoanalyse (insbesondere während der Risikoidentifikation und -bewertung) gewonnen werden, sollten in ein Risikoinventar aufgenommen werden. Ein Risikoinventar enthält insbesondere Informationen über die einzelnen Risiken, die Bewertung der Risiken, die Beurteilung der risikopolitischen Maßnahmen, Vorschläge zu Verbesserung des status quo und eine Priorisierung der Maßnahmen. Zweck eines Risikoinventars ist es insbesondere den Entscheidungsträgern einen komprimierten Überblick über die Risikosituation des Unternehmens zu geben. Neben der quantitativen Beurteilung kann auch eine qualitative Bewertung vorgenommen werden.

Risikomaße Statistische Maße für das Unternehmensrisiko. Als Risikomaße gelten beispielsweise die Standardabweichung, die Varianz, die Ausfallwahrscheinlichkeit, der → Value at Risk (VaR), der → Conditional Value at Risk sowie der Eigenkapitalbedarf bzw. → Risk adjusted Capital (RAC). Risikomaße lassen sich grundsätzlich unterscheiden in Maße für ein einzelnes Risiko (also ein Risikomaß im engeren Sinn wie beispielsweise die → Standardabweichung) oder Maße, die das Risiko zweier Zufallsgrößen zueinander in Beziehung setzt (also ein Risikomaß im weiteren Sinn wie beispielsweise die Kovarianz). Risikomaße im engeren Sinn lassen sich weiter klassifizieren. Zum einen nach der Lageabhängigkeit. Lageunabhängige Risikomaße wie beispielsweise der Deviation Value at Risk quantifizieren das Risiko als Ausmaß der Abweichungen von einer Zielgröße. Lageabhängige Risikomaße wie beispielsweise der Value at Risk und der Eigenkapitalbedarf hingegen sind von der Höhe des Erwartungswertes abhängig. Häufig kann ein solches Risikomaß als notwendiges Kapital bzw. notwendige Prämie angesehen werden.Eine weitere Unterscheidung von Risikomaßen ergibt sich zum anderen aus der Berücksichtigung der zu Grunde liegenden Verteilung. Zweiseitige Risikomaße wie die Standardabweichung berücksichtigen diese komplett, während die so genannten Shortfall-Risikomaße wie beispielsweise der VaR lediglich die Verteilung ab einer bestimmten Schranke betrachten.

Risikostrategie Unter einer Risikostrategie kann allgemein die Beschreibung des Umgangs mit den sich aus der Geschäftsstrategie resultierenden Risiken verstanden werden. In der Risikostrategie werden die sich aus der Geschäftsstrategie ergebenden Risiken bezüglich ihres Einflusses auf die Wirtschafts-, Finanz- oder Ertragslage des Unternehmens dargestellt sowie daraus resultierende Leitlinien für den Umgang mit den Risiken. Dabei ist es existenziell, dass die Risiken auf einer granularen, operativen Ebene definiert werden, so dass Handlungsvorgaben für die Mitarbeiter im operativen Prozess aufgebaut werden können. Die Risikostrategie soll die sich aus der Geschäftsstrategie resultierenden Risiken darstellen und so gestaltet sein, dass sich die operative Steuerung der Risiken an diese anknüpfen kann.

Risikotragfähigkeit Risikoausgleichspotenzial bzw. Deckungsmasse (u. a. bilanzielles Eigenkapital, Liquiditätsreserven) für die Abdeckung von Verlustmöglichkeiten. Die Beurteilung des Gesamtrisikoumfangs ermöglicht eine Aussage darüber, ob die Risikotragfähigkeit eines Unternehmens ausreichend ist, um den Risikoumfang tatsächlich zu tragen und damit den Bestand des Unternehmens zu gewährleisten. Sollte der vorhandene Risikoumfang eines Unternehmens gemessen an der Risikotragfähigkeit zu hoch sein, werden zusätzliche Maßnahmen der Risikobewältigung erforderlich.

Risk Adjusted Capital (RAC) Betriebsbedingter (Risiko-)Eigenkapitalbedarf basierend auf einem definierten Sicherheitsniveau.

Risk-Management-Informationssystem (RMIS) Es handelt sich um ein rechnergestütztes, daten-, methoden- und modellorientiertes Entscheidungsunterstützungssystem für das Risiko-Management, das inhaltlich richtige und relevante Informationen zeitgerecht und formal adäquat zur Verfügung stellt und dem Risiko-Manager bei der Entscheidungsvorbereitung methodische Unterstützung bietet.

Risk Mapping Technik zur Risikobeurteilung, mit deren Hilfe man einen pragmatischen und dennoch wirkungsvollen Überblick über relevante Risiken erhält. Die Risiko- bzw. Prozessverantwortlichen beurteilen dabei die Risiken in Bezug auf deren quantitative Auswirkungen und die erwartete Eintrittswahrscheinlichkeit.

RoRaC (Return on Risk Adjusted Capital) Risikoadjustierte Eigenkapitalrendite. Es handelt sich bei RoRaC, ebenso wie bei → RaRoC, um eine Weiterentwicklung des Return on Equity (RoE). Im Gegensatz zum RaRoC-Konzept werden nicht die Erträge um Standardrisikokosten bereinigt, sondern diese Standardrisikokosten finden im Nenner beim zugrunde gelegten eingesetzten Kapital Berücksichtigung. Der RoRaC wird berechnet als Quotient aus Nettoergebnis geteilt durch Risikokapital. Für das Risikokapital wird entweder eine ökonomische oder regulatorische Kapitalgröße verwendet. Oft kommt hier der Value at Risk zum Einsatz.

Ruinwahrscheinlichkeit In der Risikotheorie berechnet man die zu den Ruinzeitpunkten korrespondierenden Wahrscheinlichkeiten. Als Ruinzeitpunkte bezeichnet man Zeitpunkte, zu denen Risikoreserven erstmals negativ werden. Von einem Ruin beispielsweise eines Versicherungsunternehmens spricht man dann, wenn durch Schäden alle die Passiva übersteigenden Aktiva aufgebraucht wurden. Die Ruintheorie versucht daher, die Wahrscheinlichkeit eines Ruins zu errechnen.

Sarbanes-Oxley Act (SOX) US-Kapitalmarktgesetz von 2002, das als Reaktion auf Bilanzskandale die Corporate Governance stärken und damit das Vertrauen der Investoren in den Kapitalmarkt zurückgewinnen soll. Die neuen und erweiterten Regelungen gelten für alle an einer US-Börse notierten Unternehmen und reichen von zusätzlichen Vorstandsaufgaben bis zu strafrechtlichen Bestimmungen.

Sensitivitätsanalyse Im Rahmen der Sensitivitätsanalyse wird berechnet, wie viel Einfluss ein einzelnes Risiko auf das Unternehmen hat. So wird beispielsweise untersucht, wie viel ein Prozent Preisschwankung auf das operative Betriebsergebnis hat. Dies gibt Hinweise auf die Priorisierung und Fokussierung von Bewältigungsmaßnahmen.

Six Sigma Six Sigma ist eine umfassende Methode, die zu einem nahezu fehlerfreien Prozessablauf führen soll. Die Ursprünge vieler Six-Sigma-Prinzipien stamen aus den Lehren einflussreicher Qualitätsdenker wie W. Edwards Deming und Joseph Juran. Der Name Six Sigma leitet sich aus der Statistik ab. Der griechische Buchstabe Sigma (σ) ist dort ein Kürzel für die Standardabweichung, und 6σ steht für den gewünschten Abstand des Prozessmittelwerts von den Toleranzgrenzen. Sigma steht als Symbol für die Standardabweichung, DPMO steht für „Defects per million opportunities" (Fehler pro eine Million Fehlermöglichkeiten) und die Prozentzahl gibt die prozentuale Fehlerfreiheit an. In der Produktion bedeuten 6σ, dass fast keine Fehler mehr vorliegen (3,4 Fehler auf eine Million Messungen). Die Standardabweichung der Prozessergebnisse passt dabei langfristig auf jeder Seite des Mittelwertes sechsmal in die Anforderungsgrenzwerte. Dabei würden dann 3,4 Fehler auf eine Million Fehlermöglichkeiten erwartet. Six Sigma folgt einem systematischen 5-Phasenmodell:

- Define: Was ist das Problem?
- Measure: Wie lassen sich die Auswirkungen messen?
- Analyze: Was sind die Kernursachen für das Problem?
- Improve: Wie lässt sich das Problem beseitigen?
- Control: Wie wird die Lösung langfristig in der Organisation verankert?

Die Methode ist abgeleitet vom klassischen PDCA (Plan-Do-Check-Act) von W. **Deming.**

Spieltheorie Die Wissenschaft vom strategischen Denken heißt Spieltheorie und geht im Wesentlichen auf die Arbeiten der beiden deutschsprachigen Mathematiker John von

Neumann und Oskar Morgenstern (Theory of Games and Economic Behavior, 1944) zurück.

Standardabweichung Die Standardabweichung ist in der Stochastik ein Maß für die Streuung der Werte einer Zufallsvariablen um ihren Mittelwert. Sie ist für eine Zufallsvariable X definiert als die positive Quadratwurzel aus deren → Varianz und wird als $\sigma_x = Var(X)$ notiert. Die Varianz einer Zufallsvariablen ist das zentrierte Moment zweiter Ordnung der zugehörigen Verteilung, der Erwartungswert das erste Moment.

Störfallablaufanalyse Hier werden – im Gegensatz zur Fehlerbaumanalyse – alle unerwünschten Ereignisse gesucht, die eine gemeinsame Störungsursache haben. In der Regel hat ein Störungsereignis (beispielsweise Stromausfall) Folgeereignisse, die hier untersucht werden. Gefragt wird, unter welchen Bedingungen eine Störungsursache zu bestimmten Auswirkungen führt. Methodisch bedient man sich hier der Entscheidungstabellentechnik.

Strategisches Risk Management (im Gegensatz zum operativen Risk Management): Der zentrale Bestandteil des strategischen Risk Management ist die Festlegung der Risikoeinstellung des Unternehmens, d.h. die Definition des Risikoappetits bzw. der Risikoakzeptanz. Das strategische Risk Management bildet die Grundlage und den Ausgangspunkt für ein effektives operatives Risk Management.

Stresstest Stresstests sind spezielle Szenarioanalysen, anhand derer man überprüft, wie sich bestimmte Krisenszenarien auf den Wert beispielsweise eines Wertpapierportfolios auswirken. Typische Krisenszenarien im Markt-Risiko-Management sind beispielsweise ein Börsencrash oder Zins- und Wechselkursschocks. Allgemein gesprochen besteht die Zielsetzung von Stresstests darin, die hypothetischen Verluste zu bestimmen, die sich aus dem Eintritt bestimmter Risiken ergeben würden.

SWOT-Analyse Die SWOT-Analyse (engl. Akronym für Strengths, Weaknesses, Opportunities und Threats) ist ein Werkzeug des strategischen Managements, wird aber auch für formative Evaluationen und Qualitätsentwicklung von Programmen (beispielsweise im Bildungsbereich) eingesetzt. In dieser einfachen und flexiblen Methode werden sowohl innerbetriebliche Stärken und Schwächen (Strength – Weakness) als auch externe Chancen und Gefahren (Opportunities – Threats) betrachtet, welche die Handlungsfelder des Unternehmens betreffen. Aus der Kombination der Stärken-Schwächen-Analyse und der Chancen-Gefahren-Analyse kann eine ganzheitliche Strategie für die weitere Ausrichtung der Unternehmensstrukturen und die Entwicklung der Geschäftsprozesse abgeleitet werden. Die Stärken und Schwächen sind dabei relative Größen und können erst im Vergleich mit den Konkurrenten beurteilt werden.

Systematisches Risiko Der Begriff beschreibt das marktimmanente, nicht diversifizierbare Risiko, d. h. die Unsicherheit beispielsweise darüber, ob der Aktienmarkt steigt oder fällt. Unsystematisches und systematisches Risiko zusammengenommen bilden das Gesamtrisiko eines Anlegers, wobei das unsystematische Risiko durch Anwendung moderner Portfolio-Management-Methoden innerhalb eines Portfolios reduziert werden kann (im Gegensatz zum systematischen Risiko).

Systemisches Risiko Ein systemisches Risiko liegt vor, wenn sich ein auf ein Element eines Systems einwirkendes Ereignis aufgrund der dynamischen Wechselwirkungen zwischen den Elementen des Systems auf das System als Ganzes negativ auswirken kann oder wenn sich aufgrund der Wechselwirkungen zwischen den Elementen die Auswirkungen mehrerer auf einzelne Elemente einwirkender Ereignisse so überlagern, dass sie sich auf das System als Ganzes negativ auswirken können. Ihre besondere Brisanz gewinnen systemische Risiken nicht allein aus den direkten physischen Schäden, die sie verursachen. Es sind vielmehr die weitreichenden Wirkungen in zentralen gesellschaftlichen Systemen (etwa der Wirtschaft, der Finanzwelt oder der Politik), die den Umgang mit diesem Risikotyp schwierig und zugleich dringlich machen.

System Dynamics (SD) oder Systemdynamik ist eine von Jay W. Forrester an der Sloan School of Management des MIT entwickelte Methodik zur ganzheitlichen Analyse und (Modell-) Simulation komplexer und dynamischer Systeme. Anwendung findet sie insbesondere im sozio-ökonomischen Bereich. So können die Auswirkungen von Management-Entscheidungen auf die Systemstruktur und das Systemverhalten (beispielsweise Unternehmenserfolg) simuliert und Handlungsempfehlungen abgeleitet werden. In der Praxis findet die Methodik insbesondere bei der Gestaltung von Lernlabors und der Hinterlegung von Balanced Scorecards mit Strategy Maps Verwendung. Die Erarbeitung solcher Systeme erfolgt mittels qualitativer und quantitativer Modelle.

Szenarioanalyse Bei Szenarioanalysen werden mittels eines deterministischen Modells Ergebnisse (beispielsweise Marktwert eines Anlageportfolios) für verschiedene Ausprägungen der Parameter (beispielsweise Änderung des Zinsniveaus um zwei Basispunkte und Änderung des Aktienkursniveaus um fünf Prozent) ermittelt. Die Annahmen zur Änderung der Parameter erfolgen beispielsweise durch Experten (Delphi-Methodik). Eine Unterart der Szenarioanalyse ist der Stresstest.

Szenariotechnik Planungsverfahren im Rahmen der strategischen Planung für die Entwicklung alternativer Zukunftsbilder im langfristigen Bereich. Als Beispiele können die folgenden Methoden aufgeführt werden: Delphi-Technik, morphologische Analysen, historische Analogiebildung, Technologiefolgenabschätzung.

Tail Value at Risk Auch als TailVaR oder TVaR bezeichnet. Der Tail Value at Risk ist auch unter dem Begriff Expected Shortfall bekannt. Der Expected Shortfall (ES) wird auch als Conditional Value at Risk bezeichnet und wurde im Jahr 1997 von Artzner et al. als kohärentes Risikomaß eingeführt. Er zählt wie der VaR zu den Downside-Risikomaßen und ist definiert als der erwartete Verlust für den Fall, dass der VaR tatsächlich überschritten wird. Somit ist er der wahrscheinlichkeitsgewichtete Durchschnitt aller Verluste, die den VaR-Wert übertreffen. Es werden daher nur die Verluste betrachtet, die über den VaR hinausgehen. Bei Verwendung des Expected Shortfall/Tail Value at Risk verlagert sich der Fokus von der einfachen Betrachtung der Insolvenzwahrscheinlichkeit auf die Folgen einer Insolvenz.

Theorie der nervösen Frösche Die beiden Nobelpreisträger Daniel Kahneman und Amos Tversky belegten, wie weit das Idealbild des Homo Oeconomicus, der bei gegebener und bekannter Präferenzordnung, bei vollkommener Information und vollkommener Voraussicht seine Kauf- und Verkaufs-, Produktions- und Konsumtionsentscheidungen stets rational trifft, von der Realität entfernt ist. Vielmehr beruhen Entscheidungen häufig nicht auf komplizierten Rechnungen, sondern auf Daumenregeln (Kahneman, D.; Tversky, A.: Prospect Theory: An Analysis of Decision Under Risk, 1979).

Top-down-Bewertungsansatz Ausgangsbasis der Risikobewertung bilden die identifizierten Risiken sowie das gesamte Datenmaterial. Die bekannten Folgen stehen im Vordergrund. Konzeptionell relativ einfache Methoden, aber relativ wenig risikosensitiv und wenig Erkenntnisse für das Risiko-Management. Beispiele: → CAPM-basierter Ansatz, → Extremwerttheorie, Risikoindikatoren-Methode, Drei-Werte-Verfahren. → Bottom-up-Bewertungsansatz.

Unsystematisches Risiko In der Kapitalmarkttheorie wird das Gesamtrisiko einer Anlage in systematisches Risiko und unsystematisches Risiko aufgeteilt. Das unsystematische Risiko kann man eindämmen oder ganz eliminieren, indem man sein Vermögen diversifiziert.

Upside Risk Chancenpotenzial, im Gegensatz zum Risikopotenzial (Downside Risk). → Downside Risk.

Value at Risk (VaR) Der Value at Risk (was wörtlich mit „Wert auf dem Spiel" übersetzt werden könnte) wird seit einigen Jahren als Methode des Risiko-Managements, insbesondere im Finanzdienstleistungsbereich, zur Überwachung und Messung von Markt- und Zinsrisiken eingesetzt. Dabei geht man von einem Portfolio aus, das über einen bestimmten Zeitraum gehalten wird. Durch die sich verändernden Marktverhältnisse wird man einen bestimmten Gewinn bzw. Verlust messen können. Der VaR stellt dabei die in Geldeinheiten berechnete negative Veränderung eines Wertes dar, die mit einer bestimmten Wahrscheinlichkeit (auch als→ Konfidenzniveau bezeichnet) innerhalb eines festgelegten Zeitraumes nicht überschritten wird. Ein Ein-Jahres-Value-at-Risk mit Konfidenzniveau von 99,9 Prozent in der Höhe von 10 Mio. Euro beispielsweise bedeutet, dass statistisch gesehen nur durchschnittlich alle 1000 Jahre mit einem Verlust von mehr als 10 Millionen Euro zu rechnen ist. Der VaR gibt nicht den maximalen Verlust eines Portfolios an, sondern den Verlust, der mit einer vorgegebenen Wahrscheinlichkeit (Konfidenzintervall) nicht überschritten wird, durchaus aber überschritten werden kann! Insbesondere ist bei einem exakten VaR-Modell beispielsweise bei einem Konfidenzniveau von 99 Prozent gerade an einem von 100 Tagen ein größerer Verlust als der durch den VaR prognostizierte Verlust „erwünscht", da nur dann der VaR ein guter Schätzer ist; andernfalls überschätzt der VaR das Risiko, wenn in weniger als einem von 100 Fällen der tatsächliche Verlust größer ist als der durch den VaR prognostizierte Verlust, bzw. unterschätzt der VaR das Risiko, wenn in mehr als einem von 100 Fällen der tatsächliche Verlust größer ist als der durch den VaR prognostizierte Verlust.

Varianz Die Varianz ist ein Maß, das beschreibt, wie sehr ein Sachverhalt „streut". Sie wird berechnet, indem man die Abstände der Messwerte vom → Mittelwert quadriert, addiert und durch die Anzahl der Messwerte teilt. In der Stochastik ist die Varianz ein Streuungsmaß, d. h. ein Maß für die Abweichung einer Zufallsvariable X von ihrem → Erwartungswert $E(X)$. Die Varianz verallgemeinert das Konzept der Summe der quadrierten Abweichungen vom Mittelwert in einer Beobachtungsreihe. Die Varianz der Zufallsvariable X wird üblicherweise als V(X), Var (X) oder σ^2 notiert. Ihr Nachteil für die Praxis ist, dass sie eine andere Einheit als die Daten besitzt. Dieser Nachteil kann behoben werden, indem man statt der Varianz die Standardabweichung benutzt. Die → Standardabweichung ist die Quadratwurzel der Varianz.

Varianz-Kovarianz-Methode Verfahren zur Bestimmung des → Value at Risk. Im Rahmen dieser Methode, die auch als parametrische, analytische oder Delta-Normal-Methode bezeichnet wird, werden Volatilitäten und Korrelationen der Risikofaktoren zur Bestimmung des Value at Risk verwendet. Die Schwankungen der Risikofaktoren werden als normalverteilt angenommen.

Variationskoeffizient Der Variationskoeffizient errechnet sich aus der Standardabweichung der Schadenverteilung dividiert durch den Erwartungswert der Verteilung.

Volatilität Maßzahl zur Variabilität der Schwankungen allgemein und speziell von Wertpapierkursen, Zinssätzen und Devisen. Allgemein üblich zur Messung der Volatilität eines Wertpapiers ist die Berechnung der Standardabweichungen relativer Kursdifferenzen.

Wahrscheinlichkeitsdichte Der Begriff der Wahrscheinlichkeitsdichtefunktion, oft kurz Wahrscheinlichkeitsdichte oder nur Dichte (abgekürzt *WDF* oder *pdf* = *probability density function*), ist eng mit dem Begriff der stetigen Zufallsvariablen verknüpft: Die Wahrscheinlichkeitsdichte ist ein Hilfsmittel, mit dem sich die Wahrscheinlichkeit berechnen lässt, dass eine stetige Zufallsvariable zwischen zwei reellen Zahlen a und b liegt. Einfache zufällige Prozesse lassen sich durch die konkrete Angabe von Wahrscheinlichkeitsräumen modellieren, d. h. durch Angabe einer Menge Ω von Elementarereignissen und eines Wahrscheinlichkeitsmaßes P, das Ereignissen, also Teilmengen von Ω, eine Wahrscheinlichkeit zwischen 0 und 1 zuordnet. Enthält Ω nur endlich oder höchstens abzählbar viele Elemente ω, die alle eine Wahrscheinlichkeit $q(\omega)$ besitzen, so ist das dazugehörige Wahrscheinlichkeitsmaß $P(A) = \sum q(\omega)\ \forall A \subseteq \Omega.\ \omega{\in}A$

Wahrscheinlichkeitsfunktion Ein Zufallsexperiment mit endlich oder abzählbar vielen möglichen Ausgängen lässt sich durch eine Wahrscheinlichkeitsfunktion (engl.: *probability function*) beschreiben, welche für jeden Ausgang des Experiments dessen Auftretenswahrscheinlichkeit angibt. Im mathematischen Teilgebiet Stochastik werden Zufallsexperimente durch Zufallsvariablen modelliert, deren zufälliger (numerischer) Wert als die Ausprägung eines bestimmten zufälligen Merkmals interpretiert und bezeichnet wird. Die Wahrscheinlichkeitsfunktion gibt dann die Auftretenswahrscheinlichkeiten der einzelnen Ausprägungen des von einer diskreten Zufallsvariablen modellierten Merkmals an. Sie ist das Gegenstück zur Dichtefunktion bei stetigen Zufallsvariablen und wird in der Statistik deswegen auch als *Zähldichte* bezeichnet.

Weighted Average Cost of Capital (WACC) Gewichtete durchschnittliche Kapitalkosten. Mit WACC wird ein zu den Discounted-Cash-Flow-Verfahren gehörender Ansatz der Unternehmensbewertung gezählt. Die gewichteten durchschnittlichen Kapitalkosten werden von vielen Unternehmen verwendet, um den Diskontzinssatz in Investitionsprojekten zu bestimmen. Der WACC-Kapitalkostensatz gibt hierzu eine wirtschaftlich vernünftige Mindestrendite vor. Firmen finanzieren sich über zwei Quellen (die Kapitalstruktur): Eigenkapital und Fremdkapital (Verschuldung in Form von beispielsweise Anleihen, Bankkrediten). Der WACC-Satz entspricht dem kapitalgewichteten Durchschnitt der verschiedenen Zinssätze und Mindestrenditen. Methodisch ist dieser Ansatz nicht viel anders zu beurteilen als der klassische kalkulatorische Zins, nur, dass dieser in den Kosten eingefügte Zins hierzulande eher begründet ist aus der Sicht der Opportunitätskosten. Was könnte das Unternehmen für Geld erzielen, das auf dem Kapitalmarkt angelegt wird anstatt in der eigenen Unternehmung? Diese entgehende Rendite aus den Zinserträgen wird als Kosten eingefügt. In diesem Sinn ist ein klassisches deutsches Betriebsergebnis schon immer ein Economic Value Added gewesen.

Wertorientiertes Risk Management Neben der Risikokomponente betrachten Unternehmen auch die Chancenseite und versuchen das Chancen-Risikoprofil im Unternehmen zu optimieren.

Zinsänderungsrisiko Es ist ein Teil des → Marktrisikos und lässt sich als das Risiko der Beeinträchtigung der Vermögens-, Finanz- und Ertragslage der Unternehmung aufgrund einer Änderung der Zinssätze beschreiben. Das Zinsänderungsrisiko kann in drei weitere Risiken unterteilt werden: in ein variables Zinsänderungsrisiko, in ein Festzinsrisiko und in ein Abschreibungsrisiko.

Stichwortverzeichnis

F. Romeike, P. Hager, *Erfolgsfaktor Risiko-Management 4.0*,
https://doi.org/10.1007/978-3-658-29446-5

H

I

GPSR Compliance

The European Union's (EU) General Product Safety Regulation (GPSR) is a set of rules that requires consumer products to be safe and our obligations to ensure this.

If you have any concerns about our products, you can contact us on ProductSafety@springernature.com

In case Publisher is established outside the EU, the EU authorized representative is:

Springer Nature Customer Service Center GmbH
Europaplatz 3
69115 Heidelberg, Germany

Batch number: 08267992

Printed by Printforce, the Netherlands